세상이 변해도
배움의 즐거움은
변함없도록

시대는 빠르게 변해도
배움의 즐거움은
변함없어야 하기에

어제의 비상은
남다른 교재부터
결이 다른 콘텐츠
전에 없던 교육 플랫폼까지

변함없는 혁신으로
교육 문화 환경의 새로운 전형을
실현해왔습니다.

비상은 오늘, 다시 한번
새로운 교육 문화 환경을 실현하기 위한
또 하나의 혁신을 시작합니다.

오늘의 내가 어제의 나를 초월하고
오늘의 교육이 어제의 교육을 초월하여
배움의 즐거움을 지속하는 혁신,

바로, 메타인지 기반 완전 학습을.

상상을 실현하는 교육 문화 기업 비상

메타인지 기반 완전 학습
초월을 뜻하는 meta와 생각을 뜻하는 인지가 결합한 메타인지는
자신이 알고 모르는 것을 스스로 구분하고 학습계획을 세우도록 하는
궁극의 학습 능력입니다. 비상의 메타인지 기반 완전 학습 시스템은
잠들어 있는 메타인지를 깨워 공부를 100% 내 것으로 만들도록 합니다.

01 / 지수   8~21쪽

0001 $5, \dfrac{-5\pm5\sqrt{3}i}{2}$ 0002 $-2, 1\pm\sqrt{3}i$ 0003 $\pm\sqrt{3}, \pm\sqrt{3}i$

0004 -3 0005 $\pm\sqrt{2}$ 0006 $\pm\sqrt{7}$ 0007 4

0008 -0.2 0009 -4 0010 $\dfrac{3}{2}$ 0011 2 0012 3

0013 7 0014 3 0015 5 0016 1 0017 $\dfrac{1}{8}$ 0018 $\dfrac{81}{625}$

0019 $\dfrac{7}{3}$ 0020 $-\dfrac{5}{6}$ 0021 $\dfrac{1}{4}$ 0022 a^3 0023 $a^{\frac{5}{6}}$

0024 $a^{\frac{1}{3}}$ 0025 25 0026 $3^{3\sqrt{3}}$ 0027 4

0028 ⑤   0029 ③   0030 4 0031 ㄱ, ㄴ   0032 18

0033 ④   0034 ④   0035 $\sqrt[3]{3}$ 0036 1 0037 7 0038 ④

0039 6 0040 ①   0041 ①   0042 -3 0043 ④   0044 2

0045 ③   0046 1 0047 $\dfrac{1}{3}$ 0048 4 0049 ③   0050 $\dfrac{29}{24}$

0051 59 0052 14 0053 ④   0054 2 0055 ③   0056 ④

0057 $\dfrac{7}{12}$ 0058 ①   0059 42 0060 ③   0061 12 0062 ⑤

0063 ④   0064 4 0065 4 0066 ⑤   0067 18 0068 5

0069 3 0070 ③   0071 $\dfrac{3}{5}$ 0072 $\dfrac{5}{2}$ 0073 5 0074 1

0075 ②   0076 ④   0077 6 0078 49 0079 ⑤   0080 $\dfrac{6}{5}$

0081 32배   0082 ①

0083 4 0084 ⑤   0085 ①   0086 ⑤   0087 ②   0088 ④

0089 $2^{\frac{1}{8}}$ 0090 3 0091 15 0092 ①   0093 22 0094 ⑤

0095 ②   0096 ②   0097 $\dfrac{2}{3}$ 0098 ③   0099 2 0100 2

0101 $\dfrac{3}{4}$

0102 ①   0103 ①   0104 $21\sqrt{5}$ 0105 8

02 / 로그   22~39쪽

0106 $-3=\log_{\frac{1}{3}}27$ 0107 $\dfrac{1}{2}=\log_{100}10$ 0108 49 0109 2

0110 5 0111 $0<x<5$

0112 $-4<x<-3$ 또는 $x>-3$

0113 $0<x<1$ 또는 $x>3$ 0114 3 0115 0 0116 $\dfrac{1}{2}$

0117 2 0118 1 0119 4 0120 2 0121 1 0122 $\dfrac{2}{3}$

0123 $\dfrac{3}{4}$ 0124 625 0125 $\dfrac{3}{4}$ 0126 $\dfrac{15}{8}$ 0127 25

0128 $2a+b$ 0129 $\dfrac{1+b}{a}-2$ 0130 -2 0131 -4

0132 $\dfrac{3}{5}$ 0133 1.5843 0134 -0.4157

0135 4.5843 0136 -4.4157 0137 0.7945

0138 2.7796 0139 -3.1931 0140 0.4041

0141 정수 부분: 1, 소수 부분: 0.6170

0142 정수 부분: 3, 소수 부분: 0.6170

0143 정수 부분: -3, 소수 부분: 0.6170

0144 정수 부분: -5, 소수 부분: 0.6170 0145 18.8

0146 18800 0147 0.188 0148 0.000188

0149 711 0150 7110 0151 0.00711

0152 0.00000711

0153 $\sqrt{3}$ 0154 ③   0155 25 0156 ④   0157 ①   0158 3

0159 ①   0160 1 0161 ②   0162 9 0163 ④   0164 10

0165 ④   0166 2 0167 ④   0168 ⑤   0169 ⑤   0170 ①

0171 $A<B<C$ 0172 ③   0173 ④   0174 $\dfrac{3+2a}{1+ab}$

0175 ②   0176 $\dfrac{m+n}{2n}$ 0177 ③   0178 ②   0179 ④

0180 ①   0181 ④   0182 ①   0183 ⑤   0184 ②   0185 -1

0186 ②   0187 ①   0188 ⑤   0189 4 0190 ①   0191 11.9

0192 5 0193 ③   0194 ④   0195 ③   0196 ⑤   0197 ⑤

0198 2.0949 0199 0.00582 0200 4 0201 ②

0202 ③   0203 $-\dfrac{9}{5}$ 0204 10000 0205 ⑤

0206 360 0207 ④   0208 1.8 0209 ②   0210 0.98 0211 ⑤

0212 32.7%

0213 ④   0214 ②   0215 ④   0216 $\log_2 3$ 0217 80

0218 ③   0219 ④   0220 $\dfrac{5}{2}$ 0221 ①   0222 ⑤

0223 2.0333 0224 ①   0225 20.1

0226 $x^2-19x+90=0$ 0227 $\dfrac{1}{2}$배   0228 3 0229 0

0230 $10^{\frac{34}{5}}$

0231 1 0232 45 0233 $\sqrt{3}$ 0234 794

0235 ㄱ, ㄹ   **0236** 81   **0237** $3\sqrt{3}$ **0238** $\dfrac{1}{27}$ **0239** 27

0240 1   **0241** $\dfrac{1}{125}$ **0242** 25   **0243** $\dfrac{1}{5}$ **0244** ㄴ, ㄷ, ㅁ

0245 $4^{10} < 8^{7}$ **0246** $\dfrac{1}{625} < \left(\sqrt{\dfrac{1}{5}}\right)^{5}$

0247 $\sqrt{3} < \sqrt[3]{9} < \sqrt{27}$ **0248** $\left(\sqrt{\dfrac{1}{7}}\right)^{5} < \dfrac{1}{7} < \left(\dfrac{1}{7}\right)^{-0.1}$

0249

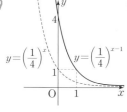

치역: $\{y | y > 0\}$,

점근선의 방정식: $y = 0$

0250

치역: $\{y | y > -4\}$,

점근선의 방정식: $y = -4$

0251

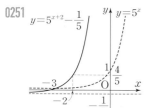

치역: $\left\{y \middle| y > -\dfrac{1}{5}\right\}$,

점근선의 방정식: $y = -\dfrac{1}{5}$

0252

치역: $\{y | y > 3\}$,

점근선의 방정식: $y = 3$

0253 $y = \left(\dfrac{1}{3}\right)^{x+6} - 3$ **0254** $y = -\left(\dfrac{1}{3}\right)^{x+2} + 5$

0255 $y = \left(\dfrac{1}{3}\right)^{-x+2} - 5$ **0256** $y = -\left(\dfrac{1}{3}\right)^{-x+2} + 5$

0257 최댓값: 49, 최솟값: $\dfrac{1}{7}$ **0258** 최댓값: 125, 최솟값: $\dfrac{1}{25}$

0259 최댓값: 27, 최솟값: -1 **0260** 최댓값: 28, 최솟값: 2

0261 최댓값: 3, 최솟값: $\dfrac{1}{27}$ **0262** 최댓값: 4, 최솟값: $\dfrac{1}{4}$

0263 최댓값: 125, 최솟값: $\dfrac{1}{5}$ **0264** 최댓값: 6, 최솟값: $\dfrac{1}{216}$

0265 $x = \dfrac{5}{2}$ **0266** $x = 3$ **0267** $x = \dfrac{1}{4}$

0268 $x = \dfrac{5}{3}$ **0269** $x = 3$ **0270** $x = -2$

0271 $x > \dfrac{1}{2}$ **0272** $x \geq -1$ **0273** $x \leq 1$

0274 $-1 < x < 3$ **0275** $x \leq 2$

0276 $x \leq -2$ 또는 $x \geq -1$

0277 ㄱ, ㄷ   **0278** ③   **0279** $\dfrac{1}{27}$ **0280** $\dfrac{28}{27}$ **0281** ⑤

0282 ④   **0283** $a < -3$ 또는 $a > 2$ **0284** 1   **0285** ④

0286 ④   **0287** -3 **0288** ①   **0289** $k < 2$ **0290** ④

0291 ①   **0292** 2   **0293** $\dfrac{1}{8}$ **0294** $\dfrac{25}{2}$ **0295** ⑤   **0296** ③

0297 ⑤   **0298** ②   **0299** $\dfrac{17}{4}$ **0300** ③   **0301** ④   **0302** ⑤

0303 ③   **0304** $\dfrac{26}{5}$ **0305** 4   **0306** ②   **0307** 2   **0308** ④

0309 ②   **0310** 1   **0311** ②   **0312** ⑤   **0313** 8   **0314** 2

0315 ②   **0316** ①   **0317** $\dfrac{13}{9}$ **0318** 12   **0319** -3 **0320** ②

0321 4   **0322** ②   **0323** ②   **0324** ③

0325 $x = \dfrac{1}{5}$ 또는 $x = 3$ **0326** ①   **0327** 84   **0328** ①

0329 ③   **0330** 3   **0331** ②   **0332** ③   **0333** ③

0334 $a < x < d$ **0335** ②   **0336** ①   **0337** $6 < a \leq 8$

0338 3   **0339** 4   **0340** ④   **0341** ①   **0342** 8   **0343** ⑤

0344 -4 **0345** ④   **0346** 3시간   **0347** ④   **0348** ②

0349 4번   **0350** 6

0351 ⑤   **0352** ㄱ, ㄹ   **0353** $\dfrac{7}{2}$ **0354** ⑤   **0355** $\dfrac{3}{2}$

0356 ①   **0357** $\dfrac{1}{32}$ **0358** 11   **0359** 9   **0360** 2   **0361** ①

0362 ⑤   **0363** ③   **0364** -2 **0365** $1 < x < 5$ **0366** ③

0367 4회   **0368** -6 **0369** $-3 < k < -2$ **0370** 4

0371 6   **0372** 128   **0373** 6   **0374** 12

유형
만렙

기출로 다지는 필수 유형서

대수

Structure
구성과 특징

A 개념 확인

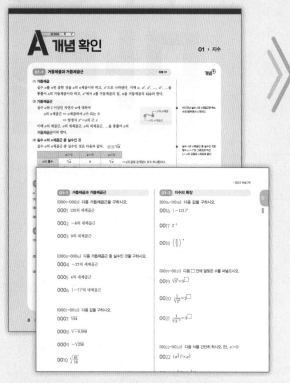

- 교과서 핵심 개념을 중단원별로 제공
- 개념을 익힐 수 있도록 충분한 기본 문제 제공
- 개념 이해를 도울 수 있는 예, 참고, TIP, 개념⁺ 등을 제공

B 유형 완성

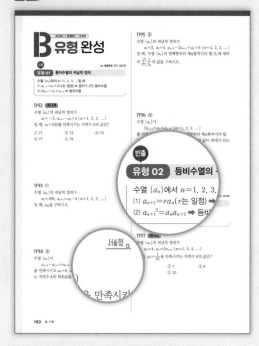

- 학교 기출 문제를 철저하게 분석하여 '개념, 발문 형태, 전략'에 따라 유형을 분류
- 학교 시험에 자주 출제되는 유형을 빈출로 구성
- 유형별로 문제를 해결하는 데 필요한 개념이나 풀이 전략 제공
- 유형별로 실력을 완성할 수 있게 유형 내 문제를 난이도 순서대로 구성
- 다양한 기출 문제를 풀어볼 수 있도록 학평, 모평, 수능 문제 구성
- 서술형으로 출제되는 문제는 답안 작성을 연습할 수 있도록 서술형 문제 구성
- 각 유형마다 실력을 탄탄히 다질 수 있게 개념루트 교재와 연계

AB 유형 점검

C 실력 향상

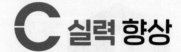

- 앞에서 학습한 A, B단계 문제를 풀어 실력 점검
- 틀린 문제는 해당 유형을 다시 점검할 수 있도록 문제마다 유형 제공
- 학교 시험에 자주 출제되는 서술형 문제 제공

- 사고력 문제를 풀어 고난도 시험 문제 대비

시험 직전 기출 390문제로 실전 대비

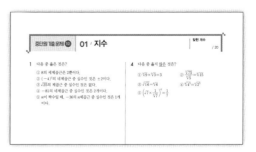

- 학교 시험에 자주 출제되는 문제로 실전 대비

Contents
차례

지수함수와 로그함수

01 / 지수   008

02 / 로그   022

03 / 지수함수   040

04 / 로그함수   060

삼각함수

05 / 삼각함수   084

06 / 삼각함수의 그래프   100

07 / 사인법칙과 코사인법칙   122

수열

08 / 등차수열과 등비수열   140

09 / 수열의 합   164

10 / 수학적 귀납법   180

◆ 상용로그표   196

◆ 삼각함수표   198

기출
BOOK

I

지수함수와 로그함수

01 / 지수

유형 01 거듭제곱근
유형 02 거듭제곱근의 계산
유형 03 거듭제곱근의 대소 비교
유형 04 식의 계산 – 지수가 정수인 경우
유형 05 식의 계산 – 지수가 실수인 경우
유형 06 거듭제곱근을 지수를 사용하여 나타내기
유형 07 거듭제곱을 주어진 문자로 나타내기
유형 08 거듭제곱이 자연수가 되도록 하는 미지수 구하기
유형 09 지수법칙과 곱셈 공식
유형 10 a^x+a^{-x} 꼴의 식의 값 구하기
유형 11 $\dfrac{a^x-a^{-x}}{a^x+a^{-x}}$ 꼴의 식의 값 구하기
유형 12 밑이 서로 다를 때 식의 값 구하기
유형 13 지수의 실생활에의 활용

02 / 로그

유형 01 로그의 정의
유형 02 로그의 밑과 진수의 조건
유형 03 로그의 성질
유형 04 로그의 밑의 변환
유형 05 로그의 여러 가지 성질
유형 06 로그를 주어진 문자로 나타내기
유형 07 조건을 이용하여 식의 값 구하기
유형 08 로그와 이차방정식
유형 09 로그의 정수 부분과 소수 부분
유형 10 상용로그의 값(1)
유형 11 상용로그의 값(2)
유형 12 상용로그의 정수 부분과 소수 부분
유형 13 상용로그의 진수 구하기
유형 14 상용로그의 정수 부분, 소수 부분과 이차방정식
유형 15 상용로그의 활용
유형 16 상용로그의 실생활에의 활용

03 / 지수함수

유형 01 지수함수의 함숫값
유형 02 지수함수의 성질
유형 03 지수함수의 그래프의 평행이동과 대칭이동
유형 04 지수함수의 그래프 위의 점
유형 05 지수함수의 그래프와 도형의 넓이
유형 06 지수함수를 이용한 수의 대소 비교
유형 07 지수함수의 최대, 최소 – $y=a^{px+q}+r$ 꼴
유형 08 지수함수의 최대, 최소 – $y=a^{px^2+qx+r}$ 꼴
유형 09 a^x 꼴이 반복되는 함수의 최대, 최소
유형 10 산술평균과 기하평균을 이용한 함수의 최대, 최소
유형 11 밑을 같게 할 수 있는 지수방정식
유형 12 a^x 꼴이 반복되는 지수방정식
유형 13 밑과 지수에 모두 미지수가 있는 지수방정식
유형 14 지수방정식의 응용
유형 15 밑을 같게 할 수 있는 지수부등식
유형 16 a^x 꼴이 반복되는 지수부등식
유형 17 밑과 지수에 모두 미지수가 있는 지수부등식
유형 18 지수부등식의 응용
유형 19 지수방정식과 지수부등식의 실생활에의 활용

04 / 로그함수

유형 01 로그함수의 함숫값
유형 02 로그함수의 성질
유형 03 로그함수의 그래프의 평행이동과 대칭이동
유형 04 로그함수의 그래프 위의 점
유형 05 로그함수의 그래프와 도형의 넓이
유형 06 로그함수의 역함수
유형 07 로그함수를 이용한 수의 대소 비교
유형 08 로그함수의 최대, 최소 – $y=\log_a(px+q)+r$ 꼴
유형 09 로그함수의 최대, 최소 – $y=\log_a(px^2+qx+r)$ 꼴
유형 10 $\log_a x$ 꼴이 반복되는 함수의 최대, 최소
유형 11 로그함수의 최대, 최소 – $y=x^{\log x}$ 꼴
유형 12 산술평균과 기하평균을 이용한 함수의 최대, 최소
유형 13 밑을 같게 할 수 있는 로그방정식
유형 14 $\log_a x$ 꼴이 반복되는 로그방정식
유형 15 지수에 로그가 있는 방정식
유형 16 로그방정식의 응용
유형 17 밑을 같게 할 수 있는 로그부등식
유형 18 $\log_a x$ 꼴이 반복되는 로그부등식
유형 19 지수에 로그가 있는 부등식
유형 20 로그부등식의 응용
유형 21 로그방정식과 로그부등식의 실생활에의 활용

01-1 **거듭제곱과 거듭제곱근**
유형 01
개념 ⊕

(1) 거듭제곱

실수 a를 n번 곱한 것을 a의 n제곱이라 하고, a^n으로 나타낸다. 이때 a, a^2, a^3, ..., a^n, ...을 통틀어 a의 거듭제곱이라 하고, a^n에서 a를 거듭제곱의 밑, n을 거듭제곱의 **지수**라 한다.

(2) 거듭제곱근

실수 a와 2 이상인 자연수 n에 대하여

a의 n제곱근 $\Leftrightarrow$ n제곱하여 a가 되는 수

$\Leftrightarrow$ 방정식 $x^n=a$의 근 x

이때 a의 제곱근, a의 세제곱근, a의 네제곱근, ...을 통틀어 a의 **거듭제곱근**이라 한다.

$$x^n = a \quad \begin{matrix} \text{└} x\text{의 } n\text{제곱} \\ \text{└} a\text{의 } n\text{제곱근} \end{matrix}$$

● 0이 아닌 실수 a의 n제곱근은 복소수의 범위에서 n개이다.

(3) 실수 a의 n제곱근 중 실수인 것

실수 a의 n제곱근 중 실수인 것은 다음과 같다. (1호) $\sqrt[n]{a}$

● 실수 a의 n제곱근 중 실수인 것은 함수 $y=x^n$의 그래프와 직선 $y=a$의 교점의 x좌표와 같다.

	$a>0$	$a=0$	$a<0$
n이 홀수	$\sqrt[n]{a}$	0	$\sqrt[n]{a}$ → a의 값에 관계없이 오직 하나뿐이다.
n이 짝수	$\sqrt[n]{a}$, $-\sqrt[n]{a}$	0	없다.

01-2 **거듭제곱근의 성질**
유형 02, 03

$a>0$, $b>0$이고 m, n이 2 이상인 자연수일 때

(1) $(\sqrt[n]{a})^n=a$

(2) $\sqrt[n]{a}\sqrt[n]{b}=\sqrt[n]{ab}$

(3) $\dfrac{\sqrt[n]{a}}{\sqrt[n]{b}}=\sqrt[n]{\dfrac{a}{b}}$

(4) $(\sqrt[n]{a})^m=\sqrt[n]{a^m}$

(5) $\sqrt[m]{\sqrt[n]{a}}=\sqrt[mn]{a}$

(6) $\sqrt[np]{a^{mp}}=\sqrt[n]{a^m}$ (단, p는 자연수)

● $\sqrt[n]{a^n}=\begin{cases} a & (n\text{이 홀수}) \\ |a| & (n\text{이 짝수}) \end{cases}$

● $a>0$, $b>0$이고 n은 2 이상인 자연수일 때, $a>b \Leftrightarrow \sqrt[n]{a}>\sqrt[n]{b}$

01-3 **지수의 확장**
유형 04~13

(1) 0 또는 음의 정수인 지수

$a\neq0$이고 n이 양의 정수일 때, $a^0=1$, $a^{-n}=\dfrac{1}{a^n}$

(2) 유리수인 지수

$a>0$이고 m, $n(n\geq2)$이 정수일 때, $a^{\frac{m}{n}}=\sqrt[n]{a^m}$, $a^{\frac{1}{n}}=\sqrt[n]{a}$

● 밑이 0인 경우는 정의하지 않는다.

(3) 지수법칙

$a>0$, $b>0$이고 x, y가 실수일 때

① $a^x a^y=a^{x+y}$ ② $a^x \div a^y=a^{x-y}$ ③ $(a^x)^y=a^{xy}$ ④ $(ab)^x=a^x b^x$

└ x, y의 대소에 관계없이 성립한다.

주의 지수가 정수가 아닌 유리수인 경우에는 밑이 음수이면 지수법칙을 이용할 수 없다.

예 $\{(-3)^2\}^{\frac{1}{2}}=(-3)^{2\times\frac{1}{2}}=-3$ (×) $\{(-3)^2\}^{\frac{1}{2}}=9^{\frac{1}{2}}=3$ (○)

● 지수법칙이 성립하기 위한 밑의 조건

지수의 범위	밑의 조건
자연수	$a\neq0$
정수	$a\neq0$
유리수	$a>0$
실수	$a>0$

01-1 거듭제곱과 거듭제곱근

[0001~0003] 다음 거듭제곱근을 구하시오.

0001 125의 세제곱근

0002 −8의 세제곱근

0003 9의 네제곱근

[0004~0006] 다음 거듭제곱근 중 실수인 것을 구하시오.

0004 −27의 세제곱근

0005 4의 네제곱근

0006 $(-7)^2$의 네제곱근

[0007~0010] 다음 값을 구하시오.

0007 $\sqrt[3]{64}$

0008 $\sqrt[3]{-0.008}$

0009 $-\sqrt[4]{256}$

0010 $\sqrt[4]{\dfrac{81}{16}}$

01-2 거듭제곱근의 성질

[0011~0015] 다음 식을 간단히 하시오.

0011 $\sqrt[3]{2} \times \sqrt[3]{4}$

0012 $\dfrac{\sqrt[4]{486}}{\sqrt[4]{6}}$

0013 $(\sqrt[8]{49})^4$

0014 $\sqrt[3]{\sqrt{729}}$

0015 $\sqrt[18]{5^6} \times \sqrt[15]{25^5}$

01-3 지수의 확장

[0016~0018] 다음 값을 구하시오.

0016 $(-121)^0$

0017 2^{-3}

0018 $\left(\dfrac{5}{3}\right)^{-4}$

[0019~0021] 다음 □ 안에 알맞은 수를 써넣으시오.

0019 $\sqrt[3]{5^7} = 5^{\square}$

0020 $\dfrac{1}{\sqrt[6]{2^5}} = 2^{\square}$

0021 $\dfrac{1}{\sqrt[8]{3^{-2}}} = 3^{\square}$

[0022~0024] 다음 식을 간단히 하시오. (단, $a>0$)

0022 $(a^{\frac{5}{6}})^3 \times a^{\frac{1}{2}}$

0023 $(a^{\frac{1}{2}})^3 \div (a^{\frac{1}{3}})^2$

0024 $(\sqrt[3]{a^4} \times \sqrt{a} \times a^{-\frac{1}{6}})^{\frac{1}{5}}$

[0025~0027] 다음 식을 간단히 하시오.

0025 $5^{\sqrt{7}+1} \div 5^{\sqrt{7}-1}$

0026 $3^{\sqrt{3}} \times 3^{\sqrt{48}} \div 3^{\sqrt{12}}$

0027 $(4^{\sqrt{2}})^{2\sqrt{2}} \div (4^{3\sqrt{3}})^{\frac{1}{\sqrt{3}}}$

B 유형 완성

하 10% ····· 중 80% ····· 상 10%

유형 01 거듭제곱근

실수 a와 2 이상인 자연수 n에 대하여
(1) a의 n제곱근 ⇔ n제곱하여 a가 되는 수
　　　　　　 ⇔ 방정식 $x^n=a$의 근 x
(2) a의 n제곱근 중 실수인 것은 다음과 같다.

	$a>0$	$a=0$	$a<0$
n이 홀수	$\sqrt[n]{a}$	0	$\sqrt[n]{a}$
n이 짝수	$\sqrt[n]{a}$, $-\sqrt[n]{a}$	0	없다.

0028 대표 문제

다음 중 옳지 <u>않은</u> 것은?

① 27의 세제곱근은 3개이다.
② $-\sqrt{36}$의 세제곱근 중 실수인 것은 $\sqrt[3]{-6}$이다.
③ 0.1^2의 제곱근 중 실수인 것은 ±0.1이다.
④ n이 홀수일 때, -5의 n제곱근 중 실수인 것은 $\sqrt[n]{-5}$이다.
⑤ n이 짝수일 때, -9의 n제곱근 중 실수인 것은 2개이다.

0029 중

$\sqrt{256}$의 네제곱근 중 음의 실수인 것을 a, -343의 세제곱근 중 실수인 것을 b라 할 때, ab의 값은?

① 10　　　　　② 12　　　　　③ 14
④ 16　　　　　⑤ 18

0030 중

| 학평 기출 |

$n\geq2$인 자연수 n에 대하여 $2n^2-9n$의 n제곱근 중에서 실수인 것의 개수를 $f(n)$이라 할 때, $f(3)+f(4)+f(5)+f(6)$의 값을 구하시오.

0031 중

실수 x와 2 이상인 자연수 n에 대하여 x의 n제곱근 중 실수인 것의 개수를 $N(x, n)$이라 할 때, 보기에서 옳은 것만을 있는 대로 고르시오.

┌ 보기 ┐
ㄱ. $N(6, 2)+N(-7, 3)=3$
ㄴ. n이 홀수일 때, $N(x, n)=1$
ㄷ. n이 짝수일 때, $N(x, n)=0$
└────┘

0032 상

자연수 n이 $2\leq n\leq10$일 때, $-n^2+11n-28$의 n제곱근 중 음의 실수가 존재하도록 하는 모든 n의 값의 합을 구하시오.

유형 02 거듭제곱근의 계산

$a>0$, $b>0$이고 m, n이 2 이상인 자연수일 때
(1) $(\sqrt[n]{a})^n=a$
(2) $\sqrt[n]{a}\sqrt[n]{b}=\sqrt[n]{ab}$
(3) $\dfrac{\sqrt[n]{a}}{\sqrt[n]{b}}=\sqrt[n]{\dfrac{a}{b}}$
(4) $(\sqrt[n]{a})^m=\sqrt[n]{a^m}$
(5) $\sqrt[m]{\sqrt[n]{a}}=\sqrt[mn]{a}$
(6) $\sqrt[np]{a^{mp}}=\sqrt[n]{a^m}$ (단, p는 자연수)

0033 대표 문제

다음 중 옳은 것은?

① $\sqrt[3]{4}\times\sqrt[3]{16}=2$
② $\dfrac{\sqrt[3]{-125}}{\sqrt[3]{-27}}=-\sqrt[3]{\dfrac{125}{27}}$
③ $\sqrt[3]{2^6}\div(\sqrt[5]{32})^2=2$
④ $\sqrt{\sqrt[3]{81}}\times\sqrt[3]{\sqrt{64}}=6$
⑤ $\sqrt[9]{4^6}\times\sqrt[6]{4^2}=2$

0034 ㉔

$\sqrt[3]{54}-\sqrt[6]{16}\times\sqrt[3]{4}+3\sqrt[3]{2}$를 간단히 하면?

① $\sqrt[3]{2}$ ② $2\sqrt[3]{2}$ ③ $3\sqrt[3]{2}$

④ $4\sqrt[3]{2}$ ⑤ $5\sqrt[3]{2}$

0035 ㉛

$\dfrac{\sqrt[3]{81}+\sqrt[6]{36}}{\sqrt[3]{9}\times\sqrt[3]{3}+\sqrt[3]{\sqrt{4}}}$을 간단히 하시오.

0036 ㉛

$a>0$일 때, $\sqrt[4]{\dfrac{\sqrt{a}}{\sqrt[3]{a}}}\times\sqrt{\dfrac{\sqrt[3]{a}}{\sqrt[4]{a}}}\times\sqrt[3]{\dfrac{\sqrt[4]{a}}{\sqrt{a}}}$를 간단히 하시오.

0037 ㉛

$a>0$, $b>0$일 때, $\sqrt[3]{a^3b^4\times\sqrt{a^5b^2}}\div\sqrt[4]{\sqrt[3]{a^9b^5}}=a^p\sqrt{b^q}$을 만족시키는 서로소인 두 자연수 p, q에 대하여 $p+q$의 값을 구하시오.

유형 03 **거듭제곱근의 대소 비교**

$a>0$, $b>0$이고 n이 2 이상인 자연수일 때,
$$a>b \iff \sqrt[n]{a}>\sqrt[n]{b}$$
참고 두 수의 차를 이용하여 실수의 대소를 비교할 수 있다.
➡ 두 실수 a, b에 대하여
    $a-b>0$이면 $a>b$
    $a-b=0$이면 $a=b$
    $a-b<0$이면 $a<b$

0038 대표 문제

세 수 $\sqrt[3]{\sqrt{27}}$, $\sqrt[3]{5}$, $\sqrt{\sqrt[3]{20}}$의 대소 관계는?

① $\sqrt[3]{\sqrt{27}}<\sqrt[3]{5}<\sqrt{\sqrt[3]{20}}$ ② $\sqrt[3]{5}<\sqrt[3]{\sqrt{27}}<\sqrt{\sqrt[3]{20}}$

③ $\sqrt[3]{5}<\sqrt{\sqrt[3]{20}}<\sqrt[3]{\sqrt{27}}$ ④ $\sqrt{\sqrt[3]{20}}<\sqrt[3]{5}<\sqrt[3]{\sqrt{27}}$

⑤ $\sqrt{\sqrt[3]{20}}<\sqrt[3]{\sqrt{27}}<\sqrt[3]{5}$

0039 ㉛   서술형

세 수 $\sqrt[3]{\sqrt{16}}$, $\sqrt{3\sqrt[3]{2}}$, $\sqrt{2\sqrt[3]{6}}$ 중에서 가장 작은 수를 a, 가장 큰 수를 b라 할 때, ab^2의 값을 구하시오.

0040 ㉘

세 수 $A=2\sqrt{2}+\sqrt[3]{3}$, $B=\sqrt{2}+2\sqrt[3]{3}$, $C=2\sqrt[4]{5}+\sqrt{2}$의 대소 관계는?

① $A<B<C$ ② $A<C<B$ ③ $B<A<C$

④ $B<C<A$ ⑤ $C<A<B$

유형 04 식의 계산 – 지수가 정수인 경우

(1) $a \neq 0$이고 n이 양의 정수일 때
  ① $a^0 = 1$
  ② $a^{-n} = \dfrac{1}{a^n}$

(2) $a \neq 0$, $b \neq 0$이고 m, n이 정수일 때
  ① $a^m a^n = a^{m+n}$
  ② $a^m \div a^n = a^{m-n}$
  ③ $(a^m)^n = a^{mn}$
  ④ $(ab)^n = a^n b^n$

0041 대표 문제

$\dfrac{25^{-2} + 5^{-5}}{3} \times \dfrac{5}{3^7 + 3^5}$ 를 간단히 하면?

① 15^{-5}
② 15^{-3}
③ 15^{-1}
④ 15
⑤ 15^3

0042 하

$3^{-3} \div (3^{-2})^{-4} \times 3^8 = 3^k$일 때, 정수 k의 값을 구하시오.

0043 중

$\sqrt{\dfrac{8^{-4} + 4^{-11}}{8^{-10} + 4^{-10}}}$ 을 간단히 하면?

① 2
② 4
③ 8
④ 16
⑤ 32

0044 중

$\dfrac{1}{2^{-3} + 1} + \dfrac{1}{2^{-1} + 1} + \dfrac{1}{2 + 1} + \dfrac{1}{2^3 + 1}$ 을 간단히 하시오.

유형 05 식의 계산 – 지수가 실수인 경우

(1) $a > 0$이고 m, $n (n \geq 2)$이 정수일 때
  ① $a^{\frac{m}{n}} = \sqrt[n]{a^m}$
  ② $a^{\frac{1}{n}} = \sqrt[n]{a}$

(2) $a > 0$, $b > 0$이고 x, y가 실수일 때
  ① $a^x a^y = a^{x+y}$
  ② $a^x \div a^y = a^{x-y}$
  ③ $(a^x)^y = a^{xy}$
  ④ $(ab)^x = a^x b^x$

0045 대표 문제

$\left\{ \left(\dfrac{16}{9} \right)^{-\frac{2}{3}} \right\}^{\frac{3}{4}} \times \left\{ \left(\dfrac{1}{4} \right)^{\frac{6}{5}} \right\}^{-\frac{5}{2}}$ 을 간단히 하면?

① 12
② 24
③ 48
④ 96
⑤ 192

0046 하

$\sqrt{\sqrt{81}} \times 3^{-\frac{1}{3}} \div \left(\dfrac{1}{9} \right)^{-\frac{1}{3}}$ 을 간단히 하시오.

0047 중   서술형

$a > 0$, $a \neq 1$일 때, $(a^{\sqrt{3}})^{3\sqrt{2}} \times (a^k)^{6\sqrt{6}} \div a^{4\sqrt{6}} = a^{\sqrt{6}}$을 만족시키는 실수 k의 값을 구하시오.

0048 중

이차방정식 $2x^2 - 6x + 1 = 0$의 두 실근을 α, β라 할 때, $\{2^\alpha \times 2^\beta + (49^\alpha)^\beta + 1\}^{\alpha\beta}$의 값을 구하시오.

◆◆ 개념루트 대수 24쪽

빈출

유형 06 거듭제곱근을 지수를 사용하여 나타내기

$a>0$이고 m, n이 2 이상인 정수일 때

(1) $\sqrt[n]{a^m}=a^{\frac{m}{n}}$ (2) $\sqrt[n]{a}=a^{\frac{1}{n}}$

0049 대표 문제

$a>0$, $a\neq1$일 때, $\sqrt{a^3\sqrt[3]{\sqrt{a}\times a^2}}=a^k$을 만족시키는 유리수 k의 값은?

① $\dfrac{2}{3}$ ② $\dfrac{7}{9}$ ③ $\dfrac{8}{9}$

④ 1 ⑤ $\dfrac{10}{9}$

0050 하

$\sqrt{3}\times\sqrt[3]{9}\times\sqrt[4]{27}=3^k$일 때, 유리수 k의 값을 구하시오.

0051 중 서술형

$\dfrac{\sqrt[3]{2\sqrt{2\sqrt[3]{2}}}}{\sqrt[6]{4\sqrt[6]{4}}}=2^{\frac{q}{p}}$일 때, 서로소인 두 자연수 p, q에 대하여 $p+q$의 값을 구하시오.

0052 중

$a>0$, $a\neq1$일 때, $\sqrt[3]{a\sqrt[4]{a^3\times\sqrt{a}}}\div\sqrt[6]{\sqrt[4]{a^k}\times a}=1$을 만족시키는 자연수 k의 값을 구하시오.

0053 중

m, n이 2 이상인 자연수일 때, $\sqrt[n]{\sqrt[m]{a}}=a^{f(m,\,n)}$을 만족시키는 $f(m,\,n)$에 대하여

$$f(3,\,5)+f(5,\,7)+f(7,\,9)+f(9,\,11)$$

의 값은? (단, $a>0$, $a\neq1$)

① $\dfrac{1}{33}$ ② $\dfrac{2}{33}$ ③ $\dfrac{1}{11}$

④ $\dfrac{4}{33}$ ⑤ $\dfrac{5}{33}$

0054 중 | 학평 기출 |

2 이상의 자연수 n에 대하여 넓이가 $\sqrt[n]{64}$인 정사각형의 한 변의 길이를 $f(n)$이라 할 때, $f(4)\times f(12)$의 값을 구하시오.

$a>0$, $k>0$이고 x가 0이 아닌 정수일 때,
$$a^x=k \Leftrightarrow a=k^{\frac{1}{x}}$$

0055 대표 문제

$3^5=a$, $16^2=b$일 때, 18^6을 a, b에 대한 식으로 나타내면?

① $a^2 b^{\frac{3}{4}}$ ② $a^{\frac{11}{5}} b^{\frac{3}{4}}$ ③ $a^{\frac{12}{5}} b^{\frac{3}{4}}$

④ $a^{\frac{11}{5}} b$ ⑤ $a^{\frac{12}{5}} b$

0056 하

$25^2=a$일 때, 125^{10}을 a에 대한 식으로 나타내면?

① a^6 ② $a^{\frac{13}{2}}$ ③ a^7

④ $a^{\frac{15}{2}}$ ⑤ a^8

0057 중   서술형

$a=\sqrt[3]{5}$, $b=\sqrt{3}$일 때, $a^m b^n=\sqrt[12]{45}$를 만족시키는 유리수 m, n에 대하여 $m+n$의 값을 구하시오.

a가 소수일 때, $a^{\frac{n}{m}}$이 자연수가 되려면 n이 m의 배수이어야 한다. (단, a, m, n은 자연수)

0058 대표 문제

$\left(\dfrac{1}{729}\right)^{\frac{1}{n}}$이 자연수가 되도록 하는 모든 정수 n의 값의 합은?

① -12 ② -6 ③ -1

④ 6 ⑤ 12

0059 중   서술형

양수 a, b, c에 대하여 $a^3=5$, $b^6=7$, $c^7=13$일 때, $(abc)^n$이 자연수가 되도록 하는 자연수 n의 최솟값을 구하시오.

0060 중 | 학평 기출 |

2 이상의 두 자연수 a, n에 대하여 $(\sqrt[n]{a})^3$의 값이 자연수가 되도록 하는 n의 최댓값을 $f(a)$라 하자. $f(4)+f(27)$의 값은?

① 13 ② 14 ③ 15

④ 16 ⑤ 17

0061 상

$2 \le n \le 150$인 자연수 n에 대하여 $\sqrt[6]{3\sqrt{5}}$가 어떤 자연수의 n제곱근이 되도록 하는 n의 개수를 구하시오.

◆◆ 개념루트 대수 26쪽

유형 09 지수법칙과 곱셈 공식

$a>0$, $b>0$이고 x, y가 실수일 때
(1) $(a^x+b^y)(a^x-b^y)=a^{2x}-b^{2y}$
(2) $(a^x \pm b^y)^2=a^{2x} \pm 2a^x b^y+b^{2y}$ (복부호 동순)
(3) $(a^x \pm b^y)(a^{2x} \mp a^x b^y+b^{2y})=a^{3x} \pm b^{3y}$ (복부호 동순)
(4) $(a^x \pm b^y)^3=a^{3x} \pm 3a^{2x}b^y+3a^x b^{2y} \pm b^{3y}$ (복부호 동순)

0062 대표 문제

$a>0$, $b>0$일 때,
$$(a^{\frac{1}{3}}-b^{\frac{1}{3}})(a^{\frac{2}{3}}+a^{\frac{1}{3}}b^{\frac{1}{3}}+b^{\frac{2}{3}})+(a^{\frac{1}{2}}-b^{\frac{1}{2}})(a^{\frac{1}{2}}+b^{\frac{1}{2}})$$
을 간단히 하면?

① a ② b ③ $2a$
④ $2b$ ⑤ $2a-2b$

0063 중

$(5^{2+\sqrt{2}}+5^{2-\sqrt{2}})^2-(5^{2+\sqrt{2}}-5^{2-\sqrt{2}})^2$을 간단히 하면?

① 5^4 ② 2×5^4 ③ 3×5^4
④ 4×5^4 ⑤ 5^5

0064 중

$a=\sqrt[3]{4}-\dfrac{1}{\sqrt[3]{4}}$일 때, $a^3+3a+\dfrac{1}{4}$의 값을 구하시오.

0065 중

$a>0$, $a \neq 1$일 때, $\dfrac{1}{1-a^{-1}}+\dfrac{1}{1+a^{-1}}+\dfrac{2}{1+a^{-2}}+\dfrac{4}{1-a^{-4}}$를 간단히 하시오.

◆◆ 개념루트 대수 28쪽

유형 10 a^x+a^{-x} 꼴의 식의 값 구하기

양수 a에 대하여
(1) $a^{2x}+a^{-2x}=(a^x \pm a^{-x})^2 \mp 2$ (복부호 동순)
(2) $a^{3x} \pm a^{-3x}=(a^x \pm a^{-x})^3 \mp 3(a^x \pm a^{-x})$ (복부호 동순)

0066 대표 문제

$a^{\frac{1}{2}}+a^{-\frac{1}{2}}=\sqrt{6}$일 때, a^3+a^{-3}의 값은? (단, $a>0$)

① 36   ② 40   ③ 44
④ 48   ⑤ 52

0067 하

$2^x+2^{-x}=3$일 때, 8^x+8^{-x}의 값을 구하시오.

0068 중   서술형

$x^2+x^{-2}=14$일 때, $x^{\frac{1}{2}}+x^{-\frac{1}{2}}+x+x^{-1}$의 값은 $a+b\sqrt{6}$이다. 이때 유리수 a, b에 대하여 $a+b$의 값을 구하시오.
(단, $x>0$)

0069 상

$a^{3x}-a^{-3x}=4$일 때, $\dfrac{a^{2x}+a^{-2x}}{a^x-a^{-x}}$의 값을 구하시오.
(단, $a>0$)

빈출

유형 11 $\dfrac{a^x-a^{-x}}{a^x+a^{-x}}$ 꼴의 식의 값 구하기

주어진 식의 값을 이용할 수 있도록 $\dfrac{a^x-a^{-x}}{a^x+a^{-x}}\,(a>0)$ 꼴의 분모, 분자에 각각 a^x, a^{2x} 등을 곱한다.

➡ $\dfrac{a^x(a^x-a^{-x})}{a^x(a^x+a^{-x})}=\dfrac{a^{2x}-1}{a^{2x}+1}$

빈출

유형 12 밑이 서로 다를 때 식의 값 구하기

$a^x=b^y=k\,(a>0,\ b>0,\ xy\neq0)$일 때, $a=k^{\frac{1}{x}}$, $b=k^{\frac{1}{y}}$임을 이용하여 밑을 같게 한다.

➡ $ab=k^{\frac{1}{x}+\frac{1}{y}}$, $\dfrac{a}{b}=k^{\frac{1}{x}-\frac{1}{y}}$

0074 대표 문제

실수 x, y에 대하여 $3^x=5^y=15$일 때, $\dfrac{1}{x}+\dfrac{1}{y}$의 값을 구하시오.

0070 대표 문제

$a^{2x}=5$일 때, $\dfrac{a^x+a^{-x}}{a^x-a^{-x}}$의 값은? (단, $a>0$)

① $\dfrac{1}{2}$ ② 1 ③ $\dfrac{3}{2}$

④ 2 ⑤ $\dfrac{5}{2}$

0075 중

실수 a, b에 대하여 $2.16^a=216^b=10$일 때, $\dfrac{1}{b}-\dfrac{1}{a}$의 값은?

① 1 ② 2 ③ 4

④ 9 ⑤ 10

0071 중

$4^{\frac{1}{x}}=9$일 때, $\dfrac{3^x-3^{-x}}{3^x+3^{-x}}$의 값을 구하시오.

0072 중   서술형

$\dfrac{a^x+a^{-x}}{a^x-a^{-x}}=3$일 때, $a^{2x}+a^{-2x}$의 값을 구하시오. (단, $a>0$)

0076 중 | 학평 기출 |

양수 a와 두 실수 x, y가

$$15^x=8,\quad a^y=2,\quad \dfrac{3}{x}+\dfrac{1}{y}=2$$

를 만족시킬 때, a의 값은?

① $\dfrac{1}{15}$ ② $\dfrac{2}{15}$ ③ $\dfrac{1}{5}$

④ $\dfrac{4}{15}$ ⑤ $\dfrac{1}{3}$

0073 상

$9^x+9^{-x}=14$일 때, $\dfrac{9^x-3^{-x}}{3^x-1}$의 값을 구하시오.

0077 (종) 서술형

$3^x=8^y=9^z=k$이고 $\dfrac{1}{x}+\dfrac{1}{y}+\dfrac{1}{z}=3$일 때, 양수 k의 값을 구하시오. (단, $xyz\neq0$)

0078 (종)

양수 a, b에 대하여 $a^x=b^y=7^z$이고 $\dfrac{1}{x}+\dfrac{1}{y}-\dfrac{2}{z}=0$일 때, ab의 값을 구하시오. (단, $xyz\neq0$)

0079 (종)

$3^a=4^b=7^c$이고 $ab=2$일 때, 7^{ac-bc}의 값은?

① $\dfrac{9}{16}$ 　　② $\dfrac{2}{3}$ 　　③ $\dfrac{3}{4}$

④ $\dfrac{4}{3}$ 　　⑤ $\dfrac{16}{9}$

유형 13 **지수의 실생활에의 활용**

(1) 식이 주어진 경우
   ➡ 주어진 식에서 각 문자가 나타내는 것이 무엇인지 파악한 후 조건에 따라 알맞은 값을 대입하고 지수법칙을 이용한다.
(2) 식이 주어지지 않은 경우
   ➡ 조건에 맞도록 식을 세운 후 지수법칙을 이용한다.

0080 대표 문제

어느 금융 상품에 A만 원을 투자하고 t년이 지난 후의 금액을 P만 원이라 하면

$$P=A\times\left(\dfrac{3}{2}\right)^{\frac{t}{4}}$$

인 관계가 성립한다고 한다. 이 금융 상품에 80만 원을 투자하고 7년이 지난 후의 금액을 P_1만 원, 100만 원을 투자하고 3년이 지난 후의 금액을 P_2만 원이라 할 때, $\dfrac{P_1}{P_2}$의 값을 구하시오.

0081 (종)

A, B 두 종류의 박테리아가 일정한 비율로 증식하는데 A는 3분마다 4배, B는 2분마다 2배로 개체 수가 증가한다고 한다. 증식하기 전 박테리아 A, B의 개체 수가 같았을 때, 30분 후 A의 개체 수는 B의 개체 수의 몇 배인지 구하시오.

0082 (상) | 학평 기출 |

어떤 펌프의 흡입구경 $D(\text{mm})$, 단위시간(분) 동안의 유체배출량 $Q(\text{m}^3/\text{분})$, 흡입구의 유속 $V(\text{m}/\text{분})$ 사이에 다음과 같은 관계가 성립한다고 한다.

$$D=k\left(\dfrac{Q}{V}\right)^{\frac{1}{2}} \quad (\text{단},\ V>0,\ k\text{는 양의 상수이다.})$$

두 펌프 A, B의 흡입구경을 각각 D_A, D_B, 단위시간(분) 동안의 유체배출량을 각각 Q_A, Q_B, 흡입구의 유속을 각각 V_A, V_B라 하자. Q_A가 Q_B의 $\dfrac{2}{3}$배, V_A가 V_B의 $\dfrac{8}{27}$배, $D_A-D_B=60$일 때, D_B의 값은?

① 120 　　② 125 　　③ 130

④ 135 　　⑤ 140

AB 유형 점검

0083 유형 01

6의 세제곱근 중 실수인 것의 개수를 a, -7의 네제곱근 중 실수인 것의 개수를 b, -512의 세제곱근의 개수를 c라 할 때, $a+b+c$의 값을 구하시오.

0084 유형 01 + 02 |학평 기출|

양수 k의 세제곱근 중 실수인 것을 a라 할 때, a의 네제곱근 중 양수인 것은 $\sqrt[3]{4}$이다. k의 값은?

① 16   ② 32   ③ 64
④ 128   ⑤ 256

0085 유형 02

$a>0$, $a\neq1$일 때, $\sqrt{a\sqrt[3]{a\sqrt[4]{a^3}}}=\sqrt[p]{a^q}$을 만족시키는 서로소인 두 자연수 p, q에 대하여 $p+q$의 값은?

① 43   ② 45   ③ 47
④ 49   ⑤ 51

0086 유형 03

세 수 $A=\sqrt[4]{5}$, $B=\sqrt[3]{\sqrt{10}}$, $C=\sqrt[4]{\sqrt[3]{98}}$의 대소 관계는?

① $A<C<B$ ② $B<A<C$ ③ $B<C<A$
④ $C<A<B$ ⑤ $C<B<A$

0087 유형 04

$a\neq0$, $b\neq0$일 때, $(a^{-3}b^4)^{-2}\times(ab^{-2})^3=a^mb^n$을 만족시키는 정수 m, n에 대하여 $m+n$의 값은?

① -6 ② -5 ③ -4
④ -3 ⑤ -2

0088 유형 04 + 05 + 06

다음 중 옳지 <u>않은</u> 것은? (단, $a>0$, $b>0$)

① $a^2\div a^{-4}\times a^3=a^9$ ② $81^{0.75}=27$

③ $\dfrac{\sqrt{8}}{9}\times3^{\frac{5}{2}}\times2^{-1}=\sqrt{6}$ ④ $\sqrt[3]{\dfrac{\sqrt[4]{a^3}}{\sqrt{a^4}}}=a^{\frac{5}{12}}$

⑤ $(a^{\sqrt2}b^{\frac{\sqrt2}{2}})^{-\sqrt2}=\dfrac{1}{a^2b}$

0089 유형 05 + 06

$x=4+\sqrt{11}$, $y=4-\sqrt{11}$일 때, $\dfrac{\{(a^2)^x\}^y}{\sqrt[4]{a^xa^y}}=2$를 만족시키는 양수 a의 값을 구하시오.

0090 유형 06

$a>0$, $a\neq1$일 때,

$$\sqrt[3]{a^2\times\sqrt{a}}\times\sqrt[3]{a^2}\div\sqrt{\sqrt{a^3}}=\sqrt[6]{a^3\times\sqrt{a^k}}$$

을 만족시키는 자연수 k의 값을 구하시오.

0091 유형 05 + 07

오른쪽 그림과 같은 정육면체 ABCD-EFGH의 부피가 2^4일 때, 삼각형 AFC의 넓이는 $\sqrt{3}\times2^{\frac{q}{p}}$이다. 이 때 서로소인 두 자연수 p, q에 대하여 pq의 값을 구하시오.

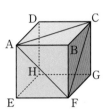

0092 유형 07

$5^{x+1}-5^x=a$, $3^{x+1}+3^x=b$일 때, 45^x을 a, b에 대한 식으로 나타내면?

① $\dfrac{ab^2}{64}$
② $\dfrac{a^2b}{64}$
③ $\dfrac{ab^2}{8}$

④ $\dfrac{a^2b}{8}$
⑤ $\dfrac{ab}{2}$

0093 유형 08 | 학평 기출 |

자연수 n에 대하여 $\sqrt[n+1]{8}$이 어떤 자연수의 네제곱근이 되도록 하는 모든 n의 값의 합을 구하시오.

0094 유형 09

$a=2$일 때, $(a^{-\frac{1}{3}}+a^{\frac{2}{3}})^3+(a^{-\frac{1}{3}}-a^{\frac{2}{3}})^3$의 값은?

① 9
② 10
③ 11

④ 12
⑤ 13

0095 유형 10

$5^{2x}-5^{x+1}-1=0$일 때, $\dfrac{5^{2x}+5^{-2x}+2}{5^{3x}-5^{-3x}+5}$의 값은?

① $\dfrac{1}{25}$
② $\dfrac{1}{5}$
③ 1

④ 5
⑤ 25

0096 유형 11

$\dfrac{a^x+a^{-x}}{a^x-a^{-x}}=5$일 때, $a^{4x}-a^{-2x}$의 값은? (단, $a>0$)

① $\dfrac{3}{2}$
② $\dfrac{19}{12}$
③ $\dfrac{5}{3}$

④ $\dfrac{7}{4}$
⑤ $\dfrac{11}{6}$

0097 유형 12

양수 a, b, c에 대하여 $abc=36$이고 $a^x=b^y=c^z=216$일 때, $\dfrac{1}{x}+\dfrac{1}{y}+\dfrac{1}{z}$의 값을 구하시오.

0098 유형 13

| 학평 기출 |

반지름의 길이가 r인 원형 도선에 세기가 I인 전류가 흐를 때, 원형 도선의 중심에서 수직 거리 x만큼 떨어진 지점에서의 자기장의 세기를 B라 하면 다음과 같은 관계식이 성립한다고 한다.

$$B=\frac{kIr^2}{2(x^2+r^2)^{\frac{3}{2}}}$$ (단, k는 상수이다.)

전류의 세기가 I_0 $(I_0>0)$으로 일정할 때, 반지름의 길이가 r_1인 원형 도선의 중심에서 수직 거리 x_1만큼 떨어진 지점에서의 자기장의 세기를 B_1, 반지름의 길이가 $3r_1$인 원형 도선의 중심에서 수직 거리 $3x_1$만큼 떨어진 지점에서의 자기장의 세기를 B_2라 하자. $\dfrac{B_2}{B_1}$의 값은? (단, 전류의 세기의 단위는 A, 자기장의 세기의 단위는 T, 길이와 거리의 단위는 m이다.)

① $\dfrac{1}{6}$ ② $\dfrac{1}{4}$ ③ $\dfrac{1}{3}$

④ $\dfrac{5}{12}$ ⑤ $\dfrac{1}{2}$

서술형

0099 유형 08

양수 a, b에 대하여 $a^6=3$, $b^{12}=27$일 때, $(\sqrt[4]{a^3b^6})^k$이 자연수가 되도록 하는 자연수 k의 최솟값을 구하시오.

0100 유형 10

$a^{\frac{1}{2}}+a^{-\frac{1}{2}}=3$일 때, $\dfrac{a^{\frac{3}{2}}+a^{-\frac{3}{2}}}{a+a^{-1}+2}$의 값을 구하시오.

(단, $a>0$)

0101 유형 12

$9^x=16^y=a^z$이고 $\dfrac{1}{x}-\dfrac{1}{y}=\dfrac{2}{z}$일 때, 양수 a의 값을 구하시오. (단, $xyz\neq0$)

C 실력 향상
하 ····· 중 ····· 상100%

0102
| 학평 기출 |

1이 아닌 세 양수 a, b, c와 1이 아닌 두 자연수 m, n이 다음 조건을 만족시킨다. 모든 순서쌍 (m, n)의 개수는?

> (가) $\sqrt[3]{a}$는 b의 m제곱근이다.
> (나) $\sqrt{b}$는 c의 n제곱근이다.
> (다) c는 a^{12}의 네제곱근이다.

① 4   ② 7   ③ 10
④ 13   ⑤ 16

0103
| 학평 기출 |

두 자연수 a, b에 대하여

$$\sqrt{\frac{2^a \times 5^b}{2}}\,\text{이 자연수,}\ \sqrt[3]{\frac{3^b}{2^{a+1}}}\,\text{이 유리수}$$

일 때, $a+b$의 최솟값은?

① 11   ② 13   ③ 15
④ 17   ⑤ 19

0104

$a > 1$이고 $\sqrt{a} + \dfrac{1}{\sqrt{a}} = 3$일 때, $\dfrac{a^2 + a^3}{1+a} - \dfrac{a^{-2} + a^{-3}}{1 + a^{-1}}$의 값을 구하시오.

0105

0이 아닌 실수 x, y가

$$4^x \times 3^y = 1,\ \frac{1}{2x} - \frac{1}{y} = -1$$

을 만족시킬 때, $\dfrac{9^y}{16^x}$의 값은 $2^a \times 3^b$이다. 이때 자연수 a, b에 대하여 $a+b$의 값을 구하시오.

◑ 기출 BOOK 2쪽

02-1 로그

개념 $^+$

(1) 로그의 정의

$a>0$, $a\neq1$일 때, 양수 N에 대하여 $a^x=N$을 만족시키는 실수 x는 오직 하나 존재한다. 이 실수 x를 기호로 $\log_a N$과 같이 나타내고, a를 밑으로 하는 N의 **로그**라 한다. 이때 N을 $\log_a N$의 **진수**라 한다.

$a^x = \boxed{N} \Longleftrightarrow x = \log_{a} \boxed{N}$ ← 진수
↓ 밑

예 $3^4=81 \Longleftrightarrow 4=\log_3 81$, $4^x=6 \Longleftrightarrow x=\log_4 6$

log는 logarithm의 약자이다.

(2) $\log_a N$이 정의되기 위한 밑과 진수의 조건

① 밑의 조건: $a>0$, $a\neq1$ ② 진수의 조건: $N>0$

02-2 로그의 성질

(1) 로그의 성질

$a>0$, $a\neq1$, $M>0$, $N>0$일 때

① $\log_a 1=0$, $\log_a a=1$

② $\log_a MN=\log_a M+\log_a N$

③ $\log_a \dfrac{M}{N}=\log_a M-\log_a N$

④ $\log_a M^k=k\log_a M$ (단, k는 실수)

예 ① $\log_2 1=0$, $\log_2 2=1$

③ $\log_3 \dfrac{7}{5}=\log_3 7-\log_3 5$

② $\log_5 14=\log_5 (2\times7)=\log_5 2+\log_5 7$

④ $\log_2 125=\log_2 5^3=3\log_2 5$

$\log_a(M+N)$
$\neq\log_a M+\log_a N$
$\log_a(M-N)$
$\neq\log_a M-\log_a N$

$\log_a \dfrac{1}{N}=\log_a N^{-1}=-\log_a N$
$\log_a a^k=k\log_a a=k$

(2) 로그의 밑의 변환

$a>0$, $a\neq1$, $b>0$일 때

① $\log_a b=\dfrac{\log_c b}{\log_c a}$ (단, $c>0$, $c\neq1$)

② $\log_a b=\dfrac{1}{\log_b a}$ (단, $b\neq1$)

예 ① $\log_5 7=\dfrac{\log_2 7}{\log_2 5}$

② $\log_5 7=\dfrac{1}{\log_7 5}$

$\log_a b\times\log_b a=1$
$\log_a b\times\log_b c\times\log_c a=1$
(단, $b\neq1$, $c>0$, $c\neq1$)

(3) 로그의 여러 가지 성질

$a>0$, $a\neq1$, $b>0$일 때

① $\log_{a^m} b^n=\dfrac{n}{m}\log_a b$ (단, m, n은 실수, $m\neq0$)

② $a^{\log_a b}=b$

③ $a^{\log_c b}=b^{\log_c a}$ (단, $c>0$, $c\neq1$)

예 ① $\log_9 8=\log_{3^2} 2^3=\dfrac{3}{2}\log_3 2$

② $5^{\log_5 6}=6$

③ $5^{\log_2 3}=3^{\log_2 5}$

정수 n에 대하여
$n\leq\log_a M<n+1$일 때,
$\log_a M$의 정수 부분
➡ n
$\log_a M$의 소수 부분
➡ $\log_a M-n$

02-1 로그

[0106~0107] 다음 등식을 $x=\log_a N$ 꼴로 나타내시오.

0106 $\left(\dfrac{1}{3}\right)^{-3}=27$

0107 $100^{\frac{1}{2}}=10$

[0108~0110] 다음 등식을 만족시키는 x의 값을 구하시오.

0108 $\log_{\sqrt{7}} x=4$

0109 $\log_x \dfrac{1}{8}=-3$

0110 $\log_x \sqrt{125}=\dfrac{3}{2}$

[0111~0113] 다음이 정의되도록 하는 실수 x의 값의 범위를 구하시오.

0111 $\log_2 (-x^2+5x)$

0112 $\log_{(x+4)} 8$

0113 $\log_x (x^2-4x+3)$

02-2 로그의 성질

[0114~0116] 다음 식을 간단히 하시오.

0114 $\log_2 1+\log_2 24+\log_2 \dfrac{1}{3}$

0115 $\log_3 8+\log_3 \sqrt{7}-\log_3 8\sqrt{7}$

0116 $\log_5 \sqrt{3}+\log_5 10+\log_5 \dfrac{1}{2\sqrt{15}}$

[0117~0118] 다음 식을 간단히 하시오.

0117 $\log_5 4 \times \log_2 5$

0118 $\log_2 3 \times \log_3 7 \times \log_7 2$

[0119~0121] 다음 식을 간단히 하시오.

0119 $\log_2 48-\dfrac{1}{\log_3 2}$

0120 $(\log_2 45-\log_2 15)(\log_3 24-\log_3 6)$

0121 $\log_5 (\log_2 3)+\log_5 (\log_3 32)$

[0122~0124] 다음 값을 구하시오.

0122 $\log_{125} 25$

0123 $\log_4 2\sqrt{2}$

0124 $16^{\log_2 5}$

[0125~0127] 다음 식을 간단히 하시오.

0125 $\log_4 2+\log_{16} 2$

0126 $(\log_2 3+\log_4 3)(\log_3 2+\log_{81} 2)$

0127 $7^{\log_7 125-\log_7 5}$

[0128~0129] $\log_2 3=a$, $\log_2 5=b$일 때, 다음을 a, b에 대한 식으로 나타내시오.

0128 $\log_2 45$

0129 $\log_3 \dfrac{10}{9}$

02-3 상용로그

유형 10~16

개념+

(1) 상용로그

양수 N에 대하여 $\log_{10} N$과 같이 10을 밑으로 하는 로그를 **상용로그**라 한다. 이때 상용로그 $\log_{10} N$은 밑 10을 생략하여 $\log N$과 같이 나타낸다.

● n이 실수일 때,
$\log 10^n = n \log 10 = n$

(2) 상용로그표

① 상용로그표는 0.01의 간격으로 1.00부터 9.99까지의 수에 대한 상용로그의 값을 반올림하여 소수점 아래 넷째 자리까지 나타낸 것이다.

수	0	1	⋯	6
1.0	.0000	.0043	⋯	.0253
1.1	.0414	.0453	⋯	.0645
⋮	⋮	⋮	⋯	⋮
5.1	.7076	.7084	⋯	.7126
5.2	.7160	.7168	⋯	.7210
5.3	.7243	.7251	⋯	.7292

● 상용로그표에서 상용로그의 값은 반올림하여 어림한 값이지만 편의상 등호를 사용하여 나타낸다.

② 로그의 성질을 이용하면 상용로그표에 없는 양수의 상용로그의 값도 구할 수 있다.

⟨예⟩ $\log 5.26$의 값은 상용로그표에서 5.2의 가로줄과 6의 세로줄이 만나는 곳에 있는 수 .7210이다.
이때 상용로그표에서 .7210은 0.7210을 뜻하므로 $\log 5.26 = 0.7210$이다.

TIP 상용로그표에 없는 $\log N$의 값을 구하는 방법

양수 N을 $a \times 10^n$($1 \le a < 10$, n은 정수) 꼴로 나타낸 후 로그의 성질과 상용로그표를 이용하여 구한다.

⟨예⟩ 상용로그표에서 $\log 5.26 = 0.7210$이므로

$$\log 526 = \log(10^2 \times 5.26)$$
$$= \log 10^2 + \log 5.26$$
$$= 2 + 0.7210$$
$$= 2.7210$$

(3) 상용로그의 정수 부분과 소수 부분

임의의 양수 N에 대하여 상용로그는 다음과 같이 나타낼 수 있다.

$$\log N = \underset{\log N \text{의 정수 부분}}{\underline{n}} + \underset{\log N \text{의 소수 부분}}{\underline{\alpha}} \quad (\text{단, } n \text{은 정수, } 0 \le \alpha < 1)$$

● $\log A$와 $\log B$의 소수 부분이 같으면
➡ $\log A - \log B = (\text{정수})$
$\log A$와 $\log B$의 소수 부분의 합이 1이면
➡ $\log A + \log B = (\text{정수})$

⟨예⟩ $\log 5.05 = 0.7033$일 때

• $\log 505 = \log(10^2 \times 5.05)$
$= \log 10^2 + \log 5.05 = \underset{\text{정수 부분}}{\underline{2}} + \underset{\text{소수 부분}}{\underline{0.7033}}$

• $\log 0.0505 = \log(10^{-2} \times 5.05)$
$= \log 10^{-2} + \log 5.05 = \underset{\text{정수 부분}}{\underline{-2}} + \underset{\text{소수 부분}}{\underline{0.7033}}$

주의 상용로그의 값이 음수인 경우에도 소수 부분의 범위는 항상 $0 \le (\text{소수 부분}) < 1$임에 주의한다.

⟨예⟩ $\log 0.00777 = -2.1096$에서

$\log 0.00777 = -2 - 0.1096 = (-2 - 1) + (1 - 0.1096) = -3 + 0.8904$

따라서 $\log 0.00777$의 정수 부분은 -3, 소수 부분은 0.8904이다.

이때 정수 부분을 -2, 소수 부분을 $\underline{-0.1096}$이라 하지 않도록 주의한다.
→ $0 \le (\text{소수 부분}) < 1$을 만족시키지 않는다.

02-3 상용로그

[0130~0132] 다음 값을 구하시오.

0130 $\log \dfrac{1}{100}$

0131 $\log 0.0001$

0132 $\log \sqrt[5]{1000}$

[0133~0136] $\log 3.84 = 0.5843$임을 이용하여 다음 값을 구하시오.

0133 $\log 38.4$

0134 $\log 0.384$

0135 $\log 38400$

0136 $\log 0.0000384$

[0137~0140] 아래 상용로그표를 이용하여 다음 값을 구하시오.

수	0	1	2	3	4
6.0	.7782	.7789	.7796	.7803	.7810
6.1	.7853	.7860	.7868	.7875	.7882
6.2	.7924	.7931	.7938	.7945	.7952
6.3	.7993	.8000	.8007	.8014	.8021
6.4	.8062	.8069	.8075	.8082	.8089

0137 $\log 6.23$

0138 $\log 602$

0139 $\log 0.000641$

0140 $\log \sqrt{6.43}$

[0141~0144] $\log 4.14 = 0.6170$임을 이용하여 다음 상용로그의 정수 부분과 소수 부분을 구하시오.

0141 $\log 41.4$

0142 $\log 4140$

0143 $\log 0.00414$

0144 $\log 0.0000414$

[0145~0148] $\log 1.88 = 0.2742$임을 이용하여 다음 등식을 만족시키는 양수 N의 값을 구하시오.

0145 $\log N = 1.2742$

0146 $\log N = 4.2742$

0147 $\log N = -0.7258$

0148 $\log N = -3.7258$

[0149~0152] $\log 7.11 = 0.8519$임을 이용하여 다음 등식을 만족시키는 양수 N의 값을 구하시오.

0149 $\log N = 2.8519$

0150 $\log N = 3.8519$

0151 $\log N = -2.1481$

0152 $\log N = -5.1481$

B 유형 완성

하 10% ···· 중 80% ···· 상 10%

◆◆ 개념루트 대수 42쪽

유형 01 로그의 정의

$a>0$, $a\neq1$, $N>0$일 때,
$$x=\log_a N \iff a^x=N$$

0153 대표 문제

$\log_a 2=4$, $\log_2 9=b$를 만족시키는 a, b에 대하여 a^b의 값을 구하시오.

0154 (하) | 학평 기출 |

양수 a에 대하여 $\log_2 \dfrac{a}{4}=b$일 때, $\dfrac{2^b}{a}$의 값은?

① $\dfrac{1}{16}$ ② $\dfrac{1}{8}$ ③ $\dfrac{1}{4}$

④ $\dfrac{1}{2}$ ⑤ 1

0155 (중) 서술형

$\log_2 (\log_3 a)=1$, $\log_3 \{\log_2 (\log_4 b)\}=0$을 만족시키는 a, b에 대하여 $a+b$의 값을 구하시오.

0156 (중)

$x=\log_5 (1+\sqrt{2})$일 때, 5^x+5^{-x}의 값은?

① $\sqrt{2}$ ② 2 ③ $1+\sqrt{2}$

④ $2\sqrt{2}$ ⑤ $2+2\sqrt{2}$

유형 02 로그의 밑과 진수의 조건

$\log_{f(x)} g(x)$가 정의되려면
➡ $f(x)>0$, $f(x)\neq1$, $g(x)>0$

0157 대표 문제

$\log_{(x-3)} (-x^2+7x+8)$이 정의되도록 하는 정수 x의 개수는?

① 3   ② 4   ③ 5

④ 6   ⑤ 7

0158 (중) 서술형

$\log_x (x-2)^2$과 $\log_{(5-x)} |x-5|$가 모두 정의되도록 하는 정수 x의 값을 구하시오.

0159 (중) | 학평 기출 |

모든 실수 x에 대하여 $\log_a (x^2+2ax+5a)$가 정의되기 위한 모든 정수 a의 값의 합은?

① 9   ② 11   ③ 13

④ 15   ⑤ 17

◇◆ 개념루트 대수 44쪽

유형 03 로그의 성질

$a>0$, $a\neq1$, $M>0$, $N>0$일 때
(1) $\log_a 1=0$, $\log_a a=1$
(2) $\log_a MN=\log_a M+\log_a N$
(3) $\log_a \dfrac{M}{N}=\log_a M-\log_a N$
(4) $\log_a M^k=k\log_a M$ (단, k는 실수)

0160 대표 문제

$2\log_2 \sqrt{6}+\dfrac{1}{2}\log_2 5-\log_2 3\sqrt{5}$를 간단히 하시오.

0161 중

다음 식을 간단히 하면?

$$\log_5\left(1+\dfrac{1}{2}\right)+\log_5\left(1+\dfrac{1}{3}\right)+\log_5\left(1+\dfrac{1}{4}\right)\\+\cdots+\log_5\left(1+\dfrac{1}{49}\right)$$

① 1 　　　② 2 　　　③ 3
④ 4 　　　⑤ 5

0162 상

36의 모든 양의 약수를 a_1, a_2, a_3, $\ldots$, a_9라 할 때,
$$\log_6 a_1+\log_6 a_2+\log_6 a_3+\cdots+\log_6 a_9$$
의 값을 구하시오.

◇◆ 개념루트 대수 44쪽

유형 04 로그의 밑의 변환

로그의 밑이 다를 때는 밑의 변환 공식을 이용하여 밑을 같게 한다.
➡ $a>0$, $a\neq1$, $b>0$일 때
(1) $\log_a b=\dfrac{\log_c b}{\log_c a}$ (단, $c>0$, $c\neq1$)
(2) $\log_a b=\dfrac{1}{\log_b a}$ (단, $b\neq1$)

0163 대표 문제

$\log_3 25 \times \log_5 \sqrt{7} \times \log_7 27$을 간단히 하면?

① -3 　　　② -1 　　　③ 1
④ 3 　　　⑤ 5

0164 하

$\dfrac{1}{\log_2 x}+\dfrac{1}{\log_5 x}+\dfrac{1}{\log_{10} x}=2$일 때, x의 값을 구하시오.

(단, $x>0$, $x\neq1$)

0165 중

$(\log_{10} 5)^2+\dfrac{\log_{10} 50}{1+\log_2 5}$을 간단히 하면?

① $\log_{10} 2$ 　　　② $\log_5 2$ 　　　③ $\log_{10} 5$
④ 1 　　　⑤ $\log_2 5$

0166 ㉣

다음 식을 간단히 하시오.

$$\log_3 (\log_2 3) + \log_3 (\log_3 4) + \log_3 (\log_4 5)$$
$$+ \cdots + \log_3 (\log_{511} 512)$$

0167 ㉤

1이 아닌 서로 다른 양수 a, b에 대하여 $\log_a b = \log_b a$일 때, $2a + 8b$의 최솟값은?

① 5   ② 6   ③ 7
④ 8   ⑤ 9

◆◆ 개념루트 대수 46쪽

빈출

유형 05 로그의 여러 가지 성질

$a > 0$, $a \neq 1$, $b > 0$일 때
(1) $\log_{a^m} b^n = \dfrac{n}{m} \log_a b$ (단, m, n은 실수, $m \neq 0$)
(2) $a^{\log_a b} = b$
(3) $a^{\log_c b} = b^{\log_c a}$ (단, $c > 0$, $c \neq 1$)

0168 대표문제

$2^{3\log_2 5 + \log_2 3 - \log_2 15}$을 간단히 하면?

① 5   ② 10   ③ 15
④ 20   ⑤ 25

0169 ㉮

$\log_5 2 = a$, $\log_2 11 = b$를 만족시키는 a, b에 대하여 25^{ab}의 값은?

① $\dfrac{1}{121}$ ② $\dfrac{1}{11}$ ③ 1
④ 11   ⑤ 121

0170 ㉣

$x = \dfrac{2}{\log_3 16} + \log_{16} 27 - \dfrac{\log_{\sqrt{5}} 3}{\log_{\sqrt{5}} 2}$일 때, 16^x의 값은?

① 3   ② 4   ③ 5
④ 6   ⑤ 7

0171 ㉣   서술형

세 수 $A = 4^{\log_2 8 - \log_2 12}$, $B = \log_9 \sqrt{3} - \log_{16} \dfrac{1}{2}$,
$C = \log_{\frac{1}{2}} \{\log_9 (\log_4 64)\}$의 대소를 비교하시오.

0172 중

| 모평 기출 |

두 양수 a, b에 대하여 좌표평면 위의 두 점 $(2, \log_4 a)$, $(3, \log_2 b)$를 지나는 직선이 원점을 지날 때, $\log_a b$의 값은? (단, $a \neq 1$)

① $\dfrac{1}{4}$ ② $\dfrac{1}{2}$ ③ $\dfrac{3}{4}$

④ 1 ⑤ $\dfrac{5}{4}$

◈◆ 개념루트 대수 48쪽

유형 06 로그를 주어진 문자로 나타내기

$\log_a b = c$ 또는 $a^x = b$ 꼴의 조건이 주어지고 이를 이용하여 로그를 주어진 문자로 나타낼 때는 다음과 같은 순서로 한다.
(1) 주어진 로그와 구하는 로그의 밑을 같게 한다.
(2) 주어진 로그를 이용할 수 있도록 구하는 로그의 진수를 곱의 형태로 변형한다.
(3) (2)의 식에서 주어진 로그를 문자로 나타낸다.

0173 대표 문제

$\log_6 2 = a$, $\log_6 5 = b$일 때, $\log_{20} \sqrt{50}$을 a, b에 대한 식으로 나타내면?

① $\dfrac{a+b}{2a+b}$ ② $\dfrac{a+2b}{2a+b}$ ③ $\dfrac{a+b}{4a+2b}$

④ $\dfrac{a+2b}{4a+2b}$ ⑤ $\dfrac{a+b}{4a-2b}$

0174 중

$\log_2 3 = a$, $\log_3 15 = b$일 때, $\log_{30} 72$를 a, b에 대한 식으로 나타내시오.

0175 중

$5^a = x$, $5^b = y$일 때, $\log_{xy^2} \sqrt{xy}$를 a, b에 대한 식으로 나타내면? (단, $ab \neq 0$)

① $\dfrac{a-b}{2a+4b}$ ② $\dfrac{a+b}{2a+4b}$ ③ $\dfrac{a-b}{2a-4b}$

④ $\dfrac{a+b}{2a-4b}$ ⑤ $\dfrac{a+b}{a+2b}$

0176 중

서술형

양수 a, b에 대하여 $a^m = b^n = 2$일 때, $\log_{a^2} ab$를 m, n에 대한 식으로 나타내시오.

0177 상

$\log_2 5 = x$, $\log_5 3 = y$, $\log_3 11 = z$일 때, $\log_3 66$을 x, y, z에 대한 식으로 나타내면?

① $\dfrac{z+xyz}{xy}$ ② $\dfrac{1+xyz}{xy}$ ③ $\dfrac{1+xy+xyz}{xy}$

④ $\dfrac{x+y+xyz}{yz}$ ⑤ $\dfrac{xy+yz}{yz}$

빈출

유형 07 조건을 이용하여 식의 값 구하기

조건을 이용하여 식의 값을 구할 때는 로그의 정의와 성질을 이용하여 주어진 조건을 변형한 후 구하는 식에 대입한다.

0178 대표 문제

실수 x, y에 대하여 $5^x=27$, $45^y=243$일 때, $\dfrac{3}{x}-\dfrac{5}{y}$의 값은?

① -3　　② -2　　③ -1
④ 1　　⑤ 2

0179 ⓝ

양수 a, b에 대하여 $a^3b^2=1$일 때, $\log_a a^4b^3$의 값은?
(단, $a\neq1$)

① -2　　② $-\dfrac{3}{2}$　　③ -1
④ $-\dfrac{1}{2}$　　⑤ 0

0180 ⓝ

1이 아닌 양수 a, b, c에 대하여 $a^2=b^5=c^7$이 성립할 때, 세 수 $A=\log_a b$, $B=\log_b c$, $C=\log_c a$의 대소 관계는?

① $A<B<C$　　② $A<C<B$　　③ $B<A<C$
④ $B<C<A$　　⑤ $C<A<B$

0181 ⓝ

1이 아닌 양수 a, b, c에 대하여
$$\log_a x=2, \quad \log_b x=7, \quad \log_c x=14$$
일 때, $\log_{abc}\sqrt{x}$의 값은?

① $\dfrac{1}{10}$　　② $\dfrac{3}{10}$　　③ $\dfrac{1}{2}$
④ $\dfrac{7}{10}$　　⑤ $\dfrac{9}{10}$

0182 ⓝ
| 모평 기출 |

1보다 큰 세 실수 a, b, c가
$$\log_a b=\frac{\log_b c}{2}=\frac{\log_c a}{4}$$
를 만족시킬 때, $\log_a b+\log_b c+\log_c a$의 값은?

① $\dfrac{7}{2}$　　② 4　　③ $\dfrac{9}{2}$
④ 5　　⑤ $\dfrac{11}{2}$

0183 ⓢ

1이 아닌 양수 a, b, c가 다음 조건을 만족시킬 때, $\log_2 abc$의 값은?

> (가) $\sqrt[4]{a}=\sqrt[3]{b}=\sqrt{c}$
> (나) $\log_{16} a+\log_8 b+\log_4 c=3$

① 5　　② 6　　③ 7
④ 8　　⑤ 9

◈◆ 개념루트 대수 52쪽

유형 08 로그와 이차방정식

이차방정식 $px^2+qx+r=0$의 두 근이 $\log_a \alpha$, $\log_a \beta$이면

(1) $\log_a \alpha+\log_a \beta=\log_a \alpha\beta=-\dfrac{q}{p}$

(2) $\log_a \alpha \times \log_a \beta=\dfrac{r}{p}$

0184 대표 문제

이차방정식 $x^2-6x+1=0$의 두 근을 $\log_{10} a$, $\log_{10} b$라 할 때, $\log_a \sqrt{b}+\log_b \sqrt{a}$의 값은?

① 15   ② 17   ③ 19

④ 21   ⑤ 23

0185 중

서술형

이차방정식 $x^2-10x+4=0$의 두 근을 α, β라 할 때, $\log_{\alpha\beta}\left(\dfrac{1}{\alpha}+\dfrac{1}{\beta}\right)+\log_{\frac{1}{\alpha\beta}}(\alpha+\beta)$의 값을 구하시오.

0186 중

이차방정식 $x^2-3x\log_6 2-2\log_6 3+\log_6 2=0$의 두 근을 α, β라 할 때, $(\alpha-1)(\beta-1)$의 값은?

① -2 ② -1 ③ 1

④ 2   ⑤ 3

◈◆ 개념루트 대수 52쪽

유형 09 로그의 정수 부분과 소수 부분

$a>1$이고 양수 M과 정수 n에 대하여 $a^n \leq M < a^{n+1}$일 때,

$\log_a a^n \leq \log_a M < \log_a a^{n+1}$

$\therefore n \leq \log_a M < n+1$

➡ $\log_a M$의 정수 부분은 n, 소수 부분은 $\log_a M-n$

0187 대표 문제

$\log_3 24$의 정수 부분을 a, 소수 부분을 b라 할 때, 3^a+3^b의 값은?

① $\dfrac{35}{3}$ ② 13   ③ $\dfrac{41}{3}$

④ 14   ⑤ $\dfrac{43}{3}$

0188 중

$\log_2 12$의 소수 부분을 a라 할 때, 2^a의 값은?

① $\dfrac{1}{2}$ ② $\dfrac{3}{4}$ ③ 1

④ $\dfrac{5}{4}$ ⑤ $\dfrac{3}{2}$

0189 중

$\dfrac{\log_5 9}{\log_5 4}$의 정수 부분을 a, 소수 부분을 b라 할 때,

$$\dfrac{b-a}{a+b}=1-\log_3 k$$

를 만족시키는 자연수 k의 값을 구하시오.

◇◈ 개념루트 대수 58쪽

유형 10 상용로그의 값 (1)

(1) 상용로그: 10을 밑으로 하는 로그
(2) 주어진 상용로그의 값을 이용할 수 있도록 구하는 상용로그의 진수를 변형한다.

0190 대표 문제

$\log 3 = 0.4771$, $\log 5 = 0.6990$일 때, $\log 2 + \log 75$의 값은?

① 2.1761   ② 2.2219   ③ 2.3801
④ 2.6532   ⑤ 2.8751

0191 종

양수 x에 대하여 $\log \sqrt[3]{x} = 1.32$일 때, $\log 100x^2 + \log \sqrt{x}$의 값을 구하시오.

◇◈ 개념루트 대수 58쪽

유형 11 상용로그의 값 (2)

$\log A$의 값이 주어지면 구하는 값을 $\log(10^n \times A)$ 꼴로 변형한 후 $\log(10^n \times A) = n + \log A$임을 이용한다.

0192 대표 문제

$\log 2 = 0.3010$일 때, 보기에서 옳은 것의 개수를 구하시오.

┌ 보기 ─────────────────────
ㄱ. $\log 5 = 0.6990$ ㄴ. $\log 200 = 2.3010$
ㄷ. $\log 5000 = 3.6990$ ㄹ. $\log 0.5 = -1.3010$
ㅁ. $\log 0.005 = -2.3010$ ㅂ. $\log 0.02 = -1.6990$
└──────────────────────────

0193 종

다음은 상용로그표의 일부이다.

수	$\cdots$	7	8	9
$\vdots$	$\vdots$	$\vdots$	$\vdots$	$\vdots$
5.9	$\cdots$	.7760	.7767	.7774
6.0	$\cdots$	.7832	.7839	.7846
6.1	$\cdots$	.7903	.7910	.7917

이 표를 이용하여 구한 $\log 607 + \log 0.607$의 값은?

① 1.5664   ② 2.0664   ③ 2.5664
④ 3.0664   ⑤ 3.5664

◇◈ 개념루트 대수 60쪽

유형 12 상용로그의 정수 부분과 소수 부분

양수 N에 대하여 $\log N$의 정수 부분이 n, 소수 부분이 α이면
(1) $10^n \le N < 10^{n+1}$ (2) $\alpha = \log N - n$

0194 대표 문제

$\log x = 2.8$일 때, $\log \dfrac{1}{x^2} + \log \sqrt[4]{x}$의 정수 부분과 소수 부분을 차례로 나열한 것은?

① -5, 0.1   ② -5, 0.9   ③ -4, 0.1
④ -4, 0.5   ⑤ -4, 0.9

0195 하

$\log a$의 정수 부분이 2일 때, 자연수 a의 개수는?

① 9   ② 90   ③ 900
④ 9000   ⑤ 90000

0196 (종)

양수 N에 대하여 $\log N$의 정수 부분을 m, $\log \dfrac{1000}{N}$의 정수 부분을 n이라 할 때, 다음 중 $m+n$의 값이 될 수 있는 것은?

① -2 ② -1 ③ 0
④ 1 ⑤ 2

0197 (종)

자연수 N에 대하여 $\log N$의 정수 부분을 $f(N)$이라 할 때,
$$f(1)+f(3)+f(5)+\cdots+f(149)$$
의 값은?

① 91 ② 92 ③ 93
④ 94 ⑤ 95

◆ 개념루트 대수 60쪽

유형 13   **상용로그의 진수 구하기**

> 주어진 상용로그의 값을 이용할 수 있도록 로그의 값을
> $$\log N=n+\alpha\,(n\text{은 정수},\ 0\le\alpha<1)$$
> 꼴로 나타낸다.

0198 [대표 문제]

$\log 1.21=0.0828$일 때, $\log 121=a$, $\log b=-1.9172$를 만족시키는 a, b에 대하여 $a+b$의 값을 구하시오.

0199 (종)   서술형

$\log 582=2.7649$일 때, $\log N=-2.2351$을 만족시키는 양수 N의 값을 구하시오.

유형 14   **상용로그의 정수 부분, 소수 부분과 이차방정식**

> $\log A=n+\alpha\,(n\text{은 정수},\ 0\le\alpha<1)$일 때, $\log A$의 정수 부분과 소수 부분이 이차방정식 $px^2+qx+r=0$의 두 근이면 이차방정식의 근과 계수의 관계에 의하여
> $$n+\alpha=-\frac{q}{p},\ n\alpha=\frac{r}{p}$$

0200 [대표 문제]

이차방정식 $5x^2-12x+k=0$의 두 근이 $\log N$의 정수 부분과 소수 부분일 때, 상수 k의 값을 구하시오.

0201 (종)

이차방정식 $x^2+ax+b=0$의 두 근이 $\log 800$의 정수 부분과 소수 부분일 때, 상수 a, b에 대하여 $a+b$의 값은?

① $\log 0.008$ ② $\log 0.08$ ③ $\log 0.8$
④ $\log 8$ ⑤ $\log 80$

0202 ⓢ

이차방정식 $ax^2 + (2-3a)x + a + 1 = 0$의 두 근이 $\log A$의 정수 부분과 소수 부분일 때, 상수 a의 값은? (단, $a > 2$)

① 3   ② 4   ③ 5

④ 6   ⑤ 7

0203 ⓢ

이차방정식 $x^2 + ax + b = 0$의 두 근은 $\log N$의 정수 부분과 소수 부분이고, 이차방정식 $x^2 - ax + b - \dfrac{8}{5} = 0$의 두 근은 $\log \dfrac{1}{N}$의 정수 부분과 소수 부분이다. 이때 상수 a, b에 대하여 $a - b$의 값을 구하시오.

(단, $\log N$의 소수 부분은 0이 아니다.)

◆◆ 개념루트 대수 62쪽

유형 15   상용로그의 활용

(1) 두 상용로그의 소수 부분이 같으면
➡ 두 상용로그의 차가 정수이다.
(2) 두 상용로그의 소수 부분의 합이 1이면
➡ 두 상용로그의 합이 정수이다.

0204 [대표 문제]

$10 < x < 100$이고 $\log \sqrt{x}$와 $\log \dfrac{1}{x}$의 차가 정수일 때, x^3의 값을 구하시오.

0205 ⓢ

$\log x$의 정수 부분이 2이고, $\log x^2$의 소수 부분과 $\log \sqrt{x}$의 소수 부분의 합이 1이 되도록 하는 모든 실수 x의 값의 곱이 $10^{\frac{q}{p}}$일 때, 서로소인 두 자연수 p, q에 대하여 $p + q$의 값은?

① 23   ② 25   ③ 27

④ 29   ⑤ 31

0206 ⓢ

양수 a, b가 다음 조건을 만족시킬 때, $a + b$의 값을 구하시오.

(가) $10 < a < 100$
(나) $b = 3a$
(다) $\log a^2$의 소수 부분과 $\log 3b$의 소수 부분이 같다.

0207 ⓢ

다음 조건을 만족시키는 모든 양수 x의 값의 곱은?

(단, $[x]$는 x보다 크지 않은 최대의 정수)

(가) $\log \dfrac{1}{5} - \left[\log \dfrac{1}{5} \right] = \log x - [\log x]$
(나) $[\log x]^2 = [\log x] + 6$

① 10   ② 20   ③ 30

④ 40   ⑤ 50

◇◆ 개념루트 대수 64쪽

유형 16 상용로그의 실생활에의 활용

(1) 식이 주어진 경우
 ➡ 주어진 식에서 각 문자가 나타내는 것이 무엇인지 파악한
   후 조건에 따라 알맞은 문자 또는 값을 대입한다.
(2) 일정하게 증가, 감소하는 경우
 ① 증가: 처음 양 A가 매년 $r\%$씩 증가할 때 n년 후의 양
  ➡ $A\left(1+\dfrac{r}{100}\right)^{n}$
 ② 감소: 처음 양 A가 매년 $r\%$씩 감소할 때 n년 후의 양
  ➡ $A\left(1-\dfrac{r}{100}\right)^{n}$

0208 대표 문제

용액의 산성도를 나타내는 pH와 용액 1 L에 녹아 있는 수소 이온 농도 [H^{+}] 사이에는 다음과 같은 관계식이 성립한다고 한다.

$$pH=-\log [H^{+}]$$

pH 4.6인 용액의 수소 이온 농도가 pH 6.4인 용액의 수소 이온 농도의 10^{k}배일 때, 상수 k의 값을 구하시오.

0209 ⑧

| 모평 기출 |

고속철도의 최고소음도 L(dB)을 예측하는 모형에 따르면 한 지점에서 가까운 선로 중앙 지점까지의 거리를 d(m), 열차가 가까운 선로 중앙 지점을 통과할 때의 속력을 v(km/h)라 할 때, 다음과 같은 관계식이 성립한다고 한다.

$$L=80+28\log \frac{v}{100}-14\log \frac{d}{25}$$

가까운 선로 중앙 지점 P까지의 거리가 75 m인 한 지점에서 속력이 서로 다른 두 열차 A, B의 최고소음도를 예측하고자 한다. 열차 A가 지점 P를 통과할 때의 속력이 열차 B가 지점 P를 통과할 때의 속력의 0.9배일 때, 두 열차 A, B의 예측 최고소음도를 각각 L_{A}, L_{B}라 하자. $L_{B}-L_{A}$의 값은?

① $14-28\log 3$ ② $28-56\log 3$
③ $28-28\log 3$ ④ $56-84\log 3$
⑤ $56-56\log 3$

0210 ⑧

외부 자극의 세기 I와 감각의 세기 S 사이에는 다음과 같은 관계식이 성립한다고 한다.

$$S=k\log I \text{ (단, } k\text{는 상수)}$$

어느 외부 자극의 세기가 30일 때의 감각의 세기가 0.74일 때, 이 외부 자극의 세기가 90일 때의 감각의 세기를 구하시오. (단, $\log 3=0.48$로 계산한다.)

0211 ⑧

어느 회사의 매출액이 매년 일정한 비율로 증가하여 5년 만에 2배가 되었다. 5년 동안 이 회사의 매출액은 매년 몇 %씩 증가했는가?

(단, $\log 2=0.3$, $\log 1.15=0.06$으로 계산한다.)

① 11 % ② 12 % ③ 13 %
④ 14 % ⑤ 15 %

0212 ⑧

어느 중고 물품 거래 상점에서는 중고 물품의 가격을 매년 전년도 대비 20 %씩 떨어뜨리는 방식으로 정하고 있다. 이 상점에서 판매하는 어떤 물품의 5년 후 가격은 현재 가격의 몇 %인지 구하시오.

(단, $\log 2=0.301$, $\log 3.27=0.515$로 계산한다.)

AB 유형 점검

0213 유형 01

$\log_a 3=2$, $\log_2 b=2$를 만족시키는 a, b에 대하여 a^{2b}의 값은?

① 16   ② 27   ③ 64
④ 81   ⑤ 128

0214 유형 01 | 학평 기출 |

두 양수 a, $b(b\neq1)$가 다음 조건을 만족시킬 때, a^2+b^2의 값은?

> (가) $(\log_2 a)(\log_b 3)=0$
> (나) $\log_2 a+\log_b 3=2$

① 3   ② 4   ③ 5
④ 6   ⑤ 7

0215 유형 03

자연수 n에 대하여 두 점 $A(n, \log_3(n^2+n))$, $B(n+1, 2\log_3(n+1))$을 지나는 직선의 기울기를 $f(n)$이라 할 때, $f(1)+f(2)+f(3)+\cdots+f(80)$의 값은?

① 1   ② 2   ③ 3
④ 4   ⑤ 5

0216 유형 04

실수 a, b에 대하여 $ab=\log_3 7$, $a+b=\log_2 7$일 때, $\dfrac{1}{a}+\dfrac{1}{b}$의 값을 구하시오.

0217 유형 01 + 04 | 학평 기출 |

다음 조건을 만족시키는 두 실수 a, b에 대하여 $a+b$의 값을 구하시오.

> (가) $\log_2(\log_4 a)=1$
> (나) $\log_a 5 \times \log_5 b=\dfrac{3}{2}$

0218 유형 05

$(5^{\log_5 3+\log_5 2})^2+(3^{\log_2 3+\log_{\sqrt{2}} 3\sqrt{3}})^{\log_9 2\sqrt{2}}$을 간단히 하면?

① 39   ② 45   ③ 63
④ 70   ⑤ 81

0219 유형 06

$\log_2 15 = a$, $\log_2 \dfrac{3}{5} = b$일 때, $\log_2 45$를 a, b에 대한 식으로 나타내면?

① $\dfrac{a+2b}{2}$ ② $\dfrac{a+3b}{2}$ ③ $\dfrac{2a+b}{2}$

④ $\dfrac{3a+b}{2}$ ⑤ $\dfrac{4a+3b}{2}$

0220 유형 07

1보다 큰 실수 a, b에 대하여

$$\log_{16} a = \frac{1}{\log_b 4}$$

이 성립할 때, $\log_a b + \log_b a$의 값을 구하시오.

0221 유형 08

이차방정식 $x^2 + 6x + 3 = 0$의 두 근을 $\log_2 a$, $\log_2 b$라 할 때, $\log_a b + \log_b a$의 값은?

① 10 ② 11 ③ 12

④ 13 ⑤ 14

0222 유형 09

$\log_5 15$의 정수 부분을 x, 소수 부분을 y라 할 때, $\dfrac{5^x + 5^y}{5^x - 5^y}$의 값은?

① $\dfrac{1}{4}$ ② $\dfrac{1}{2}$ ③ 1

④ 2 ⑤ 4

0223 유형 10

$\log 2 = 0.3010$, $\log 3 = 0.4771$일 때, $\log 108$의 값을 구하시오.

0224 유형 12

$\log x = \dfrac{3}{5}$, $\log y = \dfrac{7}{4}$일 때, $\log \dfrac{100x}{y^2}$의 정수 부분을 a, 소수 부분을 b라 하자. 이때 $a^2 + 10b$의 값은?

① 2 ② 4 ③ 6

④ 8 ⑤ 10

0225 유형 11 + 13

다음 상용로그표를 이용하여 $\sqrt{404}$의 값을 구하시오.

수	0	1	2	3	4
⋮	⋮	⋮	⋮	⋮	⋮
2.0	.3010	.3032	.3054	.3075	.3096
2.1	.3222	.3243	.3263	.3284	.3304
⋮	⋮	⋮	⋮	⋮	⋮
4.0	.6021	.6031	.6042	.6053	.6064
4.1	.6128	.6138	.6149	.6160	.6170
⋮	⋮	⋮	⋮	⋮	⋮

0226 유형 14

$\log 900$의 정수 부분과 소수 부분을 각각 a, b라 할 때, x^2의 계수가 1이고 3^a, $3^{\frac{2}{b}}$을 두 근으로 하는 이차방정식을 구하시오.

0227 유형 16

어느 상품의 수요량 D, 판매 가격 P 사이에는 다음과 같은 관계식이 성립한다고 한다.

$$\log_a D = k - \frac{1}{3}\log_a P \, (\text{단, } a, \, k\text{는 양수, } a \neq 1)$$

이 상품의 판매 가격이 현재의 8배가 될 때, 수요량은 현재의 몇 배가 되는지 구하시오.

서술형

0228 유형 02

모든 실수 x에 대하여 $\log_{|a-1|}(x^2 + ax + a)$가 정의되도록 하는 정수 a의 값을 구하시오.

0229 유형 07

$2^x = 5^y = 50^z$일 때, $\dfrac{1}{x} + \dfrac{2}{y} - \dfrac{1}{z}$의 값을 구하시오.

(단, $xyz \neq 0$)

0230 유형 15

$\log x$의 정수 부분은 3이고, $\log x$의 소수 부분과 $\log x\sqrt{x}$의 소수 부분의 합이 1일 때, 모든 실수 x의 값의 곱을 구하시오.

C 실력 향상

0231

실수 x, y에 대하여 $\log_2\left(\dfrac{1}{2}-x\right)+\log_2\left(\dfrac{1}{2}-y\right)=0$일 때, x^2+y^2의 최솟값을 $\dfrac{n}{m}$이라 하자. 이때 $m-n$의 값을 구하시오. (단, m, n은 서로소인 자연수)

0232

| 학평 기출 |

자연수 k에 대하여 두 집합
$$A=\{\sqrt{a}\,|\,a\text{는 자연수, }1\le a\le k\},$$
$$B=\{\log_{\sqrt{3}}b\,|\,b\text{는 자연수, }1\le b\le k\}$$
가 있다. 집합 C를
$$C=\{x\,|\,x\in A\cap B,\ x\text{는 자연수}\}$$
라 할 때, $n(C)=3$이 되도록 하는 모든 자연수 k의 개수를 구하시오.

0233

양수 a, b, c가 다음 조건을 만족시킨다.

> (가) $\sqrt{a}=\sqrt[4]{b}=\sqrt[6]{c}$
>
> (나) $\log_2\dfrac{bc}{a}=2$

1보다 큰 실수 m, n에 대하여 $\log_2 a\times\log_m b\times\log_n c=1$일 때, $\log_2 mn$의 최솟값을 구하시오.

0234

어느 편의점의 올해 매출액은 A원이었는데, 앞으로 5년 동안 주변 재개발로 인하여 매출액이 매년 전년도 대비 20 % 씩 감소할 것으로 예측되고, 그다음 5년 동안은 매출액이 매년 전년도 대비 20 % 씩 증가할 것으로 예측된다고 한다. 10년 후의 매출액을 kA원으로 예측할 때, $1000k$의 값을 구하시오.

(단, $\log 9.6=0.98$, $\log 7.94=0.90$으로 계산한다.)

◐ 기출 BOOK 8쪽

03-1 지수함수   유형 01

a가 1이 아닌 양수일 때, $y=a^x$을 a를 밑으로 하는 **지수함수**라 한다.

예 $y=4^x$, $y=\left(\dfrac{1}{3}\right)^x$ ➡ 지수함수이다.

　$y=x^3$, $y=(-5)^x$ ➡ 지수함수가 아니다.

개념⁺

함수 $y=a^x$에서 $a=1$이면 $y=1$이 므로 상수함수이다. 따라서 지수함 수의 밑은 1이 아닌 양수인 경우만 생각한다.

03-2 지수함수 $y=a^x\,(a>0,\ a\neq1)$의 그래프와 성질   유형 02~06

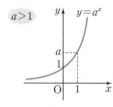
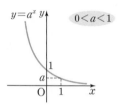

지수함수 $y=a^x\,(a>0,\ a\neq1)$에 대하여

(1) 정의역은 실수 전체의 집합이고, 치역은 양의 실수 전체의 집합이다.

(2) 일대일함수이다.　→ $x_1\neq x_2$이면 $a^{x_1}\neq a^{x_2}$

(3) $a>1$일 때, x의 값이 증가하면 y의 값도 증가한다.　→ $x_1<x_2$이면 $a^{x_1}<a^{x_2}$

　$0<a<1$일 때, x의 값이 증가하면 y의 값은 감소한다.　→ $x_1<x_2$이면 $a^{x_1}>a^{x_2}$

(4) 그래프는 점 $(0,\ 1)$을 지나고, 그래프의 점근선은 x축(직선 $y=0$)이다.

참고 지수함수 $y=a^x\,(a>0,\ a\neq1)$의 그래프는

　① $a>1$일 때,

　　$x>0$에서는 a의 값이 클수록 y축에 가깝다.

　　$x<0$에서는 a의 값이 클수록 x축에 가깝다.

　② $0<a<1$일 때,

　　$x>0$에서는 a의 값이 작을수록 x축에 가깝다.

　　$x<0$에서는 a의 값이 작을수록 y축에 가깝다.

$a>0$, $a\neq1$일 때, 모든 실수 x에 대하여 $a^x>0$

곡선이 어떤 직선에 한없이 가까워 질 때, 이 직선을 그 곡선의 점근선 이라 한다.

함수 $y=a^x$의 그래프와 함수 $y=\left(\dfrac{1}{a}\right)^x$의 그래프는 y축에 대하여 대칭이다.

03-3 지수함수의 그래프의 평행이동과 대칭이동   유형 03

지수함수 $y=a^x\,(a>0,\ a\neq1)$의 그래프를

(1) x축의 방향으로 m만큼, y축의 방향으로 n만큼 평행이동 ➡ $y=a^{x-m}+n$ → x 대신 $x-m$, y 대신 $y-n$ 대입

(2) x축에 대하여 대칭이동 ➡ $y=-a^x$ → y 대신 $-y$ 대입

(3) y축에 대하여 대칭이동 ➡ $y=a^{-x}=\left(\dfrac{1}{a}\right)^x$ → x 대신 $-x$ 대입

(4) 원점에 대하여 대칭이동 ➡ $y=-a^{-x}=-\left(\dfrac{1}{a}\right)^x$ → x 대신 $-x$, y 대신 $-y$ 대입

예 지수함수 $y=5^x$의 그래프를

　(1) x축의 방향으로 -2만큼, y축의 방향으로 3만큼 평행이동 ➡ $y=5^{x+2}+3$

　(2) x축에 대하여 대칭이동 ➡ $y=-5^x$

　(3) y축에 대하여 대칭이동 ➡ $y=5^{-x}=\left(\dfrac{1}{5}\right)^x$

　(4) 원점에 대하여 대칭이동 ➡ $y=-5^{-x}=-\left(\dfrac{1}{5}\right)^x$

방정식 $f(x,\ y)=0$이 나타내는 도형을 x축의 방향으로 m만큼, y 축의 방향으로 n만큼 평행이동한 도형의 방정식은
　　$f(x-m,\ y-n)=0$

방정식 $f(x,\ y)=0$이 나타내는 도형을 x축, y축, 원점에 대하여 대칭이동한 도형의 방정식은
(1) x축: $f(x,\ -y)=0$
(2) y축: $f(-x,\ y)=0$
(3) 원점: $f(-x,\ -y)=0$

03-1 지수함수

0235 보기에서 지수함수인 것만을 있는 대로 고르시오.

> 보기
> ㄱ. $y=8^x$　　　　　ㄴ. $y=x^5$
> ㄷ. $y=2^5+x$　　　ㄹ. $y=0.01^x$

[0236~0239] 지수함수 $f(x)=3^x$에 대하여 다음을 구하시오.

0236 $f(4)$

0237 $f\left(\dfrac{3}{2}\right)$

0238 $f(-3)$

0239 $\dfrac{f(1)}{f(-2)}$

[0240~0243] 지수함수 $f(x)=\left(\dfrac{1}{5}\right)^x$에 대하여 다음을 구하시오.

0240 $f(0)$

0241 $f(3)$

0242 $f(-2)$

0243 $f(-3)f(4)$

03-2 지수함수 $y=a^x(a>0, a\neq1)$의 그래프와 성질

0244 보기에서 지수함수 $f(x)=a^x(a>0, a\neq1)$에 대한 설명으로 옳은 것만을 있는 대로 고르시오.

> 보기
> ㄱ. 치역은 $\{y|y$는 모든 실수$\}$이다.
> ㄴ. $f(x_1)=f(x_2)$이면 $x_1=x_2$이다.
> ㄷ. $a>1$일 때, $x_1<x_2$이면 $f(x_1)<f(x_2)$이다.
> ㄹ. 그래프의 점근선의 방정식은 $x=0$이다.
> ㅁ. 그래프는 점 $(0, 1)$을 지난다.

[0245~0248] 지수함수를 이용하여 다음 수의 대소를 비교하시오.

0245 $4^{10}, 8^7$

0246 $\left(\sqrt{\dfrac{1}{5}}\right)^5, \dfrac{1}{625}$

0247 $\sqrt{3}, \sqrt[3]{9}, \sqrt{27}$

0248 $\left(\dfrac{1}{7}\right)^{-0.1}, \dfrac{1}{7}, \left(\sqrt{\dfrac{1}{7}}\right)^5$

03-3 지수함수의 그래프의 평행이동과 대칭이동

[0249~0252] 다음 함수의 그래프를 그리고, 치역과 점근선의 방정식을 구하시오.

0249 $y=\left(\dfrac{1}{4}\right)^{x-1}$

0250 $y=2^{x-3}-4$

0251 $y=5^{x+2}-\dfrac{1}{5}$

0252 $y=\left(\dfrac{1}{3}\right)^{x+4}+3$

[0253~0256] 함수 $y=\left(\dfrac{1}{3}\right)^{x+2}-5$의 그래프를 다음과 같이 평행이동 또는 대칭이동한 그래프의 식을 구하시오.

0253 x축의 방향으로 -4만큼, y축의 방향으로 2만큼 평행이동

0254 x축에 대하여 대칭이동

0255 y축에 대하여 대칭이동

0256 원점에 대하여 대칭이동

03-4 지수함수의 최대, 최소   유형 07~10   개념⁺

정의역이 $\{x\,|\,m\leq x\leq n\}$인 지수함수 $f(x)=a^x\,(a>0,\ a\neq1)$은

(1) $a>1$이면 $x=m$에서 **최솟값** $f(m)$, $x=n$에서 **최댓값** $f(n)$을 갖는다.

(2) $0<a<1$이면 $x=m$에서 **최댓값** $f(m)$, $x=n$에서 **최솟값** $f(n)$을 갖는다.

참고 지수함수 $y=a^{f(x)}\,(a>0,\ a\neq1)$은

(1) $a>1$일 때 $f(x)$가 최대이면 최댓값, $f(x)$가 최소이면 최솟값을 갖는다.

(2) $0<a<1$일 때 $f(x)$가 최대이면 최솟값, $f(x)$가 최소이면 최댓값을 갖는다.

TIP 지수가 일차식인 지수함수의 최댓값과 최솟값은 정의역의 양 끝 값에서의 함숫값을 이용하여 구한다.

03-5 지수방정식   유형 11~14, 19

(1) **밑을 같게 할 수 있는 경우**

주어진 방정식을 $a^{f(x)}=a^{g(x)}\,(a>0,\ a\neq1)$ 꼴로 변형한 후

$$a^{f(x)}=a^{g(x)}\Longleftrightarrow f(x)=g(x)$$

임을 이용하여 방정식 $f(x)=g(x)$를 푼다.

(2) **a^x 꼴이 반복되는 경우**

$a^x=t\,(t>0)$로 놓고 t에 대한 방정식을 푼다.

주의 모든 실수 x에 대하여 $a^x>0$이므로 $t>0$임에 유의한다.

(3) **밑과 지수에 모두 미지수가 있는 경우**

① 밑이 같은 경우 → 지수가 같거나 밑이 1임을 이용한다.

$\{f(x)\}^{g(x)}=\{f(x)\}^{h(x)}\,(f(x)>0)$ 꼴이면

방정식 $g(x)=h(x)$ 또는 방정식 $f(x)=1$을 푼다.

② 지수가 같은 경우 → 밑이 같거나 지수가 0임을 이용한다.

$\{f(x)\}^{h(x)}=\{g(x)\}^{h(x)}\,(f(x)>0,\ g(x)>0)$ 꼴이면

방정식 $f(x)=g(x)$ 또는 방정식 $h(x)=0$을 푼다.

> 지수에 미지수를 포함한 방정식을 지수방정식이라 한다.
>
> 지수함수 $y=a^x\,(a>0,\ a\neq1)$은 일대일함수이므로 $a^{x_1}=a^{x_2}\Longleftrightarrow x_1=x_2$

03-6 지수부등식   유형 15~19

(1) **밑을 같게 할 수 있는 경우**

주어진 부등식을 $a^{f(x)}<a^{g(x)}$ 꼴로 변형한 후

① $a>1$일 때, 부등식 $f(x)<g(x)$를 푼다.

② $0<a<1$일 때, 부등식 $f(x)>g(x)$를 푼다.

(2) **a^x 꼴이 반복되는 경우**

$a^x=t\,(t>0)$로 놓고 t에 대한 부등식을 푼다.

주의 모든 실수 x에 대하여 $a^x>0$이므로 $t>0$임에 유의한다.

(3) **밑과 지수에 모두 미지수가 있는 경우**

밑의 범위를 $0<(밑)<1$, $(밑)=1$, $(밑)>1$인 경우로 나누어 푼다.

> 지수에 미지수를 포함한 부등식을 지수부등식이라 한다.
>
> 밑의 값에 따라 부등호의 방향이 달라짐에 유의한다.

03-4 지수함수의 최대, 최소

[0257~0260] 다음 함수의 최댓값과 최솟값을 구하시오.

0257 $y=7^x \ (-1 \leq x \leq 2)$

0258 $y=5^{-x} \ (-3 \leq x \leq 2)$

0259 $y=2^{x+2}-5 \ (0 \leq x \leq 3)$

0260 $y=\left(\dfrac{1}{3}\right)^{x-1}+1 \ (-2 \leq x \leq 1)$

[0261~0264] 다음 함수의 최댓값과 최솟값을 구하시오.

0261 $y=3^{x^2-4x+1} \ (1 \leq x \leq 4)$

0262 $y=2^{-x^2+6x-7} \ (1 \leq x \leq 3)$

0263 $y=\left(\dfrac{1}{5}\right)^{x^2+2x-2} \ (-2 \leq x \leq 1)$

0264 $y=\left(\dfrac{1}{6}\right)^{-x^2+2x+2} \ (0 \leq x \leq 3)$

03-5 지수방정식

[0265~0268] 다음 방정식을 푸시오.

0265 $3^{x-1}=3^{\frac{3}{2}}$

0266 $49^x=7^{x+3}$

0267 $\left(\dfrac{7}{6}\right)^{5x}=\left(\dfrac{6}{7}\right)^{3x-2}$

0268 $5^{x+1}=0.2^{2x-6}$

[0269~0270] 다음 방정식을 푸시오.

0269 $2^{2x}-6 \times 2^x -16=0$

0270 $\left(\dfrac{1}{3}\right)^{2x}-6 \times \left(\dfrac{1}{3}\right)^x -27=0$

03-6 지수부등식

[0271~0274] 다음 부등식을 푸시오.

0271 $8^{2-x}<8^{x+1}$

0272 $\left(\dfrac{1}{3}\right)^{x-3} \geq \left(\dfrac{1}{3}\right)^{4x}$

0273 $4^x \leq 2^{5-3x}$

0274 $\left(\dfrac{1}{2}\right)^{x^2}>\left(\dfrac{1}{2}\right)^{2x+3}$

[0275~0276] 다음 부등식을 푸시오.

0275 $3^{2x}-8 \times 3^x -9 \leq 0$

0276 $\left(\dfrac{1}{5}\right)^{2x}-6 \times \left(\dfrac{1}{5}\right)^{x-1}+125 \geq 0$

B 유형 완성

하 10% ···· 중 80% ···· 상 10%

유형 01 지수함수의 함숫값

지수함수 $f(x)=a^x(a>0,\ a\neq1)$에서 $f(p)$의 값을 구할 때는 x에 p를 대입한 후 지수법칙을 이용한다.

0277 대표 문제

보기에서 함수 $f(x)=a^x(a>0,\ a\neq1)$에 대하여 항상 옳은 것만을 있는 대로 고르시오.

┌ 보기 ┌
ㄱ. $f(m)f(-m)=1$
ㄴ. $f(2m)=2f(m)$
ㄷ. $f(m-n)=\dfrac{f(m)}{f(n)}$

0278 ㉯

함수 $f(x)=a^x(a>0,\ a\neq1)$에 대하여 $f(4)=m$, $f(9)=n$일 때, $f(5)$의 값을 m, n으로 나타내면?

① mn 　　② mn^2 　　③ $\dfrac{n}{m}$

④ $\dfrac{m}{n}$ 　　⑤ $\dfrac{n}{m^2}$

0279 ㉰

함수 $f(x)=3^{ax+b}$에 대하여 $f(1)=3$, $f(2)=27$일 때, $f(-1)$의 값을 구하시오. (단 a, b는 상수)

0280 ㉰

서술형

함수 $f(x)=3^{-x}$에 대하여 $f(2a)\times f(b)=9$, $f(a-b)=3$일 때, $3^{3a}+3^{3b}$의 값을 구하시오.

유형 02 지수함수의 성질

지수함수 $y=a^x(a>0,\ a\neq1)$에 대하여
(1) 정의역: 실수 전체의 집합
　　치역: 양의 실수 전체의 집합
(2) $a>1$일 때, x의 값이 증가하면 y의 값도 증가
　　$0<a<1$일 때, x의 값이 증가하면 y의 값은 감소
(3) 그래프의 점근선: x축(직선 $y=0$)

0281 대표 문제

보기에서 함수 $f(x)=a^x(a>0,\ a\neq1)$에 대한 설명으로 옳은 것만을 있는 대로 고른 것은?

┌ 보기 ┌
ㄱ. 정의역은 양의 실수 전체의 집합이다.
ㄴ. $x_1\neq x_2$이면 $f(x_1)\neq f(x_2)$이다.
ㄷ. $0<a<1$일 때, $x_1<x_2$이면 $f(x_1)>f(x_2)$이다.
ㄹ. 그래프는 두 점 $(0,1)$, $(1,a)$를 지난다.

① ㄱ, ㄴ 　　② ㄴ, ㄷ 　　③ ㄴ, ㄹ
④ ㄱ, ㄷ, ㄹ 　　⑤ ㄴ, ㄷ, ㄹ

0282 ㉯

다음 중 임의의 실수 a, b에 대하여 $a<b$일 때, $f(a)>f(b)$를 만족시키는 함수는?

① $f(x)=5^x$ 　　② $f(x)=2.7^x$

③ $f(x)=\left(\dfrac{11}{10}\right)^x$ 　　④ $f(x)=\left(\dfrac{10}{9}\right)^{-x}$

⑤ $f(x)=10^{3x}$

0283 ㉰

함수 $y=(a^2+a-5)^x$에 대하여 x의 값이 증가할 때 y의 값도 증가하도록 하는 실수 a의 값의 범위를 구하시오.

◆◆ 개념루트 대수 74, 76쪽

유형 03 지수함수의 그래프의 평행이동과 대칭이동

지수함수 $y=a^x$ $(a>0,\ a\neq1)$의 그래프를
(1) x축의 방향으로 m만큼, y축의 방향으로 n만큼 평행이동
　➡ $y=a^{x-m}+n$
(2) x축에 대하여 대칭이동 ➡ $y=-a^x$
(3) y축에 대하여 대칭이동 ➡ $y=a^{-x}$
(4) 원점에 대하여 대칭이동 ➡ $y=-a^{-x}$

0284 대표 문제

함수 $y=3^x$의 그래프를 x축의 방향으로 1만큼, y축의 방향으로 -2만큼 평행이동한 그래프가 점 $(2,\ a)$를 지날 때, a의 값을 구하시오.

0285 ㉜ | 학평 기출 |

함수 $y=4^x-6$의 그래프를 x축의 방향으로 a만큼, y축의 방향으로 b만큼 평행이동한 그래프가 원점을 지나고 점근선이 직선 $y=-2$일 때, ab의 값은? (단, $a,\ b$는 상수이다.)

① -5　　　　② -4　　　　③ -3
④ -2　　　　⑤ -1

0286 ㉜

보기의 함수에서 그 그래프가 함수 $y=4^x$의 그래프를 평행이동 또는 대칭이동하여 겹쳐지는 것만을 있는 대로 고른 것은?

┌─ 보기 ───────────────────────
│ ㄱ. $y=4^x+3$　　　　　ㄴ. $y=-4\times2^{x-2}$
│ ㄷ. $y=-\left(\dfrac{1}{4}\right)^x+2$　　ㄹ. $y=2^{2x-4}-2$
└──────────────────────────

① ㄱ, ㄴ　　　　② ㄱ, ㄷ　　　　③ ㄴ, ㄹ
④ ㄱ, ㄷ, ㄹ　　　⑤ ㄴ, ㄷ, ㄹ

0287 ㉜ 　　　　　　　　　서술형

함수 $y=\left(\dfrac{1}{3}\right)^x$의 그래프를 y축에 대하여 대칭이동한 후 x축의 방향으로 a만큼, y축의 방향으로 b만큼 평행이동한 그래프가 오른쪽 그림과 같을 때, ab의 값을 구하시오.

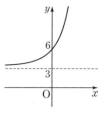

0288 ㉜

함수 $y=5^{-x+1}+k$의 그래프가 제3사분면을 지나지 않을 때, 실수 k의 최솟값은?

① -5　　　　② -3　　　　③ -1
④ 1　　　　⑤ 3

0289 ㉑

함수 $y=3^{|x+1|}+1$의 그래프와 직선 $y=k$가 만나지 않도록 하는 실수 k의 값의 범위를 구하시오.

유형 04 지수함수의 그래프 위의 점

지수함수 $y=a^x$ $(a>0,\ a\neq1)$의 그래프가 점 $(m,\ n)$을 지나면
➡ $n=a^m$

0290 대표 문제

오른쪽 그림은 함수 $y=2^x$의 그래프이다. $pq=16$일 때, $a+b$의 값은?
(단, 점선은 x축 또는 y축에 평행하다.)

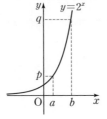

① 1   ② 2
③ 3   ④ 4
⑤ 5

0291 중

오른쪽 그림은 함수 $y=3^x$의 그래프와 직선 $y=x$이다. $bd=3^k$일 때, 상수 k의 값은? (단, 점선은 x축 또는 y축에 평행하다.)

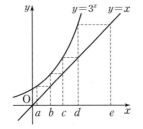

① $a+c$ ② $b+c$
③ $b+d$ ④ $b+e$
⑤ $c+e$

0292 중

함수 $y=3^x$의 그래프 위의 서로 다른 두 점 A, B에 대하여 $\overline{AB}=\sqrt{5}$이고, 직선 AB의 기울기는 2이다. 두 점 A, B의 x좌표를 각각 a, b라 할 때, 3^b-3^a의 값을 구하시오.
(단, $a<b$)

유형 05 지수함수의 그래프와 도형의 넓이

x축(또는 y축)에 평행한 선분의 길이는 x좌표(또는 y좌표)의 차를 이용한다.

0293 대표 문제

오른쪽 그림과 같이 두 함수 $y=2^x$, $y=k\times2^x$의 그래프 위의 점 중에서 제1사분면 위의 점을 각각 A, B라 하고 두 점 A, B에서 x축에 내린 수선의 발을 각각 C, D라 하자. 사각형 ACDB가 정사각형이고 그 넓이가 9일 때, 상수 k의 값을 구하시오.

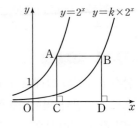

0294 중   서술형

두 함수 $y=\left(\dfrac{1}{5}\right)^x$, $y=\left(\dfrac{1}{25}\right)^x$의 그래프와 직선 $y=25$가 만나는 점을 각각 A, B라 할 때, 삼각형 OBA의 넓이를 구하시오. (단, O는 원점)

0295 상 | 학평 기출 |

그림과 같이 직선 $y=-x+p$ $(p>1)$이 x축, y축, 곡선 $y=2^x$과 만나는 점을 각각 A, B, C라 하고, 점 C에서 y축에 내린 수선의 발을 D라 하자. 삼각형 BDC의 넓이가 8일 때, 삼각형 OAC의 넓이는?
(단, 점 O는 원점이다.)

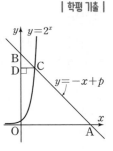

① 120   ② 130   ③ 140
④ 150   ⑤ 160

◆◆ 개념루트 대수 80쪽

유형 06 지수함수를 이용한 수의 대소 비교

주어진 수의 밑을 같게 한 후 지수함수의 성질을 이용한다.
(1) $a>1$일 때, $x_1<x_2$이면 $a^{x_1}<a^{x_2}$
(2) $0<a<1$일 때, $x_1<x_2$이면 $a^{x_1}>a^{x_2}$

0296 대표 문제

세 수 $A=\sqrt[4]{64}$, $B=16^{\frac{1}{5}}$, $C=\left(\dfrac{1}{8}\right)^{-0.6}$의 대소 관계는?

① $A<B<C$ ② $A<C<B$ ③ $B<A<C$
④ $B<C<A$ ⑤ $C<A<B$

0297 중

$0<a<1$일 때, 자연수 n에 대하여 세 수
$$A=\sqrt[n+1]{a^n},\ B=\sqrt[n+2]{a^{n+1}},\ C=\sqrt[n+3]{a^{n+2}}$$
의 대소 관계는?

① $A<B<C$ ② $B<A<C$ ③ $B<C<A$
④ $C<A<B$ ⑤ $C<B<A$

0298 상

$0<a<\dfrac{1}{b}<1$일 때, 네 수 a^a, a^b, b^a, b^b의 대소 관계는?

① $a^a<a^b<b^a<b^b$ ② $a^b<a^a<b^a<b^b$
③ $a^b<b^a<a^a<b^b$ ④ $b^a<a^a<a^b<b^b$
⑤ $b^a<b^b<a^a<a^b$

빈출 ◆◆ 개념루트 대수 84쪽

유형 07 지수함수의 최대, 최소 − $y=a^{px+q}+r$ 꼴

정의역이 $\{x\,|\,m\leq x\leq n\}$인 지수함수
$f(x)=a^{px+q}+r\,(p,\,q,\,r$는 상수, $p>0)$에 대하여
(1) $a>1$이면 ➡ 최댓값: $f(n)$, 최솟값: $f(m)$
(2) $0<a<1$이면 ➡ 최댓값: $f(m)$, 최솟값: $f(n)$

0299 대표 문제

정의역이 $\{x\,|\,-2\leq x\leq 1\}$인 함수 $y=\left(\dfrac{1}{2}\right)^{x+1}+k$의 최댓값이 6일 때, 최솟값을 구하시오. (단, k는 상수)

0300 하

정의역이 $\{x\,|\,2\leq x\leq 4\}$인 함수 $y=\left(\dfrac{1}{3}\right)^{a-x}$의 최댓값이 3, 최솟값이 m일 때, am의 값은? (단, a는 상수)

① -4 ② -2 ③ 1
④ 2   ⑤ 4

0301 중

정의역이 $\{x\,|\,-1\leq x\leq 2\}$인 함수 $y=3^x\times 2^{-2x}+5$가 $x=a$에서 최댓값 M을 가질 때, $a+M$의 값은?

① $\dfrac{13}{3}$ ② $\dfrac{14}{3}$ ③ 5
④ $\dfrac{16}{3}$ ⑤ $\dfrac{17}{3}$

0302 ⑧

정의역이 $\{x \,|\, a \leq x \leq 3\}$인 함수 $y = \left(\dfrac{1}{3}\right)^{x+b} + 1$의 최댓값이 28, 최솟값이 4일 때, $a-b$의 값은? (단, b는 상수)

① -5 ② -3 ③ -1

④ 3 ⑤ 5

0303 ⑧ | 모평 기출 |

$-1 \leq x \leq 3$에서 함수 $f(x) = 2^{|x|}$의 최댓값과 최솟값의 합은?

① 5 ② 7 ③ 9

④ 11 ⑤ 13

0304 ⑧ 서술형 ✎

정의역이 $\{x \,|\, 1 \leq x \leq 2\}$인 함수 $y = a^x - 1 \,(a > 0, \, a \neq 1)$의 최댓값을 M, 최솟값을 m이라 할 때, $M = 5m + 4$가 성립하도록 하는 모든 실수 a의 값의 합을 구하시오.

유형 08   지수함수의 최대, 최소 — $y = a^{px^2+qx+r}$ 꼴

지수함수 $y = a^{px^2+qx+r}$ (p, q, r는 상수)의 최대, 최소는 $f(x) = px^2 + qx + r$로 놓고 주어진 범위에서 $f(x)$의 최댓값과 최솟값을 구한다.

(1) $a > 1$이면
   ➡ $f(x)$가 최대일 때 y도 최대, $f(x)$가 최소일 때 y도 최소

(2) $0 < a < 1$이면
   ➡ $f(x)$가 최대일 때 y는 최소, $f(x)$가 최소일 때 y는 최대

0305 대표 문제

정의역이 $\{x \,|\, 0 \leq x \leq 2\}$인 함수 $y = 2^{-x^2+2x+k}$의 최솟값이 2일 때, 최댓값을 구하시오. (단, k는 상수)

0306 ⑨

정의역이 $\{x \,|\, 2 \leq x \leq 3\}$인 함수 $y = 3^{x^2-6x+8}$이 $x = a$에서 최댓값 M을 가질 때, $a + M$의 값은?

① 2 ② 3 ③ 4

④ 5 ⑤ 6

0307 ⑧

두 함수 $f(x) = x^2 - 4x + 5$, $g(x) = a^x \,(a > 0, \, a \neq 1)$에 대하여 $1 \leq x \leq 4$에서 함수 $(g \circ f)(x)$의 최댓값은 32, 최솟값은 m이다. 이때 m의 값을 구하시오.

◇◆ 개념루트 대수 88쪽

유형 09 a^x 꼴이 반복되는 함수의 최대, 최소

a^x 꼴이 반복되는 함수의 최대, 최소는 $a^x = t\,(t > 0)$로 놓고 t에 대한 함수의 최댓값과 최솟값을 구한다. 이때 t의 값의 범위에 유의한다.

0308 대표 문제

정의역이 $\{x \mid -2 \le x \le 0\}$인 함수 $y = 4^x - 2^{x+1} + 5$가 $x = a$에서 최댓값 b, $x = c$에서 최솟값 d를 가질 때, $ac + 4bd$의 값은?

① 70   ② 71   ③ 72

④ 73   ⑤ 74

0309 중

정의역이 $\{x \mid -1 \le x \le 0\}$인 함수 $y = \dfrac{1 - 2 \times 5^x + 4 \times 25^x}{25^x}$의 최댓값과 최솟값의 합은?

① 20   ② 22   ③ 24

④ 26   ⑤ 28

0310 중 서술형

함수 $y = \left(\dfrac{1}{9}\right)^x - 2k \times \left(\dfrac{1}{3}\right)^{x-1} + 4$의 최솟값이 -5일 때, 양수 k의 값을 구하시오.

◇◆ 개념루트 대수 88쪽

유형 10 산술평균과 기하평균을 이용한 함수의 최대, 최소

$a^x + a^{-x}$ 꼴이 포함되는 경우에는 모든 실수 x에 대하여 $a^x > 0$, $a^{-x} > 0$이므로 산술평균과 기하평균의 관계를 이용하여 함수의 최댓값과 최솟값을 구한다.

➡ $a^x + a^{-x} \ge 2\sqrt{a^x \times a^{-x}} = 2$ (단, 등호는 $x = 0$일 때 성립)

0311 대표 문제

함수 $y = 9^x + 9^{-x} - 8(3^x + 3^{-x})$의 최솟값은?

① -20 ② -18 ③ -16

④ -14 ⑤ -12

0312 중 | 학평 기출 |

함수 $y = \dfrac{3^{2x} + 3^x + 9}{3^x}$의 최솟값은?

① 3   ② 4   ③ 5

④ 6   ⑤ 7

0313 중

실수 x, y에 대하여 $x + 3y = 4$일 때, $2^x + 8^y$의 최솟값을 구하시오.

0314 상

함수 $y = 2 \times 3^{a+x} + 8 \times 3^{a-x}$의 최솟값이 72일 때, 상수 a의 값을 구하시오.

빈출

유형 11 밑을 같게 할 수 있는 지수방정식

방정식의 각 항의 밑을 같게 한 후 다음을 이용한다.
$$a^{f(x)}=a^{g(x)} \Longleftrightarrow f(x)=g(x) \text{ (단, } a>0, a\neq1)$$

0315 대표 문제

방정식 $(\sqrt{3})^{x^2-x}=\left(\dfrac{1}{3}\right)^{x-1}$의 모든 근의 곱은?

① -3 ② -2 ③ -1
④ 1 ⑤ 2

0316 중

방정식 $5^{x^2-5x+9}-125^{x+k}=0$의 한 근이 3일 때, 상수 k의 값은?

① -2 ② $-\dfrac{1}{2}$ ③ 0
④ $\dfrac{1}{2}$ ⑤ 2

0317 중 서술형

방정식 $\dfrac{8^{x^2+1}}{2^{x+3}}=4$의 두 근을 α, β라 할 때, $\alpha^2+\beta^2$의 값을 구하시오.

0318 중

오른쪽 그림과 같이 함수 $y=9^x$의 그래프가 y축과 만나는 점을 A, 점 A를 지나고 x축에 평행한 직선이 함수 $y=\left(\dfrac{1}{3}\right)^{x-3}$의 그래프와 만나는 점을 B, 두 함수 $y=9^x$, $y=\left(\dfrac{1}{3}\right)^{x-3}$의 그래프가 만나는 점을 C라 할 때, 삼각형 ABC의 넓이를 구하시오.

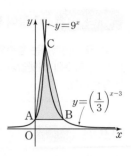

빈출

유형 12 a^x 꼴이 반복되는 지수방정식

$a^x=t\,(t>0)$로 놓고 t에 대한 방정식을 푼다. 이때 $t>0$임에 유의한다.

0319 대표 문제

방정식 $2^x+8\times2^{-x}-9=0$의 두 근을 α, β라 할 때, $\alpha-\beta$의 값을 구하시오. (단, $\alpha<\beta$)

0320 중

방정식 $a^{2x}+a^x=12$의 해가 $x=\dfrac{1}{3}$일 때, 상수 a의 값은?
(단, $a>0$, $a\neq1$)

① 25 ② 27 ③ 29
④ 31 ⑤ 33

0321 ㉷
연립방정식 $\begin{cases} 2^x+2^y=17 \\ 2^{2x-y}=\dfrac{1}{16} \end{cases}$ 의 해를 $x=\alpha$, $y=\beta$라 할 때,

$\alpha+\beta$의 값을 구하시오.

0322 ㉾
방정식 $3(9^x+9^{-x})-7(3^x+3^{-x})-4=0$의 두 근을 α, β
라 할 때, $\beta-\alpha$의 값은? (단, $\alpha<\beta$)

① 1　　　　　② 2　　　　　③ 3

④ 4　　　　　⑤ 5

0323 ㉷

| 학평 기출 |

그림과 같이 양수 k에 대하여 점
A$(k, 0)$을 지나고 x축에 수직인
직선이 두 곡선 $y=2^x$, $y=4^x$과 만
나는 점을 각각 B, C라 하자. 점 C
를 지나고 x축에 평행한 직선이 곡
선 $y=2^x$와 만나는 점을 D라 하자.
삼각형 BDC의 넓이가 삼각형
OAB의 넓이의 3배일 때, 삼각형 BDC의 넓이는?
(단, 점 O는 원점이다.)

① 10　　　　　② 12　　　　　③ 14

④ 16　　　　　⑤ 18

유형 13　밑과 지수에 모두 미지수가 있는 지수방정식

(1) 밑이 같으면 ➡ 지수가 같거나 밑이 1임을 이용한다.
$$\{f(x)\}^{g(x)}=\{f(x)\}^{h(x)} \iff g(x)=h(x) \text{ 또는 } f(x)=1$$
$$(\text{단, } f(x)>0)$$
(2) 지수가 같으면 ➡ 밑이 같거나 지수가 0임을 이용한다.
$$\{f(x)\}^{h(x)}=\{g(x)\}^{h(x)} \iff f(x)=g(x) \text{ 또는 } h(x)=0$$
$$(\text{단, } f(x)>0, g(x)>0)$$

0324 대표 문제
방정식 $(x^2+4x+5)^{x-6}=(x+9)^{x-6}$의 모든 근의 곱은?
(단, $x>-9$)

① -18　　　　② -21　　　　③ -24

④ -27　　　　⑤ -30

0325 ㉷
방정식 $x^{10x-2}=(2x+3)^{5x-1}$을 푸시오. (단, $x>0$)

0326 ㉷
방정식 $(x^2-x+1)^{x+2}=1$의 모든 근의 합은?

① -1　　　　② 0　　　　③ 1

④ 2　　　　　⑤ 3

유형 14 지수방정식의 응용

x에 대한 방정식 $pa^{2x}+qa^x+r=0\,(a>0,\ a\neq1,\ p\neq0)$의 두 근이 α, β

➡ $a^x=t\,(t>0)$로 놓으면 t에 대한 이차방정식 $pt^2+qt+r=0$의 두 근은 a^α, a^β

[참고] 이차방정식 $pt^2+qt+r=0$에 대하여

(1) 이차방정식의 근과 계수의 관계에 의하여

$$a^\alpha+a^\beta=-\frac{q}{p},\ a^\alpha\times a^\beta=a^{\alpha+\beta}=\frac{r}{p}$$

(2) 서로 다른 두 양의 실근을 가질 조건은

(i) (판별식)>0 (ii) (두 근의 합)>0 (iii) (두 근의 곱)>0

0327 대표 문제

방정식 $9^x-4\times3^{x+1}+30=0$의 두 근을 α, β라 할 때, $3^{2\alpha}+3^{2\beta}$의 값을 구하시오.

0328 중

방정식 $2^x+2^{-x}-3=0$의 두 근을 α, β라 할 때, $\alpha+\beta$의 값은?

① 0　　　　　② 3　　　　　③ 6
④ 9　　　　　⑤ 12

0329 중

방정식 $a^{2x}-6a^x+3=0$의 두 근의 합이 4일 때, 상수 a의 값은? (단, $a>0$, $a\neq1$)

① $\sqrt[4]{6}$　　　　② $\sqrt[3]{6}$　　　　③ $\sqrt[4]{3}$
④ $\sqrt[3]{3}$　　　　⑤ $\sqrt{3}$

0330 중

방정식 $49^x-2(a+1)7^x+a+7=0$이 서로 다른 두 실근을 갖도록 하는 정수 a의 최솟값을 구하시오.

0331 중

x에 대한 지수방정식 $16\times3^{-x}+3^{x+2}=2a$가 단 하나의 해를 가질 때, 실수 a의 값은?

① 6　　　　　② 9　　　　　③ 12
④ 15　　　　　⑤ 18

0332 상

방정식 $9^x+2k\times3^x+15-2k=0$의 두 실근의 비가 $1:2$일 때, 상수 k의 값은?

① -8　　　　② -7　　　　③ -6
④ -5　　　　⑤ -4

빈출

유형 15 **밑을 같게 할 수 있는 지수부등식**

부등식의 각 항의 밑을 같게 한 후 다음을 이용한다.
(1) $a>1$일 때,
$$a^{f(x)}<a^{g(x)} \Longleftrightarrow f(x)<g(x)$$
(2) $0<a<1$일 때,
$$a^{f(x)}<a^{g(x)} \Longleftrightarrow f(x)>g(x)$$

0333 대표 문제

부등식 $\left(\dfrac{1}{\sqrt{3}}\right)^{x} \leq \left(\dfrac{1}{9}\right)^{x-3}$을 풀면?

① $x \geq 2$ ② $x \geq 4$ ③ $x \leq 4$
④ $4 \leq x \leq 6$ ⑤ $x \geq 6$

0334 종

이차함수 $y=f(x)$의 그래프와 직선 $y=g(x)$가 오른쪽 그림과 같을 때, 부등식 $\left(\dfrac{1}{5}\right)^{f(x)}>\left(\dfrac{1}{5}\right)^{g(x)}$의 해를 구하시오.

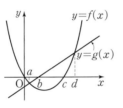

0335 종

부등식 $2^{3x-1}<\left(\dfrac{1}{2}\right)^{x^{2}+1}<4^{x+1}$을 만족시키는 모든 정수 x의 값의 합은?

① -5 ② -3 ③ -1
④ 1 ⑤ 3

0336 종 | 모평 기출 |

부등식 $(2^{x}-8)\left(\dfrac{1}{3^{x}}-9\right) \geq 0$을 만족시키는 정수 x의 개수는?

① 6 ② 7 ③ 8
④ 9 ⑤ 10

0337 종

부등식 $\left(\dfrac{1}{4}\right)^{x^{2}}>\left(\dfrac{1}{2}\right)^{ax}$을 만족시키는 정수 x가 3개일 때, 실수 a의 값의 범위를 구하시오. (단, $a>0$)

0338 상 서술형

두 집합
$$A=\left\{x \left|\left(\dfrac{1}{3}\right)^{x+6}<\left(\dfrac{1}{3}\right)^{x^{2}}\right.\right\}, \quad B=\{x \mid 2^{|x-1|} \leq 2^{a}\}$$
에 대하여 $A \cap B = A$가 성립하도록 하는 양수 a의 최솟값을 구하시오.

유형 16 a^x 꼴이 반복되는 지수부등식

$a^x=t\,(t>0)$로 놓고 t에 대한 부등식을 푼다. 이때 $t>0$임에 유의한다.

0339 대표 문제

부등식 $\left(\dfrac{1}{9}\right)^x-28\times\left(\dfrac{1}{3}\right)^{x+1}+3\leq0$을 만족시키는 정수 x의 개수를 구하시오.

0340 종

두 집합

$$A=\left\{x\,\middle|\,\left(\dfrac{1}{2}\right)^{x^2-6}\leq2^x\right\},\ B=\{x\,|\,4^x-3\times2^x-4>0\}$$

에 대하여 $A\cap B$에 속하는 정수 x의 최솟값은?

① -3 ② -1 ③ 1

④ 3 ⑤ 5

0341 종

부등식 $4^{x+1}+a\times2^x+b<0$의 해가 $-2<x<1$일 때, 상수 a, b에 대하여 $b-a$의 값은?

① 11 ② 12 ③ 13

④ 14 ⑤ 15

유형 17 밑과 지수에 모두 미지수가 있는 지수부등식

$\{f(x)\}^{g(x)}<\{f(x)\}^{h(x)}$ 꼴의 부등식은 밑의 범위를 다음과 같이 세 가지 경우로 나누어 푼다.
(i) $0<(밑)<1 \Rightarrow g(x)>h(x)$
(ii) $(밑)=1 \Rightarrow 1<1$이므로 부등식이 성립하지 않는다.
(iii) $(밑)>1 \Rightarrow g(x)<h(x)$

0342 대표 문제

부등식 $x^{2x+3}>x^{3x-4}$의 해가 $\alpha<x<\beta$일 때, $\alpha+\beta$의 값을 구하시오. (단, $x>0$)

0343 종

부등식 $x^{x^2}\geq x^{4x+5}$의 해의 집합을 S라 할 때, 다음 중 집합 S의 원소인 것은? (단, $x>0$)

① $\dfrac{4}{3}$ ② $\dfrac{7}{4}$ ③ $\dfrac{11}{5}$

④ $\dfrac{13}{3}$ ⑤ $\dfrac{11}{2}$

유형 18 지수부등식의 응용

모든 실수 x에 대하여 부등식 $pa^{2x}+qa^x+r>0\,(p\neq0)$이 성립하려면 $a^x=t\,(t>0)$로 놓을 때, t에 대한 이차부등식 $pt^2+qt+r>0$이 $t>0$에서 항상 성립해야 한다.

0344 대표 문제

모든 실수 x에 대하여 부등식 $16^x-4^{x+1}-k\geq0$이 성립하도록 하는 실수 k의 최댓값을 구하시오.

0345 중

모든 실수 x에 대하여 부등식 $25^x - 2k \times 5^x + 4 > 0$이 성립하도록 하는 실수 k의 값의 범위는?

① $k > -2$ ② $k > 0$ ③ $0 < k \le 2$

④ $k < 2$ ⑤ $k > 2$

빈출

유형 19 **지수방정식과 지수부등식의 실생활에의 활용**

◆ 개념루트 대수 110쪽

주어진 조건을 파악하여 방정식과 부등식을 세운다.

참고 처음의 양을 a, 매시간 p배씩 늘어나는 물질의 x시간 후의 양을 y라 하면 ➡ $y = ap^x$

0346 대표 문제

미생물 A의 수는 매시간 8배씩 증가하고, 미생물 B의 수는 매시간 2배씩 증가한다고 한다. 현재 미생물 A, B의 수가 각각 16, 1024일 때, 미생물 A, B의 수가 같아지는 것은 몇 시간 후인지 구하시오.

0347 중

| 학평 기출 |

지진의 세기를 나타내는 수정머칼리진도가 x이고 km당 매설관 파괴 발생률을 n이라 하면 다음과 같은 관계식이 성립한다고 한다.

$$n = C_d C_g 10^{\frac{4}{5}(x-9)}$$

(단, C_d는 매설관의 지름에 따른 상수이고, C_g는 지반 조건에 따른 상수이다.)

C_g가 2인 어느 지역에 C_d가 $\frac{1}{4}$인 매설관이 묻혀 있다. 이지역에 수정머칼리진도가 a인 지진이 일어날 때, km당 매설관 파괴 발생률이 $\frac{1}{200}$이었다. a의 값은?

① 5 ② $\frac{11}{2}$ ③ 6

④ $\frac{13}{2}$ ⑤ 7

0348 중

배양기에 박테리아를 넣고 관찰하기 시작한 지 t시간 후의 박테리아의 수를 $f(t)$라 하면 $f(t) = 15 \times 10^{\frac{t}{3}}$인 관계가 성립한다고 한다. 박테리아의 수가 처음의 10000배가 되는 것은 관찰하기 시작한 지 몇 시간 후인가?

① 11시간   ② 12시간   ③ 13시간

④ 14시간   ⑤ 15시간

0349 중

한 번 통과할 때마다 불순물의 양의 40 %가 제거되는 정수 필터가 있다. 불순물의 양이 처음 양의 $\frac{81}{625}$ 이하가 되도록 하려면 이 정수 필터를 최소한 몇 번 통과해야 하는지 구하시오.

0350 중

어느 음원 사이트에서는 1시간마다 다운로드 수를 조사하는데 현재 두 음원 A, B의 다운로드 수는 각각 100, 320000이다. 이후 음원 A는 1시간마다 다운로드 수가 2배가 되고, 음원 B는 1시간마다 다운로드 수가 $\frac{1}{2}$배가 될 것으로 예측하고 있다. 음원 A의 다운로드 수가 음원 B의 다운로드 수보다 1400 이상 더 많아질 것으로 예측되는 것은 현재로부터 최소 m시간 후이다. 이때 자연수 m의 값을 구하시오.

AB 유형 점검

0351 유형 01

집합 $A=\{(x, y)\,|\,y=2^x\}$에 대하여 보기에서 옳은 것만을 있는 대로 고른 것은?

┌ 보기 ┌
ㄱ. $(a, b) \in A$이면 $\left(a-1, \dfrac{b}{2}\right) \in A$

ㄴ. $(a, b) \in A$이면 $\left(-a, \dfrac{1}{b}\right) \in A$

ㄷ. $(a_1, b_1) \in A$, $(a_2, b_2) \in A$이면 $(a_1+a_2, b_1 b_2) \in A$
└

① ㄱ   ② ㄷ   ③ ㄱ, ㄴ

④ ㄴ, ㄷ   ⑤ ㄱ, ㄴ, ㄷ

0352 유형 02

함수 $f(x)=a^x (a>0, a\neq 1)$에 대하여 $f(4)=\dfrac{1}{81}$일 때, 보기에서 함수 $y=f(x)$에 대한 설명으로 옳은 것만을 있는 대로 고르시오.

┌ 보기 ┌
ㄱ. $f(x+y)=f(x)f(y)$

ㄴ. $f(-2)<f(1)$

ㄷ. 그래프의 점근선의 방정식은 $y=\dfrac{1}{3}$이다.

ㄹ. 그래프는 점 $(-1, 3)$을 지난다.
└

0353 유형 03

함수 $y=a^{1-x}+b$의 그래프가 오른쪽 그림과 같을 때, 상수 a, b에 대하여 $a-b$의 값을 구하시오.

(단, $a>0$, $a\neq 1$)

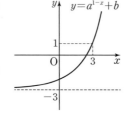

0354 유형 04

지수함수 $y=3^x$의 그래프 위의 한 점 A의 y좌표가 $\dfrac{1}{3}$이다. 이 그래프 위의 한 점 B에 대하여 선분 AB를 $1 : 2$로 내분하는 점 C가 y축 위에 있을 때, 점 B의 y좌표는?

① 3 ② $3\sqrt[3]{3}$ ③ $3\sqrt{3}$

④ $3\sqrt[3]{9}$ ⑤ 9

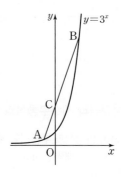

0355 유형 03 + 05

직선 $y=-3x+3$이 함수 $y=2^x$의 그래프와 만나는 점을 A, 직선 $y=-3x+3$이 함수 $y=2^{x+1}+3$의 그래프와 만나는 점을 B라 할 때, 삼각형 OAB의 넓이를 구하시오.

(단, O는 원점)

0356 유형 06

$0<x<1$일 때, 세 수 $A=\left(\dfrac{1}{5}\right)^{2x}$, $B=\left(\dfrac{1}{5}\right)^{x^2}$, $C=5^x$의 대소 관계는?

① $A<B<C$ ② $A<C<B$ ③ $B<A<C$

④ $B<C<A$ ⑤ $C<A<B$

0357 유형 08

정의역이 $\{x \mid 0 \le x \le 3\}$인 함수 $y=a^{-x^2+4x-5}$의 최댓값이 $\dfrac{1}{2}$일 때, 최솟값을 구하시오. (단, $a>1$)

0358 유형 09

정의역이 $\{x \mid 1 \le x \le 2\}$인 함수 $y=2\times 3^{x+1}-3^{2x}+a$의 최솟값이 -25일 때, 최댓값을 구하시오. (단, a는 상수)

0359 유형 10

함수 $y=4^x+4^{-x+2}$이 $x=a$에서 최솟값 m을 가질 때, $a+m$의 값을 구하시오.

0360 유형 07 + 11

정의역이 $\{x \mid -1 \le x \le 1\}$인 함수 $y=2^{a-x}+1$의 최댓값과 최솟값의 차가 6일 때, 상수 a의 값을 구하시오.

0361 유형 12

방정식 $2^x-2^{1-x}=2$의 실근을 α라 할 때, $4^\alpha=a+b\sqrt{3}$이다. 이때 유리수 a, b에 대하여 $a+b$의 값은?

① 6　　　　② 8　　　　③ 10

④ 12　　　　⑤ 14

0362 유형 13

방정식 $(x+1)^{x^2+1}=(x+1)^{2x+1}$의 모든 근의 합을 a, 방정식 $(x+2)^{x-5}=4^{x-5}$의 모든 근의 합을 b라 할 때, $b-a$의 값은? (단, $x>-1$)

① 1　　　　② 2　　　　③ 3

④ 4　　　　⑤ 5

0363 유형 03 + 15　　　　| 학평 기출 |

곡선 $y=\dfrac{1}{16}\times\left(\dfrac{1}{2}\right)^{x-m}$이 곡선 $y=2^x+1$과 제1사분면에서 만나도록 하는 자연수 m의 최솟값은?

① 2　　　　② 4　　　　③ 6

④ 8　　　　⑤ 10

0364 유형 16

부등식 $\left(\dfrac{1}{16}\right)^x - \left(\dfrac{1}{\sqrt{2}}\right)^{4x-2} - 8 > 0$을 만족시키는 정수 x의 최댓값을 구하시오.

0365 유형 17

부등식 $x^{x^2-5} < x^{4x}$을 푸시오. (단, $x > 0$)

0366 유형 18

모든 실수 x에 대하여 부등식 $2^{x+1} - 2^{\frac{x+4}{2}} + a > 0$이 성립하도록 하는 정수 a의 최솟값은?

① -1 ② 1 ③ 3
④ 5 ⑤ 7

0367 유형 19

세균이 담긴 통에 약품 A를 1회 투입할 때마다 세균의 수가 70%씩 감소한다고 한다. 이 통에 매회 일정한 양의 약품 A를 투입할 때, 세균의 수가 처음 수의 0.81%가 되도록 하려면 약품 A를 몇 회 투입해야 하는지 구하시오.

서술형

0368 유형 03

함수 $y = 2^{2x}$의 그래프를 x축의 방향으로 m만큼, y축의 방향으로 n만큼 평행이동한 후 x축에 대하여 대칭이동하면 함수 $y = -64 \times 4^x + 3$의 그래프와 겹쳐질 때, $m+n$의 값을 구하시오.

0369 유형 14

방정식 $3^{2x+1} + 3k \times 3^x + k^2 - k - 6 = 0$이 양의 실근과 음의 실근을 각각 하나씩 갖도록 하는 실수 k의 값의 범위를 구하시오.

0370 유형 19

미생물 A는 1주마다 그 수가 4배가 되고, 미생물 B는 2주마다 그 수가 4배가 된다고 한다. 미생물 A 10마리와 미생물 B 40마리를 동시에 배양했을 때, 미생물 A, B의 수의 합이 3200 이상이 되는 것은 최소 m주 후이다. 이때 자연수 m의 값을 구하시오.

C 실력 향상

하 ···· 중 ···· 상100%

0371

오른쪽 그림과 같이 세 함수
$y=2^x+3$, $y=2^x$, $y=2^{x-3}$의
그래프가 직선 $y=-x+k$와
만나는 점을 각각 A, B, C라
하자. $\overline{BC}=2\overline{AB}$일 때, 상수 k
의 값을 구하시오.

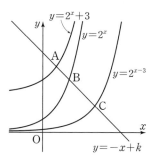

0372

| 학평 기출 |

두 함수
$$f(x)=\left(\frac{1}{2}\right)^{x-a}, g(x)=(x-1)(x-3)$$
에 대하여 합성함수 $h(x)=(f\circ g)(x)$라 하자. 함수 $h(x)$
가 $0\leq x\leq 5$에서 최솟값 $\frac{1}{4}$, 최댓값 M을 갖는다. M의 값
을 구하시오. (단, a는 상수이다.)

0373

일차함수 $y=f(x)$의 그래프가 오른
쪽 그림과 같고, $f(2)=0$이다. 부등
식 $\left(\frac{1}{7}\right)^{f(x)}\leq\frac{1}{49}$의 해가 $x\leq 1$일 때,
$f(-1)$의 값을 구하시오.

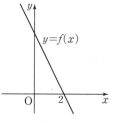

0374

| 학평 기출 |

x에 대한 부등식
$$\left(\frac{1}{4}\right)^x-(3n+16)\times\left(\frac{1}{2}\right)^x+48n\leq 0$$
을 만족시키는 정수 x의 개수가 2가 되도록 하는 모든 자
연수 n의 개수를 구하시오.

🔖 기출 BOOK 14쪽

04-1 로그함수 유형 01 개념⁺

지수함수 $y=a^x$ $(a>0,\ a\neq1)$의 역함수 $y=\log_a x$를 a를 밑으로 하는 **로그함수**라 한다.

예 지수함수 $y=3^x$의 역함수 $y=\log_3 x$는 3을 밑으로 하는 로그함수이다.

> 지수함수 $y=a^x$ $(a>0,\ a\neq1)$은 실수 전체의 집합에서 양의 실수 전체의 집합으로의 일대일대응이므로 역함수가 존재한다.

04-2 로그함수 $y=\log_a x\,(a>0,\ a\neq1)$의 그래프와 성질 유형 02~07

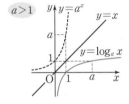
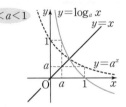

로그함수 $y=\log_a x\,(a>0,\ a\neq1)$에 대하여

(1) 정의역은 양의 실수 전체의 집합이고, 치역은 실수 전체의 집합이다.

(2) 일대일함수이다. → $x_1\neq x_2$이면 $\log_a x_1\neq\log_a x_2$

(3) $a>1$일 때, x의 값이 증가하면 y의 값도 증가한다. → $0<x_1<x_2$이면 $\log_a x_1<\log_a x_2$

  $0<a<1$일 때, x의 값이 증가하면 y의 값은 감소한다. → $0<x_1<x_2$이면 $\log_a x_1>\log_a x_2$

(4) 그래프는 점 $(1,\ 0)$을 지나고, 그래프의 점근선은 y축(직선 $x=0$)이다.

> 그래프는 지수함수 $y=a^x$의 그래프와 직선 $y=x$에 대하여 대칭이다.

> 함수 $y=\log_a x$의 그래프와 함수 $y=\log_{\frac{1}{a}} x$의 그래프는 x축에 대하여 대칭이다.

참고 로그함수 $y=\log_a x\,(a>0,\ a\neq1)$의 그래프는

  ① $a>1$일 때,

    $x>1$에서는 a의 값이 클수록 x축에 가깝다.

    $0<x<1$에서는 a의 값이 클수록 y축에 가깝다.

  ② $0<a<1$일 때,

    $x>1$에서는 a의 값이 작을수록 x축에 가깝다.

    $0<x<1$에서는 a의 값이 작을수록 y축에 가깝다.

04-3 로그함수의 그래프의 평행이동과 대칭이동 유형 03, 05

로그함수 $y=\log_a x\,(a>0,\ a\neq1)$의 그래프를

(1) x축의 방향으로 m만큼, y축의 방향으로 n만큼 평행이동 ➡ $y=\log_a(x-m)+n$ → x 대신 $x-m$, y 대신 $y-n$ 대입

(2) x축에 대하여 대칭이동 ➡ $y=-\log_a x=\log_a \dfrac{1}{x}$ → y 대신 $-y$ 대입

(3) y축에 대하여 대칭이동 ➡ $y=\log_a(-x)$ → x 대신 $-x$ 대입

(4) 원점에 대하여 대칭이동 ➡ $y=-\log_a(-x)=\log_a\left(-\dfrac{1}{x}\right)$ → x 대신 $-x$, y 대신 $-y$ 대입

(5) 직선 $y=x$에 대하여 대칭이동 ➡ $y=a^x$ → x 대신 y, y 대신 x 대입

예 로그함수 $y=\log_3 x$의 그래프를

  (1) x축의 방향으로 3만큼, y축의 방향으로 -1만큼 평행이동 ➡ $y=\log_3(x-3)-1$

  (2) x축에 대하여 대칭이동 ➡ $y=-\log_3 x=\log_3 \dfrac{1}{x}$

  (3) y축에 대하여 대칭이동 ➡ $y=\log_3(-x)$

  (4) 원점에 대하여 대칭이동 ➡ $y=-\log_3(-x)=\log_3\left(-\dfrac{1}{x}\right)$

  (5) 직선 $y=x$에 대하여 대칭이동 ➡ $y=3^x$

04-1 로그함수

[0375~0376] 다음 함수의 역함수를 구하시오.

0375 $y=3^{x+2}$

0376 $y=\log_5(x-3)$

[0377~0379] 로그함수 $f(x)=\log_5 x$에 대하여 다음을 구하시오.

0377 $f\left(\dfrac{1}{25}\right)$

0378 $f(15)+f\left(\dfrac{5}{3}\right)$

0379 $f(6)-f(30)$

[0380~0382] 로그함수 $f(x)=\log_{\frac{1}{3}} x$에 대하여 다음을 구하시오.

0380 $f(3\sqrt{3})$

0381 $f(36)+f\left(\dfrac{1}{4}\right)$

0382 $f(2)-f(54)$

04-2 로그함수 $y=\log_a x\,(a>0,\ a\neq1)$의 그래프와 성질

0383 보기에서 로그함수 $f(x)=\log_a x\,(a>0,\ a\neq1)$에 대한 설명으로 옳은 것만을 있는 대로 고르시오.

┌ 보기 ┐
ㄱ. 정의역은 양의 실수 전체의 집합이다.
ㄴ. $0<a<1$일 때, $x_1<x_2$이면 $f(x_1)<f(x_2)$이다.
ㄷ. 그래프의 점근선은 y축이다.
ㄹ. 그래프는 점 $(a,\ 0)$을 지난다.
ㅁ. 그래프는 지수함수 $y=a^x$의 그래프와 직선 $y=-x$에 대하여 대칭이다.

[0384~0385] 로그함수를 이용하여 다음 수의 대소를 비교하시오.

0384 $\dfrac{1}{2}\log_{\frac{1}{3}} 5,\ \log_{\frac{1}{3}} 2$

0385 $2\log_5 3,\ \log_{25} 64$

04-3 로그함수의 그래프의 평행이동과 대칭이동

[0386~0389] 다음 함수의 그래프를 그리고, 정의역과 점근선의 방정식을 구하시오.

0386 $y=\log_5(x+2)+2$

0387 $y=\log_{\frac{1}{7}} x-3$

0388 $y=\log_4(x-5)-\dfrac{1}{4}$

0389 $y=-\log_2(-x-1)+2$

[0390~0394] 함수 $y=\log_3(x+1)-2$의 그래프를 다음과 같이 평행이동 또는 대칭이동한 그래프의 식을 구하시오.

0390 x축의 방향으로 3만큼, y축의 방향으로 -2만큼 평행이동

0391 x축에 대하여 대칭이동

0392 y축에 대하여 대칭이동

0393 원점에 대하여 대칭이동

0394 직선 $y=x$에 대하여 대칭이동

04-4 로그함수의 최대, 최소

유형 08~12

정의역이 $\{x \mid m \leq x \leq n\}$인 로그함수 $f(x) = \log_a x \,(a > 0, \, a \neq 1)$는

(1) $a > 1$이면 $x = m$에서 **최솟값** $f(m)$, $x = n$에서 **최댓값** $f(n)$을 갖는다.

(2) $0 < a < 1$이면 $x = m$에서 **최댓값** $f(m)$, $x = n$에서 **최솟값** $f(n)$을 갖는다.

> **참고** 로그함수 $\log_a f(x) \,(a > 0, \, a \neq 1)$는
> (1) $a > 1$이면 $f(x)$가 최대일 때 최댓값, $f(x)$가 최소일 때 최솟값을 갖는다.
> (2) $0 < a < 1$이면 $f(x)$가 최대일 때 최솟값, $f(x)$가 최소일 때 최댓값을 갖는다.
> > **TIP** 진수가 일차식인 로그함수의 최댓값과 최솟값은 정의역의 양 끝 값에서의 함숫값을 이용하여 구한다.

04-5 로그방정식

유형 13~16, 21

(1) $\log_a f(x) = b$ 꼴인 경우

$\log_a f(x) = b \Longleftrightarrow f(x) = a^b$임을 이용하여 푼다. (단, $a > 0$, $a \neq 1$, $f(x) > 0$)

(2) **밑을 같게 할 수 있는 경우**

주어진 방정식을 $\log_a f(x) = \log_a g(x)$ 꼴로 변형한 후

$\log_a f(x) = \log_a g(x) \Longleftrightarrow f(x) = g(x)$

임을 이용하여 방정식 $f(x) = g(x)$를 푼다. (단, $a > 0$, $a \neq 1$, $f(x) > 0$, $g(x) > 0$)

(3) $\log_a x$ 꼴이 반복되는 경우

$\log_a x = t$로 놓고 t에 대한 방정식을 푼다.

(4) **진수가 같은 경우** → 밑이 같거나 진수가 1임을 이용한다.

$\log_a f(x) = \log_b f(x)$ 꼴이면 $a = b$ 또는 $f(x) = 1$임을 이용하여 푼다.

(단, $a > 0$, $a \neq 1$, $b > 0$, $b \neq 1$, $f(x) > 0$)

(5) **지수에 로그가 있는 경우**

주어진 등식의 양변에 로그를 취하여 푼다.

> **주의** 로그방정식을 풀어 구한 값이 밑 또는 진수의 조건을 만족시키는지 반드시 확인해야 한다.

04-6 로그부등식

유형 17~21

(1) **밑을 같게 할 수 있는 경우**

주어진 부등식을 $\log_a f(x) > \log_a g(x)$ 꼴로 변형한 후

① $a > 1$일 때, 부등식 $f(x) > g(x)$를 푼다.

② $0 < a < 1$일 때, 부등식 $f(x) < g(x)$를 푼다.

(2) $\log_a x$ 꼴이 반복되는 경우

$\log_a x = t$로 놓고 t에 대한 부등식을 푼다.

(3) **지수에 로그가 있는 경우**

양변에 로그를 취하여 푼다.

> **주의** 로그부등식을 풀어 구한 값이 밑 또는 진수의 조건을 만족시키는지 반드시 확인해야 한다.

개념⁺

• 로그의 진수 또는 밑에 미지수를 포함한 방정식을 로그방정식이라 한다.

• 로그의 밑이 같지 않은 경우에는
$$\log_a N = \frac{\log_b N}{\log_b a},$$
$$\log_a b = \frac{1}{\log_b a}$$
을 이용하여 밑을 같게 한다.

• $x^{\log_a f(x)} = g(x)$ 꼴이면
➡ 양변에 밑이 a인 로그를 취한다.

• $a^{\log_b x} \times x^{\log_b a}$ 꼴이면
➡ $x^{\log_b a} = a^{\log_b x}$임을 이용하여 식을 정리한 후 $a^{\log_b x} = t \,(t > 0)$로 놓는다.

• 로그의 진수 또는 밑에 미지수를 포함한 부등식을 로그부등식이라 한다.

• 밑의 값에 따라 부등호의 방향이 달라짐에 유의한다.

04-4 로그함수의 최대, 최소

[0395~0398] 다음 함수의 최댓값과 최솟값을 구하시오.

0395 $y=\log_3 x \left(\dfrac{1}{3}\le x\le 81\right)$

0396 $y=\log_{\frac{1}{5}} x \left(\dfrac{1}{25}\le x\le 125\right)$

0397 $y=\log_7 (x-5)+8 \ (6\le x\le 12)$

0398 $y=\log_{\frac{1}{2}} (-x+1)-4 \left(-31\le x\le \dfrac{1}{2}\right)$

[0399~0402] 다음 함수의 최댓값과 최솟값을 구하시오.

0399 $y=\log_2 (x^2-4x+4) \ (3\le x\le 10)$

0400 $y=\log_3 (-x^2+2x+8) \ (-1\le x\le 3)$

0401 $y=\log_{\frac{1}{5}} (x^2-8x+17) \ (3\le x\le 6)$

0402 $y=\log_{\frac{1}{2}} (-x^2+4x+7) \ (0\le x\le 5)$

04-5 로그방정식

[0403~0406] 다음 방정식을 푸시오.

0403 $\log_3 (x-1)=4$

0404 $\log_4 (2x+1)=-\dfrac{1}{2}$

0405 $\log_{\frac{1}{2}} (2x-5)=\log_{\frac{1}{2}} 11$

0406 $\log_5 (5x-7)=\log_5 (x+1)$

[0407~0410] 다음 방정식을 푸시오.

0407 $(\log x)^2-\log x^3=0$

0408 $(\log_3 x)^2-\log_3 x-12=0$

0409 $(\log_2 x)^2+\log_2 x^4-12=0$

0410 $(2\log_4 x-1)^2-\log_4 x^5+1=0$

04-6 로그부등식

[0411~0414] 다음 부등식을 푸시오.

0411 $\log_5 (x+3)<2$

0412 $\log_6 (12-2x)\ge\log_6 (x-3)$

0413 $\log_{\frac{1}{3}} (2x-1)>-1$

0414 $\log_{\frac{1}{2}} (2x+4)\le\log_{\frac{1}{2}} (x+14)$

[0415~0418] 다음 부등식을 푸시오.

0415 $(\log x)^2+\log x\le 2$

0416 $(\log_2 x)^2-\log_2 x^6>0$

0417 $(\log_{\frac{1}{3}} x)^2+\log_{\frac{1}{3}} x^6+5\ge 0$

0418 $(\log_5 x)^2-\log_5 \dfrac{x^3}{25}<0$

B 유형 완성

유형 01 로그함수의 함숫값

로그함수 $f(x)=\log_a x\,(a>0,\ a\neq1)$에서 $f(p)$의 값을 구할 때는 x에 p를 대입한 후 로그의 성질을 이용한다.

0419 대표 문제

함수 $f(x)=\log_a(3x+1)+4\,(a>0,\ a\neq1)$에서 $f(2)=5$일 때, $f(16)$의 값은?

① 3   ② 4   ③ 5
④ 6   ⑤ 7

0420 하

두 함수 $f(x)=2^x$, $g(x)=\log_{\frac{1}{4}} x$에 대하여 $(g\circ f)(-6)$의 값을 구하시오.

0421 중

다음 중 함수 $f(x)=\log_5 x$에 대하여 옳지 <u>않은</u> 것은?

① $f(1)=0$ ② $f(25x)=f(x)+2$
③ $f\left(\dfrac{1}{x}\right)=-f(x)$ ④ $25^{f(x)}=-2x$
⑤ $f(x^3)=3f(x)$

0422 중

함수 $f(x)=\log_{\frac{1}{2}}\left(1-\dfrac{1}{x}\right)$에 대하여

$$f(2)+f(3)+f(4)+\cdots+f(n)=4$$

를 만족시키는 자연수 n의 값을 구하시오.

◆◆ 개념루트 대수 120쪽

유형 02 로그함수의 성질

로그함수 $y=\log_a x\,(a>0,\ a\neq1)$에 대하여
(1) 정의역: 양의 실수 전체의 집합
    치역: 실수 전체의 집합
(2) $a>1$일 때, x의 값이 증가하면 y의 값도 증가
    $0<a<1$일 때, x의 값이 증가하면 y의 값은 감소
(3) 그래프의 점근선: y축(직선 $x=0$)

0423 대표 문제

다음 중 함수 $f(x)=\log_{0.2} x$에 대한 설명으로 옳지 <u>않은</u> 것은?

① 치역은 실수 전체의 집합이다.
② 그래프의 점근선의 방정식은 $x=0$이다.
③ 그래프는 함수 $y=\log_5 x$의 그래프와 x축에 대하여 대칭이다.
④ 그래프는 y축과 한 점에서 만난다.
⑤ $f(x_1)=f(x_2)$이면 $x_1=x_2$이다.

0424 중 서술형

함수 $y=\log(-x^2+5x+24)$의 정의역을 A, 함수 $y=\log_2(\log_2 x)$의 정의역을 B라 할 때, 집합 $A\cap B$의 원소 중 정수의 개수를 구하시오.

0425 ⑤

함수 $y=ax+b$의 그래프가 오른쪽 그림과 같을 때, 다음 중 함수 $y=\log_b ax$의 그래프의 개형은?

(단, a, b는 상수)

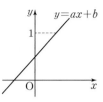

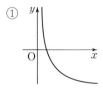

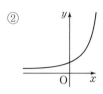

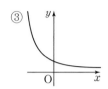

빈출

◆ 개념루트 대수 120, 122쪽

유형 03 로그함수의 그래프의 평행이동과 대칭이동

로그함수 $y=\log_a x\,(a>0,\ a\neq1)$의 그래프를

(1) x축의 방향으로 m만큼, y축의 방향으로 n만큼 평행이동
$\Rightarrow y=\log_a(x-m)+n$

(2) x축에 대하여 대칭이동 $\Rightarrow y=-\log_a x$

(3) y축에 대하여 대칭이동 $\Rightarrow y=\log_a(-x)$

(4) 원점에 대하여 대칭이동 $\Rightarrow y=-\log_a(-x)$

(5) 직선 $y=x$에 대하여 대칭이동 $\Rightarrow y=a^x$

0426 대표 문제

함수 $y=\log_{\frac{1}{2}}(4x-8)$의 그래프는 함수 $y=\log_2 x$의 그래프를 x축의 방향으로 a만큼, y축의 방향으로 b만큼 평행이동한 후 x축에 대하여 대칭이동한 것이다. 이때 $a+b$의 값은?

① 1   ② 2   ③ 3

④ 4   ⑤ 5

0427 ⑤

보기의 함수에서 그 그래프가 함수 $y=\log_2 x$의 그래프를 평행이동 또는 대칭이동하여 겹쳐지는 것만을 있는 대로 고르시오.

> **보기**
>
> ㄱ. $y=\log_2(x+1)$ ㄴ. $y=\log_2 x^2$
>
> ㄷ. $y=\log_2 4x$ ㄹ. $y=\log_2\dfrac{1}{x}$
>
> ㅁ. $y=2^{2x}-1$ ㅂ. $y=\left(\dfrac{1}{2}\right)^x$

0428 ⑤

| 학평 기출 |

함수 $y=\log_2 x$의 그래프를 x축의 방향으로 a만큼, y축의 방향으로 1만큼 평행이동한 그래프가 점 $(9, 3)$을 지날 때, 상수 a의 값은?

① 5   ② 6   ③ 7

④ 8   ⑤ 9

0429 ⑤

함수 $y=\log_{\frac{1}{3}}(x+3\sqrt{3})+k$의 그래프가 제3사분면을 지나지 않을 때, 실수 k의 최솟값은?

① $\dfrac{1}{2}$ ② 1   ③ $\dfrac{3}{2}$

④ 2   ⑤ $\dfrac{5}{2}$

로그함수의 그래프 위의 점

로그함수 $y=\log_a x\,(a>0,\ a\neq1)$의 그래프가 점 (m, n)을 지나면 ➡ $n=\log_a m \iff m=a^n$

0430 대표 문제

오른쪽 그림은 함수 $y=\log_3 x$의 그래프와 직선 $y=x$이다. $d=3b$일 때, 3^{a-c}의 값을 구하시오. (단, 점선은 x축 또는 y축에 평행하다.)

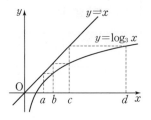

0431 중

오른쪽 그림과 같이 두 함수 $y=\log_4 x$, $y=\log_{16} x$의 그래프가 직선 $x=a$와 만나는 점을 각각 A, B라 하고, 직선 $x=b$와 만나는 점을 각각 C, D라 하자. $\overline{AB}:\overline{CD}=1:2$일 때, a, b 사이의 관계를 바르게 나타낸 것은? (단, $1<a<b$)

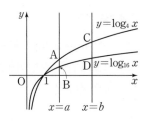

① $b=\dfrac{3}{2}a$ ② $b=2a$ ③ $b=4a$

④ $b=a^2$ ⑤ $b=a^4$

0432 중

| 학평 기출 |

그림과 같이 두 곡선 $y=\log_a x$, $y=\log_b x\,(1<a<b)$와 직선 $y=1$이 만나는 점을 A_1, B_1이라 하고, 직선 $y=2$가 만나는 점을 A_2, B_2라 하자. 선분 A_1B_1의 중점의 좌표는 $(2, 1)$이고 $\overline{A_1B_1}=1$일 때, $\overline{A_2B_2}$의 값은?

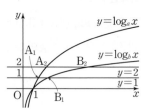

① 4 ② $3\sqrt{2}$ ③ 5

④ $4\sqrt{2}$ ⑤ 6

0433 상

오른쪽 그림과 같이 두 함수 $y=3^x-k$, $y=\log_3(x-2k)$의 그래프가 x축과 만나는 점을 각각 A, B라 하고, 두 함수의 그래프의 점근선이 만나는 점의 좌표를 (a, b)라 하자. $\overline{AB}=2k$일 때, $a-b$의 값을 구하시오. (단, $k>0$)

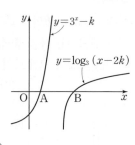

로그함수의 그래프와 도형의 넓이

(1) 평행이동한 함수의 그래프로 둘러싸인 부분의 넓이
  ➡ 넓이가 같은 도형을 찾는다.
(2) x축(또는 y축)에 평행한 선분의 길이는 x좌표(또는 y좌표)의 차를 이용한다.

0434 대표 문제

오른쪽 그림과 같이 두 함수 $f(x)=\log_2 x$, $g(x)=\log_2 5x$의 그래프 위의 네 점 $A(1, f(1))$, $B(5, f(5))$, $C(5, g(5))$, $D(1, g(1))$이 있다. 두 함수 $y=f(x)$, $y=g(x)$의 그래프와 선분 AD, 선분 BC로 둘러싸인 부분의 넓이를 구하시오.

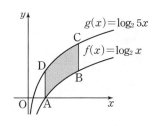

0435 중

| 서술형 |

오른쪽 그림과 같이 두 함수 $y=\log_{\frac{1}{9}} x$, $y=\log_{\sqrt{3}} x$의 그래프가 직선 $x=\dfrac{1}{3}$과 만나는 점을 각각 A, B라 하고, 직선 $x=3$과 만나는 점을 각각 C, D라 할 때, 사각형 ABCD의 넓이를 구하시오.

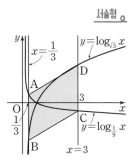

◈◈ 개념루트 대수 126쪽

유형 06 로그함수의 역함수

(1) 로그함수 $f(x)=\log_a x (a>0, a\neq1)$의 역함수는
$$f^{-1}(x)=a^x$$
(2) 함수 $f(x)$의 역함수를 $g(x)$라 할 때,
$$f(p)=q \Longleftrightarrow g(q)=p$$

0436 대표 문제

두 함수 $y=f(x)$, $y=\log_5(4x+a)$의 그래프가 직선 $y=x$에 대하여 대칭이다. 함수 $y=f(x)$의 그래프가 점 $(2, 4)$를 지날 때, 상수 a의 값은?

① -3 ② 0 ③ 3
④ 6 ⑤ 9

0437 ㉠

함수 $y=\log(x+3)+a$의 역함수가 $y=b^{x-3}+c$일 때, 상수 a, b, c에 대하여 $a+b+c$의 값은?

① 6 ② 7 ③ 8
④ 9 ⑤ 10

0438 ㉣

함수 $f(x)=\log_2(x+a)+b$의 역함수를 $g(x)$라 하자. 곡선 $y=g(x)$의 점근선이 직선 $y=1$이고 곡선 $y=g(x)$가 점 $(3, 2)$를 지날 때, $a+b$의 값은?

| 학평 기출 |

(단, a, b는 상수이다.)

① 1 ② 2 ③ 3
④ 4 ⑤ 5

0439 ㉣

함수 $f(x)=\begin{cases} x-3 & (x<4) \\ \log_2 x-1 & (x\geq4) \end{cases}$의 역함수를 $g(x)$라 할 때, $(g\circ g)(a)=8$을 만족시키는 상수 a의 값은?

① -2 ② -1 ③ 0
④ 1 ⑤ 2

0440 ㉣

서술형

함수 $y=\log_a x+b$의 그래프와 그 역함수의 그래프가 두 점에서 만나고 두 교점의 x좌표가 각각 1, 2일 때, 상수 a, b에 대하여 a^2+b^2의 값을 구하시오. (단, $a>1$)

0441 ㉤

오른쪽 그림과 같이 1보다 큰 상수 a에 대하여 두 함수 $y=a^x$, $y=\log_a x$의 그래프가 직선 $y=-x+8$과 만나는 점을 각각 A, B라 하자. $\overline{AB}=4\sqrt{2}$일 때, a^2의 값을 구하시오. (단, 점 A의 x좌표는 점 B의 x좌표보다 작다.)

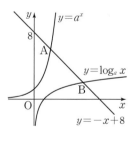

유형 07 로그함수를 이용한 수의 대소 비교

주어진 수의 밑을 같게 한 후 로그함수의 성질을 이용한다.
(1) $a>1$일 때, $0<x_1<x_2$이면 $\log_a x_1<\log_a x_2$
(2) $0<a<1$일 때, $0<x_1<x_2$이면 $\log_a x_1>\log_a x_2$

0442 대표 문제

세 수 $A=2\log_{0.1}4\sqrt{2}$, $B=\log_{0.1}2-1$, $C=\log\dfrac{1}{50}$의 대소 관계는?

① $A<B<C$ ② $A<C<B$ ③ $B<A<C$
④ $C<A<B$ ⑤ $C<B<A$

0443 중

$\dfrac{1}{9}<x<\dfrac{1}{3}$일 때, 세 수

$$A=\log_3 x,\ B=(\log_{\frac{1}{3}}x)^2,\ C=\log_{\frac{1}{2}}(\log_{\frac{1}{3}}x)$$

의 대소를 비교하시오.

0444 상

$0<a<1<b$일 때, 세 수

$$A=\log_a b,\ B=-\log_b a,\ C=\log_b\dfrac{b}{a}$$

의 대소 관계는?

① $A<B<C$ ② $A<C<B$ ③ $B<A<C$
④ $B<C<A$ ⑤ $C<A<B$

유형 08 로그함수의 최대, 최소
— $y=\log_a(px+q)+r$ 꼴

정의역이 $\{x\,|\,m\leq x\leq n\}$인 로그함수
$f(x)=\log_a(px+q)+r$(p, q, r는 상수, $p>0$)에 대하여
(1) $a>1$이면 ➡ 최댓값: $f(n)$, 최솟값: $f(m)$
(2) $0<a<1$이면 ➡ 최댓값: $f(m)$, 최솟값: $f(n)$

0445 대표 문제

정의역이 $\{x\,|\,-3\leq x\leq 5\}$인 함수 $y=\log_{\frac{1}{3}}(x+4)-3$의 최댓값을 M, 최솟값을 m이라 할 때, $M-2m$의 값을 구하시오.

0446 하

정의역이 $\{x\,|\,1\leq x\leq 4\}$인 함수 $y=\log_5(x-a)-3$의 최솟값이 -2일 때, 상수 a의 값을 구하시오.

0447 중 | 모평 기출 |

함수 $f(x)=2\log_{\frac{1}{2}}(x+k)$가 $0\leq x\leq 12$에서 최댓값 -4, 최솟값 m을 갖는다. $k+m$의 값은? (단, k는 상수이다.)

① -1 ② -2 ③ -3
④ -4 ⑤ -5

0448 중

두 함수 $f(x)=\log_3 x$, $g(x)=6x+a$에 대하여 정의역이 $\{x\,|\,-2\leq x\leq 11\}$인 합성함수 $(f\circ g)(x)$의 최솟값이 1일 때, 최댓값을 구하시오. (단, a는 상수)

◆◆ 개념루트 대수 134쪽

유형 09 로그함수의 최대, 최소
– $y=\log_a(px^2+qx+r)$ 꼴

로그함수 $y=\log_a(px^2+qx+r)$ (p, q, r는 상수)의 최대, 최소는 $f(x)=px^2+qx+r$로 놓고 주어진 범위에서 $f(x)$의 최댓값과 최솟값을 구한다.

(1) $a>1$이면
  ➡ $f(x)$가 최대일 때 y도 최대, $f(x)$가 최소일 때 y도 최소
(2) $0<a<1$이면
  ➡ $f(x)$가 최대일 때 y는 최소, $f(x)$가 최소일 때 y는 최대

0449 대표 문제

정의역이 $\{x\,|\,1\le x\le 4\}$인 함수 $y=\log_2(-x^2+2x+9)$가 $x=a$에서 최댓값 M을 가질 때, aM의 값을 구하시오.

0450 중

함수 $y=\log_{\frac{1}{3}}(x+2)+\log_{\frac{1}{3}}(4-x)$의 최솟값은?

① -2 ② -1 ③ 0
④ 1 ⑤ 2

0451 중

정의역이 $\{x\,|\,1\le x\le 3\}$인 함수 $y=\log_a(-x^2+4x)$의 최솟값이 -2일 때, 상수 a의 값을 구하시오. (단, $0<a<1$)

서술형

0452 중

$0\le x\le 5$에서 함수
$$f(x)=\log_3(x^2-6x+k)\ (k>9)$$
의 최댓값과 최솟값의 합이 $2+\log_3 18$이 되도록 하는 상수 k의 값은?

① 12 ② 14 ③ 16
④ 18 ⑤ 20

0453 중

$x>0$, $y>0$이고 $x+2y=20$일 때, $\log x+\log 2y$의 최댓값은?

① -4 ② -2 ③ 1
④ 2 ⑤ 4

0454 상

정의역이 $\{x\,|\,-1\le x\le 2\}$인 함수 $y=\log_3|x^2-2x-8|$의 최댓값을 구하시오.

$\log_a x$ 꼴이 반복되는 함수의 최대, 최소

$\log_a x$ 꼴이 반복되는 함수의 최대, 최소는 $\log_a x = t$로 놓고 t에 대한 함수의 최댓값과 최솟값을 구한다. 이때 t의 값의 범위에 유의한다.

0455 대표 문제

정의역이 $\left\{x \left| \dfrac{1}{2} \le x \le 2\right.\right\}$인 함수

$y = 2\left(\log_{\frac{1}{2}} x\right)^2 + 4\log_{\frac{1}{2}} x$의 최댓값을 M, 최솟값을 m이라 할 때, $M-m$의 값을 구하시오.

0456 중

정의역이 $\{x | 1 \le x \le 27\}$인 함수 $y = \log_3 3x \times \log_{\frac{1}{3}} \dfrac{9}{x^2}$의 최댓값과 최솟값의 합은?

① 8   ② 10   ③ 12
④ 14   ⑤ 16

0457 중

함수 $y = \log_4 x \times \log_4 \dfrac{16}{x} + k$의 최댓값이 10일 때, 상수 k의 값은?

① $\dfrac{1}{9}$ ② $\dfrac{1}{3}$ ③ 1
④ 3   ⑤ 9

0458 중   서술형

함수 $y = 3^{\log x} \times x^{\log 3} - 3(3^{\log x} + x^{\log 3}) + 25$가 $x = a$에서 최솟값 m을 가질 때, am의 값을 구하시오.

0459 상 | 모평 기출 |

$\angle A = 90°$이고 $\overline{AB} = 2\log_2 x$, $\overline{AC} = \log_4 \dfrac{16}{x}$인 삼각형 ABC의 넓이를 $S(x)$라 하자. $S(x)$가 $x = a$에서 최댓값 M을 가질 때, $a + M$의 값은? (단, $1 < x < 16$)

① 6   ② 7   ③ 8
④ 9   ⑤ 10

로그함수의 최대, 최소 $- y = x^{\log x}$ 꼴

$y = x^{\log x}$ 꼴과 같이 지수에 로그가 있는 함수의 최대, 최소는 양변에 로그를 취하여 구한다.
참고 $\log x^{\log x} = \log x \times \log x = (\log x)^2$

0460 대표 문제

정의역이 $\{x | 1 \le x \le 27\}$인 함수 $y = x^{-4 + \log_3 x}$의 최댓값을 M, 최솟값을 m이라 할 때, Mm의 값을 구하시오.

0461 ⓤ

함수 $y=\dfrac{10x^4}{x^{\log x}}$이 $x=a$에서 최댓값 M을 가질 때, $\dfrac{M}{a}$의 값을 구하시오.

◇◆ 개념루트 대수 144쪽

 빈출

유형 13 **밑을 같게 할 수 있는 로그방정식**

방정식의 각 항의 밑을 같게 한 후 다음을 이용한다.
$$\log_a f(x)=\log_a g(x) \iff f(x)=g(x)$$
$$\text{(단, } a>0,\ a\neq 1,\ f(x)>0,\ g(x)>0)$$

0464 대표 문제

방정식 $\log_8 (x+1)=1-\dfrac{1}{3}\log_2 (3x-2)$를 푸시오.

◇◆ 개념루트 대수 136쪽

유형 12 **산술평균과 기하평균을 이용한 함수의 최대, 최소**

$\log_a b+\log_b a\,(\log_a b>0,\ \log_b a>0)$ 꼴이 포함되는 경우에는 산술평균과 기하평균의 관계를 이용하여 함수의 최댓값과 최솟값을 구한다.

➡ $\log_a b+\log_b a \geq 2\sqrt{\log_a b \times \log_b a}=2$
$$\text{(단, 등호는 } \log_a b=\log_b a \text{일 때 성립)}$$

0462 대표 문제

$x>1$일 때, 함수 $y=\log x-\log_x \dfrac{1}{10000}$의 최솟값은?

① 2   ② 3   ③ 4
④ 5   ⑤ 6

0465 ⓤ

방정식 $\log_2 (x-1)-1=\log_4 (4-x)$의 해를 $x=a$라 할 때, a^2의 값은?

① 4   ② 9   ③ 16
④ 25   ⑤ 36

0466 ⓤ

방정식 $2\log_2 |x-1|=1-\log_2 \dfrac{1}{2}$의 모든 근의 곱은?

① -5 ② -3 ③ -1
④ 1   ⑤ 3

0463 ⓤ

정의역이 $\left\{x\,\Big|\,\dfrac{1}{9}<x<4\right\}$인 함수 $y=\log_6 9x \times \log_6 \dfrac{4}{x}$가 $x=a$에서 최댓값 M을 가질 때, $a+M$의 값을 구하시오.

0467 (종) 서술형

방정식 $\log_{x^2-2x+1}(2-3x)=\log_4(2-3x)$의 모든 근의 합을 구하시오.

0468 (종)

연립방정식 $\begin{cases} \log_2\{\log(x^2+y^2)\}=0 \\ \log_3\sqrt{x}+\log_9 y=\dfrac{1}{2} \end{cases}$ 의 해를 $x=\alpha,\ y=\beta$

라 할 때, $\alpha+\beta$의 값은?

① 1   ② 2   ③ 3

④ 4   ⑤ 5

0469 (상)

방정식 $\log_2 x^2+\log_2 y^2=\log_2(x+y+3)^2$을 만족시키는 양의 정수 x, y에 대하여 $x+2y$의 최댓값은?

① 3   ② 6   ③ 9

④ 12   ⑤ 15

빈출

유형 14 $\log_a x$ 꼴이 반복되는 로그방정식

$\log_a x=t$로 놓고 t에 대한 방정식을 푼다. 이때 로그의 밑과 진수의 조건을 반드시 확인한다.

➡ (밑)>0, (밑)≠1, (진수)>0

0470 **대표 문제**

방정식 $(\log_2 x)^2-\log_4 x^6+2=0$의 두 근을 α, β라 할 때, $\alpha\beta$의 값은?

① 2   ② 4   ③ 6

④ 8   ⑤ 10

0471 (종) | 학평 기출 |

방정식

$$\left(\log_2 \frac{x}{2}\right)(\log_2 4x)=4$$

의 서로 다른 두 실근 α, β에 대하여 $64\alpha\beta$의 값을 구하시오.

0472 (종)

방정식 $\log_9 x^2+3\log_x 3+4=0$의 두 근을 α, β라 할 때, $\log_\alpha \beta$의 값은? (단, $\alpha<\beta$)

① $\dfrac{1}{9}$ ② $\dfrac{1}{3}$ ③ 1

④ 3   ⑤ 9

0473 ⓒ

연립방정식 $\begin{cases} \log_3 x + \log_2 y = 4 \\ \log_3 x \times \log_2 y = 3 \end{cases}$ 의 해를 $x=\alpha$, $y=\beta$라 할

때, $\beta - \alpha$의 값은? (단, $\alpha < \beta$)

① 2   ② 3   ③ 4

④ 5   ⑤ 6

0474 ⓢ

$1 < x < 100$, $1 < y < 100$인 두 자연수 x, y에 대하여
$2\log_x y - 2\log_y x = 3$을 만족시키는 x, y의 순서쌍 (x, y)
의 개수를 구하시오.

◆◆ **개념루트 대수 148쪽**

유형 15   지수에 로그가 있는 방정식

(1) $x^{\log_a f(x)} = g(x)$ 꼴의 방정식
  ➡ 양변에 밑이 a인 로그를 취한다.
(2) $a^{\log_b x} \times x^{\log_b a}$ 꼴의 방정식
  ➡ $x^{\log_b a} = a^{\log_b x}$임을 이용하여 $a^{\log_b x} = t\,(t > 0)$로 놓고 t에 대한 방정식을 푼다.

0475 [대표 문제]

방정식 $x^{\log_2 x} = 4x$의 두 근을 α, β라 할 때, $\log_\alpha \beta + \log_\beta \alpha$
의 값은?

① -4 ② $-\dfrac{7}{2}$ ③ -3

④ $-\dfrac{5}{2}$ ⑤ -2

0476 ⓒ

방정식 $3^{\log 3x} = 5^{\log 5x}$을 푸시오.

0477 ⓒ

방정식 $2^{\log_3 x} \times x^{\log_3 2} - 6 \times 2^{\log_3 x} - 16 = 0$의 해는?

① $x = 1$ ② $x = 3$ ③ $x = 9$

④ $x = 27$ ⑤ $x = 81$

◆◆ **개념루트 대수 150쪽**

유형 16   로그방정식의 응용

x에 대한 방정식
$p(\log_a x)^2 + q\log_a x + r = 0\,(a > 0,\ a \neq 1,\ p \neq 0)$의 두 근이
α, β
  ➡ $\log_a x = t$로 놓으면 t에 대한 이차방정식 $pt^2 + qt + r = 0$의
  두 근은 $\log_a \alpha$, $\log_a \beta$

0478 [대표 문제]

방정식 $(\log_3 x)^2 - 2\log_3 9x = 0$의 두 근의 곱을 구하시오.

0479 ⑧
서술형

방정식 $(\log_2 x)^2 - 8\log_2 x - 5 = 0$의 두 근을 α, β라 할 때, $(\log_2 \alpha)^2 + (\log_2 \beta)^2$의 값을 구하시오.

0480 ⑧

방정식 $\log_5 x + a\log_x 5 = a + 1$의 두 근의 곱이 125일 때, 상수 a의 값은?

① -3 ② -2 ③ -1
④ 1 ⑤ 2

0481 ⑧

이차방정식 $x^2 - x\log_2 a + 3 + \log_2 a = 0$이 중근을 갖도록 하는 모든 양수 a의 값의 곱은?

① 16   ② 18   ③ 20
④ 22   ⑤ 24

빈출
유형 17 밑을 같게 할 수 있는 로그부등식

◇◆ 개념루트 대수 152쪽

부등식의 각 항의 밑을 같게 한 후 다음을 이용한다.
(1) $a > 1$일 때,
$\log_a f(x) < \log_a g(x) \iff 0 < f(x) < g(x)$
(2) $0 < a < 1$일 때,
$\log_a f(x) < \log_a g(x) \iff f(x) > g(x) > 0$

0482 대표 문제

부등식 $\log_{\frac{1}{4}}(-x+3) \le \log_{\frac{1}{2}}(x+9)$의 해가 $\alpha < x \le \beta$일 때, $\alpha + \beta$의 값은?

① -15 ② -12 ③ -9
④ -6 ⑤ -3

0483 ⑧

연립부등식 $\begin{cases} 4^{-x^2} > \left(\dfrac{1}{2}\right)^{4x} \\ \log_2(x^2 - 2x + 3) < \log_2 2x \end{cases}$ 를 푸시오.

0484 ⑧

부등식 $\log_{\frac{1}{7}}\left(\dfrac{2}{3}x + k\right) \le \log_{\frac{1}{7}}(x-2)$를 만족시키는 정수 x가 7개일 때, 자연수 k의 값은?

① 1   ② 2   ③ 3
④ 4   ⑤ 5

◆◆ 개념루트 대수 154쪽

0485 ⓧ

부등식 $\log_a(6x+1)<\log_a(x^2+9)$의 해가 $2<x<4$일 때, 다음 중 a의 값이 될 수 <u>없는</u> 것은? (단, $a>0$, $a\neq1$)

① $\dfrac{1}{2}$ ② $\dfrac{3}{4}$ ③ $\dfrac{5}{6}$

④ $\dfrac{7}{8}$ ⑤ $\dfrac{11}{10}$

유형 18 $\log_a x$ 꼴이 반복되는 로그부등식

$\log_a x=t$로 놓고 t에 대한 부등식을 푼다.

0488 대표 문제

부등식 $\log_{\frac{1}{3}}\dfrac{x}{9}\times\log_3\dfrac{x}{27}\geq0$의 해가 $\alpha\leq x\leq\beta$일 때, $\dfrac{\beta}{\alpha}$의 값은?

① $\dfrac{1}{9}$ ② $\dfrac{1}{3}$ ③ 1

④ 3 ⑤ 9

0486 ⓧ

부등식 $\log_3\{\log_8(\log_5 x)\}\leq-1$을 만족시키는 정수 x의 최댓값과 최솟값의 합을 구하시오.

0489 ⓗ

부등식 $\log_2 x\times\log_2 16x\leq21$을 만족시키는 자연수 x의 최댓값을 구하시오.

0487 ⓢ | 학평 기출 |

부등식

$$\log|x-1|+\log(x+2)\leq1$$

을 만족시키는 모든 정수 x의 값의 합을 구하시오.

0490 ⓧ

부등식 $(\log_{\frac{1}{5}}x)^2+a\log_{\frac{1}{5}}x+b<0$의 해가 $5<x<25$일 때, 상수 a, b에 대하여 $a+b$의 값은?

① -5 ② -3 ③ 1

④ 3 ⑤ 5

유형 19 지수에 로그가 있는 부등식

(1) $x^{\log_a f(x)} > g(x)$ 꼴의 부등식
➡ 양변에 밑이 a인 로그를 취한다.

(2) $a^{\log_b x} \times x^{\log_b a}$ 꼴의 부등식
➡ $x^{\log_b a} = a^{\log_b x}$임을 이용하여 $a^{\log_b x} = t\,(t>0)$로 놓고 t에 대한 부등식을 푼다.

0491 대표 문제

부등식 $x^{\log_5 25x} \leq 25x$를 만족시키는 정수 x의 개수는?

① 3   ② 4   ③ 5

④ 6   ⑤ 7

0492 종

부등식 $x^{\log_{0.1} x} < \sqrt{10x^3}$을 푸시오.

0493 종

부등식 $2^{\log x} \times x^{\log 2} - \dfrac{3}{2}(2^{\log x} + x^{\log 2}) + 2 < 0$을 만족시키는 정수 x의 최댓값과 최솟값의 곱은?

① 15   ② 18   ③ 21

④ 24   ⑤ 27

유형 20 로그부등식의 응용

모든 양의 실수 x에 대하여 부등식
$(\log_a x)^2 + p\log_a x + q > 0\,(p,\ q$는 상수$)$이 성립하려면
$\log_a x = t$로 놓을 때, t에 대한 이차부등식 $t^2 + pt + q > 0$이 항상 성립해야 한다.

0494 대표 문제

모든 양수 x에 대하여 부등식
$$(\log_4 x)^2 + \log_4 16x^2 - \log_2 k \geq 0$$
이 성립하도록 하는 모든 정수 k의 값의 합은?

① 1   ② 3   ③ 5

④ 7   ⑤ 9

0495 종 | 학평 기출 |

모든 실수 x에 대하여 이차부등식
$$3x^2 - 2(\log_2 n)x + \log_2 n > 0$$
이 성립하도록 하는 자연수 n의 개수를 구하시오.

0496 종   서술형

이차방정식 $(\log a + 3)x^2 - 2(\log a + 1)x + 1 = 0$이 실근을 갖도록 하는 양수 a의 값의 범위를 구하시오. (단, $a > 1$)

0497 (상)

모든 양수 x에 대하여 부등식 $x^{\log_3 x} \geq (9x^2)^k$이 성립하도록 하는 실수 k의 값의 범위가 $\alpha \leq k \leq \beta$일 때, $\alpha + \beta$의 값은?

① -2 ② -1 ③ 0

④ 1 ⑤ 2

빈출

◆◆ 개념루트 대수 160쪽

유형 21   로그방정식과 로그부등식의 실생활에의 활용

주어진 조건을 파악하여 방정식과 부등식을 세운다.

0498 **대표 문제**

어느 커피 전문점의 매출액은 영업을 시작한 달부터 매달 5%씩 증가한다고 한다. 이때 매출액이 영업을 시작한 달의 매출액의 2배가 되는 것은 영업을 시작한 지 몇 개월 후인지 구하시오.

(단, $\log 1.05 = 0.02$, $\log 2 = 0.3$으로 계산한다.)

0499 (중)

| 학평 기출 |

어떤 약물을 사람의 정맥에 일정한 속도로 주입하기 시작한 지 t분 후 정맥에서의 약물 농도가 C (ng/mL)일 때, 다음 식이 성립한다고 한다.

$$\log(10 - C) = 1 - kt$$

(단, $C < 10$이고, k는 양의 상수이다.)

이 약물을 사람의 정맥에 일정한 속도로 주입하기 시작한 지 30분 후 정맥에서의 약물 농도는 2 ng/mL이고, 주입하기 시작한 지 60분 후 정맥에서의 약물 농도가 a (ng/mL)일 때, a의 값은?

① 3 ② 3.2 ③ 3.4

④ 3.6 ⑤ 3.8

0500 (중)

어떤 골동품의 가격은 매년 11%씩 오른다고 한다. 이 골동품의 가격이 처음으로 현재 가격의 8배 이상이 되는 것은 몇 년 후인가?

(단, $\log 2 = 0.3$, $\log 1.11 = 0.045$로 계산한다.)

① 5년   ② 10년   ③ 15년

④ 20년   ⑤ 25년

0501 (중)

어느 지역에서 평균 해수면의 기압이 1기압일 때, 평균 해수면에서 높이가 H km인 곳의 기압을 P기압이라 하면 다음과 같은 관계식이 성립한다고 한다.

$$H = k \log P \text{ (단, } k\text{는 상수)}$$

평균 해수면에서 높이가 9960 m인 곳의 기압이 $\frac{1}{1000}$기압일 때, 평균 해수면에서 높이가 6640 m 이상 13280 m 이하일 때의 기압의 범위를 구하시오.

0502 (상)

어느 연구소에서 공기 정화 식물이 실내 미세 먼지 농도 (μm) 감소에 미치는 영향에 대하여 조사하였더니 일정한 크기의 공간에 공기 정화 식물을 추가로 1개 둘 때마다 미세 먼지 농도가 10%씩 감소하였다고 한다. 같은 크기의 공간에 공기 정화 식물을 1개씩 차례로 두었더니 n개째에서 미세 먼지 농도가 처음의 $\frac{1}{2}$배 이하로 낮아졌다고 할 때, 자연수 n의 최솟값을 구하시오.

(단, $\log 2 = 0.3010$, $\log 3 = 0.4771$로 계산한다.)

AB 유형 점검

0503 유형 01

함수 $f(x)=\log_a x\,(a>0,\ a\neq1)$에 대하여 $f(m)=2$, $f(n)=3$일 때, $f\left(\dfrac{m^4}{n^2}\right)$의 값을 구하시오.

0504 유형 02 + 03

다음 중 함수 $y=\log_3(6-x)+2$에 대한 설명으로 옳지 않은 것은?

① 정의역은 $\{x\,|\,x<6\}$이다.
② 그래프의 점근선의 방정식은 $x=6$이다.
③ x의 값이 증가하면 y의 값도 증가한다.
④ 그래프는 제3사분면을 지나지 않는다.
⑤ 그래프는 함수 $y=\log_3 x$의 그래프를 평행이동 또는 대칭이동하여 겹쳐진다.

0505 유형 03

함수 $y=\log_2 4x$의 그래프를 x축의 방향으로 m만큼, y축의 방향으로 n만큼 평행이동한 후 x축에 대하여 대칭이동하면 오른쪽 그림과 같을 때, $m-n$의 값은?

（단, 직선 $x=-1$은 점근선이다.）

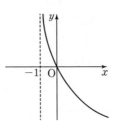

① -3 ② -2 ③ -1
④ 1 ⑤ 3

0506 유형 04

두 점 $\mathrm{A}(m,\ m+3)$, $\mathrm{B}(m+3,\ m-3)$에 대하여 선분 AB를 $2:1$로 내분하는 점이 곡선 $y=\log_4(x+8)+m-3$ 위에 있을 때, 상수 m의 값은?

① 4 ② $\dfrac{9}{2}$ ③ 5
④ $\dfrac{11}{2}$ ⑤ 6

0507 유형 06

오른쪽 그림과 같이 함수 $y=f(x)$의 그래프는 함수 $y=\log_2 x$의 그래프와 직선 $y=x$에 대하여 대칭이다. 점 A의 좌표를 $(a,\ b)$라 할 때, $a-b$의 값을 구하시오. （단, 점선은 x축 또는 y축에 평행하다.）

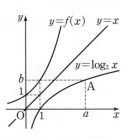

0508 유형 07

1보다 큰 세 실수 a, b, c에 대하여
$$1<\log_a c<2<\log_a b$$
일 때, 보기에서 옳은 것만을 있는 대로 고르시오.

┌ 보기 ─────────────────
│ ㄱ. $c>b^2$
│ ㄴ. $c^a<c^b$
│ ㄷ. $\log_a c>2\log_b c$
└───────────────────────

0509 유형 08

정의역이 $\{x\,|\,a\leq x\leq69\}$인 함수 $y=\log_4(x-5)+b$의 최댓값이 1, 최솟값이 -2일 때, ab의 값을 구하시오.

（단, b는 상수）

0510 유형 09

함수 $y = \log_a (x^2 - 2x + 10)$의 최댓값이 -2일 때, 상수 a의 값을 구하시오. (단, $a > 0$, $a \neq 1$)

0511 유형 10

함수 $y = 2(\log_{\frac{1}{5}} x)^2 + a \log_5 \frac{1}{x} + b$가 $x = 25$에서 최솟값 -6을 가질 때, 상수 a, b에 대하여 $a - b$의 값을 구하시오.

0512 유형 05 + 13

오른쪽 그림은 두 함수 $y = 3\log_2 x$, $y = 3^{x-7}$의 그래프이다. 점 P는 함수 $y = 3\log_2 x$의 그래프 위의 점이고, 점 P를 지나고 x축에 평행한 직선이 함수 $y = 3^{x-7}$의 그래프와 만나는 점을 Q, 점 Q를 지나고 y축에 평행한 직선이 함수 $y = 3\log_2 x$의 그래프와 만나는 점을 R, 점 R를 지나고 x축에 평행한 직선이 함수 $y = 3^{x-7}$의 그래프와 만나는 점을 S라 하자. $\overline{PQ} = \overline{QR} = 6$일 때, 사각형 PQSR의 넓이를 구하시오.

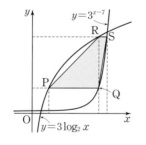

0513 유형 12 + 14

$x > 1$일 때, 함수 $y = \log_5 25x + \log_x 25$는 $x = a$에서 최솟값 m을 갖는다. 이때 $m \log_{25} a$의 값은?

① 2   ② $\sqrt{2}$ ③ $1 + \sqrt{2}$
④ $2 + \sqrt{2}$ ⑤ $4 + 2\sqrt{2}$

0514 유형 15 + 16

방정식 $x^{\log_2 x} = 16x^{k-1}$의 두 근의 곱이 4일 때, 상수 k의 값을 구하시오.

0515 유형 17 | 학평 기출 |

$-1 \leq x \leq 1$에서 정의된 함수 $f(x) = -\log_3 (mx + 5)$에 대하여 $f(-1) < f(1)$이 되도록 하는 모든 정수 m의 개수는?

① 1   ② 2   ③ 3
④ 4   ⑤ 5

0516 유형 18

두 집합

$$A=\left\{x\,\middle|\,(\log_3 x)^2<\log_3 \frac{x^4}{27}\right\},$$

$$B=\{x\,|\,\log_2 |x-3|<2\}$$

에 대하여 집합 $A\cap B$에 속하는 모든 정수 x의 값의 합을 구하시오.

0517 유형 21 | 학평 기출 |

공기 중의 암모니아 농도가 C일 때 냄새의 세기 I는 다음 식을 만족시킨다고 한다.

$$I=k\log C+a\ (단,\ k와\ a는\ 상수이다.)$$

공기 중의 암모니아 농도가 40일 때 냄새의 세기는 5이고, 공기 중의 암모니아 농도가 10일 때 냄새의 세기는 4이다. 공기 중의 암모니아 농도가 p일 때 냄새의 세기는 2.5이다. $100p$의 값을 구하시오.

(단, 암모니아 농도의 단위는 ppm이다.)

0518 유형 21

어느 아이스크림 회사는 아이스크림 가격을 실질적으로 인상하기 위하여 가격은 그대로 유지하면서 무게를 기존 무게보다 10 % 줄이는 방법을 사용한다고 한다. 이 방법을 n번 시행하면 아이스크림 1 g의 가격이 처음의 1.5배 이상이 될 때, 자연수 n의 최솟값을 구하시오.

(단, $\log 2=0.3010$, $\log 3=0.4771$로 계산한다.)

서술형

0519 유형 11

함수 $y=x^{4-\log_2 x}$이 $x=a$에서 최댓값 M을 가질 때, $a+M$의 값을 구하시오.

0520 유형 14

연립방정식 $\begin{cases} \log_x 4-\log_y 2=2 \\ \log_x 16-\log_y \dfrac{1}{8}=-1 \end{cases}$ 을 만족시키는 실수 x, y에 대하여 xy의 값을 구하시오.

0521 유형 19

부등식 $x^{\log_2 x}\le\dfrac{16}{x^3}$의 해가 $\alpha\le x\le\beta$일 때, $\log_4 \alpha+\log_4 \beta$의 값을 구하시오.

0522 유형 20

이차방정식 $x^2-2(2+\log_2 a)x+6(2+\log_2 a)=0$이 실근을 갖지 않도록 하는 자연수 a의 최댓값과 최솟값의 합을 구하시오.

C 실력 향상

하 ···· 중 ···· 상100%

0523

| 학평 기출 |

그림과 같이 상수 $k\,(5<k<6)$에 대하여 직선 $y=-x+k$
가 두 곡선

$$y=-\log_3 x+4,\ y=3^{-x+4}$$

과 만나는 네 점을 x좌표가 작은 점부터 차례로 A, B, C, D라 하자. $\overline{AD}-\overline{BC}=4\sqrt{2}$일 때, k의 값은?

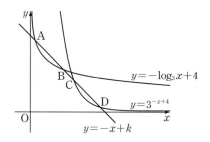

① $\dfrac{19}{4}+\log_3 2$ ② $\dfrac{17}{4}+2\log_3 2$ ③ $\dfrac{17}{4}+\log_3 5$

④ $\dfrac{9}{2}+2\log_3 2$ ⑤ $\dfrac{9}{2}+\log_3 5$

0524

$2\le x\le a$에서 두 함수 $f(x)=2^{x-2}+3$,
$g(x)=-\log_3(2x-3)+5$의 최솟값이 서로 같아지도록
하는 a의 값을 구하시오. (단, $a>2$)

0525

| 학평 기출 |

$x>0$에서 정의된 함수

$$f(x)=\begin{cases}0 & (0<x\le 1)\\ \log_3 x & (x>1)\end{cases}$$

에 대하여 $f(t)+f\left(\dfrac{1}{t}\right)=2$를 만족시키는 모든 양수 t의
값의 합은?

① $\dfrac{76}{9}$ ② $\dfrac{79}{9}$ ③ $\dfrac{82}{9}$

④ $\dfrac{85}{9}$ ⑤ $\dfrac{88}{9}$

0526

일차함수 $y=f(x)$의 그래프와 꼭짓점이 y축 위에 있는 이
차함수 $y=g(x)$의 그래프가 다음 그림과 같을 때, 부등식
$\log_2\{f(x)g(x)\}+\log_{\frac{1}{2}}f(x)<3$을 푸시오.

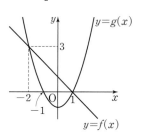

◐ 기출 BOOK 20쪽

04
로그함수

II

/

삼각함수

05 / 삼각함수

유형 01 동경의 위치와 일반각
유형 02 사분면의 각
유형 03 두 동경의 위치 관계 – 일치 또는 원점에 대하여 대칭
유형 04 두 동경의 위치 관계 – 직선에 대하여 대칭
유형 05 호도법과 육십분법
유형 06 부채꼴의 호의 길이와 넓이
유형 07 부채꼴의 넓이의 최대, 최소
유형 08 삼각함수의 정의
유형 09 삼각함수의 값의 부호
유형 10 삼각함수를 포함한 식 간단히 하기
유형 11 삼각함수를 포함한 식의 값 구하기(1)
유형 12 삼각함수를 포함한 식의 값 구하기(2)
유형 13 삼각함수와 이차방정식

06 / 삼각함수의 그래프

유형 01 주기함수
유형 02 삼각함수의 값의 대소 비교
유형 03 함수 $y=a\sin(bx+c)+d$의 그래프와 성질
유형 04 함수 $y=a\cos(bx+c)+d$의 그래프와 성질
유형 05 함수 $y=a\tan(bx+c)+d$의 그래프와 성질
유형 06 삼각함수의 미정계수 구하기(1)
유형 07 삼각함수의 미정계수 구하기(2)
유형 08 절댓값 기호를 포함한 삼각함수
유형 09 삼각함수의 그래프에서 넓이 구하기
유형 10 삼각함수의 그래프의 대칭성
유형 11 여러 가지 각의 삼각함수의 값(1)
유형 12 여러 가지 각의 삼각함수의 값(2)
유형 13 삼각함수를 포함한 식의 최대, 최소 – 일차식 꼴
유형 14 삼각함수를 포함한 식의 최대, 최소 – 이차식 꼴
유형 15 삼각함수를 포함한 식의 최대, 최소 – 분수식 꼴
유형 16 삼각함수가 포함된 방정식 – 일차식 꼴
유형 17 삼각함수가 포함된 방정식 – 이차식 꼴
유형 18 삼각함수가 포함된 방정식의 실근의 개수
유형 19 삼각함수가 포함된 방정식의 실근의 조건
유형 20 삼각함수가 포함된 부등식 – 일차식 꼴
유형 21 삼각함수가 포함된 부등식 – 이차식 꼴
유형 22 삼각함수가 포함된 부등식의 활용

07 / 사인법칙과 코사인법칙

유형 01 사인법칙
유형 02 사인법칙과 삼각형의 외접원
유형 03 사인법칙의 변형
유형 04 사인법칙을 이용한 삼각형의 결정
유형 05 사인법칙의 실생활에의 활용
유형 06 코사인법칙
유형 07 코사인법칙의 변형
유형 08 사인법칙과 코사인법칙
유형 09 코사인법칙을 이용한 삼각형의 결정
유형 10 코사인법칙의 실생활에의 활용
유형 11 삼각형의 넓이(1)
유형 12 삼각형의 넓이(2)
유형 13 사각형의 넓이 – 삼각형의 넓이 이용
유형 14 평행사변형의 넓이
유형 15 사각형의 넓이 – 대각선의 길이 이용

개념➕

05-1 일반각   유형 01~04

(1) 시초선과 동경

두 반직선 OX, OP에 의하여 결정된 ∠XOP의 크기는 반직선 OP
가 고정된 반직선 OX의 위치에서 점 O를 중심으로 반직선 OP의 위
치까지 회전한 양으로 정한다.

이때 반직선 OX를 **시초선**, 반직선 OP를 **동경**이라 한다.

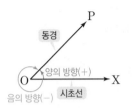

○ 각의 크기는 회전 방향이 양의 방향
이면 +, 음의 방향이면 −를 붙여
서 나타내고, +는 보통 생략한다.

(2) 일반각

시초선 OX와 동경 OP가 나타내는 한 각의 크기를 $a°$라 하면
$$\angle XOP = 360° \times n + a° \,(n\text{은 정수})$$
꼴로 나타낼 수 있고, 이것을 동경 OP가 나타내는 **일반각**이라 한다.

예 시초선 OX와 30°의 동경 OP가 나타내는 일반각은
    $360° \times n + 30°$ (단, n은 정수)

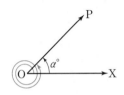

○ 일반각으로 나타낼 때, $a°$는 보통
  $0° \le a° < 360°$ 또는
    $-180° < a° \le 180°$
인 것을 택한다.

(3) 사분면의 각

좌표평면의 원점 O에서 x축의 양의 방향으로 시초선을 잡을 때, 동경
OP가 제1사분면, 제2사분면, 제3사분면, 제4사분면에 있으면 동경
OP가 나타내는 각을 각각 제1사분면의 각, 제2사분면의 각, 제3사분면
의 각, 제4사분면의 각이라 한다.

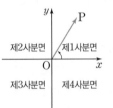

○ 동경 OP가 좌표축 위에 있을 때는
어느 사분면에도 속하지 않는다.

05-2 호도법   유형 05

(1) 호도법

반지름의 길이가 r인 원에서 길이가 r인 호에 대한 중심각의 크기를
1라디안(radian)이라 하고, 이것을 단위로 하여 각의 크기를 나타내는
방법을 **호도법**이라 한다.

○ 1라디안은 약 57°이다.

(2) 호도법과 육십분법

$$1\text{라디안} = \frac{180°}{\pi}, \; 1° = \frac{\pi}{180}\text{라디안}$$

○ 각의 크기를 호도법으로 나타낼 때
보통 각의 단위인 라디안은 생략한
다.

05-3 부채꼴의 호의 길이와 넓이   유형 06, 07

반지름의 길이가 r, 중심각의 크기가 θ(라디안)인 부채꼴의 호의 길이를 l, 넓
이를 S라 하면

(1) $l = r\theta$ (2) $S = \dfrac{1}{2}r^2\theta = \dfrac{1}{2}rl$

○ 부채꼴의 중심각의 크기 θ는 호도
법으로 나타낸 각임에 유의한다.

예 반지름의 길이가 3이고 중심각의 크기가 $\dfrac{\pi}{3}$인 부채꼴의 호의 길이를 l, 넓이를 S라 하면

$$l = 3 \times \frac{\pi}{3} = \pi, \; S = \frac{1}{2} \times 3^2 \times \frac{\pi}{3} = \frac{3}{2}\pi \; \to \; S = \frac{1}{2} \times 3 \times \pi = \frac{3}{2}\pi$$

05-1 일반각

[0527~0530] 다음 각을 나타내는 시초선 OX와 동경 OP의 위치를 그림으로 나타내시오.

0527 $80°$

0528 $460°$

0529 $-200°$

0530 $-525°$

[0531~0534] 다음 각의 동경이 나타내는 일반각을 $360° \times n + a°$ 꼴로 나타내시오. (단, n은 정수, $0° \le a° < 360°$)

0531 $475°$

0532 $810°$

0533 $-530°$

0534 $-1000°$

[0535~0538] 다음 각은 제몇 사분면의 각인지 말하시오.

0535 $640°$

0536 $765°$

0537 $-490°$

0538 $-980°$

05-2 호도법

[0539~0542] 다음 각을 육십분법은 호도법으로, 호도법은 육십분법으로 나타내시오.

0539 $150°$

0540 $-240°$

0541 $\dfrac{4}{5}\pi$

0542 $-\dfrac{10}{9}\pi$

[0543~0546] 다음 각의 동경이 나타내는 일반각을 $2n\pi + \theta$ 꼴로 나타내시오. (단, n은 정수, $0 \le \theta < 2\pi$)

0543 5π

0544 $\dfrac{10}{3}\pi$

0545 $-\dfrac{7}{2}\pi$

0546 $-\dfrac{3}{4}\pi$

05-3 부채꼴의 호의 길이와 넓이

0547 반지름의 길이가 2이고 중심각의 크기가 $\dfrac{3}{2}\pi$인 부채꼴의 호의 길이와 넓이를 구하시오.

0548 반지름의 길이가 3이고 중심각의 크기가 $\dfrac{5}{6}\pi$인 부채꼴의 호의 길이와 넓이를 구하시오.

05-4 삼각함수의 정의   유형 08

개념➕

일반각 θ를 나타내는 동경과 원점 O를 중심으로 하고 반지름의 길이가 r인
원의 교점을 $P(x, y)$라 하면

$$\sin \theta = \frac{y}{r}, \ \cos \theta = \frac{x}{r}, \ \tan \theta = \frac{y}{x} \ (x \neq 0)$$

이 함수를 각각 **사인함수, 코사인함수, 탄젠트함수**라 하고, 이와 같은 함수
들을 통틀어 θ에 대한 **삼각함수**라 한다.

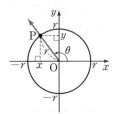

$\frac{y}{r}, \frac{x}{r}, \frac{y}{x} \ (x \neq 0)$의 값은 r의 값
에 관계없이 θ의 값에 따라 하나씩
정해지므로 θ에 대한 함수이다.

05-5 삼각함수의 값의 부호   유형 09

각 θ가 나타내는 동경 OP에 대하여 점 P의 좌표를 (x, y), $\overline{OP} = r \, (r > 0)$라 하면 삼각함수의 값
의 부호는 각 θ를 나타내는 동경이 위치한 사분면에 따라 다음과 같이 정해진다.

사분면 삼각함수	제1사분면 $(x>0, y>0)$	제2사분면 $(x<0, y>0)$	제3사분면 $(x<0, y<0)$	제4사분면 $(x>0, y<0)$
(1) $\sin \theta = \frac{y}{r}$	+	+	−	−
(2) $\cos \theta = \frac{x}{r}$	+	−	−	+
(3) $\tan \theta = \frac{y}{x}$	+	−	+	−

(1) $\sin \theta = \frac{y}{r}$이므로 $y > 0$이면 $\sin \theta > 0$이다.

(2) $\cos \theta = \frac{x}{r}$이므로 $x > 0$이면 $\cos \theta > 0$이다.

(3) $\tan \theta = \frac{y}{x}$이므로 $xy > 0$이면 $\tan \theta > 0$이다.

참고 각 사분면에서 θ에 대한 삼각함수의 값의 부호는 다음 그림과 같다.

sin θ의 값의 부호

cos θ의 값의 부호

tan θ의 값의 부호
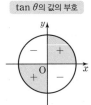

각 사분면에서 삼각함수의 값의 부
호가 양수인 것만을 좌표평면 위에
나타내면 다음 그림과 같다.

05-6 삼각함수 사이의 관계   유형 10~13

삼각함수 사이에는 다음과 같은 관계가 성립한다.

(1) $\tan \theta = \dfrac{\sin \theta}{\cos \theta}$ (2) $\sin^2 \theta + \cos^2 \theta = 1$

$(\sin \theta)^2 = \sin^2 \theta$,
$(\cos \theta)^2 = \cos^2 \theta$,
$(\tan \theta)^2 = \tan^2 \theta$

$\sin \theta^2 \neq \sin^2 \theta$,
$\cos \theta^2 \neq \cos^2 \theta$,
$\tan \theta^2 \neq \tan^2 \theta$

05-4 삼각함수의 정의

0549 원점 O와 점 $P(1, -2)$를 지나는 동경 OP가 나타내는 각의 크기를 θ라 할 때, 다음 값을 구하시오.

(1) $\sin \theta$
(2) $\cos \theta$
(3) $\tan \theta$

[0550~0553] 다음 각 θ에 대하여 $\sin \theta$, $\cos \theta$, $\tan \theta$의 값을 구하시오.

0550 $\dfrac{3}{4}\pi$

0551 $\dfrac{11}{6}\pi$

0552 $\dfrac{5}{4}\pi$

0553 $\dfrac{7}{3}\pi$

05-5 삼각함수의 값의 부호

0554 $\theta = \dfrac{17}{3}\pi$일 때, $\sin \theta$, $\cos \theta$, $\tan \theta$의 값의 부호를 말하시오.

[0555~0558] 다음을 동시에 만족시키는 θ는 제몇 사분면의 각인지 말하시오.

0555 $\sin \theta > 0$, $\cos \theta > 0$

0556 $\sin \theta < 0$, $\cos \theta < 0$

0557 $\sin \theta > 0$, $\tan \theta < 0$

0558 $\cos \theta > 0$, $\tan \theta < 0$

05-6 삼각함수 사이의 관계

0559 θ가 제1사분면의 각이고 $\sin \theta = \dfrac{4}{5}$일 때, $\cos \theta$, $\tan \theta$의 값을 구하시오.

0560 θ가 제2사분면의 각이고 $\cos \theta = -\dfrac{1}{2}$일 때, $\sin \theta$, $\tan \theta$의 값을 구하시오.

0561 θ가 제3사분면의 각이고 $\sin \theta = -\dfrac{5}{13}$일 때, $\cos \theta$, $\tan \theta$의 값을 구하시오.

0562 θ가 제4사분면의 각이고 $\cos \theta = \dfrac{2}{3}$일 때, $\sin \theta$, $\tan \theta$의 값을 구하시오.

[0563~0564] 다음 식을 간단히 하시오.

0563 $(\sin \theta - \cos \theta)^2 + (\sin \theta + \cos \theta)^2$

0564 $\dfrac{\cos \theta}{1 - \sin \theta} + \dfrac{\cos \theta}{1 + \sin \theta}$

[0565~0566] $\sin \theta + \cos \theta = \dfrac{1}{3}$일 때, 다음 식의 값을 구하시오.

0565 $\sin \theta \cos \theta$

0566 $\dfrac{1}{\sin \theta} + \dfrac{1}{\cos \theta}$

B 유형 완성

하10% ····· 중80% ····· 상10%

◆◆ 개념루트 대수 170쪽

유형 01 동경의 위치와 일반각

시초선 OX와 동경 OP가 나타내는 한 각의 크기를 $a°$ ($0°≤a°<360°$)라 할 때, 동경 OP가 나타내는 일반각 θ는
$\theta=360°×n+a°$ (단, n은 정수)

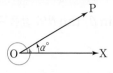

0567 대표 문제

시초선 OX와 동경 OP가 나타내는 각이 오른쪽 그림과 같을 때, 다음 중 동경 OP가 나타낼 수 있는 각은?

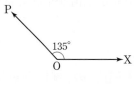

① $-935°$
② $-595°$
③ $-225°$
④ $875°$
⑤ $1505°$

0568 하

다음 각의 동경이 나타내는 일반각을 $360°×n+a°$ 꼴로 나타낸 것 중 옳지 <u>않은</u> 것은? (단, n은 정수, $0°≤a°<360°$)

① $370°$ ➡ $360°×n+10°$
② $780°$ ➡ $360°×n+60°$
③ $1200°$ ➡ $360°×n+120°$
④ $-30°$ ➡ $360°×n+330°$
⑤ $-550°$ ➡ $360°×n+150°$

0569 중

보기의 각을 나타내는 동경 중에서 $390°$를 나타내는 동경과 일치하는 것만을 있는 대로 고르시오.

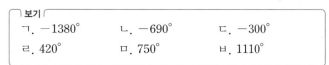

ㄱ. $-1380°$ ㄴ. $-690°$ ㄷ. $-300°$
ㄹ. $420°$ ㅁ. $750°$ ㅂ. $1110°$

◆◆ 개념루트 대수 172쪽

유형 02 사분면의 각

n이 정수일 때
(1) θ가 제1사분면의 각이면
➡ $360°×n+0°<\theta<360°×n+90°$
(2) θ가 제2사분면의 각이면
➡ $360°×n+90°<\theta<360°×n+180°$
(3) θ가 제3사분면의 각이면
➡ $360°×n+180°<\theta<360°×n+270°$
(4) θ가 제4사분면의 각이면
➡ $360°×n+270°<\theta<360°×n+360°$

0570 대표 문제

θ가 제2사분면의 각일 때, 각 $\dfrac{\theta}{2}$를 나타내는 동경이 존재할 수 있는 사분면을 모두 구하시오.

0571 하

보기의 각 중에서 같은 사분면의 각끼리 바르게 짝 지은 것은?

보기
ㄱ. $120°$ ㄴ. $425°$ ㄷ. $-60°$
ㄹ. $-250°$ ㅁ. $800°$ ㅂ. $1300°$

① ㄱ - ㄴ
② ㄱ - ㄷ
③ ㄴ - ㅁ
④ ㄷ - ㅂ
⑤ ㄹ - ㅂ

0572 중

3θ가 제1사분면의 각일 때, 각 θ를 나타내는 동경이 존재할 수 <u>없는</u> 사분면은?

① 제1사분면
② 제2사분면
③ 제3사분면
④ 제4사분면
⑤ 제2사분면, 제3사분면

유형 03 두 동경의 위치 관계
　　　　　– 일치 또는 원점에 대하여 대칭

두 각 α, $\beta\,(\alpha>\beta)$를 나타내는 두 동경이
(1) 일치하면
　➡ $\alpha-\beta=360°\times n$ (단, n은 정수)
(2) 원점에 대하여 대칭이면(일직선 위에 있고 방향이 반대이면)
　➡ $\alpha-\beta=360°\times n+180°$ (단, n은 정수)

0573 대표 문제

각 θ를 나타내는 동경과 각 4θ를 나타내는 동경이 일치할 때, 각 θ의 크기를 구하시오. (단, $90°<\theta<180°$)

0574 종

각 2θ를 나타내는 동경과 각 6θ를 나타내는 동경이 원점에 대하여 대칭일 때, 모든 각 θ의 크기의 합은?
　　　　　　　　　　　　　　　(단, $0°<\theta<180°$)

① $60°$　　　　② $90°$　　　　③ $120°$
④ $150°$　　　　⑤ $180°$

0575 종

각 θ를 나타내는 동경과 각 7θ를 나타내는 동경이 일직선 위에 있고 방향이 반대일 때, $\sin(\theta-180°)$의 값을 구하시오. (단, $180°<\theta<270°$)

유형 04 두 동경의 위치 관계 – 직선에 대하여 대칭

두 각 α, $\beta\,(\alpha>\beta)$를 나타내는 두 동경이
(1) x축에 대하여 대칭이면
　➡ $\alpha+\beta=360°\times n$ (단, n은 정수)
(2) y축에 대하여 대칭이면
　➡ $\alpha+\beta=360°\times n+180°$ (단, n은 정수)
(3) 직선 $y=x$에 대하여 대칭이면
　➡ $\alpha+\beta=360°\times n+90°$ (단, n은 정수)

0576 대표 문제

각 θ를 나타내는 동경과 각 5θ를 나타내는 동경이 y축에 대하여 대칭일 때, 각 θ의 크기를 구하시오.
　　　　　　　　　　　　　　　(단, $90°<\theta<180°$)

0577 종 　　　　　　　　　　　　　서술형

각 2θ를 나타내는 동경과 각 6θ를 나타내는 동경이 x축에 대하여 대칭일 때, $\sin\theta\cos\theta$의 값을 구하시오.
　　　　　　　　　　　　　　　(단, $0°<\theta<90°$)

0578 종

각 θ를 나타내는 동경과 각 4θ를 나타내는 동경이 직선 $y=x$에 대하여 대칭일 때, 이를 만족시키는 각 θ의 개수는?
　　　　　　　　　　　　　　　(단, $0°<\theta<360°$)

① 1　　　　② 2　　　　③ 3
④ 4　　　　⑤ 5

유형 05 호도법과 육십분법

(1) 육십분법의 각을 호도법의 각으로 나타낼 때
  ➡ (육십분법의 각)$\times \dfrac{\pi}{180}$
(2) 호도법의 각을 육십분법의 각으로 나타낼 때
  ➡ (호도법의 각)$\times \dfrac{180°}{\pi}$

참고 1라디안=$\dfrac{180°}{\pi}$, $1°=\dfrac{\pi}{180}$ 라디안

0579 대표 문제

다음 중 옳지 않은 것은?

① $40°=\dfrac{2}{9}\pi$ ② $135°=\dfrac{3}{4}\pi$ ③ $\dfrac{5}{6}\pi=150°$

④ $\dfrac{5}{3}\pi=240°$ ⑤ $\dfrac{7}{5}\pi=252°$

0580 하

보기에서 옳은 것만을 있는 대로 고르시오.

보기
ㄱ. $\dfrac{\pi}{60°}=3$

ㄴ. $-\dfrac{11}{5}\pi$는 제3사분면의 각이다.

ㄷ. $-\dfrac{20}{3}\pi$를 나타내는 동경의 일반각은 $2n\pi+\dfrac{4}{3}\pi$이다.
(단, n은 정수)

ㄹ. $\dfrac{\pi}{4}$, $\dfrac{17}{4}\pi$, $-\dfrac{15}{4}\pi$를 나타내는 동경은 모두 일치한다.

0581 중

다음 중 각을 나타내는 동경이 존재하는 사분면이 나머지 넷과 다른 하나는?

① $-\dfrac{27}{4}\pi$ ② $-515°$ ③ $-\dfrac{25}{9}\pi$

④ $930°$ ⑤ $\dfrac{19}{3}\pi$

유형 06 부채꼴의 호의 길이와 넓이

반지름의 길이가 r, 중심각의 크기가 θ인 부채꼴의 호의 길이를 l, 넓이를 S라 하면

(1) $l=r\theta$ (2) $S=\dfrac{1}{2}r^2\theta=\dfrac{1}{2}rl$

0582 대표 문제

중심각의 크기가 $\dfrac{5}{6}\pi$이고 호의 길이가 10π인 부채꼴의 반지름의 길이를 a, 넓이를 $b\pi$라 할 때, $a+b$의 값을 구하시오.

0583 하

중심각의 크기가 $\dfrac{4}{3}\pi$이고 넓이가 6π인 부채꼴의 둘레의 길이를 구하시오.

0584 중

서술형

반지름의 길이가 4인 원의 넓이와 반지름의 길이가 6인 부채꼴의 넓이가 같을 때, 이 부채꼴의 호의 길이를 구하시오.

0585 중

밑면의 반지름의 길이가 3인 원뿔이 있다. 이 원뿔의 옆면의 전개도에서 부채꼴의 중심각의 크기가 $\dfrac{2}{3}\pi$일 때, 이 원뿔의 겉넓이는?

① 27π ② 30π ③ 33π

④ 36π ⑤ 39π

0586 ⑧

오른쪽 그림과 같이 어느 자동차에
장착된 와이퍼를 작동하였더니 중심
각의 크기가 $\frac{4}{5}\pi$인 부채꼴 모양을 이

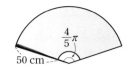

루었다. 이 와이퍼에서 유리를 닦는 고무판의 길이가
50 cm이고 고무판이 회전하면서 닦은 유리창의 넓이가
1400π cm^{2}일 때, 와이퍼의 고무판이 회전하면서 닦은 유
리창의 둘레의 길이를 구하시오.

(단, 유리창은 한 평면 위에 있다.)

유형 07 부채꼴의 넓이의 최대, 최소

반지름의 길이가 r, 둘레의 길이가 a인 부채꼴의 넓이를 S라 하면
$$S=\frac{1}{2}r(a-2r)$$

➡ 이차함수의 최대, 최소를 이용하여 S의 최댓값을 구한다.
이때 $r>0$임에 유의한다.

0589 대표 문제

둘레의 길이가 8인 부채꼴의 넓이의 최댓값을 M이라 하
고 그때의 반지름의 길이를 a라 할 때, $a+M$의 값은?

① 6   ② 8   ③ 10
④ 12   ⑤ 14

0587 ⑧

오른쪽 그림과 같이 한 변의 길이가
4인 정사각형 ABCD에서 점 B를
중심으로 하는 부채꼴 BCA의 호
CA와 점 C를 중심으로 하는 부채
꼴 CDB의 호 DB를 그렸을 때, 색
칠한 부분의 넓이는?

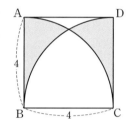

① $8\sqrt{3}-4\pi$ ② $8\sqrt{3}-\frac{8}{3}\pi$ ③ $8\sqrt{3}-2\pi$

④ $12\sqrt{3}-\frac{8}{3}\pi$ ⑤ $12\sqrt{3}-2\pi$

0590 ⑧

둘레의 길이가 10인 부채꼴 중에서 그 넓이가 최대인 것의
중심각의 크기는?

① $\frac{1}{2}$ ② 1   ③ $\frac{3}{2}$

④ 2   ⑤ $\frac{5}{2}$

0588 ⑧

반지름의 길이가 6인 부채꼴 OAB에
서 $\angle$BOA의 이등분선이 호 AB와
만나는 점을 C라 할 때, 부채꼴 OAC
의 넓이는 3π이다. 점 B에서 선분
OA에 내린 수선의 발을 A$_1$이라 하
고, 점 O를 중심으로 하고 선분 OA$_1$

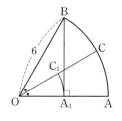

을 반지름으로 하는 원이 선분 OC와 만나는 점을 C$_1$이라
할 때, 부채꼴 OA$_1$C$_1$의 호의 길이를 구하시오.

0591 ⑧

오른쪽 그림과 같이 넓이가 16 m^{2}인 부
채꼴 모양의 화단을 만들 때, 이 화단
의 둘레의 길이의 최솟값을 구하시오.

◈◈ 개념루트 대수 188쪽

유형 08   삼각함수의 정의

원점 O를 중심으로 하고 반지름의 길이가 r인 원 위에 있는 점 $P(x, y)$에 대하여 동경 OP가 x축의 양의 방향과 이루는 각의 크기를 θ라 하면

$$\sin \theta = \frac{y}{r}, \cos \theta = \frac{x}{r},$$

$$\tan \theta = \frac{y}{x} (x \neq 0)$$

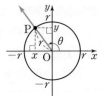

0592 [대표 문제]

원점 O와 점 $P(-4, 3)$을 지나는 동경 OP가 나타내는 각의 크기를 θ라 할 때, $5\sin \theta + 10\cos \theta + 4\tan \theta$의 값은?

① -10 ② -8 ③ -6

④ -4 ⑤ -2

0593 (중)

$\theta = -\frac{2}{3}\pi$일 때, $3\cos \theta + \sin \theta \tan \theta$의 값을 구하시오.

0594 (중)

직선 $12x + 5y = 0$이 x축의 양의 방향과 이루는 각의 크기를 θ라 할 때, $13(\sin \theta + \cos \theta)$의 값은? (단, $0 < \theta < \pi$)

① 5   ② 6   ③ 7

④ 8   ⑤ 9

0595 (상)

오른쪽 그림과 같이 원점 O와 점 $A(3, 1)$을 잇는 선분 OA를 한 변으로 하는 정사각형 OABC가 있다. 동경 OC가 나타내는 각의 크기를 θ라 할 때, $\sin \theta \cos \theta$의 값을 구하시오.

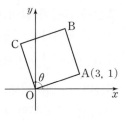

◈◈ 개념루트 대수 190쪽

[빈출]

유형 09   삼각함수의 값의 부호

삼각함수의 값의 부호는 각 θ를 나타내는 동경이 위치한 사분면에 따라 정해진다.
이때 각 사분면에서 삼각함수의 값이 양수인 것만을 좌표평면 위에 나타내면 오른쪽 그림과 같다.

0596 [대표 문제]

$\sin \theta \cos \theta < 0$, $\sin \theta \tan \theta < 0$을 동시에 만족시키는 θ는 제몇 사분면의 각인가?

① 제1사분면   ② 제2사분면

③ 제3사분면   ④ 제4사분면

⑤ 제2사분면, 제4사분면

0597 (하)

θ가 제3사분면의 각일 때, 보기에서 옳은 것만을 있는 대로 고른 것은?

> [보기]
> ㄱ. $\sin \theta \cos \theta > 0$ ㄴ. $\cos \theta \tan \theta > 0$
> ㄷ. $\dfrac{\sin \theta}{\cos \theta \tan \theta} < 0$ ㄹ. $\tan \theta - \cos \theta > 0$

① ㄱ, ㄷ   ② ㄱ, ㄹ   ③ ㄴ, ㄷ

④ ㄴ, ㄹ   ⑤ ㄷ, ㄹ

0598 ⑧

$\dfrac{\sqrt{\sin\theta}}{\sqrt{\cos\theta}} = -\sqrt{\dfrac{\sin\theta}{\cos\theta}}$ 를 만족시키는 θ는 제몇 사분면의 각

인지 말하시오. (단, $\sin\theta\cos\theta \neq 0$)

0599 ⑧

$\sin\theta\cos\theta > 0$, $\cos\theta\tan\theta < 0$을 동시에 만족시키는 각 θ에 대하여 $|-2\sin\theta| + \sqrt{(\sin\theta + \cos\theta)^2} - |\cos\theta|$를 간단히 하면?

① $-3\sin\theta$ ② $-\sin\theta$ ③ $-2\cos\theta$

④ $3\sin\theta$ ⑤ $-\sin\theta + 2\cos\theta$

◇◆ 개념루트 대수 192쪽

유형 10 **삼각함수를 포함한 식 간단히 하기**

(1) $\tan\theta = \dfrac{\sin\theta}{\cos\theta}$ (2) $\sin^2\theta + \cos^2\theta = 1$

0600 대표 문제

$\dfrac{\tan\theta\sin\theta}{\tan\theta - \sin\theta} - \dfrac{1}{\sin\theta}$을 간단히 하면?

① 0 ② $\sin\theta$ ③ 1

④ $\dfrac{1}{\cos\theta}$ ⑤ $\dfrac{1}{\tan\theta}$

0601 ⑨

$\dfrac{(\tan^2\theta + 1)(1 - \cos^2\theta)}{\tan^2\theta}$를 간단히 하시오.

0602 ⑧

다음 중 옳지 <u>않은</u> 것은?

① $\dfrac{\cos^3\theta}{\sin\theta - \sin^3\theta} = \dfrac{1}{\tan\theta}$

② $\sin^4\theta - \cos^4\theta = 2\sin^2\theta - 1$

③ $\sin^2\theta - \cos^2\theta = \cos^2\theta(1 - \tan^2\theta)$

④ $\dfrac{\sin^2\theta}{1 + \cos\theta} + \dfrac{\sin^2\theta}{1 - \cos\theta} = 2$

⑤ $\tan\theta + \dfrac{\cos\theta}{1 + \sin\theta} = \dfrac{1}{\cos\theta}$

0603 ⑧   서술형 ₀

$0 < \sin\theta < \cos\theta$일 때,

$$\sqrt{1 - 2\sin\theta\cos\theta} - \sqrt{1 + 2\sin\theta\cos\theta}$$

를 간단히 하시오.

빈출   ◇◆ 개념루트 대수 194쪽

유형 11 **삼각함수를 포함한 식의 값 구하기** (1)

삼각함수 중 하나의 값을 알면

$$\tan\theta = \dfrac{\sin\theta}{\cos\theta},\ \sin^2\theta + \cos^2\theta = 1$$

임을 이용하여 다른 삼각함수의 값을 구할 수 있다.

0604 대표 문제

$\dfrac{3}{2}\pi < \theta < 2\pi$이고 $\sin\theta = -\dfrac{3}{5}$일 때, $\dfrac{8\tan\theta - 2}{5\cos\theta - 3}$의 값을 구하시오.

0605 ⓒ

θ가 제2사분면의 각이고 $\dfrac{1}{1+\sin\theta}+\dfrac{1}{1-\sin\theta}=\dfrac{7}{2}$일 때, $\tan\theta$의 값을 구하시오.

0606 ⓒ

θ가 제4사분면의 각이고 $\tan\theta=-\dfrac{1}{2}$일 때,

$\dfrac{1}{\sin\theta}+\dfrac{1}{\cos\theta}$의 값은?

① $-\sqrt{5}$ ② $-\dfrac{\sqrt{5}}{2}$ ③ 0

④ $\dfrac{\sqrt{5}}{2}$ ⑤ $\sqrt{5}$

0607 ⓒ

$\pi<\theta<\dfrac{3}{2}\pi$이고 $\dfrac{1-\tan\theta}{1+\tan\theta}=2-\sqrt{3}$일 때, $\cos\theta$의 값은?

① $-\dfrac{\sqrt{3}}{2}$ ② $-\dfrac{\sqrt{2}}{2}$ ③ $-\dfrac{1}{2}$

④ $-\dfrac{1}{3}$ ⑤ $-\dfrac{1}{6}$

0608 ⓒ | 학평 기출 |

$\pi<\theta<2\pi$인 θ에 대하여 $\dfrac{\sin\theta\cos\theta}{1-\cos\theta}+\dfrac{1-\cos\theta}{\tan\theta}=1$일 때, $\cos\theta$의 값은?

① $-\dfrac{2\sqrt{5}}{5}$ ② $-\dfrac{\sqrt{5}}{5}$ ③ $\dfrac{1}{5}$

④ $\dfrac{\sqrt{5}}{5}$ ⑤ $\dfrac{2\sqrt{5}}{5}$

◆◆ 개념루트 대수 196쪽

유형 12 **삼각함수를 포함한 식의 값 구하기 (2)**

$\sin\theta\pm\cos\theta$의 값 또는 $\sin\theta\cos\theta$의 값이 주어진 경우에는
$$(\sin\theta\pm\cos\theta)^2=\sin^2\theta\pm2\sin\theta\cos\theta+\cos^2\theta$$
$$=1\pm2\sin\theta\cos\theta \ (복부호 동순)$$
임을 이용한다.

0609 대표 문제

θ가 제2사분면의 각이고 $\sin\theta+\cos\theta=\dfrac{1}{4}$일 때, $\sin\theta-\cos\theta$의 값을 구하시오.

0610 ⓒ   서술형

$\dfrac{3}{2}\pi<\theta<2\pi$이고 $\sin\theta\cos\theta=-\dfrac{1}{3}$일 때, $\dfrac{1}{\cos\theta}-\dfrac{1}{\sin\theta}$의 값을 구하시오.

0611 ⓒ

$\pi<\theta<\dfrac{3}{2}\pi$이고 $\tan\theta+\dfrac{1}{\tan\theta}=2$일 때, $\sin\theta+\cos\theta$의 값은?

① $-\sqrt{2}$ ② $-\dfrac{\sqrt{3}}{2}$ ③ $-\dfrac{1}{2}$

④ $\dfrac{1}{2}$ ⑤ $\sqrt{2}$

0612 ㉗
θ가 제1사분면의 각이고 $\sin\theta-\cos\theta=\dfrac{\sqrt5}{5}$일 때,
$\sin^4\theta-\cos^4\theta$의 값을 구하시오.

0613 ㉘
θ가 제1사분면의 각이고 $\log_2\sin\theta+\log_2\cos\theta=-1$일 때,
$\log_2(\sin\theta+\cos\theta)=\log_2 x-\dfrac12$을 만족시키는 x의 값은?

① $\sqrt2$ ② 2 ③ $2\sqrt2$
④ 4 ⑤ $4\sqrt2$

◇◆ 개념루트 대수 198쪽

유형 13 삼각함수와 이차방정식

이차방정식의 두 근이 삼각함수로 주어진 경우에는 이차방정식의 근과 계수의 관계를 이용한다.
➡ 이차방정식 $ax^2+bx+c=0$의 두 근이 $\sin\theta$, $\cos\theta$이면
$$\sin\theta+\cos\theta=-\frac{b}{a},\ \sin\theta\cos\theta=\frac{c}{a}$$

0614 [대표 문제]
이차방정식 $3x^2-x+k=0$의 두 근이 $\sin\theta$, $\cos\theta$일 때, 상수 k의 값은?

① $-\dfrac43$ ② -1 ③ $-\dfrac13$
④ 1 ⑤ $\dfrac43$

0615 ㉗
이차방정식 $2x^2-2x+k=0$의 두 근이 $\sin\theta+\cos\theta$, $\sin\theta-\cos\theta$일 때, 상수 k의 값을 구하시오.

0616 ㉗
이차방정식 $9x^2+kx+1=0$의 두 근이 $\sin^2\theta$, $\cos^2\theta$일 때, $\dfrac{1}{\sin\theta}+\dfrac{1}{\cos\theta}$의 값은? $\left(\text{단, }k\text{는 상수, }\pi<\theta<\dfrac32\pi\right)$

① $-2\sqrt3$ ② $-\sqrt{15}$ ③ $-3\sqrt2$
④ $-\sqrt{21}$ ⑤ $-2\sqrt6$

0617 ㉘
이차방정식 $4x^2-2x+k=0$의 두 근이 $\sin\theta$, $\cos\theta$일 때, x^2의 계수가 $-2k$이고 $\tan\theta$, $\dfrac{1}{\tan\theta}$을 두 근으로 하는 이차방정식을 구하시오. (단, k는 상수)

AB 유형 점검

0618 유형 01

정수 n에 대하여 다음 각을

$$360° \times n + \alpha° \ (0° \leq \alpha° < 360°)$$

꼴로 나타낼 때, α의 값이 나머지 넷과 다른 하나는?

① $-1300°$ ② $-590°$ ③ $500°$

④ $1220°$ ⑤ $1940°$

0619 유형 02

θ가 제4사분면의 각일 때, 각 $\dfrac{\theta}{3}$를 나타내는 동경이 존재할 수 없는 사분면은?

① 제1사분면   ② 제2사분면

③ 제3사분면   ④ 제4사분면

⑤ 제2사분면, 제4사분면

0620 유형 03

서로 다른 두 각 $\dfrac{\pi}{9}$, θ의 크기를 각각 3배 한 각을 나타내는 두 동경이 일치할 때, 각 θ의 크기를 구하시오.

(단, $0 < \theta < \pi$)

0621 유형 04

각 4θ를 나타내는 동경과 각 8θ를 나타내는 동경이 y축에 대하여 대칭일 때, 각 θ의 크기의 최댓값과 최솟값의 합을 구하시오. (단, $0 < \theta < 2\pi$)

0622 유형 05

다음 중 옳지 않은 것은?

① $315° = \dfrac{7}{4}\pi$ ② $162° = \dfrac{9}{10}\pi$ ③ $-690° = -\dfrac{11}{3}\pi$

④ $\dfrac{9}{5}\pi = 324°$ ⑤ $-\dfrac{17}{18}\pi = -170°$

0623 유형 06

| 학평 기출 |

그림과 같이 반지름의 길이가 4이고 중심각의 크기가 $\dfrac{\pi}{6}$인 부채꼴 OAB 가 있다. 선분 OA 위의 점 P에 대 하여 선분 PA를 지름으로 하고 선 분 OB에 접하는 반원을 C라 할 때, 부채꼴 OAB의 넓이

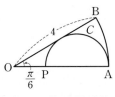

를 S_1, 반원 C의 넓이를 S_2라 하자. $S_1 - S_2$의 값은?

① $\dfrac{\pi}{9}$ ② $\dfrac{2}{9}\pi$ ③ $\dfrac{\pi}{3}$

④ $\dfrac{4}{9}\pi$ ⑤ $\dfrac{5}{9}\pi$

0624 유형 04 + 06

두 각 θ, 3θ를 나타내는 동경이 직선 $y = x$에 대하여 대칭 일 때, 각 θ를 중심각으로 하고 호의 길이가 10π인 부채꼴 의 반지름의 길이를 구하시오. $\left($단, $\dfrac{\pi}{2} < \theta < \pi\right)$

0625 유형 07

둘레의 길이가 200 m인 부채꼴 모양의 호수를 만들 때, 이 호수의 넓이의 최댓값은?

① 2400 m² ② 2500 m² ③ 2600 m²
④ 2700 m² ⑤ 2800 m²

0626 유형 08

원점 O와 점 P(-3, 4)를 지나는 동경 OP가 나타내는 각의 크기를 θ라 할 때, $15(\cos\theta-\tan\theta)$의 값은?

① 7 ② 9 ③ 11
④ 13 ⑤ 15

0627 유형 08

오른쪽 그림과 같이 가로, 세로의 길이가 각각 8, 4인 직사각형 ABCD가 원 $x^2+y^2=20$에 내접한다. 두 동경 OA, OC가 나타내는 각의 크기를 각각 α, β라 할 때, $\sin\alpha\cos\beta$의 값을 구하시오.
(단, O는 원점이고, 직사각형의 각 변은 좌표축에 평행하다.)

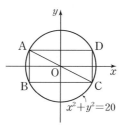

0628 유형 09

θ가 제2사분면의 각일 때,
$$|\cos\theta-\sin\theta+\tan\theta|-\sqrt{\tan^2\theta}-\sin\theta$$
를 간단히 하시오.

0629 유형 09

$\dfrac{\sqrt{\cos\theta}}{\sqrt{\sin\theta}}=-\sqrt{\dfrac{\cos\theta}{\sin\theta}}$를 만족시키는 각 θ에 대하여 다음 식을 간단히 하시오. (단, $\sin\theta\cos\theta\neq0$)

$$|\cos\theta|-\sqrt{(\cos\theta-\tan\theta)^2}$$

0630 유형 10

$\dfrac{\sin\theta}{1+\cos\theta}+\dfrac{1}{\tan\theta}$을 간단히 하면?

① $\sin\theta$ ② $\cos\theta$ ③ $\tan\theta$
④ $\dfrac{1}{\sin\theta}$ ⑤ $\dfrac{1}{\cos\theta}$

0631 유형 11

$\pi<\theta<\dfrac{3}{2}\pi$인 θ에 대하여
$$\dfrac{1}{1-\sin\theta}+\dfrac{1}{1+\sin\theta}=8$$
일 때, $\cos\theta$의 값은?

① $-\dfrac{1}{2}$ ② $-\dfrac{1}{3}$ ③ 0
④ $\dfrac{1}{3}$ ⑤ $\dfrac{1}{2}$

0632 유형 08 + 11

| 학평 기출 |

좌표평면 위의 점 O에서 x축의 양의 방향으로 시초선을 잡을 때, 원점 O와 점 P$(5, a)$를 지나는 동경 OP가 나타내는 각의 크기를 θ, 선분 OP의 길이를 r라 하자. $\sin\theta + 2\cos\theta = 1$일 때, $a + r$의 값은?

(단, a는 상수이다.)

① $\dfrac{5}{2}$ ② 3 ③ $\dfrac{7}{2}$

④ 4 ⑤ $\dfrac{9}{2}$

0633 유형 12

θ가 제1사분면의 각이고 $\sin\theta - \cos\theta = \dfrac{\sqrt{3}}{3}$일 때, $\dfrac{1}{\sin\theta} + \dfrac{1}{\cos\theta}$의 값은?

① $2\sqrt{3}$ ② $\sqrt{15}$ ③ $3\sqrt{2}$
④ $\sqrt{21}$ ⑤ $2\sqrt{6}$

0634 유형 13

이차방정식 $x^2 + kx - k = 0$의 두 근이 $\sin\theta$, $\cos\theta$일 때, $k(\sin\theta - \cos\theta)^2$의 값을 구하시오. (단, $k > 0$)

서술형

0635 유형 06

오른쪽 그림은 어느 공연장의 무대와 객석이다. 부채꼴 OAB와 부채꼴 OCD에서 호 AB의 길이는 40 m, 호 CD의 길이는 16 m이고 $\overline{AC} = \overline{BD} = 18$ m일 때, 이 공연장의 객석 부분인 도형 ABDC의 넓이를 구하시오.

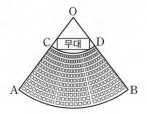

0636 유형 11

θ가 제4사분면의 각이고 $\dfrac{1+\cos\theta}{1-\cos\theta} = 3$일 때, $\tan\theta$의 값을 구하시오.

0637 유형 13

이차방정식 $4x^2 + 3x - 9 = 0$의 두 근이 $\dfrac{1}{\sin\theta}$, $\dfrac{1}{\cos\theta}$이고, 이차방정식 $9x^2 + ax - b = 0$의 두 근이 $\sin\theta$, $\cos\theta$일 때, 상수 a, b에 대하여 $a + b$의 값을 구하시오.

C 실력 향상

하 ···· 중 ···· 상100%

0638

$0<\theta<\dfrac{\pi}{2}$인 각 θ에 대하여 15θ가 제1사분면의 각일 때, $\sin\theta=\cos 15\theta$를 만족시키는 모든 각 θ의 크기의 합을 구하시오.

0639

다음 그림과 같이 중심이 O인 원 C 밖의 점 P에서 원 C에 그은 두 접선이 원 C와 만나는 두 점을 각각 A, B라 하고 선분 OP와 원 C가 만나는 점을 Q라 하자. 점 Q가 선분 OP의 중점이고, 삼각형 APB의 둘레의 길이가 $6\sqrt{2}$일 때, 두 선분 PA, PB와 점 Q를 포함하는 호 AB로 둘러싸인 부분의 넓이는?

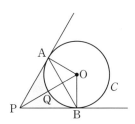

① $\dfrac{8\sqrt{3}}{3}-\dfrac{8}{9}\pi$ ② $3\sqrt{3}-\dfrac{8}{9}\pi$ ③ $\dfrac{10\sqrt{3}}{3}-\dfrac{8}{9}\pi$

④ $\dfrac{8\sqrt{3}}{3}-\dfrac{4}{9}\pi$ ⑤ $3\sqrt{3}-\dfrac{4}{9}\pi$

0640

원 $x^2+y^2=r^2\,(r>1)$과 직선 $y=1$이 서로 다른 두 점 A, B에서 만난다. 두 직선 OA, OB가 x축의 양의 방향과 이루는 각의 크기를 각각 α, β라 하자. $\sin\alpha+\cos\beta=0$일 때, $2\sin\alpha\cos\beta$의 값을 구하시오.

(단, O는 원점, 점 A의 x좌표는 양수)

0641

θ가 제4사분면의 각이고
$$\frac{1-2\sin\theta\cos\theta}{\cos\theta-\sin\theta}+\frac{1+2\sin\theta\cos\theta}{\cos\theta+\sin\theta}=\frac{1}{2}$$
일 때, $\sin\theta\cos\theta$의 값을 구하시오.

○ 기출 BOOK 26쪽

06-1 주기함수   유형 01

개념＋

함수 $y=f(x)$의 정의역에 속하는 모든 실수 x에 대하여
$$f(x+p)=f(x)$$
를 만족시키는 0이 아닌 상수 p가 존재할 때, 함수 f를 **주기함수**라 하고, 상수 p 중에서 최소인 양수를 그 함수의 **주기**라 한다.

상수 p에 대하여
(1) $f(x)=f(x+p)=f(x+2p)$
  $=\cdots=f(x+np)$
  (단, n은 정수)
(2) $f(x-p)=f(x+p)$
  $\Longleftrightarrow f(x)=f(x+2p)$

06-2 삼각함수의 그래프와 성질   유형 02~05, 07~10

(1) 함수 $y=\sin x$, $y=\cos x$의 그래프와 성질
  ① 정의역은 실수 전체의 집합이고, 치역은 $\{y\,|-1\leq y\leq1\}$
    이다.
  ② 함수 $y=\sin x$의 그래프는 원점에 대하여 대칭이고,
    함수 $y=\cos x$의 그래프는 y축에 대하여 대칭이다.
    ➡ $\sin(-x)=-\sin x$, $\cos(-x)=\cos x$
  ③ 주기가 2π인 주기함수이다.
    ➡ $\sin(2n\pi+x)=\sin x$, $\cos(2n\pi+x)=\cos x$
                                          (단, n은 정수)

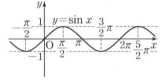

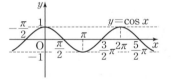

$-1\leq\sin x\leq1$,
$-1\leq\cos x\leq1$

함수 $y=\cos x$의 그래프는 함수 $y=\sin x$의 그래프를 x축의 방향으로 $-\dfrac{\pi}{2}$만큼 평행이동한 것과 같다. ➡ $\sin\left(x+\dfrac{\pi}{2}\right)=\cos x$

(2) 함수 $y=\tan x$의 그래프와 성질
  ① 정의역은 $n\pi+\dfrac{\pi}{2}$ (n은 정수)를 제외한 실수 전체의 집합
    이고, 치역은 실수 전체의 집합이다.
  ② 함수 $y=\tan x$의 그래프는 원점에 대하여 대칭이다.
    ➡ $\tan(-x)=-\tan x$
  ③ 주기가 π인 주기함수이다.
    ➡ $\tan(n\pi+x)=\tan x$ (단, n은 정수)
  ④ 그래프의 점근선은 직선 $x=n\pi+\dfrac{\pi}{2}$ (n은 정수)이다.

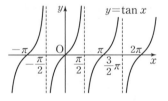

06-3 삼각함수의 치역, 최댓값, 최솟값, 주기   유형 03~10, 13~15

삼각함수	치역	최댓값	최솟값	주기
$y=a\sin(bx+c)+d$	$\{y\,|-|a|+d\leq y\leq|a|+d\}$	$|a|+d$	$-|a|+d$	$\dfrac{2\pi}{|b|}$
$y=a\cos(bx+c)+d$	$\{y\,|-|a|+d\leq y\leq|a|+d\}$	$|a|+d$	$-|a|+d$	$\dfrac{2\pi}{|b|}$
$y=a\tan(bx+c)+d$	실수 전체의 집합	없다.	없다.	$\dfrac{\pi}{|b|}$

$y=a\sin(bx+c)+d$
$=a\sin b\left(x+\dfrac{c}{b}\right)+d$
의 그래프는 $y=a\sin bx$의 그래프를 x축의 방향으로 $-\dfrac{c}{b}$만큼, y축으로 d만큼 평행이동한 것이다.

$y=a\tan(bx+c)+d$의 그래프의 점근선의 방정식은
$bx+c=n\pi+\dfrac{\pi}{2}$에서
$x=\dfrac{1}{b}\left(n\pi+\dfrac{\pi}{2}-c\right)$
                    (단, n은 정수)

06-1 주기함수

0642 함수 $f(x)$의 주기가 3이고 $f(1)=3$일 때, $f(13)$의 값을 구하시오.

0643 실수 전체의 집합에서 정의된 함수 $f(x)$의 주기가 2이고 $0 \le x < 2$에서 $f(x)=x+1$일 때, $f(7)$의 값을 구하시오.

06-2 삼각함수의 그래프와 성질

0644 함수 $y=2\sin x$에 대하여 □ 안에 알맞은 것을 써넣으시오.

(1) 치역은 [   ]이다.
(2) 주기는 □이다.
(3) 그래프는 □에 대하여 대칭이다.

0645 함수 $y=\cos 2x$에 대하여 □ 안에 알맞은 것을 써넣으시오.

(1) 치역은 [   ]이다.
(2) 주기는 □이다.
(3) 그래프는 □에 대하여 대칭이다.

0646 함수 $y=\tan \dfrac{x}{2}$에 대하여 □ 안에 알맞은 것을 써넣으시오.

(1) 치역은 [   ]이다.
(2) 주기는 □이다.
(3) 그래프의 점근선의 방정식은 [   ](n은 정수)이다.
(4) 그래프는 □에 대하여 대칭이다.

[0647~0649] 다음 함수의 주기를 구하시오.

0647 $y=|\sin x|$

0648 $y=\cos |x|$

0649 $y=|\tan x|$

06-3 삼각함수의 치역, 최댓값, 최솟값, 주기

[0650~0653] 다음 함수의 최댓값, 최솟값, 주기를 구하고, 그 그래프를 그리시오.

0650 $y=\sin 2x$

0651 $y=-\dfrac{1}{3}\sin x$

0652 $y=3\cos x$

0653 $y=\cos \dfrac{x}{4}$

[0654~0655] 다음 함수의 주기와 점근선의 방정식을 구하고, 그 그래프를 그리시오.

0654 $y=-2\tan x$

0655 $y=\tan 2x$

[0656~0658] 다음 함수의 최댓값, 최솟값, 주기를 구하시오.

0656 $y=2\sin(x+\pi)-1$

0657 $y=-\cos(2x-\pi)+3$

0658 $y=3\tan\left(2x+\dfrac{\pi}{2}\right)-4$

06-4 삼각함수의 성질 유형 11, 12 개념➕

(1) $2n\pi+x$ (n은 정수)의 삼각함수

$\sin(2n\pi+x)=\sin x,\ \cos(2n\pi+x)=\cos x,\ \tan(2n\pi+x)=\tan x$

(2) $-x$의 삼각함수

$\sin(-x)=-\sin x,\ \cos(-x)=\cos x,\ \tan(-x)=-\tan x$

(3) $\pi\pm x$의 삼각함수

$\sin(\pi+x)=-\sin x,\ \cos(\pi+x)=-\cos x,\ \tan(\pi+x)=\tan x$

$\sin(\pi-x)=\sin x,\ \cos(\pi-x)=-\cos x,\ \tan(\pi-x)=-\tan x$

(4) $\dfrac{\pi}{2}\pm x$의 삼각함수

$\sin\left(\dfrac{\pi}{2}+x\right)=\cos x,\ \cos\left(\dfrac{\pi}{2}+x\right)=-\sin x,\ \tan\left(\dfrac{\pi}{2}+x\right)=-\dfrac{1}{\tan x}$

$\sin\left(\dfrac{\pi}{2}-x\right)=\cos x,\ \cos\left(\dfrac{\pi}{2}-x\right)=\sin x,\ \tan\left(\dfrac{\pi}{2}-x\right)=\dfrac{1}{\tan x}$

[참고] 삼각함수의 성질을 이용하면 일반각에 대한 삼각함수를 0°에서 90°까지의 각에 대한 삼각함수로 나타낼 수 있고, 삼각함수표(p.198)를 이용하여 일반각에 대한 삼각함수의 값을 구할 수 있다.

여러 가지 각의 삼각함수의 변형 방법
(1) 각을 $90°\times n\pm\theta$ 또는 $\dfrac{\pi}{2}\times n\pm\theta$ (n은 정수, θ는 예각) 꼴로 나타낸다.
(2) 다음과 같이 삼각함수를 정한다.
① n이 짝수이면 그대로
➡ $\sin\to\sin,\ \cos\to\cos,$ $\tan\to\tan$
② n이 홀수이면 바꾸어
➡ $\sin\to\cos,\ \cos\to\sin,$ $\tan\to\dfrac{1}{\tan}$
(3) $90°\times n\pm\theta$ 또는 $\dfrac{\pi}{2}\times n\pm\theta$를 나타내는 동경이 제몇 사분면에 있는지 알아본다. 이때 그 사분면에서 처음 주어진 삼각함수의 부호가 양이면 $+$, 음이면 $-$를 붙인다.

06-5 삼각함수가 포함된 방정식과 부등식 유형 16~22

(1) 삼각함수가 포함된 방정식
① 주어진 방정식을 $\sin x=k$(또는 $\cos x=k$ 또는 $\tan x=k$) 꼴로 고친다.
② 주어진 범위에서 함수 $y=\sin x$(또는 $y=\cos x$ 또는 $y=\tan x$)의 그래프와 직선 $y=k$의 교점의 x좌표를 구한다.

(2) 삼각함수가 포함된 부등식
① $\sin x>k$(또는 $\cos x>k$ 또는 $\tan x>k$) 꼴
함수 $y=\sin x$(또는 $y=\cos x$ 또는 $y=\tan x$)의 그래프와 직선 $y=k$의 교점의 x좌표를 이용하여 삼각함수의 그래프가 직선 $y=k$보다 위쪽에 있는 x의 값의 범위를 구한다.
② $\sin x<k$(또는 $\cos x<k$ 또는 $\tan x<k$) 꼴
함수 $y=\sin x$(또는 $y=\cos x$ 또는 $y=\tan x$)의 그래프와 직선 $y=k$의 교점의 x좌표를 이용하여 삼각함수의 그래프가 직선 $y=k$보다 아래쪽에 있는 x의 값의 범위를 구한다.

방정식 $f(x)=g(x)$의 실근은 두 함수 $y=f(x),\ y=g(x)$의 그래프의 교점의 x좌표와 같다.

두 종류 이상의 삼각함수가 포함된 방정식과 부등식은 한 종류의 삼각함수에 대한 방정식과 부등식으로 변형한 후 푼다.

06-4 삼각함수의 성질

[0659~0661] 다음 삼각함수의 값을 구하시오.

0659 $\sin \dfrac{7}{3}\pi$

0660 $\cos 750°$

0661 $\tan \dfrac{9}{4}\pi$

[0662~0664] 다음 삼각함수의 값을 구하시오.

0662 $\sin(-45°)$

0663 $\cos\left(-\dfrac{\pi}{3}\right)$

0664 $\tan\left(-\dfrac{\pi}{6}\right)$

[0665~0667] 다음 삼각함수의 값을 구하시오.

0665 $\sin \dfrac{7}{6}\pi$

0666 $\cos \dfrac{5}{4}\pi$

0667 $\tan 240°$

[0668~0670] 다음 삼각함수의 값을 구하시오.

0668 $\sin \dfrac{2}{3}\pi$

0669 $\cos \dfrac{5}{6}\pi$

0670 $\tan \dfrac{3}{4}\pi$

[0671~0673] 오른쪽 삼각함수표를 이용하여 다음 삼각함수의 값을 구하시오.

θ	$\sin\theta$	$\cos\theta$	$\tan\theta$
$15°$	0.2588	0.9659	0.2679
$16°$	0.2756	0.9613	0.2867
$17°$	0.2924	0.9563	0.3057

0671 $\sin(-105°)$

0672 $\cos 197°$

0673 $\tan 376°$

06-5 삼각함수가 포함된 방정식과 부등식

[0674~0675] 삼각함수의 그래프를 이용하여 다음 방정식을 푸시오. (단, $0 \le x < 2\pi$)

0674 $\sin x = -\dfrac{1}{2}$

0675 $2\cos^2 x - \cos x = 0$

[0676~0677] 삼각함수의 그래프를 이용하여 다음 부등식을 푸시오. (단, $0 \le x < 2\pi$)

0676 $\cos x \ge \dfrac{\sqrt{3}}{2}$

0677 $2\sin^2 x + 5\sin x + 2 < 0$

B 유형 완성

유형 01 주기함수

함수 $f(x)$가 주기가 p인 주기함수이면
➡ $f(x)=f(x+p)=f(x+2p)=f(x+3p)=\cdots$
즉, $f(x+np)=f(x)$ (단, n은 정수)

0678 대표 문제

함수 $f(x)=\sin 4x+\cos \dfrac{x}{4}+\tan 2x$의 주기를 p라 할 때, $f(p)$의 값은?

① -1 ② $-\dfrac{\sqrt{2}}{2}$ ③ $-\dfrac{1}{2}$

④ 0 ⑤ 1

0679 중

함수 $f(x)$가 모든 실수 x에 대하여 $f(x+2)=f(x)$를 만족시키고 $f(0)=1$, $f(1)=3$일 때, $f(100)+f(101)+f(102)$의 값은?

① 3 ② 4 ③ 5

④ 6 ⑤ 7

0680 중

함수 $f(x)$가 다음 조건을 만족시킬 때, $f\left(\dfrac{22}{3}\pi\right)$의 값을 구하시오.

> (가) 모든 실수 x에 대하여 $f\left(x+\dfrac{\pi}{2}\right)=f\left(x-\dfrac{\pi}{2}\right)$이다.
>
> (나) $0\le x<\pi$일 때, $f(x)=\cos \dfrac{1}{2}x$이다.

유형 02 삼각함수의 값의 대소 비교

삼각함수의 값의 대소를 비교할 때는 삼각함수의 그래프를 그려서 확인한다.

0681 대표 문제

세 수 $A=\sin 3$, $B=\cos 3$, $C=\tan 3$의 대소 관계는?

① $A<B<C$ ② $A<C<B$ ③ $B<A<C$

④ $B<C<A$ ⑤ $C<A<B$

0682 중

함수 $f(x)=\sin x$에 대하여 다음 중 옳은 것은?

① $f(1)<f(2)<f(3)$ ② $f(1)<f(3)<f(2)$
③ $f(2)<f(1)<f(3)$ ④ $f(2)<f(3)<f(1)$
⑤ $f(3)<f(1)<f(2)$

0683 중

보기에서 옳은 것만을 있는 대로 고르시오.

$$\left(\text{단, } \dfrac{\pi}{4}<x<\dfrac{\pi}{2}\right)$$

> 보기
> ㄱ. $\cos x-\sin x>0$
> ㄴ. $\sin x-\tan x<0$
> ㄷ. $\tan x-\cos x>0$

◆◈ 개념루트 대수 210쪽

유형 03 함수 $y=a\sin(bx+c)+d$의 그래프와 성질

(1) 함수 $y=a\sin bx$의 그래프
   ① 함수 $y=\sin x$의 그래프를 y축의 방향으로 $|a|$배, x축의 방향으로 $\dfrac{1}{|b|}$배 한 것이다.
   ② 최댓값: $|a|$, 최솟값: $-|a|$, 주기: $\dfrac{2\pi}{|b|}$
(2) 함수 $y=a\sin(bx+c)+d$의 그래프
   ① 함수 $y=a\sin bx$의 그래프를 x축의 방향으로 $-\dfrac{c}{b}$만큼, y축의 방향으로 d만큼 평행이동한 것이다.
   ② 최댓값: $|a|+d$, 최솟값: $-|a|+d$, 주기: $\dfrac{2\pi}{|b|}$

0684 대표 문제

보기에서 함수 $f(x)=-\sin\left(2x-\dfrac{\pi}{2}\right)-1$에 대한 설명으로 옳은 것만을 있는 대로 고른 것은?

┌ 보기 ┐
ㄱ. 모든 실수 x에 대하여 $f(x+\pi)=f(x)$이다.
ㄴ. $-1\le f(x)\le 1$
ㄷ. 그래프는 함수 $y=\sin 2x$의 그래프를 평행이동 또는 대칭이동한 것이다.
ㄹ. $0\le x\le\dfrac{\pi}{2}$에서 x의 값이 증가하면 $f(x)$의 값도 증가한다.

① ㄱ, ㄴ   ② ㄱ, ㄷ   ③ ㄴ, ㄹ
④ ㄱ, ㄷ, ㄹ   ⑤ ㄴ, ㄷ, ㄹ

0685 중

함수 $y=3\sin\left(\pi x-\dfrac{1}{2}\right)+1$의 주기를 p, 최댓값을 M, 최솟값을 m이라 할 때, $p+M+m$의 값을 구하시오.

0686 중

다음 함수 중에서 그 그래프가 함수 $y=\sin 2x$의 그래프를 평행이동 또는 대칭이동하여 겹쳐지지 <u>않는</u> 것은?

① $y=\sin(2x-\pi)$ ② $y=\sin 2x+1$
③ $y=2\sin x+3$ ④ $y=-\sin 2x$
⑤ $y=-\sin(2x+2)-4$

◆◈ 개념루트 대수 212쪽

유형 04 함수 $y=a\cos(bx+c)+d$의 그래프와 성질

(1) 함수 $y=a\cos bx$의 그래프
   ① 함수 $y=\cos x$의 그래프를 y축의 방향으로 $|a|$배, x축의 방향으로 $\dfrac{1}{|b|}$배 한 것이다.
   ② 최댓값: $|a|$, 최솟값: $-|a|$, 주기: $\dfrac{2\pi}{|b|}$
(2) 함수 $y=a\cos(bx+c)+d$의 그래프
   ① 함수 $y=a\cos bx$의 그래프를 x축의 방향으로 $-\dfrac{c}{b}$만큼, y축의 방향으로 d만큼 평행이동한 것이다.
   ② 최댓값: $|a|+d$, 최솟값: $-|a|+d$, 주기: $\dfrac{2\pi}{|b|}$

0687 대표 문제

보기에서 함수 $f(x)=2\cos(4x-\pi)-3$에 대한 설명으로 옳은 것만을 있는 대로 고르시오.

┌ 보기 ┐
ㄱ. 최댓값은 -1, 최솟값은 -5이다.
ㄴ. 모든 실수 x에 대하여 $f\left(x+\dfrac{\pi}{2}\right)=f(x)$이다.
ㄷ. 그래프는 점 $\left(\dfrac{\pi}{3},\ -4\right)$를 지난다.
ㄹ. 그래프는 직선 $x=\dfrac{\pi}{4}$에 대하여 대칭이다.

0688 중

함수 $y=-4\cos\left(\dfrac{\pi}{2}x-3\right)+5$의 주기를 p, 최댓값을 M, 최솟값을 m이라 할 때, pMm의 값을 구하시오.

0689 중   서술형

함수 $y=\cos 2x-3$의 그래프를 x축에 대하여 대칭이동한 후 x축의 방향으로 $-\dfrac{\pi}{3}$만큼, y축의 방향으로 a만큼 평행이동한 그래프의 식은 $y=-\cos(2x+b)+5$이다. 이때 ab의 값을 구하시오. (단, b는 상수)

유형 05 함수 $y=a\tan(bx+c)+d$의 그래프와 성질

(1) 함수 $y=a\tan bx$의 그래프
 ① 함수 $y=\tan x$의 그래프를 y축의 방향으로 $|a|$배, x축의 방향으로 $\dfrac{1}{|b|}$배 한 것이다.
 ② 최댓값: 없다., 최솟값: 없다., 주기: $\dfrac{\pi}{|b|}$
 ③ 점근선의 방정식: $x=\dfrac{1}{b}\left(n\pi+\dfrac{\pi}{2}\right)$ (단, n은 정수)
(2) 함수 $y=a\tan(bx+c)+d$의 그래프
 ① 함수 $y=a\tan bx$의 그래프를 x축의 방향으로 $-\dfrac{c}{b}$만큼, y축의 방향으로 d만큼 평행이동한 것이다.
 ② 최댓값: 없다., 최솟값: 없다., 주기: $\dfrac{\pi}{|b|}$

0690 대표 문제
다음 중 함수 $y=4\tan\left(2x-\dfrac{\pi}{4}\right)$에 대한 설명으로 옳은 것은?

① 주기가 π인 주기함수이다.
② 최댓값은 4, 최솟값은 -4이다.
③ 그래프는 원점을 지난다.
④ 그래프의 점근선의 방정식은 $x=\dfrac{n}{2}\pi+\dfrac{3}{8}\pi$($n$은 정수)이다.
⑤ 그래프는 함수 $y=4\tan x$의 그래프를 x축의 방향으로 $\dfrac{\pi}{8}$만큼 평행이동한 것이다.

0691 중
다음 중 함수 $y=\tan\dfrac{1}{3}\left(x+\dfrac{2}{3}\pi\right)$와 주기가 같은 함수는?

① $y=2\sin\dfrac{x}{2}$
② $y=\cos 2x+1$
③ $y=-2\tan\left(x-\dfrac{\pi}{2}\right)$
④ $y=\dfrac{1}{2}\sin(x+3\pi)$
⑤ $y=-3\cos\left(\dfrac{2}{3}x-\pi\right)$

0692 중
함수 $y=2\tan\left(\dfrac{\pi}{2}x-\pi\right)-3$의 주기와 그래프의 점근선의 방정식을 차례로 나열한 것은? (단, n은 정수)

① 2, $x=2n-\pi$ ② 2, $x=2n$ ③ 2, $x=2n+1$
④ 1, $x=2n$ ⑤ 1, $x=2n+1$

빈출
유형 06 삼각함수의 미정계수 구하기 (1)

(1) $y=a\sin(bx+c)+d$ 또는 $y=a\cos(bx+c)+d$
 ➡ a, d: 삼각함수의 최댓값, 최솟값과 함숫값을 이용하여 구한다.
 b: 삼각함수의 주기를 이용하여 구한다.
 c: 함숫값 또는 평행이동을 이용하여 구한다.
(2) $y=a\tan(bx+c)+d$
 ➡ a, d: 함숫값을 이용하여 구한다.
 b: 삼각함수의 주기 또는 그래프의 점근선의 방정식을 이용하여 구한다.
 c: 함숫값 또는 평행이동을 이용하여 구한다.

참고 $y=a\sin(bx+c)+d$
 x축의 방향으로 평행이동 결정
 $-y$축의 방향으로 평행이동 결정
 └주기 결정┘
 최댓값, 최솟값 결정

0693 대표 문제
함수 $f(x)=a\sin\left(bx-\dfrac{\pi}{3}\right)+c$의 최솟값은 -6, 주기는 4π이고 $f(\pi)=0$일 때, 상수 a, b, c에 대하여 $a+b+c$의 값을 구하시오. (단, $a>0$, $b>0$)

0694 중
함수 $y=-\tan(ax-b)+1$의 주기는 2π이고 그래프의 점근선의 방정식이 $x=2n\pi$(n은 정수)일 때, 상수 a, b에 대하여 $8ab$의 값을 구하시오. (단, $a>0$, $0<b<\pi$)

0695 ⊜

함수 $f(x) = a\cos b\left(x + \dfrac{\pi}{2}\right) + c$가 다음 조건을 만족시킬

때, $f\left(\dfrac{\pi}{2}\right)$의 값은? (단, $a>0$, $b>0$, c는 상수)

> (개) 모든 실수 x에 대하여 $f(x+p) = f(x)$를 만족시키는 양
> 수 p의 최솟값은 π이다.
> (내) 함수 $f(x)$의 최댓값은 3, 최솟값은 1이다.

① -2　　　　② -1　　　　③ 1
④ 2　　　　⑤ 3

◆◆ 개념루트 대수 218쪽

유형 07　삼각함수의 미정계수 구하기 (2)

> 주어진 그래프에서 최댓값, 최솟값, 주기를 찾고, 그래프 위의
> 한 점을 이용하여 미정계수를 구한다.

0696 대표문제

함수 $y = a\cos(bx-c)$의 그
래프가 오른쪽 그림과 같을
때, 상수 a, b, c에 대하여
abc의 값을 구하시오.
　(단, $a>0$, $b>0$, $0<c<\pi$)

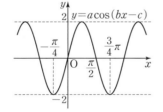

0697 ⊜

서술형

함수 $y = a\sin\left(bx - \dfrac{5}{8}\pi\right) + c$
의 그래프가 오른쪽 그림과 같
을 때, 상수 a, b, c에 대하여
$4abc$의 값을 구하시오.
　　　　　　(단, $a>0$, $b>0$)

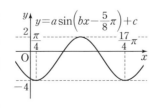

0698 ⊜

함수 $y = \tan(ax-b)$의 그래프
가 오른쪽 그림과 같을 때, 상수
a, b에 대하여 $9ab$의 값을 구하
시오. $\left(\text{단, } a>0, 0<b<\dfrac{\pi}{2}\right)$

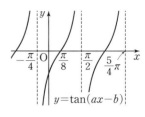

0699 ⊛

오른쪽 그림과 같이 두 함수
$y = \tan x$, $y = a\sin(bx+c)$
의 그래프가 점 $\left(\dfrac{\pi}{4}, d\right)$에서
만날 때, 상수 a, b, c, d에 대
하여 $abcd$의 값을 구하시오.
$\left(\text{단, } a>0, b>0, -\dfrac{\pi}{2}<c\le0\right)$

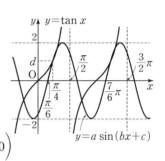

◆◆ 개념루트 대수 220쪽

유형 08　절댓값 기호를 포함한 삼각함수

> (1) $y = |f(x)|$ 꼴
> 　① $y = |a\sin bx|$ 또는 $y = |a\cos bx|$
> 　　최댓값: $|a|$, 최솟값: 0, 주기: $\dfrac{\pi}{|b|}$
> 　② $y = |\tan bx|$
> 　　최댓값: 없다., 최솟값: 0, 주기: $\dfrac{\pi}{|b|}$
> (2) $y = f(|x|)$ 꼴
> 　① $y = a\sin|bx|$
> 　　최댓값: $|a|$, 최솟값: $-|a|$, 주기: 없다.
> 　② $y = a\cos|bx|$
> 　　최댓값: $|a|$, 최솟값: $-|a|$, 주기: $\dfrac{2\pi}{|b|}$
> 　③ $y = \tan|bx|$
> 　　최댓값: 없다., 최솟값: 없다., 주기: 없다.

0700 대표문제

함수 $y = \left|\sin\left(x + \dfrac{\pi}{2}\right)\right| - 2$의 주기를 a, 최댓값을 M, 최
솟값을 m이라 할 때, aMm의 값을 구하시오.

0701 ⓘ

다음 중 함수 $y=\tan|x|$에 대한 설명으로 옳지 <u>않은</u> 것은?

① 주기는 없다.
② 치역은 실수 전체의 집합이다.
③ 그래프는 y축에 대하여 대칭이다.
④ 최댓값과 최솟값이 존재하지 않는다.
⑤ 그래프의 점근선은 직선 $x=2n\pi+\dfrac{\pi}{2}$ (n은 정수)이다.

0702 ⓘ

| 학평 기출 |

두 함수
$$f(x)=\cos(ax)+1,\ g(x)=|\sin 3x|$$
의 주기가 서로 같을 때, 양수 a의 값은?

① 5   ② 6   ③ 7
④ 8   ⑤ 9

0703 ⓘ

보기에서 두 함수의 그래프가 일치하는 것만을 있는 대로 고른 것은?

┌ 보기 ┐
ㄱ. $y=\left|\cos\left(x+\dfrac{\pi}{2}\right)\right|$, $y=|\sin x|$
ㄴ. $y=|\tan x|$, $y=\tan|x|$
ㄷ. $y=\sin|x|$, $y=\cos|x|$
└────────┘

① ㄱ   ② ㄴ   ③ ㄱ, ㄷ
④ ㄴ, ㄷ   ⑤ ㄱ, ㄴ, ㄷ

유형 09 **삼각함수의 그래프에서 넓이 구하기**

(1) $y=\sin x$의 그래프
   ➡ 직선 $x=\dfrac{\pi}{2}$에 대하여 대칭
(2) $y=\cos x$의 그래프
   ➡ 직선 $x=\pi$에 대하여 대칭
(3) $y=\tan x$의 그래프
   ➡ 주기가 π

0704 [대표 문제]

오른쪽 그림과 같이 한 변이 x축 위에 있고 두 꼭짓점이 함수 $y=\sin\dfrac{\pi}{6}x$의 그래프 위에 있는 직사각형 ABCD가 있다.
$\overline{BC}=4$일 때, 직사각형 ABCD의 넓이를 구하시오.

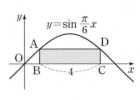

0705 ⓘ

오른쪽 그림과 같이 $0\le x<\dfrac{3}{2}\pi$에서 함수 $y=\tan x$의 그래프와 x축 및 직선 $y=4$로 둘러싸인 부분의 넓이는?

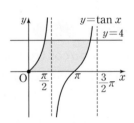

① 3π ② $\dfrac{7}{2}\pi$
③ 4π ④ $\dfrac{9}{2}\pi$
⑤ 5π

0706 ⓘ

오른쪽 그림과 같이 $0\le x\le 2\pi$에서 함수 $y=\cos x$의 그래프와 직선 $y=1$로 둘러싸인 부분의 넓이를 구하시오.

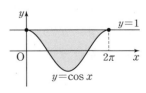

0707 (상)

$0 \leq x \leq 5\pi$에서 곡선 $y = 4\sin\dfrac{1}{2}x$와 직선 $y = 2$가 만나는 서로 다른 두 점을 A, B라 할 때, 이 곡선 위의 점 P에 대하여 삼각형 PAB의 넓이의 최댓값을 구하시오.

유형 10 삼각함수의 그래프의 대칭성

(1) 함수 $f(x) = \sin x \, (0 \leq x < \pi)$에서 $f(a) = f(b) \, (a \neq b)$이면
➡ $\dfrac{a+b}{2} = \dfrac{\pi}{2}$ ∴ $a+b = \pi$

(2) 함수 $f(x) = \cos x \, (0 \leq x \leq 2\pi)$에서 $f(a) = f(b) \, (a \neq b)$이면
➡ $\dfrac{a+b}{2} = \pi$ ∴ $a+b = 2\pi$

(3) 함수 $f(x) = \tan x$에서 $f(a) = f(b)$이면
➡ $a-b = n\pi$ (단, n은 정수)

0708 대표 문제

다음 그림과 같이 $-2\pi \leq x \leq 2\pi$에서 함수 $y = \cos x$의 그래프가 직선 $y = \dfrac{3}{5}$과 만나는 점의 x좌표를 작은 것부터 차례로 a, b, c, d라 할 때, $\dfrac{a+b}{c+d}$의 값을 구하시오.

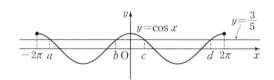

0709 (중)

다음 그림과 같이 $0 \leq x < 2\pi$에서 두 함수 $y = \sin x$, $y = \cos x$의 그래프가 직선 $y = -\dfrac{1}{3}$과 만나는 점의 x좌표를 작은 것부터 차례로 a, b, c, d라 할 때, $a-b+c-d$의 값을 구하시오.

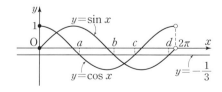

유형 11 여러 가지 각의 삼각함수의 값 (1)

여러 가지 각의 삼각함수의 값은 다음과 같은 순서로 구한다.

(1) 주어진 각을 $90° \times n \pm \theta$ 또는 $\dfrac{\pi}{2} \times n \pm \theta$ (n은 정수, θ는 예각) 꼴로 나타낸다.

(2) ① n이 짝수이면 그대로
➡ $\sin \to \sin$, $\cos \to \cos$, $\tan \to \tan$
② n이 홀수이면 바꾸어
➡ $\sin \to \cos$, $\cos \to \sin$, $\tan \to \dfrac{1}{\tan}$

(3) $90° \times n \pm \theta$ 또는 $\dfrac{\pi}{2} \times n \pm \theta$를 나타내는 동경이 존재하는 사분면에서 처음 주어진 삼각함수의 부호를 조사한다.

0710 대표 문제

$2\sin\dfrac{11}{3}\pi - 3\tan\dfrac{5}{3}\pi + 4\cos\dfrac{7}{6}\pi$의 값은?

① $-2\sqrt{3}$ ② $-\sqrt{3}$ ③ 0
④ $\sqrt{3}$ ⑤ $2\sqrt{3}$

0711 (하)

오른쪽 삼각함수표를 이용하여 $\sin 110° + \cos 260°$의 값을 구하시오.

θ	$\sin\theta$	$\cos\theta$	$\tan\theta$
$10°$	0.1736	0.9848	0.1763
$20°$	0.3420	0.9397	0.3640

0712 (중)

보기에서 옳은 것만을 있는 대로 고르시오.

┌ 보기 ┌
ㄱ. $\cos 1080° \times \sin(-330°) + \tan 240° \times \cos 150° = -1$

ㄴ. $\sqrt{2}\sin\dfrac{13}{4}\pi + 2\cos\left(-\dfrac{4}{3}\pi\right) + \sqrt{3}\tan\left(-\dfrac{7}{6}\pi\right) = -1$

ㄷ. $\log_2\left(\sin\dfrac{7}{3}\pi\right) + \log_2\left(\tan\dfrac{13}{6}\pi\right) + \log_2\left(\cos\dfrac{11}{3}\pi\right) = 2$

0713 ㉠

다음 식을 간단히 하시오.

$$\frac{\sin\left(\frac{\pi}{2}+\theta\right)\cos^2(2\pi-\theta)}{\sin\left(\frac{3}{2}\pi+\theta\right)}-\frac{\cos\left(\frac{3}{2}\pi-\theta\right)\sin\left(\frac{\pi}{2}+\theta\right)}{\tan\left(\frac{\pi}{2}+\theta\right)}$$

0714 ㉠

서술형

직선 $2x-\sqrt{2}y+1=0$이 x축의 양의 방향과 이루는 각의 크기를 θ라 할 때, $\dfrac{\cos\left(\theta-\frac{\pi}{2}\right)}{1-\sin(-\theta)}+\dfrac{\sin(\theta-\pi)}{1+\sin(\pi+\theta)}$의 값을 구하시오.

0715 ㉠

오른쪽 그림과 같이 선분 AB를 지름으로 하는 원 O 위의 한 점 C에 대하여 $\overline{AC}=6$, $\overline{AO}=5$이다. $\angle CAB=\alpha$, $\angle CBA=\beta$라 할 때, $\cos(2\alpha+\beta)$의 값을 구하시오.

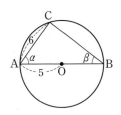

0716 ㉠

삼각형 ABC에 대하여 다음 중 항상 옳은 것은?

① $\sin A=\cos(B+C)$
② $\cos A=\sin(B+C)$
③ $\sin\dfrac{A}{2}=\sin\dfrac{B+C}{2}$
④ $\tan B\tan(A+C)=1$
⑤ $\tan\dfrac{A}{2}\tan\dfrac{B+C}{2}=1$

◆◆ 개념루트 대수 228쪽

유형 12 여러 가지 각의 삼각함수의 값 (2)

각의 크기의 합이 90°인 것끼리 짝 지어 각을 통일시키고
$\sin(90°-x)=\cos x$, $\cos(90°-x)=\sin x$,
$\sin^2 x+\cos^2 x=1$임을 이용한다.

0717 대표 문제

$\cos^2 10°+\cos^2 20°+\cos^2 30°+\cdots+\cos^2 90°$의 값은?

① 1   ② 2   ③ 3
④ 4   ⑤ 5

0718 ㉠

$\tan(1°+\theta)\tan(89°-\theta)$의 값은?

① $-\sqrt{3}$ ② $-\dfrac{\sqrt{3}}{3}$ ③ $\dfrac{\sqrt{3}}{3}$
④ 1   ⑤ $\sqrt{3}$

0719 ㉠

$\sin 1°+\sin 2°+\sin 3°+\cdots+\sin 360°$의 값을 구하시오.

0720 ㉡

오른쪽 그림과 같이 원점 O를 중심으로 하고 반지름의 길이가 1인 원을 10등분 한 점을 차례로 P_1, P_2, …, P_{10}이라 하자. 점 P_1의 좌표가 $(1, 0)$이고 $\angle P_1OP_2=\theta$라 할 때, 보기에서 옳은 것만을 있는 대로 고르시오.

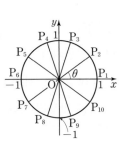

| 보기 |
ㄱ. $\cos\theta+\cos 6\theta=0$ ㄴ. $\sin(-7\theta)=\sin 2\theta$
ㄷ. $\cos 9\theta=\sin\theta$ ㄹ. $\dfrac{1}{\tan 6\theta}=\tan\theta$

◈◈ 개념루트 대수 232쪽

유형 13 삼각함수를 포함한 식의 최대, 최소
— 일차식 꼴

(1) 두 종류 이상의 삼각함수를 포함한 경우
  ➡ 한 종류의 삼각함수로 통일한다.
(2) 절댓값 기호를 포함하는 경우
  ➡ 절댓값 안에 포함된 삼각함수를 t로 치환한다.
  참고 $0 \leq |\sin x| \leq 1$, $0 \leq |\cos x| \leq 1$

0721 대표 문제

함수 $y = -|\tan x - 2| + k$의 최댓값과 최솟값의 합이 4일 때, 상수 k의 값은? $\left(\text{단, } -\dfrac{\pi}{4} \leq x \leq \dfrac{\pi}{4}\right)$

① 0   ② 1   ③ 2
④ 3   ⑤ 4

0722 하

함수 $y = \sin\left(\dfrac{3}{2}\pi + x\right) - \cos x + 2$의 최댓값을 M, 최솟값을 m이라 할 때, $M + m$의 값을 구하시오.

0723 중

함수 $y = a|\cos 5x + 4| + b$의 최댓값이 7, 최솟값이 3일 때, 상수 a, b에 대하여 ab의 값을 구하시오. (단, $a > 0$)

0724 중

함수 $y = a|\sin bx| + c$가 다음 조건을 만족시킬 때, 상수 a, b, c에 대하여 $ab - c$의 값을 구하시오. (단, $a > 0$, $b > 0$)

   ㈎ 최댓값과 최솟값의 차가 6이다.
   ㈏ 함수 $y = \cos 3x$의 주기와 같다.
   ㈐ 그래프가 y축과 만나는 점의 y좌표는 1이다.

 빈출

◈◈ 개념루트 대수 234쪽

유형 14 삼각함수를 포함한 식의 최대, 최소
— 이차식 꼴

이차식 꼴로 주어진 삼각함수를 포함한 함수의 최대, 최소는 다음과 같은 순서로 구한다.
(1) $\sin^2 x + \cos^2 x = 1$임을 이용하여 한 종류의 삼각함수로 통일한다.
(2) 삼각함수를 t로 치환하여 t에 대한 이차함수로 나타낸다.
(3) t의 값의 범위를 구한다.
(4) (2)의 그래프를 이용하여 최댓값과 최솟값을 구한다. 이때 t의 값의 범위에 유의한다.

0725 대표 문제

함수 $y = \cos^2 x - 4\sin(\pi + x) + 2$의 최댓값을 M, 최솟값을 m이라 할 때, $M + m$의 값은?

① 2   ② 4   ③ 6
④ 8   ⑤ 10

0726 중   서술형

함수 $y = -2\sin^2 x - 2\cos x + k$의 최댓값과 최솟값의 합이 $\dfrac{3}{2}$일 때, 상수 k의 값을 구하시오.

0727 중

함수 $y = a\sin^2 x + 2a\cos x + 1$의 최댓값이 3, 최솟값이 b일 때, 상수 a, b에 대하여 $a - b$의 값은? (단, $a > 0$)

① -4   ② -2   ③ 1
④ 2   ⑤ 4

0728 ㉷

함수 $y=\sin^2\left(\dfrac{3}{2}\pi+x\right)+\cos^2(\pi+x)-2\sin\left(\dfrac{\pi}{2}-x\right)$의

치역이 $\{y\,|\,a\le y\le b\}$일 때, ab의 값은?

① -6　　　② -5　　　③ -4

④ -3　　　⑤ -2

0729 ㉹

두 함수

$$f(x)=-\cos^2 x-2\sin x+1,\ g(x)=-x^2+4x+2$$

에 대하여 합성함수 $(g\circ f)(x)$의 최댓값을 M, 최솟값을 m이라 할 때, $M+m$의 값을 구하시오.

◆◈ 개념루트 대수 234쪽

유형 15 삼각함수를 포함한 식의 최대, 최소
　　　　　 – 분수식 꼴

분수식 꼴로 주어진 삼각함수를 포함한 함수의 최대, 최소는 다음과 같은 순서로 구한다.

(1) 삼각함수를 t로 치환하여 t에 대한 유리함수로 나타낸다.

(2) t의 값의 범위를 구한다.

(3) (1)의 그래프를 이용하여 최댓값과 최솟값을 구한다. 이때 t의 값의 범위에 유의한다.

0730 대표 문제

함수 $y=\dfrac{\sin x+2}{\sin x-2}$의 최댓값을 M, 최솟값을 m이라 할 때, Mm의 값은?

① 1　　　② $\dfrac{4}{3}$　　　③ $\dfrac{5}{3}$

④ 2　　　⑤ $\dfrac{7}{3}$

0731 ㉷

$0\le x\le\dfrac{\pi}{4}$일 때, 함수 $y=\dfrac{3\tan x+1}{\tan x+1}$은 $x=a$에서 최댓값 M, $x=b$에서 최솟값 m을 갖는다. 이때 $(a+b)\times Mm$의 값을 구하시오.

0732 ㉷ 　　　　　　　　　　　　　　　서술형 ◦

함수 $y=\dfrac{\cos\left(\dfrac{\pi}{2}-x\right)}{\sin x+3}$의 최댓값과 최솟값의 합을 구하시오.

0733 ㉷

함수 $y=\dfrac{a\cos x}{\cos x-2}$의 최댓값이 1, 최솟값이 b일 때, 상수 a, b에 대하여 $a-b$의 값은? (단, $a>0$)

① 3　　　② 4　　　③ 5

④ 6　　　⑤ 7

0734 ㉹

함수 $y=\dfrac{2|\cos x|+3}{|\cos x|+1}$의 치역이 $\{y\,|\,a\le y\le b\}$일 때, ab의 값은?

① $\dfrac{11}{2}$　　　② 6　　　③ $\dfrac{13}{2}$

④ 7　　　⑤ $\dfrac{15}{2}$

유형 16 삼각함수가 포함된 방정식 – 일차식 꼴

◆◆ 개념루트 대수 242쪽

(1) $\sin x = k$(또는 $\cos x = k$ 또는 $\tan x = k$) 꼴
  ➡ 함수 $y = \sin x$(또는 $y = \cos x$ 또는 $y = \tan x$)의 그래프와 직선 $y = k$의 교점의 x좌표를 구한다.
(2) $\sin(ax + b) = k$ 꼴
  ➡ $ax + b = t$로 치환하고 t의 값의 범위를 구한 후 방정식을 푼다.

0735 대표 문제

$0 \leq x < \pi$일 때, 방정식 $2\sin\left(2x + \dfrac{\pi}{3}\right) - \sqrt{3} = 0$을 푸시오.

0736 중

$0 \leq x < 4\pi$일 때, 다음 중 방정식
$\cos\left(\dfrac{\pi}{2} - x\right) - \sin(\pi + x) = \sqrt{2}$의 해가 <u>아닌</u> 것은?

① $x = \dfrac{\pi}{4}$ ② $x = \dfrac{3}{4}\pi$ ③ $x = \dfrac{7}{4}\pi$

④ $x = \dfrac{9}{4}\pi$ ⑤ $x = \dfrac{11}{4}\pi$

0737 중

서술형

$0 \leq x < 2\pi$일 때, 다음 연립방정식을 푸시오.

$$\begin{cases} \tan x = -\sqrt{3} \\ 2\sin\left(x + \dfrac{\pi}{6}\right) = 1 \end{cases}$$

0738 중

$0 \leq x \leq 2\pi$일 때, 방정식 $\sin x + \cos x = 0$을 만족시키는 모든 x의 값의 합을 구하시오.

0739 중

$0 \leq x < \dfrac{3}{2}\pi$에서 방정식 $|\cos x| = \dfrac{\sqrt{3}}{2}$의 근을 작은 것부터 차례로 x_1, x_2, x_3이라 할 때, $x_1 - x_2 + x_3$의 값을 구하시오.

0740 중

$-\dfrac{\pi}{4} < x < \dfrac{\pi}{4}$에서 방정식 $\sin 2x = \sqrt{3}\cos 2x$의 근을 α라 할 때, $\sin(\pi + \alpha)$의 값은?

① -1 ② $-\dfrac{\sqrt{3}}{2}$ ③ $-\dfrac{\sqrt{2}}{2}$

④ $-\dfrac{1}{2}$ ⑤ 0

0741 상

$0 \leq x < 2\pi$일 때, 다음 중 방정식 $\cos(\pi \sin x) = 0$의 해가 <u>아닌</u> 것은?

① $x = \dfrac{\pi}{6}$ ② $x = \dfrac{5}{6}\pi$ ③ $x = \dfrac{7}{6}\pi$

④ $x = \dfrac{3}{2}\pi$ ⑤ $x = \dfrac{11}{6}\pi$

유형 17 삼각함수가 포함된 방정식 - 이차식 꼴

◆◆ 개념루트 대수 244쪽

이차식 꼴로 주어진 삼각함수가 포함된 방정식은 다음과 같은 순서로 푼다.
(1) $\sin^2 x + \cos^2 x = 1$임을 이용하여 한 종류의 삼각함수에 대한 방정식으로 나타낸다.
(2) 삼각함수에 대한 이차방정식을 푼다.
(3) 일차식 꼴의 삼각함수가 포함된 방정식에서 x의 값을 구한다.

0742 대표 문제

$0 \leq x < 2\pi$일 때, 방정식 $2\cos^2 x - 5\sin x + 1 = 0$을 푸시오.

0743 중

$-\dfrac{\pi}{2} < x < \dfrac{\pi}{2}$에서 방정식 $3\tan^2 x - 4\sqrt{3}\tan x + 3 = 0$의 두 근을 α, β라 할 때, $\cos(\beta - \alpha)$의 값은? (단, $\alpha < \beta$)

① $-\dfrac{\sqrt{3}}{2}$ ② $-\dfrac{\sqrt{2}}{2}$ ③ $-\dfrac{1}{2}$

④ $\dfrac{1}{2}$ ⑤ $\dfrac{\sqrt{3}}{2}$

0744 중

$0 \leq x < 2\pi$일 때, 방정식 $2\sin^2 x = 3\sin\left(\dfrac{\pi}{2} + x\right)$의 모든 해의 합을 구하시오.

0745 중

$0 < \theta < \dfrac{\pi}{2}$일 때, 방정식 $\sqrt{3}\sin\theta = \sqrt{2}\cos\theta$를 만족시키는 θ의 값을 구하시오.

서술형

0746 상

직각삼각형이 아닌 삼각형 ABC에서
$$2\cos^2 A - \sin A \cos A + \sin^2 A - 1 = 0$$
이 성립할 때, $\tan(B + C)$의 값은?

① $-\sqrt{3}$ ② -1 ③ $-\dfrac{\sqrt{3}}{3}$

④ $\dfrac{\sqrt{3}}{3}$ ⑤ 1

0747 상

$\pi < \theta < \dfrac{3}{2}\pi$에서 방정식 $5\sin^2\theta - \sin\theta\cos\theta - 2 = 0$을 만족시키는 θ에 대하여 $\sin\theta + \cos\theta$의 값을 구하시오.

유형 18 삼각함수가 포함된 방정식의 실근의 개수

삼각함수가 포함된 방정식 $f(x) = k$의 서로 다른 실근의 개수는 함수 $y = f(x)$의 그래프와 직선 $y = k$의 교점의 개수와 같다.

0748 대표 문제

방정식 $\cos \pi x = \dfrac{2}{5}x$의 서로 다른 실근의 개수는?

① 5   ② 6   ③ 7

④ 8   ⑤ 9

0749 ⑧

방정식 $\sin|x|=\dfrac{1}{8}x$의 서로 다른 실근의 개수를 구하시오.

0750 ⑧

두 함수 $f(x)=\sin x$, $g(x)=2\cos 2x$에 대하여 방정식 $f(x)-g(x)=0$의 서로 다른 실근의 개수는?

(단, $0<x\leq 2\pi$)

① 3   ② 4   ③ 5

④ 6   ⑤ 7

0751 ⑧ | 학평 기출 |

자연수 k에 대하여 $0\leq x<2\pi$일 때, x에 대한 방정식 $\sin kx=\dfrac{1}{3}$의 서로 다른 실근의 개수가 8이다. $0\leq x<2\pi$

일 때, x에 대한 방정식 $\sin kx=\dfrac{1}{3}$의 모든 해의 합은?

① 5π ② 6π ③ 7π

④ 8π ⑤ 9π

유형 19 **삼각함수가 포함된 방정식의 실근의 조건**

삼각함수가 포함된 방정식 $f(x)=k$가 실근을 가지려면 함수 $y=f(x)$의 그래프와 직선 $y=k$의 교점이 존재해야 한다.

0752 대표 문제

방정식 $4\sin^2 x+4\cos x-2+k=0$이 실근을 갖도록 하는 실수 k의 최댓값은?

① 3   ② 4   ③ 5

④ 6   ⑤ 7

0753 ⑧

$-\dfrac{\pi}{4}\leq x\leq\dfrac{\pi}{4}$에서 방정식 $a\tan x=2a+1$이 실근을 갖도록 하는 실수 a의 값의 범위가 $\alpha\leq a\leq\beta$일 때, $\alpha+\beta$의 값을 구하시오.

0754 ⑧

$0\leq x<\pi$일 때, 방정식 $\left|\sin 2x+\dfrac{1}{2}\right|=k$가 서로 다른 3개의 실근을 갖도록 하는 실수 k의 값은?

① 0   ② $\dfrac{1}{6}$ ③ $\dfrac{1}{2}$

④ $\dfrac{5}{6}$ ⑤ $\dfrac{3}{2}$

유형 20 삼각함수가 포함된 부등식 – 일차식 꼴

(1) $\sin x > k$(또는 $\cos x > k$ 또는 $\tan x > k$) 꼴
➡ 함수 $y = \sin x$(또는 $y = \cos x$ 또는 $y = \tan x$)의 그래프가 직선 $y = k$보다 위쪽에 있는 x의 값의 범위를 구한다.

(2) $\sin x < k$(또는 $\cos x < k$ 또는 $\tan x < k$) 꼴
➡ 함수 $y = \sin x$(또는 $y = \cos x$ 또는 $y = \tan x$)의 그래프가 직선 $y = k$보다 아래쪽에 있는 x의 값의 범위를 구한다.

0755 대표 문제

$0 \le x < 2\pi$에서 부등식 $\sin\left(x + \dfrac{\pi}{4}\right) < \dfrac{\sqrt{2}}{2}$의 해가 $\alpha < x < \beta$일 때, $\alpha + \beta$의 값은?

① $\dfrac{\pi}{2}$　　　　② π　　　　③ $\dfrac{3}{2}\pi$

④ 2π　　　　⑤ $\dfrac{5}{2}\pi$

0756 하

$0 \le x < 2\pi$일 때, 부등식 $\cos x \ge \sin x$를 푸시오.

0757 중

$\dfrac{\pi}{2} < x < \dfrac{3}{2}\pi$일 때, 부등식 $3\tan x - \sqrt{3} \ge 0$을 만족시키는 x의 최솟값은?

① $\dfrac{2}{3}\pi$　　　　② $\dfrac{5}{6}\pi$　　　　③ π

④ $\dfrac{7}{6}\pi$　　　　⑤ $\dfrac{4}{3}\pi$

0758 중

$\alpha + \beta = \dfrac{\pi}{2}$일 때, 부등식 $1 < \sin\alpha + \cos\beta \le \sqrt{3}$을 만족시키는 α의 값의 범위를 구하시오. (단, $0 \le \alpha < \pi$)

0759 중

어떤 테니스 선수가 라켓으로 테니스공을 쳤을 때, 테니스공의 처음 속력을 v m/s, 테니스공이 라켓에 맞는 순간 지면과 이루는 각의 크기를 θ, 테니스공이 날아간 거리를 $f(\theta)$ m라 하면 $f(\theta) = \dfrac{v^2 \sin 2\theta}{10}$가 성립한다고 한다. 테니스공의 처음 속력이 20 m/s일 때, 테니스공이 날아간 거리가 20 m 이상이 되게 하는 θ의 값의 범위를 구하시오.

$\left($단, $0 \le \theta \le \dfrac{\pi}{2}$이고, 공기의 저항은 고려하지 않는다.$\right)$

유형 21 삼각함수가 포함된 부등식 – 이차식 꼴

이차식 꼴로 주어진 삼각함수가 포함된 부등식은 다음과 같은 순서로 푼다.
(1) $\sin^2 x + \cos^2 x = 1$임을 이용하여 한 종류의 삼각함수에 대한 부등식으로 나타낸다.
(2) 삼각함수에 대한 이차부등식을 푼다.
(3) 일차식 꼴의 삼각함수가 포함된 부등식에서 x의 값의 범위를 구한다.

0760 대표 문제

$-\pi < x < \pi$에서 부등식 $2\cos^2 x - 3 \ge 3\sin x$의 해가 $\alpha \le x \le \beta$일 때, $\cos(\beta - \alpha)$의 값을 구하시오.

0761 ⑧

$-\dfrac{\pi}{2}<x<\dfrac{\pi}{2}$일 때, 부등식

$\tan^2 x-(1+\sqrt{3})\tan x<-\sqrt{3}$을 푸시오.

0762 ⑭

모든 실수 θ에 대하여 부등식 $\sin^2\theta+2\cos\theta-a<0$이 성립하도록 하는 실수 a의 값의 범위는?

① $a<-2$ ② $a<-1$ ③ $-2<a<0$
④ $-1<a<2$ ⑤ $a>2$

 유형 22 **삼각함수가 포함된 부등식의 활용**

◆◆ 개념루트 대수 250쪽

이차방정식 또는 이차부등식에서 계수가 삼각함수로 주어지고 근에 대한 조건이 있는 경우에는 이차방정식의 판별식을 이용하여 삼각함수를 포함한 부등식을 세운다.

참고 이차방정식 $ax^2+bx+c=0$의 판별식을 $D=b^2-4ac$라 할 때

(1) ① $D>0$ ➡ 서로 다른 두 실근
② $D=0$ ➡ 중근(서로 같은 두 실근)
③ $D<0$ ➡ 서로 다른 두 허근

(2) 모든 실수 x에 대하여 부등식 $ax^2+bx+c>0$이 성립하면
➡ $a>0$, $D<0$

0763 대표 문제

모든 실수 x에 대하여 부등식 $x^2-2x+2\cos\theta>0$이 성립하도록 하는 θ의 값의 범위는? (단, $0\le\theta<\pi$)

① $0\le\theta<\dfrac{\pi}{3}$ ② $0\le\theta<\dfrac{\pi}{2}$ ③ $0\le\theta<\dfrac{2}{3}\pi$

④ $\dfrac{\pi}{2}\le\theta<\dfrac{2}{3}\pi$ ⑤ $\dfrac{\pi}{2}\le\theta<\pi$

0764 ⑧

서술형

x에 대한 이차방정식

$x^2-2(2\cos\theta-1)x+8\cos\theta-4=0$

이 실근을 갖지 않도록 하는 θ의 값의 범위를 구하시오.

(단, $0\le\theta<2\pi$)

0765 ⑧

이차함수 $y=x^2-2\sqrt{3}x\tan\theta+1$의 그래프가 x축과 만나지 않도록 하는 θ의 값의 범위가 $\alpha<\theta<\beta$일 때, $\beta-\alpha$의 값을 구하시오. $\left($단, $-\dfrac{\pi}{2}<\theta<\dfrac{\pi}{2}\right)$

0766 ⑭

| 모평 기출 |

$0\le\theta<2\pi$일 때, x에 대한 이차방정식

$x^2-(2\sin\theta)x-3\cos^2\theta-5\sin\theta+5=0$

이 실근을 갖도록 하는 θ의 최솟값과 최댓값을 각각 α, β라 하자. $4\beta-2\alpha$의 값은?

① 3π ② 4π ③ 5π
④ 6π ⑤ 7π

AB 유형 점검

0767 유형 01

함수 $f(x)$가 모든 실수 x에 대하여 $f(x+1)=f(x-2)$를 만족시키고 $f(1)=5$, $f(2)=3$일 때, $2f(20)+5f(10)$의 값은?

① 27　　　　② 28　　　　③ 29
④ 30　　　　⑤ 31

0768 유형 03

다음 중 함수 $y=3\sin\left(4x-\dfrac{\pi}{3}\right)-2$에 대한 설명으로 옳지 <u>않은</u> 것은?

① 정의역은 실수 전체의 집합이다.

② 주기가 $\dfrac{\pi}{2}$인 주기함수이다.

③ 최댓값은 1, 최솟값은 -5이다.

④ 그래프는 함수 $y=3\cos 4x$의 그래프를 평행이동하면 겹쳐질 수 있다.

⑤ 그래프는 점 $\left(\dfrac{3}{8}\pi,\ -\dfrac{1}{2}\right)$을 지난다.

0769 유형 05

보기에서 함수 $y=\tan(3x-\pi)$에 대한 설명으로 옳은 것만을 있는 대로 고른 것은?

┌ 보기 ┐
ㄱ. 주기는 $\dfrac{2}{3}\pi$이다.
ㄴ. 최댓값과 최솟값은 없다.
ㄷ. 정의역은 실수 전체의 집합이다.
ㄹ. 그래프는 원점을 지난다.
└─────┘

① ㄱ, ㄷ　　　② ㄴ, ㄹ　　　③ ㄱ, ㄴ, ㄷ
④ ㄱ, ㄴ, ㄹ　　　⑤ ㄴ, ㄷ, ㄹ

0770 유형 03 + 04 + 05

다음 조건을 만족시키는 함수 $f(x)$는?

┌─────────────────────────────┐
(가) 모든 실수 x에 대하여 $f(x+2\pi)=f(x)$이다.
(나) 모든 실수 x에 대하여 $f(-x)=-f(x)$이다.
(다) 함수 $f(x)$의 최댓값과 최솟값의 차는 10이다.
└─────────────────────────────┘

① $f(x)=5\sin\dfrac{x}{2}$　　　② $f(x)=5\cos\dfrac{x}{2}$

③ $f(x)=5\tan\dfrac{x}{2}$　　　④ $f(x)=5\sin x$

⑤ $f(x)=5\cos x$

0771 유형 07

함수 $y=a\cos(bx-c)+d$의 그래프가 오른쪽 그림과 같을 때, 상수 a, b, c, d에 대하여 $abcd$의 값을 구하시오.
(단, $a>0$, $b>0$, $0<c<2\pi$)

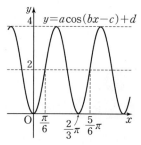

0772 유형 08

보기의 함수에서 모든 실수 x에 대하여 $f(-x)=f(x)$를 만족시키는 것만을 있는 대로 고르시오.

┌ 보기 ┐
ㄱ. $f(x)=|\sin x|$　　　ㄴ. $f(x)=\cos\left(2x-\dfrac{\pi}{2}\right)$
ㄷ. $f(x)=\cos|x|$　　　ㄹ. $f(x)=\left|\tan\dfrac{x}{2}\right|$
└─────┘

0773 유형 08 | 학평 기출 |

$0 \leq x < 2\pi$일 때, 곡선 $y = |4\sin 3x + 2|$와 직선 $y = 2$가 만나는 서로 다른 점의 개수는?

① 3   ② 6   ③ 9
④ 12   ⑤ 15

0774 유형 11 + 12

보기에서 옳은 것만을 있는 대로 고른 것은?

┌ 보기 ┐
ㄱ. $\sin 330° + \tan \dfrac{9}{4}\pi + \cos\left(\dfrac{5}{2}\pi - \dfrac{\pi}{6}\right) = 1$

ㄴ. $2^{\sin^2 10°} \times 2^{\sin^2 20°} \times 2^{\sin^2 30°} \times \cdots \times 2^{\sin^2 80°} = 8$

ㄷ. $(\sin 20° + \cos 20°)^2 + (\sin 70° - \cos 70°)^2 = 1$

ㄹ. $\sin^2\theta + \sin^2\left(\dfrac{\pi}{2} + \theta\right) + \cos^2\left(\dfrac{3}{2}\pi + \theta\right) + \cos^2(\pi - \theta) = 2$

① ㄱ, ㄴ   ② ㄱ, ㄹ   ③ ㄴ, ㄷ
④ ㄴ, ㄹ   ⑤ ㄷ, ㄹ

0775 유형 12

오른쪽 그림과 같이 반지름의 길이가 1인 사분원의 호 AB를 6등분 하는 점을 각각 P_1, P_2, P_3, P_4, P_5라 하자. 점 P_1, P_2, P_3, P_4, P_5에서 반지름 OA에 내린 수선의 발을 각각 Q_1, Q_2, Q_3, Q_4, Q_5라 할 때,

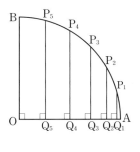

$$\overline{P_1Q_1}^2 + \overline{P_2Q_2}^2 + \overline{P_3Q_3}^2 + \overline{P_4Q_4}^2 + \overline{P_5Q_5}^2$$

의 값을 구하시오.

0776 유형 14

$0 \leq x < \dfrac{\pi}{2}$일 때, 함수 $y = \dfrac{1}{\tan^2\left(\dfrac{3}{2}\pi + x\right)} + 2\tan x + 6$은

$x = a$에서 최솟값 m을 갖는다. 이때 $a + m$의 값은?

① 4   ② 6   ③ 8
④ 10   ⑤ 12

0777 유형 15

함수 $y = \dfrac{2\cos x}{\cos x + 3}$의 최댓값과 최솟값의 합을 구하시오.

0778 유형 16

x에 대한 이차함수 $y = x^2 - 4x\cos\theta - 4\sin^2\theta$의 그래프의 꼭짓점이 직선 $y = 4x$ 위에 있도록 하는 모든 θ의 값의 합을 구하시오. (단, $0 \leq \theta < 2\pi$)

0779 유형 09 + 16

오른쪽 그림과 같이 한 변이 x축 위에 있고 두 꼭짓점이 함수 $y = \cos \dfrac{\pi}{4}x$의 그래프 위에 있는 직사각형 ABCD가 있다.

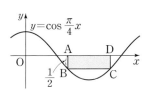

$\overline{AB} = \dfrac{1}{2}$일 때, 직사각형 ABCD의 넓이를 구하시오.

0780 유형 17 + 20

$0 < x < \pi$일 때, 방정식

$\log \cos x + \log \sin \left(\dfrac{\pi}{2} - x \right) = \log \dfrac{1}{2}$ 을 푸시오.

0781 유형 20

삼각형 ABC에서 $\sin A + \sin (B+C) \geq 1$이 성립할 때, $\cos A$의 최댓값은?

① 0 ② $\dfrac{1}{2}$ ③ $\dfrac{\sqrt{2}}{2}$

④ $\dfrac{\sqrt{3}}{2}$ ⑤ 1

0782 유형 22

x에 대한 이차방정식 $x^2 - 4x \sin \theta + 6 \cos \theta = 0$의 두 근이 모두 양수가 되도록 하는 θ의 값의 범위를 구하시오.

(단, $0 \leq \theta < 2\pi$)

서술형

0783 유형 04

함수 $y = \cos \dfrac{\pi}{4} x + 4$의 그래프를 x축의 방향으로 $\dfrac{1}{2}$만큼 평행이동한 그래프가 점 $\left(\dfrac{11}{6}, a \right)$를 지날 때, a의 값을 구하시오.

0784 유형 06

함수 $f(x) = a \sin bx + c$의 최댓값은 2, 주기는 $\dfrac{\pi}{2}$이고, $f \left(\dfrac{\pi}{24} \right) = 0$일 때, 상수 a, b, c에 대하여 abc의 값을 구하시오. (단, $a > 0$, $b > 0$)

0785 유형 19

방정식 $4 \cos^2 x + 4 \sin (x + 4\pi) + k = 0$이 실근을 갖도록 하는 실수 k의 최댓값을 M, 최솟값을 m이라 할 때, $M - m$의 값을 구하시오.

0786 유형 21

$0 \leq x < 2\pi$에서 부등식

$$2 \cos^2 \left(x - \dfrac{\pi}{3} \right) - \cos \left(x + \dfrac{\pi}{6} \right) - 1 \geq 0$$

의 해가 $\alpha \leq x \leq \beta$일 때, $\dfrac{\beta}{\alpha}$의 값을 구하시오.

C 실력 향상

0787

$0<\alpha<\pi$, $0<\beta<\pi$인 서로 다른 두 실수 α, β에 대하여 $\sin\alpha=\sin\beta$가 성립할 때,

$$\cos\alpha+\cos\beta+\tan 2\alpha+\tan 2\beta$$

의 값은?

① -2 ② -1 ③ 0

④ 1 ⑤ 2

0788

| 학평 기출 |

$0\le x\le 2\pi$일 때, 방정식 $2\sin^2 x-3\cos x=k$의 서로 다른 실근의 개수가 3이다. 이 세 실근 중 가장 큰 실근을 α라 할 때, $k\times\alpha$의 값은? (단, k는 상수이다.)

① $\dfrac{7}{2}\pi$ ② 4π ③ $\dfrac{9}{2}\pi$

④ 5π ⑤ $\dfrac{11}{2}\pi$

0789

| 모평 기출 |

$0\le x\le 2\pi$일 때, 부등식

$$\cos x\le\sin\frac{\pi}{7}$$

를 만족시키는 모든 x의 값의 범위는 $\alpha\le x\le\beta$이다. $\beta-\alpha$의 값은?

① $\dfrac{8}{7}\pi$ ② $\dfrac{17}{14}\pi$ ③ $\dfrac{9}{7}\pi$

④ $\dfrac{19}{14}\pi$ ⑤ $\dfrac{10}{7}\pi$

0790

x에 대한 이차방정식 $2x^2+3x\cos\theta-2\sin^2\theta+1=0$의 두 근 사이에 1이 존재하도록 하는 θ의 값의 범위를 구하시오. (단, $0\le\theta<2\pi$)

◑ 기출 BOOK 32쪽

07-1 사인법칙   유형 01~05, 08

개념+

(1) 사인법칙

삼각형 ABC의 외접원의 반지름의 길이를 R라 하면

$$\frac{a}{\sin A}=\frac{b}{\sin B}=\frac{c}{\sin C}=2R$$

가 성립하고, 이를 **사인법칙**이라 한다.

삼각형 ABC에서 ∠A, ∠B, ∠C의 크기를 각각 A, B, C로 나타내고, 이들의 대변의 길이를 각각 a, b, c로 나타낸다.

(2) 사인법칙의 변형

삼각형 ABC의 외접원의 반지름의 길이를 R라 하면

① $\sin A=\dfrac{a}{2R}$, $\sin B=\dfrac{b}{2R}$, $\sin C=\dfrac{c}{2R}$

② $a=2R\sin A$, $b=2R\sin B$, $c=2R\sin C$

③ $a:b:c=\sin A:\sin B:\sin C$

사인법칙을 이용하는 경우
(1) 삼각형의 한 변의 길이와 두 각의 크기를 알 때
(2) 삼각형의 두 변의 길이와 그 끼인 각이 아닌 한 각의 크기를 알 때

$a:b:c\ne A:B:C$

07-2 코사인법칙   유형 06~10

(1) 코사인법칙

삼각형 ABC에서

$$a^2=b^2+c^2-2bc\cos A,\ b^2=c^2+a^2-2ca\cos B,\ c^2=a^2+b^2-2ab\cos C$$

가 성립하고, 이를 **코사인법칙**이라 한다.

코사인법칙을 이용하는 경우
➡ 삼각형의 두 변의 길이와 그 끼인각의 크기를 알 때

(2) 코사인법칙의 변형

삼각형 ABC에서

$$\cos A=\frac{b^2+c^2-a^2}{2bc},\ \cos B=\frac{c^2+a^2-b^2}{2ca},\ \cos C=\frac{a^2+b^2-c^2}{2ab}$$

코사인법칙의 변형을 이용하는 경우
➡ 삼각형의 세 변의 길이를 알 때

07-3 삼각형의 넓이   유형 11~13

(1) 삼각형 ABC의 넓이를 S라 하면

$$S=\frac{1}{2}bc\sin A=\frac{1}{2}ca\sin B=\frac{1}{2}ab\sin C$$

(2) 삼각형 ABC의 넓이를 S, 외접원의 반지름의 길이를 R라 하면

$$S=\frac{abc}{4R}=2R^2\sin A\sin B\sin C$$

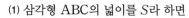

삼각형 ABC의 넓이를 S, 내접원의 반지름의 길이를 r라 하면
$$S=\frac{1}{2}r(a+b+c)$$

세 변의 길이가 주어진 삼각형 ABC의 넓이를 S라 하면
$$S=\sqrt{s(s-a)(s-b)(s-c)}$$
$$\left(단,\ s=\frac{a+b+c}{2}\right)$$
이고, 이를 헤론의 공식이라 한다.

07-4 사각형의 넓이   유형 14, 15

(1) 이웃하는 두 변의 길이가 a, b이고 그 끼인각의 크기가 θ인 평행사변형 ABCD의 넓이를 S라 하면

$$S=ab\sin\theta$$

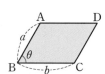

(2) 두 대각선의 길이가 p, q이고 두 대각선이 이루는 각의 크기가 θ인 사각형 ABCD의 넓이를 S라 하면

$$S=\frac{1}{2}pq\sin\theta$$

07-1 사인법칙

[0791~0794] 삼각형 ABC에서 다음을 구하시오.

0791 $a=2\sqrt{3}$, $A=45°$, $B=60°$일 때, b의 값

0792 $b=4\sqrt{3}$, $A=45°$, $B=30°$일 때, a의 값

0793 $a=1$, $b=2$, $A=30°$일 때, B

0794 $b=\sqrt{6}$, $c=2$, $C=45°$일 때, B

[0795~0796] 다음 조건을 만족시키는 삼각형 ABC의 외접원의 반지름의 길이를 구하시오.

0795 $b=6$, $B=30°$

0796 $c=8$, $A=75°$, $B=60°$

07-2 코사인법칙

[0797~0800] 삼각형 ABC에서 다음을 구하시오.

0797 $a=6$, $c=8$, $B=60°$일 때, b의 값

0798 $a=3\sqrt{2}$, $b=6$, $C=135°$일 때, c의 값

0799 $a=7$, $b=5$, $c=8$일 때, A

0800 $a=3$, $b=5$, $c=7$일 때, C

07-3 삼각형의 넓이

[0801~0802] 다음 삼각형 ABC의 넓이를 구하시오.

0801 $a=4$, $b=6$, $C=60°$

0802 $a=9$, $c=8$, $B=150°$

0803 삼각형 ABC에서 $a=10$, $b=9$, $c=5$일 때, 다음을 구하시오.

(1) $\cos A$의 값

(2) $\sin A$의 값

(3) 삼각형 ABC의 넓이

07-4 사각형의 넓이

[0804~0807] 다음 평행사변형 ABCD의 넓이를 구하시오.

0804 $\overline{AB}=4$, $\overline{BC}=6$, $B=45°$

0805 $\overline{AB}=3$, $\overline{BC}=4\sqrt{3}$, $B=120°$

0806 $\overline{AB}=3\sqrt{3}$, $\overline{BC}=8$, $D=60°$

0807 $\overline{AB}=6$, $\overline{BC}=9$, $D=150°$

0808 사각형 ABCD에서 두 대각선의 길이가 5, 6이고, 두 대각선이 이루는 각의 크기가 150°일 때, 사각형 ABCD의 넓이를 구하시오.

B 유형 완성

◈◆ 개념루트 대수 258쪽

빈출

유형 01 사인법칙

삼각형 ABC에서
$$\frac{a}{\sin A}=\frac{b}{\sin B}=\frac{c}{\sin C}$$

0809 [대표 문제]

삼각형 ABC에서 $a=4$, $c=3$, $A=60°$일 때, $\cos^2 C$의 값을 구하시오.

0810 (하)

삼각형 ABC에서 $a=6\sqrt{2}$, $b=3\sqrt{2}$, $B=30°$일 때, C는?

① 30°   ② 45°   ③ 60°

④ 90°   ⑤ 120°

0811 (중)

삼각형 ABC에서 $a=2\sqrt{3}$, $c=2$, $A=120°$일 때, $\cos B$의 값은?

① $\dfrac{1}{4}$ ② $\dfrac{1}{2}$ ③ $\dfrac{\sqrt{2}}{2}$

④ $\dfrac{3}{4}$ ⑤ $\dfrac{\sqrt{3}}{2}$

0812 (중)

오른쪽 그림과 같이 원 위의 네 점 A, B, C, D에 대하여 $\overline{BC}=4\sqrt{6}$이고 $\angle ACB=45°$, $\angle BDC=60°$일 때, $\overline{AB}$의 길이는?

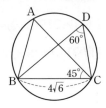

① 7   ② $3\sqrt{6}$

③ 8   ④ $6\sqrt{2}$

⑤ 9

0813 (중)

오른쪽 그림과 같이 $\overline{AB}=2$, $\overline{AC}=\sqrt{2}$, $B=30°$, $C=45°$인 삼각형 ABC를 이용하여 $\sin 105°$의 값을 구하시오.

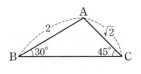

0814 (상)

오른쪽 그림과 같이 $\overline{AB}=4$, $\overline{AC}=6$인 삼각형 ABC에서 변 BC의 중점을 D라 하고, $\angle BAD=\alpha$, $\angle CAD=\beta$라 할 때, $\dfrac{\sin \alpha}{\sin \beta}$의 값을 구하시오.

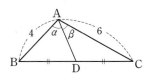

◈◆ 개념루트 대수 258쪽

유형 02 사인법칙과 삼각형의 외접원

삼각형 ABC의 외접원의 반지름의 길이를 R라 하면

$$\frac{a}{\sin A} = \frac{b}{\sin B} = \frac{c}{\sin C} = 2R$$

0815 대표 문제

삼각형 ABC에서 $b=6$, $A=45°$, $C=75°$이고, 외접원의 반지름의 길이를 R라 할 때, aR의 값을 구하시오.

0816 하

오른쪽 그림과 같이 삼각형 ABC의 외접원의 반지름의 길이가 6이고, $\overline{AC}=4$일 때, $\sin B$의 값을 구하시오.

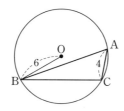

0817 중

삼각형 ABC에서 $a=4$이고 $\cos A = \frac{\sqrt{5}}{3}$일 때, 삼각형 ABC의 외접원의 넓이는?

① $\frac{21}{4}\pi$ ② 6π ③ $\frac{20}{3}\pi$

④ 9π ⑤ $\frac{49}{5}\pi$

0818 중

반지름의 길이가 $2\sqrt{5}$인 원에 내접하는 삼각형 ABC에서 $5\sin A \sin(B+C) = 4$가 성립할 때, $\overline{BC}$의 길이는?

① 5   ② 6   ③ 7
④ 8   ⑤ 9

◈◆ 개념루트 대수 260쪽

유형 03 사인법칙의 변형

삼각형 ABC의 외접원의 반지름의 길이를 R라 하면

(1) $\sin A = \frac{a}{2R}$, $\sin B = \frac{b}{2R}$, $\sin C = \frac{c}{2R}$

(2) $a = 2R\sin A$, $b = 2R\sin B$, $c = 2R\sin C$

(3) $a : b : c = \sin A : \sin B : \sin C$

0819 대표 문제

삼각형 ABC에서

$$(b+c) : (c+a) : (a+b) = 5 : 6 : 7$$

일 때, $\dfrac{\sin A + \sin B}{\sin C}$의 값을 구하시오.

0820 중

삼각형 ABC에서 $A : B : C = 2 : 3 : 1$일 때, $a : b : c$는?

① $1 : 2 : \sqrt{3}$ ② $1 : \sqrt{3} : 2$ ③ $2 : 1 : \sqrt{3}$
④ $2 : \sqrt{3} : 1$ ⑤ $\sqrt{3} : 2 : 1$

0821 중

삼각형 ABC에서 $\dfrac{a+b}{6} = \dfrac{b+c}{7} = \dfrac{c+a}{9}$일 때, $\sin A : \sin B : \sin C$를 구하시오.

0822 중

반지름의 길이가 8인 원에 내접하는 삼각형 ABC에서 $a+b+c=28$일 때, $\sin A + \sin B + \sin C$의 값을 구하시오.

◆◆ 개념루트 대수 262쪽

유형 04 사인법칙을 이용한 삼각형의 결정

삼각형 ABC에서 $\sin A$, $\sin B$, $\sin C$에 대한 관계식이 주어지면

$$\sin A = \frac{a}{2R}, \ \sin B = \frac{b}{2R}, \ \sin C = \frac{c}{2R}$$

(단, R는 삼각형 ABC의 외접원의 반지름의 길이)

임을 이용하여 a, b, c에 대한 관계식으로 변형한다.

0823 대표 문제

삼각형 ABC에서 $a \sin^2 A = b \sin^2 B = c \sin^2 C$가 성립할 때, 삼각형 ABC는 어떤 삼각형인가?

① 정삼각형
② $a=c$인 이등변삼각형
③ $b=c$인 이등변삼각형
④ $A=90°$인 직각삼각형
⑤ $C=90°$인 직각삼각형

0824 중

삼각형 ABC에서 $a \sin A + b \sin B - c \sin (A+B) = 0$이 성립할 때, 삼각형 ABC는 어떤 삼각형인지 말하시오.

0825 상

x에 대한 이차방정식

$$(\sin A + \sin B)x^2 + 2x \sin C + \sin A - \sin B = 0$$

이 중근을 가질 때, 삼각형 ABC는 어떤 삼각형인지 말하시오.

◆◆ 개념루트 대수 264쪽

유형 05 사인법칙의 실생활에의 활용

한 변의 길이와 두 각의 크기가 주어진 삼각형 ABC에서 나머지 변의 길이를 구할 때는 다음과 같은 순서로 한다.

(1) $A+B+C=180°$임을 이용하여 나머지 한 각의 크기를 구한다.
(2) 사인법칙을 이용하여 나머지 두 변의 길이를 구한다.

0826 대표 문제

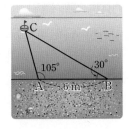

오른쪽 그림과 같이 6 m 떨어진 해변의 두 지점 A, B에서 바다 위의 한 지점 C에 떠 있는 부표를 바라보고 각의 크기를 측정하였더니 $\angle CAB = 105°$, $\angle CBA = 30°$이었다. 이때 두 지점 A, C 사이의 거리는?

① 4 m
② $3\sqrt{2}$ m
③ 5 m
④ $3\sqrt{3}$ m
⑤ $4\sqrt{2}$ m

0827 중

서술형

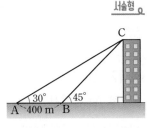

오른쪽 그림과 같이 400 m 떨어진 두 지점 A, B에서 빌딩의 꼭대기 C를 올려본각의 크기가 각각 30°, 45°일 때, 빌딩의 높이를 구하시오.

0828 중

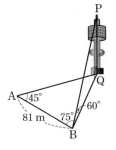

전망대의 높이 $\overline{PQ}$를 구하기 위하여 오른쪽 그림과 같이 81 m 떨어진 두 지점 A, B에서 각의 크기를 측정하였더니 $\angle QAB = 45°$, $\angle QBA = 75°$, $\angle PBQ = 60°$이었다. 이때 전망대의 높이를 구하시오.

◈◆ 개념루트 대수 268쪽

유형 06 코사인법칙

삼각형 ABC에서
$$a^2=b^2+c^2-2bc\cos A$$
$$b^2=c^2+a^2-2ca\cos B$$
$$c^2=a^2+b^2-2ab\cos C$$

0829 대표 문제

오른쪽 그림과 같이 원에 내접하는 사각형 ABCD에서 $\overline{BC}=2\sqrt{2}$, $\overline{BD}=\sqrt{5}$이고 $A=135°$일 때, $\overline{CD}$의 길이는?
(단, $\overline{CD}>\overline{BC}$)

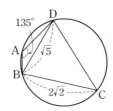

① 3   ② $2\sqrt{3}$
③ 4   ④ $3\sqrt{2}$
⑤ $2\sqrt{5}$

0830 중

오른쪽 그림과 같이 원에 내접하는 사각형 ABCD에서 $\overline{AB}=2$, $\overline{AD}=3$이고 $C=60°$일 때, $\overline{BD}$의 길이를 구하시오.

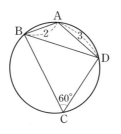

0831 중 | 학평 기출 |

$\overline{AB}=3$, $\overline{BC}=6$인 삼각형 ABC가 있다. $\angle ABC=\theta$에 대하여 $\sin\theta=\dfrac{2\sqrt{14}}{9}$일 때, 선분 AC의 길이는? $\left(단,\ 0<\theta<\dfrac{\pi}{2}\right)$

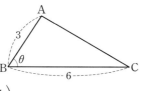

① 4   ② $\dfrac{13}{3}$ ③ $\dfrac{14}{3}$
④ 5   ⑤ $\dfrac{16}{3}$

0832 중

오른쪽 그림과 같이 삼각형 ABC의 외접원의 반지름의 길이가 5이고, 세 꼭짓점 A, B, C에 의하여 나누어진 호의 길이의 비가
$$\overparen{AB}:\overparen{BC}:\overparen{CA}=3:4:5$$일 때, $\overline{BC}$의 길이를 구하시오.

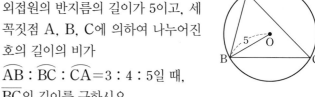

0833 중

삼각형 ABC에서 $A=120°$, $\overline{AB}=x$, $\overline{AC}=\dfrac{1}{x}$일 때, $\overline{BC}$의 길이의 최솟값을 구하시오.

0834 상

오른쪽 그림과 같이 모선의 길이가 6이고, 밑면의 반지름의 길이가 2인 원뿔이 있다. 점 P가 모선 OB의 중점일 때, 원뿔의 옆면을 따라 두 점 A, P를 잇는 선의 최단 거리를 구하시오. (단, 두 점 A, B는 밑면의 지름의 양 끝 점이다.)

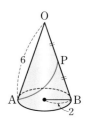

유형 07 코사인법칙의 변형

삼각형 ABC에서
$$\cos A = \frac{b^2+c^2-a^2}{2bc}$$
$$\cos B = \frac{c^2+a^2-b^2}{2ca}$$
$$\cos C = \frac{a^2+b^2-c^2}{2ab}$$

0835 대표 문제

오른쪽 그림과 같이 $\overline{AB}=4$, $\overline{AC}=6$인 삼각형 ABC에서 변 BC 위에 점 D를 잡을 때, $\overline{BD}=4$, $\overline{CD}=4$이다. 이때 $\overline{AD}$의 길이를 구하시오.

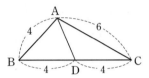

0836 중

삼각형 ABC에서 $a=10$, $c=6$, $B=120°$일 때, $\cos A + \cos C$의 값은?

① $\frac{4}{7}$ ② $\frac{6}{7}$ ③ $\frac{8}{7}$

④ $\frac{10}{7}$ ⑤ $\frac{12}{7}$

0837 중

세 변의 길이가 1, $\sqrt{2}$, $\sqrt{5}$인 삼각형의 세 내각 중 가장 큰 내각의 크기를 구하시오.

0838 중

삼각형 ABC에서 $c^2 = a^2 + b^2 + ab$일 때, $\tan C$의 값은?

① $-\sqrt{3}$ ② -1 ③ $-\frac{\sqrt{3}}{3}$

④ $\frac{\sqrt{3}}{3}$ ⑤ $\sqrt{3}$

0839 중

오른쪽 그림과 같이 한 변의 길이가 12인 정사각형 ABCD가 있다. $\overline{AD}$의 중점을 M, $\overline{CD}$를 1 : 2로 내분하는 점을 E, $\angle MBE = \theta$라 할 때, $\cos\theta$의 값을 구하시오.

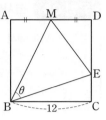

빈출

유형 08 사인법칙과 코사인법칙

(1) 삼각형의 두 변의 길이와 그 끼인각의 크기가 주어지면
➡ 코사인법칙을 이용하여 나머지 한 변의 길이를 구한 후 사인법칙을 이용하여 각의 크기를 구한다.
(2) 삼각형의 세 각의 사인값의 비가 주어지면
➡ 사인법칙을 이용하여 변의 길이의 비를 구한 후 코사인법칙의 변형을 이용하여 각의 크기를 구한다.

0840 대표 문제

삼각형 ABC에서
$$\sin A : \sin B : \sin C = 1 : \sqrt{2} : \sqrt{3}$$
일 때, $\cos A$의 값은?

① $\frac{1}{2}$ ② $\frac{\sqrt{3}}{3}$ ③ $\frac{\sqrt{6}}{3}$

④ $\frac{\sqrt{3}}{2}$ ⑤ $\frac{2\sqrt{2}}{3}$

0841 중

삼각형 ABC에서 $b=3$, $c=2$, $A=60°$일 때, 삼각형 ABC의 외접원의 반지름의 길이를 구하시오.

0842 🖼

오른쪽 그림과 같은 삼각형
ABC의 변 BC 위의 점 D에 대
하여 $\overline{AB}=\overline{BD}=3$,
$\overline{AD}=2\sqrt{3}$, $\overline{AC}=8$일 때,
$\sin C$의 값을 구하시오.

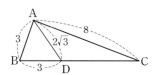

0843 🖼

$\overline{AB} : \overline{BC} : \overline{CA}=1 : 2 : \sqrt{2}$인 삼각형 ABC가 있다. 삼각
형 ABC의 외접원의 넓이가 28π일 때, 선분 CA의 길이를
구하시오.

0844 🖼

오른쪽 그림과 같이 $\overline{AC}=\sqrt{6}$,
$\overline{BC}=\sqrt{3}$, $B=45°$인 삼각형 ABC에
서 변 AB 위에 점 D를 잡을 때,
$\overline{CD}=\sqrt{2}$이다. 이때 모든 $\overline{AD}$의 길이
의 합을 구하시오.

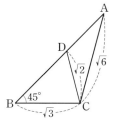

◆◆ 개념루트 대수 272쪽

유형 09 코사인법칙을 이용한 삼각형의 결정

삼각형 ABC에서 세 각의 크기 A, B, C에 대한 관계식이 주어
지면 사인법칙과 코사인법칙을 이용하여 세 변의 길이 a, b, c에
대한 관계식으로 변형한다.

0845 대표 문제

삼각형 ABC에서 $a\cos B+\dfrac{ab}{c}\cos C+b\cos A=c$가 성
립할 때, 삼각형 ABC는 어떤 삼각형인가?

① $a=b$인 이등변삼각형
② $b=c$인 이등변삼각형
③ $A=90°$인 직각삼각형
④ $B=90°$인 직각삼각형
⑤ $C=90°$인 직각삼각형

0846 🖼

삼각형 ABC에서 $\sin B=2\sin A\cos C$가 성립할 때, 삼
각형 ABC는 어떤 삼각형인지 말하시오.

0847 🖼

삼각형 ABC에서
$$\sin A\cos A+\sin(A+B)\cos(A+B)=0$$
이 성립할 때, 보기에서 삼각형 ABC가 될 수 있는 것만을
있는 대로 고른 것은?

┌ 보기 ┐
ㄱ. $A=90°$인 직각삼각형   ㄴ. $B=90°$인 직각삼각형
ㄷ. $a=c$인 이등변삼각형   ㄹ. $b=c$인 이등변삼각형

① ㄱ   ② ㄴ   ③ ㄱ, ㄹ
④ ㄴ, ㄷ   ⑤ ㄷ, ㄹ

유형 10 코사인법칙의 실생활에의 활용

(1) 삼각형에서 두 변의 길이와 그 끼인각의 크기가 주어질 때
 ➡ 코사인법칙을 이용하여 나머지 한 변의 길이를 구한다.
(2) 삼각형에서 세 변의 길이가 주어질 때
 ➡ 코사인법칙의 변형을 이용하여 한 각의 크기를 구한다.

0848 [대표 문제]

오른쪽 그림과 같이 집라인의 출발
지점 A와 도착 지점 B 사이의 거리
를 구하기 위해 지점 C에서 두 지점
A, B까지의 거리와 A, B를 바라
보고 각의 크기를 측정하였더니
$\overline{AC}=80$ m, $\overline{BC}=120$ m,
∠ACB=60°이었다. 이때 두 지점 A, B 사이의 거리는?

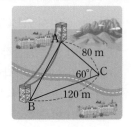

① $42\sqrt{5}$ m
② 100 m
③ $40\sqrt{7}$ m
④ 110 m
⑤ $70\sqrt{3}$ m

0849 [중]

오른쪽 그림과 같이 워터 파크에 있
는 원 모양의 물놀이 시설에 덮개를
만들려고 한다. 덮개의 둘레 위의 세
점 A, B, C를 잡아 거리를 측정하
였더니 $\overline{AB}=7$ m, $\overline{BC}=8$ m,
$\overline{CA}=13$ m이었다. 이때 덮개의 넓이
를 구하시오.

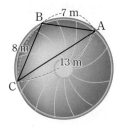

0850 [중]

오른쪽 그림과 같이 높이가 각
각 30 m, 45 m인 두 건물의
옥상 사이의 거리를 구하려고
한다. 지점 C에서 두 지점 A,
B를 올려본각의 크기가 모두
60°일 때, 두 지점 A, B 사이의 거리를 구하시오.

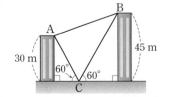

유형 11 삼각형의 넓이 (1)

삼각형 ABC에서 두 변의 길이 a, b와 그 끼인각의 크기 C가 주
어질 때, 삼각형 ABC의 넓이는
➡ $\frac{1}{2}ab\sin C$

0851 [대표 문제]

삼각형 ABC에서 $b=6$, $c=4$이고 넓이가 $6\sqrt{3}$일 때, a의
값을 구하시오. (단, $A>90°$)

0852 [하]

삼각형 ABC에서 $a=6$, $b=8$, $\sin(A+B)=\frac{1}{3}$일 때, 삼
각형 ABC의 넓이는?

① 6
② 7
③ 8
④ 9
⑤ 10

0853 [중]

오른쪽 그림과 같이 중심이 점 O이고 반
지름의 길이가 18인 원 위의 세 점 A, B,
C에 대하여
 $\widehat{AB} : \widehat{BC} : \widehat{CA}=5 : 3 : 4$
일 때, 삼각형 ABC의 넓이는?

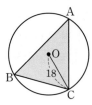

① $81(1+\sqrt{3})$
② $81(2+\sqrt{3})$
③ $81(3+\sqrt{3})$
④ $81(4+\sqrt{3})$
⑤ $81(5+\sqrt{3})$

0854 ⑧ 서술형

오른쪽 그림과 같이 $\overline{AB}=10$, $\overline{AC}=6$, $A=120°$인 삼각형 ABC에서 ∠A의 이등분선이 $\overline{BC}$와 만나는 점을 D라 할 때, $\overline{AD}$의 길이를 구하시오.

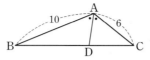

0855 ⑧ | 학평 기출 |

그림과 같이 반지름의 길이가 4, 호의 길이가 π인 부채꼴 OAB가 있다. 부채꼴 OAB의 넓이를 S, 선분 OB 위의 점 P에 대하여 삼각형 OAP의 넓이를 T라 하자. $\dfrac{S}{T}=\pi$일 때, 선분 OP의 길이는? (단, 점 P는 점 O가 아니다.)

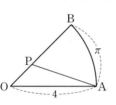

① $\dfrac{\sqrt{2}}{2}$ ② $\dfrac{3}{4}\sqrt{2}$ ③ $\sqrt{2}$

④ $\dfrac{5}{4}\sqrt{2}$ ⑤ $\dfrac{3}{2}\sqrt{2}$

0856 ⑧

오른쪽 그림의 삼각형 ABC에서 $\overline{AB}=3$, $\overline{BC}=4$, $\overline{CA}=2$이고 사각형 BDEC는 선분 BC를 한 변으로 하는 정사각형일 때, 삼각형 ABD의 넓이는?

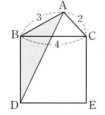

① 5   ② $\dfrac{21}{4}$

③ $\dfrac{11}{2}$ ④ $\dfrac{23}{4}$

⑤ 6

0857 ⑧

오른쪽 그림과 같이 원에 내접하는 사각형 ABCD에서 $\overline{AD}=3$, $\overline{BC}=2$, $\overline{CD}=4$이고 삼각형 ACD의 넓이가 $4\sqrt{2}$일 때, $\overline{AB}$의 길이는? (단, $0°<D<90°$)

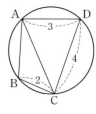

① $2\sqrt{2}$ ② 3
③ $\sqrt{10}$ ④ $2\sqrt{3}$
⑤ 4

◆ 개념루트 대수 282쪽

유형 12 삼각형의 넓이 (2)

삼각형 ABC의 넓이를 S라 하면
(1) 세 변의 길이가 주어질 때
→ 코사인법칙과 $\sin^2\theta+\cos^2\theta=1$임을 이용하여 $\sin\theta$의 값을 구한다.

참고 헤론의 공식
$$S=\sqrt{s(s-a)(s-b)(s-c)}\left(\text{단, } s=\frac{a+b+c}{2}\right)$$

(2) 외접원의 반지름의 길이가 R일 때
→ $S=\dfrac{abc}{4R}=2R^2\sin A\sin B\sin C$

참고 내접원의 반지름의 길이가 r일 때
→ $S=\dfrac{1}{2}r(a+b+c)$

0858 대표 문제

삼각형 ABC에서 $a=7$, $b=8$, $c=9$일 때, 삼각형 ABC의 내접원의 반지름의 길이를 구하시오.

0859 하

반지름의 길이가 3인 원에 내접하는 삼각형 ABC의 넓이가 $2\sqrt{3}$일 때, 삼각형 ABC의 세 변의 길이의 곱은?

① $22\sqrt{3}$ ② 39   ③ 40
④ $24\sqrt{3}$ ⑤ $30\sqrt{2}$

0860 (종)

세 변의 길이가 4, 5, 6인 삼각형 ABC의 넓이가 $\dfrac{15\sqrt{7}}{4}$일 때, 삼각형 ABC의 외접원의 반지름의 길이를 R, 내접원의 반지름의 길이를 r라 하자. 이때 Rr의 값은?

① $\dfrac{5}{2}$ 　　② 3   　　③ $\dfrac{7}{2}$

④ 4   　　⑤ $\dfrac{9}{2}$

0861 (종)

삼각형 ABC에서 $a=4\sqrt{3}$, $b=8$, $C=30°$일 때, 삼각형 ABC의 내접원의 반지름의 길이를 구하시오.

0862 (종)

오른쪽 그림과 같이 반지름의 길이가 3인 원에 세 변의 길이가 각각 a, b, 5 이고 넓이가 10인 삼각형 ABC가 내접한다. 이때 $a+b$의 최솟값을 구하시오.

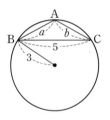

◆◆ 개념루트 대수 284쪽

유형 13 　사각형의 넓이 – 삼각형의 넓이 이용

삼각형의 넓이를 이용하여 사각형의 넓이를 구할 때는 다음과 같은 순서로 한다.
(1) 사각형을 두 개의 삼각형으로 나눈다.
(2) 사인법칙 또는 코사인법칙을 이용하여 변의 길이를 구한다.
(3) 각각의 삼각형의 넓이를 구한다.
(4) 두 삼각형의 넓이의 합을 구한다.

0863 　대표 문제

오른쪽 그림과 같은 사각형 ABCD에서 $\overline{AB}=7$, $\overline{BC}=\overline{CD}=8$, $\overline{DA}=9$이고 $B=120°$일 때, 사각형 ABCD의 넓이를 구하시오.

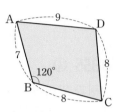

0864 (종)

다음 그림과 같은 사각형 ABCD에서 $\overline{AD}\,/\!/\,\overline{BC}$이고 $\overline{AB}=\sqrt{6}$, $\overline{BC}=8$, $\overline{AD}=2\sqrt{3}$, $\angle ADB=45°$일 때, 사각형 ABCD의 넓이를 구하시오.

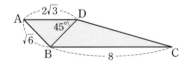

0865 (종)

오른쪽 그림과 같이 원에 내접하는 사각형 ABCD에서 $\overline{AB}=6$, $\overline{BC}=9$, $\overline{CD}=\overline{DA}=3$일 때, 사각형 ABCD의 넓이를 구하시오.

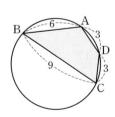

◆ 개념루트 대수 286쪽

유형 14 평행사변형의 넓이

이웃하는 두 변의 길이가 a, b이고 그 끼인각의 크기가 θ인 평행사변형의 넓이는

➡ $ab \sin \theta$

0866 대표 문제

$\overline{AB}=4$, $\overline{BC}=5$이고 대각선 BD의 길이가 6인 평행사변형 ABCD의 넓이를 구하시오.

0867 하

오른쪽 그림과 같이 $\overline{AB}=5$, $\overline{BC}=6$인 평행사변형 ABCD의 넓이가 $15\sqrt{3}$일 때, C를 구하시오.
(단, $90° < C < 180°$)

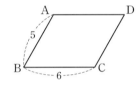

0868 중

오른쪽 그림과 같이 $\overline{AD}=6$, $\overline{AC}=2\sqrt{13}$, $D=60°$인 평행사변형 ABCD의 넓이를 구하시오.

서술형

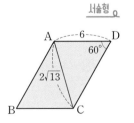

◆ 개념루트 대수 286쪽

유형 15 사각형의 넓이 – 대각선의 길이 이용

두 대각선의 길이가 p, q이고 두 대각선이 이루는 각의 크기가 θ인 사각형의 넓이는

➡ $\dfrac{1}{2}pq \sin \theta$

0869 대표 문제

오른쪽 그림과 같은 사각형 ABCD에서 두 대각선의 길이가 각각 4, 6이고 두 대각선이 이루는 각의 크기가 θ이다. $\cos \theta = \dfrac{1}{4}$일 때, 사각형 ABCD의 넓이는?

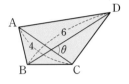

① 11 　　　② $3\sqrt{15}$ 　　　③ 12

④ $4\sqrt{10}$ 　　　⑤ 13

0870 중

두 대각선의 길이가 p, q이고 두 대각선이 이루는 각의 크기가 120°인 사각형 ABCD가 있다. 이 사각형의 넓이가 $\dfrac{15\sqrt{3}}{4}$이고 $p+q=8$일 때, p^2+q^2의 값을 구하시오.

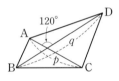

0871 상

두 대각선의 길이의 합이 20인 사각형 ABCD의 넓이의 최댓값은?

① 42 　　　② 44 　　　③ 46

④ 48 　　　⑤ 50

유형 점검

0872 유형 01

오른쪽 그림과 같은 삼각형 ABC에서 $\overline{BC}=6$, $B=105°$, $C=45°$일 때, $\overline{AB}$의 길이는?

① 8   ② $6\sqrt{2}$
③ $5\sqrt{3}$ ④ 9
⑤ $7\sqrt{2}$

0873 유형 02

오른쪽 그림과 같이 $A=90°$인 직각삼각형 ABC에서 점 D는 변 AB의 중점이고, $\overline{AB}=\overline{AC}=4$ 일 때, 삼각형 BCD의 외접원의 넓이는?

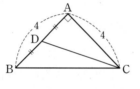

① 8π ② 9π ③ 10π
④ 11π ⑤ 12π

0874 유형 03

삼각형 ABC의 세 변의 길이 a, b, c에 대하여
$$a-2b+c=0,\ 3a+b-2c=0$$
일 때, $\sin A : \sin B : \sin C$를 구하시오.

0875 유형 04

삼각형 ABC에서 $\sin^2 A+\cos^2 B+\sin^2 C=1$이 성립할 때, 삼각형 ABC는 어떤 삼각형인지 말하시오.

0876 유형 05

오른쪽 그림과 같이 90 m만큼 떨어진 두 지점 A, B에서 지점 C에 떠 있는 비행기를 올려본각의 크기가 각각 45°, 75°일 때, 두 지점 B, C 사이의 거리는?

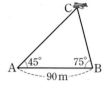

① $24\sqrt{6}$ m   ② $27\sqrt{6}$ m   ③ $30\sqrt{6}$ m
④ $33\sqrt{6}$ m   ⑤ $36\sqrt{6}$ m

0877 유형 06

삼각형 ABC에서 $a=7$, $c=3$, $A=120°$일 때, b의 값은?

① 5   ② $\dfrac{11}{2}$ ③ 6
④ $\dfrac{13}{2}$ ⑤ 7

0878 유형 07

오른쪽 그림과 같이 $\overline{AB}=4$, $\overline{BC}=6$, $\overline{CA}=2\sqrt{7}$인 삼각형 ABC 에서 $\overline{BC}$를 1 : 2로 내분하는 점을 D라 할 때, $\overline{AD}$의 길이를 구하시오.

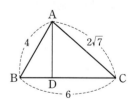

0879 유형 07

오른쪽 그림과 같이 $\overline{AB}=2$, $\overline{BC}=4$, $B=60°$인 평행사변형 ABCD의 두 대각선이 이루는 각의 크기를 α라 할 때, $\cos \alpha$의 값을 구하시오. (단, $0°<\alpha<90°$)

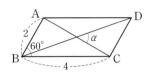

0880 유형 08
| 학평 기출 |

그림과 같이 $\overline{AB}=3$, $\overline{AC}=1$이고 $\angle BAC=\dfrac{\pi}{3}$인 삼각형 ABC가 있다. $\angle BAC$의 이등분선이 선분 BC와 만나는 점을 P라 할 때, 삼각형 APC의 외접원의 넓이는?

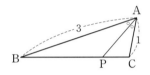

① $\dfrac{\pi}{4}$ ② $\dfrac{5}{16}\pi$ ③ $\dfrac{3}{8}\pi$

④ $\dfrac{7}{16}\pi$ ⑤ $\dfrac{\pi}{2}$

0881 유형 09

삼각형 ABC에서
$$\sin A + \sin C = \sin B (\cos A + \cos C)$$
가 성립할 때, 삼각형 ABC는 어떤 삼각형인가?

① $a=b$인 이등변삼각형   ② $b=c$인 이등변삼각형
③ $A=90°$인 직각삼각형   ④ $B=90°$인 직각삼각형
⑤ $C=90°$인 직각삼각형

0882 유형 10

오른쪽 그림과 같이 지점 A에서 지면과 수직으로 물 로켓을 쏘아 올리고 최고 높이 $\overline{PA}$를 측정하기 위해 10 m 떨어진 두 지점 B, C에서 각도를 측정하였더니 $\angle ABC=120°$, $\angle PBA=45°$, $\angle PCA=30°$이었다. 이때 물 로켓의 최고 높이를 구하시오.

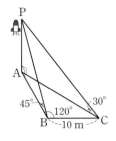

0883 유형 11

오른쪽 그림과 같이 반지름의 길이가 8인 원에 내접하는 삼각형 ABC에서 $B=\dfrac{\pi}{3}$일 때, 색칠한 부분의 넓이를 구하시오.

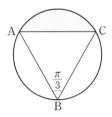

0884 유형 11

오른쪽 그림과 같이 반지름의 길이가 2이고 중심각의 크기가 $\dfrac{\pi}{2}$인 부채꼴 OAB가 있다. 호 AB 위의 점 C를 $\overline{AC}=1$이 되도록 잡는다. 선분 OC 위의 점 O가 아닌 점 D에 대하여 $\overline{OD}=\dfrac{4}{5}$일 때, 삼각형 BOD의 넓이를 구하시오.

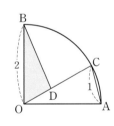

0885 유형 12

삼각형 ABC에서 $\sin A : \sin B : \sin C = 2:3:3$이고 넓이가 $32\sqrt{2}$일 때, 삼각형 ABC의 둘레의 길이는?

① 24   ② 26   ③ 28
④ 30   ⑤ 32

0886 유형 13

오른쪽 그림과 같이 사각형 ABCD가 원에 내접하고, $\overline{AB}=\overline{AD}=3$, $\overline{BC}=1$, $\angle ABC=120°$일 때, 사각형 ABCD의 넓이를 구하시오.

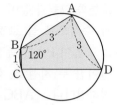

서술형

0889 유형 06

오른쪽 그림과 같이 원에 내접하는 사각형 ABCD에서 $\overline{AB}=2$, $\overline{BC}=6$, $\overline{CD}=\overline{DA}=4$일 때, $\overline{BD}$의 길이를 구하시오.

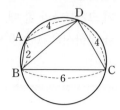

0887 유형 14

오른쪽 그림과 같이 $\overline{AB}=5$, $\overline{BC}=7$, $\overline{AC}=8$인 평행사변형 ABCD의 넓이를 구하시오.

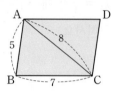

0890 유형 08

삼각형 ABC에서 $a=4$, $b=5$, $c=6$일 때, 삼각형 ABC의 외접원의 반지름의 길이를 구하시오.

0888 유형 15

오른쪽 그림과 같은 사각형 ABCD에서 $B=C=90°$, $\overline{AB}=\overline{BC}=6$, $\overline{CD}=12$이다. 두 대각선 AC, BD가 이루는 각의 크기를 θ라 할 때, $\cos\theta$의 값을 구하시오.
(단, $0°<\theta<90°$)

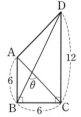

0891 유형 13

오른쪽 그림과 같은 사각형 ABCD에서 $\overline{AB}=3$, $\overline{BC}=6$, $\overline{CD}=2$이고 $B=60°$, $C=75°$일 때, 사각형 ABCD의 넓이를 구하시오.

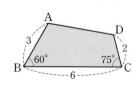

C 실력 향상

하 ···· 중 ···· 상100%

0892

오른쪽 그림과 같이 $\overline{AB}=10$, $\overline{BC}=6$, $\overline{CA}=8$인 직각삼각형 ABC 의 내부에 $\overline{AP}=6$인 점 P가 있다. 점 P에서 변 AB와 변 AC에 내린 수선 의 발을 각각 Q, R라 할 때, $\overline{QR}$의 길 이를 구하시오.

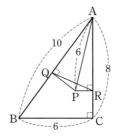

0893

| 모평 기출 |

그림과 같이 $\overline{AB}=3$, $\overline{BC}=2$, $\overline{AC}>3$이고 $\cos(\angle BAC)=\dfrac{7}{8}$인 삼각형 ABC가 있다. 선분 AC의 중 점을 M, 삼각형 ABC의 외접원이 직선 BM과 만나는 점 중 B가 아닌 점을 D라 할 때, 선분 MD의 길이는?

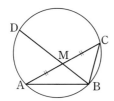

① $\dfrac{3\sqrt{10}}{5}$ ② $\dfrac{7\sqrt{10}}{10}$ ③ $\dfrac{4\sqrt{10}}{5}$

④ $\dfrac{9\sqrt{10}}{10}$ ⑤ $\sqrt{10}$

0894

| 수능 기출 |

그림과 같이 사각형 ABCD가 한 원에 내접하고
$$\overline{AB}=5, \overline{AC}=3\sqrt{5}, \overline{AD}=7,$$
$$\angle BAC=\angle CAD$$
일 때, 이 원의 반지름의 길이는?

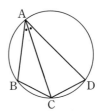

① $\dfrac{5\sqrt{2}}{2}$ ② $\dfrac{8\sqrt{5}}{5}$ ③ $\dfrac{5\sqrt{5}}{3}$

④ $\dfrac{8\sqrt{2}}{3}$ ⑤ $\dfrac{9\sqrt{3}}{4}$

0895

삼각형 ABC에서 외접원의 반지름의 길이가 6, 내접원의 반 지름의 길이가 3일 때, $\dfrac{1}{ab}+\dfrac{1}{bc}+\dfrac{1}{ca}$의 값을 구하시오.

↪ 기출 BOOK 38쪽

III

수열

08 / 등차수열과 등비수열

유형 **01** 등차수열의 일반항

유형 **02** 항 사이의 관계가 주어진 등차수열

유형 **03** 등차수열에서 조건을 만족시키는 항

유형 **04** 두 수 사이에 수를 넣어 만든 등차수열

유형 **05** 등차중항

유형 **06** 등차수열을 이루는 수

유형 **07** 등차수열의 합

유형 **08** 두 수 사이에 수를 넣어 만든 등차수열의 합

유형 **09** 부분의 합이 주어진 등차수열의 합

유형 **10** 등차수열의 합의 최대, 최소

유형 **11** 나머지가 같은 자연수의 합

유형 **12** 등차수열의 합의 활용

유형 **13** 등차수열의 합과 일반항 사이의 관계

유형 **14** 등비수열의 일반항

유형 **15** 항 사이의 관계가 주어진 등비수열

유형 **16** 등비수열에서 조건을 만족시키는 항

유형 **17** 두 수 사이에 수를 넣어 만든 등비수열

유형 **18** 등비중항

유형 **19** 등비수열을 이루는 수

유형 **20** 등비수열의 활용

유형 **21** 등비수열의 합

유형 **22** 부분의 합이 주어진 등비수열의 합

유형 **23** 등비수열의 합의 활용

유형 **24** 등비수열의 합과 일반항 사이의 관계

유형 **25** 원리합계

09 / 수열의 합

유형 **01** 합의 기호 $\sum$

유형 **02** $\sum$의 성질

유형 **03** $\sum$와 등차수열, 등비수열

유형 **04** 자연수의 거듭제곱의 합

유형 **05** $\sum$를 여러 개 포함한 식의 계산

유형 **06** $\sum$를 이용한 여러 가지 수열의 합

유형 **07** 제k항에 n이 포함된 수열의 합

유형 **08** $\sum$로 표현된 수열의 합과 일반항 사이의 관계

유형 **09** 일반항의 분모가 곱으로 표현된 분수 꼴인 수열의 합

유형 **10** 일반항의 분모가 무리식인 수열의 합

유형 **11** 로그가 포함된 수열의 합

유형 **12** 항을 묶었을 때 규칙을 갖는 수열

유형 **13** 수열의 항을 묶어 규칙 찾기

10 / 수학적 귀납법

유형 **01** 등차수열의 귀납적 정의

유형 **02** 등비수열의 귀납적 정의

유형 **03** 수열의 귀납적 정의 $-$ $a_{n+1}=a_n+f(n)$ 꼴

유형 **04** 수열의 귀납적 정의 $-$ $a_{n+1}=a_n f(n)$ 꼴

유형 **05** 여러 가지 수열의 귀납적 정의

유형 **06** 수가 반복되는 수열의 귀납적 정의

유형 **07** 수열의 합 S_n이 포함된 수열의 귀납적 정의

유형 **08** 수열의 귀납적 정의의 활용

유형 **09** 수학적 귀납법

유형 **10** 수학적 귀납법 $-$ 등식의 증명

유형 **11** 수학적 귀납법 $-$ 배수의 증명

유형 **12** 수학적 귀납법 $-$ 부등식의 증명

08-1 등차수열

유형 01~06

(1) 등차수열

첫째항에 차례로 일정한 수를 더하여 얻어진 수열을 **등차수열**이라 하고, 그 일정한 수를 **공차**라 한다.

이때 공차가 d인 등차수열 $\{a_n\}$의 이웃하는 두 항 a_n, a_{n+1}에 대하여

$$a_{n+1}=a_n+d \iff a_{n+1}-a_n=d \ (n=1, 2, 3, \ldots)$$

> 차례로 나열한 수의 열을 수열이라 하고, 나열된 각각의 수를 그 수열의 항이라 한다.

(2) 등차수열의 일반항

첫째항이 a, 공차가 d인 등차수열의 일반항 a_n은

$$a_n=a+(n-1)d \ (n=1, 2, 3, \ldots)$$

예 $1, \ 3, \ 5, \ 7, \ 9, \ \ldots$ ➡ 첫째항이 1, 공차가 2인 등차수열
$\quad\quad +2 \ +2 \ +2 \ +2$ ➡ 일반항 a_n은 $a_n=1+(n-1)\times2=2n-1$

참고 등차수열의 일반항 a_n은 $a_n=An+B$(A, B는 상수, $n=1, 2, 3, \ldots$) 꼴로 나타낼 수 있다.

> 수열 $a_1, a_2, a_3, \ldots, a_n, \ldots$에서 제$n$항 a_n을 이 수열의 일반항이라 한다. 이때 일반항이 a_n인 수열을 기호로 $\{a_n\}$과 같이 나타낸다.

(3) 등차중항

세 수 a, b, c가 이 순서대로 등차수열을 이룰 때, b를 a와 c의 **등차중항**이라 한다.

이때 $b-a=c-b$이므로 $b=\dfrac{a+c}{2}$ → b는 a와 c의 산술평균이다.

TIP 등차수열을 이루는 수는 다음과 같이 놓으면 계산이 편리하다.
① 등차수열을 이루는 세 수 ➡ $a-d$, a, $a+d$
② 등차수열을 이루는 네 수 ➡ $a-3d$, $a-d$, $a+d$, $a+3d$

08-2 등차수열의 합

유형 07~12

(1) 수열 $\{a_n\}$의 첫째항부터 제n항까지의 합 S_n은

$$S_n=a_1+a_2+a_3+\cdots+a_n$$

기호 S_n

(2) 등차수열의 합

등차수열의 첫째항부터 제n항까지의 합 S_n은

① 첫째항이 a, 제n항이 l일 때, $S_n=\dfrac{n(a+l)}{2}$

예 첫째항이 1, 제10항이 19인 등차수열의 첫째항부터 제10항까지의 합 S_{10}은

$$S_{10}=\frac{10(1+19)}{2}=100$$

② 첫째항이 a, 공차가 d일 때, $S_n=\dfrac{n\{2a+(n-1)d\}}{2}$

예 첫째항이 3, 공차가 2인 등차수열의 첫째항부터 제20항까지의 합 S_{20}은

$$S_{20}=\frac{20\{2\times3+(20-1)\times2\}}{2}=440$$

> $S_n=\dfrac{n(a+l)}{2}$에서
> $l=a+(n-1)d$이므로
> $S_n=\dfrac{n\{2a+(n-1)d\}}{2}$

08-1 등차수열

[0896~0898] 다음 수열이 등차수열을 이룰 때, □ 안에 알맞은 수를 써넣으시오.

0896 -3, 1, 5, □, 13, …

0897 □, -4, -7, □, -13, …

0898 -6, -3, □, 3, □, …

[0899~0902] 다음 등차수열의 일반항 a_n을 구하시오.

0899 첫째항이 3, 공차가 -2

0900 첫째항이 -5, 공차가 1

0901 -7, -4, -1, 2, 5, …

0902 -1, -5, -9, -13, -17, …

[0903~0904] 첫째항이 20, 공차가 -4인 등차수열 $\{a_n\}$에 대하여 다음을 구하시오.

0903 a_8

0904 $a_k=-16$을 만족시키는 자연수 k의 값

[0905~0906] 다음 등차수열 $\{a_n\}$의 공차를 구하시오.

0905 $a_1=11$, $a_5=27$

0906 $a_1=-3$, $a_{11}=57$

[0907~0908] 다음 수열이 등차수열을 이룰 때, x, y의 값을 구하시오.

0907 -7, x, 3, y, 13, …

0908 13, x, 5, y, -3, …

08-2 등차수열의 합

[0909~0912] 다음 등차수열의 첫째항부터 제10항까지의 합을 구하시오.

0909 첫째항이 1, 제10항이 -23

0910 첫째항이 -13, 제10항이 32

0911 첫째항이 16, 공차가 -3

0912 첫째항이 -9, 공차가 4

[0913~0914] 다음 등차수열의 첫째항부터 제20항까지의 합을 구하시오.

0913 -6, -4, -2, 0, 2, …

0914 -15, -8, -1, 6, 13, …

[0915~0916] 다음 등차수열의 모든 항의 합을 구하시오.

0915 -9, -5, -1, …, 15

0916 31, 24, 17, …, -25

08-3 수열의 합과 일반항 사이의 관계 유형 13, 24

수열 $\{a_n\}$의 첫째항부터 제n항까지의 합 S_n에 대하여

$$a_1=S_1,\ a_n=S_n-S_{n-1}\ (n\geq2)$$

예 수열 $\{a_n\}$의 첫째항부터 제n항까지의 합 S_n이 $S_n=n^2-2n$일 때,

$$a_1=S_1=1^2-2\times1=-1$$
$$a_6=S_6-S_5=(6^2-2\times6)-(5^2-2\times5)=9$$

TIP $S_n=An^2+Bn+C(A,\ B,\ C$는 상수) 꼴일 때

(1) $C=0$이면 수열 $\{a_n\}$은 첫째항부터 등차수열을 이룬다.

(2) $C\neq0$이면 수열 $\{a_n\}$은 둘째항부터 등차수열을 이룬다.

> 수열의 합과 일반항 사이의 관계는 모든 수열에서 성립한다.

08-4 등비수열 유형 14~20

(1) 등비수열

첫째항에 차례로 일정한 수를 곱하여 얻어진 수열을 **등비수열**이라 하고, 그 일정한 수를 **공비**라 한다.

이때 공비가 $r\,(r\neq0)$인 등비수열 $\{a_n\}$의 이웃하는 두 항 a_n, a_{n+1}에 대하여

$$a_{n+1}=ra_n\Longleftrightarrow\frac{a_{n+1}}{a_n}=r\ (n=1,\ 2,\ 3,\ \ldots)$$

(2) 등비수열의 일반항

첫째항이 a, 공비가 $r\,(r\neq0)$인 등비수열의 일반항 a_n은

$$a_n=ar^{n-1}\ (n=1,\ 2,\ 3,\ \ldots)$$

예 $\underset{\times3\ \ \times3\ \ \times3\ \ \times3}{1,\quad3,\quad9,\quad27,\quad81,\ \ldots}$ ➡ 첫째항이 1, 공비가 3인 등비수열

➡ 일반항 a_n은 $a_n=1\times3^{n-1}=3^{n-1}$

(3) 등비중항

0이 아닌 세 수 a, b, c가 이 순서대로 등비수열을 이룰 때, b를 a와 c의 **등비중항**이라 한다.

이때 $\dfrac{b}{a}=\dfrac{c}{b}$이므로 $b^2=ac$

TIP 등비수열을 이루는 세 수는 a, ar, ar^2으로 놓으면 계산이 편리하다.

> $b^2=ac$에서 $a>0$, $c>0$일 때, a와 c의 등비중항 $b=\sqrt{ac}$는 a와 c의 기하평균이다.

08-5 등비수열의 합 유형 21~23, 25

첫째항이 a, 공비가 r인 등비수열의 첫째항부터 제n항까지의 합 S_n은

(1) $r\neq1$일 때, $S_n=\dfrac{a(1-r^n)}{1-r}=\dfrac{a(r^n-1)}{r-1}$

(2) $r=1$일 때, $S_n=na$

TIP $r<1$일 때는 $S_n=\dfrac{a(1-r^n)}{1-r}$, $r>1$일 때는 $S_n=\dfrac{a(r^n-1)}{r-1}$을 이용하면 계산이 편리하다.

참고 원금 a원을 연이율 r로 n년 동안 예금할 때의 원리합계 S는

(1) 단리로 예금하는 경우 ➡ $S=a(1+rn)$(원) └➡ 원금과 이자를 합한 금액

(2) 복리로 예금하는 경우 ➡ $S=a(1+r)^n$(원)

08-3 수열의 합과 일반항 사이의 관계

[0917~0918] 수열 $\{a_n\}$의 첫째항부터 제n항까지의 합 S_n이 $S_n = n^2 - 3n + 6$일 때, 다음을 구하시오.

0917 a_3

0918 a_8

[0919~0920] 수열 $\{a_n\}$의 첫째항부터 제n항까지의 합 S_n이 다음과 같을 때, 일반항 a_n을 구하시오.

0919 $S_n = 2n^2 + 5n$

0920 $S_n = n^2 - 4n + 2$

08-4 등비수열

[0921~0922] 다음 수열이 등비수열을 이룰 때, □ 안에 알맞은 수를 써넣으시오.

0921 □, 2, 4, 8, □, ...

0922 -12, 6, □, □, $-\dfrac{3}{4}$, ...

[0923~0926] 다음 등비수열의 일반항 a_n을 구하시오.

0923 첫째항이 -3, 공비가 $\sqrt{2}$

0924 첫째항이 6, 공비가 $-\dfrac{1}{4}$

0925 7, 14, 28, 56, 112, ...

0926 243, -81, 27, -9, 3, ...

[0927~0928] 첫째항이 3, 공비가 -2인 등비수열 $\{a_n\}$에 대하여 다음을 구하시오.

0927 a_6

0928 $a_k = -384$를 만족시키는 자연수 k의 값

[0929~0930] 다음 등비수열 $\{a_n\}$의 공비를 구하시오.

0929 $a_1 = 4$, $a_8 = \dfrac{1}{32}$

0930 $a_1 = 5$, $a_{10} = -5$

[0931~0932] 다음 수열이 등비수열을 이룰 때, 양수 x, y의 값을 구하시오.

0931 7, x, 28, y, 112, ...

0932 4, x, $\dfrac{4}{9}$, y, $\dfrac{4}{81}$, ...

08-5 등비수열의 합

[0933~0934] 다음 등비수열의 첫째항부터 제5항까지의 합을 구하시오.

0933 첫째항이 48, 공비가 $\dfrac{1}{2}$

0934 첫째항이 -9, 공비가 2

[0935~0936] 다음 등비수열의 첫째항부터 제10항까지의 합을 구하시오.

0935 1, $\dfrac{1}{2}$, $\dfrac{1}{4}$, $\dfrac{1}{8}$, $\dfrac{1}{16}$, ...

0936 -3, 6, -12, 24, -48, ...

B 유형 완성

하 10% 중 80% 상 10%

◈◆ 개념루트 대수 296쪽

유형 01 등차수열의 일반항

(1) 등차수열 $\{a_n\}$의 공차가 d
$\Rightarrow d=a_2-a_1=a_3-a_2=a_4-a_3=\cdots$
(2) 첫째항이 a, 공차가 d인 등차수열의 일반항 a_n
$\Rightarrow a_n=a+(n-1)d \ (n=1, 2, 3, \ldots)$

0937 [대표 문제]

등차수열 $\{a_n\}$에서 $a_2=44$, $a_7=9$일 때, a_{15}는?

① -54 ② -50 ③ -47
④ -43 ⑤ -40

0938 (하)

다음 등차수열의 제30항은?

$$-2, \ 3, \ 8, \ 13, \ \ldots$$

① 128 ② 133 ③ 138
④ 143 ⑤ 148

0939 (중)

등차수열 $\{a_n\}$에서 $a_2=\log 12$, $a_4=\log 48$일 때, 이 수열의 일반항 a_n을 구하시오.

0940 (중)

두 등차수열 $\{a_n\}$, $\{b_n\}$의 공차가 각각 d_1, d_2일 때, 보기에서 옳은 것만을 있는 대로 고르시오. (단, $d_1\neq0$, $d_2\neq0$)

┌ 보기 ──────────────────────────────┐
ㄱ. 수열 $\{a_{2n}\}$은 공차가 $2d_1$인 등차수열이다.
ㄴ. 수열 $\{b_n{}^2\}$은 공차가 $d_2{}^2$인 등차수열이다.
ㄷ. 수열 $\{a_n+b_n\}$은 공차가 d_1+d_2인 등차수열이다.
└──────────────────────────────────┘

◈◆ 개념루트 대수 298쪽

유형 02 항 사이의 관계가 주어진 등차수열

등차수열 $\{a_n\}$의 첫째항을 a, 공차를 d라 하고 주어진 식을 a, d에 대한 식으로 나타낸다.

0941 [대표 문제]

등차수열 $\{a_n\}$에서 $a_3+a_{12}=25$, $a_{10}-a_4=30$일 때, 60은 제몇 항인가?

① 제15항   ② 제16항   ③ 제17항
④ 제18항   ⑤ 제19항

0942 (중)

첫째항이 3인 등차수열 $\{a_n\}$에서 $4(a_2+a_3)=a_{10}$일 때, 이 수열의 공차는?

① -9 ② -8 ③ -7
④ -6 ⑤ -5

0943 ⑧

등차수열 $\{a_n\}$에서 $a_3+a_6+a_9=15$, $a_4+a_7+a_{10}=17$일 때, $a_k=13$을 만족시키는 자연수 k의 값을 구하시오.

0944 ⑧

공차가 -3인 등차수열 $\{a_n\}$에 대하여

$$a_3a_7=64, \ a_8>0$$

일 때, a_2의 값은?

① 17 ② 18 ③ 19
④ 20 ⑤ 21

0945 ⑧

공차가 양수인 등차수열 $\{a_n\}$이 다음 조건을 만족시킬 때, a_4를 구하시오.

㈎ $a_5+a_7=0$
㈏ $|a_3|+|a_8|=15$

유형 03 등차수열에서 조건을 만족시키는 항

첫째항이 a, 공차가 d인 등차수열 $\{a_n\}$에서
(1) 처음으로 k보다 커지는 항
➡ $a_n=a+(n-1)d>k$를 만족시키는 자연수 n의 최솟값을 구한다.
(2) 처음으로 k보다 작아지는 항
➡ $a_n=a+(n-1)d<k$를 만족시키는 자연수 n의 최솟값을 구한다.

0946 대표 문제

첫째항이 7, 공차가 $-\dfrac{3}{4}$인 등차수열 $\{a_n\}$에서 처음으로 음수가 되는 항은 제몇 항인지 구하시오.

0947 ⑧

등차수열 $\{a_n\}$에서 $a_2+a_6=-32$, $a_5+a_{10}=-11$일 때, $a_n>0$을 만족시키는 자연수 n의 최솟값을 구하시오.

0948 ⑧

$a_{10}=20$인 등차수열 $\{a_n\}$에서 제3항과 제7항은 절댓값이 같고 부호가 반대이다. 이때 이 수열에서 처음으로 100보다 커지는 항은 제몇 항인지 구하시오.

0949 ⑧

두 등차수열 $\{a_n\}$, $\{b_n\}$이

$$\{a_n\}: 5, \ \frac{14}{3}, \ \frac{13}{3}, \ 4, \ \frac{11}{3}, \ \cdots$$

$$\{b_n\}: -15, \ -\frac{29}{2}, \ -14, \ -\frac{27}{2}, \ -13, \ \cdots$$

일 때, 수열 $\{b_n-a_n\}$에서 처음으로 양수가 되는 항은 제몇 항인가?

① 제24항 ② 제25항 ③ 제26항
④ 제27항 ⑤ 제28항

유형 04 두 수 사이에 수를 넣어 만든 등차수열

두 수 a와 b 사이에 k개의 수를 넣어 등차수열을 만들면 첫째항이 a, 제 $(k+2)$항이 b이다.
➡ $b=a+(k+1)d$ (단, d는 공차)

0950 대표 문제

여섯 개의 수 6, x, y, z, w, -14가 이 순서대로 등차수열을 이룰 때, $x-y+z-w$의 값을 구하시오.

0951 ⑧

두 수 -7과 17 사이에 m개의 수를 넣어 만든 수열
  -7, a_1, a_2, a_3, $\ldots$, a_m, 17
이 이 순서대로 공차가 $\dfrac{2}{3}$인 등차수열을 이룰 때, m의 값을 구하시오.

0952 ⑧

두 수 13과 103 사이에 m개의 수를 넣어 만든 수열
  13, a_1, a_2, a_3, $\ldots$, a_m, 103
이 이 순서대로 등차수열을 이룬다. 다음 중 이 수열의 공차가 될 수 <u>없는</u> 것은?

① 3   ② 4   ③ 6
④ 9   ⑤ 10

0953 ⑧

두 수 -4와 74 사이에 25개, 두 수 74와 137 사이에 n개의 수를 넣어 만든 수열
  -4, x_1, x_2, $\ldots$, x_{25}, 74, y_1, y_2, $\ldots$, y_n, 137
이 이 순서대로 등차수열을 이룰 때, n의 값을 구하시오.

유형 05 등차중항

세 수 a, b, c가 이 순서대로 등차수열을 이룰 때,
$$b=\frac{a+c}{2}, \text{ 즉 } 2b=a+c$$

0954 대표 문제

세 수 $a-1$, a^2+1, $3a+1$이 이 순서대로 등차수열을 이룰 때, a의 값을 구하시오.

0955 ⑧

다항식 $f(x)=x^2+ax+b$를 $x-1$, $x+1$, $x+2$로 나누었을 때의 나머지가 이 순서대로 등차수열을 이루고, $f(x)$는 $x-2$로 나누어떨어진다. 이때 상수 a, b에 대하여 ab의 값을 구하시오.

0956 ⑧

자연수 a, b에 대하여 네 수 $\log_2 3$, $\log_2 a$, $\log_2 12$, $\log_2 b$가 이 순서대로 등차수열을 이룰 때, $b-a$의 값은?

① 10   ② 12   ③ 14
④ 16   ⑤ 18

0957 ⑧ | 모평 기출 |

자연수 n에 대하여 x에 대한 이차방정식
  $x^2-nx+4(n-4)=0$
이 서로 다른 두 실근 α, β $(\alpha<\beta)$를 갖고, 세 수 1, α, β가 이 순서대로 등차수열을 이룰 때, n의 값은?

① 5   ② 8   ③ 11
④ 14   ⑤ 17

0958 중

오른쪽 그림에서 가로줄과 세로줄에 있는 세 수가 각각 화살표 방향의 순서대로 등차수열을 이룬다. 예를 들어 6, a, 10과 10, 7, d가 각각 이 순서대로 등차수열을 이룬다. 이때 $a-b+c-d$의 값을 구하시오.

6	a	10
b	5	7
0	c	d

◆◆ 개념루트 대수 304쪽

유형 06 등차수열을 이루는 수

(1) 세 수가 등차수열을 이루면
➡ 세 수를 $a-d$, a, $a+d$로 놓고 주어진 조건을 이용하여 식을 세운다.
(2) 네 수가 등차수열을 이루면
➡ 네 수를 $a-3d$, $a-d$, $a+d$, $a+3d$로 놓고 주어진 조건을 이용하여 식을 세운다.

0959 대표 문제

등차수열을 이루는 세 수의 합이 12이고 곱이 48일 때, 세 수의 제곱의 합은?

① 52   ② 54   ③ 56
④ 58   ⑤ 60

0960 중

삼차방정식 $x^3+3x^2+px+q=0$의 세 실근이 등차수열을 이룰 때, 상수 p, q에 대하여 $p-q$의 값을 구하시오.

0961 중

서술형

등차수열을 이루는 네 수의 합이 8이고, 가운데 두 수의 곱은 가장 작은 수와 가장 큰 수의 곱보다 8이 클 때, 네 수 중에서 가장 작은 수를 구하시오.

0962 상

오른쪽 그림과 같이 $\overline{BC}=9\sqrt{5}$, $\angle B=90°$인 직각삼각형 ABC의 꼭짓점 B에서 빗변 AC에 내린 수선의 발을 D라 하자. 세 선분 AD, CD, AB의 길이가 이 순서대로 등차수열을 이룰 때, 직각삼각형 ABC의 넓이를 구하시오.

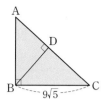

빈출

◆◆ 개념루트 대수 310쪽

유형 07 등차수열의 합

등차수열의 첫째항부터 제n항까지의 합 S_n은
(1) 첫째항 a와 제n항 l이 주어지면
➡ $S_n=\dfrac{n(a+l)}{2}$
(2) 첫째항 a와 공차 d가 주어지면
➡ $S_n=\dfrac{n\{2a+(n-1)d\}}{2}$

0963 대표 문제

$a_2=5$, $a_8=17$인 등차수열 $\{a_n\}$의 첫째항부터 제15항까지의 합은?

① 250   ② 255   ③ 260
④ 265   ⑤ 270

0964 하

등차수열 $\{a_n\}$의 일반항이 $a_n=5n-7$일 때, 등차수열 $\{a_n\}$의 첫째항부터 제9항까지의 합을 구하시오.

0965 (중)

첫째항이 8, 제k항이 -30인 등차수열 $\{a_n\}$의 첫째항부터 제k항까지의 합이 -220일 때, 이 수열의 공차를 구하시오.

0966 (중)

$a_3=3$, $a_7=3a_5$인 등차수열 $\{a_n\}$의 첫째항부터 제n항까지의 합 S_n에 대하여 $S_n<0$을 만족시키는 자연수 n의 최솟값을 구하시오.

0967 (중)

두 등차수열 $\{a_n\}$, $\{b_n\}$에 대하여 $a_1+b_1=10$이고
$$(a_1+a_2+a_3+\cdots+a_9)+(b_1+b_2+b_3+\cdots+b_9)=54$$
일 때, a_9+b_9의 값은?

① -4 ② -2 ③ 0

④ 2 ⑤ 4

0968 (상)

$a_1=43$, $a_{10}=7$인 등차수열 $\{a_n\}$에 대하여
$|a_1|+|a_2|+|a_3|+\cdots+|a_{15}|$의 값을 구하시오.

유형 08 **두 수 사이에 수를 넣어 만든 등차수열의 합**

두 수 a와 b 사이에 k개의 수를 넣어 만든 등차수열의 합을 S라 하면
$$\Rightarrow S=\frac{(k+2)(a+b)}{2} \rightarrow \text{첫째항이 } a, \text{ 끝항이 } b, \text{ 항수가 } (k+2)\text{인}$$
$$\text{등차수열의 합}$$

0969 대표 문제

두 수 6과 48 사이에 m개의 수를 넣어 만든 수열
$$6, a_1, a_2, a_3, \ldots, a_m, 48$$
이 이 순서대로 등차수열을 이룬다. 이 수열의 모든 항의 합이 594일 때, m의 값은?

① 20   ② 21   ③ 22

④ 23   ⑤ 24

0970 (하)

두 수 5와 -33 사이에 18개의 수를 넣어 만든 수열
$$5, a_1, a_2, a_3, \ldots, a_{18}, -33$$
이 이 순서대로 등차수열을 이룰 때, $a_1+a_2+a_3+\cdots+a_{18}$의 값을 구하시오.

0971 (중)

두 수 -4와 50 사이에 m개의 수를 넣어 만든 수열
$$-4, a_1, a_2, a_3, \ldots, a_m, 50$$
이 이 순서대로 등차수열을 이루고
$a_1+a_2+a_3+\cdots+a_m=391$일 때, m의 값은?

① 15   ② 16   ③ 17

④ 18   ⑤ 19

◆◆ 개념루트 대수 312쪽

유형 09 부분의 합이 주어진 등차수열의 합

첫째항이 a, 공차가 d인 등차수열 $\{a_n\}$에서 첫째항부터 제n항까지의 합 S_n에 대하여 두 식

$$S_n=\frac{n\{2a+(n-1)d\}}{2},\ S_{2n}=\frac{2n\{2a+(2n-1)d\}}{2}$$

를 연립하여 a, d의 값을 구한다.

[참고] 등차수열에서 차례로 같은 개수만큼 묶어서 합을 구하면 그 합이 이루는 수열도 등차수열이다.

0972 [대표 문제]

등차수열 $\{a_n\}$의 첫째항부터 제n항까지의 합 S_n에 대하여 $S_{10}=80$, $S_{20}=360$일 때, S_{30}은?

① 800 ② 820 ③ 840
④ 860 ⑤ 880

0973 [중]

등차수열 $\{a_n\}$의 첫째항부터 제4항까지의 합 S_4가 34, 첫째항부터 제8항까지의 합 S_8이 116일 때, $a_9+a_{10}+a_{11}+\cdots+a_{20}$의 값은?

① 533 ② 534 ③ 535
④ 536 ⑤ 537

0974 [중]

등차수열 $\{a_n\}$이 다음 조건을 만족시킬 때, $a_6+a_7+a_8+\cdots+a_{15}$의 값을 구하시오.

(가) $a_1+a_2+a_3+\cdots+a_{10}=-15$
(나) $a_{11}+a_{12}+a_{13}+\cdots+a_{20}=-115$

◆◆ 개념루트 대수 314쪽

유형 10 등차수열의 합의 최대, 최소

(1) (첫째항)>0, (공차)<0인 등차수열의 합의 최댓값
 ➡ 첫째항부터 양수인 마지막 항까지의 합
(2) (첫째항)<0, (공차)>0인 등차수열의 합의 최솟값
 ➡ 첫째항부터 음수인 마지막 항까지의 합

0975 [대표 문제]

첫째항이 21, 공차가 -2인 등차수열 $\{a_n\}$의 첫째항부터 제n항까지의 합 S_n의 최댓값을 구하시오.

0976 [중]

$a_4=-7$, $a_{12}=9$인 등차수열 $\{a_n\}$의 첫째항부터 제k항까지의 합이 최소이고, 그때의 수열의 합이 m일 때, $k+m$의 값을 구하시오.

0977 [중]   서술형

첫째항이 -9인 등차수열 $\{a_n\}$의 첫째항부터 제n항까지의 합 S_n에 대하여 $S_3=S_7$일 때, S_n이 최소가 되도록 하는 자연수 n의 값을 구하시오.

0978 [상]

첫째항이 21이고 공차가 정수인 등차수열 $\{a_n\}$의 첫째항부터 제n항까지의 합 S_n에 대하여 S_1, S_2, S_3, $\ldots$ 중에서 최댓값이 S_{11}일 때, S_{20}은? (단, $a_n\neq0$)

① 32 ② 34 ③ 36
④ 38 ⑤ 40

유형 11 나머지가 같은 자연수의 합

(1) 자연수 d로 나누었을 때의 나머지가 $a(0<a<d)$인 자연수를 작은 것부터 차례로 나열하면
$$a, a+d, a+2d, \cdots \rightarrow \text{첫째항이 } a, \text{ 공차가 } d \text{인 등차수열}$$
(2) 자연수 d로 나누어떨어지는 자연수를 작은 것부터 차례로 나열하면 └→d의 배수
$$d, 2d, 3d, \cdots \rightarrow \text{첫째항과 공차가 모두 } d \text{인 등차수열}$$

0979 대표 문제

두 자리의 자연수 중에서 6으로 나누었을 때의 나머지가 5인 수의 총합은?

① 636   ② 689   ③ 742

④ 795   ⑤ 848

0980 ⑧

50 이상 100 이하의 자연수 중에서 2 또는 3으로 나누어떨어지는 수의 총합은?

① 2605   ② 2615   ③ 2625

④ 2635   ⑤ 2645

0981 ⑤

두 집합
$$A=\{x \mid x=3n+2, \ n\text{은 자연수}\},$$
$$B=\{y \mid y=5n+1, \ n\text{은 자연수}\}$$
에 대하여 집합 $A \cap B$의 원소를 작은 것부터 차례로 나열한 수열을 $\{a_n\}$이라 하자. 이때 $a_1+a_2+a_3+\cdots+a_8$의 값을 구하시오.

유형 12 등차수열의 합의 활용

주어진 상황에서 첫째항과 공차를 찾아 등차수열의 합에 대한 식을 세운다.

참고 n각형의 내각의 크기의 합 ➡ $180° \times (n-2)$

0982 대표 문제

연속하는 30개의 자연수의 합이 645일 때, 30개의 자연수 중에서 가장 작은 수를 구하시오.

0983 ⑧

어떤 n각형의 내각의 크기는 공차가 20°인 등차수열을 이룬다고 한다. 가장 작은 내각의 크기가 70°일 때, n의 값을 구하시오. (단, 한 내각의 크기는 180°보다 작다.)

0984 ⑤

| 학평 기출 |

자연수 n에 대하여 다음과 같은 규칙으로 제n행에 n개의 정수를 적는다.

> (가) 제1행에는 100을 적는다.
> (나) 제$(n+1)$행의 왼쪽 끝에 적힌 수는 제n행의 오른쪽 끝에 적힌 수보다 1이 작다.
> (다) 제n행의 수들은 왼쪽부터 순서대로 공차가 -1인 등차수열을 이룬다. $(n \geq 2)$

제n행에 적힌 모든 수의 합을 a_n이라 할 때, $a_{13}-a_{12}$의 값은?

① -136 ② -134 ③ -132

④ -130 ⑤ -128

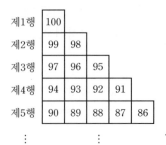

제1행	100				
제2행	99	98			
제3행	97	96	95		
제4행	94	93	92	91	
제5행	90	89	88	87	86

0985 (상)

오른쪽 그림은 두 곡선 $y=x^2+ax+b$, $y=x^2$의 교점에서 오른쪽 방향으로 두 곡선 사이에 y축과 평행한 선분 10개를 일정한 간격으로 그은 것이다. 이 선분 10개 중 가장 짧은 선분의 길이는 1이고, 가장 긴 선분의 길이는 5일 때, 10개의 선분의 길이의 합을 구하시오.

(단, $a>0$이고 a, b는 상수)

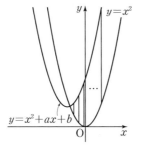

◆◆ 개념루트 대수 316쪽

빈출

유형 13 **등차수열의 합과 일반항 사이의 관계**

수열 $\{a_n\}$의 첫째항부터 제n항까지의 합 S_n에 대하여
(1) $a_1=S_1$, $a_n=S_n-S_{n-1}$ ($n\geq2$)
(2) $S_n=An^2+Bn+C$ (A, B, C는 상수) 꼴일 때, $C=0$이면 수열 $\{a_n\}$은 첫째항부터 등차수열을 이룬다.

참고 S_n과 a_n 사이의 관계는 등차수열뿐만 아니라 모든 수열에서 성립한다.

0986 대표 문제

수열 $\{a_n\}$의 첫째항부터 제n항까지의 합 S_n이 $S_n=3n^2-n+1$일 때, a_1+a_{10}의 값은?

① 58   ② 59   ③ 60
④ 61   ⑤ 62

0987 (중)

| 학평 기출 |

공차가 d인 등차수열 $\{a_n\}$의 첫째항부터 제n항까지의 합이 n^2-5n일 때, a_1+d의 값은?

① -4 ② -2 ③ 0
④ 2 ⑤ 4

0988 (중)

수열 $\{a_n\}$의 첫째항부터 제n항까지의 합 S_n이 $S_n=-2n^2+9n$일 때, $a_n>0$을 만족시키는 자연수 n의 개수는?

① 1   ② 2   ③ 3
④ 4   ⑤ 5

0989 (중)

수열 $\{a_n\}$의 첫째항부터 제n항까지의 합 S_n이 다항식 x^2+3x를 일차식 $x+n$으로 나누었을 때의 나머지와 같을 때, $a_k=18$을 만족시키는 자연수 k의 값을 구하시오.

0990 (중)

첫째항부터 제n항까지의 합이 각각 n^2+kn, $-2n^2+23n$인 두 수열 $\{a_n\}$, $\{b_n\}$에서 $a_4=b_4$일 때, 상수 k의 값은?

① -2 ② -1 ③ 1
④ 2 ⑤ 3

0991 (중)

수열 $\{a_n\}$의 첫째항부터 제n항까지의 합 S_n이 $S_n=-n^2+7n$일 때, $a_2+a_4+a_6+\cdots+a_{2k}=-140$을 만족시키는 자연수 k의 값을 구하시오.

◇◆ 개념루트 대수 324쪽

유형 14 등비수열의 일반항

(1) 등비수열 $\{a_n\}$의 공비가 $r\,(r\neq0)$
   ➡ $r=\dfrac{a_2}{a_1}=\dfrac{a_3}{a_2}=\dfrac{a_4}{a_3}=\cdots$
(2) 첫째항이 a, 공비가 $r\,(r\neq0)$인 등비수열의 일반항 a_n
   ➡ $a_n=ar^{n-1}\ (n=1,\ 2,\ 3,\ \ldots)$

0992 대표 문제

공비가 양수인 등비수열 $\{a_n\}$에서 $a_3=3$, $a_5=12$일 때, a_8은?

① 80 　　② 84 　　③ 88
④ 92 　　⑤ 96

0993 하

일반항이 $a_n=3\times5^{3-2n}$인 등비수열 $\{a_n\}$의 첫째항과 공비를 구하시오.

0994 중

등비수열 $\dfrac{1}{4}$, $\dfrac{\sqrt{2}}{4}$, $\dfrac{1}{2}$, $\dfrac{\sqrt{2}}{2}$, $\ldots$에서 8은 제몇 항인가?

① 제8항 　　② 제9항 　　③ 제10항
④ 제11항 　　⑤ 제12항

0995 중

첫째항이 2, 공비가 4인 등비수열 $\{a_n\}$에 대하여 수열 $\{\log_2 a_n\}$의 첫째항부터 제10항까지의 합을 구하시오.

◇◆ 개념루트 대수 326쪽

유형 15 항 사이의 관계가 주어진 등비수열

등비수열 $\{a_n\}$의 첫째항을 a, 공비를 r라 하고 주어진 식을 a, r에 대한 식으로 나타낸다.

0996 대표 문제

등비수열 $\{a_n\}$에서 $a_4=2$, $a_{10}=\dfrac{1}{8}a_7$일 때, a_9는?

① $\dfrac{1}{4}$ 　　② $\dfrac{1}{8}$ 　　③ $\dfrac{1}{16}$
④ $\dfrac{1}{32}$ 　　⑤ $\dfrac{1}{64}$

0997 중 　　　　| 학평 기출 |

모든 항이 양수인 등비수열 $\{a_n\}$에 대하여
$$a_3{}^2=a_6,\ a_2-a_1=2$$
일 때, a_5의 값은?

① 20 　　② 24 　　③ 28
④ 32 　　⑤ 36

0998 상

첫째항과 공비가 모두 0이 아닌 등비수열 $\{a_n\}$에 대하여
$$\frac{a_6}{a_1}+\frac{a_7}{a_2}+\frac{a_8}{a_3}+\cdots+\frac{a_{25}}{a_{20}}=100$$
일 때, $\dfrac{a_{25}}{a_{10}}$의 값은?

① 110 　　② 115 　　③ 120
④ 125 　　⑤ 130

◈◆ 개념루트 대수 328쪽

유형 16 등비수열에서 조건을 만족시키는 항

첫째항이 a, 공비가 r인 등비수열 $\{a_n\}$에서

(1) 처음으로 k보다 커지는 항
  ➡ $a_n = ar^{n-1} > k$를 만족시키는 자연수 n의 최솟값을 구한다.

(2) 처음으로 k보다 작아지는 항
  ➡ $a_n = ar^{n-1} < k$를 만족시키는 자연수 n의 최솟값을 구한다.

0999 대표 문제

$a_2 = 9$, $a_5 = 243$인 등비수열 $\{a_n\}$에서 처음으로 3000보다 커지는 항은 제몇 항인가?

① 제7항   ② 제8항   ③ 제9항
④ 제10항   ⑤ 제11항

1000 중

공비가 양수인 등비수열 $\{a_n\}$에서 $a_5 = 8$, $a_7 = 16$일 때, $a_n{}^2 > 1600$을 만족시키는 자연수 n의 최솟값은?

① 6   ② 7   ③ 8
④ 9   ⑤ 10

1001 중

등비수열 $\{a_n\}$에서 $a_3 + a_6 = \dfrac{7}{16}$, $a_4 + a_7 = -\dfrac{7}{32}$일 때,

$|a_n| < \dfrac{1}{1000}$을 만족시키는 자연수 n의 최솟값을 구하시오.

◈◆ 개념루트 대수 330쪽

유형 17 두 수 사이에 수를 넣어 만든 등비수열

두 수 a와 b 사이에 k개의 수를 넣어 등비수열을 만들면 첫째항이 a, 제$(k+2)$항이 b이다.
➡ $b = ar^{k+1}$ (단, r는 공비)

1002 대표 문제

두 수 6과 96 사이에 3개의 양수를 넣어 만든 수열
$$6, \ x, \ y, \ z, \ 96$$
이 이 순서대로 등비수열을 이룰 때, $x+y+z$의 값을 구하시오.

1003 중

두 수 12와 $\dfrac{4}{243}$ 사이에 m개의 수를 넣어 만든 수열

$$12, \ a_1, \ a_2, \ a_3, \ \ldots, \ a_m, \ \frac{4}{243}$$

가 이 순서대로 공비가 $\dfrac{1}{3}$인 등비수열을 이룰 때, m의 값은?

① 4   ② 5   ③ 6
④ 7   ⑤ 8

1004 중

두 수 4와 324 사이에 7개의 양수를 넣어 만든 수열
$$4, \ a_1, \ a_2, \ a_3, \ \ldots, \ a_7, \ 324$$
가 이 순서대로 등비수열을 이룬다.
$a_1 \times a_2 \times a_3 \times \cdots \times a_7 = 6^k$일 때, 자연수 k의 값은?

① 10   ② 12   ③ 14
④ 16   ⑤ 18

◇◆ 개념루트 대수 330쪽

유형 18 등비중항

세 수 a, b, c가 이 순서대로 등비수열을 이룰 때,
$$b^2 = ac$$

1005 대표 문제

세 수 a, 6, b가 이 순서대로 등차수열을 이루고 세 수 2, a, b가 이 순서대로 등비수열을 이룰 때, 양수 a, b에 대하여 $5a - 2b$의 값을 구하시오.

1006 하

세 양수 $9a$, $a+4$, a가 이 순서대로 등비수열을 이룰 때, a의 값을 구하시오.

1007 중

1이 아닌 두 양수 a, b에 대하여 세 수 a, 3, b가 이 순서대로 등비수열을 이룰 때, $\dfrac{1}{\log_a 3} + \dfrac{1}{\log_b 3}$의 값은?

① 1   ② 2   ③ 3
④ 4   ⑤ 5

1008 중

| 학평 기출 |

첫째항과 공차가 모두 0이 아닌 등차수열 $\{a_n\}$에 대하여 세 항 a_2, a_5, a_{14}가 이 순서대로 등비수열을 이룰 때, $\dfrac{a_{23}}{a_3}$의 값은?

① 6   ② 7   ③ 8
④ 9   ⑤ 10

1009 중

서술형

오른쪽 그림과 같이 두 함수 $y = 2\sqrt{x}$, $y = \sqrt{x}$의 그래프와 직선 $x = k$가 만나는 점을 각각 A, B라 하고, 직선 $x = k$가 x축과 만나는 점을 C라 하자. $\overline{BC}$, $\overline{OC}$, $\overline{AC}$가 이 순서대로 등비수열을 이룰 때, 양수 k의 값을 구하시오. (단, O는 원점)

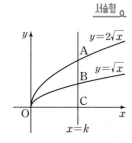

1010 상

삼각형 ABC의 세 변의 길이 a, b, c가 이 순서대로 등차수열을 이루고, 세 내각의 크기 A, B, C에 대하여 $\sin A$, $\sin B$, $\sin C$가 이 순서대로 등비수열을 이룰 때, 삼각형 ABC는 어떤 삼각형인지 말하시오.

◇◆ 개념루트 대수 332쪽

유형 19 등비수열을 이루는 수

세 수가 등비수열을 이루면
➡ 세 수를 a, ar, ar^2으로 놓고 주어진 조건을 이용하여 식을 세운다.

1011 대표 문제

삼차방정식 $x^3 + px^2 - 6x + 8 = 0$의 세 실근이 등비수열을 이룰 때, 상수 p의 값은?

① -3 ② -1 ③ 0
④ 1 ⑤ 3

1012 중

등비수열을 이루는 세 실수의 합이 21이고 곱이 -729일 때, 세 수 중에서 가장 큰 수를 구하시오.

1013 중

두 곡선 $y = 3x^3 + 5x - 3$, $y = kx^2 - 8x$가 서로 다른 세 점에서 만나고 그 교점의 x좌표가 등비수열을 이룰 때, 상수 k의 값은? (단, $k \neq 0$)

① 11 ② 13 ③ 15
④ 17 ⑤ 19

1014 중

모든 모서리의 길이의 합이 56, 겉넓이가 112인 직육면체의 가로의 길이, 세로의 길이, 높이가 이 순서대로 등비수열을 이룰 때, 이 직육면체의 부피를 구하시오.

◇◆ 개념루트 대수 332쪽

유형 20 등비수열의 활용

(1) 도형의 길이, 넓이, 부피 등이 일정한 비율로 변할 때, 첫째 항부터 차례로 나열하여 규칙을 찾은 후 일반항을 구한다.
(2) 처음의 양을 a, 매회(또는 매년) 증가율을 r $(r > 0)$라 할 때, n회(또는 n년) 후의 양은 $a(1+r)^n$임을 이용한다.

1015 대표 문제

한 변의 길이가 9인 정사각형이 있다. 오른쪽 그림과 같이 첫 번째 시행에서 정사각형을 9등분 하여 중앙의 정사각형을 제거한다. 두 번째 시행에서는 첫 번째 시행 후 남은 8개의 정사각형을 각각 다시 9등분 하여 중앙의 정사각형을 제거한다. 이와 같은 시행을 반복할 때, 10번째 시행 후 남은 도형의 넓이는 $\dfrac{2^q}{3^p}$이다. 자연수 p, q에 대하여 $p+q$의 값을 구하시오.

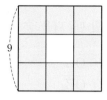

1016 중

어떤 박테리아의 수는 매시간 일정한 비율만큼 증가한다고 한다. 현재 a만 마리인 이 박테리아가 10시간 후에는 6만 마리, 20시간 후에는 9만 마리가 된다고 할 때, a의 값은?

① 1 ② 2 ③ 3
④ 4 ⑤ 5

1017 중

떨어뜨린 높이의 $\dfrac{2}{3}$만큼 다시 튀어 오르는 공을 27 m의 높이에서 떨어뜨렸다. 이 공이 6번째 튀어 올랐을 때의 높이는?

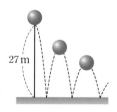

① $\dfrac{2^4}{3^3}$ m   ② $\dfrac{2^5}{3^3}$ m   ③ $\dfrac{2^6}{3^3}$ m

④ $\dfrac{2^5}{3^4}$ m   ⑤ $\dfrac{2^6}{3^4}$ m

08 등차수열과 등비수열

1018 (상)

오른쪽 그림과 같이 원점 O와 직선 $y=1$ 위의 점 A_1, A_2, A_3, $\ldots$, A_n에 대하여 직선 OA_{n+1}의 기울기는 직선 OA_n의 기울기의 $\dfrac{5}{3}$배이다. 점 A_1의 좌표가

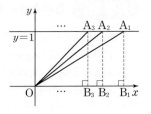

$\left(\dfrac{5}{3},\ 1\right)$이고 점 A_n에서 x축에 내린 수선의 발을 B_n이라 할 때, 다음 중 길이가 $\left(\dfrac{3}{5}\right)^6$인 선분은?

① $\overline{OB_6}$　　　　② $\overline{OB_7}$　　　　③ $\overline{OB_8}$
④ $\overline{OB_9}$　　　　⑤ $\overline{OB_{10}}$

◆ 개념루트 대수 336쪽

빈출

유형 21　등비수열의 합

첫째항이 a, 공비가 r인 등비수열의 첫째항부터 제n항까지의 합 S_n은

(1) $r \neq 1$일 때 ➡ $S_n = \dfrac{a(1-r^n)}{1-r} = \dfrac{a(r^n-1)}{r-1}$

(2) $r = 1$일 때 ➡ $S_n = na$

1019 [대표 문제]

$a_3 = -12$, $a_7 = -192$이고 공비가 음수인 등비수열 $\{a_n\}$의 첫째항부터 제7항까지의 합을 구하시오.

1020 (하)

다음 등비수열의 첫째항부터 제n항까지의 합 S_n에 대하여 $S_k = 728$을 만족시키는 자연수 k의 값은?

> 2, 6, 18, 54, ...

① 5　　　　② 6　　　　③ 7
④ 8　　　　⑤ 9

1021 (중)

등비수열 $\{a_n\}$의 첫째항부터 제n항까지의 합을 S_n이라 하자.

$$a_1 = 1, \quad \frac{S_6}{S_3} = 2a_4 - 7$$

일 때, a_7의 값을 구하시오.

1022 (중)

$a_4 = 1$, $a_8 = 5$인 등차수열 $\{a_n\}$에 대하여 수열 $\{5^{a_n}\}$의 첫째항부터 제20항까지의 합은?

① $\dfrac{1}{100}(5^{10}-1)$　　② $\dfrac{1}{10}(5^{10}-1)$　　③ $\dfrac{1}{100}(5^{20}-2)$
④ $\dfrac{1}{100}(5^{20}-1)$　　⑤ $\dfrac{1}{10}(5^{20}-1)$

1023 (중)

첫째항이 1, 공비가 -3인 등비수열 $\{a_n\}$에 대하여 수열 a_1+a_2, a_2+a_3, a_3+a_4, $\ldots$의 첫째항부터 제10항까지의 합은?

① $\dfrac{1}{2}(3^9-1)$　　② $\dfrac{1}{2}(3^9+1)$　　③ $\dfrac{1}{2}(3^{10}-1)$
④ $\dfrac{1}{2}(3^{10}+1)$　　⑤ $\dfrac{1}{2}(3^{11}-1)$

1024 ⑧ 서술형

등비수열 1, $\dfrac{1}{2}$, $\dfrac{1}{4}$, …의 첫째항부터 제n항까지의 합 S_n에 대하여 $|S_n-2|<0.001$을 만족시키는 자연수 n의 최솟값을 구하시오.

1025 ⑧

첫째항이 1, 제5항이 16이고 공비가 양수인 등비수열 $\{a_n\}$에서 첫째항부터 제n항까지의 합이 처음으로 10^6보다 크게 되는 자연수 n의 값은? (단, $\log 2=0.301$로 계산한다.)

① 5   ② 10   ③ 15
④ 20   ⑤ 25

빈출

◆◆ 개념루트 대수 338쪽

유형 22   **부분의 합이 주어진 등비수열의 합**

등비수열의 첫째항을 a, 공비를 r $(r\neq1)$라 하고 등비수열의 합을 이용한다.

$$S_n=\dfrac{a(1-r^n)}{1-r}$$

$$S_{2n}=\dfrac{a(1-r^{2n})}{1-r}=\dfrac{a(1-r^n)(1+r^n)}{1-r}$$

$$S_{3n}=\dfrac{a(1-r^{3n})}{1-r}=\dfrac{a(1-r^n)(1+r^n+r^{2n})}{1-r}$$

1026 **대표 문제**

첫째항부터 제3항까지의 합 S_3이 15, 첫째항부터 제6항까지의 합 S_6이 25인 등비수열 $\{a_n\}$의 첫째항부터 제9항까지의 합 S_9를 구하시오.

1027 ⑧ 서술형

공비가 음수인 등비수열 $\{a_n\}$의 첫째항부터 제n항까지의 합 S_n에 대하여 $S_4=-5$, $S_8=-85$일 때, a_8을 구하시오.

1028 ⑧

등비수열 $\{a_n\}$에서

$$a_1+a_3+a_5+a_7=17,$$
$$a_1+a_2+a_3+\cdots+a_8=-34$$

일 때, 이 수열의 공비는?

① -3 ② $-\dfrac{3}{2}$ ③ $\dfrac{3}{2}$
④ 2 ⑤ 3

1029 ⑧

첫째항이 2인 등비수열 $\{a_n\}$의 첫째항부터 제n항까지의 합 S_n이 다음 조건을 만족시킬 때, a_6을 구하시오.

(가) $S_{10}-S_2=4S_8$
(나) $S_{10}<S_8$

주어진 상황에서 첫째항과 공비를 찾아 등비수열의 합에 대한 식을 세운다.

1030 대표 문제

다음 그림과 같이 지름의 길이가 2인 원 O_1을 그린 후 원 O_1에 외접하면서 지름의 길이가 원 O_1의 $\dfrac{1}{2}$인 원 O_2를 그린다.

이와 같은 방법으로 원 O_3, O_4, O_5, $\ldots$, O_n을 그려 나갈 때, 원 O_n의 둘레의 길이를 a_n이라 하자. 이때 $a_1+a_2+a_3+\cdots+a_{10}$의 값을 구하시오.

(단, 모든 원의 중심은 일직선 위에 있다.)

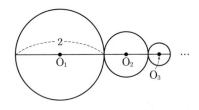

1031 중 | 학평 기출 |

그림은 16개의 칸 중 3개의 칸에 다음 규칙을 만족시키도록 수를 써 넣은 것이다.

> ㈎ 가로로 인접한 두 칸에서 오른쪽 칸의 수는 왼쪽 칸의 수의 2배이다.
> ㈏ 세로로 인접한 두 칸에서 아래쪽 칸의 수는 위쪽 칸의 수의 2배이다.

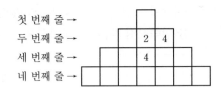

첫 번째 줄 →
두 번째 줄 →
세 번째 줄 →
네 번째 줄 →

이 규칙을 만족시키도록 나머지 칸에 수를 써 넣을 때, 네 번째 줄에 있는 모든 수의 합은?

① 119   ② 127   ③ 135
④ 143   ⑤ 151

1032 중

은지는 일주일 동안 걸어서 여행하는 계획을 세웠다. 첫째 날에는 5 km를 이동하고 둘째 날부터는 전날 이동한 거리의 10 % 씩 늘려서 이동할 때, 일주일 동안 은지가 이동하는 거리는? (단, $1.1^7=1.9$로 계산한다.)

① 41 km   ② 42 km   ③ 43 km
④ 44 km   ⑤ 45 km

1033 중

어느 통신사의 신규 가입자의 수가 매년 일정한 비율로 증가하고 있다. 2008년부터 2015년까지 8년 동안의 신규 가입자의 수가 12만이고, 2016년부터 2023년까지 8년 동안의 신규 가입자의 수가 16만일 때, 2024년의 신규 가입자의 수는 2008년의 신규 가입자의 수의 몇 배인지 구하시오.

빈출   ◆ 개념루트 대수 338쪽

수열 $\{a_n\}$의 첫째항부터 제n항까지의 합 S_n에 대하여
$$a_1=S_1, \quad a_n=S_n-S_{n-1} \ (n\geq2)$$

1034 대표 문제

수열 $\{a_n\}$의 첫째항부터 제n항까지의 합 S_n이 $S_n=3^n-1$일 때, $\dfrac{a_6+a_7}{a_1+a_2}$의 값은?

① 9   ② 27   ③ 81
④ 243   ⑤ 729

1035 (하)

수열 $\{a_n\}$의 첫째항부터 제n항까지의 합 S_n이
$S_n = 7 \times 3^n - 7$일 때, 수열 $\{a_n\}$의 일반항은 $a_n = p \times q^{n-1}$
이다. 상수 p, q에 대하여 $p-q$의 값은?

① 7   ② 8   ③ 9
④ 10   ⑤ 11

1036 (중)

수열 $\{a_n\}$의 첫째항부터 제n항까지의 합 S_n이
$S_n = 6 \times 8^n + k$이다. 이 수열이 첫째항부터 등비수열을 이
루도록 하는 상수 k의 값은?

① -6 ② -3 ③ 1
④ 3   ⑤ 6

1037 (중)

수열 $\{a_n\}$의 첫째항부터 제n항까지의 합 S_n이 $S_n = 3^{n+1} - 3$
일 때, $a_n > 1000$을 만족시키는 자연수 n의 최솟값을 구하
시오.

1038 (상)

모든 항이 양수인 수열 $\{a_n\}$에 대하여

$$\log_3 a_1 + \log_3 a_2 + \log_3 a_3 + \cdots + \log_3 a_n = \frac{n^2 - n}{2}$$

이 성립할 때, $a_2 + a_4$의 값을 구하시오.

유형 25   원리합계

연이율이 r이고, 1년마다 복리로 매년 a원씩 n년 동안 적립할 때,
n년 말의 적립금의 원리합계는

(1) 매년 초에 적립하는 경우 ➡ $\dfrac{a(1+r)\{(1+r)^n - 1\}}{r}$ (원)

(2) 매년 말에 적립하는 경우 ➡ $\dfrac{a\{(1+r)^n - 1\}}{r}$ (원)

1039 대표 문제

연이율이 8%이고, 1년마다 복리로 매년 초에 100만 원씩
10년 동안 적립할 때, 10년째 말의 적립금의 원리합계를 구
하시오. (단, $1.08^{10} = 2.2$로 계산한다.)

1040 (중)

연이율이 5%이고, 1년마다 복리로 매년 말에 10만 원씩
10년 동안 적립할 때, 10년째 말의 적립금의 원리합계는?
(단, $1.05^{10} = 1.63$으로 계산한다.)

① 124만 원   ② 125만 원   ③ 126만 원
④ 127만 원   ⑤ 128만 원

1041 (중)

대원이의 부모님이 대원이의 대학 등록금 마련을 위해 월
이율이 0.4%이고, 1개월마다 복리로 매월 초에 20만 원씩
3년 동안 적립할 때, 3년째 말의 적립금의 원리합계는?
(단, $1.004^{36} = 1.15$로 계산한다.)

① 751만 원   ② 753만 원   ③ 755만 원
④ 757만 원   ⑤ 759만 원

1042 (중)

매년 초에 a만 원씩 10년 동안 적립하여 10년째 말까지
650만 원을 마련하려고 한다. 연이율이 4%이고, 1년마다
복리로 계산할 때, a의 값을 구하시오.
(단, $1.04^{10} = 1.5$로 계산한다.)

AB 유형 점검

1043 유형 01

등차수열 $\{a_n\}$에서 $a_{13}=-58$, $a_{21}=-98$일 때, a_{33}을 구하시오.

1044 유형 03 | 모평 기출 |

등차수열 $\{a_n\}$에 대하여

$$a_1=a_3+8,\ 2a_4-3a_6=3$$

일 때, $a_k<0$을 만족시키는 자연수 k의 최솟값은?

① 8   ② 10   ③ 12

④ 14   ⑤ 16

1045 유형 06

모든 모서리의 길이의 합이 36, 부피가 24인 직육면체의 가로의 길이, 세로의 길이, 높이가 이 순서대로 등차수열을 이룰 때, 이 직육면체의 겉넓이는?

① 50   ② 51   ③ 52

④ 53   ⑤ 54

1046 유형 07

다음 등차수열의 모든 항의 합을 구하시오.

$$26,\ \ 23,\ \ 20,\ \ \cdots,\ \ -16$$

1047 유형 08

두 수 5와 38 사이에 m개의 수를 넣어 만든 수열

$$5,\ a_1,\ a_2,\ a_3,\ \cdots,\ a_m,\ 38$$

이 이 순서대로 등차수열을 이루고 모든 항이 자연수이다. 이때 이 수열의 모든 항의 합의 최솟값을 구하시오.

1048 유형 09

등차수열 $\{a_n\}$의 첫째항부터 제n항까지의 합 S_n에 대하여 $S_{10}=-80$, $S_{20}=40$일 때, $|a_1|+|a_2|+|a_3|+\cdots+|a_{17}|$의 값을 구하시오.

1049 유형 10

$a_2=35$, $a_7=a_5-6$인 등차수열 $\{a_n\}$의 첫째항부터 제n항까지의 합 S_n에 대하여 S_n이 최대가 되도록 하는 자연수 n의 값을 구하시오.

1050 유형 12

크기가 같은 벽돌로 10층짜리 탑을 쌓으려고 한다. 탑의 각 층의 벽돌의 개수는 맨 아래층에서 한 층씩 위로 올라갈수록 일정한 개수만큼 줄어든다. 맨 위층의 벽돌의 개수는 2이고, 탑 전체의 벽돌의 개수는 4층의 벽돌의 개수의 7배보다 15만큼 더 많을 때, 필요한 전체 벽돌의 개수를 구하시오.

1051 유형 13

수열 $\{a_n\}$의 첫째항부터 제n항까지의 합 S_n이
$S_n=2n^2+9n$일 때, 이 수열은 첫째항이 a, 공차가 d인 등차수열이다. 이때 $a-d$의 값은?

① 5   ② 6   ③ 7
④ 8   ⑤ 9

1052 유형 15

공비가 음수인 등비수열 $\{a_n\}$에서 $\dfrac{a_3+a_5+a_7}{a_1+a_3+a_5}=9$일 때, 이 수열의 공비를 구하시오.

1053 유형 16

첫째항이 5, 공비가 2인 등비수열 $\{a_n\}$에서 $a_n<5000$을 만족시키는 모든 자연수 n의 값의 합을 구하시오.

1054 유형 17

두 수 3과 30 사이에 5개의 수를 넣어 만든 수열
    3, a_1, a_2, a_3, a_4, a_5, 30
이 이 순서대로 등비수열을 이룰 때, $a_1 a_5$의 값을 구하시오.

1055 유형 05 + 18

세 정수 x, $2y$, 10이 이 순서대로 공차가 d인 등차수열을 이루고, 세 정수 4, x, $13-y$가 이 순서대로 공비가 r인 등비수열을 이룰 때, dr의 값은?

① 3   ② $\dfrac{7}{2}$ ③ 4
④ $\dfrac{9}{2}$ ⑤ 5

1056 유형 20

오른쪽 그림과 같이 $\overline{AB}=1$, $\overline{BC}=2$, $\angle B=90°$인 직각삼각형 ABC에서 한 꼭짓점이 $\overline{AC}$ 위에 있고 한 변이 $\overline{BC}$ 위에 있는 정사각형의 한 변의 길이를 차례로 a_1, a_2, a_3, …이라 할 때, a_6은?

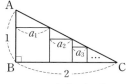

① $\dfrac{1}{2}\times\left(\dfrac{2}{3}\right)^6$ ② $\left(\dfrac{2}{3}\right)^6$ ③ $2\times\left(\dfrac{2}{3}\right)^6$
④ $\left(\dfrac{2}{3}\right)^5$ ⑤ $2\times\left(\dfrac{2}{3}\right)^5$

1057 유형 01 + 14 + 21

두 수열 $\{a_n\}$, $\{b_n\}$의 일반항 a_n, b_n이 각각 $a_n=\left(\dfrac{1}{2}\right)^{n-1}$, $b_n=\left(\dfrac{1}{3}\right)^{n-1}$일 때, 보기에서 옳은 것만을 있는 대로 고르시오.

보기
ㄱ. 수열 $\{a_n\}$의 첫째항부터 제n항까지의 합 S_n에 대하여 $a_n+S_n=2$이다.
ㄴ. 수열 $\{\log_3 b_n\}$은 등차수열이다.
ㄷ. 수열 $\{a_n b_n\}$은 등차수열이다.
ㄹ. 수열 $\{b_{n+1}-b_n\}$은 등비수열이다.

1058 유형 22

등비수열 $\{a_n\}$에서

$$a_1+a_2+a_3+a_4=14, \quad a_5+a_6+a_7+a_8=112$$

일 때, $a_9+a_{10}+a_{11}+a_{12}$의 값을 구하시오.

1059 유형 23

오른쪽 그림과 같이 $\angle XOY=30°$ 일 때, $\overline{OP_1}=2$인 $\overline{OX}$ 위의 점 P_1 에 대하여 점 P_1에서 $\overline{OY}$에 내린 수선의 발을 P_2, 점 P_2에서 $\overline{OX}$에 내린 수선의 발을 P_3이라 하자. 이와 같은 방법으로 점 P_4, P_5, P_6, $\cdots$을 정할 때, $\overline{P_1P_2}+\overline{P_2P_3}+\overline{P_3P_4}+\overline{P_4P_5}+\overline{P_5P_6}$ 의 값을 구하시오.

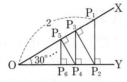

1060 유형 14 + 21 + 24

수열 $\{a_n\}$의 첫째항부터 제n항까지의 합 S_n이 $S_n=2^n-1$ 일 때, 보기에서 옳은 것만을 있는 대로 고른 것은?

┌ 보기 ┐
ㄱ. $a_n=2^{n-1}$
ㄴ. $a_1+a_3+a_5+a_7+a_9=341$
ㄷ. 수열 $\{a_{2n}\}$의 공비는 4이다.
└────┘

① ㄱ
② ㄴ
③ ㄱ, ㄴ
④ ㄱ, ㄷ
⑤ ㄱ, ㄴ, ㄷ

서술형

1061 유형 01

두 등차수열 $\{a_n\}$, $\{b_n\}$이

$$\{a_n\}: 18, 16, 14, 12, \cdots,$$
$$\{b_n\}: 12, 9, 6, 3, \cdots$$

일 때, $a_n \leq 4b_n$을 만족시키는 자연수 n의 개수를 구하시오.

1062 유형 11

3으로 나누면 1이 남고, 4로 나누어떨어지는 자연수를 작은 것부터 차례로 나열한 수열 $\{a_n\}$의 첫째항부터 제10항까지의 합을 구하시오.

1063 유형 25

예린이는 매년 초에 5만 원씩 연이율 1 %의 복리로 10년 동안 적립하고, 서연이는 매년 초에 10만 원씩 연이율 1 %의 복리로 5년 동안 적립한다. 예린이가 10년 후 연말에 받는 금액은 서연이가 5년 후 연말에 받는 금액의 몇 배인지 구하시오. (단, $1.01^5=1.05$로 계산한다.)

실력 향상

1064

첫째항이 자연수이고 공차가 음수인 등차수열 $\{a_n\}$의 첫째항부터 제n항까지의 합 S_n이 다음 조건을 만족시킨다.

> (가) $S_5 = S_{15}$
> (나) S_n의 최댓값은 200이다.

$T_n = |a_1| + |a_2| + |a_3| + \cdots + |a_n|$이라 할 때, T_{15}를 구하시오.

1065

네 양수 a, b, c, d가 이 순서대로 등비수열을 이루고 다음 조건을 만족시킬 때, $ad + bc$의 값을 구하시오.

> (가) $\log_2 a - \log_2 c = 2$
> (나) $2^a \times 2^b \times 2^c \times 2^d = 2^{15}$

1066

다음 그림과 같이 자연수 n에 대하여 기울기가 2이고 원 $x^2 + y^2 = \dfrac{1}{2^n}$과 제2사분면에서 접하는 직선을 l_n이라 하자. 직선 l_n의 x절편을 a_n, y절편을 b_n이라 할 때, $a_1b_1 + a_2b_2 + a_3b_3 + \cdots + a_{15}b_{15}$의 값은?

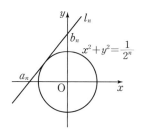

① $\dfrac{2}{5}\left(\dfrac{1}{2^{15}} - 1\right)$ ② $\dfrac{5}{2}\left(\dfrac{1}{2^{15}} - 1\right)$ ③ $\dfrac{5}{2}\left(\dfrac{1}{2^{14}} - 1\right)$

④ $\dfrac{2}{5}\left(\dfrac{1}{2^{15}} - 2\right)$ ⑤ $\dfrac{5}{2}\left(\dfrac{1}{2^{14}} - 2\right)$

1067

어느 회사의 입사 첫째 해 연봉은 a원이고, 입사 20째 해까지의 연봉은 물가상승률을 감안하여 매년 전년도 연봉에서 6 %씩 인상하려고 한다. 입사 21년째 해부터의 연봉은 입사 20년째 해 연봉의 $\dfrac{2}{3}$로 유지할 때, 이 회사에 입사한 사람이 30년 동안 근무하여 받는 연봉의 총합은?

(단, $1.06^{19} = 3$으로 계산한다.)

① $\dfrac{149}{3}a$원 ② $53a$원 ③ $\dfrac{169}{3}a$원

④ $\dfrac{179}{3}a$원 ⑤ $63a$원

⬥ 기출 BOOK 44쪽

09-1 합의 기호 $\sum$

유형 01

수열 $\{a_n\}$의 첫째항부터 제 n항까지의 합

$a_1+a_2+a_3+\cdots+a_n$을 기호 $\sum$를 사용하여 $\displaystyle\sum_{k=1}^{n}a_k$와

같이 나타낸다.

$$a_1+a_2+a_3+\cdots+a_n=\sum_{k=1}^{n}a_k \quad \begin{array}{l}\text{제}n\text{항까지}\\\text{일반항}\\\text{제}1\text{항부터}\end{array}$$

예 (1) $\displaystyle\sum_{k=1}^{10}(-1)^k=(-1)^1+(-1)^2+(-1)^3+\cdots+(-1)^{10}$ (2) $1+2+3+4+\cdots+30=\displaystyle\sum_{k=1}^{30}k$

참고 $\displaystyle\sum_{k=1}^{n}a_k$에서 k 대신 다른 문자를 사용하여 $\displaystyle\sum_{i=1}^{n}a_i$, $\displaystyle\sum_{j=1}^{n}a_j$ 등과 같이 나타낼 수도 있다.

> **개념+**
>
> 합의 기호 $\sum$는 합을 뜻하는 영어 sum의 첫 글자를 그리스 문자의 대문자로 나타낸 것으로 '시그마' 라 읽는다.

09-2 합의 기호 $\sum$의 성질

유형 02~05

두 수열 $\{a_n\}$, $\{b_n\}$과 상수 c에 대하여

(1) $\displaystyle\sum_{k=1}^{n}(a_k+b_k)=\sum_{k=1}^{n}a_k+\sum_{k=1}^{n}b_k$

(2) $\displaystyle\sum_{k=1}^{n}(a_k-b_k)=\sum_{k=1}^{n}a_k-\sum_{k=1}^{n}b_k$

(3) $\displaystyle\sum_{k=1}^{n}ca_k=c\sum_{k=1}^{n}a_k$

(4) $\displaystyle\sum_{k=1}^{n}c=cn$

> (1) $\displaystyle\sum_{k=1}^{n}a_kb_k\neq\sum_{k=1}^{n}a_k\sum_{k=1}^{n}b_k$
>
> (2) $\displaystyle\sum_{k=1}^{n}\frac{a_k}{b_k}\neq\frac{\displaystyle\sum_{k=1}^{n}a_k}{\displaystyle\sum_{k=1}^{n}b_k}$
>
> (3) $\displaystyle\sum_{k=1}^{n}a_k^2\neq\left(\sum_{k=1}^{n}a_k\right)^2$
>
> (4) $\displaystyle\sum_{k=1}^{n}ka_k\neq k\sum_{k=1}^{n}a_k$

09-3 자연수의 거듭제곱의 합

유형 04~08, 11~13

(1) $\displaystyle\sum_{k=1}^{n}k=1+2+3+\cdots+n=\frac{n(n+1)}{2}$

(2) $\displaystyle\sum_{k=1}^{n}k^2=1^2+2^2+3^2+\cdots+n^2=\frac{n(n+1)(2n+1)}{6}$

(3) $\displaystyle\sum_{k=1}^{n}k^3=1^3+2^3+3^3+\cdots+n^3=\left\{\frac{n(n+1)}{2}\right\}^2$

09-4 여러 가지 수열의 합

유형 09~11

(1) 일반항의 분모가 곱으로 표현된 분수 꼴인 수열의 합은 부분분수로 변형하여 그 합을 구한다.

  ① $\displaystyle\sum_{k=1}^{n}\frac{1}{k(k+a)}=\frac{1}{a}\sum_{k=1}^{n}\left(\frac{1}{k}-\frac{1}{k+a}\right)$ (단, $a\neq0$)

  ② $\displaystyle\sum_{k=1}^{n}\frac{1}{(k+a)(k+b)}=\frac{1}{b-a}\sum_{k=1}^{n}\left(\frac{1}{k+a}-\frac{1}{k+b}\right)$ (단, $a\neq b$)

  참고 $\dfrac{1}{ABC}=\dfrac{1}{C-A}\left(\dfrac{1}{AB}-\dfrac{1}{BC}\right)$ (단, $A\neq C$)

(2) 일반항의 분모가 무리식인 수열의 합은 분모를 유리화하여 그 합을 구한다.

  ➡ $\displaystyle\sum_{k=1}^{n}\frac{1}{\sqrt{k}+\sqrt{k+1}}=\sum_{k=1}^{n}\frac{\sqrt{k}-\sqrt{k+1}}{(\sqrt{k}+\sqrt{k+1})(\sqrt{k}-\sqrt{k+1})}=\sum_{k=1}^{n}(\sqrt{k+1}-\sqrt{k})$

> 항이 연쇄적으로 소거될 때, 앞에서 남는 항과 뒤에서 남는 항은 서로 대칭이 되는 위치에 있다.

09-1 합의 기호 $\sum$

[1068~1070] 다음을 합의 기호 $\sum$를 사용하지 않은 합의 꼴로 나타내시오.

1068 $\displaystyle\sum_{k=1}^{7}(4k-1)$

1069 $\displaystyle\sum_{k=1}^{9}\frac{1}{3k}$

1070 $\displaystyle\sum_{k=1}^{5}(-2)^k$

[1071~1073] 다음 수열의 합을 합의 기호 $\sum$를 사용하여 나타내시오.

1071 $-1+1+3+\cdots+19$

1072 $2^2+5^2+8^2+\cdots+20^2$

1073 $-\dfrac{1}{2}+\dfrac{1}{4}-\dfrac{1}{8}+\cdots+\dfrac{1}{1024}$

09-2 합의 기호 $\sum$의 성질

[1074~1076] $\displaystyle\sum_{k=1}^{10}a_k=2$, $\displaystyle\sum_{k=1}^{10}b_k=-1$일 때, 다음 식의 값을 구하시오.

1074 $\displaystyle\sum_{k=1}^{10}(a_k-b_k)$

1075 $\displaystyle\sum_{k=1}^{10}(4a_k+2)$

1076 $\displaystyle\sum_{k=1}^{10}(3a_k+2b_k-1)$

[1077~1078] 다음 식의 값을 구하시오.

1077 $\displaystyle\sum_{k=1}^{100}(k^2+2)-\sum_{k=1}^{100}(k^2-1)$

1078 $\displaystyle\sum_{k=1}^{50}(k-1)^2+\sum_{k=1}^{50}(2k-k^2)$

09-3 자연수의 거듭제곱의 합

[1079~1081] 다음 식의 값을 구하시오.

1079 $\displaystyle\sum_{k=1}^{10}(3k+2)$

1080 $\displaystyle\sum_{k=1}^{8}(3-k)(3+k)$

1081 $\displaystyle\sum_{k=1}^{6}(k+1)(k^2-k+1)$

[1082~1084] 다음 식의 값을 구하시오.

1082 $-3-1+1+\cdots+15$

1083 $1^2+4^2+7^2+\cdots+16^2$

1084 $1\times2^2+2\times3^2+3\times4^2+\cdots+10\times11^2$

09-4 여러 가지 수열의 합

[1085~1088] 다음 식의 값을 구하시오.

1085 $\displaystyle\sum_{k=1}^{15}\frac{1}{k(k+1)}$

1086 $\displaystyle\sum_{k=1}^{10}\frac{1}{(2k-1)(2k+1)}$

1087 $\displaystyle\sum_{k=1}^{15}\frac{1}{\sqrt{k}+\sqrt{k+1}}$

1088 $\displaystyle\sum_{k=1}^{24}\frac{1}{\sqrt{2k-1}+\sqrt{2k+1}}$

◆◆ 개념루트 대수 348쪽

유형 01 합의 기호 $\sum$

수열 $\{a_n\}$의 첫째항부터 제n항까지의 합을 기호 $\sum$를 사용하여 $\sum\limits_{k=1}^{n} a_k$와 같이 나타낸다.

➡ $a_1 + a_2 + a_3 + \cdots + a_n = \sum\limits_{k=1}^{n} a_k$

1089 대표 문제

수열 $\{a_n\}$에 대하여 $\sum\limits_{k=1}^{n}(a_{2k-1}+a_{2k})=n^2+3n$일 때, $\sum\limits_{k=1}^{10} a_k$ 의 값은?

① 40 　　　② 90 　　　③ 130
④ 270 　　　⑤ 460

1090 하

다음 중 옳지 <u>않은</u> 것은?

① $5+10+15+\cdots+5n = \sum\limits_{k=1}^{n} 5k$

② $3+5+7+\cdots+19 = \sum\limits_{k=2}^{10}(2k-1)$

③ $1+2+4+\cdots+2^n = \sum\limits_{k=1}^{n} 2^k$

④ $-1+1-1+1-1+1-1 = \sum\limits_{k=1}^{7}(-1)^k$

⑤ $4+9+16+\cdots+121 = \sum\limits_{k=1}^{10}(k+1)^2$

1091 하

함수 $f(x)$에 대하여 $f(1)=4$, $f(15)=70$일 때, $\sum\limits_{k=1}^{14} f(k+1) - \sum\limits_{k=3}^{16} f(k-2)$의 값을 구하시오.

1092 중

수열 $\{a_n\}$에 대하여 $\sum\limits_{k=1}^{5} a_k=20$, $\sum\limits_{k=1}^{5} ka_k=60$, $\sum\limits_{k=1}^{5} ka_{k+1}=100$일 때, a_6은?

① 3 　　　② 6 　　　③ 9
④ 12 　　　⑤ 15

1093 중

보기에서 옳은 것만을 있는 대로 고르시오.

┌ 보기 ┐
ㄱ. $\sum\limits_{k=1}^{n} k = \sum\limits_{k=0}^{n} k$

ㄴ. $\sum\limits_{k=1}^{n} 2^k = \sum\limits_{k=0}^{n} 2^k$

ㄷ. $\sum\limits_{k=1}^{5} a_k + \sum\limits_{k=1}^{5} a_{k+5} = \sum\limits_{k=1}^{10} a_k$

ㄹ. $\sum\limits_{i=1}^{20}(2i-1)^2 + \sum\limits_{j=1}^{20}(2j)^2 = \sum\limits_{k=1}^{40} k^2$

1094 중

두 수열 $\{a_n\}$, $\{b_n\}$이 모든 자연수 n에 대하여 $b_n = a_{2n} + a_{2n+1}$을 만족시킨다. $\sum\limits_{k=1}^{25} a_k=52$, $\sum\limits_{k=1}^{12} b_k=47$일 때, a_1을 구하시오.

1095 상

수열 a_1, a_2, a_3, $\ldots$, a_n의 각 항이 -1, 0, 2 중 어느 하나의 값을 갖는다. $\sum\limits_{k=1}^{n} a_k=50$, $\sum\limits_{k=1}^{n} a_k^2=130$일 때, $\sum\limits_{k=1}^{n} |a_k|$의 값은?

① 70 　　　② 75 　　　③ 80
④ 85 　　　⑤ 90

◇◆ 개념루트 대수 350쪽

유형 02 **∑의 성질**

두 수열 $\{a_n\}$, $\{b_n\}$과 상수 c에 대하여

(1) $\sum_{k=1}^{n}(a_k+b_k)=\sum_{k=1}^{n}a_k+\sum_{k=1}^{n}b_k$

(2) $\sum_{k=1}^{n}(a_k-b_k)=\sum_{k=1}^{n}a_k-\sum_{k=1}^{n}b_k$

(3) $\sum_{k=1}^{n}ca_k=c\sum_{k=1}^{n}a_k$

(4) $\sum_{k=1}^{n}c=cn$

1096 대표 문제

$\sum_{k=1}^{10}a_k=6$, $\sum_{k=1}^{10}a_k^2=10$일 때, $\sum_{k=1}^{10}(2a_k-1)^2$의 값은?

① 20   ② 22   ③ 24

④ 26   ⑤ 28

1097 ㉑

수열 $\{a_n\}$에 대하여 $\sum_{k=1}^{8}a_k=16$일 때, $\sum_{k=1}^{8}ca_k=48+\sum_{k=1}^{8}c$를 만족시키는 상수 c의 값은?

① 6   ② 8   ③ 10

④ 12   ⑤ 16

1098 ㉢   서술형

$\sum_{k=1}^{20}(a_k+b_k)=8$, $\sum_{k=1}^{20}(a_k-b_k)=-2$일 때, $\sum_{k=1}^{20}(5a_k-2b_k+3)$의 값을 구하시오.

1099 ㉢

$\sum_{k=1}^{n}a_k=2n$, $\sum_{k=1}^{n}b_k=\frac{1}{3}n^2$일 때, $\sum_{k=11}^{15}(2a_k-3b_k)$의 값을 구하시오.

1100 ㉠

$\sum_{k=1}^{n}\frac{1}{1+a_k}=n^2+2n$일 때, $\sum_{k=1}^{n}\frac{1-a_k}{1+a_k}$를 n에 대한 식으로 나타내면?

① n^2+2n ② n^2+3n ③ $2n^2+n$

④ $2n^2+2n$ ⑤ $2n^2+3n$

◇◆ 개념루트 대수 352쪽

유형 03 **∑와 등차수열, 등비수열**

(1) 수열 $\{a_n\}$이 첫째항이 a, 공차가 d인 등차수열이면

$$\Rightarrow \sum_{k=1}^{n}a_k=\frac{n\{2a+(n-1)d\}}{2}$$

(2) 수열 $\{a_n\}$이 첫째항이 a, 공비가 $r\,(r\neq1)$인 등비수열이면

$$\Rightarrow \sum_{k=1}^{n}a_k=\frac{a(1-r^n)}{1-r}\,(r<1)$$

$$=\frac{a(r^n-1)}{r-1}\,(r>1)$$

1101 대표 문제

등차수열 $\{a_n\}$에서 $a_3=2$, $a_8=-8$일 때, $\sum_{k=1}^{200}a_{2k}-\sum_{k=1}^{200}a_{2k-1}$의 값을 구하시오.

09 수열의 합 **167**

1102 ⓒ
모든 항이 양수인 등비수열 $\{a_n\}$에 대하여 $\dfrac{a_3+a_7}{a_1+a_5}=4$, $\displaystyle\sum_{k=1}^{3} a_{2k-1}=42$일 때, a_4를 구하시오.

서술형 Q

1103 ⓒ
$\displaystyle\sum_{k=1}^{50} \dfrac{5^k-3^k}{4^k}=a\left(\dfrac{5}{4}\right)^{50}+b\left(\dfrac{3}{4}\right)^{50}+c$일 때, 정수 a, b, c에 대하여 $a-b-c$의 값을 구하시오.

1104 ⓒ
다음 수열의 일반항을 a_n이라 할 때, $\displaystyle\sum_{k=1}^{10} a_k$의 값은?

$1+2,\ 1+2^2,\ 1+2^3,\ 1+2^4,\ \cdots$

① 2016　　　② 2026　　　③ 2036
④ 2046　　　⑤ 2056

1105 ⓒ
$\displaystyle\sum_{k=1}^{20} 2^{-k}\sin\dfrac{k\pi}{2}$의 값은?

① $2\left\{\left(\dfrac{1}{2}\right)^{20}-1\right\}$　　　② $\dfrac{1}{2}\left\{\left(\dfrac{1}{2}\right)^{20}-1\right\}$

③ $\dfrac{1}{5}\left\{\left(\dfrac{1}{2}\right)^{20}-1\right\}$　　　④ $\dfrac{2}{5}\left\{1-\left(\dfrac{1}{2}\right)^{20}\right\}$

⑤ $\dfrac{5}{2}\left\{1-\left(\dfrac{1}{2}\right)^{20}\right\}$

1106 ⓒ
등차수열 $\{a_n\}$에 대하여 $a_{10}=20$, $\displaystyle\sum_{k=1}^{9} k(a_k-a_{k+1})=-135$ 일 때, a_{15}를 구하시오.

1107 ⓢ
$3+33+333+\cdots+333333333=\dfrac{10^a-b}{27}$일 때, 자연수 a, b에 대하여 $a+b$의 값을 구하시오.

◆● 개념루트 대수 356쪽

빈출

유형 04 **자연수의 거듭제곱의 합**

(1) $\displaystyle\sum_{k=1}^{n}k=1+2+3+\cdots+n=\dfrac{n(n+1)}{2}$

(2) $\displaystyle\sum_{k=1}^{n}k^2=1^2+2^2+3^2+\cdots+n^2=\dfrac{n(n+1)(2n+1)}{6}$

(3) $\displaystyle\sum_{k=1}^{n}k^3=1^3+2^3+3^3+\cdots+n^3=\left\{\dfrac{n(n+1)}{2}\right\}^2$

1108 대표 문제

$\displaystyle\sum_{k=1}^{10}(3k-2)^2-\sum_{k=1}^{10}(3k)^2$의 값은?

① -640 ② -630 ③ -620

④ -610 ⑤ -600

1109 하

$\displaystyle\sum_{k=1}^{n}(6-2k)=-50$을 만족시키는 자연수 n의 값은?

① 10 ② 11 ③ 12

④ 13 ⑤ 14

1110 하

함수 $f(x)=\dfrac{1}{2}x^3+3$에 대하여 $\displaystyle\sum_{k=1}^{7}f(2k)$의 값을 구하시오.

1111 중

$\displaystyle\sum_{k=1}^{20}\dfrac{1+2+3+\cdots+k}{k+1}$의 값은?

① 100 ② 105 ③ 110

④ 115 ⑤ 120

1112 중

이차방정식 $x^2-2x-3=0$의 두 근을 α, β라 할 때,

$\displaystyle\sum_{k=1}^{10}(\alpha-k)(\beta-k)$의 값을 구하시오.

1113 중

$\displaystyle\sum_{k=1}^{7}(c-k)^2$의 값이 최소가 되도록 하는 상수 c의 값과 그때

의 최솟값 m에 대하여 $c+m$의 값은?

① 32 ② 34 ③ 36

④ 38 ⑤ 40

1114 ⊚

자연수 n에 대하여 직선 $y=x+a_n$이 원 $(x-n)^2+(y-2n^2-n)^2=3n$의 넓이를 이등분할 때, $\sum\limits_{k=1}^{6} ka_k$의 값을 구하시오.

1115 ⊚ | 학평 기출 |

수열 $\{a_n\}$의 일반항이

$$a_n=\begin{cases} \dfrac{(n+1)^2}{2} & (n\text{이 홀수인 경우}) \\ \dfrac{n^2}{2}+n+1 & (n\text{이 짝수인 경우}) \end{cases}$$

일 때, $\sum\limits_{n=1}^{10} a_n$의 값은?

① 235   ② 240   ③ 245
④ 250   ⑤ 255

1116 ⊚

$\sum\limits_{k=1}^{10} k^2+\sum\limits_{k=2}^{10} k^2+\sum\limits_{k=3}^{10} k^2+\cdots+\sum\limits_{k=9}^{10} k^2+\sum\limits_{k=10}^{10} k^2=S^2$이라 할 때, 양수 S의 값을 구하시오.

유형 05 $\sum$를 여러 개 포함한 식의 계산

$\sum$를 여러 개 포함한 식은 변수인 것과 상수인 것을 구분하여 괄호 안의 $\sum$부터 차례로 계산한다.

(1) $\sum\limits_{k=1}^{n} \underset{\text{변수}}{km}$ ⌐상수 취급   (2) $\sum\limits_{l=1}^{n} \underset{\text{변수}}{(m+l)}$ ⌐상수 취급

1117 대표 문제

$\sum\limits_{l=1}^{13}\left\{\sum\limits_{k=1}^{l}(2k-l)\right\}$의 값을 구하시오.

1118 ⊚

$\sum\limits_{m=1}^{n}\left\{\sum\limits_{l=1}^{m}\left(\sum\limits_{k=1}^{l}1\right)\right\}=56$을 만족시키는 자연수 n의 값은?

① 6   ② 7   ③ 8
④ 9   ⑤ 10

1119 ⊚

$m+n=6$, $mn=8$일 때, $\sum\limits_{k=1}^{m}\left\{\sum\limits_{l=1}^{n}(k+l)\right\}$의 값을 구하시오.

1120 ⊚

$\sum\limits_{n=1}^{10}\left[\sum\limits_{k=1}^{n}\{(-1)^{n-1}\times(2k-1)\}\right]$의 값은?

① −60   ② −55   ③ −50
④ −45   ⑤ −40

◆◆ 개념루트 대수 360쪽

유형 06 $\sum$를 이용한 여러 가지 수열의 합

여러 가지 수열의 합은 다음과 같은 순서로 구한다.

(1) 주어진 수열의 규칙을 찾아 일반항 a_n을 구한다.

(2) $\sum$의 성질과 자연수의 거듭제곱의 합을 이용하여 수열의 합을 구한다.

1121 대표 문제

$1 \times 2 + 2 \times 3 + 3 \times 4 + \cdots + 15 \times 16$의 값은?

① 1240   ② 1280   ③ 1320

④ 1360   ⑤ 1400

1122 종

수열 2^2, 5^2, 8^2, $\ldots$의 첫째항부터 제n항까지의 합 S_n이

$$S_n = \frac{n(6n^2 + an + b)}{2}$$

일 때, 상수 a, b에 대하여 $a - b$의 값을 구하시오.

1123 종   서술형

$1 + (1+2) + (1+2+3) + \cdots + (1+2+3+\cdots+10)$의 값을 구하시오.

1124 종

오른쪽 그림과 같이 두 함수
$$f(x) = x^2 \ (x \geq 0),$$
$$g(x) = (x+2)^2 \ (x \geq 0)$$
의 그래프가 직선 $x = n$과 만나는 점을 각각 A_n, B_n이라 하자. 선분 A_nB_n의 길이를 a_n이라 할 때, $\sum\limits_{k=1}^{10} a_k$의 값을 구하시오.

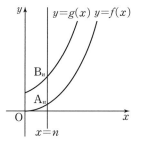

유형 07 제k항에 n이 포함된 수열의 합

제k항에 n이 포함된 수열의 합은 다음과 같은 순서로 구한다.

(1) 각 항의 규칙을 찾아 제k항 a_k를 k와 n에 대한 식으로 나타낸다.

(2) $\sum\limits_{k=1}^{n} a_k$에서 n은 상수임에 유의하여 수열의 합을 구한다.

1125 대표 문제

다음 식을 간단히 하시오.

$$1 \times n + 3 \times (n-1) + 5 \times (n-2) + \cdots + (2n-1) \times 1$$

1126 종

다음 수열의 첫째항부터 제n항까지의 합은?

$$\left(\frac{1+n}{n}\right)^2, \ \left(\frac{2+n}{n}\right)^2, \ \left(\frac{3+n}{n}\right)^2, \ \cdots$$

① $\dfrac{(2n+1)(6n+1)}{3n}$ ② $\dfrac{(2n+1)(6n+1)}{6n}$

③ $\dfrac{(2n+1)(7n+1)}{3n}$ ④ $\dfrac{(2n+1)(7n+1)}{6n}$

⑤ $\dfrac{(2n+1)(8n+1)}{6n}$

1127 종

자연수 n에 대하여 $f(n) = \sum\limits_{k=1}^{n} \dfrac{6k^2}{n+1}$일 때, $\sum\limits_{n=1}^{10} f(n)$의 값은?

① 821   ② 825   ③ 829

④ 833   ⑤ 837

09 수열의 합

유형 08 ∑로 표현된 수열의 합과 일반항 사이의 관계

수열 $\{a_n\}$의 첫째항부터 제n항까지의 합 $S_n = \sum_{k=1}^{n} a_k$에 대하여

$$a_1 = S_1, \ a_n = S_n - S_{n-1} = \sum_{k=1}^{n} a_k - \sum_{k=1}^{n-1} a_k \ (n \geq 2)$$

임을 이용하여 일반항 a_n을 구한다.

1128 대표 문제

수열 $\{a_n\}$에 대하여 $\sum_{k=1}^{n} a_k = n^2 - n$일 때, $\sum_{k=1}^{5} a_{2k-1}$의 값은?

① 30   ② 35   ③ 40

④ 45   ⑤ 50

1129 종

수열 $\{a_n\}$에 대하여 $\sum_{k=1}^{n} a_k = \dfrac{2n}{n+1}$일 때, $\sum_{k=1}^{5} \dfrac{1}{a_k}$의 값을 구하시오.

1130 종

수열 $\{a_n\}$에 대하여 $\sum_{k=1}^{n} a_k = 3^n - 1$이다. $\sum_{k=1}^{6} a_{2k} = \dfrac{3^q - 3}{p}$일 때, 자연수 p, q에 대하여 $p+q$의 값은?

① 16   ② 17   ③ 18

④ 19   ⑤ 20

1131 종 | 모평 기출 |

수열 $\{a_n\}$이 모든 자연수 n에 대하여

$$\sum_{k=1}^{n} \frac{4k-3}{a_k} = 2n^2 + 7n$$

을 만족시킨다. $a_5 \times a_7 \times a_9 = \dfrac{q}{p}$일 때, $p+q$의 값을 구하시오. (단, p와 q는 서로소인 자연수이다.)

유형 09 일반항의 분모가 곱으로 표현된 분수 꼴인 수열의 합

일반항의 분모가 곱으로 표현된 분수 꼴인 수열의 합은 부분분수로 변형하여 그 합을 구한다.

$$\Rightarrow \frac{1}{AB} = \frac{1}{B-A}\left(\frac{1}{A} - \frac{1}{B}\right) \text{ (단, } A \neq B)$$

1132 대표 문제

수열 $\dfrac{1}{1 \times 4}, \dfrac{1}{4 \times 7}, \dfrac{1}{7 \times 10}, \cdots$의 첫째항부터 제10항까지의 합을 구하시오.

1133 종

$\dfrac{1}{3^2-1} + \dfrac{1}{5^2-1} + \dfrac{1}{7^2-1} + \cdots + \dfrac{1}{23^2-1} = \dfrac{q}{p}$일 때, 서로소인 두 자연수 p, q에 대하여 $p-q$의 값을 구하시오.

1134 종   서술형

$\dfrac{1}{2} + \dfrac{1}{2+4} + \dfrac{1}{2+4+6} + \cdots + \dfrac{1}{2+4+6+\cdots+200}$의 값을 구하시오.

1135 ⊗

n이 자연수일 때, x에 대한 이차방정식
$x^2+2x-(4n^2-1)=0$의 두 근을 α_n, β_n이라 하자. 이때
$\displaystyle\sum_{n=1}^{15}\left(\frac{1}{\alpha_n}+\frac{1}{\beta_n}\right)$의 값을 구하시오.

1136 ⊗

수열 $\{a_n\}$에 대하여 $\displaystyle\sum_{k=1}^{n}a_k=n^2-2n$일 때, $\displaystyle\sum_{k=1}^{10}\frac{1}{a_ka_{k+1}}$의 값을 구하시오.

1137 ⊗ | 모평 기출 |

수열 $\{a_n\}$의 첫째항부터 제n항까지의 합을 S_n이라 하자.
$S_n=\dfrac{1}{n(n+1)}$일 때, $\displaystyle\sum_{k=1}^{10}(S_k-a_k)$의 값은?

① $\dfrac{1}{2}$ 　　 ② $\dfrac{3}{5}$ 　　 ③ $\dfrac{7}{10}$

④ $\dfrac{4}{5}$ 　　 ⑤ $\dfrac{9}{10}$

빈출
유형 10 일반항의 분모가 무리식인 수열의 합

일반항의 분모가 무리식인 수열의 합은 분모를 유리화하여 그 합을 구한다.

➡ $\displaystyle\sum_{k=1}^{n}\frac{1}{\sqrt{k}+\sqrt{k+1}}=\sum_{k=1}^{n}(\sqrt{k+1}-\sqrt{k})$

1138 대표 문제

수열 $\dfrac{1}{\sqrt{2}+\sqrt{3}}$, $\dfrac{1}{\sqrt{3}+\sqrt{4}}$, $\dfrac{1}{\sqrt{4}+\sqrt{5}}$, $\cdots$의 첫째항부터 제16항까지의 합을 구하시오.

1139 ⊗

첫째항이 1이고 공차가 2인 등차수열 $\{a_n\}$에 대하여
$\displaystyle\sum_{k=1}^{40}\frac{1}{\sqrt{a_k}+\sqrt{a_{k+1}}}$의 값을 구하시오.

1140 ⊗

수열 $\{a_n\}$의 일반항이 $a_n=\dfrac{1}{\sqrt{n}+\sqrt{n+1}}$일 때, $\displaystyle\sum_{k=1}^{m}a_k=3$을 만족시키는 자연수 m의 값을 구하시오.

09
수열의 합

1141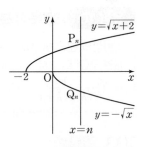

오른쪽 그림과 같이 두 곡선 $y=\sqrt{x+2}$, $y=-\sqrt{x}$가 직선 $x=n$과 만나는 점을 각각 P_n, Q_n이라 하자. 선분 P_nQ_n의 길이를 a_n이라 할 때, $\sum\limits_{k=1}^{48}\dfrac{1}{a_k}$의 값을 구하시오.

◆◆ 개념루트 대수 368쪽

유형 11   로그가 포함된 수열의 합

로그가 포함된 수열의 합은 로그의 성질을 이용한다.

➡ $a>0$, $a\neq1$, $x>0$, $y>0$일 때

(1) $\log_a x+\log_a y=\log_a xy$

(2) $\log_a x-\log_a y=\log_a \dfrac{x}{y}$

(3) $\log_a x^k=k\log_a x$ (단, k는 실수)

1142   대표 문제

첫째항이 3, 공비가 9인 등비수열 $\{a_n\}$에 대하여 $\sum\limits_{k=1}^{20}\log_9 a_k$의 값은?

① 180   ② 200   ③ 220

④ 240   ⑤ 260

1143 (중)

수열 $\{a_n\}$에 대하여 $a_{2n-1}=\left(\dfrac{1}{2}\right)^n$, $a_{2n}=6^n$일 때, $\sum\limits_{k=1}^{20}\log_3 a_k$의 값을 구하시오.

1144 (중)

수열 $\{a_n\}$에 대하여 $\sum\limits_{k=1}^{n}a_k=\log_3 \dfrac{(n+1)(n+2)}{2}$일 때, $\sum\limits_{k=1}^{8}a_{2k}$의 값을 구하시오.

◆◆ 개념루트 대수 371쪽

유형 12   항을 묶었을 때 규칙을 갖는 수열

수열에서 규칙을 갖도록 몇 개의 항씩 묶은 후 각 묶음의 항의 개수와 규칙을 파악한다.

1145   대표 문제

수열 2, 2, 4, 2, 4, 6, 2, 4, 6, 8, …의 제54항을 구하시오.

1146 (중)

수열 1, 2, 2, 3, 3, 3, 4, 4, 4, 4, …에서 처음으로 나타나는 15는 제몇 항인가?

① 제103항   ② 제104항   ③ 제105항

④ 제106항   ⑤ 제107항

1147 (종)

다음 수열에서 처음으로 나타나는 $\dfrac{2}{13}$는 제몇 항인지 구하시오.

$$\dfrac{1}{2},\ \dfrac{1}{3},\ \dfrac{2}{3},\ \dfrac{1}{4},\ \dfrac{2}{4},\ \dfrac{3}{4},\ \dfrac{1}{5},\ \dfrac{2}{5},\ \dfrac{3}{5},\ \dfrac{4}{5},\ \cdots$$

1148 (종)

수열 $\dfrac{1}{1},\ \dfrac{1}{2},\ \dfrac{2}{1},\ \dfrac{1}{3},\ \dfrac{2}{2},\ \dfrac{3}{1},\ \dfrac{1}{4},\ \dfrac{2}{3},\ \dfrac{3}{2},\ \dfrac{4}{1},\ \cdots$에서 처음으로 나타나는 $\dfrac{11}{13}$은 제몇 항인가?

① 제261항 ② 제262항 ③ 제263항
④ 제264항 ⑤ 제265항

유형 13 **수열의 항을 묶어 규칙 찾기**

각 줄에 있는 항의 개수의 규칙을 파악한 후 가로줄, 세로줄, 대각선으로 놓인 수들이 갖는 규칙을 파악한다.

1149 대표 문제

자연수를 오른쪽과 같이 규칙적으로 배열할 때, 위에서 9번째 줄의 왼쪽에서 10번째에 있는 수를 구하시오.

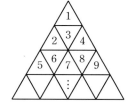

1150 (종)

순서쌍을 오른쪽과 같이 규칙적으로 배열할 때, 순서쌍 $(8, 24)$는 위에서 p번째 줄의 왼쪽에서 q번째에 있다. 이때 $p+q$의 값을 구하시오.

$$(1, 1)$$
$$(1, 2),\ (2, 1)$$
$$(1, 3),\ (2, 2),\ (3, 1)$$
$$(1, 4),\ (2, 3),\ (3, 2),\ (4, 1)$$
$$\vdots$$

1151 (종)

자연수를 오른쪽과 같이 규칙적으로 배열할 때, n행에 나열되는 수들의 합을 a_n이라 하자. 이때 $\displaystyle\sum_{k=1}^{10} a_k$의 값을 구하시오.

1행			1		
2행			2	4	
3행		3	6	9	
4행		4	8	12	16
5행	5	10	15	20	25
	$\vdots$			$\vdots$	

1152 (상)

자연수를 오른쪽 표와 같이 규칙적으로 배열할 때, 위에서 8번째 줄의 왼쪽에서 9번째 칸에 있는 수는?

1	4	9	16	25	$\cdots$
2	3	8	15	24	
5	6	7	14	23	
10	11	12	13	22	
17	18	19	20	21	
$\vdots$					$\ddots$

① 73 ② 74
③ 75 ④ 76
⑤ 77

1153 유형 01

$\sum\limits_{k=1}^{n}(a_{3k-2}+a_{3k-1}+a_{3k})=3n^2-2n$일 때, $\sum\limits_{k=1}^{30}a_k$의 값은?

① 200   ② 220   ③ 240

④ 260   ⑤ 280

1154 유형 02

$\sum\limits_{k=1}^{20}(a_k-b_k)^2=8$, $\sum\limits_{k=1}^{20}a_kb_k=14$일 때, $\sum\limits_{k=1}^{20}(a_k^2+b_k^2)$의 값을 구하시오.

1155 유형 01 + 02

$\sum\limits_{k=1}^{n}(a_{2k-1}+a_{2k})=3n^2-2n$일 때, $\sum\limits_{k=1}^{10}(2a_k-5)$의 값을 구하시오.

1156 유형 03

자연수 n에 대하여 다항식 $P(x)=x^{n-1}(3x-1)$을 $x-3$으로 나누었을 때의 나머지를 a_n이라 할 때, $\sum\limits_{k=1}^{n}a_k$를 n에 대한 식으로 나타내면?

① $\dfrac{1}{4}(3^n-1)$ ② $\dfrac{1}{2}(3^n-1)$ ③ 3^n-1

④ $2(3^n-1)$ ⑤ $4(3^n-1)$

1157 유형 03 | 학평 기출 |

모든 항이 양의 실수인 등비수열 $\{a_n\}$의 첫째항부터 제n항까지의 합을 S_n이라 하자. $S_3=7a_3$일 때, $\sum\limits_{n=1}^{8}\dfrac{S_n}{a_n}$의 값을 구하시오.

1158 유형 04

$\sum\limits_{k=1}^{4}(k+1)^3-3\sum\limits_{k=1}^{4}k(k+1)$의 값은?

① 102   ② 104   ③ 106

④ 108   ⑤ 110

1159 유형 03 + 04 | 수능 기출 |

첫째항이 3인 등차수열 $\{a_n\}$에 대하여 $\sum\limits_{k=1}^{5} a_k = 55$일 때,

$\sum\limits_{k=1}^{5} k(a_k - 3)$의 값을 구하시오.

1160 유형 05

$\sum\limits_{n=1}^{k} \left\{ \sum\limits_{m=1}^{n} (m+n) \right\} = 147$을 만족시키는 자연수 k의 값은?

① 3   ② 4   ③ 5

④ 6   ⑤ 7

1161 유형 06

수열 $2, 2+5, 2+5+8, 2+5+8+11, \ldots$의 첫째항부터 제12항까지의 합을 구하시오.

1162 유형 07

자연수 n에 대하여

$2 \times (2n-1) + 4 \times (2n-3) + 6 \times (2n-5) + \cdots + 2n \times 1$

$= \dfrac{an(n+b)(2n+c)}{3}$

일 때, 상수 a, b, c에 대하여 $a+b+c$의 값은?

① -3 ② -1 ③ 0

④ 1   ⑤ 3

1163 유형 08

수열 $\{a_n\}$에 대하여 $\sum\limits_{k=1}^{n} a_k = n^2 - 11n$일 때, $\sum\limits_{k=1}^{10} |a_{2k}|$의 값을 구하시오.

1164 유형 09

수열 $\{a_n\}$에 대하여 $a_n = \dfrac{1^2 + 2^2 + 3^2 + \cdots + n^2}{2n+1}$일 때,

$\dfrac{1}{a_1} + \dfrac{1}{a_2} + \dfrac{1}{a_3} + \cdots + \dfrac{1}{a_{20}}$의 값을 구하시오.

1165 유형 10

자연수 n에 대하여 $f(n)=\sqrt{3n+9}+\sqrt{3n+6}$일 때, $\displaystyle\sum_{k=1}^{m}\frac{1}{f(k)}=1$을 만족시키는 자연수 m의 값은?

① 6   ② 7   ③ 8

④ 9   ⑤ 10

1166 유형 11

수열 $\{a_n\}$의 일반항이 $a_n=\log_2\left(1+\dfrac{1}{n}\right)$일 때, $\displaystyle\sum_{k=1}^{m}a_k=5$를 만족시키는 자연수 m의 값은?

① 31   ② 33   ③ 35

④ 37   ⑤ 39

1167 유형 12

숫자 1, 5, 9로 만들 수 있는 수를 작은 수부터 차례로 나열한 수는 다음과 같다.

> 1, 5, 9, 11, 15, 19, 51, 55, 59, 91, 95, 99, 111, 115, 119, 151, …

이 수열의 제365항은?

① 111115   ② 111119   ③ 111151

④ 511111   ⑤ 511159

서술형

1168 유형 06

등식

$$(1^3-2)+(2^3-4)+(3^3-6)+\cdots+(n^3-2n)=65^2-1$$

을 만족시키는 자연수 n의 값을 구하시오.

1169 유형 08

수열 $\{a_n\}$에 대하여 $\displaystyle\sum_{k=1}^{n}a_k=n^2+2n$일 때, $\displaystyle\sum_{k=1}^{4}(2k-1)a_k$의 값을 구하시오.

1170 유형 09

등차수열 $\{a_n\}$에서 $a_3=7$, $a_6=13$일 때, $\displaystyle\sum_{k=1}^{n}\frac{1}{a_k a_{k+1}}<\frac{1}{9}$을 만족시키는 자연수 n의 최댓값을 구하시오.

C 실력 향상

하 ···· 중 ···· 상100%

1171

$a_n = n - 10 \left[\dfrac{n}{10} \right] (n=1, 2, 3, \cdots)$일 때, $\displaystyle\sum_{k=1}^{50} a_k$의 값은?

(단, $[x]$는 x보다 크지 않은 최대의 정수)

① 220   ② 225   ③ 230

④ 235   ⑤ 240

1172

x에 대한 방정식 $\sin x = \dfrac{2}{(4n-1)\pi} x \, (n=1, 2, 3, \cdots)$의

양의 실근의 개수를 a_n이라 할 때, $\displaystyle\sum_{n=1}^{9} \dfrac{40}{(a_n+1)(a_n+3)}$의

값을 구하시오.

1173

자연수 n에 대하여 $27 \times 2^{n-1}$의 양의 약수의 개수를 a_n이라

하자. $f(n) = \displaystyle\sum_{k=1}^{n} \dfrac{1}{\sqrt{a_k} + \sqrt{a_{k+1}}}$일 때, $f(n)$의 값이 자연수가

되도록 하는 100 이하의 모든 자연수 n의 값의 합을 구하

시오.

1174

공차가 2인 등차수열 $\{a_n\}$에 대하여 $|a_3| = |a_5|$일 때,

$\displaystyle\sum_{k=1}^{6} \dfrac{1}{\sqrt{|a_{k+1}|} + \sqrt{|a_k|}}$의 값을 구하시오.

● 기출 BOOK 50쪽

10-1 수열의 귀납적 정의   개념⁺

수열 $\{a_n\}$에 대하여
(ⅰ) 첫째항 a_1의 값
(ⅱ) 이웃하는 두 항 a_n, a_{n+1} $(n=1, 2, 3, \ldots)$ 사이의 관계식
을 알면 (ⅱ)의 관계식에 $n=1, 2, 3, \ldots$을 차례로 대입하여 수열 $\{a_n\}$의 모든 항을 구할 수 있다.
이와 같이 처음 몇 개의 항과 이웃하는 여러 항 사이의 관계식으로 수열을 정의하는 것을 수열의
귀납적 정의라 한다.

> 수열에서 이웃하는 항들 사이의 관계식을 점화식이라 한다.

10-2 등차수열과 등비수열의 귀납적 정의   유형 01, 02

(1) 등차수열의 귀납적 정의
　① $a_{n+1}-a_n=d$ (일정) $\Longleftrightarrow a_{n+1}=a_n+d$　→ 공차가 d인 등차수열
　② $a_{n+2}-a_{n+1}=a_{n+1}-a_n \Longleftrightarrow 2a_{n+1}=a_n+a_{n+2}$　→ 등차수열

(2) 등비수열의 귀납적 정의
　① $\dfrac{a_{n+1}}{a_n}=r$ (일정) $\Longleftrightarrow a_{n+1}=ra_n$　→ 공비가 r인 등비수열

　② $\dfrac{a_{n+2}}{a_{n+1}}=\dfrac{a_{n+1}}{a_n} \Longleftrightarrow a_{n+1}{}^2=a_na_{n+2}$　→ 등비수열

> $2a_{n+1}=a_n+a_{n+2}$
> ➡ a_{n+1}은 a_n과 a_{n+2}의 등차중항

> $a_{n+1}{}^2=a_na_{n+2}$
> ➡ a_{n+1}은 a_n과 a_{n+2}의 등비중항

10-3 여러 가지 수열의 귀납적 정의   유형 03, 04

(1) $a_{n+1}=a_n+f(n)$ 꼴
　$a_{n+1}=a_n+f(n)$의 n에 1, 2, 3, …을 차례로 대입하여 수열 $\{a_n\}$의 규칙을 찾은 후 일반항
　a_n을 구한다.
　➡ $a_n=a_1+f(1)+f(2)+\cdots+f(n-1)=a_1+\displaystyle\sum_{k=1}^{n-1}f(k)$

(2) $a_{n+1}=a_nf(n)$ 꼴
　$a_{n+1}=a_nf(n)$의 n에 1, 2, 3, …을 차례로 대입하여 수열 $\{a_n\}$의 규칙을 찾은 후 일반항 a_n을
　구한다.
　➡ $a_n=a_1f(1)f(2)\times\cdots\times f(n-1)$

10-4 수학적 귀납법   유형 09~12

자연수 n에 대한 명제 $p(n)$이 모든 자연수 n에 대하여 성립함을 증명하려면 다음 두 가지를 보이
면 된다.
(ⅰ) $n=1$일 때, 명제 $p(n)$이 성립한다.
(ⅱ) $n=k$일 때, 명제 $p(n)$이 성립한다고 가정하면 $n=k+1$일 때도 명제 $p(n)$이 성립한다.
이와 같은 방법으로 자연수 n에 대한 명제 $p(n)$이 성립함을 증명하는 것을 **수학적 귀납법**이라 한다.

> (ⅰ)에 의하여 $p(1)$이 성립한다.
> ➡ (ⅱ)에 의하여 $p(2)$가 성립한다.
> ➡ (ⅱ)에 의하여 $p(3)$이 성립한다.
>   ⋮
> 따라서 모든 자연수 n에 대하여 $p(n)$이 성립한다.

10-1 수열의 귀납적 정의

[1175~1179] 수열 $\{a_n\}$의 귀납적 정의가 다음과 같을 때, 제5항을 구하시오. (단, $n=1, 2, 3, \ldots$)

1175 $a_1=2$, $a_{n+1}=a_n+3n$

1176 $a_1=-1$, $a_{n+1}=a_n+(-1)^n$

1177 $a_1=-3$, $a_{n+1}=-a_n+4$

1178 $a_1=-2$, $a_2=1$, $a_{n+2}=a_n+a_{n+1}$

1179 $a_1=1$, $a_{n+1}=\dfrac{a_n}{n+2}$

10-2 등차수열과 등비수열의 귀납적 정의

[1180~1184] 수열 $\{a_n\}$의 귀납적 정의가 다음과 같을 때, 제10항을 구하시오. (단, $n=1, 2, 3, \ldots$)

1180 $a_1=-1$, $a_{n+1}=a_n+6$

1181 $a_1=3$, $a_2=1$, $2a_{n+1}=a_n+a_{n+2}$

1182 $a_1=3$, $a_{n+1}=3a_n$

1183 $a_1=-4$, $a_{n+1}=\dfrac{a_n}{2}$

1184 $a_1=\dfrac{1}{9}$, $a_2=-\dfrac{1}{3}$, $a_{n+1}{}^2=a_n a_{n+2}$

10-3 여러 가지 수열의 귀납적 정의

[1185~1187] 수열 $\{a_n\}$의 귀납적 정의가 다음과 같을 때, 일반항 a_n을 구하시오. (단, $n=1, 2, 3, \ldots$)

1185 $a_1=5$, $a_{n+1}=a_n-n$

1186 $a_1=1$, $a_{n+1}=a_n+3n$

1187 $a_1=3$, $a_{n+1}-a_n=2^n$

[1188~1190] 수열 $\{a_n\}$의 귀납적 정의가 다음과 같을 때, 일반항 a_n을 구하시오. (단, $n=1, 2, 3, \ldots$)

1188 $a_1=6$, $a_{n+1}=\dfrac{a_n}{n+1}$

1189 $a_1=2$, $a_{n+1}=\dfrac{n+1}{n+2}a_n$

1190 $a_1=1$, $a_{n+1}=(-2)^n a_n$

10-4 수학적 귀납법

1191 자연수 n에 대한 명제 $p(n)$이 모든 자연수 n에 대하여 성립함을 증명하려면 다음 두 가지를 보이면 된다. 이때 (가), (나)에 알맞은 것을 구하시오.

(i) $n=$ [(가)] 일 때, 명제 $p(n)$이 성립한다.
(ii) $n=k$일 때, 명제 $p(n)$이 성립한다고 가정하면
    $n=$ [(나)] 일 때도 명제 $p(n)$이 성립한다.

이와 같은 방법으로 자연수 n에 대한 명제 $p(n)$이 성립함을 증명하는 것을 수학적 귀납법이라 한다.

B 유형 완성

빈출

◇◆ 개념루트 대수 380쪽

유형 01 등차수열의 귀납적 정의

수열 $\{a_n\}$에서 $n=1, 2, 3, \ldots$일 때
(1) $a_{n+1}=a_n+d$ (d는 일정) ➡ 공차가 d인 등차수열
(2) $2a_{n+1}=a_n+a_{n+2}$ ➡ 등차수열

1192 대표 문제

수열 $\{a_n\}$의 귀납적 정의가
$$a_1=-2,\ a_{n+1}-a_n=3\ (n=1, 2, 3, \ldots)$$
일 때, $a_k=232$를 만족시키는 자연수 k의 값은?

① 71   ② 73   ③ 75
④ 77   ⑤ 79

1193 하

수열 $\{a_n\}$의 귀납적 정의가
$$a_1=200,\ a_{n+1}=a_n-4\ (n=1, 2, 3, \ldots)$$
일 때, a_{20}을 구하시오.

1194 중

서술형

수열 $\{a_n\}$이
$$a_{n+2}-a_{n+1}=a_{n+1}-a_n\ (n=1, 2, 3, \ldots)$$
을 만족시키고 $a_6=8$, $a_{12}=20$일 때, $a_k>100$을 만족시키는 자연수 k의 최솟값을 구하시오.

1195 중

수열 $\{a_n\}$의 귀납적 정의가
$$a_1=2,\ a_2=4,\ a_{n+2}-2a_{n+1}+a_n=0\ (n=1, 2, 3, \ldots)$$
일 때, 수열 $\{a_n\}$의 첫째항부터 제n항까지의 합 S_n에 대하여 $\displaystyle\sum_{k=1}^{16}\frac{1}{S_k}$의 값을 구하시오.

1196 상

수열 $\{a_n\}$이
$$2a_{n+1}=a_n+a_{n+2}\ (n=1, 2, 3, \ldots)$$
를 만족시키고, 수열 $\{a_n\}$의 첫째항부터 제n항까지의 합 S_n에 대하여 $S_4=56$, $S_8=80$일 때, S_n의 값이 최대가 되도록 하는 자연수 n의 값을 구하시오.

빈출

◇◆ 개념루트 대수 382쪽

유형 02 등비수열의 귀납적 정의

수열 $\{a_n\}$에서 $n=1, 2, 3, \ldots$일 때
(1) $a_{n+1}=ra_n$ (r는 일정) ➡ 공비가 r인 등비수열
(2) $a_{n+1}{}^2=a_n a_{n+2}$ ➡ 등비수열

1197 대표 문제

수열 $\{a_n\}$의 귀납적 정의가
$$a_2=4,\ a_n=2a_{n+1}\ (n=1, 2, 3, \ldots)$$
일 때, $a_k=\dfrac{1}{32}$을 만족시키는 자연수 k의 값은?

① 6   ② 7   ③ 8
④ 9   ⑤ 10

1198 ⓢ

수열 $\{a_n\}$의 귀납적 정의가

$$a_1=3, \ \frac{a_{n+1}}{a_n}=3 \ (n=1, \ 2, \ 3, \ \ldots)$$

일 때, $\displaystyle\sum_{k=1}^{5} a_k$의 값은?

① 360   ② 363   ③ 366

④ 369   ⑤ 372

1199 ⓢ

수열 $\{a_n\}$의 귀납적 정의가

$$a_1=1, \ a_{n+1}=\sqrt{a_n a_{n+2}} \ (n=1, \ 2, \ 3, \ \ldots)$$

이고 $\dfrac{a_4}{a_1}+\dfrac{a_5}{a_2}+\dfrac{a_6}{a_3}=81$일 때, $\dfrac{a_{20}}{a_{10}}$의 값은?

① 3^7 ② 3^8 ③ 3^9

④ 3^{10} ⑤ 3^{11}

1200 ⓢ

수열 $\{a_n\}$이

$$\frac{a_{n+2}}{a_{n+1}}=\frac{a_{n+1}}{a_n} \ (n=1, \ 2, \ 3, \ \ldots)$$

을 만족시키고 $a_1=3$, $a_4=24$일 때, 수열 $\{a_n\}$의 첫째항부터 제10항까지의 합 S_{10}을 구하시오.

1201 ⓢ

| 학평 기출 |

첫째항이 2이고 모든 항이 양수인 수열 $\{a_n\}$이 있다. x에 대한 이차방정식

$$a_n x^2-a_{n+1} x+a_n=0$$

이 모든 자연수 n에 대하여 중근을 가질 때, $\displaystyle\sum_{k=1}^{8} a_k$의 값을 구하시오.

◈ 개념루트 대수 384쪽

유형 03   수열의 귀납적 정의 − $a_{n+1}=a_n+f(n)$ 꼴

주어진 식의 n에 1, 2, 3, …을 차례로 대입하여 규칙을 찾은 후 수열 $\{a_n\}$의 일반항을 구한다.

➡ $a_n=a_1+f(1)+f(2)+f(3)+\cdots+f(n-1)$
$\quad=a_1+\displaystyle\sum_{k=1}^{n-1} f(k)$

1202 대표 문제

수열 $\{a_n\}$의 귀납적 정의가

$$a_1=2, \ a_{n+1}=a_n+2n^2 \ (n=1, \ 2, \ 3, \ \ldots)$$

일 때, a_7은?

① 184   ② 186   ③ 188

④ 190   ⑤ 192

1203 ⓢ

수열 $\{a_n\}$의 귀납적 정의가

$$a_1=4, \ a_{n+1}=a_n+3^n \ (n=1, \ 2, \ 3, \ \ldots)$$

일 때, $a_k=124$를 만족시키는 자연수 k의 값은?

① 4   ② 5   ③ 6

④ 7   ⑤ 8

1204 ⓢ

수열 $\{a_n\}$의 귀납적 정의가

$$a_1=2, \ a_{n+1}=a_n+f(n) \ (n=1, \ 2, \ 3, \ \ldots)$$

이고 $\displaystyle\sum_{k=1}^{n} f(k)=2n^2+1$일 때, a_{10}을 구하시오.

1205 ㊀

수열 $\{a_n\}$의 귀납적 정의가
$$a_1=5,$$
$$a_{n+1}-a_n=\frac{1}{1+2+3+\cdots+n} \ (n=1, 2, 3, \ldots)$$
일 때, $|a_k-7|<\dfrac{1}{20}$을 만족시키는 자연수 k의 최솟값을 구하시오.

◆◈ 개념루트 대수 386쪽

유형 04 수열의 귀납적 정의 − $a_{n+1}=a_n f(n)$ 꼴

주어진 식의 n에 1, 2, 3, …을 차례로 대입하여 규칙을 찾은 후 수열 $\{a_n\}$의 일반항을 구한다.
➡ $a_n=a_1 f(1)f(2)f(3)\times\cdots\times f(n-1)$

1206 대표 문제

수열 $\{a_n\}$의 귀납적 정의가
$$a_1=3, \ a_{n+1}=\frac{n+3}{n+1}a_n \ (n=1, 2, 3, \ldots)$$
일 때, a_{30}을 구하시오.

1207 ㊀

수열 $\{a_n\}$의 귀납적 정의가
$$a_1=1, \ \sqrt{n+1}\,a_{n+1}=\sqrt{n}\,a_n \ (n=1, 2, 3, \ldots)$$
일 때, $a_k=\dfrac{1}{7}$을 만족시키는 자연수 k의 값은?

① 45 　　　　② 46 　　　　③ 47
④ 48 　　　　⑤ 49

1208 ㊀

수열 $\{a_n\}$의 귀납적 정의가
$$a_1=1, \ a_{n+1}=2^n a_n \ (n=1, 2, 3, \ldots)$$
일 때, $\displaystyle\sum_{k=1}^{10}\log_2 a_k$의 값을 구하시오.

1209 ㊂

수열 $\{a_n\}$의 귀납적 정의가
$$a_1=1, \ a_{n+1}=\frac{a_n}{n+1} \ (n=1, 2, 3, \ldots)$$
일 때, $\dfrac{1}{a_1}+\dfrac{1}{a_2}+\dfrac{1}{a_3}+\cdots+\dfrac{1}{a_{40}}$을 60으로 나누었을 때의 나머지는?

① 31 　　　　② 33 　　　　③ 35
④ 37 　　　　⑤ 39

◆◈ 개념루트 대수 388쪽

유형 05 여러 가지 수열의 귀납적 정의

수열 $\{a_n\}$의 일반항을 구할 수 없는 경우에는 다음 두 가지 방법으로 항을 구한다.
(1) 주어진 식의 n에 1, 2, 3, …을 차례로 대입한다.
(2) 주어진 식을 적당히 변형하여 항들 사이의 관계식을 구한다.

1210 대표 문제

수열 $\{a_n\}$의 귀납적 정의가
$$a_1=-2, \ a_{n+1}=-2a_n+6 \ (n=1, 2, 3, \ldots)$$
일 때, a_5-a_3의 값은?

① -48 　　　② -40 　　　③ -32
④ -24 　　　⑤ -16

1211 ⑥

수열 $\{a_n\}$의 귀납적 정의가

$$a_1=1, \quad a_{n+1}=\frac{a_n}{1+na_n} \quad (n=1, 2, 3, \ldots)$$

일 때, a_5를 구하시오.

1212 ⑥

서술형

수열 $\{a_n\}$이

$$a_{n+1}=(-1)^n a_n+\frac{n+1}{2} \quad (n=1, 2, 3, \ldots)$$

을 만족시키고 $a_5=9$일 때, a_1을 구하시오.

1213 ⑥

| 모평 기출 |

수열 $\{a_n\}$은 $a_1=1$이고, 모든 자연수 n에 대하여

$$\begin{cases} a_{3n-1}=2a_n+1 \\ a_{3n}=-a_n+2 \\ a_{3n+1}=a_n+1 \end{cases}$$

을 만족시킨다. $a_{11}+a_{12}+a_{13}$의 값은?

① 6   ② 7   ③ 8
④ 9   ⑤ 10

1214 ⑥

수열 $\{a_n\}$의 귀납적 정의가

$$a_1=1, \quad a_{n+1}=a_n{}^2+a_n \quad (n=1, 2, 3, \ldots)$$

일 때, $\displaystyle\sum_{k=1}^{100} \log(a_k+1)$의 값과 같은 것은? (단, $a_n>0$)

① a_{100} ② a_{101} ③ $\log a_{99}$
④ $\log a_{100}$ ⑤ $\log a_{101}$

유형 06   수가 반복되는 수열의 귀납적 정의

주어진 식의 n에 1, 2, 3, …을 차례로 대입하여 같은 수가 반복되는 규칙을 찾는다.

1215   대표 문제

수열 $\{a_n\}$의 귀납적 정의가

$$a_1=6, \quad a_{n+1}=\begin{cases} \dfrac{1}{2}a_n & (a_n\text{은 짝수}) \\ a_n+3 & (a_n\text{은 홀수}) \end{cases} \quad (n=1, 2, 3, \ldots)$$

일 때, a_{135}를 구하시오.

1216 ⑥

수열 $\{a_n\}$의 귀납적 정의가

$$a_1=1, \quad a_{n+1}=\begin{cases} a_n-2 & (a_n\geq3) \\ a_n+1 & (a_n<3) \end{cases} \quad (n=1, 2, 3, \ldots)$$

일 때, a_{29}를 구하시오.

1217 ⑥

수열 $\{a_n\}$의 귀납적 정의가

$$a_1=1, \quad a_2=2, \quad a_n a_{n+1} a_{n+2}=1 \quad (n=1, 2, 3, \ldots)$$

일 때, $\displaystyle\sum_{k=1}^{50} a_k$의 값은?

① 56   ② 57   ③ 58
④ 59   ⑤ 60

1218 ⑧

수열 $\{a_n\}$의 귀납적 정의가

$$a_1=2,\ a_{n+1}=(7a_n \text{을 5로 나누었을 때의 나머지})$$
$$(n=1,\ 2,\ 3,\ \dots)$$

일 때, $a_{100}+a_{101}+a_{102}-a_{103}$의 값을 구하시오.

1219 ⑧

| 모평 기출 |

수열 $\{a_n\}$은 $a_1=7$이고, 다음 조건을 만족시킨다.

> (가) $a_{n+2}=a_n-4$ $(n=1,\ 2,\ 3,\ 4)$
> (나) 모든 자연수 n에 대하여 $a_{n+6}=a_n$이다.

$\displaystyle\sum_{k=1}^{50} a_k=258$일 때, a_2의 값을 구하시오.

◈◆ 개념루트 대수 390쪽

유형 07 수열의 합 S_n이 포함된 수열의 귀납적 정의

수열의 합과 일반항 사이의 관계에 의하여
$$a_1=S_1,\ a_n=S_n-S_{n-1}\ (n\geq2)$$
임을 이용하여 주어진 등식을 a_n 또는 S_n에 대한 식으로 변형한다.

1220 대표 문제

수열 $\{a_n\}$의 첫째항부터 제n항까지의 합 S_n에 대하여
$$a_1=2,\ S_n=3a_n-4\ (n=1,\ 2,\ 3,\ \dots)$$
가 성립할 때, a_{20}은?

① $\dfrac{3^{18}}{2^{18}}$ ② $\dfrac{3^{19}}{2^{19}}$ ③ $\dfrac{3^{20}}{2^{20}}$

④ $\dfrac{3^{19}}{2^{18}}$ ⑤ $\dfrac{3^{20}}{2^{19}}$

1221 ⑨

수열 $\{a_n\}$의 첫째항부터 제n항까지의 합 S_n에 대하여
$$S_1=1,\ S_{n+1}=\frac{1}{2}S_n+\frac{1}{3}\ (n=1,\ 2,\ 3,\ \dots)$$
이 성립할 때, a_4를 구하시오.

1222 ⑧

수열 $\{a_n\}$의 첫째항부터 제n항까지의 합 S_n에 대하여
$$a_1=-2,\ S_n=2a_n+2n\ (n=1,\ 2,\ 3,\ \dots)$$
이 성립할 때, a_5를 구하시오.

1223 ⑧

수열 $\{a_n\}$의 귀납적 정의가
$$a_1=5,\ a_{n+1}=a_1+a_2+a_3+\cdots+a_n\ (n=1,\ 2,\ 3,\ \dots)$$
일 때, $a_k>1000$을 만족시키는 자연수 k의 최솟값을 구하시오.

◈ 개념루트 대수 390쪽

유형 08　**수열의 귀납적 정의의 활용**

수열의 귀납적 정의의 활용 문제는 다음과 같은 순서로 푼다.
(1) 첫째항을 구한다.
(2) 제n항을 a_n으로 놓고, a_n과 a_{n+1} 사이의 관계식을 찾는다.

1224 대표 문제

어느 용기에 세균을 넣으면 1시간 동안 4마리는 죽고 나머지는 각각 2마리로 분열한다고 한다. 이 용기에 12마리의 세균을 넣고 n시간 후 용기에 살아 있는 세균의 수를 a_n이라 할 때, a_5를 구하시오.

1225 ⓗ

어느 수족관에서는 수조에 매일 전날 들어 있던 물의 절반을 버리고 다시 8 L의 물을 채워 넣는다. 이와 같은 시행을 n번 반복한 후 수조에 들어 있는 물의 양을 a_n L라 할 때, a_n과 a_{n+1} 사이의 관계식을 구하시오.

1226 ⓜ

어느 호수의 물고기 수가 매년 20 %씩 감소하여 이 지역의 자치 단체에서는 매년 말 호수에 물고기를 1000마리씩 풀어 놓는다고 한다. 올해 초 이 호수의 물고기 수가 10000마리이고 n년 후 그해 초 물고기 수를 a_n이라 할 때, a_4를 구하시오.

1227 ⓜ

서술형

농도가 9 %인 소금물 300 g이 담겨 있는 그릇이 있다. 이 그릇에서 소금물 50 g을 덜어 낸 다음 농도가 6 %인 소금물 50 g을 다시 넣는 것을 1회 시행이라 하자. 같은 시행을 n회 반복한 후 이 그릇에 담긴 소금물의 농도를 a_n %라 하면
$$a_{n+1} = p a_n + q \ (n=1, 2, 3, \ldots)$$
가 성립한다. 이때 상수 p, q에 대하여 $p+q$의 값을 구하시오.

1228 ⓜ

다음 그림과 같이 크기가 같은 정사각형을 변끼리 붙여 새로운 도형을 만들려고 한다. 이와 같은 과정을 반복하여 n단계를 만드는 데 필요한 정사각형의 개수를 a_n이라 할 때, a_n과 a_{n+1} 사이의 관계식을 구하시오.

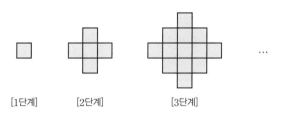

[1단계]　　[2단계]　　[3단계]

1229 ⑤

다음 그림과 같이 평면 위에 n개의 원을 그릴 때, 임의의 두 원은 항상 두 점에서 만나고, 세 개 이상의 원이 동시에 지나는 점은 없도록 하자. n개의 원의 교점의 개수를 a_n이라 할 때, a_6을 구하시오.

   ...

a_1 a_2 a_3

1230 ⑥

오른쪽 그림과 같이 한 변의 길이가 1인 정오각형에서 꼭짓점 P_1을 출발한 점 A는 다음과 같은 규칙에 따라 시계 반대 방향으로 정오각형의 변을 따라 움직인다.

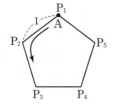

> ㈎ 첫 번째에 점 A는 1만큼 이동하여 꼭짓점 P_2에 도착한다.
> ㈏ 점 A가 n번째에 꼭짓점 P_i ($i=1, 2, 3, 4, 5$)에 도착하면 $(n+1)$번째에는 꼭짓점 P_i를 출발하여 i만큼 이동한다.

점 A가 n번째에 도착한 꼭짓점 P_i에 대하여 수열 $\{a_n\}$을 $a_n=i$라 하자. 예를 들어 $a_1=2$, $a_2=4$이다. 이때 $\sum_{k=1}^{100} a_k$의 값을 구하시오.

유형 09 **수학적 귀납법**

> 모든 자연수 n에 대하여 명제 $p(n)$이
> (i) $p(1)$이 참이다.
> (ii) $p(k)$가 참이면 $p(k+1)$이 참이다.
> 를 모두 만족시키면 명제 $p(n)$은 참이다.

1231 대표 문제

모든 자연수 n에 대하여 명제 $p(n)$이 아래 조건을 만족시킬 때, 다음 중 반드시 참인 것은?

> ㈎ $p(1)$이 참이다.
> ㈏ $p(n)$이 참이면 $p(3n)$이 참이다.
> ㈐ $p(n)$이 참이면 $p(5n)$이 참이다.

① $p(30)$ ② $p(60)$ ③ $p(105)$
④ $p(120)$ ⑤ $p(225)$

1232 ⑥

모든 자연수 n에 대하여 명제 $p(n)$이 참이면 명제 $p(n+2)$가 참일 때, 보기에서 옳은 것만을 있는 대로 고르시오.

> 보기
> ㄱ. $p(1)$이 참이면 $p(7)$이 참이다.
> ㄴ. $p(2)$가 참이면 $p(20)$이 참이다.
> ㄷ. $p(1)$, $p(2)$가 참이면 모든 자연수 n에 대하여 $p(n)$이 참이다.

1233 ⑥

모든 자연수 n에 대하여 명제 $p(n)$이 다음 조건을 만족시킨다.

> ㈎ $p(1)$이 참이다.
> ㈏

위의 조건에 의하여 명제 $p(125)$가 반드시 참일 때, 보기에서 조건 ㈏가 될 수 있는 것만을 있는 대로 고르시오.

> 보기
> ㄱ. $p(n)$이 참이면 $p(n+2)$가 참이다.
> ㄴ. $p(n)$이 참이면 $p(2n+3)$이 참이다.
> ㄷ. $p(n+4)$가 거짓이면 $p(n)$이 거짓이다.

◇◆ 개념루트 대수 394쪽

유형 10 수학적 귀납법 – 등식의 증명

모든 자연수 n에 대하여 등식이 성립함을 증명하려면 다음 두 가지를 보이면 된다.

(i) $n=1$일 때, 등식이 성립한다.

(ii) $n=k$일 때, 등식이 성립한다고 가정하면 $n=k+1$일 때도 등식이 성립한다.

1234 대표 문제

다음은 모든 자연수 n에 대하여 등식

$$1\times2+2\times3+3\times4+\cdots+n(n+1)$$
$$=\frac{1}{3}n(n+1)(n+2)$$

가 성립함을 수학적 귀납법으로 증명한 것이다. (가), (나)에 알맞은 것을 차례로 나열한 것은?

(i) $n=1$일 때,

(좌변)$=1\times2=2$, (우변)$=\frac{1}{3}\times1\times2\times3=2$

이므로 주어진 등식이 성립한다.

(ii) $n=k$일 때,

주어진 등식이 성립한다고 가정하면

$$1\times2+2\times3+3\times4+\cdots+k(k+1)$$
$$=\frac{1}{3}k(k+1)(k+2)$$

이 등식의 양변에 $\boxed{\text{(가)}}$ 을(를) 더하면

$$1\times2+2\times3+3\times4+\cdots+k(k+1)+\boxed{\text{(가)}}$$
$$=\frac{1}{3}k(k+1)(k+2)+\boxed{\text{(가)}}$$
$$=\frac{1}{3}(k+1)(k+2)(\boxed{\text{(나)}})$$

따라서 $n=k+1$일 때도 주어진 등식이 성립한다.

(i), (ii)에서 모든 자연수 n에 대하여 주어진 등식이 성립한다.

① $(k+1)(k+2),\ k+1$

② $(k+1)(k+2),\ k+2$

③ $(k+1)(k+2),\ k+3$

④ $(k+2)(k+3),\ k+2$

⑤ $(k+2)(k+3),\ k+3$

1235 중

다음은 모든 자연수 n에 대하여 등식

$$\frac{1}{1\times2}+\frac{1}{2\times3}+\frac{1}{3\times4}+\cdots+\frac{1}{n(n+1)}=\frac{n}{n+1}$$

이 성립함을 수학적 귀납법으로 증명한 것이다. (가)~(다)에 알맞은 것을 구하시오.

(i) $n=1$일 때,

(좌변)$=\frac{1}{1\times2}=\frac{1}{2}$, (우변)$=\frac{1}{1+1}=\frac{1}{2}$

이므로 주어진 등식이 성립한다.

(ii) $n=k$일 때,

주어진 등식이 성립한다고 가정하면

$$\frac{1}{1\times2}+\frac{1}{2\times3}+\frac{1}{3\times4}+\cdots+\frac{1}{k(k+1)}=\frac{k}{k+1}$$

이 등식의 양변에 $\boxed{\text{(가)}}$ 을(를) 더하면

$$\frac{1}{1\times2}+\frac{1}{2\times3}+\frac{1}{3\times4}+\cdots+\frac{1}{k(k+1)}+\boxed{\text{(가)}}$$
$$=\frac{k}{k+1}+\boxed{\text{(가)}}$$
$$=\boxed{\text{(나)}}$$

따라서 $n=\boxed{\text{(다)}}$ 일 때도 주어진 등식이 성립한다.

(i), (ii)에서 모든 자연수 n에 대하여 주어진 등식이 성립한다.

1236 ㉳

다음은 모든 자연수 n에 대하여 등식

$$\sum_{k=1}^{n}(-1)^{k-1}(n+1-k)^2=\sum_{k=1}^{n}k$$

가 성립함을 수학적 귀납법으로 증명한 것이다. ㈎에 알맞은 식을 $f(m)$이라 할 때, $f(8)$의 값은?

(i) $n=1$일 때,

　(좌변)$=1$, (우변)$=1$

　이므로 주어진 등식이 성립한다.

(ii) $n=m$일 때,

　주어진 등식이 성립한다고 가정하면

$$\sum_{k=1}^{m}(-1)^{k-1}(m+1-k)^2=\sum_{k=1}^{m}k$$

　$n=m+1$일 때,

$$\sum_{k=1}^{m+1}(-1)^{k-1}(m+2-k)^2$$

$$=(-1)^0\times(m+1)^2+(-1)^1\times m^2$$
$$\qquad\quad +(-1)^2\times(m-1)^2+\cdots+(-1)^m\times1^2$$

$$=(m+1)^2+(-1)\times\sum_{k=1}^{m}(-1)^{k-1}(m+1-k)^2$$

$$=(m+1)^2-\boxed{㈎}$$

$$=\sum_{k=1}^{m+1}k$$

　따라서 $n=m+1$일 때도 주어진 등식이 성립한다.

(i), (ii)에서 모든 자연수 n에 대하여 주어진 등식이 성립한다.

---

① 32　　　　② 34　　　　③ 36

④ 38　　　　⑤ 40

모든 자연수 n에 대하여 $f(n)$이 l의 배수임을 증명하려면 다음 두 가지를 보이면 된다.

(i) $f(1)$이 l의 배수이다.

(ii) $f(k)$가 l의 배수라 가정하면 $f(k+1)$도 l의 배수이다.

1237 대표 문제

모든 자연수 n에 대하여 $n(n^2+5)$가 6의 배수임을 수학적 귀납법으로 증명하시오.

1238 ㉳

다음은 모든 자연수 n에 대하여 7^n+5^{n-1}은 2로 나누어떨어짐을 수학적 귀납법으로 증명한 것이다. ㈎, ㈏에 알맞은 것을 구하시오.

(i) $n=1$일 때,

　$7^1+5^{1-1}=8=2\times4$이므로 2로 나누어떨어진다.

(ii) $n=k$일 때,

　$7^k+5^{k-1}=2m$ (m은 자연수)이라 가정하면

　$n=k+1$일 때,

$$7^{k+1}+5^k=7\times7^k+5\times\boxed{㈎}$$

$$\qquad\qquad =7(7^k+5^{k-1})-2\times\boxed{㈎}$$

$$\qquad\qquad =7\times\boxed{㈏}-2\times\boxed{㈎}$$

$$\qquad\qquad =2(7m-5^{k-1})$$

　따라서 $n=k+1$일 때도 7^n+5^{n-1}은 2로 나누어떨어진다.

(i), (ii)에서 모든 자연수 n에 대하여 7^n+5^{n-1}은 2로 나누어떨어진다.

유형 12 수학적 귀납법 – 부등식의 증명

◆◈ 개념루트 대수 396쪽

$n \geq m$(m은 자연수)인 모든 자연수 n에 대하여 부등식이 성립함을 증명하려면 다음 두 가지를 보이면 된다.

(i) $n=m$일 때, 부등식이 성립한다.

(ii) $n=k$($k \geq m$)일 때, 부등식이 성립한다고 가정하면 $n=k+1$일 때도 부등식이 성립한다.

1239 대표 문제

$n \geq 3$인 모든 자연수 n에 대하여 부등식

$$2^{n+1} > n(n-1)$$

이 성립함을 수학적 귀납법으로 증명하시오.

1240 중

다음은 $n \geq 2$인 모든 자연수 n에 대하여 부등식

$$1 + \frac{1}{2} + \frac{1}{3} + \cdots + \frac{1}{n} > \frac{2n}{n+1}$$

이 성립함을 수학적 귀납법으로 증명한 것이다. (가), (나)에 알맞은 것을 구하시오.

(i) $n=2$일 때,

(좌변)$=1+\dfrac{1}{2}=\dfrac{3}{2}$, (우변)$=\dfrac{2 \times 2}{2+1}=\dfrac{4}{3}$

이므로 주어진 부등식이 성립한다.

(ii) $n=k$($k \geq 2$)일 때,

주어진 부등식이 성립한다고 가정하면

$$1 + \frac{1}{2} + \frac{1}{3} + \cdots + \frac{1}{k} > \frac{2k}{k+1}$$

이 부등식의 양변에 $\dfrac{1}{k+1}$을 더하면

$$1 + \frac{1}{2} + \frac{1}{3} + \cdots + \frac{1}{k} + \frac{1}{k+1} > \boxed{\text{(가)}}$$

이때 $\boxed{\text{(가)}} - \dfrac{2(k+1)}{k+2} = \dfrac{\boxed{\text{(나)}}}{(k+1)(k+2)} > 0$이므로

$$1 + \frac{1}{2} + \frac{1}{3} + \cdots + \frac{1}{k} + \frac{1}{k+1} > \frac{2(k+1)}{k+2}$$

따라서 $n=k+1$일 때도 주어진 부등식이 성립한다.

(i), (ii)에서 $n \geq 2$인 모든 자연수 n에 대하여 주어진 부등식이 성립한다.

1241 중

다음은 $h>0$일 때, $n \geq 2$인 모든 자연수 n에 대하여

$$(1+h)^n > 1+nh$$

가 성립함을 수학적 귀납법으로 증명한 것이다. (가), (나)에 알맞은 식을 각각 $f(h)$, $g(k)$라 할 때, $f(2)+g(-3)$의 값은?

(i) $n=2$일 때,

(좌변)$=(1+h)^2=1+2h+h^2$, (우변)$=\boxed{\text{(가)}}$

이때 $h^2>0$이므로 주어진 부등식이 성립한다.

(ii) $n=k$($k \geq 2$)일 때,

주어진 부등식이 성립한다고 가정하면

$$(1+h)^k > 1+kh$$

이 부등식의 양변에 $1+h$를 곱하면

$$(1+h)^{k+1} > (1+kh)(1+h)$$
$$= 1+(k+1)h+kh^2$$
$$> 1+(\boxed{\text{(나)}})h$$

따라서 $n=k+1$일 때도 주어진 부등식이 성립한다.

(i), (ii)에서 $n \geq 2$인 모든 자연수 n에 대하여 주어진 부등식이 성립한다.

① -5 ② -3 ③ -1

④ 1 ⑤ 3

AB 유형 점검

1242 유형 01

모든 항이 양수인 수열 $\{a_n\}$이
$$\log_2 a_{n+1}+1=\log_2(a_n+a_{n+2}) \ (n=1, 2, 3, \ldots)$$
를 만족시키고 $a_3=8$, $a_7=20$일 때, a_{15}를 구하시오.

1243 유형 02

수열 $\{a_n\}$의 귀납적 정의가
$$a_1=8, \ a_{n+1}=2a_n \ (n=1, 2, 3, \ldots)$$
일 때, 수열 $\{a_n\}$에서 처음으로 1000보다 커지는 항은 제몇 항인지 구하시오.

1244 유형 03

수열 $\{a_n\}$의 귀납적 정의가
$$a_1=10, \ a_{n+1}-a_n=2n \ (n=1, 2, 3, \ldots)$$
일 때, $a_m=82$를 만족시키는 자연수 m의 값은?

① 6   ② 7   ③ 8
④ 9   ⑤ 10

1245 유형 04

수열 $\{a_n\}$의 귀납적 정의가
$$a_1=1, \ a_{n+1}=\left(1+\frac{1}{n}\right)a_n \ (n=1, 2, 3, \ldots)$$
일 때, $\displaystyle\sum_{k=1}^{10}(a_{2k-1}+a_{2k})$의 값을 구하시오.

1246 유형 05

수열 $\{a_n\}$의 귀납적 정의가
$$a_1=1, \ a_2=2, \ a_{n+2}=a_n+3 \ (n=1, 2, 3, \ldots)$$
일 때, a_8+a_9의 값은?

① 21   ② 22   ③ 23
④ 24   ⑤ 25

1247 유형 06 | 모평기출 |

수열 $\{a_n\}$은 $a_1=9$, $a_2=3$이고, 모든 자연수 n에 대하여
$$a_{n+2}=a_{n+1}-a_n$$
을 만족시킨다. $|a_k|=3$을 만족시키는 100 이하의 자연수 k의 개수를 구하시오.

1248 유형 07

수열 $\{a_n\}$의 첫째항부터 제n항까지의 합 S_n에 대하여
$$3S_n=a_{n+1}+7 \ (n=1, 2, 3, \ldots)$$
이 성립한다. $a_{20}=ka_{18}$일 때, 상수 k의 값을 구하시오.

1249 유형 08 | 모평 기출 |

두 곡선 $y=16^x$, $y=2^x$과 한 점 $A(64, 2^{64})$이 있다. 점 A를 지나며 x축과 평행한 직선이 곡선 $y=16^x$과 만나는 점을 P_1이라 하고, 점 P_1을 지나며 y축과 평행한 직선이 곡선 $y=2^x$과 만나는 점을 Q_1이라 하자.
점 Q_1을 지나며 x축과 평행한 직선이 곡선 $y=16^x$과 만나는 점을 P_2라 하고, 점 P_2를 지나며 y축과 평행한 직선이 곡선 $y=2^x$과 만나는 점을 Q_2라 하자.
이와 같은 과정을 계속하여 n번째 얻은 두 점을 각각 P_n, Q_n이라 하고 점 Q_n의 x좌표를 x_n이라 할 때, $x_n<\dfrac{1}{k}$을 만족시키는 n의 최솟값이 6이 되도록 하는 자연수 k의 개수는?

① 48   ② 51   ③ 54
④ 57   ⑤ 60

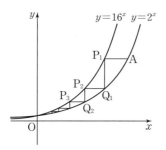

1250 유형 09

모든 자연수 n에 대하여 명제 $p(n)$이 참이면 명제 $p(n+3)$이 참일 때, 보기에서 옳은 것만을 있는 대로 고른 것은? (단, k는 자연수)

┌ 보기 ┐
ㄱ. $p(1)$이 참이면 $p(3k+1)$이 참이다.
ㄴ. $p(2)$가 참이면 $p(3k)$가 참이다.
ㄷ. $p(1)$, $p(2)$, $p(3)$이 참이면 $p(k)$가 참이다.

① ㄱ   ② ㄴ   ③ ㄱ, ㄴ
④ ㄱ, ㄷ   ⑤ ㄱ, ㄴ, ㄷ

1251 유형 10

다음은 모든 자연수 n에 대하여 등식

$$1^2+2^2+3^2+\cdots+n^2=\frac{1}{6}n(n+1)(2n+1)$$

이 성립함을 수학적 귀납법으로 증명한 것이다. ㈎, ㈏에 알맞은 식을 각각 $f(k)$, $g(k)$라 할 때, $f(2)+g(2)$의 값을 구하시오.

(i) $n=1$일 때,
(좌변)$=1^2=1$, (우변)$=\dfrac{1}{6}\times1\times2\times3=1$
이므로 주어진 등식이 성립한다.
(ii) $n=k$일 때, 주어진 등식이 성립한다고 가정하면
$$1^2+2^2+3^2+\cdots+k^2=\frac{1}{6}k(k+1)(2k+1)$$
이 등식의 양변에 ⟨㈎⟩ 을(를) 더하면
$$1^2+2^2+3^2+\cdots+k^2+⟨㈎⟩$$
$$=\frac{1}{6}k(k+1)(2k+1)+⟨㈎⟩$$
$$=\frac{1}{6}(k+1)(2k^2+k+⟨㈏⟩)$$
$$=\frac{1}{6}(k+1)(k+2)(2k+3)$$
따라서 $n=k+1$일 때도 주어진 등식이 성립한다.
(i), (ii)에서 모든 자연수 n에 대하여 주어진 등식이 성립한다.

1252 유형 11

다음은 수열 $\{a_n\}$의 귀납적 정의가
$$a_1=a_2=1, \ a_{n+2}=a_n+a_{n+1} \ (n=1, 2, 3, \ldots)$$
일 때, 명제 '모든 자연수 n에 대하여 a_{5n}은 5의 배수이다.'가 참임을 수학적 귀납법으로 증명한 것이다. ㈎~㈐에 알맞은 것을 구하시오.

(i) $n=1$일 때,
$a_5=a_3+a_4=a_1+2a_2+a_3=2a_1+3a_2=5$
이므로 주어진 명제는 참이다.
(ii) $n=k$일 때,
$a_{5k}=5m\,(m$은 자연수)이라 가정하면
$n=k+1$일 때,
$a_{5(k+1)}=a_{5k+3}+a_{5k+4}$
$\qquad=⟨㈎⟩a_{5k}+⟨㈏⟩a_{5k+1}$
$\qquad=5(⟨㈐⟩+a_{5k+1})$
따라서 $n=k+1$일 때도 주어진 명제가 참이다.
(i), (ii)에서 모든 자연수 n에 대하여 주어진 명제가 참이다.

1253 유형 12

다음은 2 이상의 모든 자연수 n에 대하여 부등식

$$\frac{1}{\sqrt{1}}+\frac{1}{\sqrt{2}}+\frac{1}{\sqrt{3}}+\cdots+\frac{1}{\sqrt{n}}>\sqrt{n}$$

이 성립함을 수학적 귀납법으로 증명한 것이다. (가), (나)에 알맞은 것을 차례로 나열한 것은?

(i) $n=2$일 때,

(좌변)$=\dfrac{1}{\sqrt{1}}+\dfrac{1}{\sqrt{2}}=\dfrac{2+\sqrt{2}}{2}$, (우변)$=\boxed{\text{(가)}}$

이므로 주어진 부등식이 성립한다.

(ii) $n=k\,(k\geq2)$일 때,

주어진 부등식이 성립한다고 가정하면

$$\frac{1}{\sqrt{1}}+\frac{1}{\sqrt{2}}+\frac{1}{\sqrt{3}}+\cdots+\frac{1}{\sqrt{k}}>\sqrt{k}$$

이 부등식의 양변에 $\dfrac{1}{\sqrt{k+1}}$을 더하면

$$\frac{1}{\sqrt{1}}+\frac{1}{\sqrt{2}}+\frac{1}{\sqrt{3}}+\cdots+\frac{1}{\sqrt{k}}+\frac{1}{\sqrt{k+1}}>\sqrt{k}+\frac{1}{\sqrt{k+1}}$$

이때 $\sqrt{k}+\dfrac{1}{\sqrt{k+1}}-\dfrac{\boxed{\text{(나)}}}{\sqrt{k+1}}>0$이므로

$$\frac{1}{\sqrt{1}}+\frac{1}{\sqrt{2}}+\frac{1}{\sqrt{3}}+\cdots+\frac{1}{\sqrt{k}}+\frac{1}{\sqrt{k+1}}>\sqrt{k+1}$$

따라서 $n=k+1$일 때도 주어진 부등식은 성립한다.

(i), (ii)에서 2 이상의 모든 자연수 n에 대하여 주어진 부등식이 성립한다.

---

① $\sqrt{2}$, k ② $\sqrt{2}$, $k+1$

③ $\sqrt{2}$, $k+2$ ④ 2, k

⑤ 2, $k+1$

서술형

1254 유형 04

수열 $\{a_n\}$의 귀납적 정의가

$$a_1=6,\ (n+1)a_{n+1}=(n+2)a_n\ (n=1,\ 2,\ 3,\ \ldots)$$

일 때, a_{19}를 구하시오.

1255 유형 06

수열 $\{a_n\}$의 귀납적 정의가

$$a_1=1,\ a_2=2,\ a_3=4,$$
$$a_n a_{n+2}=a_{n-1}a_{n+1}\ (n=2,\ 3,\ 4,\ \ldots)$$

일 때, $a_{50}+a_{52}+a_{54}$의 값을 구하시오.

1256 유형 08

지홍이는 방학 중에 자전거 여행을 하기로 했다. 여행 첫날에 26 km를 이동하고 다음 날부터는 매일 전날 이동한 거리의 절반에 5 km를 더 이동한다. 이때 여행 첫날부터 5일째까지 이동한 거리를 구하시오.

C 실력 향상

1257

다음 조건을 만족시키는 수열 $\{a_n\}$에 대하여 $\sum\limits_{k=1}^{28} a_k$의 값은?

> (가) $a_n=n$ $(n=1, 2, 3, 4)$
> (나) $a_{k+4}=2a_k$ $(k=1, 2, 3, \cdots)$

① 1270 ② 1280 ③ 1290
④ 1300 ⑤ 1310

1258

두 수열 $\{a_n\}$, $\{b_n\}$이 모든 자연수 n에 대하여
$$a_n+b_{n+1}=7n-1, \ a_{n+1}+b_n=7n-4$$
를 만족시킬 때, $\sum\limits_{k=1}^{10} a_k+\sum\limits_{k=1}^{10} b_k$의 값은?

① 321 ② 323 ③ 325
④ 327 ⑤ 329

1259

첫째항이 1인 수열 $\{a_n\}$의 첫째항부터 제n항까지의 합 S_n에 대하여
$$(n+1)S_{n+1}=(n+3)S_n \, (n\geq 1)$$
이 성립한다. 다음은 수열 $\{a_n\}$의 일반항을 구하는 과정의 일부이다. (가), (나), (다)에 알맞은 식을 각각 $f(n)$, $g(n)$, $h(n)$이라 할 때, $\dfrac{f(4)g(4)}{h(8)}$의 값은?

> 자연수 n에 대하여 $S_{n+1}=S_n+a_{n+1}$이므로
> $$(n+1)a_{n+1}=2S_n \quad \cdots\cdots \ \text{㉠}$$
> 이다. $n\geq 2$인 모든 자연수 n에 대하여
> $$na_n=2S_{n-1} \quad \cdots\cdots \ \text{㉡}$$
> 이고, ㉠－㉡을 하여 정리하면
> $$(n+1)a_{n+1}=(\boxed{\text{(가)}})a_n$$
> 양변을 $(n+1)(n+2)$로 나누면
> $$\frac{a_{n+1}}{n+2}=\frac{a_n}{\boxed{\text{(나)}}}$$
> 이때 $b_n=\dfrac{a_n}{\boxed{\text{(나)}}}$이라 하면 $b_{n+1}=b_n(n\geq 2)$이므로
> $$b_n=b_{n-1}=\cdots=b_2$$
> $$\therefore \ a_n=\boxed{\text{(다)}} \ (n\geq 2)$$

① 8 ② 9 ③ 10
④ 11 ⑤ 12

1260

흰 공과 검은 공이 있다. 이 중 n개의 공을 일렬로 나열하는데, 검은 공끼리는 이웃하지 않도록 나열하는 방법의 수를 a_n이라 하자. 예를 들어 다음과 같이 $a_1=2$, $a_2=3$이다. 이때 a_8을 구하시오.

> $a_1=2 \Rightarrow \bigcirc, \bullet$
> $a_2=3 \Rightarrow \bigcirc\bullet, \bullet\bigcirc, \bigcirc\bigcirc$
> $\vdots$

◑ 기출 BOOK 56쪽

상용로그표

수	0	1	2	3	4	5	6	7	8	9
1.0	.0000	.0043	.0086	.0128	.0170	.0212	.0253	.0294	.0334	.0374
1.1	.0414	.0453	.0492	.0531	.0569	.0607	.0645	.0682	.0719	.0755
1.2	.0792	.0828	.0864	.0899	.0934	.0969	.1004	.1038	.1072	.1106
1.3	.1139	.1173	.1206	.1239	.1271	.1303	.1335	.1367	.1399	.1430
1.4	.1461	.1492	.1523	.1553	.1584	.1614	.1644	.1673	.1703	.1732
1.5	.1761	.1790	.1818	.1847	.1875	.1903	.1931	.1959	.1987	.2014
1.6	.2041	.2068	.2095	.2122	.2148	.2175	.2201	.2227	.2253	.2279
1.7	.2304	.2330	.2355	.2380	.2405	.2430	.2455	.2480	.2504	.2529
1.8	.2553	.2577	.2601	.2625	.2648	.2672	.2695	.2718	.2742	.2765
1.9	.2788	.2810	.2833	.2856	.2878	.2900	.2923	.2945	.2967	.2989
2.0	.3010	.3032	.3054	.3075	.3096	.3118	.3139	.3160	.3181	.3201
2.1	.3222	.3243	.3263	.3284	.3304	.3324	.3345	.3365	.3385	.3404
2.2	.3424	.3444	.3464	.3483	.3502	.3522	.3541	.3560	.3579	.3598
2.3	.3617	.3636	.3655	.3674	.3692	.3711	.3729	.3747	.3766	.3784
2.4	.3802	.3820	.3838	.3856	.3874	.3892	.3909	.3927	.3945	.3962
2.5	.3979	.3997	.4014	.4031	.4048	.4065	.4082	.4099	.4116	.4133
2.6	.4150	.4166	.4183	.4200	.4216	.4232	.4249	.4265	.4281	.4298
2.7	.4314	.4330	.4346	.4362	.4378	.4393	.4409	.4425	.4440	.4456
2.8	.4472	.4487	.4502	.4518	.4533	.4548	.4564	.4579	.4594	.4609
2.9	.4624	.4639	.4654	.4669	.4683	.4698	.4713	.4728	.4742	.4757
3.0	.4771	.4786	.4800	.4814	.4829	.4843	.4857	.4871	.4886	.4900
3.1	.4914	.4928	.4942	.4955	.4969	.4983	.4997	.5011	.5024	.5038
3.2	.5051	.5065	.5079	.5092	.5105	.5119	.5132	.5145	.5159	.5172
3.3	.5185	.5198	.5211	.5224	.5237	.5250	.5263	.5276	.5289	.5302
3.4	.5315	.5328	.5340	.5353	.5366	.5378	.5391	.5403	.5416	.5428
3.5	.5441	.5453	.5465	.5478	.5490	.5502	.5514	.5527	.5539	.5551
3.6	.5563	.5575	.5587	.5599	.5611	.5623	.5635	.5647	.5658	.5670
3.7	.5682	.5694	.5705	.5717	.5729	.5740	.5752	.5763	.5775	.5786
3.8	.5798	.5809	.5821	.5832	.5843	.5855	.5866	.5877	.5888	.5899
3.9	.5911	.5922	.5933	.5944	.5955	.5966	.5977	.5988	.5999	.6010
4.0	.6021	.6031	.6042	.6053	.6064	.6075	.6085	.6096	.6107	.6117
4.1	.6128	.6138	.6149	.6160	.6170	.6180	.6191	.6201	.6212	.6222
4.2	.6232	.6243	.6253	.6263	.6274	.6284	.6294	.6304	.6314	.6325
4.3	.6335	.6345	.6355	.6365	.6375	.6385	.6395	.6405	.6415	.6425
4.4	.6435	.6444	.6454	.6464	.6474	.6484	.6493	.6503	.6513	.6522
4.5	.6532	.6542	.6551	.6561	.6571	.6580	.6590	.6599	.6609	.6618
4.6	.6628	.6637	.6646	.6656	.6665	.6675	.6684	.6693	.6702	.6712
4.7	.6721	.6730	.6739	.6749	.6758	.6767	.6776	.6785	.6794	.6803
4.8	.6812	.6821	.6830	.6839	.6848	.6857	.6866	.6875	.6884	.6893
4.9	.6902	.6911	.6920	.6928	.6937	.6946	.6955	.6964	.6972	.6981
5.0	.6990	.6998	.7007	.7016	.7024	.7033	.7042	.7050	.7059	.7067
5.1	.7076	.7084	.7093	.7101	.7110	.7118	.7126	.7135	.7143	.7152
5.2	.7160	.7168	.7177	.7185	.7193	.7202	.7210	.7218	.7226	.7235
5.3	.7243	.7251	.7259	.7267	.7275	.7284	.7292	.7300	.7308	.7316
5.4	.7324	.7332	.7340	.7348	.7356	.7364	.7372	.7380	.7388	.7396

수	0	1	2	3	4	5	6	7	8	9
5.5	.7404	.7412	.7419	.7427	.7435	.7443	.7451	.7459	.7466	.7474
5.6	.7482	.7490	.7497	.7505	.7513	.7520	.7528	.7536	.7543	.7551
5.7	.7559	.7566	.7574	.7582	.7589	.7597	.7604	.7612	.7619	.7627
5.8	.7634	.7642	.7649	.7657	.7664	.7672	.7679	.7686	.7694	.7701
5.9	.7709	.7716	.7723	.7731	.7738	.7745	.7752	.7760	.7767	.7774
6.0	.7782	.7789	.7796	.7803	.7810	.7818	.7825	.7832	.7839	.7846
6.1	.7853	.7860	.7868	.7875	.7882	.7889	.7896	.7903	.7910	.7917
6.2	.7924	.7931	.7938	.7945	.7952	.7959	.7966	.7973	.7980	.7987
6.3	.7993	.8000	.8007	.8014	.8021	.8028	.8035	.8041	.8048	.8055
6.4	.8062	.8069	.8075	.8082	.8089	.8096	.8102	.8109	.8116	.8122
6.5	.8129	.8136	.8142	.8149	.8156	.8162	.8169	.8176	.8182	.8189
6.6	.8195	.8202	.8209	.8215	.8222	.8228	.8235	.8241	.8248	.8254
6.7	.8261	.8267	.8274	.8280	.8287	.8293	.8299	.8306	.8312	.8319
6.8	.8325	.8331	.8338	.8344	.8351	.8357	.8363	.8370	.8376	.8382
6.9	.8388	.8395	.8401	.8407	.8414	.8420	.8426	.8432	.8439	.8445
7.0	.8451	.8457	.8463	.8470	.8476	.8482	.8488	.8494	.8500	.8506
7.1	.8513	.8519	.8525	.8531	.8537	.8543	.8549	.8555	.8561	.8567
7.2	.8573	.8579	.8585	.8591	.8597	.8603	.8609	.8615	.8621	.8627
7.3	.8633	.8639	.8645	.8651	.8657	.8663	.8669	.8675	.8681	.8686
7.4	.8692	.8698	.8704	.8710	.8716	.8722	.8727	.8733	.8739	.8745
7.5	.8751	.8756	.8762	.8768	.8774	.8779	.8785	.8791	.8797	.8802
7.6	.8808	.8814	.8820	.8825	.8831	.8837	.8842	.8848	.8854	.8859
7.7	.8865	.8871	.8876	.8882	.8887	.8893	.8899	.8904	.8910	.8915
7.8	.8921	.8927	.8932	.8938	.8943	.8949	.8954	.8960	.8965	.8971
7.9	.8976	.8982	.8987	.8993	.8998	.9004	.9009	.9015	.9020	.9025
8.0	.9031	.9036	.9042	.9047	.9053	.9058	.9063	.9069	.9074	.9079
8.1	.9085	.9090	.9096	.9101	.9106	.9112	.9117	.9122	.9128	.9133
8.2	.9138	.9143	.9149	.9154	.9159	.9165	.9170	.9175	.9180	.9186
8.3	.9191	.9196	.9201	.9206	.9212	.9217	.9222	.9227	.9232	.9238
8.4	.9243	.9248	.9253	.9258	.9263	.9269	.9274	.9279	.9284	.9289
8.5	.9294	.9299	.9304	.9309	.9315	.9320	.9325	.9330	.9335	.9340
8.6	.9345	.9350	.9355	.9360	.9365	.9370	.9375	.9380	.9385	.9390
8.7	.9395	.9400	.9405	.9410	.9415	.9420	.9425	.9430	.9435	.9440
8.8	.9445	.9450	.9455	.9460	.9465	.9469	.9474	.9479	.9484	.9489
8.9	.9494	.9499	.9504	.9509	.9513	.9518	.9523	.9528	.9533	.9538
9.0	.9542	.9547	.9552	.9557	.9562	.9566	.9571	.9576	.9581	.9586
9.1	.9590	.9595	.9600	.9605	.9609	.9614	.9619	.9624	.9628	.9633
9.2	.9638	.9643	.9647	.9652	.9657	.9661	.9666	.9671	.9675	.9680
9.3	.9685	.9689	.9694	.9699	.9703	.9708	.9713	.9717	.9722	.9727
9.4	.9731	.9736	.9741	.9745	.9750	.9754	.9759	.9763	.9768	.9773
9.5	.9777	.9782	.9786	.9791	.9795	.9800	.9805	.9809	.9814	.9818
9.6	.9823	.9827	.9832	.9836	.9841	.9845	.9850	.9854	.9859	.9863
9.7	.9868	.9872	.9877	.9881	.9886	.9890	.9894	.9899	.9903	.9908
9.8	.9912	.9917	.9921	.9926	.9930	.9934	.9939	.9943	.9948	.9952
9.9	.9956	.9961	.9965	.9969	.9974	.9978	.9983	.9987	.9991	.9996

삼각함수표

θ	$\sin \theta$	$\cos \theta$	$\tan \theta$	θ	$\sin \theta$	$\cos \theta$	$\tan \theta$
0°	0.0000	1.0000	0.0000	45°	0.7071	0.7071	1.0000
1°	0.0175	0.9998	0.0175	46°	0.7193	0.6947	1.0355
2°	0.0349	0.9994	0.0349	47°	0.7314	0.6820	1.0724
3°	0.0523	0.9986	0.0524	48°	0.7431	0.6691	1.1106
4°	0.0698	0.9976	0.0699	49°	0.7547	0.6561	1.1504
5°	0.0872	0.9962	0.0875	50°	0.7660	0.6428	1.1918
6°	0.1045	0.9945	0.1051	51°	0.7771	0.6293	1.2349
7°	0.1219	0.9925	0.1228	52°	0.7880	0.6157	1.2799
8°	0.1392	0.9903	0.1405	53°	0.7986	0.6018	1.3270
9°	0.1564	0.9877	0.1584	54°	0.8090	0.5878	1.3764
10°	0.1736	0.9848	0.1763	55°	0.8192	0.5736	1.4281
11°	0.1908	0.9816	0.1944	56°	0.8290	0.5592	1.4826
12°	0.2079	0.9781	0.2126	57°	0.8387	0.5446	1.5399
13°	0.2250	0.9744	0.2309	58°	0.8480	0.5299	1.6003
14°	0.2419	0.9703	0.2493	59°	0.8572	0.5150	1.6643
15°	0.2588	0.9659	0.2679	60°	0.8660	0.5000	1.7321
16°	0.2756	0.9613	0.2867	61°	0.8746	0.4848	1.8040
17°	0.2924	0.9563	0.3057	62°	0.8829	0.4695	1.8807
18°	0.3090	0.9511	0.3249	63°	0.8910	0.4540	1.9626
19°	0.3256	0.9455	0.3443	64°	0.8988	0.4384	2.0503
20°	0.3420	0.9397	0.3640	65°	0.9063	0.4226	2.1445
21°	0.3584	0.9336	0.3839	66°	0.9135	0.4067	2.2460
22°	0.3746	0.9272	0.4040	67°	0.9205	0.3907	2.3559
23°	0.3907	0.9205	0.4245	68°	0.9272	0.3746	2.4751
24°	0.4067	0.9135	0.4452	69°	0.9336	0.3584	2.6051
25°	0.4226	0.9063	0.4663	70°	0.9397	0.3420	2.7475
26°	0.4384	0.8988	0.4877	71°	0.9455	0.3256	2.9042
27°	0.4540	0.8910	0.5095	72°	0.9511	0.3090	3.0777
28°	0.4695	0.8829	0.5317	73°	0.9563	0.2924	3.2709
29°	0.4848	0.8746	0.5543	74°	0.9613	0.2756	3.4874
30°	0.5000	0.8660	0.5774	75°	0.9659	0.2588	3.7321
31°	0.5150	0.8572	0.6009	76°	0.9703	0.2419	4.0108
32°	0.5299	0.8480	0.6249	77°	0.9744	0.2250	4.3315
33°	0.5446	0.8387	0.6494	78°	0.9781	0.2079	4.7046
34°	0.5592	0.8290	0.6745	79°	0.9816	0.1908	5.1446
35°	0.5736	0.8192	0.7002	80°	0.9848	0.1736	5.6713
36°	0.5878	0.8090	0.7265	81°	0.9877	0.1564	6.3138
37°	0.6018	0.7986	0.7536	82°	0.9903	0.1392	7.1154
38°	0.6157	0.7880	0.7813	83°	0.9925	0.1219	8.1443
39°	0.6293	0.7771	0.8098	84°	0.9945	0.1045	9.5144
40°	0.6428	0.7660	0.8391	85°	0.9962	0.0872	11.4301
41°	0.6561	0.7547	0.8693	86°	0.9976	0.0698	14.3007
42°	0.6691	0.7431	0.9004	87°	0.9986	0.0523	19.0811
43°	0.6820	0.7314	0.9325	88°	0.9994	0.0349	28.6363
44°	0.6947	0.7193	0.9657	89°	0.9998	0.0175	57.2900
45°	0.7071	0.7071	1.0000	90°	1.0000	0.0000	

memo ✦

memo ✦

memo ✦

유형만렙 기출 BOOK

390문항 수록

대수

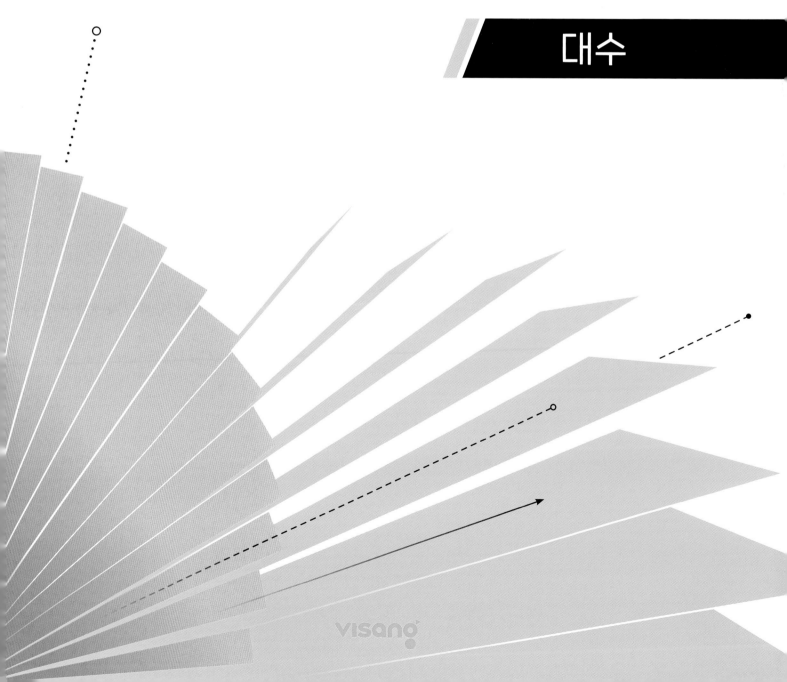

ABOVE IMAGINATION

우리는 남다른 상상과 혁신으로
교육 문화의 새로운 전형을 만들어
모든 이의 행복한 경험과 성장에 기여한다

유형 만렙 기출 BOOK

대수

1 다음 중 옳은 것은?

① 8의 세제곱근은 2뿐이다.
② $(-4)^2$의 네제곱근 중 실수인 것은 ±2이다.
③ $\sqrt{25}$의 제곱근 중 실수인 것은 없다.
④ -81의 네제곱근 중 실수인 것은 2개이다.
⑤ n이 짝수일 때, -36의 n제곱근 중 실수인 것은 1개이다.

2 자연수 n에 대하여 방정식 $x^n=3n-9$의 실근의 개수를 $f(n)$이라 할 때, $f(3)+f(4)+f(6)+f(7)$의 값을 구하시오.

3 $a>0$, $a\neq1$일 때, $\sqrt[5]{a^2}\times\sqrt[3]{a^4}=\sqrt[m]{a^n}$을 만족시키는 서로소인 자연수 m, n에 대하여 $n-m$의 값을 구하시오.

4 다음 중 옳지 <u>않은</u> 것은?

① $\sqrt[3]{9}\times\sqrt[3]{3}=3$
② $\dfrac{\sqrt[3]{75}}{\sqrt[3]{5}}=\sqrt[3]{15}$
③ $\sqrt{\sqrt[3]{6}}=\sqrt[6]{6}$
④ $\sqrt[8]{4^3}=\sqrt[4]{2^3}$
⑤ $\left(\sqrt{7}\times\dfrac{1}{\sqrt[3]{7}}\right)^6=\dfrac{1}{7}$

5 $A=\sqrt[3]{3}$, $B=\sqrt[6]{5}$, $C=\sqrt[12]{10}$일 때, 세 수 A, B, C의 대소 관계는?

① $A<B<C$
② $A<C<B$
③ $B<A<C$
④ $B<C<A$
⑤ $C<B<A$

6 $\sqrt{\dfrac{4^{12}+16^9}{4^8+16^7}}$을 간단히 하면?

① 16
② 64
③ 256
④ 1024
⑤ 4096

• 정답과 해설 146쪽

7 $\left\{\left(\dfrac{1}{2}\right)^{\frac{3}{4}}\right\}^{\frac{8}{3}} \times 125^{-\frac{2}{3}} \times 100^{\frac{3}{2}}$을 간단히 하시오.

8 $x>0$, $y>0$일 때, $\sqrt{\sqrt[3]{xy^2} \div \sqrt{xy}} \times \sqrt[4]{x^3 y}$를 간단히 하면?

① $x^{\frac{1}{3}} y^{\frac{1}{3}}$ ② $x^{\frac{1}{3}} y^{\frac{2}{3}}$ ③ $x^{\frac{1}{3}} y$

④ $x^{\frac{2}{3}} y^{\frac{1}{3}}$ ⑤ $xy^{\frac{1}{3}}$

9 $a>0$, $a\neq 1$일 때, $\sqrt[4]{\dfrac{\sqrt[6]{a^2}}{\sqrt{a}}} \times \sqrt{\dfrac{\sqrt[3]{a}}{\sqrt[4]{a^5}}} \div \sqrt{\dfrac{\sqrt[4]{a^5}}{\sqrt{a}}} = a^k$을 만족시키는 유리수 k의 값은?

① $-\dfrac{13}{24}$ ② $-\dfrac{5}{8}$ ③ $-\dfrac{17}{24}$

④ $-\dfrac{19}{24}$ ⑤ $-\dfrac{7}{8}$

10 $a = \sqrt[5]{4}$, $b = \sqrt[4]{3}$일 때, $\sqrt[20]{12}$를 a, b에 대한 식으로 나타내면?

① $a^4 b^5$ ② $a^5 b^4$ ③ ab

④ $a^{\frac{1}{4}} b^{\frac{1}{5}}$ ⑤ $a^{\frac{1}{5}} b^{\frac{1}{4}}$

11 $\left(\dfrac{1}{256}\right)^{\frac{1}{n}}$이 자연수가 되도록 하는 정수 n의 개수는?

① 1 ② 2 ③ 3

④ 4 ⑤ 5

12 양수 a, b, c에 대하여 $a^2=3$, $b^5=7$, $c^6=11$일 때, $\sqrt[3]{(abc)^n}$이 자연수가 되도록 하는 자연수 n의 최솟값을 구하시오.

13 $p = \left(1 - \dfrac{1}{a}\right)\left(1 + \dfrac{1}{a^2}\right)\left(1 + \dfrac{1}{a^4}\right)\left(1 + \dfrac{1}{a^8}\right)$에 대하여 $\left(\dfrac{a+1}{a}\right)p = 1 - a^k$일 때, 유리수 k의 값을 구하시오.

(단, $a>0$, $a\neq 1$)

14 실수 a, b에 대하여 $2^a + 2^{5-b} = 4$, $2^{-a} + 2^{b-5} = 2$일 때, 2^{-a+b}의 값은?

① 16 ② 64 ③ 256
④ 512 ⑤ 1024

15 $x = \sqrt[3]{\sqrt{5}+2} + \sqrt[3]{\sqrt{5}-2}$일 때, $2x^3 - 6x$의 값은?

① 2 ② $\sqrt{5}$ ③ 3
④ 4 ⑤ $4\sqrt{5}$

16 $a^{\frac{1}{2}} + a^{-\frac{1}{2}} = \sqrt{5}$일 때, $a^2 + a^{-2}$의 값은? (단, $a>0$)

① 3 ② 5 ③ 7
④ 9 ⑤ 11

17 $\dfrac{a^x + a^{-x}}{a^x - a^{-x}} = 3$일 때, a^{8x}의 값은? (단, $a>0$)

① 1 ② 2 ③ 4
④ 8 ⑤ 16

18 실수 x, y에 대하여 $45^x = 27$, $5^y = 3$일 때, $\dfrac{3}{x} - \dfrac{1}{y}$의 값은?

① $\dfrac{1}{4}$ ② $\dfrac{1}{2}$ ③ 1
④ 2 ⑤ 4

19 실수 a, b에 대하여 $125^{\frac{1}{a}} = 16^{\frac{1}{b}} = 1000$일 때, $4a+3b$의 값은?

① 4 ② $\dfrac{9}{2}$ ③ 5
④ $\dfrac{11}{2}$ ⑤ 6

20 어떤 문서를 $r\,\%$로 확대 복사한 복사본을 다시 $r\,\%$로 확대 복사하는 작업을 반복하였다. 6번째 복사본의 글자 크기가 원본의 2배일 때, 9번째 복사본의 글자 크기는 6번째 복사본의 글자 크기의 $2^{\frac{q}{p}}$배이다. 이때 $p+q$의 값을 구하시오. (단, p, q는 서로소인 자연수)

01 / 지수

1 $\sqrt{625}$의 네제곱근 중 양의 실수인 것을 a, -216의 세제곱근 중 실수인 것을 b라 할 때, a^2b의 값은?

① -50 ② -40 ③ -30

④ -20 ⑤ -10

2 모든 실수 x에 대하여 $\sqrt[3]{-x^2-2ax-10a}$가 음수가 되도록 하는 자연수 a의 개수는?

① 1 ② 3 ③ 5

④ 7 ⑤ 9

3 $\sqrt[4]{\dfrac{\sqrt[3]{81}}{81}} \times \sqrt{\dfrac{\sqrt{81}}{\sqrt[3]{81}}}$ 을 간단히 하면?

① $\sqrt[3]{3}$ ② $\dfrac{1}{\sqrt[3]{3}}$ ③ $\dfrac{2}{\sqrt[3]{3}}$

④ $\sqrt[3]{9}$ ⑤ $\dfrac{1}{\sqrt[3]{9}}$

4 다음 중 옳지 <u>않은</u> 것은?

① $\sqrt[3]{-27}=-3$ ② $\sqrt[3]{5}\times\sqrt[3]{25}=5$

③ $(\sqrt[6]{3})^3=9$ ④ $\sqrt[6]{\sqrt[3]{64}}=\sqrt[3]{2}$

⑤ $\dfrac{\sqrt[7]{256}}{\sqrt[7]{2}}=2$

5 세 수 $A=\sqrt{3\sqrt[3]{3}}$, $B=\sqrt{4\sqrt[3]{2}}$, $C=\sqrt[3]{5\sqrt{5}}$의 대소를 비교하시오.

6 $\dfrac{4^{-3}+2^{-3}}{9} \times \dfrac{10}{27^2+3^8}$ 을 간단히 하면?

① 6^{-8} ② 6^{-6} ③ 6^{-4}

④ 6^6 ⑤ 6^8

7 $a>0$, $a\neq1$일 때, $(a^{\sqrt{3}})^{3\sqrt{2}} \times (a^{\frac{1}{3}})^{6\sqrt{6}} \div a^{4\sqrt{6}} = a^k$을 만족시키는 실수 k의 값은?

① 1 ② $\sqrt{3}$ ③ 2

④ $\sqrt{6}$ ⑤ 3

8 $a>0$, $a\neq1$일 때, $\sqrt[3]{a\sqrt{a\sqrt[4]{a^3}}}=a^{\frac{q}{p}}$이다. 이때 $p+q$의 값은? (단, p, q는 서로소인 자연수)

① 11　　　② 13　　　③ 15
④ 17　　　⑤ 19

9 자연수 a, b에 대하여
$\sqrt[3]{\dfrac{5^b}{7^{a+1}}}$, $\sqrt[5]{\dfrac{5^{b+1}}{7^a}}$이 모두 유리수
일 때, $a+b$의 최솟값은?

① 10　　　② 11　　　③ 12
④ 13　　　⑤ 14

10 $4^3=a$, $27^2=b$일 때, 36^5을 a, b에 대한 식으로 나타내면?

① $a^{\frac{4}{3}}b^{\frac{5}{3}}$　　② $a^{\frac{4}{3}}b^2$　　③ $a^{\frac{5}{3}}b^{\frac{4}{3}}$
④ $a^{\frac{5}{3}}b^{\frac{5}{3}}$　　⑤ $a^{\frac{5}{3}}b^2$

11 양수 a, b, c에 대하여 $a^5=5$, $b^6=11$, $c^9=13$일 때, $(abc)^n$이 자연수가 되도록 하는 200 이하의 자연수 n의 개수는?

① 2　　　② 4　　　③ 6
④ 8　　　⑤ 10

12 $a>0$, $b>0$일 때, $\left(a^{\frac{1}{4}}-b^{\frac{1}{4}}\right)\left(a^{\frac{1}{4}}+b^{\frac{1}{4}}\right)\left(a^{\frac{1}{2}}+b^{\frac{1}{2}}\right)$을 간단히 하면?

① $a-b$　　② $a+b$　　③ $a^{\frac{3}{2}}-b^{\frac{3}{2}}$
④ $a^{\frac{3}{2}}+b^{\frac{3}{2}}$　　⑤ a^2-b^2

13 $(3^{2+\sqrt{2}}+3^{2-\sqrt{2}})^2-(3^{2+\sqrt{2}}-3^{2-\sqrt{2}})^2$을 간단히 하면?

① 3^4　　② 2×3^4　　③ 3^5
④ 4×3^4　　⑤ 5×3^4

14 $a=\sqrt[3]{5}-\dfrac{1}{\sqrt[3]{5}}$일 때, $a^3+3a+\dfrac{1}{5}$의 값은?

① 1　　　② 3　　　③ 5
④ 7　　　⑤ 9

15 함수 $f(x)=a^x+a^{-x}$에 대하여 $f(k)=5$일 때, $f(3k)$의 값은? (단, $a>0$, $a\neq1$, k는 실수)

① 110   ② 120   ③ 130
④ 140   ⑤ 150

16 $a^{2x}=3$일 때, $\dfrac{a^x+a^{-x}}{a^{3x}+a^{-3x}}$의 값은? (단, $a>0$)

① $\dfrac{3}{7}$ ② $\dfrac{4}{9}$ ③ $\dfrac{3}{5}$
④ $\dfrac{5}{7}$ ⑤ $\dfrac{7}{9}$

17 $\dfrac{5^x+5^{-x}}{5^x-5^{-x}}=2$일 때, 25^x+25^{-x}의 값은?

① 3   ② $\dfrac{10}{3}$ ③ 4
④ $\dfrac{9}{2}$ ⑤ 5

18 실수 x, y, z에 대하여 $25^x=2$, $a^y=4$, $200^z=8$이고 $\dfrac{1}{x}+\dfrac{1}{y}-\dfrac{3}{z}=1$일 때, 양수 a의 값을 구하시오.

19 $2^x=3^y=6^z$일 때, $\dfrac{1}{x}+\dfrac{1}{y}-\dfrac{1}{z}$의 값은? (단, $xyz\neq0$)

① 0   ② $\dfrac{1}{6}$ ③ $\dfrac{1}{4}$
④ $\dfrac{1}{3}$ ⑤ $\dfrac{1}{2}$

20 일정한 비율로 붕괴되는 어떤 방사성 물질의 처음의 양을 m_0, t시간 후의 양을 m_t라 하면

$$m_t=m_0\times\left(\dfrac{1}{2}\right)^{\frac{t}{15}}$$

인 관계가 성립한다고 한다. 30시간 후 이 방사성 물질의 양을 m_{30}, 45시간 후 이 방사성 물질의 양을 m_{45}라 할 때, $\dfrac{m_{30}}{m_{45}}$의 값을 구하시오.

1 $\log_a 16 = \dfrac{2}{3}$, $\log_{\sqrt{3}} b = -2$일 때, $\dfrac{a}{b}$의 값을 구하시오.

2 $\log_8 27 = x$일 때, $\dfrac{8^x + 8^{-x}}{2^x + 2^{-x}}$의 값은?

① $\dfrac{79}{9}$　　② $\dfrac{77}{9}$　　③ $\dfrac{25}{3}$

④ $\dfrac{73}{9}$　　⑤ $\dfrac{71}{9}$

3 모든 실수 x에 대하여 $\log_{(a-1)^2}(x^2 + ax + a)$가 정의되도록 하는 정수 a의 개수는?

① 1　　② 3　　③ 5

④ 7　　⑤ 9

4 $\log_3 12 + \log_3 3\sqrt{2} - \dfrac{5}{2}\log_3 2$를 간단히 하면?

① $\dfrac{1}{2}$　　② 1　　③ $\dfrac{3}{2}$

④ 2　　⑤ $\dfrac{5}{2}$

5 양수 x, y, z에 대하여 $\log_4 x + \log_4 2y + \log_4 4z = 1$일 때, xyz의 값은?

① $\dfrac{1}{4}$　　② $\dfrac{1}{2}$　　③ 1

④ 2　　⑤ 4

6 보기에서 옳은 것만을 있는 대로 고른 것은?

보기
ㄱ. $\log_{2\sqrt{2}} 8 = 2$
ㄴ. $4^{\log_2 27 - \log_2 3} = 4^2$
ㄷ. $\log_2 \{\log_{16}(\log_5 25)\} = 2$
ㄹ. $\log_2(\log_3 7) + \log_2(\log_7 10) + \log_2(\log_{10} 81) = 2$

① ㄱ, ㄷ　　② ㄱ, ㄹ　　③ ㄴ, ㄷ

④ ㄱ, ㄴ, ㄹ　　⑤ ㄴ, ㄷ, ㄹ

7 $(\log_3 2 + \log_9 \sqrt{2})(\log_2 3 + \log_{\sqrt{2}} 9)$를 간단히 하시오.

8 다음 세 수의 대소를 비교하시오.

$$A = 4^{\log_2 8 - \log_2 12}$$
$$B = \log_{25} \sqrt{5} - \log_{81} \frac{1}{3}$$
$$C = \log_2 \{\log_9 (\log_4 64)\}$$

9 $(7^{\log_7 3 + \log_7 2})^2 + (3^{\log_2 3 + \log_{\sqrt{2}} 3\sqrt{3}})^{\log_9 \sqrt{2}}$을 간단히 하면?

① 37　　　　　② 39　　　　　③ 41
④ 43　　　　　⑤ 45

10 $\log_3 2 = a$, $\log_3 5 = b$일 때, $\log_{10} 40$을 a, b에 대한 식으로 나타내면?

① $\dfrac{b}{a+b}$　　② $\dfrac{2a+b}{a+b}$　　③ $\dfrac{3a+b}{a+b}$

④ $\dfrac{a+2b}{a+b}$　　⑤ $\dfrac{a+3b}{a+b}$

11 1보다 큰 실수 a, b, c에 대하여
$$\log_a c : \log_b c = 4 : 1$$
일 때, $\log_a b + \log_b a$의 값을 구하시오.

12 이차방정식 $x^2 - 4x + 2 = 0$의 두 근을 $\log_2 a$, $\log_2 b$라 할 때, $\log_a b + \log_b a$의 값은?

① 2　　　　　② 4　　　　　③ 6
④ 8　　　　　⑤ 10

13 $\log_2 7$의 정수 부분을 a, 소수 부분을 b라 할 때, $4(a + 2^b)$의 값은?

① 15　　　　　② 16　　　　　③ 17
④ 18　　　　　⑤ 19

14 $\log 2 = 0.3010$, $\log 3 = 0.4771$일 때, $\log 12 + \log 180$의 값을 구하시오.

15 다음은 상용로그표의 일부이다.

수	0	1	2	3
2.6	.4150	.4166	.4183	.4200
2.7	.4314	.4330	.4346	.4362
2.8	.4472	.4487	.4502	.4518

이때 $\log 0.0272$의 값은?

① -2.4472 ② -2.4183 ③ -1.5686

④ -1.5654 ⑤ -1.5228

16 $\log 3.74 = 0.5729$일 때, $\log 374 = a$,
$\log b = -0.4271$이다. 이때 $a+b$의 값은?

① 1.9469 ② 2.5469 ③ 2.9469

④ 3.5469 ⑤ 3.9469

17 양수 x에 대하여 $\log x$의 정수 부분을 $f(x)$라 하자.
$f(2n+3) = f(n)+1$을 만족시키는 100 이하의 자연수
n의 개수는?

① 54 ② 55 ③ 56

④ 57 ⑤ 58

18 이차방정식 $3x^2 + 7x + k = 0$의 두 근이 $\log N$의 정수
부분과 소수 부분일 때, 상수 k의 값을 구하시오.

19 $10 \leq x < 100$이고 $\log x^2$의 소수 부분과 $\log x^4$의 소수
부분이 같을 때, 모든 실수 x의 값의 곱은?

① $10^{\frac{3}{2}}$ ② 10^2 ③ $10^{\frac{5}{2}}$

④ 10^3 ⑤ $10^{\frac{7}{2}}$

20 단일 재료로 만들어진 벽의 단위 면적당 질량을
$m \, \text{kg/m}^2$, 음향의 주파수를 $f \, \text{Hz}$, 벽면의 음향 투과
손실을 $L \, \text{dB}$이라 하면
$$L = 20 \log mf - 48$$
인 관계가 성립한다고 한다. 음향의 주파수가 일정할
때, 벽의 단위 면적당 질량이 4배가 되면 벽면의 음향
투과 손실은 $k \, \text{dB}$만큼 증가한다. 이때 k의 값을 구하
시오. (단, $\log 2 = 0.3$으로 계산한다.)

1 $\log_{\sqrt{5}} a = 6$, $\log_{\frac{1}{8}} b = -\frac{1}{3}$일 때, ab의 값은?

① 200　　　　② 250　　　　③ 300

④ 350　　　　⑤ 400

2 $\log_9 \{ \log_5 (\log_2 x) \} = 0$을 만족시키는 x의 값은?

① 8　　　　② 16　　　　③ 32

④ 64　　　　⑤ 128

3 $\log_{(x-1)} (-x^2 + 5x)$가 정의되도록 하는 정수 x의 개수를 구하시오.

4 $\log_2 24 + \log_2 \frac{2}{3} - \log_2 2\sqrt{2}$를 간단히 하시오.

5 $\log_2 \left(1 - \frac{1}{2} \right) + \log_2 \left(1 - \frac{1}{3} \right) + \log_2 \left(1 - \frac{1}{4} \right)$
$$+ \cdots + \log_2 \left(1 - \frac{1}{64} \right)$$

을 간단히 하면?

① -10　　　② -8　　　③ -6

④ -4　　　　⑤ -2

6 $\log_2 125 \times \log_3 8 \times \log_5 9$를 간단히 하시오.

7 $(\log_3 4 + \log_9 8)(\log_2 27 - \log_4 9)$를 간단히 하면?

① 4　　　　② 5　　　　③ 6

④ 7　　　　⑤ 8

8 양수 a, b에 대하여 좌표평면 위의 두 점 $(3, \log_9 a)$, $(4, \log_3 b)$를 지나는 직선이 원점을 지날 때, $\log_a b$의 값은? (단, $a \neq 1$)

① $\dfrac{1}{3}$ ② $\dfrac{2}{3}$ ③ 1

④ $\dfrac{4}{3}$ ⑤ $\dfrac{5}{3}$

9 $\log_3 2 = a$, $\log_3 5 = b$일 때, $\log_{72} 225$를 a, b에 대한 식으로 나타내면?

① $\dfrac{2b+1}{3a+1}$ ② $\dfrac{2b+1}{3a+2}$ ③ $\dfrac{2b+2}{3a+1}$

④ $\dfrac{2b+2}{3a+2}$ ⑤ $\dfrac{2b+3}{3a+2}$

10 양수 a, b에 대하여 $a^4 b^3 = 1$일 때, $\log_b a^2 b^3$의 값을 구하시오. (단, $b \neq 1$)

11 양수 a, b, c가 다음 조건을 만족시킨다.

> (개) $\log_3 a + \log_3 b + \log_3 c = 9$
> (내) $a^3 = b^4 = c^6$

이때 $\log_3 a \times \log_3 b \times \log_3 c$의 값을 구하시오.

12 이차방정식 $x^2 - ax + b = 0$의 두 근이 2, $\log_3 5$일 때, 상수 a, b에 대하여 $\dfrac{a}{b}$의 값은?

① 1 ② $\dfrac{1}{2}(1 + \log_5 6)$

③ $\dfrac{1}{2}(1 + \log_5 7)$ ④ $\dfrac{1}{2}(1 + 3\log_5 2)$

⑤ $\dfrac{1}{2}(1 + 2\log_5 3)$

13 $\log_4 12$의 정수 부분을 x, 소수 부분을 y라 할 때, $\dfrac{4^y + 4^{-y}}{4^x - 4^{-x}}$의 값을 구하시오.

14 $\log 3 = 0.4771$, $\log 5 = 0.6990$일 때, $\log 15 + \log 150$의 값은?

① 1.3980 ② 1.9542 ③ 2.0970

④ 2.3521 ⑤ 3.3522

15 $\log 3.21 = 0.5065$일 때, $\log \sqrt[5]{321^2}$의 값은?

① 1.0026 ② 1.4026 ③ 1.8026

④ 2.0026 ⑤ 2.4026

16 $\log 6.33 = 0.8014$일 때, 다음 중 옳지 <u>않은</u> 것은?

① $\log 63.3 = 1.8014$ ② $\log 6330 = 3.8014$

③ $\log 0.633 = -0.1986$ ④ $\log 0.0633 = -2.1986$

⑤ $\log \sqrt{6.33} = 0.4007$

17 $\log x = -3.6$일 때, $\log x^2 - \log \sqrt{x}$의 정수 부분과 소수 부분을 차례로 나열한 것은?

① $-6, \ 0.4$ ② $-6, \ 0.6$ ③ $-6, \ 0.9$

④ $-5, \ 0.4$ ⑤ $-5, \ 0.6$

18 $\log 412 = 2.6149$일 때, $\log N = -3.3851$을 만족시키는 양수 N의 값을 구하시오.

19 $100 \leq x < 1000$이고 $2\log x$와 $\log \dfrac{x}{2}$의 차가 정수일 때, $\log 2x$의 값을 구하시오.

20 어느 회사는 사원의 복지 향상을 위하여 복지 예산을 매년 일정한 비율로 늘리려고 한다. 올해 이 회사의 복지 예산이 1억 원이라 할 때, 10년 후에 복지 예산이 2억 원이 되도록 하려면 복지 예산을 매년 몇 %씩 늘려야 하는가?

(단, $\log 2 = 0.3$, $\log 1.07 = 0.03$으로 계산한다.)

① 5 % ② 6 % ③ 7 %

④ 8 % ⑤ 9 %

1 함수 $f(x)=a^x\,(a>0,\ a\neq1)$에서 $f(4)=\dfrac{1}{16}$일 때, $f(-1)+f(-3)$의 값은?

① 5   ② 10   ③ 15

④ 20   ⑤ 25

2 함수 $f(x)=a^x\,(a>0,\ a\neq1)$에서 $f(k_1)=2$, $f(k_2)=4$일 때, $f(k_1+k_2)$의 값을 구하시오.

3 $0<a<1$일 때, 다음 중 함수 $f(x)=a^x$에 대한 설명으로 옳지 <u>않은</u> 것은?

① 정의역은 실수 전체의 집합이고, 치역은 양의 실수 전체의 집합이다.

② 그래프는 점 $(0,\ 1)$을 지난다.

③ 그래프의 점근선은 x축이다.

④ $f(-2)<f(1)$

⑤ $f(x)f(y)=f(x+y)$

4 함수 $y=4\times\left(\dfrac{1}{2}\right)^x-3$의 그래프는 함수 $y=\left(\dfrac{1}{2}\right)^x$의 그래프를 x축의 방향으로 a만큼, y축의 방향으로 b만큼 평행이동한 것이고, 점근선의 방정식은 $y=c$이다. 이때 $a+b+c$의 값을 구하시오. (단, c는 상수)

5 함수 $y=k\times\left(\dfrac{3}{2}\right)^x$의 그래프가 두 함수 $y=\left(\dfrac{3}{2}\right)^{-x}$, $y=-4\times\left(\dfrac{3}{2}\right)^x+8$의 그래프와 만나는 점을 각각 P, Q라 하자. 두 점 P, Q의 x좌표의 비가 $1:2$일 때, 상수 k의 값을 구하시오. (단, $k\neq0$)

6 오른쪽 그림과 같이 곡선 $y=3^{ax+b}$과 직선 $y=x$가 서로 다른 두 점 A, B에서 만날 때, 두 점 A, B에서 x축에 내린 수선의 발을 각각 C, D라 하자. $\overline{AB}=6\sqrt{2}$이고 사각형 ACDB의 넓이가 36일 때, a, b의 값을 구하시오. (단, a, b는 상수)

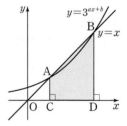

7 네 수 $\sqrt[3]{\dfrac{1}{16}}$, $\sqrt[5]{\dfrac{1}{128}}$, $\sqrt[4]{\dfrac{1}{32}}$, $\sqrt[6]{\dfrac{1}{8}}$ 중에서 가장 작은 수를 a, 가장 큰 수를 b라 할 때, $a^5 b = \left(\dfrac{1}{2}\right)^k$이다. 이 때 실수 k의 값을 구하시오.

8 정의역이 $\{x \mid -1 \le x \le 2\}$인 두 함수 $f(x) = 3^x$, $g(x) = \left(\dfrac{1}{3}\right)^{x-1}$에 대하여 $f(x)$의 최댓값을 M, $g(x)$의 최솟값을 m이라 할 때, Mm의 값을 구하시오.

9 두 함수 $f(x) = 5^{\frac{x}{2}}$, $g(x) = -x^2 + 6x - 5$에 대하여 합성함수 $(f \circ g)(x)$는 $x = a$에서 최댓값 b를 갖는다. 이때 $a+b$의 값을 구하시오.

10 함수 $y = 36^{-x} - 6^{-x+1}$의 최솟값은?

① -9 ② -6 ③ -3
④ 3 ⑤ 6

11 함수 $y = 5^{2-x} + 5^{2+x}$의 최솟값을 구하시오.

12 방정식 $4^{x^2} = 8 \times \left(\dfrac{1}{32}\right)^x$의 모든 근의 합을 구하시오.

13 오른쪽 그림과 같이 두 함수 $y = 2^x$, $y = \left(\dfrac{1}{4}\right)^x$의 그래프와 직선 $y = k$의 교점을 각각 A, B라 할 때, $\overline{AB} = 3$이다. 이 때 상수 k의 값을 구하시오.

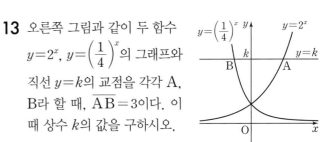

14 방정식 $3^x + 3^{3-x} = 12$의 두 근을 α, β라 할 때, $\beta - \alpha$의 값을 구하시오. (단, $\alpha < \beta$)

15 방정식 $25^x - 24 \times 5^x + k = 0$의 두 근의 합이 3일 때, 상수 k의 값은?

① 5   ② 25   ③ 50

④ 100   ⑤ 125

16 부등식 $2^{2x^2} < \left(\dfrac{1}{2}\right)^{ax}$을 만족시키는 정수 x의 개수가 5일 때, 모든 자연수 a의 값의 합은?

① 20   ② 21   ③ 22

④ 23   ⑤ 24

17 두 집합

$$A = \left\{ x \,\middle|\, 4^x \geq \left(\frac{1}{2}\right)^{x-1} \right\},$$

$$B = \{ x \,|\, 3^{2x+1} - 82 \times 3^x + 27 < 0 \}$$

에 대하여 $A \cap B = \{ x \,|\, \alpha \leq x < \beta \}$일 때, $\alpha + \beta$의 값은?

① $\dfrac{10}{3}$ ② 4   ③ $\dfrac{9}{2}$

④ 5   ⑤ $\dfrac{16}{3}$

18 1이 아닌 양수 a에 대하여 곡선 $y = a^x - 10$과 직선 $y = ax$가 서로 다른 두 점에서 만난다. 부등식 $(a^3)^{a^2-2a-4} \leq (a^2)^{a^2-a}$을 만족시키는 a의 최댓값은?

① 3   ② 4   ③ 5

④ 6   ⑤ 7

19 모든 실수 x에 대하여 부등식 $4^x - 2(a-4) \times 2^x + 2a \geq 0$이 성립하도록 하는 실수 a의 값의 범위를 구하시오.

20 광통신에서는 광섬유를 통하여 신호를 먼 곳까지 보내는데 처음 신호의 세기를 S_0, 광섬유를 따라 x km를 지난 곳에서의 신호의 세기를 S라 하면

$$S = S_0 \left(\frac{1}{4}\right)^{\frac{x}{a}} \quad (a\text{는 상수})$$

인 관계가 성립한다고 한다. 이 광섬유를 따라 6 km를 지난 곳에서의 신호의 세기는 처음 신호의 세기의 $\dfrac{1}{16}$배이다. 이 광섬유를 따라 12 km를 지난 곳에서의 신호의 세기는 처음 신호의 세기의 몇 배인가?

① $\dfrac{1}{512}$배   ② $\dfrac{1}{256}$배   ③ $\dfrac{1}{128}$배

④ $\dfrac{1}{64}$배   ⑤ $\dfrac{1}{32}$배

03 / 지수함수

1 함수 $f(x)=a^{bx+c}$ $(a>0,\ a\neq1)$에서 $f(1)=3$, $f(2)=27$일 때, $f(-1)$의 값은? (단, $b,\ c$는 상수)

① $\dfrac{1}{27}$ ② $\dfrac{1}{9}$ ③ $\dfrac{1}{3}$

④ 3 ⑤ 9

2 함수 $f(x)=a^x$ $(a>0,\ a\neq1)$에 대하여 다음 중 옳지 <u>않은</u> 것은?

① $f(x+y)=f(x)f(y)$ ② $f(x-y)=\dfrac{f(x)}{f(y)}$

③ $f(x^2)=\{f(x)\}^x$ ④ $f\left(\dfrac{x}{2}\right)=\sqrt{f(x)}$

⑤ $f(3x)=3f(x)$

3 다음 중 함수 $y=4^{x+2}-5$에 대한 설명으로 옳지 <u>않은</u> 것은?

① 치역은 $\{y\,|\,y>-5\}$이다.
② 그래프의 점근선의 방정식은 $x=-2$이다.
③ 그래프는 제4사분면을 지나지 않는다.
④ x의 값이 증가하면 y의 값도 증가한다.
⑤ 함수 $y=4^x$의 그래프를 x축의 방향으로 -2만큼, y축의 방향으로 -5만큼 평행이동한 것이다.

4 함수 $y=3^x$의 그래프를 x축의 방향으로 m만큼, y축의 방향으로 n만큼 평행이동하면 함수 $y=\dfrac{1}{9}\times3^x-1$의 그래프와 겹쳐질 때, $m+n$의 값은?

① -2 ② -1 ③ 0

④ 1 ⑤ 2

5 함수 $y=a^x$의 그래프와 직선 $y=x$가 오른쪽 그림과 같을 때, $a^{2\beta+\gamma}$의 값은? (단, 점선은 x축 또는 y축에 평행하다.)

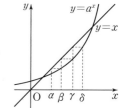

① $\alpha\beta^2$ ② $a^2\beta$

③ $\beta\gamma^2$ ④ $\beta^2\gamma$

⑤ $\gamma\delta^2$

6 다음 그림과 같이 두 함수 $y=\left(\dfrac{1}{2}\right)^x$, $y=8\times\left(\dfrac{1}{2}\right)^x$의 그래프와 두 직선 $y=1$, $y=4$로 둘러싸인 부분의 넓이는?

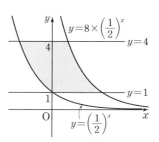

① 7 ② 8 ③ 9

④ 10 ⑤ 11

7 정의역이 $\{x \mid -2 \le x \le 1\}$인 함수 $y=5^{-x^2-2x}$의 최댓값과 최솟값의 곱은?

① $\dfrac{1}{125}$　　② $\dfrac{1}{25}$　　③ $\dfrac{1}{5}$

④ 5　　⑤ 25

8 정의역이 $\{x \mid -1 \le x \le 2\}$인 함수 $y=\left(\dfrac{1}{2}\right)^{x^2-2x}$의 치역이 $\{y \mid m \le y \le M\}$일 때, $16(M+m)$의 값을 구하시오.

9 정의역이 $\{x \mid -1 \le x \le 2\}$인 함수 $y=2^{x+1}-4^x$의 최댓값을 M, 최솟값을 m이라 할 때, $M-m$의 값을 구하시오.

10 함수 $f(x)=9^x+9^{-x}-4(3^x+3^{-x})+a$가 $x=b$에서 최솟값 7을 가질 때, a, b의 값을 구하시오.

　　　　　　　　　　　　　　　　(단, a는 상수)

11 방정식 $6^{x^2-x+6}=\left(\dfrac{1}{216}\right)^{x-3}$의 모든 근의 합을 구하시오.

12 $\dfrac{4^a+4^{-a}+2}{4^a-4^{-a}}=-2$일 때, 2^a+2^{-a}의 값은?

① $\dfrac{2\sqrt{3}}{3}$　　② $\sqrt{3}$　　③ $\dfrac{4\sqrt{3}}{3}$

④ $\dfrac{5\sqrt{3}}{3}$　　⑤ $2\sqrt{3}$

13 방정식 $x^{2x-6}=(5x+6)^{x-3}$의 모든 근의 합은?

　　　　　　　　　　　　　　　　(단, $x>0$)

① 5　　② 6　　③ 7

④ 8　　⑤ 9

14 방정식 $4^x-2^{x+3}+5=0$의 두 근을 α, β라 할 때, $5^{\frac{1}{\alpha+\beta}}$의 값은?

① 2　　② 3　　③ 4

④ 5　　⑤ 6

15 방정식 $3^{2x}-k\times 3^x+k=0$의 서로 다른 두 실근이 0과 1 사이에 존재하도록 하는 실수 k의 값의 범위는?

① $k<0$ ② $k<4$ ③ $2<k<4$

④ $4<k<\dfrac{9}{2}$ ⑤ $k>\dfrac{9}{2}$

16 연립부등식 $\begin{cases} 8^{x-1}\leq 4^{x+2} \\ \left(\dfrac{1}{2}\right)^{x-1}\leq \dfrac{1}{\sqrt{2^{x+4}}} \end{cases}$ 을 만족시키는 자연수 x의 개수는?

① 1   ② 2   ③ 3

④ 4   ⑤ 5

17 부등식 $9^x-(2n+1)\times 3^{x+1}+18n\leq 0$을 만족시키는 정수 x의 개수가 3이 되도록 하는 자연수 n의 최솟값을 m, 최댓값을 M이라 하자. 이때 $m+M$의 값은?

① 16   ② 17   ③ 18

④ 19   ⑤ 20

18 부등식 $x^{x^2-4x}<x^{12}$의 해가 $\alpha<x<\beta$일 때, $\alpha+\beta$의 값은? (단, $x>0$)

① 4   ② 5   ③ 6

④ 7   ⑤ 8

19 $x\leq 0$인 모든 실수 x에 대하여 부등식 $\left(\dfrac{1}{25}\right)^x-\left(\dfrac{1}{5}\right)^{x+1}>a$가 성립하도록 하는 실수 a의 값의 범위를 구하시오.

20 어떤 금융 상품은 $a\times 10^3$원을 투자할 때 t년 후의 이익금이 $a\left(\dfrac{3}{2}\right)^{\frac{t}{5}}\times 10^3$원이라 한다. 이 금융 상품에 80만 원을 투자할 때, 이익금이 270만 원이 되는 것은 투자한 지 몇 년 후인가?

① 1년   ② 5년   ③ 10년

④ 15년   ⑤ 20년

1 함수 $f(x)=\log_a (x-1)+7\,(a>0,\ a\neq1)$에서 $f(3)=6$, $f(9)=b$일 때, ab의 값을 구하시오.

2 다음 중 함수 $y=\log_3 (3-x)+5$에 대한 설명으로 옳지 <u>않은</u> 것은?

① 정의역은 $\{x\,|\,x<3\}$이다.
② 치역은 $\{y\,|\,y$는 모든 실수$\}$이다.
③ 그래프의 점근선의 방정식은 $x=3$이다.
④ x의 값이 증가하면 y의 값은 감소한다.
⑤ 그래프는 함수 $y=\log_{\frac{1}{3}} (3-x)-5$의 그래프와 y축에 대하여 대칭이다.

3 함수 $y=\log_3 x$의 그래프를 x축의 방향으로 m만큼, y축의 방향으로 n만큼 평행이동한 그래프의 식이 $y=\log_3 9(x-1)+2$일 때, $m+n$의 값은?

① 1   ② 2   ③ 3
④ 4   ⑤ 5

4 오른쪽 그림은 함수 $y=\log_2 x$의 그래프와 직선 $y=x$이다. 이때 $\log_{\frac{1}{4}} 8ab$의 값을 구하시오. (단, 점선은 x축 또는 y축에 평행하다.)

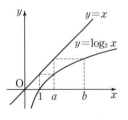

5 오른쪽 그림과 같이 두 곡선 $y=\log_2 x$, $y=\log_2 (x-k)$와 두 직선 $y=2$, $y=6$으로 둘러싸인 부분의 넓이가 20일 때, 상수 k의 값을 구하시오.
(단, $k>0$)

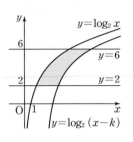

6 함수 $f(x)=\left(\dfrac{1}{2}\right)^x -1$에 대하여 함수 $g(x)$가 $(f\circ g)(x)=x$를 만족시킬 때, $(g\circ g)\left(-\dfrac{1}{2}\right)$의 값은?

① -2 ② -1 ③ 1
④ 2   ⑤ 3

7 세 수 $A=\log_3 10$, $B=2$, $C=\log_9 80$의 대소 관계는?

① $A<C<B$ ② $B<A<C$ ③ $B<C<A$
④ $C<A<B$ ⑤ $C<B<A$

8 정의역이 $\{x \mid -2 \le x \le 4\}$인 함수
$y = \log_{\frac{1}{2}}(x+a)+2$의 최댓값이 1, 최솟값이 b일 때,
$a+b$의 값은? (단, a는 상수)

① -2 ② -1 ③ 1
④ 2   ⑤ 3

9 정의역이 $\{x \mid 3 \le x \le 7\}$인 함수 $y = \log_{\frac{1}{3}}(x^2-4x+6)$
의 최댓값과 최솟값의 곱은?

① -3 ② -1 ③ 1
④ 3   ⑤ 6

10 정의역이 $\{x \mid 1 \le x \le 27\}$인 함수
$$y = \log_3 x \times \log_{\frac{1}{3}} x + \log_{\sqrt{3}} 9x + 6$$
이 $x=a$에서 최댓값 M을 갖고, $x=b$에서 최솟값 m
을 가질 때, $aM+bm$의 값은?

① 111   ② 222   ③ 333
④ 444   ⑤ 555

11 정의역이 $\{x \mid 2 \le x \le 8\}$인 함수 $y = x^{\log_2 4x}$의 최댓값을
M, 최솟값을 m이라 할 때, $\dfrac{M}{m}$의 값은?

① 2^2 ② 2^4 ③ 2^6
④ 2^{10} ⑤ 2^{12}

12 $\log_2 4a + \log_a 4$의 최솟값을 p, 그때의 a의 값을 q라
할 때, $p\log_4 q$의 값은? (단, $a>1$)

① 1   ② $\sqrt{2}$ ③ $1+\sqrt{2}$
④ $2+\sqrt{2}$ ⑤ $4+\sqrt{2}$

13 방정식 $\log_{\sqrt{2}} x - \log_2\left(x-\dfrac{3}{2}\right)=3$의 두 근을 α, β라
할 때, $\beta-\alpha$의 값을 구하시오. (단, $\alpha<\beta$)

14 방정식 $\log_3 x - \log_x 27 = 2$의 두 근을 α, β라 할 때,
$\log_\alpha \beta$의 값은? (단, $\alpha<\beta$)

① -3 ② -2 ③ -1
④ 1   ⑤ 2

15 방정식 $(\log_2 x)^2 - 5\log_2 x + k = 0$의 두 근이 4, a일 때, $a+k$의 값은? (단, k는 상수)

① 11   ② 12   ③ 13

④ 14   ⑤ 15

16 방정식 $p(\log x)^2 - 3p\log x + 4 = 0$의 두 근 α, β에 대하여 $\log\alpha - \log\beta = 2$가 성립할 때, 상수 p의 값을 구하시오.

17 두 집합
$$A = \{x \mid \log_6 |x-2| < 1\},$$
$$B = \{x \mid \log_2 2x - \log_{\frac{1}{2}}(x-2) \geq 4\}$$
에 대하여 $A \cap B$에 속하는 모든 정수 x의 값의 합을 구하시오.

18 부등식 $\left(1 - \log_{\frac{1}{2}} x\right) \times \log_2 x < 6$을 만족시키는 정수 x의 최댓값을 구하시오.

19 부등식 $x^{\log_{\frac{1}{2}} x} > 8x^4$의 해가 $\alpha < x < \beta$일 때, $\alpha+\beta$의 값을 구하시오.

20 모든 양수 x에 대하여 부등식 $(\log x)^2 - \log ax^2 > 0$이 성립하도록 하는 양수 a의 값의 범위는?

① $0 < a < \dfrac{1}{10}$ ② $\dfrac{1}{100} < a < 1$ ③ $\dfrac{1}{10} < a < 10$

④ $1 < a < 10$ ⑤ $10 < a < 100$

중단원 기출 문제 2회 | 04 / 로그함수

1 함수 $f(x)=\log_a x\,(a>0,\ a\neq1)$에 대하여 $f(m)=2$, $f(n)=3$일 때, $f\left(\dfrac{m^4}{n^2}\right)$의 값은?

① $\dfrac{1}{4}$ ② $\dfrac{1}{3}$ ③ $\dfrac{1}{2}$

④ 1 ⑤ 2

2 함수 $y=\log_5(x+a)+b$의 그래프의 점근선은 직선 $x=4$이고 x절편은 5이다. 이때 상수 a, b에 대하여 $a+b$의 값을 구하시오.

3 함수 $y=\log_{\frac{1}{3}} x$의 그래프를 x축 의 방향으로 m만큼, y축의 방향 으로 n만큼 평행이동한 그래프 가 오른쪽 그림과 같을 때, $\dfrac{m}{n}$의 값을 구하시오.

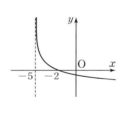

4 함수 $y=\log_2 16x+8$의 그래프를 x축의 방향으로 3만 큼 평행이동한 후 x축에 대하여 대칭이동한 그래프가 점 $(5,\ k)$를 지날 때, k의 값은?

① -15 ② -14 ③ -13

④ -12 ⑤ -11

5 오른쪽 그림과 같이 두 곡선 $y=\log_3 x$, $y=\log_{27}\dfrac{1}{x}$이 직 선 $x=k$와 만나는 점을 각각 A, B라 하고, 직선 $x=k+6$ 과 만나는 점을 각각 C, D라 하자. 사다리꼴 ABDC의 넓이가 12일 때, 상수 k의 값을 구하시오. (단, $k>1$)

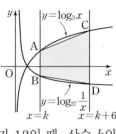

6 오른쪽 그림과 같이 함수 $y=\log_3 x$와 그 역함수 $y=g(x)$의 그래프가 있다. 곡선 $y=\log_3 x$ 위의 두 점 B, D와 곡선 $y=g(x)$ 위의 두 점 A, C에 대하여 두 직선 AB, CD는 x축에 평행하고 직선 BC는 y축에 평행할 때, $\dfrac{\overline{\text{CD}}}{\overline{\text{AB}}}$의 값을 구하시오.

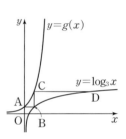

7 1보다 큰 세 수 a, b, c에 대하여
$$1<\log_a c<2<\log_a b$$
일 때, 보기에서 옳은 것만을 있는 대로 고른 것은?

보기
ㄱ. $c>b^2$ ㄴ. $c^a<c^b$
ㄷ. $\log_a c>2\log_b c$

① ㄴ ② ㄷ ③ ㄱ, ㄷ

④ ㄴ, ㄷ ⑤ ㄱ, ㄴ, ㄷ

8 정의역이 $\{x \mid -2 \le x \le 2\}$인 함수
$y = \log_{\frac{1}{2}} (x+6) + a$의 최댓값이 3일 때, 최솟값은?
(단, a는 상수)

① 1 ② 2 ③ 3
④ 4 ⑤ 5

11 정의역이 $\left\{x \mid \dfrac{1}{2} \le x \le 8\right\}$인 함수
$y = a \times x^{3 - \log_2 x}$의 최솟값이 32일 때, 양수 a의 값은?

① 64 ② 128 ③ 256
④ 512 ⑤ 1024

9 정의역이 $\{x \mid 0 \le x \le \sqrt{5}\}$인 함수 $y = \log_a (x^2 + 4)$의 최솟값이 -2일 때, 양수 a의 값을 구하시오.
(단, $a \ne 1$)

12 $a > 1$, $b > 1$이고 $ab = 400$일 때, $\sqrt{\log_2 a \times \log_2 b}$의 최댓값은?

① $\log_2 5$ ② $1 + \log_2 5$ ③ $\log_2 10$
④ $2 + \log_2 5$ ⑤ $2 + \log_2 10$

10 정의역이 $\left\{x \mid \dfrac{1}{100} \le x \le 100\right\}$인 함수
$y = 3^{\log x} \times x^{\log 3} - 2 \times 3^{\log 100x}$
의 최댓값을 M, 최솟값을 m이라 할 때, Mm의 값은?

① 141 ② 151 ③ 161
④ 171 ⑤ 181

13 연립방정식 $\begin{cases} 2^x - 8 \times 16^{-y} = 14 \\ \log_2 \left(\dfrac{1}{2} x - 1\right) - \log_2 y = 1 \end{cases}$의 해를
$x = \alpha$, $y = \beta$라 할 때, $\alpha\beta$의 값은?

① 2 ② 4 ③ 6
④ 8 ⑤ 10

14 방정식 $(\log_2 x)^2 - \log_2 x^7 + 10 = 0$의 두 근의 차는?

① 7 　　　② 14 　　　③ 28

④ 32 　　　⑤ 36

15 방정식 $\log_{\frac{1}{3}}(x-2) = \log_{\frac{1}{9}}(2x-1)$의 근을 α, 방정식 $(\log_9 x^2)^2 - 5\log_9 x + 1 = 0$의 두 근을 β, γ라 할 때, $\alpha + \beta + \gamma$의 값을 구하시오.

16 방정식 $x^{\log_3 x} = \dfrac{27}{x^2}$의 모든 근의 곱은?

① $\dfrac{1}{9}$ 　　　② $\dfrac{2}{9}$ 　　　③ $\dfrac{1}{3}$

④ $\dfrac{4}{9}$ 　　　⑤ $\dfrac{5}{9}$

17 부등식 $\log_{\frac{1}{3}}\{\log_3(\log_4 x)\} > 0$을 만족시키는 정수 x의 개수를 구하시오.

18 부등식 $\log_{\frac{1}{3}} x \times \log_{\frac{1}{3}} \dfrac{x}{9} \leq 8$을 만족시키는 자연수 x의 최댓값을 구하시오.

19 x에 대한 이차방정식
$$(3 + \log_3 a)x^2 + 2(\log_3 a + 3)x + 5 = 0$$
이 서로 다른 두 실근을 갖도록 하는 실수 a의 값의 범위를 구하시오.

20 어떤 벽을 한 번 통과할 때마다 방사능의 양이 25 %씩 줄어든다고 한다. 방사능의 양을 처음 양의 5 % 이하가 되게 하려면 이 벽을 최소한 몇 번 통과시켜야 하는가? (단, $\log 2 = 0.3$, $\log 3 = 0.4$로 계산한다.)

① 6번 　　　② 7번 　　　③ 8번

④ 9번 　　　⑤ 10번

1 시초선 OX와 동경 OP의 위치가 오른쪽 그림과 같을 때, 다음 중 동경 OP가 나타낼 수 없는 각은?

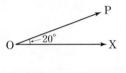

① $-1420°$ ② $-710°$ ③ $-340°$

④ $380°$ ⑤ $1100°$

2 보기의 각을 나타내는 동경 중에서 $420°$를 나타내는 동경과 일치하는 것만을 있는 대로 고르시오.

> **보기**
> ㄱ. $-1740°$ ㄴ. $-660°$ ㄷ. $-30°$
> ㄹ. $390°$ ㅁ. $780°$ ㅂ. $1130°$

3 2θ가 제3사분면의 각일 때, 각 θ를 나타내는 동경을 모두 구하시오.

4 θ가 제1사분면의 각일 때, 각 $\dfrac{\theta}{2}$를 나타내는 동경이 존재할 수 있는 사분면을 모두 구하면?

① 제2사분면

② 제4사분면

③ 제1사분면, 제3사분면

④ 제2사분면, 제3사분면

⑤ 제2사분면, 제4사분면

5 각 θ를 나타내는 동경과 각 9θ를 나타내는 동경이 일치할 때, 각 θ의 크기는? (단, $0°<\theta<90°$)

① $15°$ ② $30°$ ③ $45°$

④ $60°$ ⑤ $75°$

6 각 4θ를 나타내는 동경과 각 8θ를 나타내는 동경이 일직선 위에 있고 방향이 반대일 때, 각 θ의 크기를 구하시오. (단, $180°<\theta<270°$)

7 각 3θ를 나타내는 동경과 각 5θ를 나타내는 동경이 y축에 대하여 대칭일 때, 각 θ의 크기를 모두 구하시오. (단, $0° < \theta < 90°$)

8 다음 중 옳지 <u>않은</u> 것은?

① $120° = \dfrac{2}{3}\pi$ ② $210° = \dfrac{6}{5}\pi$

③ $\dfrac{7}{12}\pi = 105°$ ④ $\dfrac{11}{6}\pi = 330°$

⑤ $\dfrac{3}{5}\pi = 108°$

9 다음 중 각을 나타내는 동경이 위치하는 사분면이 나머지 넷과 <u>다른</u> 하나는?

① $-250°$ ② $120°$ ③ $-\dfrac{4}{3}\pi$

④ $\dfrac{3}{4}\pi$ ⑤ $\dfrac{7}{6}\pi$

10 호의 길이가 4π이고, 넓이가 12π인 부채꼴의 반지름의 길이를 r, 중심각의 크기를 θ라 할 때, $\dfrac{r\pi}{\theta}$의 값은?

① 6   ② 7   ③ 8
④ 9   ⑤ 10

11 밑면인 원의 반지름의 길이가 3이고 모선의 길이가 8인 원뿔의 겉넓이는?

① 33π ② 36π ③ 39π

④ 42π ⑤ 45π

12 각 θ를 나타내는 동경과 각 11θ를 나타내는 동경이 x축에 대하여 대칭일 때, 반지름의 길이가 9이고 중심각의 크기가 θ인 부채꼴의 호의 길이와 넓이를 각각 구하시오. $\left(\text{단, } \dfrac{\pi}{2} < \theta < \dfrac{5}{6}\pi\right)$

13 둘레의 길이가 12인 부채꼴의 반지름의 길이를 r, 호의 길이를 l, 넓이를 S라 할 때, $S+l$은 $r=a$에서 최댓값 M을 갖는다. 이때 $a+M$의 값을 구하시오.

14 원점 O와 점 P$(15, -8)$을 지나는 동경 OP가 나타내는 각의 크기를 θ라 할 때, $\dfrac{17\cos\theta+15\tan\theta}{17\sin\theta+1}$의 값을 구하시오.

15 $\sin\theta\cos\theta>0$, $\sin\theta+\cos\theta<0$을 만족하는 θ는 제 몇 사분면의 각인가?

① 제1사분면   ② 제2사분면
③ 제3사분면   ④ 제4사분면
⑤ 제1사분면, 제3사분면

16 θ가 제2사분면의 각일 때,
$$\sqrt{\sin^2\theta}-\sqrt{\cos^2\theta}+\sqrt{(\cos\theta-\sin\theta)^2}$$
을 간단히 하면?

① $-2\sin\theta$ ② $-2\cos\theta$ ③ 0
④ $2\sin\theta$ ⑤ $2\cos\theta$

17 $\dfrac{\cos\theta}{1+\sin\theta}+\dfrac{\sin\theta}{\cos\theta}$를 간단히 하면?

① $\sin\theta$ ② $\cos\theta$ ③ $\dfrac{1}{\sin\theta}$
④ $\dfrac{1}{\cos\theta}$ ⑤ $\dfrac{1}{\tan\theta}$

18 $\pi<\theta<\dfrac{3}{2}\pi$에서 $\cos\theta=-\dfrac{2}{5}$일 때, $\sin\theta+\tan\theta$의 값은?

① $\dfrac{\sqrt{21}}{10}$ ② $\dfrac{\sqrt{21}}{5}$ ③ $\dfrac{3\sqrt{21}}{10}$
④ $\dfrac{2\sqrt{21}}{5}$ ⑤ $\dfrac{\sqrt{21}}{2}$

19 $\sin\theta+\cos\theta=-\dfrac{\sqrt{3}}{3}$일 때, $\tan^2\theta+\dfrac{1}{\tan^2\theta}$의 값은?

① $\dfrac{1}{9}$ ② $\dfrac{2}{9}$ ③ $\dfrac{1}{7}$
④ 7 ⑤ 9

20 이차방정식 $4x^2+3x+k=0$의 두 근이 $\sin\theta$, $\cos\theta$일 때, 상수 k의 값을 구하시오.

맞힌 개수

/ 20

1 다음 중 각을 나타내는 동경이 나머지 넷과 <u>다른</u> 하나는?

① $-980°$　　② $-620°$　　③ $-170°$

④ $460°$　　⑤ $1180°$

2 제a사분면의 각 θ에 대하여 2θ가 제2사분면의 각이 되도록 하는 모든 a의 값의 합을 구하시오.

3 θ가 제3사분면의 각일 때, $\dfrac{\theta}{3}$를 나타내는 동경이 존재할 수 <u>없는</u> 사분면은?

① 제1사분면
② 제2사분면
③ 제1사분면, 제2사분면
④ 제1사분면, 제3사분면
⑤ 제2사분면, 제4사분면

4 각 3θ를 나타내는 동경과 각 7θ를 나타내는 동경이 원점에 대하여 대칭일 때, 각 θ의 크기를 구하시오.
(단, $90° < \theta < 180°$)

5 각 θ를 나타내는 동경과 각 6θ를 나타내는 동경이 일치할 때, 각 θ의 크기는? (단, $270° < \theta < 360°$)

① $272°$　　② $288°$　　③ $292°$

④ $310°$　　⑤ $324°$

6 각 3θ를 나타내는 동경과 각 6θ를 나타내는 동경이 x축에 대하여 대칭일 때, 모든 각 θ의 크기의 합은?
(단, $180° < \theta < 270°$)

① $280°$　　② $320°$　　③ $360°$

④ $400°$　　⑤ $440°$

7 각 θ를 나타내는 동경과 각 5θ를 나타내는 동경이 직선 $y=x$에 대하여 대칭일 때, 각 θ의 개수를 구하시오.
(단, $0° < \theta < 360°$)

8 $600°$를 호도법의 각으로 나타내면 $\dfrac{b}{a}\pi$이고, $\dfrac{a}{b}\pi$를 육십분법의 각으로 나타내면 $c°$일 때, $a+b+c$의 값을 구하시오. (단, a, b는 서로소인 자연수)

9 중심각의 크기가 $\dfrac{2}{3}\pi$이고 넓이가 12π인 부채꼴의 호의 길이를 구하시오.

10 오른쪽 그림과 같이 반지름의 길이가 4인 두 원 O, O'이 서로의 중심을 지날 때, 색칠한 부분의 둘레의 길이는?

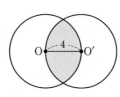

① 4π
② $\dfrac{13}{3}\pi$
③ $\dfrac{14}{3}\pi$
④ 5π
⑤ $\dfrac{16}{3}\pi$

11 호의 길이가 반지름의 길이의 $\dfrac{3}{2}$배인 서로 다른 두 부채꼴 A, B의 호의 길이의 합은 9이고 넓이의 합은 18이다. 두 부채꼴 A, B의 반지름의 길이를 각각 r_A, r_B라 할 때, $r_A r_B$의 값은?

① 4
② 5
③ 6
④ 7
⑤ 8

12 둘레의 길이가 10인 부채꼴 중에서 넓이가 최대인 것의 호의 길이와 중심각의 크기를 구하시오.

13 점 $P(3, 4)$를 원점에 대하여 대칭이동한 점을 P_1, x축에 대하여 대칭이동한 점을 P_2라 하자. 동경 OP_1, OP_2가 나타내는 각의 크기를 각각 θ_1, θ_2라 할 때, $\sin\theta_1 + \tan\theta_2$의 값은?

① -2
② $-\dfrac{32}{15}$
③ $-\dfrac{34}{15}$
④ $-\dfrac{12}{5}$
⑤ $-\dfrac{38}{15}$

14 오른쪽 그림과 같이 가로와 세로
의 길이가 각각 4, 2인 직사각형
ABCD가 원 $x^2+y^2=5$에 내접
하고 있다. 두 동경 OA, OC가
나타내는 각의 크기를 각각 α, β
라 할 때, $\cos\alpha\cos\beta+\sin\alpha\sin\beta$의 값은?

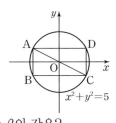

① $-\dfrac{1}{5}$ ② $-\dfrac{2}{5}$ ③ $-\dfrac{3}{5}$

④ $-\dfrac{4}{5}$ ⑤ -1

15 $\dfrac{\cos\theta}{\tan\theta}<0$, $\sin\theta\tan\theta>0$을 동시에 만족시키는 θ는
제몇 사분면의 각인지 말하시오.

16 $\dfrac{3}{2}\pi<\theta<2\pi$일 때, $|\sin\theta-\cos\theta|-\sqrt{\sin^2\theta}$를 간단
히 하면?

① $-\sin\theta$ ② $-\cos\theta$ ③ $\sin\theta$
④ $\cos\theta$ ⑤ $2\sin\theta$

17 θ가 제2사분면의 각이고 $\cos\theta=-\dfrac{1}{3}$일 때,
$9\sin\theta\tan\theta$의 값은?

① -27 ② -24 ③ 21
④ 24 ⑤ 27

18 $\dfrac{\pi}{2}<\theta<\pi$인 각 θ에 대하여 $\dfrac{1+\tan\theta}{1-\tan\theta}=2-\sqrt{3}$일 때,
$\sin\theta\cos\theta$의 값은?

① $-\dfrac{\sqrt{3}}{4}$ ② $-\dfrac{\sqrt{3}}{5}$ ③ $-\dfrac{\sqrt{3}}{6}$

④ $-\dfrac{\sqrt{3}}{7}$ ⑤ $-\dfrac{\sqrt{3}}{8}$

19 $\sin\theta+\cos\theta=\dfrac{2}{3}$일 때, $\sin^3\theta+\cos^3\theta$의 값은?

① $\dfrac{20}{27}$ ② $\dfrac{7}{9}$ ③ $\dfrac{22}{27}$

④ $\dfrac{23}{27}$ ⑤ $\dfrac{8}{9}$

20 이차방정식 $x^2+kx-k=0$의 두 실근을 $\sin\theta$, $\cos\theta$
라 할 때, $(\sin\theta-\cos\theta)^2$의 값은? (단, $k>0$)

① $\sqrt{2}-1$ ② $2\sqrt{2}-1$ ③ $2\sqrt{2}+1$
④ $5-3\sqrt{2}$ ⑤ $5+3\sqrt{2}$

1 함수 $f(x) = \dfrac{\sin x + \cos x - 3}{\tan x + 2}$ 의 주기를 p라 할 때, $f(2p)$의 값은?

① -3 ② -1 ③ 1

④ 3 ⑤ 5

2 다음 중 함수 $f(x) = 3\sin(2x - \pi) + 1$에 대한 설명으로 옳지 <u>않은</u> 것은?

① $f(\pi) = 1$

② 정의역은 실수 전체의 집합이다.

③ 주기는 2π이다.

④ 최댓값은 4, 최솟값은 -2이다.

⑤ 그래프는 함수 $y = 3\sin 2x$의 그래프를 x축의 방향으로 $\dfrac{\pi}{2}$만큼, y축의 방향으로 1만큼 평행이동한 것이다.

3 함수 $y = \cos 2x$의 그래프를 x축의 방향으로 1만큼, y축의 방향으로 a만큼 평행이동하면 함수 $y = \cos(2x + b) + 4$의 그래프와 겹쳐진다. 이때 ab의 값을 구하시오. (단, b는 상수)

4 보기의 함수 중 정의역에 속하는 모든 실수 x에 대하여 $f(x + \pi) = f(x)$를 만족시키는 것만을 있는 대로 고르시오.

┌ 보기 ┐

ㄱ. $f(x) = 2\sin x - 1$ ㄴ. $f(x) = \dfrac{1}{4}\cos 2x$

ㄷ. $f(x) = \tan 2x$ ㄹ. $f(x) = 3\sin\sqrt{2}x$

5 함수 $f(x) = a\tan(bx + c) + d$가 다음 조건을 만족시킬 때, 상수 a, b, c, d에 대하여 $abcd$의 값은?

$$\left(\text{단, } b > 0, \ -\frac{\pi}{2} < c < \frac{\pi}{2}\right)$$

┌─────────────────────────┐

(가) 주기가 $\dfrac{\pi}{2}$인 주기함수이다.

(나) 그래프는 함수 $y = a\tan bx$의 그래프를 x축의 방향으로 $\dfrac{\pi}{6}$만큼, y축의 방향으로 -1만큼 평행이동한 것이다.

(다) $f\left(\dfrac{\pi}{3}\right) = 3\sqrt{3} - 1$

└─────────────────────────┘

① π ② 2π ③ 3π

④ 4π ⑤ 5π

6 함수 $y = a\sin(bx + c) + d$의 그래프가 오른쪽 그림과 같을 때, 상수 a, b, c, d에 대하여 $abcd$의 값을 구하시오. (단, $a > 0$, $b > 0$, $0 < c < 2\pi$)

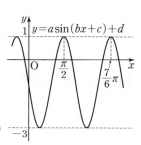

7 오른쪽 그림과 같이 함수 $y = a\sin bx$의 그래프와 x축에 평행한 직선 l은 x좌표가 3, 9인 점에서 만난다. x축과 직선 l 및 두 직선 $x = 3$, $x = 9$로 둘러싸인 도형의 넓이가 $60\sqrt{2}$일 때, 상수 a, b에 대하여 $\dfrac{a}{b}$의 값은? (단, $b > 0$)

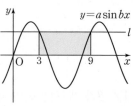

① $\dfrac{50}{\pi}$ ② $\dfrac{60}{\pi}$ ③ $\dfrac{70}{\pi}$

④ $\dfrac{80}{\pi}$ ⑤ $\dfrac{90}{\pi}$

8 다음 그림과 같이 $0 \le x \le 3\pi$에서 함수 $y = \sin x$의 그래프가 직선 $y = k\,(0 < k < 1)$와 만나는 점의 x좌표를 작은 것부터 차례로 x_1, x_2, x_3, x_4라 할 때, $x_1 + x_2 + x_3 + x_4$의 값을 구하시오.

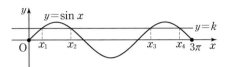

9 함수 $y = |2\cos(x - \pi)| + 1$의 주기를 a, 최댓값을 M, 최솟값을 m이라 할 때, $a(M + m)$의 값은?

① 4π ② 5π ③ 6π
④ 7π ⑤ 8π

10 $2\sin\dfrac{7}{6}\pi + \sqrt{2}\cos\dfrac{15}{4}\pi - 4\cos\dfrac{5}{3}\pi + \tan\dfrac{5}{4}\pi$의 값은?

① $-\dfrac{3}{2}$ ② -1 ③ $-\dfrac{1}{2}$
④ $\dfrac{1}{2}$ ⑤ 1

11 오른쪽 그림과 같이 반지름의 길이가 1인 원을 10등분 하여 얻은 부채꼴의 중심각의 크기를 θ라 할 때,
$$\cos\theta + \cos 2\theta + \cos 3\theta + \cdots + \cos 10\theta$$
의 값을 구하시오.

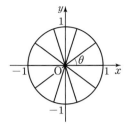

12 함수 $y = a|2\sin 2x - 3| + b$의 최댓값이 1, 최솟값이 -3일 때, 상수 a, b에 대하여 $a - b$의 값은?
(단, $a > 0$)

① -5 ② -3 ③ -1
④ 3 ⑤ 5

13 함수 $y = \dfrac{\cos x + 3}{\cos x + 2}$의 최댓값을 M, 최솟값을 m이라 할 때, $M + m$의 값을 구하시오.

14 $0 \le x \le 2\pi$에서 방정식 $\tan x = 3$의 서로 다른 두 근을 각각 α, β라 하고, 방정식 $\tan x = \dfrac{1}{3}$의 서로 다른 두 근을 각각 γ, δ라 할 때, $\cos(\alpha + \beta + \gamma + \delta)$의 값은?

① -5 ② -4 ③ -3
④ -2 ⑤ -1

15 $-\dfrac{\pi}{2}<x<\dfrac{\pi}{2}$에서 방정식

$$3\tan^2 x-4\sqrt{3}\tan x+3=0$$

을 만족시키는 서로 다른 모든 실수 x의 값의 합은?

① $\dfrac{\pi}{6}$ ② $\dfrac{\pi}{4}$ ③ $\dfrac{\pi}{3}$

④ $\dfrac{\pi}{2}$ ⑤ $\dfrac{2}{3}\pi$

16 삼각형 ABC에 대하여 $4\sin^2 A+4\cos A=5$가 성립할 때, $\sin\dfrac{B+C-2\pi}{2}$의 값은?

① $-\sqrt{3}$ ② $-\dfrac{\sqrt{3}}{2}$ ③ $-\dfrac{\sqrt{3}}{3}$

④ $-\dfrac{\sqrt{3}}{4}$ ⑤ $-\dfrac{\sqrt{3}}{5}$

17 방정식

$$\cos\left(\dfrac{\pi}{2}+x\right)\cos\left(\dfrac{\pi}{2}-x\right)+4\sin(\pi+x)=k$$

가 실근을 갖도록 하는 실수 k의 값의 범위를 구하시오. (단, $0\le x\le\pi$)

18 $0<x<2\pi$에서 부등식 $\cos\left(x-\dfrac{\pi}{3}\right)-\dfrac{1}{2}\le0$의 해가 $\alpha\le x<\beta$일 때, $\beta-\alpha$의 값은?

① $\dfrac{\pi}{3}$ ② $\dfrac{2}{3}\pi$ ③ π

④ $\dfrac{4}{3}\pi$ ⑤ $\dfrac{5}{3}\pi$

19 모든 실수 x에 대하여 부등식
$\cos^2 x-4\sin x-2a\le0$가 항상 성립하도록 하는 실수 a의 값의 범위를 구하시오.

20 다음 중 모든 실수 x에 대하여 부등식
$x^2-2\sqrt{2}x\sin\theta+1>0$이 성립하도록 하는 θ의 값이 <u>아닌</u> 것은? (단, $0\le\theta<2\pi$)

① $\dfrac{\pi}{6}$ ② $\dfrac{5}{6}\pi$ ③ π

④ $\dfrac{4}{3}\pi$ ⑤ $\dfrac{11}{6}\pi$

06 / 삼각함수의 그래프

1 세 수 $\sin 1$, $\cos 1$, $\tan 1$의 대소 관계는?

① $\sin 1 < \cos 1 < \tan 1$　② $\sin 1 < \tan 1 < \cos 1$
③ $\cos 1 < \sin 1 < \tan 1$　④ $\cos 1 < \tan 1 < \sin 1$
⑤ $\tan 1 < \sin 1 < \cos 1$

2 함수 $y = 2\sin\dfrac{1}{2}x$의 그래프를 x축의 방향으로 $\dfrac{2}{3}\pi$만큼, y축의 방향으로 -2만큼 평행이동하면 점 (π, a)를 지난다. 이때 a의 값을 구하시오.

3 다음 중 함수 $f(x) = 2\cos(4x + \pi) + 2$에 대한 설명으로 옳지 <u>않은</u> 것은?

① 최댓값은 4이다.
② 최솟값은 0이다.
③ 그래프는 원점을 지난다.
④ 임의의 실수 x에 대하여 $f(x + \pi) = f(x)$이다.
⑤ 그래프는 함수 $y = 2\cos 4x$의 그래프를 x축의 방향으로 $-\pi$만큼, y축의 방향으로 2만큼 평행이동한 것이다.

4 함수 $y = \tan\left(\pi x - \dfrac{\pi}{3}\right)$의 주기와 그래프의 점근선의 방정식을 차례로 나열한 것은? (단, n은 정수)

① 1, $x = n + \dfrac{1}{2}$　　② 1, $x = n + \dfrac{5}{6}$
③ π, $x = n + \dfrac{2}{3}$　　④ π, $x = n + \dfrac{5}{6}$
⑤ 2, $x = n + \dfrac{1}{2}$

5 함수 $f(x) = a\cos\dfrac{\pi}{4}x + b$의 최댓값이 7이고 $f(8) = 3$일 때, 상수 a, b에 대하여 ab의 값은? (단, $a < 0$)

① -10　　② -5　　③ -1
④ 5　　⑤ 10

6 함수 $y = a\tan bx + c$의 그래프가 오른쪽 그림과 같을 때, 상수 a, b, c에 대하여 $a - b - c$의 값을 구하시오.
(단, $b > 0$)

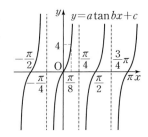

7 다음 그림과 같이 함수 $y=4\sin\dfrac{\pi}{12}x\,(0\le x\le 12)$의 그래프 위의 두 점 A, B를 꼭짓점으로 하는 직사각형 ACDB가 있다. $\overline{\text{AB}}=6$일 때, 직사각형 ACDB의 넓이는?

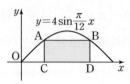

① $10\sqrt{2}$ ② $12\sqrt{2}$ ③ $14\sqrt{2}$
④ $16\sqrt{2}$ ⑤ $18\sqrt{2}$

8 다음 그림과 같이 $0\le x<\dfrac{5}{2}\pi$에서 함수 $y=\cos x$의 그래프가 직선 $y=a\,(0<a<1)$와 만나는 점의 x좌표를 작은 것부터 차례로 α, β, γ라 할 때, $\cos(\alpha+\beta+\gamma)$의 값은?

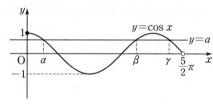

① -1 ② $-a$ ③ 0
④ a ⑤ 1

9 $\dfrac{3}{2}\pi<\theta<2\pi$인 θ에 대하여 $\sin\theta=-\dfrac{3}{5}$일 때, $8\tan(\pi+\theta)-5\cos(\pi-\theta)$의 값은?

① -2 ② -1 ③ $-\dfrac{1}{2}$
④ $\dfrac{1}{2}$ ⑤ 1

10 오른쪽 그림과 같이 선분 AB를 지름으로 하는 반원 O 위의 두 점 C, D에 대하여 $\overline{\text{AC}}=2$, $\overline{\text{AO}}=3$이다.
$\angle\text{CAD}=\angle\text{DAB}=\alpha$, $\angle\text{ABD}=\beta$라 할 때, $\cos(\beta-\alpha)$의 값을 구하시오.

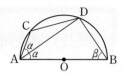

11 $\sin^2 5°+\sin^2 10°+\sin^2 15°+\cdots+\sin^2 85°$의 값은?

① $\dfrac{17}{2}$ ② 9 ③ $\dfrac{19}{2}$
④ 10 ⑤ $\dfrac{21}{2}$

12 함수 $y=-\left|\sin\left(\dfrac{\pi}{2}+x\right)-3\right|+k$의 최댓값과 최솟값의 합이 4일 때, 상수 k의 값은?

① 3 ② 4 ③ 5
④ 6 ⑤ 7

13 함수 $y=\sin^2 x+2\cos x$의 최댓값을 M, 최솟값을 m이라 할 때, $M-m$의 값은?

① $\dfrac{5}{2}$ ② 3 ③ $\dfrac{7}{2}$
④ 4 ⑤ $\dfrac{9}{2}$

14 $0 \leq x < 4\pi$일 때, 방정식 $\tan\left(\dfrac{x}{2} - \dfrac{\pi}{4}\right) = \sqrt{3}$의 모든 근의 합을 구하시오.

15 $0 \leq x < 2\pi$일 때, 방정식
$$\sin^2 x + \sin x = \cos^2 x + \cos x$$
의 근의 개수를 a, 가장 큰 근을 α, 가장 작은 근을 β라 하자. 이때 $a\cos(\alpha + \beta)$의 값은?

① $\sqrt{2}$ ② $2\sqrt{2}$ ③ $3\sqrt{2}$
④ $4\sqrt{2}$ ⑤ $5\sqrt{2}$

16 $0 \leq x < 2\pi$일 때, 방정식 $|\sin 2x| = \dfrac{1}{2}$의 모든 실근의 개수는?

① 6   ② 7   ③ 8
④ 9   ⑤ 10

17 방정식 $\cos^2 x - 2\sin x + 4 = k$가 실근을 갖도록 하는 실수 k의 값의 범위를 구하시오.

18 $0 \leq x < 2\pi$에서 부등식 $4\sin^2 x + 8\cos x < 7$의 해가 $\alpha < x < \beta$일 때, $\beta - \alpha$의 값은?

① $\dfrac{2}{3}\pi$ ② π ③ $\dfrac{4}{3}\pi$
④ $\dfrac{5}{3}\pi$ ⑤ 2π

19 $0 \leq x < 2\pi$에서 부등식
$$2\cos^2\left(x - \dfrac{\pi}{3}\right) - \cos\left(x + \dfrac{\pi}{6}\right) - 1 \geq 0$$을 만족시키는 x의 최댓값을 구하시오.

20 이차함수 $y = x^2 - 4x\cos\theta - 4\sin^2\theta$의 그래프의 꼭짓점이 직선 $y = 4x$ 위에 있도록 하는 θ의 값을 모두 구하시오. (단, $0 < \theta < 2\pi$)

1 오른쪽 그림과 같이 삼각형 ABC에서 $\overline{AB}=6$, $\overline{AC}=4\sqrt{2}$, $C=30°$일 때, $\cos B$의 값은? (단, $0°<B<90°$)

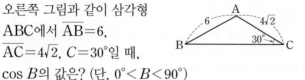

① $\dfrac{1}{3}$ ② $\dfrac{\sqrt{2}}{3}$ ③ $\dfrac{2}{3}$

④ $\dfrac{\sqrt{5}}{3}$ ⑤ $\dfrac{\sqrt{7}}{3}$

2 삼각형 ABC에서 $a=4$, $A=45°$, $C=105°$이고, 외접원의 반지름의 길이를 R라 할 때, $b+R$의 값을 구하시오.

3 반지름의 길이가 6인 원에 내접하는 삼각형 ABC에서 $a+b+c=42$일 때, $4(\sin A+\sin B+\sin C)$의 값은?

① 10   ② 12   ③ 14

④ 16   ⑤ 18

4 삼각형 ABC에서 $b\sin B=c\sin C$가 성립할 때, 삼각형 ABC는 어떤 삼각형인가?

① $a=b$인 이등변삼각형   ② $a=c$인 이등변삼각형
③ $b=c$인 이등변삼각형   ④ $A=90°$인 직각삼각형
⑤ $B=90°$인 직각삼각형

5 오른쪽 그림과 같이 10 m 떨어진 두 지점 A, B에서 조형물의 꼭대기 C를 올려본각의 크기가 각각 30°, 45°일 때, 조형물의 높이를 구하시오.

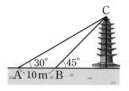

6 삼각형 ABC에서 $b=2\sqrt{2}$, $c=2\sqrt{5}$, $C=45°$일 때, a의 값은?

① 6   ② 7   ③ 8

④ 9   ⑤ 10

7 오른쪽 그림과 같이 세 점 B, C, D가 한 직선 위에 있고 $\overline{AB}=6$, $\overline{ED}=9$이고 $\angle ABC=\angle CDE=90°$, $\angle ACB=\angle ECD=60°$일 때, $\overline{AE}$의 길이는?

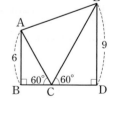

① $4\sqrt{5}$ ② $\sqrt{82}$ ③ $2\sqrt{21}$

④ $\sqrt{86}$ ⑤ $2\sqrt{22}$

8 오른쪽 그림과 같이 삼각형 ABC에서 $\overline{AB}=2$, $\overline{BC}=3$, $\overline{AC}=4$이고 점 D가 선분 BC를 1 : 2로 내분한다고 할 때, $\overline{AD}$의 길이는?

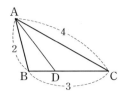

① $\sqrt{2}$　　　　② $\sqrt{3}$　　　　③ 2

④ $\sqrt{5}$　　　　⑤ $\sqrt{6}$

9 삼각형 ABC에서 $\overline{AB}=3$, $\overline{AC}=4$, $A=60°$일 때, $\cos B-\cos C$의 값은?

① $-\dfrac{\sqrt{13}}{26}$　　② $-\dfrac{\sqrt{13}}{13}$　　③ $-\dfrac{3\sqrt{13}}{26}$

④ $-\dfrac{2\sqrt{13}}{13}$　　⑤ $-\dfrac{5\sqrt{13}}{26}$

10 오른쪽 그림과 같이 두 직선 $y=2x$, $y=x$가 이루는 예각의 크기를 θ라 할 때, $\cos\theta$의 값을 구하시오.

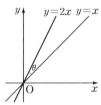

11 삼각형 ABC에서
$$\sin A : \sin B : \sin C=7 : 8 : 13$$
일 때, 세 각 중 가장 큰 각의 크기는?

① $45°$　　　　② $60°$　　　　③ $90°$

④ $105°$　　　　⑤ $120°$

12 삼각형 ABC에서 $a=9$, $b=10$, $c=11$일 때, 이 삼각형의 외접원의 반지름의 길이를 구하시오.

13 삼각형 ABC에서
$$(b-c)\cos^2 A=b\cos^2 B-c\cos^2 C$$
가 성립할 때, 이 삼각형은 어떤 삼각형인지 모두 말하시오.

14 오른쪽 그림과 같이 두 지점 A, B를 직선으로 연결하는 도로를 건설하기 위해 C 지점에서 측정하였더니 $\overline{AC}=4$ km, $\overline{BC}=3$ km, $\angle ACB=120°$이었다. 이때 건설되는 도로의 길이를 구하시오.

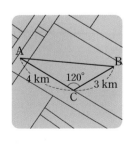

15 삼각형 ABC에서 $a=12$, $c=11$이고 넓이가 $33\sqrt{3}$일 때, B를 구하시오. (단, $0°<B<90°$)

16 반지름의 길이가 8인 원에 내접하는 삼각형 ABC에서 $\sin A+\sin B+\sin C=\dfrac{3}{2}$이다. 이 삼각형의 내접원의 반지름의 길이가 4일 때, 삼각형 ABC의 넓이는?

① 24　　　② 36　　　③ 48
④ 60　　　⑤ 72

17 오른쪽 그림과 같이 $\overline{AB}=8$, $\overline{AC}=10$, $A=60°$인 삼각형 ABC에서 $\overline{AB}$, $\overline{AC}$ 위에 각각 점 P, Q를 잡을 때, 삼각형 APQ의 넓이가 삼각형 ABC의 넓이의 $\dfrac{1}{4}$이 되도록 하는 $\overline{PQ}$의 길이의 최솟값은?

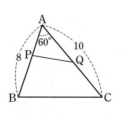

① 4　　　② $3\sqrt{2}$　　　③ $2\sqrt{5}$
④ $2\sqrt{6}$　　　⑤ 5

18 오른쪽 그림과 같이 중심이 O이고 반지름의 길이가 1인 원에 내접하는 사각형 ABCD의 꼭짓점이 원의 둘레를 8등분 한 점에 있다. 이때 사각형 ABCD의 넓이는?

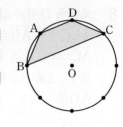

① $\sqrt{2}-1$　　　② $\dfrac{\sqrt{2}}{2}$　　　③ $\dfrac{2\sqrt{2}}{3}$
④ $\dfrac{3\sqrt{2}}{4}$　　　⑤ $\sqrt{2}$

19 $\overline{AB}=5$, $\overline{AD}=8\sqrt{2}$인 평행사변형 ABCD의 넓이가 40일 때, A를 모두 구하시오.

20 오른쪽 그림과 같이 $\overline{AC}=6$, $\overline{BD}=8$인 사각형 ABCD의 넓이가 12일 때, 예각 θ의 크기를 구하시오.

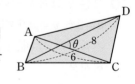

07 / 사인법칙과 코사인법칙

1 삼각형 ABC에서 $b=2$, $c=2\sqrt{3}$, $C=120°$일 때, A는?

① $30°$ ② $45°$ ③ $60°$

④ $75°$ ⑤ $90°$

2 반지름의 길이가 $4\sqrt{2}$인 원에 내접하는 삼각형 ABC에서 $\sin A + \sin B + \sin C = \sqrt{2}+2$일 때, 삼각형 ABC의 둘레의 길이는?

① $16+4\sqrt{2}$ ② $16+8\sqrt{2}$ ③ $16+12\sqrt{2}$

④ $16+16\sqrt{2}$ ⑤ $16+20\sqrt{2}$

3 오른쪽 그림과 같이 한 원에 내접하는 두 삼각형 ABC, ABD에서 $\overline{AB}=16\sqrt{2}$, $\angle ABD=45°$, $\angle BCA=30°$일 때, $\overline{AD}$의 길이는?

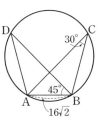

① 31 ② 32 ③ 33

④ 34 ⑤ 35

4 삼각형 ABC에서 $A:B:C=3:4:5$이고 $a=4$일 때, b의 값은?

① $\sqrt{6}$ ② $2\sqrt{6}$ ③ $3\sqrt{6}$

④ $4\sqrt{6}$ ⑤ $5\sqrt{6}$

5 등식 $2\sin A\cos B=\sin C$를 만족시키는 삼각형 ABC는 어떤 삼각형인지 말하시오.

6 오른쪽 그림과 같이 어느 골프 코스에는 카트가 지나갈 수 있는 도로 옆에 해저드(Hazard)가 있다. 20 m 떨어진 도로 위 두 지점 A, B에서 해저드 건너편의 한 지점 C를 바라본 각

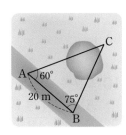

의 크기가 각각 $60°$, $75°$일 때, 두 지점 B, C 사이의 거리를 구하시오.

7 오른쪽 그림과 같이 원에 내접하는 사각형 ABCD에서 $\overline{AD}=3$, $\overline{CD}=6$이다. $\cos B=\dfrac{1}{9}$일 때, $\overline{AC}$의 길이는?

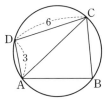

① 5 ② 6 ③ 7

④ 8 ⑤ 9

8 오른쪽 그림과 같이 밑면의 반지름의 길이가 4, 모선의 길이가 12, 꼭짓점이 O인 원뿔에서 밑면의 지름 양 끝을 A, B라 하고, $\overline{OA}$의 중점을 A′이라 하자. 점 P가 점 B에서부터 원뿔의 옆면을 따라 점 A′까지 움직일 때, 점 P가 움직인 최단 거리를 구하시오.

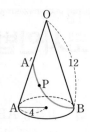

9 세 변의 길이가 1, $2\sqrt{2}$, $\sqrt{13}$인 삼각형의 세 내각 중에서 크기가 가장 큰 내각의 크기를 구하시오.

10 오른쪽 그림과 같은 삼각형 ABC에서 변 BC 위에 점 D를 잡을 때, $\overline{AB}=8$, $\overline{BD}=6$, $\overline{AD}=6$, $\overline{CD}=2$이다. 이때 $\overline{AC}$의 길이를 구하시오.

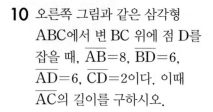

11 삼각형 ABC에서 $5a^2=5b^2+6bc+5c^2$이 성립할 때, $\tan A$의 값을 구하시오. (단, $90°<A<180°$)

12 오른쪽 그림과 같이 $\overline{AB}=6$, $\overline{AC}=7$인 삼각형 ABC에서 $\cos A=-\dfrac{3}{7}$일 때, 삼각형 ABC의 외접원의 반지름의 길이는 $\dfrac{q}{p}\sqrt{10}$이다. $p+q$의 값을 구하시오. (단 p와 q는 서로소인 자연수)

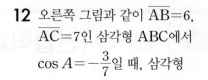
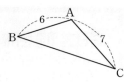

13 삼각형 ABC에서 $a\cos B=b\cos A$가 성립할 때, 삼각형 ABC는 어떤 삼각형인지 말하시오.

14 오른쪽 그림과 같이 A지점으로부터 북동쪽으로 60° 방향인 C지점에서 위를 향하여 수직으로 로켓을 쏘아 올렸다. 로켓의 높이를 측정하기 위하여 A지점에서 로켓 P를 올려본각의 크기가 60°이고, 동시에 A지점에서 서쪽으로 5 km 떨어진 B지점에서 올려본각의 크기는 45°이다. 이때 $\overline{PC}$의 길이는?

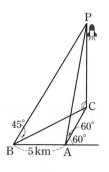

① 5 km   ② $5\sqrt{2}$ km   ③ $5\sqrt{3}$ km
④ 10 km   ⑤ $10\sqrt{2}$ km

• 정답과 해설 175쪽

15 오른쪽 그림과 같이 $\overline{AB}=16$, $\overline{AC}=12$, $A=60°$인 삼각형 ABC에서 ∠A의 이등분선이 $\overline{BC}$와 만나는 점을 D라 할 때, $\overline{AD}$의 길이를 구하시오.

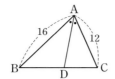

16 삼각형 ABC에서 $a=5$, $b=7$, $c=8$일 때, 삼각형 ABC의 넓이는?

① 12　　　② $10\sqrt{2}$　　　③ 15

④ $10\sqrt{3}$　　　⑤ 18

17 오른쪽 그림과 같이 $\overline{AB}=6$, $\overline{BC}=4$, $\overline{CA}=5$인 삼각형 ABC의 내부의 한 점 P에서 세 변 BC, CA, AB에 내린 수선의 발을 각각 D, E, F라 하자. $\overline{PD}=\sqrt{7}$, $\overline{PE}=\dfrac{\sqrt{7}}{2}$일 때, 삼각형 EFP의 넓이는?

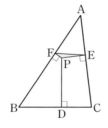

① $\dfrac{\sqrt{7}}{32}$　　　② $\dfrac{\sqrt{7}}{24}$　　　③ $\dfrac{5\sqrt{7}}{96}$

④ $\dfrac{\sqrt{7}}{16}$　　　⑤ $\dfrac{7\sqrt{7}}{96}$

18 오른쪽 그림과 같은 사각형 ABCD에서 $\overline{AB}=5$, $\overline{BC}=8$, $\overline{CD}=\overline{DA}=3$이고 $A=120°$이다. 이때 사각형 ABCD의 넓이를 구하시오.

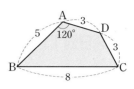

19 오른쪽 그림과 같이 $\overline{AB}=7$, $\overline{BC}=8$인 평행사변형 ABCD의 넓이가 $28\sqrt{3}$일 때, A는? (단, $90°<A<180°$)

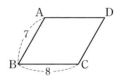

① $105°$　　　② $120°$　　　③ $135°$

④ $150°$　　　⑤ $165°$

20 오른쪽 그림과 같이 두 대각선의 길이가 a, b 이고, 두 대각선이 이루는 예각의 크기가 $30°$인 사각형 ABCD가 있다. 사각형 ABCD의 넓이가 2이고, $a+b=6$일 때, a^2+b^2의 값은?

① 4　　　② 8　　　③ 12

④ 16　　　⑤ 20

08 / 등차수열과 등비수열

1 등차수열 $\{a_n\}$에서 $a_4=22$, $a_9=42$일 때, a_7은?

① 31   ② 32   ③ 33
④ 34   ⑤ 35

2 첫째항이 19인 등차수열 $\{a_n\}$에서 $a_{11}=-11$일 때, $|a_n|$의 최솟값을 구하시오.

3 네 수 9, x, y, 27이 이 순서대로 등차수열을 이룰 때, $x-y$의 값을 구하시오.

4 직각삼각형의 세 변의 길이 a, b, 10이 이 순서대로 등차수열을 이룰 때, 이 직각삼각형의 넓이를 구하시오.
(단, $a<b<10$)

5 등차수열을 이루는 세 수의 합이 18이고 제곱의 합이 140일 때, 세 수의 곱을 구하시오.

6 $a_3+a_5=22$, $a_6+a_{10}=-2$인 등차수열 $\{a_n\}$의 첫째항부터 제20항까지의 합 S_{20}을 구하시오.

7 두 수 2와 74 사이에 m개의 수를 넣어 만든 수열
   2, a_1, a_2, a_3, ..., a_m, 74
가 이 순서대로 등차수열을 이룬다. 이 수열의 모든 항의 합이 950일 때, m의 값을 구하시오.

8 등차수열 $\{a_n\}$의 첫째항부터 제 n항까지의 합 S_n에 대하여 $S_5=-5$, $S_{15}=-165$일 때, S_{25}를 구하시오.

9 두 자리의 자연수 중에서 3으로 나누었을 때의 나머지가 2이고 4로 나누었을 때의 나머지가 3인 수의 총합은?

① 385　　　② 392　　　③ 424
④ 445　　　⑤ 468

10 연속하는 15개의 자연수의 합이 315일 때, 15개의 자연수 중에서 가장 큰 수는?

① 25　　　② 26　　　③ 27
④ 28　　　⑤ 29

11 수열 $\{a_n\}$의 첫째항부터 제 n항까지의 합 S_n이 $S_n=-2n^2+3n+1$일 때, $a_1+a_3+a_5$의 값은?

① -20　　　② -18　　　③ -16
④ -14　　　⑤ -12

12 등비수열 $\{a_n\}$에서 $a_2=4$, $a_5=108$일 때, a_6을 구하시오.

13 등비수열 $\{a_n\}$에서 $a_4=4$, $\dfrac{a_1+a_4+a_7+a_{10}}{a_2+a_5+a_8+a_{11}}=\dfrac{1}{2}$일 때, a_{12}는?

① $\dfrac{1}{2^{10}}$　　　② $\dfrac{1}{2^6}$　　　③ 2^6
④ 2^{10}　　　⑤ 2^{12}

14 $a_3=36$, $a_6=972$인 등비수열 $\{a_n\}$에서 처음으로 4000보다 커지는 항은 제몇 항인지 구하시오.

15 세 수 a, 4, b가 이 순서대로 등차수열을 이루고 세 수 a, 3, b가 이 순서대로 등비수열을 이룰 때, $a^2 + b^2$의 값은?

① 40   ② 42   ③ 44

④ 46   ⑤ 48

16 한 변의 길이가 1인 정삼각형이 있다. 오른쪽 그림과 같이 첫 번째 시행에서 정삼각형의 각 변의 중점을 이어 만든 정삼각형을 제거한다. 두 번째 시행에서는 첫 번째 시행의 결과로 남아 있는 3개의 정삼각형에서 각각 각 변의 중점을 이어 만든 정삼각형을 제거한다. 이와 같은 시행을 계속할 때, 10번째 시행 후 남아 있는 도형의 넓이는?

① $\dfrac{\sqrt{3}}{4} \times \left(\dfrac{3}{4}\right)^9$ ② $\dfrac{\sqrt{3}}{4} \times \left(\dfrac{3}{4}\right)^{10}$ ③ $\dfrac{\sqrt{3}}{2} \times \left(\dfrac{3}{4}\right)^9$

④ $\dfrac{\sqrt{3}}{2} \times \left(\dfrac{3}{4}\right)^{10}$ ⑤ $\sqrt{3} \times \left(\dfrac{3}{4}\right)^{10}$

17 첫째항이 2인 등비수열 $\{a_n\}$의 첫째항부터 제n항까지의 합 S_n에 대하여 $\dfrac{S_6}{S_3} = 28$일 때, S_5를 구하시오.

18 등비수열 $\{a_n\}$의 공비를 $r(r>0)$라 하고 첫째항부터 제n항까지의 합 S_n에 대하여

$$S_7 - S_4 = 351, \quad S_5 - S_2 = 39$$

일 때, $\dfrac{a_1}{r-1}$의 값은?

① $\dfrac{1}{6}$ ② $\dfrac{1}{3}$ ③ $\dfrac{1}{2}$

④ $\dfrac{2}{3}$ ⑤ $\dfrac{5}{6}$

19 오른쪽 그림과 같이 길이가 3인 선분 A_1B를 지름으로 하는 원 C_1이 있다. 선분 A_1B를 $1:2$로 내분하는 점을 A_2라 하고, 선분 A_2B를 지름으로 하는 원을 C_2라 하자. 이와 같은 방법으로 원 C_3, C_4, $\ldots$, C_n을 차례로 만들고 원 C_n의 둘레의 길이를 l_n이라 할 때, $l_1 + l_2 + l_3 + \cdots + l_{10}$의 값을 구하시오.

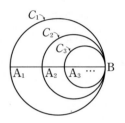

20 연이율 5%, 1년마다 복리로 매년 초에 20만 원씩 12년 동안 적립할 때, 12년 말의 적립금의 원리합계를 구하시오. (단, $1.05^{12} = 1.8$로 계산한다.)

맞힌 개수

/ 20

1 등차수열 $\{a_n\}$에서 $a_4=14$, $a_8=26$일 때, a_6은?

① 20   ② 21   ③ 22

④ 23   ⑤ 24

2 등차수열 $\{a_n\}$에서 $a_1+a_2+a_3=-30$, $a_4+a_5+a_6=15$일 때, a_{10}은?

① 20   ② 25   ③ 30

④ 35   ⑤ 40

3 $a_2=-74$, $a_{13}=-30$인 등차수열 $\{a_n\}$에서 처음으로 양수가 되는 항은 제몇 항인가?

① 제18항   ② 제19항   ③ 제20항

④ 제21항   ⑤ 제22항

4 두 등차수열 $\{a_n\}$, $\{b_n\}$과 서로 다른 두 수 x, y에 대하여 두 수열 $\{c_n\}$, $\{d_n\}$이

$\{c_n\}$: x, a_1, a_2, a_3, a_4, a_5, y,

$\{d_n\}$: x, b_1, b_2, b_3, y

이고 수열 $\{c_n\}$, $\{d_n\}$이 각각 이 순서대로 등차수열을 이룰 때, $\dfrac{b_3-b_2}{a_5-a_4}$의 값을 구하시오.

5 세 수 a, a^2, a^2+2가 이 순서대로 등차수열을 이룰 때, 양수 a의 값은?

① $\dfrac{1}{4}$ ② $\dfrac{1}{2}$ ③ 1

④ 2   ⑤ 4

6 $a_4=7$, $a_{20}-a_{10}=30$인 등차수열 $\{a_n\}$의 첫째항부터 제12항까지의 합은?

① 170   ② 172   ③ 174

④ 176   ⑤ 178

7 두 수 $\log_3 9$와 $\log_3 729$ 사이에 서로 다른 n개의 수를 넣어 만든 수열

$$\log_3 9, \log_3 a_1, \log_3 a_2, \ldots, \log_3 a_n, \log_3 729$$

이 이 순서대로 등차수열을 이루고, 이 수열의 모든 항의 합이 48이다. $\dfrac{a_7}{a_3}=3^{\frac{q}{p}}$일 때, 서로소인 두 자연수 p, q에 대하여 $p+q$의 값을 구하시오.

8 첫째항부터 제5항까지의 합이 85, 첫째항부터 제10항까지의 합이 -5인 등차수열의 첫째항부터 제20항까지의 합을 구하시오.

9 첫째항이 -22인 등차수열 $\{a_n\}$의 첫째항부터 제n항까지의 합 S_n에 대하여 $S_4=S_8$일 때, S_n의 최솟값은?

① -74 ② -73 ③ -72
④ -71 ⑤ -70

10 두 자리의 자연수 중에서 7로 나누었을 때의 나머지가 3인 수의 총합을 구하시오.

11 두 곡선 $y=x^2$, $y=3x+2n$이 만나는 서로 다른 두 점을 A_n, B_n이라 하자. $l_n=\overline{A_nB_n}$이라 할 때, $l_2^2+l_3^2+l_4^2+\cdots+l_{10}^2$의 값은?

① 5100   ② 5120   ③ 5130
④ 5140   ⑤ 5150

12 수열 $\{a_n\}$의 첫째항부터 제n항까지의 합 S_n이 다항식 x^2-3x를 $x+2n$으로 나누었을 때의 나머지라 할 때, a_3+a_6의 값은?

① 70   ② 72   ③ 74
④ 76   ⑤ 78

13 제n항이 $4\times3^{2n-1}$인 등비수열 $\{a_n\}$의 첫째항을 a, 공비를 r라 할 때, $\dfrac{a}{r}$의 값은?

① $\dfrac{1}{3}$ ② $\dfrac{2}{3}$ ③ 1
④ $\dfrac{4}{3}$ ⑤ $\dfrac{5}{3}$

14 첫째항이 a, 공비가 r인 등비수열 $\{a_n\}$에서 $a_2=2$, $a_3 : a_5=1 : 4$일 때, $a+r$의 값은? (단, $r>0$)

① 1   ② 3   ③ 5
④ 7   ⑤ 9

15 공차가 자연수인 등차수열 $\{a_n\}$과 공비가 자연수인 등비수열 $\{b_n\}$이 다음 조건을 만족시킬 때, a_7-b_4의 값은?

> (가) $a_5=b_5=11$, $a_6=b_6$
> (나) $70<a_{12}<150$

① 27 ② $\dfrac{55}{2}$ ③ 28

④ $\dfrac{57}{2}$ ⑤ 29

16 두 수 24와 $\dfrac{3}{2}$ 사이에 3개의 양수를 넣어 만든 수열

$$24,\ a_1,\ a_2,\ a_3,\ \frac{3}{2}$$

이 이 순서대로 등비수열을 이룰 때, a_3-a_1의 값을 구하시오.

17 삼차방정식 $x^3-19x^2+114x+k=0$의 세 실근이 등비수열을 이룰 때, 상수 k의 값은?

① -432 ② -216 ③ -108

④ -36 ⑤ -18

18 등비수열 $\{a_n\}$의 첫째항부터 제n항까지의 합 S_n에 대하여 $S_5=20$, $S_{10}=60$일 때, S_{15}는?

① 100 ② 110 ③ 120

④ 130 ⑤ 140

19 우식이는 한 달 동안 책을 읽을 계획을 세웠다. 첫째 날에는 10쪽을 읽고 둘째 날부터는 매일 일정한 비율만큼 읽은 양을 증가시킬 때, 7째 날에는 첫째 날 읽은 양의 69 %가 증가한다고 한다. 이때 넷째 날에는 첫째 날 읽은 양의 몇 %가 증가하는가?

① 25 % ② 30 % ③ 35 %

④ 40 % ⑤ 45 %

20 수열 $\{a_n\}$의 첫째항부터 제n항까지의 합 S_n이 $S_n=2^n-3$일 때, $a_1+a_3+a_5+a_7$의 값은?

① 74 ② 77 ③ 80

④ 83 ⑤ 86

1 $\sum\limits_{k=1}^{n}(a_{2k-1}+a_{2k})=3n^2-n$일 때, $\sum\limits_{k=1}^{16}a_k$의 값을 구하시오.

2 수열 $\{a_n\}$에 대하여 $a_1=5$, $a_{20}=30$일 때, $\sum\limits_{k=1}^{19}a_{k+1}-\sum\limits_{k=2}^{20}a_{k-1}$의 값을 구하시오.

3 $\sum\limits_{k=1}^{n}(3a_k+b_k)^2=n^2+2n$, $\sum\limits_{k=1}^{n}(a_k-3b_k)^2=6n+10$일 때, $\sum\limits_{k=1}^{10}\left(a_k^2+b_k^2-\dfrac{1}{2}\right)$의 값은?

① 12   ② 14   ③ 16
④ 18   ⑤ 20

4 공차가 4이고, 제9항이 -5인 등차수열 $\{a_n\}$에 대하여 $\sum\limits_{n=1}^{20}|a_n|$의 값은?

① 400   ② 410   ③ 420
④ 430   ⑤ 440

5 첫째항이 -1, 공차가 -2인 등차수열 $\{a_n\}$과 첫째항이 3, 공차가 2인 등차수열 $\{b_n\}$에 대하여 $\sum\limits_{k=1}^{10}a_kb_k$의 값을 구하시오.

6 양수 x에 대하여 $\sqrt{x}$의 정수 부분을 $f(x)$라 하자. 자연수 n에 대하여 $f(x)=n$을 만족시키는 자연수 x의 개수를 a_n이라 할 때, $\sum\limits_{k=1}^{10}a_k$의 값을 구하시오.

7 $\sum\limits_{k=1}^{10}\left(\sum\limits_{m=1}^{5}km\right)-\sum\limits_{k=1}^{4}\left\{\sum\limits_{m=1}^{6}(k+m)\right\}$의 값은?

① 680   ② 681   ③ 682
④ 683   ⑤ 684

8 $1 \times 2^2 + 3 \times 4^2 + 5 \times 6^2 + \cdots + 11 \times 12^2$의 값을 구하시오.

9 자연수 n과 좌표평면 위의 두 점 $O(0, 0)$, $A(4, 0)$에 대하여 점 P_n을 다음 규칙에 따라 정한다.

> 점 P_n은 선분 OA를 $4^n : 1$로 내분하는 점이다.

선분 OP_n의 길이를 l_n이라 할 때, $\displaystyle\sum_{n=1}^{20} \frac{12}{l_n}$의 값은?

① $10 - \dfrac{1}{4^{10}}$ ② $11 - \dfrac{1}{4^{20}}$ ③ $60 - \dfrac{1}{4^{20}}$

④ $60 - \dfrac{1}{4^{10}}$ ⑤ $61 - \dfrac{1}{4^{20}}$

10 다음 식을 간단히 하시오.

> $1 \times (n-1) + 2 \times (n-2) + 3 \times (n-3)$
> $\qquad\qquad\qquad + \cdots + (n-1) \times 1$

11 1보다 큰 자연수 n으로 나누었을 때의 몫과 나머지가 서로 같은 자연수를 모두 더한 값을 a_n이라 하자. 예를 들어 5로 나누었을 때의 몫과 나머지가 서로 같은 자연수는 6, 12, 18, 24이므로 $a_5 = 6 + 12 + 18 + 24 = 60$이다. 이때 $a_n < 300$을 만족시키는 자연수 n의 최댓값은?

① 6   ② 7   ③ 8
④ 9   ⑤ 10

12 수열 $\{a_n\}$이 모든 자연수 n에 대하여
$$\sum_{k=1}^{n} \frac{a_k}{k+1} - \sum_{k=2}^{n+1} \frac{1}{k} = n+1$$일 때, $\displaystyle\sum_{k=1}^{5} a_k^2$의 값은?

① 131   ② 132   ③ 133
④ 134   ⑤ 135

13 $\dfrac{1}{1 \times 3} + \dfrac{1}{3 \times 5} + \dfrac{1}{5 \times 7} + \cdots + \dfrac{1}{19 \times 21}$의 값은?

① $\dfrac{5}{11}$ ② $\dfrac{10}{21}$ ③ $\dfrac{11}{21}$

④ $\dfrac{6}{11}$ ⑤ $\dfrac{13}{21}$

14 수열 $\{a_n\}$에 대하여 $a_n = \sum\limits_{k=1}^{n} k(k+1)$일 때, $\sum\limits_{n=1}^{10} \dfrac{n+2}{a_n}$ 의 값은?

① $\dfrac{28}{11}$　　② $\dfrac{29}{11}$　　③ $\dfrac{30}{11}$

④ $\dfrac{31}{11}$　　⑤ $\dfrac{32}{11}$

15 수열 $\{a_n\}$의 첫째항부터 제n항까지의 합 S_n에 대하여 $S_n = n^2 + 6n$일 때, $\sum\limits_{k=1}^{n} \dfrac{1}{a_k a_{k+1}} < \dfrac{3}{50}$을 만족시키는 자연수 n의 최댓값을 구하시오.

16 다음 식의 값을 구하시오.

$$\frac{1}{\sqrt{2}+2} + \frac{1}{2+\sqrt{6}} + \frac{1}{\sqrt{6}+\sqrt{8}} + \cdots + \frac{1}{\sqrt{62}+8}$$

17 수열 $\{a_n\}$에 대하여 $a_n = \dfrac{1}{\sqrt{n}+\sqrt{n+1}}$일 때, $\sum\limits_{k=1}^{n} a_k = 11$이다. 자연수 n의 값은?

① 140　　② 141　　③ 142

④ 143　　⑤ 144

18 수열 $\{a_n\}$에 대하여 $a_n = \log_2 \sqrt{\dfrac{2(n+1)}{n+2}}$일 때, $\sum\limits_{k=1}^{m} a_k$ 의 값이 500 이하의 자연수가 되도록 하는 모든 자연수 m의 값의 합은?

① 36　　② 156　　③ 162

④ 552　　⑤ 672

19 3, 3, 6, 3, 6, 9, 3, 6, 9, 12, …의 제 50항을 구하시오.

20 오른쪽 그림과 같이 나열된 55개의 수의 합은?

① 110　　② 220

③ 280　　④ 385

⑤ 440

```
           1
          1 2
         1 2 3
        1 2 3 4
       1 2 3 4 5
      1 2 3 4 5 6
     1 2 3 4 5 6 7
    1 2 3 4 5 6 7 8
   1 2 3 4 5 6 7 8 9
  1 2 3 4 5 6 7 8 9 10
```

1 보기에서 옳은 것만을 있는 대로 고른 것은?

보기
ㄱ. $\sum_{k=1}^{2n} a_k = \sum_{k=1}^{n}(a_{2k-1}+a_{2k})$

ㄴ. $\sum_{k=m}^{n} a_k = \sum_{k=1}^{n} a_k - \sum_{k=1}^{m} a_k$ (단, $m<n$)

ㄷ. $\sum_{k=1}^{n} k(k-1) = \sum_{k=0}^{n-1} k(k+1)$

① ㄱ   ② ㄱ, ㄴ   ③ ㄱ, ㄷ
④ ㄴ, ㄷ   ⑤ ㄱ, ㄴ, ㄷ

2 수열 $\{a_n\}$이 모든 자연수 n에 대하여
$\sum_{k=2}^{n+2} a_k - \sum_{k=1}^{n} a_k = 2$를 만족시킨다. $\sum_{k=1}^{201} a_k = 503$일 때,
$\sum_{k=1}^{101} a_k$의 값은?

① 250   ② 251   ③ 252
④ 253   ⑤ 254

3 $\sum_{k=1}^{20} a_k = 15$, $\sum_{k=1}^{20} b_k = 18$일 때, $\sum_{k=1}^{20}(3a_k-4b_k+2)$의 값은?

① 9   ② 11   ③ 13
④ 15   ⑤ 17

4 수열 a_1, a_2, a_3, $\ldots$, a_n은 0, 1, 2의 값 중 어느 하나를 갖는다. $\sum_{k=1}^{n} a_k = 16$, $\sum_{k=1}^{n} a_k^2 = 26$일 때, $\sum_{k=1}^{n} a_k^4$의 값은?

① 82   ② 83   ③ 84
④ 85   ⑤ 86

5 등차수열 $\{a_n\}$에서 $a_{10}=21$, $a_4+a_8=10$일 때,
$\sum_{k=1}^{10} a_{2k} - \sum_{k=1}^{10} a_{2k-1}$의 값을 구하시오.

6 모든 항이 양수인 등비수열 $\{a_n\}$에 대하여
$a_5 a_{13}=400$, $a_9+a_{13}=100$일 때, $\sum_{k=1}^{5} a_{4k-1}=\dfrac{p}{q}$이다.
이때 $p+q$의 값을 구하시오.
(단, p, q는 서로소인 자연수)

7 자연수 n에 대하여 이차방정식 $x^2+nx-2n=0$의 두 근을 a_n, b_n이라 할 때, $\sum_{k=1}^{6}(a_k^2-1)(b_k^2-1)$의 값은?

① 185   ② 190   ③ 195
④ 200   ⑤ 205

8 자연수 n에 대하여 좌표평면 위의 점 (n, n)과 직선 $3x+4y-5=0$ 사이의 거리를 a_n이라 할 때, $\displaystyle\sum_{k=1}^{10}5a_k$의 값을 구하시오.

9 $\displaystyle\sum_{m=1}^{n}\left\{\sum_{k=1}^{m}(m+k)\right\}=90$을 만족시키는 자연수 n의 값은?

① 1   ② 2   ③ 3

④ 4   ⑤ 5

10 $m+n=10$, $mn=40$일 때, $\displaystyle\sum_{i=1}^{m}\left\{\sum_{j=1}^{n}(i+j)\right\}$의 값은?

① 240   ② 242   ③ 244

④ 246   ⑤ 248

11 $1^2\times 2+2^2\times 3+3^2\times 4+\cdots+10^2\times 11$의 값은?

① 3400   ② 3410   ③ 3420

④ 3430   ⑤ 3440

12 다음 식을 간단히 하시오.

$$(1^2-1)+(2^2-2)+(3^2-3)+\cdots+(n^2-n)$$

13 수열 $\{a_n\}$에 대하여 $\displaystyle\sum_{k=1}^{n}a_k=n^2-2n$일 때, $\displaystyle\sum_{k=1}^{6}(2k+3)a_k$의 값을 구하시오.

14 수열 $\{a_n\}$의 일반항이 $a_n=\dfrac{1}{2n+1}$일 때, $\displaystyle\sum_{k=1}^{21}a_k a_{k+1}$의 값은?

① $\dfrac{1}{9}$ ② $\dfrac{2}{15}$ ③ $\dfrac{7}{45}$

④ $\dfrac{8}{45}$ ⑤ $\dfrac{3}{15}$

15 첫째항이 5인 등차수열 $\{a_n\}$에 대하여

$\displaystyle\sum_{k=1}^{10}\frac{a_{k+1}-a_k}{a_k a_{k+1}}=\frac{2}{35}$일 때, a_{11}은?

① 6   ② 7   ③ 8

④ 9   ⑤ 10

16 $\displaystyle\sum_{k=1}^{19}\frac{5}{\sqrt{5k-1}+\sqrt{5k+4}}=3\sqrt{a}-b$를 만족시키는 자연수 a, b에 대하여 $a+b$의 값은?

① 13   ② 14   ③ 15

④ 16   ⑤ 17

17 직선 $x=n$이 두 무리함수 $y=\sqrt{x-1}$, $y=2\sqrt{x-1}$의 그래프와 만나는 점을 각각 A_n, B_n이라 하자. 선분 A_nB_n의 길이를 a_n이라 할 때, $\displaystyle\sum_{k=1}^{n}\frac{1}{a_k+a_{k+1}}=10$을 만족시키는 자연수 n의 값은?

① 70   ② 80   ③ 90

④ 100   ⑤ 110

18 $\displaystyle\sum_{k=1}^{160}\log_3\left(1+\frac{1}{1+k}\right)$의 값을 구하시오.

19 다음과 같이 순서쌍으로 이루어진 수열에서 제60항을 (a, b)라 할 때, $a+b$의 값을 구하시오.

> $(1, 3)$, $(3, 1)$, $(1, 9)$, $(3, 3)$, $(9, 1)$, $(1, 27)$, $(3, 9)$, $(9, 3)$, $(27, 1)$, …

20 다음과 같은 규칙으로 자연수를 나열할 때, n행에 나열되는 수들의 합을 a_n이라 하자. 이때 $\displaystyle\sum_{k=1}^{10}a_{2k-1}$의 값은?

1행	1		
2행	1 3		
3행	1 3 3^2		
4행	1 3 3^2 3^3		
⋮	⋮		

① $\dfrac{3^{20}-83}{16}$ ② $\dfrac{3^{21}-83}{16}$ ③ $3^{20}-83$

④ $3^{21}-83$ ⑤ $3^{22}-83$

1 수열 $\{a_n\}$의 귀납적 정의가
$$a_1=120, \ a_{n+1}+5=a_n \ (n=1, 2, 3, \cdots)$$
일 때, $a_k=30$을 만족시키는 자연수 k의 값을 구하시오.

2 수열 $\{a_n\}$의 귀납적 정의가
$$a_{n+2}-2a_{n+1}+a_n=0 \ (n=1, 2, 3, \cdots)$$
이고 $a_2=2a_1$, $a_{10}=50$일 때, a_6은?

① 12   ② 18   ③ 24
④ 30   ⑤ 34

3 수열 $\{a_n\}$의 귀납적 정의가
$$\frac{a_{n+2}}{a_{n+1}}=\frac{a_{n+1}}{a_n} \ (n=1, 2, 3, \cdots)$$
이고 $a_4=9$, $a_7=243$일 때, $\displaystyle\sum_{k=1}^{4} a_k$의 값을 구하시오.

4 수열 $\{a_n\}$의 귀납적 정의가
$$a_1=1, \ a_{n+1}=a_n+2n-1 \ (n=1, 2, 3, \cdots)$$
일 때, a_{20}은?

① 290   ② 325   ③ 362
④ 401   ⑤ 442

5 수열 $\{a_n\}$의 귀납적 정의가
$$a_1=3, \ na_{n+1}=(n+1)a_n \ (n=1, 2, 3, \cdots)$$
일 때, a_{17}을 구하시오.

6 수열 $\{a_n\}$의 귀납적 정의가
$$a_1=8, \ a_{n+1}=\frac{1}{2}a_n+2 \ (n=1, 2, 3, \cdots)$$
일 때, a_5를 구하시오.

7 수열 $\{a_n\}$의 귀납적 정의가
$$a_1=-2, \ a_{n+1}=\begin{cases} (-1)^n \times 2a_n & (a_n<5) \\ (-1)^{n+1}(a_n-3) & (a_n\geq5) \end{cases}$$
$$(n=1, 2, 3, \cdots)$$
일 때, $\displaystyle\sum_{k=1}^{62} a_k$의 값은?

① 225   ② 226   ③ 227
④ 228   ⑤ 229

8 수열 $\{a_n\}$의 첫째항부터 제n항까지의 합 S_n에 대하여
$$a_1=1,\ S_n=2a_n-1\ (n=1,\ 2,\ 3,\ \dots)$$
이 성립한다. 이때 a_5+a_6의 값을 구하시오.

9 평면 위에 어느 두 직선도 평행하지 않고 어느 세 직선도 한 점에서 만나지 않도록 n개의 직선을 그을 때, 이 직선들에 의해 분할된 평면의 개수를 $a_n\,(n=1,\ 2,\ 3,\ \dots)$이라 하자. 예를 들어 위의 그림에서 $a_3=7$이다. a_{20}은?

① 210   ② 211   ③ 212
④ 213   ⑤ 214

10 한 개를 심으면 10개를 수확할 수 있는 당근을 재배하는 어느 농가에서 매년 수확한 당근 중 500개를 남겨 두고, 나머지의 70 %는 판매하며 30 %는 이듬해에 다시 심는다고 한다. 올해 수확한 당근이 800개일 때, n년 후에 수확하는 당근의 개수를 a_n이라 하자. a_4-a_2의 값은? (단, 당근을 심는 시기와 수확하는 시기는 매년 일정하다.)

① 800   ② 900   ③ 1000
④ 1100   ⑤ 1200

11 모든 자연수 n에 대하여 명제 $p(n)$이 아래의 조건을 모두 만족시킬 때, 다음 중 반드시 참인 것은?

> ㈎ $p(1)$이 참이다.
> ㈏ $p(n)$이 참이면 $p(2n)$도 참이다.

① $p(12)$ ② $p(18)$ ③ $p(24)$
④ $p(32)$ ⑤ $p(36)$

12 다음은 모든 자연수 n에 대하여 등식
$$\frac{1}{2}+\frac{2}{2^2}+\frac{3}{2^2}+\cdots+\frac{n}{2^n}=2-\frac{n+2}{2^n}$$
가 성립함을 수학적 귀납법으로 증명하는 과정이다.
㈎, ㈏, ㈐에 알맞은 것을 각각 a, $f(k)$, $g(k)$라 할 때, $f(2a)+g(2a)$의 값을 구하시오.

> (i) $n=1$일 때,
> (좌변)$=\dfrac{1}{2}$, (우변)$=\boxed{\text{㈎}}$
> 이므로 주어진 등식이 성립한다.
> (ii) $n=k$일 때, 주어진 등식이 성립한다고 가정하면
> $$\frac{1}{2}+\frac{2}{2^2}+\frac{3}{2^3}+\cdots+\frac{k}{2^k}=2-\frac{k+2}{2^k}$$
> 이 등식의 양변에 $\boxed{\text{㈏}}$ 을(를) 더하면
> $$\frac{1}{2}+\frac{2}{2^2}+\frac{3}{2^3}+\cdots+\frac{k}{2^k}+\boxed{\text{㈏}}$$
> $$=2-\frac{k+2}{2^k}+\boxed{\text{㈏}}$$
> $$=2-\boxed{\text{㈐}}$$
> 따라서 $n=k+1$일 때도 주어진 등식이 성립한다.
> (i), (ii)에서 모든 자연수 n에 대하여 주어진 등식이 성립한다.

13 다음은 모든 자연수 n에 대하여 $2^{2n}-1$이 3의 배수임을 수학적 귀납법으로 증명하는 과정이다. ㈎, ㈏에 알맞은 것을 각각 a, $f(m)$이라 할 때, $f(a)$의 값을 구하시오.

(i) $n=1$일 때,
$2^2-1=3$이므로 3의 배수이다.

(ii) $n=k$일 때,
$2^{2k}-1=3m$ (m은 자연수)이라 가정하면
$n=k+1$일 때,
$2^{2(k+1)}-1=\boxed{㈎}\times 2^{2k}-1$
$\qquad\qquad =3(\boxed{㈏})$

따라서 $n=k+1$일 때도 3의 배수이다.

(i), (ii)에서 모든 자연수 n에 대하여 $2^{2n}-1$은 3의 배수이다.

---

14 다음은 $n\geq 4$인 모든 자연수 n에 대하여 부등식
$$1\times 2\times 3\times \cdots \times n>2^n$$
이 성립함을 수학적 귀납법으로 증명하는 과정이다. ㈎, ㈏에 알맞은 것을 차례로 나열한 것은?

(i) $n=4$일 때,
(좌변)$=1\times 2\times 3\times 4=24$, (우변)$=2^4=16$
이므로 주어진 부등식이 성립한다.

(ii) $n=k\,(k\geq 4)$일 때,
주어진 부등식이 성립한다고 가정하면
$1\times 2\times 3\times \cdots \times k>2^k$
이 부등식의 양변에 $\boxed{㈎}$ 을(를) 곱하면
$1\times 2\times 3\times \cdots \times k\times (\boxed{㈎})>2^k\times (\boxed{㈎})$
이때 $2^k\times (\boxed{㈎})>\boxed{㈏}$ 이므로
$1\times 2\times 3\times \cdots \times k\times (\boxed{㈎})>\boxed{㈏}$

따라서 $n=k+1$일 때도 주어진 부등식이 성립한다.

(i), (ii)에서 $n\geq 4$인 모든 자연수 n에 대하여 주어진 부등식이 성립한다.

---

① k, 2^{k+1} ② k, 2^{k+2} ③ $k+1$, 2^{k-1}
④ $k+1$, 2^k ⑤ $k+1$, 2^{k+1}

15 다음은 $n\geq 2$인 모든 자연수 n에 대하여 부등식
$$\frac{1}{1^2}+\frac{1}{2^2}+\frac{1}{3^2}+\cdots +\frac{1}{n^2}<2-\frac{1}{n}$$
이 성립함을 수학적 귀납법으로 증명하는 과정이다. ㈎, ㈏에 알맞은 것을 각각 $f(k)$, a라 할 때, $f(a)$의 값은?

(i) $n=2$일 때,
(좌변)$=\dfrac{1}{1^2}+\dfrac{1}{2^2}=\dfrac{5}{4}$, (우변)$=2-\dfrac{1}{2}=\dfrac{3}{2}$
이므로 주어진 부등식이 성립한다.

(ii) $n=k\,(k\geq 2)$일 때,
주어진 부등식이 성립한다고 가정하면
$\dfrac{1}{1^2}+\dfrac{1}{2^2}+\dfrac{1}{3^2}+\cdots +\dfrac{1}{k^2}<2-\dfrac{1}{k}$
이 부등식의 양변에 $\boxed{㈎}$ 을(를) 더하면
$\dfrac{1}{1^2}+\dfrac{1}{2^2}+\dfrac{1}{3^2}+\cdots +\dfrac{1}{k^2}+\boxed{㈎}<2-\dfrac{1}{k}+\boxed{㈎}$
이때
$\left\{2-\dfrac{1}{k}+\boxed{㈎}\right\}-\left(2-\dfrac{1}{k+1}\right)$
$=-\dfrac{\boxed{㈏}}{k(k+1)^2}<0$
이므로 $2-\dfrac{1}{k}+\boxed{㈎}<2-\dfrac{1}{k+1}$
$\therefore \dfrac{1}{1^2}+\dfrac{1}{2^2}+\dfrac{1}{3^2}+\cdots +\dfrac{1}{(k+1)^2}<2-\dfrac{1}{k+1}$

따라서 $n=k+1$일 때도 주어진 부등식이 성립한다.

(i), (ii)에서 $n\geq 2$인 모든 자연수 n에 대하여 주어진 부등식이 성립한다.

---

① $\dfrac{1}{25}$ ② $\dfrac{1}{16}$ ③ $\dfrac{1}{9}$

④ $\dfrac{1}{4}$ ⑤ 1

중단원 기출 문제 2회 | **10** / **수학적 귀납법**

1 수열 $\{a_n\}$의 귀납적 정의가
$$a_n-2a_{n+1}+a_{n+2}=0$$
이고, $a_4=5$, $a_{20}=33$일 때, $\displaystyle\sum_{k=1}^{40}a_{2k}-\sum_{k=1}^{40}a_{2k-1}$의 값을 구하시오.

2 수열 $\{a_n\}$의 귀납적 정의가
$$a_1=\frac{1}{2}, \frac{a_{n+1}}{a_n}=\frac{1}{4}\ (n=1,\ 2,\ 3,\ ...)$$
일 때, $a_{12}=\dfrac{1}{2^k}$을 만족시키는 자연수 k의 값은?

① 21　　　② 22　　　③ 23
④ 24　　　⑤ 25

3 모든 항이 서로 다른 수열 $\{a_n\}$이 모든 자연수 n에 대하여 $a_{n+1}=\sqrt{a_n a_{n+2}}$를 만족시킨다. $a_1=15$이고, $\displaystyle\sum_{k=1}^{4}a_k^{\ 2}=5\sum_{k=1}^{4}(a_{2k-1}-a_{2k})$일 때, a_3을 구하시오.

4 크기와 모양이 같은 성냥개비를 다음 그림과 같은 방법으로 배열하여 n칸짜리 계단 모양을 만들려고 한다. n칸짜리 계단 모양을 만드는 데 필요한 성냥개비의 개수를 a_n이라 하면 a_n과 a_{n+1} 사이에 $a_{n+1}=a_n+f(n)$의 관계가 성립한다고 할 때, $f(10)$의 값은?

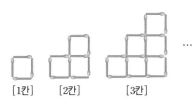

[1칸]　　[2칸]　　[3칸]

① 22　　　② 24　　　③ 26
④ 28　　　⑤ 30

5 수열 $\{a_n\}$이 모든 자연수 n에 대하여 $a_1=1$, $a_{n+1}=9^n a_n$으로 정의될 때, $\log_3 a_{10}$의 값은?

① 89　　　② 90　　　③ 91
④ 92　　　⑤ 93

6 수열 $\{a_n\}$의 귀납적 정의가
$$a_1=6,\ a_{n+1}=\frac{2n-1}{2n+1}a_n\ (n=1,\ 2,\ 3,\ ...)$$
일 때, a_{15}를 구하시오.

7 수열 $\{a_n\}$의 귀납적 정의가
$$a_1=3,\ a_{n+1}+a_n=n\ (n=1,\ 2,\ 3,\ ...)$$
일 때, a_6을 구하시오.

8 수열 $\{a_n\}$의 귀납적 정의가
$$a_1 = 5, \quad a_{n+1} = \frac{a_n}{2a_n - 1} \ (n = 1, 2, 3, \ldots)$$
일 때, $\dfrac{a_{13}}{a_{20}}$의 값을 구하시오.

9 수열 $\{a_n\}$의 귀납적 정의가
$$a_1 = \frac{1}{2}, \quad a_{n+1} = \frac{2a_n - 1}{3a_n - 1} \ (n = 1, 2, 3, \ldots)$$
일 때, $a_{10} + a_{11}$의 값을 구하시오.

10 농도가 20 %인 소금물 500 g이 들어 있는 그릇이 있다. 이 그릇에서 소금물 100 g을 덜어낸 다음 농도가 5 %인 소금물 100 g을 다시 넣는 것을 1회 시행이라 하자. n회 시행 후 이 그릇에 담긴 소금물의 농도를 a_n %라 할 때,
$$a_{n+1} = pa_n + q \ (n = 1, 2, 3, \ldots)$$
가 성립한다. 이때 상수 p, q에 대하여 $p + q$의 값을 구하시오.

11 넓이가 1이고 앞면에는 흰색, 뒷면에는 검은색이 칠해진 정삼각형 모양의 종이가 있다. 다음 그림과 같이 정삼각형의 각 변의 중점을 이은 선분을 경계로 잘라 그중 가운데 삼각형을 뒤집어 놓는 시행을 한다. 이와 같은 시행을 n회 반복한 후 삼각형의 내부에 흰색으로 칠해진 부분의 넓이를 a_n이라 할 때, $a_{n+1} = pa_n + q$이다. 이때 상수 p, q에 대하여 pq의 값을 구하시오.

12 모든 자연수 n에 대하여 등식
$$1 + 3 + 5 + \cdots + (2n - 1) = n^2$$
이 성립함을 수학적 귀납법으로 증명하시오.

13 다음은 모든 자연수 n에 대하여 $3^{2n} - 1$이 8의 배수임을 수학적 귀납법으로 증명하는 과정이다. (가), (나), (다)에 알맞은 것을 구하시오.

> (i) $n = 1$일 때,
> $3^2 - 1 = 8$이므로 8의 배수이다.
> (ii) $n = k$일 때,
> $3^{2k} - 1 = 8m$ (m은 자연수)이라 가정하면
> $n = k + 1$일 때,
> $3^{2(k+1)} - 1 = \boxed{\text{(가)}} \times 3^{2k} - 1$
> $\qquad\qquad = 9(3^{2k} - 1) + \boxed{\text{(나)}}$
> $\qquad\qquad = 9 \times 8m + \boxed{\text{(나)}}$
> $\qquad\qquad = 8\left(\boxed{\text{(다)}}\right)$
> 따라서 $n = k + 1$일 때도 8의 배수이다.
> (i), (ii)에서 모든 자연수 n에 대하여 $3^{2n} - 1$은 8의 배수이다.

14 다음은 $a_1=1$, $a_2=-1$, $a_3=4$인 수열 $\{a_n\}$이 모든 자연수 n에 대하여 $n(n-2)a_{n+1}=\sum_{i=1}^{n}a_i$를 만족시킬 때, $a_n=\dfrac{8}{(n-1)(n-2)}$ $(n\geq 3)$임을 수학적 귀납법으로 증명한 것이다.

(i) $n=3$일 때,

$$a_3=\frac{8}{(3-1)\times(3-2)}=4$$이므로 성립한다.

(ii) $n=k(k\geq 3)$일 때,

$$a_k=\frac{8}{(k-1)(k-2)}$$이 성립한다고 가정하면

$$
\begin{aligned}
k(k-2)a_{k+1} &=\sum_{i=1}^{k}a_i=a_k+\sum_{i=1}^{k-1}a_i \\
&=a_k+(k-1)(k-3)a_k \\
&=a_k\times \boxed{(가)} \\
&=\frac{8}{(k-1)(k-2)}\times \boxed{(가)} \\
&=\frac{\boxed{(나)}}{k-1}
\end{aligned}
$$

그러므로

$$a_{k+1}=\frac{1}{k(k-2)}\times\frac{\boxed{(나)}}{k-1}=\frac{8}{\boxed{(다)}}$$이다.

따라서 $n=k+1$일 때 성립한다.

(i), (ii)에서 $n\geq 3$인 모든 자연수 n에 대하여

$$a_n=\frac{8}{(n-1)(n-2)}$$이다.

위의 (가), (나), (다)에 알맞은 식을 각각 $f(k)$, $g(k)$, $h(k)$라 할 때, $\dfrac{f(12)\times g(17)}{h(10)}$의 값은?

① $\dfrac{400}{3}$ ② $\dfrac{500}{3}$ ③ 200

④ $\dfrac{700}{3}$ ⑤ $\dfrac{800}{3}$

15 다음은 $n\geq 2$인 자연수 n에 대하여 부등식

$$\left(1+\frac{1}{2}+\frac{1}{3}+\cdots+\frac{1}{n}\right)(1+2+3+\cdots+n)>n^2$$

이 성립함을 수학적 귀납법으로 증명한 것이다. (가), (나)에 알맞은 것을 각각 $f(k)$, $g(k)$라 할 때, $f(2)g(6)$의 값을 구하시오.

$1+2+3+\cdots+n=\dfrac{n(n+1)}{2}$이므로

주어진 부등식의 양변을 $\dfrac{n(n+1)}{2}$로 나누면

$$1+\frac{1}{2}+\frac{1}{3}+\cdots+\frac{1}{n}>\frac{2n}{n+1} \qquad \cdots\cdots ㉠$$

이다.

(i) $n=2$일 때,

(좌변)$=1+\dfrac{1}{2}=\dfrac{3}{2}$, (우변)$=\dfrac{2\times 2}{2+1}=\dfrac{4}{3}$

이므로 부등식 ㉠이 성립한다.

(ii) $n=k(k\geq 2)$일 때,

부등식 ㉠이 성립한다고 가정하면

$$1+\frac{1}{2}+\frac{1}{3}+\cdots+\frac{1}{k}>\frac{2k}{k+1}$$

이 부등식의 양변에 $\dfrac{1}{k+1}$을 더하면

$$1+\frac{1}{2}+\frac{1}{3}+\cdots+\frac{1}{k}+\frac{1}{k+1}>\boxed{(가)}$$

이때 $\boxed{(가)}-\dfrac{2(k+1)}{k+2}=\dfrac{\boxed{(나)}}{(k+1)(k+2)}>0$이

므로

$$1+\frac{1}{2}+\frac{1}{3}+\cdots+\frac{1}{k}+\frac{1}{k+1}>\frac{2(k+1)}{k+2}$$

따라서 $n=k+1$일 때도 부등식 ㉠이 성립한다.

(i), (ii)에서 $n\geq 2$인 모든 자연수 n에 대하여 부등식 ㉠이 성립하므로 주어진 부등식도 성립한다.

---

memo

memo ✦

memo

유형만렙 다양한 유형 문제가 가득 찬(滿) 만렙으로 수학 실력 Level up

대표전화 1544-0554
주소 경기도 과천시 과천대로2길 54(갈현동, 그라운드브이)
협의 없는 무단 복제는 법으로 금지되어 있습니다.

정답과 해설

대수

visang

ABOVE IMAGINATION

우리는 남다른 상상과 혁신으로
교육 문화의 새로운 전형을 만들어
모든 이의 행복한 경험과 성장에 기여한다

유형만랩

정답과 해설

대수

01 / 지수

A 개념확인

0001 답 5, $\dfrac{-5\pm5\sqrt{3}i}{2}$

125의 세제곱근을 x라 하면 $x^3=125$

$x^3-125=0$

$(x-5)(x^2+5x+25)=0$

$\therefore x=5$ 또는 $x=\dfrac{-5\pm5\sqrt{3}i}{2}$

0002 답 -2, $1\pm\sqrt{3}i$

-8의 세제곱근을 x라 하면 $x^3=-8$

$x^3+8=0$

$(x+2)(x^2-2x+4)=0$

$\therefore x=-2$ 또는 $x=1\pm\sqrt{3}i$

0003 답 $\pm\sqrt{3}$, $\pm\sqrt{3}i$

9의 네제곱근을 x라 하면 $x^4=9$

$x^4-9=0$

$(x^2-3)(x^2+3)=0$

$\therefore x=\pm\sqrt{3}$ 또는 $x=\pm\sqrt{3}i$

0004 답 -3

-27의 세제곱근을 x라 하면 $x^3=-27$

$x^3+27=0$

$(x+3)(x^2-3x+9)=0$

$\therefore x=-3$ 또는 $x=\dfrac{3\pm3\sqrt{3}i}{2}$

따라서 -27의 세제곱근 중 실수인 것은 -3이다.

0005 답 $\pm\sqrt{2}$

4의 네제곱근을 x라 하면 $x^4=4$

$x^4-4=0$

$(x^2-2)(x^2+2)=0$

$\therefore x=\pm\sqrt{2}$ 또는 $x=\pm\sqrt{2}i$

따라서 4의 네제곱근 중 실수인 것은 $\pm\sqrt{2}$이다.

0006 답 $\pm\sqrt{7}$

$(-7)^2=49$이므로

49의 네제곱근을 x라 하면 $x^4=49$

$x^4-49=0$

$(x^2-7)(x^2+7)=0$

$\therefore x=\pm\sqrt{7}$ 또는 $x=\pm\sqrt{7}i$

따라서 $(-7)^2$의 네제곱근 중 실수인 것은 $\pm\sqrt{7}$이다.

0007 답 4

$\sqrt[3]{64}=\sqrt[3]{4^3}=4$

0008 답 -0.2

$\sqrt[3]{-0.008}=\sqrt[3]{(-0.2)^3}=-0.2$

0009 답 -4

$-\sqrt[4]{256}=-\sqrt[4]{4^4}=-4$

0010 답 $\dfrac{3}{2}$

$\sqrt[4]{\dfrac{81}{16}}=\sqrt[4]{\left(\dfrac{3}{2}\right)^4}=\dfrac{3}{2}$

0011 답 2

$\sqrt[3]{2}\times\sqrt[3]{4}=\sqrt[3]{2\times4}=\sqrt[3]{2^3}=2$

0012 답 3

$\dfrac{\sqrt[4]{486}}{\sqrt[4]{6}}=\sqrt[4]{\dfrac{486}{6}}=\sqrt[4]{81}=\sqrt[4]{3^4}=3$

0013 답 7

$(\sqrt[8]{49})^4=\sqrt[8]{49^4}=\sqrt[8]{(7^2)^4}=\sqrt[8]{7^8}=7$

0014 답 3

$\sqrt[3]{\sqrt{729}}=\sqrt[6]{729}=\sqrt[6]{3^6}=3$

0015 답 5

$\sqrt[18]{5^6}\times\sqrt[15]{25^5}=\sqrt[3]{5}\times\sqrt[3]{25}=\sqrt[3]{125}=\sqrt[3]{5^3}=5$

0016 답 1

0017 답 $\dfrac{1}{8}$

$2^{-3}=\dfrac{1}{2^3}=\dfrac{1}{8}$

0018 답 $\dfrac{81}{625}$

$\left(\dfrac{5}{3}\right)^{-4}=\left(\dfrac{3}{5}\right)^4=\dfrac{3^4}{5^4}=\dfrac{81}{625}$

0019 답 $\dfrac{7}{3}$

0020 답 $-\dfrac{5}{6}$

$\dfrac{1}{\sqrt[6]{2^5}}=\dfrac{1}{2^{\frac{5}{6}}}=2^{-\frac{5}{6}}$

0021 답 $\dfrac{1}{4}$

$\dfrac{1}{\sqrt[8]{3^{-2}}}=\dfrac{1}{3^{-\frac{1}{4}}}=3^{\frac{1}{4}}$

0022 답 a^3

$(a^{\frac{5}{6}})^3\times a^{\frac{1}{2}}=a^{\frac{5}{2}}\times a^{\frac{1}{2}}=a^{\frac{5}{2}+\frac{1}{2}}=a^3$

0023 답 $a^{\frac{5}{6}}$

$(a^{\frac{1}{2}})^3\div(a^{\frac{1}{3}})^2=a^{\frac{3}{2}}\div a^{\frac{2}{3}}=a^{\frac{3}{2}-\frac{2}{3}}=a^{\frac{5}{6}}$

0024 답 $a^{\frac{1}{3}}$

$(\sqrt[3]{a^4} \times \sqrt{a} \times a^{-\frac{1}{6}})^{\frac{1}{5}} = (a^{\frac{4}{3}} \times a^{\frac{1}{2}} \times a^{-\frac{1}{6}})^{\frac{1}{5}}$
$= (a^{\frac{4}{3}+\frac{1}{2}-\frac{1}{6}})^{\frac{1}{5}}$
$= (a^{\frac{5}{3}})^{\frac{1}{5}} = a^{\frac{1}{3}}$

0025 답 25

$5^{\sqrt{7}+1} \div 5^{\sqrt{7}-1} = 5^{\sqrt{7}+1-(\sqrt{7}-1)} = 5^2 = 25$

0026 답 $3^{3\sqrt{3}}$

$3^{\sqrt{3}} \times 3^{\sqrt{48}} \div 3^{\sqrt{12}} = 3^{\sqrt{3}+\sqrt{48}-\sqrt{12}} = 3^{\sqrt{3}+4\sqrt{3}-2\sqrt{3}} = 3^{3\sqrt{3}}$

0027 답 4

$(4^{\sqrt{2}})^{2\sqrt{2}} \div (4^{3\sqrt{3}})^{\frac{1}{\sqrt{3}}} = 4^4 \div 4^3 = 4^{4-3} = 4$

B 유형 완성
10~17쪽

0028 답 ⑤

① 27의 세제곱근을 x라 하면 $x^3 = 27$
$x^3 - 27 = 0$, $(x-3)(x^2+3x+9) = 0$
$\therefore x = 3$ 또는 $x = \dfrac{-3 \pm 3\sqrt{3}i}{2}$
따라서 27의 세제곱근은 3, $\dfrac{-3 \pm 3\sqrt{3}i}{2}$의 3개이다.
② $-\sqrt{36} = -6$의 세제곱근 중 실수인 것은 $\sqrt[3]{-6}$이다.
③ $0.1^2 = 0.01$의 제곱근 중 실수인 것은 ± 0.1이다.
⑤ n이 짝수일 때, -9의 n제곱근 중 실수인 것은 없다.
따라서 옳지 않은 것은 ⑤이다.

0029 답 ③

$\sqrt{256} = 16$이므로
16의 네제곱근을 x라 하면 $x^4 = 16$
$x^4 - 16 = 0$, $(x+2)(x-2)(x^2+4) = 0$
$\therefore x = \pm 2$ 또는 $x = \pm 2i$
따라서 $\sqrt{256}$의 네제곱근 중 음의 실수인 것은 -2이므로
$a = -2$
-343의 세제곱근을 y라 하면 $y^3 = -343$
$y^3 + 343 = 0$, $(y+7)(y^2-7y+49) = 0$
$\therefore y = -7$ 또는 $y = \dfrac{7 \pm 7\sqrt{3}i}{2}$
따라서 -343의 세제곱근 중 실수인 것은 -7이므로
$b = -7$
$\therefore ab = -2 \times (-7) = 14$

0030 답 4

$n = 3$일 때, $2n^2 - 9n = -9 < 0$이고 n은 홀수이므로
$f(3) = 1$
$n = 4$일 때, $2n^2 - 9n = -4 < 0$이고 n은 짝수이므로
$f(4) = 0$

$n = 5$일 때, $2n^2 - 9n = 5 > 0$이고 n은 홀수이므로
$f(5) = 1$
$n = 6$일 때, $2n^2 - 9n = 18 > 0$이고 n은 짝수이므로
$f(6) = 2$
$\therefore f(3) + f(4) + f(5) + f(6) = 1 + 0 + 1 + 2 = 4$

0031 답 ㄱ, ㄴ

ㄱ. 6의 제곱근 중 실수인 것은 $\pm\sqrt{6}$의 2개이고, -7의 세제곱근 중
실수인 것은 $\sqrt[3]{-7}$의 1개이다.
$\therefore N(6, 2) + N(-7, 3) = 2 + 1 = 3$
ㄷ. n이 짝수일 때,
$x > 0$이면 $N(x, n) = 2$
$x = 0$이면 $N(x, n) = 1$
$x < 0$이면 $N(x, n) = 0$
따라서 보기에서 옳은 것은 ㄱ, ㄴ이다.

0032 답 18

(i) $-n^2 + 11n - 28 < 0$일 때,
$n^2 - 11n + 28 > 0$에서
$(n-4)(n-7) > 0$ $\therefore n < 4$ 또는 $n > 7$
그런데 $2 \le n \le 10$이므로 $2 \le n < 4$ 또는 $7 < n \le 10$
이때 $-n^2 + 11n - 28$의 n제곱근 중 음의 실수가 존재하려면
n은 홀수이어야 하므로 $n = 3$ 또는 $n = 9$
(ii) $-n^2 + 11n - 28 > 0$일 때,
$n^2 - 11n + 28 < 0$에서
$(n-4)(n-7) < 0$ $\therefore 4 < n < 7$
이때 $-n^2 + 11n - 28$의 n제곱근 중 음의 실수가 존재하려면
n은 짝수이어야 하므로 $n = 6$
(i), (ii)에서 모든 n의 값의 합은 $3 + 6 + 9 = 18$

만렙 Note

2 이상인 자연수 n에 대하여 실수 a의 n제곱근 중 음의 실수가 존재할 조건은 다음과 같다.
(i) $a < 0$이고 n이 홀수 또는 (ii) $a > 0$이고 n이 짝수

0033 답 ④

① $\sqrt[3]{4} \times \sqrt[3]{16} = \sqrt[3]{64} = \sqrt[3]{4^3} = 4$
② $\dfrac{\sqrt[3]{-125}}{\sqrt[3]{-27}} = \dfrac{\sqrt[3]{(-5)^3}}{\sqrt[3]{(-3)^3}} = \dfrac{-5}{-3} = \dfrac{5}{3}$, $-\sqrt[3]{\dfrac{125}{27}} = -\sqrt[3]{\left(\dfrac{5}{3}\right)^3} = -\dfrac{5}{3}$
$\therefore \dfrac{\sqrt[3]{-125}}{\sqrt[3]{-27}} \ne -\sqrt[3]{\dfrac{125}{27}}$
③ $\sqrt[3]{2^6} \div (\sqrt[5]{32})^2 = \sqrt[3]{4^3} \div (\sqrt[5]{2^5})^2 = 4 \div 2^2 = 1$
④ $\sqrt{\sqrt{81}} \times \sqrt[3]{\sqrt{64}} = \sqrt[4]{81} \times \sqrt[6]{64} = \sqrt[4]{3^4} \times \sqrt[6]{2^6} = 3 \times 2 = 6$
⑤ $\sqrt[3]{4^6} \times \sqrt[6]{4^2} = \sqrt[3]{4^2} \times \sqrt[3]{4} = \sqrt[3]{4^3} = 4$
따라서 옳은 것은 ④이다.

0034 답 ④

$\sqrt[3]{54} - \sqrt[6]{16} \times \sqrt[3]{4} + 3\sqrt[3]{2} = \sqrt[3]{3^3 \times 2} - \sqrt[6]{2^4} \times \sqrt[3]{2^2} + 3\sqrt[3]{2}$
$= 3\sqrt[3]{2} - \sqrt[3]{2^2} \times \sqrt[3]{2^2} + 3\sqrt[3]{2}$
$= 3\sqrt[3]{2} - \sqrt[3]{2^4} + 3\sqrt[3]{2}$
$= 3\sqrt[3]{2} - 2\sqrt[3]{2} + 3\sqrt[3]{2} = 4\sqrt[3]{2}$

0035 답 $\sqrt[3]{3}$

$$\frac{\sqrt[3]{81}+\sqrt[6]{36}}{\sqrt[3]{9}\times\sqrt[3]{3}+\sqrt[3]{\sqrt{4}}}=\frac{\sqrt[3]{3^4}+\sqrt[6]{6^2}}{\sqrt[3]{3^2}\times\sqrt[3]{3}+\sqrt[6]{4}}=\frac{3\sqrt[3]{3}+\sqrt[3]{6}}{\sqrt[3]{3^3}+\sqrt[6]{2^2}}$$
$$=\frac{\sqrt[3]{3}(3+\sqrt[3]{2})}{3+\sqrt[3]{2}}=\sqrt[3]{3}$$

0036 답 1

$$\sqrt[4]{\frac{\sqrt{a}}{\sqrt[3]{a}}}\times\sqrt{\frac{\sqrt[3]{a}}{\sqrt[4]{a}}}\times\sqrt[3]{\frac{\sqrt[4]{a}}{\sqrt{a}}}=\frac{\sqrt[4]{\sqrt{a}}}{\sqrt[4]{\sqrt[3]{a}}}\times\frac{\sqrt{\sqrt[3]{a}}}{\sqrt{\sqrt[4]{a}}}\times\frac{\sqrt[3]{\sqrt[4]{a}}}{\sqrt[3]{\sqrt{a}}}$$
$$=\frac{\sqrt[8]{a}}{\sqrt[12]{a}}\times\frac{\sqrt[6]{a}}{\sqrt[8]{a}}\times\frac{\sqrt[12]{a}}{\sqrt[6]{a}}=1$$

0037 답 7

$$\sqrt{\sqrt[3]{a^3b^4}\times\sqrt{a^5b^2}}\div\sqrt[4]{\sqrt[3]{a^9b^5}}$$
$$=\sqrt{\sqrt[3]{a^3b^4}}\times\sqrt{\sqrt{a^5b^2}}\div\sqrt[12]{a^9b^5}$$
$$=\sqrt[6]{a^3b^4}\times\sqrt[4]{a^5b^2}\div\sqrt[12]{a^9b^5}$$
$$=\sqrt[12]{a^6b^8}\times\sqrt[12]{a^{15}b^6}\div\sqrt[12]{a^9b^5}$$
$$=\sqrt[12]{\frac{a^6b^8\times a^{15}b^6}{a^9b^5}}$$
$$=\sqrt[12]{a^{12}b^9}=a\sqrt[4]{b^3}$$

따라서 $p=4$, $q=3$이므로
$p+q=7$

0038 답 ④

$\sqrt[3]{\sqrt{27}}=\sqrt[6]{27}$, $\sqrt[3]{5}$, $\sqrt{\sqrt[3]{20}}=\sqrt[6]{20}$에서 6, 3, 6의 최소공배수가 6이므로
$\sqrt[3]{5}=\sqrt[6]{5^2}=\sqrt[6]{25}$

이때 $20<25<27$이므로
$\sqrt[6]{20}<\sqrt[6]{25}<\sqrt[6]{27}$
$\therefore \sqrt{\sqrt[3]{20}}<\sqrt[3]{5}<\sqrt[3]{\sqrt{27}}$

0039 답 6

$\sqrt[3]{\sqrt{16}}=\sqrt[6]{16}$, $\sqrt{3\sqrt[3]{2}}=\sqrt{\sqrt[3]{3^3\times2}}=\sqrt[6]{54}$,
$\sqrt{2\sqrt[3]{6}}=\sqrt{\sqrt[3]{2^3\times6}}=\sqrt[6]{48}$ ⟍⟍ ❶

이때 $16<48<54$이므로
$\sqrt[6]{16}<\sqrt[6]{48}<\sqrt[6]{54}$
$\therefore \sqrt[3]{\sqrt{16}}<\sqrt{2\sqrt[3]{6}}<\sqrt{3\sqrt[3]{2}}$ ⟍⟍ ❷

따라서 $a=\sqrt[3]{\sqrt{16}}$, $b=\sqrt{3\sqrt[3]{2}}$이므로
$ab^2=\sqrt[6]{16}\times(\sqrt[6]{54})^2=\sqrt[6]{16\times54^2}$
$=\sqrt[6]{2^6\times3^6}=2\times3=6$ ⟍⟍ ❸

채점 기준

❶ 세 수 $\sqrt[3]{\sqrt{16}}$, $\sqrt{3\sqrt[3]{2}}$, $\sqrt{2\sqrt[3]{6}}$을 간단히 하기	30 %
❷ 세 수 $\sqrt[3]{\sqrt{16}}$, $\sqrt{3\sqrt[3]{2}}$, $\sqrt{2\sqrt[3]{6}}$의 대소 비교하기	30 %
❸ ab^2의 값 구하기	40 %

0040 답 ①

(i) $A-B=(2\sqrt{2}+\sqrt[3]{3})-(\sqrt{2}+2\sqrt[3]{3})$
$=\sqrt{2}-\sqrt[3]{3}$
$=\sqrt[6]{2^3}-\sqrt[6]{3^2}=\sqrt[6]{8}-\sqrt[6]{9}<0$
$\therefore A<B$

(ii) $B-C=(\sqrt{2}+2\sqrt[3]{3})-(2\sqrt[4]{5}+\sqrt{2})$
$=2(\sqrt[3]{3}-\sqrt[4]{5})$
$=2(\sqrt[12]{3^4}-\sqrt[12]{5^3})$
$=2(\sqrt[12]{81}-\sqrt[12]{125})<0$
$\therefore B<C$

(i), (ii)에서 $A<B<C$

0041 답 ①

$$\frac{25^{-2}+5^{-5}}{3}\times\frac{5}{3^7+3^5}=\frac{(5^2)^{-2}+5^{-5}}{3}\times\frac{5}{3^7+3^5}$$
$$=\frac{5^{-4}+5^{-5}}{3}\times\frac{5}{3^7+3^5}$$
$$=\frac{5^{-5}(5+1)}{3}\times\frac{5}{3^5(3^2+1)}$$
$$=5^{-5}\times3^{-5}=15^{-5}$$

0042 답 -3

$3^{-3}\div(3^{-2})^{-4}\times3^8=3^{-3}\div3^8\times3^8=3^{-3-8+8}=3^{-3}$
$\therefore k=-3$

0043 답 ④

$$\sqrt{\frac{8^{-4}+4^{-11}}{8^{-10}+4^{-10}}}=\sqrt{\frac{(2^3)^{-4}+(2^2)^{-11}}{(2^3)^{-10}+(2^2)^{-10}}}=\sqrt{\frac{2^{-12}+2^{-22}}{2^{-30}+2^{-20}}}$$
$$=\sqrt{\frac{2^{-22}(2^{10}+1)}{2^{-30}(1+2^{10})}}=\sqrt{2^8}=2^4=16$$

0044 답 2

$$\frac{1}{2^{-3}+1}+\frac{1}{2^{-1}+1}+\frac{1}{2+1}+\frac{1}{2^3+1}$$
$$=\frac{2^3}{2^3(2^{-3}+1)}+\frac{2}{2(2^{-1}+1)}+\frac{1}{2+1}+\frac{1}{2^3+1}$$
$$=\frac{2^3}{1+2^3}+\frac{2}{1+2}+\frac{1}{2+1}+\frac{1}{2^3+1}$$
$$=\frac{2^3+1}{2^3+1}+\frac{2+1}{2+1}=1+1=2$$

다른 풀이

$$\frac{1}{2^{-3}+1}+\frac{1}{2^{-1}+1}+\frac{1}{2+1}+\frac{1}{2^3+1}$$
$$=\left(\frac{1}{2^{-3}+1}+\frac{1}{2^3+1}\right)+\left(\frac{1}{2^{-1}+1}+\frac{1}{2+1}\right)$$
$$=\frac{2^3+1+2^{-3}+1}{(2^{-3}+1)(2^3+1)}+\frac{2+1+2^{-1}+1}{(2^{-1}+1)(2+1)}$$
$$=\frac{2^3+1+2^{-3}+1}{1+2^{-3}+2^3+1}+\frac{2+1+2^{-1}+1}{1+2^{-1}+2+1}$$
$$=1+1=2$$

0045 답 ③

$$\left\{\left(\frac{16}{9}\right)^{-\frac{2}{3}}\right\}^{\frac{3}{4}}\times\left\{\left(\frac{1}{4}\right)^{\frac{6}{5}}\right\}^{-\frac{5}{2}}=\left(\frac{16}{9}\right)^{-\frac{2}{3}\times\frac{3}{4}}\times\left(\frac{1}{4}\right)^{\frac{6}{5}\times\left(-\frac{5}{2}\right)}$$
$$=\left(\frac{16}{9}\right)^{-\frac{1}{2}}\times\left(\frac{1}{4}\right)^{-3}$$
$$=\left\{\left(\frac{4}{3}\right)^2\right\}^{-\frac{1}{2}}\times4^3$$
$$=\frac{3}{4}\times4^3=48$$

0046 답 1

$$\sqrt{\sqrt{81}} \times 3^{-\frac{1}{3}} \div \left(\frac{1}{9}\right)^{-\frac{1}{3}} = \sqrt[4]{3^4} \times 3^{-\frac{1}{3}} \div (3^{-2})^{-\frac{1}{3}}$$
$$= 3 \times 3^{-\frac{1}{3}} \div 3^{\frac{2}{3}}$$
$$= 3^{1-\frac{1}{3}-\frac{2}{3}} = 3^0 = 1$$

0047 답 $\frac{1}{3}$

$$(a^{\sqrt{3}})^{3\sqrt{2}} \times (a^k)^{6\sqrt{6}} \div a^{4\sqrt{6}} = a^{3\sqrt{6}} \times a^{6\sqrt{6}k} \div a^{4\sqrt{6}}$$
$$= a^{3\sqrt{6}+6\sqrt{6}k-4\sqrt{6}}$$
$$= a^{6\sqrt{6}k-\sqrt{6}} \quad\quad \cdots\cdots ❶$$

따라서 $a^{6\sqrt{6}k-\sqrt{6}} = a^{\sqrt{6}}$ 이므로

$6\sqrt{6}k - \sqrt{6} = \sqrt{6}$

$6\sqrt{6}k = 2\sqrt{6}$ $\quad \therefore k = \frac{1}{3}$ $\quad\quad \cdots\cdots ❷$

채점 기준

❶ 주어진 등식의 좌변을 간단히 하기	60 %
❷ 실수 k의 값 구하기	40 %

0048 답 4

이차방정식의 근과 계수의 관계에 의하여

$\alpha + \beta = 3$, $\alpha\beta = \frac{1}{2}$

$$\therefore \{2^\alpha \times 2^\beta + (49^\alpha)^\beta + 1\}^{\alpha\beta} = (2^{\alpha+\beta} + 7^{2\alpha\beta} + 1)^{\alpha\beta}$$
$$= (2^3 + 7^{2\times\frac{1}{2}} + 1)^{\frac{1}{2}}$$
$$= (2^3 + 8)^{\frac{1}{2}}$$
$$= (2 \times 2^3)^{\frac{1}{2}}$$
$$= 2^2 = 4$$

0049 답 ③

$$\sqrt{a^3\sqrt[3]{\sqrt{a} \times a^2}} = \{a \times (a^{\frac{1}{3}} \times a^2)^{\frac{1}{3}}\}^{\frac{1}{2}} = \{a \times (a^{\frac{7}{3}})^{\frac{1}{3}}\}^{\frac{1}{2}}$$
$$= (a \times a^{\frac{7}{9}})^{\frac{1}{2}} = (a^{\frac{16}{9}})^{\frac{1}{2}} = a^{\frac{8}{9}}$$

$\therefore k = \frac{8}{9}$

다른 풀이

$$\sqrt{a^3\sqrt[3]{\sqrt{a} \times a^2}} = \sqrt{a} \times \sqrt{\sqrt[3]{\sqrt[3]{a}}} \times \sqrt[3]{\sqrt{a^2}} = \sqrt{a} \times \sqrt[18]{a} \times \sqrt[3]{a}$$
$$= a^{\frac{1}{2}} \times a^{\frac{1}{18}} \times a^{\frac{1}{3}} = a^{\frac{1}{2}+\frac{1}{18}+\frac{1}{3}} = a^{\frac{8}{9}}$$

$\therefore k = \frac{8}{9}$

0050 답 $\frac{29}{24}$

$$\sqrt{3 \times \sqrt[3]{9} \times \sqrt[4]{27}} = (3 \times 9^{\frac{1}{3}} \times 27^{\frac{1}{4}})^{\frac{1}{2}} = (3 \times 3^{\frac{2}{3}} \times 3^{\frac{3}{4}})^{\frac{1}{2}}$$
$$= (3^{1+\frac{2}{3}+\frac{3}{4}})^{\frac{1}{2}} = (3^{\frac{29}{12}})^{\frac{1}{2}} = 3^{\frac{29}{24}}$$

$\therefore k = \frac{29}{24}$

다른 풀이

$$\sqrt{3 \times \sqrt[3]{9} \times \sqrt[4]{27}} = \sqrt{3} \times \sqrt{\sqrt[3]{3^2}} \times \sqrt{\sqrt[4]{3^3}} = \sqrt{3} \times \sqrt[3]{3} \times \sqrt[8]{3^3}$$
$$= 3^{\frac{1}{2}} \times 3^{\frac{1}{3}} \times 3^{\frac{3}{8}} = 3^{\frac{1}{2}+\frac{1}{3}+\frac{3}{8}} = 3^{\frac{29}{24}}$$

$\therefore k = \frac{29}{24}$

0051 답 59

$$\sqrt[3]{2\sqrt[3]{2\sqrt[3]{2}}} = \{2 \times (2 \times 2^{\frac{1}{3}})^{\frac{1}{3}}\}^{\frac{1}{3}} = \{2 \times (2^{\frac{4}{3}})^{\frac{1}{3}}\}^{\frac{1}{3}}$$
$$= (2 \times 2^{\frac{4}{9}})^{\frac{1}{3}} = (2^{\frac{13}{9}})^{\frac{1}{3}} = 2^{\frac{13}{27}}$$

$$\sqrt[6]{4\sqrt[6]{4}} = (4 \times 4^{\frac{1}{6}})^{\frac{1}{6}} = (2^2 \times 2^{\frac{1}{3}})^{\frac{1}{6}} = (2^{\frac{7}{3}})^{\frac{1}{6}} = 2^{\frac{7}{18}} \quad\quad \cdots\cdots ❶$$

$$\therefore \frac{\sqrt[3]{2\sqrt[3]{2\sqrt[3]{2}}}}{\sqrt[6]{4\sqrt[6]{4}}} = \frac{2^{\frac{13}{27}}}{2^{\frac{7}{18}}} = 2^{\frac{13}{27}-\frac{7}{18}} = 2^{\frac{5}{54}} \quad\quad \cdots\cdots ❷$$

따라서 $p = 54$, $q = 5$이므로

$p + q = 59$ $\quad\quad \cdots\cdots ❸$

채점 기준

❶ 주어진 등식의 좌변의 분모, 분자를 간단히 하기	50 %
❷ 주어진 식의 값 구하기	30 %
❸ $p+q$의 값 구하기	20 %

다른 풀이

$$\sqrt[3]{2\sqrt[3]{2\sqrt[3]{2}}} = \sqrt[3]{2} \times \sqrt[3]{\sqrt[3]{2}} \times \sqrt[3]{\sqrt[3]{\sqrt[3]{2}}} = \sqrt[3]{2} \times \sqrt[9]{2} \times \sqrt[27]{2}$$
$$= 2^{\frac{1}{3}} \times 2^{\frac{1}{9}} \times 2^{\frac{1}{27}} = 2^{\frac{1}{3}+\frac{1}{9}+\frac{1}{27}} = 2^{\frac{13}{27}}$$

$$\sqrt[6]{4\sqrt[6]{4}} = \sqrt[6]{4} \times \sqrt[6]{\sqrt[6]{4}} = \sqrt[6]{2^2} \times \sqrt[6]{\sqrt[6]{2^2}} = \sqrt[3]{2} \times \sqrt[18]{2}$$
$$= 2^{\frac{1}{3}} \times 2^{\frac{1}{18}} = 2^{\frac{1}{3}+\frac{1}{18}} = 2^{\frac{7}{18}}$$

$$\therefore \frac{\sqrt[3]{2\sqrt[3]{2\sqrt[3]{2}}}}{\sqrt[6]{4\sqrt[6]{4}}} = \frac{2^{\frac{13}{27}}}{2^{\frac{7}{18}}} = 2^{\frac{13}{27}-\frac{7}{18}} = 2^{\frac{5}{54}}$$

따라서 $p = 54$, $q = 5$이므로

$p + q = 59$

0052 답 14

$$\sqrt[3]{a^4\sqrt[4]{a^3} \times \sqrt{a}} \div \sqrt[6]{\sqrt[4]{a^k} \times a}$$
$$= (a \times a^{\frac{3}{4}} \times a^{\frac{1}{2}})^{\frac{1}{3}} \div (a^{\frac{k}{4}} \times a)^{\frac{1}{6}}$$
$$= (a^{1+\frac{3}{4}+\frac{1}{2}})^{\frac{1}{3}} \div (a^{\frac{k+4}{4}})^{\frac{1}{6}}$$
$$= (a^{\frac{9}{4}})^{\frac{1}{3}} \div a^{\frac{k+4}{24}}$$
$$= a^{\frac{3}{4}-\frac{k+4}{24}}$$
$$= a^{\frac{14-k}{24}}$$

따라서 $a^{\frac{14-k}{24}} = 1$이므로

$\frac{14-k}{24} = 0$ $(\because a \neq 1)$

$\therefore k = 14$

다른 풀이

$$\sqrt[3]{a^4\sqrt[4]{a^3} \times \sqrt{a}} \div \sqrt[6]{\sqrt[4]{a^k} \times a}$$
$$= (\sqrt[3]{a} \times \sqrt[3]{\sqrt[4]{a^3}} \times \sqrt[3]{\sqrt{a}}) \div (\sqrt[6]{\sqrt[4]{a^k}} \times \sqrt[6]{a})$$
$$= \sqrt[3]{a} \times \sqrt[4]{a} \times \sqrt[6]{a} \div \sqrt[24]{a^k} \div \sqrt[6]{a}$$
$$= a^{\frac{1}{3}} \times a^{\frac{1}{4}} \times a^{\frac{1}{6}} \div a^{\frac{k}{24}} \div a^{\frac{1}{6}}$$
$$= a^{\frac{1}{3}+\frac{1}{4}+\frac{1}{6}-\frac{k}{24}-\frac{1}{6}}$$
$$= a^{\frac{14-k}{24}}$$

따라서 $a^{\frac{14-k}{24}} = 1$이므로

$\frac{14-k}{24} = 0$ $(\because a \neq 1)$

$\therefore k = 14$

0053 답 ④

$\sqrt[n]{\sqrt[m]{a}}=a^{\frac{1}{mn}}$이므로 $f(m,\,n)=\dfrac{1}{mn}$

$\therefore f(3,\,5)+f(5,\,7)+f(7,\,9)+f(9,\,11)$

$=\dfrac{1}{3\times5}+\dfrac{1}{5\times7}+\dfrac{1}{7\times9}+\dfrac{1}{9\times11}$

$=\dfrac{1}{2}\left\{\left(\dfrac{1}{3}-\dfrac{1}{5}\right)+\left(\dfrac{1}{5}-\dfrac{1}{7}\right)+\left(\dfrac{1}{7}-\dfrac{1}{9}\right)+\left(\dfrac{1}{9}-\dfrac{1}{11}\right)\right\}$

$=\dfrac{1}{2}\left(\dfrac{1}{3}-\dfrac{1}{11}\right)=\dfrac{4}{33}$

> **공통수학2 다시보기**
>
> 분모가 두 인수의 곱으로 되어 있으면 다음을 이용하여 식을 변형한다.
> ➡ 두 다항식 A, B에 대하여
> $$\dfrac{1}{AB}=\dfrac{1}{B-A}\left(\dfrac{1}{A}-\dfrac{1}{B}\right)\ (\text{단},\ A\neq B,\ AB\neq0)$$

0054 답 2

넓이가 $\sqrt[n]{64}$인 정사각형의 한 변의 길이는 $\sqrt{\sqrt[n]{64}}$이므로

$f(n)=\sqrt{\sqrt[n]{64}}=\sqrt[2n]{64}=\sqrt[2n]{2^6}=2^{\frac{3}{n}}$

$\therefore f(4)\times f(12)=2^{\frac{3}{4}}\times2^{\frac{1}{4}}=2$

0055 답 ③

$3^5=a$에서 $3=a^{\frac{1}{5}}$

$16^2=b$에서 $(2^4)^2=b$, $2^8=b$ $\quad\therefore 2=b^{\frac{1}{8}}$

$\therefore 18^6=(2\times3^2)^6=2^6\times3^{12}$

$\qquad =(b^{\frac{1}{8}})^6\times(a^{\frac{1}{5}})^{12}=a^{\frac{12}{5}}b^{\frac{3}{4}}$

0056 답 ④

$25^2=a$에서 $(5^2)^2=a$, $5^4=a$ $\quad\therefore 5=a^{\frac{1}{4}}$

$\therefore 125^{10}=(5^3)^{10}=5^{30}=(a^{\frac{1}{4}})^{30}=a^{\frac{15}{2}}$

0057 답 $\dfrac{7}{12}$

$a=\sqrt[3]{5}$에서 $a^3=5$

$b=\sqrt{3}$에서 $b^2=3$ $\qquad\qquad\qquad\qquad$ ……❶

$\therefore \sqrt[12]{45}=\sqrt[12]{3^2\times5}=(3^2\times5)^{\frac{1}{12}}=3^{\frac{1}{6}}\times5^{\frac{1}{12}}$

$\qquad =(b^2)^{\frac{1}{6}}\times(a^3)^{\frac{1}{12}}=a^{\frac{1}{4}}b^{\frac{1}{3}}$ $\qquad$ ……❷

따라서 $m=\dfrac{1}{4}$, $n=\dfrac{1}{3}$이므로 $m+n=\dfrac{7}{12}$ $\quad$ ……❸

> **채점 기준**
>
> | | |
> |---|---|
> | ❶ 5, 3을 각각 a, b의 거듭제곱으로 나타내기 | 30 % |
> | ❷ $\sqrt[12]{45}$를 a, b에 대한 식으로 나타내기 | 50 % |
> | ❸ $m+n$의 값 구하기 | 20 % |

0058 답 ①

$\left(\dfrac{1}{729}\right)^{\frac{1}{n}}=(3^{-6})^{\frac{1}{n}}=3^{-\frac{6}{n}}$이 자연수가 되려면 $-\dfrac{6}{n}$이 음이 아닌 정수이어야 한다.

따라서 정수 n의 값은 -6, -3, -2, -1이므로 구하는 합은
$-6+(-3)+(-2)+(-1)=-12$

0059 답 42

$a^3=5$, $b^6=7$, $c^7=13$에서 $a=5^{\frac{1}{3}}$, $b=7^{\frac{1}{6}}$, $c=13^{\frac{1}{7}}$

$\therefore (abc)^n=(5^{\frac{1}{3}}\times7^{\frac{1}{6}}\times13^{\frac{1}{7}})^n=5^{\frac{n}{3}}\times7^{\frac{n}{6}}\times13^{\frac{n}{7}}$ …… ❶

따라서 $(abc)^n$, 즉 $5^{\frac{n}{3}}\times7^{\frac{n}{6}}\times13^{\frac{n}{7}}$이 자연수가 되려면 자연수 n은 3, 6, 7의 공배수이어야 하므로 자연수 n의 최솟값은 42이다. …… ❷

> **채점 기준**
>
> | | |
> |---|---|
> | ❶ $(abc)^n$을 지수를 사용하여 나타내기 | 50 % |
> | ❷ 자연수 n의 최솟값 구하기 | 50 % |

0060 답 ③

$(\sqrt[n]{a})^3=a^{\frac{3}{n}}$

$a=4$일 때, $4^{\frac{3}{n}}=(2^2)^{\frac{3}{n}}=2^{\frac{6}{n}}$이 자연수가 되려면 $\dfrac{6}{n}$이 음이 아닌 정수이어야 하므로 2 이상의 자연수 n의 값은 2, 3, 6이다.

$\therefore f(4)=6$

$a=27$일 때, $27^{\frac{3}{n}}=(3^3)^{\frac{3}{n}}=3^{\frac{9}{n}}$이 자연수가 되려면 $\dfrac{9}{n}$가 음이 아닌 정수이어야 하므로 2 이상의 자연수 n의 값은 3, 9이다.

$\therefore f(27)=9$

$\therefore f(4)+f(27)=6+9=15$

0061 답 12

$\sqrt[6]{3\sqrt{5}}=(3\times5^{\frac{1}{2}})^{\frac{1}{6}}=3^{\frac{1}{6}}\times5^{\frac{1}{12}}$

즉, $3^{\frac{1}{6}}\times5^{\frac{1}{12}}$이 자연수 N의 n제곱근이라 하면

$(3^{\frac{1}{6}}\times5^{\frac{1}{12}})^n=3^{\frac{n}{6}}\times5^{\frac{n}{12}}=N$

따라서 $3^{\frac{n}{6}}\times5^{\frac{n}{12}}$이 자연수가 되려면 자연수 n은 6, 12의 공배수이어야 한다.

이때 $2\leq n\leq150$이므로 자연수 n은 12, 24, 36, …, 144의 12개이다.

0062 답 ⑤

$(a^{\frac{1}{3}}-b^{\frac{1}{3}})(a^{\frac{2}{3}}+a^{\frac{1}{3}}b^{\frac{1}{3}}+b^{\frac{2}{3}})+(a^{\frac{1}{2}}-b^{\frac{1}{2}})(a^{\frac{1}{2}}+b^{\frac{1}{2}})$

$=\{(a^{\frac{1}{3}})^3-(b^{\frac{1}{3}})^3\}+\{(a^{\frac{1}{2}})^2-(b^{\frac{1}{2}})^2\}$

$=(a-b)+(a-b)=2a-2b$

0063 답 ④

$5^{2+\sqrt{2}}=A$, $5^{2-\sqrt{2}}=B$로 놓으면

$(5^{2+\sqrt{2}}+5^{2-\sqrt{2}})^2-(5^{2+\sqrt{2}}-5^{2-\sqrt{2}})^2$

$=(A+B)^2-(A-B)^2=(A^2+2AB+B^2)-(A^2-2AB+B^2)$

$=4AB=4\times5^{2+\sqrt{2}}\times5^{2-\sqrt{2}}=4\times5^4$

0064 답 4

$a=\sqrt[3]{4}-\dfrac{1}{\sqrt[3]{4}}$에서 $a=4^{\frac{1}{3}}-4^{-\frac{1}{3}}$이므로

양변을 세제곱하면

$a^3=(4^{\frac{1}{3}}-4^{-\frac{1}{3}})^3=4-3\times4^{\frac{2}{3}}\times4^{-\frac{1}{3}}+3\times4^{\frac{1}{3}}\times4^{-\frac{2}{3}}-4^{-1}$

$\qquad =4-3(4^{\frac{1}{3}}-4^{-\frac{1}{3}})-\dfrac{1}{4}$

이때 $4^{\frac{1}{3}}-4^{-\frac{1}{3}}=a$이므로 $a^3=4-3a-\dfrac{1}{4}$ $\quad\therefore a^3+3a+\dfrac{1}{4}=4$

0065 답 4

$$\frac{1}{1-a^{-1}}+\frac{1}{1+a^{-1}}+\frac{2}{1+a^{-2}}+\frac{4}{1-a^4}$$

$$=\frac{1+a^{-1}+1-a^{-1}}{(1-a^{-1})(1+a^{-1})}+\frac{2}{1+a^{-2}}+\frac{4}{1-a^4}$$

$$=\frac{2}{1-a^{-2}}+\frac{2}{1+a^{-2}}+\frac{4}{1-a^4}$$

$$=\frac{2(1+a^{-2})+2(1-a^{-2})}{(1-a^{-2})(1+a^{-2})}+\frac{4}{1-a^4}$$

$$=\frac{4}{1-a^{-4}}+\frac{4}{1-a^4}$$

$$=\frac{4(1-a^4)+4(1-a^{-4})}{(1-a^{-4})(1-a^4)}$$

$$=\frac{8-4a^4-4a^{-4}}{2-a^4-a^{-4}}$$

$$=\frac{4(2-a^4-a^{-4})}{2-a^4-a^{-4}}$$

$$=4$$

0066 답 ⑤

$$a+a^{-1}=(a^{\frac{1}{2}}+a^{-\frac{1}{2}})^2-2$$

$$=(\sqrt{6})^2-2=4$$

$$\therefore a^3+a^{-3}=(a+a^{-1})^3-3(a+a^{-1})$$

$$=4^3-3\times4$$

$$=52$$

0067 답 18

$$8^x+8^{-x}=(2^3)^x+(2^3)^{-x}$$

$$=(2^x)^3+(2^{-x})^3$$

$$=(2^x+2^{-x})^3-3(2^x+2^{-x})$$

$$=3^3-3\times3$$

$$=18$$

0068 답 5

$x^2+x^{-2}=(x+x^{-1})^2-2=14$이므로

$(x+x^{-1})^2=16$

그런데 $x>0$이므로

$x+x^{-1}=4$ ...... ❶

$x+x^{-1}=(x^{\frac{1}{2}}+x^{-\frac{1}{2}})^2-2=4$이므로

$(x^{\frac{1}{2}}+x^{-\frac{1}{2}})^2=6$

그런데 $x>0$이므로

$x^{\frac{1}{2}}+x^{-\frac{1}{2}}=\sqrt{6}$ ...... ❷

$\therefore x^{\frac{1}{2}}+x^{-\frac{1}{2}}+x+x^{-1}=4+\sqrt{6}$

따라서 $a=4,\ b=1$이므로

$a+b=5$ ...... ❸

채점 기준

❶ $x+x^{-1}$의 값 구하기	40 %
❷ $x^{\frac{1}{2}}+x^{-\frac{1}{2}}$의 값 구하기	40 %
❸ $a+b$의 값 구하기	20 %

0069 답 3

$a^{3x}-a^{-3x}=4$에서

$(a^x-a^{-x})^3+3(a^x-a^{-x})=4$

이때 $a^x-a^{-x}=t$ (t는 실수)로 놓으면

$t^3+3t=4,\ t^3+3t-4=0$

$(t-1)(t^2+t+4)=0$

$\therefore t=1$ ($\because t$는 실수)

즉, $a^x-a^{-x}=1$이므로

$a^{2x}+a^{-2x}=(a^x-a^{-x})^2+2=1+2=3$

$\therefore \dfrac{a^{2x}+a^{-2x}}{a^x-a^{-x}}=\dfrac{3}{1}=3$

0070 답 ③

구하는 식의 분모, 분자에 각각 a^x을 곱하면

$$\frac{a^x+a^{-x}}{a^x-a^{-x}}=\frac{a^x(a^x+a^{-x})}{a^x(a^x-a^{-x})}$$

$$=\frac{a^{2x}+1}{a^{2x}-1}$$

$$=\frac{5+1}{5-1}=\frac{3}{2}$$

0071 답 $\dfrac{3}{5}$

$4^{\frac{1}{x}}=9$에서 $4=9^x$ $\therefore 3^{2x}=4$

구하는 식의 분모, 분자에 각각 3^x을 곱하면

$$\frac{3^x-3^{-x}}{3^x+3^{-x}}=\frac{3^x(3^x-3^{-x})}{3^x(3^x+3^{-x})}=\frac{3^{2x}-1}{3^{2x}+1}=\frac{4-1}{4+1}=\frac{3}{5}$$

0072 답 $\dfrac{5}{2}$

$\dfrac{a^x+a^{-x}}{a^x-a^{-x}}=3$의 좌변의 분모, 분자에 각각 a^x을 곱하면

$\dfrac{a^x(a^x+a^{-x})}{a^x(a^x-a^{-x})}=3,\ \dfrac{a^{2x}+1}{a^{2x}-1}=3$

$a^{2x}+1=3a^{2x}-3,\ 2a^{2x}=4$ $\therefore a^{2x}=2$ ...... ❶

$\therefore a^{2x}+a^{-2x}=a^{2x}+(a^{2x})^{-1}=2+\dfrac{1}{2}=\dfrac{5}{2}$ ...... ❷

채점 기준

❶ a^{2x}의 값 구하기	70 %
❷ $a^{2x}+a^{-2x}$의 값 구하기	30 %

0073 답 5

구하는 식의 분모, 분자에 각각 3^x을 곱하면

$$\frac{9^x-3^{-x}}{3^x-1}=\frac{3^x(3^{2x}-3^{-x})}{3^x(3^x-1)}$$

$$=\frac{3^{3x}-1}{3^x(3^x-1)}$$

$$=\frac{(3^x-1)(3^{2x}+3^x+1)}{3^x(3^x-1)}$$

$$=\frac{3^{2x}+3^x+1}{3^x}=3^x+1+3^{-x}$$

이때 $9^x+9^{-x}=3^{2x}+3^{-2x}=(3^x+3^{-x})^2-2=14$이므로

$(3^x+3^{-x})^2=16$

그런데 $3^x>0$이므로 $3^x+3^{-x}=4$

$\therefore \dfrac{9^x-3^{-x}}{3^x-1}=3^x+1+3^{-x}=4+1=5$

0074 답 1

$3^x=15$에서 $3=15^{\frac{1}{x}}$ ····· ㉠

$5^y=15$에서 $5=15^{\frac{1}{y}}$ ····· ㉡

㉠$\times$㉡을 하면

$15=15^{\frac{1}{x}}\times15^{\frac{1}{y}}$, $15^{\frac{1}{x}+\frac{1}{y}}=15$

$\therefore \dfrac{1}{x}+\dfrac{1}{y}=1$

0075 답 ②

$2.16^a=10$에서 $2.16=10^{\frac{1}{a}}$ ····· ㉠

$216^b=10$에서 $216=10^{\frac{1}{b}}$ ····· ㉡

㉡$\div$㉠을 하면

$100=10^{\frac{1}{b}}\div10^{\frac{1}{a}}$, $10^{\frac{1}{b}-\frac{1}{a}}=10^2$

$\therefore \dfrac{1}{b}-\dfrac{1}{a}=2$

0076 답 ④

$15^x=8=2^3$에서 $15=2^{\frac{3}{x}}$ ····· ㉠

$a^y=2$에서 $a=2^{\frac{1}{y}}$ ····· ㉡

㉠$\times$㉡을 하면

$15\times a=2^{\frac{3}{x}}\times2^{\frac{1}{y}}$ $\therefore 15a=2^{\frac{3}{x}+\frac{1}{y}}$

이때 $\dfrac{3}{x}+\dfrac{1}{y}=2$이므로

$15a=2^2$ $\therefore a=\dfrac{4}{15}$

0077 답 6

$3^x=k$에서 $3=k^{\frac{1}{x}}$ ····· ㉠

$8^y=k$에서 $8=k^{\frac{1}{y}}$ ····· ㉡

$9^z=k$에서 $9=k^{\frac{1}{z}}$ ····· ㉢ ····· ❶

㉠$\times$㉡$\times$㉢을 하면

$3\times8\times9=k^{\frac{1}{x}}\times k^{\frac{1}{y}}\times k^{\frac{1}{z}}$

$\therefore k^{\frac{1}{x}+\frac{1}{y}+\frac{1}{z}}=6^3$ ····· ❷

이때 $\dfrac{1}{x}+\dfrac{1}{y}+\dfrac{1}{z}=3$이므로

$k^3=6^3$ $\therefore k=6$ ····· ❸

채점 기준

❶ 3, 8, 9를 k의 거듭제곱으로 나타내기		30 %
❷ $k^{\frac{1}{x}+\frac{1}{y}+\frac{1}{z}}$의 값 구하기		40 %
❸ 양수 k의 값 구하기		30 %

0078 답 49

$a^x=b^y=7^z=k\,(k>0)$로 놓으면 $xyz\neq0$이므로 $k\neq1$

$a^x=k$에서 $a=k^{\frac{1}{x}}$ ····· ㉠

$b^y=k$에서 $b=k^{\frac{1}{y}}$ ····· ㉡

$7^z=k$에서 $7=k^{\frac{1}{z}}$ ····· ㉢

이때 $\dfrac{1}{x}+\dfrac{1}{y}-\dfrac{2}{z}=0$, 즉 $\dfrac{1}{x}+\dfrac{1}{y}=\dfrac{2}{z}$이므로

$k^{\frac{1}{x}+\frac{1}{y}}=k^{\frac{2}{z}}$, $k^{\frac{1}{x}}\times k^{\frac{1}{y}}=(k^{\frac{1}{z}})^2$

㉠~㉢에서 $ab=7^2=49$

0079 답 ⑤

$3^a=7^c$에서 $(3^a)^b=(7^c)^b$

$\therefore 3^{ab}=7^{bc}$

$4^b=7^c$에서 $(4^b)^a=(7^c)^a$

$\therefore 4^{ab}=7^{ac}$

이때 $ab=2$이므로

$3^2=7^{bc}$, $4^2=7^{ac}$

$\therefore 7^{ac-bc}=7^{ac}\div7^{bc}=4^2\div3^2=\dfrac{16}{9}$

다른 풀이

$7^{ac-bc}=(7^c)^a\div(7^c)^b=(4^b)^a\div(3^a)^b$

$=\left(\dfrac{4}{3}\right)^{ab}=\left(\dfrac{4}{3}\right)^2=\dfrac{16}{9}$

0080 답 $\dfrac{6}{5}$

$P=A\times\left(\dfrac{3}{2}\right)^{\frac{t}{4}}$에서

$A=80$, $t=7$일 때, $P_1=80\times\left(\dfrac{3}{2}\right)^{\frac{7}{4}}$

$A=100$, $t=3$일 때, $P_2=100\times\left(\dfrac{3}{2}\right)^{\frac{3}{4}}$

$\therefore \dfrac{P_1}{P_2}=\dfrac{80\times\left(\dfrac{3}{2}\right)^{\frac{7}{4}}}{100\times\left(\dfrac{3}{2}\right)^{\frac{3}{4}}}=\dfrac{4}{5}\times\dfrac{3}{2}=\dfrac{6}{5}$

0081 답 32배

증식하기 전 박테리아 A, B의 개체 수를 a라 하면 박테리아 A는 3분마다 4배로 증가하므로 30분 후 A의 개체 수는

$a\times4^{10}=a\times2^{20}$

박테리아 B는 2분마다 2배로 증가하므로 30분 후 B의 개체 수는

$a\times2^{15}$

따라서 30분 후 A의 개체 수는 B의 개체 수의 $\dfrac{a\times2^{20}}{a\times2^{15}}=2^5=32$(배)이다.

0082 답 ①

$D=k\left(\dfrac{Q}{V}\right)^{\frac{1}{2}}$에서

$Q_A=\dfrac{2}{3}Q_B$, $V_A=\dfrac{8}{27}V_B$이므로

$D_A=k\left(\dfrac{\dfrac{2}{3}Q_B}{\dfrac{8}{27}V_B}\right)^{\frac{1}{2}}$

$=k\left\{\dfrac{\dfrac{2}{3}Q_B}{\left(\dfrac{2}{3}\right)^3V_B}\right\}^{\frac{1}{2}}$

$=k\times\dfrac{3}{2}\left(\dfrac{Q_B}{V_B}\right)^{\frac{1}{2}}=\dfrac{3}{2}D_B$

$D_A-D_B=60$에서

$\dfrac{3}{2}D_B-D_B=60$, $\dfrac{1}{2}D_B=60$

$\therefore D_B=120$

0083 답 4

6의 세제곱근 중 실수인 것은 $\sqrt[3]{6}$의 1개이므로 $a=1$

-7의 네제곱근 중 실수인 것은 없으므로 $b=0$

-512의 세제곱근을 x라 하면 $x^3=-512$

$x^3+512=0$, $(x+8)(x^2-8x+64)=0$

$\therefore x=-8$ 또는 $x=4\pm4\sqrt{3}i$

$\therefore c=3$

$\therefore a+b+c=1+0+3=4$

0084 답 ⑤

양수 k의 세제곱근 중 실수인 것이 a이므로

$a^3=k$

a의 네제곱근 중 양수인 것이 $\sqrt[3]{4}$이므로

$(\sqrt[3]{4})^4=a$ $\therefore a=\sqrt[3]{4^4}$

$\therefore k=(\sqrt[3]{4^4})^3=4^4=256$

0085 답 ①

$\sqrt{a\sqrt[3]{a\sqrt[4]{a^3}}}=\sqrt{a}\times\sqrt[3]{a}\times\sqrt{\sqrt[3]{\sqrt[4]{a^3}}}$

$=\sqrt{a}\times\sqrt[6]{a}\times\sqrt[24]{a^3}$

$=\sqrt[24]{a^{12}\times a^4\times a^3}=\sqrt[24]{a^{19}}$

따라서 $p=24$, $q=19$이므로 $p+q=43$

0086 답 ⑤

$A=\sqrt[4]{5}$, $B=\sqrt[3]{\sqrt{10}}=\sqrt[6]{10}$, $C=\sqrt[4]{\sqrt[3]{98}}=\sqrt[12]{98}$에서

4, 6, 12의 최소공배수가 12이므로

$A=\sqrt[4]{5}=\sqrt[12]{5^3}=\sqrt[12]{125}$, $B=\sqrt[6]{10}=\sqrt[12]{10^2}=\sqrt[12]{100}$

이때 $98<100<125$이므로

$\sqrt[12]{98}<\sqrt[12]{100}<\sqrt[12]{125}$

$\therefore C<B<A$

0087 답 ②

$(a^{-3}b^4)^{-2}\times(ab^{-2})^3=a^6b^{-8}\times a^3b^{-6}$

$=a^9b^{-14}$

따라서 $m=9$, $n=-14$이므로

$m+n=-5$

0088 답 ④

① $a^2\div a^{-4}\times a^3=a^{2-(-4)+3}=a^9$

② $81^{0.75}=81^{\frac{3}{4}}=(3^4)^{\frac{3}{4}}=3^3=27$

③ $\dfrac{\sqrt{8}}{9}\times3^{\frac{5}{2}}\times2^{-1}=\dfrac{2^{\frac{3}{2}}}{3^2}\times3^{\frac{5}{2}}\times2^{-1}=2^{\frac{3}{2}-1}\times3^{-2+\frac{5}{2}}$

$=2^{\frac{1}{2}}\times3^{\frac{1}{2}}=(2\times3)^{\frac{1}{2}}=6^{\frac{1}{2}}=\sqrt{6}$

④ $\sqrt[3]{\dfrac{\sqrt[4]{a^3}}{\sqrt{a^4}}}=\left(\dfrac{a^{\frac{3}{4}}}{a^2}\right)^{\frac{1}{3}}=\dfrac{a^{\frac{1}{4}}}{a^{\frac{2}{3}}}=a^{\frac{1}{4}-\frac{2}{3}}=a^{-\frac{5}{12}}$

⑤ $(a^{\sqrt{2}}b^{\frac{\sqrt{2}}{2}})^{-\sqrt{2}}=a^{-2}b^{-1}=(a^2b)^{-1}=\dfrac{1}{a^2b}$

따라서 옳지 않은 것은 ④이다.

0089 답 $2^{\frac{1}{8}}$

$x=4+\sqrt{11}$, $y=4-\sqrt{11}$이므로

$x+y=8$, $xy=4^2-(\sqrt{11})^2=5$

$\therefore \dfrac{\{(a^2)^x\}^y}{\sqrt[4]{a^xa^y}}=\dfrac{a^{2xy}}{(a^{x+y})^{\frac{1}{4}}}=\dfrac{a^{2\times5}}{(a^8)^{\frac{1}{4}}}=\dfrac{a^{10}}{a^2}=a^8$

따라서 $a^8=2$이므로 $a=2^{\frac{1}{8}}$ ($\because a>0$)

0090 답 3

$\sqrt[3]{a^2\times\sqrt{a}}\times\sqrt[3]{a^2}\div\sqrt{\sqrt{a^3}}=(a^2\times a^{\frac{1}{2}})^{\frac{1}{3}}\times a^{\frac{2}{3}}\div(a^{\frac{3}{2}})^{\frac{1}{2}}$

$=(a^{\frac{5}{2}})^{\frac{1}{3}}\times a^{\frac{2}{3}}\div a^{\frac{3}{4}}$

$=a^{\frac{5}{6}}\times a^{\frac{2}{3}}\div a^{\frac{3}{4}}$

$=a^{\frac{5}{6}+\frac{2}{3}-\frac{3}{4}}=a^{\frac{3}{4}}$

$\sqrt[6]{a^3\times\sqrt{a^k}}=(a^3\times a^{\frac{k}{2}})^{\frac{1}{6}}=(a^{\frac{6+k}{2}})^{\frac{1}{6}}=a^{\frac{6+k}{12}}$

따라서 $a^{\frac{3}{4}}=a^{\frac{6+k}{12}}$이므로

$\dfrac{3}{4}=\dfrac{6+k}{12}$ $\therefore k=3$

다른 풀이

$\sqrt[3]{a^2\times\sqrt{a}}\times\sqrt[3]{a^2}\div\sqrt{\sqrt{a^3}}=\sqrt[3]{a^2}\times\sqrt[3]{\sqrt{a}}\times\sqrt[3]{a^2}\div\sqrt{\sqrt{a^3}}$

$=\sqrt[3]{a^2}\times\sqrt[6]{a}\times\sqrt[3]{a^2}\div\sqrt[4]{a^3}$

$=a^{\frac{2}{3}}\times a^{\frac{1}{6}}\times a^{\frac{2}{3}}\div a^{\frac{3}{4}}$

$=a^{\frac{2}{3}+\frac{1}{6}+\frac{2}{3}-\frac{3}{4}}=a^{\frac{3}{4}}$

$\sqrt[6]{a^3\times\sqrt{a^k}}=\sqrt[6]{a^3}\times\sqrt[6]{\sqrt{a^k}}=\sqrt{a}\times\sqrt[12]{a^k}=a^{\frac{1}{2}}\times a^{\frac{k}{12}}=a^{\frac{6+k}{12}}$

따라서 $a^{\frac{3}{4}}=a^{\frac{6+k}{12}}$이므로

$\dfrac{3}{4}=\dfrac{6+k}{12}$ $\therefore k=3$

0091 답 15

정육면체의 한 모서리의 길이를 a라 하면 정육면체의 부피가 2^4이므로

$a^3=2^4$ $\therefore a=2^{\frac{4}{3}}$

$\overline{AF}=\overline{FC}=\overline{CA}=\sqrt{2}a$이므로 삼각형 AFC는

정삼각형이고 높이를 h라 하면

$h=\sqrt{(\sqrt{2}a)^2-\left(\dfrac{\sqrt{2}}{2}a\right)^2}=\dfrac{\sqrt{6}}{2}a$

즉, 삼각형 AFC의 넓이는

$\dfrac{1}{2}\times\sqrt{2}a\times\dfrac{\sqrt{6}}{2}a=\dfrac{\sqrt{3}}{2}a^2=\dfrac{\sqrt{3}}{2}\times(2^{\frac{4}{3}})^2$

$=\sqrt{3}\times2^{\frac{8}{3}-1}=\sqrt{3}\times2^{\frac{5}{3}}$

따라서 $p=3$, $q=5$이므로

$pq=15$

0092 답 ①

$5^{x+1}-5^x=a$에서 $5\times5^x-5^x=a$, $4\times5^x=a$

$\therefore 5^x=\dfrac{a}{4}$

$3^{x+1}+3^x=b$에서 $3\times3^x+3^x=b$, $4\times3^x=b$

$\therefore 3^x=\dfrac{b}{4}$

$\therefore 45^x=(3^2\times5)^x=(3^x)^2\times5^x=\left(\dfrac{b}{4}\right)^2\times\dfrac{a}{4}=\dfrac{ab^2}{64}$

0093 답 22

$^{n+1}\sqrt{8}$이 자연수 N의 네제곱근이라 하면

$(^{n+1}\sqrt{8})^4 = {}^{n+1}\sqrt{(2^3)^4} = {}^{n+1}\sqrt{2^{12}} = 2^{\frac{12}{n+1}} = N$

즉, $2^{\frac{12}{n+1}}$이 자연수가 되려면 $\dfrac{12}{n+1}$가 음이 아닌 정수이어야 하므로

$n+1$의 값은 1, 2, 3, 4, 6, 12이다.

따라서 자연수 n의 값은 1, 2, 3, 5, 11이므로 구하는 합은

$1+2+3+5+11=22$

0094 답 ⑤

$a^{-\frac{1}{3}}=A$, $a^{\frac{2}{3}}=B$로 놓으면

$(a^{-\frac{1}{3}}+a^{\frac{2}{3}})^3 + (a^{-\frac{1}{3}}-a^{\frac{2}{3}})^3$

$=(A+B)^3 + (A-B)^3$

$=(A^3+3A^2B+3AB^2+B^3)+(A^3-3A^2B+3AB^2-B^3)$

$=2A^3+6AB^2$

$=2(a^{-\frac{1}{3}})^3 + 6 \times a^{-\frac{1}{3}} \times (a^{\frac{2}{3}})^2$

$=2a^{-1}+6a = 2 \times \dfrac{1}{2} + 6 \times 2 = 13$

0095 답 ②

$5^{2x}-5^{x+1}-1=0$의 양변을 5^x으로 나누면

$5^x - 5 - 5^{-x} = 0$

$\therefore 5^x - 5^{-x} = 5$

$5^{2x}+5^{-2x} = (5^x-5^{-x})^2 + 2 = 5^2 + 2 = 27$

$5^{3x}-5^{-3x} = (5^x-5^{-x})^3 + 3(5^x-5^{-x}) = 5^3 + 3 \times 5 = 140$

$\therefore \dfrac{5^{2x}+5^{-2x}+2}{5^{3x}-5^{-3x}+5} = \dfrac{27+2}{140+5} = \dfrac{1}{5}$

0096 답 ②

$\dfrac{a^x+a^{-x}}{a^x-a^{-x}}=5$의 좌변의 분모, 분자에 각각 a^x을 곱하면

$\dfrac{a^x(a^x+a^{-x})}{a^x(a^x-a^{-x})}=5$

$\dfrac{a^{2x}+1}{a^{2x}-1}=5$

$a^{2x}+1 = 5a^{2x}-5$, $4a^{2x}=6$

$\therefore a^{2x}=\dfrac{3}{2}$

$\therefore a^{4x}-a^{-2x} = (a^{2x})^2 - (a^{2x})^{-1} = \left(\dfrac{3}{2}\right)^2 - \left(\dfrac{3}{2}\right)^{-1}$

$\qquad\qquad\qquad = \dfrac{9}{4} - \dfrac{2}{3} = \dfrac{19}{12}$

0097 답 $\dfrac{2}{3}$

$a^x = 216 = 6^3$에서 $a=6^{\frac{3}{x}}$ ...... ㉠

$b^y = 216 = 6^3$에서 $b=6^{\frac{3}{y}}$ ...... ㉡

$c^z = 216 = 6^3$에서 $c=6^{\frac{3}{z}}$ ...... ㉢

㉠$\times$㉡$\times$㉢을 하면 $abc = 6^{\frac{3}{x}+\frac{3}{y}+\frac{3}{z}}$

이때 $abc=36$이므로 $6^{\frac{3}{x}+\frac{3}{y}+\frac{3}{z}} = 36 = 6^2$

따라서 $\dfrac{3}{x}+\dfrac{3}{y}+\dfrac{3}{z} = 2$, 즉 $3\left(\dfrac{1}{x}+\dfrac{1}{y}+\dfrac{1}{z}\right)=2$이므로

$\dfrac{1}{x}+\dfrac{1}{y}+\dfrac{1}{z} = \dfrac{2}{3}$

0098 답 ③

$B=\dfrac{kIr^2}{2(x^2+r^2)^{\frac{3}{2}}}$에서

$I=I_0$, $r=r_1$, $x=x_1$일 때,

$B_1 = \dfrac{kI_0 r_1^2}{2(x_1^2+r_1^2)^{\frac{3}{2}}}$

$I=I_0$, $r=3r_1$, $x=3x_1$일 때,

$B_2 = \dfrac{kI_0(3r_1)^2}{2\{(3x_1)^2+(3r_1)^2\}^{\frac{3}{2}}}$

$= \dfrac{kI_0 \times 9r_1^2}{2(9x_1^2+9r_1^2)^{\frac{3}{2}}}$

$= \dfrac{9kI_0 r_1^2}{2 \times 9^{\frac{3}{2}}(x_1^2+r_1^2)^{\frac{3}{2}}}$

$= \dfrac{kI_0 r_1^2}{2 \times 9^{\frac{1}{2}}(x_1^2+r_1^2)^{\frac{3}{2}}}$

$= \dfrac{kI_0 r_1^2}{2 \times (3^2)^{\frac{1}{2}} \times (x_1^2+r_1^2)^{\frac{3}{2}}}$

$= \dfrac{kI_0 r_1^2}{6(x_1^2+r_1^2)^{\frac{3}{2}}}$

$\therefore \dfrac{B_2}{B_1} = \dfrac{\dfrac{kI_0 r_1^2}{6(x_1^2+r_1^2)^{\frac{3}{2}}}}{\dfrac{kI_0 r_1^2}{2(x_1^2+r_1^2)^{\frac{3}{2}}}} = \dfrac{1}{3}$

0099 답 2

$a^6=3$, $b^{12}=27=3^3$에서

$a=3^{\frac{1}{6}}$, $b=3^{\frac{1}{4}}$

$\therefore (\sqrt[4]{a^3 b^6})^k = (a^3 b^6)^{\frac{k}{4}} = \{(3^{\frac{1}{6}})^3 \times (3^{\frac{1}{4}})^6\}^{\frac{k}{4}}$

$= (3^{\frac{1}{2}} \times 3^{\frac{3}{2}})^{\frac{k}{4}} = (3^{\frac{1}{2}+\frac{3}{2}})^{\frac{k}{4}}$

$= (3^2)^{\frac{k}{4}} = 3^{\frac{k}{2}}$ ...... ⅰ

따라서 $(\sqrt[4]{a^3 b^6})^k$, 즉 $3^{\frac{k}{2}}$이 자연수가 되려면 자연수 k는 2의 배수이어야 하므로 자연수 k의 최솟값은 2이다. ...... ⅱ

채점 기준

ⅰ $(\sqrt[4]{a^3 b^6})^k$을 3의 거듭제곱으로 나타내기	50 %
ⅱ 자연수 k의 최솟값 구하기	50 %

0100 답 2

$a+a^{-1} = (a^{\frac{1}{2}}+a^{-\frac{1}{2}})^2 - 2$

$\qquad = 3^2 - 2 = 7$ ...... ⅰ

$a^{\frac{3}{2}}+a^{-\frac{3}{2}} = (a^{\frac{1}{2}}+a^{-\frac{1}{2}})^3 - 3(a^{\frac{1}{2}}+a^{-\frac{1}{2}})$

$\qquad = 3^3 - 3 \times 3 = 18$ ...... ⅱ

$\therefore \dfrac{a^{\frac{3}{2}}+a^{-\frac{3}{2}}}{a+a^{-1}+2} = \dfrac{18}{7+2} = 2$ ...... ⅲ

채점 기준

ⅰ $a+a^{-1}$의 값 구하기	40 %
ⅱ $a^{\frac{3}{2}}+a^{-\frac{3}{2}}$의 값 구하기	40 %
ⅲ 주어진 식의 값 구하기	20 %

0101 답 $\dfrac{3}{4}$

$9^x=16^y=a^z=k\,(k>0)$로 놓으면

$xyz\neq0$이므로 $k\neq1$

$9^x=k$에서 $9=k^{\frac{1}{x}}$ ...... ㉠

$16^y=k$에서 $16=k^{\frac{1}{y}}$ ...... ㉡

$a^z=k$에서 $a=k^{\frac{1}{z}}$ ...... ㉢ ...... ❶

이때 $\dfrac{1}{x}-\dfrac{1}{y}=\dfrac{2}{z}$이므로 $k^{\frac{1}{x}-\frac{1}{y}}=k^{\frac{2}{z}}$

$k^{\frac{1}{x}}\div k^{\frac{1}{y}}=(k^{\frac{1}{z}})^2$

㉠~㉢에서 $\dfrac{9}{16}=a^2$

$\therefore a=\dfrac{3}{4}\ (\because a>0)$ ...... ❷

채점 기준

❶ $9, 16, a$를 k의 거듭제곱으로 나타내기		30 %
❷ 양수 a의 값 구하기		70 %

C 실력 향상

21쪽

0102 답 ①

㈎에서 $(\sqrt[3]{a})^m=b$ $\therefore b=a^{\frac{m}{3}}$ ...... ㉠

㈏에서 $(\sqrt{b})^n=c$ $\therefore c=b^{\frac{n}{2}}$ ...... ㉡

㈐에서 $c^4=a^{12}$ ...... ㉢

㉡을 ㉢에 대입하면

$(b^{\frac{n}{2}})^4=a^{12}$, $b^{2n}=a^{12}$ ...... ㉣

㉠을 ㉣에 대입하면

$(a^{\frac{m}{3}})^{2n}=a^{12}$, $a^{\frac{2mn}{3}}=a^{12}$

즉, $\dfrac{2mn}{3}=12$이므로

$mn=18$

따라서 조건을 만족시키는 순서쌍 (m, n)은

$(2, 9),\ (3, 6),\ (6, 3),\ (9, 2)$의 4개이다.
└─ m, n이 1이 아닌 자연수이므로 $(1, 18), (18, 1)$은 될 수 없다.

0103 답 ①

(i) $\sqrt{\dfrac{2^a\times5^b}{2}}=(2^{a-1}\times5^b)^{\frac{1}{2}}=2^{\frac{a-1}{2}}\times5^{\frac{b}{2}}$이 자연수이므로 $2^{\frac{a-1}{2}}$, $5^{\frac{b}{2}}$

이 각각 자연수이어야 한다.

$2^{\frac{a-1}{2}}$이 자연수이려면 $\dfrac{a-1}{2}$이 음이 아닌 정수이어야 하므로

$a-1=2k\,(k$는 음이 아닌 정수) 꼴이어야 한다.

즉, $a=2k+1$이므로 a의 값은 ← a는 자연수이므로 $k=0$일 때도 성립한다.

$1, 3, 5, 7, \ldots$

$5^{\frac{b}{2}}$이 자연수이려면 $\dfrac{b}{2}$가 자연수이어야 한다.

즉, b는 2의 배수이어야 하므로 b의 값은

$2, 4, 6, 8, \ldots$

(ii) $\sqrt[3]{\dfrac{3^b}{2^{a+1}}}=\dfrac{3^{\frac{b}{3}}}{2^{\frac{a+1}{3}}}$이 유리수이므로 $2^{\frac{a+1}{3}}$, $3^{\frac{b}{3}}$이 각각 자연수이어야

한다.

$2^{\frac{a+1}{3}}$이 자연수이려면 $\dfrac{a+1}{3}$이 자연수이어야 하므로

$a+1=3l\,(l$은 자연수) 꼴이어야 한다.

즉, $a=3l-1$이므로 a의 값은

$2, 5, 8, 11, \ldots$

$3^{\frac{b}{3}}$이 자연수이려면 $\dfrac{b}{3}$가 자연수이어야 한다.

즉, b는 3의 배수이어야 하므로 b의 값은

$3, 6, 9, 12, \ldots$

(i), (ii)에서

a의 값은 5, 11, 17, 23, $\ldots$

b의 값은 6, 12, 18, 24, $\ldots$

따라서 a의 최솟값은 5, b의 최솟값은 6이므로 $a+b$의 최솟값은

$5+6=11$

0104 답 $21\sqrt{5}$

$\dfrac{a^2+a^3}{1+a}-\dfrac{a^{-2}+a^{-3}}{1+a^{-1}}=\dfrac{a^2(1+a)}{1+a}-\dfrac{a^{-2}(1+a^{-1})}{1+a^{-1}}$

$\qquad\qquad\qquad\qquad\quad=a^2-a^{-2}$

$\qquad\qquad\qquad\qquad\quad=(a+a^{-1})(a-a^{-1})$

$\sqrt{a}+\dfrac{1}{\sqrt{a}}=3$에서

$a^{\frac{1}{2}}+a^{-\frac{1}{2}}=3$

$a+a^{-1}=(a^{\frac{1}{2}}+a^{-\frac{1}{2}})^2-2=3^2-2=7$

$(a-a^{-1})^2=(a+a^{-1})^2-4=7^2-4=45$

$\therefore a-a^{-1}=3\sqrt{5}\ (\because a>1)$

$\therefore \dfrac{a^2+a^3}{1+a}-\dfrac{a^{-2}+a^{-3}}{1+a^{-1}}=(a+a^{-1})(a-a^{-1})$

$\qquad\qquad\qquad\qquad\qquad=7\times3\sqrt{5}=21\sqrt{5}$

0105 답 8

$4^x\times3^y=1$에서 $4^x=3^{-y}$

$4^x=3^{-y}=k\,(k>0)$로 놓으면

$4^x=k$에서 $4=k^{\frac{1}{x}}$, $2^2=k^{\frac{1}{x}}$

$\therefore 2=k^{\frac{1}{2x}}$ ...... ㉠

$3^{-y}=k$에서 $3=k^{-\frac{1}{y}}$ ...... ㉡

㉠×㉡을 하면

$6=k^{\frac{1}{2x}}\times k^{-\frac{1}{y}}$ $\therefore k^{\frac{1}{2x}-\frac{1}{y}}=6$

이때 $\dfrac{1}{2x}-\dfrac{1}{y}=-1$이므로 $k^{-1}=6$

$\therefore k=\dfrac{1}{6}$

$\therefore \dfrac{9^y}{16^x}=\dfrac{3^{2y}}{4^{2x}}=3^{2y}\times4^{-2x}=(4^x)^{-2}\times(3^{-y})^{-2}$

$\qquad\quad=k^{-2}\times k^{-2}=k^{-4}=\left(\dfrac{1}{6}\right)^{-4}=6^4$

$\qquad\quad=2^4\times3^4$

따라서 $a=4$, $b=4$이므로

$a+b=8$

02 / 로그

A 개념 확인

22~25쪽

0106 답 $-3=\log_{\frac{1}{3}} 27$

0107 답 $\frac{1}{2}=\log_{100} 10$

0108 답 49

$\log_{\sqrt{7}} x=4$에서 $x=(\sqrt{7})^4=49$

0109 답 2

$\log_x \frac{1}{8}=-3$에서

$x^{-3}=\frac{1}{8}=2^{-3}$ ∴ $x=2$

0110 답 5

$\log_x \sqrt{125}=\frac{3}{2}$에서

$x^{\frac{3}{2}}=\sqrt{125}=5^{\frac{3}{2}}$ ∴ $x=5$

0111 답 $0<x<5$

진수의 조건에서 $-x^2+5x>0$

$x^2-5x<0$, $x(x-5)<0$

∴ $0<x<5$

0112 답 $-4<x<-3$ 또는 $x>-3$

밑의 조건에서 $x+4>0$, $x+4\neq1$

$x>-4$, $x\neq-3$

∴ $-4<x<-3$ 또는 $x>-3$

0113 답 $0<x<1$ 또는 $x>3$

밑의 조건에서 $x>0$, $x\neq1$ ······ ㉠

진수의 조건에서 $x^2-4x+3>0$

$(x-1)(x-3)>0$ ∴ $x<1$ 또는 $x>3$ ······ ㉡

㉠, ㉡의 공통부분은

$0<x<1$ 또는 $x>3$

0114 답 3

$\log_2 1+\log_2 24+\log_2 \frac{1}{3}=0+\log_2 \left(24\times\frac{1}{3}\right)$

$=\log_2 8$

$=\log_2 2^3$

$=3$

0115 답 0

$\log_3 8+\log_3 \sqrt{7}-\log_3 8\sqrt{7}=\log_3 \frac{8\times\sqrt{7}}{8\sqrt{7}}$

$=\log_3 1$

$=0$

0116 답 $\frac{1}{2}$

$\log_5 \sqrt{3}+\log_5 10+\log_5 \frac{1}{2\sqrt{15}}$

$=\log_5 \left(\sqrt{3}\times10\times\frac{1}{2\sqrt{15}}\right)$

$=\log_5 \sqrt{5}$

$=\log_5 5^{\frac{1}{2}}$

$=\frac{1}{2}$

0117 답 2

$\log_5 4\times\log_2 5=\log_5 2^2\times\frac{1}{\log_5 2}=2\log_5 2\times\frac{1}{\log_5 2}=2$

0118 답 1

$\log_2 3\times\log_3 7\times\log_7 2=\log_2 3\times\frac{\log_2 7}{\log_2 3}\times\frac{\log_2 2}{\log_2 7}=1$

0119 답 4

$\log_2 48-\frac{1}{\log_3 2}$

$=\log_2 48-\log_2 3$

$=\log_2 \frac{48}{3}=\log_2 16$

$=\log_2 2^4=4$

0120 답 2

$(\log_2 45-\log_2 15)(\log_3 24-\log_3 6)$

$=\log_2 \frac{45}{15}\times\log_3 \frac{24}{6}$

$=\log_2 3\times\log_3 4$

$=\log_2 3\times\log_3 2^2$

$=\log_2 3\times2\log_3 2$

$=\log_2 3\times\frac{2}{\log_2 3}=2$

0121 답 1

$\log_5 (\log_2 3)+\log_5 (\log_3 32)$

$=\log_5 (\log_2 3\times\log_3 32)$

$=\log_5 (\log_2 3\times\log_3 2^5)$

$=\log_5 (\log_2 3\times5\log_3 2)$

$=\log_5 \left(\log_2 3\times\frac{5}{\log_2 3}\right)$

$=\log_5 5=1$

0122 답 $\frac{2}{3}$

$\log_{125} 25=\log_{5^3} 5^2=\frac{2}{3}$

0123 답 $\frac{3}{4}$

$\log_4 2\sqrt{2}=\log_{2^2} 2^{\frac{3}{2}}=\frac{\frac{3}{2}}{2}=\frac{3}{4}$

0124 답 625

$16^{\log_2 5}=5^{\log_2 16}=5^{\log_2 2^4}=5^4=625$

0125 답 $\dfrac{3}{4}$

$\log_4 2+\log_{16} 2$

$=\log_{2^2} 2+\log_{2^4} 2$

$=\dfrac{1}{2}+\dfrac{1}{4}$

$=\dfrac{3}{4}$

0126 답 $\dfrac{15}{8}$

$(\log_2 3+\log_4 3)(\log_3 2+\log_{81} 2)$

$=(\log_2 3+\log_{2^2} 3)(\log_3 2+\log_{3^4} 2)$

$=\left(\log_2 3+\dfrac{1}{2}\log_2 3\right)\left(\log_3 2+\dfrac{1}{4}\log_3 2\right)$

$=\dfrac{3}{2}\log_2 3\times\dfrac{5}{4}\log_3 2$

$=\dfrac{15}{8}\times\log_2 3\times\dfrac{1}{\log_2 3}$

$=\dfrac{15}{8}$

0127 답 25

$7^{\log_7 125-\log_7 5}=7^{\log_7 \frac{125}{5}}=7^{\log_7 25}=25^{\log_7 7}=25$

0128 답 $2a+b$

$\log_2 45=\log_2 (3^2\times 5)$

$=\log_2 3^2+\log_2 5$

$=2\log_2 3+\log_2 5$

$=2a+b$

0129 답 $\dfrac{1+b}{a}-2$

$\log_3 \dfrac{10}{9}=\log_3 10-\log_3 9$

$=\dfrac{\log_2 10}{\log_2 3}-\log_3 3^2$

$=\dfrac{\log_2 (2\times 5)}{\log_2 3}-2$

$=\dfrac{\log_2 2+\log_2 5}{\log_2 3}-2$

$=\dfrac{1+b}{a}-2$

0130 답 -2

$\log \dfrac{1}{100}=\log 10^{-2}=-2$

0131 답 -4

$\log 0.0001=\log 10^{-4}=-4$

0132 답 $\dfrac{3}{5}$

$\log \sqrt[5]{1000}=\log \sqrt[5]{10^3}=\log 10^{\frac{3}{5}}=\dfrac{3}{5}$

0133 답 1.5843

$\log 38.4=\log (10\times 3.84)=\log 10+\log 3.84$

$\qquad =1+0.5843=1.5843$

0134 답 -0.4157

$\log 0.384=\log (10^{-1}\times 3.84)=\log 10^{-1}+\log 3.84$

$\qquad =-1+0.5843=-0.4157$

0135 답 4.5843

$\log 38400=\log (10^4\times 3.84)=\log 10^4+\log 3.84$

$\qquad =4+0.5843=4.5843$

0136 답 -4.4157

$\log 0.0000384=\log (10^{-5}\times 3.84)=\log 10^{-5}+\log 3.84$

$\qquad =-5+0.5843=-4.4157$

0137 답 0.7945

0138 답 2.7796

상용로그표에서 $\log 6.02=0.7796$이므로

$\log 602=\log (10^2\times 6.02)$

$\qquad =\log 10^2+\log 6.02$

$\qquad =2+0.7796=2.7796$

0139 답 -3.1931

상용로그표에서 $\log 6.41=0.8069$이므로

$\log 0.000641=\log (10^{-4}\times 6.41)$

$\qquad =\log 10^{-4}+\log 6.41$

$\qquad =-4+0.8069=-3.1931$

0140 답 0.4041

상용로그표에서 $\log 6.43=0.8082$이므로

$\log \sqrt{6.43}=\log 6.43^{\frac{1}{2}}=\dfrac{1}{2}\log 6.43=\dfrac{1}{2}\times 0.8082=0.4041$

0141 답 정수 부분: 1, 소수 부분: 0.6170

$\log 41.4=\log (10\times 4.14)$

$\qquad =\log 10+\log 4.14$

$\qquad =1+0.6170$

따라서 $\log 41.4$의 정수 부분은 1, 소수 부분은 0.6170이다.

0142 답 정수 부분: 3, 소수 부분: 0.6170

$\log 4140=\log (10^3\times 4.14)$

$\qquad =\log 10^3+\log 4.14$

$\qquad =3+0.6170$

따라서 $\log 4140$의 정수 부분은 3, 소수 부분은 0.6170이다.

0143 답 정수 부분: -3, 소수 부분: 0.6170

$\log 0.00414=\log (10^{-3}\times 4.14)$

$\qquad =\log 10^{-3}+\log 4.14$

$\qquad =-3+0.6170$

따라서 $\log 0.00414$의 정수 부분은 -3, 소수 부분은 0.6170이다.

0144 답 정수 부분: −5, 소수 부분: 0.6170

$\log 0.0000414 = \log(10^{-5} \times 4.14)$
$\qquad\qquad\quad = \log 10^{-5} + \log 4.14$
$\qquad\qquad\quad = -5 + 0.6170$

따라서 $\log 0.0000414$의 정수 부분은 -5, 소수 부분은 0.6170이다.

0145 답 18.8

$\log N = 1.2742$에서
$\log N = 1 + 0.2742$
$\qquad = \log 10 + \log 1.88$
$\qquad = \log(10 \times 1.88)$
$\qquad = \log 18.8$
$\therefore N = 18.8$

0146 답 18800

$\log N = 4.2742$에서
$\log N = 4 + 0.2742$
$\qquad = \log 10^4 + \log 1.88$
$\qquad = \log(10^4 \times 1.88)$
$\qquad = \log 18800$
$\therefore N = 18800$

0147 답 0.188

$\log N = -0.7258$에서
$\log N = -1 + 0.2742$
$\qquad = \log 10^{-1} + \log 1.88$
$\qquad = \log(10^{-1} \times 1.88)$
$\qquad = \log 0.188$
$\therefore N = 0.188$

0148 답 0.000188

$\log N = -3.7258$에서
$\log N = -4 + 0.2742$
$\qquad = \log 10^{-4} + \log 1.88$
$\qquad = \log(10^{-4} \times 1.88)$
$\qquad = \log 0.000188$
$\therefore N = 0.000188$

0149 답 711

$\log N = 2.8519$에서
$\log N = 2 + 0.8519$
$\qquad = \log 10^2 + \log 7.11$
$\qquad = \log(10^2 \times 7.11) = \log 711$
$\therefore N = 711$

0150 답 7110

$\log N = 3.8519$에서
$\log N = 3 + 0.8519$
$\qquad = \log 10^3 + \log 7.11$
$\qquad = \log(10^3 \times 7.11) = \log 7110$
$\therefore N = 7110$

0151 답 0.00711

$\log N = -2.1481$에서
$\log N = -3 + 0.8519$
$\qquad = \log 10^{-3} + \log 7.11$
$\qquad = \log(10^{-3} \times 7.11)$
$\qquad = \log 0.00711$
$\therefore N = 0.00711$

0152 답 0.00000711

$\log N = -5.1481$에서
$\log N = -6 + 0.8519$
$\qquad = \log 10^{-6} + \log 7.11$
$\qquad = \log(10^{-6} \times 7.11)$
$\qquad = \log 0.00000711$
$\therefore N = 0.00000711$

B 유형 완성

26~35쪽

0153 답 $\sqrt{3}$

$\log_a 2 = 4$에서 $a^4 = 2$ $\quad\cdots\cdots$ ㉠
$\log_2 9 = b$에서 $2^b = 9$ $\quad\cdots\cdots$ ㉡
㉠을 ㉡에 대입하면
$(a^4)^b = 9$
$(a^b)^4 = 9$
$\therefore a^b = \sqrt[4]{9} = \sqrt[4]{3^2} = \sqrt{3} \ (\because a > 0)$

0154 답 ③

$\log_2 \dfrac{a}{4} = b$에서
$\dfrac{a}{4} = 2^b \qquad \therefore \dfrac{2^b}{a} = \dfrac{1}{4}$

0155 답 25

$\log_2(\log_3 a) = 1$에서
$\log_3 a = 2^1 = 2$
$\therefore a = 3^2 = 9$ $\qquad\qquad\cdots\cdots$ ❶
$\log_3\{\log_2(\log_4 b)\} = 0$에서
$\log_2(\log_4 b) = 3^0 = 1$
$\log_4 b = 2^1 = 2$
$\therefore b = 4^2 = 16$ $\qquad\qquad\cdots\cdots$ ❷
$\therefore a + b = 9 + 16 = 25$ $\qquad\cdots\cdots$ ❸

채점 기준

❶ a의 값 구하기	40 %
❷ b의 값 구하기	50 %
❸ $a+b$의 값 구하기	10 %

0156 답 ④

$x=\log_5(1+\sqrt{2})$에서 $5^x=1+\sqrt{2}$

$\therefore 5^x+5^{-x}=5^x+\dfrac{1}{5^x}=(1+\sqrt{2})+\dfrac{1}{1+\sqrt{2}}$

$\qquad\qquad\qquad =(1+\sqrt{2})+(-1+\sqrt{2})=2\sqrt{2}$

0157 답 ①

밑의 조건에서 $x-3>0$, $x-3\neq1$

$\therefore x>3$, $x\neq4$ $\quad\cdots\cdots$ ㉠

진수의 조건에서 $-x^2+7x+8>0$

$x^2-7x-8<0$, $(x+1)(x-8)<0$

$\therefore -1<x<8$ $\quad\cdots\cdots$ ㉡

㉠, ㉡의 공통부분은

$3<x<4$ 또는 $4<x<8$

따라서 구하는 정수 x는 5, 6, 7의 3개이다.

0158 답 3

$\log_x(x-2)^2$이 정의되려면

밑의 조건에서 $x>0$, $x\neq1$ $\quad\cdots\cdots$ ㉠

진수의 조건에서 $(x-2)^2>0$

$\therefore x\neq2$ $\quad\cdots\cdots$ ㉡ $\qquad\qquad\cdots\cdots$ ❶

$\log_{(5-x)}|x-5|$가 정의되려면

밑의 조건에서 $5-x>0$, $5-x\neq1$

$\therefore x<5$, $x\neq4$ $\quad\cdots\cdots$ ㉢

진수의 조건에서 $|x-5|>0$

$\therefore x\neq5$ $\quad\cdots\cdots$ ㉣ $\qquad\qquad\cdots\cdots$ ❷

㉠~㉣의 공통부분은

$0<x<1$ 또는 $1<x<2$ 또는 $2<x<4$ 또는 $4<x<5$

따라서 구하는 정수 x의 값은 3이다. $\qquad\cdots\cdots$ ❸

채점 기준

❶ $\log_x(x-2)^2$의 밑과 진수의 조건을 만족시키는 x의 값의 범위 구하기		40 %
❷ $\log_{(5-x)}|x-5|$의 밑과 진수의 조건을 만족시키는 x의 값의 범위 구하기		40 %
❸ 정수 x의 값 구하기		20 %

0159 답 ①

밑의 조건에서 $a>0$, $a\neq1$ $\quad\cdots\cdots$ ㉠

진수의 조건에서 모든 실수 x에 대하여 $x^2+2ax+5a>0$이어야 하므로 이차방정식 $x^2+2ax+5a=0$의 판별식을 D라 하면

$\dfrac{D}{4}=a^2-5a<0$, $a(a-5)<0$

$\therefore 0<a<5$ $\quad\cdots\cdots$ ㉡

㉠, ㉡의 공통부분은

$0<a<1$ 또는 $1<a<5$

따라서 정수 a의 값은 2, 3, 4이므로 구하는 합은

$2+3+4=9$

공통수학1 다시보기

> 모든 실수 x에 대하여 이차부등식 $ax^2+bx+c>0$이 성립하려면
> $a>0$, $b^2-4ac<0$

0160 답 1

$2\log_2\sqrt{6}+\dfrac{1}{2}\log_2 5-\log_2 3\sqrt{5}$

$=\log_2(\sqrt{6})^2+\log_2 5^{\frac{1}{2}}-\log_2 3\sqrt{5}$

$=\log_2 6+\log_2\sqrt{5}-\log_2 3\sqrt{5}$

$=\log_2\dfrac{6\times\sqrt{5}}{3\sqrt{5}}$

$=\log_2 2$

$=1$

0161 답 ②

$\log_5\left(1+\dfrac{1}{2}\right)+\log_5\left(1+\dfrac{1}{3}\right)+\log_5\left(1+\dfrac{1}{4}\right)+\cdots+\log_5\left(1+\dfrac{1}{49}\right)$

$=\log_5\dfrac{3}{2}+\log_5\dfrac{4}{3}+\log_5\dfrac{5}{4}+\cdots+\log_5\dfrac{50}{49}$

$=\log_5\left(\dfrac{3}{2}\times\dfrac{4}{3}\times\dfrac{5}{4}\times\cdots\times\dfrac{50}{49}\right)$

$=\log_5 25$

$=\log_5 5^2$

$=2$

0162 답 9

$36=6^2$이므로 36의 양의 약수를 작은 것부터 차례로

a_1, a_2, a_3, $\ldots$, a_9라 하면

$a_1 a_9=a_2 a_8=a_3 a_7=a_4 a_6=6^2$, $a_5=6$

$\therefore \log_6 a_1+\log_6 a_2+\log_6 a_3+\cdots+\log_6 a_9$

$\quad =\log_6(a_1\times a_2\times a_3\times\cdots\times a_9)$

$\quad =\log_6(a_1 a_9\times a_2 a_8\times a_3 a_7\times a_4 a_6\times a_5)$

$\quad =\log_6\{(6^2)^4\times6\}$

$\quad =\log_6 6^9$

$\quad =9$

0163 답 ④

$\log_3 25\times\log_5\sqrt{7}\times\log_7 27$

$=\log_3 25\times\dfrac{\log_3\sqrt{7}}{\log_3 5}\times\dfrac{\log_3 27}{\log_3 7}$

$=\log_3 5^2\times\dfrac{\log_3 7^{\frac{1}{2}}}{\log_3 5}\times\dfrac{\log_3 3^3}{\log_3 7}$

$=2\log_3 5\times\dfrac{\dfrac{1}{2}\log_3 7}{\log_3 5}\times\dfrac{3}{\log_3 7}$

$=3$

0164 답 10

$\dfrac{1}{\log_2 x}+\dfrac{1}{\log_5 x}+\dfrac{1}{\log_{10} x}$

$=\log_x 2+\log_x 5+\log_x 10$

$=\log_x(2\times5\times10)$

$=\log_x 10^2$

$=2\log_x 10$

즉, $2\log_x 10=2$이므로

$\log_x 10=1$

$\therefore x=10$

0165 답 ④

$(\log_{10} 5)^2 + \dfrac{\log_{10} 50}{1+\log_2 5}$

$= (\log_{10} 5)^2 + \dfrac{\log_{10}(2 \times 5^2)}{\log_2 2 + \log_2 5}$

$= (\log_{10} 5)^2 + \dfrac{\log_{10} 2 + 2\log_{10} 5}{\log_2 10}$

$= (\log_{10} 5)^2 + (\log_{10} 2 + 2\log_{10} 5) \times \log_{10} 2$

$= (\log_{10} 5)^2 + (\log_{10} 2)^2 + 2\log_{10} 5 \times \log_{10} 2$

$= (\log_{10} 5 + \log_{10} 2)^2$

$= (\log_{10} 10)^2 = 1$

0166 답 2

$\log_3(\log_2 3) + \log_3(\log_3 4) + \log_3(\log_4 5) + \cdots + \log_3(\log_{511} 512)$

$= \log_3(\log_2 3 \times \log_3 4 \times \log_4 5 \times \cdots \times \log_{511} 512)$

$= \log_3\left(\log_2 3 \times \dfrac{\log_2 4}{\log_2 3} \times \dfrac{\log_2 5}{\log_2 4} \times \cdots \times \dfrac{\log_2 512}{\log_2 511}\right)$

$= \log_3(\log_2 512) = \log_3(\log_2 2^9)$

$= \log_3 9 = \log_3 3^2 = 2$

0167 답 ④

$\log_a b = \log_b a$에서 $\log_a b = \dfrac{1}{\log_a b}$

$(\log_a b)^2 = 1$

$\therefore \log_a b = 1$ 또는 $\log_a b = -1$

이때 $a \ne b$이므로 $\log_a b = -1$ $\therefore b = \dfrac{1}{a}$

$a > 0$, $b > 0$이므로 산술평균과 기하평균의 관계에 의하여

$2a + 8b = 2a + \dfrac{8}{a}$

$\geq 2\sqrt{2a \times \dfrac{8}{a}} = 8$ (단, 등호는 $a=2$일 때 성립)

따라서 $2a + 8b$의 최솟값은 8이다.

공통수학2 다시보기

> **산술평균과 기하평균의 관계**
> $a > 0$, $b > 0$일 때,
> $\dfrac{a+b}{2} \geq \sqrt{ab}$ (단, 등호는 $a=b$일 때 성립)

0168 답 ⑤

주어진 식의 지수에서

$3\log_2 5 + \log_2 3 - \log_2 15$

$= \log_2 5^3 + \log_2 3 - \log_2 15$

$= \log_2 \dfrac{5^3 \times 3}{15} = \log_2 5^2$

$= \log_2 25$

$\therefore 2^{3\log_2 5 + \log_2 3 - \log_2 15} = 2^{\log_2 25} = 25$

0169 답 ⑤

$ab = \log_5 2 \times \log_2 11$

$= \log_5 2 \times \dfrac{\log_5 11}{\log_5 2} = \log_5 11$

$\therefore 25^{ab} = 25^{\log_5 11} = 11^{\log_5 25} = 11^{\log_5 5^2} = 11^2 = 121$

0170 답 ①

$x = \dfrac{2}{\log_3 16} + \log_{16} 27 - \dfrac{\log_{\sqrt{5}} 3}{\log_{\sqrt{5}} 2}$

$= 2\log_{16} 3 + \log_{16} 27 - \log_2 3$

$= \log_{16} 3^2 + \log_{16} 3^3 - \log_{16} 3^4$

$= \log_{16} \dfrac{3^2 \times 3^3}{3^4}$

$= \log_{16} 3$

$\therefore 16^x = 16^{\log_{16} 3} = 3$

0171 답 $A < B < C$

$A = 4^{\log_2 8 - \log_2 12} = 4^{\log_2 \frac{8}{12}} = 4^{\log_2 \frac{2}{3}}$

$= \left(\dfrac{2}{3}\right)^{\log_2 4} = \left(\dfrac{2}{3}\right)^{\log_2 2^2}$

$= \left(\dfrac{2}{3}\right)^2 = \dfrac{4}{9}$ ······ ❶

$B = \log_9 \sqrt{3} - \log_{16} \dfrac{1}{2}$

$= \log_{3^2} 3^{\frac{1}{2}} - \log_{2^4} 2^{-1}$

$= \dfrac{1}{4} + \dfrac{1}{4} = \dfrac{1}{2}$ ······ ❷

$C = \log_{\frac{1}{2}}\{\log_9(\log_4 64)\}$

$= \log_{\frac{1}{2}}\{\log_9(\log_4 4^3)\}$

$= \log_{\frac{1}{2}}(\log_9 3)$

$= \log_{\frac{1}{2}}(\log_{3^2} 3)$

$= \log_{\frac{1}{2}} \dfrac{1}{2} = 1$ ······ ❸

$\therefore A < B < C$ ······ ❹

채점 기준	
❶ A의 값 구하기	30 %
❷ B의 값 구하기	30 %
❸ C의 값 구하기	30 %
❹ 세 수 A, B, C의 대소 비교하기	10 %

0172 답 ③

두 점 $(2, \log_4 a)$, $(3, \log_2 b)$를 지나는 직선의 방정식은

$y - \log_4 a = \dfrac{\log_2 b - \log_4 a}{3-2} \times (x-2)$

$\therefore y = (\log_2 b - \log_4 a)x - 2\log_2 b + 3\log_4 a$

이 직선이 원점을 지나므로

$0 = -2\log_2 b + 3\log_4 a$

$2\log_2 b = 3\log_4 a$

$2\log_2 b = \dfrac{3}{2}\log_2 a$

$\dfrac{\log_2 b}{\log_2 a} = \dfrac{3}{4}$ ($\because a \ne 1$)

$\therefore \log_a b = \dfrac{3}{4}$

공통수학2 다시보기

> 두 점 (x_1, y_1), (x_2, y_2)를 지나는 직선의 방정식은
> $y - y_1 = \dfrac{y_2 - y_1}{x_2 - x_1}(x - x_1)$ (단, $x_1 \ne x_2$)

다른 풀이

두 점 $(2, \log_4 a)$, $(3, \log_2 b)$를 각각 A, B라 하고 원점을 O라 하면 세 점 O, A, B가 한 직선 위에 있으므로

(직선 OA의 기울기)=(직선 OB의 기울기)

직선 OA의 기울기는 $\dfrac{\log_4 a}{2}$, 직선 OB의 기울기는 $\dfrac{\log_2 b}{3}$이므로

$$\frac{\log_4 a}{2}=\frac{\log_2 b}{3}$$

$$\frac{\log_2 a}{4}=\frac{\log_2 b}{3}$$

$$\frac{\log_2 b}{\log_2 a}=\frac{3}{4}(\because a\neq 1) \qquad \therefore \log_a b=\frac{3}{4}$$

0173 답 ④

$$\log_{20}\sqrt{50}=\log_{20}50^{\frac{1}{2}}=\frac{1}{2}\log_{20}50$$

$$=\frac{1}{2}\times\frac{\log_6 50}{\log_6 20}$$

$$=\frac{1}{2}\times\frac{\log_6(2\times 5^2)}{\log_6(2^2\times 5)}$$

$$=\frac{\log_6 2+2\log_6 5}{2(2\log_6 2+\log_6 5)}$$

$$=\frac{a+2b}{2(2a+b)}$$

$$=\frac{a+2b}{4a+2b}$$

0174 답 $\dfrac{3+2a}{1+ab}$

$\log_3 2=\dfrac{1}{a}$, $\log_3 15=b$이므로

$$\log_{30}72=\frac{\log_3 72}{\log_3 30}$$

$$=\frac{\log_3(2^3\times 3^2)}{\log_3(2\times 15)}$$

$$=\frac{3\log_3 2+2}{\log_3 2+\log_3 15}$$

$$=\frac{\dfrac{3}{a}+2}{\dfrac{1}{a}+b}$$

$$=\frac{3+2a}{1+ab}$$

0175 답 ②

$5^a=x$, $5^b=y$에서 $\log_5 x=a$, $\log_5 y=b$이므로

$$\log_{xy^2}\sqrt{xy}=\log_{xy^2}(xy)^{\frac{1}{2}}$$

$$=\frac{1}{2}\log_{xy^2}xy$$

$$=\frac{1}{2}\times\frac{\log_5 xy}{\log_5 xy^2}$$

$$=\frac{\log_5 x+\log_5 y}{2(\log_5 x+2\log_5 y)}$$

$$=\frac{a+b}{2(a+2b)}$$

$$=\frac{a+b}{2a+4b}$$

0176 답 $\dfrac{m+n}{2n}$

$a^m=b^n=2$에서 $\log_a 2=m$, $\log_b 2=n$이므로

$$\log_2 a=\frac{1}{m}, \ \log_2 b=\frac{1}{n} \qquad\cdots\cdots ❶$$

$$\therefore \log_{a^2}ab=\frac{\log_2 ab}{\log_2 a^2}=\frac{\log_2 a+\log_2 b}{2\log_2 a}$$

$$=\frac{\dfrac{1}{m}+\dfrac{1}{n}}{2\times\dfrac{1}{m}}=\frac{m+n}{2n} \qquad\cdots\cdots ❷$$

채점 기준

❶ $\log_2 a$, $\log_2 b$를 m, n에 대한 식으로 나타내기	40%
❷ $\log_{a^2}ab$를 m, n에 대한 식으로 나타내기	60%

0177 답 ③

$\log_2 5=x$, $\log_5 3=y$, $\log_3 11=z$에서

$$y=\log_5 3=\frac{\log_2 3}{\log_2 5}=\frac{\log_2 3}{x} \qquad \therefore \log_2 3=xy$$

$$z=\log_3 11=\frac{\log_2 11}{\log_2 3}=\frac{\log_2 11}{xy} \qquad \therefore \log_2 11=xyz$$

$$\therefore \log_3 66=\frac{\log_2 66}{\log_2 3}=\frac{\log_2(2\times 3\times 11)}{\log_2 3}$$

$$=\frac{\log_2 2+\log_2 3+\log_2 11}{\log_2 3}=\frac{1+xy+xyz}{xy}$$

0178 답 ②

$5^x=27$에서 $x=\log_5 27=\log_5 3^3=3\log_5 3$

$45^y=243$에서 $y=\log_{45}243=\log_{45}3^5=5\log_{45}3$

$$\therefore \frac{3}{x}-\frac{5}{y}=\frac{3}{3\log_5 3}-\frac{5}{5\log_{45}3}$$

$$=\log_3 5-\log_3 45=\log_3\frac{5}{45}$$

$$=\log_3\frac{1}{9}=\log_3 3^{-2}=-2$$

다른 풀이

$5^x=27=3^3$에서 $5=3^{\frac{3}{x}} \qquad\cdots\cdots ㉠$

$45^y=243=3^5$에서 $45=3^{\frac{5}{y}} \qquad\cdots\cdots ㉡$

㉠÷㉡을 하면 $\dfrac{1}{9}=3^{\frac{3}{x}}\div 3^{\frac{5}{y}}$

$$3^{-2}=3^{\frac{3}{x}-\frac{5}{y}} \qquad \therefore \frac{3}{x}-\frac{5}{y}=-2$$

0179 답 ④

$a^3b^2=1$의 양변에 a를 밑으로 하는 로그를 취하면

$$\log_a a^3b^2=\log_a 1, \ \log_a a^3+\log_a b^2=0$$

$$3+2\log_a b=0 \qquad \therefore \log_a b=-\frac{3}{2}$$

$$\therefore \log_a a^4b^3=\log_a a^4+\log_a b^3=4+3\log_a b$$

$$=4+3\times\left(-\frac{3}{2}\right)=-\frac{1}{2}$$

다른 풀이

$a^3b^2=1$에서 $b^2=\dfrac{1}{a^3}=a^{-3} \qquad \therefore b=a^{-\frac{3}{2}}$

$$\therefore \log_a a^4b^3=\log_a\{a^4\times(a^{-\frac{3}{2}})^3\}=\log_a(a^4\times a^{-\frac{9}{2}})$$

$$=\log_a a^{-\frac{1}{2}}=-\frac{1}{2}$$

0180 답 ①

$a^2=b^5$에서 $b=a^{\frac{2}{5}}$ $\quad\therefore A=\log_a b=\log_a a^{\frac{2}{5}}=\frac{2}{5}$

$b^5=c^7$에서 $c=b^{\frac{5}{7}}$ $\quad\therefore B=\log_b c=\log_b b^{\frac{5}{7}}=\frac{5}{7}$

$a^2=c^7$에서 $a=c^{\frac{7}{2}}$ $\quad\therefore C=\log_c a=\log_c c^{\frac{7}{2}}=\frac{7}{2}$

$\therefore A<B<C$

0181 답 ④

$\log_a x=2,\ \log_b x=7,\ \log_c x=14$에서

$\log_x a=\frac{1}{2},\ \log_x b=\frac{1}{7},\ \log_x c=\frac{1}{14}$이므로

$\log_x abc=\log_x a+\log_x b+\log_x c=\frac{1}{2}+\frac{1}{7}+\frac{1}{14}=\frac{5}{7}$

$\therefore \log_{abc} x=\frac{7}{5}$

$\therefore \log_{abc}\sqrt{x}=\log_{abc} x^{\frac{1}{2}}=\frac{1}{2}\log_{abc} x=\frac{1}{2}\times\frac{7}{5}=\frac{7}{10}$

다른 풀이

$\log_a x=2,\ \log_b x=7,\ \log_c x=14$에서

$a^2=x,\ b^7=x,\ c^{14}=x$이므로 $a=x^{\frac{1}{2}},\ b=x^{\frac{1}{7}},\ c=x^{\frac{1}{14}}$

$\therefore abc=x^{\frac{1}{2}+\frac{1}{7}+\frac{1}{14}}=x^{\frac{5}{7}}$

$\therefore \log_{abc}\sqrt{x}=\log_{x^{\frac{5}{7}}} x^{\frac{1}{2}}=\dfrac{\frac{1}{2}}{\frac{5}{7}}=\frac{7}{10}$

0182 답 ①

$\log_a b=\dfrac{\log_b c}{2}$에서 $\log_b c=2\log_a b$

$\log_a b=\dfrac{\log_c a}{4}$에서 $\log_c a=4\log_a b$

이때 $\log_a b\times\log_b c\times\log_c a=\log_a b\times\dfrac{\log_a c}{\log_a b}\times\dfrac{\log_a a}{\log_a c}=1$이므로

$\log_a b\times 2\log_a b\times 4\log_a b=1$

$8(\log_a b)^3=1,\ (\log_a b)^3=\dfrac{1}{8}=\left(\dfrac{1}{2}\right)^3$

$\therefore \log_a b=\dfrac{1}{2}$

$\therefore \log_a b+\log_b c+\log_c a=\log_a b+2\log_a b+4\log_a b$

$\qquad\qquad =7\log_a b$

$\qquad\qquad =7\times\dfrac{1}{2}$

$\qquad\qquad =\dfrac{7}{2}$

0183 답 ⑤

(가)에서 $\sqrt[4]{a}=\sqrt[3]{b}=\sqrt{c}=k\,(k>0,\ k\neq 1)$로 놓으면

$a=k^4,\ b=k^3,\ c=k^2$

(나)에서

$\log_{16} a+\log_8 b+\log_4 c=\log_{2^4} a+\log_{2^3} b+\log_{2^2} c$

$\qquad\qquad =\log_{2^4} k^4+\log_{2^3} k^3+\log_{2^2} k^2$

$\qquad\qquad =\log_2 k+\log_2 k+\log_2 k=3\log_2 k$

즉, $3\log_2 k=3$이므로 $\log_2 k=1$ $\quad\therefore k=2$

$\therefore \log_2 abc=\log_2(k^4\times k^3\times k^2)=\log_2 k^9=\log_2 2^9=9$

0184 답 ②

이차방정식의 근과 계수의 관계에 의하여

$\log_{10} a+\log_{10} b=6,\ \log_{10} a\times\log_{10} b=1$

$\therefore \log_a\sqrt{b}+\log_b\sqrt{a}$

$=\log_a b^{\frac{1}{2}}+\log_b a^{\frac{1}{2}}$

$=\dfrac{1}{2}(\log_a b+\log_b a)$

$=\dfrac{1}{2}\left(\dfrac{\log_{10} b}{\log_{10} a}+\dfrac{\log_{10} a}{\log_{10} b}\right)$

$=\dfrac{1}{2}\times\dfrac{(\log_{10} b)^2+(\log_{10} a)^2}{\log_{10} a\times\log_{10} b}$

$=\dfrac{1}{2}\times\dfrac{(\log_{10} a+\log_{10} b)^2-2\log_{10} a\times\log_{10} b}{\log_{10} a\times\log_{10} b}$

$=\dfrac{1}{2}\times\dfrac{6^2-2\times 1}{1}=17$

0185 답 −1

이차방정식의 근과 계수의 관계에 의하여

$\alpha+\beta=10,\ \alpha\beta=4$ ······ **i**

$\therefore \log_{\alpha\beta}\left(\dfrac{1}{\alpha}+\dfrac{1}{\beta}\right)+\log_{\frac{1}{\alpha\beta}}(\alpha+\beta)$

$=\log_{\alpha\beta}\dfrac{\alpha+\beta}{\alpha\beta}+\log_{\frac{1}{\alpha\beta}}(\alpha+\beta)$

$=\log_4\dfrac{10}{4}+\log_{\frac{1}{4}} 10$

$=\log_4 10-\log_4 4+\log_{4^{-1}} 10$

$=\log_4 10-1-\log_4 10=-1$ ······ **ii**

채점 기준

i 이차방정식의 근과 계수의 관계를 이용하여 $\alpha+\beta,\ \alpha\beta$의 값 구하기	30 %
ii $\log_{\alpha\beta}\left(\dfrac{1}{\alpha}+\dfrac{1}{\beta}\right)+\log_{\frac{1}{\alpha\beta}}(\alpha+\beta)$의 값 구하기	70 %

0186 답 ②

이차방정식의 근과 계수의 관계에 의하여

$\alpha+\beta=3\log_6 2,\ \alpha\beta=-2\log_6 3+\log_6 2$

$\therefore (\alpha-1)(\beta-1)=\alpha\beta-(\alpha+\beta)+1$

$\qquad\qquad =-2\log_6 3+\log_6 2-3\log_6 2+1$

$\qquad\qquad =-2\log_6 3-2\log_6 2+1$

$\qquad\qquad =-2(\log_6 3+\log_6 2)+1$

$\qquad\qquad =-2\log_6 6+1=-2+1=-1$

0187 답 ①

$\log_3 9<\log_3 24<\log_3 27$, 즉 $2<\log_3 24<3$이므로

$a=2,\ b=\log_3 24-2=\log_3 24-\log_3 9=\log_3\dfrac{8}{3}$

$\therefore 3^a+3^b=3^2+3^{\log_3\frac{8}{3}}=9+\dfrac{8}{3}=\dfrac{35}{3}$

0188 답 ⑤

$\log_2 8<\log_2 12<\log_2 16$, 즉 $3<\log_2 12<4$이므로

$a=\log_2 12-3=\log_2 12-\log_2 8=\log_2\dfrac{3}{2}$

$\therefore 2^a=2^{\log_2\frac{3}{2}}=\dfrac{3}{2}$

0189 답 4

$\dfrac{\log_5 9}{\log_5 4} = \dfrac{2\log_5 3}{2\log_5 2} = \log_2 3$이고

$\log_2 2 < \log_2 3 < \log_2 4$, 즉 $1 < \log_2 3 < 2$이므로

$a = 1$, $b = \log_2 3 - 1 = \log_2 3 - \log_2 2 = \log_2 \dfrac{3}{2}$

$\therefore \dfrac{b-a}{a+b} = \dfrac{\log_2 \frac{3}{2} - 1}{1 + (\log_2 3 - 1)} = \dfrac{\log_2 \frac{3}{2} - \log_2 2}{\log_2 3} = \dfrac{\log_2 \frac{3}{4}}{\log_2 3}$

$\qquad\qquad = \log_3 \dfrac{3}{4} = \log_3 3 - \log_3 4 = 1 - \log_3 4$

$\therefore k = 4$

0190 답 ①

$\log 2 + \log 75 = \log 150$

$\qquad\qquad = \log(3 \times 5 \times 10)$

$\qquad\qquad = \log 3 + \log 5 + 1$

$\qquad\qquad = 0.4771 + 0.6990 + 1 = 2.1761$

0191 답 11.9

$\log \sqrt[3]{x} = 1.32$에서 $\dfrac{1}{3}\log x = 1.32$ $\therefore \log x = 3.96$

$\therefore \log 100x^2 + \log\sqrt{x} = 2 + 2\log x + \dfrac{1}{2}\log x$

$\qquad\qquad\qquad\qquad = 2 + \dfrac{5}{2}\log x$

$\qquad\qquad\qquad\qquad = 2 + \dfrac{5}{2} \times 3.96 = 11.9$

0192 답 5

ㄱ. $\log 5 = \log \dfrac{10}{2} = \log 10 - \log 2$

$\qquad = 1 - 0.3010 = 0.6990$

ㄴ. $\log 200 = \log(10^2 \times 2) = \log 10^2 + \log 2$

$\qquad = 2 + 0.3010 = 2.3010$

ㄷ. $\log 5000 = \log(10^3 \times 5) = \log 10^3 + \log 5$

$\qquad = 3 + 0.6990 = 3.6990$

ㄹ. $\log 0.5 = \log \dfrac{1}{2} = \log 2^{-1} = -\log 2 = -0.3010$

ㅁ. $\log 0.005 = \log(10^{-3} \times 5) = \log 10^{-3} + \log 5$

$\qquad = -3 + 0.6990 = -2.3010$

ㅂ. $\log 0.02 = \log(10^{-2} \times 2) = \log 10^{-2} + \log 2$

$\qquad = -2 + 0.3010 = -1.6990$

따라서 보기에서 옳은 것은 ㄱ, ㄴ, ㄷ, ㅁ, ㅂ의 5개이다.

0193 답 ③

상용로그표에서 $\log 6.07 = 0.7832$이므로

$\log 607 = \log(10^2 \times 6.07)$

$\qquad = \log 10^2 + \log 6.07$

$\qquad = 2 + 0.7832 = 2.7832$

$\log 0.607 = \log(10^{-1} \times 6.07)$

$\qquad = \log 10^{-1} + \log 6.07$

$\qquad = -1 + 0.7832 = -0.2168$

$\therefore \log 607 + \log 0.607 = 2.7832 + (-0.2168) = 2.5664$

0194 답 ①

$\log \dfrac{1}{x^2} + \log \sqrt[4]{x} = -2\log x + \dfrac{1}{4}\log x$

$\qquad\qquad\qquad\qquad = -\dfrac{7}{4}\log x$

$\qquad\qquad\qquad\qquad = -\dfrac{7}{4} \times 2.8$

$\qquad\qquad\qquad\qquad = -4.9$

$\qquad\qquad\qquad\qquad = -5 + 0.1$

따라서 $\log \dfrac{1}{x^2} + \log \sqrt[4]{x}$의 정수 부분은 -5, 소수 부분은 0.1이다.

0195 답 ③

$\log a$의 정수 부분이 2이므로 $2 \leq \log a < 3$

$\therefore 10^2 \leq a < 10^3$

따라서 구하는 자연수 a의 개수는 $1000 - 100 = 900$

0196 답 ⑤

$\log N$과 $\log \dfrac{1000}{N}$의 소수 부분을 각각 α, β $(0 \leq \alpha < 1,\ 0 \leq \beta < 1)$라 하면

$\log N = m + \alpha$, $\log \dfrac{1000}{N} = n + \beta$

한편 $\log N + \log \dfrac{1000}{N} = \log\left(N \times \dfrac{1000}{N}\right) = \log 1000 = 3$이므로

$m + \alpha + n + \beta = 3$ $\cdots\cdots$ ㉠

$0 \leq \alpha < 1$, $0 \leq \beta < 1$에서

$0 \leq \alpha + \beta < 2$ $\cdots\cdots$ ㉡

㉠에 의하여 m, n은 정수이므로 $\alpha + \beta$도 정수이다.

또 ㉡에 의하여

$\alpha + \beta = 0$ 또는 $\alpha + \beta = 1$

이를 ㉠에 대입하면

$m + n = 3$ 또는 $m + n = 2$

0197 답 ⑤

$\log 1$, $\log 3$, $\cdots$, $\log 9$의 정수 부분은 모두 0이므로

$f(1) = f(3) = f(5) = f(7) = f(9) = 0$

$\log 11$, $\log 13$, $\cdots$, $\log 99$의 정수 부분은 모두 1이므로

$f(11) = f(13) = f(15) = \cdots = f(99) = 1$

$\log 101$, $\log 103$, $\cdots$, $\log 149$의 정수 부분은 모두 2이므로

$f(101) = f(103) = f(105) = \cdots = f(149) = 2$

$\therefore f(1) + f(3) + f(5) + \cdots + f(149)$

$\qquad = 0 \times 5 + 1 \times 45 + 2 \times 25$

$\qquad = 95$

0198 답 2.0949

$a = \log 121 = \log(10^2 \times 1.21) = \log 10^2 + \log 1.21$

$\quad = 2 + 0.0828 = 2.0828$

한편 $\log b = -1.9172$에서

$\log b = -2 + 0.0828 = \log 10^{-2} + \log 1.21$

$\qquad = \log(10^{-2} \times 1.21) = \log 0.0121$

$\therefore b = 0.0121$

$\therefore a + b = 2.0828 + 0.0121 = 2.0949$

0199 답 0.00582

$\log 582 = \log(10^2 \times 5.82) = \log 10^2 + \log 5.82$
$\qquad = 2 + \log 5.82$
즉, $2 + \log 5.82 = 2.7649$이므로 $\log 5.82 = 0.7649$ $\quad\cdots\cdots$ ❶
한편 $\log N = -2.2351$에서
$\log N = -3 + 0.7649 = \log 10^{-3} + \log 5.82$
$\qquad = \log(10^{-3} \times 5.82) = \log 0.00582$
$\therefore N = 0.00582$ $\quad\cdots\cdots$ ❷

채점 기준	
❶ $\log 582$의 값을 이용하여 $\log 5.82$의 값 구하기	50 %
❷ 양수 N의 값 구하기	50 %

0200 답 4

$\log N = n + \alpha$ (n은 정수, $0 \le \alpha < 1$)라 하면 이차방정식
$5x^2 - 12x + k = 0$의 두 근이 n, α이므로 이차방정식의 근과 계수의
관계에 의하여
$n + \alpha = \dfrac{12}{5} = 2 + \dfrac{2}{5}$ $\quad\cdots\cdots$ ㉠
$n\alpha = \dfrac{k}{5}$ $\quad\cdots\cdots$ ㉡
이때 n은 정수이고, $0 \le \alpha < 1$이므로 ㉠에서
$n = 2$, $\alpha = \dfrac{2}{5}$
이를 ㉡에 대입하면 $2 \times \dfrac{2}{5} = \dfrac{k}{5}$
$\therefore k = 4$

0201 답 ②

$\log 800 = \log(10^2 \times 8) = 2 + \log 8$이므로 $\log 800$의 정수 부분은 2,
소수 부분은 $\log 8$이다.
즉, 이차방정식 $x^2 + ax + b = 0$의 두 근이 2, $\log 8$이므로 이차방정
식의 근과 계수의 관계에 의하여
$2 + \log 8 = -a$, $2 \times \log 8 = b$ $\quad \therefore a = -2 - \log 8$, $b = 2\log 8$
$\therefore a + b = (-2 - \log 8) + 2\log 8 = -2 + \log 8$
$\qquad = \log 10^{-2} + \log 8 = \log(10^{-2} \times 8) = \log 0.08$

0202 답 ③

$\log A = n + \alpha$ (n은 정수, $0 \le \alpha < 1$)라 하면 이차방정식
$ax^2 + (2 - 3a)x + a + 1 = 0$의 두 근이 n, α이므로 이차방정식의 근
과 계수의 관계에 의하여
$n + \alpha = \dfrac{3a-2}{a} = 3 - \dfrac{2}{a} = 2 + \left(1 - \dfrac{2}{a}\right)$ $\quad\cdots\cdots$ ㉠
$n\alpha = \dfrac{a+1}{a}$ $\quad\cdots\cdots$ ㉡
이때 $a > 2$이므로 $0 < 1 - \dfrac{2}{a} < 1$
따라서 ㉠에서 $n = 2$, $\alpha = 1 - \dfrac{2}{a}$
이를 ㉡에 대입하면
$2\left(1 - \dfrac{2}{a}\right) = \dfrac{a+1}{a}$, $2(a-2) = a + 1$
$\therefore a = 5$

0203 답 $-\dfrac{9}{5}$

$\log N = n + \alpha$ (n은 정수, $0 < \alpha < 1$)라 하면 이차방정식
$x^2 + ax + b = 0$의 두 근이 n, α이므로 이차방정식의 근과 계수의
관계에 의하여
$n + \alpha = -a$ $\quad\cdots\cdots$ ㉠
$n\alpha = b$ $\quad\cdots\cdots$ ㉡
한편 $\log \dfrac{1}{N} = -\log N = -(n + \alpha) = -n - 1 + (1 - \alpha)$이고
$0 < 1 - \alpha < 1$이므로 $\log \dfrac{1}{N}$의 정수 부분은 $-n-1$, 소수 부분은
$1 - \alpha$이다.
이차방정식 $x^2 - ax + b - \dfrac{8}{5} = 0$의 두 근이 $-n-1$, $1 - \alpha$이므로
이차방정식의 근과 계수의 관계에 의하여
$(-n-1) \times (1 - \alpha) = b - \dfrac{8}{5}$ $\quad\cdots\cdots$ ㉢
㉡을 ㉢에 대입하면
$-n + n\alpha - 1 + \alpha = n\alpha - \dfrac{8}{5}$
$n - \alpha = \dfrac{3}{5} = 1 - \dfrac{2}{5}$ $\quad \therefore n = 1$, $\alpha = \dfrac{2}{5}$ ($\because n$은 정수, $0 < \alpha < 1$)
이를 ㉠, ㉡에 각각 대입하면 $1 + \dfrac{2}{5} = -a$, $1 \times \dfrac{2}{5} = b$
따라서 $a = -\dfrac{7}{5}$, $b = \dfrac{2}{5}$이므로 $a - b = -\dfrac{9}{5}$

0204 답 10000

$\log \sqrt{x} - \log \dfrac{1}{x} = \dfrac{1}{2}\log x + \log x = \dfrac{3}{2}\log x$ ← 정수
$10 < x < 100$이므로 $1 < \log x < 2$ $\quad \therefore \dfrac{3}{2} < \dfrac{3}{2}\log x < 3$
이때 $\dfrac{3}{2}\log x$가 정수이므로 $\dfrac{3}{2}\log x = 2$
$\log x = \dfrac{4}{3}$ $\quad \therefore x = 10^{\frac{4}{3}}$
$\therefore x^3 = (10^{\frac{4}{3}})^3 = 10^4 = 10000$

0205 답 ⑤

두 상용로그의 소수 부분의 합이 1이면 두 상용로그의 합이 정수이
므로
$\log x^2 + \log \sqrt{x} = 2\log x + \dfrac{1}{2}\log x = \dfrac{5}{2}\log x$ ← 정수
$\log x$의 정수 부분이 2이므로 $2 \le \log x < 3$
$\therefore 5 \le \dfrac{5}{2}\log x < \dfrac{15}{2}$
이때 $\dfrac{5}{2}\log x$가 정수이므로
$\dfrac{5}{2}\log x = 5$ 또는 $\dfrac{5}{2}\log x = 6$ 또는 $\dfrac{5}{2}\log x = 7$
$\log x = 2$ 또는 $\log x = \dfrac{12}{5}$ 또는 $\log x = \dfrac{14}{5}$
이때 $\log x = 2$이면 $\log x^2$, $\log \sqrt{x}$의 소수 부분이 모두 0이므로
$\log x = \dfrac{12}{5}$ 또는 $\log x = \dfrac{14}{5}$, 즉 $x = 10^{\frac{12}{5}}$ 또는 $x = 10^{\frac{14}{5}}$
따라서 모든 실수 x의 값의 곱은 $10^{\frac{12}{5}} \times 10^{\frac{14}{5}} = 10^{\frac{26}{5}}$이므로
$p = 5$, $q = 26$ $\quad \therefore p + q = 31$

0206 답 360

(나), (다)에서 두 상용로그의 소수 부분이 같으면 두 상용로그의 차가 정수이고 $b=3a$이므로

$\log a^2 - \log 3b = \log a^2 - \log 9a = \log \dfrac{a}{9}$ ← 정수

즉, $\dfrac{a}{9}$는 10의 거듭제곱이다.

(가)에서 $10 < a < 100$이므로

$\dfrac{10}{9} < \dfrac{a}{9} < \dfrac{100}{9}$

따라서 $\dfrac{a}{9} = 10$이므로 $a=90$

$\therefore b=270$ $(\because$ (나)$)$

$\therefore a+b=90+270=360$

0207 답 ④

(가)에서 $\log x$와 $\log \dfrac{1}{5}$의 소수 부분이 같다.

이때 $\log \dfrac{1}{5} = \log \dfrac{2}{10} = -1 + \log 2$에서 $0 < \log 2 < 1$이므로

$\log \dfrac{1}{5}$의 소수 부분은 $\log 2$이다.

즉, $\log x$의 소수 부분도 $\log 2$이다. ...... ㉠

(나)에서 $[\log x] = n(n$은 정수$)$이라 하면

$n^2 = n+6$, $n^2 - n - 6 = 0$

$(n+2)(n-3)=0$

$\therefore n=-2$ 또는 $n=3$ ...... ㉡

㉠, ㉡에 의하여

$\log x = -2 + \log 2 = \log(10^{-2} \times 2) = \log \dfrac{1}{50}$ $\therefore x = \dfrac{1}{50}$

$\log x = 3 + \log 2 = \log(10^3 \times 2) = \log 2000$ $\therefore x = 2000$

따라서 모든 양수 x의 값의 곱은

$\dfrac{1}{50} \times 2000 = 40$

0208 답 1.8

pH 4.6인 용액의 수소 이온 농도를 a, pH 6.4인 용액의 수소 이온 농도를 b라 하면

$4.6 = -\log a$ ...... ㉠

$6.4 = -\log b$ ...... ㉡

㉡$-$㉠을 하면

$1.8 = -\log b - (-\log a)$

$\log \dfrac{a}{b} = 1.8$

$\therefore \dfrac{a}{b} = 10^{1.8}$

따라서 pH 4.6인 용액의 수소 이온 농도는 pH 6.4인 용액의 수소 이온 농도의 $10^{1.8}$배이므로 $k=1.8$

0209 답 ②

두 열차 A, B가 지점 P를 통과할 때의 속력을 각각 v_A, v_B라 하면

$v_A = 0.9 v_B$ ...... ㉠

$L_A = 80 + 28 \log \dfrac{v_A}{100} - 14 \log \dfrac{75}{25}$ ...... ㉡

$L_B = 80 + 28 \log \dfrac{v_B}{100} - 14 \log \dfrac{75}{25}$ ...... ㉢

㉢$-$㉡을 하면

$L_B - L_A = 28 \log \dfrac{v_B}{100} - 28 \log \dfrac{v_A}{100}$

$\qquad = 28 \log \dfrac{v_B}{v_A} = 28 \log \dfrac{v_B}{0.9 v_B}$ $(\because$ ㉠$)$

$\qquad = 28 \log \dfrac{10}{9} = 28(1 - 2\log 3)$

$\qquad = 28 - 56 \log 3$

0210 답 0.98

어느 외부 자극의 세기가 30일 때의 감각의 세기가 0.74이므로

$0.74 = k \log 30 = k \log(10 \times 3)$

$\qquad = k(1 + \log 3)$

$\qquad = k(1 + 0.48) = 1.48k$

$\therefore k = \dfrac{1}{2}$

따라서 이 외부 자극의 세기가 90일 때의 감각의 세기는

$\dfrac{1}{2} \log 90 = \dfrac{1}{2} \log(10 \times 3^2) = \dfrac{1}{2}(1 + 2\log 3)$

$\qquad = \dfrac{1}{2}(1 + 2 \times 0.48)$

$\qquad = 0.98$

0211 답 ⑤

5년 전 매출액을 A원이라 하고 매출액이 매년 $r \%$씩 증가했다고 하면

$A\left(1 + \dfrac{r}{100}\right)^5 = 2A$ $\therefore \left(1 + \dfrac{r}{100}\right)^5 = 2$

양변에 상용로그를 취하면

$5 \log\left(1 + \dfrac{r}{100}\right) = \log 2$

$\log\left(1 + \dfrac{r}{100}\right) = \dfrac{1}{5} \log 2 = \dfrac{1}{5} \times 0.3 = 0.06$

이때 $\log 1.15 = 0.06$이므로

$1 + \dfrac{r}{100} = 1.15$, $\dfrac{r}{100} = 0.15$

$\therefore r = 15$

따라서 매출액은 매년 15%씩 증가했다.

0212 답 32.7 %

현재 가격을 A원이라 하면 중고 물품의 가격은 매년 20%씩 떨어지므로 5년 후의 가격은

$A\left(1 - \dfrac{20}{100}\right)^5 = A \times 0.8^5$(원)

0.8^5에 상용로그를 취하면

$\log 0.8^5 = 5 \log 0.8 = 5 \log \dfrac{8}{10} = 5(3\log 2 - 1)$

$\qquad = 5(3 \times 0.301 - 1)$

$\qquad = -0.485 = -1 + 0.515$

이때 $\log 3.27 = 0.515$이므로

$\log 0.8^5 = -1 + 0.515 = \log 10^{-1} + \log 3.27$

$\qquad = \log(10^{-1} \times 3.27) = \log 0.327$

$\therefore 0.8^5 = 0.327$

따라서 이 중고 물품의 5년 후 가격은 $0.327A$원이므로 현재 가격의 32.7%이다.

0213 답 ④

$\log_a 3=2$에서 $a^2=3$

$\log_2 b=2$에서 $b=2^2=4$

$\therefore a^{2b}=(a^2)^b=3^4=81$

0214 답 ②

(가)에서 $\log_2 a=0$ 또는 $\log_b 3=0$

이때 $\log_b 3\neq 0$이므로 $\log_2 a=0$ ······ ㉠

$\therefore a=2^0=1$

(나)에서 $\log_b 3=2$ ($\because$ ㉠)

$\therefore b^2=3$

$\therefore a^2+b^2=1^2+3=4$

0215 답 ④

$f(n)=\dfrac{2\log_3 (n+1)-\log_3 (n^2+n)}{n+1-n}$

$\quad=\log_3 (n+1)^2-\log_3 (n^2+n)$

$\quad=\log_3 \dfrac{(n+1)^2}{n(n+1)}=\log_3 \dfrac{n+1}{n}$

$\therefore f(1)+f(2)+f(3)+\cdots+f(80)$

$\quad=\log_3 \dfrac{2}{1}+\log_3 \dfrac{3}{2}+\log_3 \dfrac{4}{3}+\cdots+\log_3 \dfrac{81}{80}$

$\quad=\log_3 \left(2\times\dfrac{3}{2}\times\dfrac{4}{3}\times\cdots\times\dfrac{81}{80}\right)$

$\quad=\log_3 81=\log_3 3^4=4$

0216 답 $\log_2 3$

$\dfrac{1}{a}+\dfrac{1}{b}=\dfrac{a+b}{ab}=\dfrac{\log_2 7}{\log_3 7}$

$\qquad=\dfrac{\dfrac{1}{\log_7 2}}{\dfrac{1}{\log_7 3}}=\dfrac{\log_7 3}{\log_7 2}=\log_2 3$

0217 답 80

(가)에서 $\log_4 a=2$ $\therefore a=4^2=16$

(나)에서

$\log_a 5\times\log_5 b=\log_a 5\times\dfrac{\log_a b}{\log_a 5}=\log_a b$

즉, $\log_a b=\dfrac{3}{2}$이므로

$b=a^{\frac{3}{2}}=(4^2)^{\frac{3}{2}}=4^3=64$

$\therefore a+b=16+64=80$

0218 답 ③

$(5^{\log_5 3+\log_5 2})^2+(3^{\log_2 3+\log_{\sqrt{2}} 3\sqrt{3}})^{\log_9 2\sqrt{2}}$

$=\{5^{\log_5 (3\times 2)}\}^2+(3^{\log_2 3+\log_2 3^{\frac{3}{2}}})^{\log_{3^2} 2^{\frac{3}{2}}}$

$=(5^{\log_5 6})^2+(3^{\log_2 3+3\log_2 3})^{\frac{3}{4}\log_3 2}$

$=(6^{\log_5 5})^2+3^{4\log_2 3\times\frac{3}{4}\log_3 2}$

$=6^2+3^3=36+27$

$=63$

0219 답 ④

$\log_2 15=a$에서

$\log_2 3+\log_2 5=a$ ······ ㉠

$\log_2 \dfrac{3}{5}=b$에서

$\log_2 3-\log_2 5=b$ ······ ㉡

㉠＋㉡을 하면 $2\log_2 3=a+b$

$\therefore \log_2 3=\dfrac{a+b}{2}$

㉠－㉡을 하면 $2\log_2 5=a-b$

$\therefore \log_2 5=\dfrac{a-b}{2}$

$\therefore \log_2 45=\log_2 (3^2\times 5)$

$\qquad=2\log_2 3+\log_2 5$

$\qquad=2\times\dfrac{a+b}{2}+\dfrac{a-b}{2}$

$\qquad=\dfrac{3a+b}{2}$

0220 답 $\dfrac{5}{2}$

$\log_{16} a=\dfrac{1}{\log_b 4}$에서 $\log_{4^2} a=\log_4 b$이므로

$\dfrac{1}{2}\log_4 a=\log_4 b$

$\log_4 \sqrt{a}=\log_4 b$

$\sqrt{a}=b$ $\therefore a=b^2$

$\therefore \log_a b+\log_b a=\log_{b^2} b+\log_b b^2$

$\qquad\qquad\qquad=\dfrac{1}{2}+2$

$\qquad\qquad\qquad=\dfrac{5}{2}$

0221 답 ①

이차방정식의 근과 계수의 관계에 의하여

$\log_2 a+\log_2 b=-6$, $\log_2 a\times\log_2 b=3$

$\therefore \log_a b+\log_b a=\dfrac{\log_2 b}{\log_2 a}+\dfrac{\log_2 a}{\log_2 b}$

$\qquad=\dfrac{(\log_2 b)^2+(\log_2 a)^2}{\log_2 a\times\log_2 b}$

$\qquad=\dfrac{(\log_2 a+\log_2 b)^2-2\log_2 a\times\log_2 b}{\log_2 a\times\log_2 b}$

$\qquad=\dfrac{(-6)^2-2\times 3}{3}$

$\qquad=10$

0222 답 ⑤

$\log_5 5<\log_5 15<\log_5 25$

즉, $1<\log_5 15<2$이므로

$x=1$, $y=\log_5 15-1=\log_5 15-\log_5 5=\log_5 3$

$\therefore \dfrac{5^x+5^y}{5^x-5^y}=\dfrac{5^1+5^{\log_5 3}}{5^1-5^{\log_5 3}}=\dfrac{5+3}{5-3}=4$

0223 답 2.0333

$\log 108 = \log(2^2 \times 3^3)$
$\qquad = 2\log 2 + 3\log 3$
$\qquad = 2 \times 0.3010 + 3 \times 0.4771$
$\qquad = 2.0333$

0224 답 ①

$\log \dfrac{100x}{y^2} = \log 100x - \log y^2 = \log(10^2 \times x) - \log y^2$
$\qquad = 2 + \log x - 2\log y = 2 + \dfrac{3}{5} - 2 \times \dfrac{7}{4}$
$\qquad = -0.9 = -1 + 0.1$

따라서 $\log \dfrac{100x}{y^2}$의 정수 부분은 -1, 소수 부분은 0.1이므로

$a = -1,\ b = 0.1$
$\therefore a^2 + 10b = (-1)^2 + 10 \times 0.1 = 2$

0225 답 20.1

상용로그표에서 $\log 4.04 = 0.6064$이므로

$\log\sqrt{404} = \dfrac{1}{2}\log 404 = \dfrac{1}{2}\log(10^2 \times 4.04)$
$\qquad = \dfrac{1}{2}(\log 10^2 + \log 4.04) = \dfrac{1}{2}(2 + 0.6064)$
$\qquad = 1 + 0.3032$

이때 상용로그표에서 $\log 2.01 = 0.3032$이므로

$\log\sqrt{404} = 1 + 0.3032 = \log 10 + \log 2.01$
$\qquad = \log(10 \times 2.01) = \log 20.1$
$\therefore \sqrt{404} = 20.1$

0226 답 $x^2 - 19x + 90 = 0$

$\log 900 = \log(10^2 \times 9) = 2 + \log 9$이므로 $\log 900$의 정수 부분은 2,
소수 부분은 $\log 9$이다.

$\therefore a = 2,\ b = \log 9 = 2\log 3$

즉, $3^a = 3^2 = 9$이고

$\dfrac{2}{b} = \dfrac{2}{2\log 3} = \log_3 10$에서

$3^{\frac{2}{b}} = 3^{\log_3 10} = 10$

따라서 x^2의 계수가 1이고 3^a, $3^{\frac{2}{b}}$, 즉 9, 10을 두 근으로 하는 이차방
정식은

$x^2 - (9 + 10)x + 9 \times 10 = 0$
$\therefore x^2 - 19x + 90 = 0$

0227 답 $\dfrac{1}{2}$배

어느 상품의 현재 수요량을 D_1, 판매 가격을 P_1이라 하면

$\log_a D_1 = k - \dfrac{1}{3}\log_a P_1 \qquad \cdots\cdots \ \text{㉠}$

판매 가격이 현재의 8배가 될 때의 수요량을 D_2라 하면 판매 가격은
$8P_1$이므로

$\log_a D_2 = k - \dfrac{1}{3}\log_a 8P_1$

$\log_a D_2 = k - \dfrac{1}{3}(\log_a P_1 + \log_a 8)$

$\log_a D_2 = k - \dfrac{1}{3}\log_a P_1 - \log_a 2 \qquad \cdots\cdots \ \text{㉡}$

㉡ $-$ ㉠을 하면

$\log_a D_2 - \log_a D_1 = -\log_a 2,\ \log_a D_2 = \log_a D_1 - \log_a 2$

$\log_a D_2 = \log_a \dfrac{D_1}{2} \qquad \therefore D_2 = \dfrac{D_1}{2}$

따라서 판매 가격이 현재의 8배가 되면 수요량은 현재의 $\dfrac{1}{2}$배가 된다.

0228 답 3

밑의 조건에서 $|a - 1| > 0$, $|a - 1| \neq 1$

$\therefore a \neq 0,\ a \neq 1,\ a \neq 2 \qquad \cdots\cdots \ \text{㉠}$ ...... ❶

진수의 조건에서 모든 실수 x에 대하여 $x^2 + ax + a > 0$이어야 하므
로 이차방정식 $x^2 + ax + a = 0$의 판별식을 D라 하면

$D = a^2 - 4a < 0,\ a(a - 4) < 0$

$\therefore 0 < a < 4 \qquad \cdots\cdots \ \text{㉡}$ ...... ❷

㉠, ㉡의 공통부분은

$0 < a < 1$ 또는 $1 < a < 2$ 또는 $2 < a < 4$

따라서 구하는 정수 a의 값은 3이다. ...... ❸

채점 기준

❶ 밑의 조건을 만족시키는 a의 값의 범위 구하기		30 %
❷ 진수의 조건을 만족시키는 a의 값의 범위 구하기		50 %
❸ 정수 a의 값 구하기		20 %

0229 답 0

$2^x = 5^y = 50^z = k\ (k > 0)$로 놓으면

$xyz \neq 0$이므로 $k \neq 1$

$x = \log_2 k,\ y = \log_5 k,\ z = \log_{50} k$이므로

$\dfrac{1}{x} = \log_k 2,\ \dfrac{1}{y} = \log_k 5,\ \dfrac{1}{z} = \log_k 50$ ...... ❶

$\therefore \dfrac{1}{x} + \dfrac{2}{y} - \dfrac{1}{z} = \log_k 2 + 2\log_k 5 - \log_k 50$

$\qquad = \log_k 2 + \log_k 5^2 - \log_k 50$

$\qquad = \log_k \dfrac{2 \times 5^2}{50}$

$\qquad = \log_k 1$

$\qquad = 0$ ...... ❷

채점 기준

❶ $2^x = 5^y = 50^z = k\ (k > 0)$로 놓고 $\dfrac{1}{x},\ \dfrac{1}{y},\ \dfrac{1}{z}$을 k에 대한 식으로 나타내기		40 %
❷ $\dfrac{1}{x} + \dfrac{2}{y} - \dfrac{1}{z}$의 값 구하기		60 %

0230 답 $10^{\frac{34}{5}}$

두 상용로그의 소수 부분의 합이 1이면 두 상용로그의 합이 정수이
므로

$\log x + \log x\sqrt{x} = \log x + \dfrac{3}{2}\log x$

$\qquad\qquad\qquad = \dfrac{5}{2}\log x \ \Leftarrow$ 정수 ...... ❶

$\log x$의 정수 부분이 3이므로

$3 \leq \log x < 4$

$\therefore \dfrac{15}{2} \leq \dfrac{5}{2}\log x < 10$ ...... ❷

이때 $\dfrac{5}{2}\log x$가 정수이므로 $\dfrac{5}{2}\log x=8$ 또는 $\dfrac{5}{2}\log x=9$

$\log x=\dfrac{16}{5}$ 또는 $\log x=\dfrac{18}{5}$

$\therefore x=10^{\frac{16}{5}}$ 또는 $x=10^{\frac{18}{5}}$ ...... ⅲ

따라서 모든 실수 x의 값의 곱은 $10^{\frac{16}{5}}\times10^{\frac{18}{5}}=10^{\frac{34}{5}}$ ...... ⅳ

채점 기준

❶ $\log x$의 소수 부분과 $\log x\sqrt{x}$의 소수 부분의 합이 1임을 이용하여 $\dfrac{5}{2}\log x$가 정수임을 알기	30 %
❷ $\dfrac{5}{2}\log x$의 값의 범위 구하기	30 %
❸ x의 값 구하기	30 %
❹ 모든 실수 x의 값의 곱 구하기	10 %

C 실력 향상

39쪽

0231 답 1

$\log_2\left(\dfrac{1}{2}-x\right)+\log_2\left(\dfrac{1}{2}-y\right)=0$에서

$\log_2\left(\dfrac{1}{2}-x\right)\left(\dfrac{1}{2}-y\right)=0$, $\log_2\left(\dfrac{1}{4}-\dfrac{y}{2}-\dfrac{x}{2}+xy\right)=0$

$\dfrac{1}{4}-\dfrac{y}{2}-\dfrac{x}{2}+xy=1$ $\therefore xy-\dfrac{x}{2}-\dfrac{y}{2}=\dfrac{3}{4}$ ...... ㉠

이때 진수의 조건에서 $\dfrac{1}{2}-x>0$, $\dfrac{1}{2}-y>0$

$\therefore x<\dfrac{1}{2}, \ y<\dfrac{1}{2}$

$x^2>0, \ y^2>0$이므로 산술평균과 기하평균의 관계에 의하여

$x^2+y^2\geq2\sqrt{x^2y^2}$ ...... ㉡

이때 등호는 $x^2=y^2$일 때 성립하므로 $x=-y$ 또는 $x=y$

(ⅰ) $x=-y$일 때,

㉠에서 $x^2=-\dfrac{3}{4}$

이를 만족시키는 실수 x의 값은 존재하지 않는다.

(ⅱ) $x=y$일 때,

㉠에서 $x^2-x=\dfrac{3}{4}$

$4x^2-4x-3=0$, $(2x+1)(2x-3)=0$

$\therefore x=-\dfrac{1}{2}\left(\because x<\dfrac{1}{2}\right)$

㉡에서 $x^2+y^2\geq2\sqrt{\left(-\dfrac{1}{2}\right)^2\times\left(-\dfrac{1}{2}\right)^2}=\dfrac{1}{2}$

(ⅰ), (ⅱ)에서 x^2+y^2의 최솟값은 $\dfrac{1}{2}$이므로 $m=2, \ n=1$

$\therefore m-n=1$

0232 답 45

집합 A의 원소 중 자연수인 원소는 다음과 같다.

a	1	4	9	16	25	36	49	64	$\cdots$	→ 완전제곱수
$\sqrt{a}$	1	②	3	④	5	⑥	7	8	$\cdots$	

$\log_{\sqrt{3}}b=\log_{3^{\frac{1}{2}}}b=2\log_3 b$이므로

집합 B의 원소 중 자연수인 원소는 다음과 같다.

b	3	9	27	81	$\cdots$	→ 3의 거듭제곱인 수
$\log_{\sqrt{3}}b$	②	④	⑥	8	$\cdots$	

즉, $n(C)=3$이 되려면 $C=\{2, 4, 6\}$이어야 한다.

$\{2, 4, 6\}\subset A$에서 $k\geq36$ ...... ㉠

$\{2, 4, 6\}\subset B$에서 $k\geq27$ ...... ㉡

㉠, ㉡의 공통부분은 $k\geq36$

이때 $k\geq81$이면 $\{2, 4, 6, 8\}\subset C$이므로 $k<81$이어야 한다.

$\therefore 36\leq k<81$

따라서 자연수 k는 36, 37, 38, ..., 80의 45개이다.

0233 답 $\sqrt{3}$

㈎에서

$\sqrt{a}=\sqrt[4]{b}=\sqrt[6]{c}=k\,(k>0)$로 놓으면

$a=k^2, \ b=k^4, \ c=k^6$

㈏에서

$\log_2\dfrac{bc}{a}=\log_2\dfrac{k^4\times k^6}{k^2}=\log_2 k^8=8\log_2 k$

즉, $8\log_2 k=2$이므로 $\log_2 k=\dfrac{1}{4}$

$\therefore k=2^{\frac{1}{4}}=\sqrt[4]{2}$

$\therefore a=(\sqrt[4]{2})^2=\sqrt{2}, \ b=(\sqrt[4]{2})^4=2, \ c=(\sqrt[4]{2})^6=2\sqrt{2}$ ...... ㉠

$\log_2 a\times\log_m b\times\log_n c=1$에서

$\log_2 a\times\dfrac{\log_2 b}{\log_2 m}\times\dfrac{\log_2 c}{\log_2 n}=1$

$\log_2 m\times\log_2 n=\log_2 a\times\log_2 b\times\log_2 c$ ...... ㉡

$m>1, \ n>1$에서 $\log_2 m>0, \ \log_2 n>0$이므로

산술평균과 기하평균의 관계에 의하여

$\log_2 mn=\log_2 m+\log_2 n\geq2\sqrt{\log_2 m\times\log_2 n}$

(단, 등호는 $\log_2 m=\log_2 n$, 즉 $m=n$일 때 성립)

이때 ㉠, ㉡에 의하여

$\log_2 m\times\log_2 n=\log_2 a\times\log_2 b\times\log_2 c$

$\qquad=\log_2\sqrt{2}\times\log_2 2\times\log_2 2\sqrt{2}$

$\qquad=\dfrac{1}{2}\times1\times\dfrac{3}{2}=\dfrac{3}{4}$

따라서 $\log_2 mn\geq2\times\sqrt{\dfrac{3}{4}}=\sqrt{3}$이므로

$\log_2 mn$의 최솟값은 $\sqrt{3}$이다.

0234 답 794

10년 후의 매출액은

$A(1-0.2)^5(1+0.2)^5=A(1-0.2^2)^5=A\times0.96^5$(원)

$\therefore k=0.96^5$

양변에 상용로그를 취하면

$\log k=\log 0.96^5=5\log 0.96$

$\qquad=5\log(10^{-1}\times9.6)=5(-1+\log 9.6)$

$\qquad=5(-1+0.98)=-0.1$

$\qquad=-1+0.9=\log 10^{-1}+\log 7.94$

$\qquad=\log(10^{-1}\times7.94)=\log 0.794$

따라서 $k=0.794$이므로 $1000k=794$

03 / 지수함수

A 개념 확인

40~43쪽

0235 답 ㄱ, ㄹ

0236 답 81

$f(4)=3^4=81$

0237 답 $3\sqrt{3}$

$f\left(\dfrac{3}{2}\right)=3^{\frac{3}{2}}=\sqrt{3^3}=3\sqrt{3}$

0238 답 $\dfrac{1}{27}$

$f(-3)=3^{-3}=\dfrac{1}{3^3}=\dfrac{1}{27}$

0239 답 27

$\dfrac{f(1)}{f(-2)}=\dfrac{3^1}{3^{-2}}=3^1\times 3^2=3^3=27$

0240 답 1

$f(0)=\left(\dfrac{1}{5}\right)^0=1$

0241 답 $\dfrac{1}{125}$

$f(3)=\left(\dfrac{1}{5}\right)^3=\dfrac{1}{125}$

0242 답 25

$f(-2)=\left(\dfrac{1}{5}\right)^{-2}=5^2=25$

0243 답 $\dfrac{1}{5}$

$f(-3)f(4)=\left(\dfrac{1}{5}\right)^{-3}\times\left(\dfrac{1}{5}\right)^4=\dfrac{1}{5}$

0244 답 ㄴ, ㄷ, ㅁ

ㄱ. 치역은 $\{y\,|\,y>0\}$이다.

ㄴ. $f(x)=a^x$은 일대일함수이므로 $x_1\neq x_2$이면 $f(x_1)\neq f(x_2)$이다.
   즉, $f(x_1)=f(x_2)$이면 $x_1=x_2$이다.

ㄷ. $a>1$일 때, x의 값이 증가하면 y의 값도 증가하므로
   $x_1<x_2$이면 $f(x_1)<f(x_2)$이다.

ㄹ. 그래프의 점근선의 방정식은 $y=0$이다.

ㅁ. $f(0)=a^0=1$이므로 그래프는 점 $(0, 1)$을 지난다.

따라서 보기에서 옳은 것은 ㄴ, ㄷ, ㅁ이다.

0245 답 $4^{10}<8^7$

$4^{10}=(2^2)^{10}=2^{20}$, $8^7=(2^3)^7=2^{21}$

이때 $20<21$이고 밑이 1보다 크므로 $2^{20}<2^{21}$

$\therefore 4^{10}<8^7$

0246 답 $\dfrac{1}{625}<\left(\sqrt{\dfrac{1}{5}}\right)^5$

$\left(\sqrt{\dfrac{1}{5}}\right)^5=\left(\dfrac{1}{5}\right)^{\frac{5}{2}}$, $\dfrac{1}{625}=\left(\dfrac{1}{5}\right)^4$

이때 $\dfrac{5}{2}<4$이고 밑이 1보다 작으므로 $\left(\dfrac{1}{5}\right)^4<\left(\dfrac{1}{5}\right)^{\frac{5}{2}}$

$\therefore \dfrac{1}{625}<\left(\sqrt{\dfrac{1}{5}}\right)^5$

0247 답 $\sqrt{3}<\sqrt[3]{9}<\sqrt{27}$

$\sqrt{3}=3^{\frac{1}{2}}$, $\sqrt[3]{9}=\sqrt[3]{3^2}=3^{\frac{2}{3}}$, $\sqrt{27}=\sqrt{3^3}=3^{\frac{3}{2}}$

이때 $\dfrac{1}{2}<\dfrac{2}{3}<\dfrac{3}{2}$이고 밑이 1보다 크므로

$3^{\frac{1}{2}}<3^{\frac{2}{3}}<3^{\frac{3}{2}}$

$\therefore \sqrt{3}<\sqrt[3]{9}<\sqrt{27}$

0248 답 $\left(\sqrt{\dfrac{1}{7}}\right)^5<\dfrac{1}{7}<\left(\dfrac{1}{7}\right)^{-0.1}$

$\left(\sqrt{\dfrac{1}{7}}\right)^5=\left(\dfrac{1}{7}\right)^{\frac{5}{2}}$

이때 $-0.1<1<\dfrac{5}{2}$이고 밑이 1보다 작으므로

$\left(\dfrac{1}{7}\right)^{\frac{5}{2}}<\dfrac{1}{7}<\left(\dfrac{1}{7}\right)^{-0.1}$

$\therefore \left(\sqrt{\dfrac{1}{7}}\right)^5<\dfrac{1}{7}<\left(\dfrac{1}{7}\right)^{-0.1}$

0249 답 풀이 참조

함수 $y=\left(\dfrac{1}{4}\right)^{x-1}$의 그래프는 함수

$y=\left(\dfrac{1}{4}\right)^x$의 그래프를 x축의 방향으로
1만큼 평행이동한 것이므로 오른쪽 그림과 같다.

따라서 치역은 $\{y\,|\,y>0\}$이고, 점근선
의 방정식은 $y=0$이다.

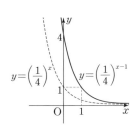

0250 답 풀이 참조

함수 $y=2^{x-3}-4$의 그래프는 함수
$y=2^x$의 그래프를 x축의 방향으로 3만
큼, y축의 방향으로 -4만큼 평행이동
한 것이므로 오른쪽 그림과 같다.

따라서 치역은 $\{y\,|\,y>-4\}$이고, 점근
선의 방정식은 $y=-4$이다.

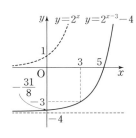

0251 답 풀이 참조

함수 $y=5^{x+2}-\dfrac{1}{5}$의 그래프는 함수

$y=5^x$의 그래프를 x축의 방향으로 -2만
큼, y축의 방향으로 $-\dfrac{1}{5}$만큼 평행이동
한 것이므로 오른쪽 그림과 같다.

따라서 치역은 $\left\{y\,\Big|\,y>-\dfrac{1}{5}\right\}$이고, 점근

선의 방정식은 $y=-\dfrac{1}{5}$이다.

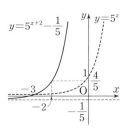

0252 답 풀이 참조

함수 $y=\left(\dfrac{1}{3}\right)^{x+4}+3$의 그래프는 함

수 $y=\left(\dfrac{1}{3}\right)^{x}$의 그래프를 x축의 방

향으로 -4만큼, y축의 방향으로 3

만큼 평행이동한 것이므로 오른쪽

그림과 같다.

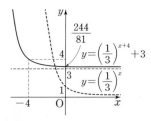

따라서 치역은 $\{y\,|\,y>3\}$이고, 점근선의 방정식은 $y=3$이다.

0253 답 $y=\left(\dfrac{1}{3}\right)^{x+6}-3$

0254 답 $y=-\left(\dfrac{1}{3}\right)^{x+2}+5$

함수 $y=\left(\dfrac{1}{3}\right)^{x+2}-5$의 그래프를 x축에 대하여 대칭이동한 그래프의

식은

$-y=\left(\dfrac{1}{3}\right)^{x+2}-5$ $\quad\therefore\ y=-\left(\dfrac{1}{3}\right)^{x+2}+5$

0255 답 $y=\left(\dfrac{1}{3}\right)^{-x+2}-5$

0256 답 $y=-\left(\dfrac{1}{3}\right)^{-x+2}+5$

함수 $y=\left(\dfrac{1}{3}\right)^{x+2}-5$의 그래프를 원점에 대하여 대칭이동한 그래프

의 식은

$-y=\left(\dfrac{1}{3}\right)^{-x+2}-5$ $\quad\therefore\ y=-\left(\dfrac{1}{3}\right)^{-x+2}+5$

0257 답 최댓값: 49, 최솟값: $\dfrac{1}{7}$

함수 $y=7^{x}$의 밑이 1보다 크므로 $-1\le x\le 2$일 때 함수 $y=7^{x}$은

$x=2$에서 최댓값 $7^{2}=49$, $x=-1$에서 최솟값 $7^{-1}=\dfrac{1}{7}$을 갖는다.

0258 답 최댓값: 125, 최솟값: $\dfrac{1}{25}$

함수 $y=5^{-x}=\left(\dfrac{1}{5}\right)^{x}$의 밑이 1보다 작으므로 $-3\le x\le 2$일 때 함수

$y=5^{-x}$은 $x=-3$에서 최댓값 $5^{-(-3)}=5^{3}=125$, $x=2$에서 최솟값

$5^{-2}=\dfrac{1}{25}$을 갖는다.

0259 답 최댓값: 27, 최솟값: -1

함수 $y=2^{x+2}-5$의 밑이 1보다 크므로 $0\le x\le 3$일 때 함수

$y=2^{x+2}-5$는 $x=3$에서 최댓값 $2^{3+2}-5=2^{5}-5=27$, $x=0$에서 최

솟값 $2^{0+2}-5=2^{2}-5=-1$을 갖는다.

0260 답 최댓값: 28, 최솟값: 2

함수 $y=\left(\dfrac{1}{3}\right)^{x-1}+1$의 밑이 1보다 작으므로 $-2\le x\le 1$일 때 함수

$y=\left(\dfrac{1}{3}\right)^{x-1}+1$은 $x=-2$에서 최댓값 $\left(\dfrac{1}{3}\right)^{-2-1}+1=3^{3}+1=28$,

$x=1$에서 최솟값 $\left(\dfrac{1}{3}\right)^{1-1}+1=\left(\dfrac{1}{3}\right)^{0}+1=2$를 갖는다.

0261 답 최댓값: 3, 최솟값: $\dfrac{1}{27}$

$f(x)=x^{2}-4x+1$이라 하면

$f(x)=(x-2)^{2}-3$

$1\le x\le 4$에서

$f(1)=-2$, $f(2)=-3$, $f(4)=1$이므로

$-3\le f(x)\le 1$

이때 함수 $y=3^{f(x)}$의 밑이 1보다 크므로 함수 $y=3^{f(x)}$은 $f(x)=1$

에서 최댓값 $3^{1}=3$, $f(x)=-3$에서 최솟값 $3^{-3}=\dfrac{1}{27}$을 갖는다.

0262 답 최댓값: 4, 최솟값: $\dfrac{1}{4}$

$f(x)=-x^{2}+6x-7$이라 하면

$f(x)=-(x-3)^{2}+2$

$1\le x\le 3$에서

$f(1)=-2$, $f(3)=2$이므로

$-2\le f(x)\le 2$

이때 함수 $y=2^{f(x)}$의 밑이 1보다 크므로 함수 $y=2^{f(x)}$은 $f(x)=2$

에서 최댓값 $2^{2}=4$, $f(x)=-2$에서 최솟값 $2^{-2}=\dfrac{1}{4}$을 갖는다.

0263 답 최댓값: 125, 최솟값: $\dfrac{1}{5}$

$f(x)=x^{2}+2x-2$라 하면

$f(x)=(x+1)^{2}-3$

$-2\le x\le 1$에서

$f(-2)=-2$, $f(-1)=-3$, $f(1)=1$이므로

$-3\le f(x)\le 1$

이때 함수 $y=\left(\dfrac{1}{5}\right)^{f(x)}$의 밑이 1보다 작으므로 함수 $y=\left(\dfrac{1}{5}\right)^{f(x)}$은

$f(x)=-3$에서 최댓값 $\left(\dfrac{1}{5}\right)^{-3}=5^{3}=125$, $f(x)=1$에서 최솟값

$\left(\dfrac{1}{5}\right)^{1}=\dfrac{1}{5}$을 갖는다.

0264 답 최댓값: 6, 최솟값: $\dfrac{1}{216}$

$f(x)=-x^{2}+2x+2$라 하면

$f(x)=-(x-1)^{2}+3$

$0\le x\le 3$에서

$f(0)=2$, $f(1)=3$, $f(3)=-1$이므로

$-1\le f(x)\le 3$

이때 함수 $y=\left(\dfrac{1}{6}\right)^{f(x)}$의 밑이 1보다 작으므로 함수 $y=\left(\dfrac{1}{6}\right)^{f(x)}$은

$f(x)=-1$에서 최댓값 $\left(\dfrac{1}{6}\right)^{-1}=6$, $f(x)=3$에서 최솟값

$\left(\dfrac{1}{6}\right)^{3}=\dfrac{1}{216}$을 갖는다.

0265 답 $x=\dfrac{5}{2}$

$3^{x-1}=3^{\frac{3}{2}}$에서

$x-1=\dfrac{3}{2}$ $\quad\therefore\ x=\dfrac{5}{2}$

0266 답 $x=3$

$49^x=7^{x+3}$에서 $7^{2x}=7^{x+3}$

따라서 $2x=x+3$이므로 $x=3$

0267 답 $x=\dfrac{1}{4}$

$\left(\dfrac{7}{6}\right)^{5x}=\left(\dfrac{6}{7}\right)^{3x-2}$에서 $\left(\dfrac{7}{6}\right)^{5x}=\left(\dfrac{7}{6}\right)^{-3x+2}$

따라서 $5x=-3x+2$이므로 $8x=2$

$\therefore x=\dfrac{1}{4}$

0268 답 $x=\dfrac{5}{3}$

$5^{x+1}=0.2^{2x-6}$에서 $5^{x+1}=\left(\dfrac{1}{5}\right)^{2x-6}$

$5^{x+1}=5^{-2x+6}$

따라서 $x+1=-2x+6$이므로 $3x=5$

$\therefore x=\dfrac{5}{3}$

0269 답 $x=3$

$2^{2x}-6\times2^x-16=0$에서

$(2^x)^2-6\times2^x-16=0$

$2^x=t\,(t>0)$로 놓으면

$t^2-6t-16=0,\ (t+2)(t-8)=0$

$\therefore t=8\ (\because t>0)$

따라서 $2^x=8=2^3$이므로 $x=3$

0270 답 $x=-2$

$\left(\dfrac{1}{3}\right)^{2x}-6\times\left(\dfrac{1}{3}\right)^x-27=0$에서

$\left\{\left(\dfrac{1}{3}\right)^x\right\}^2-6\times\left(\dfrac{1}{3}\right)^x-27=0$

$\left(\dfrac{1}{3}\right)^x=t\,(t>0)$로 놓으면

$t^2-6t-27=0,\ (t+3)(t-9)=0$

$\therefore t=9\ (\because t>0)$

따라서 $\left(\dfrac{1}{3}\right)^x=9=\left(\dfrac{1}{3}\right)^{-2}$이므로 $x=-2$

0271 답 $x>\dfrac{1}{2}$

$8^{2-x}<8^{x+1}$에서

밑이 1보다 크므로

$2-x<x+1$

$-2x<-1$

$\therefore x>\dfrac{1}{2}$

0272 답 $x\geq-1$

$\left(\dfrac{1}{3}\right)^{x-3}\geq\left(\dfrac{1}{3}\right)^{4x}$에서

밑이 1보다 작으므로

$x-3\leq4x$

$-3x\leq3$

$\therefore x\geq-1$

0273 답 $x\leq1$

$4^x\leq2^{5-3x}$에서

$2^{2x}\leq2^{5-3x}$

밑이 1보다 크므로

$2x\leq5-3x,\ 5x\leq5$

$\therefore x\leq1$

0274 답 $-1<x<3$

$\left(\dfrac{1}{2}\right)^{x^2}>\left(\dfrac{1}{2}\right)^{2x+3}$에서

밑이 1보다 작으므로

$x^2<2x+3$

$x^2-2x-3<0$

$(x+1)(x-3)<0$

$\therefore -1<x<3$

0275 답 $x\leq2$

$3^{2x}-8\times3^x-9\leq0$에서 $(3^x)^2-8\times3^x-9\leq0$

$3^x=t\,(t>0)$로 놓으면

$t^2-8t-9\leq0$

$(t+1)(t-9)\leq0$

$\therefore -1\leq t\leq9$

그런데 $t>0$이므로 $0<t\leq9$

즉, $0<3^x\leq3^2$이고 밑이 1보다 크므로 $x\leq2$

0276 답 $x\leq-2$ 또는 $x\geq-1$

$\left(\dfrac{1}{5}\right)^{2x}-6\times\left(\dfrac{1}{5}\right)^{x-1}+125\geq0$에서

$\left\{\left(\dfrac{1}{5}\right)^x\right\}^2-30\times\left(\dfrac{1}{5}\right)^x+125\geq0$

$\left(\dfrac{1}{5}\right)^x=t\,(t>0)$로 놓으면

$t^2-30t+125\geq0,\ (t-5)(t-25)\geq0$

$\therefore t\leq5$ 또는 $t\geq25$

그런데 $t>0$이므로

$0<t\leq5$ 또는 $t\geq25$

즉, $0<\left(\dfrac{1}{5}\right)^x\leq\left(\dfrac{1}{5}\right)^{-1}$ 또는 $\left(\dfrac{1}{5}\right)^x\geq\left(\dfrac{1}{5}\right)^{-2}$이고

밑이 1보다 크므로 $x\leq-2$ 또는 $x\geq-1$

B 유형 완성
44~55쪽

0277 답 ㄱ, ㄷ

ㄱ. $f(m)f(-m)=a^m\times a^{-m}=a^0=1$

ㄴ. $f(2m)=a^{2m},\ 2f(m)=2a^m$ $\quad\therefore f(2m)\neq2f(m)$

ㄷ. $f(m-n)=a^{m-n}=\dfrac{a^m}{a^n}=\dfrac{f(m)}{f(n)}$

따라서 보기에서 항상 옳은 것은 ㄱ, ㄷ이다.

0278 답 ③

$f(4)=m$에서 $a^4=m$

$f(9)=n$에서 $a^9=n$

$\therefore f(5)=a^5=a^{9-4}=a^9\div a^4=\dfrac{n}{m}$

0279 답 $\dfrac{1}{27}$

$f(1)=3$에서 $3^{a+b}=3$ $\therefore a+b=1$ …… ㉠

$f(2)=27$에서 $3^{2a+b}=3^3$ $\therefore 2a+b=3$ …… ㉡

㉠, ㉡을 연립하여 풀면

$a=2,\ b=-1$

따라서 $f(x)=3^{2x-1}$이므로

$f(-1)=3^{-3}=\dfrac{1}{27}$

0280 답 $\dfrac{28}{27}$

$f(2a)\times f(b)=3^{-2a}\times 3^{-b}=9$에서

$3^{-2a-b}=9=3^2$ $\therefore -2a-b=2$ …… ㉠

$f(a-b)=3^{-(a-b)}=3$에서

$3^{-a+b}=3$ $\therefore -a+b=1$ …… ㉡

㉠, ㉡을 연립하여 풀면

$a=-1,\ b=0$ …… ❶

$\therefore 3^{3a}+3^{3b}=3^{-3}+3^0=\dfrac{1}{27}+1=\dfrac{28}{27}$ …… ❷

채점 기준

❶ $a,\ b$의 값 구하기	70 %
❷ $3^{3a}+3^{3b}$의 값 구하기	30 %

0281 답 ⑤

ㄱ. 정의역은 실수 전체의 집합이다.

ㄴ. $f(x)=a^x$은 일대일함수이므로 $x_1\neq x_2$이면 $f(x_1)\neq f(x_2)$이다.

ㄷ. $0<a<1$일 때, $f(x)=a^x$은 x의 값이 증가하면 $f(x)$의 값은 감소하므로 $x_1<x_2$이면 $f(x_1)>f(x_2)$이다.

ㄹ. $f(0)=1,\ f(1)=a$이므로 그래프는 두 점 $(0,\ 1),\ (1,\ a)$를 지난다.

따라서 보기에서 옳은 것은 ㄴ, ㄷ, ㄹ이다.

0282 답 ④

임의의 실수 $a,\ b$에 대하여 $a<b$일 때, $f(a)>f(b)$를 만족시키는 함수는 x의 값이 증가할 때 $f(x)$의 값은 감소하는 함수이므로 $0<(밑)<1$인 지수함수이다.

이때 $f(x)=\left(\dfrac{10}{9}\right)^{-x}=\left(\dfrac{9}{10}\right)^{x}$은 $0<\dfrac{9}{10}<1$이므로 주어진 조건을 만족시키는 함수는 ④이다.

0283 답 $a<-3$ 또는 $a>2$

$y=(a^2+a-5)^x$에서 x의 값이 증가할 때 y의 값도 증가하려면 $a^2+a-5>1$이어야 하므로

$a^2+a-6>0$

$(a+3)(a-2)>0$

$\therefore a<-3$ 또는 $a>2$

0284 답 1

함수 $y=3^x$의 그래프를 x축의 방향으로 1만큼, y축의 방향으로 -2만큼 평행이동한 그래프의 식은

$y=3^{x-1}-2$

이 그래프가 점 $(2,\ a)$를 지나므로

$a=3^{2-1}-2=1$

0285 답 ④

함수 $y=4^x-6$의 그래프를 x축의 방향으로 a만큼, y축의 방향으로 b만큼 평행이동한 그래프의 식은

$y=4^{x-a}-6+b$

이 그래프의 점근선이 직선 $y=-6+b$이므로

$-6+b=-2$

$\therefore b=4$

$\therefore y=4^{x-a}-2$

이 그래프가 원점을 지나므로

$0=4^{-a}-2$

$2^{-2a}=2$

$-2a=1$

$\therefore a=-\dfrac{1}{2}$

$\therefore ab=-\dfrac{1}{2}\times 4=-2$

0286 답 ④

ㄱ. 함수 $y=4^x+3$의 그래프는 함수 $y=4^x$의 그래프를 y축의 방향으로 3만큼 평행이동한 것이다.

ㄴ. $y=-4\times 2^{x-2}=-2^2\times 2^{x-2}=-2^x$이므로 그래프는 함수 $y=4^x$의 그래프를 평행이동 또는 대칭이동하여 겹쳐질 수 없다.

ㄷ. $y=-\left(\dfrac{1}{4}\right)^x+2=-4^{-x}+2$이므로 그래프는 함수 $y=4^x$의 그래프를 원점에 대하여 대칭이동한 후 y축의 방향으로 2만큼 평행이동한 것이다.

ㄹ. $y=2^{2x-4}-2=(2^2)^{x-2}-2=4^{x-2}-2$이므로 그래프는 함수 $y=4^x$의 그래프를 x축의 방향으로 2만큼, y축의 방향으로 -2만큼 평행이동한 것이다.

따라서 보기의 함수에서 그 그래프가 함수 $y=4^x$의 그래프를 평행이동 또는 대칭이동하여 겹쳐지는 것은 ㄱ, ㄷ, ㄹ이다.

0287 답 -3

함수 $y=\left(\dfrac{1}{3}\right)^x$의 그래프를 y축에 대하여 대칭이동한 그래프의 식은

$y=\left(\dfrac{1}{3}\right)^{-x}=3^x$

이 그래프를 x축의 방향으로 a만큼, y축의 방향으로 b만큼 평행이동한 그래프의 식은

$y=3^{x-a}+b$ …… ❶

이 그래프의 점근선의 방정식이 $y=b$이므로 $b=3$ …… ❷

또 그래프가 점 $(0,\ 6)$을 지나므로

$6=3^{-a}+3,\ 3^{-a}=3$

$-a=1$ $\therefore a=-1$ …… ❸

$\therefore ab=-1\times 3=-3$ …… ❹

채점 기준

❶ 함수 $y=\left(\dfrac{1}{3}\right)^x$의 그래프를 y축에 대하여 대칭이동한 후 평행 이동한 그래프의 식 구하기	40 %
❷ b의 값 구하기	20 %
❸ a의 값 구하기	30 %
❹ ab의 값 구하기	10 %

0288 답 ①

함수 $y=5^{-x+1}+k=\left(\dfrac{1}{5}\right)^{x-1}+k$의 그래프는 함수 $y=\left(\dfrac{1}{5}\right)^x$의 그래프를 x축의 방향으로 1만큼, y축의 방향으로 k만큼 평행이동한 것이다.

따라서 그래프가 제3사분면을 지나지 않으려면 오른쪽 그림과 같아야 하므로

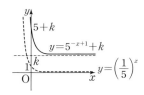

$\underbrace{5+k\geq0}_{\;\;x=0일 \;때의\; 함숫값}$

$\therefore k\geq-5$

따라서 실수 k의 최솟값은 -5이다.

0289 답 $k<2$

$x\geq-1$이면

$y=3^{x+1}+1$

$x<-1$이면

$y=3^{-(x+1)}+1=\left(\dfrac{1}{3}\right)^{x+1}+1$

따라서 함수 $y=3^{|x+1|}+1$의 그래프는 오른쪽 그림과 같으므로 직선 $y=k$가 그래프와 만나지 않으려면

$k<2$

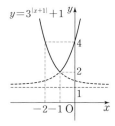

0290 답 ④

함수 $y=2^x$의 그래프가 두 점 (a, p), (b, q)를 지나므로

$p=2^a$, $q=2^b$

이때 $pq=16$이므로

$2^a\times2^b=16$, $2^{a+b}=2^4$

$\therefore a+b=4$

0291 답 ①

오른쪽 그림에서 $b=3^a$, $d=3^c$이므로

$bd=3^a\times3^c=3^{a+c}$

$\therefore k=a+c$

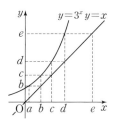

0292 답 2

$A(a, 3^a)$, $B(b, 3^b)$에서 직선 AB의 기울기가 2이므로

$\dfrac{3^b-3^a}{b-a}=2$

$\therefore b-a=\dfrac{1}{2}(3^b-3^a)$ ...... ㉠

또 $\overline{AB}=\sqrt{5}$에서 $(b-a)^2+(3^b-3^a)^2=(\sqrt{5})^2$

㉠을 대입하면

$\dfrac{1}{4}(3^b-3^a)^2+(3^b-3^a)^2=5$

$\dfrac{5}{4}(3^b-3^a)^2=5$, $(3^b-3^a)^2=4$

$\therefore 3^b-3^a=2$ ($\because 3^a<3^b$)

0293 답 $\dfrac{1}{8}$

사각형 ACDB가 정사각형이고 그 넓이가 9이므로 사각형 ACDB의 한 변의 길이는 3이다.

점 C의 좌표를 $(a, 0)$이라 하면

$\overline{CD}=3$이므로 $D(a+3, 0)$

$\overline{AC}=\overline{BD}=3$이므로 $A(a, 3)$, $B(a+3, 3)$

점 $A(a, 3)$이 함수 $y=2^x$의 그래프 위의 점이므로

$3=2^a$ ...... ㉠

또 점 $B(a+3, 3)$이 함수 $y=k\times2^x$의 그래프 위의 점이므로

$3=k\times2^{a+3}$, $k\times2^a\times8=3$

이때 ㉠에 의하여 $k\times3\times8=3$ $\therefore k=\dfrac{1}{8}$

0294 답 $\dfrac{25}{2}$

함수 $y=\left(\dfrac{1}{5}\right)^x$의 그래프가 직선 $y=25$와 만나는 점 A의 x좌표는

$\left(\dfrac{1}{5}\right)^x=25=\left(\dfrac{1}{5}\right)^{-2}$에서 $x=-2$

$\therefore A(-2, 25)$ ...... ❶

함수 $y=\left(\dfrac{1}{25}\right)^x$의 그래프가 직선 $y=25$와 만나는 점 B의 x좌표는

$\left(\dfrac{1}{25}\right)^x=25=\left(\dfrac{1}{25}\right)^{-1}$에서 $x=-1$

$\therefore B(-1, 25)$ ...... ❷

$\therefore \triangle OBA=\dfrac{1}{2}\times\{-1-(-2)\}\times25=\dfrac{25}{2}$ ...... ❸

채점 기준

❶ 점 A의 좌표 구하기	40 %
❷ 점 B의 좌표 구하기	40 %
❸ 삼각형 OBA의 넓이 구하기	20 %

0295 답 ⑤

점 C의 x좌표를 $a(a>0)$라 하면

점 C는 함수 $y=2^x$의 그래프 위의 점이므로 $C(a, 2^a)$

이때 직선 $y=-x+p$의 기울기가 -1이므로 삼각형 BDC는 직각이등변삼각형이다.

즉, $\overline{CD}=\overline{BD}=a$이므로 $\triangle BDC=\dfrac{1}{2}a^2$

따라서 $\dfrac{1}{2}a^2=8$이므로 $a^2=16$ $\therefore a=4$ ($\because a>0$)

$\therefore C(4, 16)$

한편 점 C가 직선 $y=-x+p$ 위의 점이므로

$16=-4+p$ $\therefore p=20$

$\therefore \triangle OAC=\dfrac{1}{2}\times20\times16=160$

0296 답 ③

$A = \sqrt[4]{64} = \sqrt[4]{2^6} = 2^{\frac{3}{2}}$

$B = 16^{\frac{1}{5}} = (2^4)^{\frac{1}{5}} = 2^{\frac{4}{5}}$

$C = \left(\frac{1}{8}\right)^{-0.6} = (2^{-3})^{-0.6} = 2^{1.8} = 2^{\frac{9}{5}}$

이때 $\frac{4}{5} < \frac{3}{2} < \frac{9}{5}$ 이고 밑이 1보다 크므로 $2^{\frac{4}{5}} < 2^{\frac{3}{2}} < 2^{\frac{9}{5}}$

$\therefore B < A < C$

0297 답 ⑤

$A = \sqrt[n+1]{a^n} = a^{\frac{n}{n+1}}$, $B = \sqrt[n+2]{a^{n+1}} = a^{\frac{n+1}{n+2}}$, $C = \sqrt[n+3]{a^{n+2}} = a^{\frac{n+2}{n+3}}$

$\frac{n}{n+1} = 1 - \frac{1}{n+1}$, $\frac{n+1}{n+2} = 1 - \frac{1}{n+2}$, $\frac{n+2}{n+3} = 1 - \frac{1}{n+3}$ 이고 n이

자연수이므로

$\frac{1}{n+3} < \frac{1}{n+2} < \frac{1}{n+1}$

따라서 $1 - \frac{1}{n+1} < 1 - \frac{1}{n+2} < 1 - \frac{1}{n+3}$, 즉

$\frac{n}{n+1} < \frac{n+1}{n+2} < \frac{n+2}{n+3}$ 이고 $0 < a < 1$이므로

$a^{\frac{n+2}{n+3}} < a^{\frac{n+1}{n+2}} < a^{\frac{n}{n+1}}$ $\therefore C < B < A$

0298 답 ②

$0 < a < \frac{1}{b} < 1$에서 $0 < a < 1$, $b > 1$

$0 < a < 1$이고 $a < b$이므로 $a^a > a^b$

$b > 1$이고 $a < b$이므로 $b^a < b^b$

이때 $a > 0$, $b > 0$이고 $a < b$이므로 $a^a < b^a$, $a^b < b^b$

$\therefore a^b < a^a < b^a < b^b$

0299 답 $\frac{17}{4}$

함수 $y = \left(\frac{1}{2}\right)^{x+1} + k$의 밑이 1보다 작으므로 $-2 \le x \le 1$일 때 함수

$y = \left(\frac{1}{2}\right)^{x+1} + k$는 $x = -2$에서 최댓값 $\left(\frac{1}{2}\right)^{-1} + k$, $x = 1$에서 최솟값

$\left(\frac{1}{2}\right)^2 + k$를 갖는다.

즉, $\left(\frac{1}{2}\right)^{-1} + k = 6$이므로 $2 + k = 6$ $\therefore k = 4$

따라서 함수 $y = \left(\frac{1}{2}\right)^{x+1} + 4$의 최솟값은 $\left(\frac{1}{2}\right)^2 + 4 = \frac{17}{4}$

0300 답 ③

함수 $y = \left(\frac{1}{3}\right)^{a-x} = 3^{x-a}$의 밑이 1보다 크므로 $2 \le x \le 4$일 때 함수

$y = 3^{x-a}$은 $x = 4$에서 최댓값 3^{4-a}, $x = 2$에서 최솟값 3^{2-a}을 갖는다.

즉, $3^{4-a} = 3$이므로

$4 - a = 1$

$\therefore a = 3$

따라서 $m = 3^{2-a} = \frac{1}{3}$이므로

$am = 3 \times \frac{1}{3} = 1$

0301 답 ④

함수 $y = 3^x \times 2^{-2x} + 5 = \left(\frac{3}{4}\right)^x + 5$의 밑이 1보다 작으므로

$-1 \le x \le 2$일 때 함수 $y = \left(\frac{3}{4}\right)^x + 5$는 $x = -1$에서 최댓값

$\left(\frac{3}{4}\right)^{-1} + 5 = \frac{4}{3} + 5 = \frac{19}{3}$를 갖는다.

따라서 $a = -1$, $M = \frac{19}{3}$이므로

$a + M = \frac{16}{3}$

0302 답 ⑤

함수 $y = \left(\frac{1}{3}\right)^{x+b} + 1$의 밑이 1보다 작으므로 $a \le x \le 3$일 때

함수 $y = \left(\frac{1}{3}\right)^{x+b} + 1$은 $x = a$에서 최댓값 $\left(\frac{1}{3}\right)^{a+b} + 1$,

$x = 3$에서 최솟값 $\left(\frac{1}{3}\right)^{3+b} + 1$을 갖는다.

즉, $\left(\frac{1}{3}\right)^{a+b} + 1 = 28$, $\left(\frac{1}{3}\right)^{3+b} + 1 = 4$이므로

$\left(\frac{1}{3}\right)^{a+b} = 27 = \left(\frac{1}{3}\right)^{-3}$, $\left(\frac{1}{3}\right)^{3+b} = 3 = \left(\frac{1}{3}\right)^{-1}$

$a + b = -3$, $3 + b = -1$

따라서 $a = 1$, $b = -4$이므로 $a - b = 5$

0303 답 ③

$f(x) = 2^{|x|} = \begin{cases} 2^x & (x \ge 0) \\ 2^{-x} & (x < 0) \end{cases}$이므로

$-1 \le x \le 3$에서 함수 $y = f(x)$의 그래프는 오른

쪽 그림과 같다.

$-1 \le x \le 3$일 때 함수 $f(x) = 2^{|x|}$은

$x = 3$에서 최댓값 $f(3) = 2^3 = 8$,

$x = 0$에서 최솟값은 $f(0) = 2^0 = 1$을 갖는다.

따라서 구하는 합은 $8 + 1 = 9$

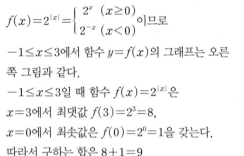
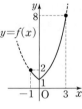

0304 답 $\frac{26}{5}$

$1 \le x \le 2$일 때 함수 $y = a^x - 1$은

(ⅰ) $a > 1$이면

   $x = 2$에서 최댓값 $a^2 - 1$, $x = 1$에서 최솟값 $a - 1$을 갖는다.

   즉, $M = a^2 - 1$, $m = a - 1$이므로

   $a^2 - 1 = 5(a - 1) + 4$

   $a^2 - 5a = 0$, $a(a - 5) = 0$

   $\therefore a = 5$ $(\because a > 1)$ ······ ❶

(ⅱ) $0 < a < 1$이면

   $x = 1$에서 최댓값 $a - 1$, $x = 2$에서 최솟값 $a^2 - 1$을 갖는다.

   즉, $M = a - 1$, $m = a^2 - 1$이므로

   $a - 1 = 5(a^2 - 1) + 4$

   $5a^2 - a = 0$, $a(5a - 1) = 0$

   $\therefore a = \frac{1}{5}$ $(\because 0 < a < 1)$ ······ ❷

(ⅰ), (ⅱ)에서 모든 실수 a의 값의 합은

$5 + \frac{1}{5} = \frac{26}{5}$ ······ ❸

채점 기준

❶ $a>1$일 때, 조건을 만족시키는 a의 값 구하기	40 %
❷ $0<a<1$일 때, 조건을 만족시키는 a의 값 구하기	40 %
❸ 모든 실수 a의 값의 합 구하기	20 %

0305 **답** 4

$f(x)=-x^2+2x+k$라 하면 $f(x)=-(x-1)^2+k+1$

$0\le x\le2$에서 $f(0)=k$, $f(1)=k+1$, $f(2)=k$이므로

$k\le f(x)\le k+1$

이때 함수 $y=2^{f(x)}$의 밑이 1보다 크므로 함수 $y=2^{f(x)}$은

$f(x)=k+1$에서 최댓값 2^{k+1}, $f(x)=k$에서 최솟값 2^k을 갖는다.

즉, $2^k=2$이므로 $k=1$

따라서 함수 $y=2^{-x^2+2x+1}$의 최댓값은 $2^2=4$

0306 **답** ②

$f(x)=x^2-6x+8$이라 하면 $f(x)=(x-3)^2-1$

$2\le x\le3$에서 $f(2)=0$, $f(3)=-1$이므로 $-1\le f(x)\le0$

이때 함수 $y=3^{f(x)}$의 밑이 1보다 크므로 함수 $y=3^{f(x)}$은 $f(x)=0$,

즉 $x=2$에서 최댓값 $3^0=1$을 갖는다.

따라서 $a=2$, $M=1$이므로 $a+M=3$

0307 **답** 2

$f(x)=x^2-4x+5=(x-2)^2+1$

$1\le x\le4$에서 $f(1)=2$, $f(2)=1$, $f(4)=5$이므로

$1\le f(x)\le5$

함수 $(g\circ f)(x)=g(f(x))=a^{f(x)}$은

(i) $a>1$이면

$f(x)=5$에서 최댓값 a^5, $f(x)=1$에서 최솟값 a를 갖는다.

즉, $a^5=32=2^5$이므로 $a=2$

따라서 함수 $y=2^{f(x)}$의 최솟값은 $m=a=2$

(ii) $0<a<1$이면

$f(x)=1$에서 최댓값 a, $f(x)=5$에서 최솟값 a^5을 갖는다.

$\therefore a=32$

그런데 $0<a<1$이므로 조건을 만족시키지 않는다.

(i), (ii)에서 $m=2$

0308 **답** ④

$y=4^x-2^{x+1}+5=(2^x)^2-2\times2^x+5$

$2^x=t\,(t>0)$로 놓으면 $-2\le x\le0$에서

$2^{-2}\le2^x\le2^0$ $\therefore \dfrac{1}{4}\le t\le1$

이때 주어진 함수는 $y=t^2-2t+5=(t-1)^2+4$

따라서 $\dfrac{1}{4}\le t\le1$일 때 함수 $y=(t-1)^2+4$는

$t=\dfrac{1}{4}$, 즉 $x=-2$에서 최댓값 $\dfrac{73}{16}$,

$t=1$, 즉 $x=0$에서 최솟값 4를 갖는다.

따라서 $a=-2$, $b=\dfrac{73}{16}$, $c=0$, $d=4$이므로

$ac+4bd=-2\times0+4\times\dfrac{73}{16}\times4=73$

0309 **답** ②

$y=\dfrac{1-2\times5^x+4\times25^x}{25^x}=\left\{\left(\dfrac{1}{5}\right)^x\right\}^2-2\times\left(\dfrac{1}{5}\right)^x+4$

$\left(\dfrac{1}{5}\right)^x=t\,(t>0)$로 놓으면 $-1\le x\le0$에서

$\left(\dfrac{1}{5}\right)^0\le\left(\dfrac{1}{5}\right)^x\le\left(\dfrac{1}{5}\right)^{-1}$

$\therefore 1\le t\le5$

이때 주어진 함수는 $y=t^2-2t+4=(t-1)^2+3$

따라서 $1\le t\le5$일 때 함수 $y=(t-1)^2+3$은 $t=5$에서 최댓값 19,

$t=1$에서 최솟값 3을 가지므로 구하는 합은

$19+3=22$

0310 **답** 1

$y=\left(\dfrac{1}{9}\right)^x-2k\times\left(\dfrac{1}{3}\right)^{x-1}+4=\left\{\left(\dfrac{1}{3}\right)^x\right\}^2-6k\times\left(\dfrac{1}{3}\right)^x+4$

$\left(\dfrac{1}{3}\right)^x=t\,(t>0)$로 놓으면 주어진 함수는

$y=t^2-6kt+4=(t-3k)^2-9k^2+4$ ⋯⋯ ❶

따라서 함수 $y=(t-3k)^2-9k^2+4$는 $t=3k$에서 최솟값 $-9k^2+4$

를 갖는다.

즉, $-9k^2+4=-5$이므로 $-9k^2=-9$, $k^2=1$

$\therefore k=1\,(\because k>0)$ ⋯⋯ ❷

채점 기준

❶ 주어진 함수를 $\left(\dfrac{1}{3}\right)^x=t\,(t>0)$로 놓고 t에 대한 식으로 나타내기	50 %
❷ k의 값 구하기	50 %

0311 **답** ②

$3^x+3^{-x}=t$로 놓으면 $3^x>0$, $3^{-x}>0$이므로 산술평균과 기하평균의

관계에 의하여

$t=3^x+3^{-x}\ge2\sqrt{3^x\times3^{-x}}=2$ (단, 등호는 $x=0$일 때 성립)

이때 $9^x+9^{-x}=(3^x+3^{-x})^2-2=t^2-2$이므로 주어진 함수는

$y=t^2-2-8t=(t-4)^2-18$

따라서 $t\ge2$일 때 함수 $y=(t-4)^2-18$은 $t=4$에서 최솟값 -18을

갖는다.

0312 **답** ⑤

$y=\dfrac{3^{2x}+3^x+9}{3^x}=3^x+1+9\times3^{-x}=3^x+3^{-x+2}+1$

$3^x>0$, $3^{-x+2}>0$이므로 산술평균과 기하평균의 관계에 의하여

$y=3^x+3^{-x+2}+1$

$\ge2\sqrt{3^x\times3^{-x+2}}+1$

$=2\times3+1=7$ (단, 등호는 $\underline{x=1}$일 때 성립)

따라서 주어진 함수의 최솟값은 7이다. ← $-x+2$에서 $x=1$

0313 **답** 8

$2^x>0$, $8^y=2^{3y}>0$이므로 산술평균과 기하평균의 관계에 의하여

$2^x+8^y\ge2\sqrt{2^x\times8^y}=2\sqrt{2^x\times2^{3y}}=2\sqrt{2^{x+3y}}$

(단, 등호는 $x=3y$일 때 성립)

이때 $x+3y=4$이므로 $2\sqrt{2^{x+3y}}=2\sqrt{2^4}=2\times2^2=8$

따라서 2^x+8^y의 최솟값은 8이다.

0314 답 2

$2 \times 3^{a+x} > 0$, $8 \times 3^{a-x} > 0$이므로 산술평균과 기하평균의 관계에 의하여

$y=2 \times 3^{a+x}+8 \times 3^{a-x} \geq 2\sqrt{2 \times 3^{a+x} \times 8 \times 3^{a-x}}=2\sqrt{2^4 \times 3^{2a}}=8 \times 3^a$

(단, 등호는 $3^x=2$일 때 성립)

따라서 주어진 함수의 최솟값이 8×3^a이므로

$\begin{cases} 2 \times 3^{a+x}=8 \times 3^{a-x} \\ 3^{a+x}=4 \times 3^{a-x} \\ 3^x=4 \times 3^{-x} \\ \therefore \ 3^x=2 \end{cases}$

$8 \times 3^a=72$, $3^a=9=3^2$

$\therefore a=2$

0315 답 ②

$(\sqrt{3})^{x^2-x}=\left(\dfrac{1}{3}\right)^{x-1}$에서 $3^{\frac{1}{2}(x^2-x)}=3^{-x+1}$

즉, $\dfrac{1}{2}(x^2-x)=-x+1$이므로

$x^2+x-2=0$, $(x+2)(x-1)=0$

$\therefore x=-2$ 또는 $x=1$

따라서 모든 근의 곱은 $-2 \times 1=-2$

0316 답 ①

$5^{x^2-5x+9}-125^{x+k}=0$에서

$5^{x^2-5x+9}=5^{3x+3k}$

즉, $x^2-5x+9=3x+3k$이므로

$x^2-8x+9-3k=0$ ...... ㉠

이때 주어진 방정식의 한 근이 3이므로 $x=3$을 ㉠에 대입하면

$9-24+9-3k=0$, $-3k=6$

$\therefore k=-2$

0317 답 $\dfrac{13}{9}$

$\dfrac{8^{x^2+1}}{2^{x+3}}=4$에서 $\dfrac{2^{3(x^2+1)}}{2^{x+3}}=2^2$이므로

$2^{3x^2+3-(x+3)}=2^2$, $2^{3x^2-x}=2^2$ ...... ❶

즉, $3x^2-x=2$이므로

$3x^2-x-2=0$

$(3x+2)(x-1)=0$

$\therefore x=-\dfrac{2}{3}$ 또는 $x=1$ ...... ❷

따라서 주어진 방정식의 두 근은 $-\dfrac{2}{3}$, 1이므로

$\alpha^2+\beta^2=\left(-\dfrac{2}{3}\right)^2+1^2=\dfrac{13}{9}$ ...... ❸

채점 기준

❶ 주어진 방정식을 간단히 하기		50 %
❷ 방정식 풀기		30 %
❸ $\alpha^2+\beta^2$의 값 구하기		20 %

0318 답 12

점 A의 좌표는 $(0, 1)$이므로 점 B의 y좌표는 1이다.

$y=\left(\dfrac{1}{3}\right)^{x-3}$에 $y=1$을 대입하면

$1=\left(\dfrac{1}{3}\right)^{x-3}$

즉, $x-3=0$이므로 $x=3$

$\therefore$ B$(3, 1)$

또 점 C는 두 함수 $y=9^x$, $y=\left(\dfrac{1}{3}\right)^{x-3}$의 그래프의 교점이므로

$9^x=\left(\dfrac{1}{3}\right)^{x-3}$, $3^{2x}=3^{-x+3}$

즉, $2x=-x+3$이므로 $3x=3$ $\therefore x=1$

$\therefore$ C$(1, 9)$

$\therefore \triangle$ABC$=\dfrac{1}{2} \times 3 \times (9-1)=12$

0319 답 -3

$2^x+8 \times 2^{-x}-9=0$의 양변에 2^x을 곱하면

$(2^x)^2-9 \times 2^x+8=0$

$2^x=t\,(t>0)$로 놓으면

$t^2-9t+8=0$, $(t-1)(t-8)=0$

$\therefore t=1$ 또는 $t=8$

즉, $2^x=1$ 또는 $2^x=8$이므로 $x=0$ 또는 $x=3$

따라서 $\alpha=0$, $\beta=3$이므로 $\alpha-\beta=-3$

0320 답 ②

$a^{2x}+a^x=12$에서 $(a^x)^2+a^x-12=0$

$a^x=t\,(t>0)$로 놓으면

$t^2+t-12=0$, $(t+4)(t-3)=0$

$\therefore t=3\,(\because t>0)$

즉, $a^x=3$에서 방정식의 해가 $x=\dfrac{1}{3}$이므로

$a^{\frac{1}{3}}=3$ $\therefore a=3^3=27$

0321 답 4

$\begin{cases} 2^x+2^y=17 \\ 2^{2x-y}=\dfrac{1}{16} \end{cases}$에서 $\begin{cases} 2^x+2^y=17 \\ (2^x)^2 \div 2^y=\dfrac{1}{16} \end{cases}$

$2^x=X$, $2^y=Y\,(X>0, Y>0)$로 놓으면

$\begin{cases} X+Y=17 \\ X^2 \div Y=\dfrac{1}{16} \end{cases}$, 즉 $\begin{cases} X+Y=17 \\ Y=16X^2 \end{cases}$

이 연립방정식을 풀면 $X=1$, $Y=16\,(\because X>0, Y>0)$

즉, $2^x=1$, $2^y=16$이므로 $x=0$, $y=4$

따라서 $\alpha=0$, $\beta=4$이므로 $\alpha+\beta=4$

0322 답 ②

$3^x+3^{-x}=X\,(X \geq 2)$로 놓으면

$9^x+9^{-x}=(3^x+3^{-x})^2-2=X^2-2$이므로

주어진 방정식은

$3(X^2-2)-7X-4=0$, $3X^2-7X-10=0$

$(X+1)(3X-10)=0$ $\therefore X=\dfrac{10}{3}\,(\because X \geq 2)$

$3^x+3^{-x}=\dfrac{10}{3}$의 양변에 3×3^x을 곱하면

$3 \times (3^x)^2+3=10 \times 3^x$ $\therefore 3 \times (3^x)^2-10 \times 3^x+3=0$

$3^x=t\,(t>0)$로 놓으면 $3t^2-10t+3=0$

$(3t-1)(t-3)=0$ $\therefore t=\dfrac{1}{3}$ 또는 $t=3$

즉, $3^x=\dfrac{1}{3}$ 또는 $3^x=3$이므로 $x=-1$ 또는 $x=1$

따라서 $\alpha=-1$, $\beta=1$이므로 $\beta-\alpha=2$

0323 답 ②

점 B와 점 C의 x좌표는 k이고

점 B는 곡선 $y=2^x$ 위의 점이므로 $B(k, 2^k)$

또 점 C는 곡선 $y=4^x$ 위의 점이므로 $C(k, 4^k)$

점 C와 점 D의 y좌표가 같으므로 점 D의 x좌표는

$4^k=2^x$에서

$2^{2k}=2^x$ $\therefore x=2k$

$\therefore D(2k, 4^k)$

이때 삼각형 BDC의 넓이가 삼각형 OAB의 넓이의 3배이므로

$\frac{1}{2}\times(2k-k)\times(4^k-2^k)=3\times\left(\frac{1}{2}\times k\times 2^k\right)$

$4^k-2^k=3\times 2^k$

$(2^k)^2-4\times 2^k=0$

$2^k=t\,(t>0)$로 놓으면

$t^2-4t=0,\ t(t-4)=0$

$\therefore t=4\ (\because t>0)$

즉, $2^k=4$이므로 $k=2$

$\therefore \triangle BDC=\frac{1}{2}\times k\times(4^k-2^k)=\frac{1}{2}\times 2\times(4^2-2^2)$

$\qquad\qquad =\frac{1}{2}\times 2\times 12=12$

0324 답 ③

(i) 밑이 같으면 $x^2+4x+5=x+9$

$\quad x^2+3x-4=0,\ (x+4)(x-1)=0$

$\quad \therefore x=-4$ 또는 $x=1$

(ii) 지수가 0이면 $x-6=0$

$\quad \therefore x=6$

(i), (ii)에서 모든 근의 곱은

$-4\times 1\times 6=-24$

0325 답 $x=\dfrac{1}{5}$ 또는 $x=3$

$x^{10x-2}=(2x+3)^{5x-1}$에서 $(x^2)^{5x-1}=(2x+3)^{5x-1}$

(i) 밑이 같으면 $x^2=2x+3$

$\quad x^2-2x-3=0,\ (x+1)(x-3)=0$

$\quad \therefore x=3\ (\because x>0)$

(ii) 지수가 0이면 $5x-1=0$

$\quad \therefore x=\frac{1}{5}$

(i), (ii)에서 주어진 방정식의 해는 $x=\frac{1}{5}$ 또는 $x=3$

0326 답 ①

$(x^2-x+1)^{x+2}=1$에서 $(x^2-x+1)^{x+2}=(x^2-x+1)^0$

(i) 지수가 같으면 $x+2=0$

$\quad \therefore x=-2$

(ii) 밑이 1이면 $x^2-x+1=1$

$\quad x^2-x=0,\ x(x-1)=0$

$\quad \therefore x=0$ 또는 $x=1$

(i), (ii)에서 모든 근의 합은

$-2+0+1=-1$

0327 답 84

$9^x-4\times 3^{x+1}+30=0$에서

$(3^x)^2-12\times 3^x+30=0$ $\cdots\cdots$ ㉠

$3^x=t\,(t>0)$로 놓으면 $t^2-12t+30=0$ $\cdots\cdots$ ㉡

방정식 ㉠의 두 근이 α, β이므로 이차방정식 ㉡의 두 근은 3^α, 3^β

따라서 ㉡에서 이차방정식의 근과 계수의 관계에 의하여

$3^\alpha+3^\beta=12,\ 3^\alpha\times 3^\beta=30$

$\therefore 3^{2\alpha}+3^{2\beta}=(3^\alpha+3^\beta)^2-2\times 3^\alpha\times 3^\beta$

$\qquad\qquad =12^2-2\times 30=84$

0328 답 ①

$2^x+2^{-x}-3=0$의 양변에 2^x을 곱하면

$2^{2x}-3\times 2^x+1=0$ $\cdots\cdots$ ㉠

$2^x=t\,(t>0)$로 놓으면 $t^2-3t+1=0$ $\cdots\cdots$ ㉡

방정식 ㉠의 두 근이 α, β이므로 이차방정식 ㉡의 두 근은 2^α, 2^β

따라서 ㉡에서 이차방정식의 근과 계수의 관계에 의하여

$2^\alpha\times 2^\beta=1,\ 2^{\alpha+\beta}=2^0$

$\therefore \alpha+\beta=0$

0329 답 ③

$a^{2x}-6a^x+3=0$에서 $(a^x)^2-6a^x+3=0$

$a^x=t\,(t>0)$로 놓으면 $t^2-6t+3=0$ $\cdots\cdots$ ㉠

주어진 방정식의 두 근을 α, β라 하면 이차방정식 ㉠의 두 근은 a^α, a^β이므로 이차방정식의 근과 계수의 관계에 의하여

$a^\alpha\times a^\beta=3,\ a^{\alpha+\beta}=3$

이때 $\alpha+\beta=4$이므로

$a^4=3$ $\therefore a=\sqrt[4]{3}\ (\because a>0)$

0330 답 3

$49^x-2(a+1)7^x+a+7=0$에서

$(7^x)^2-2(a+1)7^x+a+7=0$

$7^x=t\,(t>0)$로 놓으면

$t^2-2(a+1)t+a+7=0$ $\cdots\cdots$ ㉠ $\cdots\cdots$ ❶

주어진 방정식이 서로 다른 두 실근을 가지려면 이차방정식 ㉠은 서로 다른 두 양의 실근을 가져야 한다.

(i) 이차방정식 ㉠의 판별식을 D라 하면

$\quad \frac{D}{4}=(-a-1)^2-(a+7)>0$

$\quad a^2+a-6>0,\ (a+3)(a-2)>0$

$\quad \therefore a<-3$ 또는 $a>2$

(ii) 이차방정식 ㉠의 (두 근의 합)>0이어야 하므로

$\quad 2(a+1)>0$ $\therefore a>-1$

(iii) 이차방정식 ㉠의 (두 근의 곱)>0이어야 하므로

$\quad a+7>0$ $\therefore a>-7$

(i)~(iii)에서 $a>2$ $\cdots\cdots$ ❷

따라서 정수 a의 최솟값은 3이다. $\cdots\cdots$ ❸

채점 기준

❶ $7^x=t\,(t>0)$로 놓고 t에 대한 이차방정식 세우기		30 %
❷ 조건을 만족시키는 a의 값의 범위 구하기		60 %
❸ 정수 a의 최솟값 구하기		10 %

> **이차방정식의 실근의 부호**
> 계수가 실수인 이차방정식의 판별식을 D, 두 실근을 α, β라 하면
> (1) 두 근이 모두 양수 ➡ $D \geq 0$, $\alpha + \beta > 0$, $\alpha\beta > 0$
> (2) 두 근이 모두 음수 ➡ $D \geq 0$, $\alpha + \beta < 0$, $\alpha\beta > 0$
> (3) 두 근이 서로 다른 부호 ➡ $\alpha\beta < 0$

0331 답 ③

$16 \times 3^{-x} + 3^{x+2} = 2a$의 양변에 3^x을 곱하면

$16 + 9 \times 3^{2x} = 2a \times 3^x$

$3^x = t \, (t > 0)$로 놓으면

$9t^2 - 2at + 16 = 0$ ······ ㉠

주어진 방정식이 단 하나의 해를 가지면 이차방정식 ㉠은 양수인 중근을 갖는다.

(i) 이차방정식 ㉠의 판별식을 D라 하면

$$\frac{D}{4} = (-a)^2 - 9 \times 16 = 0$$

$$a^2 - 144 = 0$$

$$a^2 = 144$$

$$\therefore a = -12 \text{ 또는 } a = 12$$

(ii) 이차방정식 ㉠의 (두 근의 합) > 0이므로

$$\frac{2a}{9} > 0 \qquad \therefore a > 0$$

(i), (ii)에서 $a = 12$

0332 답 ③

$9^x + 2k \times 3^x + 15 - 2k = 0$에서

$(3^x)^2 + 2k \times 3^x + 15 - 2k = 0$

$3^x = t \, (t > 0)$로 놓으면

$t^2 + 2kt + 15 - 2k = 0$ ······ ㉠

주어진 방정식의 두 실근을 α, $2\alpha \, (\alpha \neq 0)$라 하면 이차방정식 ㉠의
두 근은 3^α, $3^{2\alpha}$이므로 이차방정식의 근과 계수의 관계에 의하여

$3^\alpha + 3^{2\alpha} = -2k$, $3^\alpha \times 3^{2\alpha} = 15 - 2k$

$3^\alpha = m \, (m > 0)$으로 놓으면

$m + m^2 = -2k$, $m^3 = 15 - 2k$

위의 두 식을 연립하면

$m^3 = 15 + (m + m^2)$

$m^3 - m^2 - m - 15 = 0$

$(m - 3)(m^2 + 2m + 5) = 0$

$\therefore m = 3 \; (\because m^2 + 2m + 5 > 0)$

따라서 $m + m^2 = -2k$에서

$-2k = 3 + 9 = 12 \qquad \therefore k = -6$

0333 답 ③

$\left(\dfrac{1}{\sqrt{3}}\right)^x \leq \left(\dfrac{1}{9}\right)^{x-3}$에서 $\left(\dfrac{1}{3}\right)^{\frac{1}{2}x} \leq \left(\dfrac{1}{3}\right)^{2x-6}$

밑이 1보다 작으므로

$\dfrac{1}{2}x \geq 2x - 6$, $-\dfrac{3}{2}x \geq -6$

$\therefore x \leq 4$

0334 답 $a < x < d$

$\left(\dfrac{1}{5}\right)^{f(x)} > \left(\dfrac{1}{5}\right)^{g(x)}$에서 밑이 1보다 작으므로 $f(x) < g(x)$

따라서 주어진 부등식의 해는 이차함수 $y = f(x)$의 그래프가 직선
$y = g(x)$보다 아래쪽에 있는 x의 값의 범위이므로 $a < x < d$

0335 답 ②

$2^{3x-1} < \left(\dfrac{1}{2}\right)^{x^2+1} < 4^{x+1}$에서 $2^{3x-1} < 2^{-x^2-1} < 2^{2x+2}$

밑이 1보다 크므로

$3x - 1 < -x^2 - 1 < 2x + 2$

(i) $3x - 1 < -x^2 - 1$에서 $x^2 + 3x < 0$

$x(x + 3) < 0 \qquad \therefore -3 < x < 0$

(ii) $-x^2 - 1 < 2x + 2$에서 $x^2 + 2x + 3 > 0$

이때 $x^2 + 2x + 3 = (x + 1)^2 + 2$이므로 이 부등식은 항상 성립한다.

(i), (ii)에서 주어진 부등식의 해는 $-3 < x < 0$

따라서 정수 x의 값은 -2, -1이므로 구하는 합은

$-2 + (-1) = -3$

0336 답 ①

(i) $2^x - 8 \geq 0$, $\dfrac{1}{3^x} - 9 \geq 0$일 때,

$2^x - 8 \geq 0$에서 $2^x \geq 2^3$

밑이 1보다 크므로 $x \geq 3$ ······ ㉠

$\dfrac{1}{3^x} - 9 \geq 0$에서 $\left(\dfrac{1}{3}\right)^x \geq \left(\dfrac{1}{3}\right)^{-2}$

밑이 1보다 작으므로 $x \leq -2$ ······ ㉡

㉠, ㉡의 공통부분은 없다.

(ii) $2^x - 8 \leq 0$, $\dfrac{1}{3^x} - 9 \leq 0$일 때,

$2^x - 8 \leq 0$에서 $2^x \leq 2^3$

밑이 1보다 크므로 $x \leq 3$ ······ ㉢

$\dfrac{1}{3^x} - 9 \leq 0$에서 $\left(\dfrac{1}{3}\right)^x \leq \left(\dfrac{1}{3}\right)^{-2}$

밑이 1보다 작으므로 $x \geq -2$ ······ ㉣

㉢, ㉣의 공통부분은

$-2 \leq x \leq 3$

(i), (ii)에서 주어진 부등식의 해는 $-2 \leq x \leq 3$

따라서 정수 x는 -2, -1, 0, 1, 2, 3의 6개이다.

0337 답 $6 < a \leq 8$

$\left(\dfrac{1}{4}\right)^{x^2} > \left(\dfrac{1}{2}\right)^{ax}$에서 $\left(\dfrac{1}{2}\right)^{2x^2} > \left(\dfrac{1}{2}\right)^{ax}$

밑이 1보다 작으므로

$2x^2 < ax$

$2x^2 - ax < 0$, $x(2x - a) < 0$

$\therefore 0 < x < \dfrac{a}{2} \; (\because a > 0)$

이때 주어진 부등식을 만족시키는 정수 x가 3개이므로

$3 < \dfrac{a}{2} \leq 4$

$\therefore 6 < a \leq 8$

0338 답 3

$\left(\dfrac{1}{3}\right)^{x+6}<\left(\dfrac{1}{3}\right)^{x^2}$ 에서 밑이 1보다 작으므로 $x+6>x^2$

$x^2-x-6<0$, $(x+2)(x-3)<0$ ∴ $-2<x<3$

∴ $A=\{x\,|\,-2<x<3\}$ ····· ❶

$2^{|x-1|}\leq 2^a$ 에서 밑이 1보다 크므로 $|x-1|\leq a$

$-a\leq x-1\leq a$ ∴ $-a+1\leq x\leq a+1$

∴ $B=\{x\,|\,-a+1\leq x\leq a+1\}$ ····· ❷

이때 $A\cap B=A$, 즉 $A\subset B$가 성립하려면

오른쪽 그림에서

$-a+1\leq -2$, $a+1\geq 3$

∴ $a\geq 3$

따라서 양수 a의 최솟값은 3이다. ····· ❸

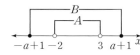

채점 기준	
❶ 집합 A 구하기	30 %
❷ 집합 B 구하기	30 %
❸ 양수 a의 최솟값 구하기	40 %

0339 답 4

$\left(\dfrac{1}{9}\right)^{x}-28\times\left(\dfrac{1}{3}\right)^{x+1}+3\leq 0$ 에서

$\left\{\left(\dfrac{1}{3}\right)^{x}\right\}^2-\dfrac{28}{3}\times\left(\dfrac{1}{3}\right)^{x}+3\leq 0$

$\left(\dfrac{1}{3}\right)^{x}=t\,(t>0)$로 놓으면 $t^2-\dfrac{28}{3}t+3\leq 0$

$3t^2-28t+9\leq 0$, $(3t-1)(t-9)\leq 0$ ∴ $\dfrac{1}{3}\leq t\leq 9$

즉, $\dfrac{1}{3}\leq\left(\dfrac{1}{3}\right)^{x}\leq\left(\dfrac{1}{3}\right)^{-2}$ 이고 밑이 1보다 작으므로 $-2\leq x\leq 1$

따라서 정수 x는 -2, -1, 0, 1의 4개이다.

0340 답 ④

$\left(\dfrac{1}{2}\right)^{x^2-6}\leq 2^x$ 에서 $2^{-x^2+6}\leq 2^x$

밑이 1보다 크므로 $-x^2+6\leq x$

$x^2+x-6\geq 0$, $(x+3)(x-2)\geq 0$

∴ $x\leq -3$ 또는 $x\geq 2$

∴ $A=\{x\,|\,x\leq -3$ 또는 $x\geq 2\}$

$4^x-3\times 2^x-4>0$ 에서 $(2^x)^2-3\times 2^x-4>0$

$2^x=t\,(t>0)$로 놓으면 $t^2-3t-4>0$

$(t+1)(t-4)>0$ ∴ $t>4\,(\because t>0)$

즉, $2^x>2^2$ 이고 밑이 1보다 크므로 $x>2$

∴ $B=\{x\,|\,x>2\}$

∴ $A\cap B=\{x\,|\,x>2\}$

따라서 $A\cap B$에 속하는 정수 x의 최솟값은 3이다.

0341 답 ①

$4^{x+1}+a\times 2^x+b<0$ 에서

$4\times(2^x)^2+a\times 2^x+b<0$

$2^x=t\,(t>0)$로 놓으면 $4t^2+at+b<0$ ····· ㉠

주어진 부등식의 해가 $-2<x<1$이므로

$2^{-2}<2^x<2^1$ 에서 $\dfrac{1}{4}<t<2$

따라서 t^2의 계수가 4이고 해가 $\dfrac{1}{4}<t<2$인 이차부등식은

$4\left(t-\dfrac{1}{4}\right)(t-2)<0$

∴ $4t^2-9t+2<0$

이 부등식이 ㉠과 일치하므로

$a=-9$, $b=2$

∴ $b-a=11$

공통수학1 **다시보기**

(1) 해가 $\alpha<x<\beta$이고 x^2의 계수가 1인 이차부등식
 ➡ $(x-\alpha)(x-\beta)<0$

(2) 해가 $x<\alpha$ 또는 $x>\beta$ $(\alpha<\beta)$이고 x^2의 계수가 1인 이차부등식
 ➡ $(x-\alpha)(x-\beta)>0$

0342 답 8

(i) $0<x<1$일 때,

$2x+3<3x-4$에서 $x>7$

그런데 $0<x<1$이므로 해가 존재하지 않는다.

(ii) $x=1$일 때, $1>1$이므로 부등식이 성립하지 않는다.

(iii) $x>1$일 때,

$2x+3>3x-4$에서 $x<7$

그런데 $x>1$이므로 $1<x<7$

(i)~(iii)에서 주어진 부등식의 해는

$1<x<7$

따라서 $\alpha=1$, $\beta=7$이므로

$\alpha+\beta=8$

0343 답 ⑤

(i) $0<x<1$일 때,

$x^2\leq 4x+5$에서 $x^2-4x-5\leq 0$

$(x+1)(x-5)\leq 0$ ∴ $-1\leq x\leq 5$

그런데 $0<x<1$이므로 $0<x<1$

(ii) $x=1$일 때, $1\geq 1$이므로 부등식이 성립한다.

(iii) $x>1$일 때,

$x^2\geq 4x+5$에서 $x^2-4x-5\geq 0$

$(x+1)(x-5)\geq 0$ ∴ $x\leq -1$ 또는 $x\geq 5$

그런데 $x>1$이므로 $x\geq 5$

(i)~(iii)에서 주어진 부등식의 해는 $0<x\leq 1$ 또는 $x\geq 5$

따라서 $S=\{x\,|\,0<x\leq 1$ 또는 $x\geq 5\}$이므로 집합 S의 원소인 것은 ⑤이다.

0344 답 -4

$16^x-4^{x+1}-k\geq 0$ 에서

$(4^x)^2-4\times 4^x-k\geq 0$

$4^x=t\,(t>0)$로 놓으면 $t^2-4t-k\geq 0$

∴ $(t-2)^2-k-4\geq 0$

이 부등식이 $t>0$인 모든 실수 t에 대하여 성립하려면

$-k-4\geq 0$ ∴ $k\leq -4$

따라서 실수 k의 최댓값은 -4이다.

0345 답 ④

$25^x - 2k \times 5^x + 4 > 0$에서 $(5^x)^2 - 2k \times 5^x + 4 > 0$

$5^x = t \, (t > 0)$로 놓으면 $t^2 - 2kt + 4 > 0$

$\therefore (t-k)^2 - k^2 + 4 > 0$ ...... ㉠

부등식 ㉠이 $t > 0$인 모든 실수 t에 대하여 성립하려면

(ⅰ) $k > 0$일 때,

$-k^2 + 4 > 0$에서 $k^2 - 4 < 0$

$(k+2)(k-2) < 0$ $\therefore -2 < k < 2$

그런데 $k > 0$이므로 $0 < k < 2$

(ⅱ) $k \leq 0$일 때,

$t = 0$이면 ㉠에서 $4 > 0$이므로 $t > 0$인 모든 실수 t에 대하여 부등식 ㉠이 성립한다.

(ⅰ), (ⅱ)에서 $k < 2$

0346 답 3시간

미생물 A는 매시간 8배씩 증가하므로 n시간 후의 수는

16×8^n

미생물 B는 매시간 2배씩 증가하므로 n시간 후의 수는

1024×2^n

n시간 후에 미생물 A, B의 수가 같아진다고 하면

$16 \times 8^n = 1024 \times 2^n$

$2^4 \times 2^{3n} = 2^{10} \times 2^n$

$2^{3n+4} = 2^{n+10}$

즉, $3n+4 = n+10$이므로

$2n = 6$ $\therefore n = 3$

따라서 미생물 A, B의 수가 같아지는 것은 3시간 후이다.

0347 답 ④

$C_g = 2$, $C_d = \dfrac{1}{4}$, $x = a$, $n = \dfrac{1}{200}$이므로

$\dfrac{1}{200} = \dfrac{1}{4} \times 2 \times 10^{\frac{4}{5}(a-9)}$

$10^{\frac{4}{5}(a-9)} = \dfrac{1}{100}$, $10^{\frac{4}{5}(a-9)} = 10^{-2}$

즉, $\dfrac{4}{5}(a-9) = -2$이므로 $a - 9 = -\dfrac{5}{2}$

$\therefore a = \dfrac{13}{2}$

0348 답 ②

처음 박테리아의 수는 $t = 0$일 때이므로 $15 \times 10^0 = 15$

관찰하기 시작한 지 x시간 후에 박테리아의 수가 처음의 10000배가 된다고 하면

$15 \times 10^{\frac{x}{3}} = 10000 \times 15$, $10^{\frac{x}{3}} = 10^4$

즉, $\dfrac{x}{3} = 4$이므로 $x = 12$

따라서 박테리아의 수가 처음의 10000배가 되는 것은 관찰하기 시작한 지 12시간 후이다.

0349 답 4번

처음 불순물의 양을 a라 하면 정수 필터를 x번 통과한 후 불순물의 양은

$a\left(1 - \dfrac{40}{100}\right)^x = a\left(\dfrac{60}{100}\right)^x$

정수 필터를 x번 통과한 후 불순물의 양이 처음 양의 $\dfrac{81}{625}$ 이하가 된다고 하면

$a\left(\dfrac{60}{100}\right)^x \leq \dfrac{81}{625}a$

$a > 0$이므로 $\left(\dfrac{3}{5}\right)^x \leq \left(\dfrac{3}{5}\right)^4$

$\therefore x \geq 4$

따라서 정수 필터를 최소한 4번 통과해야 한다.

0350 답 6

음원 A의 다운로드 수는 1시간마다 2배가 되므로 n시간 후의 다운로드 수는 100×2^n

음원 B의 다운로드 수는 1시간마다 $\dfrac{1}{2}$배가 되므로 n시간 후의 다운로드 수는 $320000 \times \left(\dfrac{1}{2}\right)^n$

n시간 후에 음원 A의 다운로드 수가 음원 B의 다운로드 수보다 1400 이상 더 많아진다고 하면

$100 \times 2^n \geq 320000 \times \left(\dfrac{1}{2}\right)^n + 1400$

$100 \times 2^n - 320000 \times \left(\dfrac{1}{2}\right)^n - 1400 \geq 0$

$2^n - \dfrac{3200}{2^n} - 14 \geq 0$

$2^n = t \, (t > 0)$로 놓으면

$t - \dfrac{3200}{t} - 14 \geq 0$

$t^2 - 14t - 3200 \geq 0$

$(t+50)(t-64) \geq 0$ $\therefore t \geq 64 \, (\because t > 0)$

즉, $2^n \geq 64$이므로 $2^n \geq 2^6$ $\therefore n \geq 6$

따라서 음원 A의 다운로드 수가 음원 B의 다운로드 수보다 1400 이상 더 많아질 것으로 예측되는 것은 현재로부터 최소 6시간 후이다.

$\therefore m = 6$

AB 유형 점검
56~58쪽

0351 답 ⑤

ㄱ. $(a, b) \in A$이면 $b = 2^a$에서

$\dfrac{b}{2} = \dfrac{1}{2} \times 2^a = 2^{a-1}$

$\therefore \left(a-1, \dfrac{b}{2}\right) \in A$

ㄴ. $(a, b) \in A$이면 $b = 2^a$에서

$\dfrac{1}{b} = \dfrac{1}{2^a} = 2^{-a}$

$\therefore \left(-a, \dfrac{1}{b}\right) \in A$

ㄷ. $(a_1, b_1) \in A$, $(a_2, b_2) \in A$이면 $b_1 = 2^{a_1}$, $b_2 = 2^{a_2}$에서

$b_1 b_2 = 2^{a_1} \times 2^{a_2} = 2^{a_1 + a_2}$

$\therefore (a_1 + a_2, b_1 b_2) \in A$

따라서 보기에서 옳은 것은 ㄱ, ㄴ, ㄷ이다.

0352 답 ㄱ, ㄹ

$f(4)=\dfrac{1}{81}$이므로 $a^4=\dfrac{1}{81}$ $\quad \therefore a=\dfrac{1}{3}$ ($\because a>0$)

$\therefore f(x)=\left(\dfrac{1}{3}\right)^x$

ㄱ. $f(x+y)=\left(\dfrac{1}{3}\right)^{x+y}=\left(\dfrac{1}{3}\right)^x\left(\dfrac{1}{3}\right)^y=f(x)f(y)$

ㄴ. $f(-2)=\left(\dfrac{1}{3}\right)^{-2}=9$, $f(1)=\dfrac{1}{3}$이므로 $f(1)<f(-2)$

ㄷ. 그래프의 점근선의 방정식은 $y=0$이다.

ㄹ. $f(-1)=\left(\dfrac{1}{3}\right)^{-1}=3$이므로 그래프는 점 $(-1,\,3)$을 지난다.

따라서 보기에서 옳은 것은 ㄱ, ㄹ이다.

0353 답 $\dfrac{7}{2}$

함수 $y=a^{1-x}+b$의 그래프의 점근선의 방정식은 $y=b$이므로
$b=-3$

함수 $y=a^{1-x}-3$의 그래프가 점 $(3,\,1)$을 지나므로

$1=a^{-2}-3$, $a^{-2}=4$, $a^2=\dfrac{1}{4}$

$\therefore a=\dfrac{1}{2}$ ($\because a>0$)

$\therefore a-b=\dfrac{1}{2}-(-3)=\dfrac{7}{2}$

0354 답 ⑤

$A\left(a,\,\dfrac{1}{3}\right)$이라 하면 점 A가 함수 $y=3^x$의 그래프 위에 있으므로

$3^a=\dfrac{1}{3}$, $3^a=3^{-1}$ $\quad \therefore a=-1$

점 B가 함수 $y=3^x$의 그래프 위에 있으므로 $B(b,\,3^b)$이라 하면 선분 AB를 $1:2$로 내분하는 점 C의 x좌표는

$\dfrac{1\times b+2\times(-1)}{1+2}=\dfrac{b-2}{3}$

점 C가 y축 위에 있으므로

$\dfrac{b-2}{3}=0$ $\quad \therefore b=2$

따라서 점 B의 y좌표는 $3^2=9$

다른 풀이

$A\left(a,\,\dfrac{1}{3}\right)$이라 하면 점 A가 함수 $y=3^x$의 그래프 위에 있으므로

$3^a=\dfrac{1}{3}$, $3^a=3^{-1}$

$\therefore a=-1$

점 A에서 x축에 내린 수선의 발을 A′이라 하면

$A'(-1,\,0)$

점 B에서 x축에 내린 수선의 발을 B′이라 하면 점 C가 선분 AB를 $1:2$로 내분하므로

$\overline{AC}:\overline{BC}=1:2$

$\therefore \overline{A'O}:\overline{B'O}=1:2 \longrightarrow \dfrac{\overline{AA'}/\!/\overline{CO}/\!/\overline{BB'}$이므로}{\overline{AC}:\overline{BC}=\overline{A'O}:\overline{B'O}}$

이때 $\overline{A'O}=1$이므로 $\overline{B'O}=2$

따라서 점 B의 x좌표는 2이므로 점 B의 y좌표는

$3^2=9$

공통수학2 다시보기

좌표평면 위의 두 점 $A(x_1,\,y_1)$, $B(x_2,\,y_2)$에 대하여 선분 AB를 $m:n\,(m>0,\,n>0)$으로 내분하는 점의 좌표는

$$\left(\dfrac{mx_2+nx_1}{m+n},\ \dfrac{my_2+ny_1}{m+n}\right)$$

0355 답 $\dfrac{3}{2}$

함수 $y=2^{x+1}+3$의 그래프는 함수 $y=2^x$의 그래프를 x축의 방향으로 -1만큼, y축의 방향으로 3만큼 평행이동한 것이고, 직선 $y=-3x+3$의 기울기는 -3이므로 점 B는 점 A를 x축의 방향으로 -1만큼, y축의 방향으로 3만큼 평행이동한 것이다.

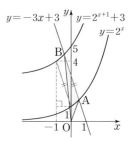

$\overline{AB}=\sqrt{1^2+3^2}=\sqrt{10}$

직선 $3x+y-3=0$과 원점 사이의 거리는

$\dfrac{|-3|}{\sqrt{3^2+1^2}}=\dfrac{3}{\sqrt{10}}$

$\therefore \triangle OAB=\dfrac{1}{2}\times\sqrt{10}\times\dfrac{3}{\sqrt{10}}=\dfrac{3}{2}$

0356 답 ①

세 수 $A=\left(\dfrac{1}{5}\right)^{2x}$, $B=\left(\dfrac{1}{5}\right)^{x^2}$, $C=5^x=\left(\dfrac{1}{5}\right)^{-x}$에서

$0<x<1$이므로 $2x>0$, $x^2>0$, $-x<0$

또 $2x-x^2=x(2-x)>0$이므로 $2x>x^2$

$\therefore -x<x^2<2x$

이때 밑이 1보다 작으므로

$\left(\dfrac{1}{5}\right)^{2x}<\left(\dfrac{1}{5}\right)^{x^2}<\left(\dfrac{1}{5}\right)^{-x}$ $\quad \therefore A<B<C$

0357 답 $\dfrac{1}{32}$

$f(x)=-x^2+4x-5$라 하면 $f(x)=-(x-2)^2-1$

$0\le x\le3$에서 $f(0)=-5$, $f(2)=-1$, $f(3)=-2$이므로
$-5\le f(x)\le-1$

이때 함수 $y=a^{f(x)}$의 밑이 1보다 크므로 함수 $y=a^{f(x)}$은 $f(x)=-1$에서 최댓값 a^{-1}, $f(x)=-5$에서 최솟값 a^{-5}을 갖는다.

즉, $a^{-1}=\dfrac{1}{2}$이므로 $a=2$

따라서 함수 $y=a^{-x^2+4x-5}$의 최솟값은 $2^{-5}=\dfrac{1}{32}$

0358 답 11

$y=2\times3^{x+1}-3^{2x}+a=-(3^x)^2+6\times3^x+a$

$3^x=t\,(t>0)$로 놓으면 $1\le x\le2$에서

$3\le3^x\le3^2$ $\quad \therefore 3\le t\le9$

이때 주어진 함수는 $y=-t^2+6t+a=-(t-3)^2+9+a$

따라서 $3\le t\le9$일 때 함수 $y=-(t-3)^2+9+a$는 $t=3$에서 최댓값 $9+a$, $t=9$에서 최솟값 $-27+a$를 갖는다.

즉, $-27+a=-25$이므로 $a=2$

따라서 주어진 함수의 최댓값은 $9+2=11$

0359 답 9

$4^x > 0$, $4^{-x+2} > 0$이므로 산술평균과 기하평균의 관계에 의하여
$y = 4^x + 4^{-x+2} \geq 2\sqrt{4^x \times 4^{-x+2}} = 2 \times 4 = 8$
이때 등호는 $4^x = 4^{-x+2}$일 때 성립하므로
$x = -x + 2$ $\therefore x = 1$
따라서 $a = 1$, $m = 8$이므로 $a + m = 9$

0360 답 2

함수 $y = 2^{a-x} + 1 = 2^a \times \left(\dfrac{1}{2}\right)^x + 1$의 밑이 1보다 작으므로
$-1 \leq x \leq 1$일 때 함수 $y = 2^{a-x} + 1$은 $x = -1$에서 최댓값 $2^{a+1} + 1$,
$x = 1$에서 최솟값 $2^{a-1} + 1$을 갖는다.
이때 최댓값과 최솟값의 차가 6이므로
$2^{a+1} + 1 - (2^{a-1} + 1) = 6$
$2^{a+1} - 2^{a-1} = 6$, $2 \times 2^a - \dfrac{1}{2} \times 2^a = 6$
$\dfrac{3}{2} \times 2^a = 6$, $2^a = 4$ $\therefore a = 2$

0361 답 ①

$2^x - 2^{1-x} = 2$의 양변에 2^x을 곱하면
$(2^x)^2 - 2 = 2 \times 2^x$
$\therefore (2^x)^2 - 2 \times 2^x - 2 = 0$
$2^x = t\,(t > 0)$로 놓으면
$t^2 - 2t - 2 = 0$ $\therefore t = 1 + \sqrt{3}\,(\because t > 0)$
즉, $2^a = 1 + \sqrt{3}$이므로
$4^a = (2^a)^2 = (1 + \sqrt{3})^2 = 4 + 2\sqrt{3}$
따라서 $a = 4$, $b = 2$이므로 $a + b = 6$

0362 답 ⑤

$(x+1)^{x^2+1} = (x+1)^{2x+1}$에서
(i) 지수가 같으면 $x^2 + 1 = 2x + 1$
  $x^2 - 2x = 0$, $x(x-2) = 0$ $\therefore x = 0$ 또는 $x = 2$
(ii) 밑이 1이면 $x + 1 = 1$ $\therefore x = 0$
(i), (ii)에서 $a = 0 + 2 = 2$
$(x+2)^{x-5} = 4^{x-5}$에서
(iii) 밑이 같으면 $x + 2 = 4$ $\therefore x = 2$
(iv) 지수가 0이면 $x - 5 = 0$ $\therefore x = 5$
(iii), (iv)에서 $b = 2 + 5 = 7$
$\therefore b - a = 7 - 2 = 5$

0363 답 ③

함수 $y = \dfrac{1}{16} \times \left(\dfrac{1}{2}\right)^{x-m} = \left(\dfrac{1}{2}\right)^{x-m+4}$
의 그래프가 곡선 $y = 2^x + 1$과 제1사
분면에서 만나려면 오른쪽 그림과 같
아야 하므로
$\left(\dfrac{1}{2}\right)^{-m+4} > 2$, $2^{m-4} > 2$
밑이 1보다 크므로
$m - 4 > 1$ $\therefore m > 5$
따라서 자연수 m의 최솟값은 6이다.

0364 답 −2

$\left(\dfrac{1}{16}\right)^x - \left(\dfrac{1}{\sqrt{2}}\right)^{4x-2} - 8 > 0$에서
$\left\{\left(\dfrac{1}{4}\right)^x\right\}^2 - 2 \times \left(\dfrac{1}{4}\right)^x - 8 > 0$
$\left(\dfrac{1}{4}\right)^x = t\,(t > 0)$로 놓으면
$t^2 - 2t - 8 > 0$, $(t+2)(t-4) > 0$
$\therefore t > 4\,(\because t > 0)$
즉, $\left(\dfrac{1}{4}\right)^x > \left(\dfrac{1}{4}\right)^{-1}$이고 밑이 1보다 작으므로
$x < -1$
따라서 정수 x의 최댓값은 -2이다.

0365 답 $1 < x < 5$

(i) $0 < x < 1$일 때,
  $x^2 - 5 > 4x$에서 $x^2 - 4x - 5 > 0$
  $(x+1)(x-5) > 0$
  $\therefore x < -1$ 또는 $x > 5$
  그런데 $0 < x < 1$이므로 해가 존재하지 않는다.
(ii) $x = 1$일 때,
  $1 < 1$이므로 부등식이 성립하지 않는다.
(iii) $x > 1$일 때,
  $x^2 - 5 < 4x$에서 $x^2 - 4x - 5 < 0$
  $(x+1)(x-5) < 0$
  $\therefore -1 < x < 5$
  그런데 $x > 1$이므로 $1 < x < 5$
(i)~(iii)에서 주어진 부등식의 해는 $1 < x < 5$

0366 답 ③

$2^{x+1} - 2^{\frac{x+4}{2}} + a > 0$에서
$2 \times 2^x - 2^2 \times 2^{\frac{x}{2}} + a > 0$
$2^{\frac{x}{2}} = t\,(t > 0)$로 놓으면
$2t^2 - 4t + a > 0$
$\therefore 2(t-1)^2 + a - 2 > 0$
이 부등식이 $t > 0$인 모든 실수 t에 대하여 성립하려면
$a - 2 > 0$
$\therefore a > 2$
따라서 정수 a의 최솟값은 3이다.

0367 답 4회

약품 A를 1회 투입할 때 세균의 수가 70 % 감소하므로 남은 세균의
수는 30 %이다.
처음 세균의 수를 a라 하면 약품 A를 n회 투입한 후 세균의 수는
$0.3^n \times a$이므로
$0.3^n \times a = 0.0081a$
$0.3^n = 0.3^4$
$\therefore n = 4$
따라서 세균의 수가 처음 수의 0.81 %가 되도록 하려면 약품 A를 4
회 투입해야 한다.

0368 답 −6

함수 $y=2^{2x}$의 그래프를 x축의 방향으로 m만큼, y축의 방향으로 n만큼 평행이동한 그래프의 식은

$y=2^{2(x-m)}+n$ ······ ❶

이 그래프를 x축에 대하여 대칭이동하면

$y=-2^{2(x-m)}-n=-2^{-2m}\times 4^x-n$ ······ ❷

이 식이 $y=-64\times 4^x+3=-2^6\times 4^x+3$과 일치하므로

$-2m=6,\ -n=3$

따라서 $m=-3,\ n=-3$이므로

$m+n=-6$ ······ ❸

0369 답 $-3<k<-2$

$3^{2x+1}+3k\times 3^x+k^2-k-6=0$에서

$3\times(3^x)^2+3k\times 3^x+k^2-k-6=0$

$3^x=t\,(t>0)$로 놓으면

$3t^2+3kt+k^2-k-6=0$ ······ ㉠ ······ ❶

주어진 방정식의 두 근을 $\alpha,\ \beta\,(\alpha<0<\beta)$라 하면 이차방정식 ㉠의 두 근은 $3^\alpha,\ 3^\beta$이므로

$0<3^\alpha<1,\ 3^\beta>1$

즉, 이차방정식 ㉠은 0과 1 사이의 한 개의 근을 갖고, 1보다 큰 한 개의 근을 갖는다. ······ ❷

$f(t)=3t^2+3kt+k^2-k-6$이라 하면 함수 $y=f(t)$의 그래프는 오른쪽 그림과 같으므로

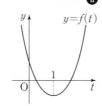

(ⅰ) $f(0)=k^2-k-6>0$

$(k+2)(k-3)>0$

∴ $k<-2$ 또는 $k>3$

(ⅱ) $f(1)=3+3k+k^2-k-6<0$

$k^2+2k-3<0,\ (k+3)(k-1)<0$

∴ $-3<k<1$

(ⅰ), (ⅱ)에서 $-3<k<-2$ ······ ❸

0370 답 4

미생물 A의 수는 1주마다 4배가 되므로 2주마다 16배가 된다.

미생물 A 10마리와 미생물 B 40마리를 동시에 배양했을 때, $2n$주 후 미생물 A, B의 수는 각각

$10\times 16^n,\ 40\times 4^n$

$2n$주 후에 미생물 A, B의 수의 합이 3200 이상이 된다고 하면

$10\times 16^n+40\times 4^n\geq 3200$ ······ ❶

$(4^n)^2+4\times 4^n-320\geq 0$

$4^n=t\,(t>0)$로 놓으면 $t^2+4t-320\geq 0$

$(t+20)(t-16)\geq 0$ ∴ $t\geq 16\,(\because t>0)$ ······ ❷

즉, $4^n\geq 4^2$이고 밑이 1보다 크므로 $n\geq 2$

따라서 미생물 A, B의 수의 합이 3200 이상이 되는 것은 최소 (2×2)주, 즉 4주 후이다.

∴ $m=4$ ······ ❸

C 실력 향상

59쪽

0371 답 6

함수 $y=2^x$의 그래프를 x축의 방향으로 3만큼 평행이동한 그래프와 y축의 방향으로 3만큼 평행이동한 그래프의 식이 각각 $y=2^{x-3},\ y=2^x+3$이다.

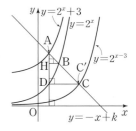

점 A를 지나고 x축에 수직인 직선이 함수 $y=2^x$의 그래프와 만나는 점을 D라 하면 $\overline{AD}=3$

또 점 D를 지나고 x축에 평행한 직선이 함수 $y=2^{x-3}$의 그래프와 만나는 점을 C'이라 하면 $\overline{DC'}=3$

△ADC'은 직각이등변삼각형이므로 직선 AC'의 기울기는 -1이다.

따라서 점 C와 점 C'은 같은 점이다.

점 B에서 직선 AD에 내린 수선의 발을 H라 하면 $\overline{BC}=2\overline{AB}$이므로

$\overline{AH}=\dfrac{1}{3}\overline{AD}=\dfrac{1}{3}\times 3=1$

$\overline{AH}=\overline{BH}=1$이므로 점 B의 좌표를 $(t,\ 2^t)\,(t>0)$이라 하면 점 A의 좌표는 $(t-1,\ 2^{t-1}+3)$이다.

이때 $\overline{AH}=2^{t-1}+3-2^t=1$이므로

$3-2^{t-1}=1,\ 2^{t-1}=2$

즉, $t-1=1$이므로 $t=2$

따라서 점 B의 좌표는 $(2,\ 4)$이고, 점 B는 직선 $y=-x+k$ 위의 점이므로

$4=-2+k$ ∴ $k=6$

0372 답 128

$k(x)=g(x)-a$라 하면

$k(x)=(x-1)(x-3)-a=x^2-4x+3-a=(x-2)^2-1-a$

$0\leq x\leq 5$에서 $k(0)=3-a,\ k(2)=-1-a,\ k(5)=8-a$이므로

$-1-a\leq k(x)\leq 8-a$

이때 함수 $h(x)=(f\circ g)(x)=\left(\dfrac{1}{2}\right)^{g(x)-a}=\left(\dfrac{1}{2}\right)^{k(x)}$의 밑이 1보다 작으므로 함수 $h(x)$는

$k(x)=-1-a$에서 최댓값 $\left(\dfrac{1}{2}\right)^{-1-a}$,

$k(x)=8-a$에서 최솟값 $\left(\dfrac{1}{2}\right)^{8-a}$을 갖는다.

즉, $\left(\dfrac{1}{2}\right)^{8-a}=\dfrac{1}{4}$이므로

$\left(\dfrac{1}{2}\right)^{8-a}=\left(\dfrac{1}{2}\right)^2$, $8-a=2$ $\therefore a=6$

$\therefore M=\left(\dfrac{1}{2}\right)^{-1-6}=2^7=128$

0373 답 6

$\left(\dfrac{1}{7}\right)^{f(x)} \leq \dfrac{1}{49}$에서 $\left(\dfrac{1}{7}\right)^{f(x)} \leq \left(\dfrac{1}{7}\right)^2$

밑이 1보다 작으므로 $f(x) \geq 2$

즉, $x \leq 1$일 때 $f(x) \geq 2$이므로 $f(1)=2$

$f(x)=ax+b$ (a, b는 상수, $a \neq 0$)라 하면

$f(1)=2$, $f(2)=0$이므로

$a+b=2$, $2a+b=0$

두 식을 연립하여 풀면

$a=-2$, $b=4$

따라서 $f(x)=-2x+4$이므로

$f(-1)=-2 \times (-1)+4=6$

0374 답 12

$\left(\dfrac{1}{4}\right)^x-(3n+16) \times \left(\dfrac{1}{2}\right)^x+48n \leq 0$에서

$\left\{\left(\dfrac{1}{2}\right)^x\right\}^2-(3n+16) \times \left(\dfrac{1}{2}\right)^x+48n \leq 0$

$\left(\dfrac{1}{2}\right)^x=t$ $(t>0)$로 놓으면

$t^2-(3n+16)t+48n \leq 0$

$(t-3n)(t-16) \leq 0$ ...... ㉠

(i) $3n \leq 16$일 때,

㉠에서 $3n \leq t \leq 16$이므로

$3n \leq \left(\dfrac{1}{2}\right)^x \leq 16$

$3n \leq \left(\dfrac{1}{2}\right)^x \leq \left(\dfrac{1}{2}\right)^{-4}$

이 부등식을 만족시키는 정수 x의 개수가 2가 되려면

$\left(\dfrac{1}{2}\right)^{-2}<3n \leq \left(\dfrac{1}{2}\right)^{-3}$이어야 하므로 $4<3n \leq 8$

$\therefore \dfrac{4}{3}<n \leq \dfrac{8}{3}$

그런데 n은 자연수이므로 $n=2$

(ii) $3n>16$일 때,

㉠에서 $16 \leq t \leq 3n$이므로

$16 \leq \left(\dfrac{1}{2}\right)^x \leq 3n$

$\left(\dfrac{1}{2}\right)^{-4} \leq \left(\dfrac{1}{2}\right)^x \leq 3n$

이 부등식을 만족시키는 정수 x의 개수가 2가 되려면

$\left(\dfrac{1}{2}\right)^{-5} \leq 3n<\left(\dfrac{1}{2}\right)^{-6}$이어야 하므로 $32 \leq 3n<64$

$\therefore \dfrac{32}{3} \leq n<\dfrac{64}{3}$

그런데 n은 자연수이므로 11, 12, 13, ..., 21이다.

(i), (ii)에서 구하는 자연수 n의 개수는 $1+11=12$이다.

04 / 로그함수

0375 답 $y=\log_3 x-2$

$y=3^{x+2}$에서 로그의 정의에 의하여

$x+2=\log_3 y$ $\therefore x=\log_3 y-2$

x와 y를 서로 바꾸면

$y=\log_3 x-2$

0376 답 $y=5^x+3$

$y=\log_5 (x-3)$에서 로그의 정의에 의하여

$x-3=5^y$ $\therefore x=5^y+3$

x와 y를 서로 바꾸면

$y=5^x+3$

0377 답 -2

$f\left(\dfrac{1}{25}\right)=\log_5 \dfrac{1}{25}=\log_5 5^{-2}=-2$

0378 답 2

$f(15)+f\left(\dfrac{5}{3}\right)=\log_5 15+\log_5 \dfrac{5}{3}=\log_5\left(15 \times \dfrac{5}{3}\right)=\log_5 5^2=2$

0379 답 -1

$f(6)-f(30)=\log_5 6-\log_5 30=\log_5 \dfrac{6}{30}$

$=\log_5 \dfrac{1}{5}=\log_5 5^{-1}=-1$

0380 답 $-\dfrac{3}{2}$

$f(3\sqrt{3})=\log_{\frac{1}{3}} 3\sqrt{3}=\log_{\frac{1}{3}} 3^{\frac{3}{2}}=\log_{\frac{1}{3}}\left(\dfrac{1}{3}\right)^{-\frac{3}{2}}=-\dfrac{3}{2}$

0381 답 -2

$f(36)+f\left(\dfrac{1}{4}\right)=\log_{\frac{1}{3}} 36+\log_{\frac{1}{3}} \dfrac{1}{4}=\log_{\frac{1}{3}}\left(36 \times \dfrac{1}{4}\right)$

$=\log_{\frac{1}{3}} 9=\log_{\frac{1}{3}}\left(\dfrac{1}{3}\right)^{-2}=-2$

0382 답 3

$f(2)-f(54)=\log_{\frac{1}{3}} 2-\log_{\frac{1}{3}} 54=\log_{\frac{1}{3}} \dfrac{1}{27}$

$=\log_{\frac{1}{3}}\left(\dfrac{1}{3}\right)^3=3$

0383 답 ㄱ, ㄷ

ㄴ. $0<a<1$일 때, x의 값이 증가하면 y의 값은 감소하므로 $x_1<x_2$이면 $f(x_1)>f(x_2)$이다.

ㄹ. $f(a)=\log_a a=1$이므로 그래프는 점 $(a, 1)$을 지난다.

ㅁ. 그래프는 지수함수 $y=a^x$의 그래프와 직선 $y=x$에 대하여 대칭이다.

따라서 보기에서 옳은 것은 ㄱ, ㄷ이다.

0384 답 $\dfrac{1}{2}\log_{\frac{1}{3}}5<\log_{\frac{1}{3}}2$

$\dfrac{1}{2}\log_{\frac{1}{3}}5=\log_{\frac{1}{3}}\sqrt{5}$

이때 $2<\sqrt{5}$ 이고 밑이 1보다 작으므로

$\log_{\frac{1}{3}}\sqrt{5}<\log_{\frac{1}{3}}2$

$\therefore \dfrac{1}{2}\log_{\frac{1}{3}}5<\log_{\frac{1}{3}}2$

0385 답 $\log_{25}64<2\log_5 3$

$2\log_5 3=\log_5 3^2=\log_5 9$, $\log_{25}64=\log_{5^2}8^2=\log_5 8$

이때 $8<9$ 이고 밑이 1보다 크므로

$\log_5 8<\log_5 9$

$\therefore \log_{25}64<2\log_5 3$

0386 답 풀이 참조

함수 $y=\log_5(x+2)+2$의 그래
프는 함수 $y=\log_5 x$의 그래프를
x축의 방향으로 -2만큼, y축의
방향으로 2만큼 평행이동한 것이
므로 오른쪽 그림과 같다.
따라서 정의역은 $\{x|x>-2\}$이고,
점근선의 방정식은 $x=-2$이다.

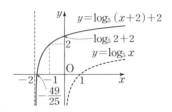

0387 답 풀이 참조

함수 $y=\log_{\frac{1}{7}}x-3$의 그래프는
함수 $y=\log_{\frac{1}{7}}x$의 그래프를 y축의
방향으로 -3만큼 평행이동한 것이
므로 오른쪽 그림과 같다.
따라서 정의역은 $\{x|x>0\}$이고,
점근선의 방정식은 $x=0$이다.

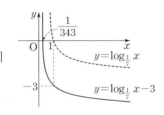

0388 답 풀이 참조

함수 $y=\log_4(x-5)-\dfrac{1}{4}$의
그래프는 함수 $y=\log_4 x$의
그래프를 x축의 방향으로 5
만큼, y축의 방향으로 $-\dfrac{1}{4}$
만큼 평행이동한 것이므로
오른쪽 그림과 같다.
따라서 정의역은 $\{x|x>5\}$이고, 점근선의 방정식은 $x=5$이다.

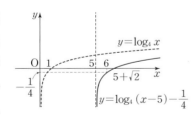

0389 답 풀이 참조

함수 $y=-\log_2(-x-1)+2$
의 그래프는 함수 $y=\log_2 x$의
그래프를 원점에 대하여 대칭
이동한 후 x축의 방향으로
-1만큼, y축의 방향으로 2
만큼 평행이동한 것이므로 오
른쪽 그림과 같다.
따라서 정의역은 $\{x|x<-1\}$이고, 점근선의 방정식은 $x=-1$이다.

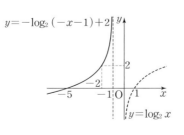

0390 답 $y=\log_3(x-2)-4$

0391 답 $y=-\log_3(x+1)+2$

함수 $y=\log_3(x+1)-2$의 그래프를 x축에 대하여 대칭이동한 그래
프의 식은

$-y=\log_3(x+1)-2 \qquad \therefore y=-\log_3(x+1)+2$

0392 답 $y=\log_3(-x+1)-2$

0393 답 $y=-\log_3(-x+1)+2$

함수 $y=\log_3(x+1)-2$의 그래프를 원점에 대하여 대칭이동한 그
래프의 식은

$-y=\log_3(-x+1)-2 \qquad \therefore y=-\log_3(-x+1)+2$

0394 답 $y=3^{x+2}-1$

함수 $y=\log_3(x+1)-2$의 그래프를 직선 $y=x$에 대하여 대칭이동
한 그래프의 식은

$x=\log_3(y+1)-2$

$x+2=\log_3(y+1)$, $y+1=3^{x+2}$

$\therefore y=3^{x+2}-1$

0395 답 최댓값: 4, 최솟값: -1

함수 $y=\log_3 x$의 밑이 1보다 크므로

$\dfrac{1}{3}\leq x\leq 81$일 때 함수 $y=\log_3 x$는

$x=81$에서 최댓값 $\log_3 81=\log_3 3^4=4$,

$x=\dfrac{1}{3}$에서 최솟값 $\log_3\dfrac{1}{3}=\log_3 3^{-1}=-1$을 갖는다.

0396 답 최댓값: 2, 최솟값: -3

함수 $y=\log_{\frac{1}{5}}x$의 밑이 1보다 작으므로

$\dfrac{1}{25}\leq x\leq 125$일 때 함수 $y=\log_{\frac{1}{5}}x$는

$x=\dfrac{1}{25}$에서 최댓값 $\log_{\frac{1}{5}}\dfrac{1}{25}=\log_{\frac{1}{5}}\left(\dfrac{1}{5}\right)^2=2$,

$x=125$에서 최솟값 $\log_{\frac{1}{5}}125=\log_{\frac{1}{5}}\left(\dfrac{1}{5}\right)^{-3}=-3$을 갖는다.

0397 답 최댓값: 9, 최솟값: 8

함수 $y=\log_7(x-5)+8$의 밑이 1보다 크므로

$6\leq x\leq 12$일 때 함수 $y=\log_7(x-5)+8$은

$x=12$에서 최댓값 $\log_7(12-5)+8=\log_7 7+8=9$,

$x=6$에서 최솟값 $\log_7(6-5)+8=\log_7 1+8=8$을 갖는다.

0398 답 최댓값: -3, 최솟값: -9

함수 $y=\log_{\frac{1}{2}}(-x+1)-4$의 밑이 1보다 작으므로

$-31\leq x\leq \dfrac{1}{2}$일 때 함수 $y=\log_{\frac{1}{2}}(-x+1)-4$는

$x=\dfrac{1}{2}$에서 최댓값 $\log_{\frac{1}{2}}\left(-\dfrac{1}{2}+1\right)-4=\log_{\frac{1}{2}}\dfrac{1}{2}-4=-3$,

$x=-31$에서 최솟값

$\log_{\frac{1}{2}}\{-(-31)+1\}-4=\log_{\frac{1}{2}}32-4=\log_{\frac{1}{2}}\left(\dfrac{1}{2}\right)^{-5}-4=-9$

를 갖는다.

0399 답 최댓값: 6, 최솟값: 0

$f(x)=x^2-4x+4$라 하면 $f(x)=(x-2)^2$

$3\le x\le 10$에서 $f(3)=1$, $f(10)=64$이므로

$1\le f(x)\le 64$

이때 함수 $y=\log_2 f(x)$의 밑이 1보다 크므로 함수 $y=\log_2 f(x)$는

$f(x)=64$에서 최댓값 $\log_2 64=\log_2 2^6=6$,

$f(x)=1$에서 최솟값 $\log_2 1=0$을 갖는다.

0400 답 최댓값: 2, 최솟값: $\log_3 5$

$f(x)=-x^2+2x+8$이라 하면 $f(x)=-(x-1)^2+9$

$-1\le x\le 3$에서 $f(-1)=5$, $f(1)=9$, $f(3)=5$이므로

$5\le f(x)\le 9$

이때 함수 $y=\log_3 f(x)$의 밑이 1보다 크므로 함수 $y=\log_3 f(x)$는

$f(x)=9$에서 최댓값 $\log_3 9=\log_3 3^2=2$,

$f(x)=5$에서 최솟값 $\log_3 5$를 갖는다.

0401 답 최댓값: 0, 최솟값: -1

$f(x)=x^2-8x+17$이라 하면 $f(x)=(x-4)^2+1$

$3\le x\le 6$에서 $f(3)=2$, $f(4)=1$, $f(6)=5$이므로

$1\le f(x)\le 5$

이때 함수 $y=\log_{\frac{1}{5}} f(x)$의 밑이 1보다 작으므로 함수

$y=\log_{\frac{1}{5}} f(x)$는

$f(x)=1$에서 최댓값 $\log_{\frac{1}{5}} 1=0$,

$f(x)=5$에서 최솟값 $\log_{\frac{1}{5}} 5=\log_{\frac{1}{5}}\left(\dfrac{1}{5}\right)^{-1}=-1$을 갖는다.

0402 답 최댓값: -1, 최솟값: $\log_{\frac{1}{2}} 11$

$f(x)=-x^2+4x+7$이라 하면 $f(x)=-(x-2)^2+11$

$0\le x\le 5$에서 $f(0)=7$, $f(2)=11$, $f(5)=2$이므로

$2\le f(x)\le 11$

이때 함수 $y=\log_{\frac{1}{2}} f(x)$의 밑이 1보다 작으므로 함수

$y=\log_{\frac{1}{2}} f(x)$는

$f(x)=2$에서 최댓값 $\log_{\frac{1}{2}} 2=\log_{\frac{1}{2}}\left(\dfrac{1}{2}\right)^{-1}=-1$,

$f(x)=11$에서 최솟값 $\log_{\frac{1}{2}} 11$을 갖는다.

0403 답 $x=82$

진수의 조건에서 $x-1>0$ ∴ $x>1$ …… ㉠

$\log_3 (x-1)=4$에서 로그의 정의에 의하여

$x-1=3^4=81$ ∴ $x=82$

이때 ㉠에 의하여 $x=82$

0404 답 $x=-\dfrac{1}{4}$

진수의 조건에서 $2x+1>0$ ∴ $x>-\dfrac{1}{2}$ …… ㉠

$\log_4 (2x+1)=-\dfrac{1}{2}$에서 로그의 정의에 의하여

$2x+1=4^{-\frac{1}{2}}=\dfrac{1}{2}$, $2x=-\dfrac{1}{2}$ ∴ $x=-\dfrac{1}{4}$

이때 ㉠에 의하여 $x=-\dfrac{1}{4}$

0405 답 $x=8$

진수의 조건에서 $2x-5>0$

∴ $x>\dfrac{5}{2}$ …… ㉠

$\log_{\frac{1}{2}} (2x-5)=\log_{\frac{1}{2}} 11$에서

$2x-5=11$이므로

$2x=16$

∴ $x=8$

이때 ㉠에 의하여 $x=8$

0406 답 $x=2$

진수의 조건에서 $5x-7>0$, $x+1>0$

∴ $x>\dfrac{7}{5}$ …… ㉠

$\log_5 (5x-7)=\log_5 (x+1)$에서

$5x-7=x+1$이므로

$4x=8$

∴ $x=2$

이때 ㉠에 의하여 $x=2$

0407 답 $x=1$ 또는 $x=1000$

진수의 조건에서 $x>0$, $x^3>0$ ∴ $x>0$ …… ㉠

$(\log x)^2-\log x^3=0$에서 $(\log x)^2-3\log x=0$

$\log x=t$로 놓으면 $t^2-3t=0$, $t(t-3)=0$

∴ $t=0$ 또는 $t=3$

즉, $\log x=0$ 또는 $\log x=3$이므로

$x=10^0=1$ 또는 $x=10^3=1000$

이때 ㉠에 의하여 $x=1$ 또는 $x=1000$

0408 답 $x=\dfrac{1}{27}$ 또는 $x=81$

진수의 조건에서 $x>0$ …… ㉠

$(\log_3 x)^2-\log_3 x-12=0$에서 $\log_3 x=t$로 놓으면

$t^2-t-12=0$, $(t+3)(t-4)=0$

∴ $t=-3$ 또는 $t=4$

즉, $\log_3 x=-3$ 또는 $\log_3 x=4$이므로

$x=3^{-3}=\dfrac{1}{27}$ 또는 $x=3^4=81$

이때 ㉠에 의하여 $x=\dfrac{1}{27}$ 또는 $x=81$

0409 답 $x=\dfrac{1}{64}$ 또는 $x=4$

진수의 조건에서 $x>0$, $x^4>0$

∴ $x>0$ …… ㉠

$(\log_2 x)^2+\log_2 x^4-12=0$에서 $(\log_2 x)^2+4\log_2 x-12=0$

$\log_2 x=t$로 놓으면 $t^2+4t-12=0$, $(t+6)(t-2)=0$

∴ $t=-6$ 또는 $t=2$

즉, $\log_2 x=-6$ 또는 $\log_2 x=2$이므로

$x=2^{-6}=\dfrac{1}{64}$ 또는 $x=2^2=4$

이때 ㉠에 의하여 $x=\dfrac{1}{64}$ 또는 $x=4$

0410 답 $x=\sqrt{2}$ 또는 $x=16$

진수의 조건에서 $x>0$, $x^5>0$

$\therefore x>0$ ...... ㉠

$(2\log_4 x-1)^2-\log_4 x^5+1=0$에서

$4(\log_4 x)^2-4\log_4 x+1-5\log_4 x+1=0$

$4(\log_4 x)^2-9\log_4 x+2=0$

$\log_4 x=t$로 놓으면

$4t^2-9t+2=0$

$(4t-1)(t-2)=0$

$\therefore t=\dfrac{1}{4}$ 또는 $t=2$

즉, $\log_4 x=\dfrac{1}{4}$ 또는 $\log_4 x=2$이므로

$x=4^{\frac{1}{4}}=2^{\frac{1}{2}}=\sqrt{2}$ 또는 $x=4^2=16$

이때 ㉠에 의하여 $x=\sqrt{2}$ 또는 $x=16$

0411 답 $-3<x<22$

진수의 조건에서 $x+3>0$

$\therefore x>-3$ ...... ㉠

$\log_5 (x+3)<2$에서

$\log_5 (x+3)<\log_5 25$

밑이 1보다 크므로

$x+3<25$

$\therefore x<22$ ...... ㉡

㉠, ㉡의 공통부분은 $-3<x<22$

0412 답 $3<x\le5$

진수의 조건에서 $12-2x>0$, $x-3>0$

$\therefore 3<x<6$ ...... ㉠

$\log_6 (12-2x)\ge\log_6 (x-3)$에서

밑이 1보다 크므로

$12-2x\ge x-3$

$-3x\ge-15$

$\therefore x\le5$ ...... ㉡

㉠, ㉡의 공통부분은 $3<x\le5$

0413 답 $\dfrac{1}{2}<x<2$

진수의 조건에서 $2x-1>0$

$\therefore x>\dfrac{1}{2}$ ...... ㉠

$\log_{\frac{1}{3}} (2x-1)>-1$에서

$\log_{\frac{1}{3}} (2x-1)>\log_{\frac{1}{3}} 3$

밑이 1보다 작으므로

$2x-1<3$, $2x<4$

$\therefore x<2$ ...... ㉡

㉠, ㉡의 공통부분은 $\dfrac{1}{2}<x<2$

0414 답 $x\ge10$

진수의 조건에서 $2x+4>0$, $x+14>0$

$\therefore x>-2$ ...... ㉠

$\log_{\frac{1}{2}} (2x+4)\le\log_{\frac{1}{2}} (x+14)$에서

밑이 1보다 작으므로

$2x+4\ge x+14$

$\therefore x\ge10$ ...... ㉡

㉠, ㉡의 공통부분은

$x\ge10$

0415 답 $\dfrac{1}{100}\le x\le10$

진수의 조건에서 $x>0$ ...... ㉠

$(\log x)^2+\log x\le2$에서

$(\log x)^2+\log x-2\le0$

$\log x=t$로 놓으면

$t^2+t-2\le0$

$(t+2)(t-1)\le0$

$\therefore -2\le t\le1$

즉, $-2\le\log x\le1$이므로

$\log 10^{-2}\le\log x\le\log 10^1$

밑이 1보다 크므로

$\dfrac{1}{100}\le x\le10$ ...... ㉡

㉠, ㉡의 공통부분은

$\dfrac{1}{100}\le x\le10$

0416 답 $0<x<1$ 또는 $x>64$

진수의 조건에서 $x>0$, $x^6>0$

$\therefore x>0$ ...... ㉠

$(\log_2 x)^2-\log_2 x^6>0$에서

$(\log_2 x)^2-6\log_2 x>0$

$\log_2 x=t$로 놓으면

$t^2-6t>0$

$t(t-6)>0$

$\therefore t<0$ 또는 $t>6$

즉, $\log_2 x<0$ 또는 $\log_2 x>6$이므로

$\log_2 x<\log_2 1$ 또는 $\log_2 x>\log_2 2^6$

밑이 1보다 크므로

$x<1$ 또는 $x>64$ ...... ㉡

㉠, ㉡의 공통부분은

$0<x<1$ 또는 $x>64$

0417 답 $0<x\le3$ 또는 $x\ge243$

진수의 조건에서 $x>0$, $x^6>0$

$\therefore x>0$ ...... ㉠

$(\log_{\frac{1}{3}} x)^2+\log_{\frac{1}{3}} x^6+5\ge0$에서

$(\log_{\frac{1}{3}} x)^2+6\log_{\frac{1}{3}} x+5\ge0$

$\log_{\frac{1}{3}} x=t$로 놓으면

$t^2+6t+5\ge0$

$(t+5)(t+1)\ge0$

$\therefore t\le-5$ 또는 $t\ge-1$

즉, $\log_{\frac{1}{3}} x \le -5$ 또는 $\log_{\frac{1}{3}} x \ge -1$이므로

$\log_{\frac{1}{3}} x \le \log_{\frac{1}{3}} \left(\dfrac{1}{3}\right)^{-5}$ 또는 $\log_{\frac{1}{3}} x \ge \log_{\frac{1}{3}} \left(\dfrac{1}{3}\right)^{-1}$

밑이 1보다 작으므로

$x \le 3$ 또는 $x \ge 243$ $\quad\cdots\cdots$ ㉡

㉠, ㉡의 공통부분은

$0 < x \le 3$ 또는 $x \ge 243$

0418 답 $5 < x < 25$

진수의 조건에서 $x > 0$, $\dfrac{x^3}{25} > 0$ $\quad \therefore x > 0 \quad \cdots\cdots$ ㉠

$(\log_5 x)^2 - \log_5 \dfrac{x^3}{25} < 0$에서

$(\log_5 x)^2 - (\log_5 x^3 - \log_5 25) < 0$

$(\log_5 x)^2 - 3\log_5 x + 2 < 0$

$\log_5 x = t$로 놓으면

$t^2 - 3t + 2 < 0$

$(t-1)(t-2) < 0$

$\therefore 1 < t < 2$

즉, $1 < \log_5 x < 2$이므로

$\log_5 5 < \log_5 x < \log_5 5^2$

밑이 1보다 크므로

$5 < x < 25 \quad\cdots\cdots$ ㉡

㉠, ㉡의 공통부분은

$5 < x < 25$

B 유형 완성

0419 답 ④

$f(2) = 5$에서 $\log_a 7 + 4 = 5$

$\log_a 7 = 1 \quad \therefore a = 7$

$\therefore f(16) = \log_7 49 + 4 = 2 + 4 = 6$

0420 답 3

$f(-6) = 2^{-6} = \dfrac{1}{64}$이므로

$(g \circ f)(-6) = g(f(-6)) = g\left(\dfrac{1}{64}\right)$

$\qquad\qquad = \log_{\frac{1}{4}} \dfrac{1}{64} = \log_{\frac{1}{4}} \left(\dfrac{1}{4}\right)^3 = 3$

0421 답 ④

① $f(1) = \log_5 1 = 0$

② $f(25x) = \log_5 25x = \log_5 x + \log_5 25 = f(x) + 2$

③ $f\left(\dfrac{1}{x}\right) = \log_5 \dfrac{1}{x} = -\log_5 x = -f(x)$

④ $25^{f(x)} = 25^{\log_5 x} = x^{\log_5 25} = x^2$

⑤ $f(x^3) = \log_5 x^3 = 3\log_5 x = 3f(x)$

따라서 옳지 않은 것은 ④이다.

0422 답 16

$f(2) + f(3) + f(4) + \cdots + f(n)$

$= \log_{\frac{1}{2}}\left(1 - \dfrac{1}{2}\right) + \log_{\frac{1}{2}}\left(1 - \dfrac{1}{3}\right) + \log_{\frac{1}{2}}\left(1 - \dfrac{1}{4}\right)$

$\qquad\qquad\qquad\qquad + \cdots + \log_{\frac{1}{2}}\left(1 - \dfrac{1}{n}\right)$

$= \log_{\frac{1}{2}} \dfrac{1}{2} + \log_{\frac{1}{2}} \dfrac{2}{3} + \log_{\frac{1}{2}} \dfrac{3}{4} + \cdots + \log_{\frac{1}{2}} \dfrac{n-1}{n}$

$= \log_{\frac{1}{2}}\left(\dfrac{1}{2} \times \dfrac{2}{3} \times \dfrac{3}{4} \times \cdots \times \dfrac{n-1}{n}\right) = \log_{\frac{1}{2}} \dfrac{1}{n} = \log_2 n$

따라서 $\log_2 n = 4$이므로 $n = 2^4 = 16$

0423 답 ④

③ $y = \log_5 x = -\log_{\frac{1}{5}} x = -\log_{0.2} x$이므로 함수 $y = f(x)$의 그래프는 함수 $y = \log_5 x$의 그래프와 x축에 대하여 대칭이다.

④ 그래프의 점근선이 y축이므로 y축과 만나지 않는다.

⑤ $f(x)$는 일대일함수이므로 $f(x_1) = f(x_2)$이면 $x_1 = x_2$이다.

따라서 옳지 않은 것은 ④이다.

0424 답 6

$\log(-x^2 + 5x + 24)$의 진수의 조건에서

$-x^2 + 5x + 24 > 0$

$x^2 - 5x - 24 < 0$, $(x+3)(x-8) < 0 \quad \therefore -3 < x < 8$

$\therefore A = \{x | -3 < x < 8\} \quad\cdots\cdots$ ❶

$\log_2(\log_2 x)$의 진수의 조건에서

$x > 0$, $\log_2 x > 0 \quad \therefore x > 1$

$\therefore B = \{x | x > 1\} \quad\cdots\cdots$ ❷

따라서 $A \cap B = \{x | 1 < x < 8\}$이므로 집합 $A \cap B$의 원소 중 정수는 2, 3, 4, 5, 6, 7의 6개이다. $\quad\cdots\cdots$ ❸

채점 기준

❶ 진수의 조건을 이용하여 집합 A 구하기		40 %
❷ 진수의 조건을 이용하여 집합 B 구하기		40 %
❸ 집합 $A \cap B$의 원소 중 정수의 개수 구하기		20 %

0425 답 ①

함수 $y = ax + b$의 그래프에서 $a > 0$, $0 < b < 1$

$y = \log_b ax$에서 $0 < b < 1$이므로 x의 값이 증가하면 y의 값은 감소한다.

또 $a > 0$이므로 $ax > 0$에서 $x > 0$이다.

따라서 함수 $y = \log_b ax$의 그래프의 개형은 ①이다.

0426 답 ④

함수 $y = \log_2 x$의 그래프를 x축의 방향으로 a만큼, y축의 방향으로 b만큼 평행이동한 그래프의 식은 $y = \log_2(x-a) + b$

이 그래프를 x축에 대하여 대칭이동한 그래프의 식은

$-y = \log_2(x-a) + b \quad \therefore y = -\log_2(x-a) - b$

이 식이 $y = \log_{\frac{1}{2}}(4x-8)$과 일치하므로

$y = \log_{\frac{1}{2}}(4x-8) = -\log_2 4(x-2)$

$\quad = -\log_2(x-2) - \log_2 4 = -\log_2(x-2) - 2$

따라서 $a = 2$, $b = 2$이므로 $a + b = 4$

0427 답 ㄱ, ㄷ, ㄹ, ㅂ

ㄱ. 함수 $y=\log_2 x$의 그래프를 x축의 방향으로 -1만큼 평행이동한 것이다.

ㄴ. $y=\log_2 x^2=2\log_2 |x|$이므로 함수 $y=\log_2 x$의 그래프를 평행이동 또는 대칭이동하여 겹쳐질 수 없다.

ㄷ. $y=\log_2 4x=\log_2 x+2$이므로 함수 $y=\log_2 x$의 그래프를 y축의 방향으로 2만큼 평행이동한 것이다.

ㄹ. $y=\log_2 \dfrac{1}{x}=-\log_2 x$이므로 함수 $y=\log_2 x$의 그래프를 x축에 대하여 대칭이동한 것이다.

ㅁ. 함수 $y=2^{2x}-1$의 그래프는 함수 $y=\log_2 x$의 그래프를 평행이동 또는 대칭이동하여 겹쳐질 수 없다.

ㅂ. 함수 $y=\left(\dfrac{1}{2}\right)^x$의 그래프는 함수 $y=\log_2 x$의 그래프를 직선 $y=x$에 대하여 대칭이동한 후 y축에 대하여 대칭이동한 것이다.

따라서 보기의 함수에서 그 그래프가 함수 $y=\log_2 x$의 그래프를 평행이동 또는 대칭이동하여 겹쳐지는 것은 ㄱ, ㄷ, ㄹ, ㅂ이다.

0428 답 ①

함수 $y=\log_2 x$의 그래프를 x축의 방향으로 a만큼, y축의 방향으로 1만큼 평행이동한 그래프의 식은
$y=\log_2 (x-a)+1$
이 그래프가 점 $(9, 3)$을 지나므로
$3=\log_2 (9-a)+1$
$\log_2 (9-a)=2,\ 9-a=2^2$
$\therefore a=5$

0429 답 ③

함수 $y=\log_{\frac{1}{3}} (x+3\sqrt{3})+k$의 그래프는 함수 $y=\log_{\frac{1}{3}} x$의 그래프를 x축의 방향으로 $-3\sqrt{3}$만큼, y축의 방향으로 k만큼 평행이동한 것이다.

따라서 그래프가 제3사분면을 지나지 않으려면 오른쪽 그림과 같아야 하므로
$-\dfrac{3}{2}+k\geq 0$
$\underbrace{}_{x=0일\ 때의\ 함숫값}$
$\therefore k\geq \dfrac{3}{2}$

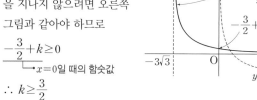

따라서 실수 k의 최솟값은 $\dfrac{3}{2}$이다.

0430 답 $\dfrac{1}{3}$

오른쪽 그림에서
$a=\log_3 b,\ c=\log_3 d$이므로
$a-c=\log_3 b-\log_3 d=\log_3 \dfrac{b}{d}$
이때 $d=3b$이므로
$a-c=\log_3 \dfrac{b}{3b}=\log_3 \dfrac{1}{3}=-1$
$\therefore 3^{a-c}=3^{-1}=\dfrac{1}{3}$

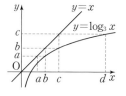

0431 답 ④

네 점 $A(a, \log_4 a)$, $B(a, \log_{16} a)$, $C(b, \log_4 b)$, $D(b, \log_{16} b)$에 대하여
$\overline{AB}=\log_4 a-\log_{16} a=\log_4 a-\dfrac{1}{2}\log_4 a=\dfrac{1}{2}\log_4 a$
$\overline{CD}=\log_4 b-\log_{16} b=\log_4 b-\dfrac{1}{2}\log_4 b=\dfrac{1}{2}\log_4 b$
이때 $\overline{AB}:\overline{CD}=1:2$에서 $\overline{CD}=2\overline{AB}$이므로
$\dfrac{1}{2}\log_4 b=2\times\dfrac{1}{2}\log_4 a,\ \log_4 b=\log_4 a^2$
$\therefore b=a^2$

0432 답 ①

$A_1(p, 1)$이라 하면 점 A_1이 곡선 $y=\log_a x$ 위에 있으므로
$1=\log_a p$ $\therefore p=a$ $\therefore A_1(a, 1)$
$B_1(q, 1)$이라 하면 점 B_1이 곡선 $y=\log_b x$ 위에 있으므로
$1=\log_b q$ $\therefore q=b$ $\therefore B_1(b, 1)$
이때 선분 A_1B_1의 중점의 좌표가 $\left(\dfrac{a+b}{2}, 1\right)$이므로
$\dfrac{a+b}{2}=2$ $\therefore a+b=4$ …… ㉠
또 $\overline{A_1B_1}=1$이므로 $b-a=1$ …… ㉡
㉠, ㉡을 연립하여 풀면 $a=\dfrac{3}{2},\ b=\dfrac{5}{2}$
$A_2(r, 2)$라 하면 점 A_2가 곡선 $y=\log_{\frac{3}{2}} x$ 위에 있으므로
$\log_{\frac{3}{2}} r=2$ $\therefore r=\left(\dfrac{3}{2}\right)^2$ $\therefore A_2\left(\dfrac{9}{4}, 2\right)$
$B_2(s, 2)$라 하면 점 B_2가 곡선 $y=\log_{\frac{5}{2}} x$ 위에 있으므로
$\log_{\frac{5}{2}} s=2$ $\therefore s=\left(\dfrac{5}{2}\right)^2$ $\therefore B_2\left(\dfrac{25}{4}, 2\right)$
$\therefore \overline{A_2B_2}=\dfrac{25}{4}-\dfrac{9}{4}=4$

다른 풀이 인수분해 이용하기

$A_1(a, 1)$, $B_1(b, 1)$이므로 선분 A_1B_1의 중점의 좌표는 $\left(\dfrac{a+b}{2}, 1\right)$
즉, $\dfrac{a+b}{2}=2$이므로 $a+b=4$
또 $\overline{A_1B_1}=1$이므로 $b-a=1$
이때 점 A_2의 x좌표는 $2=\log_a x$에서 $x=a^2$ $\therefore A_2(a^2, 2)$
점 B_2의 x좌표는 $2=\log_b x$에서 $x=b^2$ $\therefore B_2(b^2, 2)$
$\therefore \overline{A_2B_2}=b^2-a^2=(b+a)(b-a)=4\times 1=4$

0433 답 9

함수 $y=3^x-k$의 그래프가 x축과 만나는 점의 x좌표를 구하면
$0=3^x-k$에서 $3^x=k$ $\therefore x=\log_3 k$ $\therefore A(\log_3 k, 0)$
함수 $y=\log_3 (x-2k)$의 그래프가 x축과 만나는 점의 x좌표를 구하면
$0=\log_3 (x-2k)$에서 $x-2k=1$ $\therefore x=2k+1$
$\therefore B(2k+1, 0)$
이때 $\overline{AB}=2k$이므로
$2k+1-\log_3 k=2k$
$\log_3 k=1$ $\therefore k=3$

함수 $y=3^x-k$의 그래프의 점근선의 방정식은 $y=-k$이고, 함수 $y=\log_3(x-2k)$의 그래프의 점근선의 방정식은 $x=2k$이므로
$a=2k=2\times3=6$, $b=-k=-3$
$\therefore a-b=9$

0434 답 $4\log_2 5$

$g(x)=\log_2 5x=\log_2 x+\log_2 5=f(x)+\log_2 5$이므로 함수 $y=g(x)$의 그래프는 함수 $y=f(x)$의 그래프를 y축의 방향으로 $\log_2 5$만큼 평행이동한 것이다.

$A(1,0)$, $B(5,\log_2 5)$,
$C(5,\log_2 25)$, $D(1,\log_2 5)$이
므로 점 $(5,0)$을 E라 하면
$\overline{AE}=\overline{DB}$, $\overline{BE}=\overline{BC}$
이때 함수 $y=g(x)$의 그래프는
함수 $y=f(x)$의 그래프를 평행
이동한 것이므로 함수 $y=g(x)$의 그래프와 선분 DB, 선분 BC로 둘러싸인 부분의 넓이는 함수 $y=f(x)$의 그래프와 선분 AE, 선분 BE로 둘러싸인 부분의 넓이와 같다.
즉, 두 함수 $y=f(x)$, $y=g(x)$의 그래프와 선분 AD, 선분 BC로 둘러싸인 부분의 넓이는 사각형 AEBD의 넓이와 같다.
따라서 구하는 넓이는
$\overline{AE}\times\overline{AD}=(5-1)\times\log_2 5=4\log_2 5$

0435 답 $\dfrac{20}{3}$

$y=\log_{\frac{1}{9}}x$에서
$x=\dfrac{1}{3}$일 때, $y=\log_{\frac{1}{9}}\dfrac{1}{3}=\dfrac{1}{2}$
$x=3$일 때, $y=\log_{\frac{1}{9}}3=-\dfrac{1}{2}$
$\therefore A\left(\dfrac{1}{3},\dfrac{1}{2}\right)$, $C\left(3,-\dfrac{1}{2}\right)$ ...... ❶
$y=\log_{\sqrt{3}}x$에서
$x=\dfrac{1}{3}$일 때, $y=\log_{\sqrt{3}}\dfrac{1}{3}=-2$
$x=3$일 때, $y=\log_{\sqrt{3}}3=2$
$\therefore B\left(\dfrac{1}{3},-2\right)$, $D(3,2)$ ...... ❷
$\therefore \square ABCD=\left\{\dfrac{1}{2}-(-2)\right\}\times\left(3-\dfrac{1}{3}\right)=\dfrac{20}{3}$ ...... ❸

채점 기준	
❶ 두 점 A, C의 좌표 구하기	40 %
❷ 두 점 B, D의 좌표 구하기	40 %
❸ 사각형 ABCD의 넓이 구하기	20 %

0436 답 ⑤

두 함수 $y=f(x)$, $y=\log_5(4x+a)$의 그래프가 직선 $y=x$에 대하여 대칭이므로 $f(x)$는 $y=\log_5(4x+a)$의 역함수이다.
따라서 함수 $y=f(x)$의 그래프가 점 $(2,4)$를 지나므로 함수 $y=\log_5(4x+a)$의 그래프는 점 $(4,2)$를 지난다.
즉, $2=\log_5(16+a)$이므로
$16+a=5^2$
$\therefore a=9$

0437 답 ⑤

$y=\log(x+3)+a$에서 $y-a=\log(x+3)$
$x+3=10^{y-a}$ $\therefore x=10^{y-a}-3$
x와 y를 서로 바꾸면 $y=10^{x-a}-3$
이 식이 $y=b^{x-3}+c$와 일치하므로
$a=3$, $b=10$, $c=-3$
$\therefore a+b+c=10$

0438 답 ②

$y=\log_2(x+a)+b$에서 $y-b=\log_2(x+a)$
$x+a=2^{y-b}$ $\therefore x=2^{y-b}-a$
x와 y를 서로 바꾸면 $y=2^{x-b}-a$
$\therefore g(x)=2^{x-b}-a$
이때 곡선 $y=2^{x-b}-a$의 점근선이 직선 $y=1$이므로
$a=-1$
따라서 곡선 $y=2^{x-b}+1$이 점 $(3,2)$를 지나므로
$2=2^{3-b}+1$, $2^{3-b}=1$, $3-b=0$
$\therefore b=3$
$\therefore a+b=-1+3=2$

0439 답 ②

$f(8)=\log_2 8-1=2$이므로 $g(2)=8$
$g(g(a))=8$에서 $g(a)=2$
$f(2)=2-3=-1$이므로 $g(-1)=2$
$g(a)=2$에서 $a=-1$

0440 답 5

함수 $y=\log_a x+b$의 그래프와 그 역함수의 그래프의 교점은 함수 $y=\log_a x+b$의 그래프와 직선 $y=x$의 교점과 같다.
이때 두 교점의 x좌표가 각각 1, 2이므로 함수 $y=\log_a x+b$의 그래프는 두 점 $(1,1)$, $(2,2)$를 지난다. ...... ❶
$1=\log_a 1+b$에서 $b=1$ ...... ❷
$2=\log_a 2+1$에서 $\log_a 2=1$ $\therefore a=2$ ...... ❸
$\therefore a^2+b^2=2^2+1^2=5$ ...... ❹

채점 기준	
❶ 함수 $y=\log_a x+b$의 그래프와 그 역함수의 그래프의 교점의 좌표 구하기	30 %
❷ b의 값 구하기	30 %
❸ a의 값 구하기	30 %
❹ a^2+b^2의 값 구하기	10 %

0441 답 6

$y=\log_a x$는 $y=a^x$의 역함수이므로 두 함수 $y=a^x$, $y=\log_a x$의 그래프는 직선 $y=x$에 대하여 대칭이다.
점 A의 좌표를 $(k,8-k)$라 하면 점 B의 좌표는 $(8-k,k)$이므로
$\overline{AB}^2=(8-2k)^2+(2k-8)^2=(4\sqrt{2})^2$
$2(2k-8)^2=32$, $8(k-4)^2=32$
$(k-4)^2=4$, $k-4=\pm2$ $\therefore k=2$ 또는 $k=6$
이때 점 A의 x좌표는 점 B의 x좌표보다 작으므로 $k=2$
따라서 $A(2,6)$, $B(6,2)$이고, 점 A가 함수 $y=a^x$의 그래프 위의 점이므로 $a^2=6$

0442 답 ④

$A=2\log_{0.1}4\sqrt{2}=\log_{0.1}(4\sqrt{2})^2=\log_{0.1}32$

$B=\log_{0.1}2-1=\log_{0.1}2-\log_{0.1}0.1=\log_{0.1}\dfrac{2}{0.1}=\log_{0.1}20$

$C=\log\dfrac{1}{50}=-\log50=\log_{0.1}50$

이때 $20<32<50$이고 밑이 1보다 작으므로

$\log_{0.1}50<\log_{0.1}32<\log_{0.1}20$

$\therefore C<A<B$

0443 답 $A<C<B$

$\dfrac{1}{9}<x<\dfrac{1}{3}$의 각 변에 밑이 $\dfrac{1}{3}$인 로그를 취하면

$\log_{\frac{1}{3}}\dfrac{1}{3}<\log_{\frac{1}{3}}x<\log_{\frac{1}{3}}\dfrac{1}{9}$

$\therefore 1<\log_{\frac{1}{3}}x<2$

$A=\log_3 x=-\log_{\frac{1}{3}}x$이므로

$1<\log_{\frac{1}{3}}x<2$에서 $-2<-\log_{\frac{1}{3}}x<-1$

$\therefore -2<A<-1$

$1<\log_{\frac{1}{3}}x<2$에서 $1<(\log_{\frac{1}{3}}x)^2<4$이므로

$1<B<4$

$1<\log_{\frac{1}{3}}x<2$의 각 변에 밑이 $\dfrac{1}{2}$인 로그를 취하면

$\log_{\frac{1}{2}}2<\log_{\frac{1}{2}}(\log_{\frac{1}{3}}x)<\log_{\frac{1}{2}}1$

$-1<\log_{\frac{1}{2}}(\log_{\frac{1}{3}}x)<0$ $\therefore -1<C<0$

$\therefore A<C<B$

0444 답 ①

$0<a<1$이므로 $a<1<b$의 각 변에 밑이 a인 로그를 취하면

$\log_a b<\log_a 1<\log_a a$ $\therefore \log_a b<0<1$

또 $b>1$이므로 $a<1<b$의 각 변에 밑이 b인 로그를 취하면

$\log_b a<\log_b 1<\log_b b$

$\log_b a<0<1$ $\therefore -\log_b a>0$

$\log_b \dfrac{b}{a}=\log_b b-\log_b a=1-\log_b a$이므로

$1-\log_b a>-\log_b a$

$\therefore \log_a b<-\log_b a<\log_b \dfrac{b}{a}$

$\therefore A<B<C$

0445 답 7

함수 $y=\log_{\frac{1}{3}}(x+4)-3$의 밑이 1보다 작으므로

$-3\leq x\leq 5$일 때 함수 $y=\log_{\frac{1}{3}}(x+4)-3$은

$x=-3$에서 최댓값 $\log_{\frac{1}{3}}(-3+4)-3=-3$,

$x=5$에서 최솟값 $\log_{\frac{1}{3}}(5+4)-3=-2-3=-5$를 갖는다.

따라서 $M=-3$, $m=-5$이므로 $M-2m=-3-2\times(-5)=7$

0446 답 -4

함수 $y=\log_5(x-a)-3$의 밑이 1보다 크므로 $1\leq x\leq 4$일 때 함수

$y=\log_5(x-a)-3$은 $x=1$에서 최솟값 $\log_5(1-a)-3$을 갖는다.

즉, $\log_5(1-a)-3=-2$이므로

$\log_5(1-a)=1$, $1-a=5$ $\therefore a=-4$

0447 답 ④

함수 $f(x)=2\log_{\frac{1}{2}}(x+k)$의 밑이 1보다 작으므로 $0\leq x\leq 12$일 때

함수 $f(x)=2\log_{\frac{1}{2}}(x+k)$는 $x=0$에서 최댓값 $2\log_{\frac{1}{2}}k$,

$x=12$에서 최솟값 $2\log_{\frac{1}{2}}(12+k)$를 갖는다.

즉, $2\log_{\frac{1}{2}}k=-4$이므로

$\log_{\frac{1}{2}}k=-2$

$\therefore k=\left(\dfrac{1}{2}\right)^{-2}=4$

$\therefore m=2\log_{\frac{1}{2}}(12+4)=2\log_{\frac{1}{2}}16=2\times(-4)=-8$

$\therefore k+m=4+(-8)=-4$

0448 답 4

함수 $(f\circ g)(x)=\log_3(6x+a)$의 밑이 1보다 크므로

$-2\leq x\leq 11$일 때 함수 $(f\circ g)(x)=\log_3(6x+a)$는

$x=11$에서 최댓값 $\log_3(66+a)$,

$x=-2$에서 최솟값 $\log_3(-12+a)$를 갖는다.

즉, $\log_3(-12+a)=1$이므로

$-12+a=3$

$\therefore a=15$

따라서 함수 $(f\circ g)(x)=\log_3(6x+15)$의 최댓값은

$\log_3(66+15)=\log_3 81=4$

0449 답 $\log_2 10$

$f(x)=-x^2+2x+9$라 하면

$f(x)=-(x-1)^2+10$

$1\leq x\leq 4$에서 $f(1)=10$, $f(4)=1$이므로

$1\leq f(x)\leq 10$

이때 함수 $y=\log_2 f(x)$의 밑이 1보다 크므로 함수 $y=\log_2 f(x)$는

$f(x)=10$, 즉 $x=1$에서 최댓값 $\log_2 10$을 갖는다.

따라서 $a=1$, $M=\log_2 10$이므로

$aM=\log_2 10$

0450 답 ①

진수의 조건에서 $x+2>0$, $4-x>0$

$\therefore -2<x<4$

$y=\log_{\frac{1}{3}}(x+2)+\log_{\frac{1}{3}}(4-x)=\log_{\frac{1}{3}}(-x^2+2x+8)$이므로

$f(x)=-x^2+2x+8$이라 하면

$f(x)=-(x-1)^2+9$

$-2<x<4$에서 $f(-2)=f(4)=0$, $f(1)=9$이므로

$0<f(x)\leq 9$

이때 함수 $y=\log_{\frac{1}{3}}f(x)$의 밑이 1보다 작으므로 함수

$y=\log_{\frac{1}{3}}f(x)$는 $f(x)=9$에서 최솟값 $\log_{\frac{1}{3}}9=-2$를 갖는다.

0451 답 $\dfrac{1}{2}$

$f(x)=-x^2+4x$라 하면

$f(x)=-(x-2)^2+4$

$1\leq x\leq 3$에서 $f(1)=f(3)=3$, $f(2)=4$이므로

$3\leq f(x)\leq 4$ ⋯⋯ ❶

이때 $y=\log_a f(x)$에서 $0<a<1$이므로 함수 $y=\log_a f(x)$는 $f(x)=4$에서 최솟값 $\log_a 4$를 갖는다. $\cdots$ ⓘ

즉, $\log_a 4=-2$이므로 $a^{-2}=4$

$a^2=\dfrac{1}{4}$ $\therefore a=\dfrac{1}{2}$ $(\because 0<a<1)$ $\cdots$ ⓘ ⓘ ⓘ

0452 답 ④

$g(x)=x^2-6x+k$라 하면

$g(x)=(x-3)^2+k-9$

$0\le x\le 5$에서 $g(0)=k$, $g(3)=k-9$, $g(5)=k-5$이므로

$k-9\le g(x)\le k$

이때 함수 $f(x)=\log_3 g(x)$의 밑이 1보다 크므로 함수 $f(x)=\log_3 g(x)$는

$g(x)=k$에서 최댓값 $\log_3 k$,

$g(x)=k-9$에서 최솟값 $\log_3(k-9)$를 갖는다.

따라서 $\log_3 k+\log_3(k-9)=2+\log_3 18$이므로

$\log_3(k-9)+\log_3 k=\log_3 9+\log_3 18$

$\therefore k=18$

0453 답 ④

$x+2y=20$에서 $2y=20-x$ $(0<x<20)$

$\therefore \log x+\log 2y=\log(x\times 2y)=\log x(20-x)$
$\qquad\qquad\qquad\qquad\qquad =\log(-x^2+20x)$

$f(x)=-x^2+20x$라 하면 $f(x)=-(x-10)^2+100$

$0<x<20$에서 $f(0)=f(20)=0$, $f(10)=100$이므로

$0<f(x)\le 100$

이때 함수 $\log f(x)$의 밑이 1보다 크므로 함수 $\log f(x)$는

$f(x)=100$에서 최댓값 $\log 100=2$를 갖는다.

다른 풀이

$\log x+\log 2y=\log 2xy$이고 밑이 1보다 크므로

$\log 2xy$는 xy가 최대일 때 최댓값을 갖는다.

이때 $x>0$, $y>0$이므로 산술평균과 기하평균의 관계에 의하여

$x+2y\ge 2\sqrt{2xy}$ (단, 등호는 $x=2y$일 때 성립)

또 $x+2y=20$이므로 $20\ge 2\sqrt{2xy}$, $10\ge\sqrt{2xy}$

$100\ge 2xy$ $\therefore xy\le 50$

따라서 xy의 최댓값은 50이므로 $\log 2xy$의 최댓값은

$\log 100=2$

0454 답 2

$f(x)=|x^2-2x-8|$이라 하면

$f(x)=|(x-1)^2-9|$

$-1\le x\le 2$에서 함수 $y=f(x)$의 그래프는 오른쪽 그림과 같으므로 $5\le f(x)\le 9$

이때 함수 $y=\log_3 f(x)$의 밑이 1보다 크므로 함수 $y=\log_3 f(x)$는 $f(x)=9$에서 최댓값 $\log_3 9=2$를 갖는다.

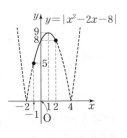

0455 답 8

$\log_{\frac{1}{2}} x=t$로 놓으면 $\dfrac{1}{2}\le x\le 2$에서 $\log_{\frac{1}{2}} 2\le\log_{\frac{1}{2}} x\le\log_{\frac{1}{2}}\dfrac{1}{2}$

$\therefore -1\le t\le 1$

이때 주어진 함수는 $y=2t^2+4t=2(t+1)^2-2$

따라서 $-1\le t\le 1$일 때 함수 $y=2(t+1)^2-2$는 $t=1$에서 최댓값 6, $t=-1$에서 최솟값 -2를 가지므로 $M=6$, $m=-2$

$\therefore M-m=8$

0456 답 ④

$y=\log_3 3x\times\log_{\frac{1}{3}}\dfrac{9}{x^2}=\log_3 3x\times\log_3\dfrac{x^2}{9}$

$\quad =(\log_3 3+\log_3 x)(\log_3 x^2-\log_3 9)$

$\quad =(1+\log_3 x)(2\log_3 x-2)$

$\quad =2(\log_3 x)^2-2$

$\log_3 x=t$로 놓으면 $1\le x\le 27$에서 $\log_3 1\le\log_3 x\le\log_3 27$

$\therefore 0\le t\le 3$

이때 주어진 함수는 $y=2t^2-2$

따라서 $0\le t\le 3$일 때 함수 $y=2t^2-2$는 $t=3$에서 최댓값 16, $t=0$에서 최솟값 -2를 가지므로 구하는 합은 $16+(-2)=14$

0457 답 ⑤

$y=\log_4 x\times\log_4\dfrac{16}{x}+k$

$\quad =\log_4 x\times(\log_4 16-\log_4 x)+k$

$\quad =\log_4 x\times(2-\log_4 x)+k$

$\quad =-(\log_4 x)^2+2\log_4 x+k$

$\log_4 x=t$로 놓으면 주어진 함수는

$y=-t^2+2t+k=-(t-1)^2+k+1$

따라서 함수 $y=-(t-1)^2+k+1$은 $t=1$에서 최댓값 $k+1$을 가지므로

$k+1=10$ $\therefore k=9$

0458 답 160

$x^{\log 3}=3^{\log x}$이므로

$y=3^{\log x}\times x^{\log 3}-3(3^{\log x}+x^{\log 3})+25$

$\quad =3^{\log x}\times 3^{\log x}-3(3^{\log x}+3^{\log x})+25$

$\quad =(3^{\log x})^2-6\times 3^{\log x}+25$ $\cdots$ ⓘ

$3^{\log x}=t$로 놓으면 주어진 함수는

$y=t^2-6t+25=(t-3)^2+16$

따라서 함수 $y=(t-3)^2+16$은 $t=3$에서 최솟값 16을 가지므로

$m=16$ $\cdots$ ⓘⓘ

$3^{\log x}=3$에서 $\log x=1$ $\therefore x=10$

$\therefore a=10$ $\cdots$ ⓘⓘⓘ

$\therefore am=10\times 16=160$ $\cdots$ ⓘ ⓥ

0459 답 ①

삼각형 ABC에서 $\angle A = 90°$이므로

$$S(x) = \frac{1}{2} \times \overline{AB} \times \overline{AC}$$
$$= \frac{1}{2} \times 2\log_2 x \times \log_4 \frac{16}{x}$$
$$= \log_2 x \times (\log_4 16 - \log_4 x)$$
$$= \log_2 x \times \left(2 - \frac{1}{2}\log_2 x\right)$$
$$= -\frac{1}{2}(\log_2 x)^2 + 2\log_2 x$$

$\log_2 x = t$로 놓으면 $1 < x < 16$에서

$\log_2 1 < \log_2 x < \log_2 16$

$\therefore 0 < t < 4$

이때 $S(x)$에서

$$y = -\frac{1}{2}t^2 + 2t = -\frac{1}{2}(t-2)^2 + 2$$

따라서 $0 < t < 4$일 때 함수 $y = -\frac{1}{2}(t-2)^2 + 2$는 $t=2$에서 최댓값 2를 가지므로 $M=2$

$t=2$에서 $\log_2 x = 2$ $\therefore x = 2^2 = 4$

$\therefore a = 4$

$\therefore a + M = 4 + 2 = 6$

0460 답 $\frac{1}{81}$

$y = x^{-4+\log_3 x}$의 양변에 밑이 3인 로그를 취하면

$$\log_3 y = \log_3 x^{-4+\log_3 x}$$
$$= (-4+\log_3 x)\log_3 x$$
$$= (\log_3 x)^2 - 4\log_3 x$$

$\log_3 x = t$로 놓으면 $1 \le x \le 27$에서

$\log_3 1 \le \log_3 x \le \log_3 27$ $\therefore 0 \le t \le 3$

이때 주어진 함수는 $\log_3 y = t^2 - 4t = (t-2)^2 - 4$

따라서 $0 \le t \le 3$일 때 $t=0$에서 최댓값 0, $t=2$에서 최솟값 -4를 가지므로

$\log_3 y = 0$에서 $y = 1$

$\log_3 y = -4$에서 $y = 3^{-4} = \frac{1}{81}$

즉, $M=1$, $m = \frac{1}{81}$이므로 $Mm = \frac{1}{81}$

0461 답 1000

$y = \frac{10x^4}{x^{\log x}}$에서 $y = 10x^{4-\log x}$의 양변에 상용로그를 취하면

$$\log y = \log 10x^{4-\log x}$$
$$= \log 10 + \log x^{4-\log x}$$
$$= 1 + (4-\log x)\log x$$
$$= -(\log x)^2 + 4\log x + 1$$

$\log x = t$로 놓으면 $\log y = -t^2 + 4t + 1 = -(t-2)^2 + 5$

따라서 $t=2$에서 최댓값 5를 가지므로

$\log x = 2$에서 $x = 10^2$ $\therefore a = 10^2$

$\log y = 5$에서 $y = 10^5$ $\therefore M = 10^5$

$\therefore \frac{M}{a} = \frac{10^5}{10^2} = 10^3 = 1000$

0462 답 ③

$$y = \log x - \log_x \frac{1}{10000} = \log x - \log_x 10^{-4}$$
$$= \log x + 4\log_x 10 = \log x + \frac{4}{\log x}$$

이때 $x > 1$에서 $\log x > 0$이므로 산술평균과 기하평균의 관계에 의하여

$$\log x + \frac{4}{\log x} \ge 2\sqrt{\log x \times \frac{4}{\log x}} = 2 \times 2 = 4$$

(단, 등호는 $\log x = 2$일 때 성립)

따라서 구하는 최솟값은 4이다.

0463 답 $\frac{5}{3}$

$\frac{1}{9} < x < 4$에서 $9x > 1$, $\frac{4}{x} > 1$이므로 $\log_6 9x > 0$, $\log_6 \frac{4}{x} > 0$

산술평균과 기하평균의 관계에 의하여

$$\log_6 9x + \log_6 \frac{4}{x} \ge 2\sqrt{\log_6 9x \times \log_6 \frac{4}{x}}$$

이때 $\log_6 9x + \log_6 \frac{4}{x} = \log_6 \left(9x \times \frac{4}{x}\right) = \log_6 36 = 2$이므로

$$2 \ge 2\sqrt{\log_6 9x \times \log_6 \frac{4}{x}}, \quad \sqrt{\log_6 9x \times \log_6 \frac{4}{x}} \le 1$$

$\therefore 0 < \log_6 9x \times \log_6 \frac{4}{x} \le 1$

즉, $\log_6 9x \times \log_6 \frac{4}{x}$의 최댓값은 1이므로 $M=1$

한편 등호는 $\log_6 9x = \log_6 \frac{4}{x}$, 즉 $9x = \frac{4}{x}$일 때 성립하므로

$x^2 = \frac{4}{9}$ $\therefore x = \frac{2}{3}\left(\because \frac{1}{9} < x < 4\right)$ $\therefore a = \frac{2}{3}$

$\therefore a + M = \frac{2}{3} + 1 = \frac{5}{3}$

0464 답 $x = \frac{5}{3}$

진수의 조건에서 $x+1 > 0$, $3x-2 > 0$ $\therefore x > \frac{2}{3}$ …… ㉠

$\log_8 (x+1) = 1 - \frac{1}{3}\log_2 (3x-2)$에서

$\frac{1}{3}\log_2 (x+1) + \frac{1}{3}\log_2 (3x-2) = 1$

$\frac{1}{3}\{\log_2 (x+1)(3x-2)\} = 1$, $\log_2 (3x^2+x-2) = 3$

따라서 $3x^2+x-2 = 2^3 = 8$이므로 $3x^2+x-10 = 0$

$(x+2)(3x-5) = 0$ $\therefore x = -2$ 또는 $x = \frac{5}{3}$

이때 ㉠에 의하여 $x = \frac{5}{3}$

0465 답 ②

진수의 조건에서 $x-1 > 0$, $4-x > 0$ $\therefore 1 < x < 4$ …… ㉠

$\log_2 (x-1) - 1 = \log_4 (4-x)$에서

$\log_4 (x-1)^2 = \log_4 (4-x) + 1$

$\therefore \log_4 (x-1)^2 = \log_4 4(4-x)$

즉, $(x-1)^2 = 4(4-x)$이므로 $x^2+2x-15 = 0$

$(x+5)(x-3) = 0$ $\therefore x = -5$ 또는 $x = 3$

이때 ㉠에 의하여 $x = 3$

따라서 $a = 3$이므로 $a^2 = 9$

0466 답 ②

진수의 조건에서

$|x-1|>0$ $\therefore$ $x\neq1$ ...... $\bigcirc$

$2\log_2|x-1|=1-\log_2\dfrac{1}{2}$에서

$2\log_2|x-1|=1-(-1)$

$\log_2|x-1|=1$

$\log_2|x-1|=\log_2 2$

$x-1=-2$ 또는 $x-1=2$

$\therefore$ $x=-1$ 또는 $x=3$

이때 $\bigcirc$에 의하여 $x=-1$ 또는 $x=3$

따라서 모든 근의 곱은

$-1\times3=-3$

0467 답 $-\dfrac{2}{3}$

밑과 진수의 조건에서

$x^2-2x+1>0$, $x^2-2x+1\neq1$, $2-3x>0$

$\therefore$ $x<0$ 또는 $0<x<\dfrac{2}{3}$ ...... $\bigcirc$ ...... **ⓘ**

(i) $x^2-2x+1=4$일 때,

$x^2-2x-3=0$

$(x+1)(x-3)=0$

$\therefore$ $x=-1$ 또는 $x=3$

이때 $\bigcirc$에 의하여 $x=-1$

(ii) $2-3x=1$일 때,

$3x=1$ $\therefore$ $x=\dfrac{1}{3}$

(i), (ii)에서 $x=-1$ 또는 $x=\dfrac{1}{3}$ ...... **ⓘⓘ**

따라서 모든 근의 합은

$-1+\dfrac{1}{3}=-\dfrac{2}{3}$ ...... **ⓘⓘⓘ**

채점 기준

ⓘ 밑과 진수의 조건에서 x의 값의 범위 구하기		30 %
ⓘⓘ 방정식 풀기		60 %
ⓘⓘⓘ 모든 근의 합 구하기		10 %

0468 답 ④

진수의 조건에서 $x>0$, $y>0$ ...... $\bigcirc$

$\log_2\{\log(x^2+y^2)\}=0$에서

$\log(x^2+y^2)=1$

$\therefore$ $x^2+y^2=10$

$\log_3\sqrt{x}+\log_9 y=\dfrac{1}{2}$에서 $\dfrac{1}{2}\log_3 x+\dfrac{1}{2}\log_3 y=\dfrac{1}{2}$

$\log_3 x+\log_3 y=1$

$\log_3 xy=1$ $\therefore$ $xy=3$

즉, 주어진 연립방정식은 $\begin{cases} x^2+y^2=10 \\ xy=3 \end{cases}$ 이므로

$(x+y)^2=x^2+y^2+2xy$

$=10+2\times3=16$

$\bigcirc$에 의하여 $x+y=4$

$\therefore$ $\alpha+\beta=4$

0469 답 ④

$\log_2 x^2+\log_2 y^2=\log_2(x+y+3)^2$에서

$\log_2 x^2 y^2=\log_2(x+y+3)^2$

$(xy)^2=(x+y+3)^2$

이때 x, y는 양의 정수이므로

$xy=x+y+3$ $\therefore$ $(x-1)(y-1)=4$

(i) $x-1=1$, $y-1=4$일 때, $x=2$, $y=5$

(ii) $x-1=2$, $y-1=2$일 때, $x=3$, $y=3$

(iii) $x-1=4$, $y-1=1$일 때, $x=5$, $y=2$

(i)~(iii)에서 $x+2y$의 최댓값은 12이다.

0470 답 ④

진수의 조건에서 $x>0$, $x^6>0$ $\therefore$ $x>0$ ...... $\bigcirc$

$(\log_2 x)^2-\log_4 x^6+2=0$에서

$(\log_2 x)^2-3\log_2 x+2=0$

$\log_2 x=t$로 놓으면 $t^2-3t+2=0$, $(t-1)(t-2)=0$

$\therefore$ $t=1$ 또는 $t=2$

즉, $\log_2 x=1$ 또는 $\log_2 x=2$이므로

$x=2$ 또는 $x=2^2=4$

이때 $\bigcirc$에 의하여 $x=2$ 또는 $x=4$

따라서 $\alpha\beta=2\times4=8$

0471 답 32

진수의 조건에서 $\dfrac{x}{2}>0$, $4x>0$ $\therefore$ $x>0$ ...... $\bigcirc$

$\left(\log_2\dfrac{x}{2}\right)(\log_2 4x)=4$에서

$(\log_2 x-\log_2 2)(\log_2 4+\log_2 x)=4$

$(\log_2 x-1)(2+\log_2 x)=4$

$\therefore$ $(\log_2 x)^2+\log_2 x-6=0$

$\log_2 x=t$로 놓으면

$t^2+t-6=0$, $(t+3)(t-2)=0$

$\therefore$ $t=-3$ 또는 $t=2$

즉, $\log_2 x=-3$ 또는 $\log_2 x=2$이므로

$x=2^{-3}=\dfrac{1}{8}$ 또는 $x=2^2=4$

이때 $\bigcirc$에 의하여 $x=\dfrac{1}{8}$ 또는 $x=4$

$\therefore$ $64\alpha\beta=64\times\dfrac{1}{8}\times4=32$

다른 풀이 이차방정식의 근과 계수의 관계 이용하기

$\left(\log_2\dfrac{x}{2}\right)(\log_2 4x)=4$에서 $(\log_2 x)^2+\log_2 x-6=0$

$\log_2 x=t$로 놓으면

$t^2+t-6=0$ ...... $\bigcirc$

주어진 방정식의 두 실근이 α, β이므로 이차방정식 $\bigcirc$의 두 근은

$\log_2\alpha$, $\log_2\beta$

$\bigcirc$에서 이차방정식의 근과 계수의 관계에 의하여

$\log_2\alpha+\log_2\beta=-1$

$\log_2\alpha\beta=-1$ $\therefore$ $\alpha\beta=2^{-1}=\dfrac{1}{2}$

$\therefore$ $64\alpha\beta=64\times\dfrac{1}{2}=32$

0472 답 ②

밑과 진수의 조건에서 $x^2>0$, $x>0$, $x\neq1$

$\therefore$ $x>0$, $x\neq1$ ...... ㉠

$\log_9 x^2+3\log_x 3+4=0$에서 $\log_3 x+\dfrac{3}{\log_3 x}+4=0$

$\log_3 x=t\,(t\neq0)$로 놓으면

$t+\dfrac{3}{t}+4=0$, $t^2+4t+3=0$

$(t+3)(t+1)=0$ $\therefore$ $t=-3$ 또는 $t=-1$

즉, $\log_3 x=-3$ 또는 $\log_3 x=-1$이므로

$x=3^{-3}=\dfrac{1}{27}$ 또는 $x=3^{-1}=\dfrac{1}{3}$

이때 ㉠에 의하여 $x=\dfrac{1}{27}$ 또는 $x=\dfrac{1}{3}$

따라서 $\alpha<\beta$이므로 $\alpha=\dfrac{1}{27}$, $\beta=\dfrac{1}{3}$ $\therefore$ $\log_\alpha \beta=\log_{\frac{1}{27}}\dfrac{1}{3}=\dfrac{1}{3}$

0473 답 ④

진수의 조건에서 $x>0$, $y>0$ ...... ㉠

$\log_3 x=X$, $\log_2 y=Y$로 놓으면

$\begin{cases} X+Y=4 \\ XY=3 \end{cases}$

이 연립방정식을 풀면 $X=1$, $Y=3$ 또는 $X=3$, $Y=1$

즉, $\log_3 x=1$, $\log_2 y=3$ 또는 $\log_3 x=3$, $\log_2 y=1$이므로

$x=3$, $y=2^3=8$ 또는 $x=3^3=27$, $y=2$

이때 ㉠에 의하여 $x=3$, $y=8$ 또는 $x=27$, $y=2$

따라서 $\alpha<\beta$이므로 $\alpha=3$, $\beta=8$ $\therefore$ $\beta-\alpha=5$

0474 답 8

$2\log_x y-2\log_y x=3$에서

$2\log_x y-\dfrac{2}{\log_x y}=3$

$\log_x y=t$로 놓으면 $x>1$, $y>1$에서 $t>0$이고

$2t-\dfrac{2}{t}=3$, $2t^2-3t-2=0$

$(2t+1)(t-2)=0$ $\therefore$ $t=2\,(\because t>0)$

즉, $\log_x y=2$이므로 $y=x^2$

따라서 $1<x<100$, $1<y<100$이므로 조건을 만족시키는 x, y의 순서쌍 $(x,\,y)$는 $(2,\,2^2)$, $(3,\,3^2)$, $(4,\,4^2)$, ..., $(9,\,9^2)$의 8개이다.

0475 답 ④

진수의 조건에서 $x>0$ ...... ㉠

$x^{\log_2 x}=4x$의 양변에 밑이 2인 로그를 취하면

$\log_2 x^{\log_2 x}=\log_2 4x$, $(\log_2 x)^2=\log_2 4+\log_2 x$

$\therefore$ $(\log_2 x)^2-\log_2 x-2=0$

$\log_2 x=t$로 놓으면 $t^2-t-2=0$, $(t+1)(t-2)=0$

$\therefore$ $t=-1$ 또는 $t=2$

즉, $\log_2 x=-1$ 또는 $\log_2 x=2$이므로

$x=2^{-1}=\dfrac{1}{2}$ 또는 $x=2^2=4$

이때 ㉠에 의하여 $x=\dfrac{1}{2}$ 또는 $x=4$

$\therefore$ $\log_\alpha \beta+\log_\beta \alpha=\log_{\frac{1}{2}}4+\log_4 \dfrac{1}{2}=-2-\dfrac{1}{2}=-\dfrac{5}{2}$

0476 답 $x=\dfrac{1}{15}$

진수의 조건에서 $3x>0$, $5x>0$ $\therefore$ $x>0$ ...... ㉠

$3^{\log 3x}=5^{\log 5x}$의 양변에 상용로그를 취하면

$\log 3^{\log 3x}=\log 5^{\log 5x}$

$\log 3x\times\log 3=\log 5x\times\log 5$

$(\log 3+\log x)\log 3=(\log 5+\log x)\log 5$

$(\log 5-\log 3)\log x=(\log 3)^2-(\log 5)^2$

$\therefore$ $\log x=-\dfrac{(\log 5-\log 3)(\log 5+\log 3)}{\log 5-\log 3}$

$\qquad\quad =-(\log 5+\log 3)$

$\qquad\quad =-\log 15=\log \dfrac{1}{15}$

이때 ㉠에 의하여 $x=\dfrac{1}{15}$

0477 답 ④

진수의 조건에서 $x>0$ ...... ㉠

$x^{\log_3 2}=2^{\log_3 x}$이므로

$2^{\log_3 x}\times x^{\log_3 2}-6\times 2^{\log_3 x}-16=0$에서

$(2^{\log_3 x})^2-6\times 2^{\log_3 x}-16=0$

$2^{\log_3 x}=t\,(t>0)$로 놓으면

$t^2-6t-16=0$, $(t+2)(t-8)=0$

$\therefore$ $t=8\,(\because t>0)$

즉, $2^{\log_3 x}=8$이므로

$2^{\log_3 x}=2^3$, $\log_3 x=3$ $\therefore$ $x=3^3=27$

이때 ㉠에 의하여 $x=27$

0478 답 9

$(\log_3 x)^2-2\log_3 9x=0$에서

$(\log_3 x)^2-2(\log_3 9+\log_3 x)=0$

$\therefore$ $(\log_3 x)^2-2\log_3 x-4=0$

$\log_3 x=t$로 놓으면 $t^2-2t-4=0$ ...... ㉠

주어진 방정식의 두 근을 α, β라 하면 이차방정식 ㉠의 두 근은 $\log_3 \alpha$, $\log_3 \beta$이므로 이차방정식의 근과 계수의 관계에 의하여

$\log_3 \alpha+\log_3 \beta=2$, $\log_3 \alpha\beta=2$ $\therefore$ $\alpha\beta=3^2=9$

0479 답 74

$(\log_2 x)^2-8\log_2 x-5=0$에서 $\log_2 x=t$로 놓으면

$t^2-8t-5=0$ ...... ❶

이 이차방정식의 두 근은 $\log_2 \alpha$, $\log_2 \beta$이므로 이차방정식의 근과 계수의 관계에 의하여

$\log_2 \alpha+\log_2 \beta=8$, $\log_2 \alpha\times\log_2 \beta=-5$ ...... ❷

$\therefore$ $(\log_2 \alpha)^2+(\log_2 \beta)^2$

$\quad =(\log_2 \alpha+\log_2 \beta)^2-2(\log_2 \alpha\times\log_2 \beta)$

$\quad =8^2-2\times(-5)=74$ ...... ❸

채점 기준

❶ $\log_2 x=t$로 놓고 t에 대한 이차방정식 세우기		20 %
❷ 이차방정식의 근과 계수의 관계를 이용하여 $\log_2 \alpha+\log_2 \beta$, $\log_2 \alpha\times\log_2 \beta$의 값 구하기		40 %
❸ $(\log_2 \alpha)^2+(\log_2 \beta)^2$의 값 구하기		40 %

0480 답 ⑤

$\log_5 x + a \log_x 5 = a+1$에서 $\log_5 x + \dfrac{a}{\log_5 x} - (a+1) = 0$

$\log_5 x = t \ (t \neq 0)$로 놓으면 $t + \dfrac{a}{t} - (a+1) = 0$

$\therefore t^2 - (a+1)t + a = 0$ ····· ㉠

주어진 방정식의 두 근을 α, β라 하면 이차방정식 ㉠의 두 근은 $\log_5 \alpha$, $\log_5 \beta$이므로 이차방정식의 근과 계수의 관계에 의하여

$\log_5 \alpha + \log_5 \beta = a+1$, $\log_5 \alpha\beta = a+1$

이때 $\alpha\beta = 125$이므로

$\log_5 125 = a+1$, $3 = a+1$

$\therefore a = 2$

0481 답 ①

주어진 이차방정식의 판별식을 D라 하면

$D = (-\log_2 a)^2 - 4(3 + \log_2 a) = 0$

$\therefore (\log_2 a)^2 - 4\log_2 a - 12 = 0$

$\log_2 a = t$로 놓으면 $t^2 - 4t - 12 = 0$

$(t+2)(t-6) = 0$ $\therefore t = -2$ 또는 $t = 6$

즉, $\log_2 a = -2$ 또는 $\log_2 a = 6$이므로

$a = 2^{-2} = \dfrac{1}{4}$ 또는 $a = 2^6 = 64$

따라서 모든 양수 a의 값의 곱은 $\dfrac{1}{4} \times 64 = 16$

0482 답 ①

진수의 조건에서 $-x+3 > 0$, $x+9 > 0$

$\therefore -9 < x < 3$ ····· ㉠

$\log_{\frac{1}{4}}(-x+3) \leq \log_{\frac{1}{2}}(x+9)$에서

$\log_{\frac{1}{4}}(-x+3) \leq \log_{\frac{1}{4}}(x+9)^2$

$\log_{\frac{1}{4}}(-x+3) \leq \log_{\frac{1}{4}}(x^2 + 18x + 81)$

밑이 1보다 작으므로 $-x+3 \geq x^2 + 18x + 81$

$x^2 + 19x + 78 \leq 0$, $(x+13)(x+6) \leq 0$

$\therefore -13 \leq x \leq -6$ ····· ㉡

㉠, ㉡의 공통부분은 $-9 < x \leq -6$

따라서 $\alpha = -9$, $\beta = -6$이므로 $\alpha + \beta = -15$

0483 답 $1 < x < 2$

$4^{-x^2} > \left(\dfrac{1}{2}\right)^{4x}$에서 $2^{-2x^2} > 2^{-4x}$

밑이 1보다 크므로 $-2x^2 > -4x$

$2x^2 - 4x < 0$, $2x(x-2) < 0$

$\therefore 0 < x < 2$ ····· ㉠

$\log_2(x^2 - 2x + 3) < \log_2 2x$의 진수의 조건에서

$x^2 - 2x + 3 > 0$, $2x > 0$

$x^2 - 2x + 3 = (x-1)^2 + 2 > 0$이므로

$x > 0$ ····· ㉡

$\log_2(x^2 - 2x + 3) < \log_2 2x$에서 밑이 1보다 크므로

$x^2 - 2x + 3 < 2x$

$x^2 - 4x + 3 < 0$, $(x-1)(x-3) < 0$

$\therefore 1 < x < 3$ ····· ㉢

㉠~㉢의 공통부분은 $1 < x < 2$

0484 답 ①

진수의 조건에서 $\dfrac{2}{3}x + k > 0$, $x - 2 > 0$

$\therefore x > 2$ ····· ㉠

$\log_{\frac{1}{7}}\left(\dfrac{2}{3}x + k\right) \leq \log_{\frac{1}{7}}(x-2)$에서 밑이 1보다 작으므로

$\dfrac{2}{3}x + k \geq x - 2$

$\dfrac{1}{3}x \leq k + 2$

$\therefore x \leq 3k + 6$ ····· ㉡

㉠, ㉡의 공통부분은 $2 < x \leq 3k + 6$

이 부등식을 만족시키는 정수 x는 7개이므로

$9 \leq 3k + 6 < 10$

$3 \leq 3k < 4$ $\therefore 1 \leq k < \dfrac{4}{3}$

따라서 자연수 k의 값은 1이다.

0485 답 ⑤

진수의 조건에서 $6x + 1 > 0$, $x^2 + 9 > 0$

$\therefore x > -\dfrac{1}{6}$ ····· ㉠

(i) $0 < a < 1$일 때,

$6x + 1 > x^2 + 9$, $x^2 - 6x + 8 < 0$

$(x-2)(x-4) < 0$

$\therefore 2 < x < 4$ ····· ㉡

㉠, ㉡의 공통부분은 $2 < x < 4$

(ii) $a > 1$일 때,

$6x + 1 < x^2 + 9$, $x^2 - 6x + 8 > 0$

$(x-2)(x-4) > 0$

$\therefore x < 2$ 또는 $x > 4$ ····· ㉢

㉠, ㉢의 공통부분은 $-\dfrac{1}{6} < x < 2$ 또는 $x > 4$

이때 주어진 부등식의 해가 $2 < x < 4$이므로

$0 < a < 1$

따라서 a의 값이 될 수 없는 것은 ⑤이다.

0486 답 31

진수의 조건에서 $x > 0$, $\log_5 x > 0$, $\log_8(\log_5 x) > 0$

$\log_8(\log_5 x) > \log_8 1$에서 $\log_5 x > 1$

$\log_5 x > \log_5 5$ $\therefore x > 5$ ····· ㉠

$\log_3\{\log_8(\log_5 x)\} \leq -1$에서

$\log_3\{\log_8(\log_5 x)\} \leq \log_3 \dfrac{1}{3}$

밑이 1보다 크므로 $\log_8(\log_5 x) \leq \dfrac{1}{3}$

$\log_8(\log_5 x) \leq \log_8 2$

밑이 1보다 크므로 $\log_5 x \leq 2$

$\log_5 x \leq \log_5 25$

밑이 1보다 크므로 $x \leq 25$ ····· ㉡

㉠, ㉡의 공통부분은 $5 < x \leq 25$

따라서 정수 x의 최댓값은 25, 최솟값은 6이므로 구하는 합은

$25 + 6 = 31$

0487 답 4

진수의 조건에서 $|x-1|>0$, $x+2>0$

$x\neq 1$, $x>-2$

$\therefore -2<x<1$ 또는 $x>1$

(i) $-2<x<1$일 때,

$\log(-x+1)+\log(x+2)\leq 1$에서

$\log(-x+1)(x+2)\leq \log 10$

밑이 1보다 크므로

$-x^2-x+2\leq 10$, $x^2+x+8\geq 0$

즉, 모든 실수 x에 대하여 부등식이 성립하므로

$-2<x<1$

(ii) $x>1$일 때,

$\log(x-1)+\log(x+2)\leq 1$에서

$\log(x-1)(x+2)\leq \log 10$

밑이 1보다 크므로

$x^2+x-2\leq 10$, $x^2+x-12\leq 0$

$(x+4)(x-3)\leq 0$ $\therefore -4\leq x\leq 3$

그런데 $x>1$이므로 $1<x\leq 3$

(i), (ii)에서 주어진 부등식의 해는

$-2<x<1$ 또는 $1<x\leq 3$

따라서 정수 x의 값은 -1, 0, 2, 3이므로 구하는 합은

$-1+0+2+3=4$

0488 답 ④

진수의 조건에서 $x>0$ $\cdots\cdots$ ㉠

$\log_{\frac{1}{3}}\dfrac{x}{9}\times\log_3\dfrac{x}{27}\geq 0$에서

$\left(\log_{\frac{1}{3}}x-\log_{\frac{1}{3}}9\right)\left(\log_3 x-\log_3 27\right)\geq 0$

$(-\log_3 x+2)(\log_3 x-3)\geq 0$

$\therefore (\log_3 x)^2-5\log_3 x+6\leq 0$

$\log_3 x=t$로 놓으면 $t^2-5t+6\leq 0$

$(t-2)(t-3)\leq 0$ $\therefore 2\leq t\leq 3$

즉, $2\leq \log_3 x\leq 3$이므로 $\log_3 3^2\leq \log_3 x\leq \log_3 3^3$

밑이 1보다 크므로 $9\leq x\leq 27$ $\cdots\cdots$ ㉡

㉠, ㉡의 공통부분은 $9\leq x\leq 27$

따라서 $\alpha=9$, $\beta=27$이므로 $\dfrac{\beta}{\alpha}=3$

0489 답 8

진수의 조건에서 $x>0$ $\cdots\cdots$ ㉠

$\log_2 x\times\log_2 16x\leq 21$에서

$\log_2 x(4+\log_2 x)\leq 21$

$(\log_2 x)^2+4\log_2 x-21\leq 0$

$\log_2 x=t$로 놓으면 $t^2+4t-21\leq 0$

$(t+7)(t-3)\leq 0$ $\therefore -7\leq t\leq 3$

즉, $-7\leq \log_2 x\leq 3$이므로 $\log_2 2^{-7}\leq \log_2 x\leq \log_2 2^3$

밑이 1보다 크므로 $\dfrac{1}{128}\leq x\leq 8$ $\cdots\cdots$ ㉡

㉠, ㉡의 공통부분은 $\dfrac{1}{128}\leq x\leq 8$

따라서 자연수 x의 최댓값은 8이다.

0490 답 ⑤

$(\log_{\frac{1}{5}}x)^2+a\log_{\frac{1}{5}}x+b<0$에서 $\log_{\frac{1}{5}}x=t$로 놓으면

$t^2+at+b<0$ $\cdots\cdots$ ㉠

주어진 부등식의 해가 $5<x<25$이므로

$\log_{\frac{1}{5}}25<\log_{\frac{1}{5}}x<\log_{\frac{1}{5}}5$에서 $-2<\log_{\frac{1}{5}}x<-1$

$\therefore -2<t<-1$

t^2의 계수가 1이고 해가 $-2<t<-1$인 이차부등식은

$(t+2)(t+1)<0$

$\therefore t^2+3t+2<0$

이 부등식이 ㉠과 일치하므로 $a=3$, $b=2$

$\therefore a+b=5$

0491 답 ③

진수의 조건에서 $x>0$ $\cdots\cdots$ ㉠

$x^{\log_5 25x}\leq 25x$의 양변에 밑이 5인 로그를 취하면

$\log_5 x^{\log_5 25x}\leq \log_5 25x$

$\log_5 x(\log_5 25+\log_5 x)\leq \log_5 25+\log_5 x$

$\therefore (\log_5 x)^2+\log_5 x-2\leq 0$

$\log_5 x=t$로 놓으면 $t^2+t-2\leq 0$

$(t+2)(t-1)\leq 0$ $\therefore -2\leq t\leq 1$

즉, $-2\leq \log_5 x\leq 1$이므로 $\log_5 5^{-2}\leq \log_5 x\leq \log_5 5$

밑이 1보다 크므로 $\dfrac{1}{25}\leq x\leq 5$ $\cdots\cdots$ ㉡

㉠, ㉡의 공통부분은

$\dfrac{1}{25}\leq x\leq 5$

따라서 정수 x는 1, 2, 3, 4, 5의 5개이다.

0492 답 $0<x<\dfrac{1}{10}$ 또는 $x>\dfrac{\sqrt{10}}{10}$

진수의 조건에서 $x>0$ $\cdots\cdots$ ㉠

$x^{\log_{0.1}x}<\sqrt{10x^3}$의 양변에 밑이 0.1인 로그를 취하면

$\log_{0.1}x^{\log_{0.1}x}>\log_{0.1}\sqrt{10x^3}$

$(\log_{0.1}x)^2>\dfrac{1}{2}(\log_{0.1}10+3\log_{0.1}x)$

$(\log_{0.1}x)^2>\dfrac{3}{2}\log_{0.1}x-\dfrac{1}{2}$

$\therefore (\log_{0.1}x)^2-\dfrac{3}{2}\log_{0.1}x+\dfrac{1}{2}>0$

$\log_{0.1}x=t$로 놓으면

$t^2-\dfrac{3}{2}t+\dfrac{1}{2}>0$

$2t^2-3t+1>0$, $(2t-1)(t-1)>0$

$\therefore t<\dfrac{1}{2}$ 또는 $t>1$

즉, $\log_{0.1}x<\dfrac{1}{2}$ 또는 $\log_{0.1}x>1$이므로

$\log_{0.1}x<\log_{0.1}0.1^{\frac{1}{2}}$ 또는 $\log_{0.1}x>\log_{0.1}0.1$

밑이 1보다 작으므로

$x>\dfrac{\sqrt{10}}{10}$ 또는 $x<\dfrac{1}{10}$ $\cdots\cdots$ ㉡

㉠, ㉡의 공통부분은

$0<x<\dfrac{1}{10}$ 또는 $x>\dfrac{\sqrt{10}}{10}$

0493 답 ②

진수의 조건에서 $x>0$ ...... ㉠

$x^{\log 2}=2^{\log x}$이므로 $2^{\log x}\times x^{\log 2}-\dfrac{3}{2}(2^{\log x}+x^{\log 2})+2<0$에서

$(2^{\log x})^2-3\times 2^{\log x}+2<0$

$2^{\log x}=t\,(t>0)$로 놓으면 $t^2-3t+2<0$

$(t-1)(t-2)<0$ $\therefore 1<t<2$

즉, $1<2^{\log x}<2$이므로 $2^0<2^{\log x}<2^1$

밑이 1보다 크므로 $0<\log x<1$, $\log 1<\log x<\log 10$

밑이 1보다 크므로 $1<x<10$ ...... ㉡

㉠, ㉡의 공통부분은 $1<x<10$

따라서 정수 x의 최댓값은 9, 최솟값은 2이므로 구하는 곱은

$9\times 2=18$

0494 답 ②

$(\log_4 x)^2+\log_4 16x^2-\log_2 k\geq 0$에서

$(\log_4 x)^2+2\log_4 x+2-\log_2 k\geq 0$

$\log_4 x=t$로 놓으면 $t^2+2t+2-\log_2 k\geq 0$

이 부등식이 모든 실수 t에 대하여 성립해야 하므로 이차방정식 $t^2+2t+2-\log_2 k=0$의 판별식을 D라 하면

$\dfrac{D}{4}=1-(2-\log_2 k)\leq 0$, $\log_2 k\leq 1$ $\therefore k\leq 2$

이때 $k>0$이므로 $0<k\leq 2$

따라서 정수 k의 값은 1, 2이므로 구하는 합은 $1+2=3$

0495 답 6

모든 실수 x에 대하여 이차부등식 $3x^2-2(\log_2 n)x+\log_2 n>0$이 성립해야 하므로 이차방정식 $3x^2-2(\log_2 n)x+\log_2 n=0$의 판별식을 D라 하면

$\dfrac{D}{4}=(-\log_2 n)^2-3\log_2 n<0$

$\log_2 n=t$로 놓으면 $t^2-3t<0$, $t(t-3)<0$ $\therefore 0<t<3$

즉, $0<\log_2 n<3$이므로 $\log_2 2^0<\log_2 n<\log_2 2^3$

밑이 1보다 크므로 $1<n<8$

따라서 자연수 n은 2, 3, 4, 5, 6, 7의 6개이다.

0496 답 $a\geq 10$

이차방정식 $(\log a+3)x^2-2(\log a+1)x+1=0$이 실근을 가져야 하므로 판별식을 D라 하면

$\dfrac{D}{4}=(-\log a-1)^2-(\log a+3)\geq 0$

$\therefore (\log a)^2+\log a\ \ 2\geq 0$ ...... ❶

$\log a=t$로 놓으면 $t^2+t-2\geq 0$

$(t+2)(t-1)\geq 0$ $\therefore t\leq -2$ 또는 $t\geq 1$ ...... ❷

즉, $\log a\leq -2$ 또는 $\log a\geq 1$이므로

$\log a\leq \log 10^{-2}$ 또는 $\log a\geq \log 10$ $\therefore a\leq \dfrac{1}{100}$ 또는 $a\geq 10$

이때 $a>1$이므로 $a\geq 10$ ...... ❸

채점 기준	
❶ 주어진 조건을 이용하여 로그부등식 세우기	30 %
❷ $\log a=t$로 놓고 t에 대한 부등식 풀기	30 %
❸ 양수 a의 값의 범위 구하기	40 %

0497 답 ①

$x^{\log_3 x}\geq (9x^2)^k$의 양변에 밑이 3인 로그를 취하면

$\log_3 x^{\log_3 x}\geq \log_3 (9x^2)^k$, $(\log_3 x)^2\geq k(2+2\log_3 x)$

$\therefore (\log_3 x)^2-2k\log_3 x-2k\geq 0$

$\log_3 x=t$로 놓으면

$t^2-2kt-2k\geq 0$

이 부등식이 모든 실수 t에 대하여 성립해야 하므로 이차방정식 $t^2-2kt-2k=0$의 판별식을 D라 하면

$\dfrac{D}{4}=(-k)^2+2k\leq 0$

$k^2+2k\leq 0$, $k(k+2)\leq 0$

$\therefore -2\leq k\leq 0$

따라서 $\alpha=-2$, $\beta=0$이므로

$\alpha+\beta=-2$

0498 답 15개월

영업을 시작한 달의 매출액을 a원이라 하면 n개월 후의 매출액은

$a(1+0.05)^n=1.05^n a$(원)

n개월이 지난 후의 매출액이 영업을 시작한 달의 매출액의 2배가 된다고 하면

$1.05^n a=2a$, $1.05^n=2$

양변에 상용로그를 취하면

$\log 1.05^n=\log 2$, $n\log 1.05=\log 2$

$n\times 0.02=0.3$ $\therefore n=15$

따라서 영업을 시작한 달의 매출액의 2배가 되는 것은 영업을 시작한 지 15개월 후이다.

0499 답 ④

$t=30$, $C=2$이므로

$\log 8=1-30k$

$30k=1-\log 8$, $30k=\log \dfrac{5}{4}$

$\therefore k=\dfrac{1}{30}\log \dfrac{5}{4}$

$t=60$, $C=a$이므로

$\log (10-a)=1-60\times \dfrac{1}{30}\log \dfrac{5}{4}$

$\log (10-a)=\log 10-\log \dfrac{25}{16}$

$\log (10-a)=\log \dfrac{32}{5}$

$10-a=\dfrac{32}{5}$ $\therefore a=\dfrac{18}{5}=3.6$

0500 답 ④

골동품의 현재 가격을 a원이라 하면 n년 후의 가격은

$a(1+0.11)^n=1.11^n a$(원)

n년 후의 가격이 현재 가격의 8배 이상이 된다고 하면

$1.11^n a\geq 8a$, $1.11^n\geq 8$

양변에 상용로그를 취하면 $n\log 1.11\geq \log 8$

$n\times 0.045\geq 0.9$ $\therefore n\geq 20$

따라서 골동품의 가격이 처음으로 현재 가격의 8배 이상이 되는 것은 20년 후이다.

0501 답 $\dfrac{1}{10000}$기압 이상 $\dfrac{1}{100}$기압 이하

평균 해수면에서 높이가 9960 m인 곳의 기압이 $\dfrac{1}{1000}$기압이므로

$9.96 = k \log \dfrac{1}{1000}$

$9.96 = -3k$

$\therefore k = -3.32$

평균 해수면에서 높이가 6640 m 이상 13280 m 이하일 때의 기압을 x기압이라 하면

$6.64 \leq -3.32 \log x \leq 13.28$

$-4 \leq \log x \leq -2$

$10^{-4} \leq x \leq 10^{-2}$

$\therefore \dfrac{1}{10000} \leq x \leq \dfrac{1}{100}$

따라서 평균 해수면에서 높이가 6640 m 이상 13280 m 이하일 때의 기압의 범위는 $\dfrac{1}{10000}$기압 이상 $\dfrac{1}{100}$기압 이하이다.

0502 답 7

처음 미세 먼지 농도를 $a \, \mu$m라 하면 공기 정화 식물을 1개씩 추가하여 n개 두었을 때의 미세 먼지 농도는

$a(1-0.1)^n = 0.9^n a \, (\mu\text{m})$

공기 정화 식물을 n개째 두었을 때의 미세 먼지 농도가 처음의 $\dfrac{1}{2}$배 이하로 낮아진다고 하면

$0.9^n a \leq \dfrac{1}{2} a$, $0.9^n \leq \dfrac{1}{2}$

양변에 상용로그를 취하면

$\log 0.9^n \leq \log \dfrac{1}{2}$

$n \log 0.9 \leq -\log 2$

$n(2 \log 3 - 1) \leq -\log 2$

$n(2 \times 0.4771 - 1) \leq -0.3010$

$-0.0458n \leq -0.3010$

$\therefore n \geq 6.5\cdots$

따라서 자연수 n의 최솟값은 7이다.

AB 유형 점검

78~80쪽

0503 답 2

$f(m) = 2$에서 $\log_a m = 2$

$f(n) = 3$에서 $\log_a n = 3$

$\therefore f\left(\dfrac{m^4}{n^2}\right) = \log_a \dfrac{m^4}{n^2} = 4 \log_a m - 2 \log_a n$

$\qquad\qquad\quad = 4 \times 2 - 2 \times 3 = 2$

0504 답 ③

$y = \log_3 (6-x) + 2 = \log_3 \{-(x-6)\} + 2$이므로 함수 $y = \log_3 (-x)$의 그래프를 x축의 방향으로 6만큼, y축의 방향으로 2만큼 평행이동한 것이다.

이때 함수 $y = \log_3 (-x)$의 그래프는 함수 $y = \log_3 x$의 그래프를 y축에 대하여 대칭이동한 것이므로 함수 $y = \log_3 (6-x) + 2$의 그래프는 오른쪽 그림과 같다.

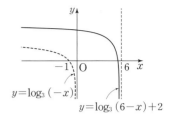

③ x의 값이 증가하면 y의 값은 감소한다.

따라서 옳지 않은 것은 ③이다.

0505 답 ④

함수 $y = \log_2 4x = \log_2 x + 2$의 그래프를 x축의 방향으로 m만큼, y축의 방향으로 n만큼 평행이동한 그래프의 식은

$y = \log_2 (x-m) + 2 + n$

이 그래프를 x축에 대하여 대칭이동한 그래프의 식은

$-y = \log_2 (x-m) + 2 + n$

$\therefore y = -\log_2 (x-m) - (2+n) = \log_{\frac{1}{2}} (x-m) - (2+n)$

그래프의 점근선의 방정식이 $x = -1$이므로 $m = -1$

함수 $y = \log_{\frac{1}{2}} (x+1) - (2+n)$의 그래프가 원점을 지나므로

$0 = -(2+n)$ $\quad \therefore n = -2$

$\therefore m - n = -1 - (-2) = 1$

0506 답 ⑤

선분 AB를 2 : 1로 내분하는 점의 좌표는

$\left(\dfrac{2 \times (m+3) + 1 \times m}{2+1}, \dfrac{2 \times (m-3) + 1 \times (m+3)}{2+1}\right)$

$\therefore (m+2, \, m-1)$

점 $(m+2, \, m-1)$이 곡선 $y = \log_4 (x+8) + m - 3$ 위에 있으므로

$m - 1 = \log_4 (m+10) + m - 3$

$\log_4 (m+10) = 2$, $m + 10 = 4^2$ $\quad \therefore m = 6$

0507 답 2

함수 $y = f(x)$의 그래프가 함수 $y = \log_2 x$의 그래프와 직선 $y = x$에 대하여 대칭이므로 $y = f(x)$는 $y = \log_2 x$의 역함수이다.

점 $(1, b)$가 함수 $y = f(x)$의 그래프 위의 점이므로 점 $(b, 1)$은 함수 $y = \log_2 x$의 그래프 위의 점이다.

즉, $1 = \log_2 b$이므로 $b = 2$

또 점 $(a, 2)$가 함수 $y = \log_2 x$의 그래프 위의 점이므로

$2 = \log_2 a$ $\quad \therefore a = 2^2 = 4$

$\therefore a - b = 4 - 2 = 2$

0508 답 ㄴ, ㄷ

$1 < \log_a c < 2 < \log_a b$에서

$\log_a a < \log_a c < \log_a a^2 < \log_a b$

이때 $a > 1$이므로 $a < c < a^2 < b$

ㄱ. $c < b$이고, $b > 1$에서 $b < b^2$이므로 $c < b^2$

ㄴ. $a < b$이고, $c > 1$이므로 $c^a < c^b$

ㄷ. $a^2 < b$이고, $c > 1$이므로

$\qquad 0 < \log_c a^2 < \log_c b$, $0 < 2 \log_c a < \log_c b$

$\qquad \dfrac{2}{\log_c b} < \dfrac{1}{\log_c a}$ $\quad \therefore \log_a c > 2 \log_b c$

따라서 보기에서 옳은 것은 ㄴ, ㄷ이다.

0509 답 −12

함수 $y=\log_4(x-5)+b$의 밑이 1보다 크므로 $a\le x\le 69$일 때 함수 $y=\log_4(x-5)+b$는 $x=69$에서 최댓값 $\log_4 64+b=3+b$, $x=a$에서 최솟값 $\log_4(a-5)+b$를 갖는다.

즉, $3+b=1$이므로 $b=-2$

또 $\log_4(a-5)-2=-2$이므로 $\log_4(a-5)=0$

$a-5=1$ $\therefore a=6$ $\therefore ab=6\times(-2)=-12$

0510 답 $\dfrac{1}{3}$

$f(x)=x^2-2x+10$이라 하면 $f(x)=(x-1)^2+9$

$f(1)=9$이므로 $f(x)$의 최솟값은 9이고 최댓값은 없다.

그런데 주어진 함수가 최댓값을 가지므로 $0<a<1$

따라서 함수 $y=\log_a f(x)$는 $x=1$에서 최댓값 $\log_a 9$를 갖는다.

즉, $\log_a 9=-2$이므로 $a^{-2}=9$, $a^2=\dfrac{1}{9}$

$\therefore a=\dfrac{1}{3}$ $(\because 0<a<1)$

0511 답 6

$y=2(\log_{\frac{1}{5}}x)^2+a\log_5\dfrac{1}{x}+b=2(\log_{\frac{1}{5}}x)^2+a\log_{\frac{1}{5}}x+b$

$\log_{\frac{1}{5}}x=t$로 놓으면 주어진 함수는

$y=2t^2+at+b=2\left(t+\dfrac{a}{4}\right)^2-\dfrac{a^2}{8}+b$

따라서 $t=-\dfrac{a}{4}$에서 최솟값 $-\dfrac{a^2}{8}+b$를 갖는다.

이때 주어진 함수는 $x=25$에서 최솟값 -6을 가지므로

$-\dfrac{a}{4}=\log_{\frac{1}{5}}25$에서 $-\dfrac{a}{4}=-2$ $\therefore a=8$

$-\dfrac{a^2}{8}+b=-6$에서 $-8+b=-6$ $\therefore b=2$

$\therefore a-b=8-2=6$

0512 답 21

점 P의 좌표를 $(a, 3\log_2 a)$라 하면 $\overline{PQ}=6$이므로

$Q(a+6, 3\log_2 a)$

즉, 점 R의 x좌표가 $a+6$이므로 $R(a+6, 3\log_2(a+6))$

이때 $\overline{QR}=6$이므로 $3\log_2(a+6)-3\log_2 a=6$

$\log_2(a+6)-\log_2 a=2$, $\log_2\dfrac{a+6}{a}=2$

$\dfrac{a+6}{a}=2^2=4$, $3a=6$ $\therefore a=2$

$\therefore R(8, 3\log_2 8)$, 즉 $R(8, 9)$

즉, 점 S의 y좌표가 9이므로

$3^{x-7}=9=3^2$에서 $x-7=2$ $\therefore x=9$ $\therefore S(9, 9)$

$\therefore \square PQSR=\triangle PQR+\triangle RQS$

$=\dfrac{1}{2}\times 6\times 6+\dfrac{1}{2}\times(9-8)\times 6=21$

0513 답 ④

$\log_5 25x+\log_x 25=\log_5 25+\log_5 x+2\log_x 5$

$=2+\log_5 x+\dfrac{2}{\log_5 x}$

이때 $x>1$에서 $\log_5 x>0$이므로 산술평균과 기하평균의 관계에 의하여

$2+\log_5 x+\dfrac{2}{\log_5 x}\ge 2+2\sqrt{\log_5 x\times\dfrac{2}{\log_5 x}}=2+2\sqrt{2}$

즉, $\log_5 25x+\log_x 25$의 최솟값은 $2+2\sqrt{2}$이므로

$m=2+2\sqrt{2}$

한편 등호는 $\log_5 x=\dfrac{2}{\log_5 x}$일 때 성립하므로

$(\log_5 x)^2=2$ $\therefore \log_5 x=-\sqrt{2}$ 또는 $\log_5 x=\sqrt{2}$

$\therefore x=5^{\sqrt{2}}$ $(\because x>1)$

따라서 $a=5^{\sqrt{2}}$이므로

$m\log_{25}a=(2+2\sqrt{2})\times\log_{25}5^{\sqrt{2}}=(2+2\sqrt{2})\times\dfrac{\sqrt{2}}{2}=2+\sqrt{2}$

0514 답 3

$x^{\log_2 x}=16x^{k-1}$의 양변에 밑이 2인 로그를 취하면

$\log_2 x^{\log_2 x}=\log_2 16x^{k-1}$

$(\log_2 x)^2=\log_2 16+(k-1)\log_2 x$

$\therefore (\log_2 x)^2-(k-1)\log_2 x-4=0$

$\log_2 x=t$로 놓으면 $t^2-(k-1)t-4=0$ $\cdots\cdots$ ㉠

주어진 방정식의 두 근을 α, β라 하면 이차방정식 ㉠의 두 근은 $\log_2\alpha$, $\log_2\beta$이므로 이차방정식의 근과 계수의 관계에 의하여

$\log_2\alpha+\log_2\beta=k-1$, $\log_2\alpha\beta=k-1$

이때 $\alpha\beta=4$이므로 $\log_2 4=k-1$, $2=k-1$ $\therefore k=3$

0515 답 ④

$g(x)=mx+5$라 하면 진수의 조건에서 $g(x)>0$이므로

$g(-1)>0$에서 $-m+5>0$ $\therefore m<5$

$g(1)>0$에서 $m+5>0$ $\therefore m>-5$

$\therefore -5<m<5$ $\cdots\cdots$ ㉠

이때 $f(-1)<f(1)$이어야 하므로

$-\log_3(-m+5)<-\log_3(m+5)$

$\log_3(-m+5)>\log_3(m+5)$

밑이 1보다 크므로

$-m+5>m+5$ $\therefore m<0$ $\cdots\cdots$ ㉡

㉠, ㉡의 공통부분은 $-5<m<0$

따라서 정수 m은 -4, -3, -2, -1의 4개이다.

0516 답 15

$(\log_3 x)^2<\log_3\dfrac{x^4}{27}$의 진수의 조건에서 $x>0$, $\dfrac{x^4}{27}>0$

$\therefore x>0$ $\cdots\cdots$ ㉠

$(\log_3 x)^2<\log_3\dfrac{x^4}{27}$에서 $(\log_3 x)^2<\log_3 x^4-\log_3 27$

$\therefore (\log_3 x)^2-4\log_3 x+3<0$

$\log_3 x=t$로 놓으면 $t^2-4t+3<0$

$(t-1)(t-3)<0$ $\therefore 1<t<3$

즉, $1<\log_3 x<3$이므로 $\log_3 3<\log_3 x<\log_3 3^3$

밑이 1보다 크므로 $3<x<27$ $\cdots\cdots$ ㉡

㉠, ㉡에서 $A=\{x\mid 3<x<27\}$

$\log_2|x-3|<2$의 진수의 조건에서 $|x-3|>0$

$x-3\ne 0$ $\therefore x\ne 3$ $\cdots\cdots$ ㉢

$\log_2|x-3|<2$에서 $\log_2|x-3|<\log_2 4$

밑이 1보다 크므로

$|x-3|<4$, $-4<x-3<4$

$\therefore -1<x<7$ …… ㄹ

ㄷ, ㄹ에서 $B=\{x \mid -1<x<7, \ x \neq 3\}$

$\therefore A \cap B=\{x \mid 3<x<7\}$

따라서 정수 x의 값은 4, 5, 6이므로 구하는 합은

$4+5+6=15$

0517 답 125

$C=40$, $I=5$이므로

$5=k \log 40+a$ …… ㄱ

$C=10$, $I=4$이므로

$4=k \log 10+a$ …… ㄴ

ㄱ－ㄴ을 하면

$1=k(\log 40-\log 10)$, $1=k \log 4$

$\therefore k=\dfrac{1}{\log 4}=\log_4 10$ …… ㄷ

ㄷ을 ㄴ에 대입하면

$4=\dfrac{\log 10}{\log 4}+a$ $\therefore a=4-\log_4 10$

$C=p$, $I=2.5$이므로

$2.5=\log_4 10 \times \log p+4-\log_4 10$

$-1.5=(\log p-1) \log_4 10$

$\dfrac{-1.5}{\log_4 10}=\log p-\log 10$

$-1.5 \log 4+\log 10=\log p$

$\log(4^{-1.5} \times 10)=\log p$

$\log\left\{(2^2)^{-\frac{3}{2}} \times 10\right\}=\log p$

$\log\left(\dfrac{1}{8} \times 10\right)=\log p$

$\therefore \log p=\log \dfrac{5}{4}$

따라서 $p=\dfrac{5}{4}$이므로 $100p=125$

0518 답 4

처음 아이스크림 1개당 무게와 가격을 각각 A g, B원이라 하면 1번 시행할 때마다 아이스크림의 무게가 10 %씩 줄어들므로 n번 시행 후 아이스크림의 무게는

$A(1-0.1)^n=0.9^n A \ (\text{g})$

한편 처음 아이스크림 1 g의 가격은 $\dfrac{(\text{가격})}{(\text{무게})}=\dfrac{B}{A}$(원)이고, 아이스크림의 가격은 변함이 없으므로 n번 시행 후 아이스크림 1 g의 가격은

$\dfrac{B}{0.9^n A}$ 원

n번 시행 후 아이스크림 1 g의 가격이 처음의 1.5배 이상이 되어야 하므로

$\dfrac{B}{0.9^n A} \geq 1.5 \times \dfrac{B}{A}$

$0.9^n \leq \dfrac{2}{3}$

양변에 상용로그를 취하면

$\log 0.9^n \leq \log \dfrac{2}{3}$, $n(2\log 3-1) \leq \log 2-\log 3$

$n(2 \times 0.4771-1) \leq 0.3010-0.4771$, $-0.0458n \leq -0.1761$

$\therefore n \geq 3.8 \cdots$

따라서 자연수 n의 최솟값은 4이다.

0519 답 20

$y=x^{4-\log_2 x}$의 양변에 밑이 2인 로그를 취하면

$\log_2 y=\log_2 x^{4-\log_2 x}=(4-\log_2 x)\log_2 x$

           $=-(\log_2 x)^2+4 \log_2 x$ …… ❶

$\log_2 x=t$로 놓으면

$\log_2 y=-t^2+4t=-(t-2)^2+4$ …… ❷

따라서 $t=2$에서 최댓값 4를 가지므로

$\log_2 x=2$에서 $x=2^2=4$ $\therefore a=4$

$\log_2 y=4$에서 $y=2^4=16$ $\therefore M=16$ …… ❸

$\therefore a+M=4+16=20$ …… ❹

채점 기준

❶ $\log_2 x$ 꼴이 반복되도록 주어진 식을 변형하기	30 %
❷ $\log_2 x=t$로 놓고 t에 대한 함수로 나타내기	20 %
❸ a, M의 값 구하기	40 %
❹ $a+M$의 값 구하기	10 %

0520 답 2

밑의 조건에서 $x>0$, $x \neq 1$, $y>0$, $y \neq 1$ …… ❶

$\begin{cases} \log_x 4-\log_y 2=2 \\ \log_x 16-\log_y \dfrac{1}{8}=-1 \end{cases}$ 에서 $\begin{cases} 2\log_x 2-\log_y 2=2 \\ 4\log_x 2+3\log_y 2=-1 \end{cases}$ …… ❷

$\log_x 2=X$, $\log_y 2=Y$로 놓으면 $\begin{cases} 2X-Y=2 \\ 4X+3Y=-1 \end{cases}$

이 연립방정식을 풀면 $X=\dfrac{1}{2}$, $Y=-1$ …… ❸

즉, $\log_x 2=\dfrac{1}{2}$, $\log_y 2=-1$이므로 $x=4$, $y=\dfrac{1}{2}$

$\therefore xy=2$ …… ❹

채점 기준

❶ 밑의 조건에서 x, y의 값의 범위 구하기	10 %
❷ 주어진 연립방정식을 간단히 하기	30 %
❸ $\log_x 2=X$, $\log_y 2=Y$로 놓고 연립방정식 풀기	30 %
❹ xy의 값 구하기	30 %

0521 답 $-\dfrac{3}{2}$

진수의 조건에서 $x>0$ …… ㄱ

$x^{\log_2 x} \leq \dfrac{16}{x^3}$의 양변에 밑이 2인 로그를 취하면

$\log_2 x^{\log_2 x} \leq \log_2 \dfrac{16}{x^3}$, $(\log_2 x)^2 \leq \log_2 16-\log_2 x^3$

$\therefore (\log_2 x)^2+3\log_2 x-4 \leq 0$

$\log_2 x=t$로 놓으면

$t^2+3t-4 \leq 0$, $(t+4)(t-1) \leq 0$

$\therefore -4 \leq t \leq 1$ …… ❶

즉, $-4 \leq \log_2 x \leq 1$이므로 $\log_2 2^{-4} \leq \log_2 x \leq \log_2 2$

밑이 1보다 크므로 $\dfrac{1}{16} \leq x \leq 2$ ...... ㉡

㉠, ㉡의 공통부분은 $\dfrac{1}{16} \leq x \leq 2$ ...... ⓜ

따라서 $\alpha = \dfrac{1}{16}$, $\beta = 2$이므로

$\log_4 \alpha + \log_4 \beta = \log_4 \alpha\beta = \log_4 \dfrac{1}{8}$

$\qquad\qquad\qquad\qquad = \log_{2^2} 2^{-3} = -\dfrac{3}{2}$ ...... ⓘ

채점 기준

ⓘ $\log_2 x = t$로 놓고 t에 대한 부등식 풀기	40%
ⓜ x의 값의 범위 구하기	30%
ⓘ $\log_4 \alpha + \log_4 \beta$의 값 구하기	30%

0522 답 16

이차방정식 $x^2 - 2(2 + \log_2 a)x + 6(2 + \log_2 a) = 0$이 실근을 갖지 않아야 하므로 이 이차방정식의 판별식을 D라 하면

$\dfrac{D}{4} = (-2 - \log_2 a)^2 - 6(2 + \log_2 a) < 0$

$\therefore (\log_2 a)^2 - 2\log_2 a - 8 < 0$ ...... ⓘ

$\log_2 a = t$로 놓으면 $t^2 - 2t - 8 < 0$

$(t + 2)(t - 4) < 0$ $\therefore -2 < t < 4$ ...... ⓜ

즉, $-2 < \log_2 a < 4$이므로 $\log_2 2^{-2} < \log_2 a < \log_2 2^4$

밑이 1보다 크므로 $\dfrac{1}{4} < a < 16$ ...... ⓘ

따라서 자연수 a의 최댓값은 15, 최솟값은 1이므로 구하는 합은

$15 + 1 = 16$ ...... ⓘ

채점 기준

ⓘ 주어진 조건을 이용하여 로그부등식 세우기	20%
ⓜ $\log_2 a = t$로 놓고 t에 대한 부등식 풀기	30%
ⓘ a의 값의 범위 구하기	40%
ⓘ 자연수 a의 최댓값과 최솟값의 합 구하기	10%

C 실력 향상

81쪽

0523 답 ②

두 함수 $y = -\log_3 x + 4$,

$y = 3^{-x+4}$의 그래프는 직선 $y = x$

에 대하여 대칭이다.

즉, $\overline{AB} = \overline{CD}$이고

$\overline{AD} - \overline{BC} = 4\sqrt{2}$이므로

$\overline{AB} = 2\sqrt{2}$ ...... ㉠

점 A를 지나고 y축에 평행한 직

선과 점 B를 지나고 x축에 평행한 직선이 만나는 점을 H라 하자.

직선 AB의 기울기가 -1이므로 $\overline{AH} = \overline{BH} = 2$ $(\because$ ㉠$)$

따라서 점 A의 x좌표를 $a (a > 0)$라 하면 점 B의 x좌표는 $a + 2$이고, 점 A와 점 B는 직선 $y = -x + k$ 위의 점이므로

$A(a, -a + k)$, $B(a + 2, -a + k - 2)$

이때 점 A와 점 B는 함수 $y = -\log_3 x + 4$의 그래프 위의 점이므로

$-a + k = -\log_3 a + 4$, $-a + k - 2 = -\log_3 (a + 2) + 4$

따라서 두 식을 연립하여 풀면 $a = \dfrac{1}{4}$, $k = \dfrac{17}{4} + 2\log_3 2$

0524 답 3

함수 $f(x) = 2^{x-2} + 3$의 밑이 1보다 크므로 함수 $f(x)$는 x의 값이 증가하면 y의 값도 증가하는 함수이고

함수 $g(x) = -\log_3 (2x - 3) + 5 = \log_{\frac{1}{3}} (2x - 3) + 5$의 밑이 1보다 작으므로 함수 $g(x)$는 x의 값이 증가하면 y의 값은 감소하는 함수이다.

즉, $2 \leq x \leq a$일 때 함수 $f(x)$는 $x = 2$에서 최솟값 $2^{2-2} + 3 = 4$를 갖고, 함수 $g(x)$는 $x = a$에서 최솟값 $\log_{\frac{1}{3}} (2a - 3) + 5$를 갖는다.

이때 두 함수 $f(x)$와 $g(x)$의 최솟값이 서로 같으므로

$4 = \log_{\frac{1}{3}} (2a - 3) + 5$, $\log_{\frac{1}{3}} (2a - 3) = -1$

$2a - 3 = \left(\dfrac{1}{3}\right)^{-1} = 3$ $\therefore a = 3$

0525 답 ③

(i) $0 < t < 1$일 때,

$\quad f(t) + f\left(\dfrac{1}{t}\right) = 0 + \log_3 \dfrac{1}{t} \left(\because \dfrac{1}{t} > 1\right)$

$\quad$ 즉, $\log_3 \dfrac{1}{t} = 2$이므로 $\dfrac{1}{t} = 3^2 = 9$

$\quad \therefore t = \dfrac{1}{9}$

(ii) $t = 1$일 때,

$\quad f(t) + f\left(\dfrac{1}{t}\right) = 0 + 0 = 0$

$\quad$ 즉, 주어진 등식을 만족시키지 않는다.

(iii) $t > 1$일 때,

$\quad f(t) + f\left(\dfrac{1}{t}\right) = \log_3 t + 0 \left(\because 0 < \dfrac{1}{t} < 1\right)$

$\quad$ 즉, $\log_3 t = 2$이므로 $t = 3^2 = 9$

(i)~(iii)에서 $t = \dfrac{1}{9}$ 또는 $t = 9$

따라서 구하는 합은 $\dfrac{1}{9} + 9 = \dfrac{82}{9}$

0526 답 $-3 < x < -1$

주어진 부등식의 진수의 조건에서 $f(x)g(x) > 0$, $f(x) > 0$

$\therefore f(x) > 0$, $g(x) > 0$

이때 그림에서 위의 부등식을 만족시키는 x의 값의 범위는

$x < -1$ ...... ㉠

한편 $g(x) = a(x + 1)(x - 1) (a > 0)$이라 하면

함수 $y = g(x)$의 그래프가 점 $(-2, 3)$을 지나므로 $3 = 3a$

$\therefore a = 1$ $\therefore g(x) = x^2 - 1$

$\log_2 \{f(x)g(x)\} + \log_{\frac{1}{2}} f(x) < 3$에서

$\log_2 \{f(x)g(x)\} - \log_2 f(x) < \log_2 8$

$\log_2 g(x) < \log_2 8$, $g(x) < 8$

$x^2 - 1 < 8$, $x^2 - 9 < 0$, $(x + 3)(x - 3) < 0$

$\therefore -3 < x < 3$ ...... ㉡

㉠, ㉡의 공통부분은 $-3 < x < -1$

05 / 삼각함수

A 개념 확인

84~87쪽

0527 답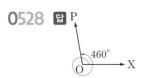

0528 답

0529 답

0530 답

0531 답 $360°\times n+115°$

$475°=360°\times 1+115°$이므로

$360°\times n+115°$

0532 답 $360°\times n+90°$

$810°=360°\times 2+90°$이므로

$360°\times n+90°$

0533 답 $360°\times n+190°$

$-530°=360°\times(-2)+190°$이므로

$360°\times n+190°$

0534 답 $360°\times n+80°$

$-1000°=360°\times(-3)+80°$이므로

$360°\times n+80°$

0535 답 제4사분면

$640°=360°\times 1+280°$

따라서 $640°$는 제4사분면의 각이다.

0536 답 제1사분면

$765°=360°\times 2+45°$

따라서 $765°$는 제1사분면의 각이다.

0537 답 제3사분면

$-490°=360°\times(-2)+230°$

따라서 $-490°$는 제3사분면의 각이다.

0538 답 제2사분면

$-980°=360°\times(-3)+100°$

따라서 $-980°$는 제2사분면의 각이다.

0539 답 $\dfrac{5}{6}\pi$

$150°=150\times\dfrac{\pi}{180}=\dfrac{5}{6}\pi$

0540 답 $-\dfrac{4}{3}\pi$

$-240°=-240\times\dfrac{\pi}{180}=-\dfrac{4}{3}\pi$

0541 답 $144°$

$\dfrac{4}{5}\pi=\dfrac{4}{5}\pi\times\dfrac{180°}{\pi}=144°$

0542 답 $-200°$

$-\dfrac{10}{9}\pi=-\dfrac{10}{9}\pi\times\dfrac{180°}{\pi}=-200°$

0543 답 $2n\pi+\pi$

$5\pi=2\pi\times 2+\pi$이므로 $2n\pi+\pi$

0544 답 $2n\pi+\dfrac{4}{3}\pi$

$\dfrac{10}{3}\pi=2\pi\times 1+\dfrac{4}{3}\pi$이므로 $2n\pi+\dfrac{4}{3}\pi$

0545 답 $2n\pi+\dfrac{\pi}{2}$

$-\dfrac{7}{2}\pi=2\pi\times(-2)+\dfrac{\pi}{2}$이므로 $2n\pi+\dfrac{\pi}{2}$

0546 답 $2n\pi+\dfrac{5}{4}\pi$

$-\dfrac{3}{4}\pi=2\pi\times(-1)+\dfrac{5}{4}\pi$이므로 $2n\pi+\dfrac{5}{4}\pi$

0547 답 호의 길이: 3π, 넓이: 3π

부채꼴의 호의 길이를 l, 넓이를 S라 하면

$l=2\times\dfrac{3}{2}\pi=3\pi$

$S=\dfrac{1}{2}\times 2^2\times\dfrac{3}{2}\pi=3\pi$

다른 풀이

$S=\dfrac{1}{2}\times 2\times 3\pi=3\pi$

0548 답 호의 길이: $\dfrac{5}{2}\pi$, 넓이: $\dfrac{15}{4}\pi$

부채꼴의 호의 길이를 l, 넓이를 S라 하면

$l=3\times\dfrac{5}{6}\pi=\dfrac{5}{2}\pi$

$S=\dfrac{1}{2}\times 3^2\times\dfrac{5}{6}\pi=\dfrac{15}{4}\pi$

다른 풀이

$S=\dfrac{1}{2}\times 3\times\dfrac{5}{2}\pi=\dfrac{15}{4}\pi$

0549 답 (1) $-\dfrac{2\sqrt{5}}{5}$ (2) $\dfrac{\sqrt{5}}{5}$ (3) -2

$\overline{\mathrm{OP}}=\sqrt{1^2+(-2)^2}=\sqrt{5}$이므로

(1) $\sin\theta=\dfrac{-2}{\sqrt{5}}=-\dfrac{2\sqrt{5}}{5}$

(2) $\cos\theta=\dfrac{1}{\sqrt{5}}=\dfrac{\sqrt{5}}{5}$

(3) $\tan\theta=\dfrac{-2}{1}=-2$

0550 답 $\sin\theta=\dfrac{\sqrt{2}}{2}$, $\cos\theta=-\dfrac{\sqrt{2}}{2}$, $\tan\theta=-1$

오른쪽 그림과 같이 $\dfrac{3}{4}\pi$를 나타내는 동경과
원점 O를 중심으로 하고 반지름의 길이가 1
인 원의 교점을 P, 점 P에서 x축에 내린 수
선의 발을 H라 하면

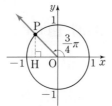

$\overline{\mathrm{OP}}=1$, $\angle\mathrm{POH}=\pi-\dfrac{3}{4}\pi=\dfrac{\pi}{4}$이므로

$\overline{\mathrm{PH}}=\overline{\mathrm{OP}}\sin\dfrac{\pi}{4}=\dfrac{\sqrt{2}}{2}$

$\overline{\mathrm{OH}}=\overline{\mathrm{OP}}\cos\dfrac{\pi}{4}=\dfrac{\sqrt{2}}{2}$

따라서 점 P의 좌표는 $\left(-\dfrac{\sqrt{2}}{2},\ \dfrac{\sqrt{2}}{2}\right)$이므로

$\sin\theta=\dfrac{\sqrt{2}}{2}$, $\cos\theta=-\dfrac{\sqrt{2}}{2}$, $\tan\theta=-1$

0551 답 $\sin\theta=-\dfrac{1}{2}$, $\cos\theta=\dfrac{\sqrt{3}}{2}$, $\tan\theta=-\dfrac{\sqrt{3}}{3}$

오른쪽 그림과 같이 $\dfrac{11}{6}\pi$를 나타내는 동경
과 원점 O를 중심으로 하고 반지름의 길이
가 1인 원의 교점을 P, 점 P에서 x축에 내
린 수선의 발을 H라 하면

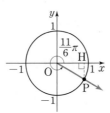

$\overline{\mathrm{OP}}=1$, $\angle\mathrm{POH}=2\pi-\dfrac{11}{6}\pi=\dfrac{\pi}{6}$이므로

$\overline{\mathrm{PH}}=\overline{\mathrm{OP}}\sin\dfrac{\pi}{6}=\dfrac{1}{2}$

$\overline{\mathrm{OH}}=\overline{\mathrm{OP}}\cos\dfrac{\pi}{6}=\dfrac{\sqrt{3}}{2}$

따라서 점 P의 좌표는 $\left(\dfrac{\sqrt{3}}{2},\ -\dfrac{1}{2}\right)$이므로

$\sin\theta=-\dfrac{1}{2}$, $\cos\theta=\dfrac{\sqrt{3}}{2}$, $\tan\theta=-\dfrac{\sqrt{3}}{3}$

0552 답 $\sin\theta=-\dfrac{\sqrt{2}}{2}$, $\cos\theta=-\dfrac{\sqrt{2}}{2}$, $\tan\theta=1$

오른쪽 그림과 같이 $\dfrac{5}{4}\pi$를 나타내는 동경과
원점 O를 중심으로 하고 반지름의 길이가 1
인 원의 교점을 P, 점 P에서 x축에 내린 수
선의 발을 H라 하면

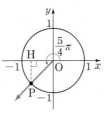

$\overline{\mathrm{OP}}=1$, $\angle\mathrm{POH}=\dfrac{5}{4}\pi-\pi=\dfrac{\pi}{4}$이므로

$\overline{\mathrm{PH}}=\overline{\mathrm{OP}}\sin\dfrac{\pi}{4}=\dfrac{\sqrt{2}}{2}$

$\overline{\mathrm{OH}}=\overline{\mathrm{OP}}\cos\dfrac{\pi}{4}=\dfrac{\sqrt{2}}{2}$

따라서 점 P의 좌표는 $\left(-\dfrac{\sqrt{2}}{2},\ -\dfrac{\sqrt{2}}{2}\right)$이므로

$\sin\theta=-\dfrac{\sqrt{2}}{2}$, $\cos\theta=-\dfrac{\sqrt{2}}{2}$, $\tan\theta=1$

0553 답 $\sin\theta=\dfrac{\sqrt{3}}{2}$, $\cos\theta=\dfrac{1}{2}$, $\tan\theta=\sqrt{3}$

오른쪽 그림과 같이 $\dfrac{7}{3}\pi$를 나타내는 동경과
원점 O를 중심으로 하고 반지름의 길이가 1
인 원의 교점을 P, 점 P에서 x축에 내린 수
선의 발을 H라 하면

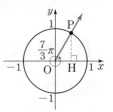

$\overline{\mathrm{OP}}=1$, $\angle\mathrm{POH}=\dfrac{7}{3}\pi-2\pi=\dfrac{\pi}{3}$이므로

$\overline{\mathrm{PH}}=\overline{\mathrm{OP}}\sin\dfrac{\pi}{3}=\dfrac{\sqrt{3}}{2}$

$\overline{\mathrm{OH}}=\overline{\mathrm{OP}}\cos\dfrac{\pi}{3}=\dfrac{1}{2}$

따라서 점 P의 좌표는 $\left(\dfrac{1}{2},\ \dfrac{\sqrt{3}}{2}\right)$이므로

$\sin\theta=\dfrac{\sqrt{3}}{2}$, $\cos\theta=\dfrac{1}{2}$, $\tan\theta=\sqrt{3}$

0554 답 $\sin\theta<0$, $\cos\theta>0$, $\tan\theta<0$

$\dfrac{17}{3}\pi=2\pi\times2+\dfrac{5}{3}\pi$이므로 θ는 제4사분면의 각이다.

$\therefore\ \sin\theta<0$, $\cos\theta>0$, $\tan\theta<0$

0555 답 제1사분면

$\sin\theta>0$이면 θ는 제1사분면 또는 제2사분면의 각이고,
$\cos\theta>0$이면 θ는 제1사분면 또는 제4사분면의 각이다.
따라서 θ는 제1사분면의 각이다.

0556 답 제3사분면

$\sin\theta<0$이면 θ는 제3사분면 또는 제4사분면의 각이고,
$\cos\theta<0$이면 θ는 제2사분면 또는 제3사분면의 각이다.
따라서 θ는 제3사분면의 각이다.

0557 답 제2사분면

$\sin\theta>0$이면 θ는 제1사분면 또는 제2사분면의 각이고,
$\tan\theta<0$이면 θ는 제2사분면 또는 제4사분면의 각이다.
따라서 θ는 제2사분면의 각이다.

0558 답 제4사분면

$\cos\theta>0$이면 θ는 제1사분면 또는 제4사분면의 각이고,
$\tan\theta<0$이면 θ는 제2사분면 또는 제4사분면의 각이다.
따라서 θ는 제4사분면의 각이다.

0559 답 $\cos\theta=\dfrac{3}{5}$, $\tan\theta=\dfrac{4}{3}$

$\sin^2\theta+\cos^2\theta=1$이므로

$\cos^2\theta=1-\sin^2\theta=1-\left(\dfrac{4}{5}\right)^2=\dfrac{9}{25}$

이때 θ가 제1사분면의 각이므로 $\cos\theta>0$

$\therefore\ \cos\theta=\sqrt{\dfrac{9}{25}}=\dfrac{3}{5}$

$\therefore\ \tan\theta=\dfrac{\sin\theta}{\cos\theta}=\dfrac{\dfrac{4}{5}}{\dfrac{3}{5}}=\dfrac{4}{3}$

0560 답 $\sin\theta=\dfrac{\sqrt{3}}{2}$, $\tan\theta=-\sqrt{3}$

$\sin^2\theta+\cos^2\theta=1$이므로

$\sin^2\theta=1-\cos^2\theta=1-\left(-\dfrac{1}{2}\right)^2=\dfrac{3}{4}$

이때 θ가 제2사분면의 각이므로 $\sin\theta>0$

$\therefore \sin\theta=\sqrt{\dfrac{3}{4}}=\dfrac{\sqrt{3}}{2}$

$\therefore \tan\theta=\dfrac{\sin\theta}{\cos\theta}=\dfrac{\dfrac{\sqrt{3}}{2}}{-\dfrac{1}{2}}=-\sqrt{3}$

0561 답 $\cos\theta=-\dfrac{12}{13}$, $\tan\theta=\dfrac{5}{12}$

$\sin^2\theta+\cos^2\theta=1$이므로

$\cos^2\theta=1-\sin^2\theta=1-\left(-\dfrac{5}{13}\right)^2=\dfrac{144}{169}$

이때 θ가 제3사분면의 각이므로 $\cos\theta<0$

$\therefore \cos\theta=-\sqrt{\dfrac{144}{169}}=-\dfrac{12}{13}$

$\therefore \tan\theta=\dfrac{\sin\theta}{\cos\theta}=\dfrac{-\dfrac{5}{13}}{-\dfrac{12}{13}}=\dfrac{5}{12}$

0562 답 $\sin\theta=-\dfrac{\sqrt{5}}{3}$, $\tan\theta=-\dfrac{\sqrt{5}}{2}$

$\sin^2\theta+\cos^2\theta=1$이므로

$\sin^2\theta=1-\cos^2\theta=1-\left(\dfrac{2}{3}\right)^2=\dfrac{5}{9}$

이때 θ가 제4사분면의 각이므로 $\sin\theta<0$

$\therefore \sin\theta=-\sqrt{\dfrac{5}{9}}=-\dfrac{\sqrt{5}}{3}$

$\therefore \tan\theta=\dfrac{\sin\theta}{\cos\theta}=\dfrac{-\dfrac{\sqrt{5}}{3}}{\dfrac{2}{3}}=-\dfrac{\sqrt{5}}{2}$

0563 답 2

$(\sin\theta-\cos\theta)^2+(\sin\theta+\cos\theta)^2$
$=\sin^2\theta-2\sin\theta\cos\theta+\cos^2\theta+\sin^2\theta+2\sin\theta\cos\theta+\cos^2\theta$
$=2\sin^2\theta+2\cos^2\theta=2(\sin^2\theta+\cos^2\theta)=2\times1=2$

0564 답 $\dfrac{2}{\cos\theta}$

$\dfrac{\cos\theta}{1-\sin\theta}+\dfrac{\cos\theta}{1+\sin\theta}=\dfrac{\cos\theta(1+\sin\theta)+\cos\theta(1-\sin\theta)}{(1-\sin\theta)(1+\sin\theta)}$

$=\dfrac{\cos\theta+\cos\theta\sin\theta+\cos\theta-\cos\theta\sin\theta}{1-\sin^2\theta}$

$=\dfrac{2\cos\theta}{\cos^2\theta}=\dfrac{2}{\cos\theta}$

0565 답 $-\dfrac{4}{9}$

$\sin\theta+\cos\theta=\dfrac{1}{3}$의 양변을 제곱하면

$\sin^2\theta+2\sin\theta\cos\theta+\cos^2\theta=\dfrac{1}{9}$

$1+2\sin\theta\cos\theta=\dfrac{1}{9}$　　$\therefore \sin\theta\cos\theta=-\dfrac{4}{9}$

0566 답 $-\dfrac{3}{4}$

$\dfrac{1}{\sin\theta}+\dfrac{1}{\cos\theta}=\dfrac{\cos\theta+\sin\theta}{\sin\theta\cos\theta}=\dfrac{\dfrac{1}{3}}{-\dfrac{4}{9}}=-\dfrac{3}{4}$

B 유형 완성   88~95쪽

0567 답 ③

① $-935°=360°\times(-3)+145°$

② $-595°=360°\times(-2)+125°$

③ $-225°=360°\times(-1)+135°$

④ $875°=360°\times2+155°$

⑤ $1505°=360°\times4+65°$

따라서 동경 OP가 나타낼 수 있는 각은 ③이다.

0568 답 ⑤

① $370°=360°\times1+10°$

② $780°=360°\times2+60°$

③ $1200°=360°\times3+120°$

④ $-30°=360°\times(-1)+330°$

⑤ $-550°=360°\times(-2)+170°$

따라서 옳지 않은 것은 ⑤이다.

0569 답 ㄴ, ㅁ, ㅂ

$390°=360°\times1+30°$

ㄱ. $-1380°=360°\times(-4)+60°$　　ㄴ. $-690°=360°\times(-2)+30°$

ㄷ. $-300°=360°\times(-1)+60°$　　ㄹ. $420°=360°\times1+60°$

ㅁ. $750°=360°\times2+30°$　　ㅂ. $1110°=360°\times3+30°$

따라서 보기의 각을 나타내는 동경 중에서 $390°$를 나타내는 동경과 일치하는 것은 ㄴ, ㅁ, ㅂ이다.

0570 답 제1사분면, 제3사분면

θ가 제2사분면의 각이므로

$360°\times n+90°<\theta<360°\times n+180°$ (단, n은 정수)

$\therefore 180°\times n+45°<\dfrac{\theta}{2}<180°\times n+90°$

(i) $n=2k$ (k는 정수)일 때,

$360°\times k+45°<\dfrac{\theta}{2}<360°\times k+90°$

따라서 $\dfrac{\theta}{2}$는 제1사분면의 각이다.

(ii) $n=2k+1$ (k는 정수)일 때,

$360°\times k+225°<\dfrac{\theta}{2}<360°\times k+270°$

따라서 $\dfrac{\theta}{2}$는 제3사분면의 각이다.

(i), (ii)에서 각 $\dfrac{\theta}{2}$를 나타내는 동경이 존재할 수 있는 사분면은 제1사분면 또는 제3사분면이다.

0571 답 ③

ㄱ. 120° ➡ 제2사분면의 각

ㄴ. $425° = 360° \times 1 + 65°$ ➡ 제1사분면의 각

ㄷ. $-60° = 360° \times (-1) + 300°$ ➡ 제4사분면의 각

ㄹ. $-250° = 360° \times (-1) + 110°$ ➡ 제2사분면의 각

ㅁ. $800° = 360° \times 2 + 80°$ ➡ 제1사분면의 각

ㅂ. $1300° = 360° \times 3 + 220°$ ➡ 제3사분면의 각

따라서 같은 사분면의 각은 ㄱ―ㄹ, ㄴ―ㅁ이다.

0572 답 ④

3θ가 제1사분면의 각이므로

$360° \times n + 0° < 3\theta < 360° \times n + 90°$ (단, n은 정수)

$\therefore 120° \times n + 0° < \theta < 120° \times n + 30°$

(i) $n = 3k$ (k는 정수)일 때,

$360° \times k + 0° < \theta < 360° \times k + 30°$

따라서 θ는 제1사분면의 각이다.

(ii) $n = 3k + 1$ (k는 정수)일 때,

$360° \times k + 120° < \theta < 360° \times k + 150°$

따라서 θ는 제2사분면의 각이다.

(iii) $n = 3k + 2$ (k는 정수)일 때,

$360° \times k + 240° < \theta < 360° \times k + 270°$

따라서 θ는 제3사분면의 각이다.

(i)~(iii)에서 각 θ를 나타내는 동경이 존재할 수 없는 사분면은 제4사분면이다.

0573 답 120°

각 θ를 나타내는 동경과 각 4θ를 나타내는 동경이 일치하므로

$4\theta - \theta = 360° \times n$ (단, n은 정수)

$3\theta = 360° \times n$

$\therefore \theta = 120° \times n$ …… ㉠

$90° < \theta < 180°$에서 $90° < 120° \times n < 180°$

$\therefore \dfrac{3}{4} < n < \dfrac{3}{2}$

이때 n은 정수이므로 $n = 1$

이를 ㉠에 대입하면 $\theta = 120°$

0574 답 ⑤

각 2θ를 나타내는 동경과 각 6θ를 나타내는 동경이 원점에 대하여 대칭이므로

$6\theta - 2\theta = 360° \times n + 180°$ (단, n은 정수)

$4\theta = 360° \times n + 180°$

$\therefore \theta = 90° \times n + 45°$ …… ㉠

$0° < \theta < 180°$에서 $0° < 90° \times n + 45° < 180°$

$\therefore -\dfrac{1}{2} < n < \dfrac{3}{2}$

이때 n은 정수이므로 $n = 0$ 또는 $n = 1$

이를 ㉠에 대입하면 $\theta = 45°$ 또는 $\theta = 135°$

따라서 모든 각 θ의 크기의 합은

$45° + 135° = 180°$

0575 답 $\dfrac{1}{2}$

각 θ를 나타내는 동경과 각 7θ를 나타내는 동경이 일직선 위에 있고 방향이 반대이므로

$7\theta - \theta = 360° \times n + 180°$ (단, n은 정수)

$6\theta = 360° \times n + 180°$ $\therefore \theta = 60° \times n + 30°$ …… ㉠

$180° < \theta < 270°$에서 $180° < 60° \times n + 30° < 270°$

$\therefore \dfrac{5}{2} < n < 4$

이때 n은 정수이므로 $n = 3$

이를 ㉠에 대입하면 $\theta = 210°$

$\therefore \sin(\theta - 180°) = \sin(210° - 180°) = \sin 30° = \dfrac{1}{2}$

0576 답 150°

각 θ를 나타내는 동경과 각 5θ를 나타내는 동경이 y축에 대하여 대칭이므로

$\theta + 5\theta = 360° \times n + 180°$ (단, n은 정수)

$6\theta = 360° \times n + 180°$ $\therefore \theta = 60° \times n + 30°$ …… ㉠

$90° < \theta < 180°$에서 $90° < 60° \times n + 30° < 180°$

$\therefore 1 < n < \dfrac{5}{2}$

이때 n은 정수이므로 $n = 2$

이를 ㉠에 대입하면 $\theta = 150°$

0577 답 $\dfrac{1}{2}$

각 2θ를 나타내는 동경과 각 6θ를 나타내는 동경이 x축에 대하여 대칭이므로

$2\theta + 6\theta = 360° \times n$ (단, n은 정수) …… ❶

$8\theta = 360° \times n$ $\therefore \theta = 45° \times n$ …… ㉠

$0° < \theta < 90°$에서 $0° < 45° \times n < 90°$

$\therefore 0 < n < 2$

이때 n은 정수이므로 $n = 1$

이를 ㉠에 대입하면 $\theta = 45°$ …… ❷

$\therefore \sin\theta\cos\theta = \sin 45° \times \cos 45° = \dfrac{\sqrt{2}}{2} \times \dfrac{\sqrt{2}}{2} = \dfrac{1}{2}$ …… ❸

채점 기준	
❶ 조건을 만족시키는 각 θ를 정수 n에 대한 식으로 나타내기	40 %
❷ 각 θ의 크기 구하기	30 %
❸ $\sin\theta\cos\theta$의 값 구하기	30 %

0578 답 ⑤

각 θ를 나타내는 동경과 각 4θ를 나타내는 동경이 직선 $y = x$에 대하여 대칭이므로

$\theta + 4\theta = 360° \times n + 90°$ (단, n은 정수)

$5\theta = 360° \times n + 90°$ $\therefore \theta = 72° \times n + 18°$

$0° < \theta < 360°$에서 $0° < 72° \times n + 18° < 360°$

$\therefore -\dfrac{1}{4} < n < \dfrac{19}{4}$

이때 n은 정수이므로

$n = 0$ 또는 $n = 1$ 또는 $n = 2$ 또는 $n = 3$ 또는 $n = 4$

따라서 구하는 각 θ의 개수는 5이다.

0579 답 ④

① $40° = 40 \times \dfrac{\pi}{180} = \dfrac{2}{9}\pi$ ② $135° = 135 \times \dfrac{\pi}{180} = \dfrac{3}{4}\pi$

③ $\dfrac{5}{6}\pi = \dfrac{5}{6}\pi \times \dfrac{180°}{\pi} = 150°$ ④ $\dfrac{5}{3}\pi = \dfrac{5}{3}\pi \times \dfrac{180°}{\pi} = 300°$

⑤ $\dfrac{7}{5}\pi = \dfrac{7}{5}\pi \times \dfrac{180°}{\pi} = 252°$

따라서 옳지 않은 것은 ④이다.

0580 답 ㄱ, ㄷ, ㄹ

ㄱ. $60° = 60 \times \dfrac{\pi}{180} = \dfrac{\pi}{3}$이므로 $\dfrac{\pi}{60°} = \dfrac{\pi}{\frac{\pi}{3}} = 3$

ㄴ. $-\dfrac{11}{5}\pi = 2\pi \times (-2) + \dfrac{9}{5}\pi$이므로 $-\dfrac{11}{5}\pi$는 제4사분면의 각
이다.

ㄷ. $-\dfrac{20}{3}\pi = 2\pi \times (-4) + \dfrac{4}{3}\pi$이므로 동경의 일반각은

$2n\pi + \dfrac{4}{3}\pi$ (단, n은 정수)

ㄹ. $\dfrac{17}{4}\pi = 2\pi \times 2 + \dfrac{\pi}{4}$, $-\dfrac{15}{4}\pi = 2\pi \times (-2) + \dfrac{\pi}{4}$이므로

$\dfrac{\pi}{4}$, $\dfrac{17}{4}\pi$, $-\dfrac{15}{4}\pi$를 나타내는 동경은 모두 일치한다.

따라서 보기에서 옳은 것은 ㄱ, ㄷ, ㄹ이다.

0581 답 ⑤

① $-\dfrac{27}{4}\pi = 2\pi \times (-4) + \dfrac{5}{4}\pi$ ➡ 제3사분면의 각

② $-515° = 360° \times (-2) + 205°$ ➡ 제3사분면의 각

③ $-\dfrac{25}{9}\pi = 2\pi \times (-2) + \dfrac{11}{9}\pi$ ➡ 제3사분면의 각

④ $930° = 360° \times 2 + 210°$ ➡ 제3사분면의 각

⑤ $\dfrac{19}{3}\pi = 2\pi \times 3 + \dfrac{\pi}{3}$ ➡ 제1사분면의 각

따라서 각을 나타내는 동경이 존재하는 사분면이 나머지 넷과 다른
하나는 ⑤이다.

0582 답 72

반지름의 길이가 a, 중심각의 크기가 $\dfrac{5}{6}\pi$인 부채꼴의 호의 길이가

10π이므로

$a \times \dfrac{5}{6}\pi = 10\pi$ $\therefore a = 12$

즉, 반지름의 길이가 12, 호의 길이가 10π인 부채꼴의 넓이는

$\dfrac{1}{2} \times 12 \times 10\pi = 60\pi$ $\therefore b = 60$

$\therefore a + b = 12 + 60 = 72$

0583 답 $6 + 4\pi$

부채꼴의 반지름의 길이를 r라 하면 중심각의 크기가 $\dfrac{4}{3}\pi$이고 넓이
가 6π이므로

$\dfrac{1}{2} \times r^2 \times \dfrac{4}{3}\pi = 6\pi$, $r^2 = 9$ $\therefore r = 3 \ (\because r > 0)$

즉, 부채꼴의 호의 길이는 $3 \times \dfrac{4}{3}\pi = 4\pi$

따라서 부채꼴의 둘레의 길이는

$2 \times 3 + 4\pi = 6 + 4\pi$

0584 답 $\dfrac{16}{3}\pi$

반지름의 길이가 4인 원의 넓이는 $\pi \times 4^2 = 16\pi$ ⋯⋯ ❶

부채꼴의 중심각의 크기를 θ라 하면 반지름의 길이가 6인 부채꼴의
넓이는

$\dfrac{1}{2} \times 6^2 \times \theta = 18\theta$

이때 원의 넓이와 부채꼴의 넓이가 같으므로

$16\pi = 18\theta$ $\therefore \theta = \dfrac{8}{9}\pi$ ⋯⋯ ❷

따라서 부채꼴의 호의 길이는

$6 \times \dfrac{8}{9}\pi = \dfrac{16}{3}\pi$ ⋯⋯ ❸

채점 기준

❶ 반지름의 길이가 4인 원의 넓이 구하기	20 %
❷ 부채꼴의 중심각의 크기 구하기	50 %
❸ 부채꼴의 호의 길이 구하기	30 %

0585 답 ④

원뿔의 전개도는 오른쪽 그림과 같으므
로 옆면인 부채꼴의 호의 길이는

$2\pi \times 3 = 6\pi$

옆면인 부채꼴의 반지름의 길이를 r라

하면 부채꼴의 중심각의 크기가 $\dfrac{2}{3}\pi$이

므로

$r \times \dfrac{2}{3}\pi = 6\pi$ $\therefore r = 9$

즉, 옆면인 부채꼴의 넓이는 $\dfrac{1}{2} \times 9 \times 6\pi = 27\pi$

또 밑면인 원의 넓이는 $\pi \times 3^2 = 9\pi$

따라서 원뿔의 겉넓이는

$27\pi + 9\pi = 36\pi$

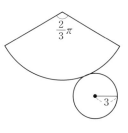

0586 답 $(100 + 56\pi)$ cm

와이퍼의 전체 길이를 r cm라 하면

$\dfrac{1}{2} \times r^2 \times \dfrac{4}{5}\pi - \dfrac{1}{2} \times (r-50)^2 \times \dfrac{4}{5}\pi = 1400\pi$

$r^2 - (r-50)^2 = 3500$

$100r = 6000$ $\therefore r = 60$

따라서 와이퍼의 고무판이 회전하면서 닦은 유리창의 둘레의 길이는

$60 \times \dfrac{4}{5}\pi + (60-50) \times \dfrac{4}{5}\pi + 50 \times 2 = 100 + 56\pi \,(\text{cm})$

0587 답 ②

오른쪽 그림과 같이 두 호 CA, DB의 교
점을 E라 하면

$\overline{\text{BE}} = \overline{\text{CE}} = \overline{\text{BC}} = 4$

즉, 삼각형 BCE는 정삼각형이므로

$\angle\text{EBC} = \angle\text{ECB} = \dfrac{\pi}{3}$,

$\angle\text{ABE} = \dfrac{\pi}{2} - \dfrac{\pi}{3} = \dfrac{\pi}{6}$

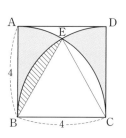

빗금 친 부분의 넓이는 부채꼴 CEB의 넓이에서 정삼각형 BCE의 넓이를 뺀 것과 같으므로

(빗금 친 부분의 넓이)$=\dfrac{1}{2}\times 4^2\times\dfrac{\pi}{3}-\dfrac{1}{2}\times 4^2\times\sin\dfrac{\pi}{3}$

$\qquad\qquad\qquad\qquad\quad =\dfrac{8}{3}\pi-4\sqrt{3}$

따라서 색칠한 부분의 넓이는 부채꼴 BEA의 넓이에서 빗금 친 부분의 넓이를 뺀 후 2배 한 것과 같으므로

(색칠한 부분의 넓이)$=2\left\{\dfrac{1}{2}\times 4^2\times\dfrac{\pi}{6}-\left(\dfrac{8}{3}\pi-4\sqrt{3}\right)\right\}$

$\qquad\qquad\qquad\qquad\quad =2\left(\dfrac{4}{3}\pi-\dfrac{8}{3}\pi+4\sqrt{3}\right)$

$\qquad\qquad\qquad\qquad\quad =2\left(4\sqrt{3}-\dfrac{4}{3}\pi\right)=8\sqrt{3}-\dfrac{8}{3}\pi$

> **중3 다시보기**
>
> 삼각형 ABC에서 두 변의 길이 a, c와 그 끼인 각 B를 알 때, 삼각형 ABC의 넓이 S는
> $$S=\dfrac{1}{2}ac\sin B$$

0588 답 $\dfrac{\pi}{2}$

$\angle\text{COA}=\theta$라 하면 부채꼴 OAC의 넓이는 3π이므로

$\dfrac{1}{2}\times 6^2\times\theta=3\pi$ $\therefore \theta=\dfrac{\pi}{6}$

삼각형 BOA_1에서 $\angle\text{BOA}_1=2\theta=\dfrac{\pi}{3}$이므로

$\overline{\text{OA}_1}=\overline{\text{OB}}\cos\dfrac{\pi}{3}=6\times\dfrac{1}{2}=3$

따라서 부채꼴 OA_1C_1의 호의 길이는 $3\times\dfrac{\pi}{6}=\dfrac{\pi}{2}$

0589 답 ①

부채꼴의 반지름의 길이를 r라 하면 둘레의 길이가 8이므로 호의 길이는 $8-2r$이다.

부채꼴의 넓이를 S라 하면

$S=\dfrac{1}{2}r(8-2r)=-r^2+4r$

$\ \ =-(r-2)^2+4\ (0<r<4)$
$\qquad\qquad\ \ \raisebox{0pt}{$\llcorner r>0,\ 8-2r>0$이므로 $0<r<4$}$

따라서 S는 $r=2$에서 최댓값 4를 가지므로 $a=2$, $M=4$

$\therefore a+M=6$

0590 답 ④

부채꼴의 반지름의 길이를 r라 하면 둘레의 길이가 10이므로 호의 길이는 $10-2r$이다.

부채꼴의 넓이를 S라 하면

$S=\dfrac{1}{2}r(10-2r)=-r^2+5r$

$\ \ =-\left(r-\dfrac{5}{2}\right)^2+\dfrac{25}{4}\ (0<r<5)$
$\qquad\qquad\ \ \raisebox{0pt}{$\llcorner r>0,\ 10-2r>0$이므로 $0<r<5$}$

즉, S는 $r=\dfrac{5}{2}$에서 최댓값 $\dfrac{25}{4}$를 갖는다.

이때 부채꼴의 중심각의 크기를 θ라 하면

$\dfrac{1}{2}\times\left(\dfrac{5}{2}\right)^2\times\theta=\dfrac{25}{4}$ $\therefore \theta=2$

0591 답 16 m

부채꼴 모양의 화단의 반지름의 길이를 r m, 호의 길이를 l m라 하면 넓이가 16 m²이므로

$\dfrac{1}{2}rl=16$ $\therefore l=\dfrac{32}{r}$

부채꼴 모양의 화단의 둘레의 길이는

$2r+l=2r+\dfrac{32}{r}$ (m)

이때 $2r>0$, $\dfrac{32}{r}>0$이므로 산술평균과 기하평균의 관계에 의하여

$2r+\dfrac{32}{r}\geq 2\sqrt{2r\times\dfrac{32}{r}}=16$

$\qquad\qquad\left(\text{단, 등호는 }2r=\dfrac{32}{r},\text{ 즉 }r=4\text{일 때 성립}\right)$

따라서 화단의 둘레의 길이의 최솟값은 16 m이다.

0592 답 ②

$\overline{\text{OP}}=\sqrt{(-4)^2+3^2}=5$이므로

$\sin\theta=\dfrac{3}{5}$, $\cos\theta=-\dfrac{4}{5}$, $\tan\theta=-\dfrac{3}{4}$

$\therefore 5\sin\theta+10\cos\theta+4\tan\theta$

$\ \ =5\times\dfrac{3}{5}+10\times\left(-\dfrac{4}{5}\right)+4\times\left(-\dfrac{3}{4}\right)$

$\ \ =-8$

0593 답 -3

오른쪽 그림과 같이 $-\dfrac{2}{3}\pi$를 나타내는 동경과 원점 O를 중심으로 하고 반지름의 길이가 1인 원의 교점을 P, 점 P에서 x축에 내린 수선의 발을 H라 하면

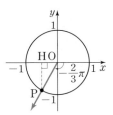

$\overline{\text{OP}}=1$, $\angle\text{POH}=\pi-\dfrac{2}{3}\pi=\dfrac{\pi}{3}$이므로

$\overline{\text{PH}}=\overline{\text{OP}}\sin\dfrac{\pi}{3}=\dfrac{\sqrt{3}}{2}$

$\overline{\text{OH}}=\overline{\text{OP}}\cos\dfrac{\pi}{3}=\dfrac{1}{2}$

즉, 점 P의 좌표는 $\left(-\dfrac{1}{2},\ -\dfrac{\sqrt{3}}{2}\right)$이므로

$\sin\theta=-\dfrac{\sqrt{3}}{2}$, $\cos\theta=-\dfrac{1}{2}$, $\tan\theta=\sqrt{3}$

$\therefore 3\cos\theta+\sin\theta\tan\theta=3\times\left(-\dfrac{1}{2}\right)+\left(-\dfrac{\sqrt{3}}{2}\right)\times\sqrt{3}$

$\qquad\qquad\qquad\qquad =-3$

0594 답 ③

$12x+5y=0$에서 $y=-\dfrac{12}{5}x$ $\therefore \tan\theta=-\dfrac{12}{5}$

$0<\theta<\pi$이고 $\tan\theta=-\dfrac{12}{5}$이므로 점 P의 좌표를 $(-5,\ 12)$라 하고 동경 OP를 좌표평면 위에 나타내면 오른쪽 그림과 같다.

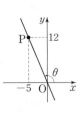

따라서 $\overline{\text{OP}}=\sqrt{(-5)^2+12^2}=13$이므로

$\sin\theta=\dfrac{12}{13}$, $\cos\theta=-\dfrac{5}{13}$

$\therefore 13(\sin\theta+\cos\theta)=13\left\{\dfrac{12}{13}+\left(-\dfrac{5}{13}\right)\right\}=7$

0595 답 $-\dfrac{3}{10}$

오른쪽 그림과 같이 두 점 A, C에서 x축
에 내린 수선의 발을 각각 H, I라 하면
$\triangle AOH \equiv \triangle OCI$ (RHA 합동)
따라서 점 C의 좌표는 $(-1, 3)$이고
$\overline{OC}=\sqrt{(-1)^2+3^2}=\sqrt{10}$이므로

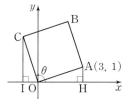

$\sin\theta=\dfrac{3}{\sqrt{10}}$, $\cos\theta=-\dfrac{1}{\sqrt{10}}$

$\therefore \sin\theta\cos\theta=\dfrac{3}{\sqrt{10}}\times\left(-\dfrac{1}{\sqrt{10}}\right)=-\dfrac{3}{10}$

0596 답 ②

(ⅰ) $\sin\theta\cos\theta<0$일 때,
  $\sin\theta>0$, $\cos\theta<0$ 또는 $\sin\theta<0$, $\cos\theta>0$
  따라서 θ는 제2사분면 또는 제4사분면의 각이다.

(ⅱ) $\sin\theta\tan\theta<0$일 때,
  $\sin\theta>0$, $\tan\theta<0$ 또는 $\sin\theta<0$, $\tan\theta>0$
  따라서 θ는 제2사분면 또는 제3사분면의 각이다.

(ⅰ), (ⅱ)에서 θ는 제2사분면의 각이다.

0597 답 ②

θ가 제3사분면의 각이므로 $\sin\theta<0$, $\cos\theta<0$, $\tan\theta>0$

ㄴ. $\cos\theta\tan\theta<0$

ㄷ. $\dfrac{\sin\theta}{\cos\theta\tan\theta}>0$

따라서 보기에서 옳은 것은 ㄱ, ㄹ이다.

0598 답 제2사분면

$\sin\theta\cos\theta\neq0$이고 $\dfrac{\sqrt{\sin\theta}}{\sqrt{\cos\theta}}=-\sqrt{\dfrac{\sin\theta}{\cos\theta}}$이므로

$\cos\theta<0$, $\sin\theta>0$

따라서 θ는 제2사분면의 각이다.

공통수학1 다시보기

0이 아닌 두 실수 a, b에 대하여
(1) $\sqrt{a}\sqrt{b}=-\sqrt{ab}$이면 ➡ $a<0$, $b<0$
(2) $\dfrac{\sqrt{a}}{\sqrt{b}}=-\sqrt{\dfrac{a}{b}}$이면 ➡ $a>0$, $b<0$

0599 답 ①

(ⅰ) $\sin\theta\cos\theta>0$일 때,
  $\sin\theta>0$, $\cos\theta>0$ 또는 $\sin\theta<0$, $\cos\theta<0$
  따라서 θ는 제1사분면 또는 제3사분면의 각이다.

(ⅱ) $\cos\theta\tan\theta<0$일 때,
  $\cos\theta>0$, $\tan\theta<0$ 또는 $\cos\theta<0$, $\tan\theta>0$
  따라서 θ는 제3사분면 또는 제4사분면의 각이다.

(ⅰ), (ⅱ)에서 θ는 제3사분면의 각이다.
따라서 $\sin\theta<0$, $\cos\theta<0$이므로
$|-2\sin\theta|+\sqrt{(\sin\theta+\cos\theta)^2}-|\cos\theta|$
$=-2\sin\theta+\{-(\sin\theta+\cos\theta)\}-(-\cos\theta)$
$=-2\sin\theta-\sin\theta-\cos\theta+\cos\theta=-3\sin\theta$

0600 답 ⑤

$\dfrac{\tan\theta\sin\theta}{\tan\theta-\sin\theta}-\dfrac{1}{\sin\theta}=\dfrac{\dfrac{\sin\theta}{\cos\theta}\times\sin\theta}{\dfrac{\sin\theta}{\cos\theta}-\sin\theta}-\dfrac{1}{\sin\theta}$

$=\dfrac{\dfrac{\sin^2\theta}{\cos\theta}}{\dfrac{\sin\theta-\sin\theta\cos\theta}{\cos\theta}}-\dfrac{1}{\sin\theta}$

$=\dfrac{\sin^2\theta}{\sin\theta(1-\cos\theta)}-\dfrac{1}{\sin\theta}$

$=\dfrac{1-\cos^2\theta}{\sin\theta(1-\cos\theta)}-\dfrac{1}{\sin\theta}$

$=\dfrac{1+\cos\theta}{\sin\theta}-\dfrac{1}{\sin\theta}$

$=\dfrac{\cos\theta}{\sin\theta}=\dfrac{1}{\tan\theta}$

0601 답 1

$\dfrac{(\tan^2\theta+1)(1-\cos^2\theta)}{\tan^2\theta}=\dfrac{(\tan^2\theta+1)\times\sin^2\theta}{\tan^2\theta}$

$=\dfrac{\tan^2\theta\sin^2\theta+\sin^2\theta}{\tan^2\theta}$

$=\sin^2\theta+\dfrac{\sin^2\theta}{\tan^2\theta}$

$=\sin^2\theta+\dfrac{\sin^2\theta}{\dfrac{\sin^2\theta}{\cos^2\theta}}$

$=\sin^2\theta+\cos^2\theta=1$

0602 답 ③

① $\dfrac{\cos^3\theta}{\sin\theta-\sin^3\theta}=\dfrac{\cos^3\theta}{\sin\theta(1-\sin^2\theta)}=\dfrac{\cos^3\theta}{\sin\theta\cos^2\theta}$

  $=\dfrac{\cos\theta}{\sin\theta}=\dfrac{1}{\tan\theta}$

② $\sin^4\theta-\cos^4\theta=(\sin^2\theta+\cos^2\theta)(\sin^2\theta-\cos^2\theta)$

  $=\sin^2\theta-\cos^2\theta$

  $=\sin^2\theta-(1-\sin^2\theta)$

  $=2\sin^2\theta-1$

③ $\sin^2\theta-\cos^2\theta=\cos^2\theta\left(\dfrac{\sin^2\theta}{\cos^2\theta}-1\right)$

  $=\cos^2\theta(\tan^2\theta-1)$

④ $\dfrac{\sin^2\theta}{1+\cos\theta}+\dfrac{\sin^2\theta}{1-\cos\theta}$

  $=\dfrac{\sin^2\theta(1-\cos\theta)+\sin^2\theta(1+\cos\theta)}{(1+\cos\theta)(1-\cos\theta)}$

  $=\dfrac{2\sin^2\theta}{1-\cos^2\theta}=\dfrac{2\sin^2\theta}{\sin^2\theta}=2$

⑤ $\tan\theta+\dfrac{\cos\theta}{1+\sin\theta}=\dfrac{\sin\theta}{\cos\theta}+\dfrac{\cos\theta}{1+\sin\theta}$

  $=\dfrac{\sin\theta(1+\sin\theta)+\cos^2\theta}{\cos\theta(1+\sin\theta)}$

  $=\dfrac{\sin\theta+\sin^2\theta+\cos^2\theta}{\cos\theta(1+\sin\theta)}$

  $=\dfrac{\sin\theta+1}{\cos\theta(1+\sin\theta)}$

  $=\dfrac{1}{\cos\theta}$

따라서 옳지 않은 것은 ③이다.

0603 답 $-2\sin\theta$

$\sqrt{1-2\sin\theta\cos\theta}-\sqrt{1+2\sin\theta\cos\theta}$

$=\sqrt{\sin^2\theta-2\sin\theta\cos\theta+\cos^2\theta}-\sqrt{\sin^2\theta+2\sin\theta\cos\theta+\cos^2\theta}$

$=\sqrt{(\sin\theta-\cos\theta)^2}-\sqrt{(\sin\theta+\cos\theta)^2}$ ...... ❶

$=|\sin\theta-\cos\theta|-|\sin\theta+\cos\theta|$

$=-(\sin\theta-\cos\theta)-(\sin\theta+\cos\theta)$ ($\because 0<\sin\theta<\cos\theta$)

$=-2\sin\theta$ ...... ❷

채점 기준

❶ $\sin^2\theta+\cos^2\theta=1$임을 이용하여 근호 안을 완전제곱 꼴로 나타내기	60 %
❷ 주어진 식을 간단히 하기	40 %

0604 답 -8

$\cos^2\theta=1-\sin^2\theta=1-\left(-\dfrac{3}{5}\right)^2=\dfrac{16}{25}$

이때 $\dfrac{3}{2}\pi<\theta<2\pi$이므로 $\cos\theta>0$

$\therefore \cos\theta=\sqrt{\dfrac{16}{25}}=\dfrac{4}{5}$

따라서 $\tan\theta=\dfrac{-\dfrac{3}{5}}{\dfrac{4}{5}}=-\dfrac{3}{4}$이므로

$\dfrac{8\tan\theta-2}{5\cos\theta-3}=\dfrac{8\times\left(-\dfrac{3}{4}\right)-2}{5\times\dfrac{4}{5}-3}=-8$

0605 답 $-\dfrac{\sqrt{3}}{2}$

$\dfrac{1}{1+\sin\theta}+\dfrac{1}{1-\sin\theta}=\dfrac{1-\sin\theta+1+\sin\theta}{(1+\sin\theta)(1-\sin\theta)}$

$=\dfrac{2}{1-\sin^2\theta}$

$\dfrac{2}{1-\sin^2\theta}=\dfrac{7}{2}$에서 $7-7\sin^2\theta=4$ $\therefore \sin^2\theta=\dfrac{3}{7}$

즉, $\cos^2\theta=1-\sin^2\theta=1-\dfrac{3}{7}=\dfrac{4}{7}$이므로

$\tan^2\theta=\dfrac{\sin^2\theta}{\cos^2\theta}=\dfrac{\dfrac{3}{7}}{\dfrac{4}{7}}=\dfrac{3}{4}$

이때 θ가 제2사분면의 각이므로 $\tan\theta<0$

$\therefore \tan\theta=-\sqrt{\dfrac{3}{4}}=-\dfrac{\sqrt{3}}{2}$

0606 답 ②

$\tan\theta=-\dfrac{1}{2}$에서 $\dfrac{\sin\theta}{\cos\theta}=-\dfrac{1}{2}$ $\therefore \cos\theta=-2\sin\theta$

$\sin^2\theta+\cos^2\theta=1$이므로 $\sin^2\theta+(-2\sin\theta)^2=1$

$5\sin^2\theta=1$ $\therefore \sin^2\theta=\dfrac{1}{5}$

이때 θ가 제4사분면의 각이므로 $\sin\theta<0$

$\therefore \sin\theta=-\sqrt{\dfrac{1}{5}}=-\dfrac{1}{\sqrt{5}}$

따라서 $\cos\theta=-2\times\left(-\dfrac{1}{\sqrt{5}}\right)=\dfrac{2}{\sqrt{5}}$이므로

$\dfrac{1}{\sin\theta}+\dfrac{1}{\cos\theta}=-\sqrt{5}+\dfrac{\sqrt{5}}{2}=-\dfrac{\sqrt{5}}{2}$

0607 답 ①

$\dfrac{1-\tan\theta}{1+\tan\theta}=2-\sqrt{3}$에서

$1-\tan\theta=(2-\sqrt{3})(1+\tan\theta)$

$(3-\sqrt{3})\tan\theta=-1+\sqrt{3}$ $\therefore \tan\theta=\dfrac{-1+\sqrt{3}}{3-\sqrt{3}}=\dfrac{\sqrt{3}}{3}$

$\tan\theta=\dfrac{\sqrt{3}}{3}$의 양변을 제곱하면 $\tan^2\theta=\dfrac{1}{3}$

$\dfrac{\sin^2\theta}{\cos^2\theta}=\dfrac{1}{3}$, $\dfrac{1-\cos^2\theta}{\cos^2\theta}=\dfrac{1}{3}$

$3-3\cos^2\theta=\cos^2\theta$ $\therefore \cos^2\theta=\dfrac{3}{4}$

이때 $\pi<\theta<\dfrac{3}{2}\pi$이므로 $\cos\theta<0$

$\therefore \cos\theta=-\sqrt{\dfrac{3}{4}}=-\dfrac{\sqrt{3}}{2}$

0608 답 ②

$\dfrac{\sin\theta\cos\theta}{1-\cos\theta}+\dfrac{1-\cos\theta}{\tan\theta}=\dfrac{\sin\theta\cos\theta}{1-\cos\theta}+\dfrac{\cos\theta(1-\cos\theta)}{\sin\theta}$

$=\dfrac{\sin^2\theta\cos\theta+\cos\theta(1-\cos\theta)^2}{(1-\cos\theta)\sin\theta}$

$=\dfrac{\cos\theta(\sin^2\theta+1-2\cos\theta+\cos^2\theta)}{(1-\cos\theta)\sin\theta}$

$=\dfrac{2\cos\theta(1-\cos\theta)}{(1-\cos\theta)\sin\theta}$

$=\dfrac{2\cos\theta}{\sin\theta}$

즉, $\dfrac{2\cos\theta}{\sin\theta}=1$이므로 $\sin\theta=2\cos\theta$ ...... ㉠

$\sin^2\theta+\cos^2\theta=1$이므로 $(2\cos\theta)^2+\cos^2\theta=1$

$5\cos^2\theta=1$ $\therefore \cos^2\theta=\dfrac{1}{5}$

이때 $\pi<\theta<2\pi$이고, ㉠에서 $\sin\theta$와 $\cos\theta$의 값의 부호가 서로 같으므로 $\cos\theta<0$

$\therefore \cos\theta=-\sqrt{\dfrac{1}{5}}=-\dfrac{\sqrt{5}}{5}$

0609 답 $\dfrac{\sqrt{31}}{4}$

$\sin\theta+\cos\theta=\dfrac{1}{4}$의 양변을 제곱하면

$\sin^2\theta+2\sin\theta\cos\theta+\cos^2\theta=\dfrac{1}{16}$

$1+2\sin\theta\cos\theta=\dfrac{1}{16}$ $\therefore \sin\theta\cos\theta=-\dfrac{15}{32}$

$\therefore (\sin\theta-\cos\theta)^2=\sin^2\theta-2\sin\theta\cos\theta+\cos^2\theta$

$=1-2\times\left(-\dfrac{15}{32}\right)=\dfrac{31}{16}$

이때 θ가 제2사분면의 각이면 $\sin\theta>0$, $\cos\theta<0$이므로

$\sin\theta-\cos\theta>0$

$\therefore \sin\theta-\cos\theta=\sqrt{\dfrac{31}{16}}=\dfrac{\sqrt{31}}{4}$

0610 답 $\sqrt{15}$

$\dfrac{1}{\cos\theta}-\dfrac{1}{\sin\theta}=\dfrac{\sin\theta-\cos\theta}{\sin\theta\cos\theta}$

$(\sin\theta-\cos\theta)^2=\sin^2\theta-2\sin\theta\cos\theta+\cos^2\theta$

$=1-2\times\left(-\dfrac{1}{3}\right)=\dfrac{5}{3}$

이때 $\frac{3}{2}\pi<\theta<2\pi$이면 $\sin\theta<0$, $\cos\theta>0$이므로

$\sin\theta-\cos\theta<0$

$\therefore \sin\theta-\cos\theta=-\sqrt{\frac{5}{3}}=-\frac{\sqrt{15}}{3}$ ...... ❶

$\therefore \frac{1}{\cos\theta}-\frac{1}{\sin\theta}=\frac{\sin\theta-\cos\theta}{\cos\theta\sin\theta}=\frac{-\frac{\sqrt{15}}{3}}{-\frac{1}{3}}=\sqrt{15}$ ...... ❷

채점 기준

❶ $\sin\theta-\cos\theta$의 값 구하기	70 %
❷ $\frac{1}{\cos\theta}-\frac{1}{\sin\theta}$의 값 구하기	30 %

0611 답 ①

$\tan\theta+\frac{1}{\tan\theta}=\frac{\sin\theta}{\cos\theta}+\frac{\cos\theta}{\sin\theta}=\frac{\sin^2\theta+\cos^2\theta}{\sin\theta\cos\theta}=\frac{1}{\sin\theta\cos\theta}$

즉, $\frac{1}{\sin\theta\cos\theta}=2$이므로 $\sin\theta\cos\theta=\frac{1}{2}$

$\therefore (\sin\theta+\cos\theta)^2=\sin^2\theta+2\sin\theta\cos\theta+\cos^2\theta$
$=1+2\times\frac{1}{2}=2$

이때 $\pi<\theta<\frac{3}{2}\pi$이면 $\sin\theta<0$, $\cos\theta<0$이므로

$\sin\theta+\cos\theta<0$

$\therefore \sin\theta+\cos\theta=-\sqrt{2}$

0612 답 $\frac{3}{5}$

$\sin\theta-\cos\theta=\frac{\sqrt{5}}{5}$의 양변을 제곱하면

$\sin^2\theta-2\sin\theta\cos\theta+\cos^2\theta=\frac{1}{5}$

$1-2\sin\theta\cos\theta=\frac{1}{5}$ $\therefore \sin\theta\cos\theta=\frac{2}{5}$

$\therefore (\sin\theta+\cos\theta)^2=\sin^2\theta+2\sin\theta\cos\theta+\cos^2\theta$
$=1+2\sin\theta\cos\theta$
$=1+2\times\frac{2}{5}=\frac{9}{5}$

이때 θ가 제1사분면의 각이면 $\sin\theta>0$, $\cos\theta>0$이므로

$\sin\theta+\cos\theta>0$

$\therefore \sin\theta+\cos\theta=\sqrt{\frac{9}{5}}=\frac{3\sqrt{5}}{5}$

$\therefore \sin^4\theta-\cos^4\theta=(\sin^2\theta+\cos^2\theta)(\sin^2\theta-\cos^2\theta)$
$=(\sin\theta+\cos\theta)(\sin\theta-\cos\theta)$
$=\frac{3\sqrt{5}}{5}\times\frac{\sqrt{5}}{5}=\frac{3}{5}$

0613 답 ②

$\log_2\sin\theta+\log_2\cos\theta=-1$에서

$\log_2(\sin\theta\cos\theta)=\log_2\frac{1}{2}$ $\therefore \sin\theta\cos\theta=\frac{1}{2}$

$\therefore (\sin\theta+\cos\theta)^2=\sin^2\theta+2\sin\theta\cos\theta+\cos^2\theta$
$=1+2\sin\theta\cos\theta$
$=1+2\times\frac{1}{2}=2$

이때 θ가 제1사분면의 각이면 $\sin\theta>0$, $\cos\theta>0$이므로

$\sin\theta+\cos\theta>0$

$\therefore \sin\theta+\cos\theta=\sqrt{2}$

$\log_2(\sin\theta+\cos\theta)=\log_2 x-\frac{1}{2}$에서

$\log_2(\sin\theta+\cos\theta)=\log_2 x-\log_2\sqrt{2}$ $\therefore \log_2\sqrt{2}=\log_2\frac{x}{\sqrt{2}}$

따라서 $\frac{x}{\sqrt{2}}=\sqrt{2}$이므로 $x=2$

0614 답 ①

이차방정식의 근과 계수의 관계에 의하여

$\sin\theta+\cos\theta=\frac{1}{3}$ ...... ㉠

$\sin\theta\cos\theta=\frac{k}{3}$ ...... ㉡

㉠의 양변을 제곱하면

$\sin^2\theta+2\sin\theta\cos\theta+\cos^2\theta=\frac{1}{9}$

$1+2\sin\theta\cos\theta=\frac{1}{9}$ $\therefore \sin\theta\cos\theta=-\frac{4}{9}$

따라서 ㉡에서 $\frac{k}{3}=-\frac{4}{9}$이므로 $k=-\frac{4}{3}$

0615 답 -1

이차방정식의 근과 계수의 관계에 의하여

$(\sin\theta+\cos\theta)+(\sin\theta-\cos\theta)=1$ ...... ㉠

$(\sin\theta+\cos\theta)(\sin\theta-\cos\theta)=\frac{k}{2}$ ...... ㉡

㉠에서 $2\sin\theta=1$ $\therefore \sin\theta=\frac{1}{2}$

㉡의 좌변을 간단히 하면

$(\sin\theta+\cos\theta)(\sin\theta-\cos\theta)=\sin^2\theta-\cos^2\theta$
$=\sin^2\theta-(1-\sin^2\theta)$
$=2\sin^2\theta-1$
$=2\times\left(\frac{1}{2}\right)^2-1=-\frac{1}{2}$

즉, $-\frac{1}{2}=\frac{k}{2}$이므로 $k=-1$

0616 답 ②

이차방정식의 근과 계수의 관계에 의하여

$\sin^2\theta\cos^2\theta=\frac{1}{9}$

이때 $\pi<\theta<\frac{3}{2}\pi$이면 $\sin\theta<0$, $\cos\theta<0$이므로 $\sin\theta\cos\theta>0$

$\therefore \sin\theta\cos\theta=\sqrt{\frac{1}{9}}=\frac{1}{3}$

$(\sin\theta+\cos\theta)^2=\sin^2\theta+2\sin\theta\cos\theta+\cos^2\theta$
$=1+2\sin\theta\cos\theta$
$=1+2\times\frac{1}{3}=\frac{5}{3}$

이므로

$\sin\theta+\cos\theta=-\sqrt{\frac{5}{3}}=-\frac{\sqrt{15}}{3}$ ($\because \sin\theta<0$, $\cos\theta<0$)

$\therefore \frac{1}{\sin\theta}+\frac{1}{\cos\theta}=\frac{\sin\theta+\cos\theta}{\sin\theta\cos\theta}=\frac{-\frac{\sqrt{15}}{3}}{\frac{1}{3}}=-\sqrt{15}$

0617 답 $3x^2+8x+3=0$

이차방정식의 근과 계수의 관계에 의하여

$\sin\theta+\cos\theta=\dfrac{1}{2}$ ······ ㉠

$\sin\theta\cos\theta=\dfrac{k}{4}$ ······ ㉡

㉠의 양변을 제곱하면

$\sin^2\theta+2\sin\theta\cos\theta+\cos^2\theta=\dfrac{1}{4}$

$1+2\sin\theta\cos\theta=\dfrac{1}{4}$ $\therefore \sin\theta\cos\theta=-\dfrac{3}{8}$

즉, ㉡에서 $\dfrac{k}{4}=-\dfrac{3}{8}$이므로 $k=-\dfrac{3}{2}$

이때 $\tan\theta$와 $\dfrac{1}{\tan\theta}$의 합과 곱을 구하면

$\tan\theta+\dfrac{1}{\tan\theta}=\dfrac{\sin\theta}{\cos\theta}+\dfrac{\cos\theta}{\sin\theta}=\dfrac{\sin^2\theta+\cos^2\theta}{\sin\theta\cos\theta}$

$\qquad\qquad\qquad=\dfrac{1}{\sin\theta\cos\theta}=-\dfrac{8}{3}$

$\tan\theta\times\dfrac{1}{\tan\theta}=1$

따라서 $\tan\theta$, $\dfrac{1}{\tan\theta}$을 두 근으로 하고 x^2의 계수가

$-2k=-2\times\left(-\dfrac{3}{2}\right)=3$인 이차방정식은

$3\left(x^2+\dfrac{8}{3}x+1\right)=0$

$\therefore 3x^2+8x+3=0$

AB 유형 점검

96~98쪽

0618 답 ②

① $-1300°=360°\times(-4)+140°$ ➡ $\alpha=140$

② $-590°=360°\times(-2)+130°$ ➡ $\alpha=130$

③ $500°=360°\times1+140°$ ➡ $\alpha=140$

④ $1220°=360°\times3+140°$ ➡ $\alpha=140$

⑤ $1940°=360°\times5+140°$ ➡ $\alpha=140$

따라서 α의 값이 나머지 넷과 다른 하나는 ②이다.

0619 답 ①

θ가 제4사분면의 각이므로

$360°\times n+270°<\theta<360°\times n+360°$ (단, n은 정수)

$\therefore 120°\times n+90°<\dfrac{\theta}{3}<120°\times n+120°$

(i) $n=3k$ (k는 정수)일 때,

$\qquad 360°\times k+90°<\dfrac{\theta}{3}<360°\times k+120°$

따라서 $\dfrac{\theta}{3}$는 제2사분면의 각이다.

(ii) $n=3k+1$ (k는 정수)일 때,

$\qquad 360°\times k+210°<\dfrac{\theta}{3}<360°\times k+240°$

따라서 $\dfrac{\theta}{3}$는 제3사분면의 각이다.

(iii) $n=3k+2$ (k는 정수)일 때,

$\qquad 360°\times k+330°<\dfrac{\theta}{3}<360°\times k+360°$

따라서 $\dfrac{\theta}{3}$는 제4사분면의 각이다.

(i)~(iii)에서 각 $\dfrac{\theta}{3}$를 나타내는 동경이 존재할 수 없는 사분면은 제1사분면이다.

0620 답 $\dfrac{7}{9}\pi$

$\dfrac{\pi}{9}$와 각 θ의 크기를 각각 3배 하면 $\dfrac{\pi}{3}$, 3θ이다.

$\dfrac{\pi}{3}$를 나타내는 동경과 각 3θ를 나타내는 동경이 일치하므로

$3\theta-\dfrac{\pi}{3}=2n\pi$ (단, n은 정수)

$3\theta=2n\pi+\dfrac{\pi}{3}$ $\therefore \theta=\dfrac{2}{3}n\pi+\dfrac{\pi}{9}$ ······ ㉠

$0<\theta<\pi$에서 $0<\dfrac{2}{3}n\pi+\dfrac{\pi}{9}<\pi$

$\therefore -\dfrac{1}{6}<n<\dfrac{4}{3}$

이때 n은 정수이므로 $n=0$ 또는 $n=1$

이를 ㉠에 대입하면 $\theta=\dfrac{\pi}{9}$ 또는 $\theta=\dfrac{7}{9}\pi$

그런데 $\theta\neq\dfrac{\pi}{9}$이므로 $\theta=\dfrac{7}{9}\pi$

0621 답 2π

각 4θ를 나타내는 동경과 각 8θ를 나타내는 동경이 y축에 대하여 대칭이므로

$4\theta+8\theta=2n\pi+\pi$ (단, n은 정수)

$12\theta=2n\pi+\pi$ $\therefore \theta=\dfrac{n}{6}\pi+\dfrac{\pi}{12}$ ······ ㉠

$0<\theta<2\pi$에서 $0<\dfrac{n}{6}\pi+\dfrac{\pi}{12}<2\pi$

$\therefore -\dfrac{1}{2}<n<\dfrac{23}{2}$

이때 n은 정수이므로 $n=0, 1, 2, ..., 11$

따라서 각 θ는 $n=11$에서 최댓값 $\dfrac{23}{12}\pi$, $n=0$에서 최솟값 $\dfrac{\pi}{12}$를 가지므로 구하는 합은

$\dfrac{23}{12}\pi+\dfrac{\pi}{12}=2\pi$

0622 답 ③

① $315°=315\times\dfrac{\pi}{180}=\dfrac{7}{4}\pi$

② $162°=162\times\dfrac{\pi}{180}=\dfrac{9}{10}\pi$

③ $-690°=-690\times\dfrac{\pi}{180}=-\dfrac{23}{6}\pi$

④ $\dfrac{9}{5}\pi=\dfrac{9}{5}\pi\times\dfrac{180°}{\pi}=324°$

⑤ $-\dfrac{17}{18}\pi=-\dfrac{17}{18}\pi\times\dfrac{180°}{\pi}=-170°$

따라서 옳지 않은 것은 ③이다.

0623 답 ④

오른쪽 그림과 같이 반원 C의 중심을 Q,
선분 OB와 반원 C의 접점을 H라 하자.
반원 C의 반지름의 길이를 r라 하면
$\overline{OA}=4$, $\overline{QH}=\overline{QA}=r$이므로

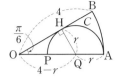

$\overline{OQ}=4-r$

이때 $\angle OHQ=\dfrac{\pi}{2}$이므로 직각삼각형 OQH에서

$\sin\dfrac{\pi}{6}=\dfrac{\overline{QH}}{\overline{OQ}}=\dfrac{r}{4-r}$

$\dfrac{1}{2}=\dfrac{r}{4-r}$, $4-r=2r$ $\quad\therefore r=\dfrac{4}{3}$

부채꼴 OAB의 넓이 S_1은

$S_1=\dfrac{1}{2}\times 4^2\times\dfrac{\pi}{6}=\dfrac{4}{3}\pi$

반지름의 길이가 $\dfrac{4}{3}$인 반원 C의 넓이 S_2는

$S_2=\dfrac{1}{2}\times\pi\times\left(\dfrac{4}{3}\right)^2=\dfrac{8}{9}\pi$

$\therefore S_1-S_2=\dfrac{4}{3}\pi-\dfrac{8}{9}\pi=\dfrac{4}{9}\pi$

0624 답 16

두 각 θ, 3θ를 나타내는 동경이 직선 $y=x$에 대하여 대칭이므로

$\theta+3\theta=2n\pi+\dfrac{\pi}{2}$ (단, n은 정수)

$4\theta=2n\pi+\dfrac{\pi}{2}$ $\quad\therefore \theta=\dfrac{n}{2}\pi+\dfrac{\pi}{8}$ $\quad\cdots\cdots\ \text{㉠}$

$\dfrac{\pi}{2}<\theta<\pi$에서 $\dfrac{\pi}{2}<\dfrac{n}{2}\pi+\dfrac{\pi}{8}<\pi$

$\therefore \dfrac{3}{4}<n<\dfrac{7}{4}$

이때 n은 정수이므로 $n=1$

이를 ㉠에 대입하면 $\theta=\dfrac{5}{8}\pi$

따라서 부채꼴의 반지름의 길이를 r라 하면 호의 길이가 10π이므로

$r\times\dfrac{5}{8}\pi=10\pi$ $\quad\therefore r=16$

0625 답 ②

부채꼴의 반지름의 길이를 r m라 하면 둘레의 길이가 200 m이므로
호의 길이는 $(200-2r)$ m이다.
부채꼴의 넓이를 S m²라 하면

$S=\dfrac{1}{2}r(200-2r)=-r^2+100r$

$\quad=-(r-50)^2+2500\ \underline{(0<r<100)}$

$\qquad\qquad\qquad\ \overset{\longrightarrow\ r>0,\ 200-2r>0\text{이므로}\ 0<r<100}{}$

따라서 S는 $r=50$에서 최댓값 2500을 가지므로 호수의 넓이의 최댓
값은 2500 m²이다.

0626 답 ③

$\overline{OP}=\sqrt{(-3)^2+4^2}=5$이므로

$\cos\theta=-\dfrac{3}{5}$, $\tan\theta=-\dfrac{4}{3}$

$\therefore 15(\cos\theta-\tan\theta)$

$\quad=15\left\{-\dfrac{3}{5}-\left(-\dfrac{4}{3}\right)\right\}=11$

0627 답 $\dfrac{2}{5}$

$\overline{AD}=8$, $\overline{AB}=4$이므로 $A(-4,\ 2)$

$\overline{OA}=2\sqrt{5}$이므로 $\sin\alpha=\dfrac{2}{2\sqrt{5}}=\dfrac{1}{\sqrt{5}}$

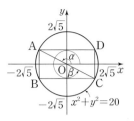

두 점 A, C가 원점에 대하여 대칭이므로
$C(4,\ -2)$

$\overline{OC}=2\sqrt{5}$이므로 $\cos\beta=\dfrac{4}{2\sqrt{5}}=\dfrac{2}{\sqrt{5}}$

$\therefore \sin\alpha\cos\beta=\dfrac{1}{\sqrt{5}}\times\dfrac{2}{\sqrt{5}}=\dfrac{2}{5}$

0628 답 $-\cos\theta$

θ가 제2사분면의 각이므로
$\sin\theta>0$, $\cos\theta<0$, $\tan\theta<0$

$\therefore |\cos\theta-\sin\theta+\tan\theta|-\sqrt{\tan^2\theta}-\sin\theta$

$\quad=-(\cos\theta-\sin\theta+\tan\theta)-|\tan\theta|-\sin\theta$

$\quad=-\cos\theta+\sin\theta-\tan\theta-(-\tan\theta)-\sin\theta$

$\quad=-\cos\theta$

0629 답 $\tan\theta$

$\sin\theta\cos\theta\neq 0$이고 $\dfrac{\sqrt{\cos\theta}}{\sqrt{\sin\theta}}=-\sqrt{\dfrac{\cos\theta}{\sin\theta}}$이므로

$\sin\theta<0$, $\cos\theta>0$

즉, θ가 제4사분면의 각이므로 $\tan\theta<0$

$\therefore |\cos\theta|-\sqrt{(\cos\theta-\tan\theta)^2}$

$\quad=\cos\theta-|\cos\theta-\tan\theta|$

$\quad=\cos\theta-(\cos\theta-\tan\theta)=\tan\theta$

0630 답 ④

$\dfrac{\sin\theta}{1+\cos\theta}+\dfrac{1}{\tan\theta}=\dfrac{\sin\theta}{1+\cos\theta}+\dfrac{\cos\theta}{\sin\theta}$

$\qquad\qquad\qquad\quad=\dfrac{\sin^2\theta+\cos\theta(1+\cos\theta)}{\sin\theta(1+\cos\theta)}$

$\qquad\qquad\qquad\quad=\dfrac{\sin^2\theta+\cos^2\theta+\cos\theta}{\sin\theta(1+\cos\theta)}$

$\qquad\qquad\qquad\quad=\dfrac{1+\cos\theta}{\sin\theta(1+\cos\theta)}=\dfrac{1}{\sin\theta}$

0631 답 ①

$\dfrac{1}{1-\sin\theta}+\dfrac{1}{1+\sin\theta}=\dfrac{1+\sin\theta+1-\sin\theta}{(1-\sin\theta)(1+\sin\theta)}$

$\qquad\qquad\qquad\qquad\quad=\dfrac{2}{1-\sin^2\theta}=\dfrac{2}{\cos^2\theta}$

즉, $\dfrac{2}{\cos^2\theta}=8$이므로 $\cos^2\theta=\dfrac{1}{4}$

이때 $\pi<\theta<\dfrac{3}{2}\pi$이므로 $\cos\theta<0$

$\therefore \cos\theta=-\sqrt{\dfrac{1}{4}}=-\dfrac{1}{2}$

0632 답 ①

$\sin\theta=\dfrac{a}{r}$, $\cos\theta=\dfrac{5}{r}$이므로

$\sin\theta+2\cos\theta=1$에서 $\dfrac{a}{r}+\dfrac{10}{r}=1$

$$\therefore r=a+10 \quad \cdots\cdots \ \textcircled{\scriptsize ㄱ}$$

또 $\sin^2\theta+\cos^2\theta=1$이므로 $\left(\dfrac{a}{r}\right)^2+\left(\dfrac{5}{r}\right)^2=1$

$$\dfrac{a^2}{r^2}+\dfrac{25}{r^2}=1 \qquad \therefore r^2=a^2+25$$

이 식에 $\textcircled{\scriptsize ㄱ}$을 대입하면 $(a+10)^2=a^2+25$

$$a^2+20a+100=a^2+25$$

$$20a=-75 \qquad \therefore a=-\dfrac{15}{4}$$

이를 $\textcircled{\scriptsize ㄱ}$에 대입하면 $r=\dfrac{25}{4}$

$$\therefore a+r=-\dfrac{15}{4}+\dfrac{25}{4}=\dfrac{5}{2}$$

0633 답 ②

$\sin\theta-\cos\theta=\dfrac{\sqrt{3}}{3}$의 양변을 제곱하면

$$\sin^2\theta-2\sin\theta\cos\theta+\cos^2\theta=\dfrac{1}{3}$$

$$1-2\sin\theta\cos\theta=\dfrac{1}{3} \qquad \therefore \sin\theta\cos\theta=\dfrac{1}{3}$$

$$\begin{aligned}\therefore (\sin\theta+\cos\theta)^2&=\sin^2\theta+2\sin\theta\cos\theta+\cos^2\theta\\&=1+2\sin\theta\cos\theta\\&=1+2\times\dfrac{1}{3}=\dfrac{5}{3}\end{aligned}$$

이때 θ가 제1사분면의 각이면 $\sin\theta>0$, $\cos\theta>0$이므로

$\sin\theta+\cos\theta>0$

$$\therefore \sin\theta+\cos\theta=\sqrt{\dfrac{5}{3}}=\dfrac{\sqrt{15}}{3}$$

$$\therefore \dfrac{1}{\sin\theta}+\dfrac{1}{\cos\theta}=\dfrac{\sin\theta+\cos\theta}{\sin\theta\cos\theta}=\dfrac{\dfrac{\sqrt{15}}{3}}{\dfrac{1}{3}}=\sqrt{15}$$

0634 답 $5-3\sqrt{2}$

이차방정식의 근과 계수의 관계에 의하여

$$\sin\theta+\cos\theta=-k \quad \cdots\cdots \ \textcircled{\scriptsize ㄱ}$$

$$\sin\theta\cos\theta=-k \quad \cdots\cdots \ \textcircled{\scriptsize ㄴ}$$

$\textcircled{\scriptsize ㄱ}$의 양변을 제곱하면

$$(\sin\theta+\cos\theta)^2=(-k)^2$$

$$\sin^2\theta+2\sin\theta\cos\theta+\cos^2\theta=k^2$$

$$1+2\sin\theta\cos\theta=k^2$$

이 식에 $\textcircled{\scriptsize ㄴ}$을 대입하면

$$1+2\times(-k)=k^2$$

$$k^2+2k-1=0 \qquad \therefore k=-1+\sqrt{2} \ (\because k>0)$$

이때

$$\begin{aligned}(\sin\theta-\cos\theta)^2&=(\sin\theta+\cos\theta)^2-4\sin\theta\cos\theta\\&=(-k)^2-4\times(-k) \ (\because \textcircled{\scriptsize ㄱ}, \textcircled{\scriptsize ㄴ})\\&=k^2+4k\\&=(-1+\sqrt{2})^2+4\times(-1+\sqrt{2})\\&=-1+2\sqrt{2}\end{aligned}$$

이므로

$$\begin{aligned}k(\sin\theta-\cos\theta)^2&=(-1+\sqrt{2})\times(-1+2\sqrt{2})\\&=5-3\sqrt{2}\end{aligned}$$

0635 답 504 m²

$\angle \text{AOB}=\theta$, $\overline{\text{OA}}=r$ m라 하면

부채꼴 OAB에서 호 AB의 길이는 40 m이므로

$$40=r\theta \quad \cdots\cdots \ \textcircled{\scriptsize ㄱ}$$

부채꼴 OCD에서 호 CD의 길이는 16 m이므로

$$16=(r-18)\theta$$

$$16=r\theta-18\theta$$

이 식에 $\textcircled{\scriptsize ㄱ}$을 대입하면

$$16=40-18\theta$$

$$18\theta=24 \qquad \therefore \theta=\dfrac{4}{3} \qquad \cdots\cdots \ \textbf{i}$$

이를 $\textcircled{\scriptsize ㄱ}$에 대입하면

$$40=\dfrac{4}{3}r \qquad \therefore r=30 \qquad \cdots\cdots \ \textbf{ii}$$

따라서 도형 ABDC의 넓이는

$$\dfrac{1}{2}\times30\times40-\dfrac{1}{2}\times(30-18)\times16=504(\text{m}^2) \quad \cdots\cdots \ \textbf{iii}$$

채점 기준	
i 부채꼴의 중심각의 크기 구하기	50 %
ii 부채꼴 OAB의 반지름의 길이 구하기	20 %
iii 도형 ABDC의 넓이 구하기	30 %

0636 답 $-\sqrt{3}$

$\dfrac{1+\cos\theta}{1-\cos\theta}=3$에서 $1+\cos\theta=3(1-\cos\theta)$

$$4\cos\theta=2 \qquad \therefore \cos\theta=\dfrac{1}{2} \qquad \cdots\cdots \ \textbf{i}$$

$\sin^2\theta+\cos^2\theta=1$이므로

$$\sin^2\theta=1-\cos^2\theta=1-\left(\dfrac{1}{2}\right)^2=\dfrac{3}{4}$$

이때 θ가 제4사분면의 각이므로 $\sin\theta<0$

$$\therefore \sin\theta=-\sqrt{\dfrac{3}{4}}=-\dfrac{\sqrt{3}}{2} \qquad \cdots\cdots \ \textbf{ii}$$

$$\therefore \tan\theta=\dfrac{\sin\theta}{\cos\theta}=\dfrac{-\dfrac{\sqrt{3}}{2}}{\dfrac{1}{2}}=-\sqrt{3} \qquad \cdots\cdots \ \textbf{iii}$$

채점 기준	
i $\cos\theta$의 값 구하기	40 %
ii $\sin\theta$의 값 구하기	40 %
iii $\tan\theta$의 값 구하기	20 %

0637 답 1

이차방정식 $4x^2+3x-9=0$의 두 근이 $\dfrac{1}{\sin\theta}$, $\dfrac{1}{\cos\theta}$이므로 이차

방정식의 근과 계수의 관계에 의하여

$$\dfrac{1}{\sin\theta}+\dfrac{1}{\cos\theta}=-\dfrac{3}{4} \qquad \cdots\cdots \ \textcircled{\scriptsize ㄱ}$$

$$\dfrac{1}{\sin\theta}\times\dfrac{1}{\cos\theta}=-\dfrac{9}{4} \qquad \cdots\cdots \ \textcircled{\scriptsize ㄴ} \qquad \cdots\cdots \ \textbf{i}$$

$\textcircled{\scriptsize ㄱ}$에서 $\dfrac{\sin\theta+\cos\theta}{\sin\theta\cos\theta}=-\dfrac{3}{4}$

이 식에 $\textcircled{\scriptsize ㄴ}$을 대입하면

$$(\sin\theta+\cos\theta)\times\left(-\dfrac{9}{4}\right)=-\dfrac{3}{4} \qquad \therefore \sin\theta+\cos\theta=\dfrac{1}{3}$$

또 ㉡에서 $\dfrac{1}{\sin\theta\cos\theta}=-\dfrac{9}{4}$이므로

$\sin\theta\cos\theta=-\dfrac{4}{9}$ ...... ⅱ

한편 이차방정식 $9x^2+ax-b=0$의 두 근이 $\sin\theta$, $\cos\theta$이므로 이 차방정식의 근과 계수의 관계에 의하여

$\sin\theta+\cos\theta=-\dfrac{a}{9}$, $\sin\theta\cos\theta=-\dfrac{b}{9}$ ...... ⅲ

따라서 $-\dfrac{a}{9}=\dfrac{1}{3}$, $-\dfrac{b}{9}=-\dfrac{4}{9}$이므로 $a=-3$, $b=4$

$\therefore a+b=-3+4=1$ ...... ⅳ

채점 기준

ⅰ 이차방정식 $4x^2+3x-9=0$에서 근과 계수의 관계를 이용하여 $\dfrac{1}{\sin\theta}+\dfrac{1}{\cos\theta}$, $\dfrac{1}{\sin\theta}\times\dfrac{1}{\cos\theta}$의 값 구하기	20 %	
ⅱ $\sin\theta+\cos\theta$, $\sin\theta\cos\theta$의 값 구하기	40 %	
ⅲ 이차방정식 $9x^2+ax-b=0$에서 근과 계수의 관계를 이용하여 $\sin\theta+\cos\theta$, $\sin\theta\cos\theta$의 식 구하기	20 %	
ⅳ ⅱ, ⅲ에서 구한 식이 같음을 이용하여 a, b의 값을 구한 후 $a+b$의 값 구하기	20 %	

C 실력 향상

99쪽

0638 답 $\dfrac{7}{8}\pi$

두 각 θ, 15θ가 모두 제1사분면의 각이고,
$\sin\theta=\cos15\theta$가 성립하므로 두 각 θ, 15θ를 나타내는 동경은 직선 $y=x$에 대하여 대칭이다.

$\theta+15\theta=2n\pi+\dfrac{\pi}{2}$ (단, n은 정수)

$16\theta=2n\pi+\dfrac{\pi}{2}$ $\quad\therefore\ \theta=\dfrac{n}{8}\pi+\dfrac{\pi}{32}$ ...... ㉠

$0<\theta<\dfrac{\pi}{2}$에서 $0<\dfrac{n}{8}\pi+\dfrac{\pi}{32}<\dfrac{\pi}{2}$

$\therefore -\dfrac{1}{4}<n<\dfrac{15}{4}$

이때 n은 정수이므로
$n=0$ 또는 $n=1$ 또는 $n=2$ 또는 $n=3$

이를 ㉠에 대입하면

$\theta=\dfrac{\pi}{32}$ 또는 $\theta=\dfrac{5}{32}\pi$ 또는 $\theta=\dfrac{9}{32}\pi$ 또는 $\theta=\dfrac{13}{32}\pi$

따라서 구하는 합은 $\dfrac{\pi}{32}+\dfrac{5}{32}\pi+\dfrac{9}{32}\pi+\dfrac{13}{32}\pi=\dfrac{7}{8}\pi$

0639 답 ①

원 C의 반지름의 길이를 r, $\angle OPA=\theta$라 하자.
점 Q가 선분 OP의 중점이므로 $\overline{OP}=2r$
삼각형 OAP에서 $\angle OAP=\dfrac{\pi}{2}$이므로

$\sin\theta=\dfrac{\overline{OA}}{\overline{OP}}=\dfrac{r}{2r}=\dfrac{1}{2}$

이때 $0<\theta<\dfrac{\pi}{2}$이므로 $\theta=\dfrac{\pi}{6}$ $\quad\therefore\ \angle APB=2\theta=2\times\dfrac{\pi}{6}=\dfrac{\pi}{3}$

즉, $\overline{PA}=\overline{PB}$이고, $\angle APB=\dfrac{\pi}{3}$이므로 삼각형 APB는 정삼각형이다.

삼각형 APB의 둘레의 길이가 $6\sqrt{2}$이므로
$\overline{PA}=\overline{PB}=2\sqrt{2}$

$\overline{OA}=\overline{PA}\tan\dfrac{\pi}{6}=2\sqrt{2}\times\dfrac{\sqrt{3}}{3}=\dfrac{2\sqrt{6}}{3}$

$\therefore r=\dfrac{2\sqrt{6}}{3}$

한편 $\angle AOB=\pi-\dfrac{\pi}{3}=\dfrac{2}{3}\pi$이므로 부채꼴 OAB의 넓이는

$\dfrac{1}{2}\times\left(\dfrac{2\sqrt{6}}{3}\right)^2\times\dfrac{2}{3}\pi=\dfrac{8}{9}\pi$

또 직각삼각형 OAP의 넓이는

$\dfrac{1}{2}\times2\sqrt{2}\times\dfrac{2\sqrt{6}}{3}=\dfrac{4\sqrt{3}}{3}$

따라서 구하는 넓이는 삼각형 OAP의 넓이를 2배 한 것에서 부채꼴 OAB의 넓이를 뺀 것과 같으므로

$\dfrac{4\sqrt{3}}{3}\times2-\dfrac{8}{9}\pi=\dfrac{8\sqrt{3}}{3}-\dfrac{8}{9}\pi$

0640 답 -1

점 A의 x좌표를 $k\,(k>0)$라 하면 점 B의 x좌표는 $-k$이므로
A$(k,\ 1)$, B$(-k,\ 1)$

$\therefore \sin\alpha=\dfrac{1}{r}$, $\cos\beta=-\dfrac{k}{r}$

$\sin\alpha+\cos\beta=0$에서 $\dfrac{1}{r}+\left(-\dfrac{k}{r}\right)=0$

$\dfrac{1-k}{r}=0$

$\therefore k=1$

이때 점 A$(1,\ 1)$은 원 $x^2+y^2=r^2$ 위의 점이므로
$r^2=1^2+1^2=2$

$\therefore r=\sqrt{2}\ (\because r>0)$

$\therefore 2\sin\alpha\cos\beta=2\times\dfrac{1}{\sqrt{2}}\times\left(-\dfrac{1}{\sqrt{2}}\right)=-1$

0641 답 $-\dfrac{\sqrt{15}}{16}$

$\dfrac{1-2\sin\theta\cos\theta}{\cos\theta-\sin\theta}+\dfrac{1+2\sin\theta\cos\theta}{\cos\theta+\sin\theta}$

$=\dfrac{\cos^2\theta-2\sin\theta\cos\theta+\sin^2\theta}{\cos\theta-\sin\theta}+\dfrac{\cos^2\theta+2\sin\theta\cos\theta+\sin^2\theta}{\cos\theta+\sin\theta}$

$=\dfrac{(\cos\theta-\sin\theta)^2}{\cos\theta-\sin\theta}+\dfrac{(\cos\theta+\sin\theta)^2}{\cos\theta+\sin\theta}$

$=\cos\theta-\sin\theta+\cos\theta+\sin\theta$

$=2\cos\theta$

즉, $2\cos\theta=\dfrac{1}{2}$이므로 $\cos\theta=\dfrac{1}{4}$

$\sin^2\theta+\cos^2\theta=1$이므로

$\sin^2\theta=1-\cos^2\theta=1-\left(\dfrac{1}{4}\right)^2=\dfrac{15}{16}$

이때 θ가 제4사분면의 각이므로 $\sin\theta<0$

$\therefore \sin\theta=-\sqrt{\dfrac{15}{16}}=-\dfrac{\sqrt{15}}{4}$

$\therefore \sin\theta\cos\theta=\left(-\dfrac{\sqrt{15}}{4}\right)\times\dfrac{1}{4}=-\dfrac{\sqrt{15}}{16}$

06 / 삼각함수의 그래프

A 개념 확인

100~103쪽

0642 답 3
함수 $f(x)$의 주기가 3이므로 모든 실수 x에 대하여
$f(x+3)=f(x)$
$\therefore f(13)=f(10)=f(7)=f(4)=f(1)=3$

0643 답 2
함수 $f(x)$의 주기가 2이므로 모든 실수 x에 대하여
$f(x+2)=f(x)$
$\therefore f(7)=f(5)=f(3)=f(1)=1+1=2$

0644 답 (1) $\{y \mid -2 \le y \le 2\}$ (2) 2π (3) 원점
(1) $-1 \le \sin x \le 1$에서 $-2 \le 2\sin x \le 2$이므로 치역은
$\{y \mid -2 \le y \le 2\}$이다.
(2) $2\sin x = 2\sin(x+2\pi)$이므로 주기는 2π이다.

0645 답 (1) $\{y \mid -1 \le y \le 1\}$ (2) π (3) y축
(1) $-1 \le \cos 2x \le 1$이므로 치역은 $\{y \mid -1 \le y \le 1\}$이다.
(2) $\cos 2x = \cos(2x+2\pi) = \cos 2(x+\pi)$이므로 주기는 π이다.

0646 답 (1) 실수 전체의 집합 (2) 2π
　　　　(3) $x=(2n+1)\pi$ (4) 원점
(2) $\tan \dfrac{x}{2} = \tan\left(\dfrac{x}{2}+\pi\right) = \tan \dfrac{1}{2}(x+2\pi)$이므로 주기는 2π이다.
(3) 그래프의 점근선의 방정식은
$\dfrac{x}{2} = n\pi + \dfrac{\pi}{2}$에서 $x = 2n\pi + \pi = (2n+1)\pi$ (n은 정수)

0647 답 π
함수 $y=|\sin x|$의 그래프는 함수
$y=\sin x$의 그래프를 그린 후 $y \ge 0$인 부분은 그대로 두고, $y<0$인 부분을 x축에 대하여 대칭이동한 것이므로 오른쪽 그림과 같다.
따라서 함수 $y=|\sin x|$의 주기는 π이다.

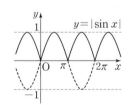

0648 답 2π
함수 $y=\cos|x|$의 그래프는 함수
$y=\cos x$의 그래프를 $x \ge 0$인 부분만 그린 후 $x<0$인 부분은 $x \ge 0$인 부분을 y축에 대하여 대칭이동하여 그린 것이므로 오른쪽 그림과 같다.
따라서 함수 $y=\cos|x|$의 주기는 2π이다.

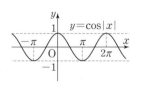

0649 답 π
함수 $y=|\tan x|$의 그래프는 함수
$y=\tan x$의 그래프를 그린 후 $y \ge 0$인 부분은 그대로 두고, $y<0$인 부분을 x축에 대하여 대칭이동한 것이므로 오른쪽 그림과 같다.
따라서 함수 $y=|\tan x|$의 주기는 π이다.

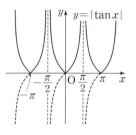

0650 답 최댓값: 1, 최솟값: −1, 주기: π,
　　　　그래프는 풀이 참조
최댓값은 1, 최솟값은 −1이고, 주기는 $\dfrac{2\pi}{|2|} = \pi$이므로 함수 $y=\sin 2x$의 그래프는 오른쪽 그림과 같다.

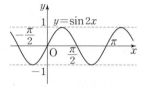

0651 답 최댓값: $\dfrac{1}{3}$, 최솟값: $-\dfrac{1}{3}$, 주기: 2π,
　　　　그래프는 풀이 참조
최댓값은 $\dfrac{1}{3}$, 최솟값은 $-\dfrac{1}{3}$이고, 주기는 2π이므로 함수 $y=-\dfrac{1}{3}\sin x$의 그래프는 오른쪽 그림과 같다.

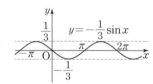

0652 답 최댓값: 3, 최솟값: −3, 주기: 2π,
　　　　그래프는 풀이 참조
최댓값은 3, 최솟값은 −3이고, 주기는 2π이므로 함수 $y=3\cos x$의 그래프는 오른쪽 그림과 같다.

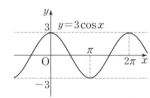

0653 답 최댓값: 1, 최솟값: −1, 주기: 8π,
　　　　그래프는 풀이 참조
최댓값은 1, 최솟값은 −1이고, 주기는 $\dfrac{2\pi}{\left|\frac{1}{4}\right|} = 8\pi$이므로 함수 $y=\cos \dfrac{x}{4}$의 그래프는 오른쪽 그림과 같다.

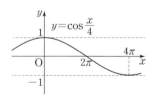

0654 답 주기: π, 점근선의 방정식: $x=n\pi+\dfrac{\pi}{2}$ (n은 정수),
　　　　그래프는 풀이 참조
주기는 π이고, 그래프의 점근선의 방정식은 $x=n\pi+\dfrac{\pi}{2}$ (n은 정수)이므로 함수 $y=-2\tan x$의 그래프는 오른쪽 그림과 같다.

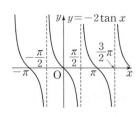

0655
답 주기: $\dfrac{\pi}{2}$, 점근선의 방정식: $x=\dfrac{2n+1}{4}\pi$ (n은 정수),
그래프는 풀이 참조

주기는 $\dfrac{\pi}{|2|}=\dfrac{\pi}{2}$이고, 그래프의 점
근선의 방정식은 $2x=n\pi+\dfrac{\pi}{2}$에서
$x=\dfrac{n}{2}\pi+\dfrac{\pi}{4}=\dfrac{2n+1}{4}\pi$ (n은 정수)
따라서 함수 $y=\tan 2x$의 그래프는
오른쪽 그림과 같다.

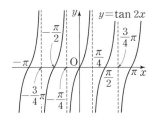

0656
답 최댓값: 1, 최솟값: -3, 주기: 2π

최댓값은 $|2|-1=1$, 최솟값은 $-|2|-1=-3$이고, 주기는 2π이
다.

0657
답 최댓값: 4, 최솟값: 2, 주기: π

$y=-\cos(2x-\pi)+3=-\cos 2\left(x-\dfrac{\pi}{2}\right)+3$

최댓값은 $|-1|+3=4$, 최솟값은 $-|-1|+3=2$이고, 주기는
$\dfrac{2\pi}{|2|}=\pi$이다.

0658
답 최댓값: 없다., 최솟값: 없다., 주기: $\dfrac{\pi}{2}$

$y=3\tan\left(2x+\dfrac{\pi}{2}\right)-4=3\tan 2\left(x+\dfrac{\pi}{4}\right)-4$

최댓값, 최솟값은 없고, 주기는 $\dfrac{\pi}{|2|}=\dfrac{\pi}{2}$이다.

0659
답 $\dfrac{\sqrt{3}}{2}$

$\sin\dfrac{7}{3}\pi=\sin\left(2\pi+\dfrac{\pi}{3}\right)=\sin\dfrac{\pi}{3}=\dfrac{\sqrt{3}}{2}$

0660
답 $\dfrac{\sqrt{3}}{2}$

$\cos 750°=\cos(360°\times 2+30°)=\cos 30°=\dfrac{\sqrt{3}}{2}$

0661
답 1

$\tan\dfrac{9}{4}\pi=\tan\left(2\pi+\dfrac{\pi}{4}\right)=\tan\dfrac{\pi}{4}=1$

0662
답 $-\dfrac{\sqrt{2}}{2}$

$\sin(-45°)=-\sin 45°=-\dfrac{\sqrt{2}}{2}$

0663
답 $\dfrac{1}{2}$

$\cos\left(-\dfrac{\pi}{3}\right)=\cos\dfrac{\pi}{3}=\dfrac{1}{2}$

0664
답 $-\dfrac{\sqrt{3}}{3}$

$\tan\left(-\dfrac{\pi}{6}\right)=-\tan\dfrac{\pi}{6}=-\dfrac{\sqrt{3}}{3}$

0665
답 $-\dfrac{1}{2}$

$\sin\dfrac{7}{6}\pi=\sin\left(\pi+\dfrac{\pi}{6}\right)=-\sin\dfrac{\pi}{6}=-\dfrac{1}{2}$

0666
답 $-\dfrac{\sqrt{2}}{2}$

$\cos\dfrac{5}{4}\pi=\cos\left(\pi+\dfrac{\pi}{4}\right)=-\cos\dfrac{\pi}{4}=-\dfrac{\sqrt{2}}{2}$

0667
답 $\sqrt{3}$

$\tan 240°=\tan(180°+60°)=\tan 60°=\sqrt{3}$

0668
답 $\dfrac{\sqrt{3}}{2}$

$\sin\dfrac{2}{3}\pi=\sin\left(\pi-\dfrac{\pi}{3}\right)=\sin\dfrac{\pi}{3}=\dfrac{\sqrt{3}}{2}$

0669
답 $-\dfrac{\sqrt{3}}{2}$

$\cos\dfrac{5}{6}\pi=\cos\left(\pi-\dfrac{\pi}{6}\right)=-\cos\dfrac{\pi}{6}=-\dfrac{\sqrt{3}}{2}$

0670
답 -1

$\tan\dfrac{3}{4}\pi=\tan\left(\pi-\dfrac{\pi}{4}\right)=-\tan\dfrac{\pi}{4}=-1$

0671
답 -0.9659

$\sin(-105°)=-\sin 105°=-\sin(90°+15°)=-\cos 15°$
$\qquad\qquad=-0.9659$

0672
답 -0.9563

$\cos 197°=\cos(180°+17°)=-\cos 17°=-0.9563$

0673
답 0.2867

$\tan 376°=\tan(360°+16°)=\tan 16°=0.2867$

0674
답 $x=\dfrac{7}{6}\pi$ 또는 $x=\dfrac{11}{6}\pi$

오른쪽 그림과 같이 $0\le x<2\pi$에서
함수 $y=\sin x$의 그래프와 직선
$y=-\dfrac{1}{2}$의 교점의 x좌표는 $\dfrac{7}{6}\pi$,
$\dfrac{11}{6}\pi$이므로 주어진 방정식의 해는
$x=\dfrac{7}{6}\pi$ 또는 $x=\dfrac{11}{6}\pi$

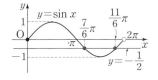

0675
답 $x=\dfrac{\pi}{3}$ 또는 $x=\dfrac{\pi}{2}$ 또는 $x=\dfrac{3}{2}\pi$ 또는 $x=\dfrac{5}{3}\pi$

$2\cos^2 x-\cos x=0$에서
$\cos x(2\cos x-1)=0$
$\therefore \cos x=0$ 또는 $\cos x=\dfrac{1}{2}$

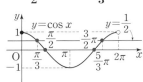

(i) $\cos x=0$일 때, $x=\dfrac{\pi}{2}$ 또는 $x=\dfrac{3}{2}\pi$

(ii) $\cos x=\dfrac{1}{2}$일 때, $x=\dfrac{\pi}{3}$ 또는 $x=\dfrac{5}{3}\pi$

(i), (ii)에서 주어진 방정식의 해는
$x=\dfrac{\pi}{3}$ 또는 $x=\dfrac{\pi}{2}$ 또는 $x=\dfrac{3}{2}\pi$ 또는 $x=\dfrac{5}{3}\pi$

0676 답 $0 \leq x \leq \dfrac{\pi}{6}$ 또는 $\dfrac{5}{6}\pi \leq x < 2\pi$

오른쪽 그림과 같이 $0 \leq x < 2\pi$에서
부등식 $\cos x \geq \dfrac{\sqrt{3}}{2}$의 해는 함수

$y=\cos x$의 그래프가 직선 $y=\dfrac{\sqrt{3}}{2}$

과 만나거나 위쪽에 있는 x의 값의

범위와 같으므로

$0 \leq x \leq \dfrac{\pi}{6}$ 또는 $\dfrac{5}{6}\pi \leq x < 2\pi$

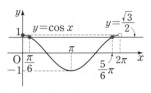

0677 답 $\dfrac{7}{6}\pi < x < \dfrac{11}{6}\pi$

$2\sin^2 x + 5\sin x + 2 < 0$에서 $(2\sin x + 1)(\sin x + 2) < 0$

그런데 $\sin x + 2 > 0$이므로

$2\sin x + 1 < 0$ $\quad \therefore \sin x < -\dfrac{1}{2}$

따라서 오른쪽 그림에서 주어진 부
등식의 해는

$\dfrac{7}{6}\pi < x < \dfrac{11}{6}\pi$

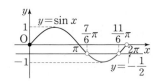

B 유형 완성

104~117쪽

0678 답 ⑤

함수 $f(x)$의 주기가 p이므로 모든 실수 x에 대하여

$f(x+p) = f(x)$

$\therefore f(p) = f(0) = \sin 0 + \cos 0 + \tan 0 = 1$

0679 답 ③

모든 실수 x에 대하여 $f(x+2) = f(x)$이므로

$f(102) = f(100) = f(98) = \cdots = f(0) = 1$

$f(101) = f(99) = f(97) = \cdots = f(1) = 3$

$\therefore f(100) + f(101) + f(102) = 1 + 3 + 1 = 5$

0680 답 $\dfrac{\sqrt{3}}{2}$

모든 실수 x에 대하여 $f\left(x+\dfrac{\pi}{2}\right) = f\left(x-\dfrac{\pi}{2}\right)$이므로 이 식의 양변

에 x 대신 $x+\dfrac{\pi}{2}$를 대입하면

$f(x+\pi) = f(x)$

따라서 함수 $f(x)$는 주기가 π인 주기함수이므로

$f\left(\dfrac{22}{3}\pi\right) = f\left(\dfrac{19}{3}\pi\right) = f\left(\dfrac{16}{3}\pi\right) = \cdots = f\left(\dfrac{\pi}{3}\right)$

$\quad = \cos\left(\dfrac{1}{2} \times \dfrac{\pi}{3}\right) = \cos\dfrac{\pi}{6} = \dfrac{\sqrt{3}}{2}$

0681 답 ④

$\dfrac{5}{6}\pi < 3 < \pi$이므로 오른쪽 그림에서

$\cos 3 < \tan 3 < \sin 3$

$\therefore B < C < A$

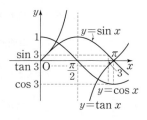

0682 답 ⑤

$0 < x < \dfrac{\pi}{2}$에서 x의 값이 증가하면 $\sin x$의 값도 증가하고,

$\dfrac{\pi}{2} < x < \pi$에서 x의 값이 증가하면 $\sin x$의 값은 감소한다.

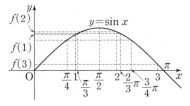

$\dfrac{\pi}{4} < 1 < \dfrac{\pi}{3}$이므로 $\dfrac{\sqrt{2}}{2} < \sin 1 < \dfrac{\sqrt{3}}{2}$

$\dfrac{\pi}{2} < 2 < \dfrac{2}{3}\pi$이므로 $\dfrac{\sqrt{3}}{2} < \sin 2 < 1$

$\dfrac{3}{4}\pi < 3 < \pi$이므로 $0 < \sin 3 < \dfrac{\sqrt{2}}{2}$

따라서 $\sin 3 < \sin 1 < \sin 2$이므로 $f(3) < f(1) < f(2)$

0683 답 ㄴ, ㄷ

$\dfrac{\pi}{4} < x < \dfrac{\pi}{2}$에서 세 함수 $y=\sin x$,

$y=\cos x$, $y=\tan x$의 그래프는 오른
쪽 그림과 같으므로

$\cos x < \sin x < \tan x$

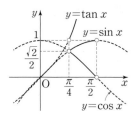

ㄱ. $\cos x - \sin x < 0$

ㄴ. $\sin x - \tan x < 0$

ㄷ. $\tan x - \cos x > 0$

따라서 보기에서 옳은 것은 ㄴ, ㄷ이다.

0684 답 ②

ㄱ. 주기는 $\dfrac{2\pi}{|2|} = \pi$이므로 모든 실수 x에 대하여 $f(x+\pi) = f(x)$

ㄴ. 최댓값은 $|-1|-1 = 0$, 최솟값은 $-|-1|-1 = -2$이므로

$-2 \leq f(x) \leq 0$

ㄷ. 함수 $f(x) = -\sin\left(2x - \dfrac{\pi}{2}\right) - 1 = -\sin 2\left(x - \dfrac{\pi}{4}\right) - 1$의 그

래프는 함수 $y=\sin 2x$의 그래프를 x축에 대하여 대칭이동한 후

x축의 방향으로 $\dfrac{\pi}{4}$만큼, y축의 방향으로 -1만큼 평행이동한

것이다.

ㄹ. 함수 $f(x) = -\sin\left(2x - \dfrac{\pi}{2}\right) - 1$의 그

래프는 오른쪽 그림과 같으므로

$0 \leq x \leq \dfrac{\pi}{2}$에서 x의 값이 증가하면 $f(x)$

의 값은 감소한다.

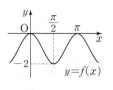

따라서 보기에서 옳은 것은 ㄱ, ㄷ이다.

0685 답 4

$y = 3\sin\left(\pi x - \dfrac{1}{2}\right) + 1 = 3\sin\pi\left(x - \dfrac{1}{2\pi}\right) + 1$

$p = \dfrac{2\pi}{|\pi|} = 2,\ M = |3| + 1 = 4,\ m = -|3| + 1 = -2$

$\therefore p + M + m = 2 + 4 + (-2) = 4$

0686 답 ③

① 함수 $y = \sin(2x - \pi) = \sin 2\left(x - \dfrac{\pi}{2}\right)$의 그래프는 함수

$y = \sin 2x$의 그래프를 x축의 방향으로 $\dfrac{\pi}{2}$만큼 평행이동한 것이다.

② 함수 $y = \sin 2x + 1$의 그래프는 함수 $y = \sin 2x$의 그래프를 y축의 방향으로 1만큼 평행이동한 것이다.

③ 함수 $y = 2\sin x + 3$의 그래프는 함수 $y = \sin x$의 그래프를 y축의 방향으로 2배 한 후 y축의 방향으로 3만큼 평행이동한 것이다.

④ 함수 $y = -\sin 2x$의 그래프는 함수 $y = \sin 2x$의 그래프를 x축에 대하여 대칭이동한 것이다.

⑤ 함수 $y = -\sin(2x + 2) - 4 = -\sin 2(x + 1) - 4$의 그래프는 함수 $y = \sin 2x$의 그래프를 x축에 대하여 대칭이동한 후 x축의 방향으로 -1만큼, y축의 방향으로 -4만큼 평행이동한 것이다.

따라서 함수 $y = \sin 2x$의 그래프를 평행이동 또는 대칭이동하여 겹쳐지지 않는 것은 ③이다.

0687 답 ㄱ, ㄴ, ㄹ

ㄱ. 최댓값은 $|2| - 3 = -1$, 최솟값은 $-|2| - 3 = -5$이다.

ㄴ. 주기가 $\dfrac{2\pi}{|4|} = \dfrac{\pi}{2}$이므로 모든 실수 x에 대하여 $f\left(x + \dfrac{\pi}{2}\right) = f(x)$

ㄷ. $f\left(\dfrac{\pi}{3}\right) = 2\cos\left(\dfrac{4}{3}\pi - \pi\right) - 3 = 2\cos\dfrac{\pi}{3} - 3 = 2 \times \dfrac{1}{2} - 3 = -2$

즉, 그래프는 점 $\left(\dfrac{\pi}{3},\ -2\right)$를 지난다.

ㄹ. 함수 $f(x) = 2\cos(4x - \pi) - 3 = 2\cos 4\left(x - \dfrac{\pi}{4}\right) - 3$의 그래프는 직선 $x = \dfrac{\pi}{4}$에 대하여 대칭이다.

따라서 보기에서 옳은 것은 ㄱ, ㄴ, ㄹ이다.

0688 답 36

$y = -4\cos\left(\dfrac{\pi}{2}x - 3\right) + 5 = -4\cos\dfrac{\pi}{2}\left(x - \dfrac{6}{\pi}\right) + 5$

$p = \dfrac{2\pi}{\left|\dfrac{\pi}{2}\right|} = 4,\ M = |-4| + 5 = 9,\ m = -|-4| + 5 = 1$

$\therefore pMm = 4 \times 9 \times 1 = 36$

0689 답 $\dfrac{4}{3}\pi$

함수 $y = \cos 2x - 3$의 그래프를 x축에 대하여 대칭이동한 그래프의 식은

$-y = \cos 2x - 3 \qquad \therefore y = -\cos 2x + 3 \qquad \cdots\cdots$ ❶

이 함수의 그래프를 x축의 방향으로 $-\dfrac{\pi}{3}$만큼, y축의 방향으로 a만큼 평행이동한 그래프의 식은

$y = -\cos 2\left(x + \dfrac{\pi}{3}\right) + 3 + a = -\cos\left(2x + \dfrac{2}{3}\pi\right) + 3 + a \quad \cdots\cdots$ ❷

이 식이 $y = -\cos(2x + b) + 5$와 일치하므로

$5 = 3 + a,\ b = \dfrac{2}{3}\pi \qquad \therefore a = 2 \qquad \cdots\cdots$ ❸

$\therefore ab = \dfrac{4}{3}\pi \qquad\qquad\qquad\qquad\qquad\quad \cdots\cdots$ ❹

채점 기준

❶	대칭이동한 그래프의 식 구하기	30 %
❷	평행이동한 그래프의 식 구하기	30 %
❸	a, b의 값 구하기	20 %
❹	ab의 값 구하기	20 %

0690 답 ④

① 주기가 $\dfrac{\pi}{|2|} = \dfrac{\pi}{2}$인 주기함수이다.

② 최댓값과 최솟값은 없다.

③ 그래프는 원점을 지나지 않는다.

④ 그래프의 점근선의 방정식은

$2x - \dfrac{\pi}{4} = n\pi + \dfrac{\pi}{2}$에서 $x = \dfrac{n}{2}\pi + \dfrac{3}{8}\pi$ (n은 정수)

⑤ 함수 $y = 4\tan\left(2x - \dfrac{\pi}{4}\right) = 4\tan 2\left(x - \dfrac{\pi}{8}\right)$의 그래프는 함수 $y = 4\tan 2x$의 그래프를 x축의 방향으로 $\dfrac{\pi}{8}$만큼 평행이동한 것이다.

따라서 옳은 것은 ④이다.

0691 답 ⑤

함수 $y = \tan\dfrac{1}{3}\left(x + \dfrac{2}{3}\pi\right)$의 주기는 $\dfrac{\pi}{\left|\dfrac{1}{3}\right|} = 3\pi$이다.

주어진 함수의 주기를 각각 구해 보면 다음과 같다.

① $\dfrac{2\pi}{\left|\dfrac{1}{2}\right|} = 4\pi$ ② $\dfrac{2\pi}{|2|} = \pi$ ③ $\dfrac{\pi}{|1|} = \pi$

④ $\dfrac{2\pi}{|1|} = 2\pi$ ⑤ $\dfrac{2\pi}{\left|\dfrac{2}{3}\right|} = 3\pi$

따라서 함수 $y = \tan\dfrac{1}{3}\left(x + \dfrac{2}{3}\pi\right)$와 주기가 같은 함수는 ⑤이다.

0692 답 ③

$y = 2\tan\left(\dfrac{\pi}{2}x - \pi\right) - 3 = 2\tan\dfrac{\pi}{2}(x - 2) - 3$

주기는 $\dfrac{\pi}{\left|\dfrac{\pi}{2}\right|} = 2$

또 그래프의 점근선의 방정식은 $\dfrac{\pi}{2}x - \pi = n\pi + \dfrac{\pi}{2}$에서

$\dfrac{\pi}{2}x = n\pi + \dfrac{3}{2}\pi \qquad \therefore x = 2n + 1$ (단, n은 정수)

0693 답 $\dfrac{5}{2}$

최솟값이 -6이고 $a > 0$이므로

$-a + c = -6 \qquad\qquad\qquad\qquad \cdots\cdots$ ㉠

또 주기가 4π이고 $b > 0$이므로

$\dfrac{2\pi}{b} = 4\pi \qquad \therefore b = \dfrac{1}{2}$

즉, $f(x)=a\sin\left(\dfrac{x}{2}-\dfrac{\pi}{3}\right)+c$이고 $f(\pi)=0$이므로

$a\sin\dfrac{\pi}{6}+c=0$ $\quad\therefore\dfrac{a}{2}+c=0$ ...... ㉡

㉠, ㉡을 연립하여 풀면 $a=4$, $c=-2$

$\therefore a+b+c=4+\dfrac{1}{2}+(-2)=\dfrac{5}{2}$

0694 답 2π

주기가 2π이고 $a>0$이므로

$\dfrac{\pi}{a}=2\pi$ $\quad\therefore a=\dfrac{1}{2}$

따라서 함수 $y=-\tan\left(\dfrac{x}{2}-b\right)+1$의 그래프의 점근선의 방정식은

$\dfrac{x}{2}-b=n\pi+\dfrac{\pi}{2}$에서

$\dfrac{x}{2}=n\pi+\dfrac{\pi}{2}+b$ $\quad\therefore x=2n\pi+\pi+2b$ (단, n은 정수)

이 방정식이 $x=2n\pi$와 일치하므로 $\pi+2b=2k\pi$ (k는 정수)

이때 $0<b<\pi$이므로 $b=\dfrac{\pi}{2}$

$\therefore 8ab=8\times\dfrac{1}{2}\times\dfrac{\pi}{2}=2\pi$

0695 답 ⑤

㈎에서 주기가 π이고 $b>0$이므로

$\dfrac{2\pi}{b}=\pi$ $\quad\therefore b=2$

㈏에서 $a>0$이므로 $a+c=3$, $-a+c=1$

두 식을 연립하여 풀면 $a=1$, $c=2$

따라서 $f(x)=\cos 2\left(x+\dfrac{\pi}{2}\right)+2$이므로

$f\left(\dfrac{\pi}{2}\right)=\cos 2\pi+2=1+2=3$

0696 답 2π

주어진 그래프에서 함수의 최댓값이 2, 최솟값이 -2이고 $a>0$이므로 $a=2$

또 주기가 $\dfrac{3}{4}\pi-\left(-\dfrac{\pi}{4}\right)=\pi$이고 $b>0$이므로

$\dfrac{2\pi}{b}=\pi$ $\quad\therefore b=2$

따라서 주어진 함수는 $y=2\cos(2x-c)$이고 그래프가 원점을 지나므로

$0=2\cos(-c)$ $\quad\therefore \cos(-c)=0$

이때 $0<c<\pi$에서 $-\pi<-c<0$이므로

$-c=-\dfrac{\pi}{2}$ $\quad\therefore c=\dfrac{\pi}{2}$

$\therefore abc=2\times2\times\dfrac{\pi}{2}=2\pi$

0697 답 -6

주어진 그래프에서 함수의 최댓값이 2, 최솟값이 -4이고 $a>0$이므로

$a+c=2$, $-a+c=-4$

두 식을 연립하여 풀면 $a=3$, $c=-1$ ...... ❶

또 주기가 $\dfrac{17}{4}\pi-\dfrac{\pi}{4}=4\pi$이고 $b>0$이므로

$\dfrac{2\pi}{b}=4\pi$ $\quad\therefore b=\dfrac{1}{2}$ ...... ❷

$\therefore 4abc=4\times3\times\dfrac{1}{2}\times(-1)=-6$ ...... ❸

0698 답 2π

주어진 그래프에서 함수의 주기가 $\dfrac{5}{4}\pi-\dfrac{\pi}{2}=\dfrac{3}{4}\pi$이고 $a>0$이므로

$\dfrac{\pi}{a}=\dfrac{3}{4}\pi$ $\quad\therefore a=\dfrac{4}{3}$

따라서 주어진 함수는 $y=\tan\left(\dfrac{4}{3}x-b\right)$이고 그래프가 점 $\left(\dfrac{\pi}{8},\ 0\right)$

을 지나므로 $0=\tan\left(\dfrac{\pi}{6}-b\right)$

이때 $0<b<\dfrac{\pi}{2}$에서 $-\dfrac{\pi}{3}<\dfrac{\pi}{6}-b<\dfrac{\pi}{6}$이므로

$\dfrac{\pi}{6}-b=0$ $\quad\therefore b=\dfrac{\pi}{6}$

$\therefore 9ab=9\times\dfrac{4}{3}\times\dfrac{\pi}{6}=2\pi$

0699 답 $-\dfrac{4}{3}\pi$

함수 $y=\tan x$의 그래프가 점 $\left(\dfrac{\pi}{4},\ d\right)$를 지나므로

$d=\tan\dfrac{\pi}{4}=1$

함수 $y=a\sin(bx+c)$의 최댓값이 2, 최솟값이 -2이고 $a>0$이므로 $a=2$

또 주기가 $\dfrac{7}{6}\pi-\dfrac{\pi}{6}=\pi$이고 $b>0$이므로

$\dfrac{2\pi}{b}=\pi$ $\quad\therefore b=2$

따라서 주어진 함수는 $y=2\sin(2x+c)$이고 그래프가 점 $\left(\dfrac{\pi}{4},\ 1\right)$

을 지나므로

$1=2\sin\left(\dfrac{\pi}{2}+c\right)$ $\quad\therefore \sin\left(\dfrac{\pi}{2}+c\right)=\dfrac{1}{2}$

이때 $-\dfrac{\pi}{2}<c\le0$에서 $0<\dfrac{\pi}{2}+c\le\dfrac{\pi}{2}$이므로

$\dfrac{\pi}{2}+c=\dfrac{\pi}{6}$ $\quad\therefore c=-\dfrac{\pi}{3}$

$\therefore abcd=2\times2\times\left(-\dfrac{\pi}{3}\right)\times1=-\dfrac{4}{3}\pi$

0700 답 2π

함수 $y=\left|\sin\left(x+\dfrac{\pi}{2}\right)\right|-2$의 그래프는 다음 그림과 같다.

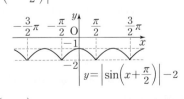

즉, $a=\dfrac{\pi}{2}-\left(-\dfrac{\pi}{2}\right)=\pi$, $M=-1$, $m=-2$이므로

$aMm=2\pi$

0701 답 ⑤

함수 $y=\tan|x|$의 그래프는 오른쪽 그림과 같다.

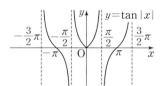

⑤ 그래프의 점근선은 직선

$x=n\pi+\dfrac{\pi}{2}$ (n은 정수)이다.

따라서 옳지 않은 것은 ⑤이다.

0702 답 ②

$a>0$이므로 함수 $f(x)=\cos(ax)+1$의 주기는 $\dfrac{2\pi}{a}$이다.

함수 $g(x)=|\sin 3x|$의 그래프는 오른쪽 그림과 같으므로 함수 $g(x)$의 주기는 $\dfrac{\pi}{3}$이다.

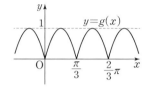

이때 두 함수 $f(x)$, $g(x)$의 주기가 서로 같으므로

$\dfrac{2\pi}{a}=\dfrac{\pi}{3}$　　$\therefore a=6$

0703 답 ①

ㄱ. $y=\left|\cos\left(x+\dfrac{\pi}{2}\right)\right|$, $y=|\sin x|$의 그래프는 각각 다음 그림과 같다.

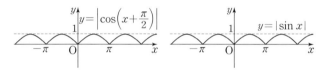

ㄴ. $y=|\tan x|$, $y=\tan|x|$의 그래프는 각각 다음 그림과 같다.

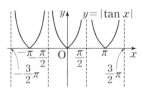 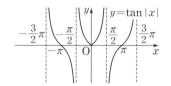

ㄷ. $y=\sin|x|$, $y=\cos|x|$의 그래프는 각각 다음 그림과 같다.

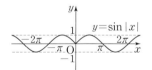 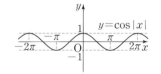

따라서 보기에서 두 함수의 그래프가 일치하는 것은 ㄱ이다.

0704 답 2

함수 $y=\sin\dfrac{\pi}{6}x$의 주기는 $\dfrac{2\pi}{\left|\frac{\pi}{6}\right|}=12$

이므로 점 E의 좌표는 $(6,\,0)$이다.

또 주어진 그래프는 직선 $x=3$에 대하여 대칭이고 $\overline{\text{BC}}=4$이므로

$\overline{\text{OB}}=\dfrac{1}{2}\times(6-4)=1$　　$\therefore$ B$(1,\,0)$, C$(5,\,0)$

즉, 점 A의 x좌표는 1이므로 점 A의 y좌표는

$\sin\dfrac{\pi}{6}=\dfrac{1}{2}$　　$\therefore$ A$\left(1,\,\dfrac{1}{2}\right)$

따라서 직사각형 ABCD의 넓이는 $4\times\dfrac{1}{2}=2$

0705 답 ③

오른쪽 그림에서 빗금 친 두 부분의 넓이가 서로 같으므로 함수 $y=\tan x$의 그래프와 x축 및 직선 $y=4$로 둘러싸인 부분의 넓이는

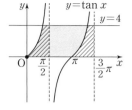

$4\times\left(\dfrac{3}{2}\pi-\dfrac{\pi}{2}\right)=4\pi$

0706 답 2π

오른쪽 그림에서 빗금 친 두 부분의 넓이가 서로 같으므로 함수 $y=\cos x$의 그래프와 직선 $y=1$로 둘러싸인 부분의 넓이는

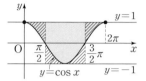

$\left(\dfrac{3}{2}\pi-\dfrac{\pi}{2}\right)\times\{1-(-1)\}=2\pi$

0707 답 12π

오른쪽 그림과 같이 $\overline{\text{AB}}$의 길이가 최대이고, 높이가 최대가 되는 점 P에서 삼각형 PAB의 넓이는 최대가 된다.

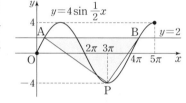

함수 $y=4\sin\dfrac{1}{2}x$의 주기는

$\dfrac{2\pi}{\left|\frac{1}{2}\right|}=4\pi$이므로 $\overline{\text{AB}}=4\pi$

또 최솟값은 -4이므로 높이가 최대가 되는 점 P의 y좌표는 -4이다.

따라서 삼각형 PAB의 넓이의 최댓값은

$\dfrac{1}{2}\times 4\pi\times\{2-(-4)\}=12\pi$

0708 답 -1

함수 $y=\cos x$의 그래프에서 $\dfrac{a+b}{2}=-\pi$, $\dfrac{c+d}{2}=\pi$이므로

$a+b=-2\pi$, $c+d=2\pi$

$\therefore \dfrac{a+b}{c+d}=\dfrac{-2\pi}{2\pi}=-1$

0709 답 $-\pi$

함수 $y=\cos x$의 그래프에서

$\dfrac{a+c}{2}=\pi$　　$\therefore a+c=2\pi$

함수 $y=\sin x$의 그래프에서

$\dfrac{b+d}{2}=\dfrac{3}{2}\pi$　　$\therefore b+d=3\pi$

$\therefore a-b+c-d=(a+c)-(b+d)=2\pi-3\pi=-\pi$

0710 답 ③

$\sin\dfrac{11}{3}\pi=\sin\left(2\pi+2\pi-\dfrac{\pi}{3}\right)=\sin\left(2\pi-\dfrac{\pi}{3}\right)=-\sin\dfrac{\pi}{3}=-\dfrac{\sqrt{3}}{2}$

$\tan\dfrac{5}{3}\pi=\tan\left(2\pi-\dfrac{\pi}{3}\right)=-\tan\dfrac{\pi}{3}=-\sqrt{3}$

$\cos\dfrac{7}{6}\pi=\cos\left(\pi+\dfrac{\pi}{6}\right)=-\cos\dfrac{\pi}{6}=-\dfrac{\sqrt{3}}{2}$

$\therefore$ (주어진 식)$=2\times\left(-\dfrac{\sqrt{3}}{2}\right)-3\times(-\sqrt{3})+4\times\left(-\dfrac{\sqrt{3}}{2}\right)$

$=-\sqrt{3}+3\sqrt{3}-2\sqrt{3}=0$

0711 답 0.7661

$\sin 110° = \sin(90°+20°) = \cos 20° = 0.9397$

$\cos 260° = \cos(90°×3-10°) = -\sin 10° = -0.1736$

$\therefore \sin 110° + \cos 260° = 0.9397 + (-0.1736) = 0.7661$

0712 답 ㄱ

ㄱ. $\cos 1080° = \cos(360°×3+0°) = \cos 0° = 1$

$\sin(-330°) = -\sin 330° = -\sin(360°-30°)$

$\qquad = \sin 30° = \dfrac{1}{2}$

$\tan 240° = \tan(180°+60°) = \tan 60° = \sqrt{3}$

$\cos 150° = \cos(180°-30°) = -\cos 30° = -\dfrac{\sqrt{3}}{2}$

$\therefore$ (주어진 식) $= 1 × \dfrac{1}{2} + \sqrt{3} × \left(-\dfrac{\sqrt{3}}{2}\right) = -1$

ㄴ. $\sin \dfrac{13}{4}\pi = \sin\left(2\pi+\pi+\dfrac{\pi}{4}\right) = \sin\left(\pi+\dfrac{\pi}{4}\right)$

$\qquad = -\sin \dfrac{\pi}{4} = -\dfrac{\sqrt{2}}{2}$

$\cos\left(-\dfrac{4}{3}\pi\right) = \cos \dfrac{4}{3}\pi = \cos\left(\pi+\dfrac{\pi}{3}\right) = -\cos \dfrac{\pi}{3} = -\dfrac{1}{2}$

$\tan\left(-\dfrac{7}{6}\pi\right) = -\tan \dfrac{7}{6}\pi = -\tan\left(\pi+\dfrac{\pi}{6}\right)$

$\qquad = -\tan \dfrac{\pi}{6} = -\dfrac{\sqrt{3}}{3}$

$\therefore$ (주어진 식) $= \sqrt{2} × \left(-\dfrac{\sqrt{2}}{2}\right) + 2 × \left(-\dfrac{1}{2}\right) + \sqrt{3} × \left(-\dfrac{\sqrt{3}}{3}\right)$

$\qquad = -1-1-1 = -3$

ㄷ. $\sin \dfrac{7}{3}\pi = \sin\left(2\pi+\dfrac{\pi}{3}\right) = \sin \dfrac{\pi}{3} = \dfrac{\sqrt{3}}{2}$

$\tan \dfrac{13}{6}\pi = \tan\left(2\pi+\dfrac{\pi}{6}\right) = \tan \dfrac{\pi}{6} = \dfrac{\sqrt{3}}{3}$

$\cos \dfrac{11}{3}\pi = \cos\left(2\pi+2\pi-\dfrac{\pi}{3}\right) = \cos\left(2\pi-\dfrac{\pi}{3}\right)$

$\qquad = \cos \dfrac{\pi}{3} = \dfrac{1}{2}$

$\therefore$ (주어진 식) $= \log_2 \dfrac{\sqrt{3}}{2} + \log_2 \dfrac{\sqrt{3}}{3} + \log_2 \dfrac{1}{2}$

$\qquad = \log_2\left(\dfrac{\sqrt{3}}{2} × \dfrac{\sqrt{3}}{3} × \dfrac{1}{2}\right)$

$\qquad = \log_2 \dfrac{1}{4} = -2$

따라서 보기에서 옳은 것은 ㄱ이다.

0713 답 −1

$$\dfrac{\sin\left(\dfrac{\pi}{2}+\theta\right)\cos^2(2\pi-\theta)}{\sin\left(\dfrac{3}{2}\pi+\theta\right)} - \dfrac{\cos\left(\dfrac{3}{2}\pi-\theta\right)\sin\left(\dfrac{\pi}{2}+\theta\right)}{\tan\left(\dfrac{\pi}{2}+\theta\right)}$$

$$= \dfrac{\cos\theta\cos^2\theta}{-\cos\theta} - \dfrac{-\sin\theta\cos\theta}{-\dfrac{1}{\tan\theta}}$$

$$= -\cos^2\theta - \dfrac{\sin\theta\cos\theta}{\dfrac{\cos\theta}{\sin\theta}}$$

$$= -\cos^2\theta - \sin^2\theta = -1$$

0714 답 −4

직선 $2x-\sqrt{2}y+1=0$의 기울기가 $\sqrt{2}$이므로 $\tan\theta=\sqrt{2}$ $\cdots\cdots$ ❶

$\therefore \dfrac{\cos\left(\theta-\dfrac{\pi}{2}\right)}{1-\sin(-\theta)} + \dfrac{\sin(\theta-\pi)}{1+\sin(\pi+\theta)}$

$= \dfrac{\sin\theta}{1+\sin\theta} + \dfrac{-\sin\theta}{1-\sin\theta} = \dfrac{\sin\theta-\sin^2\theta-\sin\theta-\sin^2\theta}{1-\sin^2\theta}$

$= \dfrac{-2\sin^2\theta}{\cos^2\theta} = -2\tan^2\theta = -2×(\sqrt{2})^2 = -4$ $\cdots\cdots$ ❷

채점 기준

❶ 직선의 기울기를 이용하여 $\tan\theta$의 값 구하기	30 %
❷ 주어진 식의 값 구하기	70 %

공통수학2 다시보기

직선 $y=mx+n$이 x축의 양의 방향과 이루는 각의 크기를 θ라 하면

(기울기) $= \dfrac{(y의\ 값의\ 증가량)}{(x의\ 값의\ 증가량)} = \tan\theta = m$

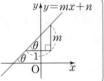

0715 답 $-\dfrac{4}{5}$

$\overline{AB}$가 원의 지름이므로 $\angle C = \dfrac{\pi}{2}$ $\quad \therefore \alpha+\beta = \dfrac{\pi}{2}$

삼각형 ABC에서 $\overline{AB}=10$이므로 $\overline{BC} = \sqrt{10^2-6^2} = 8$

$\therefore \cos(2\alpha+\beta) = \cos\left(\dfrac{\pi}{2}+\alpha\right) = -\sin\alpha$

$\qquad = -\dfrac{\overline{BC}}{\overline{AB}} = -\dfrac{8}{10} = -\dfrac{4}{5}$

0716 답 ⑤

$A+B+C=\pi$이므로

① $\cos(B+C) = \cos(\pi-A) = -\cos A$

② $\sin(B+C) = \sin(\pi-A) = \sin A$

③ $\sin \dfrac{B+C}{2} = \sin \dfrac{\pi-A}{2} = \sin\left(\dfrac{\pi}{2}-\dfrac{A}{2}\right) = \cos \dfrac{A}{2}$

④ $\tan(A+C) = \tan(\pi-B) = -\tan B$이므로

$\tan B \tan(A+C) = \tan B × (-\tan B) = -\tan^2 B$

⑤ $\tan \dfrac{B+C}{2} = \tan \dfrac{\pi-A}{2} = \tan\left(\dfrac{\pi}{2}-\dfrac{A}{2}\right) = \dfrac{1}{\tan \dfrac{A}{2}}$이므로

$\tan \dfrac{A}{2} \tan \dfrac{B+C}{2} = \tan \dfrac{A}{2} × \dfrac{1}{\tan \dfrac{A}{2}} = 1$

따라서 항상 옳은 것은 ⑤이다.

0717 답 ④

$\cos 10° = \cos(90°-80°) = \sin 80°$

$\cos 20° = \cos(90°-70°) = \sin 70°$

$\cos 30° = \cos(90°-60°) = \sin 60°$

$\cos 40° = \cos(90°-50°) = \sin 50°$

$\therefore$ (주어진 식)

$= (\sin^2 80° + \cos^2 80°) + (\sin^2 70° + \cos^2 70°)$

$\quad + (\sin^2 60° + \cos^2 60°) + (\sin^2 50° + \cos^2 50°) + \cos^2 90°$

$= 1+1+1+1+0 = 4$

0718 답 ④

$1°+\theta=A$로 놓으면 $\theta=A-1°$

$89°-\theta=89°-(A-1°)=90°-A$

$\therefore$ (주어진 식)$=\tan A\times\tan(90°-A)=\tan A\times\dfrac{1}{\tan A}=1$

0719 답 0

$\sin 1°+\sin 2°+\cdots+\sin 180°+\sin 181°+\sin 182°+\cdots+\sin 360°$

$=\sin 1°+\sin 2°+\cdots+\sin 180°+\sin(180°+1°)+\sin(180°+2°)$
$\qquad\qquad\qquad\qquad\qquad\qquad\qquad\qquad\qquad+\cdots+\sin(180°+180°)$

$=\sin 1°+\sin 2°+\cdots+\sin 180°-\sin 1°-\sin 2°-\cdots-\sin 180°$

$=0$

0720 답 ㄱ, ㄴ

$10\theta=2\pi$이므로 $\theta=\dfrac{\pi}{5}$

ㄱ. $\cos 6\theta=\cos(5\theta+\theta)=\cos(\pi+\theta)=-\cos\theta$이므로

$\quad\cos\theta+\cos 6\theta=\cos\theta+(-\cos\theta)=0$

ㄴ. $\sin(-7\theta)=-\sin 7\theta=-\sin(5\theta+2\theta)$

$\qquad\qquad\quad=-\sin(\pi+2\theta)=\sin 2\theta$

ㄷ. $\cos 9\theta=\cos(10\theta-\theta)=\cos(2\pi-\theta)=\cos\theta$

ㄹ. $\tan 6\theta=\tan(5\theta+\theta)=\tan(\pi+\theta)=\tan\theta$이므로

$\quad\dfrac{1}{\tan 6\theta}=\dfrac{1}{\tan\theta}$

따라서 보기에서 옳은 것은 ㄱ, ㄴ이다.

0721 답 ⑤

$y=-|\tan x-2|+k$에서

$\tan x=t$로 놓으면 $y=-|t-2|+k$

$-\dfrac{\pi}{4}\le x\le\dfrac{\pi}{4}$에서 $-1\le\tan x\le 1$ $\quad\therefore -1\le t\le 1$

이때

$y=-|t-2|+k=\begin{cases}t-2+k & (t<2)\\-t+2+k & (t\ge 2)\end{cases}$

이므로 $-1\le t\le 1$에서 이 함수의 그래프
는 오른쪽 그림과 같다.

따라서 주어진 함수는 $t=1$에서 최댓값 $-1+k$, $t=-1$에서 최솟
값 $-3+k$를 갖고 그 합이 4이므로

$(-1+k)+(-3+k)=4$ $\quad\therefore k=4$

다른 풀이

$-\dfrac{\pi}{4}\le x\le\dfrac{\pi}{4}$에서 $-1\le\tan x\le 1$이므로 $\tan x-2<0$

$\therefore y=-|\tan x-2|+k=\tan x-2+k$

즉, $-\dfrac{\pi}{4}\le x\le\dfrac{\pi}{4}$에서 $-1\le\tan x\le 1$이므로

$-3+k\le\tan x-2+k\le-1+k$

따라서 주어진 함수의 최댓값은 $-1+k$, 최솟값은 $-3+k$이므로

$(-1+k)+(-3+k)=4$ $\quad\therefore k=4$

0722 답 4

$y=\sin\left(\dfrac{3}{2}\pi+x\right)-\cos x+2=-\cos x-\cos x+2$

$\quad=-2\cos x+2$

이때 $-1\le\cos x\le 1$이므로 $-2\le-2\cos x\le 2$

$\therefore 0\le-2\cos x+2\le 4$

따라서 주어진 함수의 최댓값은 4, 최솟값은 0이므로

$M=4$, $m=0$

$\therefore M+m=4$

0723 답 -6

$-1\le\cos 5x\le 1$에서 $\cos 5x+4>0$

$\therefore y=a|\cos 5x+4|+b=a\cos 5x+4a+b$

$a>0$이므로 주어진 함수의 최댓값은

$a+4a+b=7$ $\quad\therefore 5a+b=7$ $\quad\cdots\cdots$ ㉠

최솟값은

$-a+4a+b=3$ $\quad\therefore 3a+b=3$ $\quad\cdots\cdots$ ㉡

㉠, ㉡을 연립하여 풀면 $a=2$, $b=-3$

$\therefore ab=-6$

0724 답 8

$y=a|\sin bx|+c$에서 $-1\le\sin bx\le 1$이므로

$0\le|\sin bx|\le 1$

$\therefore c\le a|\sin bx|+c\le a+c\ (\because a>0)$

즉, 주어진 함수의 최댓값은 $a+c$, 최솟값은 c이고 ㈎에서 최댓값과
최솟값의 차가 6이므로

$a+c-c=6$ $\quad\therefore a=6$

㈏에서 함수 $y=\cos 3x$의 주기는 $\dfrac{2}{3}\pi$이고, $b>0$이므로 주어진 함

수의 주기는 $\dfrac{\pi}{b}$

즉, $\dfrac{\pi}{b}=\dfrac{2}{3}\pi$이므로 $b=\dfrac{3}{2}$

㈐에서 함수 $y=6\left|\sin\dfrac{3}{2}x\right|+c$의 그래프가 점 $(0, 1)$을 지나므로

$6|\sin 0|+c=1$ $\quad\therefore c=1$

$\therefore ab-c=6\times\dfrac{3}{2}-1=8$

0725 답 ②

$y=\cos^2 x-4\sin(\pi+x)+2$

$\quad=(1-\sin^2 x)+4\sin x+2$

$\quad=-\sin^2 x+4\sin x+3$

$\sin x=t$로 놓으면

$y=-t^2+4t+3=-(t-2)^2+7$이고 $-1\le t\le 1$

즉, 함수의 그래프는 오른쪽 그림과 같으므
로 $t=1$에서 최댓값 6, $t=-1$에서 최솟값
-2를 갖는다.

따라서 $M=6$, $m=-2$이므로

$M+m=4$

0726 답 1

$y=-2\sin^2 x-2\cos x+k$

$\quad=-2(1-\cos^2 x)-2\cos x+k$

$\quad=2\cos^2 x-2\cos x+k-2$ $\quad\cdots\cdots$ **ⅰ**

$\cos x=t$로 놓으면

$y=2t^2-2t+k-2=2\left(t-\dfrac{1}{2}\right)^2+k-\dfrac{5}{2}$이고 $-1\le t\le 1$

즉, 함수의 그래프는 오른쪽 그림과
같으므로 $t=-1$에서 최댓값 $k+2$,
$t=\dfrac{1}{2}$에서 최솟값 $k-\dfrac{5}{2}$를 갖는다.
       ······ **ⅱ**

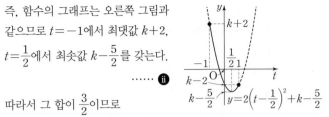

따라서 그 합이 $\dfrac{3}{2}$이므로

$(k+2)+\left(k-\dfrac{5}{2}\right)=\dfrac{3}{2}$ $\therefore k=1$ ······ **ⅲ**

채점 기준

ⅰ 주어진 함수를 $\cos x$에 대한 식으로 나타내기	30 %
ⅱ 최댓값과 최솟값 구하기	50 %
ⅲ k의 값 구하기	20 %

0727 답 ④

$y=a\sin^2 x+2a\cos x+1$
$\quad=a(1-\cos^2 x)+2a\cos x+1$
$\quad=-a\cos^2 x+2a\cos x+a+1$

$\cos x=t$로 놓으면

$y=-at^2+2at+a+1=-a(t-1)^2+2a+1$이고 $-1\le t\le 1$

즉, 함수의 그래프는 오른쪽 그림과
같다.

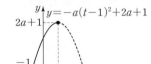

$t=1$에서 최댓값 $2a+1$을 가지므로
$2a+1=3$ $\therefore a=1$
$t=-1$에서 최솟값 $-2a+1$을 가
지므로
$b=-2a+1=-1$
$\therefore a-b=1-(-1)=2$

0728 답 ⑤

$y=\sin^2\left(\dfrac{3}{2}\pi+x\right)+\cos^2(\pi+x)-2\sin\left(\dfrac{\pi}{2}-x\right)$
$\quad=\cos^2 x+\cos^2 x-2\cos x$
$\quad=2\cos^2 x-2\cos x$

$\cos x=t$로 놓으면

$y=2t^2-2t=2\left(t-\dfrac{1}{2}\right)^2-\dfrac{1}{2}$이고 $-1\le t\le 1$

즉, 함수의 그래프는 오른쪽 그림과 같으
므로 $t=-1$에서 최댓값 4, $t=\dfrac{1}{2}$에서

최솟값 $-\dfrac{1}{2}$을 갖는다.

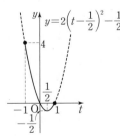

따라서 주어진 함수의 치역은
$\left\{y\left|\;-\dfrac{1}{2}\le y\le 4\right.\right\}$이므로
$a=-\dfrac{1}{2},\ b=4$ $\therefore ab=-2$

0729 답 3

$f(x)=-\cos^2 x-2\sin x+1$
$\quad\quad=-(1-\sin^2 x)-2\sin x+1$
$\quad\quad=\sin^2 x-2\sin x$

$\sin x=t$로 놓으면

$y=t^2-2t=(t-1)^2-1$이고 $-1\le t\le 1$

이 함수는 $t=-1$에서 최댓값 3, $t=1$에서 최솟값 -1을 가지므로
$-1\le f(x)\le 3$
$f(x)=s$로 놓으면
$(g\circ f)(x)=g(f(x))=g(s)=-s^2+4s+2=-(s-2)^2+6$
이고 $-1\le s\le 3$
이 함수는 $s=2$에서 최댓값 6, $s=-1$에서 최솟값 -3을 가지므로
$M=6,\ m=-3$
$\therefore M+m=3$

0730 답 ①

$\sin x=t$로 놓으면

$y=\dfrac{t+2}{t-2}=\dfrac{4}{t-2}+1$이고 $-1\le t\le 1$

즉, 함수의 그래프는 오른쪽 그림과 같으
므로 $t=-1$에서 최댓값 $-\dfrac{1}{3}$, $t=1$에서

최솟값 -3을 갖는다.

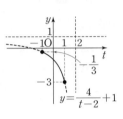

따라서 $M=-\dfrac{1}{3},\ m=-3$이므로

$Mm=1$

0731 답 $\dfrac{\pi}{2}$

$\tan x=t$로 놓으면

$y=\dfrac{3t+1}{t+1}=-\dfrac{2}{t+1}+3$

$0\le x\le\dfrac{\pi}{4}$에서 $0\le t\le 1$

즉, 함수의 그래프는 오른쪽 그림과 같으
므로 $t=1$에서 최댓값 2, $t=0$에서 최솟
값 1을 갖는다.

이때 $\tan x=1$에서 $x=\dfrac{\pi}{4}$, $\tan x=0$에서
$x=0$이므로
$a=\dfrac{\pi}{4},\ M=2,\ b=0,\ m=1$

$\therefore (a+b)\times Mm=\left(\dfrac{\pi}{4}+0\right)\times 2\times 1=\dfrac{\pi}{4}\times 2=\dfrac{\pi}{2}$

0732 답 $-\dfrac{1}{4}$

$y=\dfrac{\cos\left(\dfrac{\pi}{2}-x\right)}{\sin x+3}=\dfrac{\sin x}{\sin x+3}$ ······ **ⅰ**

$\sin x=t$로 놓으면

$y=\dfrac{t}{t+3}=-\dfrac{3}{t+3}+1$이고 $-1\le t\le 1$

즉, 함수의 그래프는 오른쪽 그림과
같으므로 $t=1$에서 최댓값 $\dfrac{1}{4}$, $t=-1$

에서 최솟값 $-\dfrac{1}{2}$을 갖는다. ······ **ⅱ**

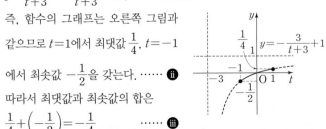

따라서 최댓값과 최솟값의 합은

$\dfrac{1}{4}+\left(-\dfrac{1}{2}\right)=-\dfrac{1}{4}$ ······ **ⅲ**

채점 기준

❶ 주어진 함수를 $\sin x$에 대한 식으로 나타내기		30 %
❷ 최댓값과 최솟값 구하기		50 %
❸ 최댓값과 최솟값의 합 구하기		20 %

0733 답 ④

$\cos x = t$로 놓으면

$y = \dfrac{at}{t-2} = \dfrac{2a}{t-2} + a$이고 $-1 \le t \le 1$

이때 $a > 0$이므로 함수의 그래프는 오른쪽 그림과 같다.

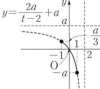

따라서 $t = -1$에서 최댓값 $\dfrac{a}{3}$를 가지므로

$\dfrac{a}{3} = 1$ $\therefore a = 3$

$t = 1$에서 최솟값 $-a$를 가지므로

$b = -a = -3$

$\therefore a - b = 3 - (-3) = 6$

0734 답 ⑤

$|\cos x| = t$로 놓으면

$y = \dfrac{2t+3}{t+1} = \dfrac{1}{t+1} + 2$이고 $0 \le t \le 1$

즉, 함수의 그래프는 오른쪽 그림과 같으므로 $t = 0$에서 최댓값 3, $t = 1$에서 최솟값 $\dfrac{5}{2}$를 갖는다.

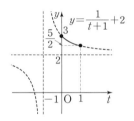

따라서 주어진 함수의 치역은

$\left\{ y \,\middle|\, \dfrac{5}{2} \le y \le 3 \right\}$이므로 $a = \dfrac{5}{2}$, $b = 3$

$\therefore ab = \dfrac{15}{2}$

0735 답 $x = 0$ 또는 $x = \dfrac{\pi}{6}$

$2\sin\left(2x + \dfrac{\pi}{3}\right) - \sqrt{3} = 0$에서 $\sin\left(2x + \dfrac{\pi}{3}\right) = \dfrac{\sqrt{3}}{2}$

$2x + \dfrac{\pi}{3} = t$로 놓으면 $\sin t = \dfrac{\sqrt{3}}{2}$

한편 $0 \le x < \pi$에서 $\dfrac{\pi}{3} \le 2x + \dfrac{\pi}{3} < \dfrac{7}{3}\pi$ $\therefore \dfrac{\pi}{3} \le t < \dfrac{7}{3}\pi$

오른쪽 그림과 같이 $\dfrac{\pi}{3} \le t < \dfrac{7}{3}\pi$에서 함수 $y = \sin t$의 그래프와 직선 $y = \dfrac{\sqrt{3}}{2}$의 교점의 t좌표는 $\dfrac{\pi}{3}$, $\dfrac{2}{3}\pi$이므로

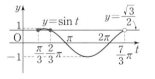

$2x + \dfrac{\pi}{3} = \dfrac{\pi}{3}$ 또는 $2x + \dfrac{\pi}{3} = \dfrac{2}{3}\pi$

$\therefore x = 0$ 또는 $x = \dfrac{\pi}{6}$

0736 답 ③

$\cos\left(\dfrac{\pi}{2} - x\right) - \sin(\pi + x) = \sqrt{2}$에서 $\sin x - (-\sin x) = \sqrt{2}$

$2\sin x = \sqrt{2}$ $\therefore \sin x = \dfrac{\sqrt{2}}{2}$

오른쪽 그림과 같이 $0 \le x < 4\pi$에서 함수 $y = \sin x$의 그래프와 직선 $y = \dfrac{\sqrt{2}}{2}$의 교점의 x좌표는 $\dfrac{\pi}{4}$, $\dfrac{3}{4}\pi$, $\dfrac{9}{4}\pi$, $\dfrac{11}{4}\pi$이므로

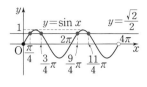

$x = \dfrac{\pi}{4}$ 또는 $x = \dfrac{3}{4}\pi$ 또는 $x = \dfrac{9}{4}\pi$ 또는 $x = \dfrac{11}{4}\pi$

따라서 주어진 방정식의 해가 아닌 것은 ③이다.

0737 답 $x = \dfrac{2}{3}\pi$

오른쪽 그림과 같이 $0 \le x < 2\pi$에서 함수 $y = \tan x$의 그래프와 직선 $y = -\sqrt{3}$의 교점의 x좌표는 $\dfrac{2}{3}\pi$, $\dfrac{5}{3}\pi$이므로 방정식 $\tan x = -\sqrt{3}$의 해는

$x = \dfrac{2}{3}\pi$ 또는 $x = \dfrac{5}{3}\pi$ …… ㉠

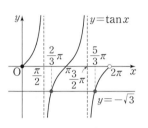

…… ❶

$2\sin\left(x + \dfrac{\pi}{6}\right) = 1$에서 $\sin\left(x + \dfrac{\pi}{6}\right) = \dfrac{1}{2}$

$x + \dfrac{\pi}{6} = t$로 놓으면 $\sin t = \dfrac{1}{2}$

한편 $0 \le x < 2\pi$에서 $\dfrac{\pi}{6} \le x + \dfrac{\pi}{6} < \dfrac{13}{6}\pi$

$\therefore \dfrac{\pi}{6} \le t < \dfrac{13}{6}\pi$

오른쪽 그림과 같이 $\dfrac{\pi}{6} \le t < \dfrac{13}{6}\pi$에서 함수 $y = \sin t$의 그래프와 직선 $y = \dfrac{1}{2}$의 교점의 t좌표는 $\dfrac{\pi}{6}$, $\dfrac{5}{6}\pi$이므로

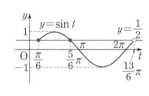

$x + \dfrac{\pi}{6} = \dfrac{\pi}{6}$ 또는 $x + \dfrac{\pi}{6} = \dfrac{5}{6}\pi$

$\therefore x = 0$ 또는 $x = \dfrac{2}{3}\pi$ …… ㉡

…… ❷

㉠, ㉡에서 주어진 연립방정식의 해는 $x = \dfrac{2}{3}\pi$ …… ❸

채점 기준

❶ 방정식 $\tan x = -\sqrt{3}$의 해 구하기		40 %
❷ 방정식 $2\sin\left(x + \dfrac{\pi}{6}\right) = 1$의 해 구하기		40 %
❸ 연립방정식의 해 구하기		20 %

0738 답 $\dfrac{5}{2}\pi$

$\sin x + \cos x = 0$에서 $\sin x = -\cos x$

오른쪽 그림과 같이 $0 \le x \le 2\pi$에서 두 함수 $y = \sin x$, $y = -\cos x$의 그래프의 교점의 x좌표는 $\dfrac{3}{4}\pi$, $\dfrac{7}{4}\pi$이므로

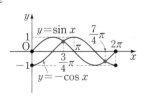

$x = \dfrac{3}{4}\pi$ 또는 $x = \dfrac{7}{4}\pi$

따라서 모든 x의 값의 합은

$\dfrac{3}{4}\pi + \dfrac{7}{4}\pi = \dfrac{5}{2}\pi$

다른 풀이

$\sin x + \cos x = 0$에서 $\sin x = -\cos x$

$x = \dfrac{\pi}{2}$ 또는 $x = \dfrac{3}{2}\pi$는 등식을 만족시키지 않고

$x \neq \dfrac{\pi}{2}$, $x \neq \dfrac{3}{2}\pi$일 때, $\cos x \neq 0$이므로 양변을 $\cos x$로 나누면

$\dfrac{\sin x}{\cos x} = -1$ $\therefore \tan x = -1$

$0 \leq x \leq 2\pi$이므로 $x = \dfrac{3}{4}\pi$ 또는 $x = \dfrac{7}{4}\pi$

따라서 모든 x의 값의 합은 $\dfrac{3}{4}\pi + \dfrac{7}{4}\pi = \dfrac{5}{2}\pi$

0739 답 $\dfrac{\pi}{2}$

오른쪽 그림과 같이 $0 \leq x < \dfrac{3}{2}\pi$

에서 함수 $y = |\cos x|$의 그래프

와 직선 $y = \dfrac{\sqrt{3}}{2}$의 교점의 x좌표

는 $\dfrac{\pi}{6}$, $\dfrac{5}{6}\pi$, $\dfrac{7}{6}\pi$이므로

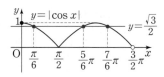

$x_1 = \dfrac{\pi}{6}$, $x_2 = \dfrac{5}{6}\pi$, $x_3 = \dfrac{7}{6}\pi$

$\therefore x_1 - x_2 + x_3 = \dfrac{\pi}{2}$

0740 답 ④

$2x = t$로 놓으면 $\sin t = \sqrt{3} \cos t$

한편 $-\dfrac{\pi}{4} < x < \dfrac{\pi}{4}$에서 $-\dfrac{\pi}{2} < 2x < \dfrac{\pi}{2}$

$\therefore -\dfrac{\pi}{2} < t < \dfrac{\pi}{2}$

이때 $\cos t \neq 0$이므로 양변을 $\cos t$로 나누면

$\dfrac{\sin t}{\cos t} = \sqrt{3}$ $\therefore \tan t = \sqrt{3}$

즉, 오른쪽 그림과 같이 $-\dfrac{\pi}{2} < t < \dfrac{\pi}{2}$에서

함수 $y = \tan t$의 그래프와 직선 $y = \sqrt{3}$의 교

점의 t좌표는 $t = \dfrac{\pi}{3}$이므로

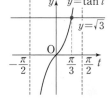

$2x = \dfrac{\pi}{3}$ $\therefore x = \dfrac{\pi}{6}$

따라서 $\alpha = \dfrac{\pi}{6}$이므로

$\sin\left(\pi + \dfrac{\pi}{6}\right) = -\sin\dfrac{\pi}{6} = -\dfrac{1}{2}$

0741 답 ④

$\pi \sin x = t$로 놓으면 $\cos t = 0$

한편 $0 \leq x < 2\pi$에서 $-\pi \leq \pi \sin x \leq \pi$ $\therefore -\pi \leq t \leq \pi$

즉, 오른쪽 그림과 같이 $-\pi \leq t \leq \pi$

에서 함수 $y = \cos t$의 그래프와 직선

$t = 0$의 교점의 t좌표는

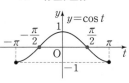

$t = -\dfrac{\pi}{2}$ 또는 $t = \dfrac{\pi}{2}$

즉, $\pi \sin x = -\dfrac{\pi}{2}$ 또는 $\pi \sin x = \dfrac{\pi}{2}$이므로

$\sin x = -\dfrac{1}{2}$ 또는 $\sin x = \dfrac{1}{2}$

$0 \leq x < 2\pi$에서

(i) $\sin x = -\dfrac{1}{2}$일 때,

$x = \dfrac{7}{6}\pi$ 또는 $x = \dfrac{11}{6}\pi$

(ii) $\sin x = \dfrac{1}{2}$일 때,

$x = \dfrac{\pi}{6}$ 또는 $x = \dfrac{5}{6}\pi$

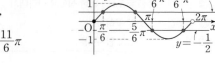

(i), (ii)에서 $x = \dfrac{\pi}{6}$ 또는 $x = \dfrac{5}{6}\pi$ 또는 $x = \dfrac{7}{6}\pi$ 또는 $x = \dfrac{11}{6}\pi$

따라서 주어진 방정식의 해가 아닌 것은 ④이다.

0742 답 $x = \dfrac{\pi}{6}$ 또는 $x = \dfrac{5}{6}\pi$

$2\cos^2 x - 5\sin x + 1 = 0$에서 $2(1 - \sin^2 x) - 5\sin x + 1 = 0$

$2\sin^2 x + 5\sin x - 3 = 0$, $(\sin x + 3)(2\sin x - 1) = 0$

$\therefore \sin x = \dfrac{1}{2}$ $(\because -1 \leq \sin x \leq 1)$

$0 \leq x < 2\pi$이므로

$x = \dfrac{\pi}{6}$ 또는 $x = \dfrac{5}{6}\pi$

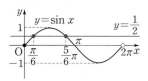

0743 답 ⑤

$3\tan^2 x - 4\sqrt{3}\tan x + 3 = 0$에서

$(3\tan x - \sqrt{3})(\tan x - \sqrt{3}) = 0$ $\therefore \tan x = \dfrac{\sqrt{3}}{3}$ 또는 $\tan x = \sqrt{3}$

$-\dfrac{\pi}{2} < x < \dfrac{\pi}{2}$에서

(i) $\tan x = \dfrac{\sqrt{3}}{3}$일 때, $x = \dfrac{\pi}{6}$

(ii) $\tan x = \sqrt{3}$일 때, $x = \dfrac{\pi}{3}$

(i), (ii)에서 $\alpha = \dfrac{\pi}{6}$, $\beta = \dfrac{\pi}{3}$ $(\because \alpha < \beta)$

$\therefore \cos(\beta - \alpha) = \cos\left(\dfrac{\pi}{3} - \dfrac{\pi}{6}\right) = \cos\dfrac{\pi}{6} = \dfrac{\sqrt{3}}{2}$

0744 답 2π

$2\sin^2 x = 3\sin\left(\dfrac{\pi}{2} + x\right)$에서 $2\sin^2 x = 3\cos x$

$2(1 - \cos^2 x) = 3\cos x$, $2\cos^2 x + 3\cos x - 2 = 0$

$(\cos x + 2)(2\cos x - 1) = 0$

$\therefore \cos x = \dfrac{1}{2}$ $(\because -1 \leq \cos x \leq 1)$

$0 \leq x < 2\pi$이므로 $x = \dfrac{\pi}{3}$ 또는 $x = \dfrac{5}{3}\pi$

따라서 모든 해의 합은

$\dfrac{\pi}{3} + \dfrac{5}{3}\pi = 2\pi$

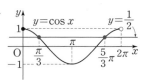

0745 답 $\dfrac{\pi}{6}$

$\sqrt{3}\sin\theta = \sqrt{2}\cos\theta$의 양변을 제곱하면

$3\sin^2\theta = 2\cos^2\theta$, $3\sin\theta = 2(1 - \sin^2\theta)$

$2\sin^2\theta + 3\sin\theta - 2 = 0$, $(\sin\theta + 2)(2\sin\theta - 1) = 0$

$\therefore \sin\theta = \dfrac{1}{2}$ $(\because 0 < \sin\theta < 1)$ ······ **❶**

$0 < \theta < \dfrac{\pi}{2}$이므로 $\theta = \dfrac{\pi}{6}$ ······ ⑪

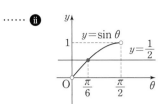

0746 답 ②

$2\cos^2 A - \sin A \cos A + \sin^2 A - 1 = 0$에서

$2\cos^2 A - \sin A \cos A + (1 - \cos^2 A) - 1 = 0$

$\cos^2 A - \sin A \cos A = 0$ ∴ $\cos A(\cos A - \sin A) = 0$

한편 삼각형 ABC는 직각삼각형이 아니므로 $\cos A \neq 0$

∴ $\cos A = \sin A$

∴ $A = \dfrac{\pi}{4}$ $(∵ 0 < A < \pi)$

이때 $A + B + C = \pi$이므로

$\tan(B+C) = \tan(\pi - A) = -\tan A$

$\qquad\qquad = -\tan\dfrac{\pi}{4} = -1$

0747 답 $-\sqrt{2}$

$5\sin^2\theta - \sin\theta\cos\theta - 2 = 0$에서

$5\sin^2\theta - \sin\theta\cos\theta - 2(\sin^2\theta + \cos^2\theta) = 0$

$3\sin^2\theta - \sin\theta\cos\theta - 2\cos^2\theta = 0$

$(3\sin\theta + 2\cos\theta)(\sin\theta - \cos\theta) = 0$

이때 $\pi < \theta < \dfrac{3}{2}\pi$에서 $3\sin\theta + 2\cos\theta < 0$이므로

$\sin\theta - \cos\theta = 0$ ∴ $\sin\theta = \cos\theta$

∴ $\theta = \dfrac{5}{4}\pi$ $\left(∵ \pi < \theta < \dfrac{3}{2}\pi\right)$

따라서 $\sin\theta = -\dfrac{\sqrt{2}}{2}$, $\cos\theta = -\dfrac{\sqrt{2}}{2}$이므로

$\sin\theta + \cos\theta = -\sqrt{2}$

0748 답 ①

방정식 $\cos\pi x = \dfrac{2}{5}x$의 실근은 함수 $y = \cos\pi x$의 그래프와 직선

$y = \dfrac{2}{5}x$의 교점의 x좌표와 같다.

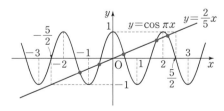

위의 그림에서 교점이 5개이므로 주어진 방정식의 서로 다른 실근의 개수는 5이다.

0749 답 6

방정식 $\sin|x| = \dfrac{1}{8}x$의 실근은 함수 $y = \sin|x|$의 그래프와 직선

$y = \dfrac{1}{8}x$의 교점의 x좌표와 같다.

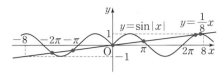

위의 그림에서 교점이 6개이므로 주어진 방정식의 서로 다른 실근의 개수는 6이다.

0750 답 ②

$0 < x \leq 2\pi$에서 방정식 $f(x) - g(x) = 0$, 즉 $f(x) = g(x)$의 실근은 두 함수 $y = f(x)$, $y = g(x)$의 그래프의 교점의 x좌표와 같다.

즉, 오른쪽 그림에서 두 함수 $y = f(x)$, $y = g(x)$의 그래프의 교점이 4개이므로 방정식 $f(x) - g(x) = 0$의 서로 다른 실근의 개수는 4이다.

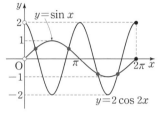

0751 답 ③

$0 \leq x < 2\pi$에서 방정식 $\sin kx = \dfrac{1}{3}$의 서로 다른 실근의 개수가 8이므로 다음 그림과 같이 함수 $y = \sin kx$의 주기는 $\dfrac{\pi}{2}$이어야 한다.

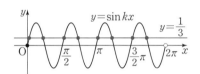

즉, $\dfrac{2\pi}{k} = \dfrac{\pi}{2}$이므로 $k = 4$

함수 $y = \sin 4x$의 그래프와 직선 $y = \dfrac{1}{3}$의 교점의 x좌표를 작은 것부터 차례로 $x_1, x_2, x_3, \ldots, x_8$이라 하면 위의 그래프에서

$\dfrac{x_1+x_2}{2} = \dfrac{\pi}{8}$, $\dfrac{x_3+x_4}{2} = \dfrac{5}{8}\pi$, $\dfrac{x_5+x_6}{2} = \dfrac{9}{8}\pi$, $\dfrac{x_7+x_8}{2} = \dfrac{13}{8}\pi$

∴ $x_1+x_2 = \dfrac{\pi}{4}$, $x_3+x_4 = \dfrac{5}{4}\pi$, $x_5+x_6 = \dfrac{9}{4}\pi$, $x_7+x_8 = \dfrac{13}{4}\pi$

따라서 주어진 방정식의 모든 해의 합은

$x_1+x_2+x_3+\cdots+x_8 = \dfrac{\pi}{4} + \dfrac{5}{4}\pi + \dfrac{9}{4}\pi + \dfrac{13}{4}\pi = 7\pi$

0752 답 ④

$4\sin^2 x + 4\cos x - 2 + k = 0$에서 $4(1 - \cos^2 x) + 4\cos x - 2 + k = 0$

∴ $4\cos^2 x - 4\cos x - 2 = k$

따라서 주어진 방정식이 실근을 갖기 위해서는 함수 $y = 4\cos^2 x - 4\cos x - 2$의 그래프와 직선 $y = k$가 교점을 가져야 한다.

$y = 4\cos^2 x - 4\cos x - 2$에서 $\cos x = t$로 놓으면

$y = 4t^2 - 4t - 2 = 4\left(t - \dfrac{1}{2}\right)^2 - 3$이고 $-1 \leq t \leq 1$

따라서 오른쪽 그림에서 주어진 방정식이 실근을 갖도록 하는 실수 k의 값의 범위는 $-3 \leq k \leq 6$이므로 k의 최댓값은 6이다.

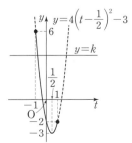

0753 답 $-\dfrac{4}{3}$

$-\dfrac{\pi}{4}\leq x\leq\dfrac{\pi}{4}$에서 $-1\leq\tan x\leq1$

$a\tan x=2a+1$에서 $a(\tan x-2)=1$

$\therefore a=\dfrac{1}{\tan x-2}$ ($\because \tan x\neq2$)

따라서 주어진 방정식이 실근을 갖기 위해서는 함수 $y=\dfrac{1}{\tan x-2}$

의 그래프와 직선 $y=a$가 교점을 가져야 한다.

$\tan x=t$로 놓으면

$y=\dfrac{1}{t-2}$이고 $-1\leq t\leq1$

즉, 함수의 그래프는 오른쪽 그림과 같으므
로 주어진 방정식이 실근을 갖도록 하는 실
수 a의 값의 범위는

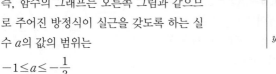

$-1\leq a\leq-\dfrac{1}{3}$

따라서 $\alpha=-1$, $\beta=-\dfrac{1}{3}$이므로 $\alpha+\beta=-\dfrac{4}{3}$

0754 답 ③

방정식 $\left|\sin 2x+\dfrac{1}{2}\right|=k$가 서로 다른 3개의 실근을 가지려면 함수

$y=\left|\sin 2x+\dfrac{1}{2}\right|$의 그래프와 직선 $y=k$가 서로 다른 세 점에서 만

나야 한다.

$0\leq x<\pi$에서 함수 $y=\left|\sin 2x+\dfrac{1}{2}\right|$의

그래프는 오른쪽 그림과 같으므로 이 그
래프와 직선 $y=k$의 교점이 3개이려면

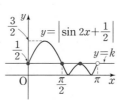

$k=\dfrac{1}{2}$

0755 답 ⑤

$x+\dfrac{\pi}{4}=t$로 놓으면 $\sin t<\dfrac{\sqrt{2}}{2}$

한편 $0\leq x<2\pi$에서 $\dfrac{\pi}{4}\leq x+\dfrac{\pi}{4}<\dfrac{9}{4}\pi$ $\therefore \dfrac{\pi}{4}\leq t<\dfrac{9}{4}\pi$

즉, 오른쪽 그림과 같이 $\dfrac{\pi}{4}\leq t<\dfrac{9}{4}\pi$에

서 부등식 $\sin t<\dfrac{\sqrt{2}}{2}$의 해는

$\dfrac{3}{4}\pi<t<\dfrac{9}{4}\pi$이므로

$\dfrac{3}{4}\pi<x+\dfrac{\pi}{4}<\dfrac{9}{4}\pi$ $\therefore \dfrac{\pi}{2}<x<2\pi$

따라서 $\alpha=\dfrac{\pi}{2}$, $\beta=2\pi$이므로 $\alpha+\beta=\dfrac{5}{2}\pi$

0756 답 $0\leq x\leq\dfrac{\pi}{4}$ 또는 $\dfrac{5}{4}\pi\leq x<2\pi$

부등식 $\cos x\geq\sin x$의 해는 함
수 $y=\cos x$의 그래프가 함수
$y=\sin x$와 만나거나 위쪽에 있
는 x의 값의 범위와 같으므로 오
른쪽 그림에서

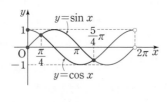

$0\leq x\leq\dfrac{\pi}{4}$ 또는 $\dfrac{5}{4}\pi\leq x<2\pi$

0757 답 ④

$3\tan x-\sqrt{3}\geq0$에서 $\tan x\geq\dfrac{\sqrt{3}}{3}$

오른쪽 그림과 같이 $\dfrac{\pi}{2}<x<\dfrac{3}{2}\pi$에서

부등식 $\tan x\geq\dfrac{\sqrt{3}}{3}$의 해는

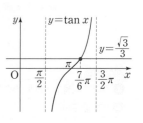

$\dfrac{7}{6}\pi\leq x<\dfrac{3}{2}\pi$

따라서 구하는 x의 최솟값은 $\dfrac{7}{6}\pi$이다.

0758 답 $\dfrac{\pi}{6}<\alpha\leq\dfrac{\pi}{3}$ 또는 $\dfrac{2}{3}\pi\leq\alpha<\dfrac{5}{6}\pi$

$\alpha+\beta=\dfrac{\pi}{2}$에서 $\beta=\dfrac{\pi}{2}-\alpha$

$1<\sin\alpha+\cos\beta\leq\sqrt{3}$에서

$1<\sin\alpha+\cos\left(\dfrac{\pi}{2}-\alpha\right)\leq\sqrt{3}$

$1<2\sin\alpha\leq\sqrt{3}$

$\therefore \dfrac{1}{2}<\sin\alpha\leq\dfrac{\sqrt{3}}{2}$ ······ ❶

오른쪽 그림과 같이 $0\leq\alpha<\pi$에서 부등
식 $\dfrac{1}{2}<\sin\alpha\leq\dfrac{\sqrt{3}}{2}$의 해는

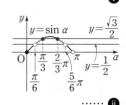

$\dfrac{\pi}{6}<\alpha\leq\dfrac{\pi}{3}$ 또는 $\dfrac{2}{3}\pi\leq\alpha<\dfrac{5}{6}\pi$

······ ❷

채점 기준

❶ 주어진 부등식을 $\sin\alpha$에 대한 부등식으로 나타내기		60%
❷ α의 값의 범위 구하기		40%

0759 답 $\dfrac{\pi}{12}\leq\theta\leq\dfrac{5}{12}\pi$

테니스공의 처음 속력이 20 m/s이므로 $v=20$을 $f(\theta)=\dfrac{v^2\sin 2\theta}{10}$

에 대입하면

$f(\theta)=\dfrac{20^2\times\sin 2\theta}{10}=40\sin 2\theta$

이때 테니스공이 날아간 거리가 20 m 이상이 되게 하면 $f(\theta)\geq20$

이므로

$40\sin 2\theta\geq20$ $\therefore \sin 2\theta\geq\dfrac{1}{2}$

$2\theta=t$로 놓으면 $\sin t\geq\dfrac{1}{2}$

한편 $0\leq\theta\leq\dfrac{\pi}{2}$에서 $0\leq 2\theta\leq\pi$

$\therefore 0\leq t\leq\pi$

따라서 오른쪽 그림과 같이 $0\leq t\leq\pi$에서

부등식 $\sin t\geq\dfrac{1}{2}$의 해는 $\dfrac{\pi}{6}\leq t\leq\dfrac{5}{6}\pi$이므
로

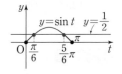

$\dfrac{\pi}{6}\leq 2\theta\leq\dfrac{5}{6}\pi$

$\therefore \dfrac{\pi}{12}\leq\theta\leq\dfrac{5}{12}\pi$

0760 답 $-\dfrac{1}{2}$

$2\cos^2 x-3\geq3\sin x$에서 $2(1-\sin^2 x)-3\geq3\sin x$

$2\sin^2 x+3\sin x+1\leq0$, $(\sin x+1)(2\sin x+1)\leq0$

$\therefore -1\leq\sin x\leq-\dfrac{1}{2}$

오른쪽 그림과 같이 $-\pi<x<\pi$

에서 부등식 $-1\leq\sin x\leq-\dfrac{1}{2}$

의 해는 $-\dfrac{5}{6}\pi\leq x\leq-\dfrac{\pi}{6}$이므로

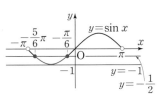

$\alpha=-\dfrac{5}{6}\pi$, $\beta=-\dfrac{\pi}{6}$

$\therefore \cos(\beta-\alpha)=\cos\left\{-\dfrac{\pi}{6}-\left(-\dfrac{5}{6}\pi\right)\right\}=\cos\dfrac{2}{3}\pi=-\dfrac{1}{2}$

0761 답 $\dfrac{\pi}{4}<x<\dfrac{\pi}{3}$

$\tan^2 x-(1+\sqrt3)\tan x<-\sqrt3$에서

$\tan^2 x-(1+\sqrt3)\tan x+\sqrt3<0$

$(\tan x-\sqrt3)(\tan x-1)<0$ $\therefore 1<\tan x<\sqrt3$

오른쪽 그림과 같이 $-\dfrac{\pi}{2}<x<\dfrac{\pi}{2}$에서

부등식 $1<\tan x<\sqrt3$의 해는

$\dfrac{\pi}{4}<x<\dfrac{\pi}{3}$

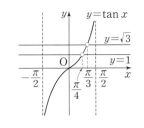

0762 답 ⑤

$\sin^2\theta+2\cos\theta-a<0$에서 $(1-\cos^2\theta)+2\cos\theta-a<0$

$\cos^2\theta-2\cos\theta>1-a$

$\cos\theta=t$로 놓으면

$t^2-2t>1-a$이고 $-1\leq t\leq1$

오른쪽 그림과 같이 $-1\leq t\leq1$에서 부
등식 $t^2-2t>1-a$가 항상 성립하려면
함수 $y=t^2-2t=(t-1)^2-1$의 그래프
가 직선 $y=1-a$보다 위쪽에 있어야 하
므로

$1-a<-1$ $\therefore a>2$

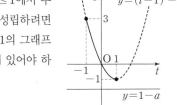

0763 답 ①

모든 실수 x에 대하여 주어진 부등식이 성립하려면 이차방정식
$x^2-2x+2\cos\theta=0$이 실근을 갖지 않아야 하므로 이 이차방정식
의 판별식을 D라 하면

$\dfrac{D}{4}=1-2\cos\theta<0$ $\therefore \cos\theta>\dfrac{1}{2}$

따라서 오른쪽 그림에서 구하는 θ의 값의
범위는

$0\leq\theta<\dfrac{\pi}{3}$

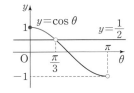

0764 답 $0\leq\theta<\dfrac{\pi}{3}$ 또는 $\dfrac{5}{3}\pi<\theta<2\pi$

이차방정식 $x^2-2(2\cos\theta-1)x+8\cos\theta-4=0$의 판별식을 D라
하면

$\dfrac{D}{4}=(2\cos\theta-1)^2-(8\cos\theta-4)<0$

$4\cos^2\theta-12\cos\theta+5<0$

$(2\cos\theta-5)(2\cos\theta-1)<0$

그런데 $2\cos\theta-5<0$이므로 $2\cos\theta-1>0$

$\therefore \cos\theta>\dfrac{1}{2}$ ······ ❶

따라서 오른쪽 그림에서 구하는 θ의
값의 범위는

$0\leq\theta<\dfrac{\pi}{3}$ 또는 $\dfrac{5}{3}\pi<\theta<2\pi$

····· ❷

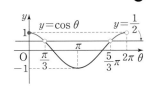

0765 답 $\dfrac{\pi}{3}$

이차함수 $y=x^2-2\sqrt3 x\tan\theta+1$의 그래프가 x축과 만나지 않으려
면 이차방정식 $x^2-2\sqrt3 x\tan\theta+1=0$이 실근을 갖지 않아야 하므
로 이 이차방정식의 판별식을 D라 하면

$\dfrac{D}{4}=(-\sqrt3\tan\theta)^2-1<0$

$3\tan^2\theta-1<0$, $(\sqrt3\tan\theta+1)(\sqrt3\tan\theta-1)<0$

$\therefore -\dfrac{\sqrt3}{3}<\tan\theta<\dfrac{\sqrt3}{3}$

즉, 오른쪽 그림에서 θ의 값의 범위는

$-\dfrac{\pi}{6}<\theta<\dfrac{\pi}{6}$

따라서 $\alpha=-\dfrac{\pi}{6}$, $\beta=\dfrac{\pi}{6}$이므로

$\beta-\alpha=\dfrac{\pi}{3}$

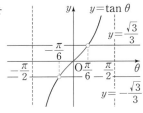

0766 답 ①

이차방정식 $x^2-(2\sin\theta)x-3\cos^2\theta-5\sin\theta+5=0$의 판별식을
D라 하면

$\dfrac{D}{4}=(-\sin\theta)^2-(-3\cos^2\theta-5\sin\theta+5)\geq0$

$\sin^2\theta+3\cos^2\theta+5\sin\theta-5\geq0$

$\sin^2\theta+3(1-\sin^2\theta)+5\sin\theta-5\geq0$

$2\sin^2\theta-5\sin\theta+2\leq0$, $(2\sin\theta-1)(\sin\theta-2)\leq0$

그런데 $\sin\theta-2<0$이므로 $2\sin\theta-1\geq0$ $\therefore \sin\theta\geq\dfrac{1}{2}$

즉, 오른쪽 그림에서 θ의 값의 범위는

$\dfrac{\pi}{6}\leq\theta\leq\dfrac{5}{6}\pi$

따라서 $\alpha=\dfrac{\pi}{6}$, $\beta=\dfrac{5}{6}\pi$이므로

$4\beta-2\alpha=4\times\dfrac{5}{6}\pi-2\times\dfrac{\pi}{6}=3\pi$

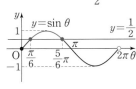

0767 답 ⑤

모든 실수 x에 대하여 $f(x+1)=f(x-2)$를 만족시키므로 이 식의
양변에 x 대신 $x+2$를 대입하면
$$f(x+3)=f(x)$$
따라서 $f(x)$는 주기가 3인 주기함수이므로
$$f(20)=f(17)=f(14)=\cdots=f(2)=3$$
$$f(10)=f(7)=f(4)=f(1)=5$$
$$\therefore 2f(20)+5f(10)=2\times3+5\times5=31$$

0768 답 ⑤

② 주기가 $\dfrac{2\pi}{|4|}=\dfrac{\pi}{2}$인 주기함수이다.

③ 최댓값은 $|3|-2=1$, 최솟값은 $-|3|-2=-5$이다.

④ $y=3\sin\left(4x-\dfrac{\pi}{3}\right)-2=3\sin4\left(x-\dfrac{\pi}{12}\right)-2$

즉, 주어진 함수의 그래프는 함수 $y=3\sin4x$의 그래프를 x축의
방향으로 $\dfrac{\pi}{12}$만큼, y축의 방향으로 -2만큼 평행이동한 것이다.
따라서 함수 $y=3\cos4x$의 그래프를 평행이동하면 주어진 함수
의 그래프와 겹쳐진다.

⑤ $x=\dfrac{3}{8}\pi$를 대입하면 $y=3\sin\dfrac{7}{6}\pi-2=3\times\left(-\dfrac{1}{2}\right)-2=-\dfrac{7}{2}$이
므로 점 $\left(\dfrac{3}{8}\pi,\ -\dfrac{7}{2}\right)$을 지난다.

따라서 옳지 않은 것은 ⑤이다.

0769 답 ②

ㄱ. 주기는 $\dfrac{\pi}{|3|}=\dfrac{\pi}{3}$이다.

ㄴ. 최댓값과 최솟값은 없다.

ㄷ. 정의역은 $3x-\pi\neq n\pi+\dfrac{\pi}{2}$, 즉 $x\neq\dfrac{n}{3}\pi+\dfrac{\pi}{2}$ (n은 정수)인 실수
전체의 집합이다.

ㄹ. $y=\tan(3x-\pi)$에 $x=0$을 대입하면 $y=\tan(-\pi)=0$이므로
그래프는 원점을 지난다.

따라서 보기에서 옳은 것은 ㄴ, ㄹ이다.

0770 답 ④

㈎에서 주기가 2π이므로 주어진 함수의 주기를 각각 구하면
① $\dfrac{2\pi}{\left|\frac{1}{2}\right|}=4\pi$ ② $\dfrac{2\pi}{\left|\frac{1}{2}\right|}=4\pi$ ③ $\dfrac{\pi}{\left|\frac{1}{2}\right|}=2\pi$ ④ 2π ⑤ 2π

그러므로 ㈎를 만족시키는 함수는 ③, ④, ⑤이다.
또 ㈏에서 그래프가 원점에 대하여 대칭인 함수이므로
$y=\sin x$, $y=\tan x$의 함수이다.
그러므로 ㈎, ㈏를 만족시키는 함수는 ③, ④이다.
그런데 ㈐에서 최댓값과 최솟값의 차는 10이므로 ㈎~㈐를 만족시키
는 함수는 ④이다.

0771 답 12π

주어진 함수의 최댓값이 4, 최솟값이 0이고 $a>0$이므로
$$a+d=4,\ -a+d=0$$

두 식을 연립하여 풀면 $a=2$, $d=2$

또 주기가 $\dfrac{5}{6}\pi-\dfrac{\pi}{6}=\dfrac{2}{3}\pi$이고 $b>0$이므로

$$\dfrac{2\pi}{b}=\dfrac{2}{3}\pi \qquad \therefore b=3$$

즉, 함수 $y=2\cos(3x-c)+2$의 그래프가 점 $\left(\dfrac{2}{3}\pi,\ 0\right)$을 지나므로

$$0=2\cos(2\pi-c)+2 \qquad \therefore \cos(2\pi-c)=-1$$

이때 $0<c<2\pi$에서 $0<2\pi-c<2\pi$이므로

$$2\pi-c=\pi \qquad \therefore c=\pi$$

$$\therefore abcd=2\times3\times\pi\times2=12\pi$$

0772 답 ㄱ, ㄷ, ㄹ

함수 $f(x)$가 모든 실수 x에 대하여 $f(-x)=f(x)$를 만족시키면
그래프가 y축에 대하여 대칭이고, 주어진 함수의 그래프는 각각 다
음 그림과 같다.

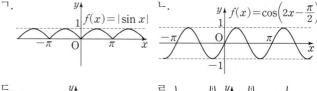

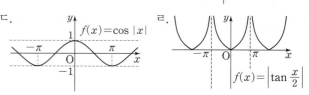

따라서 모든 실수 x에 대하여 $f(-x)=f(x)$인 함수는 ㄱ, ㄷ, ㄹ이다.

0773 답 ③

$0\le x<2\pi$에서 곡선
$y=|4\sin3x+2|$는 오른쪽 그림과
같으므로 곡선 $y=|4\sin3x+2|$와
직선 $y=2$가 만나는 서로 다른 점의
개수는 9이다.

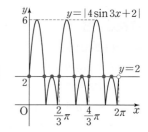

0774 답 ②

ㄱ. $\sin330°=\sin(360°-30°)=-\sin30°=-\dfrac{1}{2}$

$\quad \tan\dfrac{9}{4}\pi=\tan\left(2\pi+\dfrac{\pi}{4}\right)=\tan\dfrac{\pi}{4}=1$

$\quad \cos\left(\dfrac{5}{2}\pi-\dfrac{\pi}{6}\right)=\cos\left(2\pi+\dfrac{\pi}{2}-\dfrac{\pi}{6}\right)=\cos\left(\dfrac{\pi}{2}-\dfrac{\pi}{6}\right)$

$\qquad\qquad\qquad =\sin\dfrac{\pi}{6}=\dfrac{1}{2}$

$\quad \therefore$ (주어진 식)$=-\dfrac{1}{2}+1+\dfrac{1}{2}=1$

ㄴ. $\sin80°=\sin(90°-10°)=\cos10°$

$\quad \sin70°=\sin(90°-20°)=\cos20°$

$\quad \sin60°=\sin(90°-30°)=\cos30°$

$\quad \sin50°=\sin(90°-40°)=\cos40°$

$\quad \therefore 2^{\sin^2 10°}\times2^{\sin^2 20°}\times2^{\sin^2 30°}\times\cdots\times2^{\sin^2 80°}$

$\qquad =2^{\sin^2 10°+\sin^2 20°+\sin^2 30°+\cdots+\sin^2 80°}$

$\qquad =2^{(\sin^2 10°+\cos^2 10°)+(\sin^2 20°+\cos^2 20°)+(\sin^2 30°+\cos^2 30°)+(\sin^2 40°+\cos^2 40°)}$

$\qquad =2^4=16$

ㄷ. $(\sin 20°+\cos 20°)^2+(\sin 70°-\cos 70°)^2$

$=\sin^2 20°+\cos^2 20°+2\sin 20°\cos 20°$

$\qquad\qquad+\sin^2 70°+\cos^2 70°-2\sin 70°\cos 70°$

$=2+2\sin 20°\cos 20°-2\sin(90°-20°)\cos(90°-20°)$

$=2+2\sin 20°\cos 20°-2\sin 20°\cos 20°=2$

ㄹ. $\sin^2\theta+\sin^2\left(\dfrac{\pi}{2}+\theta\right)+\cos^2\left(\dfrac{3}{2}\pi+\theta\right)+\cos^2(\pi-\theta)$

$=\sin^2\theta+\cos^2\theta+\sin^2\theta+\cos^2\theta=2$

따라서 보기에서 옳은 것은 ㄱ, ㄹ이다.

0775 답 $\dfrac{5}{2}$

$\angle \mathrm{P}_n\mathrm{OA}=\dfrac{\pi}{2}\times\dfrac{n}{6}=\dfrac{n}{12}\pi$, $\overline{\mathrm{OP}_n}=1$이므로

$\overline{\mathrm{P}_n\mathrm{Q}_n}=\overline{\mathrm{OP}_n}\sin\dfrac{n}{12}\pi=\sin\dfrac{n}{12}\pi$

$\therefore \overline{\mathrm{P}_1\mathrm{Q}_1}^2+\overline{\mathrm{P}_2\mathrm{Q}_2}^2+\overline{\mathrm{P}_3\mathrm{Q}_3}^2+\overline{\mathrm{P}_4\mathrm{Q}_4}^2+\overline{\mathrm{P}_5\mathrm{Q}_5}^2$

$=\sin^2\dfrac{\pi}{12}+\sin^2\dfrac{2}{12}\pi+\sin^2\dfrac{3}{12}\pi+\sin^2\dfrac{4}{12}\pi+\sin^2\dfrac{5}{12}\pi$

$=\sin^2\dfrac{\pi}{12}+\sin^2\dfrac{2}{12}\pi+\sin^2\dfrac{3}{12}\pi$

$\qquad\qquad+\sin^2\left(\dfrac{\pi}{2}-\dfrac{2}{12}\pi\right)+\sin^2\left(\dfrac{\pi}{2}-\dfrac{\pi}{12}\right)$

$=\sin^2\dfrac{\pi}{12}+\sin^2\dfrac{2}{12}\pi+\sin^2\dfrac{3}{12}\pi+\cos^2\dfrac{2}{12}\pi+\cos^2\dfrac{\pi}{12}$

$=2+\sin^2\dfrac{\pi}{4}=2+\left(\dfrac{\sqrt 2}{2}\right)^2=\dfrac{5}{2}$

0776 답 ②

$y=\dfrac{1}{\tan^2\left(\dfrac{3}{2}\pi+x\right)}+2\tan x+6$

$=(-\tan x)^2+2\tan x+6$

$=\tan^2 x+2\tan x+6$

$\tan x=t$로 놓으면 $y=t^2+2t+6=(t+1)^2+5$

한편 $0\le x<\dfrac{\pi}{2}$에서 $t\ge 0$

즉, 함수의 그래프는 오른쪽 그림과 같으므로 $t=0$에서 최솟값 6을 갖는다.

$\therefore m=6$

이때 $t=0$, 즉 $\tan x=0$이고

$0\le x<\dfrac{\pi}{2}$이므로 $x=0$ $\quad\therefore a=0$

$\therefore a+m=0+6=6$

0777 답 $-\dfrac{1}{2}$

$y=\dfrac{2\cos x}{\cos x+3}$에서 $\cos x=t$로 놓으면

$y=\dfrac{2t}{t+3}=-\dfrac{6}{t+3}+2$이고 $-1\le t\le 1$

즉, 함수의 그래프는 오른쪽 그림과

같으므로 $t=1$에서 최댓값 $\dfrac{1}{2}$,

$t=-1$에서 최솟값 -1을 갖는다.

따라서 최댓값과 최솟값의 합은

$\dfrac{1}{2}+(-1)=-\dfrac{1}{2}$

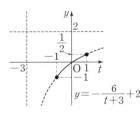

0778 답 2π

$y=x^2-4x\cos\theta-4\sin^2\theta$

$=(x-2\cos\theta)^2-4\cos^2\theta-4\sin^2\theta$

$=(x-2\cos\theta)^2-4$

이 이차함수의 그래프의 꼭짓점의 좌표는 $(2\cos\theta, -4)$이고, 이 점이 직선 $y=4x$ 위에 있으므로

$-4=4\times 2\cos\theta$ $\quad\therefore \cos\theta=-\dfrac{1}{2}$

오른쪽 그림에서 θ의 값은

$\theta=\dfrac{2}{3}\pi$ 또는 $\theta=\dfrac{4}{3}\pi$

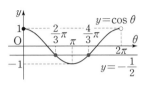

따라서 모든 θ의 값의 합은

$\dfrac{2}{3}\pi+\dfrac{4}{3}\pi=2\pi$

0779 답 $\dfrac{4}{3}$

함수 $y=\cos\dfrac{\pi}{4}x$의 주기는

$\dfrac{2\pi}{\left|\dfrac{\pi}{4}\right|}=8$이므로 점 E의 좌표는

$(2, 0)$, 점 F의 좌표는 $(6, 0)$이다.

점 B의 x좌표의 범위는 $2<x<4$

$\overline{\mathrm{AB}}=\dfrac{1}{2}$이므로 점 B의 y좌표는 $-\dfrac{1}{2}$이고

$\cos\dfrac{\pi}{4}x=-\dfrac{1}{2}$에서

$\dfrac{\pi}{4}x=t$로 놓으면 $\cos t=-\dfrac{1}{2}$

$2<x<4$에서 $\dfrac{\pi}{2}<\dfrac{\pi}{4}x<\pi$ $\quad\therefore \dfrac{\pi}{2}<t<\pi$

즉, $\dfrac{\pi}{2}<t<\pi$에서 방정식 $\cos t=-\dfrac{1}{2}$의 해는 $t=\dfrac{2}{3}\pi$이므로

$\dfrac{\pi}{4}x=\dfrac{2}{3}\pi$ $\quad\therefore x=\dfrac{8}{3}$

즉, 점 B의 x좌표가 $\dfrac{8}{3}$이므로 점 A의 좌표는 $\left(\dfrac{8}{3}, 0\right)$이다.

한편 주어진 그래프는 직선 $x=4$에 대하여 대칭이므로 점 D의 좌표는 $\left(\dfrac{16}{3}, 0\right)$이다.

$\therefore \overline{\mathrm{AD}}=\dfrac{16}{3}-\dfrac{8}{3}=\dfrac{8}{3}$

따라서 직사각형 ABCD의 넓이는 $\dfrac{8}{3}\times\dfrac{1}{2}=\dfrac{4}{3}$

0780 답 $x=\dfrac{\pi}{4}$

$\log\cos x$, $\log\sin\left(\dfrac{\pi}{2}-x\right)$에서 진수의 조건에 의하여

$\cos x>0$, $\sin\left(\dfrac{\pi}{2}-x\right)>0$ $\quad\therefore 0<x<\dfrac{\pi}{2}$ $(\because 0<x<\pi)$

$\log\cos x+\log\sin\left(\dfrac{\pi}{2}-x\right)=\log\dfrac{1}{2}$에서

$\log\cos x+\log\cos x=\log\dfrac{1}{2}$, $\log\cos^2 x=\log\dfrac{1}{2}$

따라서 $\cos^2 x=\dfrac{1}{2}$이므로 $\cos x=\dfrac{\sqrt 2}{2}$ $\left(\because 0<x<\dfrac{\pi}{2}\right)$

$\therefore x=\dfrac{\pi}{4}$

0781 답 ④

$A+B+C=\pi$이므로

$\sin(B+C)=\sin(\pi-A)=\sin A$

$\sin A+\sin(B+C)\geq 1$에서

$\sin A+\sin A\geq 1$

$2\sin A\geq 1$ $\therefore \sin A\geq\dfrac{1}{2}$

$0<A<\pi$이므로 오른쪽 그림에서 부등

식 $\sin A\geq\dfrac{1}{2}$의 해는

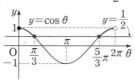

$\dfrac{\pi}{6}\leq A\leq\dfrac{5}{6}\pi$

$\therefore -\dfrac{\sqrt{3}}{2}\leq\cos A\leq\dfrac{\sqrt{3}}{2}$

따라서 $\cos A$의 최댓값은 $\dfrac{\sqrt{3}}{2}$이다.

0782 답 $\dfrac{\pi}{3}\leq\theta<\dfrac{\pi}{2}$

(i) 이차방정식 $x^2-4x\sin\theta+6\cos\theta=0$의 판별식을 D라 하면

$\dfrac{D}{4}=(-2\sin\theta)^2-6\cos\theta\geq 0$

$2\sin^2\theta-3\cos\theta\geq 0$, $2(1-\cos^2\theta)-3\cos\theta\geq 0$

$2\cos^2\theta+3\cos\theta-2\leq 0$, $(2\cos\theta-1)(\cos\theta+2)\leq 0$

그런데 $\cos\theta+2>0$이므로 $2\cos\theta-1\leq 0$ $\therefore \cos\theta\leq\dfrac{1}{2}$

오른쪽 그림에서 θ의 값의 범위는

$\dfrac{\pi}{3}\leq\theta\leq\dfrac{5}{3}\pi$ $(\because 0\leq\theta<2\pi)$

(ii) (두 근의 합)>0이어야 하므로 $4\sin\theta>0$

즉, $\sin\theta>0$이므로

$0<\theta<\pi$ $(\because 0\leq\theta<2\pi)$

(iii) (두 근의 곱)>0이어야 하므로 $6\cos\theta>0$

즉, $\cos\theta>0$이므로

$0\leq\theta<\dfrac{\pi}{2}$ 또는 $\dfrac{3}{2}\pi<\theta<2\pi$ $(\because 0\leq\theta<2\pi)$

(i)~(iii)에서 $\dfrac{\pi}{3}\leq\theta<\dfrac{\pi}{2}$

0783 답 $\dfrac{9}{2}$

함수 $y=\cos\dfrac{\pi}{4}x+4$의 그래프를 x축의 방향으로 $\dfrac{1}{2}$만큼 평행이동한

그래프의 식은

$y=\cos\dfrac{\pi}{4}\left(x-\dfrac{1}{2}\right)+4$ ......❶

이 그래프가 점 $\left(\dfrac{11}{6},\ a\right)$를 지나므로

$a=\cos\dfrac{\pi}{4}\left(\dfrac{11}{6}-\dfrac{1}{2}\right)+4$

$=\cos\dfrac{\pi}{3}+4=\dfrac{1}{2}+4=\dfrac{9}{2}$ ......❷

채점 기준

❶ 평행이동한 그래프의 식 구하기		60%
❷ a의 값 구하기		40%

0784 답 -32

주기는 $\dfrac{\pi}{2}$이고 $b>0$이므로

$\dfrac{2\pi}{b}=\dfrac{\pi}{2}$ $\therefore b=4$ ......❶

최댓값은 2이고 $a>0$이므로

$a+c=2$ ......㉠

$f\left(\dfrac{\pi}{24}\right)=0$에서 $a\sin\dfrac{\pi}{6}+c=0$이므로

$\dfrac{1}{2}a+c=0$ ......㉡

㉠, ㉡을 연립하여 풀면 $a=4$, $c=-2$ ......❷

$\therefore abc=4\times 4\times(-2)=-32$ ......❸

채점 기준

❶ 주기를 이용하여 b의 값 구하기		30%
❷ 최댓값과 $f\left(\dfrac{\pi}{24}\right)=0$임을 이용하여 a, c의 값 구하기		60%
❸ abc의 값 구하기		10%

0785 답 9

$4\cos^2 x+4\sin(x+4\pi)+k=0$에서

$4(1-\sin^2 x)+4\sin x+k=0$

$\therefore 4\sin^2 x-4\sin x-4=k$

이 방정식이 실근을 가지려면 함수 $y=4\sin^2 x-4\sin x-4$의 그래프와 직선 $y=k$가 교점을 가져야 한다. ......❶

이때 $\sin x=t$로 놓으면

$y=4t^2-4t-4=4\left(t-\dfrac{1}{2}\right)^2-5$이고 $-1\leq t\leq 1$

따라서 오른쪽 그림에서 실근을 갖도록

하는 실수 k의 값의 범위는

$-5\leq k\leq 4$ ......❷

따라서 $M=4$, $m=-5$이므로

$M-m=4-(-5)=9$ ......❸

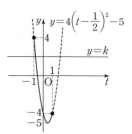

채점 기준

❶ 주어진 방정식을 정리하고, 실근을 가질 조건 알기		40%
❷ 실수 k의 값의 범위 구하기		50%
❸ $M-m$의 값 구하기		10%

0786 답 9

$x-\dfrac{\pi}{3}=t$로 놓으면 $x+\dfrac{\pi}{6}=\dfrac{\pi}{2}+t$

$0\leq x<2\pi$에서 $-\dfrac{\pi}{3}\leq x-\dfrac{\pi}{3}<\dfrac{5}{3}\pi$ $\therefore -\dfrac{\pi}{3}\leq t<\dfrac{5}{3}\pi$

$2\cos^2\left(x-\dfrac{\pi}{3}\right)-\cos\left(x+\dfrac{\pi}{6}\right)-1\geq 0$에서

$2\cos^2 t-\cos\left(\dfrac{\pi}{2}+t\right)-1\geq 0$

$2(1-\sin^2 t)+\sin t-1\geq 0$

$2\sin^2 t-\sin t-1\leq 0$, $(2\sin t+1)(\sin t-1)\leq 0$

$\therefore -\dfrac{1}{2}\leq\sin t\leq 1$ ......❶

오른쪽 그림에서 부등식

$-\dfrac{1}{2}\le \sin t\le 1$의 해는

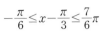

$-\dfrac{\pi}{6}\le t\le \dfrac{7}{6}\pi$이므로

$-\dfrac{\pi}{6}\le x-\dfrac{\pi}{3}\le \dfrac{7}{6}\pi$

$\therefore \dfrac{\pi}{6}\le x\le \dfrac{3}{2}\pi$ $\qquad$ ...... ⓔ

따라서 $\alpha=\dfrac{\pi}{6}$, $\beta=\dfrac{3}{2}\pi$이므로 $\dfrac{\beta}{\alpha}=9$ $\qquad$ ...... ⓕ

채점 기준

ⓓ $x-\dfrac{\pi}{3}=t$로 놓고, $\sin t$의 값의 범위 구하기	60 %
ⓔ x의 값의 범위 구하기	30 %
ⓕ $\dfrac{\beta}{\alpha}$의 값 구하기	10 %

C 실력 향상
121쪽

0787 답 ③

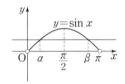

$0<x<\pi$에서 함수 $y=\sin x$의 그래프는 오른쪽 그림과 같고, $0<\alpha<\pi$, $0<\beta<\pi$인 서로 다른 두 실수 α, β에 대하여

$\sin\alpha=\sin\beta$이면 $\dfrac{\alpha+\beta}{2}=\dfrac{\pi}{2}$이므로

$\alpha+\beta=\pi$ $\quad \therefore \beta=\pi-\alpha$ $\left(\text{단, } \alpha\neq\dfrac{\pi}{2}, \beta\neq\dfrac{\pi}{2}\right)$

$\cos\alpha+\cos\beta=\cos\alpha+\cos(\pi-\alpha)$
$\qquad\qquad\qquad=\cos\alpha-\cos\alpha$
$\qquad\qquad\qquad=0$

$\tan 2\alpha+\tan 2\beta=\tan 2\alpha+\tan(2\pi-2\alpha)$
$\qquad\qquad\qquad\quad=\tan 2\alpha+\tan(-2\alpha)$
$\qquad\qquad\qquad\quad=\tan 2\alpha-\tan 2\alpha$
$\qquad\qquad\qquad\quad=0$

$\therefore \cos\alpha+\cos\beta+\tan 2\alpha+\tan 2\beta=0$

0788 답 ②

$2\sin^2 x-3\cos x=k$에서 $2(1-\cos^2 x)-3\cos x=k$

$2\cos^2 x+3\cos x+k-2=0$ $\qquad$ ...... ㉠

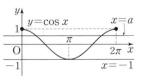

한편 상수 $a\,(-1\le a\le 1)$에 대하여 $0\le x\le 2\pi$에서 곡선 $y=\cos x$와 직선 $y=a$가 만나는 서로 다른 점의 개수는 $a=-1$일 때 1이고, $-1<a\le 1$일 때 2이다.

$0\le x\le 2\pi$일 때, 방정식 ㉠의 서로 다른 실근의 개수가 3이려면 $\cos x=-1$, 즉 $x=\pi$가 이 방정식의 한 실근이어야 한다.

$x=\pi$를 ㉠에 대입하면

$2\cos^2\pi+3\cos\pi+k-2=0$

$2\times(-1)^2+3\times(-1)+k-2=0$ $\quad\therefore k=3$

이를 ㉠에 대입하면

$2\cos^2 x+3\cos x+1=0$

$(\cos x+1)(2\cos x+1)=0$

$\therefore \cos x=-1$ 또는 $\cos x=-\dfrac{1}{2}$

(i) $\cos x=-1$일 때, $x=\pi$

(ii) $\cos x=-\dfrac{1}{2}$일 때, $x=\dfrac{2}{3}\pi$ 또는 $x=\dfrac{4}{3}\pi$

(i), (ii)에서 $x=\dfrac{2}{3}\pi$ 또는 $x=\pi$ 또는 $x=\dfrac{4}{3}\pi$

따라서 세 실근 중 가장 큰 실근은 $\dfrac{4}{3}\pi$이므로 $\alpha=\dfrac{4}{3}\pi$

$\therefore k\times\alpha=3\times\dfrac{4}{3}\pi=4\pi$

0789 답 ③

$\sin\dfrac{\pi}{7}=\cos\left(\dfrac{\pi}{2}-\dfrac{\pi}{7}\right)=\cos\dfrac{5}{14}\pi$이므로 $0\le x\le 2\pi$에서 방정식

$\cos x=\sin\dfrac{\pi}{7}$, 즉 $\cos x=\cos\dfrac{5}{14}\pi$의 해는

$x=\dfrac{5}{14}\pi$ 또는 $x=\dfrac{23}{14}\pi$

$0\le x\le 2\pi$에서 부등식 $\cos x\le \sin\dfrac{\pi}{7}$의 해는 함수 $y=\cos x$의 그래프가 직선 $y=\cos\dfrac{5}{14}\pi$와 만나거나 아래쪽에 있는 x의 값의 범위와 같다.

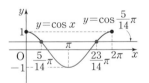

따라서 주어진 부등식의 해는 $\dfrac{5}{14}\pi\le x\le \dfrac{23}{14}\pi$이므로

$\alpha=\dfrac{5}{14}\pi$, $\beta=\dfrac{23}{14}\pi$

$\therefore \beta-\alpha=\dfrac{23}{14}\pi-\dfrac{5}{14}\pi=\dfrac{9}{7}\pi$

0790 답 $\dfrac{2}{3}\pi<\theta<\pi$ 또는 $\pi<\theta<\dfrac{4}{3}\pi$

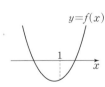

$f(x)=2x^2+3x\cos\theta-2\sin^2\theta+1$이라 하면 방정식 $f(x)=0$의 두 근 사이에 1이 존재해야 하므로

$f(1)<0$

$2+3\cos\theta-2\sin^2\theta+1<0$

$2+3\cos\theta-2(1-\cos^2\theta)+1<0$, $2\cos^2\theta+3\cos\theta+1<0$

$(2\cos\theta+1)(\cos\theta+1)<0$

$\therefore -1<\cos\theta<-\dfrac{1}{2}$

따라서 오른쪽 그림에서 θ의 값의 범위는

$\dfrac{2}{3}\pi<\theta<\pi$ 또는 $\pi<\theta<\dfrac{4}{3}\pi$

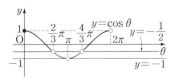

A 개념 확인

122~123쪽

0791 답 $3\sqrt{2}$

사인법칙에 의하여 $\dfrac{2\sqrt{3}}{\sin 45^\circ}=\dfrac{b}{\sin 60^\circ}$ 이므로

$b=\dfrac{2\sqrt{3}\sin 60^\circ}{\sin 45^\circ}=\dfrac{2\sqrt{3}\times\dfrac{\sqrt{3}}{2}}{\dfrac{\sqrt{2}}{2}}=3\sqrt{2}$

0792 답 $4\sqrt{6}$

사인법칙에 의하여 $\dfrac{a}{\sin 45^\circ}=\dfrac{4\sqrt{3}}{\sin 30^\circ}$ 이므로

$a=\dfrac{4\sqrt{3}\sin 45^\circ}{\sin 30^\circ}=\dfrac{4\sqrt{3}\times\dfrac{\sqrt{2}}{2}}{\dfrac{1}{2}}=4\sqrt{6}$

0793 답 90°

사인법칙에 의하여 $\dfrac{1}{\sin 30^\circ}=\dfrac{2}{\sin B}$ 이므로

$\sin B=2\sin 30^\circ=2\times\dfrac{1}{2}=1$

이때 $0^\circ<B<180^\circ$이므로

$B=90^\circ$

0794 답 60°, 120°

사인법칙에 의하여 $\dfrac{\sqrt{6}}{\sin B}=\dfrac{2}{\sin 45^\circ}$ 이므로

$\sin B=\dfrac{\sqrt{6}\sin 45^\circ}{2}=\dfrac{\sqrt{6}\times\dfrac{\sqrt{2}}{2}}{2}=\dfrac{\sqrt{3}}{2}$

이때 $0^\circ<B<180^\circ$이므로

$B=60^\circ$ 또는 $B=120^\circ$

0795 답 6

삼각형 ABC의 외접원의 반지름의 길이를 R라 하면

$\dfrac{6}{\sin 30^\circ}=2R$이므로

$R=\dfrac{6}{2\sin 30^\circ}=\dfrac{6}{2\times\dfrac{1}{2}}=6$

0796 답 $4\sqrt{2}$

$C=180^\circ-(75^\circ+60^\circ)=45^\circ$

삼각형 ABC의 외접원의 반지름의 길이를 R라 하면

$\dfrac{8}{\sin 45^\circ}=2R$이므로

$R=\dfrac{8}{2\sin 45^\circ}=\dfrac{8}{2\times\dfrac{\sqrt{2}}{2}}=4\sqrt{2}$

0797 답 $2\sqrt{13}$

코사인법칙에 의하여

$b^2=8^2+6^2-2\times8\times6\times\cos 60^\circ$

$\quad=64+36-96\times\dfrac{1}{2}=52$

$\therefore b=\sqrt{52}=2\sqrt{13}\ (\because b>0)$

0798 답 $3\sqrt{10}$

코사인법칙에 의하여

$c^2=(3\sqrt{2})^2+6^2-2\times3\sqrt{2}\times6\times\cos 135^\circ$

$\quad=18+36-36\sqrt{2}\times\left(-\dfrac{\sqrt{2}}{2}\right)=90$

$\therefore c=\sqrt{90}=3\sqrt{10}\ (\because c>0)$

0799 답 60°

코사인법칙에 의하여

$\cos A=\dfrac{5^2+8^2-7^2}{2\times5\times8}=\dfrac{1}{2}$

이때 $0^\circ<A<180^\circ$이므로 $A=60^\circ$

0800 답 120°

코사인법칙에 의하여

$\cos C=\dfrac{3^2+5^2-7^2}{2\times3\times5}=-\dfrac{1}{2}$

이때 $0^\circ<C<180^\circ$이므로 $C=120^\circ$

0801 답 $6\sqrt{3}$

삼각형 ABC의 넓이는

$\dfrac{1}{2}ab\sin C=\dfrac{1}{2}\times4\times6\times\sin 60^\circ=12\times\dfrac{\sqrt{3}}{2}=6\sqrt{3}$

0802 답 18

삼각형 ABC의 넓이는

$\dfrac{1}{2}ca\sin B=\dfrac{1}{2}\times8\times9\times\sin 150^\circ=36\times\dfrac{1}{2}=18$

0803 답 (1) $\dfrac{1}{15}$ (2) $\dfrac{4\sqrt{14}}{15}$ (3) $6\sqrt{14}$

(1) 코사인법칙에 의하여

$\quad\cos A=\dfrac{9^2+5^2-10^2}{2\times9\times5}=\dfrac{1}{15}$

(2) $\sin^2 A+\cos^2 A=1$이므로

$\quad\sin^2 A=1-\left(\dfrac{1}{15}\right)^2=\dfrac{224}{225}$

이때 $0^\circ<A<180^\circ$이므로 $\sin A>0$

$\quad\therefore \sin A=\sqrt{\dfrac{224}{225}}=\dfrac{4\sqrt{14}}{15}$

(3) 삼각형 ABC의 넓이는

$\quad\dfrac{1}{2}bc\sin A=\dfrac{1}{2}\times9\times5\times\dfrac{4\sqrt{14}}{15}=6\sqrt{14}$

0804 답 $12\sqrt{2}$

평행사변형 ABCD의 넓이는

$4\times6\times\sin 45^\circ=4\times6\times\dfrac{\sqrt{2}}{2}=12\sqrt{2}$

0805 답 18

평행사변형 ABCD의 넓이는

$$3 \times 4\sqrt{3} \times \sin 120° = 3 \times 4\sqrt{3} \times \frac{\sqrt{3}}{2} = 18$$

0806 답 36

$B = D = 60°$이므로 평행사변형 ABCD의 넓이는

$$3\sqrt{3} \times 8 \times \sin 60° = 3\sqrt{3} \times 8 \times \frac{\sqrt{3}}{2} = 36$$

0807 답 27

$B = D = 150°$이므로 평행사변형 ABCD의 넓이는

$$6 \times 9 \times \sin 150° = 6 \times 9 \times \frac{1}{2} = 27$$

0808 답 $\frac{15}{2}$

사각형 ABCD의 넓이는

$$\frac{1}{2} \times 5 \times 6 \times \sin 150° = \frac{1}{2} \times 5 \times 6 \times \frac{1}{2} = \frac{15}{2}$$

B 유형 완성

124~133쪽

0809 답 $\frac{37}{64}$

사인법칙에 의하여 $\dfrac{4}{\sin 60°} = \dfrac{3}{\sin C}$이므로

$$\sin C = \frac{3 \sin 60°}{4} = \frac{3 \times \frac{\sqrt{3}}{2}}{4} = \frac{3\sqrt{3}}{8}$$

$$\therefore \cos^2 C = 1 - \sin^2 C = 1 - \left(\frac{3\sqrt{3}}{8}\right)^2 = \frac{37}{64}$$

0810 답 ③

사인법칙에 의하여 $\dfrac{6\sqrt{2}}{\sin A} = \dfrac{3\sqrt{2}}{\sin 30°}$이므로

$$\sin A = \frac{6\sqrt{2} \sin 30°}{3\sqrt{2}} = \frac{6\sqrt{2} \times \frac{1}{2}}{3\sqrt{2}} = 1$$

이때 $0° < A < 180°$이므로 $A = 90°$

$$\therefore C = 180° - (90° + 30°) = 60°$$

0811 답 ⑤

사인법칙에 의하여 $\dfrac{2\sqrt{3}}{\sin 120°} = \dfrac{2}{\sin C}$이므로

$$\sin C = \frac{2 \sin 120°}{2\sqrt{3}} = \frac{2 \times \frac{\sqrt{3}}{2}}{2\sqrt{3}} = \frac{1}{2}$$

이때 $0° < C < 180°$이므로 $C = 30°$ 또는 $C = 150°$
그런데 $C = 150°$이면 $A + C > 180°$이므로 $C = 30°$

$$\therefore B = 180° - (120° + 30°) = 30°$$

$$\therefore \cos B = \cos 30° = \frac{\sqrt{3}}{2}$$

0812 답 ③

원주각의 성질에 의하여

$$\angle BAC = \angle BDC = 60°$$

즉, 삼각형 ABC에서 사인법칙에 의하여 $\dfrac{4\sqrt{6}}{\sin 60°} = \dfrac{\overline{AB}}{\sin 45°}$이므로

$$\overline{AB} = \frac{4\sqrt{6} \sin 45°}{\sin 60°} = \frac{4\sqrt{6} \times \frac{\sqrt{2}}{2}}{\frac{\sqrt{3}}{2}} = 8$$

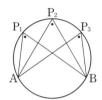

중3 다시보기

원주각의 성질
한 원에서 한 호에 대한 원주각의 크기는 모두 같다.
➡ $\angle AP_1B = \angle AP_2B = \angle AP_3B$

0813 답 $\dfrac{\sqrt{6}+\sqrt{2}}{4}$

오른쪽 그림과 같이 꼭짓점 A에서 $\overline{BC}$에 내린 수선의 발을 H라 하면
삼각형 ABH에서

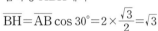

$$\overline{BH} = \overline{AB} \cos 30° = 2 \times \frac{\sqrt{3}}{2} = \sqrt{3}$$

삼각형 AHC에서

$$\overline{CH} = \overline{AC} \cos 45° = \sqrt{2} \times \frac{\sqrt{2}}{2} = 1$$

$$\therefore \overline{BC} = \overline{BH} + \overline{CH} = \sqrt{3} + 1$$

$\angle BAC = 180° - (30° + 45°) = 105°$이므로 삼각형 ABC에서 사인법칙에 의하여

$$\frac{\sqrt{3}+1}{\sin 105°} = \frac{2}{\sin 45°}$$

$$\therefore \sin 105° = \frac{(\sqrt{3}+1) \sin 45°}{2}$$

$$= \frac{(\sqrt{3}+1) \times \frac{\sqrt{2}}{2}}{2} = \frac{\sqrt{6}+\sqrt{2}}{4}$$

0814 답 $\dfrac{3}{2}$

$\angle ADB = \theta$라 하면 $\angle ADC = 180° - \theta$
$\overline{BD} = \overline{CD} = k$라 하면
삼각형 ABD에서 사인법칙에 의하여

$$\frac{k}{\sin \alpha} = \frac{4}{\sin \theta} \qquad \therefore k = \frac{4 \sin \alpha}{\sin \theta}$$

삼각형 ACD에서 사인법칙에 의하여

$$\frac{k}{\sin \beta} = \frac{6}{\sin(180° - \theta)}$$

$$\therefore k = \frac{6 \sin \beta}{\sin(180° - \theta)} = \frac{6 \sin \beta}{\sin \theta}$$

따라서 $\dfrac{4 \sin \alpha}{\sin \theta} = \dfrac{6 \sin \beta}{\sin \theta}$이므로

$$\frac{\sin \alpha}{\sin \beta} = \frac{3}{2}$$

0815 답 $12\sqrt{2}$

$B=180°-(45°+75°)=60°$

사인법칙에 의하여 $\dfrac{a}{\sin 45°}=\dfrac{6}{\sin 60°}$이므로

$a=\dfrac{6\sin 45°}{\sin 60°}=\dfrac{6\times\dfrac{\sqrt{2}}{2}}{\dfrac{\sqrt{3}}{2}}=2\sqrt{6}$

또 $\dfrac{6}{\sin 60°}=2R$에서 $R=\dfrac{6}{2\sin 60°}=\dfrac{6}{2\times\dfrac{\sqrt{3}}{2}}=2\sqrt{3}$

$\therefore aR=2\sqrt{6}\times 2\sqrt{3}=12\sqrt{2}$

0816 답 $\dfrac{1}{3}$

사인법칙에 의하여 $\dfrac{4}{\sin B}=2\times 6=12$이므로

$\sin B=\dfrac{4}{12}=\dfrac{1}{3}$

0817 답 ④

$0°<A<180°$이므로 $\sin A>0$

$\therefore \sin A=\sqrt{1-\cos^2 A}=\sqrt{1-\left(\dfrac{\sqrt{5}}{3}\right)^2}=\dfrac{2}{3}$

삼각형 ABC의 외접원의 반지름의 길이를 R라 하면 사인법칙에 의하여 $\dfrac{4}{\sin A}=2R$이므로

$R=\dfrac{4}{2\sin A}=\dfrac{4}{2\times\dfrac{2}{3}}=3$

따라서 삼각형 ABC의 외접원의 넓이는 $\pi R^2=\pi\times 3^2=9\pi$

0818 답 ④

$A+B+C=180°$이므로 $\sin(B+C)=\sin(180°-A)=\sin A$

$5\sin A\sin(B+C)=4$에서 $5\sin^2 A=4$ $\therefore \sin^2 A=\dfrac{4}{5}$

이때 $0°<A<180°$이므로 $\sin A>0$ $\therefore \sin A=\sqrt{\dfrac{4}{5}}=\dfrac{2\sqrt{5}}{5}$

삼각형 ABC의 외접원의 반지름의 길이가 $2\sqrt{5}$이므로 사인법칙에 의하여

$\dfrac{\overline{BC}}{\sin A}=2\times 2\sqrt{5}=4\sqrt{5}$

$\therefore \overline{BC}=4\sqrt{5}\sin A=4\sqrt{5}\times\dfrac{2\sqrt{5}}{5}=8$

0819 답 $\dfrac{7}{2}$

$(b+c):(c+a):(a+b)=5:6:7$에서

$b+c=5k,\ c+a=6k,\ a+b=7k\,(k>0)$ ...... ㉠

라 하고, 세 식을 변끼리 더하면

$2a+2b+2c=18k$ $\therefore a+b+c=9k$ ...... ㉡

㉡에서 ㉠의 각 식을 빼면 $a=4k,\ b=3k,\ c=2k$

즉, 사인법칙에 의하여

$\sin A:\sin B:\sin C=a:b:c=4k:3k:2k=4:3:2$

따라서 $\sin A=4m,\ \sin B=3m,\ \sin C=2m\,(m>0)$이라 하면

$\dfrac{\sin A+\sin B}{\sin C}=\dfrac{4m+3m}{2m}=\dfrac{7}{2}$

0820 답 ⑤

$A+B+C=180°$이고 $A:B:C=2:3:1$이므로

$A=180°\times\dfrac{2}{2+3+1}=60°,\ B=180°\times\dfrac{3}{2+3+1}=90°,$

$C=180°\times\dfrac{1}{2+3+1}=30°$

따라서 사인법칙에 의하여

$a:b:c=\sin 60°:\sin 90°:\sin 30°$

$=\dfrac{\sqrt{3}}{2}:1:\dfrac{1}{2}=\sqrt{3}:2:1$

0821 답 $4:2:5$

$\dfrac{a+b}{6}=\dfrac{b+c}{7}=\dfrac{c+a}{9}=k\,(k>0)$라 하면

$a+b=6k,\ b+c=7k,\ c+a=9k$ ...... ㉠

세 식을 변끼리 더하면

$2a+2b+2c=22k$ $\therefore a+b+c=11k$ ...... ㉡

㉡에서 ㉠의 각 식을 빼면

$a=4k,\ b=2k,\ c=5k$

따라서 사인법칙에 의하여

$\sin A:\sin B:\sin C=a:b:c$

$=4k:2k:5k$

$=4:2:5$

0822 답 $\dfrac{7}{4}$

삼각형 ABC의 외접원의 반지름의 길이가 8이므로 사인법칙에 의하여

$\sin A=\dfrac{a}{2\times 8}=\dfrac{a}{16},\ \sin B=\dfrac{b}{2\times 8}=\dfrac{b}{16},\ \sin C=\dfrac{c}{2\times 8}=\dfrac{c}{16}$

$\therefore \sin A+\sin B+\sin C=\dfrac{a}{16}+\dfrac{b}{16}+\dfrac{c}{16}=\dfrac{a+b+c}{16}$

$=\dfrac{28}{16}=\dfrac{7}{4}$

0823 답 ①

삼각형 ABC의 외접원의 반지름의 길이를 R라 하면 사인법칙에 의하여

$\sin A=\dfrac{a}{2R},\ \sin B=\dfrac{b}{2R},\ \sin C=\dfrac{c}{2R}$

이를 주어진 식에 대입하면

$a\times\left(\dfrac{a}{2R}\right)^2=b\times\left(\dfrac{b}{2R}\right)^2=c\times\left(\dfrac{c}{2R}\right)^2$ $\therefore a^3=b^3=c^3$

이때 $a,\ b,\ c$는 실수이므로 $a=b=c$

따라서 삼각형 ABC는 정삼각형이다.

0824 답 $C=90°$인 직각삼각형

$A+B+C=180°$이므로

$\sin(A+B)=\sin(180°-C)=\sin C$

$a\sin A+b\sin B-c\sin(A+B)=0$에서

$a\sin A+b\sin B-c\sin C=0$ ...... ㉠

삼각형 ABC의 외접원의 반지름의 길이를 R라 하면 사인법칙에 의하여

$\sin A=\dfrac{a}{2R},\ \sin B=\dfrac{b}{2R},\ \sin C=\dfrac{c}{2R}$

이를 ㉠에 대입하면

$$a \times \frac{a}{2R} + b \times \frac{b}{2R} - c \times \frac{c}{2R} = 0$$

$$a^2 + b^2 - c^2 = 0 \qquad \therefore a^2 + b^2 = c^2$$

따라서 삼각형 ABC는 $C=90°$인 직각삼각형이다.

0825 답 $A=90°$인 직각삼각형

주어진 이차방정식의 판별식을 D라 하면

$$\frac{D}{4} = \sin^2 C - (\sin A + \sin B)(\sin A - \sin B) = 0$$

$$\sin^2 C - (\sin^2 A - \sin^2 B) = 0$$

$$\sin^2 C - \sin^2 A + \sin^2 B = 0 \qquad \cdots\cdots ㉠$$

삼각형 ABC의 외접원의 반지름의 길이를 R라 하면 사인법칙에 의하여

$$\sin A = \frac{a}{2R}, \ \sin B = \frac{b}{2R}, \ \sin C = \frac{c}{2R}$$

이를 ㉠에 대입하면

$$\left(\frac{c}{2R}\right)^2 - \left(\frac{a}{2R}\right)^2 + \left(\frac{b}{2R}\right)^2 = 0$$

$$c^2 - a^2 + b^2 = 0 \qquad \therefore a^2 = b^2 + c^2$$

따라서 삼각형 ABC는 $A=90°$인 직각삼각형이다.

0826 답 ②

$$C = 180° - (105° + 30°) = 45°$$

사인법칙에 의하여 $\dfrac{\overline{AC}}{\sin 30°} = \dfrac{6}{\sin 45°}$이므로

$$\overline{AC} = \frac{6\sin 30°}{\sin 45°} = \frac{6 \times \frac{1}{2}}{\frac{\sqrt{2}}{2}} = 3\sqrt{2}\,(m)$$

따라서 두 지점 A, C 사이의 거리는 $3\sqrt{2}$ m이다.

0827 답 $200(\sqrt{3}+1)$ m

삼각형 AHC에서

$$\angle ACH = 180° - (30° + 90°) = 60°$$

또 삼각형 BHC에서

$$\angle BCH = \angle CBH = 45° \qquad \cdots\cdots ❶$$

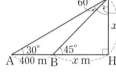

이때 $\overline{BH} = \overline{CH} = x$ m라 하면

삼각형 AHC에서 사인법칙에 의하여 $\dfrac{x}{\sin 30°} = \dfrac{400+x}{\sin 60°}$이므로

$$x\sin 60° = (400+x)\sin 30°$$

$$x \times \frac{\sqrt{3}}{2} = (400+x) \times \frac{1}{2}, \ (\sqrt{3}-1)x = 400$$

$$\therefore x = \frac{400}{\sqrt{3}-1} = 200(\sqrt{3}+1)$$

따라서 빌딩의 높이는 $200(\sqrt{3}+1)$ m이다. $\qquad \cdots\cdots ❷$

채점 기준	
❶ $\angle ACH$, $\angle BCH$의 크기 구하기	30 %
❷ 사인법칙을 이용하여 빌딩의 높이 구하기	70 %

0828 답 $81\sqrt{2}$ m

삼각형 ABQ에서 $\angle AQB = 180° - (45° + 75°) = 60°$이므로 사인법칙에 의하여

$$\frac{\overline{BQ}}{\sin 45°} = \frac{81}{\sin 60°}$$

$$\therefore \overline{BQ} = \frac{81\sin 45°}{\sin 60°} = \frac{81 \times \frac{\sqrt{2}}{2}}{\frac{\sqrt{3}}{2}} = 27\sqrt{6}\,(m)$$

이때 삼각형 PBQ에서 $\tan 60° = \dfrac{\overline{PQ}}{\overline{BQ}}$이므로

$$\overline{PQ} = \overline{BQ}\tan 60° = 27\sqrt{6} \times \sqrt{3} = 81\sqrt{2}\,(m)$$

따라서 전망대의 높이는 $81\sqrt{2}$ m이다.

0829 답 ①

사각형 ABCD가 원에 내접하므로 $A+C=180°$

$$\therefore C = 180° - 135° = 45°$$

$\overline{CD}=x$라 하면 삼각형 BCD에서 코사인법칙에 의하여

$$(\sqrt{5})^2 = (2\sqrt{2})^2 + x^2 - 2 \times 2\sqrt{2} \times x \times \cos 45°$$

$$5 = 8 + x^2 - 4\sqrt{2}x \times \frac{\sqrt{2}}{2}$$

$$x^2 - 4x + 3 = 0, \ (x-1)(x-3) = 0$$

$$\therefore x = 3 \ (\because \overline{CD} > \overline{BC})$$

따라서 $\overline{CD}$의 길이는 3이다.

0830 답 $\sqrt{19}$

사각형 ABCD가 원에 내접하므로 $A+C=180°$

$$\therefore A = 180° - 60° = 120°$$

삼각형 ABD에서 코사인법칙에 의하여

$$\overline{BD}^2 = 2^2 + 3^2 - 2 \times 2 \times 3 \times \cos 120°$$

$$= 4 + 9 - 12 \times \left(-\frac{1}{2}\right) = 19$$

$$\therefore \overline{BD} = \sqrt{19} \ (\because \overline{BD} > 0)$$

0831 답 ④

$0 < \theta < \dfrac{\pi}{2}$이므로 $\cos\theta > 0$

$$\therefore \cos\theta = \sqrt{1 - \sin^2\theta} = \sqrt{1 - \left(\frac{2\sqrt{14}}{9}\right)^2} = \frac{5}{9}$$

코사인법칙에 의하여

$$\overline{AC}^2 = 3^2 + 6^2 - 2 \times 3 \times 6 \times \cos\theta$$

$$= 9 + 36 - 36 \times \frac{5}{9} = 25$$

$$\therefore \overline{AC} = \sqrt{25} = 5 \ (\because \overline{AC} > 0)$$

0832 답 $5\sqrt{3}$

$\overparen{AB} : \overparen{BC} : \overparen{CA} = 3 : 4 : 5$이므로

$$\angle BOC = 360° \times \frac{4}{3+4+5} = 120°$$

$\overline{OB} = \overline{OC} = 5$이므로 삼각형 OBC에서 코사인법칙에 의하여

$$\overline{BC}^2 = 5^2 + 5^2 - 2 \times 5 \times 5 \times \cos 120°$$

$$= 25 + 25 - 50 \times \left(-\frac{1}{2}\right) = 75$$

$$\therefore \overline{BC} = \sqrt{75} = 5\sqrt{3} \ (\because \overline{BC} > 0)$$

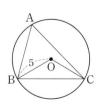

0833 답 √3

코사인법칙에 의하여

$$\overline{BC}^2=x^2+\frac{1}{x^2}-2\times x\times\frac{1}{x}\times\cos 120°=x^2+\frac{1}{x^2}+1$$

$x^2>0$, $\frac{1}{x^2}>0$이므로 산술평균과 기하평균의 관계에 의하여

$$\overline{BC}^2=x^2+\frac{1}{x^2}+1\geq 2\sqrt{x^2\times\frac{1}{x^2}}+1=2+1=3$$

$$\left(단, 등호는\ x^2=\frac{1}{x^2},\ 즉\ x=1일\ 때\ 성립\right)$$

$$\therefore\ \overline{BC}\geq\sqrt3\ (\because\ \overline{BC}>0)$$

따라서 $\overline{BC}$의 길이의 최솟값은 $\sqrt3$이다.

0834 답 3√3

주어진 원뿔의 전개도를 그리면 오른쪽 그림과 같으므로 원뿔의 옆면의 전개도에서 구하는 최단 거리는 선분 AP의 길이이다.

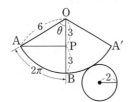

이때 원뿔의 밑면의 둘레의 길이가

$2\pi\times 2=4\pi$이므로

$$\overset{\frown}{AB}=\frac{1}{2}\overset{\frown}{AA'}=\frac{1}{2}\times 4\pi=2\pi$$

부채꼴 OAB의 중심각의 크기를 θ라 하면

$$6\theta=2\pi\qquad\therefore\ \theta=\frac{\pi}{3}$$

삼각형 OAP에서 코사인법칙에 의하여

$$\overline{AP}^2=6^2+3^2-2\times 6\times 3\times\cos\frac{\pi}{3}=36+9-36\times\frac{1}{2}=27$$

$$\therefore\ \overline{AP}=\sqrt{27}=3\sqrt3\ (\because\ \overline{AP}>0)$$

따라서 구하는 최단 거리는 $3\sqrt3$이다.

0835 답 √10

삼각형 ABC에서 코사인법칙에 의하여

$$\cos B=\frac{4^2+8^2-6^2}{2\times 4\times 8}=\frac{11}{16}$$

또 삼각형 ABD에서 코사인법칙에 의하여

$$\overline{AD}^2=4^2+4^2-2\times 4\times 4\times\cos B=16+16-32\times\frac{11}{16}=10$$

$$\therefore\ \overline{AD}=\sqrt{10}\ (\because\ \overline{AD}>0)$$

0836 답 ⑤

코사인법칙에 의하여

$$b^2=6^2+10^2-2\times 6\times 10\times\cos 120°$$

$$=36+100-120\times\left(-\frac{1}{2}\right)=196$$

$$\therefore\ b=\sqrt{196}=14\ (\because\ b>0)$$

또 코사인법칙에 의하여

$$\cos A=\frac{14^2+6^2-10^2}{2\times 14\times 6}=\frac{11}{14}$$

$$\cos C=\frac{10^2+14^2-6^2}{2\times 10\times 14}=\frac{13}{14}$$

$$\therefore\ \cos A+\cos C=\frac{11}{14}+\frac{13}{14}=\frac{12}{7}$$

0837 답 135°

삼각형에서 길이가 가장 긴 변의 대각의 크기가 가장 크므로 그 크기를 θ라 하면 코사인법칙에 의하여

$$\cos\theta=\frac{1^2+(\sqrt2)^2-(\sqrt5)^2}{2\times 1\times\sqrt2}=-\frac{\sqrt2}{2}$$

이때 $0°<\theta<180°$이므로 $\theta=135°$

0838 답 ①

$c^2=a^2+b^2+ab$에서 $a^2+b^2-c^2=-ab$

코사인법칙에 의하여

$$\cos C=\frac{a^2+b^2-c^2}{2ab}=\frac{-ab}{2ab}=-\frac{1}{2}$$

이때 $0°<C<180°$이므로 $C=120°$

$$\therefore\ \tan C=\tan 120°=-\sqrt3$$

0839 답 √2/2

정사각형 ABCD의 한 변의 길이가 12이므로

$$\overline{AM}=\overline{DM}=6$$

선분 CD를 1 : 2로 내분하는 점이 E이므로

$$\overline{CE}=12\times\frac{1}{3}=4,\ \overline{DE}=12\times\frac{2}{3}=8$$

세 직각삼각형 ABM, BCE, DME에서

$$\overline{BM}=\sqrt{12^2+6^2}=6\sqrt5,\ \overline{BE}=\sqrt{12^2+4^2}=4\sqrt{10},$$

$$\overline{EM}=\sqrt{6^2+8^2}=10$$

따라서 삼각형 BEM에서 코사인법칙에 의하여

$$\cos\theta=\frac{(6\sqrt5)^2+(4\sqrt{10})^2-10^2}{2\times 6\sqrt5\times 4\sqrt{10}}=\frac{\sqrt2}{2}$$

0840 답 ③

사인법칙에 의하여

$$a:b:c=\sin A:\sin B:\sin C=1:\sqrt2:\sqrt3$$

$a=k$, $b=\sqrt2 k$, $c=\sqrt3 k\,(k>0)$라 하면 코사인법칙에 의하여

$$\cos A=\frac{(\sqrt2 k)^2+(\sqrt3 k)^2-k^2}{2\times\sqrt2 k\times\sqrt3 k}=\frac{\sqrt6}{3}$$

0841 답 √21/3

코사인법칙에 의하여

$$a^2=3^2+2^2-2\times 3\times 2\times\cos 60°=9+4-12\times\frac{1}{2}=7$$

$$\therefore\ a=\sqrt7\ (\because\ a>0)$$

삼각형 ABC의 외접원의 반지름의 길이를 R라 하면 사인법칙에 의하여

$$\frac{\sqrt7}{\sin 60°}=2R\qquad\therefore\ R=\frac{\sqrt7}{2\sin 60°}=\frac{\sqrt7}{2\times\frac{\sqrt3}{2}}=\frac{\sqrt{21}}{3}$$

0842 답 √2/4

삼각형 ABD에서 코사인법칙에 의하여

$$\cos B=\frac{3^2+3^2-(2\sqrt3)^2}{2\times 3\times 3}=\frac{1}{3}\qquad\cdots\cdots\ \text{①}$$

이때 $0°<B<180°$이므로 $\sin B>0$

$$\therefore\ \sin B=\sqrt{1-\cos^2 B}=\sqrt{1-\left(\frac{1}{3}\right)^2}=\frac{2\sqrt2}{3}\qquad\cdots\cdots\ \text{②}$$

삼각형 ABC에서 사인법칙에 의하여

$$\frac{8}{\sin B}=\frac{3}{\sin C}$$

$$\therefore \sin C=\frac{3\sin B}{8}=\frac{3\times\frac{2\sqrt{2}}{3}}{8}=\frac{\sqrt{2}}{4} \qquad \cdots\cdots \text{ⓘ}$$

채점 기준

❶ $\cos B$의 값 구하기		40 %
❷ $\sin B$의 값 구하기		20 %
❸ $\sin C$의 값 구하기		40 %

0843 답 7

$\overline{AB}:\overline{BC}:\overline{CA}=1:2:\sqrt{2}$이므로

$\overline{AB}=k$, $\overline{BC}=2k$, $\overline{CA}=\sqrt{2}k\,(k>0)$라 하면 코사인법칙에 의하여

$$\cos B=\frac{k^2+(2k)^2-(\sqrt{2}k)^2}{2\times k\times 2k}=\frac{3}{4}$$

이때 $0°<B<180°$이므로 $\sin B>0$

$$\therefore \sin B=\sqrt{1-\cos^2 B}=\sqrt{1-\left(\frac{3}{4}\right)^2}=\frac{\sqrt{7}}{4}$$

삼각형 ABC의 외접원의 반지름의 길이를 R라 하면 외접원의 넓이가 28π이므로

$$\pi R^2=28\pi \qquad \therefore R=\sqrt{28}=2\sqrt{7}\,(\because R>0)$$

따라서 사인법칙에 의하여 $\dfrac{\overline{CA}}{\sin B}=2\times 2\sqrt{7}=4\sqrt{7}$이므로

$$\overline{CA}=4\sqrt{7}\sin B=4\sqrt{7}\times\frac{\sqrt{7}}{4}=7$$

0844 답 $3\sqrt{2}$

삼각형 ABC에서 사인법칙에 의하여 $\dfrac{\sqrt{6}}{\sin 45°}=\dfrac{\sqrt{3}}{\sin A}$이므로

$$\sin A=\frac{\sqrt{3}\sin 45°}{\sqrt{6}}=\frac{\sqrt{3}\times\frac{\sqrt{2}}{2}}{\sqrt{6}}=\frac{1}{2}$$

이때 $0°<A<180°$이므로 $A=30°$ 또는 $A=150°$

그런데 $A=150°$이면 $A+B>180°$이므로 $A=30°$

$\overline{AD}=x$라 하면 삼각형 ADC에서 코사인법칙에 의하여

$$(\sqrt{2})^2=(\sqrt{6})^2+x^2-2\times\sqrt{6}\times x\times\cos 30°$$

$$2=6+x^2-2\sqrt{6}x\times\frac{\sqrt{3}}{2},\ x^2-3\sqrt{2}x+4=0$$

$$(x-\sqrt{2})(x-2\sqrt{2})=0 \qquad \therefore x=\sqrt{2}\ \text{또는}\ x=2\sqrt{2}$$

따라서 모든 $\overline{AD}$의 길이의 합은 $\sqrt{2}+2\sqrt{2}=3\sqrt{2}$

0845 답 ⑤

코사인법칙에 의하여

$$\cos A=\frac{b^2+c^2-a^2}{2bc},\ \cos B=\frac{c^2+a^2-b^2}{2ca},\ \cos C=\frac{a^2+b^2-c^2}{2ab}$$

이를 주어진 식에 대입하면

$$a\times\frac{c^2+a^2-b^2}{2ca}+\frac{ab}{c}\times\frac{a^2+b^2-c^2}{2ab}+b\times\frac{c^2+a^2-b^2}{2bc}=c$$

$$(c^2+a^2-b^2)+(a^2+b^2-c^2)+(b^2+c^2-a^2)=2c^2$$

$$a^2+b^2+c^2=2c^2 \qquad \therefore a^2+b^2=c^2$$

따라서 삼각형 ABC는 $C=90°$인 직각삼각형이다.

0846 답 $a=c$인 이등변삼각형

삼각형 ABC의 외접원의 반지름의 길이를 R라 하면 사인법칙과 코사인법칙에 의하여

$$\sin A=\frac{a}{2R},\ \sin B=\frac{b}{2R},\ \cos C=\frac{a^2+b^2-c^2}{2ab}$$

이를 주어진 식에 대입하면 $\dfrac{b}{2R}=2\times\dfrac{a}{2R}\times\dfrac{a^2+b^2-c^2}{2ab}$

$$b^2=a^2+b^2-c^2,\ a^2=c^2 \qquad \therefore a=c\,(\because a>0,\ c>0)$$

따라서 삼각형 ABC는 $a=c$인 이등변삼각형이다.

0847 답 ④

$A+B+C=180°$이므로

$$\sin(A+B)=\sin(180°-C)=\sin C$$

$$\cos(A+B)=\cos(180°-C)=-\cos C$$

이를 주어진 식에 대입하면

$$\sin A\cos A+\sin C\times(-\cos C)=0$$

$$\sin A\cos A=\sin C\cos C \qquad \cdots\cdots \text{㉠}$$

삼각형 ABC의 외접원의 반지름의 길이를 R라 하면 사인법칙과 코사인법칙에 의하여

$$\sin A=\frac{a}{2R},\ \sin C=\frac{c}{2R},\ \cos A=\frac{b^2+c^2-a^2}{2bc},$$

$$\cos C=\frac{a^2+b^2-c^2}{2ab}$$

이를 ㉠에 대입하면 $\dfrac{a}{2R}\times\dfrac{b^2+c^2-a^2}{2bc}=\dfrac{c}{2R}\times\dfrac{a^2+b^2-c^2}{2ab}$

$$a^2(b^2+c^2-a^2)=c^2(a^2+b^2-c^2)$$

$$a^4-c^4+b^2c^2-a^2b^2=0,\ (a^2+c^2)(a^2-c^2)-b^2(a^2-c^2)=0$$

$$(a^2-c^2)(a^2+c^2-b^2)=0$$

이때 $a>0$, $c>0$이므로 $a=c$ 또는 $a^2+c^2=b^2$

따라서 삼각형 ABC는 $a=c$인 이등변삼각형 또는 $B=90°$인 직각삼각형이므로 보기에서 삼각형 ABC가 될 수 있는 것은 ㄴ, ㄷ이다.

0848 답 ③

코사인법칙에 의하여

$$\overline{AB}^2=120^2+80^2-2\times 120\times 80\times\cos 60°$$
$$=14400+6400-19200\times\frac{1}{2}=11200$$

$$\therefore \overline{AB}=\sqrt{11200}=40\sqrt{7}\,(\text{m})\,(\because \overline{AB}>0)$$

따라서 두 지점 A, B 사이의 거리는 $40\sqrt{7}$ m이다.

0849 답 $\dfrac{169}{3}\pi\ \text{m}^2$

코사인법칙에 의하여

$$\cos B=\frac{7^2+8^2-13^2}{2\times 7\times 8}=-\frac{1}{2}$$

이때 $0°<B<180°$이므로 $B=120°$

삼각형 ABC의 외접원의 반지름의 길이를 R m라 하면 사인법칙에 의하여

$$\frac{13}{\sin 120°}=2R \qquad \therefore R=\frac{13}{2\sin 120°}=\frac{13}{2\times\frac{\sqrt{3}}{2}}=\frac{13\sqrt{3}}{3}$$

따라서 덮개의 넓이는

$$\pi R^2=\pi\times\left(\frac{13\sqrt{3}}{3}\right)^2=\frac{169}{3}\pi\,(\text{m}^2)$$

0850 답 $10\sqrt{21}$ m

$\overline{BC}=a$ m, $\overline{AC}=b$ m, $\overline{AB}=c$ m라 하면

삼각형 ADC에서 $b=\dfrac{30}{\sin 60°}=20\sqrt{3}$

삼각형 BEC에서 $a=\dfrac{45}{\sin 60°}=30\sqrt{3}$

$\angle ACB=180°-(60°+60°)=60°$이므로

삼각형 ACB에서 코사인법칙에 의하여

$c^2=(30\sqrt{3})^2+(20\sqrt{3})^2-2\times 30\sqrt{3}\times 20\sqrt{3}\times\cos 60°$

$\quad =2700+1200-3600\times\dfrac{1}{2}=2100$

$\therefore c=\sqrt{2100}=10\sqrt{21}$ $(\because c>0)$

따라서 두 지점 A, B 사이의 거리는 $10\sqrt{21}$ m이다.

0851 답 $2\sqrt{19}$

삼각형 ABC의 넓이가 $6\sqrt{3}$이므로

$\dfrac{1}{2}\times 6\times 4\times\sin A=6\sqrt{3}$ $\quad\therefore \sin A=\dfrac{\sqrt{3}}{2}$

이때 $A>90°$이므로 $A=120°$

따라서 코사인법칙에 의하여

$a^2=6^2+4^2-2\times 6\times 4\times\cos 120°$

$\quad =36+16-48\times\left(-\dfrac{1}{2}\right)=76$

$\therefore a=\sqrt{76}=2\sqrt{19}$ $(\because a>0)$

0852 답 ③

$\sin(A+B)=\sin(180°-C)=\sin C=\dfrac{1}{3}$

따라서 삼각형 ABC의 넓이는

$\dfrac{1}{2}\times 6\times 8\times\dfrac{1}{3}=8$

0853 답 ③

$\overset{\frown}{AB}:\overset{\frown}{BC}:\overset{\frown}{CA}=5:3:4$이므로

$\angle AOB=360°\times\dfrac{5}{5+3+4}=150°$, $\angle BOC=360°\times\dfrac{3}{5+3+4}=90°$,

$\angle COA=360°\times\dfrac{4}{5+3+4}=120°$

$\therefore \triangle ABC=\triangle AOB+\triangle BOC+\triangle COA$

$\quad=\dfrac{1}{2}\times 18\times 18\times\sin 150°+\dfrac{1}{2}\times 18\times 18\times\sin 90°$

$\qquad\qquad\qquad\qquad\qquad +\dfrac{1}{2}\times 18\times 18\times\sin 120°$

$\quad=81+162+81\sqrt{3}=81(3+\sqrt{3})$

0854 답 $\dfrac{15}{4}$

$\angle BAD=\angle CAD=\dfrac{1}{2}\times 120°=60°$ $\qquad\qquad$ ······ ❶

$\overline{AD}=x$라 하면 $\triangle ABC=\triangle ABD+\triangle ADC$이므로

$\dfrac{1}{2}\times 10\times 6\times\sin 120°=\dfrac{1}{2}\times 10\times x\times\sin 60°+\dfrac{1}{2}\times x\times 6\times\sin 60°$

$\qquad\qquad\qquad\qquad\qquad\qquad\qquad\qquad$ ······ ❷

$15\sqrt{3}=\dfrac{5\sqrt{3}}{2}x+\dfrac{3\sqrt{3}}{2}x$, $15\sqrt{3}=4\sqrt{3}x$ $\quad\therefore x=\dfrac{15}{4}$

따라서 $\overline{AD}$의 길이는 $\dfrac{15}{4}$이다. $\qquad\qquad$ ······ ❸

채점 기준

❶	$\angle BAD$, $\angle CAD$의 크기 구하기	20 %
❷	$\overline{AD}=x$ 하고, $\triangle ABC=\triangle ABD+\triangle ADC$임을 이용하여 식 세우기	50 %
❸	$\overline{AD}$의 길이 구하기	30 %

0855 답 ③

부채꼴 OAB의 중심각의 크기를 θ라 하면 호의 길이가 π이므로

$4\theta=\pi$ $\quad\therefore \theta=\dfrac{\pi}{4}$

부채꼴 OAB의 넓이 S는

$S=\dfrac{1}{2}\times 4\times\pi=2\pi$

또 삼각형 OAP의 넓이 T는

$T=\dfrac{1}{2}\times\overline{OA}\times\overline{OP}\times\sin(\angle AOP)=\dfrac{1}{2}\times 4\times\overline{OP}\times\sin\dfrac{\pi}{4}$

$\quad =2\times\overline{OP}\times\dfrac{\sqrt{2}}{2}=\sqrt{2}\times\overline{OP}$

이때 $\dfrac{S}{T}=\pi$에서 $T=\dfrac{2\pi}{\pi}=2$

즉, $\sqrt{2}\times\overline{OP}=2$이므로 $\overline{OP}=\sqrt{2}$

0856 답 ②

삼각형 ABC에서 코사인법칙에 의하여

$\cos(\angle ABC)=\dfrac{3^2+4^2-2^2}{2\times 3\times 4}=\dfrac{7}{8}$

이때 $\angle ABD=90°+\angle ABC$이므로

$\sin(\angle ABD)=\sin(90°+\angle ABC)=\cos(\angle ABC)=\dfrac{7}{8}$

따라서 삼각형 ABD의 넓이는

$\dfrac{1}{2}\times\overline{AB}\times\overline{BD}\times\sin(\angle ABD)=\dfrac{1}{2}\times 3\times 4\times\dfrac{7}{8}=\dfrac{21}{4}$

0857 답 ②

삼각형 ACD의 넓이가 $4\sqrt{2}$이므로

$\dfrac{1}{2}\times 3\times 4\times\sin D=4\sqrt{2}$ $\quad\therefore \sin D=\dfrac{2\sqrt{2}}{3}$

이때 $0°<D<90°$이므로 $\cos D>0$

$\therefore \cos D=\sqrt{1-\sin^2 D}=\sqrt{1-\left(\dfrac{2\sqrt{2}}{3}\right)^2}=\dfrac{1}{3}$

사각형 ABCD가 원에 내접하므로

$B+D=180°$ $\quad\therefore B=180°-D$

$\therefore \cos B=\cos(180°-D)=-\cos D=-\dfrac{1}{3}$

$\overline{AB}=x$라 하면 삼각형 ABC에서 코사인법칙에 의하여

$\overline{AC}^2=x^2+2^2-2\times x\times 2\times\cos B$

$\quad =x^2+4-4x\times\left(-\dfrac{1}{3}\right)=x^2+\dfrac{4}{3}x+4$

또 삼각형 ACD에서 코사인법칙에 의하여

$\overline{AC}^2=3^2+4^2-2\times 3\times 4\times\cos D$

$\quad =9+16-24\times\dfrac{1}{3}=17$

즉, $x^2+\dfrac{4}{3}x+4=17$이므로

$3x^2+4x-39=0$, $(3x+13)(x-3)=0$ $\quad\therefore x=3$ $(\because x>0)$

따라서 $\overline{AB}$의 길이는 3이다.

0858 답 $\sqrt{5}$

코사인법칙에 의하여

$\cos C = \dfrac{7^2+8^2-9^2}{2\times 7\times 8} = \dfrac{2}{7}$

이때 $0°<C<180°$이므로 $\sin C>0$

$\therefore \sin C = \sqrt{1-\cos^2 C} = \sqrt{1-\left(\dfrac{2}{7}\right)^2} = \dfrac{3\sqrt{5}}{7}$

삼각형 ABC의 넓이를 S라 하면

$S = \dfrac{1}{2}\times 7\times 8\times \dfrac{3\sqrt{5}}{7} = 12\sqrt{5}$

이때 삼각형 ABC의 내접원의 반지름의 길이를 r라 하면

$S = \dfrac{1}{2}r(a+b+c)$에서

$12\sqrt{5} = \dfrac{1}{2}\times r\times (7+8+9)$ $\therefore r = \sqrt{5}$

참고 **삼각형의 넓이와 내접원의 반지름의 길이**
오른쪽 그림과 같이 삼각형 ABC의 내심을 I,
내접원의 반지름의 길이를 r라 하면

$\triangle ABC = \triangle IAB + \triangle IBC + \triangle ICA$
$\quad = \dfrac{1}{2}cr + \dfrac{1}{2}ar + \dfrac{1}{2}br$
$\quad = \dfrac{1}{2}r(a+b+c)$

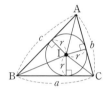

0859 답 ④

삼각형 ABC의 외접원의 반지름의 길이를 R, 넓이를 S라 하면

$S = \dfrac{abc}{4R}$에서 $2\sqrt{3} = \dfrac{abc}{4\times 3}$ $\therefore abc = 24\sqrt{3}$

따라서 세 변의 길이의 곱은 $24\sqrt{3}$이다.

0860 답 ④

삼각형 ABC의 넓이를 S라 하면

$S = \dfrac{abc}{4R}$에서 $\dfrac{15\sqrt{7}}{4} = \dfrac{4\times 5\times 6}{4R}$ $\therefore R = \dfrac{8\sqrt{7}}{7}$

또 $S = \dfrac{1}{2}r(a+b+c)$에서

$\dfrac{15\sqrt{7}}{4} = \dfrac{1}{2}r(4+5+6)$ $\therefore r = \dfrac{\sqrt{7}}{2}$

$\therefore Rr = \dfrac{8\sqrt{7}}{7}\times \dfrac{\sqrt{7}}{2} = 4$

0861 답 $2(\sqrt{3}-1)$

삼각형 ABC의 넓이를 S라 하면

$S = \dfrac{1}{2}\times 4\sqrt{3}\times 8\times \sin 30° = 8\sqrt{3}$

코사인법칙에 의하여

$c^2 = (4\sqrt{3})^2+8^2-2\times 4\sqrt{3}\times 8\times \cos 30°$
$\quad = 48+64-64\sqrt{3}\times \dfrac{\sqrt{3}}{2} = 16$

$\therefore c = 4\ (\because c>0)$

삼각형 ABC의 내접원의 반지름의 길이를 r라 하면

$S = \dfrac{1}{2}r(a+b+c)$에서

$8\sqrt{3} = \dfrac{1}{2}r(4\sqrt{3}+8+4)$

$8\sqrt{3} = 2(\sqrt{3}+3)r$ $\therefore r = \dfrac{8\sqrt{3}}{2(\sqrt{3}+3)} = 2(\sqrt{3}-1)$

0862 답 $4\sqrt{6}$

삼각형 ABC의 외접원의 반지름의 길이를 R, 넓이를 S라 하면

$S = \dfrac{abc}{4R}$에서

$10 = \dfrac{5ab}{4\times 3}$ $\therefore ab = 24$

$a>0$, $b>0$이므로 산술평균과 기하평균의 관계에 의하여

$a+b \geq 2\sqrt{ab} = 2\sqrt{24} = 4\sqrt{6}$ (단, 등호는 $a=b$일 때 성립)

따라서 $a+b$의 최솟값은 $4\sqrt{6}$이다.

0863 답 $14\sqrt{3}+6\sqrt{35}$

오른쪽 그림과 같이 $\overline{AC}$를 그으면 삼각형
ABC에서 코사인법칙에 의하여

$\overline{AC}^2 = 7^2+8^2-2\times 7\times 8\times \cos 120°$
$\quad = 49+64-112\times \left(-\dfrac{1}{2}\right) = 169$

$\therefore \overline{AC} = \sqrt{169} = 13\ (\because \overline{AC}>0)$

또 삼각형 ACD에서 코사인법칙에 의하여

$\cos D = \dfrac{8^2+9^2-13^2}{2\times 8\times 9} = -\dfrac{1}{6}$

이때 $0°<D<180°$이므로 $\sin D>0$

$\therefore \sin D = \sqrt{1-\cos^2 D} = \sqrt{1-\left(-\dfrac{1}{6}\right)^2} = \dfrac{\sqrt{35}}{6}$

$\therefore \square ABCD = \triangle ABC + \triangle ACD$
$\quad = \dfrac{1}{2}\times 7\times 8\times \sin 120° + \dfrac{1}{2}\times 9\times 8\times \sin D$
$\quad = \dfrac{1}{2}\times 7\times 8\times \dfrac{\sqrt{3}}{2} + \dfrac{1}{2}\times 9\times 8\times \dfrac{\sqrt{35}}{6}$
$\quad = 14\sqrt{3}+6\sqrt{35}$

0864 답 $3+4\sqrt{3}$

$\overline{BD} = x$라 하면 삼각형 ABD에서 코사인법칙에 의하여

$(\sqrt{6})^2 = (2\sqrt{3})^2+x^2-2\times 2\sqrt{3}\times x\times \cos 45°$

$6 = 12+x^2-4\sqrt{3}x\times \dfrac{\sqrt{2}}{2},\ x^2-2\sqrt{6}x+6 = 0$

$(x-\sqrt{6})^2 = 0$ $\therefore x = \sqrt{6}$

$\overline{AD}\ /\!/\ \overline{BC}$이므로 $\angle DBC = \angle ADB = 45°$

$\therefore \square ABCD = \triangle ABD + \triangle DBC$
$\quad = \dfrac{1}{2}\times \sqrt{6}\times 2\sqrt{3}\times \sin 45° + \dfrac{1}{2}\times \sqrt{6}\times 8\times \sin 45°$
$\quad = \dfrac{1}{2}\times \sqrt{6}\times 2\sqrt{3}\times \dfrac{\sqrt{2}}{2} + \dfrac{1}{2}\times \sqrt{6}\times 8\times \dfrac{\sqrt{2}}{2}$
$\quad = 3+4\sqrt{3}$

0865 답 $\dfrac{45\sqrt{3}}{4}$

사각형 ABCD가 원에 내접하므로

$B+D = 180°$ $\therefore D = 180°-B$

삼각형 ABC에서 코사인법칙에 의하여

$\overline{AC}^2 = 6^2+9^2-2\times 6\times 9\times \cos B$
$\quad = 117-108\cos B$

삼각형 ACD에서 코사인법칙에 의하여

$\overline{AC}^2 = 3^2+3^2-2\times 3\times 3\times \cos(180°-B)$
$\quad = 18+18\cos B$

즉, $117-108\cos B=18+18\cos B$이므로

$126\cos B=99$ $\quad\therefore \cos B=\dfrac{11}{14}$

이때 $0°<B<180°$이므로 $\sin B>0$

$\therefore \sin B=\sqrt{1-\cos^2 B}=\sqrt{1-\left(\dfrac{11}{14}\right)^2}=\dfrac{5\sqrt{3}}{14}$

$\therefore \square ABCD=\triangle ABC+\triangle ACD$

$\qquad =\dfrac{1}{2}\times 6\times 9\times \sin B+\dfrac{1}{2}\times 3\times 3\times \sin(180°-B)$

$\qquad =27\sin B+\dfrac{9}{2}\sin B$

$\qquad =\dfrac{63}{2}\sin B$

$\qquad =\dfrac{63}{2}\times\dfrac{5\sqrt{3}}{14}=\dfrac{45\sqrt{3}}{4}$

0866 답 $\dfrac{15\sqrt{7}}{2}$

$\overline{AD}=\overline{BC}=5$이므로 삼각형 ABD에서 코사인법칙에 의하여

$\cos A=\dfrac{5^2+4^2-6^2}{2\times 5\times 4}=\dfrac{1}{8}$

이때 $0°<A<180°$이므로 $\sin A>0$

$\therefore \sin A=\sqrt{1-\cos^2 A}=\sqrt{1-\left(\dfrac{1}{8}\right)^2}=\dfrac{3\sqrt{7}}{8}$

따라서 평행사변형 ABCD의 넓이는

$4\times 5\times \sin A=4\times 5\times\dfrac{3\sqrt{7}}{8}=\dfrac{15\sqrt{7}}{2}$

0867 답 $120°$

$\overline{CD}=\overline{AB}=5$이고, 평행사변형 ABCD의 넓이가 $15\sqrt{3}$이므로

$5\times 6\times\sin C=15\sqrt{3}$ $\quad\therefore \sin C=\dfrac{\sqrt{3}}{2}$

이때 $90°<C<180°$이므로 $C=120°$

0868 답 $24\sqrt{3}$

$\overline{CD}=x$라 하면 삼각형 ACD에서 코사인법칙에 의하여

$(2\sqrt{13})^2=6^2+x^2-2\times 6\times x\times\cos 60°$

$52=36+x^2-12x\times\dfrac{1}{2}$

$x^2-6x-16=0,\ (x+2)(x-8)=0$

$\therefore x=8\ (\because x>0)$ ...... ❶

따라서 평행사변형 ABCD의 넓이는

$6\times 8\times\sin 60°=6\times 8\times\dfrac{\sqrt{3}}{2}=24\sqrt{3}$ ...... ❷

채점 기준	
❶ $\overline{CD}$의 길이 구하기	60 %
❷ 평행사변형 ABCD의 넓이 구하기	40 %

0869 답 ②

$0°<\theta<180°$이므로 $\sin\theta>0$

$\therefore \sin\theta=\sqrt{1-\cos^2\theta}=\sqrt{1-\left(\dfrac{1}{4}\right)^2}=\dfrac{\sqrt{15}}{4}$

따라서 사각형 ABCD의 넓이는

$\dfrac{1}{2}\times 4\times 6\times\sin\theta=\dfrac{1}{2}\times 4\times 6\times\dfrac{\sqrt{15}}{4}=3\sqrt{15}$

0870 답 34

사각형 ABCD의 넓이가 $\dfrac{15\sqrt{3}}{4}$이므로

$\dfrac{1}{2}\times p\times q\times\sin 120°=\dfrac{15\sqrt{3}}{4}$

$\dfrac{1}{2}\times p\times q\times\dfrac{\sqrt{3}}{2}=\dfrac{15\sqrt{3}}{4}$

$\dfrac{\sqrt{3}}{4}pq=\dfrac{15\sqrt{3}}{4}$ $\quad\therefore pq=15$

$\therefore p^2+q^2=(p+q)^2-2pq$

$\qquad =8^2-2\times 15=34$

0871 답 ⑤

두 대각선의 길이를 각각 a, b라 하면 $a>0$, $b>0$이므로 산술평균과 기하평균의 관계에 의하여

$a+b\geq 2\sqrt{ab}$, $20\geq 2\sqrt{ab}$

$\therefore ab\leq 100$ (단, 등호는 $a=b$일 때 성립)

사각형 ABCD의 두 대각선이 이루는 각의 크기를 θ, 넓이를 S라 하면

$S=\dfrac{1}{2}ab\sin\theta\leq\dfrac{1}{2}\times 100\times 1=50\ (\because 0<\sin\theta\leq 1)$

따라서 사각형 ABCD의 넓이의 최댓값은 50이다.

0872 답 ②

$A=180°-(105°+45°)=30°$

사인법칙에 의하여 $\dfrac{6}{\sin 30°}=\dfrac{\overline{AB}}{\sin 45°}$이므로

$\overline{AB}=\dfrac{6\sin 45°}{\sin 30°}=\dfrac{6\times\dfrac{\sqrt{2}}{2}}{\dfrac{1}{2}}=6\sqrt{2}$

0873 답 ③

삼각형 ADC는 $A=90°$인 직각삼각형이고 $\overline{AD}=2$이므로

$\overline{CD}=\sqrt{2^2+4^2}=2\sqrt{5}$

또 $\overline{AB}=\overline{AC}$이면 삼각형 ABC는 직각이등변삼각형이므로

$B=C=45°$

삼각형 BCD의 외접원의 반지름의 길이를 R라 하면 사인법칙에 의하여 $\dfrac{2\sqrt{5}}{\sin 45°}=2R$이므로

$R=\dfrac{2\sqrt{5}}{2\sin 45°}=\dfrac{2\sqrt{5}}{2\times\dfrac{\sqrt{2}}{2}}=\sqrt{10}$

따라서 삼각형 BCD의 외접원의 넓이는

$\pi R^2=\pi\times(\sqrt{10})^2=10\pi$

0874 답 $3:5:7$

$a-2b+c=0$ ...... ㉠

$3a+b-2c=0$ ...... ㉡

$2 \times$㉠$+$㉡을 하면

$5a-3b=0$ $\therefore b=\dfrac{5}{3}a$

㉠$+2 \times$㉡을 하면

$7a-3c=0$ $\therefore c=\dfrac{7}{3}a$

따라서 사인법칙에 의하여

$\sin A : \sin B : \sin C = a : b : c = a : \dfrac{5}{3}a : \dfrac{7}{3}a$

$\qquad\qquad\qquad = 3 : 5 : 7$

0875 답 $B=90°$인 직각삼각형

$\cos^2 B = 1 - \sin^2 B$이므로

$\sin^2 A + \cos^2 B + \sin^2 C = 1$에서

$\sin^2 A + (1 - \sin^2 B) + \sin^2 C = 1$

$\sin^2 A + \sin^2 C = \sin^2 B$ ...... ㉠

삼각형 ABC의 외접원의 반지름의 길이를 R라 하면 사인법칙에 의하여

$\sin A = \dfrac{a}{2R}$, $\sin B = \dfrac{b}{2R}$, $\sin C = \dfrac{c}{2R}$

이를 ㉠에 대입하면

$\left(\dfrac{a}{2R}\right)^2 + \left(\dfrac{c}{2R}\right)^2 = \left(\dfrac{b}{2R}\right)^2$ $\therefore a^2 + c^2 = b^2$

따라서 삼각형 ABC는 $B=90°$인 직각삼각형이다.

0876 답 ③

$C = 180° - (45° + 75°) = 60°$

사인법칙에 의하여 $\dfrac{90}{\sin 60°} = \dfrac{\overline{BC}}{\sin 45°}$이므로

$\overline{BC} = \dfrac{90 \sin 45°}{\sin 60°} = \dfrac{90 \times \dfrac{\sqrt{2}}{2}}{\dfrac{\sqrt{3}}{2}} = 30\sqrt{6}\,(\text{m})$

따라서 두 지점 B, C 사이의 거리는 $30\sqrt{6}$ m이다.

0877 답 ①

코사인법칙에 의하여

$7^2 = b^2 + 3^2 - 2 \times b \times 3 \times \cos 120°$

$49 = b^2 + 9 - 6b \times \left(-\dfrac{1}{2}\right)$, $b^2 + 3b - 40 = 0$

$(b+8)(b-5) = 0$ $\therefore b = 5 \ (\because b > 0)$

0878 답 $2\sqrt{3}$

삼각형 ABC에서 코사인법칙에 의하여

$\cos B = \dfrac{4^2 + 6^2 - (2\sqrt{7})^2}{2 \times 4 \times 6} = \dfrac{1}{2}$

점 D가 $\overline{BC}$를 1 : 2로 내분하는 점이므로 $\overline{BD} = \dfrac{1}{3}\overline{BC} = 2$

삼각형 ABD에서 코사인법칙에 의하여

$\overline{AD}^2 = 4^2 + 2^2 - 2 \times 4 \times 2 \times \cos B$

$\qquad = 16 + 4 - 16 \times \dfrac{1}{2} = 12$

$\therefore \overline{AD} = 2\sqrt{3} \ (\because \overline{AD} > 0)$

0879 답 $\dfrac{\sqrt{21}}{7}$

삼각형 ABC에서 코사인법칙에 의하여

$\overline{AC}^2 = 2^2 + 4^2 - 2 \times 2 \times 4 \times \cos 60°$

$\qquad = 4 + 16 - 16 \times \dfrac{1}{2} = 12$

$\therefore \overline{AC} = \sqrt{12} = 2\sqrt{3} \ (\because \overline{AC} > 0)$

삼각형 BCD에서 코사인법칙에 의하여

$\overline{BD}^2 = 4^2 + 2^2 - 2 \times 4 \times 2 \times \cos 120°$

$\qquad = 16 + 4 - 16 \times \left(-\dfrac{1}{2}\right) = 28$

$\therefore \overline{BD} = \sqrt{28} = 2\sqrt{7} \ (\because \overline{BD} > 0)$

평행사변형의 두 대각선은 서로 다른 것을 이등분하므로

$\cos \alpha = \dfrac{(\sqrt{3})^2 + (\sqrt{7})^2 - 2^2}{2 \times \sqrt{3} \times \sqrt{7}} = \dfrac{\sqrt{21}}{7}$

0880 답 ④

삼각형 ABC에서 코사인법칙에 의하여

$\overline{BC}^2 = 3^2 + 1^2 - 2 \times 3 \times 1 \times \cos \dfrac{\pi}{3}$

$\qquad = 9 + 1 - 6 \times \dfrac{1}{2} = 7$

$\therefore \overline{BC} = \sqrt{7} \ (\because \overline{BC} > 0)$

$\overline{AB} : \overline{AC} = \overline{BP} : \overline{CP}$가 성립하므로

$\overline{BP} : \overline{CP} = 3 : 1$

$\therefore \overline{CP} = \dfrac{1}{4}\overline{BC} = \dfrac{\sqrt{7}}{4}$

삼각형 APC의 외접원의 반지름의 길이를 R라 하면 사인법칙에 의하여 $\dfrac{\overline{CP}}{\sin(\angle CAP)} = 2R$이므로

$R = \dfrac{\dfrac{\sqrt{7}}{4}}{2 \sin \dfrac{\pi}{6}} = \dfrac{\dfrac{\sqrt{7}}{4}}{2 \times \dfrac{1}{2}} = \dfrac{\sqrt{7}}{4}$

따라서 삼각형 APC의 외접원의 넓이는

$\pi R^2 = \pi \times \left(\dfrac{\sqrt{7}}{4}\right)^2 = \dfrac{7}{16}\pi$

0881 답 ④

삼각형 ABC의 외접원의 반지름의 길이를 R라 하면 사인법칙과 코사인법칙에 의하여

$\sin A = \dfrac{a}{2R}$, $\sin B = \dfrac{b}{2R}$, $\sin C = \dfrac{c}{2R}$,

$\cos A = \dfrac{b^2 + c^2 - a^2}{2bc}$, $\cos C = \dfrac{a^2 + b^2 - c^2}{2ab}$

이를 주어진 식에 대입하면

$\dfrac{a}{2R} + \dfrac{c}{2R} = \dfrac{b}{2R}\left(\dfrac{b^2 + c^2 - a^2}{2bc} + \dfrac{a^2 + b^2 - c^2}{2ab}\right)$

$2a^2c + 2ac^2 = ab^2 + ac^2 - a^3 + a^2c + b^2c - c^3$

$a^2c + ac^2 - ab^2 - b^2c + a^3 + c^3 = 0$

$ac(a+c) - b^2(a+c) + (a+c)(a^2 - ac + c^2) = 0$

$(a+c)(a^2 + c^2 - b^2) = 0$

$\therefore a^2 + c^2 = b^2 \ (\because a > 0, \ c > 0)$

따라서 삼각형 ABC는 $B=90°$인 직각삼각형이다.

0882 답 10 m

$\overline{\text{AP}}=x$ m라 하면 삼각형 PAB는 직각이등변삼각형이므로
$\overline{\text{AB}}=x$ m
삼각형 PAC에서
$\tan 30°=\dfrac{x}{\text{AC}}$, $\dfrac{\sqrt{3}}{3}=\dfrac{x}{\text{AC}}$ ∴ $\overline{\text{AC}}=\sqrt{3}x\,(\text{m})$
삼각형 ABC에서 코사인법칙에 의하여
$(\sqrt{3}x)^2=x^2+10^2-2\times x\times 10\times\cos 120°$
$3x^2=x^2+100-20x\times\left(-\dfrac{1}{2}\right)$, $x^2-5x-50=0$
$(x+5)(x-10)=0$ ∴ $x=10$ $(∵ x>0)$
따라서 물 로켓의 최고 높이는 10 m이다.

0883 답 $\dfrac{64}{3}\pi-16\sqrt{3}$

삼각형 ABC의 외접원의 중심을 O라 하면
$\angle\text{AOC}=2\angle\text{ABC}=2\times\dfrac{\pi}{3}=\dfrac{2}{3}\pi$
따라서 색칠한 부분의 넓이는
$\dfrac{1}{2}\times 8^2\times\dfrac{2}{3}\pi-\dfrac{1}{2}\times 8^2\times\sin\dfrac{2}{3}\pi$
$=\dfrac{64}{3}\pi-16\sqrt{3}$

0884 답 $\dfrac{7}{10}$

$\angle\text{AOC}=\theta$라 하면 삼각형 OAC에서 코사인
법칙에 의하여
$\cos\theta=\dfrac{2^2+2^2-1^2}{2\times 2\times 2}=\dfrac{7}{8}$
이때 $\angle\text{AOB}=\dfrac{\pi}{2}$이므로
$\angle\text{BOD}=\dfrac{\pi}{2}-\theta$
∴ $\sin(\angle\text{BOD})=\sin\left(\dfrac{\pi}{2}-\theta\right)=\cos\theta=\dfrac{7}{8}$
따라서 삼각형 BOD의 넓이는
$\dfrac{1}{2}\times\overline{\text{OB}}\times\overline{\text{OD}}\times\sin(\angle\text{BOD})=\dfrac{1}{2}\times 2\times\dfrac{4}{5}\times\dfrac{7}{8}=\dfrac{7}{10}$

0885 답 ⑤

사인법칙에 의하여
$a:b:c=\sin A:\sin B:\sin C=2:3:3$
$a=2k$, $b=3k$, $c=3k\,(k>0)$라 하면 코사인법칙에 의하여
$\cos B=\dfrac{(3k)^2+(2k)^2-(3k)^2}{2\times 3k\times 2k}=\dfrac{1}{3}$
이때 $0°<B<180°$이므로 $\sin B>0$
∴ $\sin B=\sqrt{1-\cos^2 B}=\sqrt{1-\left(\dfrac{1}{3}\right)^2}=\dfrac{2\sqrt{2}}{3}$
삼각형 ABC의 넓이는
$\dfrac{1}{2}\times 3k\times 2k\times\dfrac{2\sqrt{2}}{3}=2\sqrt{2}k^2$
즉, $2\sqrt{2}k^2=32\sqrt{2}$이므로 $k^2=16$
∴ $k=4$ $(∵ k>0)$
따라서 삼각형 ABC의 둘레의 길이는
$2k+3k+3k=8k=8\times 4=32$

0886 답 $\dfrac{15\sqrt{3}}{4}$

오른쪽 그림과 같이 $\overline{\text{AC}}$를 그으면

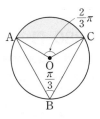

삼각형 ABC에서 코사인법칙에 의하여
$\overline{\text{AC}}^2=3^2+1^2-2\times 3\times 1\times\cos 120°$
$\qquad=9+1-6\times\left(-\dfrac{1}{2}\right)$
$\qquad=13$
∴ $\overline{\text{AC}}=\sqrt{13}$ $(∵ \overline{\text{AC}}>0)$
이때 사각형 ABCD가 원에 내접하므로
$\angle\text{ADC}=180°-120°=60°$
$\overline{\text{CD}}=x$라 하면 삼각형 ACD에서 코사인법칙에 의하여
$(\sqrt{13})^2=3^2+x^2-2\times 3\times x\times\cos 60°$
$13=9+x^2-6x\times\dfrac{1}{2}$
$x^2-3x-4=0$
$(x+1)(x-4)=0$
∴ $x=4$ $(∵ x>0)$
∴ $\square\text{ABCD}=\triangle\text{ABC}+\triangle\text{ACD}$
$\qquad=\dfrac{1}{2}\times 3\times 1\times\sin 120°+\dfrac{1}{2}\times 3\times 4\times\sin 60°$
$\qquad=\dfrac{1}{2}\times 3\times 1\times\dfrac{\sqrt{3}}{2}+\dfrac{1}{2}\times 3\times 4\times\dfrac{\sqrt{3}}{2}$
$\qquad=\dfrac{15\sqrt{3}}{4}$

0887 답 $20\sqrt{3}$

삼각형 ABC에서 코사인법칙에 의하여
$\cos B=\dfrac{5^2+7^2-8^2}{2\times 5\times 7}=\dfrac{1}{7}$
이때 $0°<B<180°$이므로 $\sin B>0$
∴ $\sin B=\sqrt{1-\cos^2 B}=\sqrt{1-\left(\dfrac{1}{7}\right)^2}=\dfrac{4\sqrt{3}}{7}$
따라서 평행사변형 ABCD의 넓이는
$5\times 7\times\sin B=5\times 7\times\dfrac{4\sqrt{3}}{7}=20\sqrt{3}$

0888 답 $\dfrac{\sqrt{10}}{10}$

사각형 ABCD의 넓이는
$\dfrac{1}{2}\times(6+12)\times 6=54$
두 삼각형 ABC, BCD는 직각삼각형이므로
$\overline{\text{AC}}=\sqrt{6^2+6^2}=6\sqrt{2}$
$\overline{\text{BD}}=\sqrt{6^2+12^2}=6\sqrt{5}$
즉, $\dfrac{1}{2}\times 6\sqrt{2}\times 6\sqrt{5}\times\sin\theta=54$이므로
$18\sqrt{10}\sin\theta=54$
∴ $\sin\theta=\dfrac{54}{18\sqrt{10}}=\dfrac{3\sqrt{10}}{10}$
이때 $0°<\theta<90°$이므로 $\cos\theta>0$
∴ $\cos\theta=\sqrt{1-\sin^2\theta}=\sqrt{1-\left(\dfrac{3\sqrt{10}}{10}\right)^2}=\dfrac{\sqrt{10}}{10}$

0889 답 $2\sqrt{7}$

사각형 ABCD가 원에 내접하므로 $A+C=180°$

$\therefore C=180°-A$ ...... ①

삼각형 ABD에서 코사인법칙에 의하여

$\overline{BD}^2=2^2+4^2-2\times2\times4\times\cos A$

$\phantom{\overline{BD}^2}=20-16\cos A$

삼각형 BCD에서 코사인법칙에 의하여

$\overline{BD}^2=4^2+6^2-2\times4\times6\times\cos(180°-A)$

$\phantom{\overline{BD}^2}=52+48\cos A$

즉, $20-16\cos A=52+48\cos A$이므로

$-64\cos A=32$ $\therefore \cos A=-\dfrac{1}{2}$ ...... ②

따라서 $\overline{BD}^2=20-16\times\left(-\dfrac{1}{2}\right)=28$이므로

$\overline{BD}=\sqrt{28}=2\sqrt{7}\ (\because \overline{BD}>0)$ ...... ③

채점 기준

① C를 A로 나타내기	20%
② $\cos A$의 값 구하기	50%
③ $\overline{BD}$의 길이 구하기	30%

0890 답 $\dfrac{8\sqrt{7}}{7}$

코사인법칙에 의하여

$\cos A=\dfrac{5^2+6^2-4^2}{2\times5\times6}=\dfrac{3}{4}$ ...... ①

이때 $0°<A<180°$이므로 $\sin A>0$

$\therefore \sin A=\sqrt{1-\cos^2 A}=\sqrt{1-\left(\dfrac{3}{4}\right)^2}=\dfrac{\sqrt{7}}{4}$ ...... ②

삼각형 ABC의 외접원의 반지름의 길이를 R라 하면 사인법칙에 의하여 $\dfrac{4}{\sin A}=2R$이므로

$R=\dfrac{4}{2\sin A}=\dfrac{4}{2\times\dfrac{\sqrt{7}}{4}}=\dfrac{8\sqrt{7}}{7}$ ...... ③

채점 기준

① $\cos A$의 값 구하기	40%
② $\sin A$의 값 구하기	20%
③ 외접원의 반지름의 길이 구하기	40%

0891 답 $\dfrac{9\sqrt{3}+3\sqrt{6}}{2}$

오른쪽 그림과 같이 $\overline{AC}$를 그으면 삼각형 ABC에서 코사인법칙에 의하여

$\overline{AC}^2=3^2+6^2-2\times3\times6\times\cos 60°$

$\phantom{\overline{AC}^2}=9+36-36\times\dfrac{1}{2}=27$

$\therefore \overline{AC}=\sqrt{27}=3\sqrt{3}\ (\because \overline{AC}>0)$ ...... ①

$\angle ACB=\theta$라 하면 사인법칙에 의하여 $\dfrac{3}{\sin\theta}=\dfrac{3\sqrt{3}}{\sin 60°}$이므로

$\sin\theta=\dfrac{3\sin 60°}{3\sqrt{3}}=\dfrac{3\times\dfrac{\sqrt{3}}{2}}{3\sqrt{3}}=\dfrac{1}{2}$

이때 $0°<\theta<75°$이므로 $\theta=30°$

$\therefore \angle ACD=75°-30°=45°$ ...... ②

$\therefore \square ABCD=\triangle ABC+\triangle ACD$

$=\dfrac{1}{2}\times3\times6\times\sin 60°+\dfrac{1}{2}\times3\sqrt{3}\times2\times\sin 45°$

$=\dfrac{1}{2}\times3\times6\times\dfrac{\sqrt{3}}{2}+\dfrac{1}{2}\times3\sqrt{3}\times2\times\dfrac{\sqrt{2}}{2}$

$=\dfrac{9\sqrt{3}+3\sqrt{6}}{2}$ ...... ③

채점 기준

① $\overline{AC}$의 길이 구하기	30%
② $\angle ACD$의 크기 구하기	30%
③ 사각형 ABCD의 넓이 구하기	40%

C 실력 향상
137쪽

0892 답 $\dfrac{18}{5}$

$\angle AQP=\angle ARP=90°$이므로 사각형 AQPR는 $\overline{AP}$를 지름으로 하는 원에 내접한다.

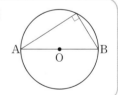

삼각형 AQR의 외접원의 지름의 길이는 $\overline{AP}=6$이므로 사인법칙에 의하여

$\dfrac{\overline{QR}}{\sin A}=6$

$\therefore \overline{QR}=6\sin A$ ...... ㉠

이때 삼각형 ABC는 직각삼각형이므로 $\sin A=\dfrac{6}{10}=\dfrac{3}{5}$

이를 ㉠에 대입하면

$\overline{QR}=6\times\dfrac{3}{5}=\dfrac{18}{5}$

중3 다시보기

원 O에서 $\overline{AB}$가 지름이면 $\overparen{AB}$에 대한 중심각의 크기는 $180°$이고, 원주각의 크기는 $90°$이다.

0893 답 ③

$\overline{AC}=a\ (a>3)$라 하면 삼각형 ABC에서 코사인법칙에 의하여

$2^2=a^2+3^2-2\times a\times3\times\cos(\angle BAC)$

$4=a^2+9-6a\times\dfrac{7}{8}$, $a^2-\dfrac{21}{4}a+5=0$

$4a^2-21a+20=0$, $(4a-5)(a-4)=0$ $\therefore a=4\ (\because a>3)$

$\therefore \overline{AM}=\overline{MC}=\dfrac{1}{2}\overline{AC}=\dfrac{1}{2}\times4=2$

삼각형 ABM에서 코사인법칙에 의하여

$\overline{BM}^2=2^2+3^2-2\times2\times3\times\cos(\angle BAC)$

$\phantom{\overline{BM}^2}=4+9-12\times\dfrac{7}{8}=\dfrac{5}{2}$

$\therefore \overline{BM}=\sqrt{\dfrac{5}{2}}=\dfrac{\sqrt{10}}{2}\ (\because \overline{BM}>0)$

이때 호 AB에 대한 원주각의 크기는 서로 같으므로

$\angle \text{ADB} = \angle \text{BCA}$

또 $\angle \text{AMD} = \angle \text{BMC}$이므로 삼각형 AMD와 삼각형 BMC는 서로 닮음이다.

따라서 $\overline{\text{AM}} : \overline{\text{MD}} = \overline{\text{BM}} : \overline{\text{MC}}$이므로

$\overline{\text{MD}} \times \overline{\text{BM}} = \overline{\text{AM}} \times \overline{\text{MC}}$

$\overline{\text{MD}} \times \dfrac{\sqrt{10}}{2} = 2 \times 2$

$\therefore \overline{\text{MD}} = \dfrac{8}{\sqrt{10}} = \dfrac{4\sqrt{10}}{5}$

0894 답 ①

$\angle \text{BAC} = \angle \text{CAD} = \theta$라 하면 삼각형 ABC에서 코사인법칙에 의하여

$\overline{\text{BC}}^2 = 5^2 + (3\sqrt{5})^2 - 2 \times 5 \times 3\sqrt{5} \times \cos \theta$
$\qquad = 70 - 30\sqrt{5} \cos \theta$

삼각형 ACD에서 코사인법칙에 의하여

$\overline{\text{CD}}^2 = 7^2 + (3\sqrt{5})^2 - 2 \times 7 \times 3\sqrt{5} \times \cos \theta$
$\qquad = 94 - 42\sqrt{5} \cos \theta$

한편 $\angle \text{BAC} = \angle \text{CAD}$에서 $\overset{\frown}{\text{BC}} = \overset{\frown}{\text{CD}}$이므로

$\overline{\text{BC}} = \overline{\text{CD}}$

따라서 $\overline{\text{BC}}^2 = \overline{\text{CD}}^2$이므로

$70 - 30\sqrt{5} \cos \theta = 94 - 42\sqrt{5} \cos \theta$

$12\sqrt{5} \cos \theta = 24 \qquad \therefore \cos \theta = \dfrac{2\sqrt{5}}{5}$

즉, $\overline{\text{BC}}^2 = 70 - 30\sqrt{5} \times \dfrac{2\sqrt{5}}{5} = 10$이므로

$\overline{\text{BC}} = \sqrt{10} \ (\because \overline{\text{BC}} > 0)$

한편 $\cos \theta = \dfrac{2\sqrt{5}}{5}$이고, $0° < \theta < 180°$이므로

$\sin \theta = \sqrt{1 - \cos^2 \theta} = \sqrt{1 - \left(\dfrac{2\sqrt{5}}{5}\right)^2} = \dfrac{\sqrt{5}}{5}$

따라서 삼각형 ABC의 외접원의 반지름의 길이를 R라 하면 사인법칙에 의하여 $\dfrac{\overline{\text{BC}}}{\sin \theta} = 2R$이므로

$R = \dfrac{\overline{\text{BC}}}{2 \sin \theta} = \dfrac{\sqrt{10}}{2 \times \dfrac{\sqrt{5}}{5}} = \dfrac{5\sqrt{2}}{2}$

0895 답 $\dfrac{1}{36}$

삼각형 ABC의 외접원의 반지름의 길이를 R, 넓이를 S라 하면

$S = \dfrac{abc}{4R}$에서 $S = \dfrac{abc}{24}$

한편 삼각형 ABC의 내접원의 반지름의 길이를 r라 하면

$S = \dfrac{1}{2}r(a+b+c)$에서 $S = \dfrac{3}{2}(a+b+c)$

즉, $\dfrac{abc}{24} = \dfrac{3}{2}(a+b+c)$이므로

$\dfrac{a+b+c}{abc} = \dfrac{1}{36}$

$\therefore \dfrac{1}{ab} + \dfrac{1}{bc} + \dfrac{1}{ca} = \dfrac{a+b+c}{abc} = \dfrac{1}{36}$

08 / 등차수열과 등비수열

A 개념 확인

140~143쪽

0896 답 9

$1 - (-3) = 4$에서 공차가 4이므로 주어진 수열은

$-3, 1, 5, \boxed{9}, 13, \ldots$

0897 답 $-1, -10$

$-7 - (-4) = -3$에서 공차가 -3이므로 주어진 수열은

$\boxed{-1}, -4, -7, \boxed{-10}, -13, \ldots$

0898 답 0, 6

$-3 - (-6) = 3$에서 공차가 3이므로 주어진 수열은

$-6, -3, \boxed{0}, 3, \boxed{6}, \ldots$

0899 답 $a_n = -2n + 5$

$a_n = 3 + (n-1) \times (-2) = -2n + 5$

0900 답 $a_n = n - 6$

$a_n = -5 + (n-1) \times 1 = n - 6$

0901 답 $a_n = 3n - 10$

첫째항이 -7, 공차가 $-4 - (-7) = 3$이므로

$a_n = -7 + (n-1) \times 3 = 3n - 10$

0902 답 $a_n = -4n + 3$

첫째항이 -1, 공차가 $-5 - (-1) = -4$이므로

$a_n = -1 + (n-1) \times (-4) = -4n + 3$

0903 답 -8

$a_n = 20 + (n-1) \times (-4) = -4n + 24$

$\therefore a_8 = -4 \times 8 + 24 = -8$

0904 답 10

$a_k = -16$에서 $-4k + 24 = -16$

$-4k = -40 \qquad \therefore k = 10$

0905 답 4

등차수열 $\{a_n\}$의 공차를 d라 하면 $a_1 = 11$, $a_5 = 27$이므로

$11 + (5-1)d = 27$, $4d = 16 \qquad \therefore d = 4$

0906 답 6

등차수열 $\{a_n\}$의 공차를 d라 하면 $a_1 = -3$, $a_{11} = 57$이므로

$-3 + (11-1)d = 57$, $10d = 60 \qquad \therefore d = 6$

0907 답 $x = -2$, $y = 8$

x는 -7과 3의 등차중항이므로 $x = \dfrac{-7+3}{2} = -2$

y는 3과 13의 등차중항이므로 $y = \dfrac{3+13}{2} = 8$

0908 답 $x=9$, $y=1$

x는 13과 5의 등차중항이므로 $x=\dfrac{13+5}{2}=9$

y는 5와 -3의 등차중항이므로 $y=\dfrac{5+(-3)}{2}=1$

0909 답 -110

$\dfrac{10\{1+(-23)\}}{2}=-110$

0910 답 95

$\dfrac{10(-13+32)}{2}=95$

0911 답 25

$\dfrac{10\{2\times16+(10-1)\times(-3)\}}{2}=25$

0912 답 90

$\dfrac{10\{2\times(-9)+(10-1)\times4\}}{2}=90$

0913 답 260

첫째항이 -6, 공차가 $-4-(-6)=2$이므로

$\dfrac{20\{2\times(-6)+(20-1)\times2\}}{2}=260$

0914 답 1030

첫째항이 -15, 공차가 $-8-(-15)=7$이므로

$\dfrac{20\{2\times(-15)+(20-1)\times7\}}{2}=1030$

0915 답 21

수열 -9, -5, -1, $\cdots$, 15는 첫째항이 -9, 공차가
$-5-(-9)=4$인 등차수열이므로 일반항 a_n은

$a_n=-9+(n-1)\times4=4n-13$

15를 제k항이라 하면

$4k-13=15$, $4k=28$ $\therefore k=7$

$\therefore -9+(-5)+(-1)+\cdots+15=\dfrac{7(-9+15)}{2}=21$

0916 답 27

수열 31, 24, 17, $\cdots$, -25는 첫째항이 31, 공차가 $24-31=-7$인
등차수열이므로 일반항 a_n은

$a_n=31+(n-1)\times(-7)=-7n+38$

-25를 제k항이라 하면

$-7k+38=-25$, $-7k=-63$ $\therefore k=9$

$\therefore 31+24+17+\cdots+(-25)=\dfrac{9\{31+(-25)\}}{2}=27$

0917 답 2

$S_n=n^2-3n+6$에서

$a_3=S_3-S_2$
$\quad=3^2-3\times3+6-(2^2-3\times2+6)$
$\quad=6-4=2$

0918 답 12

$S_n=n^2-3n+6$에서

$a_8=S_8-S_7$
$\quad=8^2-3\times8+6-(7^2-3\times7+6)$
$\quad=46-34=12$

0919 답 $a_n=4n+3$

$S_n=2n^2+5n$에서

(ⅰ) $n\geq2$일 때,

$\quad a_n=S_n-S_{n-1}$
$\qquad=2n^2+5n-\{2(n-1)^2+5(n-1)\}$
$\qquad=4n+3$ $\cdots\cdots$ ㉠

(ⅱ) $n=1$일 때,

$\quad a_1=S_1=2\times1^2+5\times1=7$ $\cdots\cdots$ ㉡

이때 ㉠에 $n=1$을 대입한 값과 ㉡이 같으므로

$a_n=4n+3$

0920 답 $a_1=-1$, $a_n=2n-5$ $(n\geq2)$

$S_n=n^2-4n+2$에서

(ⅰ) $n\geq2$일 때,

$\quad a_n=S_n-S_{n-1}$
$\qquad=n^2-4n+2-\{(n-1)^2-4(n-1)+2\}$
$\qquad=2n-5$ $\cdots\cdots$ ㉠

(ⅱ) $n=1$일 때,

$\quad a_1=S_1=1^2-4\times1+2=-1$ $\cdots\cdots$ ㉡

이때 ㉠에 $n=1$을 대입한 값과 ㉡이 같지 않으므로

$a_1=-1$, $a_n=2n-5$ $(n\geq2)$

0921 답 1, 16

$\dfrac{4}{2}=2$에서 공비가 2이므로 주어진 수열은

$\boxed{1}$, 2, 4, 8, $\boxed{16}$, $\cdots$

0922 답 -3, $\dfrac{3}{2}$

$\dfrac{6}{-12}=-\dfrac{1}{2}$에서 공비가 $-\dfrac{1}{2}$이므로 주어진 수열은

-12, 6, $\boxed{-3}$, $\boxed{\dfrac{3}{2}}$, $-\dfrac{3}{4}$, $\cdots$

0923 답 $a_n=-3\times(\sqrt{2})^{n-1}$

0924 답 $a_n=6\times\left(-\dfrac{1}{4}\right)^{n-1}$

0925 답 $a_n=7\times2^{n-1}$

첫째항이 7, 공비가 $\dfrac{14}{7}=2$이므로 $a_n=7\times2^{n-1}$

0926 답 $a_n=243\times\left(-\dfrac{1}{3}\right)^{n-1}$

첫째항이 243, 공비가 $\dfrac{-81}{243}=-\dfrac{1}{3}$이므로

$a_n=243\times\left(-\dfrac{1}{3}\right)^{n-1}$

0927 답 -96

$a_n=3\times(-2)^{n-1}$ $\therefore a_6=3\times(-2)^{6-1}=-96$

0928 답 8

$a_k=-384$에서 $3\times(-2)^{k-1}=-384$

$(-2)^{k-1}=-128=(-2)^7$, $k-1=7$ $\therefore k=8$

0929 답 $\dfrac{1}{2}$

등비수열 $\{a_n\}$의 공비를 r라 하면 $a_1=4$, $a_8=\dfrac{1}{32}$이므로

$4\times r^{8-1}=\dfrac{1}{32}$, $r^7=\dfrac{1}{128}=\left(\dfrac{1}{2}\right)^7$ $\therefore r=\dfrac{1}{2}$

0930 답 -1

등비수열 $\{a_n\}$의 공비를 r라 하면 $a_1=5$, $a_{10}=-5$이므로

$5\times r^{10-1}=-5$, $r^9=-1$ $\therefore r=-1$

0931 답 $x=14$, $y=56$

x는 7과 28의 등비중항이므로

$x^2=7\times28=14^2$ $\therefore x=14\ (\because x>0)$

y는 28과 112의 등비중항이므로

$y^2=28\times112=56^2$ $\therefore y=56\ (\because y>0)$

0932 답 $x=\dfrac{4}{3}$, $y=\dfrac{4}{27}$

x는 4와 $\dfrac{4}{9}$의 등비중항이므로

$x^2=4\times\dfrac{4}{9}=\left(\dfrac{4}{3}\right)^2$ $\therefore x=\dfrac{4}{3}\ (\because x>0)$

y는 $\dfrac{4}{9}$와 $\dfrac{4}{81}$의 등비중항이므로

$y^2=\dfrac{4}{9}\times\dfrac{4}{81}=\left(\dfrac{4}{27}\right)^2$ $\therefore y=\dfrac{4}{27}\ (\because y>0)$

0933 답 93

$\dfrac{48\left\{1-\left(\dfrac{1}{2}\right)^5\right\}}{1-\dfrac{1}{2}}=96\left\{1-\left(\dfrac{1}{2}\right)^5\right\}=93$

0934 답 -279

$\dfrac{-9(2^5-1)}{2-1}=-279$

0935 답 $\dfrac{1023}{512}$

첫째항이 1, 공비가 $\dfrac{\dfrac{1}{2}}{1}=\dfrac{1}{2}$이므로

$\dfrac{1\times\left\{1-\left(\dfrac{1}{2}\right)^{10}\right\}}{1-\dfrac{1}{2}}=2\left\{1-\left(\dfrac{1}{2}\right)^{10}\right\}=\dfrac{1023}{512}$

0936 답 1023

첫째항이 -3, 공비가 $\dfrac{6}{-3}=-2$이므로

$\dfrac{-3\{1-(-2)^{10}\}}{1-(-2)}=1023$

0937 답 ③

등차수열 $\{a_n\}$의 첫째항을 a, 공차를 d라 하면

$a_2=44$, $a_7=9$이므로

$a+d=44$, $a+6d=9$

두 식을 연립하여 풀면 $a=51$, $d=-7$

$\therefore a_{15}=51+14\times(-7)=-47$

0938 답 ④

주어진 등차수열의 첫째항이 -2, 공차가 $3-(-2)=5$이므로 제30항은

$-2+29\times5=143$

0939 답 $a_n=\log(2^n\times3)$

등차수열 $\{a_n\}$의 첫째항을 a, 공차를 d라 하면

$a_2=\log12$, $a_4=\log48$이므로

$a+d=\log12$, $a+3d=\log48$

두 식을 연립하여 풀면

$a=\log6$, $d=\log2$

$\therefore a_n=\log6+(n-1)\times\log2$

$\quad=\log6+\log2^{n-1}$

$\quad=\log(6\times2^{n-1})$

$\quad=\log(2^n\times3)$

0940 답 ㄱ, ㄷ

ㄱ. 수열 $\{a_{2n}\}$은 a_2, a_4, a_6, a_8, …이므로

$a_4-a_2=(a_1+3d_1)-(a_1+d_1)=2d_1$

$a_6-a_4=(a_1+5d_1)-(a_1+3d_1)=2d_1$

$\qquad\qquad\vdots$

$\therefore a_4-a_2=a_6-a_4=\cdots=2d_1$

따라서 수열 $\{a_{2n}\}$은 공차가 $2d_1$인 등차수열이다.

ㄴ. 수열 $\{b_n{}^2\}$은 $b_1{}^2$, $b_2{}^2$, $b_3{}^2$, $b_4{}^2$, …이므로

$b_2{}^2-b_1{}^2=(b_1+d_2)^2-b_1{}^2$

$\qquad\qquad=2b_1d_2+d_2{}^2$

$b_3{}^2-b_2{}^2=(b_1+2d_2)^2-(b_1+d_2)^2$

$\qquad\qquad=2b_1d_2+3d_2{}^2$

$\therefore b_2{}^2-b_1{}^2\neq b_3{}^2-b_2{}^2$

따라서 수열 $\{b_n{}^2\}$은 등차수열이 아니다.

ㄷ. 수열 $\{a_n+b_n\}$은 a_1+b_1, a_2+b_2, a_3+b_3, …이므로

$a_2+b_2-(a_1+b_1)=\{(a_1+d_1)+(b_1+d_2)\}-(a_1+b_1)$

$\qquad\qquad=d_1+d_2$

$a_3+b_3-(a_2+b_2)=\{(a_1+2d_1)+(b_1+2d_2)\}$

$\qquad\qquad\qquad-\{(a_1+d_1)+(b_1+d_2)\}$

$\qquad\qquad=d_1+d_2$

$\qquad\qquad\vdots$

$\therefore a_2+b_2-(a_1+b_1)=a_3+b_3-(a_2+b_2)=\cdots=d_1+d_2$

따라서 수열 $\{a_n+b_n\}$은 공차가 d_1+d_2인 등차수열이다.

따라서 보기에서 옳은 것은 ㄱ, ㄷ이다.

0941 답 ③

등차수열 $\{a_n\}$의 첫째항을 a, 공차를 d라 하면

$a_3+a_{12}=25$에서 $(a+2d)+(a+11d)=25$

$\therefore 2a+13d=25$ ····· ㉠

$a_{10}-a_4=30$에서 $(a+9d)-(a+3d)=30$

$6d=30$ $\therefore d=5$

이를 ㉠에 대입하여 풀면 $a=-20$

$\therefore a_n=-20+(n-1)\times5=5n-25$

60을 제k항이라 하면

$5k-25=60,\ 5k=85$

$\therefore k=17$

따라서 60은 제17항이다.

0942 답 ③

등차수열 $\{a_n\}$의 공차를 d라 하면

$4(a_2+a_3)=a_{10}$에서

$4\{(3+d)+(3+2d)\}=3+9d$

$4(6+3d)=3+9d$

$24+12d=3+9d$

$3d=-21$

$\therefore d=-7$

0943 답 18

등차수열 $\{a_n\}$의 첫째항을 a, 공차를 d라 하면

$a_3+a_6+a_9=15$에서 $(a+2d)+(a+5d)+(a+8d)=15$

$\therefore 3a+15d=15$ ····· ㉠

$a_4+a_7+a_{10}=17$에서 $(a+3d)+(a+6d)+(a+9d)=17$

$\therefore 3a+18d=17$ ····· ㉡

㉠, ㉡을 연립하여 풀면

$a=\dfrac{5}{3},\ d=\dfrac{2}{3}$ ····· ❶

$\therefore a_n=\dfrac{5}{3}+(n-1)\times\dfrac{2}{3}=\dfrac{2}{3}n+1$ ····· ❷

$a_k=13$에서 $\dfrac{2}{3}k+1=13$

$\dfrac{2}{3}k=12$ $\therefore k=18$ ····· ❸

채점 기준	
❶ 첫째항과 공차 구하기	50 %
❷ 일반항 a_n 구하기	20 %
❸ 자연수 k의 값 구하기	30 %

0944 답 ③

등차수열 $\{a_n\}$의 첫째항을 a라 하면 $a_3a_7=64$에서

$\{a+2\times(-3)\}\{a+6\times(-3)\}=64$

$(a-6)(a-18)=64$

$a^2-24a+44=0,\ (a-2)(a-22)=0$

$\therefore a=2$ 또는 $a=22$

$a_8>0$에서 $a+7\times(-3)>0$, 즉 $a>21$이므로

$a=22$

$\therefore a_2=22+(-3)=19$

0945 답 -6

등차수열 $\{a_n\}$의 첫째항을 a, 공차를 d라 하면

㈎에서

$(a+4d)+(a+6d)=0$

$2a=-10d$ $\therefore a=-5d$ ····· ㉠

㈏에서

$|a+2d|+|a+7d|=15$

㉠을 대입하면

$|-3d|+|2d|=15$

이때 $d>0$이므로

$5d=15$ $\therefore d=3$

이를 ㉠에 대입하면

$a=-15$

$\therefore a_4=-15+3\times3=-6$

0946 답 제11항

$a_n=7+(n-1)\times\left(-\dfrac{3}{4}\right)=-\dfrac{3}{4}n+\dfrac{31}{4}$

$-\dfrac{3}{4}n+\dfrac{31}{4}<0$에서

$\dfrac{3}{4}n>\dfrac{31}{4}$

$\therefore n>\dfrac{31}{3}=10.3\cdots$

따라서 처음으로 음수가 되는 항은 제11항이다.

0947 답 10

등차수열 $\{a_n\}$의 첫째항을 a, 공차를 d라 하면

$a_2+a_6=-32$에서

$(a+d)+(a+5d)=-32$

$\therefore 2a+6d=-32$ ····· ㉠

$a_5+a_{10}=-11$에서

$(a+4d)+(a+9d)=-11$

$\therefore 2a+13d=-11$ ····· ㉡

㉠, ㉡을 연립하여 풀면 $a=-25,\ d=3$

$\therefore a_n=-25+(n-1)\times3=3n-28$

$3n-28>0$에서 $n>\dfrac{28}{3}=9.3\cdots$

따라서 자연수 n의 최솟값은 10이다.

0948 답 제31항

등차수열 $\{a_n\}$의 첫째항을 a, 공차를 d라 하면

제3항과 제7항은 절댓값이 같고 부호가 반대이므로

$a_3+a_7=0,\ (a+2d)+(a+6d)=0$

$2a+8d=0$ $\therefore a+4d=0$ ····· ㉠

$a_{10}=20$에서 $a+9d=20$ ····· ㉡

㉠, ㉡을 연립하여 풀면 $a=-16,\ d=4$

$\therefore a_n=-16+(n-1)\times4=4n-20$

$4n-20>100$에서 $4n>120$

$\therefore n>30$

따라서 처음으로 100보다 커지는 항은 제31항이다.

0949 답 ③

수열 $\{a_n\}$은 첫째항이 5, 공차가 $\frac{14}{3}-5=-\frac{1}{3}$인 등차수열이므로

$a_n=5+(n-1)\times\left(-\frac{1}{3}\right)=-\frac{1}{3}n+\frac{16}{3}$

수열 $\{b_n\}$은 첫째항이 -15, 공차가 $-\frac{29}{2}-(-15)=\frac{1}{2}$인 등차수열이므로

$b_n=-15+(n-1)\times\frac{1}{2}=\frac{1}{2}n-\frac{31}{2}$

따라서 수열 $\{b_n-a_n\}$의 일반항은

$\frac{1}{2}n-\frac{31}{2}-\left(-\frac{1}{3}n+\frac{16}{3}\right)=\frac{5}{6}n-\frac{125}{6}$

$\frac{5}{6}n-\frac{125}{6}>0$에서 $\frac{5}{6}n>\frac{125}{6}$ $\therefore n>25$

따라서 처음으로 양수가 되는 항은 제26항이다.

0950 답 8

주어진 등차수열의 공차를 d라 하면 첫째항이 6, 제6항이 -14이므로

$6+5d=-14,\ 5d=-20$ $\therefore d=-4$

$x=6+d=6+(-4)=2$

$y=x+d=2+(-4)=-2$

$z=y+d=-2+(-4)=-6$

$w=z+d=-6+(-4)=-10$

$\therefore x-y+z-w=2-(-2)+(-6)-(-10)=8$

0951 답 35

첫째항이 -7, 공차가 $\frac{2}{3}$인 등차수열의 제$(m+2)$항이 17이므로

$-7+(m+2-1)\times\frac{2}{3}=17$

$\frac{2}{3}(m+1)=24,\ m+1=36$ $\therefore m=35$

0952 답 ②

주어진 등차수열의 공차를 d라 하면 첫째항이 13, 제$(m+2)$항이 103이므로

$13+(m+2-1)d=103,\ (m+1)d=90$ $\therefore m=\frac{90}{d}-1$

이때 m은 자연수이므로 d는 90을 제외한 90의 약수이어야 한다.

따라서 주어진 수열의 공차가 될 수 없는 것은 ②이다.

0953 답 20

주어진 등차수열의 공차를 d라 하면 첫째항이 -4, 제27항이 74이므로

$-4+(27-1)d=74,\ 26d=78$ $\therefore d=3$

수열 $74,\ y_1,\ y_2,\ \cdots,\ y_n,\ 137$에서 74를 첫째항으로 생각하면

제$(n+2)$항이 137이므로

$74+\{(n+2)-1\}\times3=137,\ 3(n+1)=63$

$n+1=21$ $\therefore n=20$

0954 답 1

세 수 $a-1,\ a^2+1,\ 3a+1$이 이 순서대로 등차수열을 이루므로

$2(a^2+1)=(a-1)+(3a+1)$에서 $2(a^2+1)=4a$

$a^2-2a+1=0,\ (a-1)^2=0$ $\therefore a=1$

0955 답 -6

다항식 $f(x)$를 $x-1$, $x+1$, $x+2$로 나누었을 때의 나머지는 나머지 정리에 의하여 각각

$f(1)=1+a+b,\ f(-1)=1-a+b,\ f(-2)=4-2a+b$

세 수 $f(1)$, $f(-1)$, $f(-2)$가 이 순서대로 등차수열을 이루므로

$2f(-1)=f(1)+f(-2)$

$2(1-a+b)=(1+a+b)+(4-2a+b)$

$2-2a+2b=5-a+2b$ $\therefore a=-3$

이때 $f(x)$는 $x-2$로 나누어떨어지므로

$f(2)=4+2a+b=0$ $\therefore b=2$ $\therefore ab=-3\times2=-6$

공통수학1 다시보기

> **나머지 정리**
> 다항식 $f(x)$를 $x-a$로 나누었을 때의 나머지를 R라 하면
> ➡ $R=f(a)$

0956 답 ⑤

세 수 $\log_2 3,\ \log_2 a,\ \log_2 12$가 이 순서대로 등차수열을 이루므로

$2\log_2 a=\log_2 3+\log_2 12,\ \log_2 a^2=\log_2 36$

$a^2=36$ $\therefore a=6\ (\because a>0)$

세 수 $\log_2 a,\ \log_2 12,\ \log_2 b$, 즉 $\log_2 6,\ \log_2 12,\ \log_2 b$가 이 순서대로 등차수열을 이루므로

$2\log_2 12=\log_2 6+\log_2 b,\ \log_2 12^2=\log_2 6b$

$6b=144$ $\therefore b=24$ $\therefore b-a=24-6=18$

0957 답 ③

세 수 $1,\ \alpha,\ \beta$가 이 순서대로 등차수열을 이루므로

$2\alpha=1+\beta$ ······ ㉠

이차방정식 $x^2-nx+4(n-4)=0$에서

$(x-4)\{x-(n-4)\}=0$ $\therefore x=4$ 또는 $x=n-4$

(i) $4<n-4$, 즉 $n>8$일 때,

　$\alpha<\beta$이므로 $\alpha=4$, $\beta=n-4$

　이를 ㉠에 대입하면 $8=1+(n-4)$ $\therefore n=11$

(ii) $n-4<4$, 즉 $n<8$일 때,

　$\alpha<\beta$이므로 $\alpha=n-4$, $\beta=4$

　이를 ㉠에 대입하면 $2(n-4)=1+4$ $\therefore n=\frac{13}{2}$

　그런데 n은 자연수이므로 조건을 만족시키지 않는다.

(i), (ii)에서 $n=11$

다른 풀이

㉠에서 $2\alpha-\beta=1$ ······ ㉡

이차방정식 $x^2-nx+4(n-4)=0$에서 근과 계수의 관계에 의하여

$\alpha+\beta=n$ ······ ㉢

$\alpha\beta=4(n-4)$ ······ ㉣

㉡, ㉢을 연립하여 풀면 $\alpha=\frac{n+1}{3}$, $\beta=\frac{2n-1}{3}$

이를 ㉣에 대입하여 정리하면

$2n^2-35n+143=0,\ (2n-13)(n-11)=0$

$\therefore n=\frac{13}{2}$ 또는 $n=11$

이때 n은 자연수이므로 $n=11$

0958 답 3

세 수 6, a, 10이 이 순서대로 등차수열을 이루므로

$a = \dfrac{6+10}{2} = 8$

세 수 6, b, 0도 이 순서대로 등차수열을 이루므로

$b = \dfrac{6+0}{2} = 3$

세 수 a, 5, c, 즉 8, 5, c도 이 순서대로 등차수열을 이루므로

$5 = \dfrac{8+c}{2}$, $10 = 8+c$ ∴ $c = 2$

세 수 10, 7, d도 이 순서대로 등차수열을 이루므로

$7 = \dfrac{10+d}{2}$, $14 = 10+d$ ∴ $d = 4$

∴ $a - b + c - d = 8 - 3 + 2 - 4 = 3$

0959 답 ③

세 수를 $a-d$, a, $a+d$라 하면

$(a-d) + a + (a+d) = 12$ ······ ㉠

$(a-d) \times a \times (a+d) = 48$ ······ ㉡

㉠에서 $3a = 12$ ∴ $a = 4$

이를 ㉡에 대입하면

$(4-d) \times 4 \times (4+d) = 48$, $16 - d^2 = 12$

$d^2 = 4$ ∴ $d = -2$ 또는 $d = 2$

따라서 세 수는 2, 4, 6이므로 세 수의 제곱의 합은

$2^2 + 4^2 + 6^2 = 56$

0960 답 2

삼차방정식의 세 실근을 $a-d$, a, $a+d$라 하면 삼차방정식의 근과 계수의 관계에 의하여

$(a-d) + a + (a+d) = -3$, $3a = -3$ ∴ $a = -1$

따라서 주어진 방정식의 한 근이 -1이므로 방정식에 $x = -1$을 대입하면

$(-1)^3 + 3 \times (-1)^2 + p \times (-1) + q = 0$

$2 - p + q = 0$ ∴ $p - q = 2$

공통수학1 다시보기

> 삼차방정식 $ax^3 + bx^2 + cx + d = 0$의 세 근을 α, β, γ라 하면
>
> $\alpha + \beta + \gamma = -\dfrac{b}{a}$, $\alpha\beta + \beta\gamma + \gamma\alpha = \dfrac{c}{a}$, $\alpha\beta\gamma = -\dfrac{d}{a}$

0961 답 -1

네 수를 $a-3d$, $a-d$, $a+d$, $a+3d$라 하면

$(a-3d) + (a-d) + (a+d) + (a+3d) = 8$ ······ ㉠

$(a-d)(a+d) = (a-3d)(a+3d) + 8$ ······ ㉡ ······ ❶

㉠에서 $4a = 8$ ∴ $a = 2$

이를 ㉡에 대입하면

$(2-d)(2+d) = (2-3d)(2+3d) + 8$

$4 - d^2 = 4 - 9d^2 + 8$

$8d^2 = 8$, $d^2 = 1$

∴ $d = -1$ 또는 $d = 1$ ······ ❷

따라서 네 수는 -1, 1, 3, 5이므로 가장 작은 수는 -1이다.

······ ❸

채점 기준

❶ 네 수를 a, d를 이용하여 나타내고, a, d에 대한 연립방정식 세우기	40 %
❷ a, d의 값 구하기	40 %
❸ 가장 작은 수 구하기	20 %

0962 답 $81\sqrt{5}$

$\overline{AD} = a - d$, $\overline{CD} = a$, $\overline{AB} = a + d$라 하면

$\triangle ABD \sim \triangle ACB$이므로 $\overline{AB}^2 = \overline{AD} \times \overline{AC}$

$(a+d)^2 = (a-d)(2a-d)$

$a^2 = 5ad$ ∴ $a = 5d$ ($\because a > 0$)

즉, $\overline{AB} = 6d$, $\overline{BC} = 9\sqrt{5}$, $\overline{AC} = 9d$이므로 직각삼각형 ABC에서 피타고라스 정리에 의하여

$(9d)^2 = (6d)^2 + (9\sqrt{5})^2$

$45d^2 = 405$, $d^2 = 9$ ∴ $d = 3$ ($\because d > 0$)

따라서 $\overline{AB} = 18$이므로 직각삼각형 ABC의 넓이는

$\dfrac{1}{2} \times 9\sqrt{5} \times 18 = 81\sqrt{5}$

0963 답 ②

등차수열 $\{a_n\}$의 첫째항을 a, 공차를 d라 하면 $a_2 = 5$, $a_8 = 17$이므로

$a + d = 5$, $a + 7d = 17$

두 식을 연립하여 풀면

$a = 3$, $d = 2$

따라서 첫째항부터 제15항까지의 합은

$\dfrac{15\{2 \times 3 + (15-1) \times 2\}}{2} = 255$

0964 답 162

$a_1 = 5 \times 1 - 7 = -2$, $a_9 = 5 \times 9 - 7 = 38$이므로

첫째항부터 제9항까지의 합은 $\dfrac{9(-2+38)}{2} = 162$

0965 답 -2

첫째항이 8, 제k항이 -30인 등차수열의 첫째항부터 제k항까지의 합이 -220이므로

$\dfrac{k\{8+(-30)\}}{2} = -220$ ∴ $k = 20$

즉, $a_{20} = -30$이므로 등차수열 $\{a_n\}$의 공차를 d라 하면

$8 + 19d = -30$ ∴ $d = -2$

0966 답 8

등차수열 $\{a_n\}$의 첫째항을 a, 공차를 d라 하면

$a_3 = 3$에서 $a + 2d = 3$ ······ ㉠

$a_7 = 3a_5$에서 $a + 6d = 3(a+4d)$

$2a + 6d = 0$ ∴ $a + 3d = 0$ ······ ㉡

㉠, ㉡을 연립하여 풀면 $a = 9$, $d = -3$

∴ $S_n = \dfrac{n\{2 \times 9 + (n-1) \times (-3)\}}{2} = \dfrac{n(21-3n)}{2}$

$\dfrac{n(21-3n)}{2} < 0$에서 $n(21-3n) < 0$

이때 n은 자연수이므로 $21 - 3n < 0$ ∴ $n > 7$

따라서 자연수 n의 최솟값은 8이다.

0967 답 ④

두 등차수열 $\{a_n\}$, $\{b_n\}$의 공차를 각각 d_1, d_2라 하면
$(a_1+a_2+a_3+\cdots+a_9)+(b_1+b_2+b_3+\cdots+b_9)$
$=\dfrac{9(a_1+a_9)}{2}+\dfrac{9(b_1+b_9)}{2}=\dfrac{9\{(a_1+b_1)+(a_9+b_9)\}}{2}$
$=\dfrac{9(10+a_9+b_9)}{2}$
즉, $\dfrac{9(10+a_9+b_9)}{2}=54$이므로 $10+a_9+b_9=12$
$\therefore a_9+b_9=2$

다른 풀이

두 등차수열 $\{a_n\}$, $\{b_n\}$의 공차를 각각 d_1, d_2라 하면
$(a_1+a_2+a_3+\cdots+a_9)+(b_1+b_2+b_3+\cdots+b_9)$
$=\dfrac{9(2a_1+8d_1)}{2}+\dfrac{9(2b_1+8d_2)}{2}=\dfrac{9\{2(a_1+b_1)+8(d_1+d_2)\}}{2}$
$=\dfrac{9\{2\times10+8(d_1+d_2)\}}{2}=90+36(d_1+d_2)$
즉, $90+36(d_1+d_2)=54$이므로 $d_1+d_2=-1$
$\therefore a_9+b_9=(a_1+8d_1)+(b_1+8d_2)=(a_1+b_1)+8(d_1+d_2)$
$\qquad\qquad=10+8\times(-1)=2$

0968 답 281

등차수열 $\{a_n\}$의 공차를 d라 하면 $a_1=43$, $a_{10}=7$이므로
$43+9d=7$ $\quad\therefore d=-4$
$\therefore a_n=43+(n-1)\times(-4)=-4n+47$
$-4n+47<0$에서 $4n>47$ $\quad\therefore n>\dfrac{47}{4}=11.75$
따라서 수열 $\{a_n\}$은 첫째항부터 제11항까지는 양수이고, 제12항부터 음수이다.
이때 $a_{11}=3$, $a_{12}=-1$, $a_{15}=-13$이므로
$|a_1|+|a_2|+|a_3|+\cdots+|a_{15}|$
$=(a_1+a_2+a_3+\cdots+a_{11})-(a_{12}+a_{13}+a_{14}+a_{15})$
$=\dfrac{11(43+3)}{2}-\dfrac{4\{-1+(-13)\}}{2}=253+28=281$

0969 답 ①

첫째항이 6, 끝항이 48, 항수가 $(m+2)$인 등차수열의 합이 594이므로
$\dfrac{(m+2)(6+48)}{2}=594$, $m+2=22$ $\quad\therefore m=20$

0970 답 -252

첫째항이 5, 끝항이 -33, 항수가 20인 등차수열의 합은
$\dfrac{20\{5+(-33)\}}{2}=-280$
따라서 $5+a_1+a_2+a_3+\cdots+a_{18}+(-33)=-280$이므로
$a_1+a_2+a_3+\cdots+a_{18}=-252$

0971 답 ③

$-4+a_1+a_2+a_3+\cdots+a_m+50=-4+391+50=437$
즉, 첫째항이 -4, 끝항이 50, 항수가 $(m+2)$인 등차수열의 합이 437이므로
$\dfrac{(m+2)(-4+50)}{2}=437$, $m+2=19$ $\quad\therefore m=17$

0972 답 ③

등차수열 $\{a_n\}$의 첫째항을 a, 공차를 d라 하면
$S_{10}=\dfrac{10\{2a+(10-1)d\}}{2}=80$
$\therefore 2a+9d=16$ $\quad\cdots\cdots$ ㉠
$S_{20}=\dfrac{20\{2a+(20-1)d\}}{2}=360$
$\therefore 2a+19d=36$ $\quad\cdots\cdots$ ㉡
㉠, ㉡을 연립하여 풀면 $a=-1$, $d=2$
$\therefore S_{30}=\dfrac{30\{2\times(-1)+(30-1)\times2\}}{2}=840$

0973 답 ②

등차수열 $\{a_n\}$의 첫째항을 a, 공차를 d라 하면
$S_4=\dfrac{4\{2a+(4-1)d\}}{2}=34$
$\therefore 2a+3d=17$ $\quad\cdots\cdots$ ㉠
$S_8=\dfrac{8\{2a+(8-1)d\}}{2}=116$
$\therefore 2a+7d=29$ $\quad\cdots\cdots$ ㉡
㉠, ㉡을 연립하여 풀면 $a=4$, $d=3$
$\therefore a_9+a_{10}+a_{11}+\cdots+a_{20}=S_{20}-S_8$
$\qquad\qquad=\dfrac{20\{2\times4+(20-1)\times3\}}{2}-116$
$\qquad\qquad=650-116=534$

0974 답 -65

등차수열 $\{a_n\}$의 첫째항을 a, 공차를 d라 하면
첫째항부터 제n항까지의 합 S_n에 대하여 ㈎에서
$S_{10}=\dfrac{10\{2a+(10-1)d\}}{2}=-15$
$\therefore 2a+9d=-3$ $\quad\cdots\cdots$ ㉠
㈏에서
$S_{20}-S_{10}=\dfrac{20\{2a+(20-1)d\}}{2}-(-15)=-115$
$\therefore 2a+19d=-13$ $\quad\cdots\cdots$ ㉡
㉠, ㉡을 연립하여 풀면 $a=3$, $d=-1$
$\therefore a_6+a_7+a_8+\cdots+a_{15}$
$=S_{15}-S_5$
$=\dfrac{15\{2\times3+(15-1)\times(-1)\}}{2}-\dfrac{5\{2\times3+(5-1)\times(-1)\}}{2}$
$=-60-5=-65$

0975 답 121

$a_n=21+(n-1)\times(-2)=-2n+23$
$-2n+23<0$에서
$n>\dfrac{23}{2}=11.5$
즉, 수열 $\{a_n\}$은 제12항부터 음수이므로 첫째항부터 제11항까지의 합이 최대이다.
이때 $a_{11}=-2\times11+23=1$이므로 구하는 최댓값은
$S_{11}=\dfrac{11(21+1)}{2}=121$

$$S_n=\frac{n\{2\times21+(n-1)\times(-2)\}}{2}$$
$$=-n^2+22n$$
$$=-(n-11)^2+121$$

따라서 S_n은 $n=11$에서 최댓값 121을 갖는다.

0976 답 -42

등차수열 $\{a_n\}$의 첫째항을 a, 공차를 d라 하면

$a_4=-7$, $a_{12}=9$이므로

$a+3d=-7$, $a+11d=9$

두 식을 연립하여 풀면

$a=-13$, $d=2$

$\therefore a_n=-13+(n-1)\times2=2n-15$

$2n-15>0$에서 $n>\dfrac{15}{2}=7.5$

즉, 수열 $\{a_n\}$은 제8항부터 양수이므로 첫째항부터 제7항까지의 합이 최소이다.

이때 $a_7=2\times7-15=-1$이므로 첫째항부터 제7항까지의 합은

$$\frac{7\{-13+(-1)\}}{2}=-49$$

따라서 $k=7$, $m=-49$이므로

$k+m=-42$

등차수열 $\{a_n\}$의 첫째항부터 제n항까지의 합 S_n은

$$S_n=\frac{n\{2\times(-13)+(n-1)\times2\}}{2}$$
$$=n^2-14n$$
$$=(n-7)^2-49$$

따라서 S_n은 $n=7$에서 최솟값 -49를 가지므로 $k=7$, $m=-49$

$\therefore k+m=-42$

0977 답 5

등차수열 $\{a_n\}$의 공차를 d라 하면

$$S_3=\frac{3\{2\times(-9)+(3-1)d\}}{2}=-27+3d$$

$$S_7=\frac{7\{2\times(-9)+(7-1)d\}}{2}=-63+21d \quad\cdots\cdots\ ❶$$

$S_3=S_7$에서

$-27+3d=-63+21d$

$18d=36$

$\therefore d=2$

$\therefore a_n=-9+(n-1)\times2=2n-11 \quad\cdots\cdots\ ❷$

$2n-11>0$에서 $n>\dfrac{11}{2}=5.5$

즉, 수열 $\{a_n\}$은 제6항부터 양수이므로 첫째항부터 제5항까지의 합이 최소이다.

$\therefore n=5 \quad\cdots\cdots\ ❸$

❶ 공차를 d로 놓고 S_3, S_7을 d에 대한 식으로 나타내기		40 %
❷ 일반항 a_n 구하기		30 %
❸ S_n이 최소가 되도록 하는 자연수 n의 값 구하기		30 %

0978 답 ⑤

등차수열 $\{a_n\}$의 공차를 d라 하면

$a_n=21+(n-1)d$

이때 최댓값이 S_{11}이므로 $a_{11}>0$, $a_{12}<0$이어야 한다.

$a_{11}=21+10d>0$에서 $d>-\dfrac{21}{10}$

$a_{12}=21+11d<0$에서 $d<-\dfrac{21}{11}$

$$\therefore -\frac{21}{10}<d<-\frac{21}{11}$$

그런데 d는 정수이므로 $d=-2$

$$\therefore S_{20}=\frac{20\{2\times21+(20-1)\times(-2)\}}{2}=40$$

0979 답 ④

두 자리의 자연수 중에서 6으로 나누었을 때의 나머지가 5인 수를 작은 것부터 차례로 나열하면

11, 17, 23, …, 95

이때 $95=11+14\times6$에서 구하는 총합은 첫째항이 11, 끝항이 95, 항수가 15인 등차수열의 합이므로

$$\frac{15(11+95)}{2}=795$$

0980 답 ③

50 이상 100 이하의 자연수 중에서 2의 배수를 작은 것부터 차례로 나열하면

50, 52, 54, …, 100 $\quad\cdots\cdots\ ㉠$

이때 $100=50+25\times2$에서 ㉠은 첫째항이 50, 끝항이 100, 항수가 26인 등차수열이므로 그 합은

$$\frac{26(50+100)}{2}=1950$$

또 50 이상 100 이하의 자연수 중에서 3의 배수를 작은 것부터 차례로 나열하면

51, 54, 57, …, 99 $\quad\cdots\cdots\ ㉡$

이때 $99=51+16\times3$에서 ㉡은 첫째항이 51, 끝항이 99, 항수가 17인 등차수열이므로 그 합은

$$\frac{17(51+99)}{2}=1275$$

한편 50 이상 100 이하의 자연수 중에서 6의 배수를 작은 것부터 차례로 나열하면

54, 60, 66, …, 96 $\quad\cdots\cdots\ ㉢$

이때 $96=54+7\times6$에서 ㉢은 첫째항이 54, 끝항이 96, 항수가 8인 등차수열이므로 그 합은

$$\frac{8(54+96)}{2}=600$$

따라서 50 이상 100 이하의 자연수 중에서 2 또는 3으로 나누어떨어지는 수의 총합은

$1950+1275-600=2625$

0981 답 508

$A=\{5,\ 8,\ 11,\ 14,\ 17,\ 20,\ 23,\ 26,\ …\}$,

$B=\{6,\ 11,\ 16,\ 21,\ 26,\ …\}$

이므로 $A\cap B=\{11,\ 26,\ 41,\ 56,\ …\}$

따라서 수열 $\{a_n\}$은 첫째항이 11, 공차가 15인 등차수열이므로

$$a_1+a_2+a_3+\cdots+a_8=\frac{8\{2\times11+(8-1)\times15\}}{2}=508$$

0982 답 7

연속하는 30개의 자연수 중에서 가장 작은 수를 a라 하면 30개의 자연수는 첫째항이 a, 공차가 1인 등차수열을 이루므로

$$\frac{30\{2a+(30-1)\times1\}}{2}=645$$

$2a+29=43,\ 2a=14$　∴ $a=7$

따라서 구하는 가장 작은 수는 7이다.

0983 답 6

n각형의 내각의 크기의 합은

$$180°\times(n-2)=180°\times n-360° \qquad \cdots\cdots\ ㉠$$

첫째항이 70°, 공차가 20°인 등차수열의 첫째항부터 제n항까지의 합은

$$\frac{n\{2\times70°+(n-1)\times20°\}}{2}=10°\times n^2+60°\times n \qquad \cdots\cdots\ ㉡$$

따라서 ㉠, ㉡에서

$$180°\times n-360°=10°\times n^2+60°\times n$$

$$n^2-12n+36=0,\ (n-6)^2=0$$

∴ $n=6$

0984 답 ②

제n행의 왼쪽 끝에 적힌 수를 l_n이라 하면

$$l_n=100-1-2-3-\cdots-(n-1)$$
$$=100-\{1+2+3+\cdots+(n-1)\}$$
$$=100-\frac{(n-1)\{1+(n-1)\}}{2}$$
　　　　↳ 첫째항이 1, 끝항이 $n-1$, 항수가 $(n-1)$인 등차수열의 합
$$=100-\frac{n(n-1)}{2}$$

제n행에 적힌 모든 수의 합 a_n은 첫째항이 $100-\dfrac{n(n-1)}{2}$, 공차가 -1, 항수가 n인 등차수열의 합과 같으므로

$$a_n=\frac{n\left[2\times\left\{100-\dfrac{n(n-1)}{2}\right\}+(n-1)\times(-1)\right]}{2}$$
$$=\frac{n(201-n^2)}{2}$$

$$\therefore a_{13}-a_{12}=\frac{13(201-13^2)}{2}-\frac{12(201-12^2)}{2}$$
$$=208-342=-134$$

0985 답 30

두 곡선 $y=x^2+ax+b$, $y=x^2$ 사이에 y축과 평행하게 그은 선분의 길이를 $f(x)$라 하면

$$f(x)=x^2+ax+b-x^2=ax+b$$

이때 $f(x)$는 x에 대한 일차식이므로 같은 간격의 x좌표에 대하여 각각의 선분의 길이는 등차수열을 이룬다.

따라서 10개의 선분의 길이의 합은 첫째항이 1, 제10항이 5인 등차수열의 합과 같으므로

$$\frac{10(1+5)}{2}=30$$

0986 답 ②

$S_n=3n^2-n+1$에서

$$a_1=S_1=3\times1^2-1+1=3$$

$$a_{10}=S_{10}-S_9$$
$$=(3\times10^2-10+1)-(3\times9^2-9+1)$$
$$=291-235=56$$

$$\therefore a_1+a_{10}=3+56$$
$$=59$$

다른 풀이

(i) $n\geq2$일 때,

$$a_n=S_n-S_{n-1}$$
$$=3n^2-n+1-\{3(n-1)^2-(n-1)+1\}$$
$$=6n-4 \qquad \cdots\cdots\ ㉠$$

(ii) $n=1$일 때,

$$a_1=S_1=3\times1^2-1+1=3 \qquad \cdots\cdots\ ㉡$$

이때 ㉠에 $n=1$을 대입한 값과 ㉡이 같지 않으므로

$$a_1=3,\ a_n=6n-4\ (n\geq2)$$

$$\therefore a_1+a_{10}=3+(6\times10-4)=59$$

0987 답 ②

등차수열 $\{a_n\}$의 첫째항부터 제n항까지의 합 S_n이 $S_n=n^2-5n$이므로 $n\geq2$일 때,

$$a_n=S_n-S_{n-1}$$
$$=n^2-5n-\{(n-1)^2-5(n-1)\}$$
$$=2n-6$$

$$\therefore a_1+d=a_2=2\times2-6=-2$$

다른 풀이

$$a_1+d=a_2=S_2-S_1$$
$$=(2^2-5\times2)-(1^2-5\times1)$$
$$=-6-(-4)$$
$$=-2$$

0988 답 ②

$S_n=-2n^2+9n$에서

(i) $n\geq2$일 때,

$$a_n=S_n-S_{n-1}$$
$$=-2n^2+9n-\{-2(n-1)^2+9(n-1)\}$$
$$=-4n+11 \qquad \cdots\cdots\ ㉠$$

(ii) $n=1$일 때,

$$a_1=S_1=-2\times1^2+9\times1=7 \qquad \cdots\cdots\ ㉡$$

이때 ㉠에 $n=1$을 대입한 값과 ㉡이 같으므로

$$a_n=-4n+11$$

$-4n+11>0$에서 $4n<11$

$$\therefore n<\frac{11}{4}=2.75$$

따라서 자연수 n은 1, 2의 2개이다.

0989 답 11

나머지 정리에 의하여

$$S_n=(-n)^2+3(-n)=n^2-3n$$

(i) $n \geq 2$일 때,
$$
\begin{aligned}
a_n &= S_n - S_{n-1} \\
&= n^2 - 3n - \{(n-1)^2 - 3(n-1)\} \\
&= 2n - 4 \qquad \cdots\cdots \ \text{㉠}
\end{aligned}
$$
(ii) $n = 1$일 때,
$$
a_1 = S_1 = 1^2 - 3 \times 1 = -2 \qquad \cdots\cdots \ \text{㉡}
$$
이때 ㉠에 $n=1$을 대입한 값과 ㉡이 같으므로
$$
a_n = 2n - 4
$$
따라서 $2k-4=18$에서 $k=11$

다른 풀이

$a_1 = S_1 = 1^2 - 3 \times 1 = -2$이므로 $k \neq 1$
$$
\begin{aligned}
\therefore \ a_k &= S_k - S_{k-1} \\
&= k^2 - 3k - \{(k-1)^2 - 3(k-1)\} = 2k - 4
\end{aligned}
$$
따라서 $2k-4=18$에서 $k=11$

0990 답 ④

두 수열 $\{a_n\}$, $\{b_n\}$의 첫째항부터 제n항까지의 합을 각각
$A_n = n^2 + kn$, $B_n = -2n^2 + 23n$이라 하면
$n \geq 2$일 때, $a_n = A_n - A_{n-1}$, $b_n = B_n - B_{n-1}$이므로
$a_4 = A_4 - A_3 = 4^2 + 4k - (3^2 + 3k) = 7 + k$
$b_4 = B_4 - B_3 = -2 \times 4^2 + 23 \times 4 - (-2 \times 3^2 + 23 \times 3) = 9$
이때 $a_4 = b_4$이므로 $7 + k = 9$ $\qquad \therefore k = 2$

0991 답 10

$S_n = -n^2 + 7n$에서
(i) $n \geq 2$일 때,
$$
\begin{aligned}
a_n &= S_n - S_{n-1} \\
&= -n^2 + 7n - \{-(n-1)^2 + 7(n-1)\} \\
&= -2n + 8 \qquad \cdots\cdots \ \text{㉠}
\end{aligned}
$$
(ii) $n = 1$일 때,
$$
a_1 = S_1 = -1^2 + 7 \times 1 = 6 \qquad \cdots\cdots \ \text{㉡}
$$
이때 ㉠에 $n=1$을 대입한 값과 ㉡이 같으므로
$$
a_n = -2n + 8
$$
$a_2 + a_4 + a_6 + \cdots + a_{2k}$는 첫째항이 $a_2 = 4$, 끝항이 $a_{2k} = -4k+8$, 항수가 k인 등차수열의 합이므로
$$
a_2 + a_4 + a_6 + \cdots + a_{2k} = \frac{k\{4 + (-4k+8)\}}{2} = -2k^2 + 6k
$$
즉, $-2k^2 + 6k = -140$이므로 $2k^2 - 6k - 140 = 0$
$k^2 - 3k - 70 = 0$, $(k+7)(k-10) = 0$
$$
\therefore k = 10 \ (\because k > 0)
$$

0992 답 ⑤

등비수열 $\{a_n\}$의 첫째항을 a, 공비를 r라 하면 $a_3 = 3$, $a_5 = 12$이므로
$ar^2 = 3 \qquad \cdots\cdots \ \text{㉠}$
$ar^4 = 12 \qquad \cdots\cdots \ \text{㉡}$
㉡$\div$㉠을 하면 $r^2 = 4$ $\qquad \therefore r = 2 \ (\because r > 0)$
이를 ㉠에 대입하면 $4a = 3$ $\qquad \therefore a = \dfrac{3}{4}$
$$
\therefore a_8 = \frac{3}{4} \times 2^7 = 96
$$

0993 답 첫째항: 15, 공비: $\dfrac{1}{25}$

$a_1 = 3 \times 5^{3-2} = 15$, $a_2 = 3 \times 5^{3-4} = \dfrac{3}{5}$이므로 $\dfrac{a_2}{a_1} = \dfrac{3}{5} \div 15 = \dfrac{1}{25}$
따라서 등비수열 $\{a_n\}$의 첫째항은 15, 공비는 $\dfrac{1}{25}$이다.

0994 답 ④

주어진 등비수열의 일반항을 a_n이라 하면 첫째항이 $\dfrac{1}{4}$, 공비가
$\dfrac{\sqrt{2}}{4} \div \dfrac{1}{4} = \sqrt{2}$이므로
$$
a_n = \frac{1}{4} \times (\sqrt{2})^{n-1}
$$
8을 제k항이라 하면 $\dfrac{1}{4} \times (\sqrt{2})^{k-1} = 8$, $(\sqrt{2})^{k-1} = 32$
$2^{\frac{k-1}{2}} = 2^5$, $\dfrac{k-1}{2} = 5$, $k - 1 = 10$
$$
\therefore k = 11
$$
따라서 8은 제11항이다.

0995 답 100

$a_n = 2 \times 4^{n-1} = 2 \times 2^{2(n-1)} = 2^{2n-1}$
$$
\therefore \log_2 a_n = \log_2 2^{2n-1} = 2n - 1 = 1 + 2(n-1)
$$
따라서 수열 $\{\log_2 a_n\}$은 첫째항이 1, 공차가 2인 등차수열이므로 구하는 합은
$$
\frac{10\{2 \times 1 + (10-1) \times 2\}}{2} = 100
$$

0996 답 ③

등비수열 $\{a_n\}$의 첫째항을 a, 공비를 r라 하면
$a_4 = 2$에서 $ar^3 = 2 \qquad \cdots\cdots \ \text{㉠}$
$a_{10} = \dfrac{1}{8} a_7$에서 $ar^9 = \dfrac{1}{8} ar^6$이므로 $r^3 = \dfrac{1}{8}$ $\qquad \therefore r = \dfrac{1}{2}$
이를 ㉠에 대입하면 $\dfrac{1}{8} a = 2$ $\qquad \therefore a = 16$
$$
\therefore a_9 = 16 \times \left(\frac{1}{2}\right)^8 = \frac{1}{16}
$$

0997 답 ④

모든 항이 양수이므로 등비수열 $\{a_n\}$의 첫째항과 공비는 양수이다.
등비수열 $\{a_n\}$의 공비를 r라 하면
$a_3^2 = a_6$에서 $(a_1 r^2)^2 = a_1 r^5$, $a_1 r^4 (a_1 - r) = 0$
$a_1 > 0$, $r > 0$이므로
$a_1 - r = 0$ $\qquad \therefore a_1 = r \qquad \cdots\cdots \ \text{㉠}$
$a_2 - a_1 = 2$에서 $a_1 r - a_1 = 2$, $r^2 - r = 2 \ (\because \text{㉠})$
$r^2 - r - 2 = 0$, $(r+1)(r-2) = 0$ $\qquad \therefore r = 2 \ (\because r > 0)$
㉠에서 $a_1 = 2$
$$
\therefore a_5 = 2 \times 2^4 = 32
$$

0998 답 ④

등비수열 $\{a_n\}$의 공비를 r라 하면
$$
\frac{a_6}{a_1} = \frac{a_1 r^5}{a_1} = r^5, \ \frac{a_7}{a_2} = \frac{a_1 r^6}{a_1 r} = r^5, \ \cdots, \ \frac{a_{25}}{a_{20}} = \frac{a_1 r^{24}}{a_1 r^{19}} = r^5
$$
이므로
$$
\frac{a_6}{a_1} + \frac{a_7}{a_2} + \frac{a_8}{a_3} + \cdots + \frac{a_{25}}{a_{20}} = 20 r^5 = 100 \qquad \therefore r^5 = 5
$$
$$
\therefore \frac{a_{25}}{a_{10}} = \frac{a_1 r^{24}}{a_1 r^9} = r^{15} = (r^5)^3 = 5^3 = 125
$$

0999 답 ②

등비수열 $\{a_n\}$의 첫째항을 a, 공비를 r라 하면 $a_2=9$, $a_5=243$이므로

$ar=9$ ······ ㉠

$ar^4=243$ ······ ㉡

㉡÷㉠을 하면

$r^3=27$ ∴ $r=3$

이를 ㉠에 대입하면

$3a=9$ ∴ $a=3$

∴ $a_n=3\times3^{n-1}=3^n$

$3^n>3000$에서 $3^7=2187$, $3^8=6561$이므로 $n\geq8$

따라서 처음으로 3000보다 커지는 항은 제8항이다.

1000 답 ⑤

등비수열 $\{a_n\}$의 첫째항을 a, 공비를 r라 하면 $a_5=8$, $a_7=16$이므로

$ar^4=8$ ······ ㉠

$ar^6=16$ ······ ㉡

㉡÷㉠을 하면

$r^2=2$ ∴ $r=\sqrt{2}$ $(\because r>0)$

이를 ㉠에 대입하면

$4a=8$ ∴ $a=2$

따라서 $a_n=2\times(\sqrt{2})^{n-1}$이므로

$a_n{}^2=\{2\times(\sqrt{2})^{n-1}\}^2=2^2\times\{(\sqrt{2})^2\}^{n-1}=4\times2^{n-1}$

$4\times2^{n-1}>1600$에서 $2^{n-1}>400$

이때 $2^8=256$, $2^9=512$이므로 $n-1\geq9$ ∴ $n\geq10$

따라서 자연수 n의 최솟값은 10이다.

1001 답 12

등비수열 $\{a_n\}$의 첫째항을 a, 공비를 r라 하면

$a_3+a_6=\dfrac{7}{16}$에서 $ar^2+ar^5=\dfrac{7}{16}$

∴ $ar^2(1+r^3)=\dfrac{7}{16}$ ······ ㉠

$a_4+a_7=-\dfrac{7}{32}$에서 $ar^3+ar^6=-\dfrac{7}{32}$

∴ $ar^3(1+r^3)=-\dfrac{7}{32}$ ······ ㉡

㉡÷㉠을 하면

$r=-\dfrac{1}{2}$

이를 ㉠에 대입하면

$a\times\dfrac{1}{4}\times\dfrac{7}{8}=\dfrac{7}{16}$ ∴ $a=2$

따라서 $a_n=2\times\left(-\dfrac{1}{2}\right)^{n-1}$이므로

$\left|2\times\left(-\dfrac{1}{2}\right)^{n-1}\right|<\dfrac{1}{1000}$에서 $2\times\left|\left(-\dfrac{1}{2}\right)^{n-1}\right|<\dfrac{1}{1000}$

$\left|\left(-\dfrac{1}{2}\right)^{n-1}\right|<\dfrac{1}{2000}$

이때 $\left(\dfrac{1}{2}\right)^{10}=\dfrac{1}{1024}$, $\left(\dfrac{1}{2}\right)^{11}=\dfrac{1}{2048}$이므로

$n-1\geq11$ ∴ $n\geq12$

따라서 자연수 n의 최솟값은 12이다.

1002 답 84

주어진 등비수열의 공비를 r라 하면 첫째항이 6, 제5항이 96이므로

$6r^4=96$, $r^4=16$ ∴ $r=2$ $(\because r>0)$

$x=6\times r=6\times2=12$

$y=x\times r=12\times2=24$

$z=y\times r=24\times2=48$

∴ $x+y+z=12+24+48=84$

1003 답 ②

첫째항이 12이고 공비가 $\dfrac{1}{3}$인 등비수열의 제$(m+2)$항이 $\dfrac{4}{243}$이므로

$12\times\left(\dfrac{1}{3}\right)^{m+1}=\dfrac{4}{243}$, $\left(\dfrac{1}{3}\right)^{m+1}=\left(\dfrac{1}{3}\right)^6$

$m+1=6$ ∴ $m=5$

1004 답 ③

주어진 등비수열의 공비를 r라 하면 첫째항이 4, 제9항이 324이므로

$4r^8=324$, $r^8=81$ ∴ $r=\sqrt{3}$ $(\because r>0)$

따라서

$a_1=4\times\sqrt{3}$, $a_2=4\times(\sqrt{3})^2$, $a_3=4\times(\sqrt{3})^3$, ..., $a_7=4\times(\sqrt{3})^7$

이므로

$$a_1\times a_2\times a_3\times\cdots\times a_7=4^7\{\sqrt{3}\times(\sqrt{3})^2\times(\sqrt{3})^3\times\cdots\times(\sqrt{3})^7\}$$
$$=4^7\times(\sqrt{3})^{1+2+3+\cdots+7}$$
$$=2^{14}\times3^{14}=6^{14}$$

∴ $k=14$

1005 답 4

세 수 a, 6, b가 이 순서대로 등차수열을 이루므로

$12=a+b$ ······ ㉠

세 수 2, a, b가 이 순서대로 등비수열을 이루므로

$a^2=2b$ ······ ㉡

㉠, ㉡을 연립하여 풀면

$12=a+\dfrac{a^2}{2}$, $a^2+2a-24=0$

$(a+6)(a-4)=0$ ∴ $a=4$ $(\because a>0)$

이를 ㉠에 대입하면

$4+b=12$ ∴ $b=8$

∴ $5a-2b=5\times4-2\times8=4$

1006 답 2

세 양수 $9a$, $a+4$, a가 이 순서대로 등비수열을 이루므로

$(a+4)^2=9a\times a$

$a^2+8a+16=9a^2$, $a^2-a-2=0$

$(a+1)(a-2)=0$ ∴ $a=2$ $(\because a>0)$

1007 답 ②

세 수 a, 3, b가 이 순서대로 등비수열을 이루므로

$9=ab$

$$\therefore \dfrac{1}{\log_a3}+\dfrac{1}{\log_b3}=\log_3a+\log_3b$$
$$=\log_3ab$$
$$=\log_39=2$$

1008 답 ④

세 항 a_2, a_5, a_{14}가 이 순서대로 등비수열을 이루므로

$a_5{}^2 = a_2 a_{14}$

등차수열 $\{a_n\}$의 첫째항을 a, 공차를 d라 하면

$(a+4d)^2 = (a+d)(a+13d)$

$a^2 + 8ad + 16d^2 = a^2 + 14ad + 13d^2$

$3d^2 - 6ad = 0$, $3d(d-2a)=0$

이때 $d \neq 0$이므로 $d = 2a$ $\cdots\cdots$ ㉠

$\therefore \dfrac{a_{23}}{a_3} = \dfrac{a+22d}{a+2d} = \dfrac{45a}{5a}$ $(\because$ ㉠$)$

$\qquad = 9$

1009 답 2

$A(k, 2\sqrt{k})$, $B(k, \sqrt{k})$, $C(k, 0)$이므로

$\overline{BC} = \sqrt{k}$, $\overline{OC} = k$, $\overline{AC} = 2\sqrt{k}$ $\cdots\cdots$ ❶

$\overline{BC}$, $\overline{OC}$, $\overline{AC}$가 이 순서대로 등비수열을 이루므로

$k^2 = \sqrt{k} \times 2\sqrt{k}$, $k^2 = 2k$

$k^2 - 2k = 0$, $k(k-2)=0$ $\therefore k=2$ $(\because k>0)$ $\cdots\cdots$ ❷

채점 기준

❶ $\overline{BC}$, $\overline{OC}$, $\overline{AC}$를 k에 대한 식으로 나타내기	30 %
❷ 양수 k의 값 구하기	70 %

1010 답 정삼각형

세 변의 길이 a, b, c가 이 순서대로 등차수열을 이루므로

$b = \dfrac{a+c}{2}$ $\cdots\cdots$ ㉠

또 $\sin A$, $\sin B$, $\sin C$가 이 순서대로 등비수열을 이루므로

$\sin^2 B = \sin A \times \sin C$

삼각형 ABC의 외접원의 반지름의 길이를 R라 하면

사인법칙에 의하여

$\left(\dfrac{b}{2R}\right)^2 = \dfrac{a}{2R} \times \dfrac{c}{2R}$

$\therefore b^2 = ac$ $\cdots\cdots$ ㉡

㉠을 ㉡에 대입하면

$\left(\dfrac{a+c}{2}\right)^2 = ac$, $a^2 + 2ac + c^2 = 4ac$

$(a-c)^2 = 0$ $\therefore a=c$

이를 ㉠에 대입하면 $b=c$ $\therefore a=b=c$

따라서 삼각형 ABC는 정삼각형이다.

1011 답 ①

삼차방정식의 세 실근을 a, ar, ar^2이라 하면 삼차방정식의 근과 계수의 관계에 의하여

$a + ar + ar^2 = -p$

$\therefore a(1+r+r^2) = -p$ $\cdots\cdots$ ㉠

$a \times ar + ar \times ar^2 + ar^2 \times a = -6$에서

$a^2 r + a^2 r^3 + a^2 r^2 = -6$

$\therefore a^2 r(1+r+r^2) = -6$ $\cdots\cdots$ ㉡

$a \times ar \times ar^2 = -8$에서

$a^3 r^3 = -8$, $(ar)^3 = -8$

$\therefore ar = -2$ $\cdots\cdots$ ㉢

㉡÷㉠을 하면 $ar = \dfrac{6}{p}$

따라서 ㉢에서 $\dfrac{6}{p} = -2$ $\therefore p = -3$

1012 답 27

세 실수를 a, ar, ar^2이라 하면

$a + ar + ar^2 = 21$

$\therefore a(1+r+r^2) = 21$ $\cdots\cdots$ ㉠

$a \times ar \times ar^2 = -729$, $a^3 r^3 = -729$, $(ar)^3 = -729$

$\therefore ar = -9$ $\cdots\cdots$ ㉡

㉠÷㉡을 하면

$\dfrac{a(1+r+r^2)}{ar} = \dfrac{21}{-9} = -\dfrac{7}{3}$

$3(1+r+r^2) = -7r$, $3r^2 + 3r + 3 = -7r$

$3r^2 + 10r + 3 = 0$, $(r+3)(3r+1)=0$

$\therefore r = -3$ 또는 $r = -\dfrac{1}{3}$

이를 ㉡에 대입하여 풀면

$r = -3$일 때 $a = 3$, $r = -\dfrac{1}{3}$일 때 $a = 27$

따라서 세 실수는 3, -9, 27이므로 가장 큰 수는 27이다.

1013 답 ②

두 곡선 $y = 3x^3 + 5x - 3$, $y = kx^2 - 8x$의 교점의 x좌표는 방정식 $3x^3 + 5x - 3 = kx^2 - 8x$, 즉 $3x^3 - kx^2 + 13x - 3 = 0$의 세 실근이다.

이 삼차방정식의 세 실근을 a, ar, ar^2이라 하면 삼차방정식의 근과 계수의 관계에 의하여

$a + ar + ar^2 = \dfrac{k}{3}$

$\therefore a(1+r+r^2) = \dfrac{k}{3}$ $\cdots\cdots$ ㉠

$a \times ar + ar \times ar^2 + ar^2 \times a = \dfrac{13}{3}$

$\therefore a^2 r(1+r+r^2) = \dfrac{13}{3}$ $\cdots\cdots$ ㉡

$a \times ar \times ar^2 = 1$에서 $(ar)^3 = 1$ $\therefore ar = 1$ $\cdots\cdots$ ㉢

㉡÷㉠을 하면 $ar = \dfrac{13}{k}$

㉢에서 $\dfrac{13}{k} = 1$ $\therefore k = 13$

1014 답 64

직육면체의 가로의 길이, 세로의 길이, 높이를 각각 a, ar, ar^2이라 하면 모든 모서리의 길이의 합은 56이므로

$4(a + ar + ar^2) = 56$

$\therefore a(1+r+r^2) = 14$ $\cdots\cdots$ ㉠

또 겉넓이가 112이므로

$2(a \times ar + ar \times ar^2 + a \times ar^2) = 112$

$\therefore a^2 r(1+r+r^2) = 56$ $\cdots\cdots$ ㉡

㉡÷㉠을 하면 $ar = 4$

따라서 직육면체의 부피는

$a \times ar \times ar^2 = (ar)^3 = 4^3 = 64$

1015 답 46

한 변의 길이가 9인 정사각형의 넓이는 $9 \times 9 = 81$이고

첫 번째 시행 후 남은 도형의 넓이는

$81 \times \dfrac{8}{9}$

두 번째 시행 후 남은 도형의 넓이는

$81 \times \left(\dfrac{8}{9}\right)^2$

$\vdots$

n번째 시행 후 남은 도형의 넓이는

$81 \times \left(\dfrac{8}{9}\right)^n$

따라서 10번째 시행 후 남은 도형의 넓이는

$81 \times \left(\dfrac{8}{9}\right)^{10} = \dfrac{8^{10}}{9^8} = \dfrac{2^{30}}{3^{16}}$

따라서 $p = 16$, $q = 30$이므로 $p + q = 46$

1016 답 ④

박테리아의 수가 일정하게 증가하는 비율을 $r \, (r > 0)$라 하면

현재 a만 마리인 박테리아가 10시간 후에는 6만 마리, 20시간 후에는 9만 마리가 되므로

$a(1+r)^{10} = 6$ ······ ㉠

$a(1+r)^{20} = 9$ ······ ㉡

㉡÷㉠을 하면 $(1+r)^{10} = \dfrac{3}{2}$

㉠에서 $\dfrac{3}{2}a = 6$ ∴ $a = 4$

1017 답 ③

첫 번째 튀어 올랐을 때의 높이는 $27 \times \dfrac{2}{3} \, (\text{m})$

두 번째 튀어 올랐을 때의 높이는 $27 \times \left(\dfrac{2}{3}\right)^2 (\text{m})$

세 번째 튀어 올랐을 때의 높이는 $27 \times \left(\dfrac{2}{3}\right)^3 (\text{m})$

$\vdots$

n번째 튀어 올랐을 때의 높이는 $27 \times \left(\dfrac{2}{3}\right)^n (\text{m})$

따라서 6번째 튀어 올랐을 때의 높이는 $27 \times \left(\dfrac{2}{3}\right)^6 = \dfrac{2^6}{3^3} (\text{m})$

1018 답 ③

직선 OA_n의 기울기를 a_n이라 하면

$a_1 = \dfrac{3}{5}$

$a_2 = \dfrac{3}{5} \times \dfrac{5}{3}$

$a_3 = \dfrac{3}{5} \times \left(\dfrac{5}{3}\right)^2$

$\vdots$

$a_n = \dfrac{3}{5} \times \left(\dfrac{5}{3}\right)^{n-1} = \left(\dfrac{5}{3}\right)^{n-2}$

이때 $a_n = \dfrac{1}{\overline{\text{OB}_n}}$이므로 $\overline{\text{OB}_n} = \dfrac{1}{a_n} = \left(\dfrac{3}{5}\right)^{n-2}$

$\left(\dfrac{3}{5}\right)^{n-2} = \left(\dfrac{3}{5}\right)^6$에서 $n - 2 = 6$ ∴ $n = 8$

따라서 구하는 선분은 $\overline{\text{OB}_8}$이다.

1019 답 -129

등비수열 $\{a_n\}$의 첫째항을 a, 공비를 r라 하면 $a_3 = -12$, $a_7 = -192$이므로

$ar^2 = -12$ ······ ㉠

$ar^6 = -192$ ······ ㉡

㉡÷㉠을 하면 $r^4 = 16$ ∴ $r = -2 \, (\because r < 0)$

이를 ㉠에 대입하면 $4a = -12$ ∴ $a = -3$

따라서 첫째항부터 제7항까지의 합은

$\dfrac{-3\{1 - (-2)^7\}}{1 - (-2)} = -129$

1020 답 ②

주어진 등비수열은 첫째항이 2, 공비가 $\dfrac{6}{2} = 3$이므로

$S_n = \dfrac{2(3^n - 1)}{3 - 1} = 3^n - 1$

$S_k = 728$에서 $3^k - 1 = 728$

$3^k = 729 = 3^6$ ∴ $k = 6$

1021 답 64

등비수열 $\{a_n\}$의 공비를 $r \, (r \neq 1)$라 하면

$\dfrac{S_6}{S_3} = \dfrac{\dfrac{1 - r^6}{1 - r}}{\dfrac{1 - r^3}{1 - r}} = \dfrac{1 - r^6}{1 - r^3} = \dfrac{(1 - r^3)(1 + r^3)}{1 - r^3} = 1 + r^3$

$2a_4 - 7 = 2r^3 - 7$

즉, $1 + r^3 = 2r^3 - 7$이므로

$r^3 = 8$ ∴ $r = 2$

∴ $a_7 = 2^6 = 64$

1022 답 ④

등차수열 $\{a_n\}$의 첫째항을 a, 공차를 d라 하면 $a_4 = 1$, $a_8 = 5$이므로

$a + 3d = 1$, $a + 7d = 5$

두 식을 연립하여 풀면

$a = -2$, $d = 1$

∴ $a_n = -2 + (n - 1) \times 1 = n - 3$

∴ $5^{a_n} = 5^{n-3} = \dfrac{1}{25} \times 5^{n-1}$

따라서 수열 $\{5^{a_n}\}$은 첫째항이 $\dfrac{1}{25}$, 공비가 5인 등비수열이므로 첫째항부터 제20항까지의 합은

$\dfrac{\dfrac{1}{25}(5^{20} - 1)}{5 - 1} = \dfrac{1}{100}(5^{20} - 1)$

1023 답 ③

$a_n = (-3)^{n-1}$이므로 수열 $a_1 + a_2$, $a_2 + a_3$, $a_3 + a_4$, ...의 일반항은

$a_n + a_{n+1} = (-3)^{n-1} + (-3)^n$

$\qquad\qquad = (-3)^{n-1}\{1 + (-3)\}$

$\qquad\qquad = -2 \times (-3)^{n-1}$

따라서 첫째항이 -2, 공비가 -3인 등비수열이므로 첫째항부터 제10항까지의 합은

$\dfrac{-2\{1 - (-3)^{10}\}}{1 - (-3)} = -\dfrac{1}{2}(1 - 3^{10}) = \dfrac{1}{2}(3^{10} - 1)$

1024 답 11

등비수열 $1, \frac{1}{2}, \frac{1}{4}, \ldots$은 첫째항이 1, 공비가 $\frac{1}{2} \div 1 = \frac{1}{2}$이므로

$$S_n = \frac{1 \times \left\{1 - \left(\frac{1}{2}\right)^n\right\}}{1 - \frac{1}{2}} = 2 - \frac{1}{2^{n-1}} \quad \cdots\cdots \text{❶}$$

$|S_n - 2| < 0.001$에서

$$\left|\left(2 - \frac{1}{2^{n-1}}\right) - 2\right| < 0.001$$

$$\frac{1}{2^{n-1}} < 0.001, \ 2^{n-1} > 1000$$

이때 $2^9 = 512$, $2^{10} = 1024$이므로

$$n - 1 \geq 10 \quad \therefore \ n \geq 11 \quad \cdots\cdots \text{❷}$$

따라서 자연수 n의 최솟값은 11이다. $\quad\cdots\cdots \text{❸}$

채점 기준	
❶ S_n 구하기	40 %
❷ n의 값의 범위 구하기	40 %
❸ 자연수 n의 최솟값 구하기	20 %

1025 답 ④

등비수열 $\{a_n\}$의 공비를 r라 하면 첫째항이 1이므로

$$r^4 = 16 \quad \therefore \ r = 2 \ (\because r > 0)$$

$$S_n = \frac{1 \times (2^n - 1)}{2 - 1} = 2^n - 1$$

$S_n > 10^6$에서 $2^n - 1 > 10^6$

$$\therefore \ 2^n > 10^6 + 1$$

즉, $2^n > 10^6$이므로 양변에 상용로그를 취하면

$$\log 2^n > \log 10^6, \ n \log 2 > 6$$

$$\therefore \ n > \frac{6}{\log 2} = \frac{6}{0.301} = 19.9\cdots$$

따라서 첫째항부터 제20항까지의 합이 처음으로 10^6보다 크게 된다.

$$\therefore \ n = 20$$

1026 답 $\frac{95}{3}$

등비수열 $\{a_n\}$의 첫째항을 a, 공비를 $r \ (r \neq 1)$라 하면 $S_3 = 15$, $S_6 = 25$이므로

$$\frac{a(1 - r^3)}{1 - r} = 15 \quad \cdots\cdots \text{㉠}$$

$$\frac{a(1 - r^6)}{1 - r} = 25$$

$$\therefore \ \frac{a(1 - r^3)(1 + r^3)}{1 - r} = 25 \quad \cdots\cdots \text{㉡}$$

㉠을 ㉡에 대입하면 $15(1 + r^3) = 25$

$$1 + r^3 = \frac{5}{3} \quad \therefore \ r^3 = \frac{2}{3}$$

$$\therefore \ S_9 = \frac{a(1 - r^9)}{1 - r}$$

$$= \frac{a(1 - r^3)(1 + r^3 + r^6)}{1 - r}$$

$$= \frac{a(1 - r^3)}{1 - r} \times (1 + r^3 + r^6)$$

$$= 15 \times \left\{1 + \frac{2}{3} + \left(\frac{2}{3}\right)^2\right\}$$

$$= \frac{95}{3}$$

1027 답 -128

등비수열 $\{a_n\}$의 첫째항을 a, 공비를 $r \ (r \neq 1)$라 하면 $S_4 = -5$, $S_8 = -85$이므로

$$\frac{a(1 - r^4)}{1 - r} = -5 \quad \cdots\cdots \text{㉠}$$

$$\frac{a(1 - r^8)}{1 - r} = -85$$

$$\therefore \ \frac{a(1 - r^4)(1 + r^4)}{1 - r} = -85 \quad \cdots\cdots \text{㉡} \quad \cdots\cdots \text{❶}$$

㉠을 ㉡에 대입하면 $-5(1 + r^4) = -85$

$$1 + r^4 = 17, \ r^4 = 16 \quad \therefore \ r = -2 \ (\because r < 0)$$

이를 ㉠에 대입하면

$$\frac{a\{1 - (-2)^4\}}{1 - (-2)} = -5, \ -5a = -5$$

$$\therefore \ a = 1 \quad \cdots\cdots \text{❷}$$

$$\therefore \ a_8 = 1 \times (-2)^7 = -128 \quad \cdots\cdots \text{❸}$$

채점 기준	
❶ S_4, S_8을 a, r에 대한 식으로 나타내기	30 %
❷ a, r의 값 구하기	50 %
❸ a_8 구하기	20 %

1028 답 ①

등비수열 $\{a_n\}$의 첫째항을 a, 공비를 $r \ (r \neq 1)$라 하면 수열 a_1, a_3, a_5, a_7의 공비는 r^2이므로

$a_1 + a_3 + a_5 + a_7 = 17$에서 $\dfrac{a\{1 - (r^2)^4\}}{1 - r^2} = 17$

$$\therefore \ \frac{a(1 - r^8)}{(1 - r)(1 + r)} = 17 \quad \cdots\cdots \text{㉠}$$

$a_1 + a_2 + a_3 + \cdots + a_8 = -34$에서 $\dfrac{a(1 - r^8)}{1 - r} = -34 \quad \cdots\cdots \text{㉡}$

㉡을 ㉠에 대입하면 $\dfrac{-34}{1 + r} = 17$

$$1 + r = -2 \quad \therefore \ r = -3$$

1029 답 -64

등비수열 $\{a_n\}$의 공비를 r라 하면 첫째항이 2이므로 $r = 1$이면 모든 자연수 n에 대하여 $a_n = 2$

그런데 $r = 1$이면

$$S_{10} - S_8 = a_9 + a_{10} = 4 > 0$$

이므로 ㈏를 만족시키지 않는다.

$$\therefore \ r \neq 1$$

㈎에서

$$\frac{2(1 - r^{10})}{1 - r} - \frac{2(1 - r^2)}{1 - r} = 4 \times \frac{2(1 - r^8)}{1 - r}$$

$$-r^{10} + r^2 = 4(1 - r^8)$$

$$r^2(1 - r^8) = 4(1 - r^8)$$

그런데 $r \neq 1$이므로 $r = -1$ 또는 $r^2 = 4$

$$\therefore \ r = -2 \ \text{또는} \ r = -1 \ \text{또는} \ r = 2$$

이때 ㈏에서

$$S_{10} - S_8 = a_9 + a_{10} = 2r^8 + 2r^9 = 2r^8(1 + r) < 0$$

이므로

$$r < -1 \quad \therefore \ r = -2$$

$$\therefore \ a_6 = 2 \times (-2)^5 = -64$$

1030 답 $4\pi\left\{1-\left(\dfrac{1}{2}\right)^{10}\right\}$

$a_1=\pi\times 2=2\pi$

$a_2=\pi\times 2\times\dfrac{1}{2}=2\pi\times\dfrac{1}{2}$

$a_3=\pi\times 2\times\left(\dfrac{1}{2}\right)^2=2\pi\times\left(\dfrac{1}{2}\right)^2$

$\vdots$

따라서 수열 $\{a_n\}$은 첫째항이 2π, 공비가 $\dfrac{1}{2}$인 등비수열이므로

$a_1+a_2+a_3+\cdots+a_{10}=\dfrac{2\pi\left\{1-\left(\dfrac{1}{2}\right)^{10}\right\}}{1-\dfrac{1}{2}}=4\pi\left\{1-\left(\dfrac{1}{2}\right)^{10}\right\}$

1031 답 ②

㈏에서 네 번째 줄의 네 번째 칸에 들어갈 수는

$4\times 2=8$

㈎에서 네 번째 줄에 있는 수들은 왼쪽 칸부터 차례로 공비가 2인 등비수열을 이루므로 첫째항을 a라 하면 제4항이 8이므로

$a\times 2^3=8$

$\therefore a=1$

따라서 네 번째 줄에 있는 모든 수의 합은 첫째항이 1, 공비가 2인 등비수열의 첫째항부터 제7항까지의 합과 같으므로

$\dfrac{1\times(2^7-1)}{2-1}=127$

1032 답 ⑤

전날 이동한 거리의 10 %씩 늘려서 이동하므로 일주일 동안 이동하는 거리는

$5+5\times(1+0.1)+5\times(1+0.1)^2+\cdots+5\times(1+0.1)^6$

$=\dfrac{5\{(1+0.1)^7-1\}}{(1+0.1)-1}$

$=\dfrac{5(1.9-1)}{0.1}$

$=45(\text{km})$

1033 답 $\dfrac{16}{9}$배

2008년의 신규 가입자의 수를 a, 매년 증가하는 신규 가입자의 수의 비율을 $r\,(r\neq 1)$라 하면 n년 후의 신규 가입자의 수는 ar^n

2008년부터 2015년까지 8년 동안의 신규 가입자의 수가 12만이므로

$a+ar+ar^2+\cdots+ar^7=120000$

$\therefore \dfrac{a(1-r^8)}{1-r}=120000$ ...... ㉠

2016년부터 2023년까지 8년 동안의 신규 가입자의 수가 16만이므로

$ar^8+ar^9+ar^{10}+\cdots+ar^{15}=160000$

$\therefore \dfrac{ar^8(1-r^8)}{1-r}=160000$ ...... ㉡

㉠을 ㉡에 대입하면 $120000r^8=160000$

$\therefore r^8=\dfrac{4}{3}$

따라서 2024년의 신규 가입자의 수는 $ar^{16}=a(r^8)^2=\dfrac{16}{9}a$이므로

2008년의 신규 가입자의 수의 $\dfrac{16}{9}$배이다.

1034 답 ④

$S_n=3^n-1$에서

(i) $n\geq 2$일 때,

$a_n=S_n-S_{n-1}=(3^n-1)-(3^{n-1}-1)$

$=3^{n-1}\times(3-1)$

$=2\times 3^{n-1}$ ...... ㉠

(ii) $n=1$일 때,

$a_1=S_1=3^1-1=2$ ...... ㉡

이때 ㉠에 $n=1$을 대입한 값과 ㉡이 같으므로

$a_n=2\times 3^{n-1}$

$\therefore \dfrac{a_6+a_7}{a_1+a_2}=\dfrac{2\times 3^5+2\times 3^6}{2+2\times 3}=\dfrac{2\times 3^5\times(1+3)}{2\times(1+3)}=3^5=243$

1035 답 ⑤

$S_n=7\times 3^n-7$에서

(i) $n\geq 2$일 때,

$a_n=S_n-S_{n-1}$

$=(7\times 3^n-7)-(7\times 3^{n-1}-7)$

$=7\times 3^{n-1}\times(3-1)$

$=14\times 3^{n-1}$ ...... ㉠

(ii) $n=1$일 때,

$a_1=S_1=7\times 3^1-7=14$ ...... ㉡

이때 ㉠에 $n=1$을 대입한 값과 ㉡이 같으므로

$a_n=14\times 3^{n-1}$

따라서 $p=14$, $q=3$이므로

$p-q=11$

1036 답 ①

$S_n=6\times 8^n+k$에서

(i) $n\geq 2$일 때,

$a_n=S_n-S_{n-1}=(6\times 8^n+k)-(6\times 8^{n-1}+k)$

$=6\times 8^{n-1}\times(8-1)=42\times 8^{n-1}$ ...... ㉠

(ii) $n=1$일 때,

$a_1=S_1=6\times 8^1+k=48+k$ ...... ㉡

이때 수열 $\{a_n\}$이 첫째항부터 등비수열을 이루려면 ㉠에 $n=1$을 대입한 값과 ㉡이 같아야 하므로

$42=48+k$ $\therefore k=-6$

1037 답 6

$S_n=3^{n+1}-3$에서

(i) $n\geq 2$일 때,

$a_n=S_n-S_{n-1}=(3^{n+1}-3)-(3^n-3)$

$=3^n\times(3-1)=2\times 3^n$ ...... ㉠

(ii) $n=1$일 때,

$a_1=S_1=3^2-3=6$ ...... ㉡

이때 ㉠에 $n=1$을 대입한 값과 ㉡이 같으므로 $a_n=2\times 3^n$

$2\times 3^n>1000$에서 $3^n>500$

이때 $3^5=243$, $3^6=729$이므로

$n\geq 6$

따라서 자연수 n의 최솟값은 6이다.

1038 답 30

$\log_3 a_1 + \log_3 a_2 + \log_3 a_3 + \cdots + \log_3 a_n = S_n$이라 하면

$S_n = \dfrac{n^2-n}{2}$에서

(i) $n \geq 2$일 때,

$\begin{aligned}\log_3 a_n &= S_n - S_{n-1}\\ &= \dfrac{n^2-n}{2} - \dfrac{(n-1)^2-(n-1)}{2}\\ &= \dfrac{2n-2}{2} = n-1 \quad \cdots\cdots \text{㉠}\end{aligned}$

(ii) $n=1$일 때,

$\log_3 a_1 = S_1 = \dfrac{1^2-1}{2} = 0 \quad \cdots\cdots \text{㉡}$

이때 ㉠에 $n=1$을 대입한 값과 ㉡이 같으므로

$\log_3 a_n = n-1 \qquad \therefore a_n = 3^{n-1}$

$\therefore a_2 + a_4 = 3 + 3^3 = 30$

1039 답 1620만 원

연이율이 8%이고, 1년마다 복리로 매년 초에 100만 원씩 10년 동안 적립할 때, 적립금의 원리합계는

$100(1+0.08) + 100(1+0.08)^2 + \cdots + 100(1+0.08)^{10}$

$= \dfrac{100(1+0.08)\{(1+0.08)^{10}-1\}}{(1+0.08)-1}$

$= \dfrac{100 \times 1.08 \times (2.2-1)}{0.08} = 1620(\text{만 원})$

따라서 10년째 말의 적립금의 원리합계는 1620만 원이다.

1040 답 ③

연이율이 5%이고, 1년마다 복리로 매년 말에 10만 원씩 10년 동안 적립할 때, 적립금의 원리합계는

$10 + 10(1+0.05) + \cdots + 10(1+0.05)^9$

$= \dfrac{10\{(1+0.05)^{10}-1\}}{(1+0.05)-1} = \dfrac{10(1.63-1)}{0.05} = 126(\text{만 원})$

따라서 10년째 말의 적립금의 원리합계는 126만 원이다.

1041 답 ②

월 이율이 0.4%이고, 1개월마다 복리로 매월 초에 20만 원씩 3년 동안 적립할 때, 적립금의 원리합계는

$20(1+0.004) + 20(1+0.004)^2 + \cdots + 20(1+0.004)^{36}$

$= \dfrac{20(1+0.004)\{(1+0.004)^{36}-1\}}{(1+0.004)-1}$

$= \dfrac{20 \times 1.004 \times (1.15-1)}{0.004} = 753(\text{만 원})$

따라서 3년째 말의 적립금의 원리합계는 753만 원이다.

1042 답 50

연이율이 4%이고, 1년마다 복리로 매년 초에 a만 원씩 10년 동안 적립할 때, 적립금의 원리합계는

$a(1+0.04) + a(1+0.04)^2 + \cdots + a(1+0.04)^{10}$

$= \dfrac{a(1+0.04)\{(1+0.04)^{10}-1\}}{(1+0.04)-1}$

$= \dfrac{a \times 1.04 \times (1.5-1)}{0.04} = 13a(\text{만 원})$

따라서 $13a = 650$이므로 $a = 50$

1043 답 -158

등차수열 $\{a_n\}$의 첫째항을 a, 공차를 d라 하면 $a_{13} = -58$, $a_{21} = -98$이므로

$a + 12d = -58$, $a + 20d = -98$

두 식을 연립하여 풀면

$a = 2$, $d = -5$

$\therefore a_{33} = 2 + 32 \times (-5) = -158$

1044 답 ②

등차수열 $\{a_n\}$의 공차를 d라 하면

$a_1 = a_3 + 8$에서

$a_1 = (a_1 + 2d) + 8$

$2d = -8 \qquad \therefore d = -4$

$2a_4 - 3a_6 = 3$에서 $2(a_1 + 3d) - 3(a_1 + 5d) = 3$

$\therefore a_1 + 9d = -3 \quad \cdots\cdots \text{㉠}$

$d = -4$를 ㉠에 대입하면

$a_1 - 36 = -3 \qquad \therefore a_1 = 33$

$\therefore a_n = 33 + (n-1) \times (-4) = -4n + 37$

$a_k < 0$에서 $-4k + 37 < 0$

$\therefore k > \dfrac{37}{4} = 9.25$

따라서 자연수 k의 최솟값은 10이다.

1045 답 ③

직육면체의 가로의 길이, 세로의 길이, 높이를 각각 $a-d$, a, $a+d$라 하면 모든 모서리의 길이의 합은 36이므로

$4 \times \{(a-d) + a + (a+d)\} = 36$

$12a = 36 \qquad \therefore a = 3$

또 부피가 24이므로

$(a-d) \times a \times (a+d) = 24$

$a(a^2 - d^2) = 24$

$a = 3$을 대입하면

$3(9 - d^2) = 24$

$9 - d^2 = 8$

$d^2 = 1 \qquad \therefore d = -1$ 또는 $d = 1$

따라서 가로의 길이, 세로의 길이, 높이는 각각 2, 3, 4이므로 구하는 겉넓이는

$2(2 \times 3 + 3 \times 4 + 4 \times 2) = 52$

1046 답 75

주어진 등차수열의 일반항을 a_n이라 하면 첫째항이 26, 공차가 $23 - 26 = -3$이므로

$a_n = 26 + (n-1) \times (-3) = -3n + 29$

-16을 제k항이라 하면

$-3k + 29 = -16 \qquad \therefore k = 15$

따라서 첫째항부터 제15항까지의 합은

$\dfrac{15\{26 + (-16)\}}{2} = 75$

1047 답 86

주어진 등차수열의 공차를 d라 하면 첫째항이 5, 제$(m+2)$항이 38이므로

$5+\{(m+2)-1\}d=38$ $\therefore m=\dfrac{33}{d}-1$

이때 m은 자연수이므로 d는 33을 제외한 33의 약수이어야 한다.
따라서 가능한 순서쌍 (d, m)은
$(11, 2)$, $(3, 10)$, $(1, 32)$
한편 첫째항이 5, 끝항이 38, 항수가 $(m+2)$인 등차수열의 합은

$\dfrac{(m+2)(5+38)}{2}=\dfrac{43}{2}(m+2)$

따라서 $m=2$일 때 최소가 되므로 구하는 최솟값은

$\dfrac{43}{2}\times 4=86$

1048 답 145

등차수열 $\{a_n\}$의 첫째항을 a, 공차를 d라 하면

$S_{10}=\dfrac{10\{2a+(10-1)d\}}{2}=-80$

$\therefore 2a+9d=-16$ …… ㉠

$S_{20}=\dfrac{20\{2a+(20-1)d\}}{2}=40$

$\therefore 2a+19d=4$ …… ㉡

㉠, ㉡을 연립하여 풀면
$a=-17$, $d=2$
$\therefore a_n=-17+(n-1)\times 2=2n-19$
$2n-19>0$에서

$n>\dfrac{19}{2}=9.5$

따라서 수열 $\{a_n\}$은 첫째항부터 제9항까지는 음수이고, 제10항부터 양수이다.
이때 $a_9=-1$, $a_{10}=1$, $a_{17}=15$이므로
$|a_1|+|a_2|+|a_3|+\cdots+|a_{17}|$
$=-(a_1+a_2+a_3+\cdots+a_9)+(a_{10}+a_{11}+a_{12}+\cdots+a_{17})$
$=-\dfrac{9\{-17+(-1)\}}{2}+\dfrac{8(1+15)}{2}$
$=81+64$
$=145$

1049 답 13

등차수열 $\{a_n\}$의 첫째항을 a, 공차를 d라 하면
$a_2=35$에서 $a+d=35$ …… ㉠
$a_7=a_5-6$에서
$a+6d=a+4d-6$, $2d=-6$
$\therefore d=-3$
이를 ㉠에 대입하여 풀면 $a=38$
$\therefore a_n=38+(n-1)\times(-3)=-3n+41$
$-3n+41<0$에서

$n>\dfrac{41}{3}=13.6\cdots$

즉, 수열 $\{a_n\}$은 제14항부터 음수이므로 첫째항부터 제13항까지의 합이 최대이다.
$\therefore n=13$

1050 답 155

탑의 각 층의 벽돌의 개수는 한 층씩 위로 올라갈수록 일정한 개수만큼 줄어들므로 등차수열을 이룬다.
10층의 벽돌의 개수부터 한 층씩 내려가면서 차례로 a_1, a_2, a_3, …, a_{10}이라 하고 전체 벽돌의 개수를 S_{10}, 공차를 d라 하면 $a_1=2$이고
$S_{10}=7a_7+15$이므로

$\dfrac{10\{2\times 2+(10-1)d\}}{2}=7(2+6d)+15$

$20+45d=14+42d+15$, $3d=9$
$\therefore d=3$
따라서 필요한 전체 벽돌의 개수는

$\dfrac{10\{2\times 2+(10-1)\times 3\}}{2}=155$

1051 답 ③

$S_n=2n^2+9n$에서
(ⅰ) $n\geq 2$일 때,
$a_n=S_n-S_{n-1}$
$=2n^2+9n-\{2(n-1)^2+9(n-1)\}$
$=4n+7$ …… ㉠
(ⅱ) $n=1$일 때,
$a_1=S_1=2\times 1^2+9\times 1=11$ …… ㉡
이때 ㉠에 $n=1$을 대입한 값과 ㉡이 같으므로
$a_n=4n+7=4(n-1)+11$
따라서 $a=11$, $d=4$이므로
$a-d=7$

1052 답 −3

등비수열 $\{a_n\}$의 공비를 r라 하면

$\dfrac{a_3+a_5+a_7}{a_1+a_3+a_5}=\dfrac{a_1r^2+a_1r^4+a_1r^6}{a_1+a_1r^2+a_1r^4}$

$=\dfrac{a_1r^2(1+r^2+r^4)}{a_1(1+r^2+r^4)}=r^2$

즉, $r^2=9$이므로
$r=-3$ $(\because r<0)$

1053 답 55

등비수열 $\{a_n\}$의 첫째항이 5, 공비가 2이므로
$a_n=5\times 2^{n-1}$
$5\times 2^{n-1}<5000$에서 $2^{n-1}<1000$
이때 $2^9=512$, $2^{10}=1024$이므로
$n-1\leq 9$ $\therefore n\leq 10$
따라서 자연수 n의 값은 1, 2, 3, …, 10이므로 구하는 합은

$\dfrac{10(1+10)}{2}=55$

1054 답 90

주어진 등비수열의 공비를 r라 하면 첫째항이 3, 제7항이 30이므로
$3r^6=30$ $\therefore r^6=10$
따라서 $a_1=3r$, $a_5=3r^5$이므로
$a_1a_5=3r\times 3r^5=9r^6=9\times 10=90$

1055 답 ①

세 정수 x, $2y$, 10이 이 순서대로 등차수열을 이루므로

$4y=x+10$ ····· ㉠

세 정수 4, x, $13-y$가 이 순서대로 등비수열을 이루므로

$x^2=4(13-y)$ ∴ $x^2=52-4y$ ····· ㉡

㉠을 ㉡에 대입하면

$x^2=52-(x+10)$, $x^2+x-42=0$

$(x+7)(x-6)=0$ ∴ $x=-7$ 또는 $x=6$

이를 ㉠에 대입하여 풀면 $x=-7$일 때 $y=\dfrac{3}{4}$, $x=6$일 때 $y=4$

그런데 x, y는 정수이므로 $x=6$, $y=4$

따라서 등차수열 6, 8, 10의 공차는 2, 등비수열 4, 6, 9의 공비는

$\dfrac{3}{2}$이므로 $d=2$, $r=\dfrac{3}{2}$

∴ $dr=3$

1056 답 ②

오른쪽 그림에서 $\triangle ADE$와 $\triangle ABC$는
닮음이므로 $\overline{AD}:\overline{DE}=\overline{AB}:\overline{BC}$

$(1-a_1):a_1=1:2$, $2-2a_1=a_1$

∴ $a_1=\dfrac{2}{3}$

$\triangle EFG$와 $\triangle ABC$는 닮음이므로

$\overline{EF}:\overline{FG}=\overline{AB}:\overline{BC}$

$(a_1-a_2):a_2=1:2$, $2a_1-2a_2=a_2$

∴ $a_2=\dfrac{2}{3}a_1=\left(\dfrac{2}{3}\right)^2$

$\triangle GHI$와 $\triangle ABC$는 닮음이므로

$\overline{GH}:\overline{HI}=\overline{AB}:\overline{BC}$

$(a_2-a_3):a_3=1:2$, $2a_2-2a_3=a_3$

∴ $a_3=\dfrac{2}{3}a_2=\left(\dfrac{2}{3}\right)^3$

$\vdots$

따라서 수열 $\{a_n\}$은 첫째항이 $\dfrac{2}{3}$, 공비가 $\dfrac{2}{3}$인 등비수열이므로

$a_n=\dfrac{2}{3}\times\left(\dfrac{2}{3}\right)^{n-1}=\left(\dfrac{2}{3}\right)^n$ ∴ $a_6=\left(\dfrac{2}{3}\right)^6$

1057 답 ㄱ, ㄴ, ㄹ

ㄱ. $a_n+S_n=\left(\dfrac{1}{2}\right)^{n-1}+\dfrac{1\times\left\{1-\left(\dfrac{1}{2}\right)^n\right\}}{1-\dfrac{1}{2}}$

$=\left(\dfrac{1}{2}\right)^{n-1}+2\left\{1-\left(\dfrac{1}{2}\right)^n\right\}$

$=\left(\dfrac{1}{2}\right)^{n-1}+2-\left(\dfrac{1}{2}\right)^{n-1}=2$

ㄴ. $\log_3 b_n=\log_3\left(\dfrac{1}{3}\right)^{n-1}=\log_3 3^{1-n}=1-n=-(n-1)$

따라서 수열 $\{\log_3 b_n\}$은 첫째항이 0, 공차가 -1인 등차수열이다.

ㄷ. $a_n b_n=\left(\dfrac{1}{2}\right)^{n-1}\times\left(\dfrac{1}{3}\right)^{n-1}=\left(\dfrac{1}{2}\times\dfrac{1}{3}\right)^{n-1}=\left(\dfrac{1}{6}\right)^{n-1}$

따라서 수열 $\{a_n b_n\}$은 첫째항이 1, 공비가 $\dfrac{1}{6}$인 등비수열이다.

ㄹ. $b_{n+1}-b_n=\left(\dfrac{1}{3}\right)^n-\left(\dfrac{1}{3}\right)^{n-1}=\left(\dfrac{1}{3}-1\right)\times\left(\dfrac{1}{3}\right)^{n-1}$

$=-\dfrac{2}{3}\times\left(\dfrac{1}{3}\right)^{n-1}$

따라서 수열 $\{b_{n+1}-b_n\}$은 첫째항이 $-\dfrac{2}{3}$, 공비가 $\dfrac{1}{3}$인 등비수열이다.

따라서 보기에서 옳은 것은 ㄱ, ㄴ, ㄹ이다.

1058 답 896

등비수열 $\{a_n\}$의 첫째항을 a, 공비를 $r\,(r\neq1)$라 하면 첫째항부터 제n항까지의 합 S_n에 대하여

$S_4=14$에서 $\dfrac{a(1-r^4)}{1-r}=14$ ····· ㉠

$S_8=14+112=126$에서 $\dfrac{a(1-r^8)}{1-r}=126$

∴ $\dfrac{a(1-r^4)(1+r^4)}{1-r}=126$ ····· ㉡

㉠을 ㉡에 대입하면 $14(1+r^4)=126$

$1+r^4=9$ ∴ $r^4=8$

∴ $S_{12}=\dfrac{a(1-r^{12})}{1-r}=\dfrac{a(1-r^4)(1+r^4+r^8)}{1-r}$

$=\dfrac{a(1-r^4)}{1-r}\times(1+r^4+r^8)$

$=14\times(1+8+64)=1022$

∴ $a_9+a_{10}+a_{11}+a_{12}=S_{12}-S_8=1022-126=896$

1059 답 $\dfrac{37+14\sqrt{3}}{16}$

$\angle XOY=30°$이므로

$\overline{P_1 P_2}=\overline{OP_1}\sin 30°=2\times\dfrac{1}{2}=1$

$\angle OP_1 P_2=60°$이므로

$\overline{P_2 P_3}=\overline{P_1 P_2}\sin 60°=1\times\dfrac{\sqrt{3}}{2}=\dfrac{\sqrt{3}}{2}$

$\angle P_3 P_2 P_4=60°$이므로

$\overline{P_3 P_4}=\overline{P_2 P_3}\sin 60°=\dfrac{\sqrt{3}}{2}\times\dfrac{\sqrt{3}}{2}=\left(\dfrac{\sqrt{3}}{2}\right)^2$

$\vdots$

따라서 수열 $\{\overline{P_n P_{n+1}}\}$은 첫째항이 1, 공비가 $\dfrac{\sqrt{3}}{2}$인 등비수열이므로

$\overline{P_1 P_2}+\overline{P_2 P_3}+\overline{P_3 P_4}+\overline{P_4 P_5}+\overline{P_5 P_6}=\dfrac{1\times\left\{1-\left(\dfrac{\sqrt{3}}{2}\right)^5\right\}}{1-\dfrac{\sqrt{3}}{2}}=\dfrac{37+14\sqrt{3}}{16}$

1060 답 ⑤

ㄱ. $S_n=2^n-1$에서

(i) $n\geq2$일 때,

$a_n=S_n-S_{n-1}$

$=(2^n-1)-(2^{n-1}-1)$

$=2^{n-1}\times(2-1)$

$=2^{n-1}$ ····· ㉠

(ii) $n=1$일 때,

$a_1=S_1=2^1-1=1$ ····· ㉡

이때 ㉠에 $n=1$을 대입한 값과 ㉡이 같으므로 $a_n=2^{n-1}$

ㄴ. $a_1+a_3+a_5+a_7+a_9=1+2^2+2^4+2^6+2^8$

$$=\frac{1\times\{(2^2)^5-1\}}{2^2-1}$$

$$=\frac{1}{3}(2^{10}-1)=341$$

ㄷ. 수열 $\{a_{2n}\}$: a_2, a_4, a_6, ...의 공비는 $\dfrac{a_4}{a_2}=\dfrac{2^3}{2}=2^2=4$

따라서 보기에서 옳은 것은 ㄱ, ㄴ, ㄷ이다.

1061 답 4

수열 $\{a_n\}$은 첫째항이 18, 공차가 $16-18=-2$인 등차수열이므로

$a_n=18+(n-1)\times(-2)=-2n+20$

수열 $\{b_n\}$은 첫째항이 12, 공차가 $9-12=-3$인 등차수열이므로

$b_n=12+(n-1)\times(-3)=-3n+15$ ⋯⋯ ❶

$a_n\leq4b_n$에서 $-2n+20\leq4(-3n+15)$

$-2n+20\leq-12n+60$ ∴ $n\leq4$ ⋯⋯ ❷

따라서 자연수 n은 1, 2, 3, 4의 4개이다. ⋯⋯ ❸

채점 기준	
❶ 일반항 a_n, b_n 구하기	40 %
❷ n의 값의 범위 구하기	40 %
❸ 자연수 n의 개수 구하기	20 %

1062 답 580

3으로 나누었을 때의 나머지가 1인 수를 작은 것부터 차례로 나열하면

1, 4, 7, 10, 13, 16, 19, ... ⋯⋯ ㉠

또 4로 나누어떨어지는 수를 작은 것부터 차례로 나열하면

4, 8, 12, 16, 20, ... ⋯⋯ ㉡

㉠, ㉡에서 공통인 수를 작은 것부터 차례로 나열하면

4, 16, 28, ... ⋯⋯ ❶

따라서 수열 $\{a_n\}$은 첫째항이 4, 공차가 $16-4=12$인 등차수열이므로 첫째항부터 제10항까지의 합은

$$\frac{10\{2\times4+(10-1)\times12\}}{2}=580$$ ⋯⋯ ❷

채점 기준	
❶ 수열 $\{a_n\}$ 구하기	70 %
❷ 첫째항부터 제10항까지의 합 구하기	30 %

1063 답 1.025배

예린이와 서연이의 적립금의 원리합계를 각각 S, T라 하면

$S=5(1+0.01)+5(1+0.01)^2+\cdots+5(1+0.01)^{10}$

$$=\frac{5(1+0.01)\{(1+0.01)^{10}-1\}}{(1+0.01)-1}=\frac{5\times1.01\times(1.01^{10}-1)}{0.01}$$

$$=505(1.01^{10}-1)\text{(만 원)}$$ ⋯⋯ ❶

$T=10(1+0.01)+10(1+0.01)^2+\cdots+10(1+0.01)^5$

$$=\frac{10(1+0.01)\{(1+0.01)^5-1\}}{(1+0.01)-1}=\frac{10\times1.01\times(1.01^5-1)}{0.01}$$

$$=1010(1.01^5-1)\text{(만 원)}$$ ⋯⋯ ❷

$$\therefore \frac{S}{T}=\frac{505(1.01^{10}-1)}{1010(1.01^5-1)}=\frac{505(1.01^5-1)(1.01^5+1)}{1010(1.01^5-1)}$$

$$=\frac{1.01^5+1}{2}=\frac{1.05+1}{2}=1.025$$

따라서 예린이가 받는 금액은 서연이가 받는 금액의 1.025배이다.

⋯⋯ ❸

채점 기준	
❶ 예린이가 10년 후 연말에 받는 금액 구하기	40 %
❷ 서연이가 5년 후 연말에 받는 금액 구하기	40 %
❸ 예린이가 받는 금액은 서연이가 받는 금액의 몇 배인지 구하기	20 %

C 실력 향상

163쪽

1064 답 250

㈎에서 $S_5=S_{15}$이므로

$a_1+a_2+a_3+a_4+a_5=a_1+a_2+a_3+\cdots+a_{15}$

$a_6+a_7+a_8+\cdots+a_{15}=0$

$\underset{\text{첫째항이 } a_6,\ \text{끝항이 } a_{15},\ \text{항수가 10인 등차수열의 합}}{\dfrac{10(a_6+a_{15})}{2}=0}$ ∴ $a_6+a_{15}=0$

등차수열 $\{a_n\}$의 첫째항을 a, 공차를 d라 하면 $a_6+a_{15}=0$이므로

$(a+5d)+(a+14d)=0$

$2a+19d=0$ ∴ $a=-\dfrac{19}{2}d$ ⋯⋯ ㉠

$$\therefore a_n=-\frac{19}{2}d+(n-1)d=\left(n-\frac{21}{2}\right)d$$

즉, $d<0$이므로 등차수열 $\{a_n\}$은 첫째항부터 제10항까지는 양수이고 제11항부터는 음수이다.

따라서 S_n의 최댓값은 S_{10}이므로 ㈏에서

$$S_{10}=\frac{10(2a+9d)}{2}=200$$

$10a+45d=200$ ∴ $2a+9d=40$ ⋯⋯ ㉡

㉠, ㉡을 연립하여 풀면 $a=38$, $d=-4$

$\therefore a_n=-4n+42$

$\therefore T_{15}=|a_1|+|a_2|+|a_3|+\cdots+|a_{15}|$

$$=a_1+a_2+a_3+\cdots+a_{10}-(a_{11}+a_{12}+a_{13}+\cdots+a_{15})$$

$$=S_{10}-(a_{11}+a_{12}+a_{13}+\cdots+a_{15})$$

$$=S_{10}-\frac{5(a_{11}+a_{15})}{2}$$

$$=200-\frac{5(-2-18)}{2}$$

$$=250$$

1065 답 16

네 수 a, b, c, d를 각각 a, ar, ar^2, ar^3이라 하면

㈎에서 $\log_2 a-\log_2 ar^2=2$이므로

$\log_2\dfrac{a}{ar^2}=2$, $\log_2\dfrac{1}{r^2}=2$

$\dfrac{1}{r^2}=4$ ∴ $r=\dfrac{1}{2}$ ($\because r>0$)

㈏에서 $2^a\times2^b\times2^c\times2^d=2^{15}$이므로

$2^{a+b+c+d}=2^{15}$ ∴ $a+b+c+d=15$

즉, $a+ar+ar^2+ar^3=15$이므로 $a\left(1+\dfrac{1}{2}+\dfrac{1}{4}+\dfrac{1}{8}\right)=15$

$\dfrac{15}{8}a=15$ ∴ $a=8$

따라서 $b=8\times\dfrac{1}{2}=4$, $c=4\times\dfrac{1}{2}=2$, $d=2\times\dfrac{1}{2}=1$이므로

$ad+bc=8\times1+4\times2=16$

1066 답 ②

기울기가 2이고 원 $x^2+y^2=\dfrac{1}{2^n}$과 제2사분면에서 접하는 직선 l_n의

방정식을 $y=2x+k\,(k>0)$라 하면 원의 중심 $(0,\,0)$과 직선

$2x-y+k=0$ 사이의 거리는 원의 반지름의 길이와 같으므로

$$\dfrac{|k|}{\sqrt{2^2+(-1)^2}}=\sqrt{\dfrac{1}{2^n}} \qquad \therefore\ k=\sqrt{\dfrac{5}{2^n}}\ (\because k>0)$$

즉, 직선 l_n의 방정식은 $y=2x+\sqrt{\dfrac{5}{2^n}}$

이때 직선 l_n의 x절편이 a_n, y절편이 b_n이므로

$a_n=-\dfrac{1}{2}\sqrt{\dfrac{5}{2^n}}$, $b_n=\sqrt{\dfrac{5}{2^n}}$

$\therefore\ a_nb_n=-\dfrac{1}{2}\times\dfrac{5}{2^n}=-\dfrac{5}{4}\times\left(\dfrac{1}{2}\right)^{n-1}$

따라서 수열 $\{a_nb_n\}$은 첫째항이 $-\dfrac{5}{4}$, 공비가 $\dfrac{1}{2}$인 등비수열이므로

$$a_1b_1+a_2b_2+a_3b_3+\cdots+a_{15}b_{15}=\dfrac{-\dfrac{5}{4}\left\{1-\left(\dfrac{1}{2}\right)^{15}\right\}}{1-\dfrac{1}{2}}$$

$$=\dfrac{5}{2}\left(\dfrac{1}{2^{15}}-1\right)$$

공통수학2 다시보기

원점과 직선 $ax+by+c=0$ 사이의 거리는

$\dfrac{|c|}{\sqrt{a^2+b^2}}$

1067 답 ③

첫째 해의 연봉은 a원

2년째 해의 연봉은 $a+a\times0.06=a(1+0.06)$(원)

3년째 해의 연봉은

$a(1+0.06)+a(1+0.06)\times0.06=a(1+0.06)^2$(원)

$\vdots$

20년째 해의 연봉은 $a(1+0.06)^{19}$(원)

즉, 입사 후 20년째 해까지의 연봉의 합은

$a+a(1+0.06)+a(1+0.06)^2+\cdots+a(1+0.06)^{19}$

$=\dfrac{a(1.06^{20}-1)}{1.06-1}$

$=\dfrac{a(3\times1.06-1)}{0.06}$

$=\dfrac{109}{3}a$(원) $\qquad\qquad$ ...... ㉠

한편 21년째 해의 연봉은 $a(1+0.06)^{19}\times\dfrac{2}{3}$(원)이므로 21년째 해부

터 30년째 해까지 10년 동안의 연봉의 합은

$a(1+0.06)^{19}\times\dfrac{2}{3}\times10=20a$(원) $\qquad$ ...... ㉡

따라서 30년 동안 근무하여 받는 연봉의 총합은 ㉠, ㉡의 합과 같으

므로

$\dfrac{109}{3}a+20a=\dfrac{169}{3}a$(원)

A 개념 확인

1068 답 $3+7+11+\cdots+27$

$\displaystyle\sum_{k=1}^{7}(4k-1)$

$=(4\times1-1)+(4\times2-1)+(4\times3-1)+\cdots+(4\times7-1)$

$=3+7+11+\cdots+27$

1069 답 $\dfrac{1}{3}+\dfrac{1}{6}+\dfrac{1}{9}+\cdots+\dfrac{1}{27}$

$\displaystyle\sum_{k=1}^{9}\dfrac{1}{3k}=\dfrac{1}{3\times1}+\dfrac{1}{3\times2}+\dfrac{1}{3\times3}+\cdots+\dfrac{1}{3\times9}$

$=\dfrac{1}{3}+\dfrac{1}{6}+\dfrac{1}{9}+\cdots+\dfrac{1}{27}$

1070 답 $-2+4-8+16-32$

$\displaystyle\sum_{k=1}^{5}(-2)^k=(-2)^1+(-2)^2+(-2)^3+(-2)^4+(-2)^5$

$=-2+4-8+16-32$

1071 답 $\displaystyle\sum_{k=1}^{11}(2k-3)$

수열 $-1,\ 1,\ 3,\ \dots,\ 19$의 일반항을 a_n이라 하면

$a_n=2n-3$

이때 $19=2\times11-3$이므로

$-1+1+3+\cdots+19=\displaystyle\sum_{k=1}^{11}(2k-3)$

1072 답 $\displaystyle\sum_{k=1}^{7}(3k-1)^2$

수열 $2^2,\ 5^2,\ 8^2,\ \dots,\ 20^2$의 일반항을 a_n이라 하면

$a_n=(3n-1)^2$

이때 $20^2=(3\times7-1)^2$이므로

$2^2+5^2+8^2+\cdots+20^2=\displaystyle\sum_{k=1}^{7}(3k-1)^2$

1073 답 $\displaystyle\sum_{k=1}^{10}\left(-\dfrac{1}{2}\right)^k$

수열 $-\dfrac{1}{2},\ \dfrac{1}{4},\ -\dfrac{1}{8},\ \dots,\ \dfrac{1}{1024}$의 일반항을 a_n이라 하면

$a_n=\left(-\dfrac{1}{2}\right)^n$

이때 $\dfrac{1}{1024}=\left(-\dfrac{1}{2}\right)^{10}$이므로

$-\dfrac{1}{2}+\dfrac{1}{4}-\dfrac{1}{8}+\cdots+\dfrac{1}{1024}=\displaystyle\sum_{k=1}^{10}\left(-\dfrac{1}{2}\right)^k$

1074 답 3

$\displaystyle\sum_{k=1}^{10}(a_k-b_k)=\sum_{k=1}^{10}a_k-\sum_{k=1}^{10}b_k=2-(-1)=3$

1075 답 28

$\displaystyle\sum_{k=1}^{10}(4a_k+2)=4\sum_{k=1}^{10}a_k+\sum_{k=1}^{10}2$

$=4\times2+2\times10=28$

1076 답 −6

$$\sum_{k=1}^{10}(3a_k+2b_k-1)=3\sum_{k=1}^{10}a_k+2\sum_{k=1}^{10}b_k-\sum_{k=1}^{10}1$$
$$=3\times2+2\times(-1)-1\times10=-6$$

1077 답 300

$$\sum_{k=1}^{100}(k^2+2)-\sum_{k=1}^{100}(k^2-1)=\sum_{k=1}^{100}\{(k^2+2)-(k^2-1)\}$$
$$=\sum_{k=1}^{100}3=3\times100=300$$

1078 답 50

$$\sum_{k=1}^{50}(k-1)^2+\sum_{k=1}^{50}(2k-k^2)=\sum_{k=1}^{50}\{(k-1)^2+(2k-k^2)\}$$
$$=\sum_{k=1}^{50}(k^2-2k+1+2k-k^2)$$
$$=\sum_{k=1}^{50}1=1\times50=50$$

1079 답 185

$$\sum_{k=1}^{10}(3k+2)=3\sum_{k=1}^{10}k+\sum_{k=1}^{10}2$$
$$=3\times\frac{10\times11}{2}+2\times10=185$$

1080 답 −132

$$\sum_{k=1}^{8}(3-k)(3+k)=\sum_{k=1}^{8}(9-k^2)=\sum_{k=1}^{8}9-\sum_{k=1}^{8}k^2$$
$$=9\times8-\frac{8\times9\times17}{6}=-132$$

1081 답 447

$$\sum_{k=1}^{6}(k+1)(k^2-k+1)=\sum_{k=1}^{6}(k^3+1)=\sum_{k=1}^{6}k^3+\sum_{k=1}^{6}1$$
$$=\left(\frac{6\times7}{2}\right)^2+1\times6=447$$

1082 답 60

수열 -3, -1, 1, $...$, 15의 일반항을 a_n이라 하면

$a_n=2n-5$

이때 $15=2\times10-5$이므로

$$-3-1+1+\cdots+15=\sum_{k=1}^{10}(2k-5)=2\sum_{k=1}^{10}k-\sum_{k=1}^{10}5$$
$$=2\times\frac{10\times11}{2}-5\times10=60$$

1083 답 591

수열 1^2, 4^2, 7^2, $...$, 16^2의 일반항을 a_n이라 하면

$a_n=(3n-2)^2$

이때 $16^2=(3\times6-2)^2$이므로

$$1^2+4^2+7^2+\cdots+16^2=\sum_{k=1}^{6}(3k-2)^2$$
$$=\sum_{k=1}^{6}(9k^2-12k+4)$$
$$=9\sum_{k=1}^{6}k^2-12\sum_{k=1}^{6}k+\sum_{k=1}^{6}4$$
$$=9\times\frac{6\times7\times13}{6}-12\times\frac{6\times7}{2}+4\times6$$
$$=591$$

1084 답 3850

수열 1×2^2, 2×3^2, 3×4^2, $...$, 10×11^2의 일반항을 a_n이라 하면

$a_n=n(n+1)^2$

$$\therefore\ 1\times2^2+2\times3^2+3\times4^2+\cdots+10\times11^2$$
$$=\sum_{k=1}^{10}k(k+1)^2$$
$$=\sum_{k=1}^{10}(k^3+2k^2+k)$$
$$=\sum_{k=1}^{10}k^3+2\sum_{k=1}^{10}k^2+\sum_{k=1}^{10}k$$
$$=\left(\frac{10\times11}{2}\right)^2+2\times\frac{10\times11\times21}{6}+\frac{10\times11}{2}$$
$$=3850$$

1085 답 $\dfrac{15}{16}$

$$\sum_{k=1}^{15}\frac{1}{k(k+1)}=\sum_{k=1}^{15}\left(\frac{1}{k}-\frac{1}{k+1}\right)$$
$$=\left(1-\frac{1}{2}\right)+\left(\frac{1}{2}-\frac{1}{3}\right)+\left(\frac{1}{3}-\frac{1}{4}\right)+\cdots+\left(\frac{1}{15}-\frac{1}{16}\right)$$
$$=1-\frac{1}{16}$$
$$=\frac{15}{16}$$

1086 답 $\dfrac{10}{21}$

$$\sum_{k=1}^{10}\frac{1}{(2k-1)(2k+1)}$$
$$=\frac{1}{2}\sum_{k=1}^{10}\left(\frac{1}{2k-1}-\frac{1}{2k+1}\right)$$
$$=\frac{1}{2}\left\{\left(1-\frac{1}{3}\right)+\left(\frac{1}{3}-\frac{1}{5}\right)+\left(\frac{1}{5}-\frac{1}{7}\right)+\cdots+\left(\frac{1}{19}-\frac{1}{21}\right)\right\}$$
$$=\frac{1}{2}\left(1-\frac{1}{21}\right)$$
$$=\frac{10}{21}$$

1087 답 3

$$\sum_{k=1}^{15}\frac{1}{\sqrt{k}+\sqrt{k+1}}$$
$$=\sum_{k=1}^{15}\frac{\sqrt{k}-\sqrt{k+1}}{(\sqrt{k}+\sqrt{k+1})(\sqrt{k}-\sqrt{k+1})}$$
$$=\sum_{k=1}^{15}(\sqrt{k+1}-\sqrt{k})$$
$$=(\sqrt{2}-\sqrt{1})+(\sqrt{3}-\sqrt{2})+(\sqrt{4}-\sqrt{3})+\cdots+(\sqrt{16}-\sqrt{15})$$
$$=\sqrt{16}-\sqrt{1}$$
$$=3$$

1088 답 3

$$\sum_{k=1}^{24}\frac{1}{\sqrt{2k-1}+\sqrt{2k+1}}$$
$$=\sum_{k=1}^{24}\frac{\sqrt{2k-1}-\sqrt{2k+1}}{(\sqrt{2k-1}+\sqrt{2k+1})(\sqrt{2k-1}-\sqrt{2k+1})}$$
$$=\frac{1}{2}\sum_{k=1}^{24}(\sqrt{2k+1}-\sqrt{2k-1})$$
$$=\frac{1}{2}\left\{(\sqrt{3}-\sqrt{1})+(\sqrt{5}-\sqrt{3})+(\sqrt{7}-\sqrt{5})+\cdots+(\sqrt{49}-\sqrt{47})\right\}$$
$$=\frac{1}{2}(\sqrt{49}-\sqrt{1})$$
$$=3$$

1089 답 ①

$$\sum_{k=1}^{n}(a_{2k-1}+a_{2k})=(a_1+a_2)+(a_3+a_4)+\cdots+(a_{2n-1}+a_{2n})$$
$$=\sum_{k=1}^{2n}a_k$$

즉, $\sum_{k=1}^{2n}a_k=n^2+3n$이므로

$$\sum_{k=1}^{10}a_k=5^2+3\times5=40$$

1090 답 ③

① $\sum_{k=1}^{n}5k=5\times1+5\times2+5\times3+\cdots+5\times n$
$\qquad\qquad=5+10+15+\cdots+5n$

② $\sum_{k=2}^{10}(2k-1)=(2\times2-1)+(2\times3-1)+(2\times4-1)$
$\qquad\qquad\qquad\qquad\qquad+\cdots+(2\times10-1)$
$\qquad\qquad\quad=3+5+7+\cdots+19$

③ $\sum_{k=1}^{n}2^k=2^1+2^2+2^3+\cdots+2^n=2+4+8+\cdots+2^n$

④ $\sum_{k=1}^{7}(-1)^k=(-1)^1+(-1)^2+(-1)^3+(-1)^4$
$\qquad\qquad\qquad\qquad+(-1)^5+(-1)^6+(-1)^7$
$\qquad\qquad\quad=-1+1-1+1-1+1-1$

⑤ $\sum_{k=1}^{10}(k+1)^2=(1+1)^2+(2+1)^2+(3+1)^2+\cdots+(10+1)^2$
$\qquad\qquad\qquad=2^2+3^2+4^2+\cdots+11^2$
$\qquad\qquad\qquad=4+9+16+\cdots+121$

따라서 옳지 않은 것은 ③이다.

1091 답 66

$$\sum_{k=1}^{14}f(k+1)-\sum_{k=3}^{16}f(k-2)$$
$$=\{f(2)+f(3)+f(4)+\cdots+f(15)\}$$
$$\qquad\qquad-\{f(1)+f(2)+f(3)+\cdots+f(14)\}$$
$$=f(15)-f(1)=70-4=66$$

1092 답 ④

$\sum_{k=1}^{5}ka_k=60$에서 $a_1+2a_2+3a_3+4a_4+5a_5=60$ $\qquad$······ ㉠

$\sum_{k=1}^{5}ka_{k+1}=100$에서 $a_2+2a_3+3a_4+4a_5+5a_6=100$ $\qquad$······ ㉡

㉠-㉡을 하면

$a_1+a_2+a_3+a_4+a_5-5a_6=-40$

즉, $\sum_{k=1}^{5}a_k-5a_6=-40$이므로

$20-5a_6=-40$ $\qquad\therefore a_6=12$

1093 답 ㄱ, ㄷ, ㄹ

ㄱ. $\sum_{k=1}^{n}k=1+2+3+\cdots+n$
$\quad\sum_{k=0}^{n}k=0+1+2+3+\cdots+n$
$\quad\therefore \sum_{k=1}^{n}k=\sum_{k=0}^{n}k$

ㄴ. $\sum_{k=1}^{n}2^k=2^1+2^2+2^3+\cdots+2^n$
$\quad\sum_{k=0}^{n}2^k=1+2^1+2^2+2^3+\cdots+2^n$
$\quad\therefore \sum_{k=1}^{n}2^k\neq\sum_{k=0}^{n}2^k$

ㄷ. $\sum_{k=1}^{5}a_k+\sum_{k=1}^{5}a_{k+5}$
$\quad=(a_1+a_2+a_3+a_4+a_5)+(a_6+a_7+a_8+a_9+a_{10})=\sum_{k=1}^{10}a_k$

ㄹ. $\sum_{i=1}^{20}(2i-1)^2+\sum_{j=1}^{20}(2j)^2$
$\quad=(1^2+3^2+5^2+\cdots+39^2)+(2^2+4^2+6^2+\cdots+40^2)$
$\quad=1^2+2^2+3^2+\cdots+40^2=\sum_{k=1}^{40}k^2$

따라서 보기에서 옳은 것은 ㄱ, ㄷ, ㄹ이다.

1094 답 5

$$\sum_{k=1}^{12}b_k=\sum_{k=1}^{12}(a_{2k}+a_{2k+1})$$
$$=(a_2+a_3)+(a_4+a_5)+(a_6+a_7)+\cdots+(a_{24}+a_{25})$$
$$=\sum_{k=2}^{25}a_k$$

즉, $\sum_{k=2}^{25}a_k=47$이므로 $\sum_{k=1}^{25}a_k=52$에서

$a_1+\sum_{k=2}^{25}a_k=52$

$a_1+47=52$ $\qquad\therefore a_1=5$

1095 답 ①

$a_1, a_2, a_3, \ldots, a_n$ 중 -1이 a개, 2가 b개라 하면

$\sum_{k=1}^{n}a_k=(-1)\times a+2\times b=50$

$\therefore a-2b=-50$ $\qquad$······ ㉠

$\sum_{k=1}^{n}a_k^2=(-1)^2\times a+2^2\times b=130$

$\therefore a+4b=130$ $\qquad$······ ㉡

㉠, ㉡을 연립하여 풀면 $a=10, b=30$

$\therefore \sum_{k=1}^{n}|a_k|=|-1|\times10+|2|\times30=70$

1096 답 ④

$$\sum_{k=1}^{10}(2a_k-1)^2=\sum_{k=1}^{10}(4a_k^2-4a_k+1)$$
$$=4\sum_{k=1}^{10}a_k^2-4\sum_{k=1}^{10}a_k+\sum_{k=1}^{10}1$$
$$=4\times10-4\times6+1\times10=26$$

1097 답 ①

$\sum_{k=1}^{8}ca_k=48+\sum_{k=1}^{8}c$에서 $c\sum_{k=1}^{8}a_k=48+c\times8$

$16c=48+8c$ $\qquad\therefore c=6$

1098 답 65

$\sum_{k=1}^{20}a_k=\alpha$, $\sum_{k=1}^{20}b_k=\beta$라 하면

$\sum_{k=1}^{20}(a_k+b_k)=8$에서 $\sum_{k=1}^{20}a_k+\sum_{k=1}^{20}b_k=8$

$\therefore \alpha+\beta=8$ $\qquad$······ ㉠

$\sum\limits_{k=1}^{20}(a_k-b_k)=-2$에서 $\sum\limits_{k=1}^{20}a_k-\sum\limits_{k=1}^{20}b_k=-2$

$\therefore \alpha-\beta=-2$ ...... ㉡

㉠, ㉡을 연립하여 풀면 $\alpha=3$, $\beta=5$

$\therefore \sum\limits_{k=1}^{20}a_k=3$, $\sum\limits_{k=1}^{20}b_k=5$ ...... ❶

$\therefore \sum\limits_{k=1}^{20}(5a_k-2b_k+3)=5\sum\limits_{k=1}^{20}a_k-2\sum\limits_{k=1}^{20}b_k+\sum\limits_{k=1}^{20}3$

$=5\times3-2\times5+3\times20$

$=65$ ...... ❷

채점 기준

❶ $\sum\limits_{k=1}^{20}a_k$, $\sum\limits_{k=1}^{20}b_k$의 값 구하기	60 %
❷ $\sum\limits_{k=1}^{20}(5a_k-2b_k+3)$의 값 구하기	40 %

1099 답 -105

$\sum\limits_{k=1}^{n}a_k=2n$이므로

$\sum\limits_{k=11}^{15}a_k=\sum\limits_{k=1}^{15}a_k-\sum\limits_{k=1}^{10}a_k=2\times15-2\times10=10$

$\sum\limits_{k=1}^{n}b_k=\dfrac{1}{3}n^2$이므로

$\sum\limits_{k=11}^{15}b_k=\sum\limits_{k=1}^{15}b_k-\sum\limits_{k=1}^{10}b_k=\dfrac{1}{3}\times15^2-\dfrac{1}{3}\times10^2=\dfrac{125}{3}$

$\therefore \sum\limits_{k=11}^{15}(2a_k-3b_k)=2\sum\limits_{k=11}^{15}a_k-3\sum\limits_{k=11}^{15}b_k$

$=2\times10-3\times\dfrac{125}{3}=-105$

1100 답 ⑤

$\sum\limits_{k=1}^{n}\dfrac{1-a_k}{1+a_k}=\sum\limits_{k=1}^{n}\dfrac{2-(1+a_k)}{1+a_k}=\sum\limits_{k=1}^{n}\left(\dfrac{2}{1+a_k}-1\right)$

$=2\sum\limits_{k=1}^{n}\dfrac{1}{1+a_k}-\sum\limits_{k=1}^{n}1=2(n^2+2n)-1\times n$

$=2n^2+3n$

1101 답 -400

등차수열 $\{a_n\}$의 첫째항을 a, 공차를 d라 하면 $a_3=2$, $a_8=-8$이므로

$a+2d=2$, $a+7d=-8$

두 식을 연립하여 풀면 $a=6$, $d=-2$

$\therefore \sum\limits_{k=1}^{200}a_{2k}-\sum\limits_{k=1}^{200}a_{2k-1}$

$=(a_2+a_4+a_6+\cdots+a_{400})-(a_1+a_3+a_5+\cdots+a_{399})$

$=(a_2-a_1)+(a_4-a_3)+(a_6-a_5)+\cdots+(a_{400}-a_{399})$

$=200d=200\times(-2)=-400$

1102 답 16

등비수열 $\{a_n\}$의 공비를 r라 하면

$\dfrac{a_3+a_7}{a_1+a_5}=\dfrac{a_1r^2+a_1r^6}{a_1+a_1r^4}=\dfrac{a_1r^2(1+r^4)}{a_1(1+r^4)}=r^2$

즉, $r^2=4$이므로 $r=2$ ($\because r>0$) ...... ❶

$\sum\limits_{k=1}^{3}a_{2k-1}=a_1+a_3+a_5=42$에서

$a_1+a_1r^2+a_1r^4=42$

$a_1+4a_1+16a_1=42$, $21a_1=42$ $\therefore a_1=2$ ...... ❷

$\therefore a_4=2\times2^3=16$ ...... ❸

채점 기준

❶ 등비수열 $\{a_n\}$의 공비 구하기	40 %
❷ 등비수열 $\{a_n\}$의 첫째항 구하기	40 %
❸ a_4 구하기	20 %

1103 답 10

$\sum\limits_{k=1}^{50}\dfrac{5^k-3^k}{4^k}=\sum\limits_{k=1}^{50}\left(\dfrac{5}{4}\right)^k-\sum\limits_{k=1}^{50}\left(\dfrac{3}{4}\right)^k$

$=\dfrac{\dfrac{5}{4}\left\{\left(\dfrac{5}{4}\right)^{50}-1\right\}}{\dfrac{5}{4}-1}-\dfrac{\dfrac{3}{4}\left\{1-\left(\dfrac{3}{4}\right)^{50}\right\}}{1-\dfrac{3}{4}}$

$=5\left\{\left(\dfrac{5}{4}\right)^{50}-1\right\}-3\left\{1-\left(\dfrac{3}{4}\right)^{50}\right\}$

$=5\left(\dfrac{5}{4}\right)^{50}+3\left(\dfrac{3}{4}\right)^{50}-8$

따라서 $a=5$, $b=3$, $c=-8$이므로

$a-b-c=10$

1104 답 ⑤

$a_n=1+2^n$이므로

$\sum\limits_{k=1}^{10}a_k=\sum\limits_{k=1}^{10}(1+2^k)=\sum\limits_{k=1}^{10}1+\sum\limits_{k=1}^{10}2^k$

$=1\times10+\dfrac{2(2^{10}-1)}{2-1}$

$=2056$

1105 답 ④

$\sum\limits_{k=1}^{20}2^{-k}\sin\dfrac{k\pi}{2}$

$=\dfrac{1}{2}\sin\dfrac{\pi}{2}+\dfrac{1}{2^2}\sin\pi+\dfrac{1}{2^3}\sin\dfrac{3}{2}\pi+\cdots+\dfrac{1}{2^{20}}\sin10\pi$

$=\dfrac{1}{2}-\dfrac{1}{2^3}+\dfrac{1}{2^5}-\cdots-\dfrac{1}{2^{19}}$

$=\dfrac{\dfrac{1}{2}\left\{1-\left(-\dfrac{1}{4}\right)^{10}\right\}}{1-\left(-\dfrac{1}{4}\right)}$

$=\dfrac{2}{5}\left\{1-\left(\dfrac{1}{2}\right)^{20}\right\}$

1106 답 35

등차수열 $\{a_n\}$의 첫째항을 a, 공차를 d라 하면

$a_{10}=20$에서 $a+9d=20$ ...... ㉠

$\sum\limits_{k=1}^{9}k(a_k-a_{k+1})$

$=(a_1-a_2)+2(a_2-a_3)+3(a_3-a_4)+\cdots+9(a_9-a_{10})$

$=a_1+a_2+a_3+\cdots+a_9-9a_{10}$

$=\sum\limits_{k=1}^{9}a_k-9\times20=\sum\limits_{k=1}^{9}a_k-180$

즉, $\sum\limits_{k=1}^{9}a_k-180=-135$이므로 $\sum\limits_{k=1}^{9}a_k=45$

$\dfrac{9\{2a+(9-1)d\}}{2}=45$

$\therefore a+4d=5$ ...... ㉡

㉠, ㉡을 연립하여 풀면

$a=-7$, $d=3$

$\therefore a_{15}=-7+14\times3=35$

1107 답 101

수열 3, 33, 333, ..., 333333333의 일반항을 a_n이라 하면

$a_n = \frac{1}{3}(10^n - 1)$

$\therefore 3 + 33 + 333 + \cdots + 333333333$

$= \sum_{k=1}^{9} a_k = \sum_{k=1}^{9} \frac{1}{3}(10^k - 1) = \frac{1}{3} \sum_{k=1}^{9} 10^k - \sum_{k=1}^{9} \frac{1}{3}$

$= \frac{1}{3} \left\{ \frac{10(10^9 - 1)}{10 - 1} \right\} - \frac{1}{3} \times 9$

$= \frac{10^{10} - 91}{27}$

따라서 $a = 10$, $b = 91$이므로

$a + b = 101$

1108 답 ③

$\sum_{k=1}^{10} (3k-2)^2 - \sum_{k=1}^{10} (3k)^2 = \sum_{k=1}^{10} (9k^2 - 12k + 4) - \sum_{k=1}^{10} 9k^2$

$= \sum_{k=1}^{10} (-12k + 4) = -12 \sum_{k=1}^{10} k + \sum_{k=1}^{10} 4$

$= -12 \times \frac{10 \times 11}{2} + 4 \times 10$

$= -660 + 40 = -620$

1109 답 ①

$\sum_{k=1}^{n} (6 - 2k) = \sum_{k=1}^{n} 6 - 2 \sum_{k=1}^{n} k$

$= 6n - 2 \times \frac{n(n+1)}{2}$

$= -n^2 + 5n$

즉, $-n^2 + 5n = -50$이므로 $n^2 - 5n - 50 = 0$

$(n+5)(n-10) = 0$ $\therefore n = -5$ 또는 $n = 10$

이때 n은 자연수이므로 $n = 10$

1110 답 3157

$\sum_{k=1}^{7} f(2k) = \sum_{k=1}^{7} \left\{ \frac{1}{2} \times (2k)^3 + 3 \right\}$

$= \sum_{k=1}^{7} (4k^3 + 3) = 4 \sum_{k=1}^{7} k^3 + \sum_{k=1}^{7} 3$

$= 4 \times \left(\frac{7 \times 8}{2} \right)^2 + 3 \times 7 = 3157$

1111 답 ②

$\sum_{k=1}^{20} \frac{1 + 2 + 3 + \cdots + k}{k+1} = \sum_{k=1}^{20} \frac{\frac{k(k+1)}{2}}{k+1} = \sum_{k=1}^{20} \frac{k}{2}$

$= \frac{1}{2} \sum_{k=1}^{20} k = \frac{1}{2} \times \frac{20 \times 21}{2} = 105$

1112 답 245

이차방정식의 근과 계수의 관계에 의하여

$\alpha + \beta = 2$, $\alpha\beta = -3$

$\therefore \sum_{k=1}^{10} (\alpha - k)(\beta - k) = \sum_{k=1}^{10} \{ \alpha\beta - (\alpha + \beta)k + k^2 \}$

$= \sum_{k=1}^{10} (k^2 - 2k - 3) = \sum_{k=1}^{10} k^2 - 2 \sum_{k=1}^{10} k - \sum_{k=1}^{10} 3$

$= \frac{10 \times 11 \times 21}{6} - 2 \times \frac{10 \times 11}{2} - 3 \times 10$

$= 245$

1113 답 ①

$\sum_{k=1}^{7} (c-k)^2 = \sum_{k=1}^{7} (k^2 - 2ck + c^2)$

$= \sum_{k=1}^{7} k^2 - 2c \sum_{k=1}^{7} k + \sum_{k=1}^{7} c^2$

$= \frac{7 \times 8 \times 15}{6} - 2c \times \frac{7 \times 8}{2} + c^2 \times 7$

$= 7c^2 - 56c + 140$

$= 7(c-4)^2 + 28$

즉, $c = 4$에서 최솟값 28을 가지므로 $m = 28$

$\therefore c + m = 32$

1114 답 882

직선 $y = x + a_n$이 원의 중심 $(n, 2n^2 + n)$을 지나야 하므로

$2n^2 + n = n + a_n$ $\therefore a_n = 2n^2$

$\therefore \sum_{k=1}^{6} k a_k = \sum_{k=1}^{6} 2k^3 = 2 \times \left(\frac{6 \times 7}{2} \right)^2 = 882$

1115 답 ⑤

자연수 k에 대하여

(i) n은 홀수, 즉 $n = 2k - 1$일 때,

$a_n = a_{2k-1} = \frac{\{(2k-1) + 1\}^2}{2} = 2k^2$

(ii) n은 짝수, 즉 $n = 2k$일 때,

$a_n = a_{2k} = \frac{(2k)^2}{2} + 2k + 1 = 2k^2 + 2k + 1$

(i), (ii)에서

$\sum_{n=1}^{10} a_n = \sum_{n=1}^{5} (a_{2n-1} + a_{2n})$

$= \sum_{n=1}^{5} \{ 2n^2 + (2n^2 + 2n + 1) \}$

$= \sum_{n=1}^{5} (4n^2 + 2n + 1)$

$= 4 \sum_{n=1}^{5} n^2 + 2 \sum_{n=1}^{5} n + \sum_{n=1}^{5} 1$

$= 4 \times \frac{5 \times 6 \times 11}{6} + 2 \times \frac{5 \times 6}{2} + 1 \times 5$

$= 255$

1116 답 55

$S^2 = (1^2 + 2^2 + 3^2 + \cdots + 10^2) + (2^2 + 3^2 + 4^2 + \cdots + 10^2)$

$\qquad + (3^2 + 4^2 + 5^2 + \cdots + 10^2) + \cdots + (9^2 + 10^2) + 10^2$

$= 1^2 \times 1 + 2^2 \times 2 + 3^2 \times 3 + \cdots + 9^2 \times 9 + 10^2 \times 10$

$= 1^3 + 2^3 + 3^3 + \cdots + 10^3$

$= \sum_{k=1}^{10} k^3 = \left(\frac{10 \times 11}{2} \right)^2 = 55^2$

그런데 $S > 0$이므로 $S = 55$

1117 답 91

$\sum_{l=1}^{13} \left\{ \sum_{k=1}^{l} (2k - l) \right\} = \sum_{l=1}^{13} \left(2 \sum_{k=1}^{l} k - \sum_{k=1}^{l} l \right)$

$= \sum_{l=1}^{13} \left\{ 2 \times \frac{l(l+1)}{2} - l \times l \right\}$

$= \sum_{l=1}^{13} l = \frac{13 \times 14}{2}$

$= 91$

1118 답 ①

$$\sum_{m=1}^{n}\left\{\sum_{l=1}^{m}\left(\sum_{k=1}^{l}1\right)\right\}=\sum_{m=1}^{n}\left(\sum_{l=1}^{m}l\right)$$
$$=\sum_{m=1}^{n}\frac{m(m+1)}{2}$$
$$=\frac{1}{2}\left(\sum_{m=1}^{n}m^2+\sum_{m=1}^{n}m\right)$$
$$=\frac{1}{2}\left\{\frac{n(n+1)(2n+1)}{6}+\frac{n(n+1)}{2}\right\}$$
$$=\frac{n(n+1)(n+2)}{6}$$

즉, $\dfrac{n(n+1)(n+2)}{6}=56$이므로

$n(n+1)(n+2)=6\times7\times8$

$\therefore n=6$

1119 답 32

$$\sum_{k=1}^{m}\left\{\sum_{l=1}^{n}(k+l)\right\}=\sum_{k=1}^{m}\left(\sum_{l=1}^{n}k+\sum_{l=1}^{n}l\right)$$
$$=\sum_{k=1}^{m}\left\{kn+\frac{n(n+1)}{2}\right\}$$
$$=n\sum_{k=1}^{m}k+\sum_{k=1}^{m}\frac{n(n+1)}{2}$$
$$=n\times\frac{m(m+1)}{2}+\frac{n(n+1)}{2}\times m$$
$$=\frac{mn(m+n+2)}{2}$$
$$=\frac{8\times(6+2)}{2}=32$$

1120 답 ②

$$\sum_{n=1}^{10}\left[\sum_{k=1}^{n}\{(-1)^{n-1}\times(2k-1)\}\right]$$
$$=\sum_{n=1}^{10}\left\{(-1)^{n-1}\times\sum_{k=1}^{n}(2k-1)\right\}$$
$$=\sum_{n=1}^{10}\left[(-1)^{n-1}\times\left\{2\times\frac{n(n+1)}{2}-n\right\}\right]$$
$$=\sum_{n=1}^{10}\{(-1)^{n-1}\times n^2\}$$
$$=1^2-2^2+3^2-4^2+\cdots+9^2-10^2$$
$$=(1-2)(1+2)+(3-4)(3+4)+\cdots+(9-10)(9+10)$$
$$=-(1+2+3+4+\cdots+9+10)$$
$$=-\frac{10\times11}{2}$$
$$=-55$$

1121 답 ④

수열 $1\times2,\ 2\times3,\ 3\times4,\ \cdots,\ 15\times16$의 일반항을 a_n이라 하면

$a_n=n(n+1)$

따라서 구하는 값은 수열 $\{a_n\}$의 첫째항부터 제15항까지의 합이므로

$$\sum_{k=1}^{15}a_k=\sum_{k=1}^{15}k(k+1)=\sum_{k=1}^{15}(k^2+k)$$
$$=\sum_{k=1}^{15}k^2+\sum_{k=1}^{15}k$$
$$=\frac{15\times16\times31}{6}+\frac{15\times16}{2}$$
$$=1360$$

1122 답 4

주어진 수열의 일반항을 a_n이라 하면

$a_n=(3n-1)^2$

$$\therefore S_n=\sum_{k=1}^{n}a_k=\sum_{k=1}^{n}(3k-1)^2$$
$$=\sum_{k=1}^{n}(9k^2-6k+1)$$
$$=9\sum_{k=1}^{n}k^2-6\sum_{k=1}^{n}k+\sum_{k=1}^{n}1$$
$$=9\times\frac{n(n+1)(2n+1)}{6}-6\times\frac{n(n+1)}{2}+n$$
$$=\frac{n(6n^2+3n-1)}{2}$$

따라서 $a=3,\ b=-1$이므로 $a-b=4$

1123 답 220

수열 $1,\ 1+2,\ 1+2+3,\ \cdots,\ 1+2+3+\cdots+10$의 일반항을 a_n이라 하면

$$a_n=1+2+3+\cdots+n=\sum_{k=1}^{n}k=\frac{n(n+1)}{2} \qquad \cdots\cdots \text{❶}$$

따라서 구하는 값은 수열 $\{a_n\}$의 첫째항부터 제10항까지의 합이므로

$$\sum_{k=1}^{10}a_k=\sum_{k=1}^{10}\frac{k(k+1)}{2}=\frac{1}{2}\left(\sum_{k=1}^{10}k^2+\sum_{k=1}^{10}k\right)$$
$$=\frac{1}{2}\left(\frac{10\times11\times21}{6}+\frac{10\times11}{2}\right)$$
$$=220 \qquad \cdots\cdots \text{❷}$$

채점 기준	
❶ 수열 $1,\ 1+2,\ 1+2+3,\ \cdots,\ 1+2+3+\cdots+10$의 일반항 a_n 구하기	50 %
❷ 주어진 식의 값 구하기	50 %

1124 답 260

$$a_n=\overline{A_nB_n}=g(n)-f(n)$$
$$=(n+2)^2-n^2=4n+4$$
$$\therefore \sum_{k=1}^{10}a_k=\sum_{k=1}^{10}(4k+4)=4\sum_{k=1}^{10}k+\sum_{k=1}^{10}4$$
$$=4\times\frac{10\times11}{2}+4\times10=260$$

1125 답 $\dfrac{n(n+1)(2n+1)}{6}$

수열 $1\times n,\ 3\times(n-1),\ 5\times(n-2),\ \cdots,\ (2n-1)\times1$의 제$k$항을 a_k라 하면

$a_k=(2k-1)\{n-(k-1)\}$

따라서 주어진 식은

$$\sum_{k=1}^{n}a_k$$
$$=\sum_{k=1}^{n}(2k-1)\{n-(k-1)\}$$
$$=\sum_{k=1}^{n}\{-2k^2+(2n+3)k-(n+1)\}$$
$$=-2\sum_{k=1}^{n}k^2+(2n+3)\sum_{k=1}^{n}k-\sum_{k=1}^{n}(n+1)$$
$$=-2\times\frac{n(n+1)(2n+1)}{6}+(2n+3)\times\frac{n(n+1)}{2}-(n+1)\times n$$
$$=\frac{n(n+1)(2n+1)}{6}$$

1126 답 ④

주어진 수열의 제k항을 a_k라 하면

$$a_k = \left(\frac{k+n}{n}\right)^2$$

따라서 주어진 수열의 첫째항부터 제n항까지의 합은

$$\sum_{k=1}^{n} a_k = \sum_{k=1}^{n}\left(\frac{k+n}{n}\right)^2 = \sum_{k=1}^{n}\left(\frac{k^2}{n^2}+\frac{2k}{n}+1\right)$$

$$= \frac{1}{n^2}\sum_{k=1}^{n}k^2 + \frac{2}{n}\sum_{k=1}^{n}k + \sum_{k=1}^{n}1$$

$$= \frac{1}{n^2}\times\frac{n(n+1)(2n+1)}{6} + \frac{2}{n}\times\frac{n(n+1)}{2} + n$$

$$= \frac{(2n+1)(7n+1)}{6n}$$

1127 답 ②

$$f(n) = \sum_{k=1}^{n}\frac{6k^2}{n+1} = \frac{6}{n+1}\sum_{k=1}^{n}k^2$$

$$= \frac{6}{n+1}\times\frac{n(n+1)(2n+1)}{6}$$

$$= n(2n+1) = 2n^2+n$$

$$\therefore \sum_{n=1}^{10}f(n) = \sum_{n=1}^{10}(2n^2+n) = 2\sum_{n=1}^{10}n^2 + \sum_{n=1}^{10}n$$

$$= 2\times\frac{10\times11\times21}{6} + \frac{10\times11}{2}$$

$$= 825$$

1128 답 ③

수열 $\{a_n\}$의 첫째항부터 제n항까지의 합 S_n은

$$S_n = \sum_{k=1}^{n}a_k = n^2-n$$

(i) $n\geq2$일 때,

$$a_n = S_n - S_{n-1}$$

$$= n^2-n-\{(n-1)^2-(n-1)\}$$

$$= 2n-2 \qquad \cdots\cdots \text{㉠}$$

(ii) $n=1$일 때,

$$a_1 = S_1 = 1^2-1 = 0 \qquad \cdots\cdots \text{㉡}$$

이때 ㉠에 $n=1$을 대입한 값과 ㉡이 같으므로

$$a_n = 2n-2$$

따라서 $a_{2k-1} = 2(2k-1)-2 = 4k-4$이므로

$$\sum_{k=1}^{5}a_{2k-1} = \sum_{k=1}^{5}(4k-4) = 4\sum_{k=1}^{5}k - \sum_{k=1}^{5}4$$

$$= 4\times\frac{5\times6}{2} - 4\times5 = 40$$

1129 답 35

수열 $\{a_n\}$의 첫째항부터 제n항까지의 합 S_n은

$$S_n = \sum_{k=1}^{n}a_k = \frac{2n}{n+1}$$

(i) $n\geq2$일 때,

$$a_n = S_n - S_{n-1} = \frac{2n}{n+1} - \frac{2(n-1)}{n}$$

$$= \frac{2}{n(n+1)} \qquad \cdots\cdots \text{㉠}$$

(ii) $n=1$일 때,

$$a_1 = S_1 = \frac{2\times1}{1+1} = 1 \qquad \cdots\cdots \text{㉡}$$

이때 ㉠에 $n=1$을 대입한 값과 ㉡이 같으므로

$$a_n = \frac{2}{n(n+1)}$$

따라서 $\dfrac{1}{a_k} = \dfrac{k(k+1)}{2}$이므로

$$\sum_{k=1}^{5}\frac{1}{a_k} = \sum_{k=1}^{5}\frac{k(k+1)}{2} = \frac{1}{2}\left(\sum_{k=1}^{5}k^2 + \sum_{k=1}^{5}k\right)$$

$$= \frac{1}{2}\left(\frac{5\times6\times11}{6} + \frac{5\times6}{2}\right)$$

$$= 35$$

1130 답 ②

수열 $\{a_n\}$의 첫째항부터 제n항까지의 합 S_n은

$$S_n = \sum_{k=1}^{n}a_k = 3^n-1$$

(i) $n\geq2$일 때,

$$a_n = S_n - S_{n-1}$$

$$= 3^n-1-(3^{n-1}-1)$$

$$= 3^{n-1}(3-1)$$

$$= 2\times3^{n-1} \qquad \cdots\cdots \text{㉠}$$

(ii) $n=1$일 때,

$$a_1 = S_1 = 3^1-1 = 2 \qquad \cdots\cdots \text{㉡}$$

이때 ㉠에 $n=1$을 대입한 값과 ㉡이 같으므로

$$a_n = 2\times3^{n-1}$$

따라서 $a_{2k} = 2\times3^{2k-1} = \dfrac{2}{3}\times9^k$이므로

$$\sum_{k=1}^{6}a_{2k} = \sum_{k=1}^{6}\left(\frac{2}{3}\times9^k\right)$$

$$= \frac{2}{3}\times\frac{9(9^6-1)}{9-1}$$

$$= \frac{3(3^{12}-1)}{4} = \frac{3^{13}-3}{4}$$

따라서 $p=4$, $q=13$이므로

$$p+q=17$$

1131 답 58

$S_n = \displaystyle\sum_{k=1}^{n}\frac{4k-3}{a_k} = 2n^2+7n$에서 $n\geq2$일 때,

$$\frac{4n-3}{a_n} = S_n - S_{n-1}$$

$$= 2n^2+7n-\{2(n-1)^2+7(n-1)\}$$

$$= 4n+5$$

이때 $4n+5>0$이므로 $\dfrac{4n-3}{a_n} = 4n+5$에서

$$a_n = \frac{4n-3}{4n+5} \ (n\geq2)$$

$$\therefore a_5\times a_7\times a_9 = \frac{17}{25}\times\frac{25}{33}\times\frac{33}{41} = \frac{17}{41}$$

따라서 $p=41$, $q=17$이므로

$$p+q=58$$

1132 답 $\dfrac{10}{31}$

주어진 수열의 일반항을 a_n이라 하면

$$a_n = \frac{1}{(3n-2)(3n+1)}$$

따라서 수열 $\{a_n\}$의 첫째항부터 제10항까지의 합은

$$\sum_{k=1}^{10} a_k = \sum_{k=1}^{10} \frac{1}{(3k-2)(3k+1)}$$

$$= \frac{1}{3} \sum_{k=1}^{10} \left(\frac{1}{3k-2} - \frac{1}{3k+1} \right)$$

$$= \frac{1}{3} \left\{ \left(1 - \frac{1}{4} \right) + \left(\frac{1}{4} - \frac{1}{7} \right) + \cdots + \left(\frac{1}{28} - \frac{1}{31} \right) \right\}$$

$$= \frac{1}{3} \left(1 - \frac{1}{31} \right) = \frac{10}{31}$$

1133 답 37

수열 $\dfrac{1}{3^2-1}$, $\dfrac{1}{5^2-1}$, $\dfrac{1}{7^2-1}$, $\cdots$, $\dfrac{1}{23^2-1}$의 일반항을 a_n이라 하면

$$a_n = \frac{1}{(2n+1)^2 - 1} = \frac{1}{4n^2 + 4n} = \frac{1}{4n(n+1)}$$

주어진 식의 좌변은 수열 $\{a_n\}$의 첫째항부터 제11항까지의 합이므로

$$\sum_{k=1}^{11} a_k = \sum_{k=1}^{11} \frac{1}{4k(k+1)}$$

$$= \frac{1}{4} \sum_{k=1}^{11} \left(\frac{1}{k} - \frac{1}{k+1} \right)$$

$$= \frac{1}{4} \left\{ \left(1 - \frac{1}{2} \right) + \left(\frac{1}{2} - \frac{1}{3} \right) + \cdots + \left(\frac{1}{11} - \frac{1}{12} \right) \right\}$$

$$= \frac{1}{4} \left(1 - \frac{1}{12} \right) = \frac{11}{48}$$

따라서 $p=48$, $q=11$이므로

$p-q=37$

1134 답 $\dfrac{100}{101}$

수열 $\dfrac{1}{2}$, $\dfrac{1}{2+4}$, $\dfrac{1}{2+4+6}$, $\cdots$, $\dfrac{1}{2+4+6+\cdots+200}$의 일반항을 a_n이라 하면

$$a_n = \frac{1}{2+4+6+\cdots+2n}$$

$$= \frac{1}{2(1+2+3+\cdots+n)}$$

$$= \frac{1}{2 \times \dfrac{n(n+1)}{2}} = \frac{1}{n(n+1)} \qquad \cdots\cdots \textbf{i}$$

따라서 구하는 값은 수열 $\{a_n\}$의 첫째항부터 제100항까지의 합이므로

$$\sum_{k=1}^{100} a_k = \sum_{k=1}^{100} \frac{1}{k(k+1)}$$

$$= \sum_{k=1}^{100} \left(\frac{1}{k} - \frac{1}{k+1} \right)$$

$$= \left(1 - \frac{1}{2} \right) + \left(\frac{1}{2} - \frac{1}{3} \right) + \cdots + \left(\frac{1}{100} - \frac{1}{101} \right)$$

$$= 1 - \frac{1}{101} = \frac{100}{101} \qquad \cdots\cdots \textbf{ii}$$

채점 기준	
i 수열 $\dfrac{1}{2}$, $\dfrac{1}{2+4}$, $\dfrac{1}{2+4+6}$, $\cdots$, $\dfrac{1}{2+4+6+\cdots+200}$의 일반항 a_n 구하기	70 %
ii 주어진 식의 값 구하기	30 %

1135 답 $\dfrac{30}{31}$

이차방정식의 근과 계수의 관계에 의하여

$\alpha_n + \beta_n = -2$, $\alpha_n \beta_n = -(4n^2-1)$

즉, $\dfrac{1}{\alpha_n} + \dfrac{1}{\beta_n} = \dfrac{\alpha_n + \beta_n}{\alpha_n \beta_n} = \dfrac{-2}{-(4n^2-1)} = \dfrac{2}{(2n-1)(2n+1)}$이므로

$$\sum_{n=1}^{15} \left(\frac{1}{\alpha_n} + \frac{1}{\beta_n} \right) = \sum_{n=1}^{15} \frac{2}{(2n-1)(2n+1)}$$

$$= \sum_{n=1}^{15} \left(\frac{1}{2n-1} - \frac{1}{2n+1} \right)$$

$$= \left(1 - \frac{1}{3} \right) + \left(\frac{1}{3} - \frac{1}{5} \right) + \cdots + \left(\frac{1}{29} - \frac{1}{31} \right)$$

$$= 1 - \frac{1}{31} = \frac{30}{31}$$

1136 답 $-\dfrac{10}{19}$

수열 $\{a_n\}$의 첫째항부터 제n항까지의 합 S_n은

$$S_n = \sum_{k=1}^{n} a_k = n^2 - 2n$$

(i) $n \geq 2$일 때,

$$a_n = S_n - S_{n-1}$$

$$= n^2 - 2n - \{(n-1)^2 - 2(n-1)\}$$

$$= 2n - 3 \qquad \cdots\cdots \text{㉠}$$

(ii) $n=1$일 때,

$$a_1 = S_1 = 1^2 - 2 \times 1 = -1 \qquad \cdots\cdots \text{㉡}$$

이때 ㉠에 $n=1$을 대입한 값과 ㉡이 같으므로

$a_n = 2n - 3$

따라서 $\dfrac{1}{a_k a_{k+1}} = \dfrac{1}{(2k-3)(2k-1)}$이므로

$$\sum_{k=1}^{10} \frac{1}{a_k a_{k+1}} = \sum_{k=1}^{10} \frac{1}{(2k-3)(2k-1)}$$

$$= \frac{1}{2} \sum_{k=1}^{10} \left(\frac{1}{2k-3} - \frac{1}{2k-1} \right)$$

$$= \frac{1}{2} \left\{ (-1-1) + \left(1 - \frac{1}{3} \right) + \cdots + \left(\frac{1}{17} - \frac{1}{19} \right) \right\}$$

$$= \frac{1}{2} \left(-1 - \frac{1}{19} \right) = -\frac{10}{19}$$

1137 답 ⑤

$S_n = \dfrac{1}{n(n+1)} = \dfrac{1}{n} - \dfrac{1}{n+1}$에서

(i) $n \geq 2$일 때,

$$S_n - a_n = S_{n-1} = \frac{1}{n-1} - \frac{1}{n}$$

(ii) $n=1$일 때, $S_1 - a_1 = 0$

즉, $S_1 - a_1 = 0$, $S_n - a_n = \dfrac{1}{n-1} - \dfrac{1}{n}$ $(n \geq 2)$이므로

$$\sum_{k=1}^{10} (S_k - a_k) = (S_1 - a_1) + \sum_{k=2}^{10} (S_k - a_k)$$

$$= \sum_{k=2}^{10} \left(\frac{1}{k-1} - \frac{1}{k} \right)$$

$$= \left(1 - \frac{1}{2} \right) + \left(\frac{1}{2} - \frac{1}{3} \right) + \cdots + \left(\frac{1}{9} - \frac{1}{10} \right)$$

$$= 1 - \frac{1}{10} = \frac{9}{10}$$

$S_n = \dfrac{1}{n(n+1)} = \dfrac{1}{n} - \dfrac{1}{n+1}$ 이므로

$\displaystyle\sum_{k=1}^{10}(S_k - a_k) = \sum_{k=1}^{10}S_k - \sum_{k=1}^{10}a_k = \sum_{k=1}^{10}S_k - S_{10} = \sum_{k=1}^{9}S_k$

$\qquad\qquad = \left(1 - \dfrac{1}{2}\right) + \left(\dfrac{1}{2} - \dfrac{1}{3}\right) + \cdots + \left(\dfrac{1}{9} - \dfrac{1}{10}\right)$

$\qquad\qquad = 1 - \dfrac{1}{10} = \dfrac{9}{10}$

1138 답 $2\sqrt{2}$

주어진 수열의 일반항을 a_n이라 하면

$a_n = \dfrac{1}{\sqrt{n+1} + \sqrt{n+2}}$

따라서 수열 $\{a_n\}$의 첫째항부터 제16항까지의 합은

$\displaystyle\sum_{k=1}^{16}a_k = \sum_{k=1}^{16}\dfrac{1}{\sqrt{k+1}+\sqrt{k+2}}$

$\qquad = \displaystyle\sum_{k=1}^{16}\dfrac{\sqrt{k+1}-\sqrt{k+2}}{(\sqrt{k+1}+\sqrt{k+2})(\sqrt{k+1}-\sqrt{k+2})}$

$\qquad = \displaystyle\sum_{k=1}^{16}(\sqrt{k+2}-\sqrt{k+1})$

$\qquad = (\sqrt{3}-\sqrt{2}) + (\sqrt{4}-\sqrt{3}) + (\sqrt{5}-\sqrt{4}) + \cdots + (\sqrt{18}-\sqrt{17})$

$\qquad = -\sqrt{2} + \sqrt{18}$

$\qquad = -\sqrt{2} + 3\sqrt{2} = 2\sqrt{2}$

1139 답 4

$a_n = 1 + (n-1) \times 2 = 2n - 1$ 이므로

$\displaystyle\sum_{k=1}^{40}\dfrac{1}{\sqrt{a_k}+\sqrt{a_{k+1}}}$

$= \displaystyle\sum_{k=1}^{40}\dfrac{1}{\sqrt{2k-1}+\sqrt{2k+1}}$

$= \displaystyle\sum_{k=1}^{40}\dfrac{\sqrt{2k-1}-\sqrt{2k+1}}{(\sqrt{2k-1}+\sqrt{2k+1})(\sqrt{2k-1}-\sqrt{2k+1})}$

$= \dfrac{1}{2}\displaystyle\sum_{k=1}^{40}(\sqrt{2k+1}-\sqrt{2k-1})$

$= \dfrac{1}{2}\{(\sqrt{3}-\sqrt{1}) + (\sqrt{5}-\sqrt{3}) + (\sqrt{7}-\sqrt{5}) + \cdots + (\sqrt{81}-\sqrt{79})\}$

$= \dfrac{1}{2}(\sqrt{81}-\sqrt{1}) = 4$

1140 답 15

$\displaystyle\sum_{k=1}^{m}a_k = \sum_{k=1}^{m}\dfrac{1}{\sqrt{k}+\sqrt{k+1}}$

$\qquad = \displaystyle\sum_{k=1}^{m}\dfrac{\sqrt{k}-\sqrt{k+1}}{(\sqrt{k}+\sqrt{k+1})(\sqrt{k}-\sqrt{k+1})}$

$\qquad = \displaystyle\sum_{k=1}^{m}(\sqrt{k+1}-\sqrt{k})$

$\qquad = (\sqrt{2}-\sqrt{1}) + (\sqrt{3}-\sqrt{2}) + (\sqrt{4}-\sqrt{3}) + \cdots + (\sqrt{m+1}-\sqrt{m})$

$\qquad = \sqrt{m+1} - 1$

즉, $\sqrt{m+1} - 1 = 3$ 이므로

$\sqrt{m+1} = 4$, $m + 1 = 16$

$\therefore m = 15$

1141 답 $3 + 2\sqrt{2}$

$P_n(n, \sqrt{n+2})$, $Q_n(n, -\sqrt{n})$에서

$a_n = \overline{P_nQ_n} = \sqrt{n+2} + \sqrt{n}$

$\therefore \displaystyle\sum_{k=1}^{48}\dfrac{1}{a_k} = \sum_{k=1}^{48}\dfrac{1}{\sqrt{k+2}+\sqrt{k}}$

$\qquad = \displaystyle\sum_{k=1}^{48}\dfrac{\sqrt{k+2}-\sqrt{k}}{(\sqrt{k+2}+\sqrt{k})(\sqrt{k+2}-\sqrt{k})}$

$\qquad = \dfrac{1}{2}\displaystyle\sum_{k=1}^{48}(\sqrt{k+2}-\sqrt{k})$

$\qquad = \dfrac{1}{2}\{(\sqrt{3}-\sqrt{1}) + (\sqrt{4}-\sqrt{2}) + (\sqrt{5}-\sqrt{3})$

$\qquad\qquad\qquad + \cdots + (\sqrt{49}-\sqrt{47}) + (\sqrt{50}-\sqrt{48})\}$

$\qquad = \dfrac{1}{2}(-\sqrt{1}-\sqrt{2}+\sqrt{49}+\sqrt{50})$

$\qquad = \dfrac{1}{2}(-1-\sqrt{2}+7+5\sqrt{2})$

$\qquad = 3 + 2\sqrt{2}$

1142 답 ②

$a_n = 3 \times 9^{n-1} = 3^{2n-1}$ 이므로

$\displaystyle\sum_{k=1}^{20}\log_9 a_k = \sum_{k=1}^{20}\log_9 3^{2k-1} = \sum_{k=1}^{20}\log_{3^2} 3^{2k-1}$

$\qquad = \displaystyle\sum_{k=1}^{20}\dfrac{2k-1}{2} = \sum_{k=1}^{20}k - \sum_{k=1}^{20}\dfrac{1}{2}$

$\qquad = \dfrac{20 \times 21}{2} - \dfrac{1}{2} \times 20 = 200$

1143 답 55

$\displaystyle\sum_{k=1}^{20}\log_3 a_k = \sum_{k=1}^{10}(\log_3 a_{2k-1} + \log_3 a_{2k})$

$\qquad = \displaystyle\sum_{k=1}^{10}\log_3 (a_{2k-1}a_{2k})$

$\qquad = \displaystyle\sum_{k=1}^{10}\log_3 \left\{\left(\dfrac{1}{2}\right)^k \times 6^k\right\} = \sum_{k=1}^{10}\log_3 3^k$

$\qquad = \displaystyle\sum_{k=1}^{10}k = \dfrac{10 \times 11}{2} = 55$

1144 답 2

수열 $\{a_n\}$의 첫째항부터 제n항까지의 합 S_n은

$S_n = \displaystyle\sum_{k=1}^{n}a_k = \log_3 \dfrac{(n+1)(n+2)}{2}$

(i) $n \geq 2$일 때,

$\quad a_n = S_n - S_{n-1}$

$\qquad = \log_3 \dfrac{(n+1)(n+2)}{2} - \log_3 \dfrac{n(n+1)}{2}$

$\qquad = \log_3 \dfrac{n+2}{n}$ $\qquad$ ······ ㉠

(ii) $n = 1$일 때,

$\quad a_1 = S_1 = \log_3 3 = 1$ $\qquad$ ······ ㉡

이때 ㉠에 $n=1$을 대입한 값과 ㉡이 같으므로

$a_n = \log_3 \dfrac{n+2}{n}$

따라서 $a_{2k} = \log_3 \dfrac{2k+2}{2k} = \log_3 \dfrac{k+1}{k}$ 이므로

$\displaystyle\sum_{k=1}^{8}a_{2k} = \sum_{k=1}^{8}\log_3 \dfrac{k+1}{k}$

$\qquad = \log_3 \dfrac{2}{1} + \log_3 \dfrac{3}{2} + \log_3 \dfrac{4}{3} + \cdots + \log_3 \dfrac{9}{8}$

$\qquad = \log_3 \left(\dfrac{2}{1} \times \dfrac{3}{2} \times \dfrac{4}{3} \times \cdots \times \dfrac{9}{8}\right)$

$\qquad = \log_3 9 = 2$

1145 답 18

주어진 수열을 (2), $(2, 4)$, $(2, 4, 6)$, $(2, 4, 6, 8)$, ...과 같이 첫째항이 2가 되도록 묶으면 n번째 묶음의 항의 개수는 n이므로 첫 번째 묶음부터 n번째 묶음까지의 항의 개수는

$$\sum_{k=1}^{n} k = \frac{n(n+1)}{2}$$

이때 첫 번째 묶음부터 9번째 묶음까지의 항의 개수는

$$\sum_{k=1}^{9} k = \frac{9 \times 10}{2} = 45, \ 10번째 묶음까지의 항의 개수는$$

$$\sum_{k=1}^{10} k = \frac{10 \times 11}{2} = 55$$이므로 제54항은 10번째 묶음에서 9번째 항이다.

즉, 10번째 묶음은 2, 4, 6, ..., 18, 20이므로 9번째 항은 18이다.

따라서 제54항은 18이다.

1146 답 ④

주어진 수열을 (1), $(2, 2)$, $(3, 3, 3)$, $(4, 4, 4, 4)$, ...와 같이 같은 수끼리 묶으면 n번째 묶음의 항의 개수는 n이므로 첫 번째 묶음부터 n번째 묶음까지의 항의 개수는

$$\sum_{k=1}^{n} k = \frac{n(n+1)}{2}$$

15는 15번째 묶음에서 처음으로 나타난다.

이때 첫 번째 묶음부터 14번째 묶음까지의 항의 개수는

$$\sum_{k=1}^{14} k = \frac{14 \times 15}{2} = 105$$

따라서 처음으로 나타나는 15는 제106항이다.

1147 답 제68항

주어진 수열을 $\left(\dfrac{1}{2}\right)$, $\left(\dfrac{1}{3}, \dfrac{2}{3}\right)$, $\left(\dfrac{1}{4}, \dfrac{2}{4}, \dfrac{3}{4}\right)$, $\left(\dfrac{1}{5}, \dfrac{2}{5}, \dfrac{3}{5}, \dfrac{4}{5}\right)$, ...

와 같이 분모가 같은 항끼리 묶으면 n번째 묶음의 항의 개수는 n이므로 첫 번째 묶음부터 n번째 묶음까지의 항의 개수는

$$\sum_{k=1}^{n} k = \frac{n(n+1)}{2}$$

$\dfrac{2}{13}$는 12번째 묶음에서 두 번째 항이다.

이때 첫 번째 묶음부터 11번째 묶음까지의 항의 개수는

$$\sum_{k=1}^{11} k = \frac{11 \times 12}{2} = 66$$

따라서 $66 + 2 = 68$이므로 처음으로 나타나는 $\dfrac{2}{13}$는 제68항이다.

1148 답 ④

주어진 수열을 $\left(\dfrac{1}{1}\right)$, $\left(\dfrac{1}{2}, \dfrac{2}{1}\right)$, $\left(\dfrac{1}{3}, \dfrac{2}{2}, \dfrac{3}{1}\right)$, $\left(\dfrac{1}{4}, \dfrac{2}{3}, \dfrac{3}{2}, \dfrac{4}{1}\right)$, ...

와 같이 분모와 분자의 합이 같은 것끼리 묶으면 n번째 묶음의 항의 개수는 n이므로 첫 번째 묶음부터 n번째 묶음까지의 항의 개수는

$$\sum_{k=1}^{n} k = \frac{n(n+1)}{2}$$

한편 n번째 묶음은 분모와 분자의 합이 $n+1$이고 $\dfrac{11}{13}$에서

$11 + 13 = 24$이므로 $\dfrac{11}{13}$은 23번째 묶음에서 11번째 항이다.

이때 첫 번째 묶음부터 22번째 묶음까지의 항의 개수는

$$\sum_{k=1}^{22} k = \frac{22 \times 23}{2} = 253$$

따라서 $253 + 11 = 264$이므로 처음으로 나타나는 $\dfrac{11}{13}$은 제264항이다.

1149 답 74

위에서 n번째 줄에는 $(2n-1)$개의 자연수가 있으므로 첫 번째 줄부터 8번째 줄까지의 자연수의 개수는

$$\sum_{k=1}^{8} (2k-1) = 2 \times \frac{8 \times 9}{2} - 8 = 64$$

따라서 위에서 9번째 줄의 왼쪽에서 10번째에 있는 수는

$$64 + 10 = 74$$

1150 답 39

위에서 n번째 줄에 있는 순서쌍의 두 수의 합은 $n+1$이고, 위에서 n번째 줄의 왼쪽에서 k번째의 순서쌍은 $(k, n+1-k)$이다.

이때 순서쌍 $(8, 24)$에서 $8 + 24 = 32 = 31 + 1$이므로 순서쌍 $(8, 24)$는 위에서 31번째 줄의 왼쪽에서 8번째에 있다.

따라서 $p = 31$, $q = 8$이므로 $p + q = 39$

1151 답 1705

n행에 나열되는 수들의 합은 첫째항이 n, 공차가 n인 등차수열의 첫째항부터 제n항까지의 합이므로

$$a_n = \frac{n\{2n + (n-1) \times n\}}{2} = \frac{n^3 + n^2}{2}$$

$$\therefore \sum_{k=1}^{10} a_k = \sum_{k=1}^{10} \frac{k^3 + k^2}{2} = \frac{1}{2}\left(\sum_{k=1}^{10} k^3 + \sum_{k=1}^{10} k^2\right)$$

$$= \frac{1}{2}\left\{\left(\frac{10 \times 11}{2}\right)^2 + \frac{10 \times 11 \times 21}{6}\right\}$$

$$= 1705$$

1152 답 ②

주어진 표의 첫 번째 줄의 수는 왼쪽에서부터 차례로 1^2, 2^2, 3^2, 4^2, ...이므로 첫 번째 줄의 왼쪽에서 9번째 칸에 있는 수는 9^2이다.

이때 첫 번째 줄의 왼쪽에서 9번째 칸에 있는 수부터 8번째 줄의 왼쪽에서 9번째 칸에 있는 수까지 1씩 작아지므로 8번째 줄의 왼쪽에서 9번째 칸에 있는 수는

$$9^2 - 7 = 74$$

1153 답 ⑤

$$\sum_{k=1}^{n} (a_{3k-2} + a_{3k-1} + a_{3k})$$

$$= (a_1 + a_2 + a_3) + (a_4 + a_5 + a_6) + \cdots + (a_{3n-2} + a_{3n-1} + a_{3n})$$

$$= \sum_{k=1}^{3n} a_k$$

즉, $\displaystyle\sum_{k=1}^{3n} a_k = 3n^2 - 2n$이므로

$$\sum_{k=1}^{30} a_k = 3 \times 10^2 - 2 \times 10 = 280$$

1154 답 36

$$\sum_{k=1}^{20}(a_k-b_k)^2=\sum_{k=1}^{20}(a_k{}^2-2a_kb_k+b_k{}^2)$$
$$=\sum_{k=1}^{20}(a_k{}^2+b_k{}^2)-2\sum_{k=1}^{20}a_kb_k$$

즉, $8=\sum_{k=1}^{20}(a_k{}^2+b_k{}^2)-2\times14$이므로

$$\sum_{k=1}^{20}(a_k{}^2+b_k{}^2)=36$$

1155 답 80

$$\sum_{k=1}^{n}(a_{2k-1}+a_{2k})=(a_1+a_2)+(a_3+a_4)+\cdots+(a_{2n-1}+a_{2n})$$
$$=\sum_{k=1}^{2n}a_k$$

즉, $\sum_{k=1}^{2n}a_k=3n^2-2n$이므로

$$\sum_{k=1}^{10}a_k=3\times5^2-2\times5=65$$

$$\therefore \sum_{k=1}^{10}(2a_k-5)=2\sum_{k=1}^{10}a_k-\sum_{k=1}^{10}5$$
$$=2\times65-5\times10=80$$

1156 답 ⑤

다항식 $P(x)=x^{n-1}(3x-1)$을 $x-3$으로 나누었을 때의 나머지는 $P(3)$이므로

$$a_n=3^{n-1}\times(9-1)=8\times3^{n-1}$$

$$\therefore \sum_{k=1}^{n}a_k=\sum_{k=1}^{n}(8\times3^{k-1})=\frac{8(3^n-1)}{3-1}=4(3^n-1)$$

1157 답 502

등비수열 $\{a_n\}$의 첫째항을 a, 공비를 r라 하면

$S_3=7a_3$에서

$$a+ar+ar^2=7ar^2$$

$$6r^2-r-1=0\ (\because a>0)$$

$$(3r+1)(2r-1)=0 \qquad \therefore r=\frac{1}{2}\ (\because r>0)$$

즉, 등비수열 $\{a_n\}$의 공비가 $\frac{1}{2}$이므로

$$a_n=a\left(\frac{1}{2}\right)^{n-1},\ S_n=\frac{a\left\{1-\left(\frac{1}{2}\right)^n\right\}}{1-\frac{1}{2}}=2a\left\{1-\left(\frac{1}{2}\right)^n\right\}$$

$$\therefore \sum_{n=1}^{8}\frac{S_n}{a_n}=\sum_{n=1}^{8}\frac{2a\left\{1-\left(\frac{1}{2}\right)^n\right\}}{a\left(\frac{1}{2}\right)^{n-1}}=\sum_{n=1}^{8}(2^n-1)$$

$$=\sum_{n=1}^{8}2^n-\sum_{n=1}^{8}1=\frac{2(2^8-1)}{2-1}-1\times8=502$$

1158 답 ②

$$\sum_{k=1}^{4}(k+1)^3-3\sum_{k=1}^{4}k(k+1)$$
$$=\sum_{k=1}^{4}(k^3+3k^2+3k+1)-\sum_{k=1}^{4}(3k^2+3k)$$
$$=\sum_{k=1}^{4}(k^3+1)=\sum_{k=1}^{4}k^3+\sum_{k=1}^{4}1$$
$$=\left(\frac{4\times5}{2}\right)^2+1\times4=104$$

1159 답 160

첫째항이 3인 등차수열 $\{a_n\}$의 공차를 d라 하면

$\sum_{k=1}^{5}a_k=55$에서 $\dfrac{5\{2\times3+(5-1)\times d\}}{2}=55$

$$3+2d=11,\ 2d=8 \qquad \therefore d=4$$

따라서 $a_n=3+(n-1)\times4=4n-1$이므로

$$\sum_{k=1}^{5}k(a_k-3)=\sum_{k=1}^{5}k(4k-4)=4\sum_{k=1}^{5}k^2-4\sum_{k=1}^{5}k$$
$$=4\times\frac{5\times6\times11}{6}-4\times\frac{5\times6}{2}$$
$$=160$$

1160 답 ④

$$\sum_{n=1}^{k}\left\{\sum_{m=1}^{n}(m+n)\right\}=\sum_{n=1}^{k}\left(\sum_{m=1}^{n}m+\sum_{m=1}^{n}n\right)$$
$$=\sum_{n=1}^{k}\left\{\frac{n(n+1)}{2}+n^2\right\}$$
$$=\frac{3}{2}\sum_{n=1}^{k}n^2+\frac{1}{2}\sum_{n=1}^{k}n$$
$$=\frac{3}{2}\times\frac{k(k+1)(2k+1)}{6}+\frac{1}{2}\times\frac{k(k+1)}{2}$$
$$=\frac{k(k+1)^2}{2}$$

즉, $\dfrac{k(k+1)^2}{2}=147$이므로

$$k(k+1)^2=6\times7^2$$

$$\therefore k=6$$

1161 답 1014

주어진 수열의 일반항을 a_n이라 하면

$$a_n=2+5+8+\cdots+(3n-1)=\sum_{k=1}^{n}(3k-1)$$
$$=3\times\frac{n(n+1)}{2}-n=\frac{3n^2+n}{2}$$

따라서 구하는 합은

$$\sum_{k=1}^{12}a_k=\sum_{k=1}^{12}\frac{3k^2+k}{2}=\frac{3}{2}\sum_{k=1}^{12}k^2+\frac{1}{2}\sum_{k=1}^{12}k$$
$$=\frac{3}{2}\times\frac{12\times13\times25}{6}+\frac{1}{2}\times\frac{12\times13}{2}$$
$$=1014$$

1162 답 ⑤

수열 $2\times(2n-1),\ 4\times(2n-3),\ 6\times(2n-5),\ \ldots,\ 2n\times1$의 제$k$항을 a_k라 하면

$$a_k=2k\{2n-(2k-1)\}$$

따라서 주어진 식의 좌변은

$$\sum_{k=1}^{n}a_k=\sum_{k=1}^{n}2k\{2n-(2k-1)\}$$
$$=\sum_{k=1}^{n}\{(4n+2)k-4k^2\}$$
$$=(4n+2)\sum_{k=1}^{n}k-4\sum_{k=1}^{n}k^2$$
$$=(4n+2)\times\frac{n(n+1)}{2}-4\times\frac{n(n+1)(2n+1)}{6}$$
$$=\frac{n(n+1)(2n+1)}{3}$$

즉, $a=1$, $b=1$, $c=1$이므로 $a+b+c=3$

1163 답 124

수열 $\{a_n\}$의 첫째항부터 제n항까지의 합 S_n은

$$S_n=\sum_{k=1}^{n}a_k=n^2-11n$$

(ⅰ) $n\geq2$일 때,

$$\begin{aligned}a_n&=S_n-S_{n-1}\\&=n^2-11n-\{(n-1)^2-11(n-1)\}\\&=2n-12 \qquad \cdots\cdots ㉠\end{aligned}$$

(ⅱ) $n=1$일 때,

$$a_1=S_1=1^2-11=-10 \qquad \cdots\cdots ㉡$$

이때 ㉠에 $n=1$을 대입한 값과 ㉡이 같으므로

$$a_n=2n-12$$

따라서 $a_{2k}=2\times2k-12=4k-12$이고, $a_{2k}\geq0$을 만족시키는 k의 값의 범위는

$$4k-12\geq0 \qquad \therefore k\geq3$$

$$\begin{aligned}\therefore \sum_{k=1}^{10}|a_{2k}|&=-\sum_{k=1}^{2}a_{2k}+\sum_{k=3}^{10}a_{2k}=-\sum_{k=1}^{2}a_{2k}+\left(\sum_{k=1}^{10}a_{2k}-\sum_{k=1}^{2}a_{2k}\right)\\&=\sum_{k=1}^{10}a_{2k}-2\sum_{k=1}^{2}a_{2k}=\sum_{k=1}^{10}(4k-12)-2\sum_{k=1}^{2}(4k-12)\\&=4\times\frac{10\times11}{2}-12\times10-2\left(4\times\frac{2\times3}{2}-12\times2\right)\\&=124\end{aligned}$$

1164 답 $\dfrac{40}{7}$

$$\begin{aligned}a_n&=\frac{1^2+2^2+3^2+\cdots+n^2}{2n+1}=\frac{\dfrac{n(n+1)(2n+1)}{6}}{2n+1}\\&=\frac{n(n+1)}{6}\end{aligned}$$

$$\begin{aligned}\therefore \frac{1}{a_1}+\frac{1}{a_2}+\frac{1}{a_3}+\cdots+\frac{1}{a_{20}}&=\sum_{k=1}^{20}\frac{1}{a_k}=\sum_{k=1}^{20}\frac{6}{k(k+1)}=6\sum_{k=1}^{20}\left(\frac{1}{k}-\frac{1}{k+1}\right)\\&=6\left\{\left(1-\frac{1}{2}\right)+\left(\frac{1}{2}-\frac{1}{3}\right)+\cdots+\left(\frac{1}{20}-\frac{1}{21}\right)\right\}\\&=6\left(1-\frac{1}{21}\right)=\frac{40}{7}\end{aligned}$$

1165 답 ④

$$\begin{aligned}\sum_{k=1}^{m}\frac{1}{f(k)}&=\sum_{k=1}^{m}\frac{1}{\sqrt{3k+9}+\sqrt{3k+6}}\\&=\sum_{k=1}^{m}\frac{\sqrt{3k+9}-\sqrt{3k+6}}{(\sqrt{3k+9}+\sqrt{3k+6})(\sqrt{3k+9}-\sqrt{3k+6})}\\&=\frac{1}{3}\sum_{k=1}^{m}(\sqrt{3k+9}-\sqrt{3k+6})\\&=\frac{1}{3}\{(\sqrt{12}-\sqrt{9})+(\sqrt{15}-\sqrt{12})+(\sqrt{18}-\sqrt{15})\\&\qquad\qquad +\cdots+(\sqrt{3m+9}-\sqrt{3m+6})\}\\&=\frac{1}{3}(\sqrt{3m+9}-3)\end{aligned}$$

즉, $\dfrac{1}{3}(\sqrt{3m+9}-3)=1$이므로

$$\sqrt{3m+9}-3=3, \sqrt{3m+9}=6$$

$$3m+9=36 \qquad \therefore m=9$$

1166 답 ①

$$a_n=\log_2\left(1+\frac{1}{n}\right)=\log_2\frac{n+1}{n}$$

$$\begin{aligned}\therefore \sum_{k=1}^{m}a_k&=\sum_{k=1}^{m}\log_2\frac{k+1}{k}\\&=\log_2\frac{2}{1}+\log_2\frac{3}{2}+\log_2\frac{4}{3}+\cdots+\log_2\frac{m+1}{m}\\&=\log_2\left(\frac{2}{1}\times\frac{3}{2}\times\frac{4}{3}\times\cdots\times\frac{m+1}{m}\right)\\&=\log_2(m+1)\end{aligned}$$

즉, $\log_2(m+1)=5$이므로

$$m+1=2^5=32$$

$$\therefore m=31$$

1167 답 ①

주어진 수열을

$(1,\ 5,\ 9)$, $(11,\ 15,\ 19,\ 51,\ 55,\ 59,\ 91,\ 95,\ 99)$,

$(111,\ 115,\ 119,\ 151,\ \ldots,\ 999)$, $\ldots$

와 같이 자릿수가 같은 항끼리 묶으면 n번째 묶음의 항의 개수는 3^n

이므로 첫 번째 묶음부터 n번째 묶음까지의 항의 개수는

$$\sum_{k=1}^{n}3^k=\frac{3(3^n-1)}{3-1}=\frac{3(3^n-1)}{2}$$

이때 첫 번째 묶음부터 5번째 묶음까지의 항의 개수는

$$\frac{3(3^5-1)}{2}=363$$

이므로 제365항은 6번째 묶음에서 2번째 항이다.

따라서 제365항은 여섯 자리 수 중에서 2번째 수이므로 111115이다.

1168 답 11

$$\begin{aligned}&(1^3-2)+(2^3-4)+(3^3-6)+\cdots+(n^3-2n)\\&=\sum_{k=1}^{n}(k^3-2k)=\sum_{k=1}^{n}k^3-2\sum_{k=1}^{n}k\\&=\left\{\frac{n(n+1)}{2}\right\}^2-2\times\frac{n(n+1)}{2} \qquad\cdots\cdots ❶\end{aligned}$$

즉, $\left\{\dfrac{n(n+1)}{2}\right\}^2-2\times\dfrac{n(n+1)}{2}=65^2-1$이므로

$\dfrac{n(n+1)}{2}=t$로 놓으면

$$t^2-2t=65^2-1$$

$$t^2-2t-64\times66=0$$

$$(t+64)(t-66)=0$$

$$\therefore t=66\ (\because t>0) \qquad\cdots\cdots ❷$$

따라서 $\dfrac{n(n+1)}{2}=66$이므로

$$n^2+n-132=0$$

$$(n+12)(n-11)=0$$

$$\therefore n=11\ (\because n>0) \qquad\cdots\cdots ❸$$

채점 기준

❶ 주어진 식의 좌변을 자연수의 거듭제곱의 합을 이용하여 나타내기		50 %
❷ $\dfrac{n(n+1)}{2}=t$로 놓고 t의 값 구하기		30 %
❸ 자연수 n의 값 구하기		20 %

1169 답 116

수열 $\{a_n\}$의 첫째항부터 제n항까지의 합 S_n은

$$S_n=\sum_{k=1}^{n}a_k=n^2+2n$$

(i) $n\geq2$일 때,

$$\begin{aligned}a_n&=S_n-S_{n-1}\\&=n^2+2n-\{(n-1)^2+2(n-1)\}\\&=2n+1 \qquad\qquad \cdots\cdots \text{㉠}\end{aligned}$$

(ii) $n=1$일 때,

$$a_1=S_1=1^2+2\times1=3 \qquad \cdots\cdots \text{㉡}$$

이때 ㉠에 $n=1$을 대입한 값과 ㉡이 같으므로

$$a_n=2n+1 \qquad\qquad\qquad\qquad \cdots\cdots \textbf{ⓘ}$$

따라서 $(2k-1)a_k=(2k-1)(2k+1)=4k^2-1$이므로

$$\begin{aligned}\sum_{k=1}^{4}(2k-1)a_k&=\sum_{k=1}^{4}(4k^2-1)=4\sum_{k=1}^{4}k^2-\sum_{k=1}^{4}1\\&=4\times\frac{4\times5\times9}{6}-1\times4\\&=116 \qquad\qquad\qquad \cdots\cdots \textbf{ⓘⓘ}\end{aligned}$$

채점 기준	
ⓘ 일반항 a_n 구하기	60 %
ⓘⓘ $\sum_{k=1}^{4}(2k-1)a_k$의 값 구하기	40 %

1170 답 2

등차수열 $\{a_n\}$의 첫째항을 a, 공차를 d라 하면

$a_3=7$, $a_6=13$이므로

$a+2d=7$, $a+5d=13$

두 식을 연립하여 풀면 $a=3$, $d=2$

$$\therefore a_n=3+(n-1)\times2=2n+1 \qquad \cdots\cdots \textbf{ⓘ}$$

$$\begin{aligned}\therefore \sum_{k=1}^{n}\frac{1}{a_ka_{k+1}}&=\sum_{k=1}^{n}\frac{1}{(2k+1)(2k+3)}\\&=\frac{1}{2}\sum_{k=1}^{n}\left(\frac{1}{2k+1}-\frac{1}{2k+3}\right)\\&=\frac{1}{2}\left\{\left(\frac{1}{3}-\frac{1}{5}\right)+\left(\frac{1}{5}-\frac{1}{7}\right)\right.\\&\qquad\qquad\left.+\cdots+\left(\frac{1}{2n+1}-\frac{1}{2n+3}\right)\right\}\\&=\frac{1}{2}\left(\frac{1}{3}-\frac{1}{2n+3}\right) \quad \cdots\cdots \textbf{ⓘⓘ}\end{aligned}$$

즉, $\frac{1}{2}\left(\frac{1}{3}-\frac{1}{2n+3}\right)<\frac{1}{9}$이므로

$$\frac{1}{3}-\frac{1}{2n+3}<\frac{2}{9}$$

$$\frac{1}{2n+3}>\frac{1}{9}$$

$2n+3<9$ $\therefore n<3$ $\qquad \cdots\cdots \textbf{ⓘⓘⓘ}$

따라서 자연수 n의 최댓값은 2이다. $\qquad \cdots\cdots \textbf{ⓘⓥ}$

채점 기준	
ⓘ 등차수열 $\{a_n\}$의 일반항 a_n 구하기	30 %
ⓘⓘ $\sum_{k=1}^{n}\frac{1}{a_ka_{k+1}}$ 간단히 하기	40 %
ⓘⓘⓘ n의 값의 범위 구하기	20 %
ⓘⓥ 자연수 n의 최댓값 구하기	10 %

1171 답 ②

$1\leq n\leq9$일 때, $\left[\dfrac{n}{10}\right]=0$이므로 $a_n=n$

$10\leq n\leq19$일 때, $\left[\dfrac{n}{10}\right]=1$이므로 $a_n=n-10$

$20\leq n\leq29$일 때, $\left[\dfrac{n}{10}\right]=2$이므로 $a_n=n-20$

$30\leq n\leq39$일 때, $\left[\dfrac{n}{10}\right]=3$이므로 $a_n=n-30$

$40\leq n\leq49$일 때, $\left[\dfrac{n}{10}\right]=4$이므로 $a_n=n-40$

$n=50$일 때, $\left[\dfrac{50}{10}\right]=5$이므로 $a_{50}=50-50=0$

$$\begin{aligned}\therefore \sum_{k=1}^{50}a_k&=(a_1+a_2+\cdots+a_9)+(a_{10}+a_{11}+\cdots+a_{19})\\&\qquad\qquad+\cdots+(a_{40}+a_{41}+\cdots+a_{49})+a_{50}\\&=(1+2+\cdots+9)\\&\qquad\quad+\{(10-10)+(11-10)+\cdots+(19-10)\}\\&\qquad+\cdots+\{(40-40)+(41-40)+\cdots+(49-40)\}+0\\&=5(1+2+3+\cdots+9)\\&=5\sum_{k=1}^{9}k\\&=5\times\frac{9\times10}{2}\\&=225\end{aligned}$$

1172 답 9

방정식 $\sin x=\dfrac{2}{(4n-1)\pi}x\,(n=1,\ 2,\ 3,\ \cdots)$의 양의 실근의 개수

a_n은 두 함수 $y=\sin x$와 $y=\dfrac{2}{(4n-1)\pi}x$의 그래프가 $x>0$에서 만

나는 점의 개수와 같다.

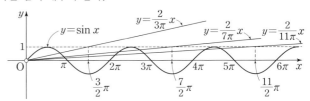

위의 그림에서 $a_1=1$, $a_2=3$, $a_3=5$, ...이므로

$a_n=2n-1$

$$\begin{aligned}\therefore \sum_{n=1}^{9}\frac{40}{(a_n+1)(a_n+3)}&=\sum_{n=1}^{9}\frac{40}{2n(2n+2)}\\&=10\sum_{n=1}^{9}\frac{1}{n(n+1)}\\&=10\sum_{n=1}^{9}\left(\frac{1}{n}-\frac{1}{n+1}\right)\\&=10\left\{\left(1-\frac{1}{2}\right)+\left(\frac{1}{2}-\frac{1}{3}\right)+\cdots+\left(\frac{1}{9}-\frac{1}{10}\right)\right\}\\&=10\left(1-\frac{1}{10}\right)\\&=9\end{aligned}$$

1173 답 160

$27 \times 2^{n-1} = 3^3 \times 2^{n-1}$이므로 자연수 $27 \times 2^{n-1}$의 양의 약수의 개수 a_n은

$a_n = (3+1)\{(n-1)+1\} = 4n$

$\therefore f(n) = \sum_{k=1}^{n} \dfrac{1}{\sqrt{a_k} + \sqrt{a_{k+1}}}$

$= \sum_{k=1}^{n} \dfrac{1}{\sqrt{4k} + \sqrt{4k+4}}$

$= \dfrac{1}{2} \sum_{k=1}^{n} \dfrac{1}{\sqrt{k} + \sqrt{k+1}}$

$= \dfrac{1}{2} \sum_{k=1}^{n} \dfrac{\sqrt{k} - \sqrt{k+1}}{(\sqrt{k} + \sqrt{k+1})(\sqrt{k} - \sqrt{k+1})}$

$= \dfrac{1}{2} \sum_{k=1}^{n} (\sqrt{k+1} - \sqrt{k})$

$= \dfrac{1}{2} \{(\sqrt{2} - \sqrt{1}) + (\sqrt{3} - \sqrt{2}) + (\sqrt{4} - \sqrt{3})$

$\qquad\qquad\qquad\qquad + \cdots + (\sqrt{n+1} - \sqrt{n})\}$

$= \dfrac{1}{2} (\sqrt{n+1} - 1)$

$f(n)$의 값이 자연수가 되려면 $\sqrt{n+1}$은 3 이상의 홀수이어야 한다. 이때 n은 100 이하의 자연수이므로

$3 \le \sqrt{n+1} \le \sqrt{101} < 11$

즉, $\sqrt{n+1}$의 값이 3, 5, 7, 9일 때 $f(n)$의 값이 자연수가 된다.

$\sqrt{n+1} = 3$이면 $n = 8$

$\sqrt{n+1} = 5$이면 $n = 24$

$\sqrt{n+1} = 7$이면 $n = 48$

$\sqrt{n+1} = 9$이면 $n = 80$

따라서 구하는 합은

$8 + 24 + 48 + 80 = 160$

1174 답 $\sqrt{6}$

공차가 2인 등차수열 $\{a_n\}$의 첫째항을 a라 하면

$a_3 = a+4,\ a_5 = a+8$

(i) $a_3 \ge 0$이면 $|a_3| = |a_5|$에서 $a_3 = a_5$이므로

  $a+4 = a+8$

  즉, 조건을 만족시키지 않는다.

(ii) $a_3 < 0$이면 $|a_3| = |a_5|$에서 $-a_3 = a_5$이므로

  $-(a+4) = a+8$

  $2a = -12$ $\therefore a = -6$

(i), (ii)에서 $a = -6$

$\therefore a_n = -6 + (n-1) \times 2 = 2n - 8$

$\therefore \sum_{k=1}^{6} \dfrac{1}{\sqrt{|a_{k+1}|} + \sqrt{|a_k|}}$

$= \sum_{k=1}^{6} \dfrac{1}{\sqrt{|2k-6|} + \sqrt{|2k-8|}}$

$= \dfrac{1}{\sqrt{4} + \sqrt{6}} + \dfrac{1}{\sqrt{2} + \sqrt{4}} + \dfrac{1}{\sqrt{0} + \sqrt{2}} + \dfrac{1}{\sqrt{2} + \sqrt{0}} + \dfrac{1}{\sqrt{4} + \sqrt{2}}$

$\qquad\qquad\qquad\qquad\qquad\qquad + \dfrac{1}{\sqrt{6} + \sqrt{4}}$

$= \dfrac{1}{2} \{(\sqrt{6} - \sqrt{4}) + (\sqrt{4} - \sqrt{2}) + (\sqrt{2} - \sqrt{0}) + (\sqrt{2} - \sqrt{0})$

$\qquad\qquad\qquad\qquad + (\sqrt{4} - \sqrt{2}) + (\sqrt{6} - \sqrt{4})\}$

$= \dfrac{1}{2} \times 2\sqrt{6} = \sqrt{6}$

10 / 수학적 귀납법

A 개념 확인

180~181쪽

1175 답 32

$a_{n+1} = a_n + 3n$의 n에 1, 2, 3, 4를 차례로 대입하면

$a_2 = a_1 + 3 \times 1 = 2 + 3 = 5$

$a_3 = a_2 + 3 \times 2 = 5 + 6 = 11$

$a_4 = a_3 + 3 \times 3 = 11 + 9 = 20$

$\therefore a_5 = a_4 + 3 \times 4 = 20 + 12 = 32$

1176 답 -1

$a_{n+1} = a_n + (-1)^n$의 n에 1, 2, 3, 4를 차례로 대입하면

$a_2 = a_1 + (-1)^1 = -1 - 1 = -2$

$a_3 = a_2 + (-1)^2 = -2 + 1 = -1$

$a_4 = a_3 + (-1)^3 = -1 - 1 = -2$

$\therefore a_5 = a_4 + (-1)^4 = -2 + 1 = -1$

1177 답 -3

$a_{n+1} = -a_n + 4$의 n에 1, 2, 3, 4를 차례로 대입하면

$a_2 = -a_1 + 4 = -(-3) + 4 = 7$

$a_3 = -a_2 + 4 = -7 + 4 = -3$

$a_4 = -a_3 + 4 = -(-3) + 4 = 7$

$\therefore a_5 = -a_4 + 4 = -7 + 4 = -3$

1178 답 -1

$a_{n+2} = a_n + a_{n+1}$의 n에 1, 2, 3을 차례로 대입하면

$a_3 = a_1 + a_2 = -2 + 1 = -1$

$a_4 = a_2 + a_3 = 1 + (-1) = 0$

$\therefore a_5 = a_3 + a_4 = -1 + 0 = -1$

1179 답 $\dfrac{1}{360}$

$a_{n+1} = \dfrac{a_n}{n+2}$의 n에 1, 2, 3, 4를 차례로 대입하면

$a_2 = \dfrac{a_1}{1+2} = \dfrac{1}{3}$

$a_3 = \dfrac{a_2}{2+2} = \dfrac{\frac{1}{3}}{4} = \dfrac{1}{12}$

$a_4 = \dfrac{a_3}{3+2} = \dfrac{\frac{1}{12}}{5} = \dfrac{1}{60}$

$\therefore a_5 = \dfrac{a_4}{4+2} = \dfrac{\frac{1}{60}}{6} = \dfrac{1}{360}$

1180 답 53

$a_{n+1} = a_n + 6$, 즉 $a_{n+1} - a_n = 6$에서 수열 $\{a_n\}$은 공차가 6인 등차수열이고, 첫째항이 -1이므로

$a_{10} = -1 + 9 \times 6 = 53$

1181 답 -15

$2a_{n+1}=a_n+a_{n+2}$에서 수열 $\{a_n\}$은 등차수열이고, 첫째항이 3, 공차가 $a_2-a_1=1-3=-2$이므로

$a_{10}=3+9\times(-2)=-15$

1182 답 3^{10}

$a_{n+1}=3a_n$에서 수열 $\{a_n\}$은 공비가 3인 등비수열이고, 첫째항이 3이므로

$a_{10}=3\times3^9=3^{10}$

1183 답 $-\dfrac{1}{128}$

$a_{n+1}=\dfrac{a_n}{2}$에서 수열 $\{a_n\}$은 공비가 $\dfrac{1}{2}$인 등비수열이고, 첫째항이 -4이므로

$a_{10}=-4\times\left(\dfrac{1}{2}\right)^9=-\left(\dfrac{1}{2}\right)^7=-\dfrac{1}{128}$

1184 답 -3^7

$a_{n+1}{}^2=a_na_{n+2}$에서 수열 $\{a_n\}$은 등비수열이고, 첫째항이 $\dfrac{1}{9}$, 공비가 $a_2\div a_1=-\dfrac{1}{3}\div\dfrac{1}{9}=-3$이므로

$a_{10}=\dfrac{1}{9}\times(-3)^9=-3^7$

1185 답 $a_n=\dfrac{-n^2+n+10}{2}$

$a_{n+1}=a_n-n$의 n에 1, 2, 3, $\dots$을 차례로 대입하면

$a_2=a_1-1$

$a_3=a_2-2=a_1-1-2$

$a_4=a_3-3=a_1-1-2-3$

$\quad\vdots$

$\therefore\ a_n=a_{n-1}-(n-1)$

$\qquad=a_1-1-2-3-\dots-(n-1)$

$\qquad=5-\{1+2+3+\dots+(n-1)\}$

$\qquad=5-\displaystyle\sum_{k=1}^{n-1}k=5-\dfrac{(n-1)n}{2}$

$\qquad=\dfrac{-n^2+n+10}{2}$

1186 답 $a_n=\dfrac{3n^2-3n+2}{2}$

$a_{n+1}=a_n+3n$의 n에 1, 2, 3, $\dots$을 차례로 대입하면

$a_2=a_1+3\times1$

$a_3=a_2+3\times2=a_1+3\times1+3\times2$

$a_4=a_3+3\times3=a_1+3\times1+3\times2+3\times3$

$\quad\vdots$

$\therefore\ a_n=a_{n-1}+3\times(n-1)$

$\qquad=a_1+3\times1+3\times2+3\times3+\dots+3\times(n-1)$

$\qquad=1+3\{1+2+3+\dots+(n-1)\}$

$\qquad=1+3\displaystyle\sum_{k=1}^{n-1}k=1+3\times\dfrac{(n-1)n}{2}$

$\qquad=\dfrac{3n^2-3n+2}{2}$

1187 답 $a_n=2^n+1$

$a_{n+1}-a_n=2^n$에서 $a_{n+1}=a_n+2^n$

$a_{n+1}=a_n+2^n$의 n에 1, 2, 3, $\dots$을 차례로 대입하면

$a_2=a_1+2^1$

$a_3=a_2+2^2=a_1+2^1+2^2$

$a_4=a_3+2^3=a_1+2^1+2^2+2^3$

$\quad\vdots$

$\therefore\ a_n=a_{n-1}+2^{n-1}=a_1+2^1+2^2+2^3+\dots+2^{n-1}$

$\qquad=3+\displaystyle\sum_{k=1}^{n-1}2^k=3+\dfrac{2(2^{n-1}-1)}{2-1}$

$\qquad=2^n+1$

1188 답 $a_n=\dfrac{6}{2\times3\times4\times\dots\times n}$

$a_{n+1}=\dfrac{a_n}{n+1}$의 n에 1, 2, 3, $\dots$을 차례로 대입하면

$a_2=\dfrac{a_1}{2}$

$a_3=\dfrac{a_2}{3}=\dfrac{a_1}{2}\times\dfrac{1}{3}$

$a_4=\dfrac{a_3}{4}=\dfrac{a_1}{2}\times\dfrac{1}{3}\times\dfrac{1}{4}$

$\quad\vdots$

$\therefore\ a_n=\dfrac{a_{n-1}}{n}=\dfrac{a_1}{2}\times\dfrac{1}{3}\times\dfrac{1}{4}\times\dots\times\dfrac{1}{n}$

$\qquad=\dfrac{6}{2\times3\times4\times\dots\times n}$

1189 답 $a_n=\dfrac{4}{n+1}$

$a_{n+1}=\dfrac{n+1}{n+2}a_n$의 n에 1, 2, 3, $\dots$을 차례로 대입하면

$a_2=\dfrac{2}{3}a_1$

$a_3=\dfrac{3}{4}a_2=\dfrac{3}{4}\times\dfrac{2}{3}a_1$

$a_4=\dfrac{4}{5}a_3=\dfrac{4}{5}\times\dfrac{3}{4}\times\dfrac{2}{3}a_1$

$\quad\vdots$

$\therefore\ a_n=\dfrac{n}{n+1}a_{n-1}=\dfrac{n}{n+1}\times\dfrac{n-1}{n}\times\dots\times\dfrac{4}{5}\times\dfrac{3}{4}\times\dfrac{2}{3}\times a_1$

$\qquad=\dfrac{2}{n+1}\times2=\dfrac{4}{n+1}$

1190 답 $a_n=(-2)^{\frac{(n-1)n}{2}}$

$a_{n+1}=(-2)^na_n$의 n에 1, 2, 3, $\dots$을 차례로 대입하면

$a_2=(-2)^1a_1$

$a_3=(-2)^2a_2=(-2)^2\times(-2)^1a_1$

$a_4=(-2)^3a_3=(-2)^3\times(-2)^2\times(-2)^1a_1$

$\quad\vdots$

$\therefore\ a_n=(-2)^{n-1}a_{n-1}$

$\qquad=(-2)^{n-1}\times(-2)^{n-2}\times\dots\times(-2)^3\times(-2)^2\times(-2)^1a_1$

$\qquad=(-2)^{(n-1)+(n-2)+\dots+3+2+1}\times1$

$\qquad=(-2)^{\frac{(n-1)n}{2}}$

1191 답 (가) 1 (나) $k+1$

1192 답 ⑤

$a_{n+1}-a_n=3$에서 수열 $\{a_n\}$은 공차가 3인 등차수열이고, 첫째항이 -2이므로

$a_n=-2+(n-1)\times 3=3n-5$

$a_k=232$에서 $3k-5=232$

$3k=237$ ∴ $k=79$

1193 답 124

$a_{n+1}=a_n-4$, 즉 $a_{n+1}-a_n=-4$에서 수열 $\{a_n\}$은 공차가 -4인 등차수열이고, 첫째항이 200이므로

$a_{20}=200+19\times(-4)=124$

1194 답 53

$a_{n+2}-a_{n+1}=a_{n+1}-a_n$, 즉 $2a_{n+1}=a_n+a_{n+2}$에서 수열 $\{a_n\}$은 등차수열이므로 첫째항을 a, 공차를 d라 하면

$a_6=8$에서 $a+5d=8$ ...... ㉠

$a_{12}=20$에서 $a+11d=20$ ...... ㉡

㉠, ㉡을 연립하여 풀면

$a=-2$, $d=2$

∴ $a_n=-2+(n-1)\times 2=2n-4$ ...... ❶

$a_k>100$에서 $2k-4>100$

$2k>104$ ∴ $k>52$ ...... ❷

따라서 구하는 자연수 k의 최솟값은 53이다. ...... ❸

채점 기준

❶ 일반항 a_n 구하기	60 %
❷ $a_k>100$을 만족시키는 k의 값의 범위 구하기	30 %
❸ 자연수 k의 최솟값 구하기	10 %

1195 답 $\dfrac{16}{17}$

$a_{n+2}-2a_{n+1}+a_n=0$, 즉 $2a_{n+1}=a_n+a_{n+2}$에서 수열 $\{a_n\}$은 등차수열이고, 첫째항이 2, 공차가 $a_2-a_1=4-2=2$이므로

$S_n=\dfrac{n\{2\times 2+(n-1)\times 2\}}{2}=n(n+1)$

∴ $\displaystyle\sum_{k=1}^{16}\dfrac{1}{S_k}=\sum_{k=1}^{16}\dfrac{1}{k(k+1)}=\sum_{k=1}^{16}\left(\dfrac{1}{k}-\dfrac{1}{k+1}\right)$

$=\left(1-\dfrac{1}{2}\right)+\left(\dfrac{1}{2}-\dfrac{1}{3}\right)+\left(\dfrac{1}{3}-\dfrac{1}{4}\right)+\cdots+\left(\dfrac{1}{16}-\dfrac{1}{17}\right)$

$=1-\dfrac{1}{17}=\dfrac{16}{17}$

1196 답 9

$2a_{n+1}=a_n+a_{n+2}$에서 수열 $\{a_n\}$은 등차수열이므로 첫째항을 a, 공차를 d라 하면

$S_4=56$에서 $\dfrac{4\{2a+(4-1)d\}}{2}=56$

∴ $2a+3d=28$ ...... ㉠

$S_8=80$에서 $\dfrac{8\{2a+(8-1)d\}}{2}=80$

∴ $2a+7d=20$ ...... ㉡

㉠, ㉡을 연립하여 풀면 $a=17$, $d=-2$

∴ $a_n=17+(n-1)\times(-2)=-2n+19$

$a_n<0$에서 $-2n+19<0$

$2n>19$ ∴ $n>\dfrac{19}{2}=9.5$

따라서 제10항부터 음수이므로 첫째항부터 제9항까지의 합이 최대가 된다.

∴ $n=9$

1197 답 ④

$a_n=2a_{n+1}$, 즉 $a_{n+1}=\dfrac{1}{2}a_n$에서 수열 $\{a_n\}$은 공비가 $\dfrac{1}{2}$인 등비수열이므로 첫째항을 a라 하면

$a_2=4$에서 $a\times\dfrac{1}{2}=4$ ∴ $a=8$

∴ $a_n=8\times\left(\dfrac{1}{2}\right)^{n-1}=\left(\dfrac{1}{2}\right)^{n-4}$

$a_k=\dfrac{1}{32}$에서 $\left(\dfrac{1}{2}\right)^{k-4}=\left(\dfrac{1}{2}\right)^5$

$k-4=5$ ∴ $k=9$

1198 답 ②

$\dfrac{a_{n+1}}{a_n}=3$, 즉 $a_{n+1}=3a_n$에서 수열 $\{a_n\}$은 공비가 3인 등비수열이고, 첫째항이 3이므로

$a_n=3\times 3^{n-1}=3^n$

∴ $\displaystyle\sum_{k=1}^{5}a_k=\sum_{k=1}^{5}3^k=\dfrac{3(3^5-1)}{3-1}=363$

1199 답 ④

$a_{n+1}=\sqrt{a_na_{n+2}}$, 즉 $a_{n+1}{}^2=a_na_{n+2}$에서 수열 $\{a_n\}$은 등비수열이고, 첫째항이 1이므로 공비를 r라 하면

$\dfrac{a_4}{a_1}+\dfrac{a_5}{a_2}+\dfrac{a_6}{a_3}=81$에서 $r^3+r^3+r^3=81$

$3r^3=81$, $r^3=27$ ∴ $r=3$

∴ $\dfrac{a_{20}}{a_{10}}=r^{10}=3^{10}$

1200 답 3069

$\dfrac{a_{n+2}}{a_{n+1}}=\dfrac{a_{n+1}}{a_n}$, 즉 $a_{n+1}{}^2=a_na_{n+2}$에서 수열 $\{a_n\}$은 등비수열이고, 첫째항이 3이므로 공비를 r라 하면

$a_4=24$에서 $3r^3=24$

$r^3=8$ ∴ $r=2$

∴ $S_{10}=\dfrac{3(2^{10}-1)}{2-1}=3069$

1201 답 510

주어진 이차방정식의 판별식을 D라 하면

$D=(-a_{n+1})^2-4a_n{}^2=0$

$a_{n+1}{}^2-4a_n{}^2=0$, $(a_{n+1}+2a_n)(a_{n+1}-2a_n)=0$

이때 수열 $\{a_n\}$의 모든 항이 양수이므로

$a_{n+1}-2a_n=0$

∴ $a_{n+1}=2a_n$

따라서 수열 $\{a_n\}$은 첫째항이 2, 공비가 2인 등비수열이므로

$\displaystyle\sum_{k=1}^{8}a_k=\dfrac{2(2^8-1)}{2-1}=510$

1202 답 ①

$a_{n+1}=a_n+2n^2$의 n에 1, 2, 3, ..., 6을 차례로 대입하면

$a_2=a_1+2\times1^2$

$a_3=a_2+2\times2^2=a_1+2\times1^2+2\times2^2$

$a_4=a_3+2\times3^2=a_1+2\times1^2+2\times2^2+2\times3^2$

$\vdots$

$\therefore a_7=a_6+2\times6^2=a_1+2\times1^2+2\times2^2+\cdots+2\times6^2$

$\qquad =a_1+2(1^2+2^2+3^2+\cdots+6^2)$

$\qquad =2+2\sum_{k=1}^{6}k^2$

$\qquad =2+2\times\dfrac{6\times7\times13}{6}=184$

1203 답 ②

$a_{n+1}=a_n+3^n$의 n에 1, 2, 3, ...을 차례로 대입하면

$a_2=a_1+3^1$

$a_3=a_2+3^2=a_1+3^1+3^2$

$a_4=a_3+3^3=a_1+3^1+3^2+3^3$

$\vdots$

$\therefore a_n=a_{n-1}+3^{n-1}=a_1+3^1+3^2+3^3+\cdots+3^{n-1}$

$\qquad =a_1+(3^1+3^2+3^3+\cdots+3^{n-1})$

$\qquad =4+\sum_{k=1}^{n-1}3^k$

$\qquad =4+\dfrac{3(3^{n-1}-1)}{3-1}=\dfrac{3^n+5}{2}$

즉, $a_k=124$에서 $\dfrac{3^k+5}{2}=124$

$3^k+5=248,\ 3^k=243=3^5$ $\qquad \therefore k=5$

1204 답 165

$a_{n+1}=a_n+f(n)$의 n에 1, 2, 3, ...을 차례로 대입하면

$a_2=a_1+f(1)$

$a_3=a_2+f(2)=a_1+f(1)+f(2)$

$a_4=a_3+f(3)=a_1+f(1)+f(2)+f(3)$

$\vdots$

$\therefore a_n=a_{n-1}+f(n-1)$

$\qquad =a_1+f(1)+f(2)+f(3)+\cdots+f(n-1)$

$\qquad =a_1+\{f(1)+f(2)+f(3)+\cdots+f(n-1)\}$

$\qquad =2+\sum_{k=1}^{n-1}f(k)=2+2(n-1)^2+1$

$\qquad =2n^2-4n+5$

$\therefore a_{10}=2\times10^2-4\times10+5=165$

1205 답 41

$a_{n+1}-a_n=\dfrac{1}{1+2+3+\cdots+n}=\dfrac{1}{\dfrac{n(n+1)}{2}}$

$\qquad =\dfrac{2}{n(n+1)}=2\left(\dfrac{1}{n}-\dfrac{1}{n+1}\right)$

$a_{n+1}=a_n+2\left(\dfrac{1}{n}-\dfrac{1}{n+1}\right)$의 n에 1, 2, 3, ...을 차례로 대입하면

$a_2=a_1+2\left(1-\dfrac{1}{2}\right)$

$a_3=a_2+2\left(\dfrac{1}{2}-\dfrac{1}{3}\right)=a_1+2\left(1-\dfrac{1}{2}\right)+2\left(\dfrac{1}{2}-\dfrac{1}{3}\right)$

$a_4=a_3+2\left(\dfrac{1}{3}-\dfrac{1}{4}\right)=a_1+2\left(1-\dfrac{1}{2}\right)+2\left(\dfrac{1}{2}-\dfrac{1}{3}\right)+2\left(\dfrac{1}{3}-\dfrac{1}{4}\right)$

$\vdots$

$\therefore a_n=a_{n-1}+2\left(\dfrac{1}{n-1}-\dfrac{1}{n}\right)$

$\qquad =a_1+2\left(1-\dfrac{1}{2}\right)+2\left(\dfrac{1}{2}-\dfrac{1}{3}\right)+2\left(\dfrac{1}{3}-\dfrac{1}{4}\right)$

$\qquad\qquad +\cdots+2\left(\dfrac{1}{n-1}-\dfrac{1}{n}\right)$

$\qquad =a_1+2\left\{\left(1-\dfrac{1}{2}\right)+\left(\dfrac{1}{2}-\dfrac{1}{3}\right)+\left(\dfrac{1}{3}-\dfrac{1}{4}\right)\right.$

$\qquad\qquad\qquad\qquad \left.+\cdots+\left(\dfrac{1}{n-1}-\dfrac{1}{n}\right)\right\}$

$\qquad =5+2\left(1-\dfrac{1}{n}\right)$

$\qquad =7-\dfrac{2}{n}$

즉, $|a_k-7|<\dfrac{1}{20}$에서 $\left|-\dfrac{2}{k}\right|<\dfrac{1}{20}$

$\dfrac{2}{k}<\dfrac{1}{20}\ (\because k>0)$ $\qquad \therefore k>40$

따라서 구하는 자연수 k의 최솟값은 41이다.

1206 답 496

$a_{n+1}=\dfrac{n+3}{n+1}a_n$의 n에 1, 2, 3, ..., 29를 차례로 대입하면

$a_2=\dfrac{4}{2}a_1$

$a_3=\dfrac{5}{3}a_2=\dfrac{5}{3}\times\dfrac{4}{2}a_1$

$a_4=\dfrac{6}{4}a_3=\dfrac{6}{4}\times\dfrac{5}{3}\times\dfrac{4}{2}a_1$

$\vdots$

$\therefore a_{30}=\dfrac{32}{30}a_{29}=\dfrac{32}{30}\times\dfrac{31}{29}\times\dfrac{30}{28}\times\cdots\times\dfrac{5}{3}\times\dfrac{4}{2}a_1$

$\qquad =\dfrac{32\times31}{3\times2}\times3=496$

1207 답 ⑤

$\sqrt{n+1}\,a_{n+1}=\sqrt{n}\,a_n$에서 $a_{n+1}=\dfrac{\sqrt{n}\,a_n}{\sqrt{n+1}}=\sqrt{\dfrac{n}{n+1}}\,a_n$

$a_{n+1}=\sqrt{\dfrac{n}{n+1}}\,a_n$의 n에 1, 2, 3, ...을 차례로 대입하면

$a_2=\sqrt{\dfrac{1}{2}}\,a_1$

$a_3=\sqrt{\dfrac{2}{3}}\,a_2=\sqrt{\dfrac{2}{3}}\times\sqrt{\dfrac{1}{2}}\,a_1$

$a_4=\sqrt{\dfrac{3}{4}}\,a_3=\sqrt{\dfrac{3}{4}}\times\sqrt{\dfrac{2}{3}}\times\sqrt{\dfrac{1}{2}}\,a_1$

$\vdots$

$\therefore a_n=\sqrt{\dfrac{n-1}{n}}\,a_{n-1}=\sqrt{\dfrac{n-1}{n}}\times\cdots\times\sqrt{\dfrac{3}{4}}\times\sqrt{\dfrac{2}{3}}\times\sqrt{\dfrac{1}{2}}\,a_1$

$\qquad =\sqrt{\dfrac{n-1}{n}\times\cdots\times\dfrac{3}{4}\times\dfrac{2}{3}\times\dfrac{1}{2}}\times1$

$\qquad =\sqrt{\dfrac{1}{n}}$

즉, $a_k=\dfrac{1}{7}$에서 $\sqrt{\dfrac{1}{k}}=\dfrac{1}{7}$

$\dfrac{1}{k}=\dfrac{1}{49}$ $\qquad \therefore k=49$

1208 답 165

$a_{n+1}=2^n a_n$의 n에 1, 2, 3, …을 차례로 대입하면

$a_2=2^1 a_1$

$a_3=2^2 a_2=2^2 \times 2^1 a_1$

$a_4=2^3 a_3=2^3 \times 2^2 \times 2^1 a_1$

$\vdots$

$\therefore a_n=2^{n-1} a_{n-1}=2^{n-1} \times \cdots \times 2^3 \times 2^2 \times 2^1 a_1$

$\qquad =2^{(n-1)+\cdots+3+2+1} \times 1=2^{\frac{(n-1)n}{2}}$

$\therefore \sum_{k=1}^{10} \log_2 a_k=\sum_{k=1}^{10} \log_2 2^{\frac{(k-1)k}{2}}=\sum_{k=1}^{10} \frac{(k-1)k}{2}=\frac{1}{2}\left(\sum_{k=1}^{10} k^2-\sum_{k=1}^{10} k\right)$

$\qquad\qquad =\frac{1}{2}\left(\frac{10\times 11\times 21}{6}-\frac{10\times 11}{2}\right)=165$

1209 답 ②

$a_{n+1}=\dfrac{a_n}{n+1}$에서 $\dfrac{1}{a_{n+1}}=\dfrac{n+1}{a_n}$

$\dfrac{1}{a_{n+1}}=\dfrac{n+1}{a_n}$의 n에 1, 2, 3, …, 39를 차례로 대입하면

$\dfrac{1}{a_2}=\dfrac{2}{a_1}=2\times 1$

$\dfrac{1}{a_3}=\dfrac{3}{a_2}=3\times 2\times 1$

$\dfrac{1}{a_4}=\dfrac{4}{a_3}=4\times 3\times 2\times 1$

$\dfrac{1}{a_5}=\dfrac{5}{a_4}=5\times 4\times 3\times 2\times 1$

$\vdots$

$\dfrac{1}{a_{40}}=\dfrac{40}{a_{39}}=40\times 39\times \cdots \times 5\times 4\times 3\times 2\times 1$

이때 $3\times 4\times 5=60$이므로 $\dfrac{1}{a_5}$, $\dfrac{1}{a_6}$, $\dfrac{1}{a_7}$, …, $\dfrac{1}{a_{40}}$은 모두 60으로 나누어떨어진다.

즉, $\dfrac{1}{a_1}+\dfrac{1}{a_2}+\dfrac{1}{a_3}+\cdots+\dfrac{1}{a_{40}}$을 60으로 나누었을 때의 나머지는

$\dfrac{1}{a_1}+\dfrac{1}{a_2}+\dfrac{1}{a_3}+\dfrac{1}{a_4}$을 60으로 나누었을 때의 나머지와 같다.

따라서 $\dfrac{1}{a_1}+\dfrac{1}{a_2}+\dfrac{1}{a_3}+\dfrac{1}{a_4}=1+2+6+24=33$이므로 구하는 나머지는 33이다.

1210 답 ①

$a_{n+1}=-2a_n+6$의 n에 1, 2, 3, 4를 차례로 대입하면

$a_2=-2a_1+6=-2\times(-2)+6=10$

$a_3=-2a_2+6=-2\times 10+6=-14$

$a_4=-2a_3+6=-2\times(-14)+6=34$

$a_5=-2a_4+6=-2\times 34+6=-62$

$\therefore a_5-a_3=-62-(-14)=-48$

1211 답 $\dfrac{1}{11}$

$a_{n+1}=\dfrac{a_n}{1+na_n}$의 n에 1, 2, 3, 4를 차례로 대입하면

$a_2=\dfrac{a_1}{1+a_1}=\dfrac{1}{1+1}=\dfrac{1}{2}$

$a_3=\dfrac{a_2}{1+2a_2}=\dfrac{\frac{1}{2}}{1+2\times\frac{1}{2}}=\dfrac{1}{4}$

$a_4=\dfrac{a_3}{1+3a_3}=\dfrac{\frac{1}{4}}{1+3\times\frac{1}{4}}=\dfrac{1}{7}$

$\therefore a_5=\dfrac{a_4}{1+4a_4}=\dfrac{\frac{1}{7}}{1+4\times\frac{1}{7}}=\dfrac{1}{11}$

1212 답 7

$a_{n+1}=(-1)^n a_n+\dfrac{n+1}{2}$의 n에 1, 2, 3, 4를 차례로 대입하면

$a_2=(-1)^1 a_1+\dfrac{1+1}{2}=-a_1+1$

$a_3=(-1)^2 a_2+\dfrac{2+1}{2}=a_2+\dfrac{3}{2}=-a_1+1+\dfrac{3}{2}=-a_1+\dfrac{5}{2}$

$a_4=(-1)^3 a_3+\dfrac{3+1}{2}=-a_3+2=-\left(-a_1+\dfrac{5}{2}\right)+2=a_1-\dfrac{1}{2}$

$a_5=(-1)^4 a_4+\dfrac{4+1}{2}=a_4+\dfrac{5}{2}=a_1-\dfrac{1}{2}+\dfrac{5}{2}=a_1+2$ ······ ❶

즉, $a_5=9$에서 $a_1+2=9$ $\quad\therefore a_1=7$ ······ ❷

채점 기준

❶ 주어진 식의 n에 1, 2, 3, 4를 차례로 대입하여 a_5를 a_1에 대한 식으로 나타내기	70 %
❷ a_1 구하기	30 %

1213 답 ③

$a_{3n-1}=2a_n+1$, $a_{3n}=-a_n+2$, $a_{3n+1}=a_n+1$이므로

$a_{11}=2a_4+1=2(a_1+1)+1$

$\quad =2a_1+3=2\times 1+3=5$

$a_{12}=-a_4+2=-(a_1+1)+2$

$\quad =-a_1+1=-1+1=0$

$a_{13}=a_4+1=(a_1+1)+1$

$\quad =a_1+2=1+2=3$

$\therefore a_{11}+a_{12}+a_{13}=5+0+3=8$

1214 답 ⑤

$a_{n+1}=a_n^2+a_n$의 양변을 a_n으로 나누면 $\dfrac{a_{n+1}}{a_n}=a_n+1$

$\therefore \sum_{k=1}^{100} \log(a_k+1)=\sum_{k=1}^{100} \log \dfrac{a_{k+1}}{a_k}$

$\qquad =\log\dfrac{a_2}{a_1}+\log\dfrac{a_3}{a_2}+\log\dfrac{a_4}{a_3}+\cdots+\log\dfrac{a_{101}}{a_{100}}$

$\qquad =\log\left(\dfrac{a_2}{a_1}\times\dfrac{a_3}{a_2}\times\dfrac{a_4}{a_3}\times\cdots\times\dfrac{a_{101}}{a_{100}}\right)$

$\qquad =\log a_{101}$

1215 답 6

$a_{n+1}=\begin{cases} \dfrac{1}{2}a_n & (a_n \text{은 짝수}) \\ a_n+3 & (a_n \text{은 홀수}) \end{cases}$의 n에 1, 2, 3, …을 차례로 대입하면

$a_2=\dfrac{1}{2}a_1=\dfrac{1}{2}\times 6=3$, $a_3=a_2+3=3+3=6$,

$a_4=\dfrac{1}{2}a_3=\dfrac{1}{2}\times 6=3$, $a_5=a_4+3=3+3=6$,

$a_6=\dfrac{1}{2}a_5=\dfrac{1}{2}\times 6=3$, $a_7=a_6+3=3+3=6$, …

따라서 수열 $\{a_n\}$은 6, 3이 이 순서대로 반복된다.

이때 $135=2\times 67+1$이므로 $a_{135}=6$

1216 답 2

$a_{n+1}=\begin{cases}a_n-2 \ (a_n\geq 3)\\ a_n+1 \ (a_n<3)\end{cases}$ 의 n에 1, 2, 3, …을 차례로 대입하면

$a_2=a_1+1=1+1=2$, $a_3=a_2+1=2+1=3$,

$a_4=a_3-2=3-2=1$, $a_5=a_4+1=1+1=2$,

$a_6=a_5+1=2+1=3$, $a_7=a_6-2=3-2=1$, …

따라서 수열 $\{a_n\}$은 1, 2, 3이 이 순서대로 반복된다.

이때 $29=3\times 9+2$이므로 $a_{29}=2$

1217 답 ④

$a_n a_{n+1} a_{n+2}=1$에서 $a_{n+2}=\dfrac{1}{a_n a_{n+1}}$

$a_{n+2}=\dfrac{1}{a_n a_{n+1}}$의 n에 1, 2, 3, …을 차례로 대입하면

$a_3=\dfrac{1}{a_1 a_2}=\dfrac{1}{1\times 2}=\dfrac{1}{2}$, $a_4=\dfrac{1}{a_2 a_3}=\dfrac{1}{2\times\frac{1}{2}}=1$,

$a_5=\dfrac{1}{a_3 a_4}=\dfrac{1}{\frac{1}{2}\times 1}=2$, $a_6=\dfrac{1}{a_4 a_5}=\dfrac{1}{1\times 2}=\dfrac{1}{2}$,

$a_7=\dfrac{1}{a_5 a_6}=\dfrac{1}{2\times\frac{1}{2}}=1$, …

따라서 수열 $\{a_n\}$은 1, 2, $\dfrac{1}{2}$이 이 순서대로 반복된다.

이때 $50=3\times 16+2$이므로

$\displaystyle\sum_{k=1}^{50}a_k=16(a_1+a_2+a_3)+a_1+a_2$

$=16\left(1+2+\dfrac{1}{2}\right)+1+2=59$

1218 답 4

$a_{n+1}=(7a_n$을 5로 나누었을 때의 나머지)의 n에 1, 2, 3, …을 차례로 대입하면

$a_2=(14$를 5로 나누었을 때의 나머지$)=4$

$a_3=(28$을 5로 나누었을 때의 나머지$)=3$

$a_4=(21$을 5로 나누었을 때의 나머지$)=1$

$a_5=(7$을 5로 나누었을 때의 나머지$)=2$

$a_6=(14$를 5로 나누었을 때의 나머지$)=4$

$a_7=(28$을 5로 나누었을 때의 나머지$)=3$

$\vdots$

따라서 수열 $\{a_n\}$은 2, 4, 3, 1이 이 순서대로 반복된다.

이때 $100=4\times 25$, $101=4\times 25+1$, $102=4\times 25+2$,

$103=4\times 25+3$이므로

$a_{100}+a_{101}+a_{102}-a_{103}=1+2+4-3=4$

1219 답 11

$a_2=p (p$는 상수$)$라 하고, ㈎에서 주어진 식의 n에 1, 2, 3, 4를 차례로 대입하면

$a_3=a_1-4=7-4=3$

$a_4=a_2-4=p-4$

$a_5=a_3-4=3-4=-1$

$a_6=a_4-4=(p-4)-4=p-8$

㈏에서 수열 $\{a_n\}$은 6개의 수가 반복되고, $50=6\times 8+2$이므로

$\displaystyle\sum_{k=1}^{50}a_k=8(a_1+a_2+a_3+a_4+a_5+a_6)+a_1+a_2$

$=8\{7+p+3+(p-4)+(-1)+(p-8)\}+7+p$

$=25p-17$

즉, $25p-17=258$이므로

$25p=275$ ∴ $p=11$

∴ $a_2=p=11$

1220 답 ④

$S_n=3a_n-4$에서 $S_{n+1}=3a_{n+1}-4$

한편 $a_{n+1}=S_{n+1}-S_n (n=1, 2, 3, …)$이므로

$a_{n+1}=3a_{n+1}-4-(3a_n-4)$

$2a_{n+1}=3a_n$ ∴ $a_{n+1}=\dfrac{3}{2}a_n$

따라서 수열 $\{a_n\}$은 첫째항이 2, 공비가 $\dfrac{3}{2}$인 등비수열이므로

$a_{20}=2\times\left(\dfrac{3}{2}\right)^{19}=\dfrac{3^{19}}{2^{18}}$

1221 답 $-\dfrac{1}{24}$

$S_{n+1}=\dfrac{1}{2}S_n+\dfrac{1}{3}$의 n에 1, 2, 3을 차례로 대입하면

$S_2=\dfrac{1}{2}S_1+\dfrac{1}{3}=\dfrac{1}{2}\times 1+\dfrac{1}{3}=\dfrac{5}{6}$

$S_3=\dfrac{1}{2}S_2+\dfrac{1}{3}=\dfrac{1}{2}\times\dfrac{5}{6}+\dfrac{1}{3}=\dfrac{3}{4}$

$S_4=\dfrac{1}{2}S_3+\dfrac{1}{3}=\dfrac{1}{2}\times\dfrac{3}{4}+\dfrac{1}{3}=\dfrac{17}{24}$

∴ $a_4=S_4-S_3=\dfrac{17}{24}-\dfrac{3}{4}=-\dfrac{1}{24}$

1222 답 -62

$S_n=2a_n+2n$에서 $S_{n+1}=2a_{n+1}+2(n+1)$

한편 $a_{n+1}=S_{n+1}-S_n (n=1, 2, 3, …)$이므로

$a_{n+1}=2a_{n+1}+2(n+1)-(2a_n+2n)$

∴ $a_{n+1}=2a_n-2$

위의 식의 n에 1, 2, 3, 4를 차례로 대입하면

$a_2=2a_1-2=2\times(-2)-2=-6$

$a_3=2a_2-2=2\times(-6)-2=-14$

$a_4=2a_3-2=2\times(-14)-2=-30$

∴ $a_5=2a_4-2=2\times(-30)-2=-62$

1223 답 10

$a_1+a_2+a_3+\cdots+a_n=S_n$이므로

$S_1=a_1=5$, $a_{n+1}=S_n (n=1, 2, 3, …)$

한편 $a_{n+1}=S_{n+1}-S_n (n=1, 2, 3, …)$이므로

$S_{n+1}-S_n=S_n$ ∴ $S_{n+1}=2S_n$

즉, 수열 $\{S_n\}$은 첫째항이 5, 공비가 2인 등비수열이므로

$S_n=5\times 2^{n-1}$

$$\therefore a_n = S_n - S_{n-1}$$
$$= 5 \times 2^{n-1} - 5 \times 2^{n-2}$$
$$= 5 \times 2^{n-2} \ (n \geq 2)$$

$5 \times 2^{k-2} > 1000$에서 $2^{k-2} > 200$

이때 $2^7 = 128$, $2^8 = 256$이므로

$k - 2 \geq 8$ ∴ $k \geq 10$

따라서 구하는 자연수 k의 최솟값은 10이다.

1224 답 136

$a_1 = 2 \times (12 - 4) = 16$

이 용기에 n시간 후 살아 있는 세균의 수가 a_n이면 1시간 동안 4마리는 죽고 나머지는 각각 2마리로 분열하므로 $(n+1)$시간 후 살아 있는 세균의 수 a_{n+1}은

$a_{n+1} = 2(a_n - 4) \ (n = 1, 2, 3, \ldots)$

위의 식의 n에 1, 2, 3, 4를 차례로 대입하면

$a_2 = 2(a_1 - 4) = 2 \times (16 - 4) = 24$

$a_3 = 2(a_2 - 4) = 2 \times (24 - 4) = 40$

$a_4 = 2(a_3 - 4) = 2 \times (40 - 4) = 72$

$\therefore a_5 = 2(a_4 - 4) = 2 \times (72 - 4) = 136$

1225 답 $a_{n+1} = \dfrac{1}{2}a_n + 8 \ (n = 1, 2, 3, \ldots)$

물 a_n L의 절반을 버리고 다시 8 L의 물을 채워 넣었을 때 수조에 들어 있는 물의 양이 a_{n+1} L이므로

$a_{n+1} = \dfrac{1}{2}a_n + 8 \ (n = 1, 2, 3, \ldots)$

1226 답 7048

$a_1 = 10000 \times (1 - 0.2) + 1000 = 9000$

$a_{n+1} = a_n \times (1 - 0.2) + 1000$이므로 이 식의 n에 1, 2, 3을 차례로 대입하면

$a_2 = a_1 \times (1 - 0.2) + 1000 = 9000 \times 0.8 + 1000 = 8200$

$a_3 = a_2 \times (1 - 0.2) + 1000 = 8200 \times 0.8 + 1000 = 7560$

$\therefore a_4 = a_3 \times (1 - 0.2) + 1000 = 7560 \times 0.8 + 1000 = 7048$

1227 답 $\dfrac{11}{6}$

6 %의 소금물 50 g에 들어 있는 소금의 양은

$50 \times \dfrac{6}{100} = 3 \text{(g)}$

a_n %의 소금물 250 g에 들어 있는 소금의 양은

$250 \times \dfrac{a_n}{100} = \dfrac{5}{2}a_n \text{(g)}$ ⋯⋯ ❶

$\therefore a_{n+1} = \dfrac{\dfrac{5}{2}a_n + 3}{300} \times 100 = \dfrac{5}{6}a_n + 1$ ⋯⋯ ❷

따라서 $p = \dfrac{5}{6}$, $q = 1$이므로 $p + q = \dfrac{11}{6}$ ⋯⋯ ❸

채점 기준

❶ 6 %의 소금물 50 g에 들어 있는 소금의 양과 a_n %의 소금물 250 g에 들어 있는 소금의 양 구하기		40 %
❷ a_n, a_{n+1} 사이의 관계식 구하기		50 %
❸ $p + q$의 값 구하기		10 %

1228 답 $a_{n+1} = a_n + 4n \ (n = 1, 2, 3, \ldots)$

$a_1 = 1$

$a_2 = a_1 + 4 \times 1$

$a_3 = a_2 + 4 \times 2$

$a_4 = a_3 + 4 \times 3$

⋮

$\therefore a_{n+1} = a_n + 4n \ (n = 1, 2, 3, \ldots)$

1229 답 30

n개의 원이 그려진 평면에 1개의 원을 추가하면 이 원은 기존의 n개의 원과 각각 2개의 점에서 만나므로 $2n$개의 새로운 교점이 생긴다.

즉, $(n+1)$개의 원의 교점은 n개의 원의 교점보다 $2n$개가 많으므로

$a_{n+1} = a_n + 2n$

위의 식의 n에 1, 2, 3, $\ldots$을 차례로 대입하면

$a_2 = a_1 + 2 \times 1$

$a_3 = a_2 + 2 \times 2 = a_1 + 2 \times 1 + 2 \times 2$

$a_4 = a_3 + 2 \times 3 = a_1 + 2 \times 1 + 2 \times 2 + 2 \times 3$

⋮

$\therefore a_n = a_{n-1} + 2(n-1)$

$= a_1 + 2 \times 1 + 2 \times 2 + 2 \times 3 + \cdots + 2(n-1)$

$= a_1 + 2\{1 + 2 + 3 + \cdots + (n-1)\}$

$= 0 + 2 \displaystyle\sum_{k=1}^{n-1} k = 2 \times \dfrac{(n-1)n}{2} = n^2 - n$

$\therefore a_6 = 6^2 - 6 = 30$

1230 답 250

$a_1 = 2$, $a_2 = 4$이므로 a_3은 점 A가 꼭짓점 P_4를 출발하여 4만큼 이동하므로 꼭짓점 P_3에 도착한다.

$\therefore a_3 = 3$

또 a_4는 점 A가 꼭짓점 P_3을 출발하여 3만큼 이동하므로 꼭짓점 P_1에 도착한다.

$\therefore a_4 = 1$

또 a_5는 점 A가 꼭짓점 P_1을 출발하여 1만큼 이동하므로 꼭짓점 P_2에 도착한다.

$\therefore a_5 = 2$

또 a_6은 점 A가 꼭짓점 P_2를 출발하여 2만큼 이동하므로 꼭짓점 P_4에 도착한다.

$\therefore a_6 = 4$

⋮

따라서 수열 $\{a_n\}$은 2, 4, 3, 1이 이 순서대로 반복된다.

이때 $100 = 4 \times 25$이므로

$\displaystyle\sum_{k=1}^{100} a_k = 25(a_1 + a_2 + a_3 + a_4) = 25 \times (2 + 4 + 3 + 1) = 250$

1231 답 ⑤

$p(1)$이 참이면 $p(3)$, $p(5)$가 참이다.

$p(3)$이 참이면 $p(3 \times 3) = p(9)$, $p(5 \times 3) = p(15)$가 참이다.

$p(5)$가 참이면 $p(5 \times 5) = p(25)$가 참이다.

⋮

즉, $p(1)$이 참이면 음이 아닌 정수 a, b에 대하여 $p(3^a \times 5^b)$가 참이다.

① $p(30)=p(2\times3\times5)$

② $p(60)=p(2^2\times3\times5)$

③ $p(105)=p(3\times5\times7)$

④ $p(120)=p(2^3\times3\times5)$

⑤ $p(225)=p(3^2\times5^2)$

따라서 반드시 참인 것은 ⑤ $p(225)$이다.

1232 답 ㄱ, ㄴ, ㄷ

ㄱ. $p(1)$이 참이면 $p(3)$, $p(5)$, $p(7)$이 참이다.

ㄴ. $p(2)$가 참이면 $p(4)$, $p(6)$, $p(8)$, ..., $p(20)$이 참이다.

ㄷ. $p(1)$이 참이면 $p(3)$, $p(5)$, $p(7)$, ..., $p(2n+1)$이 참이고,
$p(2)$가 참이면 $p(4)$, $p(6)$, $p(8)$, ..., $p(2n)$이 참이므로 모든 자연수 n에 대하여 $p(n)$이 참이다.

따라서 보기에서 옳은 것은 ㄱ, ㄴ, ㄷ이다.

1233 답 ㄱ, ㄴ, ㄷ

ㄱ. $p(1)$이 참이면 $p(3)$, $p(5)$, $p(7)$, ..., $p(2n+1)$이 참이다.
이때 $125=2\times62+1$이므로 $p(125)$는 참이다.

ㄴ. $p(1)$이 참이면
$p(2\times1+3)=p(5)$,
$p(2\times5+3)=p(13)$,
$p(2\times13+3)=p(29)$,
$p(2\times29+3)=p(61)$,
$p(2\times61+3)=p(125)$, ...
가 참이다.

ㄷ. 명제 '$p(n+4)$가 거짓이면 $p(n)$이 거짓이다.'의 대우는
'$p(n)$이 참이면 $p(n+4)$가 참이다.'
따라서 $p(1)$이 참이면 $p(5)$, $p(9)$, $p(13)$, ..., $p(4n+1)$이 참이다.
이때 $125=4\times31+1$이므로 $p(125)$는 참이다.

따라서 보기에서 조건 ㈏가 될 수 있는 것은 ㄱ, ㄴ, ㄷ이다.

1234 답 ③

(i) $n=1$일 때,

(좌변)$=1\times2=2$, (우변)$=\dfrac{1}{3}\times1\times2\times3=2$

이므로 주어진 등식이 성립한다.

(ii) $n=k$일 때,

주어진 등식이 성립한다고 가정하면

$1\times2+2\times3+3\times4+\cdots+k(k+1)$

$=\dfrac{1}{3}k(k+1)(k+2)$

이 등식의 양변에 ㉮ $(k+1)(k+2)$ 를 더하면

$1\times2+2\times3+3\times4+\cdots+k(k+1)+$ ㉮ $(k+1)(k+2)$

$=\dfrac{1}{3}k(k+1)(k+2)+$ ㉮ $(k+1)(k+2)$

$=(k+1)(k+2)\left(\dfrac{1}{3}k+1\right)$

$=\dfrac{1}{3}(k+1)(k+2)($ ㉯ $k+3)$

따라서 $n=k+1$일 때도 주어진 등식이 성립한다.

(i), (ii)에서 모든 자연수 n에 대하여 주어진 등식이 성립한다.

1235 답 ㈎ $\dfrac{1}{(k+1)(k+2)}$ ㈏ $\dfrac{k+1}{k+2}$ ㈐ $k+1$

(i) $n=1$일 때,

(좌변)$=\dfrac{1}{1\times2}=\dfrac{1}{2}$, (우변)$=\dfrac{1}{1+1}=\dfrac{1}{2}$

이므로 주어진 등식이 성립한다.

(ii) $n=k$일 때,

주어진 등식이 성립한다고 가정하면

$\dfrac{1}{1\times2}+\dfrac{1}{2\times3}+\dfrac{1}{3\times4}+\cdots+\dfrac{1}{k(k+1)}=\dfrac{k}{k+1}$

이 등식의 양변에 ㉮ $\dfrac{1}{(k+1)(k+2)}$ 을 더하면

$\dfrac{1}{1\times2}+\dfrac{1}{2\times3}+\dfrac{1}{3\times4}+\cdots+\dfrac{1}{k(k+1)}+$ ㉮ $\dfrac{1}{(k+1)(k+2)}$

$=\dfrac{k}{k+1}+$ ㉮ $\dfrac{1}{(k+1)(k+2)}$

$=\dfrac{k(k+2)+1}{(k+1)(k+2)}=\dfrac{(k+1)^2}{(k+1)(k+2)}$

$=$ ㉯ $\dfrac{k+1}{k+2}$

따라서 $n=$ ㉰ $k+1$ 일 때도 주어진 등식이 성립한다.

(i), (ii)에서 모든 자연수 n에 대하여 주어진 등식이 성립한다.

1236 답 ③

(i) $n=1$일 때,

(좌변)$=1$, (우변)$=1$

이므로 주어진 등식이 성립한다.

(ii) $n=m$일 때,

주어진 등식이 성립한다고 가정하면

$\displaystyle\sum_{k=1}^{m}(-1)^{k-1}(m+1-k)^2$

$=(-1)^0\times m^2+(-1)^1\times(m-1)^2+\cdots+(-1)^{m-1}\times1^2$

$=\displaystyle\sum_{k=1}^{m}k$

$n=m+1$일 때,

$\displaystyle\sum_{k=1}^{m+1}(-1)^{k-1}(m+2-k)^2$

$=(-1)^0\times(m+1)^2+(-1)^1\times m^2+(-1)^2\times(m-1)^2$
$\qquad\qquad\qquad\qquad\qquad\qquad +\cdots+(-1)^m\times1^2$

$=(m+1)^2+(-1)\times\displaystyle\sum_{k=1}^{m}(-1)^{k-1}(m+1-k)^2$

$=(m+1)^2-\displaystyle\sum_{k=1}^{m}k$

$=(m+1)^2-$ ㉮ $\dfrac{m(m+1)}{2}$

$=\dfrac{(m+1)(m+2)}{2}$

$=\displaystyle\sum_{k=1}^{m+1}k$

따라서 $n=m+1$일 때도 주어진 등식이 성립한다.

(i), (ii)에서 모든 자연수 n에 대하여 주어진 등식이 성립한다.

따라서 $f(m)=\dfrac{m(m+1)}{2}$이므로

$f(8)=\dfrac{8\times9}{2}=36$

1237 답 풀이 참조

(i) $n=1$일 때,

$1\times(1^2+5)=6$이므로 6의 배수이다.

(ii) $n=k$일 때,

$k(k^2+5)=6m\,(m$은 자연수)이라 가정하면 $n=k+1$일 때,

$$(k+1)\{(k+1)^2+5\}=k^3+3k^2+8k+6$$
$$=k(k^2+5)+3k(k+1)+6$$
$$=6m+6+3k(k+1)$$
$$=6(m+1)+3k(k+1)$$

이때 k 또는 $k+1$이 2의 배수이므로 $3k(k+1)$은 6의 배수이다.

따라서 $n=k+1$일 때도 $n(n^2+5)$가 6의 배수이다.

(i), (ii)에서 모든 자연수 n에 대하여 $n(n^2+5)$는 6의 배수이다.

1238 답 (가) 5^{k-1} (나) $2m$

(i) $n=1$일 때,

$7^1+5^{1-1}=8=2\times4$이므로 2로 나누어떨어진다.

(ii) $n=k$일 때,

$7^k+5^{k-1}=2m\,(m$은 자연수)이라 가정하면

$n=k+1$일 때,

$$7^{k+1}+5^k=7\times7^k+5\times\boxed{\text{(가)}\ 5^{k-1}}$$
$$=7(7^k+5^{k-1})-2\times\boxed{\text{(가)}\ 5^{k-1}}$$
$$=7\times\boxed{\text{(나)}\ 2m}-2\times\boxed{\text{(가)}\ 5^{k-1}}$$
$$=2(7m-5^{k-1})$$

따라서 $n=k+1$일 때도 7^n+5^{n-1}은 2로 나누어떨어진다.

(i), (ii)에서 모든 자연수 n에 대하여 7^n+5^{n-1}은 2로 나누어떨어진다.

1239 답 풀이 참조

(i) $n=3$일 때,

(좌변)$=2^4=16$, (우변)$=3\times2=6$

이므로 주어진 부등식이 성립한다.

(ii) $n=k\,(k\geq3)$일 때,

주어진 부등식이 성립한다고 가정하면

$$2^{k+1}>k(k-1)$$

이 부등식의 양변에 2를 곱하면

$$2^{k+2}>2k(k-1)=k^2+k(k-2)$$

이때 $k^2+k(k-2)\geq k^2+k=k(k+1)$이므로

$$2^{k+2}>k(k+1)$$

따라서 $n=k+1$일 때도 주어진 부등식이 성립한다.

(i), (ii)에서 $n\geq3$인 모든 자연수 n에 대하여 주어진 부등식이 성립한다.

1240 답 (가) $\dfrac{2k+1}{k+1}$ (나) k

(i) $n=2$일 때,

(좌변)$=1+\dfrac{1}{2}=\dfrac{3}{2}$, (우변)$=\dfrac{2\times2}{2+1}=\dfrac{4}{3}$

이므로 주어진 부등식이 성립한다.

(ii) $n=k\,(k\geq2)$일 때,

주어진 부등식이 성립한다고 가정하면

$$1+\frac{1}{2}+\frac{1}{3}+\cdots+\frac{1}{k}>\frac{2k}{k+1}$$

이 부등식의 양변에 $\dfrac{1}{k+1}$을 더하면

$$1+\frac{1}{2}+\frac{1}{3}+\cdots+\frac{1}{k}+\frac{1}{k+1}>\frac{2k}{k+1}+\frac{1}{k+1}$$
$$=\boxed{\text{(가)}\ \frac{2k+1}{k+1}}$$

이때 $\boxed{\text{(가)}\ \dfrac{2k+1}{k+1}}-\dfrac{2(k+1)}{k+2}=\dfrac{\boxed{\text{(나)}\ k}}{(k+1)(k+2)}>0$이므로

$$1+\frac{1}{2}+\frac{1}{3}+\cdots+\frac{1}{k}+\frac{1}{k+1}>\frac{2(k+1)}{k+2}$$

따라서 $n=k+1$일 때도 주어진 부등식이 성립한다.

(i), (ii)에서 $n\geq2$인 모든 자연수 n에 대하여 주어진 부등식이 성립한다.

1241 답 ⑤

(i) $n=2$일 때,

(좌변)$=(1+h)^2=1+2h+h^2$,

(우변)$=\boxed{\text{(가)}\ 1+2h}$

이때 $h^2>0$이므로 주어진 부등식이 성립한다.

(ii) $n=k\,(k\geq2)$일 때,

주어진 부등식이 성립한다고 가정하면

$$(1+h)^k>1+kh$$

이 부등식의 양변에 $1+h$를 곱하면

$$(1+h)^{k+1}>(1+kh)(1+h)$$
$$=1+(k+1)h+kh^2$$
$$>1+(\boxed{\text{(나)}\ k+1})h$$

따라서 $n=k+1$일 때도 주어진 부등식이 성립한다.

(i), (ii)에서 $n\geq2$인 모든 자연수 n에 대하여 주어진 부등식이 성립한다.

따라서 $f(h)=1+2h$, $g(k)=k+1$이므로

$$f(2)+g(-3)=1+2\times2+\{(-3)+1\}=3$$

AB 유형 점검

192~194쪽

1242 답 44

$\log_2 a_{n+1}+1=\log_2 a_{n+1}+\log_2 2=\log_2 2a_{n+1}$이므로

$\log_2 2a_{n+1}=\log_2(a_n+a_{n+2})$

$\therefore 2a_{n+1}=a_n+a_{n+2}$

수열 $\{a_n\}$은 등차수열이므로 첫째항을 a, 공차를 d라 하면

$a_3=8$, $a_7=20$이므로

$a+2d=8$, $a+6d=20$

두 식을 연립하여 풀면 $a=2$, $d=3$

$\therefore a_{15}=2+14\times3=44$

1243 답 제8항

$a_{n+1}=2a_n$에서 수열 $\{a_n\}$은 공비가 2인 등비수열이고, 첫째항이 8이므로

$a_n=8\times2^{n-1}=2^{n+2}$

수열 $\{a_n\}$이 제n항에서 처음으로 1000보다 커진다고 하면

$2^{n+2}>1000$

이때 $2^9=512$, $2^{10}=1024$이므로

$n+2\geq10$　　$\therefore n\geq8$

따라서 처음으로 1000보다 커지는 항은 제8항이다.

1244 답 ④

$a_{n+1}-a_n=2n$에서 $a_{n+1}=a_n+2n$

$a_{n+1}=a_n+2n$의 n에 1, 2, 3, ...을 차례로 대입하면

$a_2=a_1+2\times1$

$a_3=a_2+2\times2=a_1+2\times1+2\times2$

$a_4=a_3+2\times3=a_1+2\times1+2\times2+2\times3$

$\vdots$

$\therefore a_n=a_{n-1}+2(n-1)$

$\quad=a_1+2\times1+2\times2+2\times3+\cdots+2(n-1)$

$\quad=a_1+2\{1+2+3+\cdots+(n-1)\}$

$\quad=10+2\sum\limits_{k=1}^{n-1}k=10+2\times\dfrac{(n-1)n}{2}$

$\quad=n^2-n+10$

$a_m=82$에서 $m^2-m+10=82$, $m^2-m-72=0$

$(m+8)(m-9)=0$　　$\therefore m=9\ (\because m>0)$

1245 답 210

$a_{n+1}=\left(1+\dfrac{1}{n}\right)a_n=\dfrac{n+1}{n}a_n$의 n에 1, 2, 3, ...을 차례로 대입하면

$a_2=\dfrac{2}{1}a_1$

$a_3=\dfrac{3}{2}a_1=\dfrac{3}{2}\times\dfrac{2}{1}a_1$

$a_4=\dfrac{4}{3}a_3=\dfrac{4}{3}\times\dfrac{3}{2}\times\dfrac{2}{1}a_1$

$\vdots$

$\therefore a_n=\dfrac{n}{n-1}a_{n-1}=\dfrac{n}{n-1}\times\cdots\times\dfrac{4}{3}\times\dfrac{3}{2}\times\dfrac{2}{1}a_1=n$

$\therefore \sum\limits_{k=1}^{10}(a_{2k-1}+a_{2k})=\sum\limits_{k=1}^{20}a_k=\sum\limits_{k=1}^{20}k=\dfrac{20\times21}{2}=210$

1246 답 ④

$a_{n+2}=a_n+3$의 n에 1, 2, 3, ..., 7을 차례로 대입하면

$a_3=a_1+3=1+3=4$, $a_4=a_2+3=2+3=5$,

$a_5=a_3+3=4+3=7$, $a_6=a_4+3=5+3=8$,

$a_7=a_5+3=7+3=10$, $a_8=a_6+3=8+3=11$,

$a_9=a_7+3=10+3=13$

$\therefore a_8+a_9=11+13=24$

1247 답 33

$a_{n+2}=a_{n+1}-a_n$의 n에 1, 2, 3, ...을 차례로 대입하면

$a_3=a_2-a_1=3-9=-6$

$a_4=a_3-a_2=-6-3=-9$

$a_5=a_4-a_3=-9-(-6)=-3$

$a_6=a_5-a_4=-3-(-9)=6$

$a_7=a_6-a_5=6-(-3)=9$

$a_8=a_7-a_6=9-6=3$

$\vdots$

따라서 수열 $\{a_n\}$은 9, 3, -6, -9, -3, 6이 이 순서대로 반복된다.

이때 $|a_k|=3$을 만족시키는 항은 항의 값이 -3 또는 3일 때이므로 첫째항부터 제6항까지 a_2, a_5의 2개이다.

즉, $100=6\times16+4$이므로 구하는 자연수 k의 개수는

$16\times2+1=33$

1248 답 16

$3S_n=a_{n+1}+7$에서 $3S_{n-1}=a_n+7$

한편 $a_n=S_n-S_{n-1}\ (n=2, 3, 4, ...)$이므로

$3a_n=3S_n-3S_{n-1}=(a_{n+1}+7)-(a_n+7)=a_{n+1}-a_n$

$\therefore a_{n+1}=4a_n$

따라서 수열 $\{a_n\}$은 공비가 4인 등비수열이므로 첫째항을 a라 하면

$a_n=a\times4^{n-1}$

즉, $a_{20}=ka_{18}$에서 $a\times4^{19}=k\times(a\times4^{17})$

$\therefore k=4^2=16$

1249 답 ①

점 P_1의 y좌표는 점 A의 y좌표와 같으므로 2^{64}

점 P_1의 x좌표는 $2^{64}=16^x$에서 $16^{16}=16^x$　　$\therefore x=16$

$\therefore P_1(16, 2^{64})$

점 Q_1의 x좌표는 점 P_1의 x좌표와 같으므로 $x_1=16$

점 Q_n의 x좌표는 x_n이므로 y좌표는 2^{x_n}이다.　　$\therefore Q_n(x_n, 2^{x_n})$

점 P_{n+1}의 x좌표는 점 Q_n의 x좌표와 같고, 점 P_{n+1}의 y좌표는 점 Q_n의 y좌표와 같으므로

$16^{x_{n+1}}=2^{x_n}$

$2^{4x_{n+1}}=2^{x_n}$, $4x_{n+1}=x_n$　　$\therefore x_{n+1}=\dfrac{1}{4}x_n$

따라서 수열 $\{x_n\}$은 첫째항이 16, 공비가 $\dfrac{1}{4}$인 등비수열이므로

$x_n=16\times\left(\dfrac{1}{4}\right)^{n-1}=\left(\dfrac{1}{4}\right)^{n-3}$

$x_n<\dfrac{1}{k}$을 만족시키는 n의 최솟값이 6이 되려면 $x_6<\dfrac{1}{k}\leq x_5$이므로

$\left(\dfrac{1}{4}\right)^3<\dfrac{1}{k}\leq\left(\dfrac{1}{4}\right)^2$

$\dfrac{1}{64}<\dfrac{1}{k}\leq\dfrac{1}{16}$　　$\therefore 16\leq k<64$

따라서 자연수 k는 16, 17, 18, ..., 63의 48개이다.

1250 답 ④

ㄱ. $p(1)$이 참이면 $p(4)$, $p(7)$, $p(10)$, ..., $p(3k+1)$이 참이다.

ㄴ. $p(2)$가 참이면 $p(5)$, $p(8)$, $p(11)$, ..., $p(3k+2)$가 참이다.

ㄷ. $p(1)$, $p(2)$, $p(3)$이 참이면 $p(4)$, $p(5)$, $p(6)$, ..., $p(k)$가 참이다.

따라서 보기에서 옳은 것은 ㄱ, ㄷ이다.

1251 답 27

(i) $n=1$일 때,

(좌변)$=1^2=1$, (우변)$=\dfrac{1}{6}\times 1\times 2\times 3=1$

이므로 주어진 등식이 성립한다.

(ii) $n=k$일 때,

주어진 등식이 성립한다고 가정하면

$1^2+2^2+3^2+\cdots+k^2=\dfrac{1}{6}k(k+1)(2k+1)$

이 등식의 양변에 $\boxed{\text{(가)}\ (k+1)^2}$을 더하면

$1^2+2^2+3^2+\cdots+k^2+\boxed{\text{(가)}\ (k+1)^2}$

$=\dfrac{1}{6}k(k+1)(2k+1)+\boxed{\text{(가)}\ (k+1)^2}$

$=\dfrac{1}{6}(k+1)(2k^2+k+\boxed{\text{(나)}\ 6k+6})$

$=\dfrac{1}{6}(k+1)(k+2)(2k+3)$

따라서 $n=k+1$일 때도 주어진 등식이 성립한다.

(i), (ii)에서 모든 자연수 n에 대하여 주어진 등식이 성립한다.

따라서 $f(k)=(k+1)^2$, $g(k)=6k+6$이므로

$f(2)+g(2)=(2+1)^2+(6\times 2+6)=27$

1252 답 (가) 3 (나) 5 (다) 3m

(i) $n=1$일 때,

$a_5=a_3+a_4=(a_1+a_2)+(a_2+a_3)=a_1+2a_2+a_3$

$\quad =a_1+2a_2+(a_1+a_2)=2a_1+3a_2=5$

이므로 주어진 명제는 참이다.

(ii) $n=k$일 때,

$a_{5k}=5m$ (m은 자연수)이라 가정하면

$n=k+1$일 때,

$a_{5(k+1)}=a_{5k+3}+a_{5k+4}$

$\quad =(a_{5k+1}+a_{5k+2})+(a_{5k+2}+a_{5k+3})$

$\quad =a_{5k+1}+2a_{5k+2}+a_{5k+3}$

$\quad =a_{5k+1}+2a_{5k+2}+(a_{5k+1}+a_{5k+2})$

$\quad =2a_{5k+1}+3a_{5k+2}$

$\quad =2a_{5k+1}+3(a_{5k}+a_{5k+1})$

$\quad =\boxed{\text{(가)}\ 3}\,a_{5k}+\boxed{\text{(나)}\ 5}\,a_{5k+1}$

$\quad =15m+5a_{5k+1}$

$\quad =5(\boxed{\text{(다)}\ 3m}+a_{5k+1})$

따라서 $n=k+1$일 때도 주어진 명제가 참이다.

(i), (ii)에서 모든 자연수 n에 대하여 주어진 명제는 참이다.

1253 답 ②

(i) $n=2$일 때,

(좌변)$=\dfrac{1}{\sqrt{1}}+\dfrac{1}{\sqrt{2}}=\dfrac{2+\sqrt{2}}{2}$, (우변)$=\boxed{\text{(가)}\ \sqrt{2}}$

이므로 주어진 부등식이 성립한다.

(ii) $n=k\,(k\geq 2)$일 때,

주어진 부등식이 성립한다고 가정하면

$\dfrac{1}{\sqrt{1}}+\dfrac{1}{\sqrt{2}}+\dfrac{1}{\sqrt{3}}+\cdots+\dfrac{1}{\sqrt{k}}>\sqrt{k}$

이 부등식의 양변에 $\dfrac{1}{\sqrt{k+1}}$을 더하면

$\dfrac{1}{\sqrt{1}}+\dfrac{1}{\sqrt{2}}+\dfrac{1}{\sqrt{3}}+\cdots+\dfrac{1}{\sqrt{k}}+\dfrac{1}{\sqrt{k+1}}>\sqrt{k}+\dfrac{1}{\sqrt{k+1}}$

이때

$\sqrt{k}+\dfrac{1}{\sqrt{k+1}}-\boxed{\text{(나)}\ k+1}{\sqrt{k+1}}=\dfrac{\sqrt{k}\sqrt{k+1}+1-(k+1)}{\sqrt{k+1}}$

$=\dfrac{\sqrt{k^2+k}-k}{\sqrt{k+1}}>0$

이므로

$\dfrac{1}{\sqrt{1}}+\dfrac{1}{\sqrt{2}}+\dfrac{1}{\sqrt{3}}+\cdots+\dfrac{1}{\sqrt{k}}+\dfrac{1}{\sqrt{k+1}}>\sqrt{k+1}$

따라서 $n=k+1$일 때도 주어진 부등식은 성립한다.

(i), (ii)에서 2 이상의 모든 자연수 n에 대하여 주어진 부등식이 성립한다.

1254 답 60

$(n+1)a_{n+1}=(n+2)a_n$에서 $a_{n+1}=\dfrac{n+2}{n+1}a_n$ $\quad$······ ❶

위의 식의 n에 1, 2, 3, …, 18을 차례로 대입하면

$a_2=\dfrac{3}{2}a_1$

$a_3=\dfrac{4}{3}a_2=\dfrac{4}{3}\times\dfrac{3}{2}a_1$

$a_4=\dfrac{5}{4}a_3=\dfrac{5}{4}\times\dfrac{4}{3}\times\dfrac{3}{2}a_1$

$\quad\vdots$

$\therefore a_{19}=\dfrac{20}{19}a_{18}=\dfrac{20}{19}\times\cdots\times\dfrac{5}{4}\times\dfrac{4}{3}\times\dfrac{3}{2}a_1$

$\quad =10\times 6=60$ $\quad$······ ❷

채점 기준

❶ 주어진 a_n, a_{n+1} 사이의 관계식 변형하기	30 %
❷ a_{19} 구하기	70 %

1255 답 6

$a_na_{n+2}=a_{n-1}a_{n+1}$에서 $a_{n+2}=\dfrac{a_{n-1}a_{n+1}}{a_n}$ $\quad$······ ❶

위의 식의 n에 2, 3, 4, …를 차례로 대입하면

$a_4=\dfrac{a_1a_3}{a_2}=\dfrac{1\times 4}{2}=2$, $a_5=\dfrac{a_2a_4}{a_3}=\dfrac{2\times 2}{4}=1$,

$a_6=\dfrac{a_3a_5}{a_4}=\dfrac{4\times 1}{2}=2$, $a_7=\dfrac{a_4a_6}{a_5}=\dfrac{2\times 2}{1}=4$,

$a_8=\dfrac{a_5a_7}{a_6}=\dfrac{1\times 4}{2}=2$, …

따라서 수열 $\{a_n\}$은 1, 2, 4, 2가 이 순서대로 반복된다. $\quad$······ ❷

이때 $50=4\times 12+2$, $52=4\times 13$, $54=4\times 13+2$이므로

$a_{50}+a_{52}+a_{54}=2+2+2=6$ $\quad$······ ❸

채점 기준

❶ 주어진 a_n, a_{n+1} 사이의 관계식 변형하기	20 %
❷ 수열 $\{a_n\}$ 구하기	60 %
❸ $a_{50}+a_{52}+a_{54}$의 값 구하기	20 %

1256 답 81 km

여행 n일째 이동한 거리를 a_n km라 하면 $(n+1)$일째 이동한 거리 a_{n+1} km는 a_n km의 절반에 5 km를 더 이동한 것이므로

$$a_{n+1}=\frac{1}{2}a_n+5 \qquad \cdots\cdots ❶$$

위의 식의 n에 1, 2, 3, 4를 차례로 대입하면

$$a_2=\frac{1}{2}a_1+5=\frac{1}{2}\times 26+5=18$$

$$a_3=\frac{1}{2}a_2+5=\frac{1}{2}\times 18+5=14$$

$$a_4=\frac{1}{2}a_3+5=\frac{1}{2}\times 14+5=12$$

$$a_5=\frac{1}{2}a_4+5=\frac{1}{2}\times 12+5=11 \qquad \cdots\cdots ❷$$

따라서 여행 첫날부터 5일째까지 이동한 거리는

$$a_1+a_2+a_3+a_4+a_5=26+18+14+12+11$$
$$=81(\text{km}) \qquad \cdots\cdots ❸$$

채점 기준

❶ a_n, a_{n+1} 사이의 관계식 구하기	50 %
❷ a_2, a_3, a_4, a_5 구하기	30 %
❸ 여행 첫날부터 5일째까지 이동한 거리 구하기	20 %

C 실력 향상

1257 답 ①

㈎에서 $a_n=n\,(n=1,\ 2,\ 3,\ 4)$이므로
$a_1=1$, $a_2=2$, $a_3=3$, $a_4=4$
㈏에서 주어진 식의 k에 1, 2, 3, …을 차례로 대입하면
$a_5=2a_1=2\times 1$, $a_6=2a_2=2\times 2$, $a_7=2a_3=2\times 3$, $a_8=2a_4=2\times 4$,
$a_9=2a_5=2^2\times 1$, $a_{10}=2a_6=2^2\times 2$, $a_{11}=2a_7=2^2\times 3$,
$a_{12}=2a_8=2^2\times 4$, …
$\therefore a_{4k+i}=2^k\times i\,(i=1,\ 2,\ 3,\ 4)$

$$\therefore \sum_{k=1}^{28}a_k=a_1+a_2+a_3+a_4+a_5+a_6+a_7+a_8$$
$$+\cdots+a_{25}+a_{26}+a_{27}+a_{28}$$
$$=(1+2+3+4)+(2\times 1+2\times 2+2\times 3+2\times 4)$$
$$+\cdots+(2^6\times 1+2^6\times 2+2^6\times 3+2^6\times 4)$$
$$=(1+2+3+4)+2(1+2+3+4)$$
$$+\cdots+2^6(1+2+3+4)$$
$$=(1+2+3+4)\times(1+2+2^2+\cdots+2^6)$$
$$=10\times\frac{1\times(2^7-1)}{2-1}=1270$$

1258 답 ③

$a_n+b_{n+1}=7n-1$, $a_{n+1}+b_n=7n-4$를 같은 변끼리 더하면
$a_n+a_{n+1}+b_n+b_{n+1}=14n-5$
위의 식의 n에 1, 3, 5, 7, 9를 차례로 대입하면
$a_1+a_2+b_1+b_2=14\times 1-5=9$

$a_3+a_4+b_3+b_4=14\times 3-5=37$
$a_5+a_6+b_5+b_6=14\times 5-5=65$
$a_7+a_8+b_7+b_8=14\times 7-5=93$
$a_9+a_{10}+b_9+b_{10}=14\times 9-5=121$

$$\therefore \sum_{k=1}^{10}a_k+\sum_{k=1}^{10}b_k=(a_1+a_2+a_3+\cdots+a_{10})+(b_1+b_2+b_3+\cdots+b_{10})$$
$$=(a_1+a_2+b_1+b_2)+(a_3+a_4+b_3+b_4)$$
$$+(a_5+a_6+b_5+b_6)+(a_7+a_8+b_7+b_8)$$
$$+(a_9+a_{10}+b_9+b_{10})$$
$$=9+37+65+93+121=325$$

1259 답 ③

자연수 n에 대하여 $S_{n+1}=S_n+a_{n+1}$이므로
$(n+1)S_{n+1}=(n+3)S_n$에서
$(n+1)(S_n+a_{n+1})=nS_n+3S_n$
$(n+1)a_{n+1}=2S_n \qquad \cdots\cdots ㉠$
㉠에 n 대신 $n-1$을 대입하면
$na_n=2S_{n-1}\,(n\geq 2) \qquad \cdots\cdots ㉡$
㉠$-$㉡을 하면
$(n+1)a_{n+1}-na_n=2(S_n-S_{n-1})=2a_n$
$(n+1)a_{n+1}=(\boxed{㉮\ n+2})a_n$
양변을 $(n+1)(n+2)$로 나누면

$$\frac{a_{n+1}}{n+2}=\frac{a_n}{\boxed{㉯\ n+1}}$$

이때 $b_n=\dfrac{a_n}{\boxed{㉯\ n+1}}$이라 하면 $b_{n+1}=b_n\,(n\geq 2)$이므로

$b_n=b_{n-1}=\cdots=b_2$

즉, $b_n=b_2$에서 $\dfrac{a_n}{n+1}=\dfrac{a_2}{3} \qquad \cdots\cdots ㉢$

한편 $(n+1)S_{n+1}=(n+3)S_n$에 $n=1$을 대입하면
$2S_2=4S_1 \qquad \therefore S_2=2S_1=2\times 1=2$
$a_1+a_2=2$이므로 $a_2=2-a_1=2-1=1$
이를 ㉢에 대입하면

$$\frac{a_n}{n+1}=\frac{1}{3} \qquad \therefore a_n=\boxed{㉰\ \frac{n+1}{3}}\,(n\geq 2)$$

따라서 $f(n)=n+2$, $g(n)=n+1$, $h(n)=\dfrac{n+1}{3}$이므로

$$\frac{f(4)g(4)}{h(8)}=\frac{6\times 5}{3}=10$$

1260 답 55

(ⅰ) 흰 공을 처음에 놓는 방법의 수
$(n-1)$개의 공을 나열하는 방법의 수와 같으므로 a_{n-1}
(ⅱ) 검은 공을 처음에 놓는 방법의 수
$(n-2)$개의 공을 나열하는 방법의 수와 같으므로 a_{n-2}
(ⅰ), (ⅱ)에서 $a_n=a_{n-1}+a_{n-2}$
$a_n=a_{n-1}+a_{n-2}$의 n에 3, 4, 5, 6, 7, 8을 차례로 대입하면
$a_3=a_2+a_1=3+2=5$, $a_4=a_3+a_2=5+3=8$,
$a_5=a_4+a_3=8+5=13$, $a_6=a_5+a_4=13+8=21$,
$a_7=a_6+a_5=21+13=34$
$\therefore a_8=a_7+a_6=34+21=55$

10 수학적 귀납법 **145**

기출 BOOK

01 / 지수

2~7쪽

중단원 기출 문제 1회

1 답 ②

① 8의 세제곱근을 x라 하면 $x^3=8$

$x^3-8=0$, $(x-2)(x^2+2x+4)=0$

$\therefore x=2$ 또는 $x=-1\pm\sqrt{3}i$

따라서 8의 세제곱근은 2, $-1\pm\sqrt{3}i$이다.

② $(-4)^2=16$의 네제곱근을 x라 하면 $x^4=16$

$(x+2)(x-2)(x^2+4)=0$

$\therefore x=\pm2$ 또는 $x=\pm2i$

따라서 $(-4)^2$의 네제곱근 중 실수인 것은 ±2이다.

③ $\sqrt{25}=5$의 제곱근 중 실수인 것은 $\pm\sqrt{5}$이다.

④ -81의 네제곱근 중 실수인 것은 없다.

⑤ n이 짝수일 때, -36의 n제곱근 중 실수인 것은 없다.

따라서 옳은 것은 ②이다.

2 답 6

$n=3$일 때, $x^3=3\times3-9=0$이므로 $f(3)=1$

$n=4$일 때, $x^4=3\times4-9=3>0$이고 n은 짝수이므로

$f(4)=2$

$n=6$일 때, $x^6=3\times6-9=9>0$이고 n은 짝수이므로

$f(6)=2$

$n=7$일 때, $x^7=3\times7-9=12>0$이고 n은 홀수이므로

$f(7)=1$

$\therefore f(3)+f(4)+f(6)+f(7)=1+2+2+1=6$

3 답 11

$\sqrt[5]{a^2}\times\sqrt[3]{a^4}=\sqrt[15]{a^6}\times\sqrt[15]{a^{20}}=\sqrt[15]{a^{26}}$

따라서 $m=15$, $n=26$이므로

$n-m=11$

4 답 ⑤

① $\sqrt[3]{9}\times\sqrt[3]{3}=\sqrt[3]{27}=\sqrt[3]{3^3}=3$

② $\dfrac{\sqrt[3]{75}}{\sqrt[3]{5}}=\sqrt[3]{\dfrac{75}{5}}=\sqrt[3]{15}$

③ $\sqrt{\sqrt[3]{6}}=\sqrt[6]{6}$

④ $\sqrt[8]{4^3}=\sqrt[8]{(2^2)^3}=\sqrt[8]{2^6}=\sqrt[4]{2^3}$

⑤ $\left(\sqrt{7}\times\dfrac{1}{\sqrt[3]{7}}\right)^6=(\sqrt{7})^6\times\left(\dfrac{1}{\sqrt[3]{7}}\right)^6$

$\qquad\qquad\qquad=\sqrt{7^6}\times\dfrac{1}{\sqrt[3]{7^6}}$

$\qquad\qquad\qquad=7^3\times\dfrac{1}{7^2}=7$

따라서 옳지 않은 것은 ⑤이다.

5 답 ⑤

$A=\sqrt[3]{3}$, $B=\sqrt[6]{5}$, $C=\sqrt[12]{10}$에서 3, 6, 12의 최소공배수가 12이므로

$A=\sqrt[3]{3}=\sqrt[12]{81}$, $B=\sqrt[6]{5}=\sqrt[12]{25}$

이때 $10<25<81$이므로

$\sqrt[12]{10}<\sqrt[12]{25}<\sqrt[12]{81}$

$\therefore C<B<A$

6 답 ①

$\sqrt{\dfrac{4^{12}+16^9}{4^8+16^7}}=\sqrt{\dfrac{4^{12}+4^{18}}{4^8+4^{14}}}=\sqrt{\dfrac{4^{12}(1+4^6)}{4^8(1+4^6)}}$

$\qquad\qquad\qquad=\sqrt{4^4}=4^2=16$

7 답 10

$\left\{\left(\dfrac{1}{2}\right)^{\frac{3}{4}}\right\}^{\frac{8}{3}}\times125^{-\frac{2}{3}}\times100^{\frac{3}{2}}=\left(\dfrac{1}{2}\right)^{\frac{3}{4}\times\frac{8}{3}}\times(5^3)^{-\frac{2}{3}}\times(10^2)^{\frac{3}{2}}$

$\qquad\qquad\qquad=\left(\dfrac{1}{2}\right)^2\times5^{-2}\times10^3$

$\qquad\qquad\qquad=2^{-2}\times5^{-2}\times10^3$

$\qquad\qquad\qquad=10^{-2}\times10^3$

$\qquad\qquad\qquad=10^{-2+3}=10$

8 답 ④

$\sqrt{\sqrt[3]{xy^2}\div\sqrt{xy}}\times\sqrt[4]{\sqrt{x^3y}}=\sqrt{\sqrt[3]{xy^2}\div\sqrt{xy}}\times\sqrt[4]{\sqrt{x^3y}}$

$\qquad\qquad\qquad=\sqrt[6]{xy^2}\div\sqrt[4]{xy}\times\sqrt[4]{\sqrt{x^3y}}$

$\qquad\qquad\qquad=x^{\frac{1}{6}}y^{\frac{1}{3}}\div x^{\frac{1}{4}}y^{\frac{1}{4}}\times x^{\frac{3}{4}}y^{\frac{1}{4}}$

$\qquad\qquad\qquad=x^{\frac{1}{6}-\frac{1}{4}+\frac{3}{4}}y^{\frac{1}{3}-\frac{1}{4}+\frac{1}{4}}$

$\qquad\qquad\qquad=x^{\frac{2}{3}}y^{\frac{1}{3}}$

9 답 ⑤

$\sqrt[4]{\dfrac{\sqrt[6]{a^2}}{\sqrt{a}}}\times\sqrt{\dfrac{\sqrt[3]{a}}{\sqrt[4]{a^5}}}\div\sqrt{\dfrac{\sqrt[4]{a^5}}{\sqrt{a}}}=\left(\dfrac{a^{\frac{1}{3}}}{a^{\frac{1}{2}}}\right)^{\frac{1}{4}}\times\left(\dfrac{a^{\frac{1}{3}}}{a^{\frac{5}{4}}}\right)^{\frac{1}{2}}\div\left(\dfrac{a^{\frac{5}{4}}}{a^{\frac{1}{2}}}\right)^{\frac{1}{2}}$

$\qquad\qquad\qquad=\dfrac{a^{\frac{1}{12}}}{a^{\frac{1}{8}}}\times\dfrac{a^{\frac{1}{6}}}{a^{\frac{5}{8}}}\times\dfrac{a^{\frac{1}{4}}}{a^{\frac{5}{8}}}=\dfrac{a^{\frac{1}{12}+\frac{1}{6}+\frac{1}{4}}}{a^{\frac{1}{8}+\frac{5}{8}+\frac{5}{8}}}$

$\qquad\qquad\qquad=a^{\frac{1}{2}-\frac{11}{8}}=a^{-\frac{7}{8}}$

$\therefore k=-\dfrac{7}{8}$

다른 풀이

$\sqrt[4]{\dfrac{\sqrt[6]{a^2}}{\sqrt{a}}}\times\sqrt{\dfrac{\sqrt[3]{a}}{\sqrt[4]{a^5}}}\div\sqrt{\dfrac{\sqrt[4]{a^5}}{\sqrt{a}}}=\dfrac{\sqrt[4]{\sqrt[6]{a^2}}}{\sqrt[4]{\sqrt{a}}}\times\dfrac{\sqrt{\sqrt[3]{a}}}{\sqrt{\sqrt[4]{a^5}}}\div\dfrac{\sqrt{\sqrt[4]{a^5}}}{\sqrt{\sqrt{a}}}$

$\qquad\qquad\qquad=\dfrac{\sqrt[12]{a}}{\sqrt[8]{a}}\times\dfrac{\sqrt[6]{a}}{\sqrt[8]{a^5}}\times\dfrac{\sqrt[4]{a}}{\sqrt[8]{a^5}}$

$\qquad\qquad\qquad=\dfrac{a^{\frac{1}{12}}\times a^{\frac{1}{6}}\times a^{\frac{1}{4}}}{a^{\frac{1}{8}}\times a^{\frac{5}{8}}\times a^{\frac{5}{8}}}$

$\qquad\qquad\qquad=a^{\frac{1}{2}-\frac{11}{8}}=a^{-\frac{7}{8}}$

$\therefore k=-\dfrac{7}{8}$

10 답 ④

$a=\sqrt[5]{4}$에서 $a^5=4$

$b=\sqrt[4]{3}$에서 $b^4=3$

$\therefore \sqrt[20]{12}=\sqrt[20]{3\times 4}=\sqrt[20]{3}\times\sqrt[20]{4}$

$\qquad =3^{\frac{1}{20}}\times 4^{\frac{1}{20}}$

$\qquad =(b^4)^{\frac{1}{20}}\times (a^5)^{\frac{1}{20}}$

$\qquad =a^{\frac{1}{4}}b^{\frac{1}{5}}$

11 답 ④

$\left(\dfrac{1}{256}\right)^{\frac{1}{n}}=(2^{-8})^{\frac{1}{n}}=2^{-\frac{8}{n}}$이 자연수가 되려면 $-\dfrac{8}{n}$이 음이 아닌 정수이어야 한다.

따라서 정수 n은 -8, -4, -2, -1의 4개이다.

12 답 90

$a^2=3$, $b^5=7$, $c^6=11$에서

$a=3^{\frac{1}{2}}$, $b=7^{\frac{1}{5}}$, $c=11^{\frac{1}{6}}$

$\therefore \sqrt[3]{(abc)^n}=\sqrt[3]{(3^{\frac{1}{2}}\times 7^{\frac{1}{5}}\times 11^{\frac{1}{6}})^n}$

$\qquad =3^{\frac{n}{6}}\times 7^{\frac{n}{15}}\times 11^{\frac{n}{18}}$

따라서 $\sqrt[3]{(abc)^n}$, 즉 $3^{\frac{n}{6}}\times 7^{\frac{n}{15}}\times 11^{\frac{n}{18}}$이 자연수가 되도록 하는 자연수 n의 값은 6, 15, 18의 공배수이므로 자연수 n의 최솟값은 90이다.

13 답 -16

$\left(\dfrac{a+1}{a}\right)p=\left(\dfrac{a+1}{a}\right)\left(1-\dfrac{1}{a}\right)\left(1+\dfrac{1}{a^2}\right)\left(1+\dfrac{1}{a^4}\right)\left(1+\dfrac{1}{a^8}\right)$

$\qquad =\left(\dfrac{a+1}{a}\right)\left(\dfrac{a-1}{a}\right)\left(\dfrac{a^2+1}{a^2}\right)\left(\dfrac{a^4+1}{a^4}\right)\left(\dfrac{a^8+1}{a^8}\right)$

$\qquad =\left(\dfrac{a^2-1}{a^2}\right)\left(\dfrac{a^2+1}{a^2}\right)\left(\dfrac{a^4+1}{a^4}\right)\left(\dfrac{a^8+1}{a^8}\right)$

$\qquad =\left(\dfrac{a^4-1}{a^4}\right)\left(\dfrac{a^4+1}{a^4}\right)\left(\dfrac{a^8+1}{a^8}\right)$

$\qquad =\left(\dfrac{a^8-1}{a^8}\right)\left(\dfrac{a^8+1}{a^8}\right)=\dfrac{a^{16}-1}{a^{16}}$

$\qquad =1-a^{-16}$

$\therefore k=-16$

14 답 ①

$2^a=X\,(X>0)$, $2^b=Y\,(Y>0)$로 놓으면

$2^a+2^{5-b}=4$에서

$X+\dfrac{32}{Y}=4$

$\therefore XY+32=4Y \qquad \cdots\cdots \text{㉠}$

또 $2^{-a}+2^{b-5}=2$에서

$\dfrac{1}{X}+\dfrac{Y}{32}=2$

$\therefore 32+XY=64X \qquad \cdots\cdots \text{㉡}$

㉠$-$㉡을 하면

$4Y-64X=0 \qquad \therefore Y=16X$

$\therefore 2^{-a+b}=\dfrac{Y}{X}=16$

15 답 ⑤

$x=\sqrt[3]{\sqrt{5}+2}+\sqrt[3]{\sqrt{5}-2}$의 양변을 세제곱하면

$x^3=\sqrt{5}+2+3\times 1\times(\sqrt[3]{\sqrt{5}+2}+\sqrt[3]{\sqrt{5}-2})+\sqrt{5}-2$

$\quad =2\sqrt{5}+3x$

$x^3-3x=2\sqrt{5}$

$\therefore 2x^3-6x=2\times 2\sqrt{5}=4\sqrt{5}$

16 답 ③

$a+a^{-1}=(a^{\frac{1}{2}}+a^{-\frac{1}{2}})^2-2=(\sqrt{5})^2-2=3$

$\therefore a^2+a^{-2}=(a+a^{-1})^2-2=3^2-2=7$

17 답 ⑤

$\dfrac{a^x+a^{-x}}{a^x-a^{-x}}=3$의 좌변의 분모, 분자에 각각 a^x을 곱하면

$\dfrac{a^x(a^x+a^{-x})}{a^x(a^x-a^{-x})}=3$

$\dfrac{a^{2x}+1}{a^{2x}-1}=3$, $a^{2x}+1=3a^{2x}-3$

$2a^{2x}=4$, $a^{2x}=2$

$\therefore a^{8x}=(a^{2x})^4=2^4=16$

18 답 ④

$45^x=27=3^3$에서 $45=3^{\frac{3}{x}}$ $\qquad \cdots\cdots \text{㉠}$

$5^y=3$에서 $5=3^{\frac{1}{y}}$ $\qquad \cdots\cdots \text{㉡}$

㉠$\div$㉡을 하면

$9=3^{\frac{3}{x}}\div 3^{\frac{1}{y}}$, $3^{\frac{3}{x}-\frac{1}{y}}=3^2$

$\therefore \dfrac{3}{x}-\dfrac{1}{y}=2$

19 답 ①

$125^{\frac{1}{a}}=1000$에서 $5^{\frac{3}{a}}=1000$

$\therefore 5=1000^{\frac{a}{3}}$ $\qquad \cdots\cdots \text{㉠}$

$16^{\frac{1}{b}}=1000$에서 $2^{\frac{4}{b}}=1000$

$\therefore 2=1000^{\frac{b}{4}}$ $\qquad \cdots\cdots \text{㉡}$

㉠$\times$㉡을 하면

$10=1000^{\frac{a}{3}+\frac{b}{4}}$, $10=10^{\frac{1}{4}(4a+3b)}$

따라서 $\dfrac{1}{4}(4a+3b)=1$이므로 $4a+3b=4$

20 답 3

원본의 글자 크기를 a라 하면 6번째 복사본의 글자 크기가 원본의 2배이므로

$a\left(\dfrac{r}{100}\right)^6=2a \qquad \therefore \left(\dfrac{r}{100}\right)^6=2$

이때 9번째 복사본의 글자 크기는 $a\left(\dfrac{r}{100}\right)^9$이므로

$\dfrac{a\left(\dfrac{r}{100}\right)^9}{a\left(\dfrac{r}{100}\right)^6}=\left(\dfrac{r}{100}\right)^3=\left\{\left(\dfrac{r}{100}\right)^6\right\}^{\frac{1}{2}}=2^{\frac{1}{2}}$

따라서 $p=2$, $q=1$이므로 $p+q=3$

1 답 ③

$\sqrt{625}=25$이므로

25의 네제곱근을 x라 하면 $x^4=25$

$x^4-25=0$, $(x^2-5)(x^2+5)=0$

$\therefore x=\pm\sqrt{5}$ 또는 $x=\pm\sqrt{5}i$

따라서 $\sqrt{625}$의 네제곱근 중 양의 실수인 것은 $\sqrt{5}$이므로

$a=\sqrt{5}$

-216의 세제곱근을 y라 하면 $y^3=-216$

$y^3+216=0$, $(y+6)(y^2-6y+36)=0$

$\therefore y=-6$ 또는 $y=3\pm3\sqrt{3}i$

따라서 -216의 세제곱근 중 실수인 것은 -6이므로

$b=-6$

$\therefore a^2b=(\sqrt{5})^2\times(-6)=-30$

2 답 ⑤

모든 실수 x에 대하여 $\sqrt[3]{-x^2-2ax-10a}$가 음수가 되려면

$-x^2-2ax-10a<0$이어야 하므로

$x^2+2ax+10a>0$

이차방정식 $x^2+2ax+10a=0$의 판별식을 D라 하면

$\dfrac{D}{4}=a^2-10a<0$

$a(a-10)<0$

$\therefore 0<a<10$

따라서 모든 자연수 a는 1, 2, 3, ..., 9의 9개이다.

3 답 ②

$\sqrt[4]{\dfrac{\sqrt[3]{81}}{81}}\times\sqrt{\dfrac{\sqrt{81}}{\sqrt[3]{81}}}=\dfrac{\sqrt[12]{3^4}}{\sqrt[4]{3^4}}\times\dfrac{\sqrt[4]{3^4}}{\sqrt[6]{3^4}}$

$=\dfrac{\sqrt[3]{3}}{\sqrt[3]{3^2}}=\sqrt[3]{\dfrac{3}{3^2}}$

$=\dfrac{1}{\sqrt[3]{3}}$

4 답 ③

① $\sqrt[3]{-27}=\sqrt[3]{(-3)^3}=-3$

② $\sqrt[3]{5}\times\sqrt[3]{25}=\sqrt[3]{125}=\sqrt[3]{5^3}=5$

③ $(\sqrt[6]{3})^3=\sqrt[6]{3^3}=\sqrt{3}$

④ $\sqrt[6]{\sqrt[3]{64}}=\sqrt[18]{2^6}=\sqrt[3]{2}$

⑤ $\dfrac{\sqrt[7]{256}}{\sqrt[7]{2}}=\sqrt[7]{\dfrac{256}{2}}=\sqrt[7]{128}=\sqrt[7]{2^7}=2$

따라서 옳지 않은 것은 ③이다.

5 답 $A<C<B$

$A=\sqrt{3\sqrt[3]{3}}=\sqrt{\sqrt[3]{3^3\times3}}=\sqrt[6]{81}$

$B=\sqrt{4\sqrt[3]{2}}=\sqrt{\sqrt[3]{4^3\times2}}=\sqrt[6]{128}$

$C=\sqrt[3]{5\sqrt{5}}=\sqrt[3]{\sqrt{5^2\times5}}=\sqrt[6]{125}$

이때 $81<125<128$이므로

$\sqrt[6]{81}<\sqrt[6]{125}<\sqrt[6]{128}$

$\therefore A<C<B$

6 답 ②

$\dfrac{4^{-3}+2^{-3}}{9}\times\dfrac{10}{27^2+3^8}=\dfrac{(2^2)^{-3}+2^{-3}}{9}\times\dfrac{10}{(3^3)^2+3^8}$

$=\dfrac{2^{-6}+2^{-3}}{9}\times\dfrac{10}{3^6+3^8}$

$=\dfrac{2^{-6}(1+2^3)}{9}\times\dfrac{10}{3^6(1+3^2)}$

$=2^{-6}\times3^{-6}=6^{-6}$

7 답 ④

$(a^{\sqrt{3}})^{3\sqrt{2}}\times(a^{\frac{1}{3}})^{6\sqrt{6}}\div a^{4\sqrt{6}}=a^{3\sqrt{6}}\times a^{2\sqrt{6}}\div a^{4\sqrt{6}}$

$=a^{3\sqrt{6}+2\sqrt{6}-4\sqrt{6}}$

$=a^{\sqrt{6}}$

$\therefore k=\sqrt{6}$

8 답 ②

$\sqrt[3]{a\sqrt{a\sqrt[4]{a^3}}}=\{a\times(a\times a^{\frac{3}{4}})^{\frac{1}{2}}\}^{\frac{1}{3}}$

$=\{a\times(a^{\frac{7}{4}})^{\frac{1}{2}}\}^{\frac{1}{3}}$

$=(a\times a^{\frac{7}{8}})^{\frac{1}{3}}$

$=(a^{\frac{15}{8}})^{\frac{1}{3}}$

$=a^{\frac{5}{8}}$

따라서 $p=8$, $q=5$이므로

$p+q=13$

다른 풀이

$\sqrt[3]{a\sqrt{a\sqrt[4]{a^3}}}=\sqrt[3]{a}\times\sqrt[3]{\sqrt{a}}\times\sqrt[3]{\sqrt{\sqrt[4]{a^3}}}$

$=\sqrt[3]{a}\times\sqrt[6]{a}\times\sqrt[8]{a}$

$=a^{\frac{1}{3}}\times a^{\frac{1}{6}}\times a^{\frac{1}{8}}$

$=a^{\frac{1}{3}+\frac{1}{6}+\frac{1}{8}}=a^{\frac{5}{8}}$

따라서 $p=8$, $q=5$이므로

$p+q=13$

9 답 ⑤

$\sqrt[3]{\dfrac{5^b}{7^{a+1}}}=\dfrac{5^{\frac{b}{3}}}{7^{\frac{a+1}{3}}}$이 유리수이므로 $5^{\frac{b}{3}}$, $7^{\frac{a+1}{3}}$이 각각 자연수이어야 한다.

이때 a, b가 자연수이므로 $a+1$, b가 각각 3의 배수이어야 한다.

또 $\sqrt[5]{\dfrac{5^{b+1}}{7^a}}=\dfrac{5^{\frac{b+1}{5}}}{7^{\frac{a}{5}}}$이 유리수이므로 $5^{\frac{b+1}{5}}$, $7^{\frac{a}{5}}$이 각각 자연수이어야 한

다. 이때 a, b가 자연수이므로 a, $b+1$이 각각 5의 배수이어야 한다.

즉, $a+1$은 3의 배수, a는 5의 배수이므로 a의 최솟값은 5이다.

또 b는 3의 배수, $b+1$은 5의 배수이므로 b의 최솟값은 9이다.

따라서 $a+b$의 최솟값은

$5+9=14$

10 답 ④

$4^3=a$에서 $(2^2)^3=a$, $2^6=a$ $\quad\therefore 2=a^{\frac{1}{6}}$

$27^2=b$에서 $(3^3)^2=b$, $3^6=b$ $\quad\therefore 3=b^{\frac{1}{6}}$

$\therefore 36^5=(2^2\times3^2)^5=2^{10}\times3^{10}$

$=(a^{\frac{1}{6}})^{10}\times(b^{\frac{1}{6}})^{10}=a^{\frac{5}{3}}b^{\frac{5}{3}}$

11 답 ①

$a^5=5$, $b^6=11$, $c^9=13$에서

$a=5^{\frac{1}{5}}$, $b=11^{\frac{1}{6}}$, $c=13^{\frac{1}{9}}$

$\therefore (abc)^n=(5^{\frac{1}{5}}\times 11^{\frac{1}{6}}\times 13^{\frac{1}{9}})^n$

$\qquad\qquad =5^{\frac{n}{5}}\times 11^{\frac{n}{6}}\times 13^{\frac{n}{9}}$

따라서 $(abc)^n$, 즉 $5^{\frac{n}{5}}\times 11^{\frac{n}{6}}\times 13^{\frac{n}{9}}$이 자연수가 되도록 하는 자연수 n의 값은 5, 6, 9의 공배수이므로 200 이하의 자연수 n은 90, 180의 2개이다.

12 답 ①

$(a^{\frac{1}{4}}-b^{\frac{1}{4}})(a^{\frac{1}{4}}+b^{\frac{1}{4}})(a^{\frac{1}{2}}+b^{\frac{1}{2}})$

$=\{(a^{\frac{1}{4}})^2-(b^{\frac{1}{4}})^2\}(a^{\frac{1}{2}}+b^{\frac{1}{2}})$

$=(a^{\frac{1}{2}}-b^{\frac{1}{2}})(a^{\frac{1}{2}}+b^{\frac{1}{2}})$

$=(a^{\frac{1}{2}})^2-(b^{\frac{1}{2}})^2$

$=a-b$

13 답 ④

$3^{2+\sqrt{2}}=A$, $3^{2-\sqrt{2}}=B$로 놓으면

$(3^{2+\sqrt{2}}+3^{2-\sqrt{2}})^2-(3^{2+\sqrt{2}}-3^{2-\sqrt{2}})^2$

$=(A+B)^2-(A-B)^2$

$=A^2+2AB+B^2-(A^2-2AB+B^2)$

$=4AB$

$=4\times 3^{2+\sqrt{2}}\times 3^{2-\sqrt{2}}$

$=4\times 3^4$

14 답 ③

$a=\sqrt[3]{5}-\dfrac{1}{\sqrt[3]{5}}$에서 $a=5^{\frac{1}{3}}-5^{-\frac{1}{3}}$

양변을 세제곱하면

$a^3=5-3(5^{\frac{1}{3}}-5^{-\frac{1}{3}})-\dfrac{1}{5}$

이때 $5^{\frac{1}{3}}-5^{-\frac{1}{3}}=a$이므로

$a^3=5-3a-\dfrac{1}{5}$

$\therefore a^3+3a+\dfrac{1}{5}=5$

15 답 ①

$f(k)=5$에서 $a^k+a^{-k}=5$

$\therefore f(3k)=a^{3k}+a^{-3k}$

$\qquad\qquad =(a^k+a^{-k})^3-3(a^k+a^{-k})$

$\qquad\qquad =5^3-3\times 5=110$

16 답 ①

구하는 식의 분모, 분자에 각각 a^x을 곱하면

$\dfrac{a^x+a^{-x}}{a^{3x}+a^{-3x}}=\dfrac{a^x(a^x+a^{-x})}{a^x(a^{3x}+a^{-3x})}$

$\qquad\qquad =\dfrac{a^{2x}+1}{a^{4x}+a^{-2x}}=\dfrac{a^{2x}+1}{(a^{2x})^2+a^{-2x}}$

$\qquad\qquad =\dfrac{3+1}{3^2+\frac{1}{3}}=\dfrac{4}{\frac{28}{3}}=\dfrac{3}{7}$

17 답 ②

$\dfrac{5^x+5^{-x}}{5^x-5^{-x}}=2$의 좌변의 분모, 분자에 각각 5^x을 곱하면

$\dfrac{5^x(5^x+5^{-x})}{5^x(5^x-5^{-x})}=2$

$\dfrac{5^{2x}+1}{5^{2x}-1}=2$

$5^{2x}+1=2\times 5^{2x}-2$

$\therefore 5^{2x}=3$

$\therefore 25^x+25^{-x}=5^{2x}+5^{-2x}=5^{2x}+\dfrac{1}{5^{2x}}$

$\qquad\qquad =3+\dfrac{1}{3}=\dfrac{10}{3}$

18 답 256

$25^x=2$에서 $25=2^{\frac{1}{x}}$ ······ ㉠

$a^y=4$에서 $a=4^{\frac{1}{y}}=2^{\frac{2}{y}}$

$\therefore \sqrt{a}=2^{\frac{1}{y}}$ ······ ㉡

$200^z=8$에서 $200=8^{\frac{1}{z}}=2^{\frac{3}{z}}$ ······ ㉢

㉠×㉡÷㉢을 하면

$\dfrac{25\sqrt{a}}{200}=2^{\frac{1}{x}}\times 2^{\frac{1}{y}}\div 2^{\frac{3}{z}}$

$\therefore 2^{\frac{1}{x}+\frac{1}{y}-\frac{3}{z}}=\dfrac{\sqrt{a}}{8}$

이때 $\dfrac{1}{x}+\dfrac{1}{y}-\dfrac{3}{z}=1$이므로

$2=\dfrac{\sqrt{a}}{8}$, $\sqrt{a}=16$

$\therefore a=256$

19 답 ①

$2^x=3^y=6^z=k\,(k>0)$로 놓으면 $xyz\neq 0$에서 $k\neq 1$

$2^x=k$에서 $2=k^{\frac{1}{x}}$ ····· ㉠

$3^y=k$에서 $3=k^{\frac{1}{y}}$ ····· ㉡

$6^z=k$에서 $6=k^{\frac{1}{z}}$ ····· ㉢

㉠×㉡÷㉢을 하면

$2\times 3\div 6=k^{\frac{1}{x}}\times k^{\frac{1}{y}}\div k^{\frac{1}{z}}$

$k^{\frac{1}{x}+\frac{1}{y}-\frac{1}{z}}=1$

그런데 $k\neq 1$이므로

$\dfrac{1}{x}+\dfrac{1}{y}-\dfrac{1}{z}=0$

20 답 2

$m_t=m_0\times\left(\dfrac{1}{2}\right)^{\frac{t}{15}}$에서

$t=30$일 때, $m_{30}=m_0\times\left(\dfrac{1}{2}\right)^{\frac{30}{15}}=m_0\times\left(\dfrac{1}{2}\right)^2$

$t=45$일 때, $m_{45}=m_0\times\left(\dfrac{1}{2}\right)^{\frac{45}{15}}=m_0\times\left(\dfrac{1}{2}\right)^3$

$\therefore \dfrac{m_{30}}{m_{45}}=\dfrac{m_0\times\left(\dfrac{1}{2}\right)^2}{m_0\times\left(\dfrac{1}{2}\right)^3}=2$

02 / 로그

중단원 기출 문제 1회

1 답 192

$\log_a 16 = \dfrac{2}{3}$에서 $a^{\frac{2}{3}} = 16 = 4^2$

$\therefore a = (4^2)^{\frac{3}{2}} = 4^3 = 64$

$\log_{\sqrt{3}} b = -2$에서 $b = (\sqrt{3})^{-2} = \dfrac{1}{3}$

$\therefore \dfrac{a}{b} = \dfrac{64}{\frac{1}{3}} = 192$

2 답 ④

$\log_8 27 = x$에서 $8^x = 27$

$\therefore 2^x = 3$

$\therefore \dfrac{8^x + 8^{-x}}{2^x + 2^{-x}} = \dfrac{(2^x)^3 + (2^{-x})^3}{2^x + 2^{-x}}$

$\qquad = \dfrac{3^3 + 3^{-3}}{3 + 3^{-1}} = \dfrac{73}{9}$

3 답 ①

밑의 조건에서 $(a-1)^2 > 0$, $(a-1)^2 \neq 1$

$\therefore a \neq 0$, $a \neq 1$, $a \neq 2$ ...... ㉠

진수의 조건에서 모든 실수 x에 대하여

$x^2 + ax + a > 0$이어야 하므로

이차방정식 $x^2 + ax + a = 0$의 판별식을 D라 하면

$D = a^2 - 4a < 0$

$a(a-4) < 0$

$\therefore 0 < a < 4$ ...... ㉡

㉠, ㉡의 공통부분은

$0 < a < 1$ 또는 $1 < a < 2$ 또는 $2 < a < 4$

따라서 정수 a는 3의 1개이다.

4 답 ④

$\log_3 12 + \log_3 3\sqrt{2} - \dfrac{5}{2} \log_3 2$

$= \log_3 12 + \log_3 3\sqrt{2} - \log_3 2^{\frac{5}{2}}$

$= \log_3 12 + \log_3 3\sqrt{2} - \log_3 4\sqrt{2}$

$= \log_3 \dfrac{12 \times 3\sqrt{2}}{4\sqrt{2}}$

$= \log_3 9$

$= \log_3 3^2$

$= 2$

5 답 ②

$\log_4 x + \log_4 2y + \log_4 4z = 1$에서

$\log_4 (x \times 2y \times 4z) = 1$, $\log_4 8xyz = 1$

$8xyz = 4$

$\therefore xyz = \dfrac{1}{2}$

6 답 ②

ㄱ. $\log_{2\sqrt{2}} 8 = \log_{2^{\frac{3}{2}}} 2^3 = 2$

ㄴ. $4^{\log_2 27 - \log_2 3} = 4^{\log_2 9} = 9^{\log_2 4} = 9^{\log_2 2^2} = 9^2$

ㄷ. $\log_2 \{\log_{16} (\log_5 25)\} = \log_2 \{\log_{16} (\log_5 5^2)\}$

$\qquad = \log_2 (\log_{16} 2)$

$\qquad = \log_2 (\log_{2^4} 2)$

$\qquad = \log_2 \dfrac{1}{4} = \log_2 2^{-2} = -2$

ㄹ. $\log_2 (\log_3 7) + \log_2 (\log_7 10) + \log_2 (\log_{10} 81)$

$\quad = \log_2 (\log_3 7 \times \log_7 10 \times \log_{10} 81)$

$\quad = \log_2 \left(\log_3 7 \times \dfrac{\log_3 10}{\log_3 7} \times \dfrac{\log_3 81}{\log_3 10}\right)$

$\quad = \log_2 (\log_3 81) = \log_2 (\log_3 3^4)$

$\quad = \log_2 4 = 2$

따라서 보기에서 옳은 것은 ㄱ, ㄹ이다.

7 답 $\dfrac{25}{4}$

$(\log_3 2 + \log_9 \sqrt{2})(\log_2 3 + \log_{\sqrt{2}} 9)$

$= (\log_3 2 + \log_{3^2} 2^{\frac{1}{2}})(\log_2 3 + \log_{2^{\frac{1}{2}}} 3^2)$

$= \left(\log_3 2 + \dfrac{1}{4} \log_3 2\right)(\log_2 3 + 4\log_2 3)$

$= \dfrac{5}{4} \log_3 2 \times 5 \log_2 3$

$= \dfrac{25}{4} \log_3 2 \times \dfrac{1}{\log_3 2}$

$= \dfrac{25}{4}$

8 답 $C < A < B$

$A = 4^{\log_2 8 - \log_2 12} = 4^{\log_2 \frac{2}{3}} = \left(\dfrac{2}{3}\right)^{\log_2 4} = \left(\dfrac{2}{3}\right)^2 = \dfrac{4}{9}$

$B = \log_{25} \sqrt{5} - \log_{81} \dfrac{1}{3} = \log_{5^2} 5^{\frac{1}{2}} - \log_{3^4} 3^{-1}$

$\quad = \dfrac{\frac{1}{2}}{2} - \left(\dfrac{-1}{4}\right) = \dfrac{1}{4} + \dfrac{1}{4} = \dfrac{1}{2}$

$C = \log_2 \{\log_9 (\log_4 64)\} = \log_2 (\log_9 3) = \log_2 \dfrac{1}{2} = -1$

$\therefore C < A < B$

9 답 ②

$(7^{\log_7 3 + \log_7 2})^2 + (3^{\log_2 3 + \log_{\sqrt{2}} 3\sqrt{3}})^{\log_9 \sqrt{2}}$

$= (7^{\log_7 6})^2 + (3^{\log_2 3 + 3\log_2 3})^{\frac{1}{4} \log_3 2}$

$= (6^{\log_7 7})^2 + 3^{4\log_2 3 \times \frac{1}{4} \log_3 2}$

$= 6^2 + 3 = 39$

10 답 ③

$\log_3 2 = a$, $\log_3 5 = b$이므로

$\log_{10} 40 = \dfrac{\log_3 40}{\log_3 10} = \dfrac{\log_3 (2^3 \times 5)}{\log_3 (2 \times 5)}$

$\qquad = \dfrac{\log_3 2^3 + \log_3 5}{\log_3 2 + \log_3 5} = \dfrac{3\log_3 2 + \log_3 5}{\log_3 2 + \log_3 5}$

$\qquad = \dfrac{3a + b}{a + b}$

11 답 $\dfrac{17}{4}$

$\log_a c : \log_b c = 4 : 1$에서

$\log_a c = 4\log_b c$, $\dfrac{1}{\log_c a} = \dfrac{4}{\log_c b}$

$\log_c b = 4\log_c a$ $\therefore b = a^4$

$\therefore \log_a b + \log_b a = \log_a a^4 + \log_{a^4} a = 4 + \dfrac{1}{4} = \dfrac{17}{4}$

12 답 ③

이차방정식의 근과 계수의 관계에 의하여

$\log_2 a + \log_2 b = 4$, $\log_2 a \times \log_2 b = 2$

$\begin{aligned}\therefore \log_a b + \log_b a &= \dfrac{\log_2 b}{\log_2 a} + \dfrac{\log_2 a}{\log_2 b} = \dfrac{(\log_2 b)^2 + (\log_2 a)^2}{\log_2 a \times \log_2 b}\\ &= \dfrac{(\log_2 a + \log_2 b)^2 - 2\log_2 a \times \log_2 b}{\log_2 a \times \log_2 b}\\ &= \dfrac{4^2 - 2 \times 2}{2} = 6\end{aligned}$

13 답 ①

$\log_2 4 < \log_2 7 < \log_2 8$, 즉 $2 < \log_2 7 < 3$이므로

$a = 2$, $b = \log_2 7 - 2 = \log_2 7 - \log_2 4 = \log_2 \dfrac{7}{4}$

$\therefore 4(a + 2^b) = 4(2 + 2^{\log_2 \frac{7}{4}}) = 4 \times \left(2 + \dfrac{7}{4}\right) = 15$

14 답 3.3343

$\begin{aligned}\log 12 + \log 180 &= \log(2^2 \times 3) + \log(2 \times 3^2 \times 10)\\ &= 2\log 2 + \log 3 + \log 2 + 2\log 3 + \log 10\\ &= 3(\log 2 + \log 3) + 1\\ &= 3 \times (0.3010 + 0.4771) + 1\\ &= 3.3343\end{aligned}$

15 답 ④

상용로그표에서 $\log 2.72 = 0.4346$이므로

$\log 0.0272 = \log(10^{-2} \times 2.72) = -2 + 0.4346 = -1.5654$

16 답 ③

$a = \log 374 = \log(10^2 \times 3.74) = 2 + 0.5729 = 2.5729$

$\log b = -0.4271$에서

$\begin{aligned}\log b &= -1 + 0.5729\\ &= \log 10^{-1} + \log 3.74\\ &= \log(10^{-1} \times 3.74) = \log 0.374\end{aligned}$

$\therefore b = 0.374$

$\therefore a + b = 2.5729 + 0.374 = 2.9469$

17 답 ④

$f(2n+3) = f(n) + 1$ ······ ㉠

(i) $1 \le n < 10$일 때, $f(n) = 0$

이를 ㉠에 대입하면 $f(2n+3) = 1$이므로

$10 \le 2n+3 < 100$

$\therefore \dfrac{7}{2} \le n < \dfrac{97}{2}$

그런데 $1 \le n < 10$이므로 자연수 n은

4, 5, 6, 7, 8, 9의 6개이다.

(ii) $10 \le n < 100$일 때, $f(n) = 1$

이를 ㉠에 대입하면 $f(2n+3) = 2$이므로

$100 \le 2n+3 < 1000$

$\therefore \dfrac{97}{2} \le n < \dfrac{997}{2}$

그런데 $10 \le n < 100$이므로 자연수 n은

49, 50, ..., 99의 51개이다.

(iii) $n = 100$일 때, $f(n) = 2$

이때 $f(2n+3) = f(203) = 2$이므로

㉠을 만족시키지 않는다.

(i)~(iii)에서 구하는 자연수 n의 개수는 57이다.

18 답 -6

$\log N = n + \alpha$ (n은 정수, $0 \le \alpha < 1$)라 하면 이차방정식

$3x^2 + 7x + k = 0$의 두 근이 n, α이므로 근과 계수의 관계에 의하여

$n + \alpha = -\dfrac{7}{3} = -3 + \dfrac{2}{3}$ ······ ㉠

$n\alpha = \dfrac{k}{3}$ ······ ㉡

이때 n은 정수이고, $0 \le \alpha < 1$이므로 ㉠에서

$n = -3$, $\alpha = \dfrac{2}{3}$

이를 ㉡에 대입하면

$-3 \times \dfrac{2}{3} = \dfrac{k}{3}$ $\therefore k = -6$

19 답 ③

$\log x^2$의 소수 부분과 $\log x^4$의 소수 부분이 같으므로

$\begin{aligned}\log x^4 - \log x^2 &= 4\log x - 2\log x\\ &= 2\log x \ \Leftarrow 정수\end{aligned}$

$10 \le x < 100$이므로

$1 \le \log x < 2$ $\therefore 2 \le 2\log x < 4$

이때 $2\log x$가 정수이므로

$2\log x = 2$ 또는 $2\log x = 3$

$\log x = 1$ 또는 $\log x = \dfrac{3}{2}$

$\therefore x = 10$ 또는 $x = 10^{\frac{3}{2}}$

따라서 모든 실수 x의 값의 곱은

$10 \times 10^{\frac{3}{2}} = 10^{\frac{5}{2}}$

20 답 12

처음 벽면의 음향 투과 손실을 L_1, 벽의 단위 면적당 질량을 m, 음향의 주파수를 f라 하면

$L_1 = 20\log mf - 48$ ······ ㉠

벽의 단위 면적당 질량이 4배가 되었을 때의 벽면의 음향 투과 손실을 L_2, 벽의 단위 면적당 질량을 $4m$이라 하면

$L_2 = 20\log 4mf - 48 = 20(\log 4 + \log mf) - 48$

$\therefore L_2 = 40\log 2 + 20\log mf - 48$ ······ ㉡

㉡-㉠을 하면

$L_2 - L_1 = 40\log 2 = 40 \times 0.3 = 12$

$\therefore L_2 = L_1 + 12$

따라서 벽면의 음향 투과 손실은 12 dB만큼 증가하므로

$k = 12$

1 답 ②

$\log_{\sqrt{5}} a = 6$에서

$a = (\sqrt{5})^6 = 5^3 = 125$

$\log_{\frac{1}{8}} b = -\frac{1}{3}$에서 $b = \left(\frac{1}{8}\right)^{-\frac{1}{3}} = 2$

$\therefore ab = 125 \times 2 = 250$

2 답 ③

$\log_9 \{\log_5 (\log_2 x)\} = 0$에서

$\log_5 (\log_2 x) = 1$

$\log_2 x = 5$

$\therefore x = 2^5 = 32$

3 답 2

밑의 조건에서 $x - 1 > 0$, $x - 1 \neq 1$

$\therefore x > 1$, $x \neq 2$ ······ ㉠

진수의 조건에서 $-x^2 + 5x > 0$

$x^2 - 5x < 0$, $x(x-5) < 0$

$\therefore 0 < x < 5$ ······ ㉡

㉠, ㉡의 공통부분은

$1 < x < 2$ 또는 $2 < x < 5$

따라서 정수 x는 3, 4의 2개이다.

4 답 $\dfrac{5}{2}$

$\log_2 24 + \log_2 \dfrac{2}{3} - \log_2 2\sqrt{2}$

$= \log_2 \left(24 \times \dfrac{2}{3}\right) - \log_2 2^{\frac{3}{2}}$

$= \log_2 16 - \dfrac{3}{2} = \log_2 2^4 - \dfrac{3}{2}$

$= 4 - \dfrac{3}{2} = \dfrac{5}{2}$

5 답 ③

$\log_2 \left(1 - \dfrac{1}{2}\right) + \log_2 \left(1 - \dfrac{1}{3}\right) + \log_2 \left(1 - \dfrac{1}{4}\right) + \cdots + \log_2 \left(1 - \dfrac{1}{64}\right)$

$= \log_2 \dfrac{1}{2} + \log_2 \dfrac{2}{3} + \log_2 \dfrac{3}{4} + \cdots + \log_2 \dfrac{63}{64}$

$= \log_2 \left(\dfrac{1}{2} \times \dfrac{2}{3} \times \dfrac{3}{4} \times \cdots \times \dfrac{63}{64}\right)$

$= \log_2 \dfrac{1}{64} = \log_2 2^{-6}$

$= -6$

6 답 18

$\log_2 125 \times \log_3 8 \times \log_5 9$

$= \log_2 125 \times \dfrac{\log_2 8}{\log_2 3} \times \dfrac{\log_2 9}{\log_2 5}$

$= \log_2 5^3 \times \dfrac{\log_2 2^3}{\log_2 3} \times \dfrac{\log_2 3^2}{\log_2 5}$

$= 3\log_2 5 \times \dfrac{3}{\log_2 3} \times \dfrac{2\log_2 3}{\log_2 5}$

$= 18$

7 답 ④

$(\log_3 4 + \log_9 8)(\log_2 27 - \log_4 9)$

$= (\log_3 2^2 + \log_{3^2} 2^3)(\log_2 3^3 - \log_{2^2} 3^2)$

$= \left(2\log_3 2 + \dfrac{3}{2}\log_3 2\right)(3\log_2 3 - \log_2 3)$

$= \dfrac{7}{2}\log_3 2 \times 2\log_2 3$

$= 7\log_3 2 \times \dfrac{1}{\log_3 2} = 7$

8 답 ②

두 점 $(3, \log_9 a)$, $(4, \log_3 b)$를 지나는 직선의 방정식은

$y - \log_3 b = \dfrac{\log_3 b - \log_9 a}{4 - 3}(x - 4)$

$\therefore y = (\log_3 b - \log_9 a)(x - 4) + \log_3 b$

이 직선이 원점을 지나므로

$0 = (\log_3 b - \log_9 a) \times (-4) + \log_3 b$

$3\log_3 b = 4\log_9 a$

$\log_3 b = \dfrac{4}{3}\log_9 a$, $\log_3 b = \dfrac{2}{3}\log_3 a$

$\log_3 b = \log_3 a^{\frac{2}{3}}$

$\therefore b = a^{\frac{2}{3}}$

$\therefore \log_a b = \log_a a^{\frac{2}{3}} = \dfrac{2}{3}$

9 답 ④

$\log_3 2 = a$, $\log_3 5 = b$이므로

$\log_{72} 225 = \dfrac{\log_3 225}{\log_3 72} = \dfrac{\log_3 (3^2 \times 5^2)}{\log_3 (2^3 \times 3^2)} = \dfrac{2 + 2\log_3 5}{3\log_3 2 + 2} = \dfrac{2b + 2}{3a + 2}$

10 답 $\dfrac{3}{2}$

$a^4 b^3 = 1$의 양변에 b를 밑으로 하는 로그를 취하면

$\log_b a^4 b^3 = \log_b 1$, $\log_b a^4 + \log_b b^3 = 0$

$4\log_b a + 3 = 0$ $\therefore \log_b a = -\dfrac{3}{4}$

$\therefore \log_b a^2 b^3 = \log_b a^2 + \log_b b^3 = 2\log_b a + 3$

$= 2 \times \left(-\dfrac{3}{4}\right) + 3 = \dfrac{3}{2}$

다른 풀이

$a^4 b^3 = 1$에서 $a^4 = \dfrac{1}{b^3} = b^{-3}$ $\therefore a = b^{-\frac{3}{4}}$

$\therefore \log_b a^2 b^3 = \log_b \{(b^{-\frac{3}{4}})^2 \times b^3\} = \log_b (b^{-\frac{3}{2}} \times b^3)$

$= \log_b b^{\frac{3}{2}} = \dfrac{3}{2}$

11 답 24

㈎에서 $\log_3 abc = 9$

$\therefore abc = 3^9$ ······ ㉠

㈏에서 $a^3 = b^4 = c^6 = k \, (k > 0, \, k \neq 1)$로 놓으면

$a = k^{\frac{1}{3}}$, $b = k^{\frac{1}{4}}$, $c = k^{\frac{1}{6}}$

이를 ㉠에 대입하면

$abc = k^{\frac{1}{3}} \times k^{\frac{1}{4}} \times k^{\frac{1}{6}} = k^{\frac{1}{3} + \frac{1}{4} + \frac{1}{6}} = k^{\frac{3}{4}}$

즉, $k^{\frac{3}{4}} = 3^9$이므로 $k = (3^9)^{\frac{4}{3}} = 3^{12}$

따라서
$a = k^{\frac{1}{3}} = (3^{12})^{\frac{1}{3}} = 3^4$,
$b = k^{\frac{1}{4}} = (3^{12})^{\frac{1}{4}} = 3^3$,
$c = k^{\frac{1}{6}} = (3^{12})^{\frac{1}{6}} = 3^2$
이므로
$\log_3 a \times \log_3 b \times \log_3 c = \log_3 3^4 \times \log_3 3^3 \times \log_3 3^2$
$\qquad\qquad\qquad\qquad\qquad = 4 \times 3 \times 2 = 24$

12 답 ⑤

이차방정식의 근과 계수의 관계에 의하여
$2 + \log_3 5 = a$, $2 \times \log_3 5 = b$이므로
$a = 2 + \log_3 5 = \log_3 3^2 + \log_3 5 = \log_3 45$,
$b = 2\log_3 5 = \log_3 5^2 = \log_3 25$
$\therefore \dfrac{a}{b} = \dfrac{\log_3 45}{\log_3 25} = \log_{25} 45 = \log_{5^2} 45 = \dfrac{1}{2}\log_5 45 = \dfrac{1}{2}(1 + 2\log_5 3)$

13 답 $\dfrac{8}{9}$

$\log_4 12 = \log_4(4 \times 3) = 1 + \log_4 3$
따라서 $x = 1$, $y = \log_4 3$이므로
$\dfrac{4^y + 4^{-y}}{4^x - 4^{-x}} = \dfrac{4^{\log_4 3} + 4^{-\log_4 3}}{4 - 4^{-1}} = \dfrac{3 + \dfrac{1}{3}}{4 - \dfrac{1}{4}} = \dfrac{8}{9}$

14 답 ⑤

$\log 15 + \log 150 = \log(3 \times 5) + \log(2 \times 3 \times 5^2)$
$\qquad\qquad\qquad\quad = \log 3 + \log 5 + \log 2 + \log 3 + 2\log 5$
$\qquad\qquad\qquad\quad = 2\log 3 + 2\log 5 + 1$
$\qquad\qquad\qquad\quad = 2 \times 0.4771 + 2 \times 0.6990 + 1 = 3.3522$

15 답 ①

$\log \sqrt[5]{321^2} = \log(10^2 \times 3.21)^{\frac{2}{5}}$
$\qquad\qquad\quad = \dfrac{2}{5}(\log 10^2 + \log 3.21)$
$\qquad\qquad\quad = \dfrac{2}{5}(2 + \log 3.21)$
$\qquad\qquad\quad = \dfrac{2}{5} \times (2 + 0.5065)$
$\qquad\qquad\quad = \dfrac{2}{5} \times 2.5065 = 1.0026$

16 답 ④

① $\log 63.3 = \log(10 \times 6.33) = \log 10 + \log 6.33$
$\qquad\qquad = 1 + 0.8014 = 1.8014$
② $\log 6330 = \log(10^3 \times 6.33) = \log 10^3 + \log 6.33$
$\qquad\qquad = 3 + 0.8014 = 3.8014$
③ $\log 0.633 = \log(10^{-1} \times 6.33) = \log 10^{-1} + \log 6.33$
$\qquad\qquad = -1 + 0.8014 = -0.1986$
④ $\log 0.0633 = \log(10^{-2} \times 6.33) = \log 10^{-2} + \log 6.33$
$\qquad\qquad = -2 + 0.8014 = -1.1986$
⑤ $\log \sqrt{6.33} = \dfrac{1}{2}\log 6.33 = \dfrac{1}{2} \times 0.8014 = 0.4007$
따라서 옳지 않은 것은 ④이다.

17 답 ②

$\log x^2 - \log \sqrt{x} = 2\log x - \dfrac{1}{2}\log x$
$\qquad\qquad\qquad\quad = \dfrac{3}{2}\log x$
$\qquad\qquad\qquad\quad = \dfrac{3}{2} \times (-3.6)$
$\qquad\qquad\qquad\quad = -5.4$
$\qquad\qquad\qquad\quad = -6 + 0.6$
따라서 $\log x^2 - \log \sqrt{x}$의 정수 부분은 -6, 소수 부분은 0.6이다.

18 답 0.000412

$\log 412 = \log(10^2 \times 4.12) = 2 + \log 4.12$
즉, $2 + \log 4.12 = 2.6149$이므로
$\log 4.12 = 0.6149$
$\log N = -3.3851$
$\qquad = -4 + 0.6149$
$\qquad = \log 10^{-4} + \log 4.12$
$\qquad = \log 0.000412$
$\therefore N = 0.000412$

19 답 3

$2\log x$와 $\log \dfrac{x}{2}$의 차가 정수이므로
$2\log x - \log \dfrac{x}{2} = \log x^2 - \log \dfrac{x}{2}$
$\qquad\qquad\qquad\quad = \log\left(x^2 \times \dfrac{2}{x}\right)$
$\qquad\qquad\qquad\quad = \log 2x \;\leftarrow$ 정수
이때 $\log 2x$가 정수이므로 $2x$는 10의 거듭제곱이다.
$100 \le x < 1000$에서
$200 \le 2x < 2000$이므로
$2x = 1000$
$\therefore \log 2x = \log 1000 = \log 10^3 = 3$

20 답 ③

올해 이 회사의 복지 예산이 1억 원이고 복지 예산을 매년 전년도 복지 예산의 $r\%$씩 늘린다고 하면 10년 후의 복지 예산은 2억 원이므로
$1 \times \left(1 + \dfrac{r}{100}\right)^{10} = 2$
양변에 상용로그를 취하면
$10\log\left(1 + \dfrac{r}{100}\right) = \log 2$
$\log\left(1 + \dfrac{r}{100}\right) = \dfrac{1}{10}\log 2$
$\qquad\qquad\qquad\; = \dfrac{1}{10} \times 0.3$
$\qquad\qquad\qquad\; = 0.03$
이때 $\log 1.07 = 0.03$이므로
$1 + \dfrac{r}{100} = 1.07$
$\dfrac{r}{100} = 0.07$
$\therefore r = 7$
따라서 복지 예산을 매년 7%씩 늘려야 한다.

03 / 지수함수

중단원 기출 문제 ①회

1 답 ②

$f(4)=\dfrac{1}{16}$에서 $a^4=\dfrac{1}{16}=\left(\dfrac{1}{2}\right)^4$

$\therefore a=\dfrac{1}{2}\ (\because a>0)$

$\therefore f(-1)+f(-3)=\left(\dfrac{1}{2}\right)^{-1}+\left(\dfrac{1}{2}\right)^{-3}$

$\qquad\qquad\qquad\quad =2+8=10$

2 답 8

$f(k_1)=2$에서 $a^{k_1}=2$

$f(k_2)=4$에서 $a^{k_2}=4$

$\therefore f(k_1+k_2)=a^{k_1+k_2}=a^{k_1}\times a^{k_2}=2\times 4=8$

3 답 ④

④ $0<a<1$일 때, $x<y$이면 $f(x)>f(y)$이므로
　$f(-2)>f(1)$

⑤ $f(x)f(y)=a^x\times a^y=a^{x+y}=f(x+y)$

따라서 옳지 않은 것은 ④이다.

4 답 -4

함수 $y=4\times\left(\dfrac{1}{2}\right)^x-3=\left(\dfrac{1}{2}\right)^{x-2}-3$의 그래프는 함수 $y=\left(\dfrac{1}{2}\right)^x$의 그래프를 x축의 방향으로 2만큼, y축의 방향으로 -3만큼 평행이동한 것이다.

$\therefore a=2,\ b=-3$

또 점근선의 방정식은 $y=-3$이므로

$c=-3$

$\therefore a+b+c=2+(-3)+(-3)=-4$

5 답 $\dfrac{4}{7}$

두 점 P, Q의 x좌표를 각각 a, $2a$라 하면

$k\times\left(\dfrac{3}{2}\right)^a=\left(\dfrac{3}{2}\right)^{-a}$에서 $\left(\dfrac{3}{2}\right)^{2a}=\dfrac{1}{k}$ $\quad$ …… ㉠

$k\times\left(\dfrac{3}{2}\right)^{2a}=-4\times\left(\dfrac{3}{2}\right)^{2a}+8$에 ㉠을 대입하면

$k\times\dfrac{1}{k}=-4\times\dfrac{1}{k}+8$

$\therefore k=\dfrac{4}{7}$

6 답 $a=\dfrac{1}{6},\ b=\dfrac{1}{2}$

$\overline{AB}=6\sqrt{2}$이고 직선 AB의 기울기가 1이므로 $\overline{CD}=6$이다.

따라서 점 A의 좌표를 $(k,\ k)$라 하면 점 B의 좌표는 $(k+6,\ k+6)$이다.

이때 사각형 ACDB의 넓이가 36이므로

$\dfrac{1}{2}\times\{k+(k+6)\}\times 6=36$

$\therefore k=3$

한편 두 점 A(3, 3), B(9, 9)가 모두 곡선 $y=3^{ax+b}$ 위에 있으므로

$3=3^{3a+b}$에서 $3a+b=1$ $\quad$ …… ㉠

$9=3^{9a+b}$에서 $9a+b=2$ $\quad$ …… ㉡

㉠, ㉡을 연립하여 풀면 $a=\dfrac{1}{6}$, $b=\dfrac{1}{2}$

7 답 $\dfrac{15}{2}$

$\sqrt[3]{\dfrac{1}{16}}=\sqrt[3]{\left(\dfrac{1}{2}\right)^4}=\left(\dfrac{1}{2}\right)^{\frac{4}{3}}$, $\sqrt[5]{\dfrac{1}{128}}=\sqrt[5]{\left(\dfrac{1}{2}\right)^7}=\left(\dfrac{1}{2}\right)^{\frac{7}{5}}$

$\sqrt[4]{\dfrac{1}{32}}=\sqrt[4]{\left(\dfrac{1}{2}\right)^5}=\left(\dfrac{1}{2}\right)^{\frac{5}{4}}$, $\sqrt[6]{\dfrac{1}{8}}=\sqrt[6]{\left(\dfrac{1}{2}\right)^3}=\left(\dfrac{1}{2}\right)^{\frac{1}{2}}$

이때 $\dfrac{1}{2}<\dfrac{5}{4}<\dfrac{4}{3}<\dfrac{7}{5}$이고 밑이 1보다 작으므로

$\left(\dfrac{1}{2}\right)^{\frac{7}{5}}<\left(\dfrac{1}{2}\right)^{\frac{4}{3}}<\left(\dfrac{1}{2}\right)^{\frac{5}{4}}<\left(\dfrac{1}{2}\right)^{\frac{1}{2}}$

$\therefore \sqrt[5]{\dfrac{1}{128}}<\sqrt[3]{\dfrac{1}{16}}<\sqrt[4]{\dfrac{1}{32}}<\sqrt[6]{\dfrac{1}{8}}$

즉, $a=\sqrt[5]{\dfrac{1}{128}}$, $b=\sqrt[6]{\dfrac{1}{8}}$이므로

$a^5b=\left(\sqrt[5]{\dfrac{1}{128}}\right)^5\times\sqrt[6]{\dfrac{1}{8}}=\left\{\left(\dfrac{1}{2}\right)^{\frac{7}{5}}\right\}^5\times\left(\dfrac{1}{2}\right)^{\frac{1}{2}}=\left(\dfrac{1}{2}\right)^{\frac{15}{2}}$

따라서 $\left(\dfrac{1}{2}\right)^{\frac{15}{2}}=\left(\dfrac{1}{2}\right)^k$이므로

$k=\dfrac{15}{2}$

8 답 3

함수 $f(x)=3^x$의 밑이 1보다 크므로 $-1\le x\le 2$일 때 함수 $f(x)=3^x$은 $x=2$에서 최댓값 $f(2)=3^2=9$를 갖는다.

또 함수 $g(x)=\left(\dfrac{1}{3}\right)^{x-1}$의 밑이 1보다 작으므로

$-1\le x\le 2$일 때 함수 $g(x)=\left(\dfrac{1}{3}\right)^{x-1}$은 $x=2$에서 최솟값 $g(2)=\dfrac{1}{3}$을 갖는다.

따라서 $M=9$, $m=\dfrac{1}{3}$이므로

$Mm=3$

9 답 28

$g(x)=-x^2+6x-5=-(x-3)^2+4$이므로

함수 $g(x)$는 $x=3$에서 최댓값 4를 갖는다.

한편 함수 $(f\circ g)(x)=f(g(x))=(\sqrt{5})^{g(x)}$의 밑이 1보다 크므로 함수 $(f\circ g)(x)$는 $g(x)=4$, 즉 $x=3$에서 최댓값 $(\sqrt{5})^4=25$를 갖는다.

따라서 $a=3$, $b=25$이므로

$a+b=28$

10 답 ①

$y=36^{-x}-6^{-x+1}=\left(\dfrac{1}{6}\right)^{2x}-6\times\left(\dfrac{1}{6}\right)^x$

$\left(\dfrac{1}{6}\right)^x=t\,(t>0)$로 놓으면 주어진 함수는

$y=t^2-6t=(t-3)^2-9$

따라서 함수 $y=(t-3)^2-9$는 $t=3$에서 최솟값 -9를 갖는다.

11 답 50

$5^{2-x}>0$, $5^{2+x}>0$이므로 산술평균과 기하평균의 관계에 의하여

$y=5^{2-x}+5^{2+x}\geq2\sqrt{5^{2-x}\times5^{2+x}}=2\sqrt{5^4}=2\times5^2=50$

(단, 등호는 $x=0$일 때 성립)

따라서 주어진 함수의 최솟값은 50이다.

12 답 $-\dfrac{5}{2}$

$4^{x^2}=8\times\left(\dfrac{1}{32}\right)^x$에서

$2^{2x^2}=2^3\times2^{-5x}$, $2^{2x^2}=2^{3-5x}$

즉, $2x^2=3-5x$이므로

$2x^2+5x-3=0$, $(x+3)(2x-1)=0$

$\therefore x=-3$ 또는 $x=\dfrac{1}{2}$

따라서 모든 근의 합은

$-3+\dfrac{1}{2}=-\dfrac{5}{2}$

13 답 4

점 A의 좌표를 $(a, 2^a)$이라 하면 두 점 A, B의 y좌표가 같으므로 점 B의 y좌표는 2^a이다.

점 B는 함수 $y=\left(\dfrac{1}{4}\right)^x$의 그래프 위의 점이므로

$\left(\dfrac{1}{4}\right)^x=2^a$에서 $2^{-2x}=2^a$

$-2x=a$, $x=-\dfrac{a}{2}$

$\therefore \text{B}\left(-\dfrac{a}{2}, 2^a\right)$

이때 $\overline{\text{AB}}=3$이므로

$a-\left(-\dfrac{a}{2}\right)=3$, $\dfrac{3}{2}a=3$ $\therefore a=2$

따라서 상수 k의 값은 점 A의 y좌표와 같으므로

$2^2=4$

14 답 1

$3^x+3^{3-x}=12$의 양변에 3^x을 곱하면

$(3^x)^2+27=12\times3^x$

$\therefore (3^x)^2-12\times3^x+27=0$

$3^x=t$ $(t>0)$로 놓으면

$t^2-12t+27=0$, $(t-3)(t-9)=0$

$\therefore t=3$ 또는 $t=9$

즉, $3^x=3$ 또는 $3^x=9$이므로 $x=1$ 또는 $x=2$

이때 $\alpha<\beta$이므로 $\alpha=1$, $\beta=2$ $\therefore \beta-\alpha=1$

15 답 ⑤

$25^x-24\times5^x+k=0$에서 $(5^x)^2-24\times5^x+k=0$

$5^x=t$ $(t>0)$로 놓으면

$t^2-24t+k=0$ ······ ㉠

주어진 방정식의 두 근을 α, β라 하면 $\alpha+\beta=3$이고 방정식 ㉠의 두 근은 5^α, 5^β이므로 이차방정식의 근과 계수의 관계에 의하여

$k=5^\alpha\times5^\beta=5^{\alpha+\beta}=5^3=125$

16 답 ④

$2^{2x^2}<\left(\dfrac{1}{2}\right)^{ax}$에서 $2^{2x^2}<2^{-ax}$

밑이 1보다 크므로 $2x^2<-ax$

$2x^2+ax<0$, $x(2x+a)<0$

그런데 a는 자연수이므로 $-\dfrac{a}{2}<x<0$

이때 주어진 부등식을 만족시키는 정수 x의 개수는 5이므로

$-6\leq-\dfrac{a}{2}<-5$

$\therefore 10<a\leq12$

따라서 자연수 a의 값은 11, 12이므로 구하는 합은

$11+12=23$

17 답 ①

$4^x\geq\left(\dfrac{1}{2}\right)^{x-1}$에서 $2^{2x}\geq2^{-x+1}$

밑이 1보다 크므로

$2x\geq-x+1$ $\therefore x\geq\dfrac{1}{3}$

$\therefore A=\left\{x\Big|x\geq\dfrac{1}{3}\right\}$

$3^{2x+1}-82\times3^x+27<0$에서

$3\times(3^x)^2-82\times3^x+27<0$

$3^x=t$ $(t>0)$로 놓으면

$3t^2-82t+27<0$, $(3t-1)(t-27)<0$

$\therefore \dfrac{1}{3}<t<27$

즉, $3^{-1}<3^x<3^3$이고 밑이 1보다 크므로 $-1<x<3$

$\therefore B=\{x|-1<x<3\}$

$\therefore A\cap B=\left\{x\Big|\dfrac{1}{3}\leq x<3\right\}$

따라서 $\alpha=\dfrac{1}{3}$, $\beta=3$이므로 $\alpha+\beta=\dfrac{10}{3}$

18 답 ④

곡선 $y=a^x-10$과 직선 $y=ax$가 서로 다른 두 점에서 만나려면 오른쪽 그림과 같아야 하므로 $a>1$이다.

따라서 $(a^3)^{a^2-2a-4}\leq(a^2)^{a^2-a}$에서

$a^{3(a^2-2a-4)}\leq a^{2(a^2-a)}$

$a>1$이므로 $3(a^2-2a-4)\leq2(a^2-a)$

$3a^2-6a-12\leq2a^2-2a$, $a^2-4a-12\leq0$

$(a+2)(a-6)\leq0$

$\therefore -2\leq a\leq6$

그런데 $a>1$이므로 $1<a\leq6$

따라서 양수 a의 최댓값은 6이다.

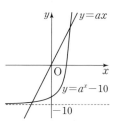

19 답 $0\leq a\leq8$

$4^x-2(a-4)\times2^x+2a\geq0$에서

$(2^x)^2-2(a-4)\times2^x+2a\geq0$

$2^x=t$ $(t>0)$로 놓으면 $t^2-2(a-4)t+2a\geq0$

$f(t)=t^2-2(a-4)t+2a$라 하면

$f(t)=(t-a+4)^2-(a-4)^2+2a$

$t>0$에서 부등식 $f(t)\geq0$이 성립하려면

(i) $a-4\geq0$, 즉 $a\geq4$일 때,

$-(a-4)^2+2a\geq0$이어야 하므로

$a^2-10a+16\leq0$, $(a-2)(a-8)\leq0$ $\quad\therefore 2\leq a\leq8$

그런데 $a\geq4$이므로 $4\leq a\leq8$

(ii) $a-4<0$, 즉 $a<4$일 때,

$f(0)\geq0$이어야 하므로 $2a\geq0$ $\quad\therefore a\geq0$

그런데 $a<4$이므로 $0\leq a<4$

(i), (ii)에서 $0\leq a\leq8$

20 답 ②

$S_0\left(\dfrac{1}{4}\right)^{\frac{6}{a}}=\dfrac{1}{16}S_0$에서 $\left(\dfrac{1}{4}\right)^{\frac{6}{a}}=\left(\dfrac{1}{4}\right)^2$

즉, $\dfrac{6}{a}=2$이므로 $a=3$

따라서 $S_0\left(\dfrac{1}{4}\right)^{\frac{12}{a}}=kS_0$에서

$S_0\left(\dfrac{1}{4}\right)^{\frac{12}{3}}=kS_0$ $\quad\therefore k=\left(\dfrac{1}{4}\right)^4=\dfrac{1}{256}$

따라서 이 광섬유를 따라 $12\,\mathrm{km}$를 지난 곳에서의 신호의 세기는 처음 신호의 세기의 $\dfrac{1}{256}$배이다.

중단원 기출 문제 2회

1 답 ①

$f(1)=3$에서 $a^{b+c}=3$ $\qquad\cdots\cdots$ ㉠

$f(2)=27$에서 $a^{2b+c}=27$ $\qquad\cdots\cdots$ ㉡

㉡÷㉠을 하면 $a^b=9$

㉠에서 $a^{b+c}=a^b\times a^c=9a^c=3$이므로 $a^c=\dfrac{1}{3}$

$\therefore f(-1)=a^{-b+c}=a^{-b}\times a^c=(a^b)^{-1}\times a^c=\dfrac{1}{9}\times\dfrac{1}{3}=\dfrac{1}{27}$

2 답 ⑤

① $f(x+y)=a^{x+y}=a^x a^y=f(x)f(y)$

② $f(x-y)=a^{x-y}=\dfrac{a^x}{a^y}=\dfrac{f(x)}{f(y)}$

③ $f(x^2)=a^{x^2}=(a^x)^x=\{f(x)\}^x$

④ $f\left(\dfrac{x}{2}\right)=a^{\frac{x}{2}}=(a^x)^{\frac{1}{2}}=\sqrt{f(x)}$

⑤ $f(3x)=a^{3x}=(a^x)^3=\{f(x)\}^3\neq3f(x)$

따라서 옳지 않은 것은 ⑤이다.

3 답 ②

함수 $y=4^{x+2}-5$의 그래프는 함수 $y=4^x$의 그래프를 x축의 방향으로 -2만큼, y축의 방향으로 -5만큼 평행이동한 것이므로 오른쪽 그림과 같다.

② 점근선의 방정식은 $y=-5$이다.

따라서 옳지 않은 것은 ②이다.

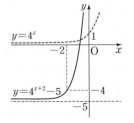

4 답 ④

함수 $y=3^x$의 그래프를 x축의 방향으로 m만큼, y축의 방향으로 n만큼 평행이동한 그래프의 식은

$y=3^{x-m}+n$

이 식이 $y=\dfrac{1}{9}\times3^x-1=3^{x-2}-1$과 일치하므로

$m=2$, $n=-1$

$\therefore m+n=1$

5 답 ②

오른쪽 그림에서

$a^\beta=\alpha$, $a^\gamma=\beta$이므로

$a^{2\beta+\gamma}=(a^\beta)^2\times a^\gamma$

$\qquad\quad=a^2\beta$

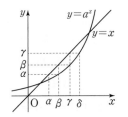

6 답 ③

함수 $y=8\times\left(\dfrac{1}{2}\right)^x=\left(\dfrac{1}{2}\right)^{x-3}$의 그래프는 함수 $y=\left(\dfrac{1}{2}\right)^x$의 그래프를 x축의 방향으로 3만큼 평행이동한 것이다.

따라서 오른쪽 그림에서 빗금 친 두 부분의 넓이는 서로 같으므로 구하는 넓이는

$3\times3=9$

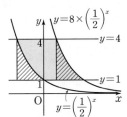

7 답 ②

$f(x)=-x^2-2x$라 하면 $f(x)=-(x+1)^2+1$

$-2\leq x\leq1$에서 $f(-2)=0$, $f(-1)=1$, $f(1)=-3$이므로

$-3\leq f(x)\leq1$

이때 함수 $y=5^{-x^2-2x}=5^{f(x)}$의 밑이 1보다 크므로 함수 $y=5^{f(x)}$은

$f(x)=1$에서 최댓값 $5^1=5$,

$f(x)=-3$에서 최솟값 $5^{-3}=\dfrac{1}{125}$을 갖는다.

따라서 구하는 최댓값과 최솟값의 곱은

$5\times\dfrac{1}{125}=\dfrac{1}{25}$

8 답 34

$f(x)=x^2-2x$라 하면 $f(x)=(x-1)^2-1$

$-1\leq x\leq2$에서 $f(-1)=3$, $f(1)=-1$, $f(2)=0$이므로

$-1\leq f(x)\leq3$

이때 함수 $y=\left(\dfrac{1}{2}\right)^{f(x)}$의 밑이 1보다 작으므로 함수 $y=\left(\dfrac{1}{2}\right)^{f(x)}$은

$f(x)=-1$에서 최댓값 $\left(\dfrac{1}{2}\right)^{-1}=2$,

$f(x)=3$에서 최솟값 $\left(\dfrac{1}{2}\right)^3=\dfrac{1}{8}$을 갖는다.

따라서 치역은 $\left\{y\middle|\dfrac{1}{8}\leq y\leq2\right\}$이므로

$M=2$, $m=\dfrac{1}{8}$

$\therefore 16(M+m)=16\left(2+\dfrac{1}{8}\right)=34$

9 답 **9**

$y=2^{x+1}-4^x=-(2^x)^2+2\times2^x$

$2^x=t\,(t>0)$로 놓으면

$-1\leq x\leq2$에서 $\dfrac{1}{2}\leq t\leq4$

이때 주어진 함수는 $y=-t^2+2t=-(t-1)^2+1$

따라서 $\dfrac{1}{2}\leq t\leq4$일 때 함수 $y=-(t-1)^2+1$은

$t=1$에서 최댓값 1, $t=4$에서 최솟값 -8을 갖는다.

따라서 $M=1$, $m=-8$이므로 $M-m=9$

10 답 $a=13$, $b=0$

$3^x+3^{-x}=t$로 놓으면 $3^x>0$, $3^{-x}>0$이므로 산술평균과 기하평균의
관계에 의하여

$t=3^x+3^{-x}\geq2\sqrt{3^x\times3^{-x}}=2$ (단, 등호는 $x=0$일 때 성립) $\cdots\cdots$ ㉠

이때 $9^x+9^{-x}=(3^x+3^{-x})^2-2=t^2-2$이므로

$f(t)=t^2-2-4t+a$

$\quad\ =(t-2)^2+a-6$

따라서 $t\geq2$일 때 $f(t)$는 $t=2$에서 최솟값 $a-6$을 가지므로

$a-6=7$ $\quad\therefore a=13$

㉠에 의하여 $x=0$에서 최솟값을 가지므로 $b=0$

11 답 -2

$6^{x^2-x+6}=\left(\dfrac{1}{216}\right)^{x-3}$에서 $6^{x^2-x+6}=6^{-3x+9}$

즉, $x^2-x+6=-3x+9$이므로 $x^2+2x-3=0$

$(x+3)(x-1)=0$ $\quad\therefore x=-3$ 또는 $x=1$

따라서 모든 근의 합은

$-3+1=-2$

12 답 ③

$\dfrac{4^a+4^{-a}+2}{4^a-4^{-a}}=\dfrac{(2^a+2^{-a})^2}{(2^a+2^{-a})(2^a-2^{-a})}$

$\therefore \dfrac{2^a+2^{-a}}{2^a-2^{-a}}=-2$

$2^a=t\,(t>0)$로 놓으면

$\dfrac{t+\dfrac{1}{t}}{t-\dfrac{1}{t}}=-2$, $\dfrac{t^2+1}{t^2-1}=-2$

$3t^2=1$ $\quad\therefore t=\dfrac{1}{\sqrt{3}}$ $(\because t>0)$

$\therefore 2^a+2^{-a}=t+\dfrac{1}{t}=\dfrac{1}{\sqrt{3}}+\sqrt{3}=\dfrac{4\sqrt{3}}{3}$

13 답 ⑤

$x^{2x-6}=(5x+6)^{x-3}$에서 $(x^2)^{x-3}=(5x+6)^{x-3}$

(i) 밑이 같으면 $x^2=5x+6$

$\quad x^2-5x-6=0$, $(x+1)(x-6)=0$

$\quad\therefore x=-1$ 또는 $x=6$

$\quad$ 그런데 $x>0$이므로 $x=6$

(ii) 지수가 0이면 $x-3=0$

$\quad\therefore x=3$

(i), (ii)에서 모든 근의 합은 $3+6=9$

14 답 ①

$4^x-2^{x+3}+5=0$에서 $(2^x)^2-8\times2^x+5=0$

$2^x=t\,(t>0)$로 놓으면

$t^2-8t+5=0$

이 이차방정식의 두 근은 2^α, 2^β이므로 이차방정식의 근과 계수의 관
계에 의하여

$2^\alpha\times2^\beta=5$, $2^{\alpha+\beta}=5$

$\therefore \alpha+\beta=\log_2 5$

$\therefore 5^{\frac{1}{\alpha+\beta}}=5^{\frac{1}{\log_2 5}}=5^{\log_5 2}=2$

15 답 ④

$3^{2x}-k\times3^x+k=0$에서

$(3^x)^2-k\times3^x+k=0$

$3^x=t\,(t>0)$로 놓으면

$t^2-kt+k=0$ $\cdots\cdots$ ㉠

주어진 방정식의 서로 다른 두 실근이 0과 1 사이에 존재하려면 방정
식 ㉠의 두 근은 $3^0=1$과 $3^1=3$ 사이에 존재해야 한다.

$f(t)=t^2-kt+k$라 할 때,

(i) 이차방정식 ㉠의 판별식을 D라 하면

$\quad D=(-k)^2-4k>0$

$\quad k^2-4k>0$, $k(k-4)>0$

$\quad\therefore k<0$ 또는 $k>4$

(ii) 함수 $y=f(t)$의 그래프의 축의 방정식이 $t=\dfrac{k}{2}$이므로

$\quad 1<\dfrac{k}{2}<3$ $\quad\therefore 2<k<6$

(iii) $f(1)>0$, $f(3)>0$이므로

$\quad f(1)=1-k+k>0$

$\quad f(3)=9-3k+k>0$ $\quad\therefore k<\dfrac{9}{2}$

(i)~(iii)에서 $4<k<\dfrac{9}{2}$

16 답 ②

$\begin{cases}8^{x-1}\leq4^{x+2}\\\left(\dfrac{1}{2}\right)^{x-1}\leq\dfrac{1}{\sqrt{2^{x+4}}}\end{cases}$에서 $\begin{cases}2^{3(x-1)}\leq2^{2(x+2)}\\\left(\dfrac{1}{2}\right)^{x-1}\leq\left(\dfrac{1}{2}\right)^{\frac{x+4}{2}}\end{cases}$

(i) $2^{3(x-1)}\leq2^{2(x+2)}$에서

$\quad$ 밑이 1보다 크므로 $3(x-1)\leq2(x+2)$

$\quad 3x-3\leq2x+4$ $\quad\therefore x\leq7$

(ii) $\left(\dfrac{1}{2}\right)^{x-1}\leq\left(\dfrac{1}{2}\right)^{\frac{x+4}{2}}$에서

$\quad$ 밑이 1보다 작으므로 $x-1\geq\dfrac{x+4}{2}$

$\quad 2x-2\geq x+4$ $\quad\therefore x\geq6$

(i), (ii)에서 주어진 부등식의 해는 $6\leq x\leq7$

따라서 자연수 x는 6, 7의 2개이다.

17 답 ③

$9^x-(2n+1)\times3^{x+1}+18n\leq0$에서

$(3^x)^2-3(2n+1)\times3^x+18n\leq0$

$(3^x-6n)(3^x-3)\leq0$

그런데 n은 자연수이므로 $3\leq3^x\leq6n$

이때 주어진 부등식을 만족시키는 정수 x의 개수는 3이므로 정수 x는 1, 2, 3이다.

즉, $27 \le 6n < 81$이므로 $\dfrac{9}{2} \le n < \dfrac{27}{2}$

그런데 n은 자연수이므로 $m=5$, $M=13$

$\therefore m+M=18$

18 답 ④

(ⅰ) $0<x<1$일 때,

$x^2-4x>12$에서 $x^2-4x-12>0$

$(x+2)(x-6)>0$

$\therefore x<-2$ 또는 $x>6$

그런데 $0<x<1$이므로 해가 존재하지 않는다.

(ⅱ) $x=1$일 때,

$1<1$이므로 부등식이 성립하지 않는다.

(ⅲ) $x>1$일 때,

$x^2-4x<12$에서 $x^2-4x-12<0$

$(x+2)(x-6)<0$

$\therefore -2<x<6$

그런데 $x>1$이므로 $1<x<6$

(ⅰ)~(ⅲ)에서 주어진 부등식의 해는 $1<x<6$

따라서 $\alpha=1$, $\beta=6$이므로 $\alpha+\beta=7$

19 답 $a<\dfrac{4}{5}$

$\left(\dfrac{1}{25}\right)^x-\left(\dfrac{1}{5}\right)^{x+1}>a$에서

$\left\{\left(\dfrac{1}{5}\right)^x\right\}^2-\dfrac{1}{5}\times\left(\dfrac{1}{5}\right)^x-a>0$

$\left(\dfrac{1}{5}\right)^x=t$로 놓으면 $x\le 0$에서 $t\ge 1$이고

$t^2-\dfrac{1}{5}t-a>0$

$\therefore \left(t-\dfrac{1}{10}\right)^2-a-\dfrac{1}{100}>0$

이 부등식이 $t\ge 1$인 모든 실수 t에 대하여 성립하려면

$f(t)=\left(t-\dfrac{1}{10}\right)^2-a-\dfrac{1}{100}$이라 할 때

$f(1)>0$이어야 하므로 $\dfrac{4}{5}-a>0$

$\therefore a<\dfrac{4}{5}$

20 답 ④

80만 원, 즉 800×10^3원을 투자한 지 t년 후의 이익금은

$800\times\left(\dfrac{3}{2}\right)^{\frac{t}{5}}\times 10^3$원이므로

$800\times\left(\dfrac{3}{2}\right)^{\frac{t}{5}}\times 10^3=2700\times 10^3$

$\left(\dfrac{3}{2}\right)^{\frac{t}{5}}=\dfrac{27}{8}$, $\left(\dfrac{3}{2}\right)^{\frac{t}{5}}=\left(\dfrac{3}{2}\right)^3$

$\dfrac{t}{5}=3$ $\therefore t=15$

따라서 이익금이 270만 원이 되는 것은 투자한 지 15년 후이다.

---

04 / 로그함수

중단원 기출 문제 1회

1 답 2

$f(3)=6$에서 $\log_a 2+7=6$

$\log_a 2=-1$, $a^{-1}=2$

$\therefore a=\dfrac{1}{2}$

$f(9)=b$에서

$b=\log_{\frac{1}{2}}8+7=-\log_2 2^3+7=-3+7=4$

$\therefore ab=\dfrac{1}{2}\times 4=2$

2 답 ⑤

⑤ $y=\log_{\frac{1}{3}}(3-x)-5$

$=-\log_3(3-x)-5$

이므로 함수 $y=\log_{\frac{1}{3}}(3-x)-5$의 그래프는 함수

$y=\log_3(3-x)+5$의 그래프와 x축에 대하여 대칭이다.

따라서 옳지 않은 것은 ⑤이다.

3 답 ⑤

함수 $y=\log_3 x$의 그래프를 x축의 방향으로 m만큼, y축의 방향으로 n만큼 평행이동한 그래프의 식은

$y=\log_3(x-m)+n$

이 식이 $y=\log_3 9(x-1)+2$와 일치하므로

$y=\log_3 9(x-1)+2$

$=\log_3 9+\log_3(x-1)+2$

$=\log_3(x-1)+4$

따라서 $m=1$, $n=4$이므로

$m+n=5$

4 답 -3

오른쪽 그림에서

$\log_2 a=1$이므로 $a=2$

$\log_2 b=a$, 즉 $\log_2 b=2$이므로

$b=4$

$\therefore \log_{\frac{1}{4}}8ab=\log_{\frac{1}{4}}64$

$=-\log_4 4^3=-3$

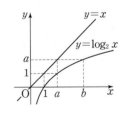

5 답 5

함수 $y=\log_2(x-k)$의 그래프는 함수 $y=\log_2 x$의 그래프를 x축의 방향으로 k만큼 평행이동한 것이다.

즉, 오른쪽 그림에서 빗금 친 두 부분의 넓이가 서로 같으므로 구하는 넓이는

$k\times(6-2)=4k$

따라서 $4k=20$이므로

$k=5$

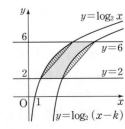

6 답 ②

$(f \circ g)(x) = x$이므로 $g(x)$는 $f(x)$의 역함수이다.

$g\left(-\dfrac{1}{2}\right) = a$라 하면 $f(a) = -\dfrac{1}{2}$이므로

$\left(\dfrac{1}{2}\right)^a - 1 = -\dfrac{1}{2}$, $\left(\dfrac{1}{2}\right)^a = \dfrac{1}{2}$ ∴ $a = 1$

또 $g(1) = b$라 하면 $f(b) = 1$이므로

$\left(\dfrac{1}{2}\right)^b - 1 = 1$, $\left(\dfrac{1}{2}\right)^b = 2$ ∴ $b = -1$

∴ $(g \circ g) = \left(-\dfrac{1}{2}\right) = -1$

7 답 ⑤

$A = \log_3 10$

$B = 2 = \log_3 3^2 = \log_3 9$

$C = \log_9 80 = \log_{3^2} 80 = \dfrac{1}{2}\log_3 80 = \log_3 80^{\frac{1}{2}} = \log_3 \sqrt{80}$

이때 $\sqrt{80} < 9 < 10$이고 밑이 1보다 크므로

$\log_3 \sqrt{80} < \log_3 9 < \log_3 10$ ∴ $C < B < A$

8 답 ⑤

함수 $y = \log_{\frac{1}{2}}(x+a) + 2$의 밑이 1보다 작으므로 $-2 \leq x \leq 4$일 때

함수 $y = \log_{\frac{1}{2}}(x+a) + 2$는

$x = -2$에서 최댓값 $\log_{\frac{1}{2}}(-2+a) + 2$,

$x = 4$에서 최솟값 $\log_{\frac{1}{2}}(4+a) + 2$를 갖는다.

즉, $\log_{\frac{1}{2}}(-2+a) + 2 = 1$이므로

$\log_{\frac{1}{2}}(-2+a) = -1$, $-2+a = 2$ ∴ $a = 4$

∴ $b = \log_{\frac{1}{2}}(4+4) + 2 = -3 + 2 = -1$

∴ $a + b = 4 + (-1) = 3$

9 답 ④

$f(x) = x^2 - 4x + 6$이라 하면 $f(x) = (x-2)^2 + 2$

$3 \leq x \leq 7$에서 $f(3) = 3$, $f(7) = 27$이므로 $3 \leq f(x) \leq 27$

이때 함수 $y = \log_{\frac{1}{3}} f(x)$의 밑이 1보다 작으므로 함수 $y = \log_{\frac{1}{3}} f(x)$는 $f(x) = 3$에서 최댓값 $\log_{\frac{1}{3}} 3 = -1$, $f(x) = 27$에서 최솟값

$\log_{\frac{1}{3}} 27 = -3$을 갖는다.

따라서 구하는 최댓값과 최솟값의 곱은 $-1 \times (-3) = 3$

10 답 ②

$y = \log_3 x \times \log_{\frac{1}{3}} x + \log_{\sqrt{3}} 9x + 6$

$\quad = (\log_3 x)(-\log_3 x) + 4 + 2\log_3 x + 6$

$\quad = -(\log_3 x)^2 + 2\log_3 x + 10$

$\log_3 x = t$로 놓으면 $1 \leq x \leq 27$에서 $0 \leq t \leq 3$

이때 주어진 함수는

$y = -t^2 + 2t + 10 = -(t-1)^2 + 11$

따라서 $0 \leq t \leq 3$일 때 함수 $y = -(t-1)^2 + 11$은

$t = 1$에서 최댓값 11, $t = 3$에서 최솟값 7을 갖는다.

$\log_3 x = 1$에서 $x = 3$ ∴ $a = 3$

$\log_3 x = 3$에서 $x = 27$ ∴ $b = 27$

∴ $aM + bm = 3 \times 11 + 27 \times 7 = 222$

11 답 ⑤

$y = x^{\log_2 4x}$의 양변에 밑이 2인 로그를 취하면

$\log_2 y = \log_2 x^{\log_2 4x} = \log_2 4x \times \log_2 x$

$\qquad\quad = (2 + \log_2 x)\log_2 x$

$\qquad\quad = (\log_2 x)^2 + 2\log_2 x$

$\log_2 x = t$로 놓으면 $2 \leq x \leq 8$에서

$\log_2 2 \leq \log_2 x \leq \log_2 8$ ∴ $1 \leq t \leq 3$

이때 주어진 함수는 $\log_2 y = t^2 + 2t = (t+1)^2 - 1$

따라서 $1 \leq t \leq 3$일 때 $t = 3$에서 최댓값 15, $t = 1$에서 최솟값 3을 가지므로

$\log_2 y = 15$에서 $y = 2^{15}$, $\log_2 y = 3$에서 $y = 2^3$

즉, $M = 2^{15}$, $m = 2^3$이므로 $\dfrac{M}{m} = \dfrac{2^{15}}{2^3} = 2^{12}$

12 답 ④

$\log_2 4a + \log_a 4 = \log_2 4 + \log_2 a + \log_a 4$

$\qquad\qquad\qquad\quad = 2 + \log_2 a + \log_a 4$

이때 $a > 1$에서 $\log_2 a > 0$, $\log_a 4 > 0$이므로

산술평균과 기하평균의 관계에 의하여

$2 + \log_2 a + \log_a 4 \geq 2 + 2\sqrt{\log_2 a \times \log_a 4}$

$\qquad\qquad\qquad\qquad\quad = 2 + 2\sqrt{2}$ (단, 등호는 $\log_2 a = \log_a 4$일 때 성립)

∴ $p = 2 + 2\sqrt{2}$

한편 $\log_2 a = \log_a 4$에서

$\log_2 a = 2\log_a 2$, $\log_2 a = \dfrac{2}{\log_2 a}$, $(\log_2 a)^2 = 2$

$\log_2 a = \sqrt{2}$ ($\because \log_2 a > 0$) ∴ $a = 2^{\sqrt{2}}$

∴ $q = 2^{\sqrt{2}}$

∴ $p\log_4 q = (2 + 2\sqrt{2})\log_4 2^{\sqrt{2}} = (2 + 2\sqrt{2}) \times \dfrac{\sqrt{2}}{2} = 2 + \sqrt{2}$

13 답 4

진수의 조건에서 $x > 0$, $x - \dfrac{3}{2} > 0$ ∴ $x > \dfrac{3}{2}$

$\log_{\sqrt{2}} x - \log_2\left(x - \dfrac{3}{2}\right) = 3$에서

$\log_2 x^2 = \log_2 8 + \log_2\left(x - \dfrac{3}{2}\right)$

∴ $\log_2 x^2 = \log_2 8\left(x - \dfrac{3}{2}\right)$

즉, $x^2 = 8\left(x - \dfrac{3}{2}\right)$이므로 $x^2 - 8x + 12 = 0$

$(x-2)(x-6) = 0$ ∴ $x = 2$ 또는 $x = 6$

따라서 $\alpha = 2$, $\beta = 6$이므로 $\beta - \alpha = 4$

14 답 ①

밑과 진수의 조건에서 $x > 0$, $x \neq 1$

$\log_3 x - \log_x 27 = 2$에서 $\log_3 x - 3\log_x 3 = 2$

∴ $\log_3 x - \dfrac{3}{\log_3 x} = 2$

$\log_3 x = t$ $(t \neq 0)$로 놓으면 $t - \dfrac{3}{t} = 2$

$t^2 - 2t - 3 = 0$, $(t+1)(t-3) = 0$

∴ $t = -1$ 또는 $t = 3$

즉, $\log_3 x=-1$ 또는 $\log_3 x=3$이므로

$x=3^{-1}=\dfrac{1}{3}$ 또는 $x=3^3=27$

따라서 $\alpha=\dfrac{1}{3}$, $\beta=27$이므로 $\log_\alpha \beta=\log_{\frac{1}{3}} 27=-3$

15 답 ④

진수의 조건에서 $x>0$이므로 $a>0$

방정식 $(\log_2 x)^2-5\log_2 x+k=0$의 한 근이 4이므로

$(\log_2 4)^2-5\log_2 4+k=0$

$2^2-5\times 2+k=0$ $\quad\therefore k=6$

$\therefore (\log_2 x)^2-5\log_2 x+6=0$

$\log_2 x=t$로 놓으면 $t^2-5t+6=0$

$(t-2)(t-3)=0$ $\quad\therefore t=2$ 또는 $t=3$

즉, $\log_2 x=2$ 또는 $\log_2 x=3$이므로

$x=4$ 또는 $x=8$ $\quad\therefore a=8$

$\therefore a+k=8+6=14$

16 답 $\dfrac{16}{5}$

$\log x=t$로 놓으면 $pt^2-3pt+4=0$ $\quad\cdots\cdots$ ㉠

주어진 방정식의 두 근이 α, β이므로 이차방정식 ㉠의 두 근은

$\log \alpha$, $\log \beta$이고 이차방정식의 근과 계수의 관계에 의하여

$\log \alpha+\log \beta=3$ $\quad\cdots\cdots$ ㉡

$\log \alpha\times\log \beta=\dfrac{4}{p}$ $\quad\cdots\cdots$ ㉢

이때 $\log \alpha-\log \beta=2$에서 $\log \alpha=2+\log \beta$이므로

이를 ㉡에 대입하여 풀면 $\log \alpha=\dfrac{5}{2}$, $\log \beta=\dfrac{1}{2}$

㉢에서 $\dfrac{5}{2}\times\dfrac{1}{2}=\dfrac{4}{p}$이므로 $p=\dfrac{16}{5}$

17 답 22

$\log_6 |x-2|<1$의 진수의 조건에서 $x\neq 2$

(i) $x>2$일 때,

$\log_6 (x-2)<1$에서 $x-2<6$ $\quad\therefore x<8$

그런데 $x>2$이므로 $2<x<8$ $\quad\cdots\cdots$ ㉠

(ii) $x<2$일 때,

$\log_6 (-x+2)<1$에서 $-x+2<6$ $\quad\therefore x>-4$

그런데 $x<2$이므로 $-4<x<2$ $\quad\cdots\cdots$ ㉡

㉠, ㉡에서 $-4<x<2$ 또는 $2<x<8$

$\therefore A=\{x|-4<x<2$ 또는 $2<x<8\}$

$\log_2 2x-\log_{\frac{1}{2}} (x-2)\geq 4$의 진수의 조건에서

$x>0$, $x-2>0$ $\quad\therefore x>2$ $\quad\cdots\cdots$ ㉢

$\log_2 2x-\log_{\frac{1}{2}} (x-2)\geq 4$에서

$(1+\log_2 x)+\log_2 (x-2)\geq 4$

$\log_2 x+\log_2 (x-2)\geq 3$, $\log_2 x(x-2)\geq\log_2 8$

밑이 1보다 크므로 $x(x-2)\geq 8$

$x^2-2x-8\geq 0$, $(x+2)(x-4)\geq 0$

$\therefore x\leq -2$ 또는 $x\geq 4$ $\quad\cdots\cdots$ ㉣

㉢, ㉣의 공통부분은 $x\geq 4$

$\therefore B=\{x|x\geq 4\}$

$\therefore A\cap B=\{x|4\leq x<8\}$

따라서 정수 x는 4, 5, 6, 7이므로 구하는 합은

$4+5+6+7=22$

18 답 3

진수의 조건에서 $x>0$ $\quad\cdots\cdots$ ㉠

$(1-\log_{\frac{1}{2}} x)\times\log_2 x<6$에서

$(1+\log_2 x)\log_2 x<6$

$\log_2 x=t$로 놓으면 $(1+t)t<6$

$t^2+t-6<0$, $(t+3)(t-2)<0$

$\therefore -3<t<2$

즉, $-3<\log_2 x<2$이므로

$\log_2 \dfrac{1}{8}<\log_2 x<\log_2 4$

밑이 1보다 크므로 $\dfrac{1}{8}<x<4$ $\quad\cdots\cdots$ ㉡

㉠, ㉡의 공통부분은 $\dfrac{1}{8}<x<4$

따라서 정수 x의 최댓값은 3이다.

19 답 $\dfrac{5}{8}$

진수의 조건에서 $x>0$ $\quad\cdots\cdots$ ㉠

$x^{\log_{\frac{1}{2}} x}>8x^4$의 양변에 밑이 $\dfrac{1}{2}$인 로그를 취하면

$\log_{\frac{1}{2}} x^{\log_{\frac{1}{2}} x}<\log_{\frac{1}{2}} 8x^4$

$(\log_{\frac{1}{2}} x)^2<\log_{\frac{1}{2}} 8+4\log_{\frac{1}{2}} x$

$\therefore (\log_{\frac{1}{2}} x)^2-4\log_{\frac{1}{2}} x+3<0$

$\log_{\frac{1}{2}} x=t$로 놓으면 $t^2-4t+3<0$

$(t-1)(t-3)<0$ $\quad\therefore 1<t<3$

즉, $1<\log_{\frac{1}{2}} x<3$이므로

$\log_{\frac{1}{2}} \dfrac{1}{2}<\log_{\frac{1}{2}} x<\log_{\frac{1}{2}} \dfrac{1}{8}$

밑이 1보다 작으므로 $\dfrac{1}{8}<x<\dfrac{1}{2}$ $\quad\cdots\cdots$ ㉡

㉠, ㉡의 공통부분은 $\dfrac{1}{8}<x<\dfrac{1}{2}$

따라서 $\alpha=\dfrac{1}{8}$, $\beta=\dfrac{1}{2}$이므로

$\alpha+\beta=\dfrac{5}{8}$

20 답 ①

$(\log x)^2-\log ax^2>0$에서 $(\log x)^2-(\log a+\log x^2)>0$

$\therefore (\log x)^2-2\log x-\log a>0$

$\log x=t$로 놓으면 $t^2-2t-\log a>0$

이 부등식이 모든 실수 t에 대하여 성립해야 하므로 이차방정식

$t^2-2t-\log a=0$의 판별식을 D라 하면

$\dfrac{D}{4}=1+\log a<0$, $\log a<-1$

$\log a<\log 10^{-1}$

밑이 1보다 크므로 $a<\dfrac{1}{10}$

이때 $a>0$이므로 $0<a<\dfrac{1}{10}$

중단원 기출 문제 2회

1 답 ⑤

$f(m)=2$에서 $\log_a m=2$

$f(n)=3$에서 $\log_a n=3$

$\therefore f\left(\dfrac{m^4}{n^2}\right)=\log_a \dfrac{m^4}{n^2}=4\log_a m-2\log_a n$

$\qquad\qquad =4\times 2-2\times 3=2$

2 답 -4

함수 $y=\log_5(x+a)+b$의 그래프의 점근선은 직선 $x=-a$이므로

$-a=4$ $\quad\therefore a=-4$

즉, 함수 $y=\log_5(x-4)+b$의 그래프의 x절편이 5이므로

$0=\log_5(5-4)+b$ $\quad\therefore b=0$

$\therefore a+b=-4+0=-4$

3 답 -5

함수 $y=\log_{\frac{1}{3}} x$의 그래프를 x축의 방향으로 m만큼, y축의 방향으로 n만큼 평행이동한 그래프의 식은

$y=\log_{\frac{1}{3}}(x-m)+n$

주어진 그래프의 점근선의 방정식이 $x=-5$이므로

$m=-5$

$\therefore y=\log_{\frac{1}{3}}(x+5)+n$

또 주어진 그래프가 점 $(-2, 0)$을 지나므로

$0=\log_{\frac{1}{3}}(-2+5)+n$

$0=-1+n$ $\quad\therefore n=1$

$\therefore \dfrac{m}{n}=\dfrac{-5}{1}=-5$

4 답 ③

함수 $y=\log_2 16x+8=\log_2 16+\log_2 x+8=\log_2 x+12$

의 그래프를 x축의 방향으로 3만큼 평행이동한 그래프의 식은

$y=\log_2(x-3)+12$

이 함수의 그래프를 x축에 대하여 대칭이동한 그래프의 식은

$y=-\log_2(x-3)-12$

이 함수의 그래프가 점 $(5, k)$를 지나므로

$k=-\log_2 2-12=-13$

5 답 3

$\overline{AB}=\log_3 k-\log_{27}\dfrac{1}{k}=\log_3 k+\dfrac{1}{3}\log_3 k=\dfrac{4}{3}\log_3 k$

$\overline{CD}=\log_3(k+6)+\dfrac{1}{3}\log_3(k+6)=\dfrac{4}{3}\log_3(k+6)$

사다리꼴 ABDC의 넓이가 12이므로

$\dfrac{1}{2}\times\left\{\dfrac{4}{3}\log_3 k+\dfrac{4}{3}\log_3(k+6)\right\}\times 6=12$

$\log_3 k(k+6)=\log_3 3^3$

$k(k+6)=27$, $k^2+6k-27=0$

$(k+9)(k-3)=0$ $\quad\therefore k=3\ (\because k>1)$

6 답 $3^{26}-1$

함수 $y=g(x)$는 함수 $y=\log_3 x$의 역함수이므로 $g(x)=3^x$이고,

점 A는 y축 위의 점이므로 $A(0, 1)$

따라서 함수 $y=\log_3 x$의 그래프 위의 점 B의 y좌표가 1이므로 x좌표는 $1=\log_3 x$에서

$x=3$ $\quad\therefore B(3, 1)$

점 C의 x좌표가 3이므로 y좌표는 $y=3^3=27$

$\therefore C(3, 27)$

점 D의 y좌표가 27이므로 x좌표는 $27=\log_3 x$에서

$x=3^{27}$ $\quad\therefore D(3^{27}, 27)$

따라서 $\overline{AB}=3$, $\overline{CD}=3^{27}-3$이므로

$\dfrac{\overline{CD}}{\overline{AB}}=\dfrac{3^{27}-3}{3}=3^{26}-1$

7 답 ④

$1<\log_a c<2<\log_a b$에서

$\log_a a<\log_a c<\log_a a^2<\log_a b$

$a>1$이므로 $a<c<a^2<b$

ㄱ. $c<b$이고, $b>1$에서 $b<b^2$이므로 $c<b^2$

ㄴ. $a<b$이고, $c>1$이므로 $c^a<c^b$

ㄷ. $a^2<b$이고, $c>1$이므로 $0<\log_c a^2<\log_c b$

$\dfrac{1}{\log_c a}>\dfrac{2}{\log_c b}$

$\therefore \log_a c>2\log_b c$

따라서 보기에서 옳은 것은 ㄴ, ㄷ이다.

8 답 ②

함수 $y=\log_{\frac{1}{2}}(x+6)+a$의 밑이 1보다 작으므로

$-2\leq x\leq 2$일 때 함수 $y=\log_{\frac{1}{2}}(x+6)+a$는

$x=-2$에서 최댓값 $\log_{\frac{1}{2}}(-2+6)+a$,

$x=2$에서 최솟값 $\log_{\frac{1}{2}}(2+6)+a$를 갖는다.

즉, $\log_{\frac{1}{2}}(-2+6)+a=3$이므로

$-2+a=3$ $\quad\therefore a=5$

따라서 구하는 최솟값은

$\log_{\frac{1}{2}}(2+6)+5=-3+5=2$

9 답 $\dfrac{1}{3}$

$0\leq x\leq\sqrt{5}$일 때 함수 $y=\log_a(x^2+4)$는

(i) $0<a<1$이면

$x=\sqrt{5}$에서 최솟값 $\log_a\{(\sqrt{5})^2+4\}$를 가지므로

$\log_a 9=-2$, $a^{-2}=9$ $\quad\therefore a=\dfrac{1}{3}$

(ii) $a>1$이면

$x=0$에서 최솟값 $\log_a(0+4)$를 가지므로

$\log_a 4=-2$, $a^{-2}=4$ $\quad\therefore a=\dfrac{1}{2}$

그런데 $a>1$이므로 주어진 조건을 만족시키는 a의 값은 존재하지 않는다.

(i), (ii)에서 $a=\dfrac{1}{3}$

10 답 ③

$y = 3^{\log x} \times x^{\log 3} - 2 \times 3^{\log 100x} = (3^{\log x})^2 - 2 \times 3^{\log 100 + \log x}$
$\quad = (3^{\log x})^2 - 18 \times 3^{\log x}$

$3^{\log x} = t$로 놓으면 $\dfrac{1}{100} \le x \le 100$에서

$-2 \le \log x \le 2$, $3^{-2} \le 3^{\log x} \le 3^2$ $\quad \therefore \dfrac{1}{9} \le t \le 9$

이때 주어진 함수는 $y = t^2 - 18t = (t-9)^2 - 81$

따라서 $\dfrac{1}{9} \le t \le 9$일 때 함수 $y = (t-9)^2 - 81$은

$t = \dfrac{1}{9}$에서 최댓값 $-\dfrac{161}{81}$, $t = 9$에서 최솟값 -81을 갖는다.

따라서 $M = -\dfrac{161}{81}$, $m = -81$이므로 $Mm = 161$

11 답 ④

$y = a \times x^{3 - \log_2 x}$의 양변에 밑이 2인 로그를 취하면

$\log_2 y = \log_2 (a \times x^{3 - \log_2 x})$
$\qquad = \log_2 a + \log_2 x^{3 - \log_2 x}$
$\qquad = \log_2 a + (3 - \log_2 x) \log_2 x$
$\qquad = -(\log_2 x)^2 + 3 \log_2 x + \log_2 a$

$\log_2 x = t$로 놓으면 $\dfrac{1}{2} \le x \le 8$에서 $-1 \le t \le 3$

이때 주어진 함수는

$\log_2 y = -t^2 + 3t + \log_2 a = -\left(t - \dfrac{3}{2}\right)^2 + \log_2 a + \dfrac{9}{4}$

따라서 $-1 \le t \le 3$일 때 $t = -1$에서 최솟값 $-4 + \log_2 a$를 갖는다.

주어진 함수의 최솟값이 32이므로 $-4 + \log_2 a = \log_2 32$

$\log_2 a = 9$ $\quad \therefore a = 2^9 = 512$

12 답 ④

$\log_2 a > 0$, $\log_2 b > 0$이므로 산술평균과 기하평균의 관계에 의하여

$\log_2 a + \log_2 b \ge 2\sqrt{\log_2 a \times \log_2 b}$ (단, 등호는 $a = b$일 때 성립)

이때 $\log_2 a + \log_2 b = \log_2 ab = \log_2 400 = 2\log_2 20$이므로

$2\log_2 20 \ge 2\sqrt{\log_2 a \times \log_2 b}$, $2 + \log_2 5 \ge \sqrt{\log_2 a \times \log_2 b}$

따라서 $\sqrt{\log_2 a \times \log_2 b}$의 최댓값은 $2 + \log_2 5$이다.

13 답 ①

$2^x - 8 \times 16^{-y} = 14$에서 $2^x - 2^{3-4y} = 14$ $\quad \cdots\cdots$ ㉠

$\log_2 \left(\dfrac{1}{2}x - 1\right) - \log_2 y = 1$에서 $\log_2 \dfrac{x-2}{2y} = 1$

$\dfrac{x-2}{2y} = 2$ $\quad \therefore 4y = x - 2$ $\quad \cdots\cdots$ ㉡

이를 ㉠에 대입하면 $2^x - 2^{3-(x-2)} = 14$

$\therefore 2^x - 2^{5-x} = 14$

양변에 2^x을 곱하면

$(2^x)^2 - 14 \times 2^x - 32 = 0$

$2^x = t$ $(t > 0)$로 놓으면 $t^2 - 14t - 32 = 0$

$(t+2)(t-16) = 0$ $\quad \therefore t = 16$ $(\because t > 0)$

즉, $2^x = 16$이므로 $x = 4$

이를 ㉡에 대입하여 풀면 $y = \dfrac{1}{2}$

따라서 $\alpha = 4$, $\beta = \dfrac{1}{2}$이므로 $\alpha\beta = 2$

14 답 ③

진수의 조건에서 $x > 0$ $\quad \cdots\cdots$ ㉠

$(\log_2 x)^2 - \log_2 x^7 + 10 = 0$에서

$(\log_2 x)^2 - 7\log_2 x + 10 = 0$

$\log_2 x = t$로 놓으면 $t^2 - 7t + 10 = 0$

$(t-2)(t-5) = 0$ $\quad \therefore t = 2$ 또는 $t = 5$

즉, $\log_2 x = 2$ 또는 $\log_2 x = 5$이므로

$x = 4$ 또는 $x = 32$

이때 ㉠에 의하여 $x = 4$ 또는 $x = 32$

따라서 주어진 방정식의 두 근의 차는

$32 - 4 = 28$

15 답 $14 + \sqrt{3}$

$\log_{\frac{1}{3}} (x-2) = \log_{\frac{1}{9}} (2x-1)$의 진수의 조건에서

$x - 2 > 0$, $2x - 1 > 0$

$\therefore x > 2$ $\quad \cdots\cdots$ ㉠

$\log_{\frac{1}{3}} (x-2) = \log_{\frac{1}{9}} (2x-1)$에서

$\log_{\frac{1}{9}} (x-2)^2 = \log_{\frac{1}{9}} (2x-1)$, $(x-2)^2 = 2x - 1$

$x^2 - 6x + 5 = 0$, $(x-1)(x-5) = 0$

$\therefore x = 1$ 또는 $x = 5$

이때 ㉠에 의하여 $x = 5$ $\quad \therefore \alpha = 5$

$(\log_9 x^2)^2 - 5\log_9 x + 1 = 0$의 진수의 조건에서

$x > 0$ $\quad \cdots\cdots$ ㉡

$(\log_9 x^2)^2 - 5\log_9 x + 1 = 0$에서

$4(\log_9 x)^2 - 5\log_9 x + 1 = 0$

$\log_9 x = t$로 놓으면 $4t^2 - 5t + 1 = 0$

$(4t-1)(t-1) = 0$ $\quad \therefore t = \dfrac{1}{4}$ 또는 $t = 1$

즉, $\log_9 x = \dfrac{1}{4}$ 또는 $\log_9 x = 1$이므로

$x = \sqrt{3}$ 또는 $x = 9$

이때 ㉡에 의하여

$\beta = \sqrt{3}$, $\gamma = 9$ 또는 $\beta = 9$, $\gamma = \sqrt{3}$

$\therefore \alpha + \beta + \gamma = 5 + \sqrt{3} + 9 = 14 + \sqrt{3}$

16 답 ①

진수의 조건에서 $x > 0$ $\quad \cdots\cdots$ ㉠

$x^{\log_3 x} = \dfrac{27}{x^2}$의 양변에 밑이 3인 로그를 취하면

$\log_3 x^{\log_3 x} = \log_3 \dfrac{27}{x^2}$

$(\log_3 x)^2 = 3 - 2\log_3 x$, $(\log_3 x)^2 + 2\log_3 x - 3 = 0$

$\log_3 x = t$로 놓으면 $t^2 + 2t - 3 = 0$

$(t+3)(t-1) = 0$

$\therefore t = -3$ 또는 $t = 1$

즉, $\log_3 x = -3$ 또는 $\log_3 x = 1$이므로

$x = \dfrac{1}{27}$ 또는 $x = 3$

이때 ㉠에 의하여 $x = \dfrac{1}{27}$ 또는 $x = 3$

따라서 모든 근의 곱은 $\dfrac{1}{27} \times 3 = \dfrac{1}{9}$

17 답 59

진수의 조건에서 $x>0$, $\log_4 x>0$, $\log_3(\log_4 x)>0$

$\log_3(\log_4 x)>\log_3 1$에서 밑이 1보다 크므로

$\log_4 x>1$ $\therefore x>4$ $\cdots\cdots$ ㉠

$\log_{\frac{1}{3}}\{\log_3(\log_4 x)\}>0$에서 $\log_{\frac{1}{3}}\{\log_3(\log_4 x)\}>\log_{\frac{1}{3}}1$

밑이 1보다 작으므로 $\log_3(\log_4 x)<1$

$\log_3(\log_4 x)<\log_3 3$

밑이 1보다 크므로 $\log_4 x<3$ $\therefore x<64$ $\cdots\cdots$ ㉡

㉠, ㉡의 공통부분은 $4<x<64$

따라서 구하는 정수 x의 개수는

$64-4-1=59$

18 답 81

진수의 조건에서 $x>0$ $\cdots\cdots$ ㉠

$\log_{\frac{1}{3}}x\times\log_{\frac{1}{3}}\dfrac{x}{9}\le8$에서 $\log_{\frac{1}{3}}x\times(\log_{\frac{1}{3}}x+2)\le8$

$\log_{\frac{1}{3}}x=t$로 놓으면 $t^2+2t-8\le0$

$(t+4)(t-2)\le0$ $\therefore -4\le t\le2$

즉, $-4\le\log_{\frac{1}{3}}x\le2$이므로

$\log_{\frac{1}{3}}81\le\log_{\frac{1}{3}}x\le\log_{\frac{1}{3}}\dfrac{1}{9}$

밑이 1보다 작으므로 $\dfrac{1}{9}\le x\le81$ $\cdots\cdots$ ㉡

㉠, ㉡의 공통부분은 $\dfrac{1}{9}\le x\le81$

따라서 자연수 x의 최댓값은 81이다.

19 답 $0<a<\dfrac{1}{27}$ 또는 $a>9$

진수의 조건에서 $a>0$ $\cdots\cdots$ ㉠

주어진 이차방정식의 판별식을 D라 하면

$\dfrac{D}{4}=(\log_3 a+3)^2-5(3+\log_3 a)>0$

$(\log_3 a)^2+\log_3 a-6>0$

$\log_3 a=t$로 놓으면 $t^2+t-6>0$

$(t+3)(t-2)>0$ $\therefore t<-3$ 또는 $t>2$

즉, $\log_3 a<-3$ 또는 $\log_3 a>2$이므로

$a<\dfrac{1}{27}$ 또는 $a>9$

이때 ㉠에 의하여

$0<a<\dfrac{1}{27}$ 또는 $a>9$

20 답 ②

처음 방사능의 양을 a라 하면 $\left(\dfrac{75}{100}\right)^n a\le\dfrac{5}{100}a$

양변에 상용로그를 취하면

$n\log\dfrac{75}{100}\le\log\dfrac{5}{100}$

$n\log\dfrac{3}{4}\le\log5-2$

$n(\log3-2\log2)\le\log5-2$

$n(0.4-2\times0.3)\le(1-0.3)-2,\ -0.2n\le-1.3$

$\therefore n\ge6.5$

따라서 이 벽을 최소한 7번 통과시켜야 한다.

중단원 기출 문제 1회

1 답 ②

① $-1420°=360°\times(-4)+20°$ ② $-710°=360°\times(-2)+10°$

③ $-340°=360°\times(-1)+20°$ ④ $380°=360°\times1+20°$

⑤ $1100°=360°\times3+20°$

따라서 동경 OP가 나타낼 수 없는 각은 ②이다.

2 답 ㄱ, ㄴ, ㅁ

$420°=360°\times1+60°$

ㄱ. $-1740°=360°\times(-5)+60°$

ㄴ. $-660°=360°\times(-2)+60°$

ㄷ. $-30°=360°\times(-1)+330°$

ㄹ. $390°=360°\times1+30°$

ㅁ. $780°=360°\times2+60°$

ㅂ. $1130°=360°\times3+50°$

따라서 $420°$를 나타내는 동경과 일치하는 것은 ㄱ, ㄴ, ㅁ이다.

3 답 제2사분면, 제4사분면

2θ가 제3사분면의 각이므로

$360°\times n+180°<2\theta<360°\times n+270°$ (단, n은 정수)

$\therefore 180°\times n+90°<\theta<180°\times n+135°$

(i) $n=2k$(k는 정수)일 때,

$360°\times k+90°<\theta<360°\times k+135°$

따라서 θ는 제2사분면의 각이다.

(ii) $n=2k+1$(k는 정수)일 때,

$360°\times k+270°<\theta<360°\times k+315°$

따라서 θ는 제4사분면의 각이다.

(i), (ii)에서 θ는 제2사분면 또는 제4사분면의 각이다.

4 답 ③

θ가 제1사분면의 각이므로

$360°\times n+0°<\theta<360°\times n+90°$ (단, n은 정수)

$\therefore 180°\times n+0°<\dfrac{\theta}{2}<180°\times n+45°$

(i) $n=2k$(k는 정수)일 때,

$360°\times k+0°<\dfrac{\theta}{2}<360°\times k+45°$

따라서 $\dfrac{\theta}{2}$는 제1사분면의 각이다.

(ii) $n=2k+1$(k는 정수)일 때,

$360°\times k+180°<\dfrac{\theta}{2}<360°\times k+225°$

따라서 $\dfrac{\theta}{2}$는 제3사분면의 각이다.

(i), (ii)에서 각 $\dfrac{\theta}{2}$를 나타내는 동경이 존재할 수 있는 사분면은

제1사분면 또는 제3사분면이다.

5 답 ③

각 θ를 나타내는 동경과 각 9θ를 나타내는 동경이 일치하므로

$9\theta - \theta = 360° \times n$ (단, n은 정수)

$8\theta = 360° \times n$ ∴ $\theta = 45° \times n$ ······ ㉠

$0° < \theta < 90°$에서 $0° < 45° \times n < 90°$

∴ $0 < n < 2$

이때 n은 정수이므로 $n = 1$

이를 ㉠에 대입하면 $\theta = 45°$

6 답 225°

$8\theta - 4\theta = 360° \times n + 180°$ (단, n은 정수)

$4\theta = 360° \times n + 180°$ ∴ $\theta = 90° \times n + 45°$ ······ ㉠

$180° < \theta < 270°$에서 $180° < 90° \times n + 45° < 270°$

∴ $\dfrac{3}{2} < n < \dfrac{5}{2}$

이때 n은 정수이므로 $n = 2$

이를 ㉠에 대입하면 $\theta = 225°$

7 답 22.5°, 67.5°

$3\theta + 5\theta = 360° \times n + 180°$ (단, n은 정수)

$8\theta = 360° \times n + 180°$ ∴ $\theta = 45° \times n + \dfrac{45°}{2}$ ······ ㉠

$0° < \theta < 90°$에서 $0° < 45° \times n + \dfrac{45°}{2} < 90°$

∴ $-\dfrac{1}{2} < n < \dfrac{3}{2}$

이때 n은 정수이므로 $n = 0$ 또는 $n = 1$

이를 ㉠에 대입하면

$\theta = \dfrac{45°}{2} = 22.5°$ 또는 $\theta = 45° + \dfrac{45°}{2} = 67.5°$

8 답 ②

② $210° = 210 \times \dfrac{\pi}{180} = \dfrac{7}{6}\pi$

따라서 옳지 않은 것은 ②이다.

9 답 ⑤

① $-250° = 360° \times (-1) + 110°$ ➡ 제2사분면의 각

② $120°$ ➡ 제2사분면의 각

③ $-\dfrac{4}{3}\pi = 2\pi \times (-1) + \dfrac{2}{3}\pi$ ➡ 제2사분면의 각

④ $\dfrac{3}{4}\pi$ ➡ 제2사분면의 각

⑤ $\dfrac{7}{6}\pi = \pi + \dfrac{\pi}{6}$ ➡ 제3사분면의 각

따라서 동경이 위치하는 사분면이 다른 하나는 ⑤이다.

10 답 ④

호의 길이를 l, 넓이를 S라 하면

$S = \dfrac{1}{2}rl$에서 $12\pi = \dfrac{1}{2} \times r \times 4\pi$ ∴ $r = 6$

$l = r\theta$에서 $4\pi = 6\theta$ ∴ $\theta = \dfrac{2}{3}\pi$

∴ $\dfrac{r\pi}{\theta} = \dfrac{6\pi}{\dfrac{2}{3}\pi} = 9$

11 답 ①

주어진 원뿔의 전개도는 오른쪽 그림과 같고,
옆면인 부채꼴의 호의 길이는

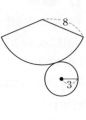

$2\pi \times 3 = 6\pi$

즉, 부채꼴의 넓이는

$\dfrac{1}{2} \times 8 \times 6\pi = 24\pi$

또 밑면인 원의 넓이는

$\pi \times 3^2 = 9\pi$

따라서 원뿔의 겉넓이는

$24\pi + 9\pi = 33\pi$

12 답 호의 길이: 6π, 넓이: 27π

각 θ를 나타내는 동경과 각 11θ를 나타내는 동경이 x축에 대하여 대칭이므로

$\theta + 11\theta = 2\pi \times n$ (단, n은 정수)

$12\theta = 2\pi \times n$ ∴ $\theta = \dfrac{\pi}{6} \times n$ ······ ㉠

$\dfrac{\pi}{2} < \theta < \dfrac{5}{6}\pi$에서 $\dfrac{\pi}{2} < \dfrac{\pi}{6} \times n < \dfrac{5}{6}\pi$

∴ $3 < n < 5$

이때 n은 정수이므로 $n = 4$

이를 ㉠에 대입하면 $\theta = \dfrac{2}{3}\pi$

따라서 반지름의 길이가 9이고, 중심각의 크기가 $\dfrac{2}{3}\pi$인 부채꼴의

호의 길이는 $9 \times \dfrac{2}{3}\pi = 6\pi$

넓이는 $\dfrac{1}{2} \times 9 \times 6\pi = 27\pi$

13 답 18

부채꼴의 둘레의 길이가 12이므로

$l = 12 - 2r$

∴ $S + l = \dfrac{1}{2}rl + l = l\left(\dfrac{1}{2}r + 1\right)$

$= (12 - 2r)\left(\dfrac{1}{2}r + 1\right)$

$= -r^2 + 4r + 12$

$= -(r - 2)^2 + 16 \ (0 < r < 6)$

따라서 $S + l$은 $r = 2$에서 최댓값 16을 가지므로

$a = 2$, $M = 16$

∴ $a + M = 18$

14 답 -1

$\overline{\text{OP}} = \sqrt{15^2 + (-8)^2} = 17$이므로

$\sin\theta = -\dfrac{8}{17}$, $\cos\theta = \dfrac{15}{17}$,

$\tan\theta = -\dfrac{8}{15}$

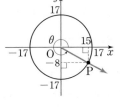

∴ $\dfrac{17\cos\theta + 15\tan\theta}{17\sin\theta + 1}$

$= \dfrac{17 \times \dfrac{15}{17} + 15 \times \left(-\dfrac{8}{15}\right)}{17 \times \left(-\dfrac{8}{17}\right) + 1} = -1$

15 답 ③

$\sin\theta\cos\theta>0$, $\sin\theta+\cos\theta<0$이려면 $\sin\theta<0$, $\cos\theta<0$이어야 하므로 θ는 제3사분면의 각이다.

16 답 ④

θ가 제2사분면의 각이면 $\sin\theta>0$, $\cos\theta<0$이므로
$$\sqrt{\sin^2\theta}-\sqrt{\cos^2\theta}+\sqrt{(\cos\theta-\sin\theta)^2}$$
$$=\sin\theta-(-\cos\theta)-(\cos\theta-\sin\theta)$$
$$=2\sin\theta$$

17 답 ④

$$\frac{\cos\theta}{1+\sin\theta}+\frac{\sin\theta}{\cos\theta}$$
$$=\frac{\cos\theta(1-\sin\theta)}{(1+\sin\theta)(1-\sin\theta)}+\frac{\sin\theta\cos\theta}{\cos^2\theta}$$
$$=\frac{\cos\theta-\sin\theta\cos\theta}{1-\sin^2\theta}+\frac{\sin\theta\cos\theta}{\cos^2\theta}$$
$$=\frac{\cos\theta-\sin\theta\cos\theta}{\cos^2\theta}+\frac{\sin\theta\cos\theta}{\cos^2\theta}$$
$$=\frac{\cos\theta}{\cos^2\theta}=\frac{1}{\cos\theta}$$

18 답 ③

$\sin^2\theta+\cos^2\theta=1$에서
$$\sin^2\theta=1-\cos^2\theta=1-\left(-\frac{2}{5}\right)^2=\frac{21}{25}$$
이때 θ가 제3사분면의 각이므로 $\sin\theta<0$
$$\therefore \sin\theta=-\sqrt{\frac{21}{25}}=-\frac{\sqrt{21}}{5}$$
즉, $\tan\theta=\dfrac{\sin\theta}{\cos\theta}=\dfrac{-\frac{\sqrt{21}}{5}}{-\frac{2}{5}}=\dfrac{\sqrt{21}}{2}$이므로
$$\sin\theta+\tan\theta=-\frac{\sqrt{21}}{5}+\frac{\sqrt{21}}{2}=\frac{3\sqrt{21}}{10}$$

19 답 ④

$\sin\theta+\cos\theta=-\dfrac{\sqrt{3}}{3}$의 양변을 제곱하면
$$\sin^2\theta+2\sin\theta\cos\theta+\cos^2\theta=\frac{1}{3}$$
$$1+2\sin\theta\cos\theta=\frac{1}{3} \quad \therefore \sin\theta\cos\theta=-\frac{1}{3}$$
$$\therefore \tan^2\theta+\frac{1}{\tan^2\theta}=\frac{\sin^2\theta}{\cos^2\theta}+\frac{\cos^2\theta}{\sin^2\theta}=\frac{\sin^4\theta+\cos^4\theta}{\sin^2\theta\cos^2\theta}$$
$$=\frac{(\sin^2\theta+\cos^2\theta)^2-2\sin^2\theta\cos^2\theta}{\sin^2\theta\cos^2\theta}$$
$$=\frac{1-2(\sin\theta\cos\theta)^2}{(\sin\theta\cos\theta)^2}=\frac{1-2\times\frac{1}{9}}{\frac{1}{9}}=7$$

20 답 $-\dfrac{7}{8}$

이차방정식 $4x^2+3x+k=0$에서 근과 계수의 관계에 의하여
$$\sin\theta+\cos\theta=-\frac{3}{4} \quad \cdots\cdots \text{㉠}$$
$$\sin\theta\cos\theta=\frac{k}{4} \quad \cdots\cdots \text{㉡}$$

㉠의 양변을 제곱하면
$$\sin^2\theta+2\sin\theta\cos\theta+\cos^2\theta=\frac{9}{16}$$
$$1+2\sin\theta\cos\theta=\frac{9}{16}$$
$$\therefore \sin\theta\cos\theta=-\frac{7}{32}$$
따라서 ㉡에서 $\dfrac{k}{4}=-\dfrac{7}{32}$이므로 $k=-\dfrac{7}{8}$

중단원 기출 문제 2회

1 답 ③

① $-980°=360°\times(-3)+100°$
② $-620°=360°\times(-2)+100°$
③ $-170°=360°\times(-1)+190°$
④ $460°=360°\times1+100°$
⑤ $1180°=360°\times3+100°$
따라서 각을 나타내는 동경이 나머지 넷과 다른 하나는 ③이다.

2 답 4

$360°\times n+90°<2\theta<360°\times n+180°$ (단, n은 정수)
$$\therefore 180°\times n+45°<\theta<180°\times n+90°$$
(i) $n=2k$ (k는 정수)일 때,
$$360°\times k+45°<\theta<360°\times k+90°$$
따라서 θ는 제1사분면의 각이다.
(ii) $n=2k+1$ (k는 정수)일 때,
$$360°\times k+225°<\theta<360°\times k+270°$$
따라서 θ는 제3사분면의 각이다.
(i), (ii)에서 θ는 제1사분면 또는 제3사분면의 각이다.
따라서 a의 값은 1, 3이므로 구하는 합은
$$1+3=4$$

3 답 ②

θ가 제3사분면의 각이면
$360°\times n+180°<\theta<360°\times n+270°$ (단, n은 정수)
$$\therefore 120°\times n+60°<\frac{\theta}{3}<120°\times n+90°$$
(i) $n=3k$일 때,
$$360°\times k+60°<\frac{\theta}{3}<360°\times k+90°$$
따라서 $\dfrac{\theta}{3}$는 제1사분면의 각이다.
(ii) $n=3k+1$일 때,
$$360°\times k+180°<\frac{\theta}{3}<360°\times n+210°$$
따라서 $\dfrac{\theta}{3}$는 제3사분면의 각이다.

(iii) $n=3k+2$일 때,

$$360° \times k+300° < \frac{\theta}{3} < 360° \times k+330°$$

따라서 $\frac{\theta}{3}$는 제4사분면의 각이다.

(i)~(iii)에서 $\frac{\theta}{3}$는 제1사분면 또는 제3사분면 또는 제4사분면의 각

이므로 각 $\frac{\theta}{3}$를 나타내는 동경이 존재하지 않는 사분면은 제2사분면

이다.

4 답 **135°**

$7\theta-3\theta=360° \times n+180°$ (단, n의 정수)

$4\theta=360° \times n+180°$ ∴ $\theta=90° \times n+45°$ ······ ㉠

$90° < \theta < 180°$에서 $90° < 90° \times n+45° < 180°$

∴ $\frac{1}{2} < n < \frac{3}{2}$

이때 n은 정수이므로 $n=1$

이를 ㉠에 대입하면 $\theta=135°$

5 답 **②**

$6\theta-\theta=360° \times n$ (단, n은 정수)

$5\theta=360° \times n$ ∴ $\theta=72° \times n$ ······ ㉠

$270° < \theta < 360°$에서 $270° < 72° \times n < 360°$

∴ $\frac{15}{4} < n < 5$

이때 n은 정수이므로 $n=4$

이를 ㉠에 대입하면 $\theta=288°$

6 답 **⑤**

$3\theta+6\theta=360° \times n$ (단, n은 정수)

$9\theta=360° \times n$ ∴ $\theta=40° \times n$ ······ ㉠

$180° < \theta < 270°$에서 $180° < 40° \times n < 270°$

∴ $\frac{9}{2} < n < \frac{27}{4}$

이때 n은 정수이므로 $n=5$ 또는 $n=6$

이를 ㉠에 대입하면 $\theta=200°$ 또는 $\theta=240°$

따라서 모든 각 θ의 크기의 합은 $200°+240°=440°$

7 답 **6**

$\theta+5\theta=360° \times n+90°$ (단, n은 정수)

$6\theta=360° \times n+90°$ ∴ $\theta=60° \times n+15°$ ······ ㉠

$0° < \theta < 360°$에서 $0° < 60° \times n+15° < 360°$

∴ $-\frac{1}{4} < n < \frac{23}{4}$

이때 n은 정수이므로

$n=0$ 또는 $n=1$ 또는 $n=2$ 또는 $n=3$ 또는 $n=4$ 또는 $n=5$

이를 ㉠에 대입하면

$\theta=15°$ 또는 $\theta=75°$ 또는 $\theta=135°$ 또는 $\theta=195°$ 또는 $\theta=255°$

또는 $\theta=315°$

따라서 각 θ의 개수는 6이다.

8 답 **67**

$600°=600 \times \frac{\pi}{180}=\frac{10}{3}\pi$이므로 $a=3$, $b=10$

또 $\frac{3}{10}\pi=\frac{3}{10}\pi \times \frac{180°}{\pi}=54°$이므로 $c=54$

∴ $a+b+c=3+10+54=67$

9 답 **4π**

부채꼴의 반지름의 길이를 r라 하면

$12\pi=\frac{1}{2} \times r^2 \times \frac{2}{3}\pi$

$r^2=36$ ∴ $r=6$ ($∵ r>0$)

따라서 부채꼴의 호의 길이는

$6 \times \frac{2}{3}\pi=4\pi$

10 답 **⑤**

오른쪽 그림과 같이 색칠한 부분에 내접하
는 두 개의 삼각형은 한 변의 길이가 4인
정삼각형이므로 부채꼴 OAB의 중심각의
크기는 $\frac{2}{3}\pi$이다.

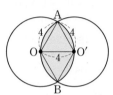

부채꼴 OAB의 호의 길이를 l이라 하면

$l=4 \times \frac{2}{3}\pi=\frac{8}{3}\pi$

따라서 색칠한 부분의 둘레의 길이는 부채꼴 OAB의 호의 길이의

2배이므로

$2 \times \frac{8}{3}\pi=\frac{16}{3}\pi$

11 답 **③**

두 부채꼴 A, B의 호의 길이는 각각 $\frac{3}{2}r_A$, $\frac{3}{2}r_B$이므로

$\frac{3}{2}r_A+\frac{3}{2}r_B=9$ ∴ $r_A+r_B=6$

두 부채꼴 A, B의 넓이는 각각 $\frac{3}{4}r_A{}^2$, $\frac{3}{4}r_B{}^2$이므로

$\frac{3}{4}r_A{}^2+\frac{3}{4}r_B{}^2=18$ ∴ $r_A{}^2+r_B{}^2=24$

$(r_A+r_B)^2=r_A{}^2+2r_Ar_B+r_B{}^2$에서

$6^2=24+2r_Ar_B$ ∴ $r_Ar_B=6$

12 답 **호의 길이: 5, 중심각의 크기: 2**

부채꼴의 반지름의 길이를 r, 호의 길이를 l이라 하면

$l=10-2r$

부채꼴의 넓이를 S라 하면

$S=\frac{1}{2}rl=\frac{1}{2}r(10-2r)$

$\quad=-r^2+5r=-\left(r-\frac{5}{2}\right)^2+\frac{25}{4}$ ($0 < r < 5$)

따라서 S는 $r=\frac{5}{2}$에서 최댓값 $\frac{25}{4}$를 갖는다.

이때 부채꼴의 중심각의 크기를 θ라 하면

$\frac{25}{4}=\frac{1}{2} \times \left(\frac{5}{2}\right)^2 \times \theta$ ∴ $\theta=2$

또 부채꼴의 호의 길이는

$l=10-2r=10-2 \times \frac{5}{2}=5$

13 답 ②

동경 OP가 나타내는 각의 크기를 θ라 하면

$\theta_1 = \pi + \theta$, $\theta_2 = -\theta$

$\sin\theta = \dfrac{4}{5}$, $\cos\theta = \dfrac{3}{5}$, $\tan\theta = \dfrac{4}{3}$이므로

$\sin\theta_1 + \tan\theta_2 = \sin(\pi+\theta) + \tan(-\theta)$

$\qquad\qquad\qquad = -\sin\theta - \tan\theta$

$\qquad\qquad\qquad = -\dfrac{4}{5} - \dfrac{4}{3} = -\dfrac{32}{15}$

14 답 ⑤

$\overline{AD} = 4$, $\overline{AB} = 2$이므로

$A(-2, 1)$

$\overline{OA} = \sqrt{(-2)^2 + 1^2} = \sqrt{5}$이므로

$\sin\alpha = \dfrac{1}{\sqrt{5}}$, $\cos\alpha = -\dfrac{2}{\sqrt{5}}$

두 점 A, C가 원점에 대하여 대칭이므로 $C(2, -1)$

$\overline{OC} = \sqrt{5}$이므로

$\sin\beta = -\dfrac{1}{\sqrt{5}}$, $\cos\beta = \dfrac{2}{\sqrt{5}}$

$\therefore \cos\alpha\cos\beta + \sin\alpha\sin\beta$

$= \left(-\dfrac{2}{\sqrt{5}}\right) \times \dfrac{2}{\sqrt{5}} + \dfrac{1}{\sqrt{5}} \times \left(-\dfrac{1}{\sqrt{5}}\right) = -1$

15 답 제4사분면

(ⅰ) $\dfrac{\cos\theta}{\tan\theta} < 0$에서

$\cos\theta$, $\tan\theta$의 값의 부호가 서로 다르므로 θ는 제3사분면 또는 제4사분면의 각이다.

(ⅱ) $\sin\theta\tan\theta > 0$에서

$\sin\theta$, $\tan\theta$의 값의 부호가 서로 같으므로 θ는 제1사분면 또는 제4사분면의 각이다.

(ⅰ), (ⅱ)에서 θ는 제4사분면의 각이다.

16 답 ④

θ가 제4사분면의 각이므로 $\sin\theta < 0$, $\cos\theta > 0$

$\therefore |\sin\theta - \cos\theta| - \sqrt{\sin^2\theta} = -(\sin\theta - \cos\theta) - (-\sin\theta)$

$\qquad\qquad\qquad\qquad\qquad = -\sin\theta + \cos\theta + \sin\theta$

$\qquad\qquad\qquad\qquad\qquad = \cos\theta$

17 답 ②

$\sin^2\theta + \cos^2\theta = 1$에서

$\sin^2\theta = 1 - \cos^2\theta = 1 - \left(-\dfrac{1}{3}\right)^2 = \dfrac{8}{9}$

이때 θ가 제2사분면의 각이므로 $\sin\theta > 0$

$\therefore \sin\theta = \sqrt{\dfrac{8}{9}} = \dfrac{2\sqrt{2}}{3}$

따라서 $\tan\theta = \dfrac{\sin\theta}{\cos\theta} = \dfrac{\frac{2\sqrt{2}}{3}}{-\frac{1}{3}} = -2\sqrt{2}$이므로

$9\sin\theta\tan\theta = 9 \times \dfrac{2\sqrt{2}}{3} \times (-2\sqrt{2}) = -24$

18 답 ①

$\dfrac{1+\tan\theta}{1-\tan\theta} = 2 - \sqrt{3}$에서

$1 + \tan\theta = (2-\sqrt{3})(1-\tan\theta)$

$(3-\sqrt{3})\tan\theta = 1 - \sqrt{3}$

$\therefore \tan\theta = \dfrac{1-\sqrt{3}}{3-\sqrt{3}} = \dfrac{(1-\sqrt{3})(3+\sqrt{3})}{6} = -\dfrac{\sqrt{3}}{3}$

이때 $\sin^2\theta + \cos^2\theta = 1$의 양변을 $\cos^2\theta$로 나누면

$\tan^2\theta + 1 = \dfrac{1}{\cos^2\theta}$이므로

$\dfrac{1}{\cos^2\theta} = \left(-\dfrac{\sqrt{3}}{3}\right)^2 + 1 = \dfrac{4}{3}$

$\therefore \cos^2\theta = \dfrac{3}{4}$

$\sin^2\theta + \cos^2\theta = 1$이므로

$\sin^2\theta = 1 - \cos^2\theta = 1 - \dfrac{3}{4} = \dfrac{1}{4}$

이때 $\dfrac{\pi}{2} < \theta < \pi$이므로 $\sin\theta > 0$, $\cos\theta < 0$

따라서 $\sin\theta = \dfrac{1}{2}$, $\cos\theta = -\dfrac{\sqrt{3}}{2}$이므로

$\sin\theta\cos\theta = \dfrac{1}{2} \times \left(-\dfrac{\sqrt{3}}{2}\right) = -\dfrac{\sqrt{3}}{4}$

19 답 ④

$\sin\theta + \cos\theta = \dfrac{2}{3}$의 양변을 제곱하면

$\sin^2\theta + 2\sin\theta\cos\theta + \cos^2\theta = \dfrac{4}{9}$

$1 + 2\sin\theta\cos\theta = \dfrac{4}{9}$

$\therefore \sin\theta\cos\theta = -\dfrac{5}{18}$

$\therefore \sin^3\theta + \cos^3\theta$

$= (\sin\theta + \cos\theta)(\sin^2\theta - \sin\theta\cos\theta + \cos^2\theta)$

$= \dfrac{2}{3} \times \left\{1 - \left(-\dfrac{5}{18}\right)\right\} = \dfrac{23}{27}$

20 답 ②

이차방정식의 근과 계수의 관계에 의하여

$\sin\theta + \cos\theta = -k$ ...... ㉠

$\sin\theta\cos\theta = -k$ ...... ㉡

㉠의 양변을 제곱하면

$\sin^2\theta + 2\sin\theta\cos\theta + \cos^2\theta = (-k)^2$

$1 + 2\sin\theta\cos\theta = k^2$

$1 + 2 \times (-k) = k^2$ (∵ ㉡)

$k^2 + 2k - 1 = 0$ $\qquad \therefore k = -1 + \sqrt{2}$ (∵ $k > 0$) ...... ㉢

$\therefore (\sin\theta - \cos\theta)^2 = (\sin\theta + \cos\theta)^2 - 4\sin\theta\cos\theta$

$\qquad\qquad\qquad\qquad = (-k)^2 - 4 \times (-k)$ (∵ ㉠, ㉡)

$\qquad\qquad\qquad\qquad = k^2 + 4k$

$\qquad\qquad\qquad\qquad = (-1+\sqrt{2})^2 + 4 \times (-1+\sqrt{2})$ (∵ ㉢)

$\qquad\qquad\qquad\qquad = 2\sqrt{2} - 1$

중단원 기출 문제 1회

1 답 ②

함수 $f(x)$의 주기가 p이므로 모든 실수 x에 대하여

$f(x+2p)=f(x+p)=f(x)$

$\therefore f(2p)=f(0)=\dfrac{\sin 0+\cos 0-3}{\tan 0+2}$

$\qquad =\dfrac{-2}{2}=-1$

2 답 ③

① $f(\pi)=3\sin(2\pi-\pi)+1=1$

② 정의역은 실수 전체의 집합이다.

③ 주기는 $\dfrac{2\pi}{|2|}=\pi$이다.

④ 최댓값은 $3+1=4$, 최솟값은 $-3+1=-2$이다.

⑤ 함수 $f(x)=3\sin(2x-\pi)+1=3\sin 2\left(x-\dfrac{\pi}{2}\right)+1$의 그래프

는 함수 $y=3\sin 2x$의 그래프를 x축의 방향으로 $\dfrac{\pi}{2}$만큼, y축의

방향으로 1만큼 평행이동한 것이다.

따라서 옳지 않은 것은 ③이다.

3 답 -8

함수 $y=\cos 2x$의 그래프를 x축의 방향으로 1만큼, y축의 방향으로

a만큼 평행이동한 그래프의 식은

$y=\cos 2(x-1)+a=\cos(2x-2)+a$

이 식이 $y=\cos(2x+b)+4$와 같아야 하므로

$a=4$, $b=-2$ $\qquad \therefore ab=-8$

4 답 ㄴ, ㄷ

정의역에 속하는 모든 실수 x에 대하여 $f(x+\pi)=f(x)$이면 함수

$f(x)$는 주기가 $\dfrac{\pi}{n}$(n은 자연수)인 주기함수이다.

ㄱ. $f(x)=2\sin x-1$의 주기는 2π

　 이때 $\dfrac{\pi}{n}=2\pi$를 만족시키는 자연수 n이 존재하지 않으므로

　 $f(x+\pi)\neq f(x)$

ㄴ. $f(x)=\dfrac{1}{4}\cos 2x$의 주기는 $\dfrac{2\pi}{|2|}=\pi$

　 $\therefore f(x+\pi)=f(x)$

ㄷ. $f(x)=\tan 2x$의 주기는 $\dfrac{\pi}{|2|}=\dfrac{\pi}{2}$

　 $\therefore f(x+\pi)=f\left(x+\dfrac{\pi}{2}\right)=f(x)$

ㄹ. $f(x)=3\sin\sqrt{2}x$의 주기는 $\dfrac{2\pi}{|\sqrt{2}|}=\sqrt{2}\pi$

　 이때 $\dfrac{\pi}{n}=\sqrt{2}\pi$를 만족시키는 자연수 n이 존재하지 않으므로

　 $f(x+\pi)\neq f(x)$

따라서 보기 중 정의역에 속하는 모든 실수 x에 대하여

$f(x+\pi)=f(x)$를 만족시키는 함수는 ㄴ, ㄷ이다.

5 답 ②

㈎에서 함수 $f(x)$의 주기가 $\dfrac{\pi}{2}$이고 $b>0$이므로

$\dfrac{\pi}{b}=\dfrac{\pi}{2}$ $\qquad \therefore b=2$

즉, 함수 $y=a\tan 2\left(x+\dfrac{c}{2}\right)+d$의 그래프는 함수 $y=a\tan 2x$의

그래프를 x축의 방향으로 $-\dfrac{c}{2}$만큼, y축의 방향으로 d만큼 평행이

동한 것이므로

㈏에서

$-\dfrac{c}{2}=\dfrac{\pi}{6}$, $d=-1$ $\qquad \therefore c=-\dfrac{\pi}{3}$

$\therefore f(x)=a\tan\left(2x-\dfrac{\pi}{3}\right)-1$

㈐에서 $f\left(\dfrac{\pi}{3}\right)=3\sqrt{3}-1$이므로

$a\tan\dfrac{\pi}{3}-1=3\sqrt{3}-1$, $a\sqrt{3}-1=3\sqrt{3}-1$ $\qquad \therefore a=3$

$\therefore abcd=3\times 2\times\left(-\dfrac{\pi}{3}\right)\times(-1)=2\pi$

6 답 -6π

주어진 함수의 최댓값이 1, 최솟값이 -3이고 $a>0$이므로

$a+d=1$, $-a+d=-3$

두 식을 연립하여 풀면 $a=2$, $d=-1$

또 주기가 $\dfrac{7}{6}\pi-\dfrac{\pi}{2}=\dfrac{2}{3}\pi$이고 $b>0$이므로

$\dfrac{2\pi}{b}=\dfrac{2}{3}\pi$ $\qquad \therefore b=3$

따라서 주어진 함수는 $y=2\sin(3x+c)-1$이고 그래프가 점

$\left(\dfrac{\pi}{2},\ 1\right)$을 지나므로

$1=2\sin\left(\dfrac{3}{2}\pi+c\right)-1$ $\qquad \therefore \sin\left(\dfrac{3}{2}\pi+c\right)=1$

이때 $0<c<2\pi$에서 $\dfrac{3}{2}\pi<\dfrac{3}{2}\pi+c<\dfrac{7}{2}\pi$이므로

$\dfrac{3}{2}\pi+c=\dfrac{5}{2}\pi$ $\qquad \therefore c=\pi$

$\therefore abcd=2\times 3\times\pi\times(-1)=-6\pi$

7 답 ④

오른쪽 그림에서 $C(3,\ 0)$, $D(9,\ 0)$

이라 하고 $x\geq 9$에서 그래프와 x축의

첫 번째 교점을 E라 하면 $\overline{OC}=\overline{DE}$

이므로 점 E의 x좌표는

$9+3=12$

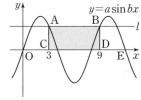

따라서 $y=a\sin bx$의 주기는 $12\times\dfrac{2}{3}=8$이고 $b>0$이므로

$\dfrac{2\pi}{b}=8$ $\qquad \therefore b=\dfrac{\pi}{4}$

즉, $y=a\sin\dfrac{\pi}{4}x$이므로 $\overline{AC}=a\sin\dfrac{3}{4}\pi=\dfrac{\sqrt{2}}{2}a$

직사각형 ACDB의 넓이가 $60\sqrt{2}$이므로

$6\times\dfrac{\sqrt{2}}{2}a=60\sqrt{2}$ $\qquad \therefore a=20$

$\therefore \dfrac{a}{b}=\dfrac{20}{\frac{\pi}{4}}=\dfrac{80}{\pi}$

8 답 6π

$y=\sin x$의 그래프에서 $\dfrac{x_1+x_2}{2}=\dfrac{\pi}{2}$, $\dfrac{x_3+x_4}{2}=\dfrac{5}{2}\pi$이므로

$x_1+x_2=\pi$, $x_3+x_4=5\pi$

$\therefore x_1+x_2+x_3+x_4=6\pi$

9 답 ①

함수 $y=|2\cos(x-\pi)|+1$
의 그래프는 오른쪽 그림과
같으므로

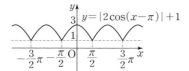

$a=\dfrac{\pi}{2}-\left(-\dfrac{\pi}{2}\right)=\pi$,

$M=3$, $m=1$

$\therefore a(M+m)=\pi(3+1)=4\pi$

10 답 ②

$\sin\dfrac{7}{6}\pi=\sin\left(\pi+\dfrac{\pi}{6}\right)=-\sin\dfrac{\pi}{6}=-\dfrac{1}{2}$

$\cos\dfrac{15}{4}\pi=\cos\left(2\pi+2\pi-\dfrac{\pi}{4}\right)=\cos\left(2\pi-\dfrac{\pi}{4}\right)=\cos\dfrac{\pi}{4}=\dfrac{\sqrt{2}}{2}$

$\cos\dfrac{5}{3}\pi=\cos\left(2\pi-\dfrac{\pi}{3}\right)=\cos\dfrac{\pi}{3}=\dfrac{1}{2}$

$\tan\dfrac{5}{4}\pi=\tan\left(\pi+\dfrac{\pi}{4}\right)=\tan\dfrac{\pi}{4}=1$

$\therefore$ (주어진 식)$=2\times\left(-\dfrac{1}{2}\right)+\sqrt{2}\times\dfrac{\sqrt{2}}{2}-4\times\dfrac{1}{2}+1$

$=-1+1-2+1=-1$

11 답 0

$\theta=\dfrac{2\pi}{10}=\dfrac{\pi}{5}$이므로 $5\theta=\pi$

$\therefore \cos\theta+\cos 2\theta+\cos 3\theta+\cdots+\cos 10\theta$

$=\cos\theta+\cos 2\theta+\cos 3\theta+\cos 4\theta+\cos\pi$

$\qquad+\cos(\pi+\theta)+\cos(\pi+2\theta)+\cos(\pi+3\theta)$

$\qquad\qquad+\cos(\pi+4\theta)+\cos 2\pi$

$=\cos\theta+\cos 2\theta+\cos 3\theta+\cos 4\theta-1$

$\qquad\qquad-\cos\theta-\cos 2\theta-\cos 3\theta-\cos 4\theta+1$

$=0$

12 답 ⑤

$-1\le\sin 2x\le 1$에서 $2\sin 2x-3<0$이므로

$y=-2a\sin 2x+3a+b$

$a>0$이므로 주어진 함수의 최댓값은

$2a+3a+b=1$ $\qquad \therefore 5a+b=1$ $\qquad\cdots\cdots$ ㉠

최솟값은

$-2a+3a+b=-3$ $\qquad \therefore a+b=-3$ $\qquad\cdots\cdots$ ㉡

㉠, ㉡을 연립하여 풀면

$a=1$, $b=-4$ $\qquad \therefore a-b=5$

13 답 $\dfrac{10}{3}$

$y=\dfrac{\cos x+3}{\cos x+2}$에서 $\cos x=t$로 놓으면 $-1\le t\le 1$이고

$y=\dfrac{t+3}{t+2}=\dfrac{(t+2)+1}{t+2}=\dfrac{1}{t+2}+1$

오른쪽 그림에서 $t=-1$일 때 최댓값은

2, $t=1$일 때 최솟값은 $\dfrac{4}{3}$이므로

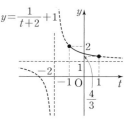

$M=2$, $m=\dfrac{4}{3}$

$\therefore M+m=\dfrac{10}{3}$

14 답 ⑤

$0\le x\le 2\pi$에서 함수 $y=\tan x$의 그
래프와 직선 $y=3$의 두 교점의 x좌
표가 각각 α, β이므로 $\alpha<\beta$라 하면

$\beta=\pi+\alpha$

또 직선 $y=\dfrac{1}{3}$의 두 교점의 x좌표가

각각 γ, δ이므로 $\gamma<\delta$라 하면

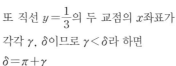
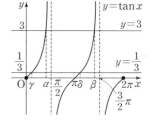

$\delta=\pi+\gamma$

이때 $\tan\alpha=3$, $\tan\gamma=\dfrac{1}{3}$이므로 $\tan\alpha=\dfrac{1}{\tan\gamma}=\tan\left(\dfrac{\pi}{2}-\gamma\right)$

에서

$\alpha=\dfrac{\pi}{2}-\gamma$ $\qquad \therefore \alpha+\gamma=\dfrac{\pi}{2}$ $\qquad\cdots\cdots$ ㉠

$\therefore \beta+\delta=(\pi+\alpha)+(\pi+\gamma)=2\pi+(\alpha+\gamma)=\dfrac{5}{2}\pi$ $\quad\cdots\cdots$ ㉡

㉠, ㉡에서 $\alpha+\beta+\gamma+\delta=3\pi$

$\therefore \cos(\alpha+\beta+\gamma+\delta)=\cos 3\pi=-1$

15 답 ④

$3\tan^2 x-4\sqrt{3}\tan x+3=0$에서

$(3\tan x-\sqrt{3})(\tan x-\sqrt{3})=0$

$\therefore \tan x=\dfrac{\sqrt{3}}{3}$ 또는 $\tan x=\sqrt{3}$

$-\dfrac{\pi}{2}<x<\dfrac{\pi}{2}$이므로

$\tan x=\dfrac{\sqrt{3}}{3}$에서 $x=\dfrac{\pi}{6}$

$\tan x=\sqrt{3}$에서 $x=\dfrac{\pi}{3}$

따라서 구하는 서로 다른 모든 실수 x의 값의 합은

$\dfrac{\pi}{6}+\dfrac{\pi}{3}=\dfrac{\pi}{2}$

16 답 ②

$4\sin^2 A+4\cos A=5$에서

$4(1-\cos^2 A)+4\cos A=5$

$4\cos^2 A-4\cos A+1=0$

$(2\cos A-1)^2=0$ $\qquad \therefore \cos A=\dfrac{1}{2}$

그런데 $0<A<\pi$이므로 $A=\dfrac{\pi}{3}$

이때 $A+B+C=\pi$이므로

$B+C-2\pi=(\pi-A)-2\pi=-\pi-\dfrac{\pi}{3}=-\dfrac{4}{3}\pi$

$\therefore \sin\dfrac{B+C-2\pi}{2}=\sin\left(-\dfrac{2}{3}\pi\right)=\sin\left(-\pi+\dfrac{\pi}{3}\right)$

$=-\sin\left(\pi-\dfrac{\pi}{3}\right)=-\sin\dfrac{\pi}{3}=-\dfrac{\sqrt{3}}{2}$

17 답 $-5 \le k \le 0$

$\cos\left(\dfrac{\pi}{2}+x\right)\cos\left(\dfrac{\pi}{2}-x\right)+4\sin(\pi+x)=k$에서

$(-\sin x)\sin x-4\sin x=k$ $\therefore -\sin^2 x-4\sin x=k$

이 방정식이 실근을 가지려면 $y=-\sin^2 x-4\sin x$의 그래프와 직선 $y=k$의 교점이 존재해야 한다.

이때 $\sin x=t$로 놓으면

$y=-t^2-4t=-(t+2)^2+4$이고

$0 \le x \le \pi$에서 $0 \le t \le 1$

따라서 주어진 방정식이 실근을 가지려면

오른쪽 그림에서

$-5 \le k \le 0$

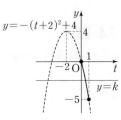

18 답 ④

$x-\dfrac{\pi}{3}=t$로 놓으면 $0<x<2\pi$에서 $-\dfrac{\pi}{3}<t<\dfrac{5}{3}\pi$이고, 주어진 부등식은

$\cos t \le \dfrac{1}{2}$

오른쪽 그림에서 부등식

$\cos t \le \dfrac{1}{2}$의 해는 $\dfrac{\pi}{3} \le t < \dfrac{5}{3}\pi$이

므로

$\dfrac{\pi}{3} \le x-\dfrac{\pi}{3} < \dfrac{5}{3}\pi$

$\therefore \dfrac{2}{3}\pi \le x < 2\pi$

따라서 $\alpha=\dfrac{2}{3}\pi$, $\beta=2\pi$이므로 $\beta-\alpha=\dfrac{4}{3}\pi$

19 답 $a \ge 2$

$\cos^2 x-4\sin x-2a \le 0$에서 $(1-\sin^2 x)-4\sin x-2a \le 0$

$\therefore \sin^2 x+4\sin x+2a-1 \ge 0$

$\sin x=t$로 놓으면

$t^2+4t+2a-1 \ge 0$이고 $-1 \le t \le 1$

$y=t^2+4t+2a-1$이라 하면

$y=t^2+4t+2a-1$

$\quad=(t+2)^2+2a-5$

$-1 \le t \le 1$일 때 $t=-1$에서 최솟값 $2a-4$를 갖는다.

이때 부등식이 항상 성립하려면

$2a-4 \ge 0$이어야 하므로

$a \ge 2$

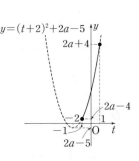

20 답 ④

모든 실수 x에 대하여 주어진 부등식이 성립하려면 이차방정식 $x^2-2\sqrt{2}x\sin\theta+1=0$이 실근을 갖지 않아야 하므로 이 이차방정식의 판별식을 D라 하면

$\dfrac{D}{4}=(-\sqrt{2}\sin\theta)^2-1<0$, $2\sin^2\theta-1<0$

$(\sqrt{2}\sin\theta+1)(\sqrt{2}\sin\theta-1)<0$

$\therefore -\dfrac{\sqrt{2}}{2}<\sin\theta<\dfrac{\sqrt{2}}{2}$

$0 \le \theta < 2\pi$이므로 오른쪽 그림에서 θ의 값의 범위는

$0 \le \theta < \dfrac{\pi}{4}$ 또는

$\dfrac{3}{4}\pi < \theta < \dfrac{5}{4}\pi$ 또는 $\dfrac{7}{4}\pi < \theta < 2\pi$

따라서 θ의 값이 아닌 것은 ④이다.

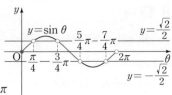

중단원 기출 문제 2회

1 답 ③

$\dfrac{\pi}{4}<1<\dfrac{\pi}{2}$이므로 오른쪽 그림에서

$\cos 1 < \sin 1 < \tan 1$

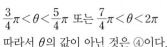

2 답 -1

함수 $y=2\sin\dfrac{1}{2}x$의 그래프를 x축의 방향으로 $\dfrac{2}{3}\pi$만큼, y축의 방향으로 -2만큼 평행이동하면

$y=2\sin\dfrac{1}{2}\left(x-\dfrac{2}{3}\pi\right)-2$

이 함수의 그래프가 점 $(\pi,\ a)$를 지나므로

$a=2\sin\dfrac{1}{2}\left(\pi-\dfrac{2}{3}\pi\right)-2=2\times\sin\dfrac{\pi}{6}-2=2\times\dfrac{1}{2}-2=-1$

3 답 ⑤

① 최댓값은 $2+2=4$

② 최솟값은 $-2+2=0$

③ $y=2\cos(4x+\pi)+2$에 $x=0$을 대입하면 $y=2\cos\pi+2=0$이므로 그래프는 원점을 지난다.

④ 주기는 $\dfrac{2\pi}{4}=\dfrac{\pi}{2}$이므로 임의의 실수 x에 대하여

$\quad f(x+\pi)=f\left(x+\dfrac{\pi}{2}\right)=f(x)$

⑤ 함수 $f(x)=2\cos(4x+\pi)+2=2\cos 4\left(x+\dfrac{\pi}{4}\right)+2$의 그래프는 함수 $y=2\cos 4x$의 그래프를 x축의 방향으로 $-\dfrac{\pi}{4}$만큼, y축의 방향으로 2만큼 평행이동한 것이다.

따라서 옳지 않은 것은 ⑤이다.

4 답 ②

$y=\tan\left(\pi x-\dfrac{\pi}{3}\right)$에서 주기는 $\dfrac{\pi}{|\pi|}=1$

점근선의 방정식은 $\pi x-\dfrac{\pi}{3}=n\pi+\dfrac{\pi}{2}$

$\pi x=n\pi+\dfrac{5}{6}\pi$ $\therefore x=n+\dfrac{5}{6}$

5 답 ①

$f(x)=a\cos\dfrac{\pi}{4}x+b$의 최댓값이 7이고 $a<0$이므로

$-a+b=7$ ...... ㉠

$f(8)=3$이므로 $a\cos2\pi+b=3$

$\therefore a+b=3$ ...... ㉡

㉠, ㉡을 연립하여 풀면 $a=-2$, $b=5$

$\therefore ab=-10$

6 답 2

$b>0$이고 주어진 그래프에서 주기가 $\dfrac{\pi}{2}$이므로

$\dfrac{\pi}{b}=\dfrac{\pi}{2}$ $\therefore b=2$

함수 $y=a\tan2x+c$의 그래프가 원점을 지나므로 $c=0$

함수 $y=a\tan2x$의 그래프가 점 $\left(\dfrac{\pi}{8},\,4\right)$를 지나므로

$4=a\tan\dfrac{\pi}{4}$ $\therefore a=4$

$\therefore a-b-c=4-2-0=2$

7 답 ②

함수 $y=4\sin\dfrac{\pi}{12}x$의 주기는 $\dfrac{2\pi}{\frac{\pi}{12}}=24$

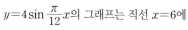

이므로 오른쪽 그림과 같이 함수

$y=4\sin\dfrac{\pi}{12}x$의 그래프는 직선 $x=6$에

대하여 대칭이다.

즉, 점 C의 x좌표는

$6-\dfrac{1}{2}\overline{CD}=6-\dfrac{1}{2}\times6=3$

이때 선분 AC의 길이는 점 A의 y좌표와 같으므로

$\overline{AC}=4\times\sin\left(\dfrac{\pi}{12}\times3\right)=4\times\sin\dfrac{\pi}{4}=4\times\dfrac{\sqrt{2}}{2}=2\sqrt{2}$

따라서 직사각형 ACDB의 넓이는 $6\times2\sqrt{2}=12\sqrt{2}$

8 답 ④

함수 $y=\cos x$의 그래프에서

$\dfrac{\alpha+\beta}{2}=\pi$이므로 $\alpha+\beta=2\pi$

$\gamma=2\pi+\alpha$

$\therefore \cos(\alpha+\beta+\gamma)=\cos(2\pi+2\pi+\alpha)=\cos(2\pi+\alpha)$

$\qquad\qquad\qquad\quad =\cos\alpha=a$

9 답 ①

$\sin^2\theta+\cos^2\theta=1$에서

$\cos^2\theta=1-\sin^2\theta=1-\left(-\dfrac{3}{5}\right)^2=\dfrac{16}{25}$

이때 $\dfrac{3}{2}\pi<\theta<2\pi$이므로 $\cos\theta>0$

$\therefore \cos\theta=\sqrt{\dfrac{16}{25}}=\dfrac{4}{5}$

따라서 $\tan\theta=\dfrac{\sin\theta}{\cos\theta}=-\dfrac{3}{4}$이므로

$8\tan(\pi+\theta)-5\cos(\pi-\theta)=8\times\tan\theta-5\times(-\cos\theta)$

$\qquad\qquad\qquad\qquad\qquad =8\times\left(-\dfrac{3}{4}\right)-5\times\left(-\dfrac{4}{5}\right)=-2$

10 답 $\dfrac{2\sqrt{2}}{3}$

$\overline{AB}$는 반원 O의 지름이므로 $\angle ADB=\dfrac{\pi}{2}$

삼각형 ABD에서 $\alpha+\beta=\dfrac{\pi}{2}$이므로

$\beta=\dfrac{\pi}{2}-\alpha$

$\therefore \cos(\beta-\alpha)=\cos\left(\dfrac{\pi}{2}-2\alpha\right)=\sin2\alpha$

한편 삼각형 ABC에서 $\angle ACB=\dfrac{\pi}{2}$이므로 $\overline{BC}=\sqrt{6^2-2^2}=4\sqrt{2}$

$\therefore \cos(\beta-\alpha)=\sin2\alpha=\dfrac{\overline{BC}}{\overline{AB}}=\dfrac{2\sqrt{2}}{3}$

11 답 ①

$\sin5°=\sin(90°-85°)=\cos85°$

$\sin10°=\sin(90°-80°)=\cos80°$

$\sin15°=\sin(90°-75°)=\cos75°$

$\qquad\qquad\vdots$

$\sin40°=\sin(90°-50°)=\cos50°$

$\therefore$ (주어진 식)$=(\cos^2 85°+\sin^2 85°)+(\cos^2 80°+\sin^2 80°)$

$\qquad\qquad\qquad +\cdots+(\cos^2 50°+\sin^2 50°)+\sin^2 45°$

$=\underbrace{1+\cdots+1}_{8개}+\sin^2 45°=8+\dfrac{1}{2}=\dfrac{17}{2}$

12 답 ③

$\sin\left(\dfrac{\pi}{2}+x\right)=\cos x$이므로 $-1\leq\cos x\leq1$에서

$\cos x-3<0$ $\therefore y=\cos x-3+k$

따라서 주어진 함수의 최댓값은 $1-3+k=-2+k$, 최솟값은

$-1-3+k=-4+k$이므로

$(-2+k)+(-4+k)=4$ $\therefore k=5$

13 답 ④

$y=\sin^2 x+2\cos x=(1-\cos^2 x)+2\cos x$

$\quad =-\cos^2 x+2\cos x+1$

$\cos x=t$로 놓으면

$y=-t^2+2t+1=-(t-1)^2+2$이고 $-1\leq t\leq1$

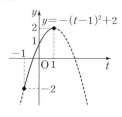

오른쪽 그림에서 $t=1$일 때 최댓값은 2,

$t=-1$일 때 최솟값은 -2이므로

$M=2$, $m=-2$

$\therefore M-m=4$

14 답 $\dfrac{13}{3}\pi$

$\dfrac{x}{2}-\dfrac{\pi}{4}=t$로 놓으면 주어진 방정식은 $\tan t=\sqrt{3}$이고 $0\leq x<4\pi$에서

$-\dfrac{\pi}{4}\leq t<\dfrac{7}{4}\pi$

$\therefore t=\dfrac{\pi}{3}$ 또는 $t=\dfrac{4}{3}\pi$

즉, $\dfrac{x}{2}-\dfrac{\pi}{4}=\dfrac{\pi}{3}$ 또는 $\dfrac{x}{2}-\dfrac{\pi}{4}=\dfrac{4}{3}\pi$이므로 $x=\dfrac{7}{6}\pi$ 또는 $x=\dfrac{19}{6}\pi$

따라서 모든 근의 합은 $\dfrac{7}{6}\pi+\dfrac{19}{6}\pi=\dfrac{13}{3}\pi$

15 답 ②

$\sin^2 x + \sin x = \cos^2 x + \cos x$에서

$(\sin x - \cos x)(\sin x + \cos x + 1) = 0$

$\therefore \sin x - \cos x = 0$ 또는 $\sin x + \cos x + 1 = 0$

(i) $\sin x = \cos x$일 때,

$\quad x = \dfrac{\pi}{4}$ 또는 $x = \dfrac{5}{4}\pi \ (\because 0 \le x < 2\pi)$

(ii) $\sin x + \cos x + 1 = 0$일 때,

$\quad \sin x + 1 = -\cos x \quad \cdots\cdots \ \bigcirc$

양변을 제곱하면

$\quad \sin^2 x + 2\sin x + 1 = \cos^2 x$

$\quad \sin^2 x + 2\sin x + 1 = 1 - \sin^2 x$

$\quad 2\sin x(\sin x + 1) = 0$

$\quad \therefore \sin x = 0$ 또는 $\sin x = -1$

$\quad \therefore x = 0$ 또는 $x = \pi$ 또는 $x = \dfrac{3}{2}\pi \ (\because 0 \le x < 2\pi)$

그런데 $x = 0$은 $\bigcirc$을 만족시키지 않으므로

$\quad x = \pi$ 또는 $x = \dfrac{3}{2}\pi$

(i), (ii)에서 구하는 모든 근은 $\dfrac{\pi}{4}$, π, $\dfrac{5}{4}\pi$, $\dfrac{3}{2}\pi$이므로

$a = 4$, $\alpha = \dfrac{3}{2}\pi$, $\beta = \dfrac{\pi}{4}$

$\therefore a\cos(\alpha+\beta) = 4\cos\dfrac{7}{4}\pi = 4\cos\left(2\pi - \dfrac{\pi}{4}\right) = 4\cos\dfrac{\pi}{4} = 2\sqrt{2}$

16 답 ③

$0 \le x < 2\pi$에서 방정식 $|\sin 2x| = \dfrac{1}{2}$의 실근은 함수 $y = |\sin 2x|$의

그래프와 직선 $y = \dfrac{1}{2}$의 교점의 x좌표와 같다.

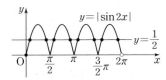

위의 그림에서 함수 $y = |\sin 2x|$의 그래프와 직선 $y = \dfrac{1}{2}$의 교점의

개수는 8이므로 주어진 방정식의 모든 실근의 개수는 8이다.

17 답 $2 \le k \le 6$

$\cos^2 x - 2\sin x + 4 = k$에서 $(1 - \sin^2 x) - 2\sin x + 4 = k$

$\therefore -\sin^2 x - 2\sin x + 5 = k$

즉, 주어진 방정식이 실근을 가지려면 함수

$y = -\sin^2 x - 2\sin x + 5$의 그래프와 직선 $y = k$가 교점을 가져야

한다.

$y = -\sin^2 x - 2\sin x + 5$에서

$\sin x = t$로 놓으면

$y = -t^2 - 2t + 5 = -(t+1)^2 + 6$이고 $-1 \le t \le 1$

따라서 오른쪽 그림에서 주어진 방정식
이 실근을 갖도록 하는 실수 k의 값의 범
위는

$2 \le k \le 6$

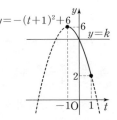

18 답 ③

$4\sin^2 x + 8\cos x < 7$에서

$4(1 - \cos^2 x) + 8\cos x - 7 < 0$

$4\cos^2 x - 8\cos x + 3 > 0$

$(2\cos x - 1)(2\cos x - 3) > 0$

$\therefore \cos x < \dfrac{1}{2}$ 또는 $\cos x > \dfrac{3}{2}$

그런데 $0 \le x < 2\pi$에서 $-1 \le \cos x \le 1$이므로

$\cos x < \dfrac{1}{2}$

오른쪽 그림과 같이 $0 \le x < 2\pi$에

서 부등식 $\cos x < \dfrac{1}{2}$의 해는

$\dfrac{\pi}{3} < x < \dfrac{5}{3}\pi$

따라서 $\alpha = \dfrac{\pi}{3}$, $\beta = \dfrac{5}{3}\pi$이므로

$\beta - \alpha = \dfrac{4}{3}\pi$

19 답 $\dfrac{3}{2}\pi$

$x - \dfrac{\pi}{3} = t$로 놓으면 $0 \le x < 2\pi$에서 $-\dfrac{\pi}{3} \le t < \dfrac{5}{3}\pi$

이때 주어진 부등식은

$2\cos^2 t - \cos\left(\dfrac{\pi}{2} + t\right) - 1 \ge 0$

$2(1 - \sin^2 t) + \sin t - 1 \ge 0$

$2\sin^2 t - \sin t - 1 \le 0$

$(2\sin t + 1)(\sin t - 1) \le 0$

$\therefore -\dfrac{1}{2} \le \sin t \le 1$

오른쪽 그림과 같이

$-\dfrac{\pi}{3} \le t < \dfrac{5}{3}\pi$에서 부등식

$-\dfrac{1}{2} \le \sin t \le 1$의 해는

$-\dfrac{\pi}{6} \le t \le \dfrac{7}{6}\pi$이므로

$-\dfrac{\pi}{6} \le x - \dfrac{\pi}{3} \le \dfrac{7}{6}\pi$

$\therefore \dfrac{\pi}{6} \le x \le \dfrac{3}{2}\pi$

따라서 주어진 부등식을 만족시키는 x의 최댓값은 $\dfrac{3}{2}\pi$이다.

20 답 $\dfrac{2}{3}\pi$, $\dfrac{4}{3}\pi$

$y = x^2 - 4x\cos\theta - 4\sin^2\theta$

$\ = (x - 2\cos\theta)^2 - 4\cos^2\theta - 4\sin^2\theta$

$\ = (x - 2\cos\theta)^2 - 4(\cos^2\theta + \sin^2\theta)$

$\ = (x - 2\cos\theta)^2 - 4$

이 이차함수의 그래프의 꼭짓점의 좌표는 $(2\cos\theta, -4)$이고, 이 점
이 직선 $y = 4x$ 위에 있으므로

$-4 = 4 \times 2\cos\theta \quad \therefore \cos\theta = -\dfrac{1}{2}$

$0 \le x < 2\pi$이므로 $\theta = \dfrac{2}{3}\pi$ 또는 $\theta = \dfrac{4}{3}\pi$

07 / 사인법칙과 코사인법칙 38~43쪽

중단원 기출 문제 1회

1 답 ⑤

사인법칙에 의하여 $\dfrac{4\sqrt{2}}{\sin B}=\dfrac{6}{\sin 30°}$이므로

$\sin B=\dfrac{4\sqrt{2}\sin 30°}{6}=\dfrac{4\sqrt{2}\times\frac{1}{2}}{6}=\dfrac{\sqrt{2}}{3}$

$\sin^2 B+\cos^2 B=1$에서 $\cos^2 B=1-\sin^2 B=1-\left(\dfrac{\sqrt{2}}{3}\right)^2=\dfrac{7}{9}$

이때 $0°<B<90°$이므로 $\cos B>0$

$\therefore \cos B=\sqrt{\dfrac{7}{9}}=\dfrac{\sqrt{7}}{3}$

2 답 $4\sqrt{2}$

$B=180°-(45°+105°)=30°$이므로 사인법칙에 의하여

$\dfrac{4}{\sin 45°}=\dfrac{b}{\sin 30°}$ $\therefore b=\dfrac{4\sin 30°}{\sin 45°}=\dfrac{4\times\frac{1}{2}}{\frac{\sqrt{2}}{2}}=2\sqrt{2}$

또 $\dfrac{4}{\sin 45°}=2R$이므로 $R=\dfrac{4}{2\sin 45°}=\dfrac{4}{2\times\frac{\sqrt{2}}{2}}=2\sqrt{2}$

$\therefore b+R=2\sqrt{2}+2\sqrt{2}=4\sqrt{2}$

3 답 ③

삼각형 ABC의 외접원의 반지름의 길이가 6이므로 사인법칙에 의하여

$\sin A=\dfrac{a}{2R}=\dfrac{a}{12}$, $\sin B=\dfrac{b}{2R}=\dfrac{b}{12}$, $\sin C=\dfrac{c}{2R}=\dfrac{c}{12}$

$\therefore 4(\sin A+\sin B+\sin C)=4\left(\dfrac{a}{12}+\dfrac{b}{12}+\dfrac{c}{12}\right)$
$=\dfrac{a+b+c}{3}=\dfrac{42}{3}=14$

4 답 ③

삼각형 ABC의 외접원의 반지름의 길이를 R라 하면 사인법칙에 의하여

$\sin B=\dfrac{b}{2R}$, $\sin C=\dfrac{c}{2R}$

이를 주어진 식에 대입하면

$b\times\dfrac{b}{2R}=c\times\dfrac{c}{2R}$, $b^2=c^2$ $\therefore b=c$ $(\because b>0,\ c>0)$

따라서 삼각형 ABC는 $b=c$인 이등변삼각형이다.

5 답 $5(\sqrt{3}+1)$ m

삼각형 AHC에서
$\angle ACH=180°-(30°+90°)=60°$
또 삼각형 BHC에서
$\angle BCH=\angle CBH=45°$
이때 $\overline{BH}=\overline{CH}=x$ m라 하면
삼각형 AHC에서 사인법칙에 의하여

$\dfrac{x}{\sin 30°}=\dfrac{10+x}{\sin 60°}$

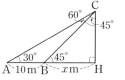

$x\sin 60°=(10+x)\times\sin 30°$, $x\times\dfrac{\sqrt{3}}{2}=(10+x)\times\dfrac{1}{2}$
$(\sqrt{3}-1)x=10$ $\therefore x=5(\sqrt{3}+1)$
따라서 조형물의 높이는 $5(\sqrt{3}+1)$ m이다.

6 답 ①

코사인법칙에 의하여
$(2\sqrt{5})^2=a^2+(2\sqrt{2})^2-2\times a\times2\sqrt{2}\times\cos 45°$
$20=a^2+8-2\times a\times2\sqrt{2}\times\dfrac{\sqrt{2}}{2}$, $a^2-4a-12=0$
$(a-6)(a+2)=0$ $\therefore a=6$ $(\because a>0)$

7 답 ③

삼각형 ABC에서 $\overline{AC}=\dfrac{6}{\sin 60°}=4\sqrt{3}$

삼각형 CDE에서 $\overline{CE}=\dfrac{9}{\sin 60°}=6\sqrt{3}$

$\angle ACE=180°-(60°+60°)=60°$이므로 삼각형 ACE에서 코사인법칙에 의하여

$\overline{AE}^2=(4\sqrt{3})^2+(6\sqrt{3})^2-2\times4\sqrt{3}\times6\sqrt{3}\times\cos 60°$
$=48+108-144\times\dfrac{1}{2}=84$

$\therefore \overline{AE}=\sqrt{84}=2\sqrt{21}$ $(\because \overline{AE}>0)$

8 답 ⑤

점 D가 $\overline{BC}$를 1 : 2로 내분하므로
$\overline{BD}=3\times\dfrac{1}{1+2}=1$, $\overline{CD}=3\times\dfrac{2}{1+2}=2$

$\overline{AB}:\overline{AC}=\overline{BD}:\overline{CD}=1:2$이므로 $\overline{AD}$는 $\angle BAC$의 이등분선이다.

$\overline{AD}=x$라 하면 코사인법칙에 의하여

$\cos(\angle BAD)=\dfrac{2^2+x^2-1^2}{2\times2\times x}=\dfrac{x^2+3}{4x}$

$\cos(\angle CAD)=\dfrac{4^2+x^2-2^2}{2\times4\times x}=\dfrac{x^2+12}{8x}$

이때 $\angle BAD=\angle CAD$이므로 $\dfrac{x^2+3}{4x}=\dfrac{x^2+12}{8x}$

$2x^2+6=x^2+12$, $x^2=6$ $\therefore x=\sqrt{6}$ $(\because x>0)$

9 답 ③

코사인법칙에 의하여
$\overline{BC}^2=4^2+3^2-2\times4\times3\times\cos 60°=16+9-24\times\dfrac{1}{2}=13$

$\therefore \overline{BC}=\sqrt{13}$ $(\because \overline{BC}>0)$

$\therefore \cos B-\cos C=\dfrac{3^2+(\sqrt{13})^2-4^2}{2\times3\times\sqrt{13}}-\dfrac{4^2+(\sqrt{13})^2-3^2}{2\times4\times\sqrt{13}}$
$=\dfrac{1}{\sqrt{13}}-\dfrac{5}{2\sqrt{13}}=-\dfrac{3\sqrt{13}}{26}$

10 답 $\dfrac{3\sqrt{10}}{10}$

오른쪽 그림과 같이 두 직선 $y=2x$, $y=x$와 직선 $y=2$의 교점을 각각 A, B라 하면
A$(1,\ 2)$, B$(2,\ 2)$
$\therefore \overline{OA}=\sqrt{1^2+2^2}=\sqrt{5}$,
$\overline{OB}=\sqrt{2^2+2^2}=2\sqrt{2}$, $\overline{AB}=1$

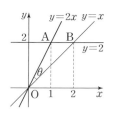

따라서 삼각형 AOB에서 코사인법칙에 의하여
$$\cos\theta=\frac{(\sqrt{5})^2+(2\sqrt{2})^2-1}{2\times\sqrt{5}\times2\sqrt{2}}=\frac{3\sqrt{10}}{10}$$

11 답 ⑤
사인법칙에 의하여
$$a:b:c=\sin A:\sin B:\sin C=7:8:13$$
$a=7k$, $b=8k$, $c=13k$ $(k>0)$로 놓으면 가장 긴 변의 대각의 크기가 가장 크므로 각의 크기가 가장 큰 각은 C이다.
코사인법칙에 의하여
$$\cos C=\frac{(7k)^2+(8k)^2-(13k)^2}{2\times7k\times8k}=-\frac{1}{2}$$
이때 $0°<C<180°$이므로 $C=120°$

12 답 $\dfrac{33\sqrt{2}}{8}$
삼각형 ABC에서 코사인법칙에 의하여
$$\cos C=\frac{9^2+10^2-11^2}{2\times9\times10}=\frac{1}{3}$$
$\sin^2 C+\cos^2 C=1$에서 $\sin^2 C=1-\cos^2 C=1-\left(\dfrac{1}{3}\right)^2=\dfrac{8}{9}$
이때 $0°<C<180°$이므로 $\sin C>0$ ∴ $\sin C=\sqrt{\dfrac{8}{9}}=\dfrac{2\sqrt{2}}{3}$
삼각형 ABC의 외접원의 반지름의 길이를 R라 하면 사인법칙에 의하여
$$\frac{11}{\frac{2\sqrt{2}}{3}}=2R \qquad ∴ R=\frac{33\sqrt{2}}{8}$$

13 답 $b=c$인 이등변삼각형, $A=120°$인 삼각형
$(b-c)\cos^2 A=b\cos^2 B-c\cos^2 C$에서
$(b-c)(1-\sin^2 A)=b(1-\sin^2 B)-c(1-\sin^2 C)$
$(b-c)\sin^2 A=b\sin^2 B-c\sin^2 C$
삼각형 ABC의 외접원의 반지름의 길이를 R라 하면 사인법칙에 의하여
$$(b-c)\times\frac{a^2}{4R^2}=b\times\frac{b^2}{4R^2}-c\times\frac{c^2}{4R^2}$$
$(b-c)a^2=b^3-c^3$, $(b-c)(b^2+bc+c^2-a^2)=0$
∴ $b-c=0$ 또는 $b^2+bc+c^2-a^2=0$
(ⅰ) $b-c=0$, 즉 $b=c$일 때,
   삼각형 ABC는 $b=c$인 이등변삼각형이다.
(ⅱ) $b^2+bc+c^2-a^2=0$일 때,
   $$\cos A=\frac{b^2+c^2-a^2}{2bc}=\frac{-bc}{2bc}=-\frac{1}{2}$$
   이때 $0°<A<180°$이므로 $A=120°$
   따라서 삼각형 ABC는 $A=120°$인 삼각형이다.
(ⅰ), (ⅱ)에서 삼각형 ABC는 $b=c$인 이등변삼각형 또는 $A=120°$인 삼각형이다.

14 답 $\sqrt{37}$ km
코사인법칙에 의하여
$$\overline{AB}^2=4^2+3^2-2\times4\times3\times\cos120°=37$$
∴ $\overline{AB}=\sqrt{37}$ (km) ($∵ \overline{AB}>0$)
따라서 건설되는 도로의 길이는 $\sqrt{37}$ km이다.

15 답 60°
삼각형 ABC의 넓이가 $33\sqrt{3}$이므로
$$\frac{1}{2}\times12\times11\times\sin B=33\sqrt{3}$$
$$∴ \sin B=\frac{\sqrt{3}}{2}$$
이때 $0°<B<90°$이므로 $B=60°$

16 답 ③
삼각형 ABC의 외접원의 반지름의 길이가 8이므로 사인법칙에 의하여
$$\sin A=\frac{a}{16}, \sin B=\frac{b}{16}, \sin C=\frac{c}{16}$$
이를 $\sin A+\sin B+\sin C=\dfrac{3}{2}$에 대입하면
$$\frac{a}{16}+\frac{b}{16}+\frac{c}{16}=\frac{3}{2}$$
∴ $a+b+c=24$
이때 삼각형 ABC의 내접원의 반지름의 길이가 4이므로 삼각형 ABC의 넓이는
$$\frac{1}{2}\times4\times(a+b+c)=\frac{1}{2}\times4\times24=48$$

17 답 ③
$\overline{AP}=x$, $\overline{AQ}=y$라 하면 삼각형 APQ의 넓이는
$$\frac{1}{2}\times x\times y\times\sin60°=\frac{\sqrt{3}}{4}xy$$
삼각형 APQ의 넓이가 삼각형 ABC의 넓이의 $\dfrac{1}{4}$이 되려면
$$\frac{\sqrt{3}}{4}xy=\frac{1}{4}\times\left(\frac{1}{2}\times8\times10\times\sin60°\right)$$
$$\frac{\sqrt{3}}{4}xy=5\sqrt{3} \qquad ∴ xy=20$$
삼각형 APQ에서 코사인법칙에 의하여
$$\begin{aligned}\overline{PQ}^2&=x^2+y^2-2xy\cos60°\\&=x^2+y^2-xy=x^2+y^2-20\end{aligned}$$
$x^2>0$, $y^2>0$이므로 산술평균과 기하평균의 관계에 의하여
$$\overline{PQ}^2=x^2+y^2-20\geq2\sqrt{x^2y^2}-20=2\times20-20=20$$
(단, 등호는 $x=y$일 때 성립)
∴ $\overline{PQ}\geq2\sqrt{5}$ ($∵ \overline{PQ}>0$)
따라서 $\overline{PQ}$의 길이의 최솟값은 $2\sqrt{5}$이다.

18 답 ②
오른쪽 그림과 같이 $\overline{OB}$, $\overline{OC}$, $\overline{OD}$를 그으면
$$\angle BOC=2\pi\times\frac{3}{8}=\frac{3}{4}\pi$$
$$\angle DOC=2\pi\times\frac{1}{8}=\frac{\pi}{4}$$

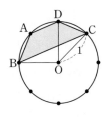

삼각형 OCB의 넓이는
$$\frac{1}{2}\times1\times1\times\sin\frac{3}{4}\pi=\frac{\sqrt{2}}{4}$$
삼각형 OCD의 넓이는
$$\frac{1}{2}\times1\times1\times\sin\frac{\pi}{4}=\frac{\sqrt{2}}{4}$$
∴ □ABCD$=3\times\triangle OCD-\triangle OCB$
$$=3\times\frac{\sqrt{2}}{4}-\frac{\sqrt{2}}{4}=\frac{\sqrt{2}}{2}$$

19 답 **45°, 135°**

평행사변형 ABCD의 넓이는

$5 \times 8\sqrt{2} \times \sin A = 40\sqrt{2} \sin A$

이때 평행사변형 ABCD의 넓이가 40이므로

$40\sqrt{2} \sin A = 40$ ∴ $\sin A = \dfrac{\sqrt{2}}{2}$

이때 $0° < A < 180°$이므로 $A = 45°$ 또는 $A = 135°$

20 답 **30°**

사각형 ABCD의 넓이는

$\dfrac{1}{2} \times \overline{AC} \times \overline{BD} \times \sin\theta = \dfrac{1}{2} \times 6 \times 8 \times \sin\theta = 24\sin\theta$

이때 사각형 ABCD의 넓이가 12이므로

$24\sin\theta = 12$ ∴ $\sin\theta = \dfrac{1}{2}$

이때 θ는 예각이므로 $\theta = 30°$

중단원 기출 문제 2회

1 답 ①

사인법칙에 의하여 $\dfrac{2}{\sin B} = \dfrac{2\sqrt{3}}{\sin 120°}$이므로

$\sin B = \dfrac{2\sin 120°}{2\sqrt{3}} = \dfrac{2 \times \dfrac{\sqrt{3}}{2}}{2\sqrt{3}} = \dfrac{1}{2}$

이때 $0° < B < 180°$이므로 $B = 30°$ 또는 $B = 150°$

그런데 $B + C < 180°$이어야 하므로 $B = 30°$

∴ $A = 180° - (30° + 120°) = 30°$

2 답 ④

삼각형 ABC의 외접원의 반지름의 길이가 $4\sqrt{2}$이므로 사인법칙에 의하여

$\sin A = \dfrac{a}{8\sqrt{2}}$, $\sin B = \dfrac{b}{8\sqrt{2}}$, $\sin C = \dfrac{c}{8\sqrt{2}}$

이를 $\sin A + \sin B + \sin C = \sqrt{2} + 2$에 대입하면

$\dfrac{a}{8\sqrt{2}} + \dfrac{b}{8\sqrt{2}} + \dfrac{c}{8\sqrt{2}} = \sqrt{2} + 2$

$\dfrac{a+b+c}{8\sqrt{2}} = \sqrt{2} + 2$

∴ $a + b + c = 8\sqrt{2}(\sqrt{2} + 2) = 16 + 16\sqrt{2}$

따라서 삼각형 ABC의 둘레의 길이는 $16 + 16\sqrt{2}$이다.

3 답 ②

$\angle ADB = \angle ACB = 30°$이므로 삼각형 ABD에서 사인법칙에 의하여

$\dfrac{16\sqrt{2}}{\sin 30°} = \dfrac{\overline{AD}}{\sin 45°}$

∴ $\overline{AD} = \dfrac{16\sqrt{2} \sin 45°}{\sin 30°} = \dfrac{16\sqrt{2} \times \dfrac{\sqrt{2}}{2}}{\dfrac{1}{2}} = 32$

4 답 ②

$A = 180° \times \dfrac{3}{3+4+5} = 45°$, $B = 180° \times \dfrac{4}{3+4+5} = 60°$이므로 사인법칙에 의하여

$\dfrac{4}{\sin 45°} = \dfrac{b}{\sin 60°}$

∴ $b = \dfrac{4\sin 60°}{\sin 45°} = \dfrac{4 \times \dfrac{\sqrt{3}}{2}}{\dfrac{\sqrt{2}}{2}} = 2\sqrt{6}$

5 답 $a = b$인 이등변삼각형

삼각형 ABC의 외접원의 반지름의 길이를 R라 하면 사인법칙과 코사인법칙에 의하여 $2\sin A \cos B = \sin C$에서

$2 \times \dfrac{a}{2R} \times \dfrac{c^2 + a^2 - b^2}{2ca} = \dfrac{c}{2R}$

$c^2 + a^2 - b^2 = c^2$, $a^2 - b^2 = 0$

$(a+b)(a-b) = 0$ ∴ $a = b$ (∵ $a > 0$, $b > 0$)

따라서 삼각형 ABC는 $a = b$인 이등변삼각형이다.

6 답 $10\sqrt{6}$ m

$C = 180° - (60° + 75°) = 45°$이므로 사인법칙에 의하여

$\dfrac{20}{\sin 45°} = \dfrac{\overline{BC}}{\sin 60°}$

∴ $\overline{BC} = \dfrac{20\sin 60°}{\sin 45°} = \dfrac{20 \times \dfrac{\sqrt{3}}{2}}{\dfrac{\sqrt{2}}{2}} = 10\sqrt{6}$ (m)

따라서 두 지점 B, C 사이의 거리는 $10\sqrt{6}$ m이다.

7 답 ③

사각형 ABCD가 원에 내접하므로 $B + D = 180°$

즉, $D = 180° - B$이므로

$\cos D = \cos(180° - B) = -\cos B = -\dfrac{1}{9}$

따라서 삼각형 DAC에서 코사인법칙에 의하여

$\overline{AC}^2 = 3^2 + 6^2 - 2 \times 3 \times 6 \times \cos D$

$= 9 + 36 - 36 \times \left(-\dfrac{1}{9}\right) = 49$

∴ $\overline{AC} = 7$ (∵ $\overline{AC} > 0$)

8 답 $6\sqrt{3}$

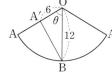

원뿔의 옆면의 전개도에서 부채꼴의 호의 길이는 원뿔의 밑면인 원의 둘레의 길이와 같으므로

$2\pi \times 4 = 8\pi$

이때 $\widehat{AB} = 8\pi \times \dfrac{1}{2} = 4\pi$이고, 부채꼴의 중심각의 크기를 θ라 하면

$12\theta = 4\pi$ ∴ $\theta = \dfrac{\pi}{3}$

점 P가 움직인 최단 거리는 $\overline{A'B}$이므로

$\overline{A'B}^2 = 6^2 + 12^2 - 2 \times 6 \times 12 \times \cos\dfrac{\pi}{3}$

$= 36 + 144 - 144 \times \dfrac{1}{2} = 108$

∴ $\overline{A'B} = \sqrt{108} = 6\sqrt{3}$ (∵ $\overline{A'B} > 0$)

9 답 $135°$

가장 긴 변의 대각의 크기가 가장 큰 내각이므로 이 내각의 크기를 θ라 하면

$$\cos\theta=\frac{1^2+(2\sqrt{2})^2-(\sqrt{13})^2}{2\times1\times2\sqrt{2}}=-\frac{\sqrt{2}}{2}$$

이때 $0°<\theta<180°$이므로 $\theta=135°$

따라서 크기가 가장 큰 내각의 크기는 $135°$이다.

10 답 $\dfrac{8\sqrt{6}}{3}$

삼각형 ABD에서 코사인법칙에 의하여

$$\cos B=\frac{8^2+6^2-6^2}{2\times8\times6}=\frac{2}{3}$$

삼각형 ABC에서 코사인법칙에 의하여

$$\overline{AC}^2=8^2+8^2-2\times8\times8\times\cos B$$
$$=64+64-128\times\frac{2}{3}=\frac{128}{3}$$

$$\therefore \overline{AC}=\frac{8\sqrt{6}}{3}\ (\because \overline{AC}>0)$$

11 답 $-\dfrac{4}{3}$

$5a^2=5b^2+6bc+5c^2$에서 $5b^2+5c^2-5a^2=-6bc$

$$\therefore b^2+c^2-a^2=-\frac{6bc}{5}$$

따라서 삼각형 ABC에서 코사인법칙에 의하여

$$\cos A=\frac{b^2+c^2-a^2}{2bc}=\frac{-\dfrac{6bc}{5}}{2bc}=-\frac{3}{5}$$

$\sin^2 A+\cos^2 A=1$에서

$$\sin^2 A=1-\cos^2 A=1-\left(-\frac{3}{5}\right)^2=\frac{16}{25}$$

이때 $90°<A<180°$이므로 $\sin A>0$

$$\therefore \sin A=\sqrt{1-\left(-\frac{3}{5}\right)^2}=\frac{4}{5}$$

$$\therefore \tan A=\frac{\sin A}{\cos A}=\frac{\dfrac{4}{5}}{-\dfrac{3}{5}}=-\frac{4}{3}$$

12 답 117

$\cos A=-\dfrac{3}{7}$이므로 $\sin^2 A+\cos^2 A=1$에서

$$\sin^2 A=1-\cos^2 A=1-\left(-\frac{3}{7}\right)^2=\frac{40}{49}$$

이때 $90°<A<180°$이므로 $\sin A>0$

$$\therefore \sin A=\sqrt{\frac{40}{49}}=\frac{2\sqrt{10}}{7}$$

$\overline{BC}=a$라 하면 삼각형 ABC에서 코사인법칙에 의하여

$$a^2=6^2+7^2-2\times6\times7\times\cos A=36+49-84\times\left(-\frac{3}{7}\right)=121$$

$$\therefore a=11\ (\because a>0)$$

삼각형 ABC의 외접원의 반지름의 길이를 R라 하면 사인법칙에 의하여

$$\frac{11}{\dfrac{2\sqrt{10}}{7}}=2R \qquad \therefore R=\frac{11}{2\times\dfrac{2\sqrt{10}}{7}}=\frac{77\sqrt{10}}{40}$$

따라서 $p=40$, $q=77$이므로 $p+q=117$

13 답 $a=b$인 이등변삼각형

$a\cos B=b\cos A$에서 코사인법칙에 의하여

$$a\times\frac{c^2+a^2-b^2}{2ca}=b\times\frac{b^2+c^2-a^2}{2bc}$$
$$c^2+a^2-b^2=b^2+c^2-a^2$$
$$a^2=b^2$$

$$\therefore a=b\ (\because a>0,\ b>0)$$

따라서 삼각형 ABC는 $a=b$인 이등변삼각형이다.

14 답 ③

$\overline{PC}=h$ km라 하면

삼각형 PAC에서

$$\overline{AC}=\frac{h}{\tan 60°}=\frac{h}{\sqrt{3}}$$

삼각형 PBC에서

$$\overline{BC}=\overline{PC}=h$$

삼각형 BAC에서 코사인법칙에 의하여

$$h^2=5^2+\frac{h^2}{3}-2\times5\times\frac{h}{\sqrt{3}}\times\cos 120°$$
$$h^2=25+\frac{h^2}{3}-10\times\frac{h}{\sqrt{3}}\times\left(-\frac{1}{2}\right)$$
$$2h^2-5\sqrt{3}h-75=0$$
$$(2h+5\sqrt{3})(h-5\sqrt{3})=0$$

$$\therefore h=5\sqrt{3}\ (\because h>0)$$

따라서 $\overline{PC}$의 길이는 $5\sqrt{3}$ km이다.

15 답 $\dfrac{48\sqrt{3}}{7}$

$\angle BAD=\angle CAD=30°$

$\overline{AD}=x$라 하면

$\triangle ABC=\triangle ABD+\triangle ADC$이므로

$$\frac{1}{2}\times16\times12\times\sin 60°$$
$$=\frac{1}{2}\times16\times x\times\sin 30°+\frac{1}{2}\times x\times12\times\sin 30°$$
$$48\sqrt{3}=4x+3x$$
$$7x=48\sqrt{3}$$

$$\therefore x=\frac{48\sqrt{3}}{7}$$

따라서 $\overline{AD}$의 길이는 $\dfrac{48\sqrt{3}}{7}$이다.

16 답 ④

코사인법칙에 의하여

$$\cos B=\frac{8^2+5^2-7^2}{2\times8\times5}=\frac{1}{2}$$

$\sin^2 B+\cos^2 B=1$에서

$$\sin^2 B=1-\cos^2 B=1-\left(\frac{1}{2}\right)^2=\frac{3}{4}$$

이때 $0°<B<180°$이므로 $\sin B>0$

$$\therefore \sin B=\sqrt{\frac{3}{4}}=\frac{\sqrt{3}}{2}$$

따라서 삼각형 ABC의 넓이는

$$\frac{1}{2}\times5\times8\times\frac{\sqrt{3}}{2}=10\sqrt{3}$$

17 답 ⑤

삼각형 ABC에서 코사인법칙에 의하여

$$\cos A = \frac{6^2 + 5^2 - 4^2}{2 \times 6 \times 5} = \frac{3}{4}$$

이때 $0° < A < 180°$이므로 $\sin A > 0$

$$\therefore \sin A = \sqrt{1 - \left(\frac{3}{4}\right)^2} = \sqrt{\frac{7}{16}} = \frac{\sqrt{7}}{4}$$

따라서 삼각형 ABC의 넓이는

$$\frac{1}{2} \times 6 \times 5 \times \frac{\sqrt{7}}{4} = \frac{15\sqrt{7}}{4}$$

한편 $\overline{PF} = x$라 하면

$\triangle ABC = \triangle ABP + \triangle BCP + \triangle CAP$이므로

$$\frac{15\sqrt{7}}{4} = \frac{1}{2} \times 6 \times x + \frac{1}{2} \times 4 \times \sqrt{7} + \frac{1}{2} \times 5 \times \frac{\sqrt{7}}{2}$$

$$\frac{15\sqrt{7}}{4} = 3x + 2\sqrt{7} + \frac{5\sqrt{7}}{4}, \ 3x = \frac{\sqrt{7}}{2} \qquad \therefore x = \frac{\sqrt{7}}{6}$$

따라서 삼각형 EFP의 넓이는

$$\frac{1}{2} \times \frac{\sqrt{7}}{6} \times \frac{\sqrt{7}}{2} \times \sin(\pi - A) = \frac{7}{24} \sin A$$
$$= \frac{7}{24} \times \frac{\sqrt{7}}{4} = \frac{7\sqrt{7}}{96}$$

18 답 $\frac{39\sqrt{3}}{4}$

삼각형 ABD에서 코사인법칙에 의하여

$$\overline{BD}^2 = 5^2 + 3^2 - 2 \times 5 \times 3 \times \cos 120°$$
$$= 25 + 9 - 30 \times \left(-\frac{1}{2}\right) = 49$$

$$\therefore \overline{BD} = 7 \ (\because \overline{BD} > 0)$$

삼각형 BCD에서 코사인법칙에 의하여

$$\cos C = \frac{8^2 + 3^2 - 7^2}{2 \times 8 \times 3} = \frac{1}{2}$$

$\sin^2 C + \cos^2 C = 1$이므로 $\sin^2 C = 1 - \left(\frac{1}{2}\right)^2 = \frac{3}{4}$

이때 $0° < C < 180°$이므로 $\sin C > 0$

$$\therefore \sin C = \sqrt{\frac{3}{4}} = \frac{\sqrt{3}}{2}$$

$$\therefore \triangle BCD = \frac{1}{2} \times 8 \times 3 \times \sin C = \frac{1}{2} \times 8 \times 3 \times \frac{\sqrt{3}}{2} = 6\sqrt{3}$$

또 $\triangle ABD = \frac{1}{2} \times 5 \times 3 \times \sin 120° = \frac{15\sqrt{3}}{4}$이므로

$$\square ABCD = \triangle ABD + \triangle BCD = \frac{15\sqrt{3}}{4} + 6\sqrt{3} = \frac{39\sqrt{3}}{4}$$

19 답 ②

$\overline{AD} = \overline{BC} = 8$이므로

$$7 \times 8 \times \sin A = 28\sqrt{3} \qquad \therefore \sin A = \frac{\sqrt{3}}{2}$$

이때 $90° < A < 180°$이므로 $A = 120°$

20 답 ⑤

사각형 ABCD의 넓이가 2이므로

$$\frac{1}{2} \times a \times b \times \sin 30° = 2$$

$$\frac{1}{2}ab \times \frac{1}{2} = 2 \qquad \therefore ab = 8$$

$$\therefore a^2 + b^2 = (a+b)^2 - 2ab = 6^2 - 2 \times 8 = 20$$

---

08 / 등차수열과 등비수열

중단원 기출 문제 1회

1 답 ④

등차수열 $\{a_n\}$의 첫째항을 a, 공차를 d라 하면 $a_4 = 22$, $a_9 = 42$이므로

$a + 3d = 22$, $a + 8d = 42$

두 식을 연립하여 풀면 $a = 10$, $d = 4$

$$\therefore a_7 = 10 + 6 \times 4 = 34$$

2 답 1

등차수열 $\{a_n\}$의 공차를 d라 하면 $a_{11} = -11$이므로

$19 + 10d = -11$

$10d = -30 \qquad \therefore d = -3$

$$\therefore a_n = 19 + (n-1) \times (-3) = -3n + 22$$

$-3n + 22 < 0$에서 $3n > 22$

$$\therefore n > \frac{22}{3} = 7.3\cdots$$

이때 $a_7 = -3 \times 7 + 22 = 1$, $a_8 = -3 \times 8 + 22 = -2$이므로

$|a_7| = 1$, $|a_8| = 2$

따라서 $|a_n|$의 최솟값은 1이다.

3 답 $\frac{5}{7}$

주어진 등차수열의 공차를 d라 하면 첫째항이 9, 제4항이 27이므로

$9 + 3d = 27$, $3d = 18 \qquad \therefore d = 6$

따라서 $x = 9 + 6 = 15$, $y = 15 + 6 = 21$이므로

$$\frac{x}{y} = \frac{5}{7}$$

4 답 24

세 수 a, b, 10이 이 순서대로 등차수열을 이루므로

$2b = a + 10 \qquad \therefore a = 2b - 10 \qquad \cdots\cdots \ \text{㉠}$

또 $a < b < 10$이므로 직각삼각형에서 피타고라스 정리에 의하여

$a^2 + b^2 = 100 \qquad \cdots\cdots \ \text{㉡}$

㉠을 ㉡에 대입하면

$(2b - 10)^2 + b^2 = 100$, $5b^2 - 40b = 0$

$b^2 - 8b = 0$, $b(b - 8) = 0$

$$\therefore b = 8 \ (\because b > 0)$$

이를 ㉠에 대입하면 $a = 6$

따라서 직각삼각형의 넓이는

$$\frac{1}{2} \times 6 \times 8 = 24$$

5 답 120

세 수를 $a - d$, a, $a + d$라 하면

$(a - d) + a + (a + d) = 18 \qquad \cdots\cdots \ \text{㉠}$

$(a - d)^2 + a^2 + (a + d)^2 = 140 \qquad \cdots\cdots \ \text{㉡}$

㉠에서 $3a = 18 \qquad \therefore a = 6$

이를 ㉡에 대입하면

$108 + 2d^2 = 140$, $2d^2 = 32$

중단원 기출 문제 **177**

$d^2=16$ $\therefore d=-4$ 또는 $d=4$
따라서 세 수는 2, 6, 10이므로 세 수의 곱은
$2\times6\times10=120$

6 답 -170
등차수열 $\{a_n\}$의 첫째항을 a, 공차를 d라 하면
$a_3+a_5=22$에서 $(a+2d)+(a+4d)=22$
$2a+6d=22$ $\therefore a+3d=11$ ...... ㉠
$a_6+a_{10}=-2$에서 $(a+5d)+(a+9d)=-2$
$2a+14d=-2$ $\therefore a+7d=-1$ ...... ㉡
㉠, ㉡을 연립하여 풀면
$a=20, d=-3$
$\therefore S_{20}=\dfrac{20\{2\times20+(20-1)\times(-3)\}}{2}=-170$

7 답 23
첫째항이 2, 끝항이 74, 항수가 $(m+2)$인 등차수열의 합이 950이
므로
$\dfrac{(m+2)(2+74)}{2}=950, m+2=25$
$\therefore m=23$

8 답 -525
등차수열 $\{a_n\}$의 첫째항을 a, 공차를 d라 하면
$S_5=\dfrac{5\{2a+(5-1)d\}}{2}=-5$
$\therefore a+2d=-1$ ...... ㉠
$S_{15}=\dfrac{15\{2a+(15-1)d\}}{2}=-165$
$\therefore a+7d=-11$ ...... ㉡
㉠, ㉡을 연립하여 풀면 $a=3, d=-2$
$\therefore S_{25}=\dfrac{25\{2\times3+(25-1)\times(-2)\}}{2}=-525$

9 답 ③
3으로 나누었을 때의 나머지가 2이고 4로 나누었을 때의 나머지가 3
인 수는 3의 배수보다 1이 작고 4의 배수보다 1이 작은 수이다.
따라서 주어진 조건을 만족시키는 수는 12의 배수보다 1이 작은 수
이다. 두 자리의 자연수 중에서 12의 배수보다 1이 작은 수를 작은
것부터 차례로 나열하면
11, 23, 35, 47, ..., 95
이때 $95=11+12\times7$에서 구하는 값은 첫째항이 11, 끝항이 95, 항
수가 8인 등차수열의 합이므로
$\dfrac{8(11+95)}{2}=424$

10 답 ④
연속하는 15개의 자연수 중에서 가장 작은 수를 a라 하면 15개의 자
연수는 첫째항이 a, 공차가 1인 등차수열을 이루므로
$\dfrac{15\{2a+(15-1)\times1\}}{2}=315$
$a+7=21$ $\therefore a=14$
따라서 구하는 가장 큰 수는 $14+14=28$

11 답 ①
$S_n=-2n^2+3n+1$에서
$a_1=S_1=-2\times1^2+3\times1+1=2$
$a_3=S_3-S_2$
  $=(-2\times3^2+3\times3+1)-(-2\times2^2+3\times2+1)$
  $=-8-(-1)=-7$
$a_5=S_5-S_4$
  $=(-2\times5^2+3\times5+1)-(-2\times4^2+3\times4+1)$
  $=-34-(-19)=-15$
$\therefore a_1+a_3+a_5=2+(-7)+(-15)=-20$

다른 풀이
(ⅰ) $n\geq2$일 때,
  $a_n=S_n-S_{n-1}$
    $=-2n^2+3n+1-\{-2(n-1)^2+3(n-1)+1\}$
    $=-4n+5$ ...... ㉠
(ⅱ) $n=1$일 때,
  $a_1=S_1=-2\times1^2+3\times1+1=2$ ...... ㉡
이때 ㉠에 $n=1$을 대입한 값과 ㉡이 같지 않으므로
$a_1=2, a_n=-4n+5$ $(n\geq2)$
$\therefore a_1+a_3+a_5=2+(-4\times3+5)+(-4\times5+5)=-20$

12 답 324
등비수열 $\{a_n\}$의 첫째항을 a, 공비를 r라 하면 $a_2=4, a_5=108$이므로
$ar=4$ ...... ㉠
$ar^4=108$ ...... ㉡
㉡÷㉠을 하면 $r^3=27$ $\therefore r=3$
이를 ㉠에 대입하면 $3a=4$ $\therefore a=\dfrac{4}{3}$
따라서 $a_n=\dfrac{4}{3}\times3^{n-1}$이므로 $a_6=\dfrac{4}{3}\times3^5=324$

13 답 ④
등비수열 $\{a_n\}$의 공비를 r라 하면
$a_4=4$이므로 $a_1r^3=4$ ...... ㉠
$\dfrac{a_1+a_4+a_7+a_{10}}{a_2+a_5+a_8+a_{11}}=\dfrac{a_1+a_1r^3+a_1r^6+a_1r^9}{a_1r+a_1r^4+a_1r^7+a_1r^{10}}$
  $=\dfrac{a_1(1+r^3+r^6+r^9)}{a_1r(1+r^3+r^6+r^9)}=\dfrac{1}{r}$
즉, $\dfrac{1}{r}=\dfrac{1}{2}$이므로 $r=2$
이를 ㉠에 대입하면 $8a_1=4$ $\therefore a_1=\dfrac{1}{2}$
$\therefore a_{12}=\dfrac{1}{2}\times2^{11}=2^{10}$

14 답 제8항
등비수열 $\{a_n\}$의 첫째항을 a, 공비를 r라 하면 $a_3=36, a_6=972$이
므로
$ar^2=36$ ...... ㉠
$ar^5=972$ ...... ㉡
㉡÷㉠을 하면 $r^3=27$ $\therefore r=3$
이를 ㉠에 대입하면

$9a=36$ $\quad\therefore\ a=4$

따라서 $a_n=4\times3^{n-1}$이므로

$4\times3^{n-1}>4000$에서 $3^{n-1}>1000$

이때 $3^6=729$, $3^7=2187$이므로

$n-1\geq7$ $\quad\therefore\ n\geq8$

따라서 구하는 항은 제8항이다.

15 답 ④

세 수 a, 4, b가 이 순서대로 등차수열을 이루므로

$8=a+b$

세 수 a, 3, b가 이 순서대로 등비수열을 이루므로

$9=ab$

$\therefore\ a^2+b^2=(a+b)^2-2ab=8^2-2\times9=46$

16 답 ②

한 변의 길이가 1인 정삼각형의 넓이는 $\dfrac{\sqrt3}{4}\times1^2=\dfrac{\sqrt3}{4}$이고, 각 시행에

서 정삼각형의 한 변의 길이는 $\dfrac{1}{2}$배가 되고, 개수는 3배가 된다.

첫 번째 시행 후 남아 있는 도형의 넓이는

$\dfrac{\sqrt3}{4}\times\left(\dfrac{1}{2}\right)^2\times3=\dfrac{\sqrt3}{4}\times\dfrac{3}{4}$

두 번째 시행 후 남아 있는 도형의 넓이는

$\dfrac{\sqrt3}{4}\times\dfrac{3}{4}\times\left(\dfrac{1}{2}\right)^2\times3=\dfrac{\sqrt3}{4}\times\left(\dfrac{3}{4}\right)^2$

$\vdots$

n번째 시행 후 남아 있는 도형의 넓이는 $\dfrac{\sqrt3}{4}\times\left(\dfrac{3}{4}\right)^n$

따라서 10번째 시행 후 남아 있는 도형의 넓이는

$\dfrac{\sqrt3}{4}\times\left(\dfrac{3}{4}\right)^{10}$

17 답 242

등비수열 $\{a_n\}$의 공비를 $r\,(r\neq1)$라 하면

$\dfrac{S_6}{S_3}=\dfrac{\dfrac{2(1-r^6)}{1-r}}{\dfrac{2(1-r^3)}{1-r}}=\dfrac{(1+r^3)(1-r^3)}{1-r^3}=1+r^3$

즉, $1+r^3=28$이므로 $r^3=27$ $\quad\therefore\ r=3$

$\therefore\ S_5=\dfrac{2(3^5-1)}{3-1}=242$

18 답 ①

$S_7-S_4=a_5+a_6+a_7=a_1r^4+a_1r^5+a_1r^6$

$\qquad\quad\;=a_1r^4(1+r+r^2)$

$\therefore\ a_1r^4(1+r+r^2)=351$ $\quad\cdots\cdots$ ㉠

$S_5-S_2=a_3+a_4+a_5=a_1r^2+a_1r^3+a_1r^4$

$\qquad\quad\;=a_1r^2(1+r+r^2)$

$\therefore\ a_1r^2(1+r+r^2)=39$ $\quad\cdots\cdots$ ㉡

㉠÷㉡을 하면 $r^2=9$ $\quad\therefore\ r=3\ (\because\ r>0)$

이를 ㉡에 대입하면

$9a_1(1+3+9)=39$, $117a_1=39$ $\quad\therefore\ a_1=\dfrac{1}{3}$

$\therefore\ \dfrac{a_1}{r-1}=\dfrac{\dfrac{1}{3}}{3-1}=\dfrac{1}{6}$

19 답 $9\pi\left\{1-\left(\dfrac{2}{3}\right)^{10}\right\}$

$l_1=\pi\times3=3\pi$

선분 A_1B를 $1:2$로 내분하는 점이 A_2이므로

$\overline{A_2B}=3\times\dfrac{2}{3}=2$

$\therefore\ l_2=\pi\times2=2\pi$

선분 A_2B를 $1:2$로 내분하는 점이 A_3이므로

$\overline{A_3B}=2\times\dfrac{2}{3}=\dfrac{4}{3}$

$\therefore\ l_3=\pi\times\dfrac{4}{3}=\dfrac{4}{3}\pi$

$\qquad\vdots$

따라서 수열 $\{l_n\}$은 첫째항이 3π, 공비가 $\dfrac{2}{3}$인 등비수열이므로

$l_1+l_2+l_3+\cdots+l_{10}=\dfrac{3\pi\left\{1-\left(\dfrac{2}{3}\right)^{10}\right\}}{1-\dfrac{2}{3}}=9\pi\left\{1-\left(\dfrac{2}{3}\right)^{10}\right\}$

20 답 336만 원

연이율 5%, 1년마다 복리로 매년 초에 20만 원씩 12년 동안 적립

할 때, 적립금의 원리합계는

$20(1+0.05)+20(1+0.05)^2+\cdots+20(1+0.05)^{12}$

$=\dfrac{20(1+0.05)\{(1+0.05)^{12}-1\}}{(1+0.05)-1}$

$=\dfrac{20\times1.05\times(1.8-1)}{0.05}$

$=336$(만 원)

따라서 12년 말의 적립금의 원리합계는 336만 원이다.

중단원 기출 문제 2회

1 답 ①

등차수열 $\{a_n\}$의 첫째항을 a, 공차를 d라 하면 $a_4=14$, $a_8=26$이므로

$a+3d=14$, $a+7d=26$

두 식을 연립하여 풀면

$a=5$, $d=3$

$\therefore\ a_6=5+5\times3=20$

2 답 ③

등차수열 $\{a_n\}$의 첫째항을 a, 공차를 d라 하면

$a_1+a_2+a_3=-30$에서 $a+(a+d)+(a+2d)=-30$

$3a+3d=-30$

$\therefore\ a+d=-10$ $\quad\cdots\cdots$ ㉠

$a_4+a_5+a_6=15$에서 $(a+3d)+(a+4d)+(a+5d)=15$

$3a+12d=15$

$\therefore\ a+4d=5$ $\quad\cdots\cdots$ ㉡

㉠, ㉡을 연립하여 풀면 $a=-15$, $d=5$

$\therefore\ a_{10}=-15+9\times5=30$

3 답 ④

등차수열 $\{a_n\}$의 첫째항을 a, 공차를 d라 하면 $a_2=-74$, $a_{13}=-30$
이므로
$$a+d=-74, \ a+12d=-30$$
두 식을 연립하여 풀면
$$a=-78, \ d=4$$
$$\therefore \ a_n=-78+(n-1)\times 4=4n-82$$
$4n-82>0$에서 $n>\dfrac{82}{4}=20.5$
따라서 처음으로 양수가 되는 항은 제21항이다.

4 답 $\dfrac{3}{2}$

등차수열 $\{a_n\}$의 공차를 d_1이라 하면
$$y=x+6d_1, \ 6d_1=y-x$$
$$\therefore \ d_1=\frac{y-x}{6}$$
등차수열 $\{b_n\}$의 공차를 d_2라 하면
$$y=x+4d_2, \ 4d_2=y-x$$
$$\therefore \ d_2=\frac{y-x}{4}$$
$$\therefore \ \frac{b_3-b_2}{a_5-a_4}=\frac{d_2}{d_1}=\frac{\dfrac{y-x}{4}}{\dfrac{y-x}{6}}=\frac{3}{2}$$

5 답 ④

세 수 a, a^2, a^2+2가 이 순서대로 등차수열을 이루므로
$2a^2=a+(a^2+2)$에서 $a^2-a-2=0$
$(a+1)(a-2)=0$　　$\therefore \ a=2 \ (\because \ a>0)$

6 답 ③

등차수열 $\{a_n\}$의 첫째항을 a, 공차를 d라 하면
$a_4=7$에서 $a+3d=7$　　$\cdots\cdots$ ㉠
$a_{20}-a_{10}=30$에서 $(a+19d)-(a+9d)=30$
$10d=30$　　$\therefore \ d=3$
이를 ㉠에 대입하면
$a+9=7$　　$\therefore \ a=-2$
따라서 첫째항부터 제12항까지의 합은
$$\frac{12\{2\times(-2)+(12-1)\times 3\}}{2}=174$$

7 답 27

첫째항이 $\log_3 9=2$, 끝항이 $\log_3 729=\log_3 3^6=6$, 항수가 $(n+2)$
인 등차수열의 합이 48이므로
$$\frac{(n+2)(2+6)}{2}=48, \ n+2=12 \quad \therefore \ n=10$$
이때 6은 제12항이므로 주어진 등차수열의 공차를 d라 하면
$2+(12-1)d=6$에서 $2+11d=6$　　$\therefore \ d=\dfrac{4}{11}$

$\log_3 a_7-\log_3 a_3=4d=4\times\dfrac{4}{11}=\dfrac{16}{11}$이므로

$\log_3 \dfrac{a_7}{a_3}=\dfrac{16}{11}$　　$\therefore \ \dfrac{a_7}{a_3}=3^{\frac{16}{11}}$

따라서 $p=11$, $q=16$이므로 $p+q=27$

8 답 -710

주어진 등차수열의 첫째항을 a, 공차를 d라 하면
$$S_5=\frac{5\{2a+(5-1)d\}}{2}=85$$
$$\therefore \ a+2d=17 \qquad \cdots\cdots ㉠$$
$$S_{10}=\frac{10\{2a+(10-1)d\}}{2}=-5$$
$$\therefore \ 2a+9d=-1 \qquad \cdots\cdots ㉡$$
㉠, ㉡을 연립하여 풀면 $a=31$, $d=-7$
$$\therefore \ S_{20}=\frac{20\{2\times 31+(20-1)\times(-7)\}}{2}=-710$$

9 답 ③

등차수열 $\{a_n\}$의 공차를 d라 하면
$$S_4=\frac{4\{2\times(-22)+(4-1)d\}}{2}$$
$$=-88+6d$$
$$S_8=\frac{8\{2\times(-22)+(8-1)d\}}{2}$$
$$=-176+28d$$
$S_4=S_8$에서
$-88+6d=-176+28d$　　$\therefore \ d=4$
$$\therefore \ a_n=-22+(n-1)\times 4=4n-26$$
$4n-26>0$에서 $n>\dfrac{13}{2}=6.5$
즉, 수열 $\{a_n\}$은 제7항부터 양수이므로 첫째항부터 제6항까지의 합이
최소이다.
이때 $a_6=4\times 6-26=-2$이므로 구하는 최솟값은
$$S_6=\frac{6\{-22+(-2)\}}{2}=-72$$

10 답 676

두 자리의 자연수 중에서 7로 나누었을 때의 나머지가 3인 수를 작
은 것부터 차례로 나열하면
$$10, \ 17, \ 24, \ 31, \ \cdots, \ 94$$
이때 $94=10+7\times 12$에서 구하는 값은 첫째항이 10, 끝항이 94, 항
수가 13인 등차수열의 합이므로
$$\frac{13(10+94)}{2}=676$$

11 답 ③

$A_n(\alpha_n, \ 3\alpha_n+2n)$, $B_n(\beta_n, \ 3\beta_n+2n)$이라 하면 α_n, β_n은 이차방정
식 $x^2=3x+2n$, 즉 $x^2-3x-2n=0$의 두 근이므로 이차방정식의
근과 계수의 관계에 의하여
$$\alpha_n+\beta_n=3, \ \alpha_n\beta_n=-2n$$
$$\therefore \ l_n{}^2=(\alpha_n-\beta_n)^2+(3\alpha_n-3\beta_n)^2$$
$$=10(\alpha_n-\beta_n)^2$$
$$=10\{(\alpha_n+\beta_n)^2-4\alpha_n\beta_n\}$$
$$=10\{3^2-4\times(-2n)\}$$
$$=80n+90$$
따라서 $l_2{}^2=80\times 2+90=250$, $l_{10}{}^2=80\times 10+90=890$이므로
$$l_2{}^2+l_3{}^2+l_4{}^2+\cdots+l_{10}{}^2=\frac{9(250+890)}{2}=5130$$

12 답 ④

나머지 정리에 의하여

$S_n=(-2n)^2-3\times(-2n)=4n^2+6n$

(i) $n \geq 2$일 때,

$\begin{aligned} a_n &= S_n - S_{n-1} \\ &= (4n^2+6n) - \{4(n-1)^2+6(n-1)\} \\ &= 8n+2 \qquad \cdots\cdots \text{㉠} \end{aligned}$

(ii) $n=1$일 때, $a_1=S_1=10$ $\cdots\cdots$ ㉡

이때 ㉠에 $n=1$을 대입한 값과 ㉡이 같으므로

$a_n=8n+2$

따라서 $a_3=8\times 3+2=26$, $a_6=8\times 6+2=50$이므로

$a_3+a_6=76$

13 답 ④

$a_n=4\times 3^{2n-1}=12\times 9^{n-1}$

따라서 $a=12$, $r=9$이므로 $\dfrac{a}{r}=\dfrac{4}{3}$

14 답 ②

$a_2=2$에서 $ar=2$ $\cdots\cdots$ ㉠

$a_3 : a_5 = 1 : 4$에서

$ar^2 : ar^4 = 1 : 4$, $4ar^2=ar^4$

$\therefore r^2=4$

그런데 $r>0$이므로 $r=2$

이를 ㉠에 대입하면

$2a=2$ $\therefore a=1$

$\therefore a+r=3$

15 답 ②

등차수열 $\{a_n\}$의 공차를 d, 등비수열 $\{b_n\}$의 공비를 r라 하면

$a_6=a_5+d$, $b_6=b_5 \times r$이므로

㉮에서 $11+d=11r$ $\therefore r=1+\dfrac{d}{11}$ $\cdots\cdots$ ㉠

이때 r은 자연수이므로 d는 11의 배수이다.

㉯에서 $a_{12}=a_5+7d=11+7d$이므로

$70<11+7d<150$, $59<7d<139$

$\therefore 8.428\cdots < d < 19.857\cdots$

이때 d는 11의 배수이므로 $d=11$

이를 ㉠에 대입하면 $r=2$

$\begin{aligned} \therefore a_7-b_4 &= (a_5+2d)-\dfrac{b_5}{r} \\ &= (11+22)-\dfrac{11}{2} \\ &= \dfrac{55}{2} \end{aligned}$

16 답 -9

주어진 등비수열의 공비를 r라 하면 첫째항이 24, 제5항이 $\dfrac{3}{2}$이므로

$24r^4=\dfrac{3}{2}$, $r^4=\dfrac{1}{16}$ $\therefore r=\dfrac{1}{2}$ $(\because r>0)$

따라서 $a_1=24\times\dfrac{1}{2}=12$, $a_3=24\times\left(\dfrac{1}{2}\right)^3=3$이므로

$a_3-a_1=3-12=-9$

17 답 ②

삼차방정식의 세 실근을 a, ar, ar^2이라 하면 삼차방정식의 근과 계수의 관계에 의하여

$a+ar+ar^2=19$

$\therefore a(1+r+r^2)=19$ $\cdots\cdots$ ㉠

$a\times ar+ar\times ar^2+ar^2\times a=114$에서

$a^2r+a^2r^3+a^2r^2=114$

$\therefore a^2r(1+r+r^2)=114$ $\cdots\cdots$ ㉡

$a\times ar\times ar^2=-k$에서 $a^3r^3=-k$

$\therefore (ar)^3=-k$ $\cdots\cdots$ ㉢

㉡$\div$㉠을 하면 $ar=6$

이를 ㉢에 대입하면

$6^3=-k$ $\therefore k=-216$

18 답 ⑤

등비수열 $\{a_n\}$의 첫째항을 a, 공비를 $r\,(r\neq 1)$라 하면

$S_5=20$이므로 $\dfrac{a(1-r^5)}{1-r}=20$ $\cdots\cdots$ ㉠

$S_{10}=60$이므로 $\dfrac{a(1-r^{10})}{1-r}=60$

$\therefore \dfrac{a(1-r^5)(1+r^5)}{1-r}=60$ $\cdots\cdots$ ㉡

㉠을 ㉡에 대입하면 $20(1+r^5)=60$

$1+r^5=3$ $\therefore r^5=2$

$\begin{aligned} \therefore S_{15} &= \dfrac{a(1-r^{15})}{1-r} = \dfrac{a(1-r^5)(1+r^5+r^{10})}{1-r} \\ &= \dfrac{a(1-r^5)}{1-r} \times (1+r^5+r^{10}) \\ &= 20(1+2+2^2)=140 \end{aligned}$

19 답 ②

매일 증가하는 읽은 양의 비율을 $r\,(r\neq 0)$라 하면

n째 날에 읽은 양은 $10(1+r)^{n-1}$

7째 날에 읽은 양은 첫째 날 읽은 양의 69 %가 증가한 것이므로

$10(1+r)^6=10\times(1+0.69)$

$\therefore (1+r)^6=1.69$ $\cdots\cdots$ ㉠

넷째 날에 읽은 양은

$\begin{aligned} 10(1+r)^3 &= 10\times 1.3\ (\because \text{㉠}) \\ &= 10(1+0.3) \end{aligned}$

따라서 넷째 날에는 첫째 날 읽은 양의 30 %가 증가한다.

20 답 ④

$S_n=2^n-3$에서

(i) $n\geq 2$일 때,

$\begin{aligned} a_n &= S_n-S_{n-1}=(2^n-3)-(2^{n-1}-3) \\ &= 2^{n-1}\times(2-1)=2^{n-1} \qquad \cdots\cdots \text{㉠} \end{aligned}$

(ii) $n=1$일 때,

$a_1=S_1=2^1-3=-1$ $\cdots\cdots$ ㉡

이때 ㉠에 $n=1$을 대입한 값과 ㉡이 같지 않으므로

$a_1=-1$, $a_n=2^{n-1}$ $(n\geq 2)$

$\therefore a_1+a_3+a_5+a_7=-1+2^2+2^4+2^6=-1+4+16+64=83$

중단원 기출 문제 1회

1 답 **184**

$$\sum_{k=1}^{n}(a_{2k-1}+a_{2k})=(a_1+a_2)+(a_3+a_4)+\cdots+(a_{2n-1}+a_{2n})$$
$$=\sum_{k=1}^{2n}a_k$$

따라서 $\sum_{k=1}^{2n}a_k=3n^2-n$이므로

$$\sum_{k=1}^{16}a_k=3\times8^2-8=184$$

2 답 **25**

$$\sum_{k=1}^{19}a_{k+1}-\sum_{k=2}^{20}a_{k-1}$$
$$=(a_2+a_3+\cdots+a_{20})-(a_1+a_2+\cdots+a_{19})$$
$$=a_{20}-a_1=30-5=25$$

3 답 ②

$\sum_{k=1}^{n}(3a_k+b_k)^2=n^2+2n$, $\sum_{k=1}^{n}(a_k-3b_k)^2=6n+10$이므로

$$\sum_{k=1}^{10}(3a_k+b_k)^2=10^2+2\times10=120 \quad\cdots\cdots\ \bigcirc$$

$$\sum_{k=1}^{10}(a_k-3b_k)^2=6\times10+10=70 \quad\cdots\cdots\ \bigcirc$$

$\bigcirc+\bigcirc$을 하면

$$\sum_{k=1}^{10}\{(3a_k+b_k)^2+(a_k-3b_k)^2\}$$
$$=\sum_{k=1}^{10}(10a_k^2+10b_k^2)$$
$$=10\sum_{k=1}^{10}(a_k^2+b_k^2)=190$$

$$\therefore\ \sum_{k=1}^{10}(a_k^2+b_k^2)=19$$

$$\therefore\ \sum_{k=1}^{10}\left(a_k^2+b_k^2-\frac{1}{2}\right)=\sum_{k=1}^{10}(a_k^2+b_k^2)-\sum_{k=1}^{10}\frac{1}{2}$$
$$=19-\frac{1}{2}\times10=14$$

4 답 ①

등차수열 $\{a_n\}$의 첫째항을 a라 하면 공차가 4, 제9항이 -5이므로
$-5=a+(9-1)\times4$　$\therefore\ a=-37$
즉, 등차수열 $\{a_n\}$의 일반항은
$a_n=-37+4(n-1)=4n-41$
이때 $1\leq n\leq10$에서 $a_n<0$, $11\leq n\leq20$에서 $a_n>0$이므로

$$\sum_{n=1}^{20}|a_n|=\sum_{n=1}^{10}(41-4n)+\sum_{n=11}^{20}(4n-41)$$
$$=\frac{10(37+1)}{2}+\frac{10(3+39)}{2}=400$$

5 답 **-1530**

등차수열 $\{a_n\}$의 일반항 a_n은
$a_n=-1+(n-1)\times(-2)=-2n+1$
등차수열 $\{b_n\}$의 일반항 b_n은
$b_n=3+(n-1)\times2=2n+1$

$$\therefore\ \sum_{k=1}^{10}a_kb_k=\sum_{k=1}^{10}(-2k+1)(2k+1)$$
$$=\sum_{k=1}^{10}(-4k^2+1)$$
$$=-4\times\frac{10\times11\times21}{6}+10$$
$$=-1540+10=-1530$$

6 답 **120**

$f(x)=n$에서 $\sqrt{x}$의 정수 부분이 n이므로
$n\leq\sqrt{x}<n+1$
이때 $\sqrt{x}>0$, $n>0$이므로 $n^2\leq x<(n+1)^2$
이 부등식을 만족하는 자연수 x의 개수는
$(n+1)^2-n^2=2n+1$
따라서 $a_n=2n+1$이므로

$$\sum_{k=1}^{10}a_k=\sum_{k=1}^{10}(2k+1)$$
$$=2\times\frac{10\times11}{2}+10=120$$

7 답 ②

$$\sum_{k=1}^{10}\left(\sum_{m=1}^{5}km\right)=\sum_{k=1}^{10}\left\{k\sum_{m=1}^{5}m\right\}=\sum_{k=1}^{10}\left(k\times\frac{5\times6}{2}\right)$$
$$=15\sum_{k=1}^{10}k=15\times\frac{10\times11}{2}=825$$

$$\sum_{k=1}^{4}\left\{\sum_{m=1}^{6}(k+m)\right\}=\sum_{k=1}^{4}\left(\sum_{m=1}^{6}k+\sum_{m=1}^{6}m\right)$$
$$=\sum_{k=1}^{4}\left(6k+\frac{6\times7}{2}\right)$$
$$=\sum_{k=1}^{4}(6k+21)$$
$$=6\times\frac{4\times5}{2}+21\times4=144$$

$$\therefore\ \sum_{k=1}^{10}\left(\sum_{m=1}^{5}km\right)-\sum_{k=1}^{4}\left\{\sum_{m=1}^{6}(k+m)\right\}=825-144=681$$

8 답 **3164**

수열 1×2^2, 3×4^2, 5×6^2, ..., 11×12^2의 일반항을 a_n이라 하면
$a_n=(2n-1)\times(2n)^2=8n^3-4n^2$
따라서 구하는 값은 수열 $\{a_n\}$의 첫째항부터 제6항까지의 합이므로

$$\sum_{k=1}^{6}a_k=\sum_{k=1}^{6}(8k^3-4k^2)$$
$$=8\times\left(\frac{6\times7}{2}\right)^2-4\times\frac{6\times7\times13}{6}$$
$$=3528-364=3164$$

9 답 ⑤

선분 OA를 $4^n:1$로 내분하는 점 P_n의 좌표는 $\left(\frac{4\times4^n}{4^n+1},\ 0\right)$이므로

$$\overline{OP_n}=l_n=\frac{4\times4^n}{4^n+1}$$

$$\therefore\ \sum_{n=1}^{20}\frac{12}{l_n}=\sum_{n=1}^{20}\left\{12\times\left(\frac{4^n+1}{4\times4^n}\right)\right\}=3\sum_{n=1}^{20}\left(1+\frac{1}{4^n}\right)$$
$$=3\times\left\{20+\frac{\frac{1}{4}\left(1-\frac{1}{4^{20}}\right)}{1-\frac{1}{4}}\right\}=61-\frac{1}{4^{20}}$$

10 답 $\dfrac{n(n-1)(n+1)}{6}$

수열 $1\times(n-1)$, $2\times(n-2)$, $3\times(n-3)$, ..., $(n-1)\times1$의 제k항을 a_k라 하면

$a_k=k(n-k)=nk-k^2$

따라서 주어진 식은

$\displaystyle\sum_{k=1}^{n-1}a_k=\sum_{k=1}^{n-1}(nk-k^2)=n\sum_{k=1}^{n-1}k-\sum_{k=1}^{n-1}k^2$

$\qquad=n\times\dfrac{(n-1)n}{2}-\dfrac{(n-1)n(2n-1)}{6}$

$\qquad=\dfrac{n(n-1)\{3n-(2n-1)\}}{6}$

$\qquad=\dfrac{n(n-1)(n+1)}{6}$

11 답 ③

1보다 큰 자연수 n으로 나누었을 때의 몫과 나머지가 서로 같은 자연수는

$kn+k\,(k=1,2,...,n-1)$

이므로 모두 $(n-1)$개이다.

$\therefore a_n=\displaystyle\sum_{k=1}^{n-1}(kn+k)=\sum_{k=1}^{n-1}k(n+1)=(n+1)\sum_{k=1}^{n-1}k$

$\qquad=(n+1)\times\dfrac{n(n-1)}{2}$

$\qquad=\dfrac{n(n-1)(n+1)}{2}$

$a_n<300$에서 $\dfrac{n(n-1)(n+1)}{2}<300$

$n(n-1)(n+1)<600$

이때 $7\times8\times9=504$, $8\times9\times10=720$이므로

$1<n\leq8$

따라서 구하는 자연수 n의 최댓값은 8이다.

12 답 ⑤

$\displaystyle\sum_{k=1}^{n}\dfrac{a_k}{k+1}-\sum_{k=2}^{n+1}\dfrac{1}{k}$

$=\left(\dfrac{a_1}{2}+\dfrac{a_2}{3}+\dfrac{a_3}{4}+\cdots+\dfrac{a_n}{n+1}\right)-\left(\dfrac{1}{2}+\dfrac{1}{3}+\dfrac{1}{4}+\cdots+\dfrac{1}{n+1}\right)$

$=\dfrac{1}{2}(a_1-1)+\dfrac{1}{3}(a_2-1)+\dfrac{1}{4}(a_3-1)+\cdots+\dfrac{1}{n+1}(a_n-1)$

이때 $\displaystyle\sum_{k=1}^{n}\dfrac{a_k}{k+1}-\sum_{k=2}^{n+1}\dfrac{1}{k}=n+1$이므로

$(n+1)-n=\dfrac{1}{n+1}(a_n-1)$

$a_n-1=n+1$ $\quad\therefore a_n=n+2$

$\therefore \displaystyle\sum_{k=1}^{5}a_k^2=\sum_{k=1}^{5}(k+2)^2=\sum_{k=1}^{5}(k^2+4k+4)$

$\qquad=\displaystyle\sum_{k=1}^{5}k^2+4\sum_{k=1}^{5}k+\sum_{k=1}^{5}4$

$\qquad=\dfrac{5\times6\times11}{6}+4\times\dfrac{5\times6}{2}+20=135$

13 답 ②

수열 $\dfrac{1}{1\times3}$, $\dfrac{1}{3\times5}$, $\dfrac{1}{5\times7}$, ..., $\dfrac{1}{19\times21}$의 일반항을 a_n이라 하면

$a_n=\dfrac{1}{(2n-1)(2n+1)}$

따라서 구하는 값은 수열 $\{a_n\}$의 첫째항부터 제10항까지의 합이므로

$\displaystyle\sum_{k=1}^{10}a_k=\sum_{k=1}^{10}\dfrac{1}{(2k-1)(2k+1)}$

$\qquad=\dfrac{1}{2}\displaystyle\sum_{k=1}^{10}\left(\dfrac{1}{2k-1}-\dfrac{1}{2k+1}\right)$

$\qquad=\dfrac{1}{2}\left\{\left(\dfrac{1}{1}-\dfrac{1}{3}\right)+\left(\dfrac{1}{3}-\dfrac{1}{5}\right)+\cdots+\left(\dfrac{1}{19}-\dfrac{1}{21}\right)\right\}$

$\qquad=\dfrac{1}{2}\left(1-\dfrac{1}{21}\right)=\dfrac{10}{21}$

14 답 ③

$a_n=\displaystyle\sum_{k=1}^{n}k(k+1)=\sum_{k=1}^{n}k^2+\sum_{k=1}^{n}k$

$\quad=\dfrac{n(n+1)(2n+1)}{6}+\dfrac{n(n+1)}{2}$

$\quad=\dfrac{n(n+1)(n+2)}{3}$

$\therefore \displaystyle\sum_{n=1}^{10}\dfrac{n+2}{a_n}=\sum_{n=1}^{10}\dfrac{3}{n(n+1)}=3\sum_{n=1}^{10}\left(\dfrac{1}{n}-\dfrac{1}{n+1}\right)$

$\qquad=3\left\{\left(\dfrac{1}{1}-\dfrac{1}{2}\right)+\left(\dfrac{1}{2}-\dfrac{1}{3}\right)+\cdots+\left(\dfrac{1}{10}-\dfrac{1}{11}\right)\right\}$

$\qquad=3\left(1-\dfrac{1}{11}\right)=\dfrac{30}{11}$

15 답 18

$S_n=n^2+6n$이므로

(ⅰ) $n\geq2$일 때,

$\quad a_n=S_n-S_{n-1}$

$\qquad=(n^2+6n)-\{(n-1)^2+6(n-1)\}$

$\qquad=2n+5$ $\qquad\cdots\cdots$ ㉠

(ⅱ) $n=1$일 때,

$\quad a_1=S_1=1+6=7$ $\qquad\cdots\cdots$ ㉡

이때 ㉠에 $n=1$을 대입한 값과 ㉡이 같으므로

$a_n=2n+5$

$\therefore \displaystyle\sum_{k=1}^{n}\dfrac{1}{a_ka_{k+1}}$

$=\displaystyle\sum_{k=1}^{n}\dfrac{1}{(2k+5)(2k+7)}$

$=\displaystyle\sum_{k=1}^{n}\dfrac{1}{2}\left(\dfrac{1}{2k+5}-\dfrac{1}{2k+7}\right)$

$=\dfrac{1}{2}\left\{\left(\dfrac{1}{7}-\dfrac{1}{9}\right)+\left(\dfrac{1}{9}-\dfrac{1}{11}\right)+\cdots+\left(\dfrac{1}{2n+5}-\dfrac{1}{2n+7}\right)\right\}$

$=\dfrac{1}{2}\left(\dfrac{1}{7}-\dfrac{1}{2n+7}\right)=\dfrac{n}{7(2n+7)}$

$\displaystyle\sum_{k=1}^{n}\dfrac{1}{a_ka_{k+1}}<\dfrac{3}{50}$에서 $\dfrac{n}{7(2n+7)}<\dfrac{3}{50}$

$50n<42n+147$, $8n<147$ $\quad\therefore n<18.375$

따라서 구하는 자연수 n의 최댓값은 18이다.

16 답 $\dfrac{8-\sqrt2}{2}$

(주어진 식)$=\displaystyle\sum_{k=1}^{31}\dfrac{1}{\sqrt{2k}+\sqrt{2k+2}}=\dfrac{1}{2}\sum_{k=1}^{31}(\sqrt{2k+2}-\sqrt{2k})$

$\qquad=\dfrac{1}{2}\{(2-\sqrt2)+(\sqrt6-2)+(\sqrt8-\sqrt6)+\cdots+(8-\sqrt{62})\}$

$\qquad=\dfrac{8-\sqrt2}{2}$

17 답 ④

$a_n = \dfrac{1}{\sqrt{n}+\sqrt{n+1}} = \sqrt{n+1}-\sqrt{n}$ 이므로

$$\sum_{k=1}^{n} a_k = \sum_{k=1}^{n}(\sqrt{k+1}-\sqrt{k})$$
$$= (\sqrt{2}-\sqrt{1})+(\sqrt{3}-\sqrt{2})+\cdots+(\sqrt{n+1}-\sqrt{n})$$
$$= \sqrt{n+1}-1$$

$\displaystyle\sum_{k=1}^{n} a_k = 11$에서 $\sqrt{n+1}-1 = 11$

$\sqrt{n+1} = 12$, $n+1 = 144$ $\qquad \therefore n = 143$

18 답 ⑤

$a_n = \log_2 \sqrt{\dfrac{2(n+1)}{n+2}} = \dfrac{1}{2}\{1+\log_2(n+1)-\log_2(n+2)\}$ 이므로

$a_1 = \dfrac{1}{2}(1+\log_2 2 - \log_2 3)$

$a_2 = \dfrac{1}{2}(1+\log_2 3 - \log_2 4)$

$\qquad \vdots$

$a_m = \dfrac{1}{2}\{1+\log_2(m+1)-\log_2(m+2)\}$

$\therefore \displaystyle\sum_{k=1}^{m} a_k = \dfrac{1}{2}\{1\times m+1-\log_2(m+2)\}$

$\qquad\qquad = \dfrac{1}{2}\{m+1-\log_2(m+2)\}$

$\displaystyle\sum_{k=1}^{m} a_k$의 값이 500 이하의 자연수가 되기 위해서는

$m-\log_2(m+2)$가 1 이상 999 이하의 홀수이면서

$m+2 = 2^k$(k는 정수) 꼴이어야 한다.

즉, 가능한 자연수 m의 값은

$m+2 = 2^3$일 때 $m=6$

$m+2 = 2^5$일 때 $m=30$

$m+2 = 2^7$일 때 $m=126$

$m+2 = 2^9$일 때 $m=510$

따라서 모든 자연수 m의 값의 합은

$6+30+126+510 = 672$

19 답 15

주어진 수열을

$(3), (3, 6), (3, 6, 9), (3, 6, 9, 12), \ldots$

와 같이 첫째항이 3이 되도록 묶으면 n번째 묶음의 항의 개수는 n이므로 첫 번째 묶음부터 n번째 묶음까지의 항의 개수는

$\displaystyle\sum_{k=1}^{n} k = \dfrac{n(n+1)}{2}$

이때 첫 번째 묶음부터 9번째 묶음까지의 항의 개수는 $\dfrac{9\times 10}{2} = 45$,

10번째 묶음까지의 항의 개수는 $\dfrac{10\times 11}{2} = 55$이므로 제50항은 10번째 묶음의 5번째 항이다.

따라서 10번째 묶음은 3, 6, 9, 12, 15, 18, $\ldots$, 30이므로 5번째 항은 15이다.

20 답 ②

위에서 n번째 줄에 있는 n개의 수의 합을 a_n이라 하면

$a_n = 1+2+3+\cdots+n = \displaystyle\sum_{k=1}^{n} k = \dfrac{n(n+1)}{2}$

따라서 구하는 합은

$$\sum_{k=1}^{10} a_k = \sum_{k=1}^{10} \dfrac{k(k+1)}{2} = \dfrac{1}{2}\left(\sum_{k=1}^{10} k^2 + \sum_{k=1}^{10} k\right)$$
$$= \dfrac{1}{2}\left(\dfrac{10\times 11\times 21}{6} + \dfrac{10\times 11}{2}\right) = 220$$

중단원 기출 문제 2회

1 답 ③

ㄱ. $\displaystyle\sum_{k=1}^{2n} a_k = a_1+a_2+a_3+\cdots+a_{2n}$

$\displaystyle\sum_{k=1}^{n}(a_{2k-1}+a_{2k}) = (a_1+a_2)+(a_3+a_4)+\cdots+(a_{2n-1}+a_{2n})$

$\therefore \displaystyle\sum_{k=1}^{2n} a_k = \sum_{k=1}^{n}(a_{2k-1}+a_{2k})$

ㄴ. $\displaystyle\sum_{k=m}^{n} a_k = a_m+a_{m+1}+\cdots+a_n$

$\displaystyle\sum_{k=1}^{n} a_k - \sum_{k=1}^{m} a_k = (a_1+a_2+\cdots+a_m+a_{m+1}+\cdots+a_n)$
$\qquad\qquad\qquad\qquad\qquad - (a_1+a_2+\cdots+a_m)$
$\qquad\qquad\qquad = a_{m+1}+a_{m+2}+\cdots+a_n$

$\therefore \displaystyle\sum_{k=m}^{n} a_k \neq \sum_{k=1}^{n} a_k - \sum_{k=1}^{m} a_k$

ㄷ. $\displaystyle\sum_{k=1}^{n} k(k-1) = 1\times 0+2\times 1+3\times 2+\cdots+n(n-1)$

$\displaystyle\sum_{k=0}^{n-1} k(k+1) = 0\times 1+1\times 2+2\times 3+\cdots+(n-1)n$

$\therefore \displaystyle\sum_{k=1}^{n} k(k-1) = \sum_{k=0}^{n-1} k(k+1)$

따라서 옳은 것은 ㄱ, ㄷ이다.

2 답 ④

$\displaystyle\sum_{k=2}^{n+2} a_k - \sum_{k=1}^{n} a_k = 2$에서 $a_{n+1}+a_{n+2}-a_1 = 2$

$\therefore a_{n+1}+a_{n+2} = a_1+2$

$\displaystyle\sum_{k=1}^{201} a_k = 503$에서 $a_1+100\times(a_1+2) = 503$

$101a_1+200 = 503 \qquad \therefore a_1 = 3$

$\therefore \displaystyle\sum_{k=1}^{101} a_k = a_1+50\times(a_1+2)$

$\qquad\qquad = 51a_1+100 = 153+100 = 253$

3 답 ③

$\displaystyle\sum_{k=1}^{20}(3a_k-4b_k+2) = 3\sum_{k=1}^{20} a_k - 4\sum_{k=1}^{20} b_k + \sum_{k=1}^{20} 2$
$\qquad\qquad\qquad = 3\times 15 - 4\times 18 + 2\times 20 = 13$

4 답 ⑤

수열 $a_1, a_2, a_3, \ldots, a_n$ 중 0, 1, 2의 개수를 각각 x, y, z ($x+y+z = n$)라 하면

$\displaystyle\sum_{k=1}^{n} a_k = 0\times x+1\times y+2\times z = 16$

$\therefore y+2z = 16$ $\qquad\qquad \cdots\cdots$ ㉠

$\displaystyle\sum_{k=1}^{n} a_k^2 = 0\times x+1^2\times y+2^2\times z = 26$

$\therefore y+4z = 26$ $\qquad\qquad \cdots\cdots$ ㉡

㉠, ㉡을 연립하여 풀면

$y=6,\ z=5$

$$\therefore \sum_{k=1}^{n} a_k^4 = 0 \times x + 1^4 \times y + 2^4 \times z$$
$$= y + 16z = 6 + 16 \times 5 = 86$$

5 답 40

등차수열 $\{a_n\}$의 첫째항을 a, 공차를 d라 하면

$a_{10}=21$에서 $a+9d=21$ ······ ㉠

$a_4+a_8=10$에서 $(a+3d)+(a+7d)=10$

$2a+10d=10$

$\therefore a+5d=5$ ······ ㉡

㉠, ㉡을 연립하여 풀면

$a=-15,\ d=4$

$$\therefore \sum_{k=1}^{10} a_{2k} - \sum_{k=1}^{10} a_{2k-1}$$
$$= (a_2+a_4+a_6+\cdots+a_{20}) - (a_1+a_3+a_5+\cdots+a_{19})$$
$$= (a_2-a_1) + (a_4-a_3) + \cdots + (a_{20}-a_{19})$$
$$= 10d = 10 \times 4 = 40$$

6 답 1707

등비수열 $\{a_n\}$의 첫째항을 a, 공비를 r라 하면

$a_5 a_{13}=400$에서 $ar^4 \times ar^{12}=400$

$a^2 r^{16}=400$　　$\therefore ar^8=20$ $(\because a>0,\ r>0)$ ······ ㉠

$a_9+a_{13}=100$에서 $ar^8(1+r^4)=100$

㉠을 대입하면

$20(1+r^4)=100$

$\therefore r^4=4$

이를 ㉠에 대입하면

$a \times 4^2 = 20$　　$\therefore a=\dfrac{5}{4}$

$$\therefore \sum_{k=1}^{5} a_{4k-1} = a_3+a_7+a_{11}+a_{15}+a_{19}$$
$$= \frac{ar^2\{(r^4)^5-1\}}{r^4-1}$$
$$= \frac{\frac{5}{4} \times 2 \times (4^5-1)}{4-1} = \frac{1705}{2}$$

따라서 $p=1705$, $q=2$이므로 $p+q=1707$

7 답 ③

이차방정식의 근과 계수의 관계에 의하여

$a_n+b_n=-n$, $a_n b_n = -2n$이므로

$$(a_n^2-1)(b_n^2-1) = (a_n b_n)^2 - (a_n^2+b_n^2) + 1$$
$$= (a_n b_n)^2 - \{(a_n+b_n)^2 - 2a_n b_n\} + 1$$
$$= (-2n)^2 - \{(-n)^2 - 2 \times (-2n)\} + 1$$
$$= 3n^2 - 4n + 1$$

$$\therefore \sum_{k=1}^{6} (a_k^2-1)(b_k^2-1) = \sum_{k=1}^{6} (3k^2-4k+1)$$
$$= 3\sum_{k=1}^{6} k^2 - 4\sum_{k=1}^{6} k + \sum_{k=1}^{6} 1$$
$$= 3 \times \frac{6 \times 7 \times 13}{6} - 4 \times \frac{6 \times 7}{2} + 6$$
$$= 195$$

8 답 335

점 $(n,\ n)$과 직선 $3x+4y-5=0$ 사이의 거리 a_n은

$$a_n = \frac{|3n+4n-5|}{\sqrt{3^2+4^2}} = \frac{7n-5}{5} \ (\because n\text{은 자연수})$$

$$\therefore \sum_{k=1}^{10} 5a_k = \sum_{k=1}^{10} \left(5 \times \frac{7k-5}{5}\right) = \sum_{k=1}^{10} (7k-5)$$
$$= 7\sum_{k=1}^{10} k - \sum_{k=1}^{10} 5$$
$$= 7 \times \frac{10 \times 11}{2} - 5 \times 10 = 335$$

9 답 ⑤

$$\sum_{m=1}^{n} \left\{ \sum_{k=1}^{m} (m+k) \right\} = \sum_{m=1}^{n} \left\{ m^2 + \frac{m(m+1)}{2} \right\} = \sum_{m=1}^{n} \left(\frac{3}{2}m^2 + \frac{m}{2} \right)$$
$$= \frac{3}{2} \times \frac{n(n+1)(2n+1)}{6} + \frac{1}{2} \times \frac{n(n+1)}{2}$$
$$= \frac{n(n+1)^2}{2}$$

$\displaystyle \sum_{m=1}^{n} \left\{ \sum_{k=1}^{m} (m+k) \right\} = 90$에서 $\dfrac{n(n+1)^2}{2} = 90$

$n(n+1)^2 = 180 = 5 \times 6^2$

$\therefore n=5$

10 답 ①

$$\sum_{i=1}^{m} \left\{ \sum_{j=1}^{n} (i+j) \right\} = \sum_{i=1}^{m} \left\{ in + \frac{n(n+1)}{2} \right\}$$
$$= \frac{m(m+1)}{2} \times n + \frac{n(n+1)}{2} \times m$$
$$= \frac{mn(m+n+2)}{2}$$

이때 $m+n=10$, $mn=40$이므로

$$\sum_{i=1}^{m} \left\{ \sum_{j=1}^{n} (i+j) \right\} = \frac{40 \times (10+2)}{2} = 240$$

11 답 ②

수열 $1^2 \times 2$, $2^2 \times 3$, $3^2 \times 4$, ..., $10^2 \times 11$의 일반항을 a_n이라 하면

$a_n = n^2(n+1) = n^3 + n^2$

따라서 구하는 값은 수열 $\{a_n\}$의 첫째항부터 제10항까지의 합이므로

$1^2 \times 2 + 2^2 \times 3 + 3^2 \times 4 + \cdots + 10^2 \times 11$

$$= \sum_{n=1}^{10} a_n = \sum_{n=1}^{10} (n^3 + n^2)$$
$$= \left(\frac{10 \times 11}{2} \right)^2 + \frac{10 \times 11 \times 21}{6}$$
$$= 3410$$

12 답 $\dfrac{n(n-1)(n+1)}{3}$

수열 1^2-1, 2^2-2, 3^2-3, ..., n^2-n의 제k항을 a_k라 하면

$a_k = k^2 - k$

$$\therefore (1^2-1) + (2^2-2) + (3^2-3) + \cdots + (n^2-n)$$
$$= \sum_{k=1}^{n} a_k = \sum_{k=1}^{n} (k^2-k)$$
$$= \frac{n(n+1)(2n+1)}{6} - \frac{n(n+1)}{2}$$
$$= \frac{n(n-1)(n+1)}{3}$$

13 답 310

수열 $\{a_n\}$의 첫째항부터 제n항까지의 합을 S_n이라 하면

$$S_n = \sum_{k=1}^{n} a_k = n^2 - 2n$$

(i) $n \geq 2$일 때,

$$\begin{aligned} a_n &= S_n - S_{n-1} \\ &= n^2 - 2n - \{(n-1)^2 - 2(n-1)\} \\ &= 2n - 3 \qquad\qquad \cdots\cdots \ \text{㉠} \end{aligned}$$

(ii) $n = 1$일 때,

$$a_1 = S_1 = 1^2 - 2 \times 1 = -1 \qquad \cdots\cdots \ \text{㉡}$$

이때 ㉠에 $n=1$을 대입한 값과 ㉡이 같으므로

$$a_n = 2n - 3$$

따라서 $(2k+3)a_k = (2k+3)(2k-3) = 4k^2 - 9$이므로

$$\begin{aligned} \sum_{k=1}^{6}(2k+3)a_k &= \sum_{k=1}^{6}(4k^2 - 9) \\ &= 4 \times \frac{6 \times 7 \times 13}{6} - 9 \times 6 \\ &= 310 \end{aligned}$$

14 답 ③

$$\begin{aligned} \sum_{k=1}^{21} a_k a_{k+1} &= \sum_{k=1}^{21}\left(\frac{1}{2k+1} \times \frac{1}{2k+3}\right) \\ &= \frac{1}{2}\sum_{k=1}^{21}\left(\frac{1}{2k+1} - \frac{1}{2k+3}\right) \\ &= \frac{1}{2}\left\{\left(\frac{1}{3} - \frac{1}{5}\right) + \left(\frac{1}{5} - \frac{1}{7}\right) + \cdots + \left(\frac{1}{43} - \frac{1}{45}\right)\right\} \\ &= \frac{1}{2}\left(\frac{1}{3} - \frac{1}{45}\right) = \frac{7}{45} \end{aligned}$$

15 답 ②

$$\begin{aligned} \sum_{k=1}^{10}\frac{a_{k+1} - a_k}{a_k a_{k+1}} &= \sum_{k=1}^{10}\left(\frac{1}{a_k} - \frac{1}{a_{k+1}}\right) \\ &= \left(\frac{1}{a_1} - \frac{1}{a_2}\right) + \left(\frac{1}{a_2} - \frac{1}{a_3}\right) + \cdots + \left(\frac{1}{a_{10}} - \frac{1}{a_{11}}\right) \\ &= \frac{1}{a_1} - \frac{1}{a_{11}} \\ &= \frac{1}{5} - \frac{1}{a_{11}} \end{aligned}$$

즉, $\dfrac{1}{5} - \dfrac{1}{a_{11}} = \dfrac{2}{35}$이므로 $\dfrac{1}{a_{11}} = \dfrac{1}{7}$

$$\therefore a_{11} = 7$$

16 답 ①

$$\begin{aligned} &\sum_{k=1}^{19}\frac{5}{\sqrt{5k-1} + \sqrt{5k+4}} \\ &= \sum_{k=1}^{19}\frac{5(\sqrt{5k-1} - \sqrt{5k+4})}{(\sqrt{5k-1} + \sqrt{5k+4})(\sqrt{5k-1} - \sqrt{5k+4})} \\ &= \sum_{k=1}^{19}(\sqrt{5k+4} - \sqrt{5k-1}) \\ &= (3-2) + (\sqrt{14} - 3) + (\sqrt{19} - \sqrt{14}) + \cdots + (3\sqrt{11} - \sqrt{94}) \\ &= 3\sqrt{11} - 2 \end{aligned}$$

따라서 $a = 11$, $b = 2$이므로

$$a + b = 13$$

17 답 ④

$\mathrm{A}_n(n, \sqrt{n-1})$, $\mathrm{B}_n(n, 2\sqrt{n-1})$이므로

$$a_n = 2\sqrt{n-1} - \sqrt{n-1} = \sqrt{n-1}$$

$$\therefore \frac{1}{a_n + a_{n+1}} = \frac{1}{\sqrt{n-1} + \sqrt{n}} = \sqrt{n} - \sqrt{n-1}$$

$$\begin{aligned} \therefore \sum_{k=1}^{n}\frac{1}{a_k + a_{k+1}} &= \sum_{k=1}^{n}(\sqrt{k} - \sqrt{k-1}) \\ &= (1-0) + (\sqrt{2} - 1) + (\sqrt{3} - \sqrt{2}) + \cdots + (\sqrt{n} - \sqrt{n-1}) \\ &= \sqrt{n} \end{aligned}$$

즉, $\sqrt{n} = 10$이므로 $n = 100$

18 답 4

$$\begin{aligned} &\sum_{k=1}^{160}\log_3\left(1 + \frac{1}{1+k}\right) \\ &= \sum_{k=1}^{160}\log_3\frac{2+k}{1+k} \\ &= \log_3\frac{3}{2} + \log_3\frac{4}{3} + \log_3\frac{5}{4} + \cdots + \log_3\frac{162}{161} \\ &= \log_3\left(\frac{3}{2} \times \frac{4}{3} \times \frac{5}{4} \times \cdots \times \frac{162}{161}\right) \\ &= \log_3 81 = \log_3 3^4 = 4 \end{aligned}$$

19 답 486

주어진 수열을 두 수의 곱이 같은 순서쌍끼리 묶음으로 묶으면

$$\{(1, 3), (3, 1)\}, \ \{(1, 9), (3, 3), (9, 1)\},$$
$$\{(1, 27), (3, 9), (9, 3), (27, 1)\}, \ \cdots$$

n번째 묶음의 순서쌍의 두 수의 곱이 3^n이고, 항의 개수는 $n+1$이다.

따라서 첫 번째 묶음부터 n번째 묶음까지의 항의 개수는

$$\sum_{k=1}^{n}(k+1) = \frac{n(n+1)}{2} + n = \frac{n(n+3)}{2}$$

$n=9$일 때 $\dfrac{9 \times 12}{2} = 54$이므로 제60항은 10번째 묶음의 6번째 항이다.

이때 n번째 묶음의 k번째 항은 $(3^{k-1}, 3^{n-k+1})$이므로 10번째 묶음의 6번째 항은 $(3^5, 3^5)$이다.

따라서 $a = 3^5$, $b = 3^5$이므로

$$a + b = 3^5 \times 2 = 486$$

20 답 ②

제n행의 모든 수의 합은

$$\begin{aligned} a_n &= 1 + 3 + 3^2 + \cdots + 3^{n-1} \\ &= \frac{1 \times (3^n - 1)}{3 - 1} = \frac{3^n - 1}{2} \end{aligned}$$

$$\begin{aligned} \therefore \sum_{k=1}^{10} a_{2k-1} &= \sum_{k=1}^{10}\left(\frac{3^{2k-1} - 1}{2}\right) \\ &= \frac{1}{2}\left(\sum_{k=1}^{10} 3^{2k-1} - 10\right) \\ &= \frac{1}{2}\left\{\frac{3(9^{10} - 1)}{9 - 1} - 10\right\} \\ &= \frac{3^{21} - 83}{16} \end{aligned}$$

10 / 수학적 귀납법

중단원 기출 문제 ❶회

1 답 19

$a_{n+1}-a_n=-5$에서 수열 $\{a_n\}$은 공차가 -5인 등차수열이고, 첫째항이 120이므로

$a_n=120+(n-1)\times(-5)=-5n+125$

$a_k=30$에서 $-5k+125=30$

$5k=95$ ∴ $k=19$

2 답 ④

$a_{n+2}-2a_{n+1}+a_n=0$, 즉 $2a_{n+1}=a_n+a_{n+2}$에서 수열 $\{a_n\}$은 등차수열이고 공차를 d라 하면

$a_2=2a_1$에서 $a_1+d=2a_1$ ∴ $d=a_1$ ······ ㉠

$a_{10}=50$에서 $a_1+9d=50$ ······ ㉡

㉠을 ㉡에 대입하면 $a_1+9a=50$

∴ $a_1=5$

㉠에서 $d=5$

∴ $a_6=5+5\times5=30$

3 답 $\dfrac{40}{3}$

$\dfrac{a_{n+2}}{a_{n+1}}=\dfrac{a_{n+1}}{a_n}$, 즉 $a_{n+1}{}^2=a_na_{n+2}$에서 수열 $\{a_n\}$은 등비수열이고 첫째항을 a, 공비를 r라 하면 $a_4=9$, $a_7=243$이므로

$ar^3=9$ ······ ㉠

$ar^6=243$ ······ ㉡

㉡÷㉠을 하면

$r^3=27$ ∴ $r=3$

이를 ㉠에 대입하면

$a\times3^3=9$ ∴ $a=\dfrac{1}{3}$

따라서 수열 $\{a_n\}$은 첫째항이 $\dfrac{1}{3}$, 공비가 3인 등비수열이므로

$\displaystyle\sum_{k=1}^{4}a_k=\dfrac{\frac{1}{3}(3^4-1)}{3-1}=\dfrac{40}{3}$

4 답 ③

$a_{n+1}=a_n+2n-1$의 n에 1, 2, 3, ..., 19를 차례로 대입하면

$a_2=a_1+2\times1-1$

$a_3=a_2+2\times2-1=a_1+2\times1-1+2\times2-1$

$\quad=a_1+2\times1+2\times2-2$

$a_4=a_3+2\times3-1=a_1+2\times1+2\times2-2+2\times3-1$

$\quad=a_1+2\times1+2\times2+2\times3-3$

$\quad\vdots$

∴ $a_{20}=a_{19}+2\times19-1$

$\quad=a_1+2\times1+2\times2+\cdots+2\times18-18+2\times19-1$

$\quad=a_1+2(1+2+3+\cdots+19)-19$

$\quad=1+2\displaystyle\sum_{k=1}^{19}k-19=2\times\dfrac{19\times20}{2}-18=362$

5 답 51

$na_{n+1}=(n+1)a_n$, 즉 $a_{n+1}=\dfrac{n+1}{n}a_n$의 n에 1, 2, 3, ..., 16을 차례로 대입하면

$a_2=2a_1$

$a_3=\dfrac{3}{2}a_2=\dfrac{3}{2}\times2a_1$

$a_4=\dfrac{4}{3}a_3=\dfrac{4}{3}\times\dfrac{3}{2}\times2a_1$

$\quad\vdots$

∴ $a_{17}=\dfrac{17}{16}a_{16}=\dfrac{17}{16}\times\dfrac{16}{15}\times\cdots\times\dfrac{4}{3}\times\dfrac{3}{2}\times2a_1$

$\quad=17a_1=17\times3=51$

6 답 $\dfrac{17}{4}$

$a_{n+1}=\dfrac{1}{2}a_n+2$의 n에 1, 2, 3, 4를 차례로 대입하면

$a_2=\dfrac{1}{2}a_1+2=\dfrac{1}{2}\times8+2=6$

$a_3=\dfrac{1}{2}a_2+2=\dfrac{1}{2}\times6+2=5$

$a_4=\dfrac{1}{2}a_3+2=\dfrac{1}{2}\times5+2=\dfrac{9}{2}$

∴ $a_5=\dfrac{1}{2}a_4+2$

$\quad=\dfrac{1}{2}\times\dfrac{9}{2}+2=\dfrac{17}{4}$

7 답 ③

$a_{n+1}=\begin{cases}(-1)^n\times2a_n & (a_n<5)\\(-1)^{n+1}(a_n-3) & (a_n\geq5)\end{cases}$의 n에 1, 2, 3, ...을 차례로 대입하면

$a_2=(-1)\times2a_1=(-1)\times2\times(-2)=4$

$a_3=(-1)^2\times2a_2=1\times2\times4=8$

$a_4=(-1)^4(a_3-3)=1\times(8-3)=5$

$a_5=(-1)^5(a_4-3)=(-1)\times(5-3)=-2$

$a_6=(-1)^5\times2a_5=(-1)\times2\times(-2)=4$

$\quad\vdots$

따라서 수열 $\{a_n\}$은 -2, 4, 8, 5가 이 순서대로 반복된다.

이때 $62=4\times15+2$이므로

$\displaystyle\sum_{k=1}^{62}a_k=(-2+4+8+5)\times15+(-2+4)$

$\quad=227$

8 답 48

$S_n=2a_n-1$이므로 $S_{n+1}=2a_{n+1}-1$

한편 $a_{n+1}=S_{n+1}-S_n(n=1,2,3,...)$이므로

$a_{n+1}=2a_{n+1}-1-(2a_n-1)$

∴ $a_{n+1}=2a_n$

따라서 수열 $\{a_n\}$은 첫째항이 1, 공비가 2인 등비수열이므로

$a_n=2^{n-1}$

∴ $a_5+a_6=2^4+2^5=48$

9 답 ②

교점의 개수가 최대가 되려면 어느 두 직선도 평행하지 않아야 하고, 어느 세 직선도 한 점에서 만나지 않아야 한다. 이와 같은 방법으로 $(n+1)$개의 직선을 그었을 때는 n개의 직선을 그었을 때보다 n개의 교점이 더 생기고, $(n+1)$개의 새롭게 분할된 평면이 만들어진다.

즉, a_n과 a_{n+1} 사이의 관계식은

$a_{n+1}=a_n+n+1$

위의 식의 n에 1, 2, 3, …, 19를 차례로 대입하면

$a_2=a_1+2$

$a_3=a_2+3=a_1+2+3$

$a_4=a_3+4=a_1+2+3+4$

$\quad\vdots$

$\therefore a_{20}=a_{19}+20=a_1+2+3+4+\cdots+20$

$\qquad =2+\sum_{k=1}^{19}(k+1)$

$\qquad =2+\dfrac{19\times20}{2}+19$

$\qquad =211$

10 답 ⑤

a_n개의 당근 중 500개를 남겨 두고, 다시 심은 나머지의 30 %에서 수확하는 당근의 개수가 a_{n+1}이므로

$a_{n+1}=10\times\left\{(a_n-500)\times\dfrac{30}{100}\right\}$

$\therefore a_{n+1}=3a_n-1500$

이 식의 n에 1, 2, 3을 차례로 대입하면

$a_2=3a_1-1500=3\times800-1500=900$

$a_3=3a_2-1500=3\times900-1500=1200$

$a_4=3a_3-1500=3\times1200-1500=2100$

$\therefore a_4-a_2=2100-900=1200$

11 답 ④

$p(1)$이 참이면 $p(2)$도 참이다.

$p(2)$가 참이면 $p(2\times2)=p(4)$도 참이다.

$p(4)$가 참이면 $p(2\times4)=p(8)$도 참이다.

$\quad\vdots$

따라서 $p(1)$이 참이면 $p(2^n)$도 참이다.

이때 $32=2^5$이므로 $p(32)$는 참이다.

12 답 $\dfrac{3}{2}$

(i) $n=1$일 때,

(좌변)$=\dfrac{1}{2}$,

(우변)$=2-\dfrac{3}{2}=\boxed{\text{(가)}\ \dfrac{1}{2}}$

이므로 주어진 등식이 성립한다.

(ii) $n=k$일 때,

주어진 등식이 성립한다고 가정하면

$\dfrac{1}{2}+\dfrac{2}{2^2}+\dfrac{3}{2^3}+\cdots+\dfrac{k}{2^k}=2-\dfrac{k+2}{2^k}$

이 등식의 양변에 $\boxed{\text{(나)}\ \dfrac{k+1}{2^{k+1}}}$을 더하면

$\dfrac{1}{2}+\dfrac{2}{2^2}+\dfrac{3}{2^3}+\cdots+\dfrac{k}{2^k}+\boxed{\text{(나)}\ \dfrac{k+1}{2^{k+1}}}$

$=2-\dfrac{k+2}{2^k}+\boxed{\text{(나)}\ \dfrac{k+1}{2^{k+1}}}$

$=2-\boxed{\text{(다)}\ \dfrac{k+3}{2^{k+1}}}$

따라서 $n=k+1$일 때도 주어진 등식이 성립한다.

(i), (ii)에서 모든 자연수 n에 대하여 주어진 등식이 성립한다.

따라서 $a=\dfrac{1}{2}$, $f(k)=\dfrac{k+1}{2^{k+1}}$, $g(k)=\dfrac{k+3}{2^{k+1}}$이므로

$f(2a)+g(2a)=f(1)+g(1)=\dfrac{2}{2^2}+\dfrac{4}{2^2}=\dfrac{3}{2}$

13 답 17

(i) $n=1$일 때,

$2^2-1=3$이므로 3의 배수이다.

(ii) $n=k$일 때,

$2^{2k}-1=3m$(m은 자연수)이라 가정하면 $n=k+1$일 때

$2^{2(k+1)}-1=\boxed{\text{(가)}\ 4}\times2^{2k}-1=4(3m+1)-1$

$\qquad\qquad =4\times3m+3=3(\boxed{\text{(나)}\ 4m+1})$

따라서 $n=k+1$일 때도 3의 배수이다.

(i), (ii)에서 모든 자연수 n에 대하여 $2^{2n}-1$은 3의 배수이다.

따라서 $a=4$, $f(m)=4m+1$이므로

$f(a)=f(4)=4\times4+1=17$

14 답 ⑤

(i) $n=4$일 때,

(좌변)$=1\times2\times3\times4=24$,

(우변)$=2^4=16$

이므로 주어진 부등식이 성립한다.

(ii) $n=k(k\geq4)$일 때,

주어진 부등식이 성립한다고 가정하면

$1\times2\times3\times\cdots\times k>2^k$

이 부등식의 양변에 $\boxed{\text{(가)}\ k+1}$을 곱하면

$1\times2\times3\times\cdots\times k\times(\boxed{\text{(가)}\ k+1})>2^k\times(\boxed{\text{(가)}\ k+1})$

이때 $2^k\times(\boxed{\text{(가)}\ k+1})>\boxed{\text{(나)}\ 2^{k+1}}$이므로

$1\times2\times3\times\cdots\times k\times(\boxed{\text{(가)}\ k+1})>\boxed{\text{(나)}\ 2^{k+1}}$

따라서 $n=k+1$일 때도 주어진 부등식이 성립한다.

(i), (ii)에서 $n\geq4$인 모든 자연수 n에 대하여 주어진 부등식이 성립한다.

15 답 ④

(i) $n=2$일 때,

(좌변)$=\dfrac{1}{1^2}+\dfrac{1}{2^2}=\dfrac{5}{4}$,

(우변)$=2-\dfrac{1}{2}=\dfrac{3}{2}$

이므로 주어진 부등식이 성립한다.

(ii) $n=k(k\geq2)$일 때,

주어진 부등식이 성립한다고 가정하면

$$\frac{1}{1^2}+\frac{1}{2^2}+\frac{1}{3^2}+\cdots+\frac{1}{k^2}<2-\frac{1}{k}$$

이 부등식의 양변에 $\boxed{\text{(가)} \frac{1}{(k+1)^2}}$ 을 더하면

$$\frac{1}{1^2}+\frac{1}{2^2}+\frac{1}{3^2}+\cdots+\frac{1}{k^2}+\boxed{\text{(가)} \frac{1}{(k+1)^2}}$$

$$<2-\frac{1}{k}+\boxed{\text{(가)} \frac{1}{(k+1)^2}}$$

이때

$$\left\{2-\frac{1}{k}+\boxed{\text{(가)} \frac{1}{(k+1)^2}}\right\}-\left(2-\frac{1}{k+1}\right)$$

$$=-\frac{1}{k}+\frac{1}{(k+1)^2}+\frac{1}{k+1}$$

$$=\frac{-(k+1)^2+k+k(k+1)}{k(k+1)^2}$$

$$=-\frac{\boxed{\text{(나)} 1}}{k(k+1)^2}<0$$

이므로 $2-\frac{1}{k}+\boxed{\text{(가)} \frac{1}{(k+1)^2}}<2-\frac{1}{k+1}$

$$\therefore \frac{1}{1^2}+\frac{1}{2^2}+\frac{1}{3^2}+\cdots+\frac{1}{(k+1)^2}<2-\frac{1}{k+1}$$

따라서 $n=k+1$일 때도 주어진 부등식이 성립한다.

(i), (ii)에서 $n\geq2$인 모든 자연수 n에 대하여 주어진 부등식이 성립한다.

따라서 $f(k)=\frac{1}{(k+1)^2}$, $a=1$이므로

$$f(1)=\frac{1}{2^2}=\frac{1}{4}$$

중단원 기출 문제 2회

1 답 70

$a_n-2a_{n+1}+a_{n+2}=0$, 즉 $2a_{n+1}=a_n+a_{n+2}$에서 수열 $\{a_n\}$은 등차수열이고 첫째항을 a, 공차를 d라 하면 $a_4=5$, $a_{20}=33$이므로

$a+3d=5$, $a+19d=33$

두 식을 연립하여 풀면 $a=-\frac{1}{4}$, $d=\frac{7}{4}$

$$\therefore a_n=-\frac{1}{4}+(n-1)\times\frac{7}{4}=\frac{7}{4}n-2$$

따라서 $a_{2n}=\frac{7}{4}\times2n-2=\frac{7}{2}n-2$,

$a_{2n-1}=\frac{7}{4}(2n-1)-2=\frac{7}{2}n-\frac{15}{4}$이므로

$$\sum_{k=1}^{40}a_{2k}-\sum_{k=1}^{40}a_{2k-1}=\sum_{k=1}^{40}\left(\frac{7}{2}k-2\right)-\sum_{k=1}^{40}\left(\frac{7}{2}k-\frac{15}{4}\right)$$

$$=\sum_{k=1}^{40}\left\{\frac{7}{2}k-2-\left(\frac{7}{2}k-\frac{15}{4}\right)\right\}$$

$$=\sum_{k=1}^{40}\frac{7}{4}=\frac{7}{4}\times40=70$$

2 답 ③

$\frac{a_{n+1}}{a_n}=\frac{1}{4}$에서 수열 $\{a_n\}$은 공비가 $\frac{1}{4}$인 등비수열이고, 첫째항이 $\frac{1}{2}$이므로

$$a_n=\frac{1}{2}\times\left(\frac{1}{4}\right)^{n-1}=\left(\frac{1}{2}\right)^{2n-1}$$

따라서 $a_{12}=\left(\frac{1}{2}\right)^{23}=\frac{1}{2^{23}}$이므로 $k=23$

3 답 60

$a_{n+1}=\sqrt{a_na_{n+2}}$, 즉 $a_{n+1}{}^2=a_na_{n+2}$에서 수열 $\{a_n\}$은 등비수열이고, 첫째항이 15이므로 공비를 r라 하면

$a_n=15r^{n-1}$

즉, $a_{2k}=15r^{2k-1}$, $a_{2k-1}=15r^{2k-2}$이므로

$\sum\limits_{k=1}^{4}a_k{}^2=5\sum\limits_{k=1}^{4}(a_{2k-1}-a_{2k})$에서

$$\sum_{k=1}^{4}(15r^{k-1})^2=5\sum_{k=1}^{4}(15r^{2k-2}-15r^{2k-1})$$

$$\sum_{k=1}^{4}225r^{2k-2}=5\sum_{k=1}^{4}\{15r^{2k-2}(1-r)\}$$

$$225(1+r^2+r^4+r^6)=75(1-r)(1+r^2+r^4+r^6)$$

$1-r=3$ $\therefore r=-2$

$\therefore a_3=15\times(-2)^2=60$

4 답 ②

$a_1=4$

$a_2=a_1+6$

$a_3=a_2+8$

$a_4=a_3+10$

$\vdots$

이때 6, 8, 10, …은 첫째항이 6, 공차가 2인 등차수열이므로

$f(n)=6+(n-1)\times2=2n+4$

$\therefore f(10)=2\times10+4=24$

5 답 ②

$a_{n+1}=9^na_n$의 n에 1, 2, 3, …, 9를 차례로 대입하면

$a_2=9\times a_1$

$a_3=9^2\times a_2=9^2\times9\times a_1$

$a_4=9^3\times a_3=9^3\times9^2\times9\times a_1$

$\vdots$

$$\therefore a_{10}=9^9\times a_9=9^9\times9^8\times9^7\times\cdots\times9^2\times9\times a_1$$

$$=9^{9+8+7+\cdots+2+1}\times a_1$$

$$=9^{\frac{9\times10}{2}}\times1=9^{45}$$

$\therefore \log_3a_{10}=\log_39^{45}=\log_33^{90}=90$

6 답 $\frac{6}{29}$

$a_{n+1}=\frac{2n-1}{2n+1}a_n$의 n에 1, 2, 3, …, 14를 차례로 대입하면

$a_2=\frac{1}{3}a_1$

$a_3=\frac{3}{5}a_2=\frac{3}{5}\times\frac{1}{3}a_1$

$$a_4 = \frac{5}{7}a_3 = \frac{5}{7} \times \frac{3}{5} \times \frac{1}{3}a_1$$
$$\vdots$$
$$\therefore a_{15} = \frac{27}{29}a_{14} = \frac{27}{29} \times \frac{25}{27} \times \cdots \times \frac{5}{7} \times \frac{3}{5} \times \frac{1}{3}a_1$$
$$= \frac{1}{29} \times 6 = \frac{6}{29}$$

7 답 0

$a_{n+1} + a_n = n$, 즉 $a_{n+1} = n - a_n$의 n에 1, 2, 3, 4, 5를 차례로 대입하면

$$a_2 = 1 - a_1 = 1 - 3 = -2$$
$$a_3 = 2 - a_2 = 2 - (-2) = 4$$
$$a_4 = 3 - a_3 = 3 - 4 = -1$$
$$a_5 = 4 - a_4 = 4 - (-1) = 5$$
$$\therefore a_6 = 5 - a_5 = 5 - 5 = 0$$

8 답 9

$a_{n+1} = \dfrac{a_n}{2a_n - 1}$의 n에 1, 2, 3, …을 차례로 대입하면

$$a_2 = \frac{a_1}{2a_1 - 1} = \frac{5}{2 \times 5 - 1} = \frac{5}{9}$$
$$a_3 = \frac{a_2}{2a_2 - 1} = \frac{\frac{5}{9}}{2 \times \frac{5}{9} - 1} = 5$$
$$a_4 = \frac{a_3}{2a_3 - 1} = \frac{5}{2 \times 5 - 1} = \frac{5}{9}$$
$$\vdots$$

따라서 수열 $\{a_n\}$은 5, $\dfrac{5}{9}$가 이 순서대로 반복된다.

이때 $13 = 2 \times 6 + 1$, $20 = 2 \times 10$이므로

$$a_{13} = 5, \quad a_{20} = \frac{5}{9}$$
$$\therefore \frac{a_{13}}{a_{20}} = \frac{5}{\frac{5}{9}} = 9$$

9 답 $\dfrac{1}{2}$

$a_{n+1} = \dfrac{2a_n - 1}{3a_n - 1}$의 n에 1, 2, 3, …을 차례로 대입하면

$$a_2 = \frac{2a_1 - 1}{3a_1 - 1} = \frac{2 \times \frac{1}{2} - 1}{3 \times \frac{1}{2} - 1} = 0$$
$$a_3 = \frac{2a_2 - 1}{3a_2 - 1} = \frac{2 \times 0 - 1}{3 \times 0 - 1} = 1$$
$$a_4 = \frac{2a_3 - 1}{3a_3 - 1} = \frac{2 \times 1 - 1}{3 \times 1 - 1} = \frac{1}{2}$$
$$\vdots$$

따라서 수열 $\{a_n\}$은 $\dfrac{1}{2}$, 0, 1이 이 순서대로 반복된다.

이때 $10 = 3 \times 3 + 1$, $11 = 3 \times 3 + 2$이므로

$$a_{10} = \frac{1}{2}, \quad a_{11} = 0$$
$$\therefore a_{10} + a_{11} = \frac{1}{2}$$

10 답 $\dfrac{9}{5}$

n회 시행 후 농도가 a_n %인 소금물 500 g에서 소금물 100 g을 덜어 내고 남은 400 g에 들어 있는 소금의 양은

$$\frac{a_n}{100} \times 400 = 4a_n \text{(g)}$$

또 농도 5 %인 소금물 100 g에 들어 있는 소금의 양은

$$\frac{5}{100} \times 100 = 5 \text{(g)}$$

그러므로 $(n+1)$회 시행 후 소금물 500 g의 농도 a_{n+1} %는

$$a_{n+1} = \frac{4a_n + 5}{500} \times 100 = \frac{4}{5}a_n + 1$$

따라서 $p = \dfrac{4}{5}$, $q = 1$이므로 $p + q = \dfrac{9}{5}$

11 답 $\dfrac{1}{8}$

n회 시행 후 삼각형의 내부에 흰색으로 칠해진 부분의 넓이는 a_n이므로 검은색으로 칠해진 부분의 넓이는 $1 - a_n$이다.

n회 시행 후 삼각형의 내부에 있는 흰색으로 칠해진 사각형 1개와 검은색으로 칠해진 삼각형 1개에 대하여 $(n+1)$회 시행하였을 때 생기는 흰색으로 칠해진 삼각형은 각각 3개, 1개이므로

$$a_{n+1} = \frac{3}{4}a_n + \frac{1}{4}(1 - a_n)$$
$$\therefore a_{n+1} = \frac{1}{2}a_n + \frac{1}{4}$$

따라서 $p = \dfrac{1}{2}$, $q = \dfrac{1}{4}$이므로 $pq = \dfrac{1}{8}$

12 답 풀이 참조

(i) $n = 1$일 때,

(좌변) $= 2 \times 1 - 1 = 1$, (우변) $= 1^2 = 1$

이므로 주어진 등식이 성립한다.

(ii) $n = k$일 때,

주어진 등식이 성립한다고 가정하면

$$1 + 3 + 5 + \cdots + (2k - 1) = k^2$$

이 등식의 양변에 $(2k + 1)$을 더하면

$$1 + 3 + 5 + \cdots + (2k - 1) + (2k + 1)$$
$$= k^2 + (2k + 1) = (k + 1)^2$$

따라서 $n = k + 1$일 때도 주어진 등식이 성립한다.

(i), (ii)에서 모든 자연수 n에 대하여 주어진 등식이 성립한다.

13 답 ㈎ 9 ㈏ 8 ㈐ $9m + 1$

(i) $n = 1$일 때,

$3^2 - 1 = 8$이므로 8의 배수이다.

(ii) $n = k$일 때,

$3^{2k} - 1 = 8m$ (m은 자연수)이라 가정하면 $n = k + 1$일 때,

$$3^{2(k+1)} - 1 = \boxed{\text{㈎ } 9} \times 3^{2k} - 1$$
$$= 9(3^{2k} - 1) + \boxed{\text{㈏ } 8}$$
$$= 9 \times 8m + \boxed{\text{㈏ } 8}$$
$$= 8(\boxed{\text{㈐ } 9m + 1})$$

따라서 $n = k + 1$일 때도 8의 배수이다.

(i), (ii)에서 모든 자연수 n에 대하여 $3^{2n} - 1$은 8의 배수이다.

14 답 ①

(i) $n=3$일 때,

$a_3 = \dfrac{8}{(3-1) \times (3-2)} = 4$이므로 성립한다.

(ii) $n=k(k \geq 3)$일 때,

$a_k = \dfrac{8}{(k-1)(k-2)}$이 성립한다고 가정하면

$$k(k-2)a_{k+1} = \sum_{i=1}^{k} a_i = a_k + \sum_{i=1}^{k-1} a_i$$
$$= a_k + (k-1)(k-3)a_k$$
$$= a_k \times \boxed{\text{(가)} (k-2)^2}$$
$$= \dfrac{8}{(k-1)(k-2)} \times \boxed{\text{(가)} (k-2)^2}$$
$$= \dfrac{\boxed{\text{(나)} 8(k-2)}}{k-1}$$

그러므로

$$a_{k+1} = \dfrac{1}{k(k-2)} \times \dfrac{\boxed{\text{(나)} 8(k-2)}}{k-1} = \dfrac{8}{\boxed{\text{(다)} k(k-1)}}$$

이다.

따라서 $n=k+1$일 때 성립한다.

(i), (ii)에서 $n \geq 3$인 모든 자연수 n에 대하여 $a_n = \dfrac{8}{(n-1)(n-2)}$

이다.

따라서 $f(k) = (k-2)^2$, $g(k) = 8(k-2)$, $h(k) = k(k-1)$이므로

$$\dfrac{f(12) \times g(17)}{h(10)} = \dfrac{(12-2)^2 \times 8 \times (17-2)}{10 \times 9}$$
$$= \dfrac{400}{3}$$

15 답 10

$1 + 2 + 3 + \cdots + n = \dfrac{n(n+1)}{2}$이므로

주어진 부등식의 양변을 $\dfrac{n(n+1)}{2}$로 나누면

$$1 + \dfrac{1}{2} + \dfrac{1}{3} + \cdots + \dfrac{1}{n} > \dfrac{2n}{n+1} \quad \cdots\cdots \text{㉠}$$

이다.

(i) $n=2$일 때,

(좌변)$= 1 + \dfrac{1}{2} = \dfrac{3}{2}$, (우변)$= \dfrac{2 \times 2}{2+1} = \dfrac{4}{3}$

이므로 부등식 ㉠이 성립한다.

(ii) $n=k(k \geq 2)$일 때,

부등식 ㉠이 성립한다고 가정하면

$$1 + \dfrac{1}{2} + \dfrac{1}{3} + \cdots + \dfrac{1}{k} > \dfrac{2k}{k+1}$$

이 부등식의 양변에 $\dfrac{1}{k+1}$을 더하면

$$1 + \dfrac{1}{2} + \dfrac{1}{3} + \cdots + \dfrac{1}{k} + \dfrac{1}{k+1} > \boxed{\text{(가)} \dfrac{2k+1}{k+1}}$$

이때 $\boxed{\text{(가)} \dfrac{2k+1}{k+1}} - \dfrac{2(k+1)}{k+2} = \dfrac{\boxed{\text{(나)} k}}{(k+1)(k+2)} > 0$이므로

$$1 + \dfrac{1}{2} + \dfrac{1}{3} + \cdots + \dfrac{1}{k} + \dfrac{1}{k+1} > \dfrac{2(k+1)}{k+2}$$

따라서 $n=k+1$일 때도 부등식 ㉠이 성립한다.

(i), (ii)에서 $n \geq 2$인 모든 자연수 n에 대하여 부등식 ㉠이 성립하므

로 주어진 부등식도 성립한다.

따라서 $f(k) = \dfrac{2k+1}{k+1}$, $g(k) = k$이므로

$$f(2)g(6) = \dfrac{5}{3} \times 6 = 10$$

memo✦

유형만렙 다양한 유형 문제가 가득 찬(滿) 만렙으로 수학 실력 Level up

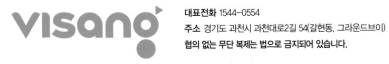
대표전화 1544-0554
주소 경기도 과천시 과천대로2길 54(갈현동, 그라운드브이)
협의 없는 무단 복제는 법으로 금지되어 있습니다.